国家"十三五"水体污染控制与治理科技重大专项（2017ZX07108-001）

长距离输水工程
水生态环境与水质适应性管理

CHANGJULI SHUSHUI GONGCHENG

SHUISHENGTAI HUANJING YU SHUIZHI SHIYING XING GUANLI

韦耀国　常志兵　郭芳　梁建奎 等　编著

中国水利水电出版社
www.waterpub.com.cn
·北京·

图书在版编目（CIP）数据

长距离输水工程水生态环境与水质适应性管理 / 韦耀国等编著. -- 北京：中国水利水电出版社, 2024.6. ISBN 978-7-5226-2586-7

Ⅰ. TV68；X372

中国国家版本馆CIP数据核字第20242DR984号

书　　名	**长距离输水工程水生态环境与水质适应性管理** CHANGJULI SHUSHUI GONGCHENG SHUISHENGTAI HUANJING YU SHUIZHI SHIYINGXING GUANLI
作　　者	韦耀国　常志兵　郭　芳　梁建奎　等　编著
出版发行	中国水利水电出版社 （北京市海淀区玉渊潭南路1号D座　100038） 网址：www.waterpub.com.cn E-mail: sales@mwr.gov.cn 电话：（010）68545888（营销中心）
经　　售	北京科水图书销售有限公司 电话：（010）68545874、63202643 全国各地新华书店和相关出版物销售网点
排　　版	中国水利水电出版社微机排版中心
印　　刷	清淞永业（天津）印刷有限公司
规　　格	184mm×260mm　16开本　48.25印张　1027千字
版　　次	2024年6月第1版　2024年6月第1次印刷
印　　数	001—230册
定　　价	**268.00元**

凡购买我社图书，如有缺页、倒页、脱页的，本社营销中心负责调换
版权所有·侵权必究

编委名单

主　编： 韦耀国　常志兵　郭　芳　梁建奎

副主编： （按姓氏汉语拼音排序）

　　高　英　雷晓辉　刘　凯　彭　玉　邵东国　徐梦珍
　　尹　炜　周长青

编　委： （按姓氏汉语拼音排序）

白艳勇	曹建成	陈海云	杜　壮	冯　策	傅旭东
郭雪峰	郭亚津	韩品磊	何　康	胡　畔	胡　圣
黄绵达	靳燕国	蒋海成	雷冬梅	刘　杰	刘信勇
刘洋洋	刘德环	李　斌	李　剑	李付举	李珏纯
李志海	李双乐	刘溪南	刘　鑫	刘敬洋	卢明龙
龙　岩	马万瑶	马　骏	牛建森	农翕智	潘　娜
任海平	尚银磊	苏禹铭	孙子淇	唐剑锋	王树磊
王鹏飞	王　峰	王子尧	王　超	王彤彤	王新平
王英才	王　哲	邬俊杰	武晓芳	肖新宗	谢兵波
解云天	辛小康	徐振东	徐　磊	杨　孩	于　凯
于春来	于原晨	张爱静	张琦凡	张学寰	张　召
张　驰	张　静	张国栋	张宇涵	朱清帅	钟一单
赵梁明	赵　伦	赵渊飞	郑豪盈		

前　言

南水北调中线工程是世界上最大的跨流域调水工程之一，是缓解我国北方地区水资源短缺、实现水资源优化配置、保障经济社会可持续发展、全面建成小康社会的重大战略性基础设施。南水北调中线一期工程设计多年平均调水量95亿 m^3，一期工程自2014年12月12日通水，截至2024年6月30日，已累计向北方供水超650亿 m^3，受益人口1.08亿，发挥了巨大的社会效益、经济效益和生态效益。

党和国家领导人十分重视南水北调中线工程的水质安全问题，习近平总书记在南水北调中线一期工程通水时讲话指出："南水北调工程功在当代，利在千秋。希望继续坚持'三先三后'用水原则，加强运行管理，深化水质保护，强抓节约用水。"

中线工程通水以来水质持续达到或优于地表水Ⅱ类标准，但也面临一些新风险、新挑战，如：浮游藻类、着生藻类以及淡水壳菜增殖问题，桥梁运输事故污染、洪水漫溢污染、地下水内排段污染、大气干湿沉降污染等潜在风险，面对以上风险的综合防控技术体系和多部门协作机制不够完善。

"十一五"及"十二五"期间国家水体污染控制与治理科技重大专项、国家科技支撑计划等国家重大科技项目在湖库水华监测预警、成因机理与防治、污染源风险评估及水质安全诊断技术、水污染事件预警预报及应急处置技术、水质水量多目标调度及应急调控技术等方面做了大量工作，取得了一系列成果，但是针对南水北调中线总干渠这样一个大型长距离输水工程，其研究不足。

按照"十三五"水专项"大集成、大示范"的总体策略，突出应用单位在水专项项目中的主导地位，本项研究由中国南水北调集团中线有限公司（原南水北调中线干线工程建设管理局）负责组织实施和主导应用示范，与北京市自来水集团有限责任公司信息共享。针对当前干渠水质安全保障需求，开展中线总干渠藻类异常增殖等生态问题成因及其多途径防控技术体系、中线水质预报与预警关键技术、中线总干渠水污染事故及生态调控多阶段综合调度技术等研究，构建中线渠－涵耦合水质和藻类预报数值模型，建立中线水质监测预警调控决策支持综合管理平台以及跨区域多部门水质管理协作机制及数据共享平台。

本书是在10家科研单位、高等院校及产业单位共同努力下完成的，北京市自来水集团有限责任公司为项目牵头单位，中国南水北调集团中线有限公司（原南水北调中线干线工程建设管理局）为课题牵头单位，参加本课题的单位有中国科学院水生生物研究所、生态环境部长江流域生态环境监督管理局生态环境监测与科学研究中心（原长江流域水环境监测中心）、中国水利水电科学研究院、武汉大学、河南省水利勘测设计研究有限公司、长江水资源保护科学研究所、中国城市规划设计院、清华大学、南水北调中线水质保护技术创新中心等。在研究过程中，课题组成员之间密切配合、相互支持，充分发挥了团队的专业交叉性优势，加强企业主导的产学研深度融合，强化目标导向，并提高科技成果转化和产业化水平，高质量高标准完成了各项研究任务，为解决中线总干渠水质监测预警调控决策支持综合管理平台中涉及的跨学科复杂难题奠定了基础，为长距离输水工程水质及水生态环境保护提供重要参考。

目 录

前言

第1篇 总论

第1章 绪论 \\ 3
1.1 工程背景 \\ 3
1.2 研究概况 \\ 4
1.3 面临挑战 \\ 19

第2章 生态与环境概况 \\ 21
2.1 工程概况 \\ 21
2.2 水环境概况 \\ 28
2.3 水生态概况 \\ 37
2.4 水生态保护挑战 \\ 71
2.5 本章小结 \\ 74

第3章 水生态环境管理概况 \\ 76
3.1 水生态环境现状 \\ 76
3.2 管理体系建设情况 \\ 80
3.3 本章小结 \\ 83

第2篇 水质与水生态环境演变规律

第4章 水质变化趋势及影响因素 \\ 87
4.1 水质变化主要影响要素 \\ 87
4.2 关键指标变化趋势及影响因素 \\ 101
4.3 本章小结 \\ 111

第5章 藻贝类增殖规律 \\ 112
5.1 浮游藻类增殖规律 \\ 112
5.2 着生藻类增殖规律 \\ 120
5.3 淡水壳菜增殖规律 \\ 126

5.4 本章小结 \\ 184

第6章 水质—水生态环境变化数值模拟 \\ 186

6.1 闸群调控下水质特征 \\ 186
6.2 全线一维水动力水质与藻类预报预警与仿真 \\ 191
6.3 典型渠段三维水动力水质与藻类精细模拟 \\ 210
6.4 表面水体物理特征的矢量化和可视化模拟 \\ 224
6.5 基于大数据分析的水质与藻类智能预警 \\ 234
6.6 基于大数据分析的水质快速预报 \\ 249
6.7 水质风险评估技术 \\ 260
6.8 边际状况与典型状况模拟 \\ 295
6.9 本章小结 \\ 299

第3篇 水生态风险防控关键技术理论与实践

第7章 水生态安全风险评估 \\ 303

7.1 生态环境状况 \\ 303
7.2 安全风险评价指标 \\ 309
7.3 安全风险评价结果 \\ 327
7.4 安全防控规划方案 \\ 346
7.5 本章小结 \\ 354

第8章 藻类增殖防治措施研发及示范 \\ 355

8.1 藻类增殖防治必要性与布局 \\ 355
8.2 着生藻边坡工程机械除藻防控体系设备研制与示范 \\ 357
8.3 全断面智能拦藻研发与示范 \\ 359
8.4 淤积物清淤一体设备 \\ 360
8.5 拦漂导流装备 \\ 361
8.6 水力调控技术 \\ 362
8.7 藻泥沉降蓄积的水动力学防控技术 \\ 366
8.8 藻类防控水力调控策略与技术 \\ 370
8.9 本章小结 \\ 372

第9章 淡水壳菜增殖防治措施研发及示范 \\ 374

9.1 淡水壳菜防治 \\ 374
9.2 淡水壳菜生态风险防控策略 \\ 389
9.3 本章小结 \\ 395

第4篇 突发环境事件应急管理

第10章 突发事件风险分析 \\ 399
10.1 主要风险源辨识及源项分析 \\ 399
10.2 突发水污染风险物质筛选 \\ 402
10.3 突发水污染应急响应等级评价 \\ 403
10.4 本章小结 \\ 415

第11章 突发水污染事件应急调控模型 \\ 417
11.1 一维水动力水质耦合模型 \\ 417
11.2 局部二维水动力水质模型 \\ 425
11.3 突发水污染溯源模型 \\ 444
11.4 突发水污染扩散过程分析及快速预测 \\ 451
11.5 突发水污染应急调度模型 \\ 464
11.6 本章小结 \\ 482

第12章 突发环境事件应急处置综合预案 \\ 483
12.1 突发水污染事件应急调控策略 \\ 483
12.2 藻类异常增殖风险研究及防控 \\ 490
12.3 突发环境事件应急处置措施 \\ 492
12.4 本章小结 \\ 498

第13章 水质常规调度与应急调控协作研究 \\ 499
13.1 研究概况及适用范围 \\ 499
13.2 配套水厂概况 \\ 502
13.3 退水河流概况 \\ 524
13.4 协作需求及问题分析 \\ 537
13.5 决策模型构建和典型案例 \\ 540
13.6 本章小结 \\ 562

第5篇 水生态环境监测与管理

第14章 环境管理与监测 \\ 565
14.1 水环境管理体系 \\ 565
14.2 水质监测站网优化 \\ 567

14.3　生态环境监测装备研发　\\　578
14.4　本章小结　\\　619

第15章　跨区域多部门水质信息共享与反馈机制　\\　621
15.1　供—用—退水相互衔接的水质标准　\\　621
15.2　供用水户及退水区水质信息管理　\\　633
15.3　跨区域多部门水质信息共享与反馈机制　\\　635
15.4　本章小结　\\　641

第6篇　智慧化水质综合管理平台

第16章　管理平台建设及示范　\\　645
16.1　研究内容与技术路线　\\　645
16.2　基于大数据分析的中线多源异构数据高效汇聚存储架构　\\　649
16.3　水质评价—预报—预警—调控模型群软件集成　\\　663
16.4　基于云架构的高可用性应用支撑平台技术　\\　687
16.5　基于BIM、GIS、AR的跨平台三维可视化成果展示　\\　691
16.6　复杂安全环境下的数据安全与网络安全策略研究　\\　700
16.7　基于大数据挖掘技术的数据应用研究　\\　701
16.8　基于区块链技术的中线水质数据管理研究　\\　713
16.9　智慧化水质综合管理平台研发　\\　718
16.10　业务化平台应用示范　\\　734
16.11　本章小结　\\　759

参考文献　\\　761

第1篇 总　论

第1章 绪 论

1.1 工程背景

南水北调中线工程的供水对象主要是城市生活用水和工业用水，供水水质状况直接关系北京、天津、河北、河南四省（直辖市）缺水城市居民的用水安全。根据国务院批准的《南水北调工程总体规划》，要求中线工程全线输水水质不低于国家地表水环境质量Ⅲ类标准。水质安全保障标准高、难度大。如何科学预测中线总干渠的水质风险并及时有效的防控，是中线工程持续高效发挥效益的关键所在。

近些年来，南水北调中线干线管理部门高度重视水质、水生态监测，开展了大量水质安全保障基础性建设工作。但现有的认识水平、技术条件与中线总干渠水质高标准、严要求存在一定程度差距，难以应对中线总干渠面临的水质、水生态风险。主要表现为：新建长距离渠道藻类异常增殖等生态问题成因不清楚，水质安全监控及评价体系不健全，水质预报及风险预警能力不足，缺少藻类异常增殖等突发事件应急调控及处置的有力措施，缺少跨区域多部门水质信息共享及协作机制，缺乏高效实用的水质综合管理业务化平台等。因此，亟须尽快开展南水北调中线输水水质预警与业务化管理平台研究与开发，保障南水北调中线工程的水质安全和正常运行。

南水北调中线工程通水以来，北京从初期每日取用"南水"70万 m^3，至2021年5月增加到每日取用"南水"400万 m^3（夏季供水高峰期），占北京城区日供水量70%，自"南水"进京以来。北京市已形成以外调水源和本地水源结合的互联互调的多水源供水系统，为北京市经济社会的协调快速发展提供重要的水资源支撑，有效保障北京市对水量的需求。与此同时，多水源供水局面以及由此带来的水源水质复杂多样化和水源切换新常态化，对北京市供水系统带来新的挑战。面对复杂的水源水质条件和社会、经济发展状况，对饮用水安全制取、供应、保障、管理提出了全新的要求。因此，在饮用水源趋向多样化和复杂化的条件下，以水质保障的最大化为目标，需全面提升饮用水供给技术系统，完善优化调度与科学管理系统，完善集水源保护、工艺控制、安全输配与智能化调控于一体的供水安全保障技术体系，解决从源头到龙头全过程中出现的技术问题和管理问题，提高用户终端供水安全保障度。

本书以长距离、大流量、地表水和地下水水力联系频繁和高水质目标的南水北调中线工程为研究对象，面向南水北调中线工程藻贝类异常增殖防控及污染事故应急调控需求，以确保安全精准输水为总研究目标，揭示中线总干渠藻类贝类异常增殖的成因与机理，研发集成适合中线总干渠的藻类贝类多途径防控技术体系；突破南水北调中线水质监测关键技术，完善水质监控网络；分析中线水质时空变化规律及成因机理，建立水质风险预警预报模型；构建中线总干渠水污染事故及生态调控多阶段综合调度技术，完善中线总干渠水污染事故、生态调控综合调度预案库；形成跨区域、多部门水质管理协作机制；集成上述研究成果形成生态型水源地保护管理技术体系，构建水质监测—预警—调控决策支持综合管理平台，实现水质风险预警、基于BIM的高逼真三维可视化展示和跨区域多部门水质信息共享，并开展业务化应用示范。

1.2 研究概况

本书主要研究南水北调中线总干渠藻类贝类增殖特性，构建总干渠藻类多途径防控技术体系；完善水质监控网络；基于溶解性、下沉型、漂浮型污染物迁移特性，确立干渠不同污染物迁移动力学方程和动力学参数，构建中线输供水系统渠—涵耦合的水质、藻类预报、风险评估和预警技术体系；建立中线总干渠水污染事故、生态调控综合调度预案库；形成跨区域、跨部门水质管理协作机制；最终构建水质监测—预警—调控决策支持综合管理平台，实现水质风险预警、基于BIM的高逼真三维可视化展示和跨区域多方水质信息交互共享（供水方、用水方、退水承接方跨区域水量、水质、水生态等数据共享），并开展业务化应用示范。为南水北调中线水质预报、预警、调控、处置提供决策支持，为跨区域多部门信息共享与应急协作提供有力支撑。

1.2.1 水质监测研究进展

1.2.1.1 水质监测网络

中华人民共和国生态环境部2022年颁布的《地表水环境质量监测技术规范》（HJ 91.2—2002），对监测断面的布设原则、断面及断面垂线和采样点的设置等技术要求做了十分明确的规定。目前国内在进行监测点位的优化工作时，在遵循《地表水环境质量监测技术规范》要求的同时，还应考虑断面的代表性原则、信息量原则及可操作性原则。遵循以上这些原则，在收集相关区域自然和社会资料、环境监测历史数据资料和区域污染源分布情况及纳污量的基础上，优化调整国内外早期通行的监测点位方法包括历史数据算法、扩散模式计算法、综合法等。

在上述基本技术方法的基础上，国内外相继开展了地面水环境监测布点研究和实践，并在实践中探索了一些其他数理统计方法。数理统计的方法常用来分析河流相邻监测断面监测结果是否相近，以此判断临近断面是否需要优化去除。常用的数理统计断面优化布设方法有断面综合指数法、聚类分析法、多元统计方法、经验公式法、主成分分析法、多目标决策分析法——TOPSIS法、最优分割法、动态贴近度法、物元分析法、遗传算法、均值偏差法等。"十二五"国家科技支撑计划《南水北调中线水质传感网的检测及自适应组网技术研究》中曾经对丹江口水源区的监测站网进行了优化，相关成果可为中线总干渠的监测站网优化提供参考。

1.2.1.2 藻类监测

目前国内外关于藻类在线监测技术的研究主要集中在浮游藻类的监测上，在着生藻类在线监测技术及设备方面尚处于空白状态，无相关技术及设备可供参考，需要针对中线总干渠的情况进行原创性研发。

随着科技的发展，藻类在线监测技术也日趋成熟，目前已有的藻类在线监测技术主要有以下几种：

（1）流式细胞仪计数法。流式细胞仪计数法将浮游藻类细胞悬浮于液体中，并在流动过程中通过测量区时利用光学方法进行逐个计数和分析。该方法的最大特点是可以同时测量细胞的多个参数，利用测得的特征参数对浮游藻类细胞进行分类。例如，可以测量浮游藻类细胞的活体荧光，浮游藻类都含有光合色素，因此在合适的激发光激励下会发射出荧光。不同的浮游藻类类群含有的光合色素种类不同，发射的荧光特征也不同。除测量荧光参数外，流式细胞仪还可测量浮游藻类细胞的散射光特征，包括前向角散射和后向角散射。前向角散射与细胞的大小成正比，后向角散射能反映细胞的内容物和细胞的形状。不同类群浮游藻类的细胞形状和大小也有差异，因此其散射特征也不相同。另外，某些流式细胞仪还可以测量细胞通过测量区的时间，用以确定颗粒物的长度。在得到所测定的多参数后，可以进行参数间的组合，建立二维或者三维坐标，对浮游藻类进行分类。

（2）高效液相色谱法（HPLC）。高效液相色谱法利用分离技术对浮游藻类的色素进行分离，再结合特定的检测器对各种色素浓度检测。随着反相色谱技术的发展，尤其是聚合C18柱和单体C8柱及含吡啶流动相的应用，检测浮游藻类色素的能力得到了极大的提高，可以同时分析超过50种色素。二极管阵列检测器的应用进一步提高了色素测量的准确性。目前，两种HPLC色素分析方法应用较为普遍。一种是Wright法，由Wright等于

1991年提出，现已成为联合国教科文组织国际海洋学会推荐的方法。另一种方法由Zpata等于2001年提出，它使用C8柱，二元梯度流动相，由于在流动相中加入了吡啶修饰剂来改善峰形，对于极性叶绿素、二乙烯基叶绿素、类胡萝卜素均能很好地分离。

在已知不同藻类色素组成的基础上，利用HPLC法测量得到的各种色素浓度结合化学计量学方法可以实现对浮游藻类的分类测量。由于HPLC技术能够对不同藻类色素进行分离检测，因此其相对于分光光度法是一种更为准确可靠的叶绿素测量方法。

（3）活体荧光法。近20年来，荧光技术在藻类监测方面取得很大发展，实现了叶绿素荧光原理基础上的藻类在线监测。2002年，Lorenze等提出利用浮游藻类的活体荧光测量其体内的叶绿素浓度，即在浮游藻类的正常生理状态下，利用其受激辐射出的叶绿素荧光强度测量叶绿素浓度。目前，已商品化的仪器主要有基于单点荧光光谱法的YSI多参数水质检测仪、HydrolabDS5水质多功能监测仪、基于激发荧光光谱法的PHYTO-PAM叶绿素荧光仪和BBE藻类现场分析仪等。

近年来，国内研究者使用浮游植物三维荧光光谱（EEM）对浮游植物群落结构的识别分析取得了一定发展。张前前等利用活体浮游藻类的EEM结合主成分分析，将海水样品中的硅藻和甲藻分开。卢璐等使用四阶导数和高斯分解法等对硅藻和甲藻的激发光谱进行分析，增强了识别两类光谱的能力。王志刚等通过荧光光谱相似性原则，将水华水体中13种浮游藻类活体EEM进行分类分析，分析了EEM特征与光合色素组成之间的关系。张翠等利用小波分解，结合聚类分析、非负最小二乘等对浮游藻类的EEM进行识别测定，在门、属水平上能得到较好的识别正确率。朱晶晶等通过提取18种浮游藻类色素的荧光光谱特征，在纲或更细层次上识别典型浮游藻类。由于该方法利用活体叶绿素荧光，无需样品处理，可以实现原位在线连续测量，同时检测灵敏度高，因此一经提出就受到了极大的重视。不足之处是叶绿素的荧光量子效率会受到浮游藻类种类以及温度、光照、水体营养盐等多种环境因素的影响，因此测量结果偏差相对较大。

（4）图像智能识别法。图像识别技术以计算机为辅助，利用分割技术将浮游藻类细胞影像从其他图像中分离，并将浮游藻类图像拍摄下来，经过处理与图像库中的图像对比来分类识别，最终获得浮游藻类群落结构的信息。国内研究学者关于浮游藻类图像的智能识别进行了不同角度的尝试，都获得了一定的进展，但是浮游藻类外观特征受光照、温度、生长周期等影响，差异较大。同一种浮游藻类可能因其外观特征不同而被识别为不同的类别；相反，不同的浮游藻类也可能因为具有相似的外观特征被误判为同一类。所以，传统图像分析技术在区分浮游藻类上还存在很大的局限性。

随着人工智能的发展，利用深度学习进行物体识别渐渐取代了传统的图像处理方法。1986年，Rumelhart等在《自然》上提出了适用于多层感知器（MLP）的BP神经网络，其利用误差逆向传播算法作为训练方法，为解决网络中分类和学习的非线性问题，采用Sigmoid函数作非线性映射，构造了一种多层前馈神经网络，直到今天BP神经网络仍然是其他神经网络的基础。2006年，Geoffrey Hinton等首次提出了利用无监督的方法初始化网络中的权值，并且为了解决深层网络训练中可能出现的梯度消失问题，利用有监督的训练方法进行微调，打破了BP神经网络的瓶颈，自此之后深度学习开始受到人们关注并且取得巨大的成功。2011年，激活函数ReLU首次被提出来，在抑制梯度消失的问题上表现出强大的性能。2012年，Hinton等的研究小组采用深度学习，设计了八层的卷积神经网络AlexNet。2014年，Karen Simonyan等提出了采用33滤波器的VGG模型，把整个网络结果划分为5组，然后最终通过组合33滤波器的输出作为一个卷积序列进行处理，减少了参数的数量。2015年，Kaiming He发现当神经网络到达一定深度后，如果继续添加网络的层数，其训练误差开始增大，所以提出了用残差来重构网络的映射，将输入再次引入到结果，这样堆叠层的权重会慢慢趋向于零，该网络最终在ImageNet比赛中取得了95.4%的Top5识别率。2016年，美国芝加哥大学Gustav Larsson等在ResNet的基础上提出了无残差的极深神经网络FractalNet，引进了一种基于自相似的设计策略，得出了残差不是用于衡量极深卷积神经网络运算成果的结论。2017年，美国康奈尔大学黄高等提出的DenseNet网络，同等性能下比起ResNet网络，DenseNet拥有更少参数、更少计算量和抗过拟合等优点。

1.2.1.3 多元生物预警

生物毒性监测能直观反映水体中所有共存污染物的综合毒性特征，可指示水体潜在风险，被广泛应用于饮用水、工业废水等环境水体评价。生物预警是利用指示生物在污染物的胁迫下生理或行为的变化（如发光强度、光合作用、运动学行为或死亡）等进行预警的一种技术手段，能对大多数污染物进行及时预警，有力保障供水安全。目前，水质在线监测技术多采用单一物种进行指示，利用单一指示生物进行生物综合毒性测试，在预警时间、预警范围及阈值方面各有优劣，难以高效、客观、全面地检测各类污染。如发光菌所需测试时间短，但敏感性不够；藻类的测试范围比较窄；溞类的敏感性较高，但容易产生误报；鱼类的耐受力较强，敏感性不够等。当前水体污染物类型逐渐呈现复杂化、多样化、毒性不确定性等特征，需运用多指示生物联合预警，充分发挥各指示生物优势，如水溞能弥补鱼类和发光菌敏感性不高和藻类测试范围窄的问题，发光菌和藻类能弥补鱼类和水溞测试时间较长的问题，鱼类能提高测试结果对人类的参考价值等。通过多种指示生物相互补充，可提高突发性水污染事件预警能力，弥补传统理化监测手段的不足，提高水质毒性监测预警的效率是必要的，从而为保障水质安全提供技术支撑。

1.2.2 藻贝类异常增殖及防控技术研究进展

南水北调中线工程自2014年首次通水以来，其水质安全保障工作就受到了管理部门的高度重视，大量研究也就此展开。在这些研究中，关于南水北调中线工程营养指标对水质的影响研究相对较多，为南水北调中线的水质管理提供了重要的参考。而关于南水北调中线总干渠藻类增殖风险的研究相对不足，大型调水工程中的"浮游藻类—水质"关系的整体性研究成果还较少，亟须在长期监测的基础上进行充分研究，为该类大型调水工程水质管理和藻类防控工作提供更高质量的参考。

浮游植物群落作为水生态系统中的初级生产者，能够对水体生态环境的变化做出最直接的响应，浮游植物的种类和数量变化及其时空差异是营养盐、温度、光照、水动力条件等变化的结果，环境变化会直接或间接影响浮游植物和着生藻类的群落结构。近年来，对于浮游植物群落结构的时间演替过程和关键影响因子的相关报道较多，王英华等对丹江口水库浮游植物时空变化特征分析时发现，不同库区浮游植物优势群在同一季节具有显著差异，且随着季节变化其群落结构的演替趋势也有所不同；李远贤等对南水北调中线水源区浮游植物调查发现，浮游植物的种类和数量随季节和调查水域的不同而存在差异。不同水体浮游植物群落结构存在不同的特征，浮游植物群落因其对不同水体环境的敏感响应和特异性适应而成为水环境监测的重要生物指示物种。

着生藻类是附生在水下基质表面的微小植物群落；在包括河流、水库、湖泊、河道等淡水环境广泛存在。着生藻类所处的不同生境以及生境中的不同理化条件使群落结构有很大差异。有学者根据着生藻类群落的颜色、生长形式、持续的储存速率和光合作用特征对其进行了分类：黑色的着生藻类群落，优势种为黏球藻；褐色的着生藻类群落，群落优势种为眉藻（*Calothrix* sp.）和黏球藻（*Gloeocapsa* sp.），次优势种为席藻（*Phormidium* sp.）；绿色的着生藻类群落，群落的优势种为能分泌黏质物质的胶囊藻（*Gloeocystis* sp.），次优势种为巨颤藻（*Oscillatoria* sp.），这种群落出现在遮阴的石头背后的浅水水体中（深度小于等于0.25m）；绿色丝状藻类群落，群落的优势种为环状、丝状藻，同时还会伴随一些其他的绿藻和硅藻，绿色丝状藻类群落生长在深度小于等于0.5m的光照充足的岸边。

贻贝类底栖动物是输/调水工程中最常见的烈性入侵物种。美国因贻贝的入侵、高密度附着导致的生物污损的治理成本每年高达5亿美元；我国几乎所有的大型输/调水工程都遭受了淡水贻贝"沼蛤（俗称淡水壳菜）"的入侵和污损。研究表明，淡水壳菜在南方地区的繁殖能力非常强、繁殖活动持续时间长，每年可发育3代，经历6个繁殖高峰。淡水壳菜繁殖高峰期内幼虫随水进入工程内部逐渐发育至能够分泌足丝的成贝，足丝附着造成工程混凝土腐蚀、强度降低、耐久性下降，重要闸阀门结构因淡水壳菜的高密附着而难以启闭，导致不可控风险。以深圳市东江水源工程为例，工程输水线路长度不过100km多，平均流量不足8m³/s，但淡水壳菜的污损附着问题十分严重，每年导致的直接经济损失高达千万元人民币。

藻类异常增殖现象已趋于全球化，据调查表明，北美洲、南美洲、欧洲、非洲的水体中出现藻类异常增殖现象的分别占到48%、41%、53%和28%，而亚洲水体中有54%的水体出现藻类异常增殖现象，为全球最高。我国湖泊水库中也存在大量藻类异常增殖现象，所占比例高达66%。基于水体问题的日趋严重，国内外大量研究致力于解析水体藻类异常增殖的成因。通过对水体中藻类群落结构与环境因子的分析发现，氮磷营养盐积累对藻类增殖具有显著促进作用。同时，也有研究表明，气候变化导致的温度波动对藻类生长也有显著影响。比较不同区域不同水体的藻类增殖现象可知，导致藻类异常增殖的成因往往具有复杂性和水体特异性。其中，特定的水体往往具备特定的因子促进藻类异常增殖。

1.2.3 水质预报预警技术研究进展

1.2.3.1 水质预报预警技术研究概况

早在南水北调中线工程规划期，就有许多学者进行了大量相关研究，南水北调中线工程正式通水后，我国学者通过比较研究揭示了丹江口水库水位波动带土壤对磷的吸附特征。结果表示，交替暴露和淹水对水位波动带土壤对磷的吸附能力无显著影响，而土壤黏土矿物中Fe、Al、Ca对消落带磷在土壤上的吸附起着重要作用。有研究以丹江口水库为研究对象，以水体富营养化的影响为重点，建立了丹江口库区富营养化的EFDC模型，并在此基础上分析了水库富营养化风险多情景下调水的影响。黄旭东以南水北调中线水源地典型流域——堵河流域为研究对象，选取SWAT模型进行无资料区域水沙模拟，结合最小二乘回归等工具量化了流域土地利用对产流产沙变化的相对贡献。

李冰于2016年5月至2018年5月逐月对丹江口库区8个监测点位及其上游支流12个监测点位进行水质测定，通过水化学指标和微生物指标分析南水北调中线水源区各形态氮的时空分布及来源，并探讨各水环境因子对水位的响应，评价水体的营养状态。祁秉宇通过模糊数学的方法评价了南水北调中线水源区河南段的生态系统健康状况，针对水源地河南段的生态环境保护提出了相应的对策和建议。高文文以南水北调中线水源区作为研究区，将遥感和人类活动指数相结合，探讨人类活动这一影响生态环境的主要驱动力的空间格局分布和其对南水北调水质安全的影响。王敬建立基于复杂适应系统理论的水量调度模型，研究水量调度中的需水预测、调度计划编制和短期水库调度问题，并应用于南水北调中线调度实例。郑和震建立了南水北调中线总干渠突发水污染的快速预测公式，提炼了事故渠池的应急调度准则，还设计了中线总干渠突发水污染的应急调度管理系统。有研究利用南水北调中线工程的土地利用/土地覆被（LULC）变化和地形分析高程数据，分析了人类活动对水质的压力、挖掘效应和综合影响因素。

有研究采用机器学习算法量化了南水北调东线蓄水湖中鱼类群落与水质指标的关系。阴星望选取丹江口库心、渠首等五个生态水位，采用高通量测序技术对丹江口库区的微生物群落多样性进行分析，通过探究微生物组成与水质理化因子的关系建立相关的生物指示法。有研究采用地质统计学方法研究了丹江口库区农业土壤中P的空间分布，结果表明，总磷（TP）比Olsen-P（可用磷的度量）有更强的空间自相关性。王彦东在前人的研究基础上采用基于面板数据建模和结构方程模型等方法分析了南水北调中线水源地农业面源污染状况，从土地利用与覆盖的角度探索了其与流域水质之间的关系，最后还研究了影响农户环境行为的主要因素。杨珺综合对南水北调中线水源地水质时空变化、农业活动对水质的影响等对水源地水土环境进行评价和风险评估，并根据模型对生态安全进行预测。

国内外对于南水北调水质参数变化的研究，大多是基于数学分析、数理统计或模型模拟等方法对历史监测数据进行分析，探究水质变化规律及变化趋势。国外，Fangbing Ma 等使用贝叶斯统计方法对水质进行综合评价，用正态分布抽样法计算水质参数变化的可能性，用熵权法确定研究中各水质变量的指标权重；Caihong Tang 等采用 MIKE11-HD 模型计算了中线总干渠部分渠段的水力特性，同时在水动力模型的基础上，建立了 TP、NH_3-N、COD_{Mn} 的一维平流—弥散模型 MIKE11-AD 模型，验证了计算值与实测值的一致性。国内，庞振凌等采用层次分析法通过季节4因素和6项理化指标对水质进行综合评价，层次分析法包含了多指标较丰富的信息，所得结果比较全面准确地反映了水源地实际水质情况；孙玉君等依据南水北调水源区水质实测资料，采用单因子评价法，选用21项指标对丹江口水库直接入库河流、水功能区、省界断面、库区的水质进行评价，并分析了入河排污口的污染情况；刘增进等采用综合污染指数法对南水北调中线总干渠河南段的水质情况进行定量分析，结果表明按照综合污染指数法的水质分级标准，丹江口库区河南段水体的水质状况属尚清洁类，但仍存在一定的污染风险，水质有恶化的趋势。通过对南水北调中线工程水源地河南段污染源的分析，发现点源污染对水源地水环境的影响较为严重，面源污染的危害也不可忽视。

1.2.3.2 全线关键断面水质预警指标体系与标准研究

水质系统是由多维指标因子（物理、化学、生物指标变量）组成的复杂非线性系统，不同指标反映了水质质量的不同方面，为充分发挥水质预警指标体系的评价和决策功能，在不失全面性的前提下，应尽量减少体系中的指标个数，科学合理地筛选水质预警指标已成为当前水环境管理领域的热点和难点问题。

通常水质指标筛选的方法有两种：定性筛选方法（一般为经验确定法）和定量筛选方法（数学方法）。

指标定性筛选方法：主要有理论分析法、专家咨询法和频度分析法。理论分析法是对水体水环境评价的内涵、特征进行综合分析以确定出重要且具代表性的指标。专家咨询法是在建立指标体系的整个过程中，适时适当地征询有关专家的意见，对指标进行调整。频度分析法是对目前有关水环境评价研究的书籍、报告、论文等进行统计以初步确定出一些使用频度较高、内涵丰富的指标，并进行初步合并运算建立指标原始数据库，为下一步研究进行铺垫。

指标定量筛选方法：主要有层次分析法、主成分分析法、灰色关联模型法等数学方法。指标的定性筛选可以充分发挥人的主观能动性，但客观性不高，而指标定量筛选原则可以对客观性进行补充，例如，可以减少指标的重叠度和提高区分度。因而，以定性筛选为基础，定量筛选为补充的水质指标筛选方法得到广泛认可，并广泛应用在水、大气、土壤等环境介质的评价中。廖巍基于黄河口水环境特征分析和数理统计方法筛选评价指标，构建水质评价指标体系，并对黄河口水质状况进行了评价。张雪通过分析莱州湾历史污染状况及小清河口当前水质调整，结合相关分析法和主成分分析法，筛选出小清河口水质评价指标，并在此基础上确立评价标准和各级指标权重，建立小清河口水质评价体系。

1.2.3.3 全线多维水动力水质（含藻类）模拟模型研究

1. 明渠非恒定流模型

1870年，法国工程师圣维南（Saint-Venant）提出了两个偏微分方程，用于非恒定明渠流量的数值计算，后来被称为圣维南（Saint-Venant）方程组，为明渠非恒定流的研究做出了重要贡献。Saint-Venant方程组是一个难以求解的复杂的双曲型非线性偏微分方程组，初期的研究只能求解一些简单的水流问题，在20世纪50年代早期，J.J.Stoker等展开了明渠非恒定流的数值研究，对美国俄亥俄河和密西西比河的洪水波进行了数值计算，这是计算水力学和明渠非恒定流数值模拟历史上的首次研究。

20世纪70年代，国外学者们开发出一些非恒定流数值模型，主要用于天然河道的非恒定流研究。其中，由丹麦水力研究所（DHI）开发的MIKE11模型和美国陆军工程师兵团（USACE）研制的HEC-6模型属于比较先进成熟的模型，但是这些数值模型在灌溉和输水渠道上并不好用，因为渠道上的闸门调度方式及其形成的边界条件并不容易合理概化。

20世纪80—90年代，许多国家开发出了针对灌溉和输水渠道的非恒定流数值模型，例如法国的CARIMA模型、美国的Canal模型、荷兰的Duflow模型及Modis模型等。Zagona利用CARIMA模型模拟和评估灌溉渠道中自动控制器的性能，调整渠道参数，进行参数校准后可以确定最佳解决方案；Merkley开发出可以让用户自行构建研究渠段和设定相关水动力参数的可视化模拟软件CanalMan，但是需要根据闸、堰和泵站分渠段进行计算；Alp等基于Duflow模型对近240个下水道溢流和3个泵站共123km芝加哥水路系统进行了模拟，模型内边界条件通过简单线性关系计算水头损失以保证计算的连续性。

我国的非恒定流数值模拟研究较之国外起步较晚，但由于国内学者对前人理论的学习、经验的总结，整体发展比较迅速，近几十年来取得了丰硕的研究成果。1963年窦国仁提出和介绍了一维非恒定流模型的框架；1982年王长德等建立了常水位工作下闸门在灌溉渠道中的数学模型，结合研究了渠道中闸门稳定运行的方法；吕宏兴等研究了灌溉渠道闸门调控作用下的非恒定流过程，应用特征线法求解一维非恒定流数值模型，模拟研究了不同边界流量时，闸门调节对渠道中水位和流量的影响；张成建立南水北调中线渠道计算模拟平台，研究分析了渠道输水安全性和稳定性及闸门运行控制优化等问题；

古玉等基于特征线法离散圣维南方程，模拟引汤灌区部分渠系在闸门调控下的非恒定流过渡过程，进行了简单的闸门运行设计，根据闸下出流理论建立闸门开度调控模型，模拟结果表明在流量线性变化的条件下闸门开度也为线性变化。

2. 水温模型

水温主要的预测方法包括经验法和数学模型法。经验法简单实用，但其适用范围有限且模拟精度不高。数学模型法具有严格的理论意义，是目前水温研究的主要手段。水温数学模型可分为一维、二维和三维模型。

20世纪60年代末，美国麻省理工大学（MIT）的Huber和Harleman率先提出了MIT模型。该模型考虑了出入流、水体表面热交换对水体温度分布的影响，对后来湖库水温数学模型及水温分层研究产生了巨大影响。后来，研究者基于能量守恒提出了Stefan-Ford模型。Imberger等提出了更适合于中小型水库的DYRESM模型。我国湖库一维水温模型的研究起步于20世纪80年代，比较有代表性的有中国水利水电科学研究院提出的"湖温一号"模型。

目前二维水温模型已发展地比较成熟。CE-QUAL-W2模型是最具代表性的二维水温模型，它是一个典型的横向平均模型。后来，Huang等基于能量平衡，提出了一个横向平均的风力混合水温模型LA-WATERS，该模型将风的动能转换为水体掺混势能过程中引起的热量计入水温方程中。国内二维水温模型起步较晚，陈小红在湖库研究中引入$k-\varepsilon$湍流模型建立了二维水动力—水温耦合模型。邓云建立了一个适用于大型深水库水温预测的立面二维水温模型。

目前国外开发的比较成熟的三维水温模型包括WASP模型、三维环境流体动力学、MIKE3模型等，这些商业软件或模型的出现使得三维水温数值计算水平已经跨越到一个新台阶。国内有关三维水温模型开发的研究成果较少，大部分都是应用国外开发的先进模型开展水温模拟研究，李凯建立了三维水流水温模型，对三峡坝前至上游18km江段的水温场进行了三维数值模拟。武见建立了EFDC三维水动力—水温模型，模拟分析了澜沧江流域梯级水库联合运行对下游河流的水环境效应。

3. 水质迁移转化模型

水质迁移转化模型用于描述水体的水质要素在各种因素作用下随时间和空间的变化关系，从而预测污染物时空变化过程和危害程度。S-P模型，是Streeter-Phelps于1925年研究美国俄亥俄河污染问题时首次建立的水质模型，在之后90年，水质模型的发展共经历了三个阶段：

首先是1925—1970年，考虑到水体中溶解氧的消耗和大气复氧过程，研究者提出了生物化学需氧量（BOD）和溶解氧（DO）的双线性系统耦合模型，其中最经典的就是S-P模型，该模型考虑了水体中溶解氧的消耗和大气复氧过程，在这两个相反过程的作用下，水体中的DO达到平衡。这一阶段的水质模型仅为简单的氧平衡模型，因此使用范围比较局限，但是为开展水质迁移转化的数值模拟奠定了基础。

其次是1970—1980年，基于第一阶段研究，学者们对于水质组分间迁移转化作用及相态间的相互转化有了更深入的了解，利用不断进步的计算机技术，水质模型耦合了BOD、DO、氮、磷等子系统，部分优秀的模型还可以结合生态模型。在这个阶段，从一维发展到二维的水质模型不仅可以在河流、河口问题上加以应用，还开始大范围应用于解决湖泊、海湾和近海的水环境问题。这一阶段产生了大量的水质迁移转化模型，如QUAL2E、CE-QUAL-W2、RMA10等。第二阶段中的水质模型无法模拟吸附性强的毒性物质，生态水质组分是其主要的模拟对象。

最后是在1980年以后，根据第二阶段的研究，研究者们推出了多介质模型，考虑水质变量的同时也兼顾了有毒物质。模型也从二维空间发展至三维，相应地增加了不同水质模型中水质变量的数量。地表水与底泥、地表水与地下水的交互等也被更完善的水质模型考虑进来。这一阶段的水质模型功能逐渐完善，大多是目前应用广泛的主流水质模型，如EFDC模型、WASP模型、MIKE系列模型、Delft3D模型等。水质模型随着各类新兴科学技术的进步，融入了遥感、Fuzzy数学、智能算法等技术，获得了长足的发展。

4. 藻类生长动力学模型

藻类生长是藻类模拟中最重要的过程，是一个复杂的动态多因子驱动的过程，目前藻类生长与单个环境因子及多因子协同作用的响应关系尚未得出明确的结论。如钟远等在太湖梅梁湾进行的围隔试验表明，藻类生长与水华形成受气候（如水温、风浪）与营养因子（如氮、磷）影响；郑杰等通过试验研究出藻类生长对于氮磷元素的消耗首先是对氨氮和正磷酸盐的吸收，当氨氮和正磷酸盐消耗到一定值时，硝酸盐氮和非正磷酸盐则为氮磷元素的储备库；王丽萍等研究表明藻类生长与水体动力学条件有着密切关系，流速对水体中藻类的增殖、聚集以及分散有一定的影响。

藻类暴发而引起的水华现象成因复杂，与藻类生长相关的环境因子多，水体中藻类的模拟预测往往采用统计学黑箱模型，包括模糊评判法、决策树法、人工神经网络、遗传算法、最小二乘支持向量机等，但这些模型常忽略藻类生长过程。Bobbin将演化算法应用于湖泊中的藻类生长动力学研究，并利用模糊评判法对高丰度蓝藻进行模拟预报评价；Joseph等利用人工神经网络预测香港沿海水域的藻类动态，预测效果显著；卢志娟等构建了基于小波分析与BP神经网络的预测模型以用于预测西湖叶绿素a浓度，模型精度和稳定性良好；黄佳聪等采用遗传算法优化模型参数，提高了蓝藻水华空间分布的预报精度。

随着3S技术的产生与发展，遥感和卫星监测系统等技术被广泛运用在水华的预测预报上，在预测大范围水华时遥感技术具有明显优势。Kondratyev等考虑水中辐射光谱分布的光学影响，建立基于拉多加湖的物理模型，反演湖中悬浮物、叶绿素等指标。余丰宁等通过对不同波段遥感值和水体中叶绿素含量开展了定量关系分析，利用构建的定量模型针对太湖梅梁湾水域进行叶绿素含量的模拟，取得了良好的模拟效果。闻建光等使用混合光谱分析模型提取叶绿素a的浓度，对比基于波段比值、一阶微分的叶绿素a浓度反演结果，认为混合光谱分析技术用于估算水体中叶绿素a浓度效果很好。

20世纪60—70年代起，许多欧美发达国家开始研究藻类生长机理，目前已开发了很多藻类生长动力学模型。起初人们重点关注光照、温度、营养盐等环境因子对生长过程影响的模拟，随后开始在模型中考虑流速等水动力因子对藻类生长的影响。基于生态动力学过程的模型主要由水动力模块、水质模块与藻类生长的水生态模块组成。Kyunghyun、姜龙等利用EFDC建立藻类模型，对研究区域的藻类时空分布进行模拟，效果显著；杨漪帆等、陈无歧等对借助AQUATOX水生态模型软件进行建模，模拟藻类生长动态变化，分析藻类生长影响因素；Rmoero等在对澳大利亚的2个水库进行一维和三维生物地球化学模拟时利用CAEDYM构建了包含蓝藻、绿藻、硅藻3种浮游植物的营养盐循环过程；贾海峰等基于WASP水质模型及CAEDYM生态模型，完成了模型整体框架设计和源代码编写，开发了针对城市水系、可模拟不同藻类的生态动力学模型。

1.2.3.4 水质预警理论及动态仿真模型研究

1. 粗糙集理论

2020年薛英岚等提出了基于水足迹—粗糙集理论的流域上下游水资源与水污染冲突评估方法。之后，陈岩等基于粗糙集支持向量机提出了以黄河流域为例的流域水资源脆弱性评价与预测模型，运用粗糙集属性约简减少贝叶斯网络的输入，提出了基于粗糙贝叶斯网络的水质预测预警模型。苗雨池基于粗糙集属性约简方法提出了中小河流健康程度诊断及影响因子定量识别方法。邻域粗糙集的理论和应用均有较大的突破。

2. 深度学习

在2008年Palani等将神经网络运用于对水质的预测。2018年Peleato等将神经网络用荧光光谱降维应用于饮用水消毒的副产物的预测。2019年Garcia-Alba等将神经网络基于流程的模型用于分析河口海水水质。

3. 三维建模模拟

流体的真实性仿真，国外从20世纪90年代成为研究热点，各种模拟实现方案的探索众多，流体模拟的实时性逐步增强。对精细的小规模的水面动画，以及大规模的流域水面动画提出了多种研究方案。而国内对于流体三维可视化主要采用滚动贴图等比较粗糙的方案，目前水面仿真主要有以下几种方案：

（1）波浪函数，针对水流波形进行模拟设计，将各个波简化为不同波形和不同相位的三角函数的组合，将波浪函数表示成一系列的线性波的组合。通过动态调整参数来表示动态的水流变化，以满足视觉上的逼真效果，该方案不能反映水流的规律。

（2）快速傅里叶变换，一种基于统计的快速傅里叶变换模型可以真实地模拟流体的效果，例如流域的水表面流动效果，这其中的原理是任何曲线都可以通过若干正余弦函数的叠加来近视替换，而用欧拉公式可以将指数形式和三角函数形式进行互换。

（3）Tiled Directional Flow方法，通过一定的方式去给出流域的水流信息，包括流向和流速，制作成Flow map，但人工制作的Flow map，其流场数据并不精准，然后根据Flow map表示的流场信息，结合FFT波纹贴图或者Perlin噪声贴图，模拟一个稳定的带有波纹的水面，该方法无法与环境相交互，水表面不能展示水面周围的场景信息。

（4）基于计算流体力学，Navier-Stokes方程流体模拟，在图形学中，N-S公式主要有如下方式处理——欧拉法、拉格朗日法或者两种混用。

（5）基于Lattice Boltzmann Methods（LBM）公式也可以模拟流体，LBM公式在流体动力学研究中已经成为一种基本方法，但是没有广泛应用到计算机动画模拟，它是近些年才开始应用于流体真实性仿真的先进方法。

4. 水质可视化

虚拟现实技术可以使三维可视化系统更直观地呈现出水质数据的空间变化规律。在国外，Karsten Rink等将虚拟现实技术与水动力模型相结合，开发了一个虚拟地理环境系统，该系统将广泛的二维和三维监测数据与OpenGeoSys地下水模型及海岸二维水动力模型的模拟结果结合起来，通过虚拟现实技术对水库内部及跨水库间水和溶质的动态变化进行可视化。Ribeiro L等利用Virtual Reality Modeling Language（VRML）技术结合地下水模拟模型搭建了可视化系统，该系统主要模拟了地下水的扩散流、槽流和水质参数并对其进行了三维可视化展示。在国内，赵自越等对水质监测和水质预警进行研究，将虚拟现实技术应用到水质预警的可视化展示中，基于真实场景构建了VR模型，将水质监测得到的实时数据通过三维可视化的方式直接在三维场景中进行展示，能够直观地反映水体中水质情况的变化情况。陈众将虚拟现实技术与科学计算可视化相结合，将河流水质模型的计算结果借助VRML技术更加直观地表现出来。冶运涛等将水质模型和虚拟现实技术相结合，将两者集成到三维虚拟流域环境平台中，实现了梯级水库群调控虚拟环境建模以及模型与虚拟仿真技术的结合，基于真实场景构建了某梯级水库调控虚拟仿真平台，虽然该系统使用了可视化效果较为优秀的OpenGL，并对地貌地形进行了建模，增强了可视化的效果，但是对水质数据的展示也只是停留在二维平面，并没有利用好水体中不同深度的水质数据。马昊晨等基于Open Scene Graph（OSG）三维引擎设计了面向水环境的三维快速可视化系统，能够实时地反映当前的水质信息，该系统虽然单独展示了不同水质条件下的水下效果图，但其实只是根据不同水质等级下的水质表现渲染了几个水下的三维场景，只是针对不同的水质数据做了简单的分类，并没有将具体的水质数据应用到三维可视化中。

1.2.3.5 水质风险评估研究

许多学者先后开展了水质健康评价模型、随机模型、灰色模型、模糊模型、信息熵模型等独立或耦合的风险评价模型的研究，并成功应用于不同水体产生风险事件的衡量评估中。凌政学等以广西北部湾地区防城港市河流型饮用水源地为研究对象，采用层次分析法确定各部分风险因子权重，对水源地水质安全风险进行综合评估。李莉等针对调水工程中常发生的水污染事故，以丹江口段为研究对象组建了综合水质安全评价模型，帮助管理人员或专家做出更快，更有效的决策。张秀菊等结合选取灰色关联度法和BP神经网络法对某河口型水源进行了供水安全风险分类评估，比选得出灰色关联度法能较好地解决评价指标难以准确量化和统计的问题，具有定性与定量相结合评价精度较高的优点。郑震基于GLUE方法对水体富营养化模型的相关水质参数进行不确定性分析，分析各参数对水体富营养化程度的影响以供管理。詹树新等运用Mike模型模拟长江南京段常规排污情况对水质的影响，找出了南京市饮用水源地存在的潜在风险。然而大部分模型集中于某个水质指标的独立分析，或将多个指标组合构成特定集合来对某一区域的水环境状态进行评价，并未能直接或系统地考虑各指标间的相关性，可能丢失了重要的指标间的相互关系等重要信息，造成风险评估模型存在局限性。

在水文事件分析中，往往不能仅从单一变量得到结论，而是需要两个甚至更多的变量，这些变量之间很少是完全独立的，如仅进行单一变量分析，可能不足以描述具有固有多变量特征的水文变量（或事件），例如常用的单变量频率/风险评估方法可能不足以描述相互依赖事件的风险概率或出现间隔。因为多变量之间是相互依存的，一般常使用多元方法来了解它们相互作用和联系，例如风暴持续时间和强度，洪峰和洪量，并发干旱和热浪，干旱持续时间和严重程度以及降水和土壤湿度等。

国内外学者也针对描述多指标间相互关系的问题进行了大量研究，已有诸多成果将多元正态分布函数、指数分布函数、Gamma分布函数、二维Gumbel分布函数等应用于不同水质风险事件的评估分析中，但这些多元分布函数均对变量的边缘分布形式有明确要求，因而在实际研究过程中需要对监测数据进行预处理，在这一过程中仍然不可避免地造成数据信息的丢失。需要指出的是，在自然界中，环境水文学和水力学中的大部分现象都是随机现象，凡涉及随机现象风险的分析方法和模型，势必要构建出随机变量的联合频率分布。Copula函数是多元分析方法中的一种，被广泛用于对两个（或多个）随机变量的依存结构进行建模。Copula函数作为构建边缘分布为任意分布的联合函数，为描述变量之间的相关性和非线性多变量之间的建模提供了有效的方法和灵活的途径。这一概念的兴起可以追溯到20世纪50年代，并且早年Copula函数在金融、精算领域得到了广泛的应用，近些年在水文领域引起了越来越多学者的重视：Jun等通过Copula函数建立暴雨强度和暴雨历时的两变量联合分布来计算场次暴雨事件的发生概率；Zhang和Singh基于Copula函数建立洪峰、洪量和历时的二维联合概率分布，并对条件重现期和联合重现期进行了探讨；还有学者开展了变化环境下的多变量洪水频率分析研究，通常采用时变Copula函数、滑动窗口或全球气候模型（GCMs）气候情景分析等方法。相较于其他风险评估模型，Copula函数可以直接建立起各项关键指标的联合分布，进而对由各项关键指标超过标准限值形成的多因子联合风险进行分析。

1.2.4 突发事件应急调控及处置研究

突发水污染事故应急调度主要利用闸门、大坝和泵站等控制建筑物调蓄水体，达到降低事故危害的目的。Cheng 等基于模糊综合评价方法建立评价模型，来分析面对突发水污染事故的应急措施的可行性，评价指标包括完整性、可操作性、有效性、灵活性、快捷性、合理性 6 个。Lian 等在三峡水库基于 CE-QUAL-W2 建立二维水力学水质模型，根据模拟结果，提出三峡水库长、中、短期调度规则来抑制藻类水华的暴发。辛小康等在长江宜昌段基于 MIKE21 建立二维水力学水质模型，针对该河段可能的 3 种突发水污染事故（COD_{Mn}），各设置 5 种三峡水库应急调度方案进行模拟。丁洪亮等在汉江丹襄段建立二维水力学水质模型，结果表明丹江口水库应急调度仅对离水库较近的江段有较好的调控效果。魏泽彪在南水北调东线小运河段基于 MIKE11 建立一维水力学水质模型，针对突发水污染事故（铅和苯酚），制定相应的应急调度方案进行模拟，并对效果进行简单的比较分析。桑国庆等在南水北调东线两湖段建立一维水力学水质模型，针对突发水污染事故（甲醇）后污染物的扩散过程和渠道水位变幅约束，并选出合适的闸泵联合应急调度方案。王帅在南水北调东线胶东干线建立一维水力学水质模型，针对突发水污染事故，在事故渠池设置多种同步和异步闭闸方案，并对应急调度下的污染物扩散和水位波动进行模拟分析。王家彪在西江流域建立河库水流水质耦合模拟模型，对各方案的水库工程自身影响、对下游河道影响和对污染物流动进程影响进行简单的评价分析。

聂艳华针对严重突发水污染事故制定多种闸群应急调度方案，通过简单分析比较最大壅高水位、总退水量、渠段水位稳定时间、稳定水位与目标水位差值等参数，得出相对较好的方案。练继建等在典型明渠段基于 HEC-RAS 建立一维水力学水质模型，提出事故渠池的应急调度方案进行模拟，认为同步闭闸方式比异步闭闸方式更为合理。房彦梅等建立一维水力学水质模型，针对突发水污染事故（不可降解物）进行模拟，通过分析水位波动过程、是否退水等指标，认为应根据突发水污染事故特征制定相应的应急调度方案。陈翔建立一维水力学水质模型，在事故渠池上游段和事故渠池下游段建立了末状态维持闸前常水位的应急调度方法。龙岩等基于 HEC-RAS 建立一维水力学水质模型，针对突发水污染事故（可溶物），在事故渠池设置多种同步、异步闭闸方案，模拟分析了闸控下的污染物扩散过程。Long 等对突发水污染事故建立调控技术、社会影响、经济影响和环境影响等指标进行风险评估，服务于事故渠池、事故渠池上游段和事故渠池下游段的联合应急调度，Xu 等在事故渠池建立快速确定节制闸关闭时间的应急调度模型，均在放水河节制闸—蒲阳河节制闸渠段的一次突发水污染实验（蔗糖）中得到应用。

1.2.5 水质信息共享研究进展

1.2.5.1 国外水质信息共享研究进展

随着信息技术快速发展，大数据时代初步来临。信息资源作为不同管理者协同管理的基础性资源，实现信息开发共享成为推动各国社会经济可持续发展的现实需求。

1. 信息共享平台研究

建立统一的生态环境信息资源开放共享平台已成为当前生态环境治理的必然趋势。Collinge 第一次提出，并认为公共信息服务平台对于人们的生产生活有重要的影响，其作用的发挥将会明显受到社会经济发展的制约。Davis 将公共信息资源服务平台中的网站建设作为研究工作的重要基点，提出通过网站建设有助于信息的开放共享，从而有利于政府更好的完成其工作。Zuiderwijk 认为跨组织的公共信息共享是一项具有战略规划的选择。数据信息开放标准与具体流程的不完善，使得信息数据难以得到有效利用，在对信息开放共享困境分析基础上，提出明晰信息化流程，完善信息开放共享统一标准，进而推动完善信息开放共享平台的建设。Wan 从产权理论出发，认为数据所有权是一种无形资本。硬性良好的信息数据是科学进步和经济发展的支柱，是经济和社会福祉的基础，因此迫切需要建立一个高效、合理、惠及所有人的信息数据管理平台，特别是公共信息的更多访问权限，并在此基础上提出影响信息开放共享的另外一个重要原因是政治敏感性问题。

2. 美国和欧洲流域水环境数据共享现状

水质信息共享是协作机制建立的前提。美国从20世纪70年代开始就逐步建立了统一开放的水质信息数据库（NWIS），其成果数据无条件面向全社会免费共享，至90年代逐步完善。其标志是1991年美国发布了"全球变化研究数据管理政策"，其核心是"完全与开放"的科学数据共享政策。根据数据性质、分类、市场需求的不同，美国对科学数据的共享采用3种管理模式：保密的管理模式、完全与开放的管理模式和市场机制的管理模式。美国的流域数据共享方式是以数据中心为基础向社会使用者提供信息的完全与开放的管理模式。美国联邦地质调查局（USGS）的NWIS系统中，用户能够获取到水资源、水环境、水文气象等方面的信息资源，并能够及时地将收集的流域水环境数据通过分布式站点上传至该系统。同时，在美国国家气象局、环保局也可以通过数据中心享受有关流域水环境等科学数据的共享服务。美国涉及流域水环境信息资源共享与发布的单位机构较多，主要有国家气象局、联邦地质调查局、国家水气数据中心，以及土壤保持局、各州水利水电管理机构及特定的流域机构等。这些部门相互独立，都有各自的数据管理体系，但同时又分工协作，实现信息资源的共享。

2000年欧盟颁布了《欧盟水框架指令》，要求各成员国采取一致行动，建设欧盟水信息系统，实现水环境信息整合共享利用。欧洲环境总署（EEA）是负责流域水环境数据共享的主要单位，其中欧洲水主题中心（ETC/W）是致力于建立一个完善的环境信息共享系统，并结合有效的经济、社会、交通、工业、能源和农业等多领域信息，为EEA各成员国的环境发展提供更好决策支持的机构。EEA各成员国通过连接各自国家数据库作为与欧洲水主题中心信息系统的共享节点，由此合作建立了欧洲环境信息观测网，用于欧洲环境改善的决策支持。

1.2.5.2 国内水质信息共享研究进展

环境信息开放是生态环境信息共享研究的前提。我国在1989年出台《中华人民共和国环境保护法（试行）》，从法律层面上明确了环境信息公开理念。2006年，国务院信息化工作办公室印发的《国家电子政务总体框架》初步提出建立信息资源公开共享机制。2007年《环境信息公开办法（试行）》的颁布则标志着我国生态环境信息开放共享走向制度化，我国生态环境信息开放共享政策制度体系日趋完善。2013年在国务院颁布的《当前政府信息公开重点工作安排》中，明确将"推进环境保护信息公开"作为重点研究内容，强调环境信息监测数据的开放与共享。

洪京一将信息资源从开发利用到开放共享分为3个阶段，1960—2009年为被动开放阶段，2009—2011年为主动开放阶段，2012年至今为信息价值发现阶段，认识到信息资源开放共享对社会发展进步的重要意义，应通过开放共享来主动挖掘信息资源潜藏的深层价值。2015年《中华人民共和国环境保护法》对生态环境信息开放共享做出明确的专章规定，并提出政府相关部门是环境信息公开的主体。

我国学者关于信息开放共享机制建设优化方面研究主要集中在顶层设计、信息获取、平台建构与蓝图规划四个方面。当前我国生态环境信息开放共享需要法律与技术的联动、部门之间相互沟通来推进开放共享整体格局的进步。

我国各大流域机构也实施了重点控制断面水质类别信息公开制度，《南水北调工程供用水管理条例》规定国务院水行政主管部门、环境保护主管部门按照职责定期向社会公布南水北调工程供用水水量、水质信息，并建立水量、水质信息共享机制。

1.3 面临挑战

中线总干渠部分污染物浓度极低，但呈现沿线递增趋势；藻贝类增殖问题对沿线供水安全带来一定挑战，这些新的水质水生态问题在工程规划设计及"十一五""十二五"科研等工作中缺少系统深入的研究，亟需针对以上问题进行专题研究。

1.3.1 水质监测体系不完善

目前中线总干渠水质监测体系依旧不完善，水质监测断面存在不合理现象，部分监测断面与上、下游监测断面的水质监测结果差异小，部分敏感区域又缺少监测断面；监测参数以水质参数为主，缺少藻类、动态风险源等关键指标监测；监测技术以水质自动在线监测为主，缺乏藻类、动态风险源、多源生物等在线监测技术支撑，满足不了当前中线总干渠藻类异常增殖以及突发污染事件的监测预警需求。

1.3.2　藻类异常增殖

通水以来，干渠藻类出现浮游藻、着生藻增殖问题，浮游藻增殖主要以硅藻为主，着生藻增殖主要以刚毛藻为主；如春季浮游植物密度曾高达 3×10^7 cell/L，着生藻类在南阳段快速增殖、衰老脱落并上浮聚集等，对沿线自来水厂的预处理造成一定压力；此外，藻泥在沿线缓流渠段及干渠末端淤积，给中线总干渠供水安全造成潜在威胁。

淡水壳菜在总干渠发生增殖，附着于倒虹吸等输水建筑物表面，影响输水能力，其分泌物对建筑物表面产生一定腐蚀作用，且其死亡后进入水体会对输水水质造成一定影响。

1.3.3　水质应急决策支持能力亟待提升

目前南水北调中线工程已经建立了针对于水污染事故的应急调度预案，并根据水污染事故的等级建立了较为详细的调度措施。但是，对于水污染事故的分类、分级，目前还主要依靠人工经验，并未建立较为详细、基于理论分析的污染事故分类、分级标准；同时缺少藻贝类异常增殖的应急处置预案。

1.3.4　水质数据共享不足，多目标协作机制缺乏

目前，水源供给部门与水厂用水之间的水质监测指标和评价标准存在不衔接的突出问题，供水和用水双方的水质信息无法充分共享，导致水源部门对沿线水厂水质耐受性以及安全保障优先级信息掌握不足，降低了事故或风险状态下应对的针对性和有效性，同时水厂用水部门也无法及时掌握中线工程的水质及预警信息，无法对水质变化、水污染事件提前启动应对措施，增加了处置成本，降低了城市生活供水安全保障效率。

第 2 章
生态与环境概况

2.1 工程概况

2.1.1 工程布局

"南方水多,北方水少,如有可能,借点水来也是可以的。"1952年10月,毛泽东主席在视察黄河时首次提出了南水北调的宏伟设想。1992年党的十四次代表大会将南水北调列入跨世纪工程计划。2002年12月,国务院以国函〔2002〕117号文正式批复《南水北调工程总体规划》。南水北调东线、中线工程分别于2002年12月和2003年12月开工建设。南水北调中线工程是我国"四横三纵"水资源配置体系中的重要组成部分,也是南水北调工程的重要内容,是缓解我国黄淮海平原水资源严重短缺、优化配置水资源的重大战略性基础设施。南水北调中线一期工程从丹江口水库引水,向华北平原包括北京、天津在内的19个大中城市及100多个县(县级市)提供生活、工业用水,兼顾农业用水。一期工程主要由水源工程、输水总干渠工程和汉江中下游三大部分构成。水源工程包括丹江口大坝加高和陶岔引水渠首;输水总干渠工程包括明渠、管涵以及各类建筑物;汉江中下游治理工程包括兴隆水利枢纽、引江济汉、改扩建沿岸部分引水闸站、整治局部航道。

丹江口水库初期工程1958年开工,1974年竣工达到初期蓄水规模。2005年,南水北调中线一期工程丹江口大坝加高工程开工,2010年工程竣工。加高后坝顶高程由之前的162m加高到176.6m,正常蓄水位由157m提高到170m,相应库容达到290.5亿 m^3,增加库容116亿 m^3,同时对陶岔引水渠首进行改线重建,以满足调水规模要求。中线一期工程从加坝扩容后的丹江口水库陶岔渠首闸引水，沿线开挖渠道，经唐白河流域西部过长江流域与淮河流域的分水岭方城垭口，沿黄淮海平原西部边缘，在郑州市以西李村附近穿过黄河，沿京广铁路西侧北上，可基本自流到北京市、天津市。渠首设计流量350m³/s，加大流量420m³/s，多年平均调水量为95亿m³。

南水北调中线总干渠工程于2003年12月30日正式开工，2007年南水北调中线工程河北省石家庄市至北京市的"京石段"应急工程完成后，年调水3亿～5亿m³；2008年，把"京石段"沿中线总干渠往南修到黄河，应急时可调黄河水供北京使用；2010年南水北调中线工程全线建成。中线总干渠从河南淅川县陶岔引水，穿过长江与淮河流域的分水岭河南省方城垭口，沿唐白河流域和黄淮海平原西边缘，在郑州市西穿过黄河，沿京广铁路西侧北上，自流到北京市、天津市，全长1432km。其中，河南省段731km，河北省段465.92km，北京市段79.84km，天津市段156km，天津市段为全箱涵型式输水，北京市段为PCCP管道输水。

2.1.2 渠道特征

南水北调中线工程自2014年12月正常通水以来，中线总干渠持续稳定运行，截至2023年年底，中线已累计输水超650亿m³。中线总干渠特点是规模大，渠线长，建筑物样式多，交叉建筑物多，中线总干渠呈南高北低之势，具有自流输水和供水的优越条件。全线以明渠输水方式为主，局部采用管涵输水。渠首设计流量350m³/s，加大流量420m³/s。中线总干渠全称高差不到100m，穿越大小河流600多条，建造各类建筑2387座。主要水工建筑物包括节制闸、退水闸和分水口。

2.1.2.1 节制闸

节制闸通常建于河道或渠道中用于调节上游水位、控制下泄水流流量的水闸。渠道上的节制闸利用闸门启闭的开度调节上游水位和下泄流量大小，根据中线总干渠沿线城市的用水规模合理的分配供水量，全线有节制闸64座。

2.1.2.2 分水口

分水口是南水北调中线工程的一个关键性水利工程，目的是调节中线总干渠与干渠的流量分配。能够有效缓解我国华北地区缺水的大型调水工程，中线总干渠沿线共计97座分水口为沿线城市供水。

2.1.2.3 退水闸

退水闸一般建在渠道险工段或重要渠系建筑物上游渠侧，用于应急处置和生态补水，保障下游渠段或重要建筑物的安全，全线退水闸共54座。

2.1.3 工程保障与管理

按照环境影响评价报告和环境影响评价复核报告的设计要求，南水北调中线工程在建设过程中充分考虑到外界污染源对于总干渠水质的影响，建立了系统的水质保障体系。

一是通过立体交叉、封闭围栏、水源保护区，确立了中线工程三道防线。立体交叉指的是1196km明渠段全部设计成全线封闭立交形式，利用渡槽、倒虹吸、左岸排水等手段，让中线工程与外界河流互不影响。中线总干渠两侧全部布设封闭围栏，围栏范围外设置生态带、水源保护区，保护区分为一级保护区和二级保护区，宽度依据地质条件和地下水扩散特征而定，其中一级保护区的宽度在30～1000m。水源保护区的污染源、风险源台账被纳入生态环境部门污染源管理体系。

二是建立了日常监测体系和应急管理体系。日常监测体系包括1个水质保护中心，全面负责沿线的水质保护工作；4个固定实验室，负责具体的监测业务；13个自动监测站，能实现自动采样、自动监测、自动传输，监测参数自动上传到水质系统平台；30个固定监测断面，定期完成常规水质指标的监测工作。通过对危险化学品生产和运输情况的调查分析，结合沿线潜在的风险源，将水体污染物划分为27类、294种典型污染物，针对性地制定不同污染物的应急处置技术。编制了《南水北调中线干线工程水污染应急处置技术手册》，并与国内公安系统、卫生医疗机构等建立了沟通协作机制。

总体来讲，南水北调中线总干渠已经建立了比较系统的水质保护体系，基本实现了外界污染源对渠道影响的最小化。

2.1.3.1 水质监测能力建设

根据《南水北调中线一期工程水质监测方案》要求，中线工程开展了实验室固定监测（常规监测）、自动监测等工作。具体监测能力建设如下。

2.1.3.1.1 水质监测管理

1. 实验室固定监测

全线共设有4个水质实验室，负责全线30个监测断面水质月监测及其他相关监测工作（其中陶岔、南营村、王庆坨、惠南庄4个监测断面为生态环保监测断面）。为保证全线水质监测工作正常开展，完成制定并印发了《水质监测管理标准》《水质监测实验室安全管理标准》《水质实验室常用仪器设备使用维护技术标准》，并负责全线水质监测及实验室的监督管理工作，定期检查监测数据的代表性、合理性和准确性，组织编制水质监测报告，负责水质监测资料与成果管理等工作。

各水质实验室贯彻落实国家有关水质监测管理方面的方针、政策，执行有关法律、法规以及水利部和中线工程运行管理单位制定的相关规定和办法，负责辖区水质监测管理工作，做好实验室质量控制工作，开展实验室能力验证和比对试验，负责水质监测资料归档管理，编制水质监测报告，按时报送水质监测数据和水质监测报告等工作。

各三级管理单位贯彻落实国家有关水质监测管理方面的方针、政策，执行有关法律、法规以及水利部、中线工程运行管理单位、二级管理单位制定的相关规定和办法，按照有关规定做好采样配合等工作。

2. 自动监测站管理

为确保自动监测系统正常运行，制定并印发了《水质自动监测站管理标准》《水质自动监测站运行维护技术标准》，负责水质自动监测站数据的审核及报告编写，并负责监督指导全线水质自动监测站运行。

各二级管理单位严格落实水质自动监测站相关管理规定，负责辖区内自动监测站标准化建设及运行维护的监督管理，负责辖区内水质自动监测站的数据复核，数据汇总、分析及报告编写。

各三级管理单位具体落实水质自动监测站相关管理规定，监督运行维护单位日常维护工作，并负责辖区内水质自动监测站数据的校核。

2.1.3.1.2 水质监测情况

1. 实验室固定监测（常规监测）

按照《南水北调中线一期工程水质监测方案》要求，南水北调中线干线工程共设有陶岔、姚营、程沟、方城、沙河南、兰河北、新峰、苏张、郑湾、穿黄前、穿黄后、纸坊河北、赵庄东南、西寺门东北、侯小屯西、漳河北、南营村、侯庄、北盘石、东淀、大安舍、北大岳、蒲王庄、柳家左、西黑山、霸州、王庆坨、天津外环河、惠南庄、团城湖等30个监测断面，其中重点监测断面17个（含4个生态环境部监测断面），一般监测断面13个。各断面监测频次为每月一次，监测指标为水温、pH值、溶解氧、高锰酸盐指数、化学需氧量、五日生化需氧量、氨氮、总磷、总氮、铜、锌、氟化物、硒、砷、汞、镉、六价铬、铅、氰化物、挥发酚、石油类、阴离子表面活性剂、硫化物、粪大肠菌群、硫酸盐等25项。所有监测参数均在实验室于规定时限内完成监测，参照《地表水环境质量评价方法（试行）》（环办〔2011〕22号），采用单因子评价法对水质进行评价。

2. 自动监测

自动监测工作由南水北调中线干线13个水质自动监测站开展，具体包括陶岔、姜沟、刘湾等，见表2-1。

表2-1　　　　　中线水质自动监测站监测信息表

序号	名称	地址	监测指标
1	陶岔	河南省淅川县陶岔村	水温、电导率、pH值、溶解氧、浊度、砷、硫化物、化学需氧量、总氮、总磷、硝酸盐氮、六价铬、总铁、总锰、总镍、总锑、总银、甲醛、苯胺类、余氯、总氯、锌、镉、铅、铜、氟化物、氯化物、氨氮、高锰酸盐指数、总氰、总汞、石油类、挥发酚、生物毒性、24种挥发性有机物、32种半挥发性有机物，共89项
2	姜沟	河南省南阳市姜沟村	水温、电导率、pH值、溶解氧、浊度、氨氮、高锰酸盐指数、溶解性有机物、生物毒性，共9项
3	刘湾	河南省郑州市刘湾村	
4	府城南	河南省焦作市府城村	

续表

序号	名称	地址	监测指标
5	漳河北	河南省安阳县施家河村东	
6	南大郭	河北省邢台市南大郭乡	
7	田庄	河北省石家庄市田家庄村	
8	西黑山	河北省徐水县西黑山	水温、电导率、pH值、溶解氧、浊度、氨氮、高锰酸盐指数、溶解性有机物、总磷、总氮、叶绿素、生物毒性，共12项
9	天津外环河	天津市西青区	
10	中易水	河北省易县中高村	水温、电导率、pH值、溶解氧、浊度、氨氮，共6项
11	坟庄河	河北省涞水县西垒子村	水温、电导率、pH值、溶解氧、浊度、氨氮、高锰酸盐指数、溶解性有机物、生物毒性，共9项
12	惠南庄	河北省易县中高村	水温、电导率、pH值、溶解氧、浊度、氨氮、高锰酸盐指数、溶解性有机物、总磷、总氮、叶绿素、生物毒性，共12项
13	团城湖	河北省涞水县西垒子村	

3. 水质数据共享及上报

水质数据包含固定实验室日常监测数据、水质自动站水质监测数据、应急监测数据。实验室日常监测数据，根据水质监测方案要求，经校核、审核后以报告或数据表格形式上报，并编制水质监测月报，上报水利部。

水质数据已基本实现了与沿线地方政府共享。2014年，根据沿线地方政府的需求，原国务院南水北调办《南水北调中线通水水质信息共享机制建设座谈会会议纪要》（综环保函〔2014〕462号）明确了中线水质信息共享原则和范围，由南水北调中线工程运行管理单位与沿线各省（直辖市）建立水质监测数据共享机制，每月提供跨省（直辖市）界及其上游1个常规监测断面的水质信息（监测数据包括GB 3838—2002《地表水环境质量标准》24项基本指标），至少提供1个水质自动监测站水质数据。固定断面监测数据每月盖章提供，水质自动监测站数据存在内网数据库中，暂时无法实时上传，未进行信息实时共享。

2.1.3.2 水质保护工作情况

南水北调中线水质保护工作采取三级管理，2017年南水北调中线工程运行管理单位设置水质与环境保护中心、4个水质监测中心、45个水质专员岗，负责全线水质保护工作。在水质保护、体制机制建设、数据共享、风险防控及其他水质保护相关方面积极工作，工作总体进展良好。

2.1.3.2.1 水质保护情况

1. 沿线饮用水水源保护区情况

为加强沿线饮用水水源保护区污染源管理，确保中线输水水质安全，专门制定了污染源管理办法，规范了沿线饮用水水源保护区内污染源巡查工作，建立了全线污染源台账,并定期更新,协调、跟踪污染源处置进展。各二级管理单位负责辖区内污染源管理工作。沿线三级管理单位具体负责辖区内污染源台账,并协调、跟踪污染源处置工作。

通水以来,南水北调中线工程运行管理单位多次协调生态环境部、沿线地方政府及相关部门联合督导检查沿线饮用水保护区内污染源,活动的协作主要围绕污染源治理、应急体系及机制建立两项和地方密切相关的工作展开。河南省二级管理单位、渠首二级管理单位通过开展河南省南水北调运行管理例会,与河南省生态环境厅、水利厅建立了污染源处置月度协调机制,有效推进了河南省境内沿线饮用水水源保护区内污染源的处置工作。

2. 水质保护专用设备设施

为保障水质保护工作的顺利开展,组织研发配置了水质专用设备设施,并制定印发了《水质保护专用设备设施运行维护技术标准》,负责监督检查水质专业设备设施运行管理工作;各二级管理单位负责辖区内水质专业设备设施的运行管理,确保设备设施运行正常;各三级管理单位具体落实相关管理规定,负责辖区内设备设施的日常维护工作及安全运行。通水以来,对中线干渠有针对性地开展了藻类拦截打捞、拦油拦污和应急处置平台的研发工作,并进行了示范推广。

截至2021年年底,北京市二级管理单位辖区共设置水质综合平台3套、拦油装置1套、拦漂装置2套、水体中和设备1套;天津市二级管理单位先后设置了拦油拦污设施1套、水质综合工作平台4套;河北省二级管理单位设置拦油装置1套、水质综合工作平台3套、拦藻拦污装置1套、静水区域扰动装置18套;河南省二级管理单位配备水质拦油工作平台3套、水质应急综合工作平台4套、分水口拦漂导流装备11套、电赶拦鱼设施2套、拦鱼设施维护平台2台、钢制拦鱼网1套、节制闸汇流区拦鱼网设施1套、全断面智能拦藻装置1套;渠首二级管理单位辖区内共4座水质工作应急平台、2台分水口拦漂设和1台油污拦截设备。

2.1.3.2.2 体制机制建设

1. 水质保护机构体系建设

2017年,全线水质保护工作采取三级管理,设置水质与环境保护中心、4个水质监测中心、45个水质专员岗。水质与环境保护中心负责全线水质和环境保护管理,协调地方做好中线总干渠两侧饮用水水源保护区内的水质及环境保护工作;负责全线水质监测管理及水污染应急管理等工作。为统筹做好全线水质保护工作,先后编制印发了17项水质保护相关制度标准,规范全线水质保护相关工作,定期开展全线水质保护监督检查;水质监测中心具体负责辖区内水质和环境保护管理,承担水质监测,水质实验室及设备管理,水污染防治及应急管理等工作;水质专员具体负责组织实施辖区内的水质监测工作及应急管理工作,协调配合地方政府做好总干渠两侧饮用水水源保护区内的水质及环境保护工作。

2. 水质保护工作制度建设

通水以来，为了更好地开展中线水质保护工作，确保中线输水水质安全，全面开展标准、规范化建设，先后制定并印发了17项水质与环境保护相关标准及办法，涵盖了水质监测、实验室、自动站、污染源、水质专用设施设备运行维护、水环境日常巡查、实验室仪器设备、应急物资设备、水污染应急及藻类防控等。

全线各二级管理单位结合自身实际情况，逐步开展了水质与环境保护标准化、规范化建设，通过制定各项规范标准，规范了水质与环境保护工作人员的各项水质保护工作标准，并先后完成水质实验室、水质自动监测站等标准化、规范化建设任务，各二级管理单位水质监测实验室均取得了CMA计量认证资质，并具备了地表水109项监测能力。沿线各三级管理单位制定了相关的水质保护方案并建立相关工作台账，严格落实局水质保护有关工作。

3. 建立会商协调机制

为及时协调解决水质保护相关问题，全线定期组织召开水质与环境保护工作会商协调会，群策群议及时研究处理相关问题。积极与沿线地方生态环境、水利主管部门建立协同联动机制，协同开展保护区内污染源专项检查，协调处理保护区污染；与沿线地方政府及应急管理部门建立应急管理机制，定期组织开展应急演练，并完成应急预案备案工作。

4. 建立监督检查机制

全线建立水质保护监督检查机制，明确水质与环境保护中心、二级管理单位、三级管理单位监督检查的职责权限，定期或不定期检查水质保护相关制度标准落实情况及执行效果、水质保护各项工作开展情况、预算执行情况等，及时建立问题台账，跟踪问题整改。

2.1.3.2.3 其他水质保护相关工作情况

中线工程运行管理单位高度重视水质保护科研工作，先后组织实施（完成）水质保护科研及相关工作共计28项，主要涉及藻类增殖及防控、淡水壳菜生长规律及防控、淤积物处理，高锰酸盐指数与营养盐控制、水质变化趋势等研究。2017年南水北调中线工程运行管理单位作为牵头单位，承担了国家"十三五"水体污染控制与治理科技重大专项"南水北调中线输水水质预警与业务化管理平台"研究工作，专题研究了中线藻类增殖及防控技术体系等。

2.1.3.3 水质应急能力建设

为提高全线水质应急能力，2014年编制印发了Q/NSBDZX G015—2014《南水北调中线干线水污染应急预案》，2018年、2019年进行了修订；2015年完成了全线水污染应急物资的配备。

全线二级管理单位严格贯彻水污染应急管理相关规定，根据辖区实际特点，制定了水污染应急预案,并按要求进行了备案;配备了相应的应急抢险队伍,负责辖区内应急物资的管理,组织开展应急监测,负责辖区内水污染应急管理等工作。

沿线各三级管理单位严格贯彻南水北调中线工程运行管理单位水污染应急管理相关规定,根据辖区特点,制定了水污染应急预案及处置方案,并按要求进行了备案,具体负责辖区内应急物资的管理,配合开展应急监测及现场应急处置及管理等工作。

全线共设有10处应急物资库,主要配置了活性炭、吸油毡、围油栏、水域防浊帘、收油机、储油罐、配药设备、喷洒设备、防酸泵、沉积物清理设备、曝气机、防护用品等。同时,全线配置了8支应急抢险队伍,可调用人数为320人。截至2021年年底,全线先后组织开展应急演练和培训150余次,有效提升水质应急保障能力。

2.2 水环境概况

2.2.1 水质总体状况

2.2.1.1 水质因子特征

通水以来,各断面水质基本情况见表2-2。24项常规监测指标中,有检出数据的仅13项,其中砷、汞、镉、铬(六价)、铅、氰化物、挥发酚、石油类、阴离子表面活性剂、粪大肠杆菌等11项指标均低于检出限,全部断面均没有检出。化学需氧量、锌、硫化物等3项指标在部分断面没有检出。水温平均值的变化范围为14.4～17.4℃,基本呈现南高北低的变化趋势;pH平均值稳定在8.1～8.2之间,波动较小;溶解氧平均值为8.4～8.5mg/L,从南到北有逐渐增大的趋势;高锰酸盐指数平均值为1.8～2.1mg/L,波动较小;化学需氧量平均浓度为7.9～8.9mg/L,生化需氧量平均浓度为0.9～1.8mg/L;氨氮平均浓度为0.05～0.07mg/L,总氮平均浓度为0.91～1.00mg/L,总磷平均浓度为0.01～0.02mg/L;除团城湖断面外,铜和锌的浓度均在0.01mg/L以下;氟化物平均浓度稳定在0.2mg/L,硫化物平均浓度为0.01mg/L。

表2-2 南水北调中线总干渠主要监测断面水质因子基本特征

序号	水质指标	项目	陶岔	兰河北	纸坊河北	侯庄	北大岳	惠南庄	团城湖	天津外环河
1	水温/℃	最大值	29.8	29.2	29.7	31.1	32.5	31.5	30.2	29.8
		中位值	15.35	16.25	16.8	16.9	16.9	15.8	15.9	15.25
		平均值	16.2	17.4	16.2	16.5	15.2	14.4	15.2	15.9
		标准偏差	7.0	8.0	8.3	9.5	8.1	8.5	9.8	10.0
2	pH值	最大值	8.6	8.5	8.6	8.7	8.6	8.6	8.4	8.5
		中位值	8.1	8.2	8.2	8.2	8.2	8.3	8.2	8.1

续表

序号	水质指标	项目	陶岔	兰河北	纸坊河北	侯庄	北大岳	惠南庄	团城湖	天津外环河
2	pH 值	平均值	8.1	8.2	8.2	8.2	8.2	8.2	8.1	8.1
		标准偏差	0.2	0.3	0.3	0.2	0.2	0.2	0.2	0.2
3	溶解氧/(mg/L)	最大值	12.0	12.8	12.4	10.4	12.6	13.9	14.0	14.2
		中位值	7.9	8.6	8.8	8.8	9.2	9.5	8.1	9.3
		平均值	8.4	9.0	9.2	9.5	9.4	9.9	8.5	8.3
		标准偏差	1.5	1.5	1.4	1.8	1.7	1.9	1.7	2.4
4	高锰酸盐指数/(mg/L)	最大值	2.3	2.7	2.8	2.8	2.9	2.9	2.5	2.8
		中位值	1.7	1.9	1.9	2.1	2.1	2	1.9	1.9
		平均值	1.8	1.9	2.0	2.1	2.2	2.1	1.9	2.0
		标准偏差	0.2	0.3	0.3	0.4	0.4	0.3	0.3	0.2
5	化学需氧量/(mg/L)	最大值	—	—	—	—	—	10	11	9
		中位值	—	—	—	—	—	9.5	9	8
		平均值	—	—	—	—	—	8.8	8.9	7.9
		标准偏差	—	—	—	—	—	1.5	1.5	1.2
6	生化需氧量/(mg/L)	最大值	2.7	2.4	2.4	2.4	2.6	2.9	1.7	3.4
		中位值	2.0	1.7	1.7	0.9	0.7	0.9	0.6	0.8
		平均值	1.8	1.5	1.6	1.0	0.9	1.0	0.8	1.2
		标准偏差	0.6	0.5	0.5	0.5	0.5	0.5	0.4	0.7
7	氨氮/(mg/L)	最大值	0.17	0.15	0.20	0.19	0.29	0.19	0.08	0.17
		中位值	0.04	0.04	0.04	0.05	0.05	0.06	0.05	0.06
		平均值	0.05	0.05	0.05	0.07	0.07	0.07	0.05	0.07
		标准偏差	0.04	0.04	0.05	0.04	0.05	0.04	0.01	0.04
8	总磷/(mg/L)	最大值	0.05	0.04	0.04	0.03	0.02	0.02	0.02	0.02
		中位值	0.02	0.02	0.01	0.01	0.02	0.01	0.01	0.02
		平均值	0.02	0.02	0.02	0.01	0.02	0.01	0.01	0.02
		标准偏差	0.01	0.01	0.01	0.01	0.00	0.00	0.00	0.01
9	总氮/(mg/L)	最大值	1.76	1.36	1.59	1.62	1.6	1.37	1.32	1.41
		中位值	0.98	0.92	0.96	0.89	0.97	0.94	0.92	0.88
		平均值	1.00	0.93	0.97	0.96	1.00	0.95	0.93	0.91
		标准偏差	0.21	0.22	0.21	0.22	0.22	0.22	0.23	0.24
10	铜/(mg/L)	最大值	0.003	0.005	0.004	0.008	0.008	0.027	0.028	0.027

续表

序号	水质指标	项目	陶岔	兰河北	纸坊河北	侯庄	北大岳	惠南庄	团城湖	天津外环河
10	铜/(mg/L)	中位值	0.001	0.001	0.001	0.003	0.003	0.003	0.015	0.004
		平均值	0.001	0.001	0.001	0.004	0.003	0.005	0.015	0.006
		标准偏差	0.001	0.001	0.001	0.002	0.002	0.007	0.018	0.013
11	锌/(mg/L)	最大值	0.008	0.011	0.006	0.004	0.010	0.013	0.013	0.032
		中位值	0.003	0.004	0.004	0.004	0.009	0.007	0.008	0.009
		平均值	0.004	0.004	0.004	—	0.009	0.008	0.008	0.013
		标准偏差	0.002	0.003	0.002	—	0.002	0.004	0.003	0.014
12	氟化物/(mg/L)	最大值	0.30	0.27	0.30	0.24	0.25	0.31	0.26	0.26
		中位值	0.20	0.20	0.20	0.20	0.20	0.20	0.20	0.21
		平均值	0.20	0.20	0.21	0.20	0.20	0.21	0.20	0.21
		标准偏差	0.03	0.02	0.03	0.02	0.02	0.03	0.03	0.02
13	硫化物/(mg/L)	最大值	—	—	—	0.012	0.012	0.012	—	0.013
		中位值	—	—	—	0.010	0.010	0.009	—	0.013
		平均值	—	—	—	0.010	0.010	0.009	—	—
		标准偏差	—	—	—	0.004	0.002	0.004	—	—

注："—"表示没有检出。24项水质指标中，硒、砷、汞、镉、铬（六价）、铅、氰化物、挥发酚、石油类、阴离子表面活性剂、粪大肠杆菌等11项指标全部断面均没有检出，因此没有列入表中。

2.2.1.2 单因子评价

按照GB 3838—2002《地表水环境质量标准》，对有检出数据的各项水质指标平均浓度进行水质类别评价，结果见表2-3。以平均值和中位值作为评价数据时，评价结果基本相同，氨氮、氟化物、化学需氧量、硫化物、溶解氧、生化需氧量、铜、锌、总磷等指标均为Ⅰ类；高锰酸盐指数在侯庄、北大岳、惠南庄3个断面为Ⅱ类，其他断面为Ⅰ类；铜在团城湖断面为Ⅱ类，其他断面为Ⅰ类。以最大值作为评价数据时，各断面氨氮和高锰酸盐指数基本为Ⅱ类，铜和总磷Ⅱ类断面增加。

表2-3　南水北调中线总干渠主要监测断面水质类别单因子评价结果

评价数据	断面	氨氮	高锰酸盐指数	氟化物	化学需氧量	硫化物	溶解氧	生化需氧量	铜	锌	总磷	断面水质类别
平均值	陶岔	Ⅰ	Ⅰ	Ⅰ	Ⅰ	Ⅰ	Ⅰ	Ⅰ	Ⅰ	Ⅰ	Ⅰ	Ⅰ
	兰河北	Ⅰ	Ⅰ	Ⅰ	Ⅰ	Ⅰ	Ⅰ	Ⅰ	Ⅰ	Ⅰ	Ⅰ	Ⅰ
	纸坊河北	Ⅰ	Ⅰ	Ⅰ	Ⅰ	Ⅰ	Ⅰ	Ⅰ	Ⅰ	Ⅰ	Ⅰ	Ⅰ
	侯庄	Ⅰ	Ⅱ	Ⅰ	Ⅰ	Ⅰ	Ⅰ	Ⅰ	Ⅰ	Ⅰ	Ⅰ	Ⅱ
	北大岳	Ⅰ	Ⅱ	Ⅰ	Ⅰ	Ⅰ	Ⅰ	Ⅰ	Ⅰ	Ⅰ	Ⅰ	Ⅱ

续表

评价数据	断面	氨氮	高锰酸盐指数	氟化物	化学需氧量	硫化物	溶解氧	生化需氧量	铜	锌	总磷	断面水质类别
平均值	惠南庄	I	II	I	I	I	I	I	I	I	I	II
	团城湖	I	I	I	I	I	I	I	II	I	I	II
	天津外环河	I	I	I	I	I	I	I	I	I	I	I
最大值	陶岔	II	II	I	I	I	I	I	I	I	II	II
	兰河北	I	II	I	I	I	I	I	I	I	II	II
	纸坊河北	II	II	I	I	I	I	I	I	I	II	II
	侯庄	II	II	I	I	I	I	I	I	I	I	II
	北大岳	II	II	I	I	I	I	I	I	I	I	II
	惠南庄	II	II	I	I	I	I	I	II	I	I	II
	团城湖	I	II	I	I	I	I	I	II	I	I	II
	天津外环河	II	II	I	I	I	I	II	I	I	I	II
中位值	陶岔	I	I	I	I	I	I	I	I	I	I	I
	兰河北	I	I	I	I	I	I	I	I	I	I	I
	纸坊河北	I	I	I	I	I	I	I	I	I	I	I
	侯庄	I	II	I	I	I	I	I	I	I	I	I
	北大岳	I	II	I	I	I	I	I	I	I	I	II
	惠南庄	I	I	I	I	I	I	I	I	I	I	I
	团城湖	I	I	I	I	I	I	I	II	I	I	II
	天津外环河	I	I	I	I	I	I	I	I	I	I	I

2.2.1.3 综合污染指数评价

1. 评价方法

综合污染指数法是采用综合污染指数法对水质状况进行分级评价。综合污染污染指数计算方法见式（2-1）和式（2-2）。

$$P = \frac{1}{n}\sum_{i=1}^{n}P_i = \frac{1}{n}\sum_{i=1}^{n}\frac{C_i}{S_i} \tag{2-1}$$

$$K_i = \frac{P_i}{nP} \times 100\% \qquad (2-2)$$

式中：P 为综合污染指数；P_i 为水质因子 i 的污染指数；C_i 为水质因子 i 的实测浓度，mg/L；S_i 为水质因子 i 在《地表水环境质量标准》GB3838—2002 中对应的标准限值，mg/L；K_i 为水质因子 i 的污染分担率，表征各污染物的贡献并识别主要污染物；n 为参评指标个数。

综合污染指数分级标准见表 2-4。综合污染指数计算过程中，考虑总干渠为饮用水源地，水质标准按照《地表水环境质量标准》GB3838—2002 中的 Ⅱ 类计。各水质指标中，水温、pH 值无明确标准限值，溶解氧属于低值污染型指标，因此除水温、pH 值、溶解氧 3 项指标外，其他 21 项指标均参与计算。各水质指标浓度为监测结果的平均值、最大值和 1/2 中位数分别进行评价分析。

表 2-4　　　　　　　　　　综合污染指数分级标准

综合污染指数	水质分级	水质状况阐述
$P < 0.8$	合格	多数项目未检出，个别检出也在标准内
$0.8 \leq P \leq 1.0$	基本合格	个别项目检出值超标
$1.0 < P \leq 2.0$	污染	相当一部分检出值超标
$P > 2.0$	重污染	相当一部分项目检出值超过标准数倍

2. 评价结果

各断面综合污染指数为 0.15～0.30，河南省境内断面总体低于河北省和北京市、天津市断面，最高出现在北京市惠南庄。按照分级标准，各断面均为合格，说明中线总干渠水质总体良好。以最大值作为评价数据时，综合污染指数明显高于以平均值和中位值为准的评价结果，但并未影响最终的水质分级结果。对主要污染因子及其污染分担率的分析表明，生化需氧量和高锰酸盐指数对陶岔、兰河北、纸坊河北、侯庄、北大岳等断面的综合污染指数分担率较高，化学需氧量和生化需氧量对惠南庄、团城湖和天津外环河等断面的综合污染指数分担率较高，见表 2-5。

表 2-5　　　　南水北调中线总干渠主要监测断面综合污染指数评价结果

评价数据	断面	综合污染指数	主要污染因子 K_i	水质分级结果
平均值	陶岔	0.17	生化需氧量（16.9%），高锰酸盐指数（12.3%）	合格
	兰河北	0.16	生化需氧量（15.2%），高锰酸盐指数（14.1%）	合格
	纸坊河北	0.16	生化需氧量（15.5%），高锰酸盐指数（14.2%）	合格
	侯庄	0.16	高锰酸盐指数（15.7%），生化需氧量（10.2%）	合格
	北大岳	0.16	高锰酸盐指数（15.6%），生化需氧量（8.8%）	合格
	惠南庄	0.19	化学需氧量（15.0%），生化需氧量（13.2%）	合格
	团城湖	0.17	化学需氧量（16.2%），生化需氧量（13.1%）	合格
	天津外环河	0.18	化学需氧量（14.1%），生化需氧量（13.1%）	合格

续表

评价数据	断面	综合污染指数	主要污染因子（K_i）	水质分级结果
最大值	陶岔	0.29	生化需氧量（14.6%），高锰酸盐指数（9.3%）	合格
	兰河北	0.25	生化需氧量（15.4%），高锰酸盐指数（13.0%）	合格
	纸坊河北	0.28	生化需氧量（13.8%），高锰酸盐指数（12.0%）	合格
	侯庄	0.28	生化需氧量（13.8%），高锰酸盐指数（12.0%）	合格
	北大岳	0.29	生化需氧量（14.4%），高锰酸盐指数（12.9%）	合格
	惠南庄	0.29	生化需氧量（15.7%），高锰酸盐指数（11.7%）	合格
	团城湖	0.25	化学需氧量（14.0%），生化需氧量（11.9%）	合格
	天津外环河	0.30	化学需氧量（18.1%），高锰酸盐指数（11.2%）	合格
中位值	陶岔	0.17	生化需氧量（18.4%），高锰酸盐指数（12.0%）	合格
	兰河北	0.16	生化需氧量（16.4%），高锰酸盐指数（14.2%）	合格
	纸坊河北	0.16	生化需氧量（16.4%），高锰酸盐指数（14.2%）	合格
	侯庄	0.15	高锰酸盐指数（16.8%），生化需氧量（9.6%）	合格
	北大岳	0.16	高锰酸盐指数（15.8%），生化需氧量（7.0%）	合格
	惠南庄	0.18	化学需氧量（16.5%），生化需氧量（13.0%）	合格
	团城湖	0.17	化学需氧量（16.9%），生化需氧量（13.4%）	合格
	天津外环河	0.17	化学需氧量（14.6%），生化需氧量（13.0%）	合格

注：主要污染因子为污染分担率前2的水质指标。

2.2.1.4 水质总体特征

从评价结果看，中线总干渠其他各项水质指标良好。目前，地表水环境质量标准中对于总氮的浓度限值受到广泛的关注。地表水环境质量标准中基本项目对总氮浓度进行了限定，针对集中式生活饮用水地表水源地，则对硝酸盐氮进行了补充限定。当前，南水北调中线总干渠目前已经成为我国北方地区重要的饮用水水源地，按照集中式生活饮用水源补充项目中对硝酸盐的标准限值（10mg/L）评价，中线总干渠硝酸盐氮浓度完全满足浓度标准要求。

相对单因子评价，综合污染指数评价更加全面，避免了单因子评价的总氮问题。我国自1974年开始使用综合污染指数综合评价水质污染以来，对水体综合污染指数的研究发展很快，目前使用的计算公式就有十余种。根据计算方法，综合污染指数可分为平均型和叠加型。叠加型指数将所有水质指标的污染指数累加，其理论依据是水体总的污染作用是各种污染物共同作用的结果。平均型指数是在叠加型指数的基础上除以参评的指标个数，表征水体中各项水质指标的平均相对污染程度。由于叠加型指数受到参评指标数量的影响，不易划定分级标准；而平均型指数消除了评价指标数量的影响，有利于评价结果的分级和不同断面的污染程度的对比。本研究采用了平均型综合污染指数，从综合污染指数评价结果看，总干渠水体水质优良，其不足之处在于分级标准具有较大的主观性，分级的结果与

GB 3838—2002《地表水环境质量标准》中规定的5类水体没有明确的对应关系。

总体来看，单因子评价结果显示中线总干渠水质为Ⅰ～Ⅱ类。综合污染指数评价结果表明，总干渠各断面综合污染指数为0.16～0.30，各断面评价结果均为合格，说明总干渠水质总体良好。

2.2.2 主要水质指标变化特征

南水北调中线干线工程设置固定断面30处，其中重点断面17处。固定断面稳定期每月监测1次，监测指标包括水温、pH值、溶解氧（DO）、高锰酸盐指数（COD_{Mn}）、氨氮（NH_3-N）、总磷（TP）、总氮（TN）等GB 3838—2002《地表水环境质量标准》基本项目24项和硫酸盐，共计25项。

另外，中线还设置自动监测站13处。其中陶岔自动站监测项目包括水温、pH值、溶解氧、浊度、总氮、总磷、氨氮、高锰酸盐指数等共89项；西黑山、天津外环河、惠南庄、团城湖自动站监测项目包括水温、pH值、溶解氧、浊度、氨氮、高锰酸盐指数、总磷、总氮、叶绿素等共12项；姜沟、刘湾、府城南、漳河北、南大郭、田庄、坟庄河自动站，监测项目为水温、pH值、溶解氧、浊度、氨氮、高锰酸盐指数等共9项；中易水自动站，监测项目为水温、pH值、溶解氧、浊度、氨氮等共7项。

中线藻密度监测站共7处，分别为陶岔、沙河南、郑湾、漳河北、大安舍、西黑山、惠南庄监测站。

2.2.2.1 水温

中线干渠水温有明显的时空变化规律，水温的空间变化在总体上呈现由南向北的下降趋势，最低的测点平均水温出现在最北部的北京市，表明水温与中国地理气温的空间变化趋势基本一致，且随季节变化明显。干渠水温在监测期10月较为稳定，保持在15～20℃。11月后，随着气温开始下降，水温下降明显，河北南部至北京段水温降为10～15℃。12月至次年2月期间，水温持续下降，12月时河北省徐水县西黑山至北京段干渠水温降至5℃以下，1月时干渠一半区域水温均降至5℃以下，2月干渠水温达到最低，干渠自河南中部至北京段水温均在5℃以下。干渠水温自3月开始回升，水温在3月回升至10～15℃，4月升至15～20℃，5—6月时整个干渠水温稳定在20～25℃。7—8月水温持续升高，稳定在25～30℃。9月干渠一半区域水温下降至20～25℃。总体而言，南水北调中线总干渠水温虽受季节和空间位置的影响，但整体处于正常范围之内（15～25℃）。

2.2.2.2 pH值

中线干渠pH值整体稳定为8～9，局部有pH值偏低情况出现。中线干渠首段自陶岔至河南叶县保安镇除2018年1—2月外，其他月份pH值均偏低，为7～8。2018年1—2月期间，中线干渠河北邯郸至河北邢台段，pH值为7～8，其他渠段的pH值为8～9。总体而言，干渠pH值均在标准范围之内（6～9），未出现异常值，整体水质为弱碱性。个别监测点出现pH值呈显著下降趋势，可能受该地区大气降水等因素影响。

2.2.2.3 溶解氧

中线总干渠中溶解氧含量因地域不同、季节更替等原因存在一定差异。在空间变化上，中线干渠由南至北，溶解氧含量呈升高趋势；在时间变化上，冬季时干渠溶解氧含量高于夏季。10月后干渠溶解氧含量逐渐增加，12月至次年3月干渠整体溶解氧含量较高，4月后溶解氧含量开始降低，到5月中旬时，大部分渠段溶解氧含量为8～9mg/L。6至9月，除干渠首段自陶岔至河南叶县保安镇区间溶解氧含量为6～6.5mg/L之外，中线干渠整体溶解氧含量较高，为8～9mg/L。总体而言，连续一年内中线总干渠溶解氧含量均在正常水质范围之内（大于6mg/L）。

溶解氧含量受大气压、温度、盐度等影响，而在南水北调中线总干渠中，由于地域和季节不同产生的水温差异，是溶解氧含量产生时空差异的主要原因。溶解氧含量与温度呈负相关，水温越高溶解氧含量越低。11月至次年3月，干渠内水温较低，因而溶解氧水平较高，3月后随着气温及水温回升，水体本身的纳氧能力减弱，溶解氧含量降低。此外，3月后藻类大量增殖，藻类死亡后分解过程会消耗大量溶解氧，可能会进一步造成夏季溶解氧相对偏低。总体而言，中线总干渠溶解氧水平均在标准范围内（大于6mg/L），不会对水质造成影响。

2.2.2.4 高锰酸盐指数

中线总干渠高锰酸盐指数变化与季节有关，10月至次年1月，高锰酸盐指数均在正常范围内，北京市至河北省徐水县西黑山区域相比干渠其他渠段而言，高锰酸盐指数略高。

总体而言，中线总干渠中高锰酸盐指数较为稳定，仅在北京市至河北省徐水县西黑山区域及河南省南阳市方城县至河南省禹州市区间干渠内短暂时间内出现水质小幅度的波动，水质总体稳定达到或优于地表水Ⅱ类标准，满足供水要求。

2.2.2.5 氨氮

中线总干渠氨氮浓度较为稳定，监测期10月至次年3月以及6—9月中线总干渠氨氮浓度均低于0.15mg/L，达到Ⅰ类水标准。2018年4—5月期间，中线总干渠在河南省禹州至河南省郑州市区间的氨氮浓度升高，在数日之后恢复正常，其他渠段氨氮浓度均达到Ⅰ类水水质标准。

研究表明高速道路、高架桥路面经雨水径流作用下会产生一定污染物，主要有氨氮（NH_3-N）、总氮（TN）、总磷（TP）、化学需氧量（COD）、总悬浮固体（TSS）等。

2.2.2.6 总磷、总氮和叶绿素

磷浓度整体波动较小，且均处于正常范围内，总氮浓度长期偏高，叶绿素a浓度处于正常范围内。总氮浓度的超标可能与大气沉降、其他潜在污染源的存在有关，叶绿素a浓度虽未达到预警值，但需要重点关注，并加强对中线总干渠中总氮浓度的控制。

2.2.2.7 重金属

5种重金属参数的年平均浓度在不同年份间没有显著差异；这些参数的总平均浓度按

锌>铜>砷>硒>汞的顺序下降，并在远低于各自Ⅰ类水标准阈值下保持稳定。各测点的锌、汞、硒的平均浓度呈波动性，没有明显的空间差异［图2-1（a）～图2-3（e）］，而砷在南营村（NC）到惠南庄（HN）测点的浓度相对低于南部的测点［图2-1（e）］。铜的浓度则呈现出与砷相反的空间分布［图2-1（d）］。有1/3的测点的汞含量呈显著下降趋势，而锌、砷、铜的变化趋势呈随机性。此外，从陶岔（TC）到漳河北（ZN）的测点显示出硒的显著下降趋势，而其余的北部测点的硒则有相反的趋势。这些结果可能归因于中线总干渠附近岩石和土壤的矿物组成差异、自然过程和工程水体自净能力的协同效应。

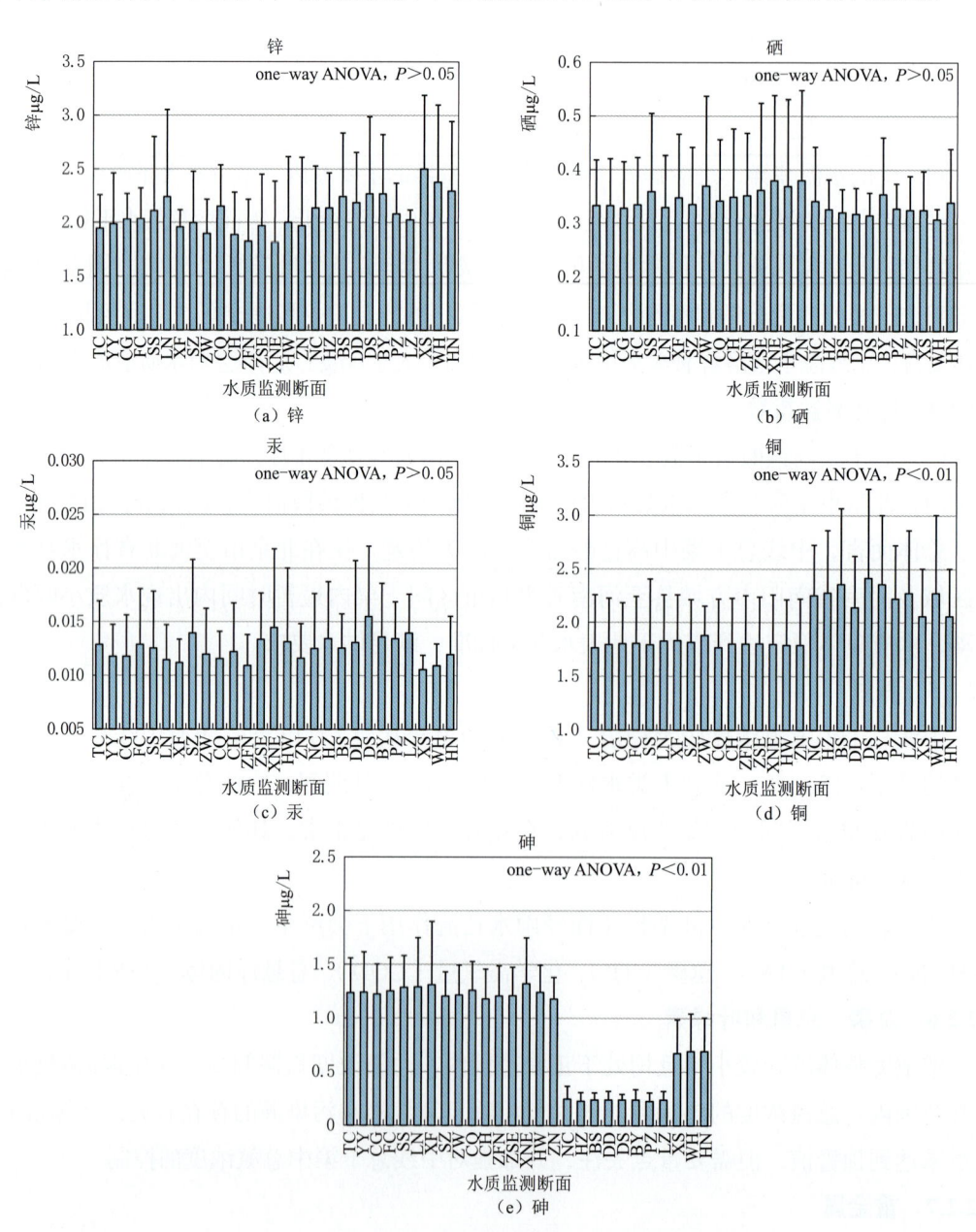

图2-1　2017—2018年中线工程各水质监测站重金属指标和痕量元素的平均浓度和标准差

2.3 水生态概况

2.3.1 群落特征

2.3.1.1 浮游藻类

1. 种类组成

据2018年秋季与2019年春季两次调查监测结果显示,南水北调中线总干渠共检出浮游藻类8门219种(属),其中硅藻门93种(属),占全部种类的42.5%,其次是绿藻门69种(属),占全部种类的31.5%,蓝藻门36种(属),占16.4%,三者合占90.4%,其他门类相对较少,分别为裸藻门8种(属),甲藻门6种(属),隐藻门4种(属)、金藻门2种(属),黄藻门1种(属),见图2-2。中线干渠浮游藻类常见种(属)为蓝藻门的惠氏微囊藻、史密斯微囊藻、铜绿微囊藻、土生假鱼腥藻,硅藻门的颗粒直链藻、变异直链藻、颗粒直链藻最窄变种、普通等片藻、脆杆藻、尖针杆藻、肘状针杆藻、舟形藻、桥弯藻、粗糙桥弯藻,绿藻门的小球藻、衣藻、单角盘星藻纤细变种、单角盘星藻具孔变种、空星藻、小空星藻、亮绿转板藻、微细转板藻,金藻门的金杯藻等。从种类看,目前中线总干渠浮游藻类种类仍然以硅藻门、绿藻门、蓝藻门种类为主。

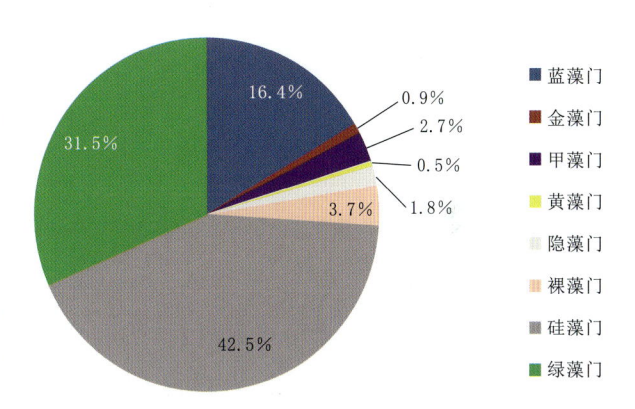

图2-2 中线总干渠浮游藻类种类组成图

各断面浮游藻类种类分布如图2-3所示,因郑湾秋季未采集到浮游藻类定性样品故未纳入比较。由图可知,断面间浮游藻类种类数存在较大差异,其中程沟和方城断面种类最多,为102种(属),西黑山断面种类最少,为58种(属),相差高达44种。总的来讲,河南渠道浮游藻类物种类数高于河北渠道。

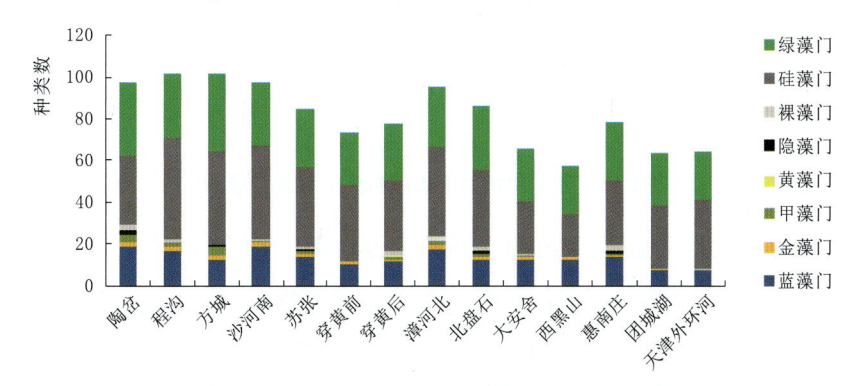

图2-3 中线总干渠浮游藻类群落组成空间分布图

秋季中线总干渠浮游藻类系统调查共检出浮游藻类6门122种（属）。其中绿藻门45种（属），占全部种类的36.9%；其次是硅藻门41种（属），占33.6%；蓝藻门26种（属），占21.3%；绿藻—硅藻—蓝藻合计占总种类数量的91.8%，构成了中线总干渠浮游藻类种类的主体。其他门类相对较少，裸藻门与甲藻门各4种（属），隐藻门2种（属）。各门类所占比例如图2-4所示。常见浮游藻类为蓝藻门的惠氏微囊藻、史密斯微囊藻、铜绿微囊藻、土生假鱼腥藻；硅藻门的颗粒直链藻、脆杆藻、肘状针杆藻、舟型藻、粗糙桥弯藻、桥弯藻；绿藻门的空球藻、小球藻、单角盘星藻、单角盘星藻具孔变种、单角盘星藻纤细变种、小空星藻、亮绿转板藻、微细转板藻等。

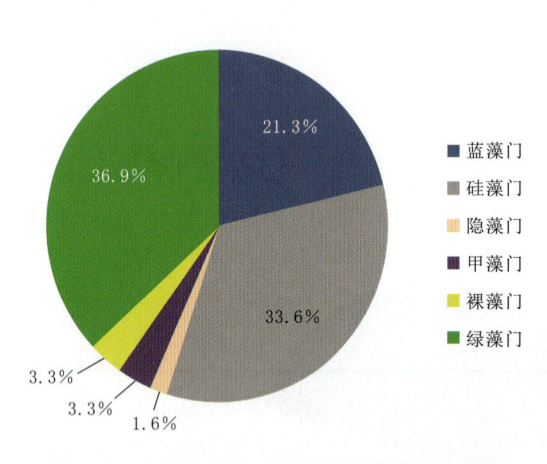

图2-4 秋季中线总干渠浮游藻类种类组成图

各断面浮游藻类种类分布如图2-5所示。由图可知，断面间浮游藻类种类存在较大差异，其中陶岔断面种类最多，为73种（属），大安舍断面最少为37种（属），相差高达36种（属）。陶岔至苏张断面浮游藻类种类较平稳且丰富；穿黄前至天津外环河断面浮游藻类种类呈现波动，总的来讲，河南省渠道浮游藻类物种类数高于河北省渠道。

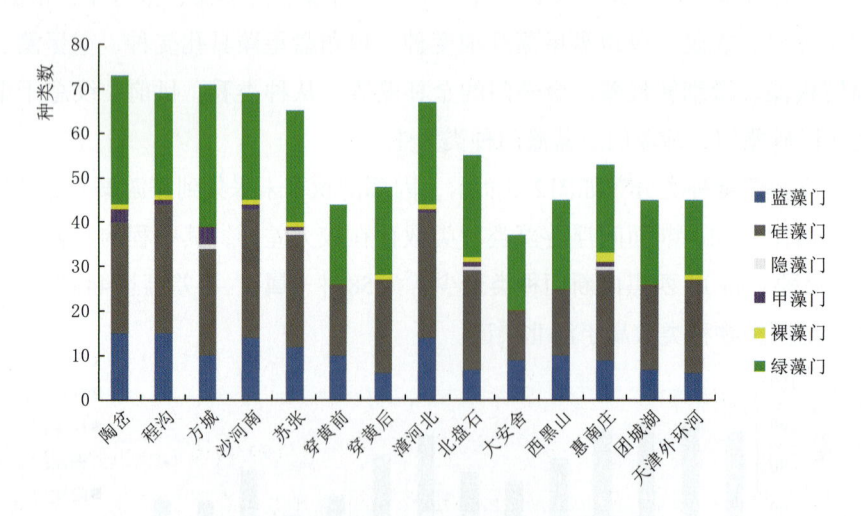

图2-5 秋季中线总干渠浮游藻类种类组成图

春季中线总干渠浮游藻类系统调查共检出浮游藻类8门150种（属）。其中硅藻门77种（属），占51.3%；其次是绿藻门45种（属），占全部种类的30.0%；蓝藻门16种（属），占10.7%；硅藻—绿藻—蓝藻合计占总种类数量的92.0%，构成了中线总干渠浮游藻类种类的主体。其他门类相对较少，裸藻门5种（属），隐藻门、金藻门与甲藻门各2种（属），黄藻门1种（属）。各门类所占比例如图2-6所示。常见浮游藻类为蓝藻门的微囊藻、微小平裂藻、点形平裂藻；硅藻门的扁圆卵形藻、变异直链藻、颗粒直链藻、颗粒直链藻最窄变种、普通等片藻、尖针杆藻、双头针杆藻、肘状针杆藻、钝脆杆藻、埃伦桥弯藻、双眉藻；绿藻门的单角盘星藻、单角盘星藻具孔变种、双射盘星藻、四尾栅藻、水绵、蹄形藻，金藻门的金杯藻等。

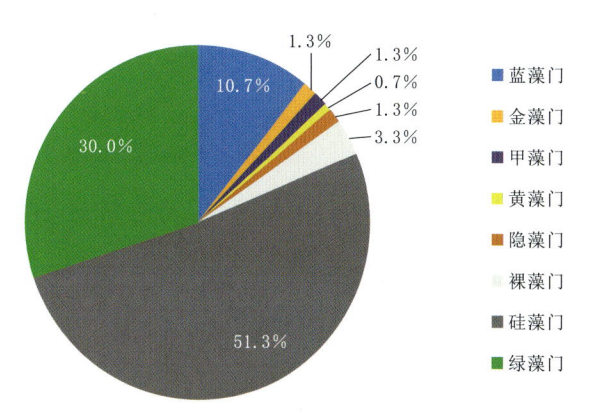

图2-6　春季中线总干渠浮游藻类种类组成图

各断面浮游藻类种类分布如图2-7所示。由图可知，断面间浮游藻类种类存在较大差异，其中程沟断面种类最多，为51种（属），西黑山断面最少为23种（属），相差高达28种。

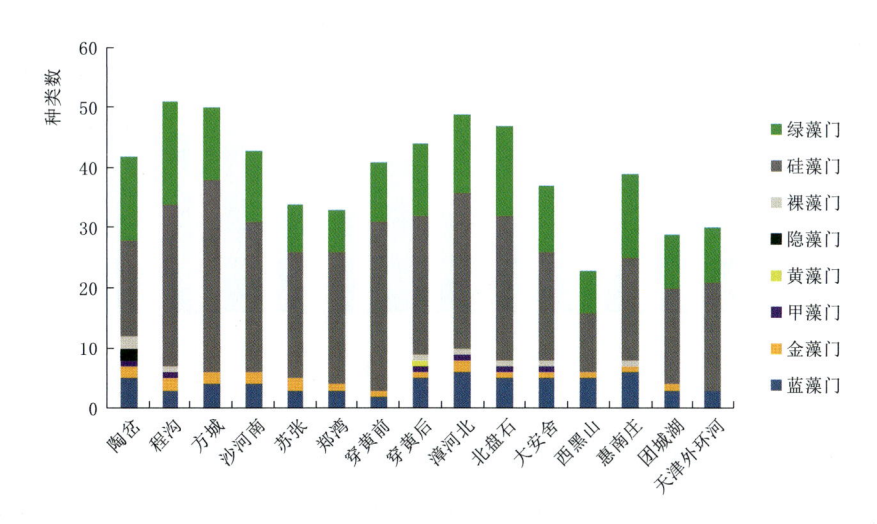

图2-7　春季中线总干渠浮游藻类种类组成图

2.现存量

每年春秋两次调查监测，南水北调中线总干渠浮游藻类的密度介于95万～971万cell/L，平均值在334万cell/L。其中最低值出现在春季沙河南断面，最高值出现在秋季天津外环河断面（图2-8、图2-9）。

按季节分析，中线总干渠中秋季浮游藻类平均密度为384万cell/L，春季浮游藻类平均密度为284万cell/L，秋季浮游藻类平均密度略高于春季。从中线总干渠浮游藻类的空间分布格局来看，秋季浮游藻类密度由南到北明显呈增加趋势，在天津外环河浮游藻类密度达到最高；春季浮游藻类密度在陶岔到穿黄后断面由南到北呈增加趋势，在穿黄后断面达到一个小高峰，其后波动较大，在团城湖断面浮游藻类密度达到最高，但整体上河北省段仍高于河南省段。

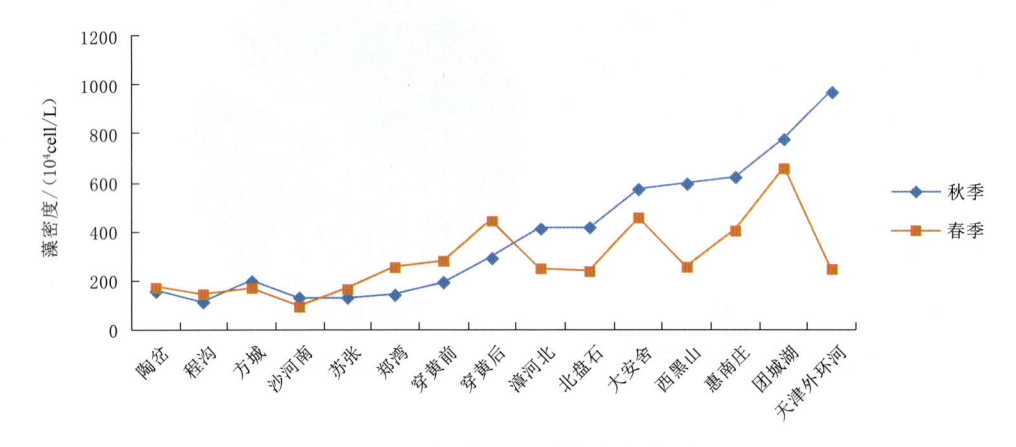

图2-8 中线总干渠浮游藻类密度变化图

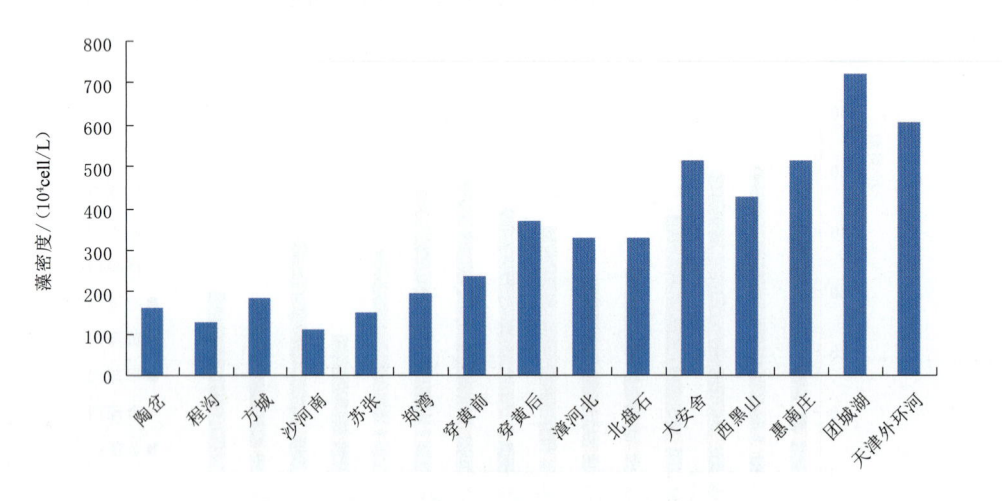

图2-9 中线总干渠浮游藻类密度平均值变化图

整体上看，中线总干渠中浮游藻类密度由南到北大体上仍然呈增加趋势，河南省段全年浮游藻类密度平均值为210万cell/L，河北省段平均值为520万cell/L，河北省段高于河南省段。

2018年10月中线总干渠中浮游藻类均值为383.4×10^4cell/L，其中硅藻占据数量优势，比例达38.2%；其次是蓝藻，比例达29.8%，绿藻比例达29.6%。在采样的15个点位中，天津外环河的浮游藻类密度最高，为971×10^4cell/L，程沟断面的浮游藻类密度最低，为114×10^4cell/L。

中线干渠浮游藻类密度空间分布如图2-10所示。由图可知，干渠由南至北藻密度逐渐增加。陶岔至穿黄前断面的藻密度基本低于200×10^4cell/L，保持较低水平；从穿黄后断面开始，藻密度增加较为迅速，漳河北断面藻密度413.7×10^4cell/L，至天津外环河断面藻密度已增加到971.4×10^4cell/L，藻密度增加了一倍。从种类组成上来看，各断面蓝藻均占有一定比例，从穿黄后断面开始，硅藻门与绿藻门的占比均明显增加，隐藻占比均极具减小占比较低，其他门类藻种占比较低。

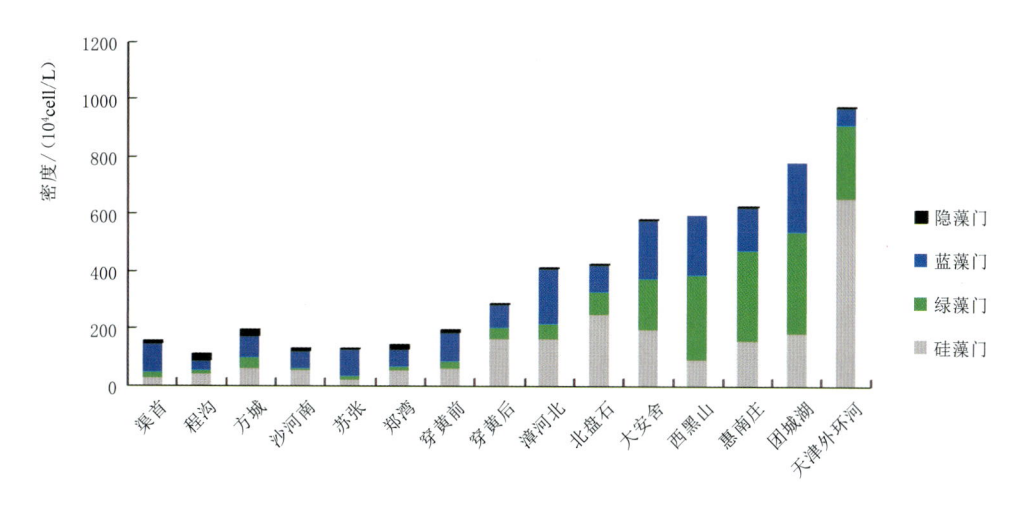

图2-10 秋季中线总干渠浮游藻类密度空间分布

中线干渠种优势种主要是硅藻门的小环藻、针杆藻、舟形藻、桥弯藻、曲壳藻；绿藻门的转板藻、栅藻、空星藻；蓝藻门的色球科、微囊藻以及隐藻门的隐藻等。

2019年5月中线总干渠中浮游藻类均值为 284×10^4 cell/L，其中硅藻占据绝对优势，比例达66.9%；其次是隐藻，比例达11.3%，绿藻比例达9.3%，蓝藻比例达7.8%。在采样的15个点位中，团城湖的浮游藻类密度最高，为 661×10^4 cell/L，沙河南断面的浮游藻类密度最低，为 95×10^4 cell/L。

中线总干渠浮游藻类密度空间分布如图2-11所示。从种类组成上来看，各断面绿藻均占有一定比例，从穿黄前断面开始，硅藻门及蓝藻的占比均明显增加，从漳河北断面开始，隐藻占比均急剧减小占比较低，其他门类藻种占比较低。中线总干渠种优势种主要是硅藻门的小环藻、舟形藻、桥弯藻、曲壳藻，绿藻门的蹄形藻，隐藻门的隐藻等。

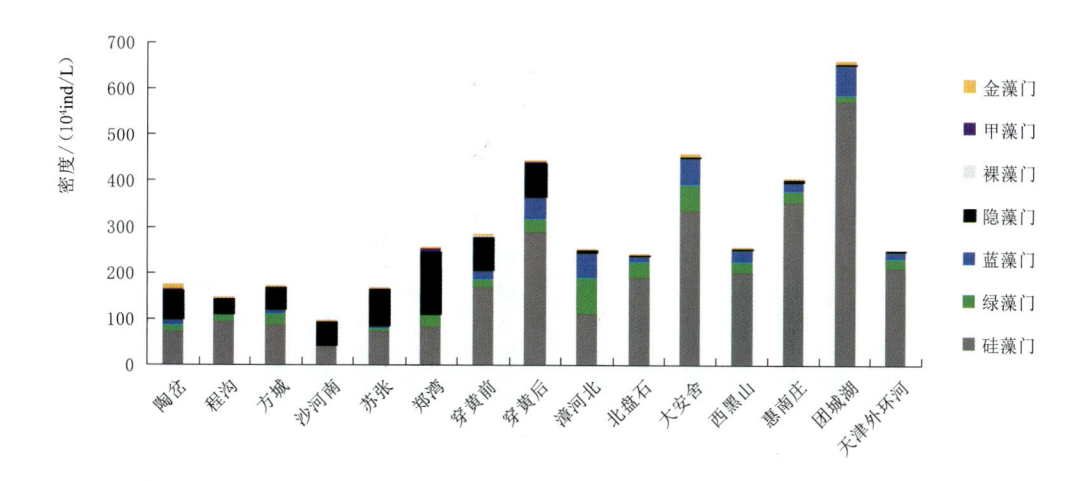

图2-11 春季中线总干渠浮游藻类密度空间分布

从浮游藻类的群落结构来看，中线总干渠藻类群落结构春秋存在明显差异。硅藻、绿藻、蓝藻、隐藻等4门藻类是中线干渠浮游藻类密度的主要组成部分。其中硅藻春秋都较高，是中线干渠藻类群落结构的第一大优势类群，且在春季明显高于秋季；隐藻只在春季时段有较高的密度；蓝藻、绿藻等藻类在春秋都有一定的密度，但在秋季明显高于春季（图2-12）。

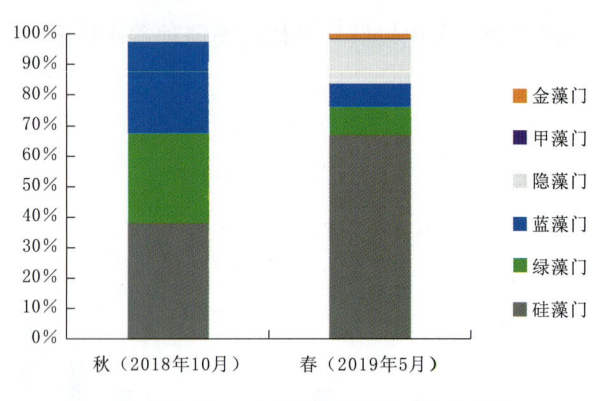

图2-12　中线总干渠浮游藻类密度组成变化图

2.3.1.2　浮游动物

1. 种类组成

每年春秋两次调查监测，南水北调中线总干渠共检出浮游动物4门118种（属），其中原生动物46种，占总种类数的39.0%；轮虫44种，占总种类数的37.3%；枝角类14种，占总种类数的11.9%，桡足类14种，占总种类数的11.9%。常见种类为原生动物中的球形砂壳虫、尖顶砂壳虫、冠砂壳虫、旋匣壳虫，纤毛虫，轮虫类的小巨头轮虫，枝角类的点额尖额溞、尖额溞幼体以及桡足类的无节幼体，其种类组成如图2-13所示。

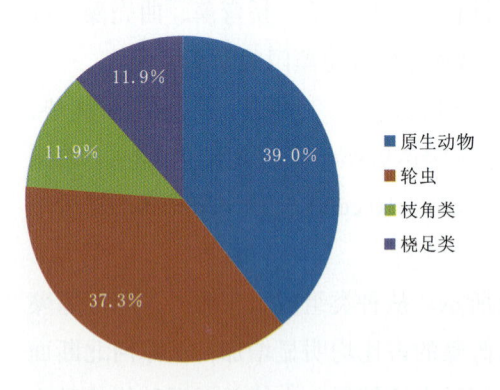

图2-13　中线总干渠浮游动物种类组成图

各监测断面浮游动物种类数如图2-14所示。由图可知，断面间浮游动物种类数存在较大差异，其中陶岔断面种类最多，为49种（属），大安舍断面种类最少，为20种（属），相差高达29种。总的来讲，河南段渠道浮游动物种类数高于河北段渠道。

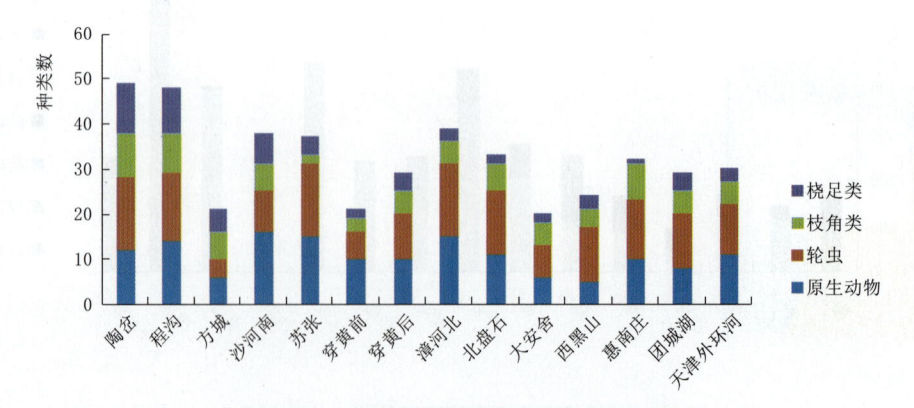

图2-14　中线总干渠浮游动物种类变化图

2018年10月中线总干渠浮游动物定性检测共检出浮游动物78属/种，其中原生动物22种，占总种类数的28.2%；轮虫35种，占总种类数的44.9%；枝角类10种，占总种类数的12.8%，桡足类11种，占总种类数的14.1%。常见种类为原生动物中的球形砂壳虫、纤毛虫，轮虫中的小巨头轮虫以及桡足类的无节幼体，其种类组成如图2-15所示。

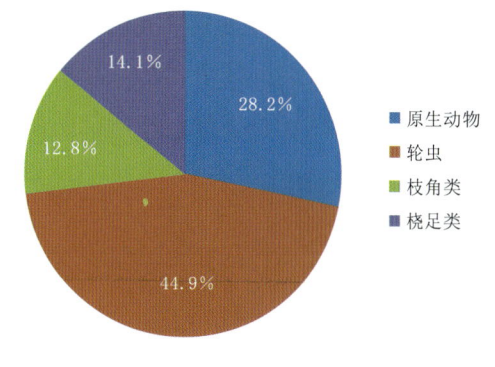

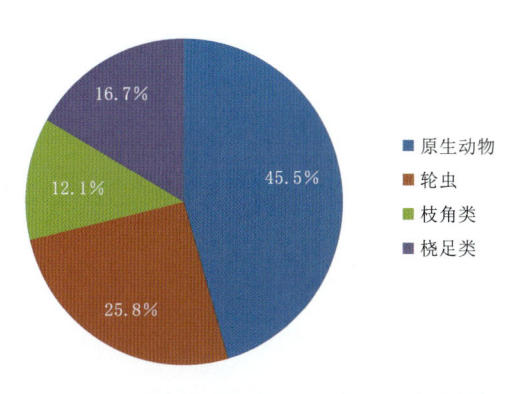

图2-15　秋季中线总干渠浮游动物种类组成图

各监测断面浮游动物种类数如图2-16所示。断面间浮游动物种类数存在较大差异，除了苏张的种类组成为原生动物、轮虫、桡足类3大门，其余监测断面的种类组成均为原生动物、轮虫、枝角类、桡足类4大类；其中程沟监测断面记录的种类数最多，为41种；方城、穿黄前和大安舍的种类数最少，均为11种，相差高达30种。

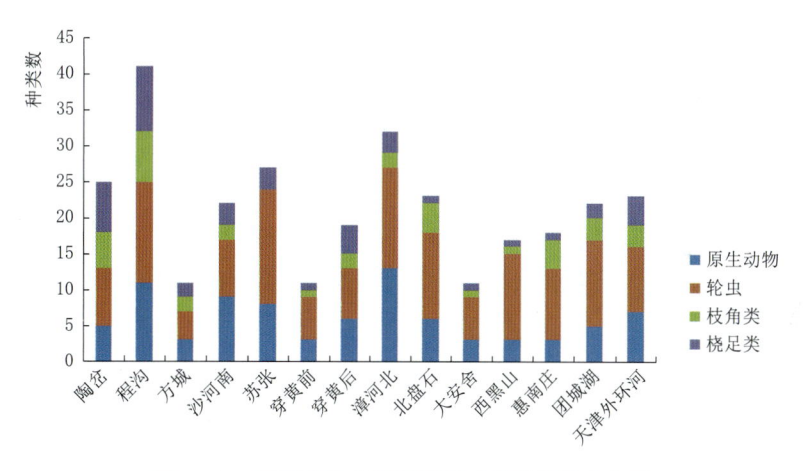

图2-16　秋季中线总干渠浮游动物种类数变化图

2019年5月中线总干渠浮游动物定性检测共检出浮游动物66属/种，其中原生动物30种，占总种类数的45.5%；轮虫17种，占总种类数的25.8%；枝角类8种，占总种类数的12.1%，桡足类11种，占总种类数的16.7%。常见种类为原生动物中的球形砂壳虫、冠砂壳虫、旋匣壳虫，枝角类的点额尖额溞以及桡足类的无节幼体，其种类组成如图2-17所示。

各监测断面浮游动物种类数如图2-18所示。断面间浮游动物种类数存在较大差异，除了方城、西黑山和团城湖的种类组成为原

图2-17　春季中线总干渠浮游动物种类组成图

生动物、枝角类、桡足类3大门，其余监测断面的种类组成均为原生动物、轮虫、枝角类、桡足类4大类；其中陶岔监测断面记录的种类数最多，为34种，西黑山监测断面记录的种类数最少，为8种；除陶岔断面种类数较多，物种较丰富外，其他断面种类数均较少。

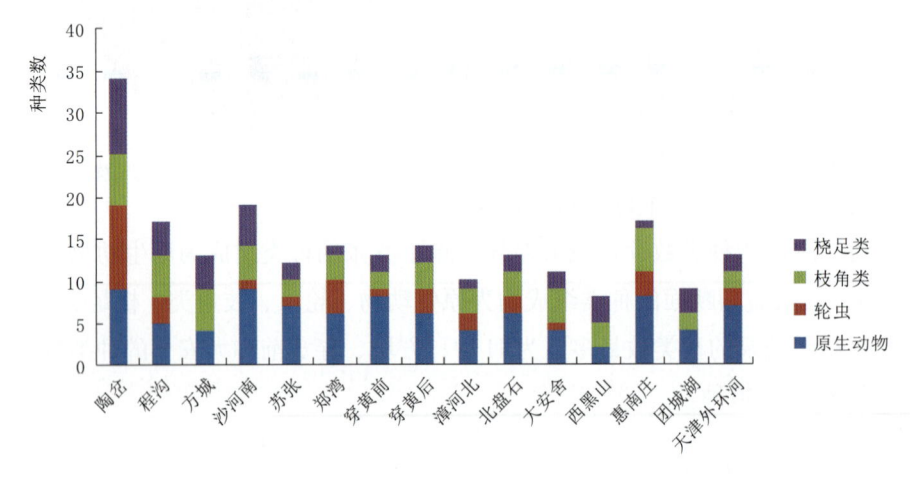

图2-18　春季中线总干渠浮游动物种类数变化图

2. 现存量

春秋两次调查监测，南水北调中线总干渠浮游动物的密度0.3～4000.2ind/L，其中最低值出现在秋季苏张断面，最高值出现在秋季穿黄前断面。

按季节分析，中线总干渠中秋季浮游动物平均密度为1428.1ind/L，春季浮游动物平均密度为1034.2ind/L，秋季浮游动物平均密度略高于春季。从浮游动物的空间分布格局来看，中线总干渠浮游动物密度波动性较大，但春秋走势大体相同，中线总干渠河南省段全年浮游藻类密度平均值为1363.6ind/L，河北省段平均值为1033.7ind/L，河南省段高于河北省段（图2-19、图2-20）。

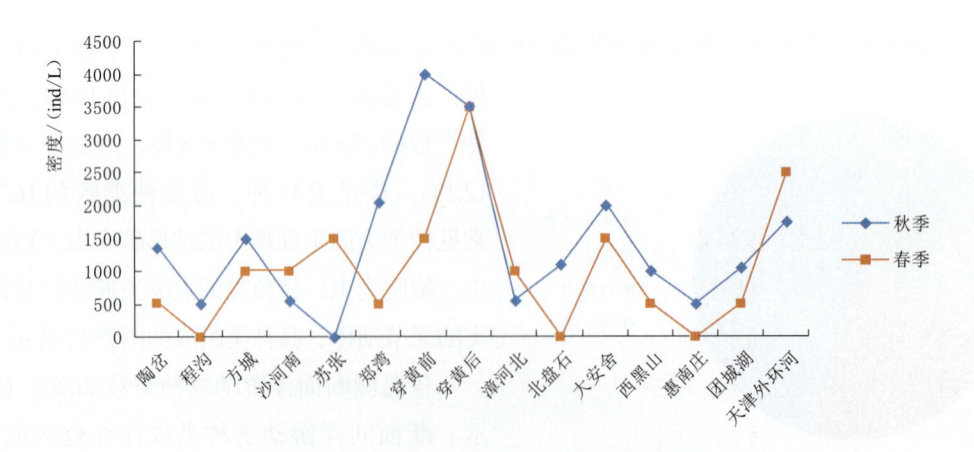

图2-19　中线总干渠浮游动物密度变化图

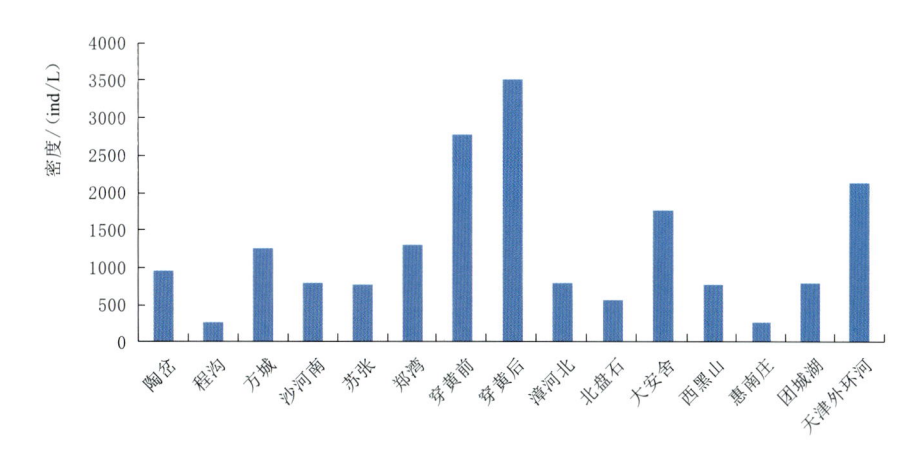

图 2-20　中线总干渠浮游动物密度平均值变化图

2018年10月中线总干渠浮游动物密度如图2-21所示。由图可知，从南到北浮游动物的密度波动性较大，中线总干渠的浮游动物密度介于0.3～4000.2ind/L；其中穿黄前的密度最大，达4000.2ind/L，钟虫、纤毛虫、表壳虫和侠盗虫较多；苏张的密度最小，为0.3ind/L，主要是桡足类的球状许水蚤和无节幼体。从种类组成上来讲，中线总干渠的优势门类为原生动物门。基于优势度的计算公式可知，中线总干渠浮游动物的优势种主要是侠盗虫和钟虫。

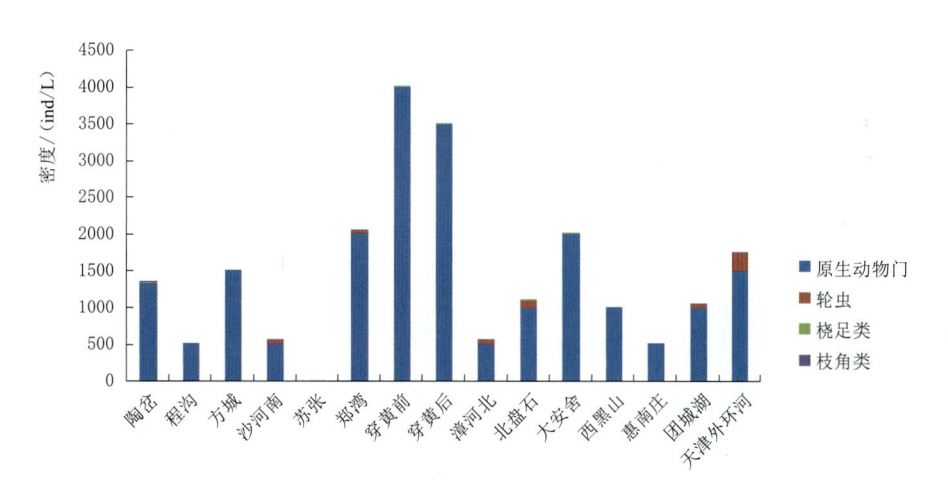

图 2-21　秋季中线总干渠浮游动物密度分布图

2019年5月中线总干渠浮游动物密度如图2-22所示。由图可知，从南到北浮游动物的密度波动性较大，中线总干渠的浮游动物密度介于0.3～3500.8ind/L之间；其中北盘石的密度最小，为0.3ind/L，仅由枝角类的尖额溞、尖额溞幼体和桡足类的无节幼体组成；其次为惠南庄0.6ind/L仅由枝角类的尖额溞、尖额溞幼体、透明溞、透明溞幼体和桡足类的无节幼体组成以及程沟0.7ind/L仅由枝角类的尖额溞、尖额溞幼体、透明溞、透明溞幼体和桡足类的无节幼体、汤匙华哲水蚤、哲水蚤桡足幼体组成；穿黄后的密度最大，为

3500.8ind/L 帆口虫、钟虫等原生动物较多；从种类组成上来看，中线总干渠的优势门类为原生动物门。基于优势度的计算公式可知，中线总干渠浮游动物的优势种主要是侠盗虫和帆口虫。

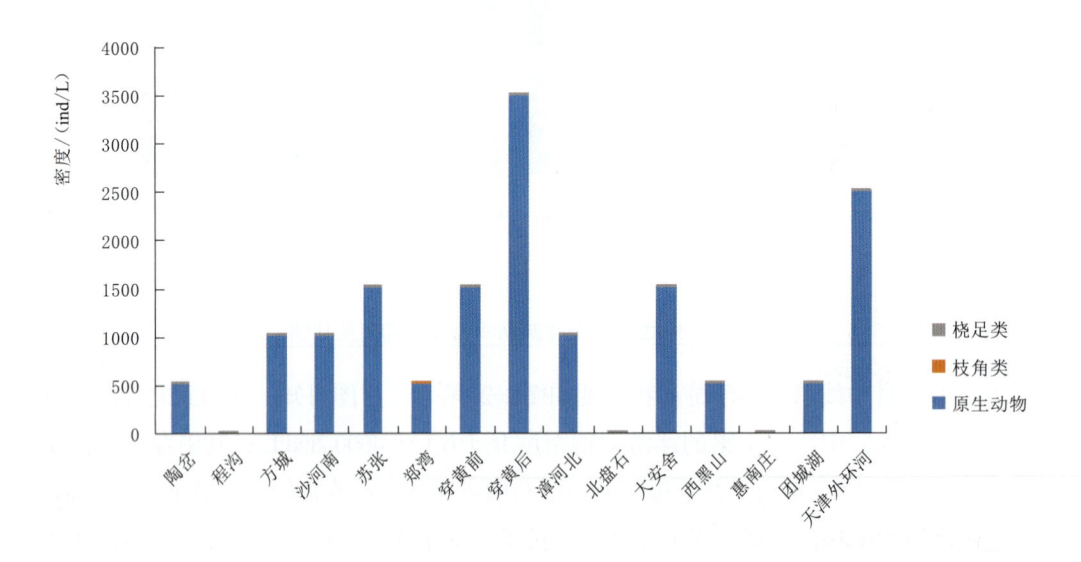

图 2-22 春季中线总干渠浮游动物密度变化图

2.3.1.3 着生藻类

1. 种类组成

每年春秋两次调查在中线总干渠共检出着生藻类 7 门 147 种（属），其中硅藻门 64 种（属），占全部种类的 43.5%，其次是绿藻门，检出 47 种（属），占 32.0%，蓝藻门检出 29 种（属），占 19.7%，裸藻门 3 种，占 2.0%，金藻门 2 种，占 1.4%，隐藻门、甲藻门各 1 种，分别占 0.7%（如图 2-23 所示）。可见，中线总干渠着生藻类种类以硅藻、绿藻和蓝藻为主，三者合占总种类数的 94.2%。常见藻类有硅藻门中的脆杆藻、十字脆杆藻、针杆藻、肘状针杆藻、小环藻、眼斑小环藻、直链藻、颗粒直链藻、变异直链藻、桥弯藻、舟形藻、普通等片藻、卵形藻、曲壳藻、异极藻，绿藻门中的转板藻、栅藻、四尾栅藻、空星藻、盘星藻、单角盘星藻具孔变种、鼓藻、丝藻，蓝藻门中的色球藻、平裂藻、颤藻、伪鱼腥藻，以及裸藻门中的梭形裸藻等（图 2-23）。

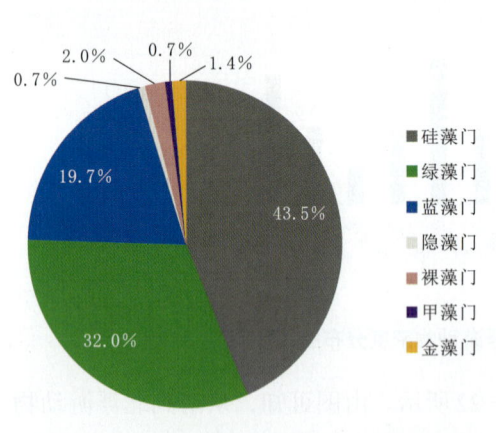

图 2-23 中线总干渠着生藻类的种类组成图

各断面着生藻类种类分布如图 2-24 所示。因天津外环河秋季未采集到浮游藻类定性样品故未纳入比较。由图可知，断面间着生藻类种类数存在较大差异，其中北盘石断面种类最多，为90种（属），穿黄后断面种类最少，为61种（属），相差达29种。

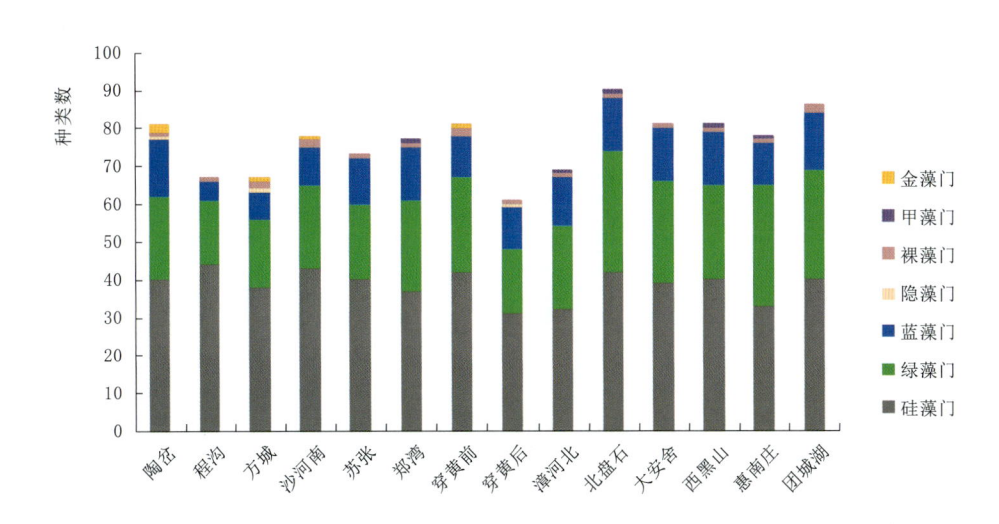

图2-24　中线总干渠着生藻类群落组成空间分布图

2018年10月中线总干渠着生藻类种类较为丰富。调查期间，天津外环河断面未采集到样品。其他断面共检出着生藻类7门88种（属），硅藻门、绿藻门、蓝藻门、裸藻门、甲藻门、金藻门、隐藻门等均有检出。各门藻类所占比例如图2-25所示。与浮游藻类相似，绿藻—硅藻—蓝藻也构成了中线总干渠着生藻类主要群体，其中绿藻门检出34种（属），占检出总数的38.6%；硅藻门检出33种（属），占比37.5%；蓝藻门检出15种（属），占比17.0%，上述三种藻类合计占比93.2%。此外，裸藻门检出3种（属），甲藻门、金藻门以及隐藻门各检出藻类1种（属）。常见着生藻类主要有硅藻门脆杆藻、针杆藻、小环藻、直链藻、颗粒直链藻、桥弯藻、舟形藻、曲壳藻、卵形藻等；绿藻门鼓藻、盘星藻、转板藻等；蓝藻门的色球藻、平裂藻、颤藻等。甲藻、金藻及隐藻仅在个别断面检出，在中线总干渠中空间分布较为分散，检出频率低。

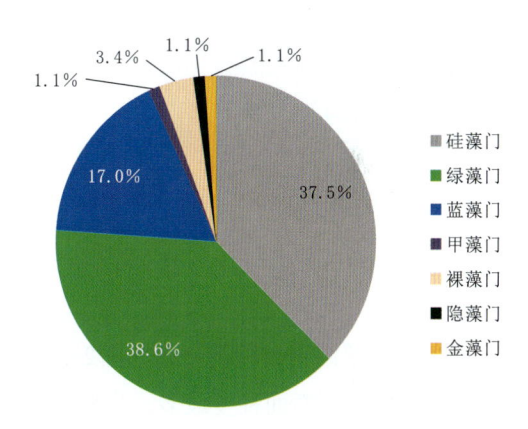

图2-25　秋季中线总干渠着生藻类群落组成图

各断面着生藻类群落组成如图2-26所示，不同断面检出种类数介于35～63种，不同断面间着生藻类组成存在一定差异，其中北盘石断面种类最多，程沟断面最少，两者间相差达20种。但整体组成结构相近，表现为以硅藻—绿藻为主，蓝藻在各断面种类数也占有一定比例，其他门类种类较少。

2019年5月中线总干渠着生藻类系统调查共检出着生藻类6门111种（属）。其中硅藻

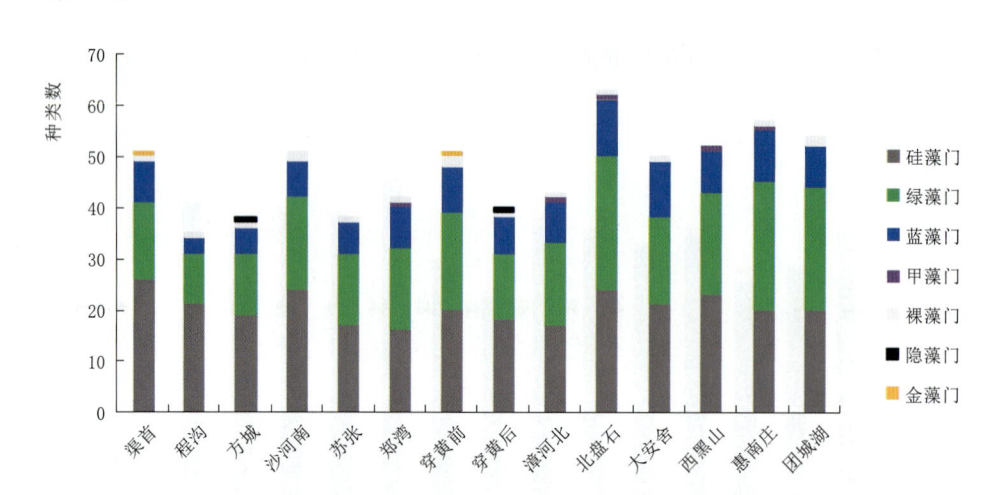

图2-26　秋季中线总干渠着生藻类种类分布图

门52种（属），占46.8%；其次是绿藻门30种（属），占全部种类的27.0%；蓝藻门24种（属），占21.6%；硅藻—绿藻—蓝藻合计占总种类数量的94.5%，构成了中线总干渠着生藻类种类的主体。其他门类较少，裸藻门与金藻门各2种（属），隐藻门仅1种（属）。各门类所占比例如图2-27所示。常见浮游藻类为蓝藻门的微囊藻、微小平裂藻、点形平裂藻；硅藻门的扁圆卵形藻、变异直链藻、颗粒直链藻、颗粒直链藻最窄变种、普通等片藻、尖针杆藻、双头针杆藻、肘状针杆藻、钝脆杆藻、埃伦桥弯藻、双眉藻；绿藻门的单角盘星藻、单角盘星藻具孔变种、双射盘星藻、四尾栅藻、水绵、蹄形藻，金藻门的金杯藻等。

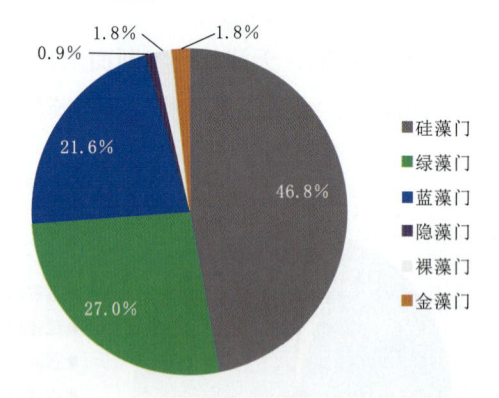

图2-27　春季中线总干渠着生藻类种类组成图

各断面浮游藻类种类分布如图2-28所示。由图可知，断面间浮游藻类种类存在一定差异，其中团城湖断面种类最多，为59种（属），穿黄后断面最少为39种（属），相差达20种。

2.现存量

每年春秋两次调查监测，南水北调中线总干渠着生藻类的密度介于24万～7179万 cell/cm^2，平均值771万 cell/cm^2，见图2-29～图2-32。其中秋季程沟断面着生藻类密度最高，为7179×10^{4}cell/cm^2，显著高于其他点位。该断面主要以硅藻为主，硅藻密度占比达到总密度的95.9%；绿藻占比较少，其他藻类未检出。秋季苏张断面着生藻类密度最低，为23.8×10^{4}cell/cm^2。按季节分析，中线总干渠中秋季着生藻类平均密度为771万 cell/cm^2，春季着生藻类平均密度为665万 cell/cm^2，春季着生藻类平均密度低于高于秋季。从中线总干渠着生藻类的空间分布格局来看，河南省段全年着生藻类密度平均值为773万 cell/cm^2，河北省段平均值为676万 cell/cm^2，整体上河南省段着生藻类密度高于河北省段。

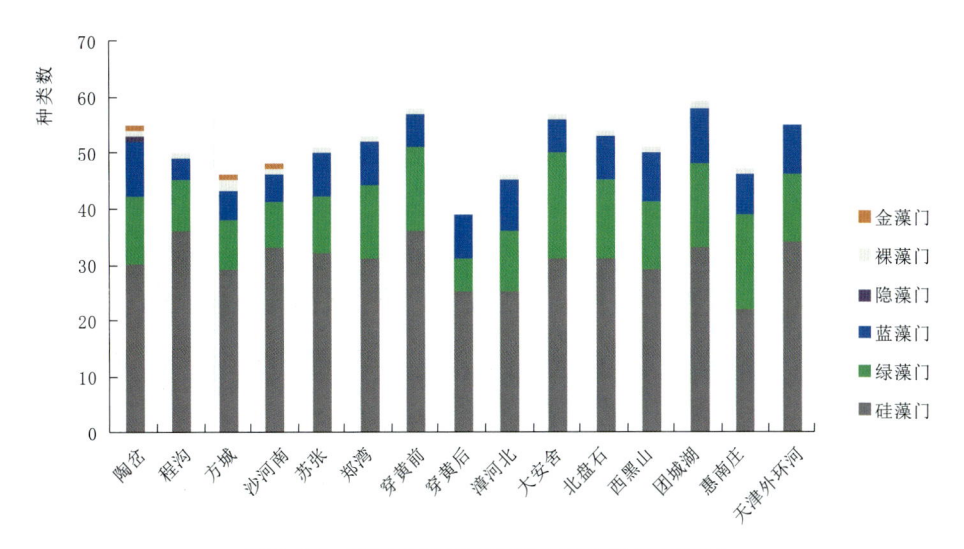

图2-28　春季中线总干渠着生藻类种类分布图

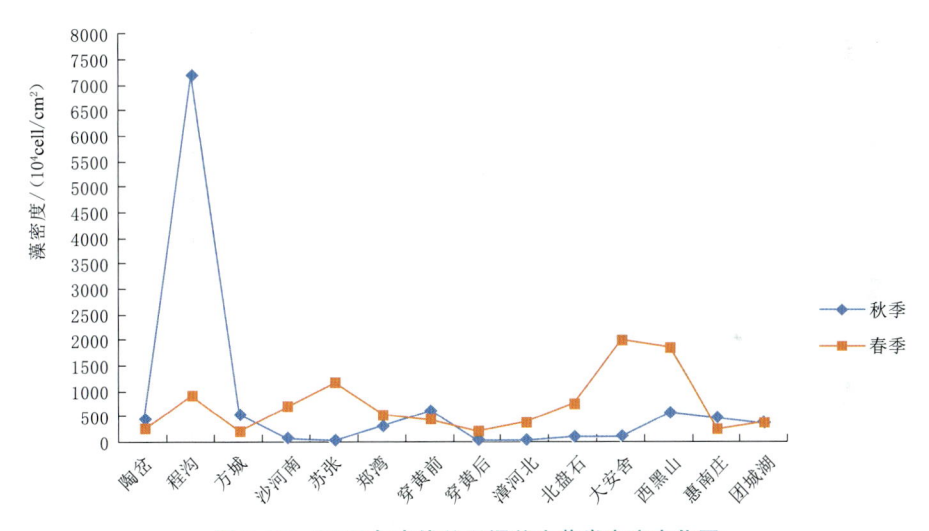

图2-29　2018年中线总干渠着生藻类密度变化图

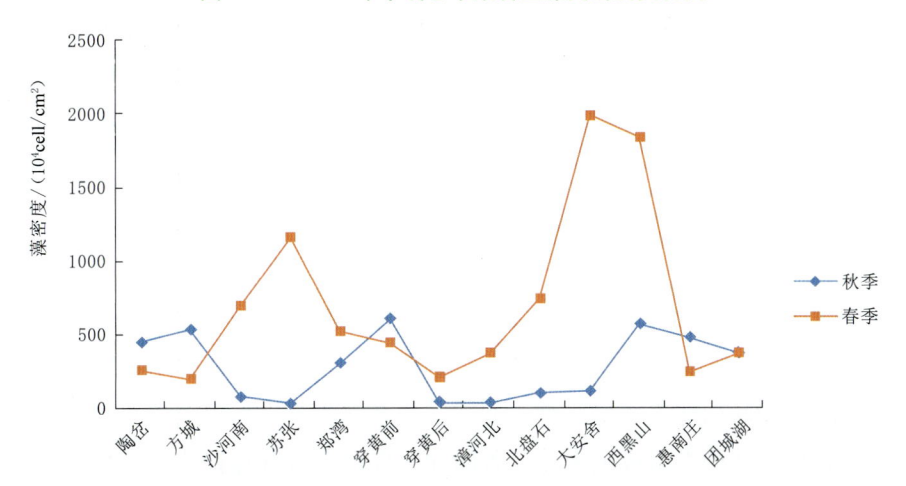

图2-30　2019年中线总干渠着生藻类密度变化图

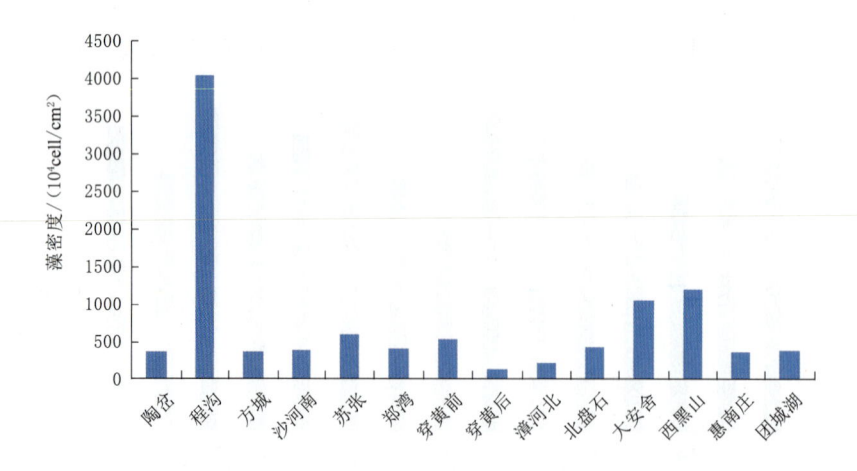

图2-31　2018年秋季中线总干渠着生藻类密度平均值变化图

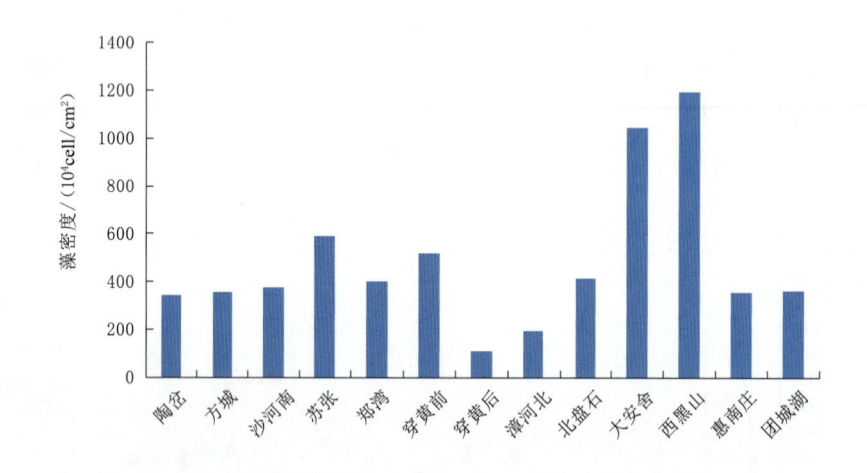

图2-32　2018年春季中线总干渠着生藻类密度平均值变化图

2018年10月中线总干渠着生藻类密度均值为771×10^4cell/L，整体水平较高。其中硅藻占据数量优势，比例达83.1%；其次是蓝藻，占比10.7%；绿藻占比5.2%，三者合计占中线总干渠着生藻类总密度的99.99%，构成了中线总干渠着生藻类密度的主体，其他门类相对较少。程沟断面着生藻类密度最高，为7178.5×10^4cell/L，显著高于其他断面；穿黄后断面的着生藻类密度最低，为30.3×10^4cell/L。程沟断面着生藻类密度高于其他断面1~2个数量级，该断面主要以硅藻为主，硅藻密度占比达到总密度的95.9%；绿藻占比较少，其他藻类未检出。

除程沟断面外，其他断面着生藻类密度空间分布如图2-33所示。由图可知，由南至北沿程藻密度呈现一定波动性。渠首陶岔、方城断面、中部穿黄前断面以及渠尾西黑山、惠南庄以及团城湖断面的藻密度较高；而沙河南至郑湾渠段、穿黄后至大安舍渠段的着生藻密度均较低。从种类组成上来看，各断面主要以硅藻和蓝藻为主，绿藻密度在穿黄前、西黑山、惠南庄以及团城湖等断面也占有一定比重。中线总干渠中优势种主要是硅藻门的针杆藻、舟形藻、桥弯藻、曲壳藻以及绿藻门的转板藻、鞘丝藻等。

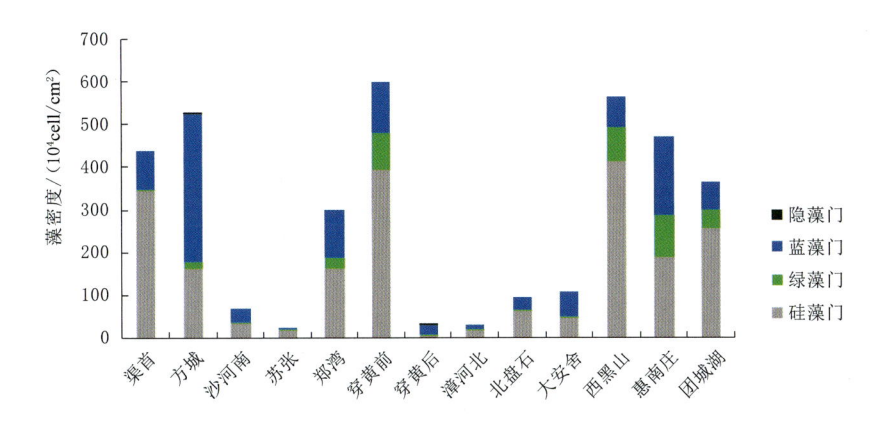

图 2-33 中线总干渠着生藻类密度空间分布图

2019年5月中线总干渠中着生藻类均值为705×10^4cell/L，整体水平较高。其中硅藻占据绝对优势，比例达78.36%；其次是蓝藻，比例达19.52%，两者合计占比97.88%，构成了中线总干渠着生藻类密度的主体，绿藻占比2.07%，三者合计占比99.94%，其他门类较少合计占比仅0.06%。大安舍断面着生藻类密度最高，为1982×10^4cell/cm^2，显著高于其他断面；其次是西黑山断面为1834×10^4cell/cm^2，方城断面的着生藻类密度最低，为194×10^4cell/cm^2。

着生藻类密度空间分布如图2-34所示。由图可知，由南至北沿程藻密度呈现一定波动性。大安舍、西黑山、苏张断面着生藻类密度高于其他断面1个数量级，以上三个断面主要以硅藻为主，蓝藻、绿藻占比较少，其他藻类基本未检出。

从种类组成上来看，各断面硅藻均占有绝对比例，从穿黄后断面开始，蓝藻的占比均明显增加，而其他门类藻种占比均较低。中线总干渠种优势种主要是硅藻门的小环藻、舟形藻、曲壳藻，蓝藻门的鞘丝藻、隐球藻等。

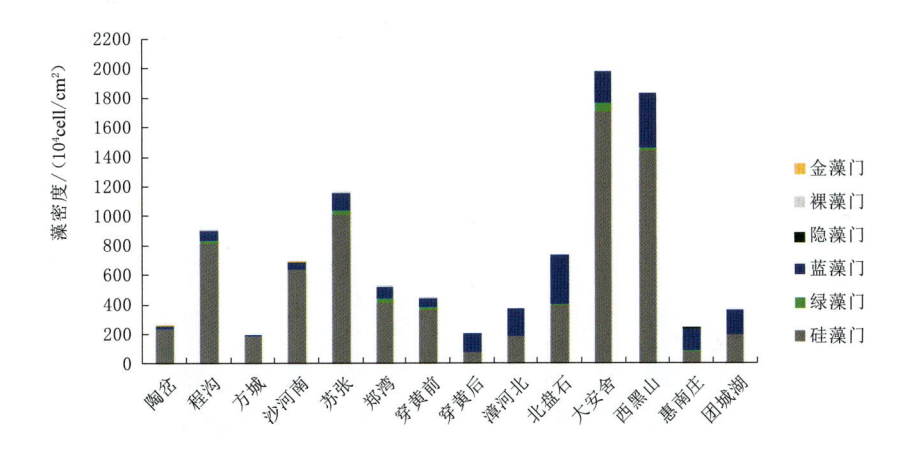

图 2-34 中线总干渠着生藻类密度空间分布

从着生藻类的群落结构来看，中线总干渠藻类群落结构在春秋存在一定差异。硅藻、绿藻、蓝藻等3门藻类是中线总干渠着生藻类密度的主要组成部分。其中硅藻春秋都较高，是中线总干渠着生藻类群落结构的第一大优势类群，且在春季明显高于秋季；蓝藻是中线总干渠着生藻类群落结构的第二大优势类群，且在秋季高于春季；绿藻在秋季占一定的密度，但在春季比例明显降低（图2-35）。

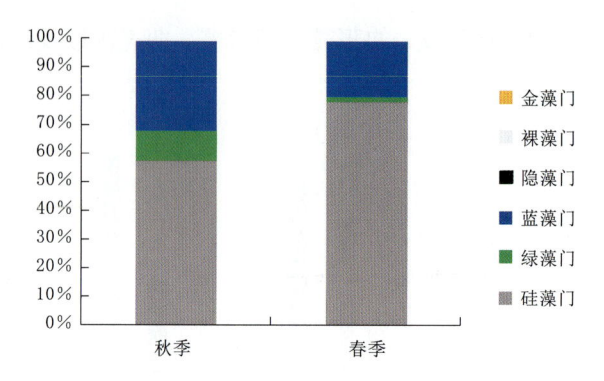

图2-35　中线总干渠着生藻类密度组成变化

2.3.1.4　底栖动物

1. 种类组成

中线总干渠的大型底栖动物系统调查共记录该类群3门5纲10科19属25种，其中环节动物1纲2科3属4种，占总种类数的16.0%；节肢动物2纲5科14属19种，占总种类数的76.0%，记录种类数最多；软体动物2纲2科1属2种，占总种类数的8.0%，其种类组成如图2-36所示。

各监测断面浮游动物种类数如图2-37所示。其中沙河南大安舍的种类记录最多，达9种，穿黄前种类数最少，记录种类数为2种。从南向北，中线总干渠底栖动物种类数也呈现较明显的空间差异性，河北省段相对多于河南省段。从组成成分看，沙河南、大安舍断面由环节动物门、节肢动物门及软体动物门三大门类组成，陶岔、程沟、方城断面由节肢动物门及软体动物门两大门类组成，而其他断面仅由节肢动物门组成。

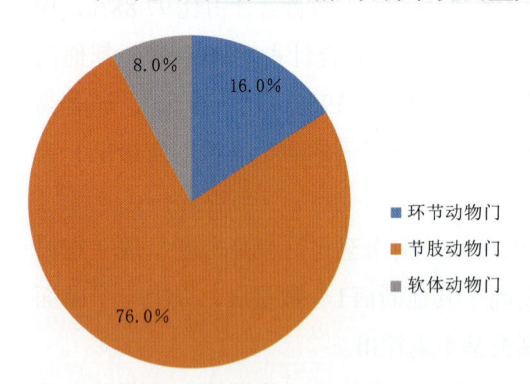

图2-36　中线总干渠底栖动物种类组成比例图

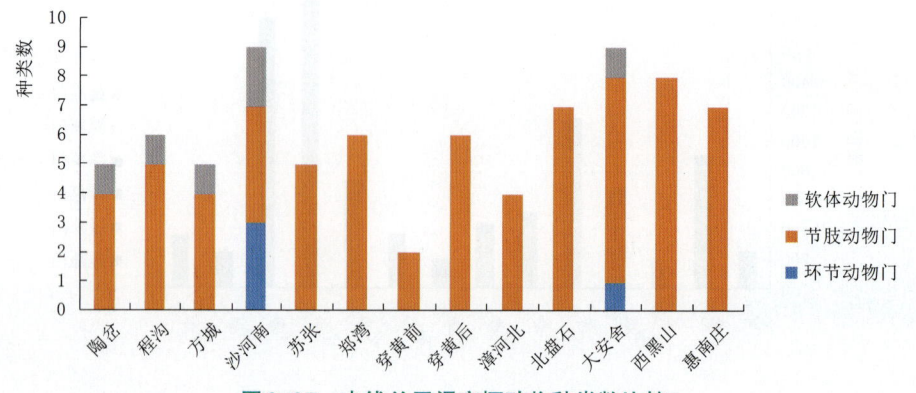

图2-37　中线总干渠底栖动物种类数比较

2018年10月中线总干渠的大型底栖动物系统调查共记录该类群3门5纲7科15属18种，其中环节动物1纲1科3属4种，占总种类数的22.2%；节肢动物2纲3科11属12种，占总种类数的66.7%，记录种类数最多；软体动物2纲2科1属2种，占总种类数的11.1%，其种类组成如图2-38所示。

各监测断面浮游动物种类数如图2-39所示。其中沙河南、苏张、大安舍和惠南庄的种类记录相对较多，在5～6种，其余监测断面的种类数较少，记录种类数为2～4种。

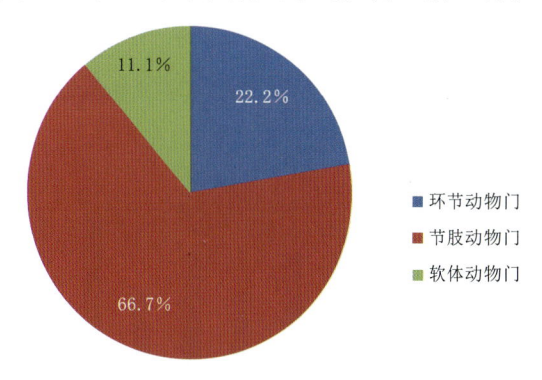

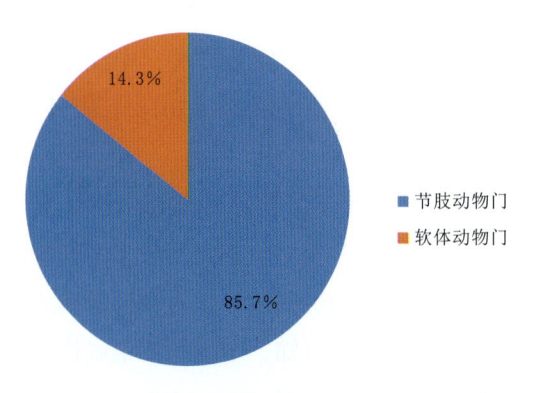

图2-38 中线总干渠底栖动物种类组成比例图

从南向北，中线总干渠底栖动物种类数也呈现较明显的空间差异性，河北省段相对多于河南省段。从组成成分看，沙河南由节肢动物门及环节动物门两大门类组成，大安舍断面由环节动物门、节肢动物门两大门类组成，程沟、方城断面由节肢动物门及软体动物门两大门类组成，而其他断面仅由节肢动物门组成。

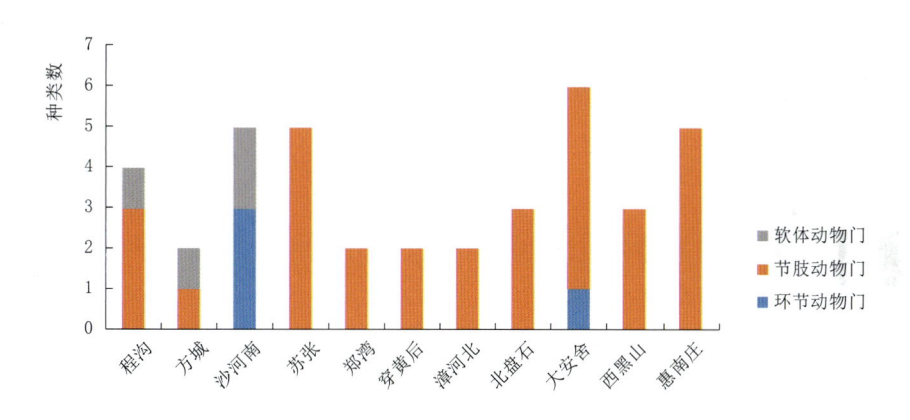

图2-39 中线总干渠底栖动物种类数比较

2019年5月中线总干渠的大型底栖动物系统调查共记录该类群2门3纲6科9属14种，其中节肢动物1纲4科8属12种，占总种类数的85.7%，记录种类数最多；软体动物2纲1科2属2种，占总种类数的14.3%，其种类组成如图2-40所示。

各监测断面底栖动物种类数如图2-41所示。其中西黑山的种类记录相对最多，为7种，穿黄前监测断面的种类数最少，记录种类数为2种。从南向北，中线总干渠底栖动物种类数也呈现较明显的空间差异性，河北省段相

图2-40 中线总干渠底栖动物种类组成比例图

对多于河南省段。从组成成分看，陶岔、大安舍由节肢动物门及软体动物门两大门类组成，而其他断面仅由节肢动物门组成。

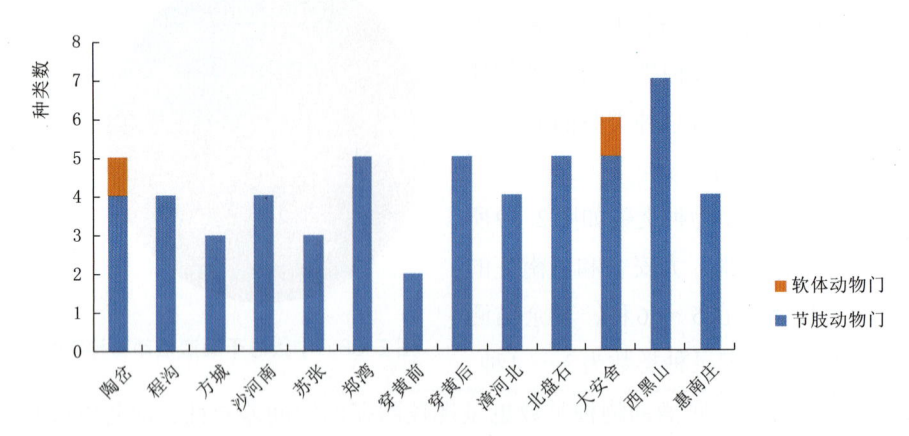

图2-41 中线总干渠底栖动物种类数比较

2. 现存量

如图2-42所示，中线总干渠底栖动物密度也呈现较明显的空间差异性。中线总干渠底栖动物密度介于20～5173ind/m²。其中最低值出现在秋季漳河北断面，最高值出现在春季程沟断面。总的来讲，春季底栖动物动物密度明显高于秋季。

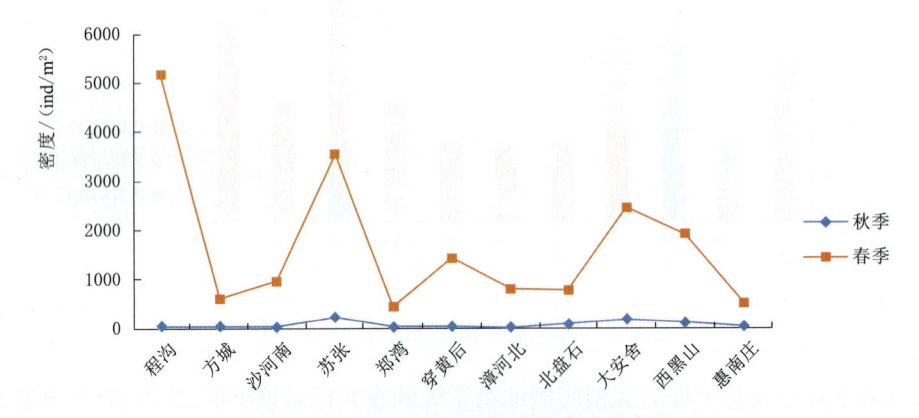

图2-42 中线总干渠底栖动物密度分布图

如图2-43所示，中线总干渠底栖动物生物量也呈现较明显的空间差异性，中线总干渠底栖动物生物量值介于0.0050～41.2496g/m²。其中最低值出现在秋季（2018年10月）漳河北断面，最高值出现在春季（2019年5月）程沟断面。

秋季中线总干渠的底栖动物密度分布如图2-44所示，其密度介于20～230ind/m²，其中苏张的密度最大，达230ind/m²，直突摇蚊属、真开氏摇蚊属和拟毛突摇蚊属较多；其次为大安舍，密度为180ind/m²，直突摇蚊属最多；西黑山密度为110ind/m²，以直突摇蚊属为主；其他监测断面密度均在80ind/m²以下。基于优势度计算公式可知，中线总干渠底栖动物的优势种主要是直突摇蚊属（*Orthocladius* sp.）、杆长跗摇蚊属（*Virgatanytarsus* sp.）、长

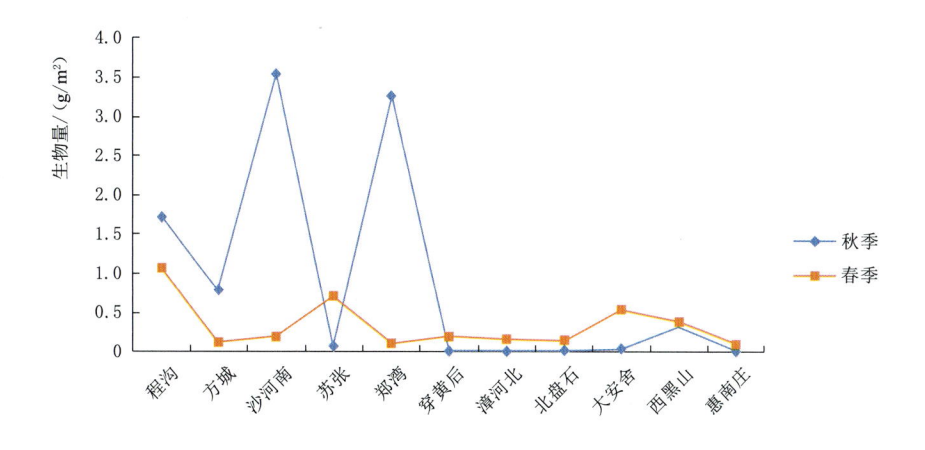

图2-43　中线总干渠底栖动物生物量分布图

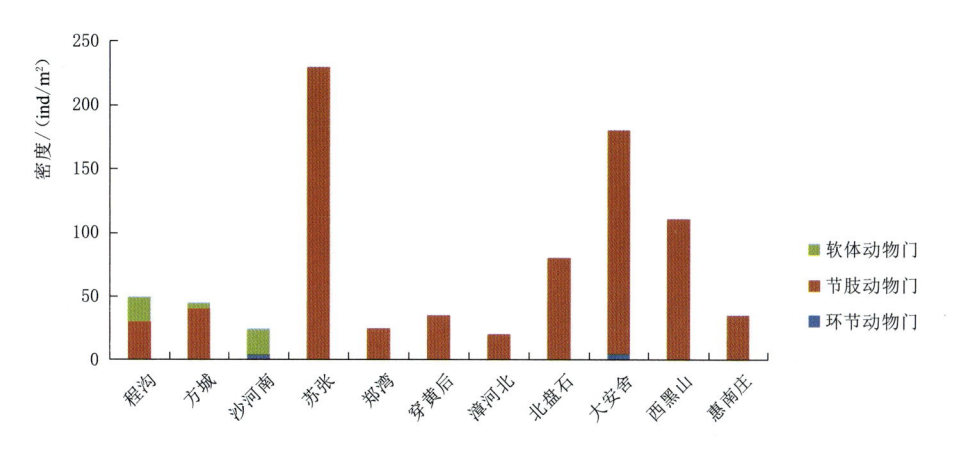

图2-44　秋季中线总干渠底栖动物密度分布

跗摇蚊属（*Tanytarsus* sp.）和米虾属（*Caridina* sp.）。

中线总干渠的底栖动物生物量如图2-45所示，其生物量整体介于0.0050～3.5405g/m², 其中沙河南的生物量最大，以淡水壳菜和椭圆萝卜螺为主，其次郑湾的生物量为 3.2600g/m²，米虾属贡献最大；其他监测样点的生物量均小于2g/m²。

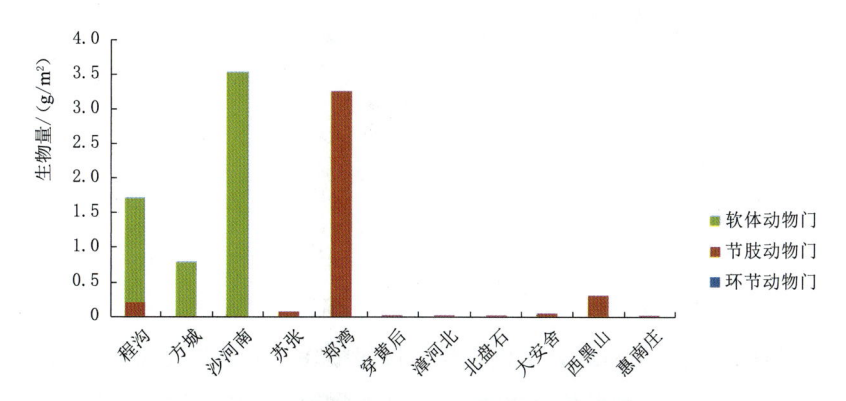

图2-45　秋季中线总干渠底栖动物生物量分布

春季中线总干渠的底栖动物密度分布如图2-46所示，其密度介于448～5173ind/m²，其中程沟的密度最大，达5173ind/m²，由直突摇蚊属、环足摇蚊属、长附突摇蚊属和杆长附突摇蚊属贡献；其次为苏张，密度为3552ind/m²，直突摇蚊属最多；大安舍密度为2448ind/m²，以直突摇蚊属为主。基于优势度计算公式可知，中线总干渠底栖动物的优势种主要是直突摇蚊属（Orthocladius sp.）、杆长跗摇蚊属（Virgatanytarsus sp.）、环足摇蚊属、长跗摇蚊属（Tanytarsus sp.）。

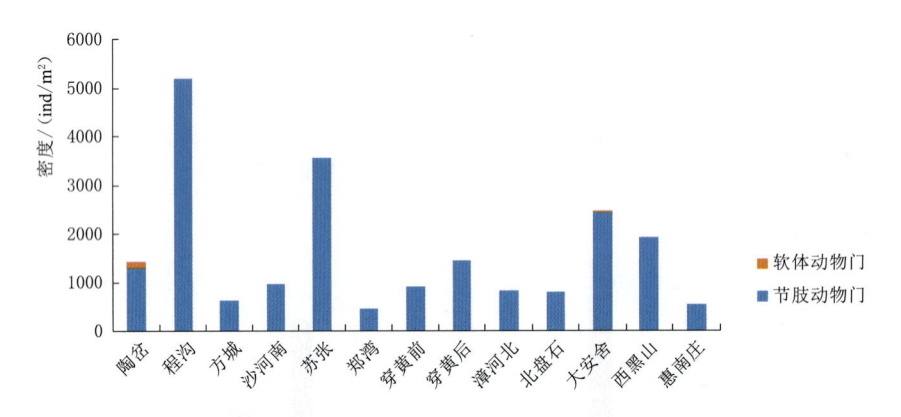

图2-46　春季中线总干渠底栖动物密度分布

春季中线总干渠的底栖动物生物量整体介于0.0992～1.09g/m²，其中程沟的生物量最大，远高于其他断面，主要以淡水壳菜为主；其他监测样点的生物量均小于2g/m²，见图2-47。

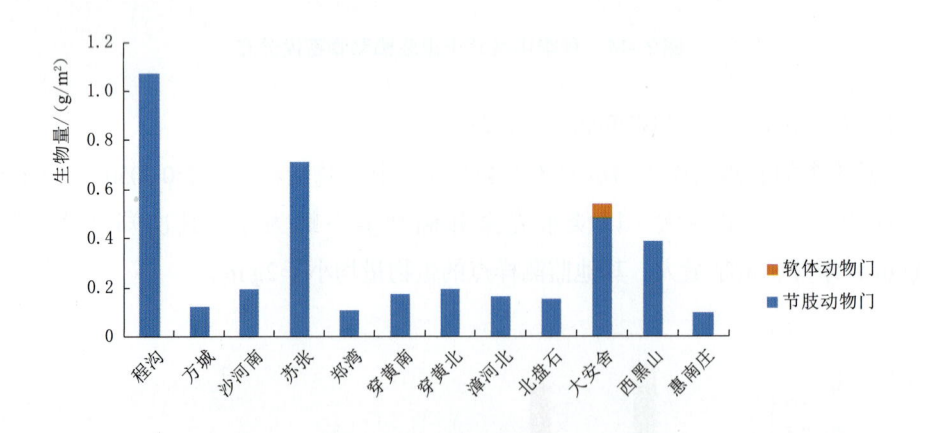

图2-47　春季中线总干渠底栖动物生物量分布

2.3.1.5　鱼类

1. 鱼类群落结构现状

综合本项目的调查结果，结合历史资料，目前中线总干渠共发现鱼类28种，隶属于8科25属（表2-6）。其中，鲤科鱼类20种，占总种数的71.4%；鰕虎鱼科2种，占总种数的6.1%；鳅科、塘鳢科、鳢科、鳡科、鳘科和鮈科各1种，合占剩余的21.5%。根据已有文献记载，丹江口水库现存鱼类60余种，也是鲤科鱼类占绝大多数，中线总干渠所调查到的鱼类也均在丹江口水库鱼类名录中。

丹江口水库建坝前后，由于水文条件的改变，鱼类的生态习性经历了从以喜流水性生活的鱼类为主到喜静水生活的鱼类居多的过程。当鱼类从丹江口水库进入中线总干渠后，水文条件的再次改变，将使得鱼类群落结构再次发生改变，一些喜流水生活的鱼类在中线总干渠水体中能快速地扩散定居下来。从调查结果来看，在目前调查到的28种鱼类中，有过半的鱼类喜流水/缓流生境，或是静水生活流水繁殖。

表 2-6　　　　　　　　　　中线总干渠现有鱼类资源统计表

科名	种名	主要食物组成	营养群体	生态习性
Cyprinidae / 鲤科	鲤	底栖动物、植物碎屑、昆虫	杂食性	喜静水
	散鳞镜鲤	底栖动物、植物碎屑、昆虫	杂食性	喜静水
	鲫	植物碎屑、浮游动物	杂食性	喜静水
	鳡	鱼类	肉食性	静水生活、流水繁殖
	鳜	小型鱼类、甲壳类动物及昆虫	肉食性	喜静水
	青鱼	螺蚌类、虾类	肉食性	静水生活、流水繁殖
	草鱼	水生植物	草食性	静水生活、流水繁殖
	鲢	藻类、浮游动物	浮游生物食性	静水生活、流水繁殖
	鳙	藻类、浮游动物	浮游生物食性	静水生活、流水繁殖
	花䱻	藻类、植物碎屑、水生昆虫	杂食性	喜缓流
	红鳍原鲌	鱼类、虾类、水生昆虫	肉食性	喜缓流
	马口鱼	水生昆虫、小鱼	肉食性	喜流水
	麦穗鱼	浮游动物、藻类	浮游生物食性	喜静水
	鳌	浮游动物、藻类	浮游生物食性	喜缓流
	贝氏鳌	浮游动物、藻类	浮游生物食性	喜缓流
	似鳊	藻类、植物碎屑、甲壳动物	杂食性	喜流水
	蛇鮈	水生昆虫、浮游生物	杂食性	喜缓流
	高体鳑鲏	植物碎屑、藻类	杂食性	喜缓流

续表

科名	种名	主要食物组成	营养群体	生态习性
	棒花鱼	底栖动物、浮游动物、碎屑	杂食性	喜流水
	大鳍鱊	植物碎屑、藻类、底栖动物	杂食性	喜缓流
鳅科	泥鳅	昆虫幼虫、植物碎屑、藻类	杂食性	喜静水
塘鳢科	小黄黝鱼	昆虫幼虫、浮游动物、植物碎屑	杂食性	喜缓流
鰕虎鱼科	波氏吻鰕虎鱼	昆虫幼虫、小型虾类、仔稚鱼类	肉食性	喜静水
	子陵吻鰕虎鱼	昆虫幼虫、小型虾类、仔稚鱼类	肉食性	喜静水
鳢科	乌鳢	鱼类、虾类	肉食性	喜静水
鳀科	间下鱵	浮游动物	浮游生物食性	喜缓流
鲿科	黄颡鱼	小型鱼类、底栖动物、虾类	肉食性	喜缓流
鮨科	鳜	小型鱼类、底栖动物、虾类	肉食性	喜静水

所调查到的28种鱼类中，小型鱼类（初次性成熟年龄小于2龄，最大体长小于240mm的鱼类）有18种，在总种类中占60%以上。从所捕获鱼类的全长分布频数图也可看出，所捕鱼类的规格大小在12～586mm，全长处于53～135mm的鱼类占大多数（图2-48）。优势种为马口鱼与鳘，这两种鱼类无论是在数量还是出现频率上都处于绝对优势地位。

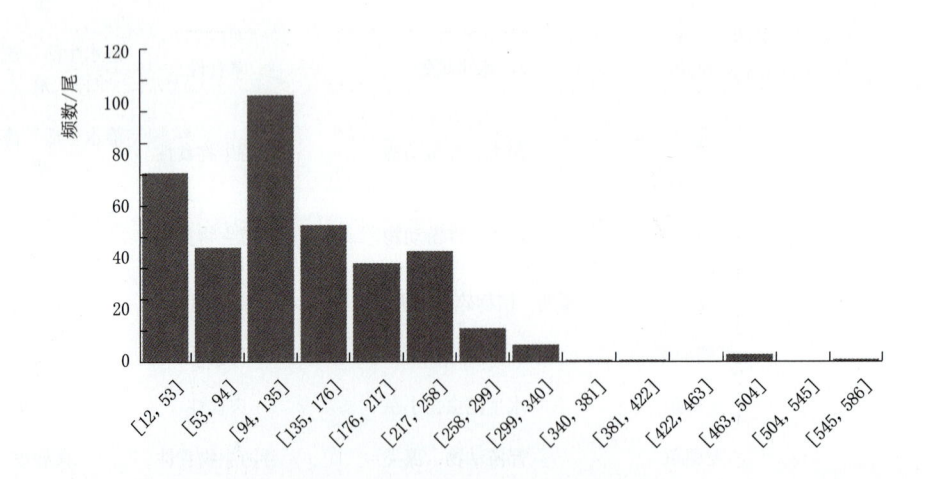

图2-48 中线总干渠渔获物全长频数图

从鱼类食性来分析，所调查到的28种鱼类可分为杂食性鱼类、草食性鱼类、肉食性鱼类和浮游生物食性鱼类。其中杂食性鱼类最多，共11种，占总种类数的39.3%；其次是肉食性鱼类，10种，占总种类数的35.7%，主要为小型的马口鱼和子陵吻鰕虎鱼；浮游生物食性鱼类有6种，占总种类数的21.4%；草食性鱼类仅有1种，占总种类数的3.6%，为草鱼（如图2-49所示）。

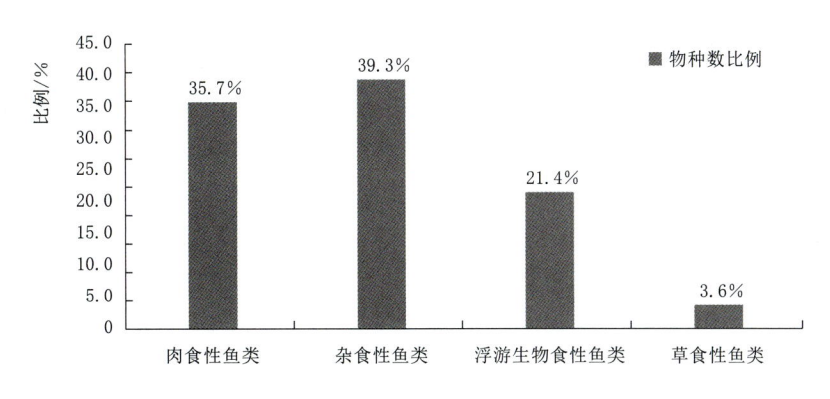

图2-49　4种营养群体在总物种数中的比例

2.3.2 基于Ecopath模型的中线总干渠水生态系统评估

2.3.2.1 Ecopath及其功能

南水北调中线工程是目前世界上最大的跨流域调水工程，是实现我国水资源优化配置、促进经济社会可持续发展、保障和改善民生的重大战略性基础工程。南水北调中线工程全长1432km，其中总干渠（含北京市段）1277km，天津干线全长155km，流经长江、淮河、黄河、海河四大流域，纵跨北亚热带、暖温带和温带，南北自然环境差异巨大。南北水调中线总干渠以明渠为主，并建有隧洞、管道、暗涵和渡槽等工程设施，其渠道内边坡、渠底采用混凝土衬砌，工程的生态系统发展方向及调控技术，尚无成熟经验可供参考。目前，南北水调中线总干渠生态系统处于形成的初期，生态系统平衡尚未建立，生态系统异常现象时有发生。通过连续调查监测发现，中线总干渠中浮游藻类以硅藻为主，存在藻类暴发生长的可能，同时渠壁滋生了大量着生藻类，剥落后进入总干渠中对水体也会产生负面影响；在渠道的工程检修过程中，发现倒虹吸、渡槽、分水口等处淡水壳菜大量滋生；鱼类资源调查发现中线总干渠的鱼类群落结构相对单一，加之丹江口库区管理部门在中线总干渠入口处布设了拦鱼网，使得进入中线总干渠的鱼类较少且以小型鱼类（鳘和马口鱼）为主，其他鱼类出现频率低，物种多样性低；以软体动物为食的鱼类匮乏，对淡水壳菜控制力不足；凶猛性鱼类数量少，难以达到对底层扰动性鱼类和浮游动物食性鱼类种群的控制。

南水北调中线总干渠生态系统处于形成初期，结构与功能不完善，容易受到外界因素的影响。在此背景下，需要一种基于生态系统研究的方法来对其结构与功能进行量化分析，以了解物质与能量的流动过程。其中的生态模型软件Ecopath with Ecosim（EwE）是应用最广泛的一种工具，包含3个模块，分别为Ecopath、Ecosim和Ecospace。Ecopath是EwE软件最早开发出来的模块，是整个软件的基础。Ecopath模块以构建基于食物网数量平衡的模型为基础，整合一系列生态学分析工具来研究一段时间内（通常为一年）系统的规模、稳定性和成熟度、物流与能流的分布和循环、系统内部的捕食和层级关系、各层级间能量流动的效率、生物间生态位的竞争等。因此，生态系统食物网食物矩阵数据的准确性与可靠性成为Ecopath模型正确建立的关键。

EwE软件已在全球的海洋、湖泊、水库等水生态系统中得到应用，产出了大量相关的研究论文。我国学者最早于2000年开展了渤海生态系统的Ecopath模型研究（仝龄等，2000），其后Ecopath模型在我国水生态系统研究中的应用渐渐开展起来。

截至目前，应用Ecopath模型来评估南水北调中线总干渠生态系统的研究还未开展起来，因此，开展2014—2019年期间中线生态系统Ecopath模型研究的意义重大，既能为管理部门提供基于生态系统水平的管理建议，又能为其他输水工程生态系统的研究提供科学参考。

2.3.2.2 研究方法

1. 建模方法

Ecopath模型是由一系列生物学和生态学相似、相关联的功能组组成的静态模型，并且所有功能组能基本涵盖生态系统物质循环和能量流动过程。根据营养平衡原理，生态系统中每个功能组的能量输入与输出保持平衡，可用基本方程式如下：

生产量＝捕捞量＋捕捞死亡量＋生物累积量＋净迁移量＋其他死亡量

用简单直观的线性方程式可表示为：

$$B_i \left(\frac{P}{B}\right)_i EE_i - \sum_{j=1}^{n} B_j \left(\frac{Q}{B}\right)_j DC_{ji} - EX_i = 0$$

式中：B_i为功能组i的生物量；$(P/B)_i$为功能组i生产量与生物量的比值；EE_i为功能组i的生态营养转化效率，此参数一般较难获得，可由模型计算得出；$(Q/B)_j$为捕食者j的消耗量与生物量的比值；DC_{ji}为被捕食者i在捕食者j的食物组成中所占的比例；EX_i为系统产出（包括捕捞量和迁移量），中线总干渠禁止渔业捕捞，因此该参数对Ecopath模型的影响很低。从上述方程式可得出，建立南水北调中线总干渠Ecopath模型需要的基本参数值为：生物量（B）、生产量与生物量的比值（P/B系数）、消耗量与生物量的比值（Q/B系数）、捕捞量和迁移量（EX）和食物组成矩阵（DC）。

2. 功能组的划分

依据中线总干渠生态系统主要种类的种群地位、食性、重要性等标准，将该生态系统划分为18个功能组（表2-7），基本上包含了中线总干渠生态系统能量流动的全过程，也涵盖了模型所需的3大类，即生产者、消费者和碎屑。为便于研究，将一些食性相近或数量少的种类合并在一个功能组里，如小型上层鱼类功能组包括鳘、贝氏鳘、麦穗鱼、间下鱵；小型中下层鱼类功能组包括高体鳑鲏、大鳍鱊、小黄黝鱼、棒花鱼、花鳅、似鳊、蛇鮈、鰕虎鱼、鳅类等。由于中线总干渠生态系统的特殊性，其生产者只包含浮游藻类和着生藻类两类，无其他水域生态系统中常见的水生植物。

表 2-7　　中线总干渠生态系统功能组的划分及包含的主要种类

	功能组	包含种类
1	鳡	鳡
2	鳜	鳜
3	乌鳢	乌鳢
4	鲇	鲇
5	黄颡鱼	黄颡鱼
6	红鳍原鲌	红鳍原鲌
7	马口鱼	马口鱼
8	草鱼	草鱼
9	鲤	鲤
10	鲫	鲫
11	小型上层鱼类	鳘、贝氏鳘、麦穗鱼、间下鱵
12	小型中下层鱼类	高体鳑鲏、大鳍鱊、小黄黝鱼、棒花鱼、花鲭、似鳊、蛇鉤、鰕虎鱼、鳅类等
13	虾类	沼虾、米虾等
14	底栖动物	淡水壳菜、萝卜螺、和寡毛类等
15	浮游动物	轮虫、枝角类和桡足类等
16	浮游藻类	硅藻门、绿藻门等
17	着生藻类	硅藻门、绿藻门等
18	碎屑	各种碎屑颗粒和溶解性有机物

3. 模型基本参数来源

生物量（B）是指在某特定时间、单位面积（或体积）内所存在的某物种的总量，单位为 t/km^2（贾佩峤，2012）。中线总干渠生态系统鱼类和虾类功能组的生物量根据鱼类资源调查数据（未发表）结合实测的鱼类生物学参数数据，通过经验公式计算得出。底栖动物、浮游动物、浮游藻类、着生藻类和碎屑的生物量值通过定期监测数据估算得出（表2-7）。

P/B 系数也可称为生物量的周转率，在模型中是一个以年为单位的比值。根据公式：

$$P/B=Z$$

可求出功能组中鱼类的 P/B 系数。其中 Z 为鱼类的总死亡系数，在一个稳定且平衡的生态系统中，每个功能组当年的 P/B 系数等于其总死亡系数 Z。中线总干渠鱼类的总死亡系数 Z 可通过 FishBase 网站上的生活—历史工具（Life-history tool）求出。底栖动物、浮游动物、浮游藻类和着生藻类的 P/B 系数值参照唐剑锋（2013）、刘恩生等（2014）、李云凯等（2014）和王瑞等（2018）的研究结果。

Q/B 系数在 Ecopath 模型里的单位也是一个以年为单位的比值，该值主要参考其他相似研究成果以及通过 FishBase 网站上的计算工具求出。

DC 参数在模型中表示为各种食物对捕食者肠道中的组成比例，其比值可以基于重量、能量或体积推算出。南水北调中线生态系统中各功能组的食物组成除自有的鱼类食性研究数据外，还参考了其他研究人员的研究结果（张堂林，2005；叶少文，2007；唐剑锋，2013；刘恩生等，2014；李云凯等，2014；王瑞等，2018）。对于同一功能组由多种类生物组成的情况，其食物组成则按各种生物的生物量的组成比例取加权平均值（贾佩峤，2012）。食物矩阵详细组成见表 2-8。

表 2-8　　中线总干渠生态系统 Ecopath 模型的基本输入参数

功能组	营养级	生物量（B）/（t/km²）	生物量周转率/（a⁻¹）	消耗量与生物量比质/（a⁻¹）	生态效率
1 鳡	3.71	0.003	1.05	8.20	0.09
2 鳜	3.65	0.02	0.78	3.72	0.06
3 乌鳢	3.43	0.008	0.83	4.20	0.04
4 鲇	3.24	0.05	1.21	4.46	0.10
5 黄颡鱼	2.95	0.1	1.67	5.10	0.01
6 红鳍原鲌	3.29	0.3	1.24	5.82	0.04
7 马口鱼	2.82	0.65	2.16	11.00	0.19
8 草鱼	2.10	0.03	1.48	12.41	0.04
9 鲤	2.45	0.68	1.97	8.50	0.02
10 鲫	2.32	1.04	2.25	10.12	0.04
11 小型上层鱼类	2.56	1.92	2.03	20.00	0.26
12 小型中下层鱼类	2.58	1.73	2.03	14.50	0.43
13 虾类	2.37	0.62	2.50	12.50	0.50
14 底栖动物	2.04	13.64	2.43	50.10	0.45
15 浮游动物	2.00	2.0	40.00	160.00	0.80
16 浮游藻类	1.00	10.0	120.00		0.30
17 着生藻类	1.00	63.50	120.00		0.02
18 碎屑	1.00	170.00			0.06

4. 模型的调试和优化

用 Ecopath 方法来构建一个稳定的生态系统模型，需要遵循每一个功能组的能流输入和输出都必须保持平衡的原则,同时还要考虑估算出来的参数是否符合客观规律或经验知识。各功能组生态营养转换效率值 $EE<1$,遭受捕食或捕捞压力很大的功能组其 EE 值可以接近于1,未被充分利用的功能组,如碎屑、着生藻类、小型鱼类等,其 EE 值较低;功能组的 P/Q 值的范围应该在 $0.1\sim0.3$,运动快、个体小的鱼类除外;每个功能组的呼吸量不能为负数;在调试过程中,还要避免改动来源可靠的数据(Christensen et al., 2005)。

总之,在运行 Ecopath 模型过程中,需要在适当范围内反复调整输入参数的值,如 B 值、P/B 值或 Q/B 值等,使每一个功能组的输入和输出全部相等,最终使模型平衡并得出合理的输出结果。

2.3.2.3 模拟结果

1. 各功能组的营养转化效率

生态营养效率(EE)可反映各功能组的生产量在系统中被捕食或被捕捞利用的程度。由表2-8可看出顶级消费者鳡的 EE 值仅为0.09,其他肉食性鱼类鳜、乌鳢、鲇、黄颡鱼、红鳍原鲌、马口鱼的 EE 值分别为0.06、0.04、0.10、0.01、0.04和0.19,草鱼的 EE 值为0.04,杂食性鱼类鲤和鲫的 EE 值分别为0.02和0.04,生态营养效率值都较低,这些主要与南水北调中线总干渠封闭且禁止捕捞有关。小型鱼类的生态营养转化效率也较低,小型上层鱼类和小型中下层鱼类的 EE 值分别为0.26和0.43,被系统利用的程度不及生产量的一半,可加大开发利用程度。虾类的 EE 值达到了0.50,刚及生产量的一半。此外,浮游动物的 EE 值高达0.80,说明浮游动物被捕食的压力大,需大力控制小型鱼类的种群规模,进而增强其对浮游藻类的捕食压力。

2. 中线总干渠生态系统的营养级结构

林德曼(1942)首次提出了整数营养级的概念(如1、2、3等),但在 Ecopath 模型中用分数营养级(如1.3、2.4等)来代替(Odum et al., 1975)。每个消费者根据其食物所处的营养级数(生产者和碎屑营养级为1)和组成比例进行加权求和后再加1就得出了该消费者的分数营养级(Fractional trophic level)。这个营养级概念又被称为有效营养级(Effective trophic level),它能更详细地反映每一种生物在生态系统中的营养地位(Pauly et al., 2001)。

中线总干渠生态系统各功能组的有效营养级及其分解见表2-9。从表中可看出鳡的营养级最高,其在第Ⅲ、第Ⅳ、第Ⅴ和第Ⅵ营养级上的比例也分别为0.415、0.464、0.114和0.007,其有效营养级为3.71。鳜的有效营养级为3.65,仅次于鳡;乌鳢、鲇、黄颡鱼、红鳍原鲌、马口鱼、鲤和鲫的有效营养级分别为3.43、3.24、2.95、3.29、2.82、2.45和2.32;浮游藻类和碎屑完全占据第Ⅰ营养级,浮游动物、底栖动物以及草鱼等占据了第Ⅱ营养级。

表 2-9　　中线总干渠生态系统各功能组营养流在不同营养级上的分解

功能组	I	II	III	IV	V	VI	营养级
1 鳡			0.415	0.464	0.114	0.007	3.71
2 鳜			0.446	0.463	0.087	0.004	3.65
3 乌鳢		0.010	0.561	0.420	0.009		3.43
4 鲇		0.060	0.549	0.383	0.008		3.24
5 黄颡鱼		0.274	0.509	0.213	0.004		2.95
6 红鳍原鲌		0.050	0.630	0.297	0.023		3.29
7 马口鱼		0.332	0.517	0.149	0.002		2.82
8 草鱼		0.900	0.097	0.003			2.10
9 鲤		0.560	0.427	0.013			2.45
10 鲫		0.690	0.302	0.008			2.32
11 小型上层鱼类		0.438	0.562				2.56
12 小型中下层鱼类		0.433	0.551	0.016			2.58
13 虾类		0.639	0.356	0.005			2.37
14 底栖动物		0.957	0.043				2.04
15 浮游动物		1.000					2.00
16 浮游藻类	1.000						1.00
17 着生藻类	1.000						1.00
18 碎屑	1.000						1.00

3. 中线总干渠生态系统营养级之间的物质流动

每个营养级的传输效率（Transfer efficiency）等于其输出和被摄食量之和与其营养级总通量的比值，表示该营养级在系统中被利用的程度。营养级的流通量（Throughput）是指单位时间内流经某个营养级的所有营养流的通量。每个营养级的总流通量由输出（包括被捕捞和沉积脱离系统的量）、被摄食、呼吸（植物和碎屑不考虑呼吸）和流至碎屑的量共同组成。初级生产者和碎屑的流通量等于其生产量，II级营养级及其以上营养级的流通量则等于其摄食量（刘其根，2005；唐剑锋，2013）。

从林德曼循环图（Lindeman Spine Plot）可看出，中线总干渠生态系统的初级生产者生产量为8820.2t/（km²·a），被摄食的量为482.2t/（km²·a），占初级生产者生产量的4.47%，其余流至碎屑进入再循环。从各个营养级流入碎屑的营养流合计为9260t/（km²·a），被摄食的碎屑量为540.8t/（km²·a），其余碎屑因沉积脱离系统。整个营养级 I 流入营养 II 的营养流为1023t/（km²·a），流入营养级 III、IV、V 的能量分别为80.43t/（km²·a），2.505t/（km²·a），0.0742t/（km²·a），见图2-50。

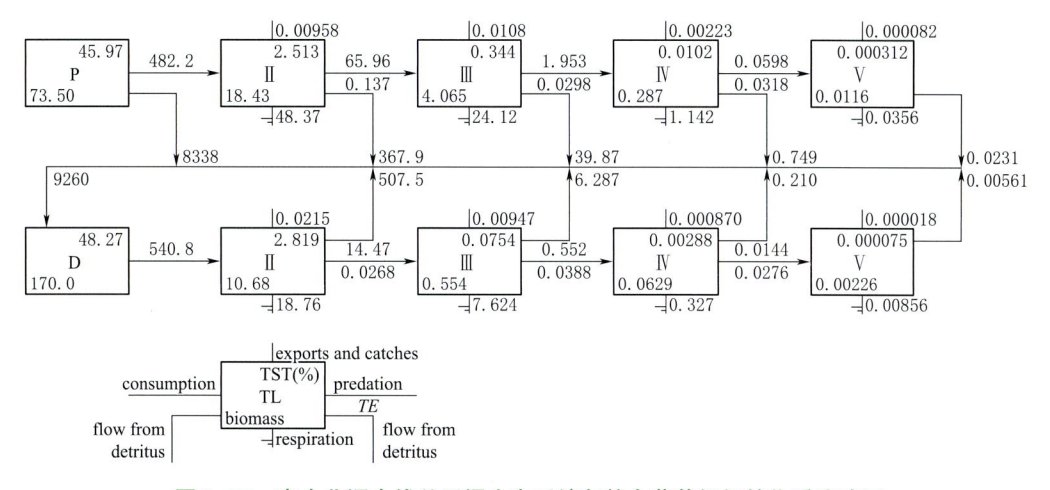

图2-50 南水北调中线总干渠生态系统各整合营养级间的物质流动图

从图2-50也可看出中线生态系统有两条食物链，即牧食食物链和碎屑食物链。从图2-51可看出牧食食物链有以下几种类型：浮游藻类→浮游动物→小型鱼类→红鳍原鲌→鳜，着生藻类→小型中下层鱼类→乌鳢→鳜，着生藻类→草鱼→鳜等；碎屑食物链有以下几种类型：碎屑→底栖动物→黄颡鱼→鳜，碎屑→底栖动物→鲤、鲫→鳜→鳜等。其中牧食食物链往第Ⅱ营养级传递的能量为482.2t/（km²·a），而碎屑食物链往第Ⅱ营养级传递的能量为540.8 t/（km²·a），两者在食物网能量传递上相当，牧食食物链占52.9%，碎屑食物链占46.1%。能量流动主要发生在前3个营养级，营养级越高传递的能量越少。在牧食食物链中，各营养级间（Ⅰ→Ⅴ）物质与能量传递效率分别为4.47%、13.7%、2.98%、3.18%，平均传递效率为5.33%；碎屑食物链中，各营养级间（Ⅰ→Ⅴ）物质与能量传递效率分别为5.84%、2.68%、3.88%、2.76%，平均传递效率为3.79%。南水北调中线总干渠生态系统中牧食食物链传递效率是碎屑食物链传递效率的近2倍。

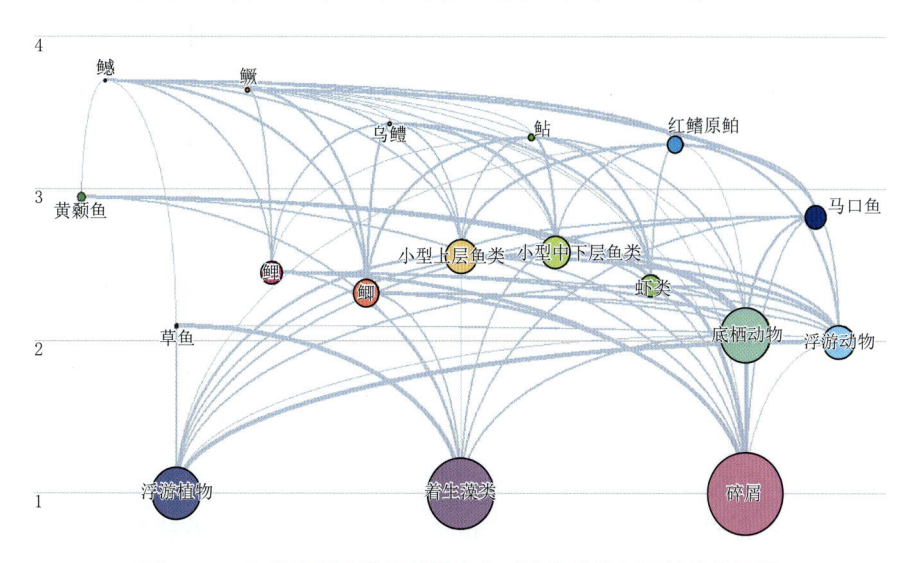

图2-51 南水北调中线总干渠生态系统各功能组间的食物网图

4. 各功能组间交互营养影响分析

交互营养影响（Mixed trophic impact，MTI）反映的是生态系统中各个功能组之间互利或者互害的程度。MTI不仅考虑功能组之间的直接影响，同时还可通过对营养网络的综合分析研究功能组之间的间接影响，因而可以用于评估某个功能组生物量变化对其他功能组生物量的影响。交互影响程度的取值范围在-1～1，互利取正值，互害取负值（Hannon，1973；Ulanowicz et al.，1990；Christensen et al.，2005）。

从图2-52可看出，中线总干渠生态系统中捕食者对其饵料生物的影响一般为抑制作用（Negative），如大型肉食性鱼类如鳡、鳜、乌鳢和鲌对被捕食者虾、小型上层鱼类和小型中下层鱼类均具有抑制作用，而同为肉食性消费者的鳡、鳜、乌鳢、黄颡鱼等，因为存在种间竞争关系，相互之间也存在抑制效应；碎屑生物量的增加对大部分功能组的影响为正效应（Positive）；对浮游动物生物量起抑制作用的鱼类为小型上层鱼类。

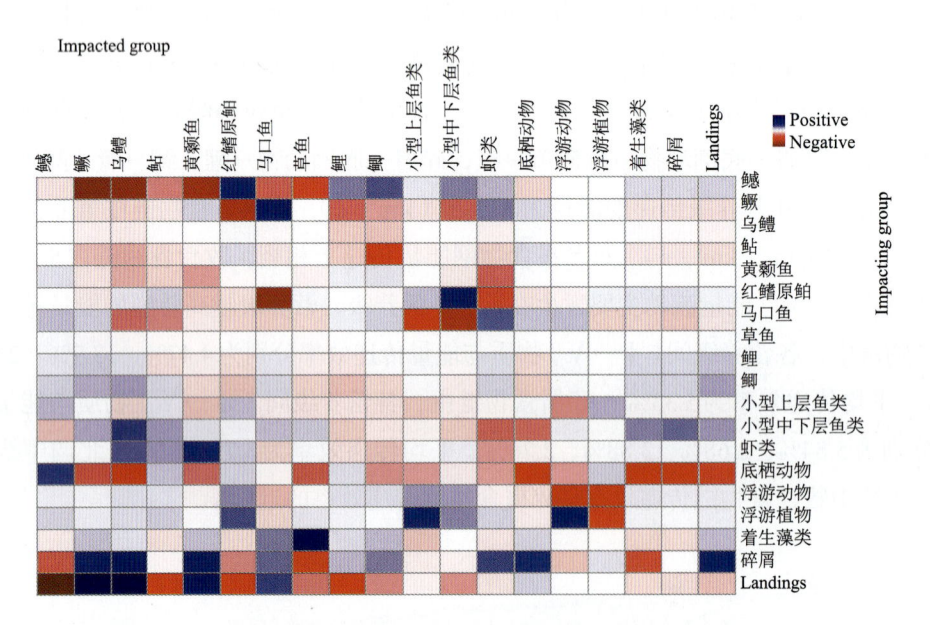

图2-52　南水北调中线总干渠生态系统各功能组间的交互营养影响图

5. 各功能组间生态位重叠

Ecopath模型采用Pianka（1973）的方法，计算功能组两两间的饵料重叠指数（Prey overlap index）和捕食者重叠指数（Predator overlap index），以此反映功能组之间的生态位重叠（Trophic niche overlap）程度（Christensen et al.，2005）。其中饵料重叠指数反映的是功能组之间食物来源的相似性，可用来分析功能组之间的饵料竞争强度；捕食者重叠指数反映的是功能组之间是否有共同的天敌捕食者。

图2-53反映了中线总干渠生态系统各功能组之间的生态位重叠（数字代表各功能组编号），结果表明：各功能组间捕食者生态位重叠现象不普遍，重叠指数适中，部分肉食性鱼类的捕食者生态位重叠指数达到1，是因为它们有一个共同的天敌捕食者鳡；乌鳢与

鲌（3和4）之间的生态位重叠最为显著，其饵料重叠指数和捕食者重叠指数都接近1；此外，鲤与鲫（9和10）、鲫与虾类（10和13）、虾类与底栖动物（13和14）、马口鱼与小型中下层鱼类（7和12）的饵料重叠指数高，均大于0.8。

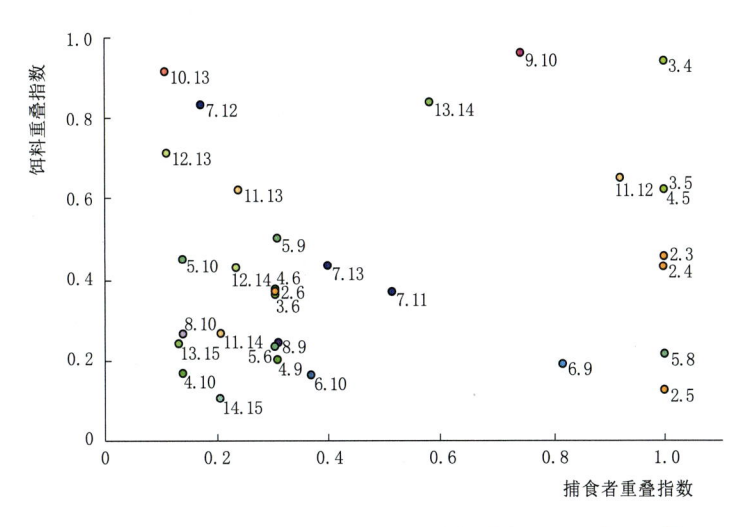

图2-53 南水北调中线总干渠生态系统各功能组间生态位重叠图

6. 南水北调中线总干渠生态系统的总体特征

Ecopath模型能够给出许多参数来研究系统的规模、稳定性和成熟度等特征（Odum，1969）。其中系统总流量（Total system throughput）为总摄食、总输出、总呼吸以及流入碎屑的总量之和，中线总干渠生态系统的总流量高达19185.330t/（km²·a），所有生物的总生产量为8947.857t/（km²·a），总消耗量为1106.002t/（km²·a）。由于中线总干渠全线禁止捕捞，因此其平均捕捞营养级仅为1.463（见表2-10）。

表2-10　　南水北调中线总干渠生态系统的总体特征

参　数	值	单位
总消耗量	1106.002	t/（km²·a）
总输出量	8719.612	t/（km²·a）
总呼吸量	100.387	t/（km²·a）
总流向碎屑量	9260.331	t/（km²·a）
系统总流量	19185.330	t/（km²·a）
总生产量	8947.857	t/（km²·a）
平均捕捞营养级	1.463	
总初级生产量/总呼吸量（P/R）	87.860	
净系统生产量	8719.612	t/（km²·a）
总初级生产量/总生物量（P/B）	91.597	
总生物量/总流通量	0.005	

续表

参　　数	值	单位
连接指数（CI）	0.292	
系统杂食性指数（SOI）	0.183	
Finn's 循环指数	2.871	%
Finn's 平均路径长度	2.175	

系统的总初级生产力与总呼吸量的比值（P/R）是表征系统成熟度的重要指标，成熟的系统 P/R 值接近1，而发育中的系统 $P/R \gg 1$，遭受有机污染的系统 $P/R < 1$（Odum，1971）。总初级生产量与总生物量的比值（P/B）也能反映系统的发育状态，P/B 值通常随着系统的发育而降低。中线总干渠生态系统的 P/R 值为87.860、P/B 值为91.597（见表2-10），从这两项参数也证明了中线总干渠生态系统处于极不稳定的发育初期。

连接指数（Connectance index，简称CI）和系统杂食指数（System omnivory index，简称SOI）都是反映系统内部各食物链之间联系复杂程度的指标。连接指数的值等于实际链接数与理论最大链接数之比，而系统杂食性指数实际上是对连接指数缺陷的补充（Pauly et al.，1993）。中线总干渠生态系统的CI值为0.292，SOI值为0.183（表2-10）。

Finn's 循环指数（Finn's cycling index，简称FCI）指的是系统中循环流量与总流量的比值，Finn's 平均路径长度（Finn's mean path length，简称FML）是指每个循环流经食物链的平均长度。成熟系统的特征之一就是物质再循环的比例较高，且营养流所经过的食物链较长（Christensen，1995）。通常情况下，不成熟的生态系统其食物链结构相对简单，其FCI和FML的值也较低。在中线总干渠生态系统中，其FCI值与FML值均较低，分别为2.871%和2.175%。

2.3.2.4　中线总干渠水生态系统分析

1. 食物网与营养转换效率

南水北调中线总干渠生态系统作为一个全新的人工生态系统，其生态系统最重要的服务功能就是跨区域安全调水，缓解我国北方地区生产、生活用水紧缺局面。与自然湖库生态系统不同的是，中线总干渠表面均为混凝土硬砌衬面。渠面的固定化和砌衬硬化，改变了渠底的透水性和多孔性，造成渠底"荒漠化"，使得水域生物群落多样性降低，无水生植物生长空间，有机碎屑、沉积物含量低，生态系统正常的新陈代谢功能受到干扰，进而影响系统食物网间的物质循环和能量流动。研究认为水生植物可以分泌次生物质，产生化感效应，抑制水体中藻类的生长，还能通过吸收氮、磷等营养物质抑制藻类生物量（庄源益等，1995；孟繁丽等，2014）。水生植物的缺失使中线总干渠水体中的藻类少了一个天然的竞争者，在一定程度上将会增加藻类异常增长的风险。

中线总干渠的鱼类主要来源于丹江口水库，自陶岔闸口随水流不断进入渠道内。但为了减少南水北调中线工程因调水所引起丹江口水库鱼类资源的损失，同时也是为了避免鳇、鳤等丹江口水库凶猛鱼类可能对受水区水体造成生物入侵等负面影响，《南水北调中线工程环境影响报告》中提出在陶岔闸后设置拦鱼网（网目：2.4cm×2.4cm）。拦鱼网的设置阻碍了丹江口水库大中型鱼类的直接进入，因此通水以来，小型鱼类（马口鱼、鳘、麦穗鱼、鲫等）一直占据着中线总干渠鱼类资源的主体地位，同时缺乏大型肉食性鱼类对其进行控制，使得浮游动物资源量被小型鱼类大量捕食，导致浮游动物生态营养转换效率EE值达到了0.80。浮游动物的大量消耗，导致浮游藻类受到的捕食压力大大减小，其EE值仅为0.30，也使得中线总干渠存在藻类异常增殖风险。虽然近年来，大中型肉食性鱼类（鳡、鳜、鲇、红鳍原鲌等）在鱼类资源调查中开始出现，但其出现频次与生物量都较低，对小型鱼类的控制作用有限，小型上层鱼类和小型中下层鱼类的EE值分别为0.26和0.43，小型鱼类还有较大的利用空间。

中线总干渠底栖动物的EE值为0.45，说明底栖动物受到的捕食压力也较小。底栖动物组成中还含有部分淡水壳菜，成熟的淡水壳菜营附着或固着生活。淡水壳菜的大量附着，不仅对渠道表面造成侵蚀破坏，降低工程使用寿命，还会增大输水阻力，同时淡水壳菜腐烂死亡会散发浓烈的腥臭味，给水质安全带来不利影响（洪洁，2012；徐梦珍等，2016）。国内外研究表明，青鱼、鲤鱼和三角鲂能够通过捕食对淡水壳菜进行控制（Maclsaac，1994；Martin and Corkum，2011；张重祉等，2011），而中线总干渠现有食物网中仅存鲤鱼可以对淡水壳菜进行生物防治，但由于鲤鱼的现存量较低，对淡水壳菜的控制作用有限。着生藻类和碎屑也因为同样的原因使得其生态营养转化效率均低至0.1以下。因此，为保障中线总干渠输水安全，降低潜在风险，需对食物网的结构进行调整与优化，完善生态系统结构和服务功能。

2. 生态系统比较与评价

南水北调中线总干渠自2014年12月通水以来，作为一个全新的人工渠道，其生态系统经历了一个从无到有、不断变化的过程，中线总干渠生态系统的结构与功能也在朝着一个未知的方向发展。

从与三个湖泊生态系统特征的比较中可看出，虽然中线总干渠的水面面积是最小的，但是其系统总流量却不是最低的，甚至超过了千岛湖2004年的值，说明中线总干渠生态系统是一个高生产力的系统（表2-11）。与其他三个湖泊相比，中线总干渠的P/R值是最高的，这也证明了中线总干渠生态系统处于发育的幼态期。这种"幼态"特性决定了其抵抗外力干扰的能力较差，年内、年际间系统状态的变化较大（李云凯等，2009）。其次，初级生产者的利用效率过低，大量初级生产力未进入更高的营养级，造成生态系统营养流动的阻塞，使得生态系统异常现象时有发生，如浮游藻类密度陡然增高，着生藻类在渠壁上大量滋生等。李云凯等（2014）通过对太湖生态系统的研究也表明，初级生产力转化效率低会导致生态系统不稳定、易于暴发水华。

研究认为，连接指数和系统杂食指数的数值大小与系统成熟度呈正相关，越成熟的系统，各功能组间的联系越复杂，连接指数与系统杂食指数的值越高（仝龄，1999）。但也有学者研究认为，连接指数很大程度上取决于系统功能组的划分，系统功能组划分的越多值可能越高，其值的获得具有很大的任意性（Christensen et al.，2005）。与巢湖（0.20）、太湖（0.188）和千岛湖（0.280）相比，中线总干渠生态系统的CI值（0.292）最高，SOI值也是4个生态系统中最高的（表2-11）。从这两项指数来说中线总干渠的营养网络（食物网）的复杂程度较高，系统最成熟，这与前面分析得出中线总干渠生态系统仍处于发育初期的结论是相悖的，说明用连接指数和系统杂食指数来评价生态系统的复杂度和成熟度还有待进一步验证。May（1972）研究也认为系统的稳定性不一定与其复杂性（如系统连接指数、杂食性指数、营养组的丰度等）相关联，在某些情况下，一个较简单的生态系统可能比一个复杂的生态系统更稳定。

通常情况下，不成熟的生态系统其食物链结构相对简单，其FCI和FML的值也较低，高FCI值通常出现在低P/R值的成熟生态系统中（Christensen and Pauly，1993；Dalsgaard et al.，1995）。Vasconcellos等（1997）研究发现FCI和FML与系统的恢复时间呈显著负相关，即FCI和FML的值越高，系统从干扰中恢复过来的时间就越短，系统也就越稳定。从与其他三个湖泊的比较来看，中线总干渠生态系统的FCI和FML值均最低，这说明中线总干渠生态系统是一个不成熟的生态系统，对人为干扰的自我修复能力较差。FCI和FML值低也说明了系统再循环的实际通量很低，导致大量碎屑不能很好地被循环利用（刘其根，2005）。

表 2-11　　中线总干渠生态系统与巢湖、太湖、千岛湖的比较

参　数	中线总干渠 2015—2019	巢湖 2007—2010	太湖 2008—2009	千岛湖 2004
水面面积 /km^2	60	164	2338.8	583
系统总流量 /[t/(km^2·a)]	19185.330	41003.08	66244.50	16329.00
平均捕捞营养级	1.463	2.87	2.78	2.60
总初级生产量/总呼吸量（P/R）	87.860	13.53	4.215	3.899
总初级生产量/总生物量（P/B）	91.597	137.92	—	74.29
连接指数（CI）	0.292	0.20	0.188	0.280
系统杂食性指数（SOI）	0.183	0.092	0.041	0.096
Finn's 循环指数（FCI）	2.871	3.22	18.3	24.81
Finn's 平均路径长度（FML）	2.175	2.27	3.223	3.703

注：巢湖、太湖和千岛湖的数据分别引自（刘恩生等，2014；李云凯等，2014；刘其根，2005）

总体来讲，中线总干渠生态系统的主要指标与成熟生态系统相比差别很大，属于发展中的"幼态"生态系统（Odum，1969）。中线生态系统主要指标在能量学上反映了系

统总初级生产量很大，远远超过系统总呼吸量；营养物质循环特征表现为循环流量比率很低，营养物质停留与保存时间很短；系统稳定性和总体策略特征表现为抗干扰能力差，物质和能量利用效率很低。

2.4 水生态保护挑战

2.4.1 突发性水污染事故

2.4.1.1 风险源识别及源项分析

南水北调中线工程输水线路较长，全线无调蓄能力，沿线自然经济社会条件复杂，工程运行受到很多不确定因素影响，如气候、洪水、地震、滑坡、建筑物损害、人为失误和突发交通事件等。一旦载有污染物质的车辆翻入干渠形成突发性水污染事件，将严重危及中线总干渠水质安全。为了更好地预防突发水污染事件的发生，结合 HJ/T 169—2004《建设项目环境风险评价技术导则》对南水北调中线干线工程水污染事件的潜在风险源进行识别分析，包括交通事故风险、污水排入风险和恶意投毒风险等方面。

（1）交通事故风险。如沿线交通桥梁装载有毒有害化学品车辆坠渠诱发的水质污染。

（2）污水排入风险。如沿线周边化工厂爆炸或渗漏引起的渠道水污染事件，水源区发生污染引起的水污染事件，周边的排水沟、垃圾场等产生的地表水污水进入引起的水污染事件等。

（3）恶意投毒风险。

1）交通事故风险分析。南水北调中线总干渠沿线交叉建筑众多，截至2017年，跨渠桥梁约1238座，沿线化工企业共2218家。一旦沿线的化工企业跨渠运输生产原料、副产品或产品发生交通事故，可能导致化学品进入干渠，从而影响中线总干渠水质。由于交通运输造成的突发水污染事故的发生地点一般无法固定，应急处理相对较难。

2）污水排入风险分析。南水北调中线总干渠沿线穿过数百条大小河流，全线与地表水立交，如果发生特大暴雨，会产生渠道漫溢，暴雨形成的洪水可能导致地表污水直接进入中线总干渠，致使中线总干渠内产生水污染。此外，地下水水位高于渠底的内排段工业企业产生的污染物存在通过地下水进入中线总干渠的风险，从而影响输水水质。同时，沿线有多处垃圾场，当发生雨雪天气时，垃圾场会产生淋溶液，淋溶液可能会通过地下水或地表径流进入中线总干渠。因此对于中线总干渠来讲，污水排入风险包含洪水漫溢入渠风险、地下水污染风险、垃圾场污水排入污染风险等方面。

（a）洪水漫溢入渠风险。根据中线总干渠输水沿线气候、下垫面以及暴雨的时空分布情况确定渠道和交叉建筑物的防洪标准，可以有效控制雨季大规模洪水爆发导致地表污水进入中线总干渠的可能性。以河北省段为例，为应对可能爆发的山洪，中线总干渠河段采取了截留沟和渠堤高筑设计，渠道防洪标准为50年一遇洪水设计，100年一遇洪水校核；流域面积大于20km²的河道，其交叉建筑物的防洪标准按100年一遇洪水设计，300年一遇洪水校核；坡水区和流域面积小于20km²的河沟，建筑物的防洪标准按50年一遇洪水设计，100年一遇洪水校核。因此，暴雨导致地表污水直接进入中线总干渠基本不可能发生。

（b）地下水污染风险。按照《关于划定南水北调中线一期工程总干渠两侧水源保护区工作的通知》（国调办环移〔2006〕134号）要求，北京、天津、河北、河南四省（直辖市）人民政府结合沿线经济发展和总干渠水质保护及工程安全需要，根据中线总干渠工程和两侧地形地貌、水文地质等情况按统一划定方法划定中线总干渠两侧水源保护区，并将水源保护区划定和管理纳入全国和四省（直辖市）饮用水源保护区划定和管理工作之中，严格控制两侧水源保护区内的建设项目及其他开发活动，尤其在一级水源保护区内，不得建设任何与中线总干渠水工程无关的项目，农业种植不得使用不符合国家有关规定的高残留农药。随着中线总干渠水源保护区划定和相关环境保护工作的落实，可以有效地保护中线总干渠沿线两侧一定范围内的地下水不受污染，从而避免污染物通过地下水途径进入中线总干渠从而影响中线总干渠水质。因此，地下水渗透污染风险能够得到有效控制。

（c）垃圾场污水排入风险。南水北调中线总干渠两侧保护区内存在一些垃圾场。当发生雨雪天气时，垃圾场会产生淋溶液，淋溶液可能会通过地下水或地表径流进入中线总干渠。建筑垃圾淋溶液中的主要污染物有总有机碳（TOC）、COD、氯化物、硫酸盐等，生活垃圾淋溶液中的主要污染物有COD、BOD_5、NH_3-N、TN、TP等。调查表明，垃圾场均位于围网以外，截流沟可拦截地表径流携带的淋溶液，目前地下水位也低于渠底高程，因此垃圾淋溶液难以进入渠道内，仅作为风险加以考虑。

3）恶意投毒风险分析。对于恶意投毒风险，中线总干渠两侧隔离带，以及通过加强管理、派人巡视、视频监控等措施，对突发事件的发生有一定的预防作用，可以减少事件的发生概率，且地方政府相关部门对剧毒药剂等的管控严格。

2.4.2　藻类暴发增殖

中线总干渠部分断面着生藻类密度均水平较高，秋季程沟断面着生藻类密度最高，为$7179×10^4 cell/cm^2$，其中硅藻占据数量优势，比例达40%；其次是蓝藻，占比30%；绿藻占比27%；三者合计占总干渠着生藻类总密度的97%，构成了总干渠着生藻类密度的主体，其他门类相对较少。着生藻类大量增殖后，会出现着生藻类在春季短期内大量死亡、上浮、聚集，给水质安全及管理造成一定压力。此外，虽然2018—2019年中线总干渠浮游藻类密度不高，但部分断面浮游植物密度峰值仍较高，敏感季节浮游藻类突发性增长暴发水华的风险仍然存在，对水质安全和水厂的潜在威胁仍然存在。

2.4.3 淡水壳菜污损

受库区来水影响，淡水壳菜的问题是中线需要注意的一个重要隐患，特别是其可能带来的次生危害。

2.4.3.1 对输水管道的影响

淡水壳菜的生长既增大了建筑物糙率，又缩小了建筑物的输水断面，造成输水建筑物实际输水能力的降低，堵塞原水输水管道，如水质监测用的取样管、水位计管以及泵组和发电机涡轮的冷却水管等。

2.4.3.2 对输水建筑物的影响

由于淡水壳菜的生长，增大了输水建筑物的糙率，造成系统输水能力降低。在输水管道、箱涵、隧洞、水泵、闸门等构成的输水系统中水流条件适宜，食物丰富，缺乏天敌，淡水壳菜一旦侵入则极易高密度附着，引起输水系统中的淡水壳菜生物污损，导致输水断面减小，甚至堵塞；造成管壁糙率增加，输水效率降低；引起壁面腐蚀，造成混凝土保护层的脱落。淡水壳菜的大量滋生，不但缩小了输水管道的过流面积，而且增大了管壁粗糙率。淡水壳菜在格栅前大量被拦截，减少了格栅的过水能力，造成泵站管路和发电站冷却水管路的堵塞，并在取样口处造成生物淤积，影响水质监测仪器的正常运行。

2.4.3.3 对水厂的影响

水厂格栅大量滋生淡水壳菜，减少格栅过水能力，影响水厂的制水能力。死亡后的淡水壳菜上会发育大量霉菌，危害供水水质。滤网、生物膜、冷却器、水泵及闸门等重要结构上的淡水壳菜污损会造成设备堵塞坏死，带来巨大的安全隐患和经济损失。

2.4.3.4 对水环境的影响

淡水壳菜在水体中的大量滋生，其大量滤食水中的浮游生物和有机碎屑，在一定程度上可以达到净化水质的效果，但同时也大大降低了水体中浮游植物和浮游动物的数量，改变了水体中正常的营养物质循环。淡水壳菜呼吸消耗水中的溶解氧，代谢过程中排泄氨氮和营养盐，这些在淡水壳菜大量存在条件下对水质的影响是不容忽视的。

2.4.4 生态系统不稳定

从Ecopath模型分析来看，中线总干渠生态系统总初级生产量/总呼吸量的值高达87.860，说明该生态系统目前尚处于发展的幼态期，是一个不成熟的生态系统，对人为干扰的自我修复能力较差。同时，生态系统对初级生产力的利用率很低，有过多的营养物质没有被利用，大量未被利用的浮游藻类和着生藻类转化为有机碎屑，而转化为有机碎屑后的利用率也很低，营养转换效率（EE）仅为0.06。从现有鱼类群落结构来说，高营养级的肉食性鱼类生物量低，能直接利用浮游藻类和着生藻类的鱼类几乎没有，而能消耗大量浮游动物的小型鱼类占据了主体地位，这些都降低了系统对浮游藻类、着生藻类和有机碎屑的利用效率。

2.4.5 沉积物淤积现象严重

淤积监测结果显示,整个冬季都没有出现明显淤积,而在春夏秋三季都出现了淤积,呈现出明显的季节性。由此可推断监测点的淤积可能与水生藻类有关。冬季温度过低,藻类繁殖缓慢,春季温度升高后,藻类开始快速生长,上游渠道输运来的藻类急剧增加,在退水闸前迅速淤积。基于淤积指数的计算结果表明,在3月中旬到10月中旬,伴随着藻类的生长、繁殖、脱落,全线不同渠段会出现不同程度的藻类淤积问题;中线工程南北空间跨度较大,气温存在一定的地理性差异,因此,10月中旬到次年3月中旬总体处于淤积的低风险,而其他时段则属于中高风险时段。

渠道底部淤积产生的原因包括以下几点:一是当温度达到合适的值时,明渠水体中所含藻类等植物的种子消耗水体中氧气,导致藻类死亡,死亡的藻类被水中微生物分解,随水流向下游运动;二是大气中的大颗粒物质溶入水体,与藻类残体结合,导致其相对密度大于水的相对密度,使淤积具备了必要条件;三是中线退水口等位置流速过慢,导致输送的漂浮物无法完全被水流带走,最终产生淤积。

淡水藻类在温度适宜的某个范围内生长速度达到最大值,根据数据分析,在3—5月期间,淤积物顶部高程出现快速升高的原因可能是水温达到藻类生长所需的最适宜温度,在快速的暴发式增长之后,水体中藻类过多导致氧气含量下降,使得部分藻类死亡,随之被微生物分解变成藻泥沉降在底部,使得淤积物顶部高程增加。当温度超过这个范围时,藻类生长速度减缓,但仍有一定的增殖速度,因此会导致淤积物顶部高程持续增长。根据数据分析,南水北调中线总干渠途经地区冬季空气中大颗粒物质及污染物浓度较高,但淤积物顶部高程无明显变化,春夏季大气污染物浓度较低,但淤积物顶部高程出现上升趋势,两者并没有明显的联系。

综上所述,淤积物升高的主要原因推测如下:水体中的藻类在温度达到适宜其生长的范围后,出现暴发式的增殖现象,导致水体含氧量急速下降进而使得藻类死亡,藻类的尸体被微生物分解后沉降到渠底,形成淤积。

淤积监测结果显示,淤积呈现明显的季节性,整个冬季都没有出现明显淤积,而在春夏秋三季都出现了淤积。据此,监测点的淤积可能与水生藻类有关,冬季温度过低,藻类繁殖缓慢,春季温度升高后,藻类开始快速生长,上游渠道输运来的藻类增加,在退水闸前迅速淤积。

2.5 本章小结

(1)南水北调中线工程采用立体穿越河流,全线封闭管理,初步建立了水质保障体系,水质稳定Ⅱ类以上。通过立体交叉、封闭围栏、水源保护区,确立了中线工程三道防线。立体交叉指的是1196km明渠段全部设计成全线封闭立交形式，利用渡槽、倒虹吸、左岸排水等手段，让中线工程与外界河流互不影响。中线总干渠两侧全部布设封闭围栏，围栏范围外设置生态带、水源保护区，保护区分为一级保护区和二级保护区。综合污染指数评价结果表明，中线总干渠各断面综合污染指数在0.16～0.30，各断面评价结果均为合格，说明中线总干渠水质总体良好。

（2）中线总干渠水生态系统处于建立和演化初期。监测结果表明，藻类由于繁殖周期短、生长速度快，在中线总干渠中生物量较大；此外，其他水生生物如浮游动物、底栖动物以及鱼类等也与天然湖泊或河流差异明显，中线总干渠完整健康的生态系统尚未建立，生态系统的平衡能力相对较差。系统具有不稳定性和脆弱性，存在藻贝类异常增殖的风险。

（3）影响水质安全的风险主要是特定时间局部渠段面临突发水污染（如跨渠桥梁存在交通事故）、藻贝增殖风险、生态系统不稳定、沉积物淤积风险等。

第 3 章
水生态环境管理概况

3.1 水生态环境现状

3.1.1 水生态水环境风险

3.1.1.1 特定时间局部渠段藻类增殖风险

根据2015—2016年干渠运行情况显示，虽然中线总干渠营养盐浓度保持相对稳定，但作为水体中对环境最敏感的类群，藻类种类、数量和生物量快速地响应生境的改变，特定时间局部渠段藻类群落快速增殖，藻细胞密度高达 10^7 cell/L。藻类群落单一优势种存在，且优势度和生物量居高不下，呈现明显藻类异常增殖特征。2015年春季出现中线总干渠浮游藻类快速增殖现象，浮游藻类藻密度峰值接近 3×10^7 cell/L，对沿线自来水厂的预处理造成一定压力。此外，着生藻类逐渐拓殖建群，并在特定渠段快速增殖。2016年中线总干渠出现着生藻类衰老脱落并上浮聚集的现象。

3.1.1.2 淡水贝类增殖风险

已经在中线总干渠出现的淡水壳菜是一种易入侵水利工程输水通道的淡水贝类。该物种在输水结构上高密度附着，造成生物污损，使水管有效管径缩小，堵塞管道，降低输水效率；甚至把管道完全堵塞，腐蚀结构，威胁工程运行；脱落下来的贝壳在管道转折处或分支处大量沉积，也会引起管道堵塞和进水过滤系统堵塞，水流不畅，影响生产用水，更影响自来水制水过程；同时，淡水壳菜的死亡腐烂易产生异味污染水质。因此，已出现的淡水壳菜是跨流域调水工程的潜在风险。

3.1.1.3 跨渠桥梁交通事故动态风险源风险

中线总干渠沿线跨渠桥梁成为车辆运输化学品倾覆入渠的重要

风险点。例如，2016年6月16日南水北调中线易县段张石高速公路桥发生重大交通事故，一辆装载20t甲醇的罐车尾部被撞裂，导致部分甲醇通过桥梁伸缩缝和排水管流入中线总干渠左岸排水沟和中线总干渠，由于现场处置及时，罐体破损不大、泄露量小，未对输水水质造成直接影响。

3.1.1.4 排洪排污设施暴雨洪水漫溢污染风险

中线总干渠沿线穿越大小河流千余条，工程设计时采取干渠与本地水体不交换原则，将本地大小河流进行适当归并后，利用渡槽、倒虹吸、涵洞等将本地水与中线总干渠隔离。中线总干渠围网内还设有截流沟，拦截排污口及地面雨水汇流。由于干渠沿线处在南北气候的过渡带，雨量多集中在6—9月，洪水发生的概率较大，虽然流域面积大于20km² 河道交叉建筑物的防洪标准按100年一遇洪水设计，300年一遇洪水校核，建筑防洪等级较高，但工程经历较长的建设周期，当时洪水计算的地形地物条件已发生较多变化，经现场查勘表明，仍存在以下风险。①左排渡槽污染风险。部分左岸渡槽无排水通道，形成"盲肠"段，汛期时雨污水易通过渡槽溢漫入渠。②截流沟污染风险。部分截流沟积存污水，且受垃圾壅堵而排水不畅，汛期易漫溢入渠。③穿越管网污染风险。部分穿越中线总干渠的排污廊道上游集水面积较大，汛期时雨污混流，易外溢入渠。④穿越建筑物污染风险。沿线部分穿越建筑物进出口积存污水，且无防渗措施，汛期易渗漏入渠。

3.1.1.5 明渠段大气干湿沉降污染风险

由于我国大气污染比较严重，特别是北方地区大气呈重度污染态势，容易形成"酸雨"及降尘。其中，"酸雨"是雨水在降落过程中混合了大气中的污染物质；降尘是未降雨时含污染物的颗粒直接降落至干渠内。特别是黄河以北的中线总干渠沿岸分布着大量的燃煤发电、金属采选与冶炼、化工、制药等企业，大气干湿沉降带入的重金属、烃类持久性有毒污染物等对中线总干渠输水水质的影响不容忽视。

3.1.1.6 地下水内排段地下水污染风险

中线总干渠有长达522km地下水水位高于渠底高程的渠道，其中地下水水位高于运行水位的渠段长162km。为防止地下水污染风险，工程设计时考虑的原则是地下水在不满足Ⅲ类水时，渠段设置逆止阀或强排井外排，防止地下水入渠，其余工况下渠段可内排。在工程运行期间，逆止阀出现事故或强排井水质判别失误，出现将外排水排入渠道的误操作时，仍有不满足地下水水质要求的污水入渠的风险，而且这种风险具有一定的隐蔽性、复杂性和长期性。

3.1.2 风险应对能力不足

3.1.2.1 藻类贝类异常增殖等生态问题的成因不清

中线总干渠是一个新建的长距离跨流域大型输水工程，在工程设计时缺少对生态要素和生态风险的考量。中线工程通水以后，藻类贝类异常增殖等生态问题开始显现。尽管相关研究单位"十一五"和"十二五"期间在太湖和滇池等开展了大量关于藻类生长机理的研究，提出了相应的藻类异常增殖成因和多种控藻技术，然而南水北调中线工程为混凝土基质的人工水渠，具有跨流域、跨气候区、超长距离特征，其水生态环境显著不同于湖泊水库河流等水体，对湖泊、水库、河流等水体中藻类异常增殖机理的认识无法解释中线总干渠藻类异常增殖现象。与此同时，藻类基础数据资料的缺乏和基本规律认识的不足已经严重制约中线总干渠水质保护与管理工作的实践，无法保证中线总干渠的水质安全。另外，常规控藻手段主要针对浮游藻类，多数在非水源地实施应用。面对藻类异常增殖问题，缺少前期的基础研究、技术储备和相应的应急处置措施，现已成为中线工程水质安全保障与管理的一个重要制约因素。

中线总干渠出现的贝类主要是淡水壳菜，尽管对该物种的生命活动规律有了详尽的研究和诸多的处置技术，但其在中线总干渠的分布情况和增殖动态目前缺乏基础数据，且由于中线总干渠输送饮用水的功能以及箱涵和暗渠的结构特征，导致很多处置技术并不适用，需进一步研究以适应中线总干渠的实际情况。

3.1.2.2 水质安全监控体系不健全

首先，中线总干渠现有水质监测断面为工程设计时确定的水质监测断面，前期设计未考虑藻类异常增殖等生态学问题，工程通水后，近一年的监测资料表明，中线总干渠部分敏感区段监测断面不足，需要补充新的断面。部分监测断面与上下游监测断面的水质监测结果一致，可以合并。经过一年多的数据积累，已经具备对原有监测断面进行优化调整的条件；其次，中线总干渠已建13座水质自动监测站监测参数少，大部分监测站为9参数配置，缺少藻类在线监测、有毒有机物在线监测、生物综合毒性监测、动态风险源智能监控等先进技术，满足不了当前藻类异常增殖与突发水污染事件监测预警的现实需求；再者，目前中线总干渠缺乏针对突发污染事件的应急监测标准，不利于中线总干渠突发污染事件的处置；因此，迫切需要进一步优化调整中线工程水质水生态监控网络，有针对性地研发藻类在线监测技术及设备，形成适合于中线总干渠的水质监控网络体系。

3.1.2.3 水质预报及风险预警能力不足

近些年，研究人员围绕南水北调中线工程开展了许多水质预报、风险预警相关技术研究，但现有成果大多针对中线工程局部渠段中的单一污染源展开，缺少考虑藻类等水生态因子与大气降尘、地下水内排、雨洪污水等众多污染源风险，缺少中线总干渠全线地表、地下、大气降尘等潜在污染源对水质影响机理及其主控因子的系统分析，更未涉及中线工程突发水污染等事件时退排水区域选择及其潜在风险预测预警等问题，尚未建立中线工程全线及各分水口至供水水厂的水质预报和风险预警体系。已有的部分水质预测模型大多针对渠道工程局部断面展开，有些二维、三维数值模拟模型存在计算太复杂，不能满足业务化运行管理需要的问题；也有一些一维水动力学水质等简单实用模型，但缺少考虑中线工程全线众多渠道断面形式差异及其与涵洞、管道、分水口等建筑物水流衔接流态变化对水质变化的影响机理，模拟预报预警精度不够；缺少基于中线工程全线渠、管、涵、闸等输水系统及各分水口门至水厂供水系统、排水闸涵等退水系统工程的水量、水质等大数据的水质快速智能化预报和风险预警技术。急待建立有效的中线全过程、全方位、多指标水质预报和风险评估预警技术体系，以保证中线工程水质管理的有效性。

3.1.2.4　水污染事故及生态调控多阶段综合调度技术亟需构建

中线工程运行以来，突发水污染事件闸门应急调控、突发水污染追踪溯源等关键技术取得了系列进展。但是现有成果多是基于一维水动力水质模型，无法反映复杂建筑群影响下的三维水沙动力过程及污染物输运过程，难以预测闸控下藻类及漂浮型、下沉型污染物的垂向输运过程，无法预测多建筑群干渠藻泥淤积和底泥污染物蓄积所产生的二次污染风险，影响了应急调控决策的可靠性。此外，现有模型无法模拟藻类增殖和水动力学关系，无法诊断不同闸控条件下藻类增殖风险级，导致无法确定最优的应急调度方案。中线总干渠水质安全保障标准要求高，应急处理技术要求速度快，但传统物理和生物处理技术速度较慢，化学处理技术因其次生污染效应也受到限制，迫切需要开发污染物及藻类的高精度的水力应急调控数学模型，并基于"一类一策"，建立生态风险期和事故期的应急调度预案库与应急处置技术预案库。

3.1.2.5　跨区域多部门水质协作管理机制缺乏

中线工程干线总长1432km（含天津干线），穿越长江、淮河、黄河、海河四大流域，涉及北京、天津、河北、河南四省（直辖市），北京、天津、石家庄、郑州等130余座大小城市。其输水、供水、退水水质管理问题涉及国务院南水北调办、环境保护部门、住建部门、水利（水务）部门、中线工程运行管理单位及沿线水厂等，具有典型的跨区域、多部门特点。由于当前的管理体制和运行机制不完善，各部门在供水—用水—退水过程中的水质管理角色定位有差异，衔接不充分，在管理上仍然存在空白及盲区，不利于中线工程的安全高效运行。其主要问题表现为：

（1）各部门水质信息共享机制不健全，信息交流不畅，在供水—用水—风险事故退水的水质全过程管理链条中存在不协调的地方，增加了渠道运管部门和水厂应对水质变化或突发污染事件的难度，降低了各部门联防联治、综合保障水质的能力，影响了水质安全保障能力整体的提高；

（2）中线工程水质保护协作机制缺位，管理不连贯，存在管理协调盲点，水源部门对水厂水质的耐受性以及安全保障优先级了解不足，降低了事故或风险状态下应对的针对性和有效性；

（3）用水部门若无法及时掌握中线工程的水质及预警信息，无法对水质变化、水污染事件提前启动应对措施，增加了处置成本，降低了水质安全保障效率。突发事故状态下跨地区多部门联合响应机制和实际反应能力都有待加强。

3.2 管理体系建设情况

3.2.1 水质保护机制

3.2.1.1 统放管服机制

全线坚持水质与环境保护发展理念创新,以智慧中线、智慧水质推动中线水质与环境保护高质量发展。严格落实统放管服机制,推进水质与环境保护工作流程简化,强化事中事后监管。

3.2.1.2 会商协调机制

为及时协调解决水质保护相关问题,全线定期组织召开水质与环境保护工作会商协调会,群策群议及时研究处理相关问题。积极与沿线地方生态环境、水利主管部门建立协同联动机制,协同开展保护区内污染源专项检查,协调处理保护区污染;与沿线地方政府及应急管理部门建立应急管理机制,定期组织开展应急演练,并完成应急预案备案工作。

3.2.1.3 监督检查机制

全线建立水质保护监督检查机制,明确各级管理监督检查的职责权限,定期或不定期检查水质保护相关制度标准落实情况及执行效果、水质保护各项工作开展情况、预算执行情况等,及时建立问题台账,跟踪问题整改。

3.2.2 水质监测制度

通水以来,为了更好地开展中线水质保护工作,确保中线工程输水水质安全,南水北调中线工程运行管理单位全面开展标准制定和规范化建设,先后制定并印发了15项水质与环境保护相关标准及办法,涵盖了水质监测、实验室、自动站、污染源、水质专用设施设备运行维护、水环境日常巡查、实验室仪器设备、应急物资设备、水污染应急及藻类防控等。

全线结合自身实际情况,逐步开展了水质与环境保护标准化、规范化建设,通过制定各项规范标准,规范了水质与环境保护工作人员开展各项水质保护工作标准,先后完成水质实验室、水质自动监测站等标准化、规范化建设任务,具备了地表水109项监测能力。

沿线各三级管理单位制定了相关的水质保护方案并建立相关工作台账,严格落实南水北调中线工程运行管理单位水质保护有关工作部署。

3.2.3 水源保护区污染源监管

通水以来,中线工程多次协调生态环境部、沿线地方政府及相关部门联合督导检查沿线饮用水保护区内污染源,主要围绕污染源治理、应急体制机制展开工作。目前,河南省二级管理单位、渠首二级管理单位通过河南省南水北调运行管理例会,与河南省生态环境厅、水利厅建立了污染源处置月度协调机制,有效推进了河南省境内沿线饮用水水源保护区内污染源的处置工作。

3.2.4 水质保护专项稽察

为全面落实"两个所有"、"双精维护"、安全生产等工作要求,全线定期组织开展水质专项稽察、检查,所有人查所有水质保护相关问题,水质保护相关项目严格落实精准定价、精细维护。

3.2.5 水质风险应急体系

为提高全线水质风险防控能力,中线工程于2014年编制印发了Q/NSBDZX G015—2014《南水北调中线干线水污染应急预案》,2018年、2019年进行了修订;2015年完成了全线水污染应急物资的配备。

中线工程全线严格贯彻水污染应急管理相关规定,根据辖区实际特点,制定了水污染应急预案,并按要求进行了备案;配备了相应的应急抢险队伍,负责辖区内应急物资的管理,组织开展应急监测及现场水污染应急管理等工作。

全线共设有10处应急物资库,主要配置了活性炭、吸油毡、围油栏、水域防浊帘、收油机、储油罐、配药设备、喷洒设备、防酸泵、沉积物清理设备、曝气机、防护用品等。

同时,全线配置了8支应急抢险队伍通水运行以来,全线先后组织开展水质应急演练和培训150余次,成功处置突发水污染应急事件20余次。

3.2.6 联防联控机制

南水北调中线工程与沿线相关各级政府和有关部门建立的水质保障机制主要包括水源保护区划定、生态带建设、水质数据共享机制和应急协调机制。

3.2.6.1 水源保护区划定

为切实加强南水北调中线干线工程的水源保护,保障城市供水设施建设需要和供水安全,原国务院南水北调工程建设委员会办公室、原国家环境保护总局、水利部和国土资源部四部门联合印发了《关于划定南水北调中线一期工程总干渠两侧水源保护区工作的通知》(国调办环移〔2016〕134号),原国务院南水北调办印发了《关于组织开展南水北调中线一期工程总干渠两侧饮用水水源保护区划定和完善工作的函》(国调办环保函〔2016〕6号)等文件,沿线各地方政府依照相关文件精神及修订后的《饮用水水源保护区划分技术规范》,相继制定了饮用水水源保护区划分方案,划定了饮用水水源保护区,针对饮用水水源保护区用地、范围、监督和管理等事项,进行了明确规定。

截至2018年,河南省、河北省已完成饮用水水源保护区划定工作。河南省一级保护区面积106.08km²，二级保护区面积864.16km²。河北省一级水源保护区面积112km²，二级水源保护区面积110km²。北京市仍按照原水源保护区划分标准不做调整，采用全线钢筋混凝土箱涵封闭输水的天津市干线不再划分水源保护区。中线工程渠道各处供水区皆立有饮用水水源一级保护区标牌。

3.2.6.2 生态带建设

2013年11月，原国务院南水北调办印发了《南水北调中线一期工程干线生态带建设规划》，以科学发展观为指导，以保护南水北调中线输水水质安全为中心，以一期工程建设为依托，以工程两侧水源保护区为载体，遵循自然规律和经济规律，坚持水质安全保障与经济社会协调发展相结合、治理与防护相结合、工程措施与管理措施相结合、经济措施与行政措施相结合，加大推进农村区域现有林地生态林建设和耕地生态农业建设、城市区域城镇园林绿地建设、环境综合治理、工程管理区绿化五个生态带建设主体内容，有效防范输水水质污染风险，建设中线工程输水沿线"绿色走廊"，充分发挥工程生态环境效益、经济效益和社会效益。

规划范围为南水北调中线一期干线工程管理区、工程沿线一级水源保护区和二级水源保护区，总面积4737km²，涉及北京、天津、河北、河南4省（直辖市）70个县（市、区）3459个行政村（居委会），其中，工程管理范围194km²，其中农村段143km²，城区段（含城市规划区，下同）51km²；一级水源保护区343km²，其中农村段246km²，城区段97km²；二级水源保护区4200km²，其中农村段2920km²，城区段1280km²。在一级水源保护区，农村区域一定范围内进行现有林地生态林建设、耕地生态农业建设，城市区域进行城镇园林绿地建设，并进行环境综合治理和工程管理区绿化，着力构建具有水质安全保障功能的生态系统，形成中线干线工程带状生态屏障。在二级水源保护区，以整合国家和地方已有的生态环境、林业、土地整治、城市建设和农业相关规划成果为支撑，引导建设农村林网、城镇园林绿地及污水垃圾收集处理设施，鼓励调整产业结构，发展绿色有机农业、环境友好型产业，形成中线干线工程片状生态屏障。在中线干线工程建设的工程管理区，建设总干渠两侧各8m宽乔灌木绿化，节点工程建筑物周边按园林绿化标准建设，并在地下水污染风险段采取隔污措施，发挥干线工程的生态、防污和景观效益。

2012年12月通水前，中线工程管理范围内明渠两侧各8m宽的高标准绿化带及节点工程园林绿化建设已完成。截至2019年，红线范围内已完成3.98万亩防护林建设工作；河南省已完成19.2万亩生态带建设工作；河北省拟投入13亿元开展生态带建设工作；北京市、天津市输水设施主要在地下，生态带建设仅涉及城市区域城镇园林绿地建设，已纳入地方城市规划建设。

3.2.6.3 水质数据共享及上报

水质数据包含固定实验室日常监测数据、水质自动站水质监测数据、应急监测数据。实验室日常监测数据，根据水质监测方案要求，沿线各水质中心相关人员校核、审核后，由中线水质中心人员编制水质监测月报，上报水利部。

水质数据已基本实现了与沿线地方政府共享。2014年，根据沿线地方政府的需求，原国务院南水北调办《南水北调中线通水水质信息共享机制建设座谈会会议纪要》（综环保函〔2014〕462号）明确了中线水质信息共享原则和范围，由南水北调中线工程运行管理单位与沿线各省（直辖市）建立水质监测数据共享机制，每月提供跨省（直辖市）界及其上游1个常规监测断面的水质信息［监测数据包括GB 3838—2002《地表水环境质量标准》24项基本指标］，至少提供1个水质自动监测站水质数据。固定断面监测数据每月盖章提供，水质自动监测站数据存在内网数据库中，暂时无法实时上传，未进行信息实时共享。

3.2.6.4　协调机制建设情况

南水北调中线工程与沿线相关各级政府和有关部门建立的应急协调机制以属地为主开展，积极与沿线地方生态环境、水利主管部门建立协同联动机制，协同开展保护区内污染源专项检查，协调处理保护区污染。目前，多地已建立地方协调机制，如河南省段、渠首段管理机构通过河南省南水北调运行管理例会，与河南省生态环境厅、水利厅建立了污染源处置月度协调机制，有效推进了河南省境内沿线饮用水水源保护区内污染源的处置工作。

3.3　本章小结

（1）中线总干渠面临部分水质指标有一定波动；部分区域沉积物淤积严重，特定时间局部渠段面临藻类与壳菜增殖风险；跨渠桥梁存在突发交通事故水污染风险；明渠段面临排洪排污设施暴雨洪水漫溢污染风险；明渠段面临大气干湿沉降污染风险；地下水内排段面临地下水污染等系列风险，以上风险可能对输水水质造成一定影响。

（2）中线总干渠水质水生态防控管理技术存在的不足，包括藻类、贝类异常增殖等生态问题的成因不清，防控技术缺乏；水质安全监控体系不健全；水质预报及风险预警能力不足；水污染事故及生态调控多阶段综合调度技术有待深入；跨区域多部门水质协作管理机制缺乏等。

（3）为进一步加强水质安全保障，从制定水质保护机制、水质保护制度，实施水源保护区污染源监管，配置水质保护专用设备设施，推行水质保护专项稽察，构建水质风险应急体系，初步建立水质保障联防联控机制。

第 2 篇

水质与水生态环境演变规律

第4章
水质变化趋势及影响因素

4.1 水质变化主要影响要素

4.1.1 生产用油

4.1.1.1 风险来源及成因

目前，中线总干渠石油类风险的主要来源包括节制闸、分水闸等闸门启闭机液压油及润滑油，热油融冰设备，以及中线总干渠交叉的公路桥梁上石油运输车辆发生交通事故等。

启闭机与热油融冰设备是关注的重点。石油类进入中线总干渠的途径主要有：①油缸（热油融冰埋件）发生外漏，液压油会直接流入渠道造成水质污染；②通向油缸（热油融冰埋件）的油管爆裂而发生泄漏，液压油会直接流入渠道造成水质污染；③液压站各种阀件泄漏，液压油会通过电缆沟或管沟以及液压站的基础平台间接流入渠道；④液压系统检修作业时滤（抽、储）油设备损坏可能造成液压油通过其他通道间接流入到渠道。

4.1.1.2 潜在的污染物负荷

根据统计数据，南水北调中线工程单台闸门启闭机液压油500L，单台融冰设施存油600L。中线总干渠液压启闭机共计469台，热油融冰设备19套，总存油量约245900L。

4.1.1.3 对中线总干渠水质的影响

石油进入水体后会发生一系列复杂的变化，包括扩散、蒸发、溶解、乳化、光化学氧化、微生物氧化、沉降、形成沥青球以及沿着食物链转移。不透明的油膜降低了光的通透性，影响水、气界面的物质、光及能量交换，使水体中生物窒息而死。油与水形成的乳化物堵塞鱼类的鳃，附着在水生生物身体上，致使鱼类及水生生物死亡。石油中的有毒有机物会对饮用水水质构成威胁，从而影响中线总干渠水质安全。

根据2015年7月湍河渡槽节制闸启闭机保修漏油事故现场应急监测结果，30L液压油泄漏至干渠，对中线总干渠的影响距离达到了12km，影响时间持续7h以上，由于此次事故石油类污染负荷较少，且现场及时采取应急处置措施，圆满完成了现场应急处置工作，石油类浓度降低至Ⅰ类水质标准，没有造成供水安全事故。石油类污染源对中线总干渠而言属于偶发性风险源，加强石油类物资管理后，石油类污染风险总体较低可控。

4.1.2 大气湿沉降

4.1.2.1 风险来源及成因

我国大气污染北方地区相对比较严重。雨水降落到地面之前，在降落过程中混合了大气中的污染物质。相关研究显示，雨水中主要污染物有硝酸盐、可沉降物、总磷、总氮、氨氮和高锰酸盐等。这些污染物随着雨水进入中线总干渠，对中线总干渠水质产生一定影响。

4.1.2.2 潜在的污染物负荷

根据胡文力等的研究成果，雨水pH值在5.0～6.0之间，呈弱酸性；可沉降物的初值与前次降水发生的时间间隔相关，间隔越长，初值越大，单次降水可沉降物平均浓度约为30mg/L；总磷浓度初值与前次降水发生的时间间隔相关，间隔越长，初值越大，单次降水总磷平均浓度约为0.1mg/L；总氮初值与前次降水发生的时间间隔无明显关系，是由于闪电会产生氮氧化物，造成雨水中总氮浓度增加，单次降水氨氮平均浓度约为0.8mg/L；总氮平均浓度与降雨量有较好线性关系，单次降水平均浓度约为2.0mg/L；高锰酸盐指数初期浓度较大，单次降水高锰酸盐指数平均浓度约为3.5mg/L。雨水中主要污染浓度见表4-1。

表4-1　　我国雨水中主要污染物质及平均浓度

项目	pH值	总沉降物/(mg/L)	总磷/(mg/L)	氨氮/(mg/L)	总氮/(mg/L)	高锰酸盐指数/(mg/L)
平均值	5～6	30.0	0.1	0.8	2.0	3.5

中线总干渠北京市段和天津市段采用封闭管道到暗涵建设，因此本报告只考虑河南省段和河北省段（明渠）接受雨水情况，根据河南省段和河北省段中线总干渠受水水面和区间多年平均降水量估算中线总干渠沿线降雨发生的污染物负荷，估算结果见表4-2。

表 4-2　　　　　　　南水北调中线总干渠雨水中主要污染物负荷统计表

区段	长度 /km	渠顶宽 /m	多年平均降雨量 /mm	总沉降物 /(t/a)	总磷 /(t/a)	总氮 /(t/a)	氨氮 /(t/a)	高锰酸盐指数 /(t/a)
河南省段	731	130	739.5	2850.9	9.5	190.1	76.0	332.6
河北省段	425	114	540.6	1453.5	4.8	96.9	38.8	169.6
合计	1156	—		4304.4	11.3	287.0	114.8	502.2

4.1.2.3 对中线总干渠水质的影响

选择最不利工况作为计算方案。即受水面积假定为中线总干渠最大设计水位水面为接受雨水面积，且沿线最大受水面积保持不变。中线总干渠设计方案，中线工程最大渠宽为130m，中线总干渠各区段降雨污染物浓度见表4-3。

表 4-3　　　　　　　降雨对中线总干渠主要污染物浓度的影响

区段	平均过水量 /(亿 m³)	总沉降物 /(mg/L)	总磷 /(mg/L)	总氮 /(mg/L)	氨氮 /(mg/L)	高锰酸盐指数 /(mg/L)
河南省段	75.4	0.37315	0.00124	0.02488	0.00995	0.04353
河北省段	38.0	0.38250	0.00128	0.02550	0.01020	0.04463

由表4-3可见，雨水进入中线总干渠后，总悬浮物浓度增加0.37～0.38mg/L，高锰酸盐指数浓度增加约0.04mg/L，总氮浓度增加约0.025mg/L，氨氮浓度增加0.01mg/L，总磷浓度增加值0.001mg/L。由于雨水是经常性污染源，因此对中线总干渠的水质会产生一定程度影响，但影响总体偏小。

4.1.3 大气干沉降

4.1.3.1 风险来源及成因

大气污染物主要可以分为两类：一类是自然污染物，如火山爆发等产生的废气废尘；另一类是人为污染物，如工业废气、垃圾焚烧、汽车尾气、扬尘等人类活动产生的污染物。大气沉降的污染物与大气中的污染物紧密相关。目前，大气中的污染物主要包括硫氧化物、碳的氧化物、氮氧化物、碳氢化合物，以及重金属类、含氟气体、含氯气体等其他有害物质，它们通常通过气溶胶（氧化物主要载体）、颗粒物（重金属的主要载体）和降尘三类载体通过沉降落入中线总干渠水体。

研究表明，河北省邯郸市大气中单颗粒类型主要包括烟尘集合体、矿物颗粒及飞灰等。这几类颗粒物对人体具有一定的潜在危害。如图4-1所示，图4-1（a）和图4-1（b）为烟尘集合体，主要为蓬松状和链状；图4-1（c）和图4-1（d）是矿物颗粒，有不规则状和规则状两种形态；图4-1（e）和图4-1（f）是球形颗粒体中一种，称为飞灰，一般呈圆球或椭圆球形状。这三类都是大气颗粒物的重要组成部分。烟尘集合体的主要来源是燃烧污染源，例如生物质的燃烧、汽车尾气排放以及煤燃烧等。在城市中，其主要来源为燃煤和机动车尾气。在大于600℃的高温下燃料燃烧会生成一些极小粒径的串珠状球体聚合体，这种聚合体即为烟尘集合体。烟尘集合体主要是C元素，并含有少量的Al、Si、K、O、S、Ca等元素，如图4-2所示。当烟尘集合体含S元素等成分时将具有一定的吸湿性，同时会吸附空气中的二次粒子如硫酸盐和硝酸盐等，吸附二次粒子后的颗粒物吸湿性会变得更强，从而形态发生变化，如图4-3所示。燃煤飞灰的粒径大于100nm，形状为球形，粒径变化从几百纳米到几微米，其主要来源是煤燃烧以及工厂排放，能谱分析表明燃煤飞灰一般主要成分为O、Si和Al，同时含有少量的Ca、K等元素，如图4-6所示。燃煤飞灰主要分为两种形态：第一种形态飞灰呈现规则球形状，表面光滑；第二种形态飞灰表面会吸附细小的超细颗粒，其形成机理可能是飞灰的自吸附作用使得超细颗粒被吸附，或者是飞灰释放到大气中后表面发生大气化学反应，吸附酸性气体生成细小二次粒子，同时也可能是燃煤飞灰在淬火过程中其内部或表面发生变化形成晶相物质。河北省邯郸市是以煤炭为主要能源的城市，尤其是冬季燃煤取暖，所以燃煤过程对烟尘集合体和飞灰具有非常大的贡献，秋季秸秆等非化石燃料燃烧过程也会有一定贡献；煤矿开采、钢铁冶炼、发电工厂等是邯郸的主要产业，所以空气中来源于这些工厂排放的颗粒物也会比较多，加上道路扬尘和建筑施工扬尘也较严重，导致空气中含有大量的矿物颗粒。

(a) 烟尘集合体

(b) 烟尘集合体

(c) 矿物颗粒

(d) 矿物颗粒

图4-1（一） 河北省邯郸市空气颗粒物显微形貌特征

第 4 章　水质变化趋势及影响因素

（e）飞灰　　　　　　　　　　　（f）飞灰

图 4-1（二）　河北省邯郸市空气颗粒物显微形貌特征

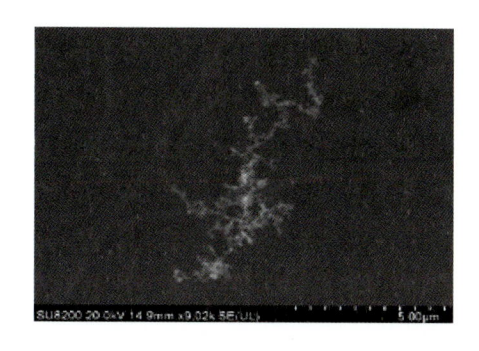

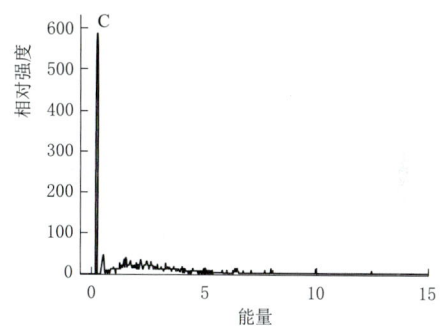

图 4-2　烟尘集合体扫描电镜及能谱图

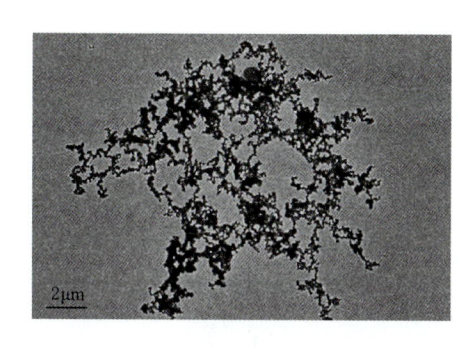

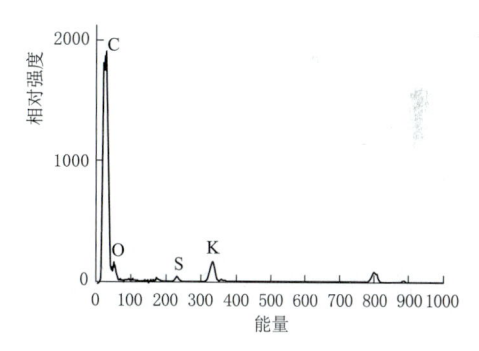

图 4-3　空气颗粒物透射电镜及能谱图（烟尘集合体）

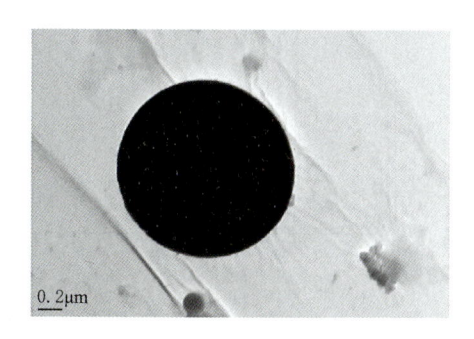

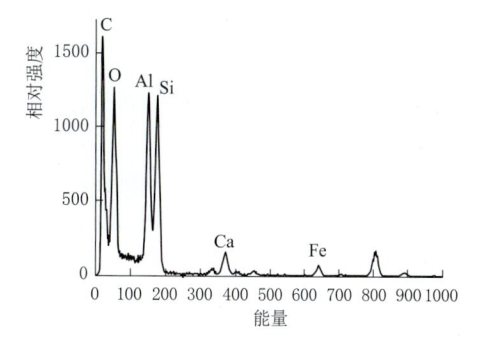

图 4-4　空气颗粒物透射电镜及能谱图（燃煤飞灰）

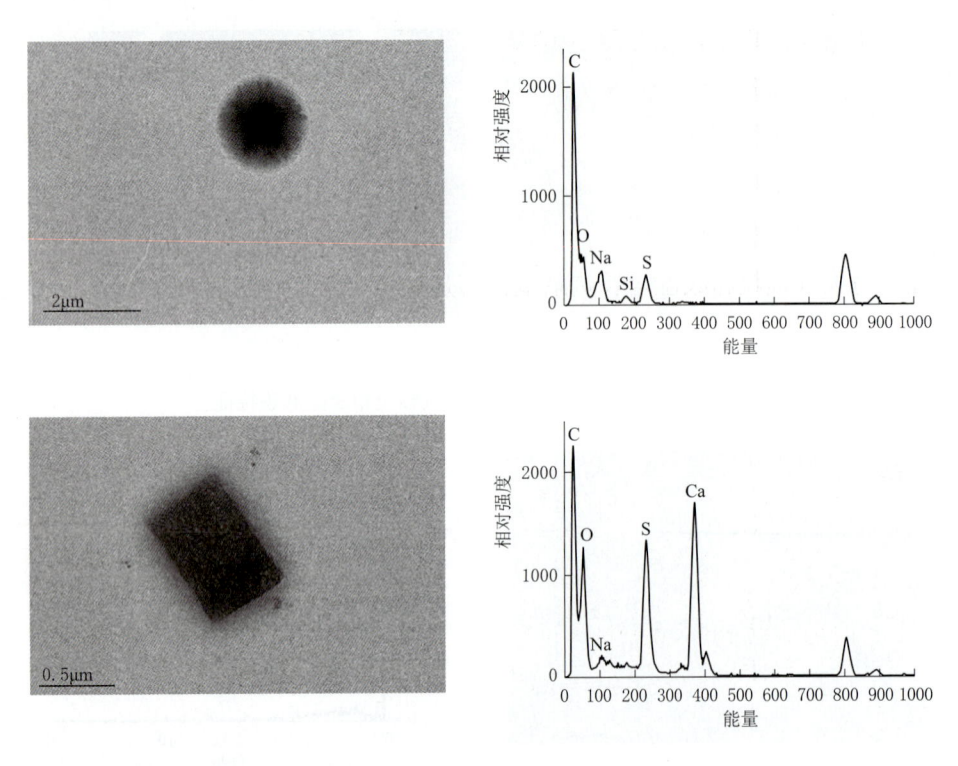

图4-5　空气颗粒物透射电镜及能谱图（硫酸盐颗粒）

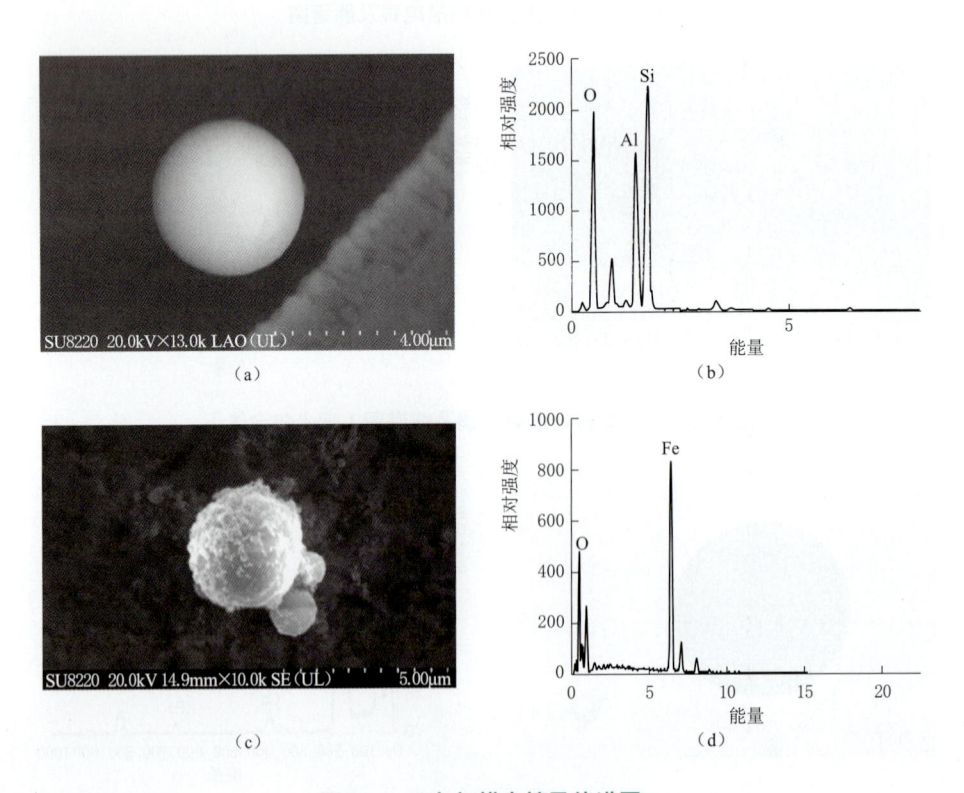

图4-6　飞灰扫描电镜及能谱图

此外，还在空气颗粒物中发现了吸湿颗粒物如图4-5所示，多为一次污染物与吸收大气中的水分形成。其形成机理为：当相对湿度较低时，颗粒物溶液对应的吉布斯能较高，因此大气颗粒物以固体存在。但当相对湿度的增大，则颗粒物溶液所对应的吉布斯能将会逐渐降低。当颗粒物饱和溶液的吉布斯能与干颗粒的吉布斯能相等时，颗粒物便能够可逆地吸收大气环境中的水分子。从环境中吸收水分子后会引起颗粒物粒径和质量增加。通常情况下对大气颗粒物吸湿增长贡献最大的是可溶性无机盐。颗粒物吸湿增长改变了气态污染物非均相反应的环境，对大气细颗粒物的形成和转化形成一定影响经能谱测试邯郸降尘样品中的吸湿颗粒物成分多为NaCl。

4.1.3.2 潜在的污染物负荷

根据樊敏玲、刘东碧等的研究成果显示，大气干沉降物质中对水体产生影响的主要污染物包括固态颗粒（SS，重金属的主要载体）、氨氮（NH_4^+-N）、硝态氮（NO_3^--N）、总氮（TN）和总磷（TP）。实验观测期间SS、NH_4^+-N、NO_3^--N、TN和TP的年干沉降通量分别为$25g/m^2$、$0.918g/m^2$、$0.634g/m^2$、$1.968g/m^2$、$0.019g/m^2$。氨氮、硝态氮之和占总氮沉降量的78.8%，总无机氮（TIN）沉降通量在TN沉降通量中占有相当大的比例，表明大气干沉降中总氮以无机氮为主。

计算方法同雨水污染物计算方法类似，中线总干渠北京市段和天津市段采用封闭管道或暗涵，因此本报告只考虑河南省段和河北省段中线总干渠接受大气沉降的情况，根据河南省段和河北省段受水水面估算中线总干渠沿线大气沉降发生的污染物总量，计算结果见表4-4。

表4-4　　　　　　　　南水北调中线总干渠大气沉降主要污染物负荷

区段	长度/km	设计水面宽/m	固态颗粒/(t/a)	氨氮/(t/a)	硝态氮/(t/a)	总氮/(t/a)	总磷/(t/a)
河南省段	731	52	950.3	34.9	24.1	74.8	0.7
河北省段	425	48	510.0	18.7	12.9	40.1	0.4
合计	1156	—	1460.3	53.6	37.0	114.9	1.1

根据以上计算结果可知，每年通过大气沉降进入中线总干渠的固态颗粒、氨氮、硝态氮、总氮和总磷的质量分别为1460.3t、53.6t、37t、114.9t和1.1t。可见，除固态颗粒以外的其他污染物进入中线总干渠最多的是总氮，其次是氨氮，最小的是总磷。

4.1.3.3 对中线总干渠水质的影响

大气沉降对水体的影响计算方法用雨水计算方法相同。选择最不利工况作为计算方案，即受水面积假定为中线总干渠最大渠顶宽度乘以渠道长度作为接受大气沉降面积，且沿线最大受水面积保持不变。中线总干渠大气沉降污染物对中线总干渠水体的影响见表4-5。

表 4-5　　大气沉降对南水北调中线总干渠污染物浓度的影响

区段	平均过水量/（亿 m³）	固态颗粒/（mg/L）	氨氮/（mg/L）	硝态氮/（mg/L）	总氮/（mg/L）	总磷/（mg/L）
河南省段	75.4	0.12438	0.00457	0.00315	0.00979	0.00009
河北省段	38	0.13421	0.00493	0.00340	0.01057	0.00010

由表4-5计算结果可知，大气沉降会引起中线总干渠水体污染浓度一定程度地增加，其中颗粒物（悬浮物）约增加0.13mg/L，总氮增加约0.01mg/L，总磷增加约0.001mg/L，比雨水的影响稍小。

4.1.4　桥面污染

4.1.4.1　风险来源及成因

桥面污染主要是由雨水冲刷桥面通过桥面裂缝或细缝或管道进入水体产生的污染。桥面污染物质与桥面性质、桥面污染物和累计程度有关。桥面污染来源众多，如：汽车燃油系统产生的挥发性有机化合物、碳氢化合物；车身磨损产生的Zn、Cr、Fe、Al等重金属；刹车时可产生Cu、Pb、Zn、Cd和固体颗粒物；路面本身磨损会产生固体颗粒物、多环芳烃和酚类等污染物质。根据王和意等的研究成果，我国雨水冲刷径流中主要的污染物质包括SS、COD、BOD$_5$、TP、TN、NH$_3$-N等污染物。这些污染物随着雨水进入中线总干渠，对中线总干渠水质会产生一定影响。

4.1.4.2　潜在的污染物负荷

根据李贺等对我国高速公路、高架桥雨水径流的研究成果，我国高速公路路面降雨径流中污染物受前期晴天数影响较大，SS、COD、TP受降雨强度的影响显著，而降雨量对BOD$_5$、NH$_3$-N、TN影响仅次于前期晴天数。对于降雨量大、初期降雨强度大的降雨事件，初期径流污染物浓度较高，而后污染物浓度随降雨历时的延续逐渐降低，后期浓度相对较低；而对于降雨量小、平均降雨强度小的降雨事件，对污染物冲刷不彻底，污染物浓度没有明显降低的趋势。与国外高速路面降雨径流监测结果相近，而低于城市路面降雨径流。我国高速公路路面降雨径流中SS、COD、BOD$_5$、NH$_3$-N、TN和TP平均浓度见表4-6。

表 4-6　　我国高速公路和高架桥雨水径流主要污染物平均浓度　　单位：m/L

项目	SS	COD	BOD$_5$	NH$_3$-N	TN	TP
均值	127	131	21.25	2.33	4.59	0.37

中线总干渠设计资料显示，中线总干渠与公路交叉桥体有736座。公路桥除穿越高速公路和市区的桥采用双向多车道以外，一般桥体采取双向两车道。根据设计标准，单车

道路基宽为4.5m，车道宽度为3.5m。考虑跨越中线总干渠公路桥的多样性和复杂性以及最不利因素影响，以全线公路桥单车道平均基宽5m进行计算。公路桥平均长度按设计最大渠道宽度进行计算，桥面产生的污染负荷见表4-7。

表 4-7　　　　　中线总干渠交叉桥面降雨径流主要污染物总量统计表

桥数量/座	平均桥宽/m	平均桥长/m	降雨量/mm	SS/(t/a)	COD/(t/a)	BOD_5/(t/a)	NH_3-N/(t/a)	TN/(t/a)	TP/(t/a)
736	10	130	673	81.8	84.4	13.7	1.5	3.6	0.2

4.1.4.3　对中线总干渠水质的影响

选择最不利工况作为计算方案。即假设中线总干渠沿线公路桥桥面产生的雨水径流都直接排入中线总干渠，同时考虑中线总干渠各省（直辖市）分水量，中线总干渠桥面雨水污染物总量见表4-8。

表 4-8　　　　　沿线交叉桥面降雨径流对中线总干渠水质的影响

平均过水量/亿 m^3	SS/(mg/L)	COD/(mg/L)	BOD_5/(mg/L)	NH_3-N/(mg/L)	TN/(mg/L)	TP/(mg/L)
46.5	0.0172	0.0178	0.0029	0.00039	0.0008	0.00005

可以看出，桥面降雨径流对中线总干渠水质的影响较小，悬浮物浓度增加约0.02mg/L，化学需氧量浓度增加约0.02mg/L，总氮增加约0.001mg/L，总磷浓度增加较小。

4.1.5　中线总干渠底质

4.1.5.1　风险来源及成因

由丹江口水库输入、径流冲刷携带地表泥沙、干湿沉降以及中线总干渠内水生生物残渣沉积等原因引发的渠底泥沙淤积物，可能含有营养元素和有机污染物等。附着在淤积物上的污染物同时存在吸附解吸行为，处于一种动态平衡中；当污染物含量超过淤积物的容许上限时，解吸作用占优，吸附在淤积物上的污染物会重新释放到水体中，对水体造成二次污染。另外，有机质较丰富的淤积物腐败后，也会向水体释放大量营养元素，直接影响中线总干渠的供水安全。

1. 渠道淤积特性

在淇河、刘庄、李阳河、浽河、西黑山和外环河进行了淤积物取样，其颗粒级配分布从上游到下游有渐增的趋势，分析认为，由于藻类残体在从上游到下游的运动中由于藻类死亡后，残体在长距离输水过程中相互碰撞，絮凝成团，导致粒径增大。经测量，淤积物中有机质的比例范围为9.96%～12.05%。湿相对密度为1.07～1.11，考虑颗粒孔隙的干相对密度为0.96～0.97，不考虑颗粒孔隙的干相对密度为1.93～2.24。

中线总干渠淤积颗粒的静水沉降速度在0.014～0.021m/s变化。淤积颗粒物在动水输移过程中纵向速度为水流纵向速度的0.73倍，滞后于水流纵向平均速度，水深和水流纵向速度对颗粒垂向速度的影响较小。通过水槽物理试验，测得淤积物的启动流速为0.168m/s。

通过ADCP测量发现，除在各退水口（分水口）处存在较严重的淤积外，在其附近的中线总干渠内也发现了较明显的淤积问题，淤积会导致中线总干渠的过水面积减小，糙率条件改变，影响渠道的输水能力。

2. 淤积物污染物含量

氮、磷等营养元素是水体富营养化发生的基础，它们在水体里的沉积及解析影响着干渠中营养元素的动态变化过程，对水体富营养化进程起决定性作用。因此选择中线总干渠沉积物作为监测对象，分析中线总干渠沉积物中氮磷及重金属的含量及其潜在的风险。

调查结果表明，因通水时间较短，中线总干渠南端的底泥沉积总量相对较少，绝大部分渠断底泥平均厚度低于5cm，中线总干渠京石段通水试运行时间相对较长，因此底泥沉积总量相对较多。目前中线总干渠中总氮含量为296～3083mg/kg，平均值为962.3mg/kg；总磷含量为371～611mg/kg，平均值为460.4mg/kg；砷含量为4.9～18.9mg/kg，平均值为11.5mg/kg；汞含量为0.09～0.73mg/kg，平均值为0.21mg/kg；铜含量为17.0～51.5mg/kg，平均值为29.1mg/kg；铅含量为17～151mg/kg，平均值为51.8mg/kg；镉含量为0.1～1.6mg/kg，平均值为0.8mg/kg；锌含量为86～117mg/kg，平均值为105mg/kg。

4.1.5.2　潜在的污染物负荷

中线总干渠沉积物中总磷含量均远低于丹江口水库台子山监测断面，除惠南庄外，中线总干渠沉积物中总氮含量也远低于台子山监测断面，说明目前中线总干渠大部分断面的营养元素沉积尚不严重，能够由此释放进入中线总干渠水体的营养负荷还是相对较轻。中线总干渠沉积物中汞、镉、锌等重金属元素含量超过所在地土地背景值的现象较为普遍，其中汞含量为所在地土地背景值的2.7～20.3倍，镉含量为所在地土地背景值的1.3～16.8倍，锌含量为所在地土地背景值的1.1～1.5倍，说明上述三种重金属由中线总干渠水体带入并在中线总干渠沉积的现象已有所体现。而铜、砷、铅等含量除个别位置较高外，大部分监测点含量在所在地土地背景值附近波动，说明上述三种金属由水体带入并沉积的现象还不明显。

表4-9　　　　　中线总干渠沉积物潜在风险物质含量表　　　　　单位：mg/kg

采样断面（点）	砷	汞	铜	铅	镉	锌	总氮	总磷
台子山	12.4	0.814	20	19	0.04		2880	828
陶岔	4.9	0.730	52	40	0.13		840	493
北盘石	11.9	0.098	27	42	1.63	113	321	611
东湖	9.2	0.109	35	17	0.35	86	739	375

续表

采样断面（点）	砷	汞	铜	铅	镉	锌	总氮	总磷
浦王庄	10.2	0.110	24	30	0.86	109	3083	460
柳家左	8.7	0.092	20	31	0.93	117	494	371
惠南庄	18.9	0.103	17	151	0.70	102	296	452
背景值	11.2	0.022	23	24.1	0.097	78		

国外对水体沉积物的污染和环境评价开始于20世纪80年代，但由于沉积污染物的迁移、转化、生物累积过程及界面效应的复杂性，目前仍没有形成完善、统一的沉积物质量基准体系。我国基于沉积物的质量基准并不成熟。为科学、合理、客观地评价沉积物现状，选择加拿大沉积物质量基准对中线总干渠沉积物污染程度进行研究。加拿大魁北克省2006年颁布的沉积物质量导则针对淡水沉积物规定了多种重金属和有毒有害有机物的质量基准，该标准包含5个阈值，分别为生物毒性影响的罕见效应浓度值（Rare effect level，简称REL）、临界效应浓度值（Threshold effect level，简称TEL）、偶然效应浓度值（Occasional effect level，简称OEL）、可能效应浓度值（Probable effect level，简称PEL）和频繁效应浓度值（Frequent effect level，简称FEL）。当污染物浓度低于TEL时，负面生物效应几乎不会发生；当污染物浓度高于PEL时，负面生物效应经常发生，需要进行修复处理；当污染物浓度介于TEL和PEL之间时，负面生物效应偶尔发生。REL、OEL和PEL的建立主要是为管理服务的。当污染物浓度小于REL时，表明沉积物未受污染；当污染物浓度高于OEL时，表明环境污染物对大多数底栖生物将产生负面影响，需要开展生物毒性试验以确定是否可以开展沉积物敞水疏浚（Open-water disposal of dredged sediment）；当污染物浓度高于FEL时，无需开展研究，即可禁止沉积物敞水疏浚（表4-10）。

表4-10　　　　　　　　　加拿大沉积物质量基准阈值　　　　　　　　单位：mg/kg

种类	项目	REL	TEL	OEL	PEL	FEL
金属	砷	4.1	5.9	7.6	17	23
	镉	0.33	0.60	1.7	3.5	12
	铜	22	36	63	200	700
	铅	25	35	52	91	150
	汞	0.094	0.17	0.25	0.49	0.87

与加拿大沉积物质量基准阈值相比，中线总干渠中大部分断面重金属含量低于可能效应浓度值（PEL），沉积物中重金属的潜在污染风险很小。

4.1.6 地下水风险源

4.1.6.1 风险来源及成因

南水北调中线总干渠工程输水线路长，沿途地质条件复杂多样，经济发展迅速，污染源多样化。其中，中线总干渠内排段长达约522km，沿线工业废水、生活污水、工业废弃物、生活垃圾及农业面源物可能会威胁中线总干渠的水质安全。

4.1.6.2 地下水潜在污染风险预源分布

根据工业企业分布、地下水位与中线总干渠的关系以及企业附近的水文地质条件等，筛选出存在水质安全潜在威胁的重点渠段，并对重点渠段的风险源的分布情况进行统计（表4-11）。

表 4-11　　　　南水北调中线总干渠重点渠段风险源分布情况

序号	城市	位置、水位	工业企业数量	工业企业风险源类型
1	南阳市	左岸	10	冶金企业，另有化工、造纸企业
2		左岸	30	机械机电加工类、食品加工、医疗、电镀、电力
3		左岸	20	化工、冶金、建材、水处理
4	平顶山市	两岸	26	小型建材和五金加工厂
5		两岸	102	建材、电力、烟草、煤炭，以及小型加工企业和餐饮服务业
6		两岸	2	建材、煤炭
7	许昌市	高于设计水位	1	陶瓷
8		高于设计水位	2	造纸厂、食品厂
9	郑州市	高于设计水位	3	企业有建材、食品加工、制釉
10		高于设计水位	3	印刷、化工、金属制造等
11	焦作市	高于渠底	29	粉末冶金制品、饲料厂、家具厂等
12		高于渠底	3	轮胎制造、热力、化工等
13	新乡市	高于渠底	6	水泥厂、电厂、机械制造、化工、造纸、砂厂等
14		高于渠底	35	建材、化工、食品加工、石油、医疗类
15	安阳市	高于渠底	1	铜加工
16		高于渠底	160	冶金、铸造类以及少量建材厂、化工厂
17	邢台市	高于渠底	10	选矿厂

4.1.7 防汛风险点

4.1.7.1 风险来源及成因

南水北调中线总干渠两侧保护区内存在一定数量的防汛风险点，汛期时易发生外水溢入、外水渗透的现象，直接影响中线总干渠水质。经分析，主要存在以下5类防汛风险点：

（1）左排渡槽风险点，部分左岸渡槽无排水通道，汛期时雨污水易满溢入渠。

（2）截流沟风险点，部分截流沟积存污水，且排水不畅，汛期时易满溢入渠。

（3）穿越管网风险点，部分穿越中线总干渠的排污廊道上游集水面积较大，汛期时雨污混流，易外溢入渠。

（4）穿越建筑物风险点，部分沿线一级保护区、穿越建筑物进出口积存污水，且无防渗措施，汛期易渗漏入渠。

（5）禽畜养殖业风险点，部分禽畜养殖场距离渠道比较近，汛期时污染物易随降雨径流汇集入渠。

4.1.7.2 防汛风险点潜在污染及分布

经调查，南水北调中线总干渠保护区范围内防汛风险点共200处，河南段137处，河北段63处。其中，左排渡槽风险点7处，截流沟风险点96处，穿越管网风险点14处，穿越建筑物风险点24处，禽畜养殖业风险点59处（表4-12）。

表4-12　　　　南水北调中线总干渠工程防汛风险点分布

风险点类型 三级管理单位	左排渡槽风险点	截流沟风险点	穿越管网风险点	穿越建筑物风险点	禽畜养殖业风险点
镇平		3		6	
南阳		2		6	
方城	1	2		1	
叶县		1			
长葛		4		1	
新郑		2		1	
港区		7		3	
郑州	2	12	13		
荥阳	2				
温博		2		3	
焦作	1	42	1		
辉县	1				1
鹤壁				2	2
汤阴		1		1	
安阳		1			
磁县					10
邯郸		8			
永年					3
沙河		1			
邢台		1			

续表

风险点类型 三级管理单位	左排渡槽 风险点	截流沟 风险点	穿越管网 风险点	穿越建筑物 风险点	禽畜养殖场 风险点
临城		1			1
高邑元氏		2			
石家庄		1			4
新乐					11
定州		1			9
唐县		1			4
顺平		1			1
保定					3
西黑山					2
易县					2
涞涿					6
合计	7	96	14	24	59

4.1.8 交通事故

4.1.8.1 风险来源及成因

危险货物主要指毒性大、易于在空气中挥发或进入水体并且在环境中不易自然降解的化学物品，不包括放射性和易燃易爆危险货物。危险货物运输事故不仅可导致人员伤亡，同时也可能对道路环境产生重大影响，当危险货物运输车辆由于倾斜、翻车等交通事故致使危险货物进入水体造成的环境影响尤为严重。车辆的移动性和运输货物种类的多样性，事故发生地点和泄漏物质均具有不确定性，导致公路或桥梁上危险货物运输事故难以预防。

危险货物运输车辆在跨渠桥梁上发生事故，导致运输的危险货物泄漏或运输车辆倾翻入干渠内，致使运输的有毒有害物质进入干渠而引发干渠突发水污染事故，是由多个因素相互作用导致的结果，如车辆机械故障、驾驶员麻痹大意或疲劳驾驶、环境条件、照明条件等。本书依据文献资料搜集、现场调研及专家座谈咨询，选取导致京石段跨渠桥梁上危险货物运输事故的5大类因素：人员因素、车辆因素、罐体因素、天气因素和道路环境因素。

4.1.8.2 对中线总干渠水质的影响

交通事故为偶发性事件，根据贝叶斯网络概率预测结果表明：南水北调中线工程京石段跨渠桥梁上危险货物运输事故概率为0.0008，属于"发生概率很低"的事件。依据贝叶斯网络的双向推理功能，对导致事故发生的重要影响因素进行分析，可知：①对事故影响大小的因素依次为驾驶员、车辆因素和桥梁路面照明条件；②在晚上无路灯照明且道路条件不好的路段上，车辆发生故障时，事故发生的可能性最大，为0.0017；③车辆状态良好时，车辆在雾天、晚上无路灯照明且道路条件不好的路段上发生事故的概率最大，为0.0012。

4.2 关键指标变化趋势及影响因素

南水北调中线总干渠水体水质稳定达到地表水Ⅱ类以上标准，水质类别主要限制指标为高锰酸盐指数。与天然河流相比，人工输水渠道通常具有生境结构单一、水体流态均匀、人工调控程度高等特征，其自净能力可能与天然河流存在较大的差异，生化需氧量（BOD_5）在一定程度上可以反映水体自净能力。因此，以中线工程水体高锰酸盐指数和生化需氧量（BOD_5）作为水质关键指标，分析其变化趋势及影响因素。

4.2.1 BOD_5变化趋势及影响因素

4.2.1.1 BOD_5及影响因素变化

BOD_5和水温的沿程变化趋势如图4-7所示。BOD_5总体呈现出沿程下降的趋势，但时间变化规律不明显。其中程沟断面平均为2.1mg/L，方城和沙河南断面平均值下降为1.9mg/L，兰河北断面平均值进一步下降至1.6mg/L，新峰断面平均值有所上升，为1.7mg/L，苏张断面平均值进一步下降至1.5mg/L。时间尺度上，程沟断面$BOD_5$2月、7月最高为2.6mg/L，5月最低为1.6mg/L，2—5月逐步下降；方城断面2月最高为2.4mg/L，7月最低为1.5mg/L；沙河南断面2月最高为2.4mg/L，3月最低为1.5mg/L；兰河北断面5月最高为1.9mg/L，2月最低为1.3mg/L，2—5月逐步升高；新峰断面6月最高为2.3mg/L，5月最低为1.4mg/L；苏张断面5月最高为1.8mg/L，1月最低为1.1mg/L。

水温则显现出明显的时间变化规律，断面之间的差异相对较小。各断面水温基本都在8~28℃之间，其中程沟断面3月最低为8.4℃，6月最高为26.1℃；方城断面3月最低为7.9℃，6月最高为26.5℃；沙河南断面2月最低为6.6℃，7月最高为26.8℃；兰河北断面2月最低为6.7℃，7月最高为26.9℃；新峰断面2月最低为7.0℃，7月最高为26.1℃；苏张断面2月最低为7.3℃，7月最高为27.3℃。1—3月水温相对较低，3—7月水温上升趋势显著。

流速和过流时间的计算结果如图4-8所示。1—3月流速沿程下降趋势比较明显，其中1月流速最高为0.25m/s，最低为0.14m/s；2月流速最高0.18m/s，最低0.11m/s；3月流速最高0.25m/s，最低0.18m/s。4—7月平均流速明显升高，但波动较大，其中4月最大0.34m/s，最低0.23m/s；5月最高0.29m/s，最低0.24m/s；6月最高0.46m/s，最低0.27m/s；7月最高0.39m/s，最低0.30m/s。平均来看，中线总干渠流速总体呈沿程下降趋势，平均流速在0.26m/s。

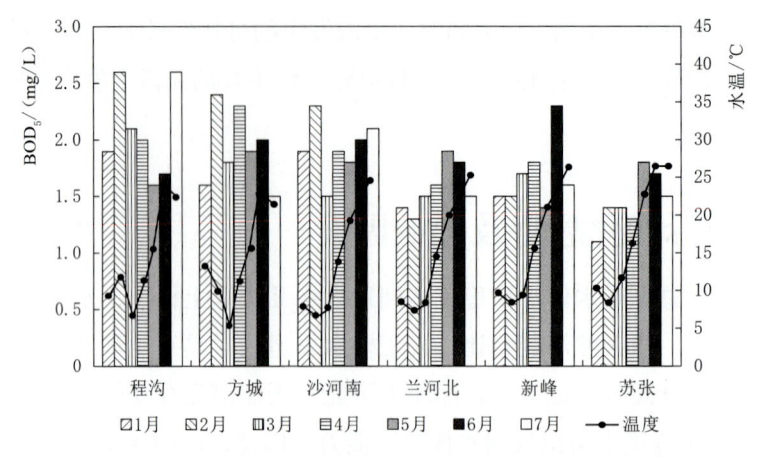

图 4-7　南水北调中线总干渠（程沟—苏张段）BOD$_5$和水温沿程变化情况

以程沟断面为起始，过流时间与沿程流速呈反比关系。1月过流时间为15.4d，2月流速最慢，过流时间为22d，3月过流时间为11.1d，4—7月过流时间均为9d左右。按平均流速计算，过流时间为9.3d。

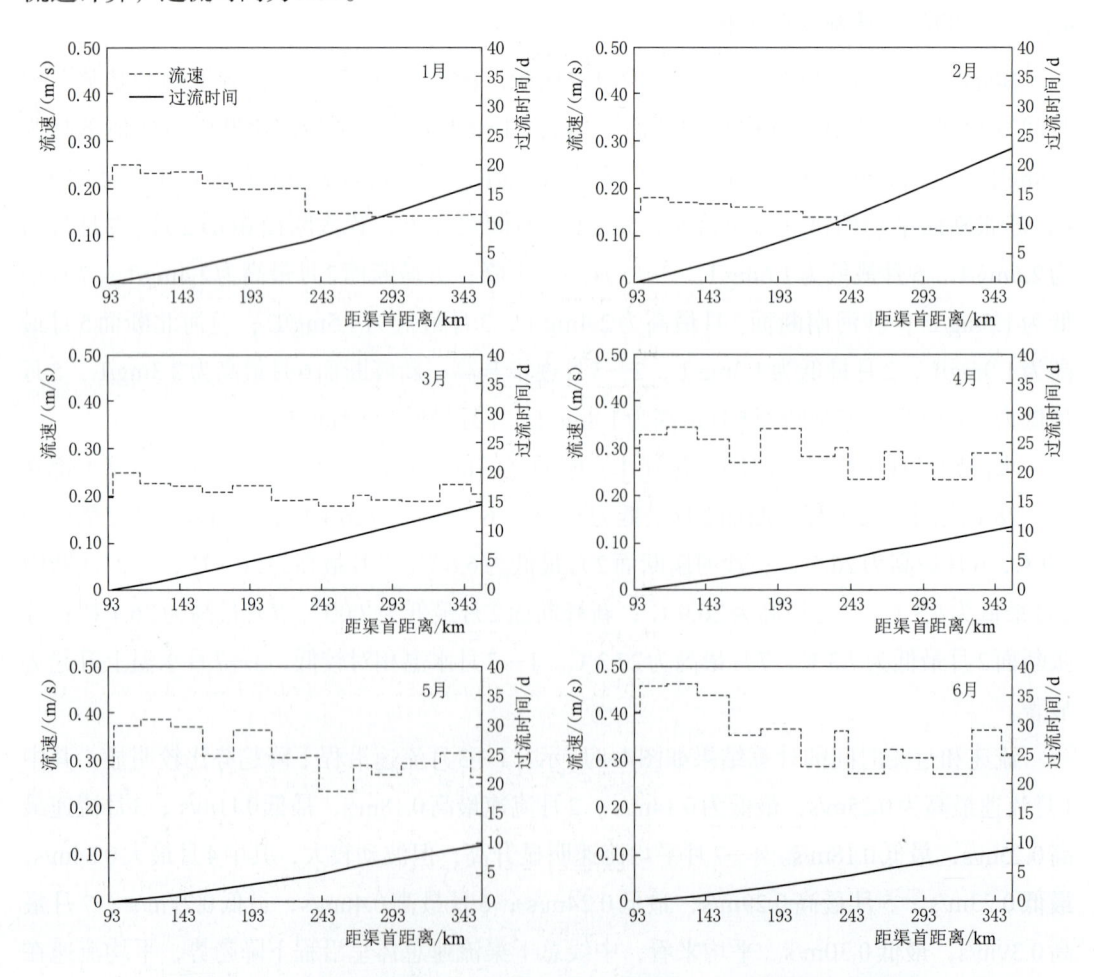

图 4-8（一）　南水北调中线总干渠（程沟—苏张段）流速分布和过流时间

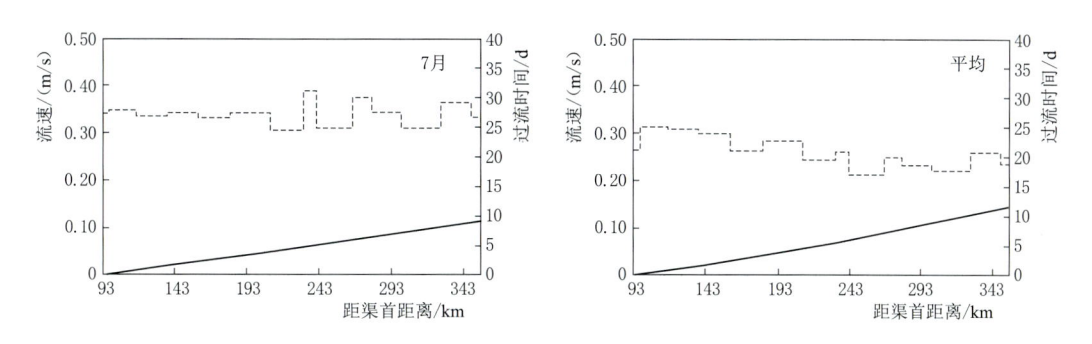

图4-8（二） 南水北调中线总干渠（程沟—苏张段）流速分布和过流时间

4.2.1.2 BOD₅降解系数拟合结果

对1—7月以及所有月份平均降解系数进行回归拟合，散点分布和拟合结果如图4-9所示。散点图显示，1—4月、7月以及平均值$\ln(c_0/c_t)$随过流时间增大呈增加趋势，而5月无明显变化，6月则呈下降趋势。1—3月$\ln(c_0/c_t)$值均大于0，但其他月份$\ln(c_0/c_t)$均出现负值的情况，主要是因为部分断面BOD₅波动较大，超过初始断面浓度。拟合结果显示，1—4月及7月的降解系数k分别为0.028（$p<0.05$）、0.033（$p<0.05$）、0.024（$p<0.05$）、0.039（$p<0.05$）、0.054（$p<0.05$），均为统计显著；但5月、6月的拟合k值均不具有统计显著性（$p>0.05$）。平均值的拟合结果显示，k值为0.026（$p<0.01$）。

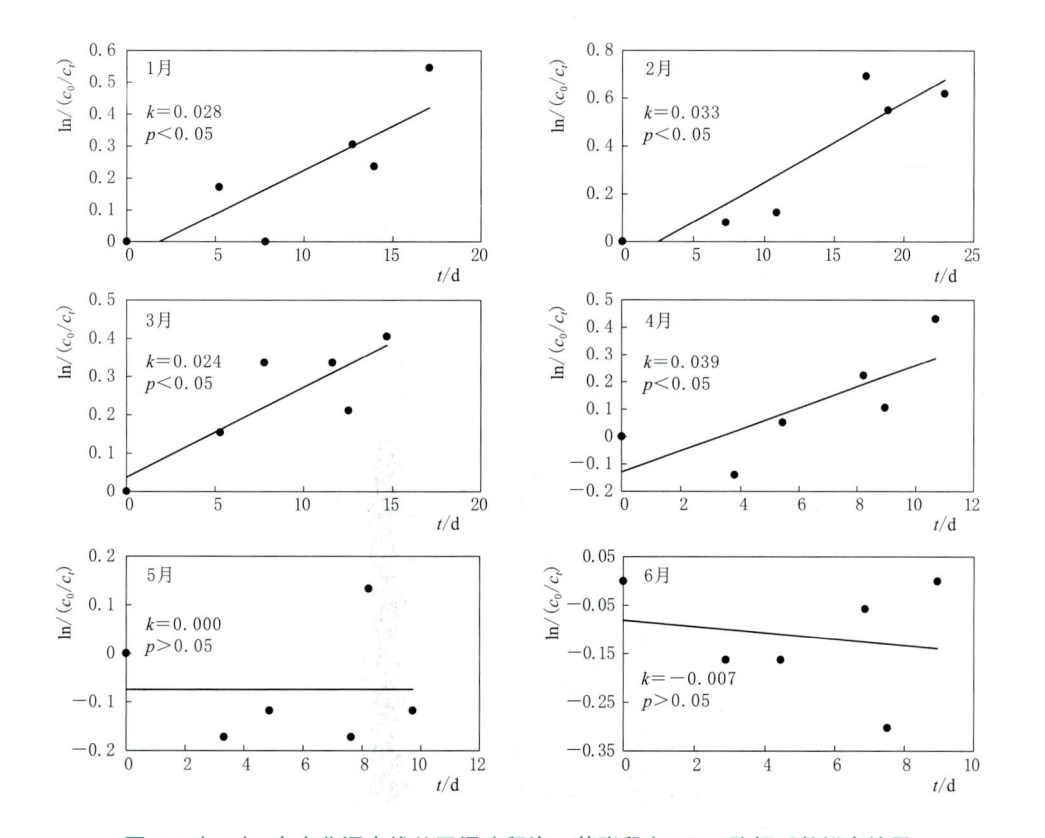

图4-9（一） 南水北调中线总干渠（程沟—苏张段）BOD₅降解系数拟合结果

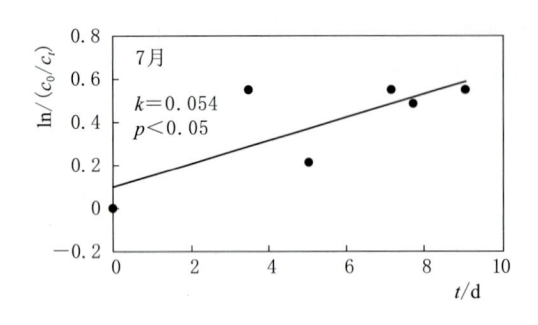

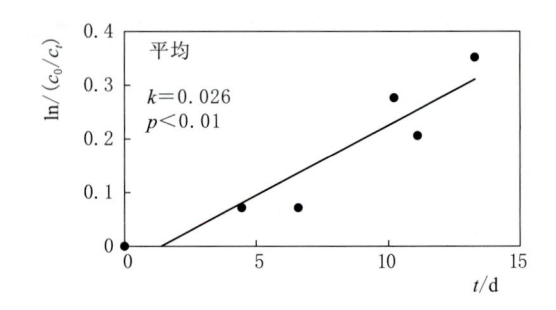

图4-9（二） 南水北调中线总干渠（程沟—苏张段）BOD$_5$降解系数拟合结果

从各月份平均水温和BOD$_5$降解系数的对应关系看（表4-13），降解系数基本随温度的升高而增大。1—3月的平均水温为9.5℃，其降解系数平均为0.028d^{-1}；4月水温升高到14.7℃，其降解系数增加到0.039d^{-1}；7月水温进一步升高到26.5℃，降解系数则达到0.054d^{-1}。图4-10显示，通过不同月份的两两组合，平均水温差和BOD$_5$降解系数的对数差呈现出比较好的线性关系（$p<0.01$），拟合斜率$\ln\theta$为0.386，计算得到温度校正系数θ为1.039。

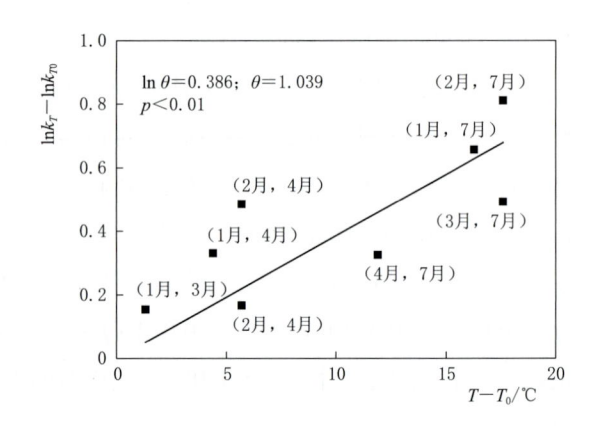

图4-10 南水北调中线总干渠（程沟—苏张段）BOD$_5$降解的温度校正系数拟合结果［（1月、2月）和（2月、3月）数据点位于坐标系其他象限，未显示］

表4-13 南水北调中线总干渠（程沟—苏张段）不同月份平均水温及对应BOD$_5$降解系数

月份	1月	2月	3月	4月	7月
平均水温/℃	8.3	9.0	9.0	14.7	26.6
BOD$_5$降解系数/d^{-1}	0.028	0.033	0.024	0.039	0.054

本书得到南水北调中线总干渠BOD$_5$降解系数在0.024～0.054d^{-1}（5月、6月除外），该结果与其他区域的水体自净能力相比相对较小。如王平等研究了汉江中下游河段的水体自净过程，计算得到BOD$_5$降解系数为0.08～0.62d^{-1}；张荔等运用稳态一维BOD$_5$降解模型计算了陕西沿河主干河段的河流降解系数为2.69d^{-1}；国外的一些天然河流的BOD$_5$降解系数也在0.05～3.0d^{-1}。南水北调中线总干渠与常规河流存在较大的不同。一方面，中线总干渠渠底和边坡均为硬化结构，运行初期难以形成完善的附着生物和底栖生境，不利于自净能力的增强；另一方面，中线总干渠作为饮用水水源地污染物本地浓度较低，BOD$_5$平均浓度在2mg/L，不利于微生物群落的快速繁殖和增长，影响有机物污染物的降解过程。这些可能是中线总干渠水体降解系数低于其他区域的主要原因。

研究表明，温度对于水体有机物降解系数有重要的影响，常规河流0℃和30℃条件下降解系数能够相差3倍以上。温度对降解系数的影响主要通过改变微生物的活性来实现。水体自净过程主要由微生物驱动，在适宜的范围内，温度升高能够加快微生物体内酶促反应速率，促进和强化微生物的生理活动，从而提高有机物降解系数。很多研究对温度校正系数θ值进行了测定，其结果大多在1.02～1.08。本书计算得到θ值为1.04，说明拟合结果较好地反映了温度对中线总干渠水体自净能力的影响。

本书采用实测数据进行拟合计算，BOD_5的浓度变化与理想的自净衰减过程存在偏差，尤其是5月、6月的BOD_5降解系数拟合结果不显著，主要原因可能是沿途存在外源有机物输入。南水北调中线总干渠空虽然为全封闭设计，但作为明渠系统，渠道水体有机物除了自净衰减外，还是会受到大气干湿沉降、渠道坡面和桥面径流、闸坝水流扰动等众多因素的影响。以渠道桥面径流为例，根据刘文明等的研究，公路和桥面的雨水径流BOD_5浓度超过30mg/L。在降雨强度较大的情况下，桥面雨水径流将可能使中线总干渠局部水体的污染物浓度明显升高。另外，一些偶发性的污染源，如雨洪污水、受污染地下水等也都可能对中线总干渠水质产生影响。本书未得到显著拟合结果的5月、6月恰好处于雨季，根据南阳市2015年气象资料，5月、6月均有15d降雨，且部分时段出现大雨和暴雨，而7月仅为8d降雨，多为小雨。坡面汇入的径流可能形成有机物的输入源，将导致BOD_5浓度沿途波动，影响BOD_5降解系数的拟合结果。

4.2.2 高锰酸盐指数变化趋势及影响因素

高锰酸盐指数表征的是水中还原性物质被化学氧化剂氧化过程中所消耗的氧化剂的量，主要包括碳水化合物、蛋白质、油脂、氨基酸、脂肪酸、酯类等易分解的有机物质，以及一些还原性无机物。中线总干渠是一个相对封闭的系统，外源污染基本隔离，氨氮、亚硝氮、亚铁离子等还原性无机物质浓度都很低，人类生产生活产生的有机污废水基本可以忽略，丹江口库区来水和输水过程中产生的溶解性有机物（DOM）可能是高锰酸盐指数变化的主要驱动因素。

4.2.2.1 高锰酸盐指数变化特征

中线总干渠高锰酸盐指数的沿程变化见图4-11，总体来讲，高锰酸盐指数沿程有升高趋势，水质类别在Ⅰ～Ⅱ类。根据GB 3838—2002《地表水环境质量标准》，Ⅰ类水体的高锰酸盐指数标准限值为2mg/L，Ⅱ类水体的标准限值为4mg/L。渠首的陶岔断面各年份的均值都在2mg/L以下，其中2015年、2016年、2018年都在1.8mg/L，2017年丹江口水库水位较高，上游来水的稀释作用造成高锰酸盐指数降低，中线总干渠进水的平均浓度仅为1.6mg/L。2015年沿程浓度始终处于高位，从程沟断面开始超过2mg/L，最高在蒲王庄断面达到2.55mg/L。2016年高锰酸盐指数沿程波动性相对较大，沙河南断面上升到2.07mg/L，穿黄后断面又下降至1.80mg/L，北大岳断面再次上升到2.08mg/L，总体上升的趋势不明显。2017年高锰酸盐指数上升趋势明显，由于进水浓度较低，沿程均在2mg/L以下，最高为柳家左断面1.97mg/L。2018年高锰酸盐指数相对平稳，从渠首到漳河北断面逐步上升，过漳河北后有所波动，但各断面均值基本都在2mg/L以下，仅西黑山和团城湖断面略微超过2mg/L。

对陶岔断面和惠南庄断面的多年逐月浓度（图4-11）进行分析发现，渠首陶岔断面高锰酸盐指数初期波动较大，后期逐步平稳。而位于渠道末端的惠南庄断面则出现下降趋势，且季节波动明显。2015年惠南庄断面高锰酸盐指数基本都在2mg/L以上，随后逐步下降，在2mg/L波动。从各月份浓度分布来看，峰值基本出现7月、8月，如2015年8月出现峰值2.9mg/L，2016年7月出现峰值2.6mg/L，2018年7月出现峰值2.5mg/L。陶岔和惠南庄断面的水质变化特征表明，长距离的输水过程对高锰酸盐指数产生了一定影响，但随着渠道的不断运行和稳定，高锰酸盐指数的变化逐步趋于平稳。

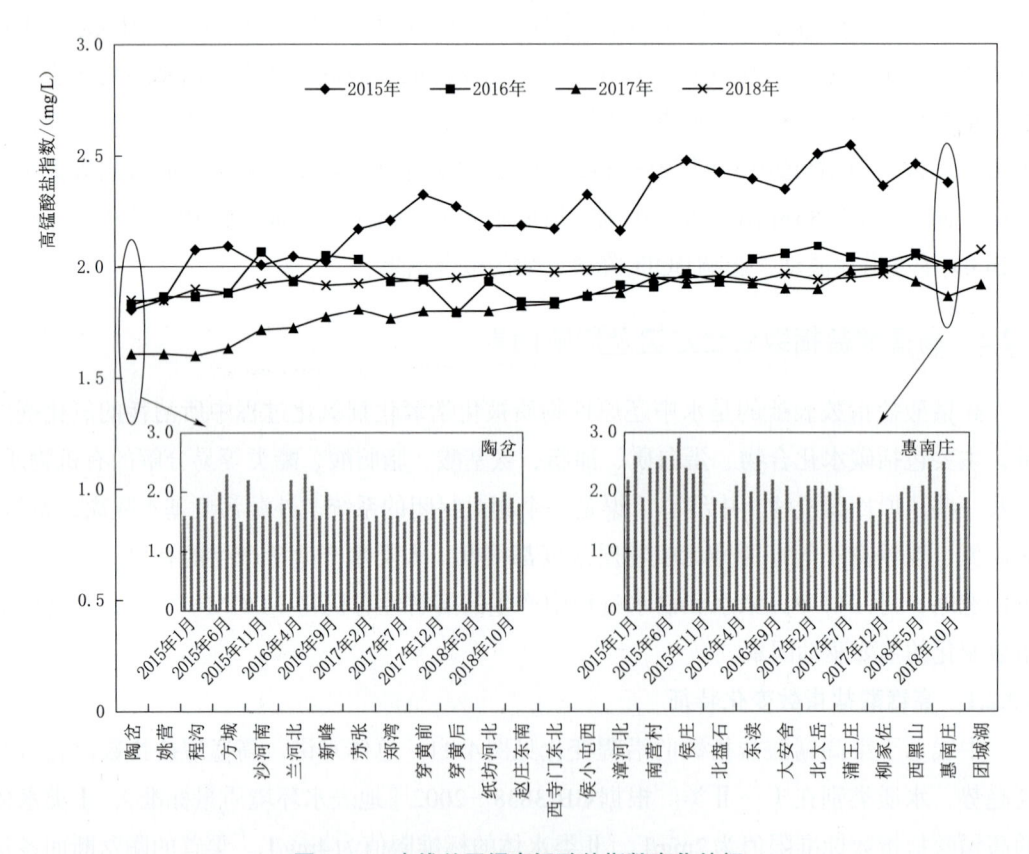

图4-11　中线总干渠高锰酸盐指数变化特征

4.2.2.2　中线总干渠高锰酸盐指数与藻密度的协同变化

对典型断面的藻密度监测结果（图4-12）表明，中线总干渠藻密度沿程也呈现出上升的趋势。2015年藻密度明显高于其他年份，陶岔断面为442×10^4 cell/L，到惠南庄断面增长到889×10^4 cell/L。2016年藻密度明显下降，沙河南断面最低为187×10^4 cell/L，西黑

山断面最高为 480×10^4 cell/L。2017—2018年进一步降低，最低值仅为 110×10^4 cell/L（沙河南断面2018年），最高值为 397×10^4 cell/L（惠南庄断面2018年）。总体来看，藻密度的沿程变化与高锰酸盐指数的沿程变化规律基本类似，同时都出现了2015年明显高于其他年份的现象。

对高锰酸盐指数和藻密度的逐月数据进行同步分析（图4-13），结果表明二者具有很好的协同变化规律。2015年7月和2015年10月，中线总干渠出现两次藻密度峰值，藻密度均超过 800×10^4 cell/L。而两次高锰酸盐指数的峰值也是出现在7月、10月，分别为2.57mg/L和2.34mg/L。随后2015年12月至2016年3月，藻类生长进入低谷，藻密度最低仅为 200×10^4 cell/L，而高锰酸盐指数的低值点也是出现在2015年12月和2016年1月，最低仅为1.73mg/L。2016年6—9月，藻类生长再次出现一波峰值，藻密度最大超过 750×10^4 cell/L，同样高锰酸盐指数在这一时间段也出现峰值，最大达到2.29mg/L。2018年6—10月，藻类的生长高峰再次与高锰酸盐指数的浓度峰值重合。对高锰酸盐指数和藻密度进行相关分析，结果发现两者相关性及其显著（$p < 0.01$）。

中线总干渠藻密度与高锰酸盐指数的变化高度协同，说明藻类与高锰酸盐指数的关系非常密切。2017年藻密度在8月出现峰值，但高锰酸盐指数并没有相应出现峰值，可能是因为2017年大流量输水条件下，过快的流速造成的扰动改变了藻类的优势种群，高流速条件下的优势种群与高锰酸盐指数的相关性变弱。研究发现，在高水位大流量条件下，水库的藻类功能组结构明显变化，且在剧烈的水动力条件下，部分藻细胞正常的生理代谢受到抑制，藻细胞活性酶发生改变，有机物释放明显减少。这可能是藻密度与高锰酸盐指标相关性变弱的主要原因。

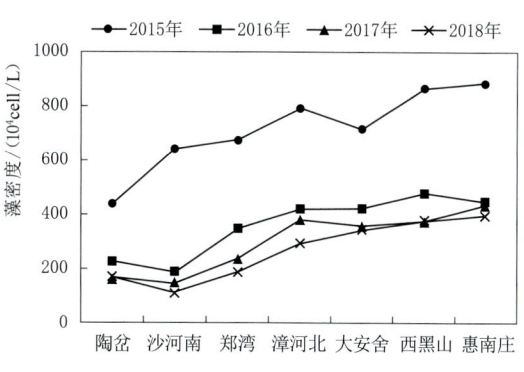

图4-12 中线总干渠藻密度年均值变化

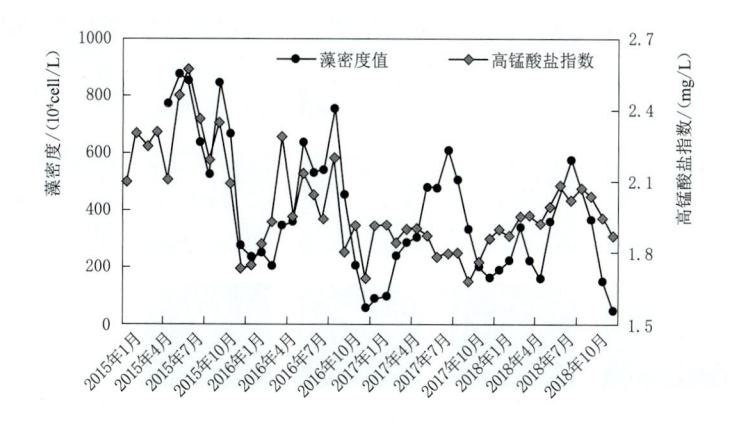

图4-13 中线总干渠高锰酸盐指数与藻密度（所有断面均值）协同变化关系

4.2.2.3 DOM对高锰酸盐指数组成的影响

1. DOM总量和组分分析

分析了不同断面的DOM含量,结果见图4-14。总体而言,中线总干渠水体中的DOM含量在3.5～5mg/L,除个别断面稍高以外,其余断面均较为稳定,仅仅呈现较小波动。

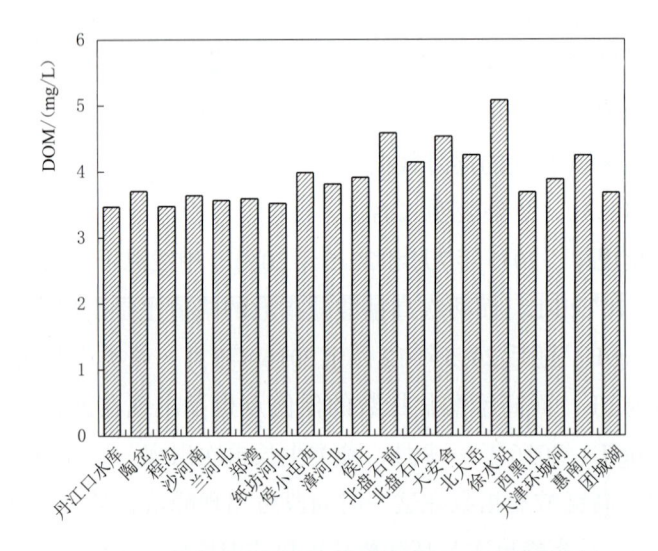

图4-14 中线总干渠不同监测断面DOM总量分布图

利用三维荧光分析了不同断面的DOM光谱特性,结果见图4-15。利用DOM光谱特性,解析中线总干渠不同监测断面的DOM组成情况,结果见表4-14。可以看出,酪氨酸类占比13%～16%,色氨酸类占比21%～24%,微生物代谢物占比25%～29%,富里酸类占比10%～11%,胡敏酸类占比22%～27%。

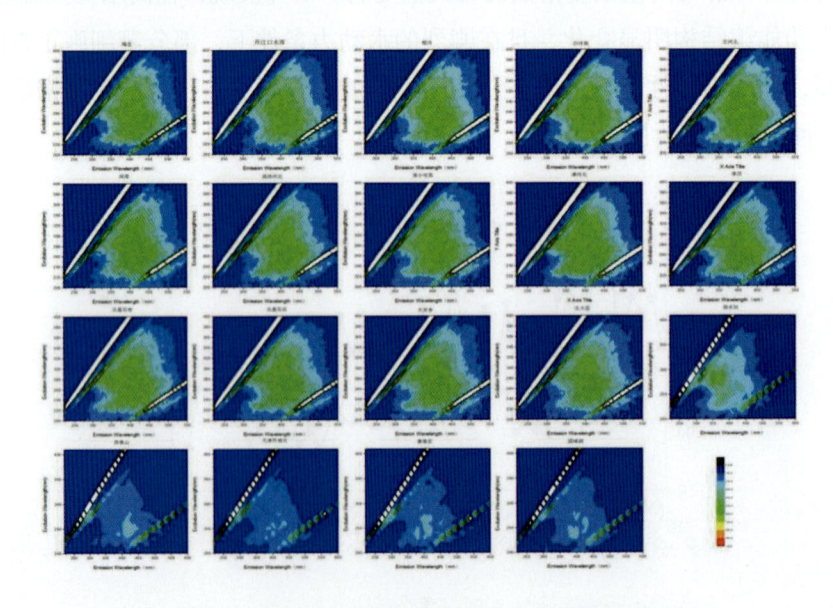

图4-15 中线总干渠不同监测断面DOM三维荧光图谱

表 4-14　　　　　中线总干渠不同监测断面 DOM 组成成分分析结果

采样点	酪氨酸类	色氨酸类	微生物代谢物	富里酸类	胡敏酸类
丹江口水库	13.61%	22.55%	26.01%	9.38%	25.45%
陶岔	10.22%	22.70%	25.97%	11.65%	25.35%
程沟	11.10%	22.10%	24.38%	11.75%	26.67%
沙河南	13.08%	21.65%	26.92%	11.63%	26.72%
兰河北	14.77%	22.54%	24.49%	9.32%	25.88%
郑湾	14.02%	22.38%	25.62%	11.40%	26.57%
纸坊河北	11.41%	23.69%	26.88%	10.75%	24.28%
侯小屯西	14.71%	22.75%	25.25%	11.02%	24.26%
漳河北	14.44%	23.20%	26.67%	10.85%	23.85%
侯庄	14.29%	23.96%	26.97%	8.40%	23.28%
北盘石前	15.96%	22.97%	28.69%	8.37%	22.01%
北盘石后	14.29%	23.96%	26.97%	8.40%	23.28%
大安舍	15.93%	22.65%	25.13%	11.05%	24.24%
北大岳	14.99%	22.00%	26.66%	9.38%	24.97%

统计结果表明，DOM 的五种组分在沿程变化不明显（图 4-16）。这表明在中线总干渠不同区间，有机质组成并没有显著变化，这可能与采样季节有关。由于冬季温度较低，水体中微生物活性降低，藻类细胞增殖缓慢。同时，DOM 的降解与生成处于动态平衡，干渠水体 DOM 组成维持相对固定水平。

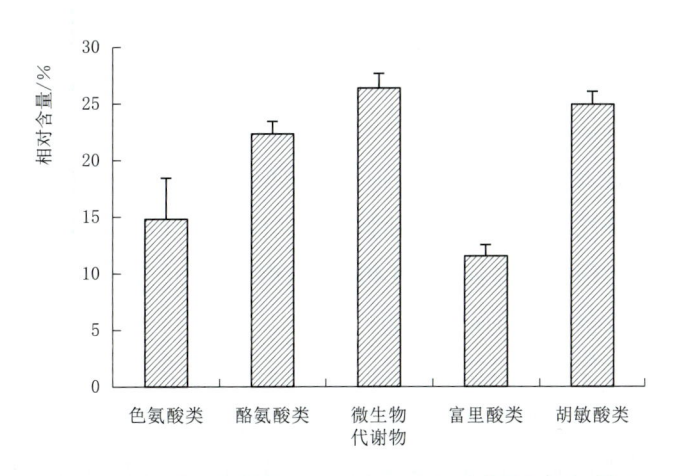

图 4-16　溶解性有机质（DOM）组分相对含量及变异情况

三维荧光分析结果表明，中线总干渠水体 DOM 组分中代表自生源的两种蛋白质类和微生物代谢物占比约为65%，这三种组分主要来源于水体自身浮游、沉水植物和微生物的生长释放及死亡后的降解。胡敏酸和富里酸类占比约为35%，这两种组分一般是土壤腐殖质成分，通常通过土壤坡面径流进入水体，属于外源输入。考虑中线总干渠生物群落以藻类为主，藻类的生长和代谢应该是DOM的最主要来源。

2. DOM对高锰酸盐指数贡献分析

DOM组分中，酪氨酸类、色氨酸类和微生物代谢物易于被氧化，氧化率40%左右，而胡敏酸类和富里酸类不易被氧化。结合DOM实测浓度，易氧化组分比例和氧化率，计算得到各断面DOM的高锰酸盐指数贡献，如图4-17所示。与实测高锰酸盐指数相比，中线总干渠DOM耗氧对于高锰酸盐指数的贡献比例在80%以上。

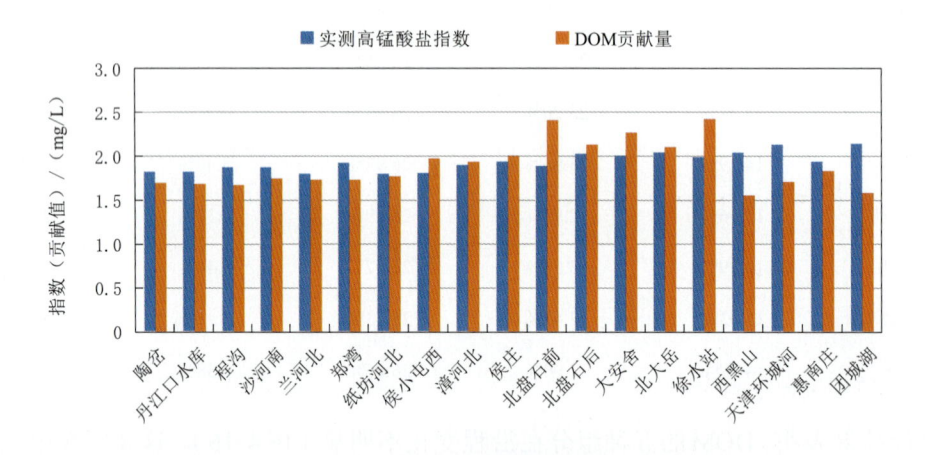

图4-17　中线总干渠DOM对高锰酸盐指数的贡献估算

中线总干渠有机物组分为高锰酸盐指数的来源提供了进一步的证据。通过三维荧光光谱分析（图4-18），可以将中线总干渠溶解性有机质分为蛋白质Ⅰ（14.85%）、蛋白质Ⅱ（22.48%）、微生物代谢物（25.34%）、类富里酸（11.41%）、类胡敏酸（24.92%）等组分，且各断面之间的标准偏差较小，说明溶解性有机物的组分结构相对稳定。各组分中，微生物代谢物所占比例最高。考虑中线总干渠生态系统的特殊性，水生植物基本不存在，细菌生物量较小，因此藻类的生长和代谢应该是微生物代谢物的主要内容。藻类生长代谢过程中，会释放溶解性有机物，如藻细胞生长期释放量约为0.05mg DON（溶解性有机氮）/10^7cell，细胞衰亡期的释放量约为0.40mg DON/10^7cell。这些有机物易于被高锰盐酸氧化，对高锰酸盐指数会产生明显的贡献。

一般来讲，蛋白质Ⅰ和蛋白质Ⅱ也是水生态系统自身代谢产物，主要来源为水生植物、藻类和细菌等分泌、排泄物及其残体的分解产物。由于中线总干渠主要的水生生物为藻类，因此这两类蛋白质也应该与藻类直接或间接相关。两类蛋白质和微生物代谢物合计占比达到64%，而类富里酸和类胡敏酸一般为陆源输入，且不易降解，也就是说，藻类的生长和代谢应该是驱动高锰酸盐指数变化的主要机制。

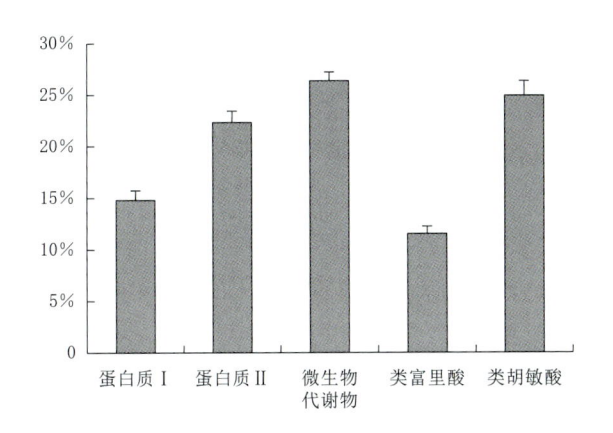

图4-18　中线总干渠水体有机物组分的三维荧光分析结果

4.3　本章小结

中线总干渠作为人工建设的长距离输水干渠，具有以下特点：①中线总干渠输水距离长，沿途影响水质因素多，水质变化驱动机制复杂；②中线总干渠生态系统类型独特，人为调控属性强，水体污染物自净过程和影响因素有别于传统河湖生态系统；③中线总干渠部分分水口门前、退水闸导流段等区域的淤积问题处置难度大。

为保障中线总干渠输水水质，在中线总干渠沿线开展针对性防控工作十分紧迫。然而，由于对中线总干渠水环境问题的认识不够深入，目前水质改善和风险防控措施的制定尚缺少有力的科学支撑，水质沿程变化规律和驱动机制尚不清晰，不利于控制关键节点和重点防控对象的把握。常规水质监测指标中氨氮、总磷等均为地表水Ⅰ类，高锰酸盐指数为地表水Ⅱ类。因此，开展中线总干渠水质变化规律和驱动因素研究，对于支撑中线总干渠的水质保障工作十分重要。需要通过水质变化和驱动因素研究，制定针对性措施，改善和稳定中线总干渠水质提供理论支撑，为优化完善中线总干渠污染风险防控对策提供支撑和建议。

第 5 章
藻贝类增殖规律

5.1 浮游藻类增殖规律

藻类是具有光合色素，植物体无根、茎、叶分化，依靠单细胞生殖器官繁殖的低等植物。藻类植物并不是一个单纯的类群，各分类系统对它的分门也不尽一致，中国藻类学家多主张将藻类分为12个门，即蓝藻门、红藻门、隐藻门、甲藻门、金藻门、黄藻门、硅藻门、裸藻门、褐藻门、原绿藻门、绿藻门、轮藻门，其中蓝藻门、隐藻门、甲藻门、金藻门、黄藻门、硅藻门、裸藻门、绿藻门等8个门藻类是我国内陆水体中比较常见的浮游藻类。

藻类植物约有4万多种，主要分布于淡水或海水中，根据生活环境的不同，通常又将水体中的藻类分为浮游藻类、漂浮藻类和底栖藻类。有的藻类，如硅藻门、甲藻门和绿藻门的单细胞种类以及蓝藻门的一些丝状的种类浮游生长在海洋、江河、湖泊，称为浮游藻类。有的藻类，如马尾藻类漂浮生长在海上马尾藻，称为漂浮藻类。有的藻类，固着生长在一定基质上，称为底栖藻类，如蓝藻门、红藻门、褐藻门、绿藻门的多数种类生长在海岸带上，这些底栖藻类在一些地方形成了带状分布。

藻类对环境条件要求非常低，环境适应能力极强，可以在营养贫乏、光照强度微弱的环境中生长，因此在地球上分布极为广泛。从炎热的赤道地区到南北极千年冰封的雪地，无论是江河海湖、沟堰塘渠等各类水体，还是潮湿的土表、墙壁、树干、树叶、岩石、甚至沙漠上，都有藻类的足迹。在地震、火山爆发、洪水泛滥后形成的新鲜无机质上，它们是最先的居住者，是新生活区的先锋植物之一，有些海藻可以在100m深的海底生活，有些藻类能在零下数十摄氏度的南北极或终年积雪的高山上生活，有些蓝藻能在高达85℃

的温泉中生活，部分藻类能与真菌共生，形成地衣一类共生复合体，因此，可以讲只要在光和水存在的地方，都可能有藻类生存繁殖。

藻类是水生态系统中生物资源的基础，同时也是整个水生态系统中物质循环和能量流动的基础。无论在淡水还是海水中，藻类都是水生态系统中重要的初级生产者，是水生食物链的关键环节，是浮游动物和经济水生动物的重要饵料资源，在维持水体生态平衡中发生着重要的调节作用。由于水体在地球上占有很大面积，据估计，自然界光合作用制造的有机物中，有近半是由藻类等微生物产生的，是海洋食物链的重要组成部分，此外，地球大气中约90%氧气来源于藻类的光合放氧，藻类在大气碳氧平衡方面的发挥着重要作用。藻类通过光合作用固定无机碳，转化为碳水化合物，从而为水域生产力提供基础。在食物链的转换中，每生产1kg鱼肉约需100～1000kg浮游藻类，因此浮游藻类资源丰富的水域都是世界著名渔场所在地，而浮游藻类的产量也成为估算水体初级生产力的指标。

藻类可以通过吸收水体中的氮、磷等营养盐而合成自身的生长物质。对适于鱼类等水生生物消化利用的有益藻类而言，其在水体中的繁殖生长在降低水体氮、磷等营养盐含量的同时，又为经济动物的生长提供了饵料资源，从而提高了水体的初级生产力。有研究表明：小球藻能高效的去除废水中的N、P、COD。然而，在一些条件下，藻类的异常增殖造成水华、赤潮等，使水质恶化、变臭、鱼虾大量死亡，特别是有害藻类，如微囊藻等，还会产生毒素，使生活于其中的鱼、虾、贝肉中含有毒素，人食后会引起疾病，严重的可导致死亡。有害藻类的异常增殖给水生生物和人类带来了严重危害。

5.1.1　浮游藻类空间分布格局

从空间分布格局上看（图5-1），南水北调中线总干渠藻密度不同月份空间分布格局不同。2月中线总干渠藻类生长缓慢，藻密度相对较低，从南向北藻密度增长幅度较小；进入3—4月后，随着温度的升高及光照的增强，藻密度由南向北逐步增长趋势明显；进入5月后，中线总干渠北部断面的藻密度仍然明显高于南部，藻密度峰值出现在候庄断面，呈现出两边低中间高的空间分布格局。进入6月后，随着中线总干渠南部断面藻密度的快速增长，沙河南断面藻密度均值超过了$1000 \times 10^4 cell/L$，由于基数增加，藻密度在中线总干渠内的增长幅度有限，但北部仍整体高于南部。进入7—8月后，中线总干渠藻密度峰值继续南移至郑湾断面，呈现两头高、中间低的态势，中线总干渠南北部监测断面间的藻密度差异进一步缩小。9—12月期间，中线总干渠藻密度空间分布上表现为由南往北整体增加，但增加幅度不大。

2015年3—5月，中线总干渠各区段藻密度增长速率差异明显，穿黄以南断面藻密度整体上增长较慢，穿黄至侯庄断面是藻密度快速增长区，此后藻密度增长速度放缓，在中线总干渠北部形成了一个藻密度较高的平台区域。此外，中线总干渠藻密度峰值2月

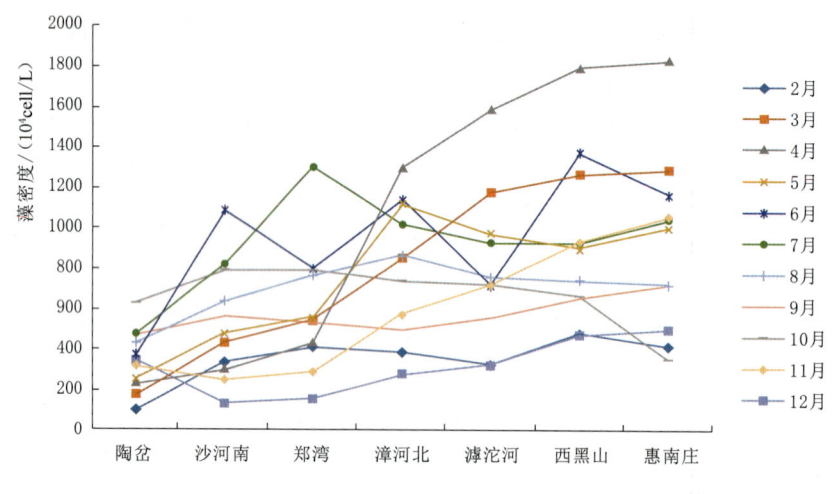

图 5-1 中线总干渠藻密度空间分布图

中旬出现在郑湾断面，此后沿渠道逐渐北移，3月初以后稳定在北部的候庄至惠南庄断面之间，藻类峰值由南向北迁移过程中整体上呈逐渐升高趋势，其原因一方面在于藻类自陶岔断面开始生长增殖，北移过程中不断积累；另一方面是因为进入春季后，光照和水温逐渐适宜藻类生长，也促进了中线总干渠藻类的生长与积累。6—10月期间，从陶岔进入中线总干渠的浮游藻类增长明显，拉升了总干渠中浮游藻类的基数，中线总干渠藻类峰值南移至穿黄以南断面，主干断面间浮游藻类密度差异因此缩小，中线总干渠藻密度空间分布格局呈现出中间高、两边低的格局。进入11月以后，中线总干渠北部藻密度增长速度比南部更快，中线总干渠中藻密度再次恢复为由南向北逐渐升高的空间分布格局。

由以上分析可见，伴随着浮游藻类种类及密度的变化，其空间分布格局也发生明显变化，春季整体表现为由南往北呈快速增加趋势，至北部达到平衡，夏季、秋季节则形成了中间高，两边低的空间分布格局；冬季则是由南往北呈缓慢增加趋势。

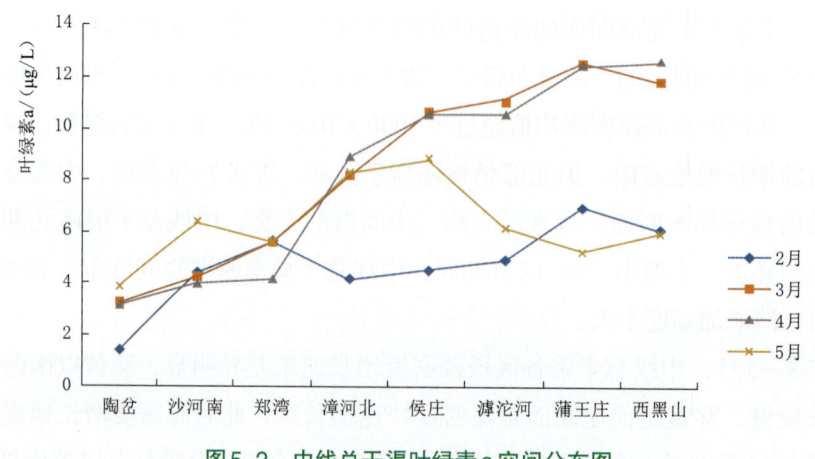

图 5-2 中线总干渠叶绿素a空间分布图

5.1.2　浮游藻类种群结构变化分析

1. 藻类种类组成变化分析

研究表明，10～30℃是适合藻类生长的温度区间。监测结果表明，中线总干渠藻类种类随着水温的升高而逐步增加，春、夏、秋季节明显高于冬季。监测初期，中线总干渠水温为5℃，常见藻类仅有10种；至4月下旬水温升高至20℃，常见藻类种类增加至30种。同时，藻类种类组成也发生变化，2月硅藻种类所占比例较多，超过所有种类的40%，随着温度升高，春、夏、秋季节硅藻种类减少，绿藻种类增加，进入冬季，硅藻种类所占比例亦有所增加（图5-3）。

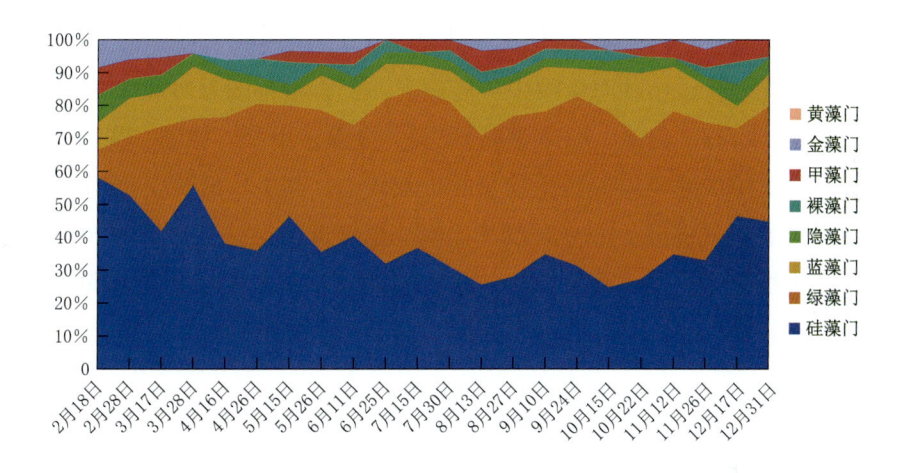

图5-3　中线总干渠藻类种类变化图

2. 藻类密度组成分析

受生态调度及气候等综合因素的影响，中线总干渠藻类群落结构季节演替明显，各种藻类在群落结构中的比例呈波动状态。2—5月，硅藻占藻类总密度的比例由监测初期的87.5%降至5月中旬的52.2%，绿藻比例由监测初期的4.2%上升至5月中旬的25.3%，蓝藻、金藻、隐藻等所占比例也有不同程度的增长（图5-4），进入6月后，总干渠硅藻比例开始回升，至6月底时回升至85.3%。进入7月后，总干渠中硅藻比例迅速降低，至7月底时已降至31.8%，在群落结构中的优势已不明显。7月中旬至12月中旬期间，总干渠中蓝藻，绿藻比例增长明显，蓝藻比例由7月16日的17.43%上升至10月22日的57.95%，增长了近3倍。绿藻比例也由7月16日的29.40%上升至9月10日的42.70%，增长了近2倍，总干渠的藻类群落结构由以硅藻为绝对优势种演变为由硅藻、绿藻、蓝藻3种相对优势藻种共同构成。10月中旬以后，总干渠中蓝藻和绿藻的比例开始下降，硅藻和隐藻的比例开始回升，其中隐藻的比例由10月22日的2.52%上升至12月24日的52.07%，上升近20倍，硅藻比例也由9月中旬的24.60%上升至12月24日46.82%，增长了近一倍。

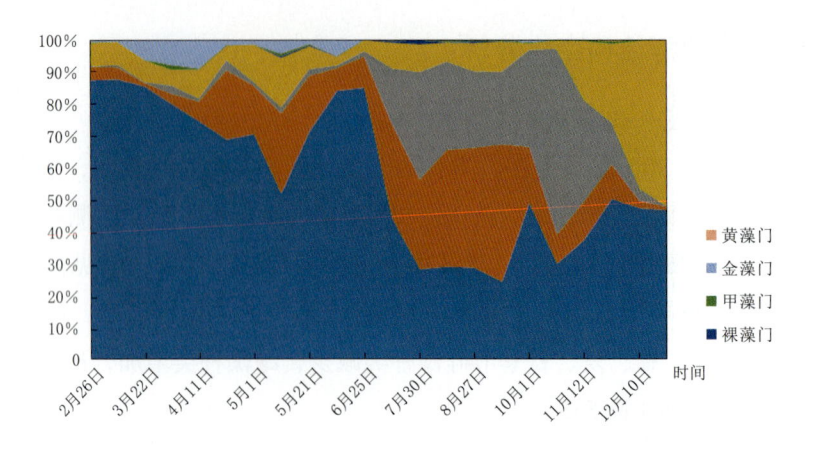

图 5-4　中线总干渠藻密度组成演变图

综合全年情况分析，中线总干渠中各门藻类的生物量都随着时间的变化而波动，其主要组成为硅藻、绿藻、蓝藻、隐藻等4门藻类，金藻、甲藻、裸藻、黄藻等4门藻类生物量比例较低，对中线总干渠藻类生物量的贡献较少。其中，硅藻全年都是中线总干渠藻类生物量的重要组成部分，部分时段其比例甚至接近藻类总生物量的90%，处于绝对优势地位，是中线总干渠藻类群落结构的第一大优势类群。而蓝藻、隐藻、绿藻等藻类只在部分时段有较高的生物量，与硅藻共同构成藻类生物量的主体，但是其持续时间都相对较短。

监测工作开展以来，中线总干渠藻类群落的空间分布格局变化较大。2月中旬至5月中旬，中线总干渠硅藻在群落结构中的比例整体上呈现出由南向北逐渐升高的趋势，和中线总干渠藻类总生物量的空间分布格局一致，隐藻、金藻在群落结构中的比例则呈现出由南向北逐渐降低趋势（图5-5）。进入6月后，中线总干渠南部断面硅藻比例上升，不同监测断面间硅藻比例的差距缩小，由南向北硅藻在群落结构中比例逐渐升高的格局逐渐消失（图5-6）。6—11月期间，中线总干渠藻类群落的空间分布格局持续改变，多数监测断面中蓝藻、绿藻在群落中的比例增长明显，硅藻在群落结构中的比例进一步降低，

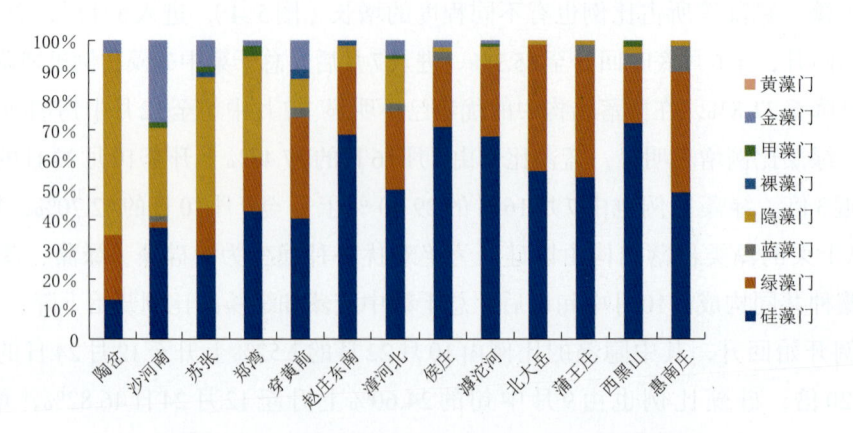

图 5-5　2—5月中线总干渠藻密度组成空间分布图

中线总干渠中优势藻类门类由单一硅藻门演变为硅藻门、蓝藻门、绿藻门等三大门类，不同监测断面间优势群体交互波动，构成了中线总干渠浮游藻类的主体（图5-7）。进入12月以后，中线总干渠各断面蓝藻和绿藻的比例迅速降低，硅藻和隐藻成为总干渠中藻类群落的优势类群，在中线总干渠中形成了硅藻由南向北逐渐降低、隐藻由南向北逐渐升高的空间分布格局（图5-8）。

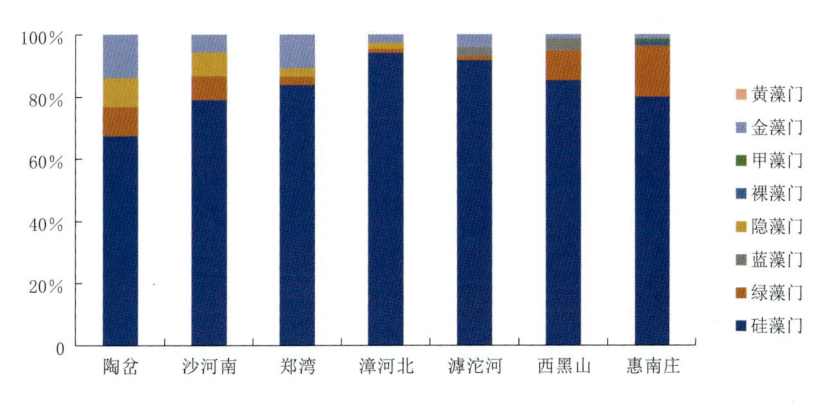

图5-6　6月11日中线总干渠藻密度组成空间分布图

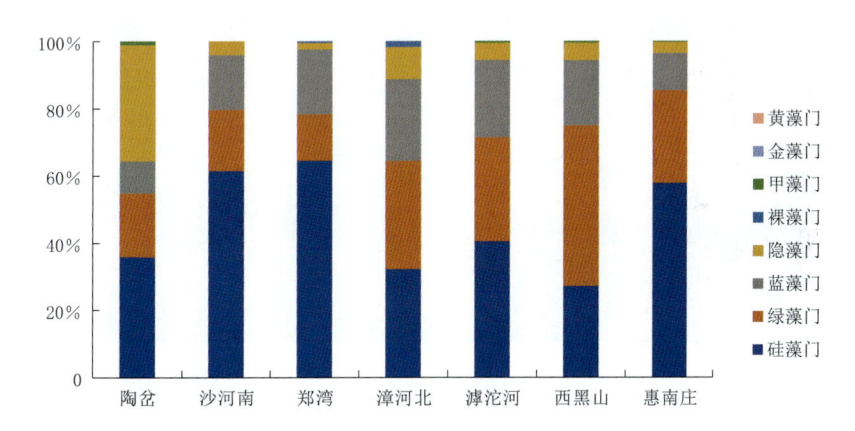

图5-7　7月16日中线总干渠藻密度组成空间变化图

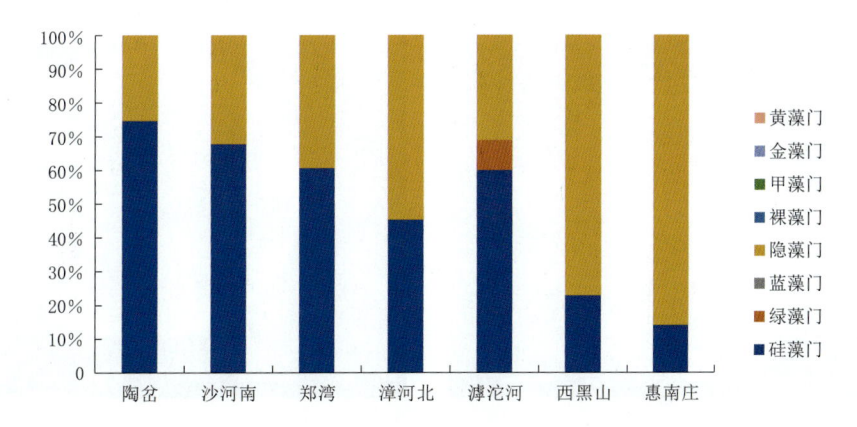

图5-8　12月24日中线总干渠藻密度组成空间变化图

综上所述，中线总干渠藻类的演替规律为，春季以硅藻为主，夏季及秋季则是以硅藻、蓝藻及绿藻为主，冬季又转变为以硅藻及隐藻为主。

3. 藻类优势种演变分析

监测期间，共有21种藻类成为总干渠的优势藻种，其中硅藻门5种，绿藻门7种，蓝藻门6种，隐藻门、甲藻门、金藻门各1种。中线总干渠出现频次较高的优势藻种主要有硅藻门的小环藻、针杆藻、脆杆藻、舟形藻，绿藻门的蹄形藻和栅藻，隐藻门的隐藻，金藻门的锥囊藻，蓝藻门的色球藻、束丝藻、泽丝藻等。从中线总干渠优势藻种的演变规律分析（图5-9），2月中旬至5月底，中线总干渠的主要优势藻种为小环藻与针杆藻，其中小环藻的比例先增加后减少，而针杆藻比例先减少后增加（图5-10）。进入5月下旬后，中线总干渠中脆杆藻比例开始明显上升，成为中线总干渠中的主要优势藻种。7～10月期间，随着中线总干渠中蓝藻绿藻密度的增长，绿藻门中的栅藻、纤维藻，蓝藻门中的色球藻、束丝藻、泽丝藻等成为中线总干渠中的主要优势藻种。进入11月以后，隐藻、针杆藻在中线总干渠中生物量明显增长，其成为优势种的比例明显上升，成为中线总干渠中的主要优势藻种（图5-11）。

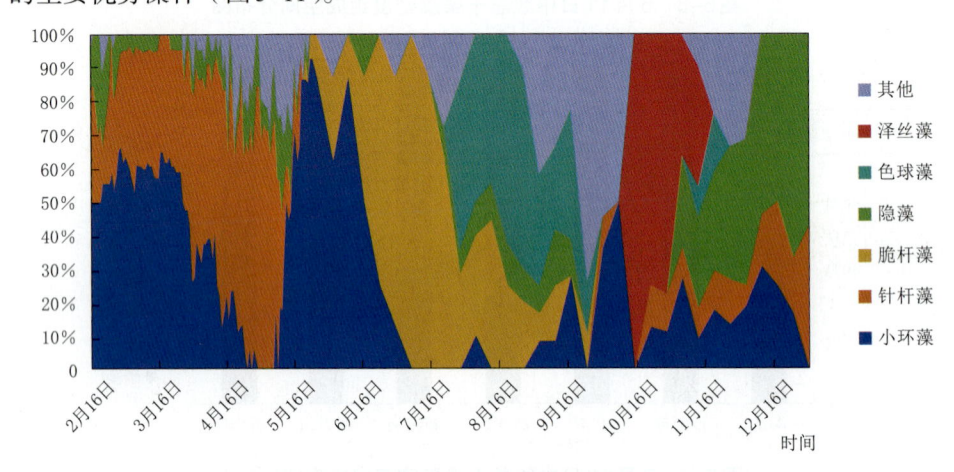

图5-9 中线总干渠藻类优势种比率变化图

图5-10（一） 扫描电镜下的小环藻与针杆藻

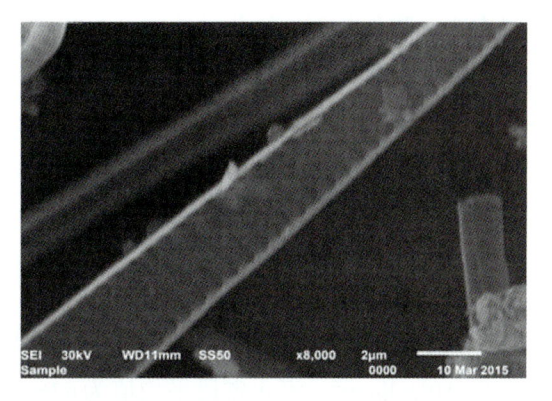

图5-10(二) 扫描电镜下的小环藻与针杆藻

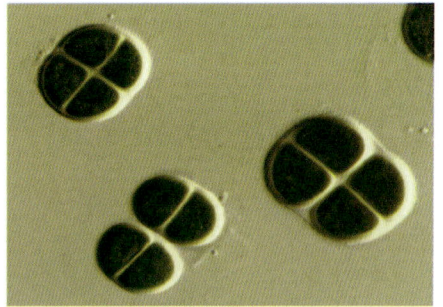

图5-11 光学显微镜下色球藻、隐藻

中线总干渠藻类优势种演替的主要原因一是温度的变化，监测结果表明，当中线总干渠水温升高到20℃时，中线总干渠硅藻密度快速下降，蓝、绿藻密度及所占比例快速增加。当进入冬季，温度降低到10℃以下时，此时硅藻及隐藻所占比例快速增加。影响藻类演替的另一个重要因素是硅元素的变化，春季陶岔断面二氧化硅浓度稳定在5mg/L（图5-12），为硅藻的大量生长提供了条件。夏秋季节，陶岔断面二氧化硅降至1~2mg/L，中线总干渠中段及北段降低到1mg/L以下，不利于硅藻的生长。12月（冬季）的测试结

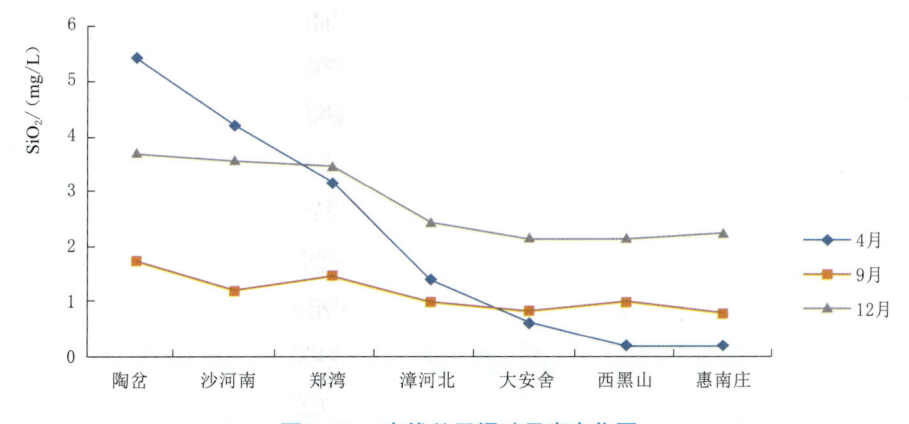

图5-12 中线总干渠硅元素变化图

果表明，陶岔断面二氧化硅浓度已上升到3.7mg/L，这也可能是近期硅藻所占比例增加的一个重要因素。

5.2 着生藻类增殖规律

5.2.1 着生藻类空间分布格局

从中线总干渠着生藻类的空间分布格局来看，河南省段全年着生藻类密度平均值为 $773 \times 10^4 cell/cm^2$，河北省段平均值为 $676 \times 10^4 cell/cm^2$，整体上河南省段着生藻类密度高于河北省段，见图5-13～图5-16。

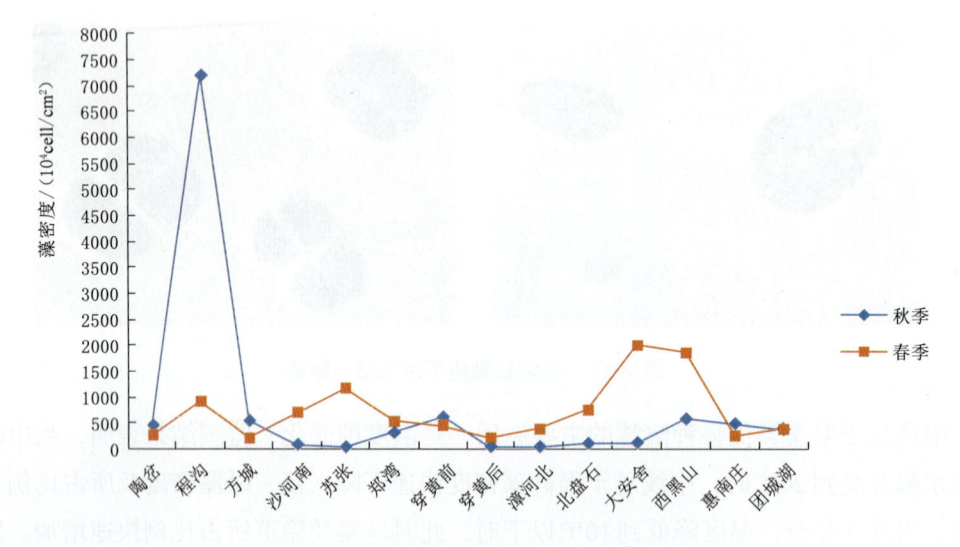

图5-13 中线总干渠着生藻类密度变化图

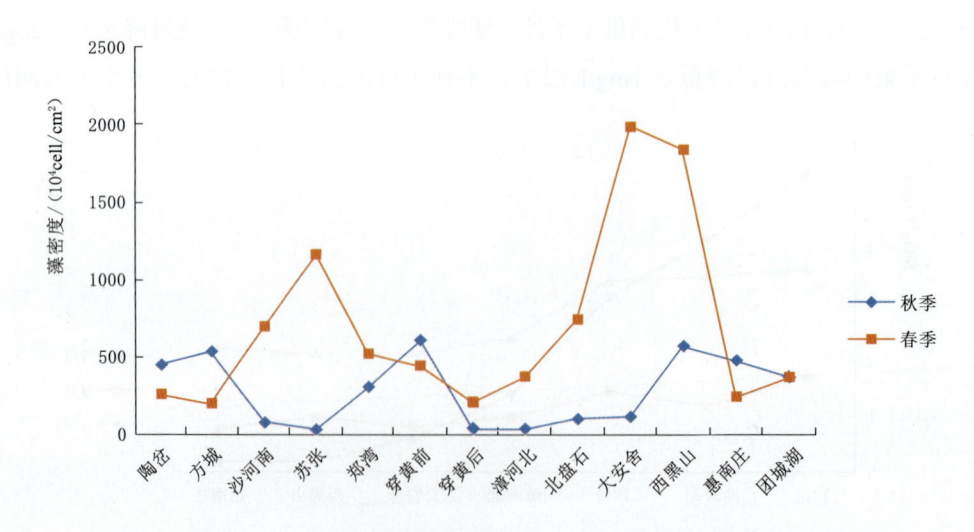

图5-14 中线总干渠着生藻类密度变化图（除程沟断面外）

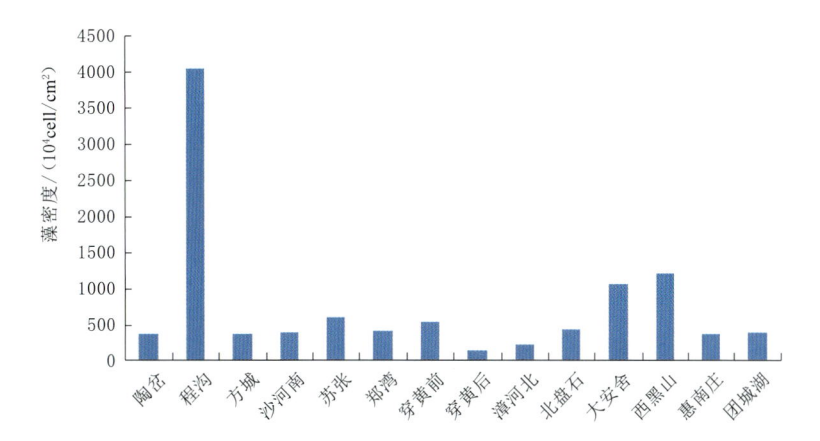

图5-15 中线总干渠着生藻类密度平均值变化图

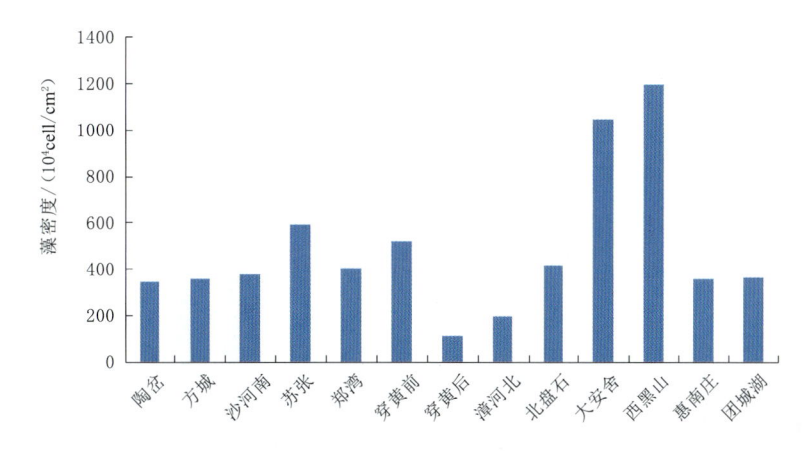

图5-16 中线总干渠着生藻类密度平均值变化图（除程沟断面外）

2018年秋季中线总干渠着生藻类密度均值为$771×10^4cell/cm^2$，整体水平较高。其中硅藻占据数量优势，比例达83.1%；其次是蓝藻，占比10.7%；绿藻占比6.2%。三者合计占中线干渠着生藻类总密度的99.99%，构成了中线干渠着生藻类密度的主体，其他门类相对较少。程沟断面着生藻类密度最高，为$7179×10^4cell/cm^2$，显著高于其他断面；穿黄后断面的着生藻类密度最低，为$30×10^4cell/cm^2$。程沟断面着生藻类密度高于其他断面1～2个数量级，该断面主要以硅藻为主，硅藻密度占比达到总密度的95.9%；绿藻占比较少，其他藻类未检出。

除程沟断面外，其他断面着生藻类密度空间分布如图5-17所示。由图可知，由南至北沿程藻密度呈现一定波动性。渠首陶岔、方城断面、中部穿黄前断面以及渠尾西黑山、惠南庄以及团城湖断面的藻密度较高；而沙河南至郑湾渠段、穿黄后至大安舍渠段的着生藻密度均较低。从种类组成上来讲，各断面主要以硅藻和蓝藻为主，绿藻密度在穿黄前、西黑山、惠南庄以及团城湖等断面也占有一定比重。中线总干渠中优势种主要是硅藻门的针杆藻、舟形藻、桥弯藻、曲壳藻以及绿藻门的转板藻、鞘丝藻等。

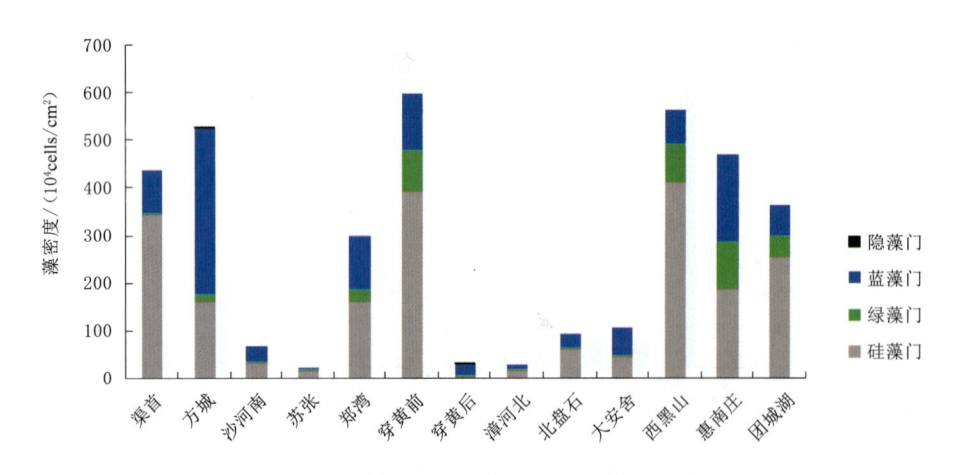

图 5-17 中线总干渠着生藻类密度空间分布图（除程沟断面外）

着生藻类密度空间分布如图 5-18 所示。由图可知，由南至北沿程藻密度呈现一定波动性。大安舍、西黑山、苏张断面着生藻类密度高于其他断面 1 个数量级，以上三个断面主要以硅藻为主，蓝藻、绿藻占比较少，其他藻类基本未检出。

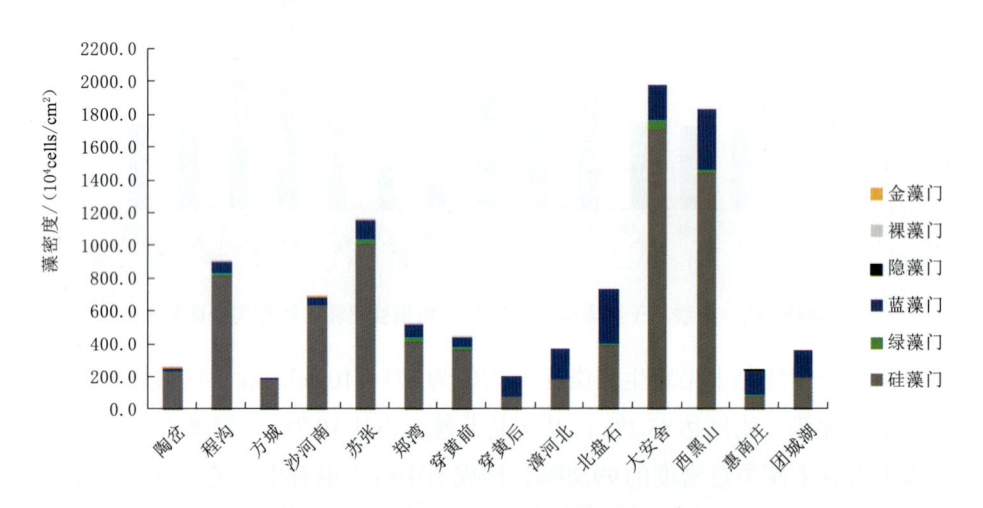

图 5-18 中线总干渠着生藻类密度空间分布

从种类组成上来看，各断面硅藻均占有绝对比例，从穿黄后断面开始，蓝藻的占比均明显增加，而其他门类藻种占比均较低。中线总干渠种优势种主要是硅藻门的小环藻、舟形藻、曲壳藻，蓝藻门的鞘丝藻、隐球藻等。

从着生藻类的群落结构来看，中线总干渠藻类群落结构春秋存在一定差异。硅藻、绿藻、蓝藻等 3 门藻类是中线总干渠着生藻类密度的主要组成部分。其中，硅藻春秋都较高，是中线总干渠着生藻类群落结构的第一大优势类群，且在 2019 年春季明显高于 2018 年秋季；蓝藻是中线总干渠着生藻类群落结构的第二大优势类群，且在 2018 年秋季高于 2019 年春季；绿藻在 2018 年秋季占一定的密度，但在 2019 年春季比例明显降低（图 5-19）。

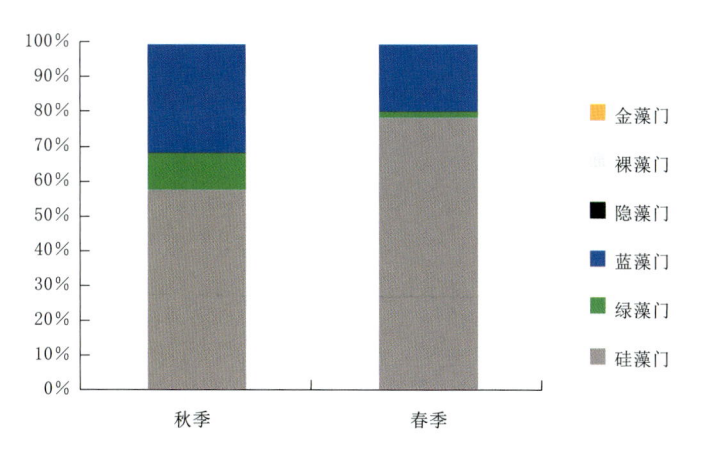

图5-19 中线总干渠着生藻类密度组成变化图

5.2.2 着生藻类种群结构变化分析

1. 着生藻类密度的时间变化特征

2019年2月至2021年12月，试验渠段着生藻类调查共进行了21次，试验渠段着生藻类密度的时间变化特征如图5-20和图5-21所示。其中，试验渠段着生藻类密度的月度变化特征如图5-22所示，沙河南上游100m、沙河南、落地槽末端、张村分水口、应河倒虹吸入口、应河倒虹吸出口6个断面着生藻类密度范围为$0.62×10^4$～$2372.5×10^4 \text{ind/cm}^2$，平均密度$348.3×10^4\text{ind/cm}^2$。最小值出现在2020年7月，最大值出现在2020年11月。整体而言，2019年12月至2020年7月和2021年3—6月试验渠段的着生藻类密度略低于调控前（2019年2月和2019年5月），但差异不显著。不同月份之间，着生藻类密度存在一定差异，但差异不显著。

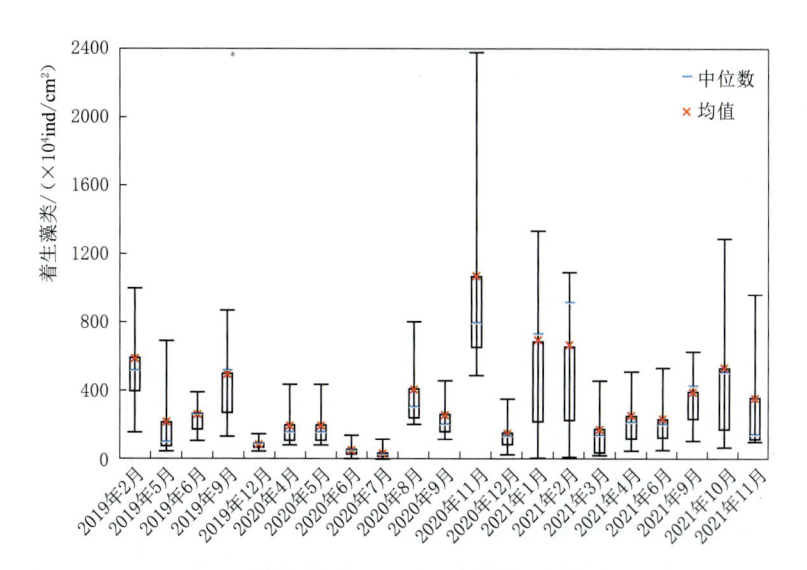

图5-20 试验渠段着生藻类密度的月度变化特征

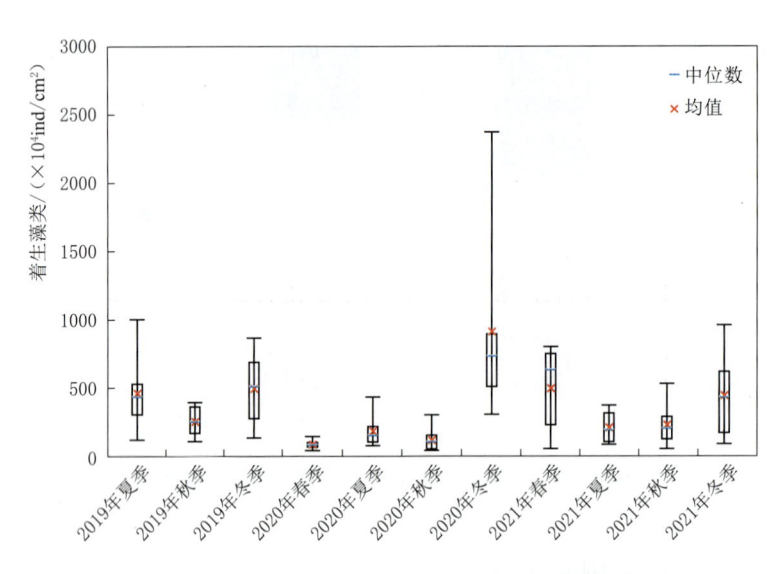

图5-21　试验渠段着生藻类密度的季度变化特征

试验渠段着生藻类密度的季度变化特征如图5-20所示。2019年2月和5月为调控前时期。2019年5月后开始在试验渠段进行鱼类调控实验。按季度划分，试验渠段各季度的着生藻类平均密度范围为$35.7 \times 10^4 \sim 2372.5 \times 10^4 \text{ind/cm}^2$，最低值出现在2020年夏季，最高值出现在2020年秋季。

每个季度的具体情况如下：调控前试验渠段着生藻类密度介于$115.1 \times 10^4 \sim 999.5 \times 10^4 \text{ind/cm}^2$，平均$467.6 \times 10^4 \text{ind/cm}^2$。调控后，2019年夏季着生藻类密度介于$107.3 \times 10^4 \sim 385.1 \times 10^4 \text{ind/cm}^2$，平均$256.4 \times 10^4 \text{ind/cm}^2$。2019年秋季着生藻类密度介于$130.1 \times 10^4 \sim 863.5 \times 10^4 \text{ind/cm}^2$，平均$493.7 \times 10^4 \text{ind/cm}^2$。2019年冬季着生藻类密度介于$39.7 \times 10^4 \sim 146.2 \times 10^4 \text{ind/cm}^2$，平均$86.6 \times 10^4 \text{ind/cm}^2$。2020年春季着生藻类密度介于$76.6 \times 10^4 \sim 431.4 \times 10^4 \text{ind/cm}^2$，平均$190.7 \times 10^4 \text{ind/cm}^2$。2020年夏季着生藻类密度介于$35.7 \times 10^4 \sim 301.8 \times 10^4 \text{ind/cm}^2$，平均$125.1 \times 10^4 \text{ind/cm}^2$。2020年秋季着生藻类密度介于$298.4 \times 10^4 \sim 2372.49 \times 10^4 \text{ind/cm}^2$，平均$918.8 \times 10^4 \text{ind/cm}^2$。2020年冬季着生藻类密度介于$50.65 \times 10^4 \sim 800.2 \times 10^4 \text{ind/cm}^2$，平均$499.1 \times 10^4 \text{ind/cm}^2$。2021年春季着生藻类密度介于$79.7 \times 10^4 \sim 369.4 \times 10^4 \text{ind/cm}^2$，平均$209.7 \times 10^4 \text{ind/cm}^2$。2021年夏季着生藻类密度介于$79.7 \times 10^4 \sim 369.4 \times 10^4 \text{ind/cm}^2$，平均$209.7 \times 10^4 \text{ind/cm}^2$。2021年秋季着生藻类密度介于$48.0 \times 10^4 \sim 529.6 \times 10^4 \text{ind/cm}^2$，平均$231.2 \times 10^4 \text{ind/cm}^2$。2021年冬季着生藻类密度介于$84.8 \times 10^4 \sim 957.2 \times 10^4 \text{ind/cm}^2$，平均$441.0 \times 10^4 \text{ind/cm}^2$。

整体而言，试验渠段2020年春季和2021年春季的着生藻类密度略低于调控前，夏秋季着生藻类密度变动幅度较大。

2.着生藻类密度的空间变化特征

从空间尺度上来讲，试验渠段共设定沙河南上游100m、沙河南、落地槽末端、张村分水口、应河倒虹吸入口、应河倒虹吸出口 6 个断面进行着生藻类调查监测。6 个监测断面可分为上游对照区、调控区和下游对照区。其中，上游对照区包含沙河南上游 100m 和沙河南两个断面，调控区包含落地槽末端、张村分水口、应河倒虹吸入口 3 个断面，应河倒虹吸出口断面为下游对照区。试验渠段着生藻类密度的空间变化特征如图 5-22 和图 5-23 所示。

试验渠段 6 个监测断面着生藻类密度空间变化特征如图 5-23 所示，最高值和最低值均出现在沙河南断面。沙河南上游 100m 断面的着生藻类密范围为 $101.6 \times 10^4 \sim 957.2 \times 10^4 \text{ind/cm}^2$，平均值为 $455.4 \times 10^4 \text{ind/cm}^2$；沙河南断面的着生藻类密范围为 $35.7 \times 10^4 \sim 2372.5 \times 10^4 \text{ind/cm}^2$，平均值为 $629.8 \times 10^4 \text{ind/cm}^2$；落地槽末端断面的着生藻类密范围为 $48.0 \times 10^4 \sim 631.7 \times 10^4 \text{ind/cm}^2$，平均值为 $313.7 \times 10^4 \text{ind/cm}^2$；张村分水口断面的着生藻类密范围为 $39.7 \times 10^4 \sim 863.5 \times 10^4 \text{ind/cm}^2$，平均值为 $231.4 \times 10^4 \text{ind/cm}^2$；应河倒虹吸入口断面的着生藻类密范围为 $79.7 \times 10^4 \sim 553.0 \times 10^4 \text{ind/cm}^2$，平均值为 $195.7 \times 10^4 \text{ind/cm}^2$；应河倒虹吸出口断面的着生藻类密范围为 $47.3 \times 10^4 \sim 836.6 \times 10^4 \text{ind/cm}^2$，平均值为 $250.9 \times 10^4 \text{ind/cm}^2$。

整体而言，沙河南上游 100m 和沙河南断面的着生藻类平均密度较高且波动较大，应河倒虹吸入口断面的着生藻类平均密度最低。沙河南上游 100m 和沙河南断面均与张村分水口和应河倒虹吸入口断面的着生藻类密度具有显著差异（$p<0.05$）。

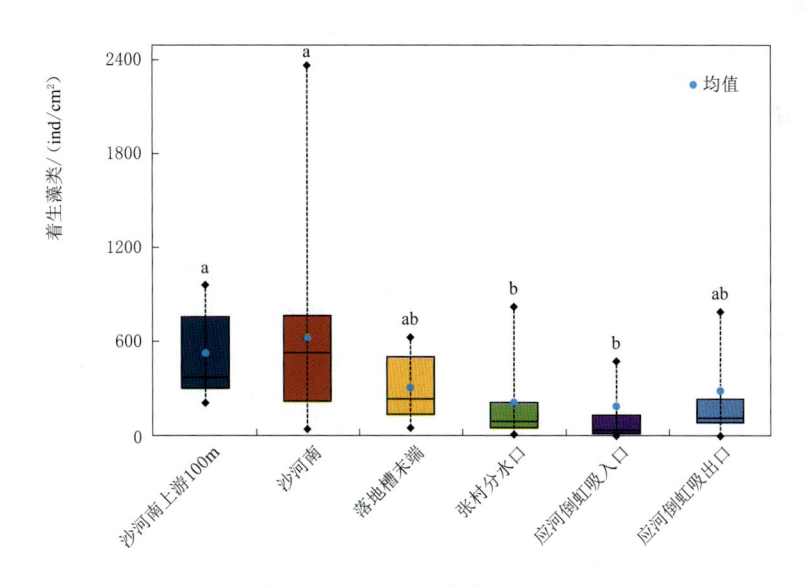

图 5-22 6 个监测断面的着生藻类密度空间变化特征

上游对照区、调控区和下游对照区 3 个区域的着生藻类密度空间变化特征如图 5-23 所示。着生藻类最低值出现在调控区域，最高值出现在上游对照区。整体而言，调控区着生藻类平均密度低于上游对照区与下游对照区的值，且与上游对照区的差异显著（$p<0.05$），说明鱼类调控对着生藻类的消减具有重要贡献。

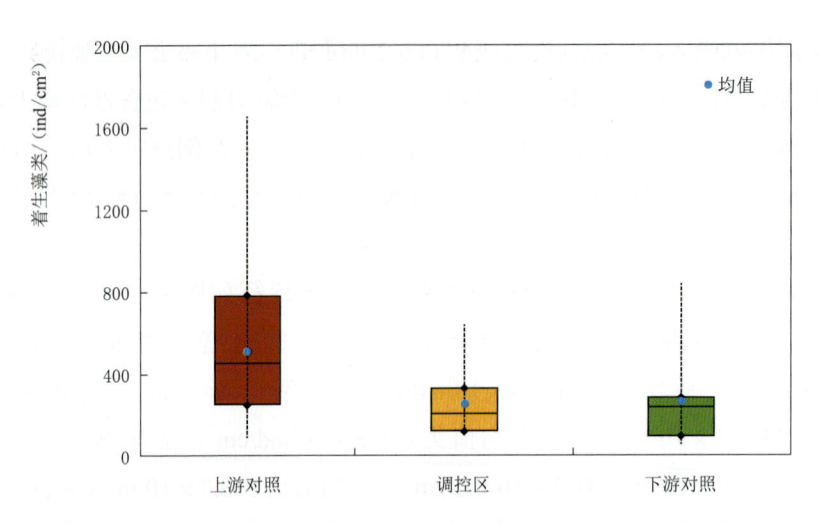

图5-23　3个区域的着生藻类密度空间变化特征

5.3 淡水壳菜增殖规律

5.3.1 生物特性及污损

为了充分认识淡水壳菜的生物、生态学特点以及其扩散对人类输水工程的影响，梳理了在淡水壳菜方向上多年的研究成果，以及国内外最新的科研进展，对淡水壳菜生长繁殖周期、分布现状、扩散风险及生物污损问题等进行了系统的总结和整理。

1. 生物特性

淡水壳菜（Limnoperna fortune）学名沼蛤，隶属于软体动物门双壳纲贻贝科，体型近似三角形，壳长一般为20mm，最长可达40～60mm，营附着或固着生活，其对环境适应能力极强，能够在低溶解氧、高水流流速的人工结构中生长。淡水壳菜生命周期短，成长快，繁殖能力强，成体进入附着状态后一般不再移动，以鳃滤食水中有机颗粒、藻类及原生动物为食，其滤食速率与环境温度、溶解氧浓度有关。水流流速及水中食物量对其生长也有影响，丰富的食物和适宜的水流环境能够促进其快速生长和大量繁殖，另外，淡水壳菜的滤食作用会影响水体与沉积物中有机物的迁移转化，能从一定程度上改变水质。

淡水壳菜基本上属于雌雄同体类型，体内同时具有潜在的雄性和雌性生殖腺，但两者成熟时间不同，基本上属于异体受精，但不同地区淡水壳菜的受精方式可能不同。我国南方地区淡水壳菜的受精方式与日本、韩国比较相似：以雌雄异体为主，偶尔发现个别雌雄同体在亲贝体内完成受精，受精卵在体内发育。研究表明，淡水壳菜完整的发育过程包括以下几个阶段：成熟配子—受精卵—胚胎—担轮幼虫—面盘幼虫—蹠行期—稚贝—成贝，但对不同地区生活的淡水壳菜的发育过程的报道存在明显差异。当水温达到

16℃时，淡水壳菜进入繁殖期，我国淡水壳菜生活史历经成熟配子—受精卵—面盘幼虫（包括D型幼虫、前期壳顶幼虫、后期壳顶幼虫）—蹄行幼虫—稚贝—成贝等阶段。

具体发育过程为：在亲贝体内完成受精，受精卵在体内发育；待发育到D-型幼虫阶段时，幼虫进入水中开始营浮游生活，并逐渐经历浮游的前期壳顶幼虫、过渡期壳顶幼虫、后期壳顶幼虫；随着浮游幼虫面盘结构和缘膜结构的脱落，斧足逐渐形成，进入匍匐的蹄行期；此后随着足丝腺发育成熟开始分泌足丝，进入利用足丝附着生活的稚贝期，稚贝逐渐长大，进入稳定附着后基本不再移动，随着体长的增大逐渐成长为成贝。壳长8mm的个体一般就具有繁殖能力，而水温会影响淡水壳菜的生长，以我国广东地区为例，水温适宜时（13～29℃）平均每月生长1.8mm，4—5月即可从蹄行期幼虫发育到性成熟成贝。因此淡水壳菜的繁殖代数跟当地平均水温有关，平均水温较高，繁殖代数可能更高，我国南方地区一个自然年内最多可存在3个繁殖季节，即繁殖三代。

淡水壳菜幼虫进入蹄行期后逐渐进入附着生活，经历一段不稳定附着后进入稳定附着状态。不稳定附着阶段淡水壳菜幼虫体长约200～400μm，幼虫体长大于450μm时进入稳定附着阶段，在正常流速下不会脱落。已经稳定附着的淡水壳菜生长体长大于3mm时开始分泌足丝，淡水壳菜成体依靠足丝末端膨大的吸盘牢固附着在建筑结构壁面上。此外，淡水壳菜对附着材料表现一定的偏好性，在适宜水流条件下，不稳定附着阶段喜好柔性的土工布材料，稳定附着阶段喜好竹排材料。叶宝民等调查研究输水结构中淡水壳菜的附着特性发现：①淡水壳菜侵入到输水结构后，附着密度随距取水口距离的增加呈指数衰减，局部工程结构变化可引起附着密度的局部波动；②输水断面平均流速长期保持在1.2m/s以上或短期输水流速达到2.0m/s时，能够有效抑制淡水壳菜的附着；③淡水壳菜附着密度越高，其足丝对结构壁面的腐蚀作用越强，结构表面的腐蚀坑越深，具有防护涂层的压力管道壁面受淡水壳菜足丝的腐蚀程度相对较轻。

2.分布情况

国内已报道有淡水壳菜滋生的地区包括长江中下游及长江以南地，如湖南、湖北、江西、安徽、江苏、广东等省，甚至已经蔓延到北京市，而国外报道淡水壳菜扩散主要是在南美洲。由于淡水壳菜生存对环境的需求，不同地区目前的分布和未来的扩张风险也有所不同。从地区气候条件看，淡水壳菜未来可能在除南极洲外的所有大陆扩张，在北半球长期气温偏低的地区的扩散风险较低。事实上，只要夏季温度能够达到18℃以上，淡水壳菜就能够附着形成一定规模的族群，且能够度过温度低至0℃的冬天，例如冬天寒冷的韩国Paldang水库、北京市十三陵水库中生活的淡水壳菜密度就非常高。至于南美洲其他流域，尤其是流入大西洋的流域，由于气候环境条件适宜，淡水壳菜的进一步扩张已是必然。

系统调查和研究表明，淡水壳菜在东南亚和中国境内的具体扩张历史为：20世纪80年代之前，主要分布在长江流域及以南的地区，随着港口航运的发展，淡水壳菜随着船运逐渐往北方地区迁移，最北到达渤海湾并从河口逐渐向内陆扩张，如天津市月牙河20

世纪80年代发现的淡水壳菜附着；或者是无意间随其他运输模式，扩散到内陆的部分水体，如北京市十三陵水库生活的淡水壳菜可能是在不知情的情况下随建筑材料或其他方式进入，但尚未在流域内大规模扩散。

3. 水利工程的生物污损及危害

目前，淡水壳菜已经扩散到许多国家，如日本、泰国、印度、澳大利亚、阿根廷、巴西等，密集附着于侵入地的输水系统、热水冷却系统、原水处理厂等人工结构中，形成严重的生物污损，引起广泛关注。在Río de la Plata河沿岸，许多大型发电厂机组也遭受到淡水壳菜扩散引起的灾难，其中有南美洲最重要的阿根廷Atucha核电厂和阿根廷-巴拉圭的Yacyreta水电厂，以及世界最大的发电厂巴西-巴拉圭的伊泰普水电厂。

在中国，在淡水壳菜广泛分布的长江中下游及长江以南地区，该地区的水利水电工程例如广州抽水蓄能电站、安徽琅琊山抽水蓄能电站、东深供水工程、龙茜供水工程、广东东湖水厂等均存在严重的生物污损问题。近年来，随着全球气候变暖现象的加剧，淡水壳菜已被发现扩散分布于中国南北分界线靠北一侧，如黄河流域一带，甚至已经蔓延到北京市，例如十三陵抽水蓄能电站的引水隧洞及冷却水系统也发现相似的生物污损问题。许多工程因淡水壳菜污损造成设施不能正常运行，如武钢冷却水管道被层层附着的淡水壳菜堵塞，从东江向深圳、香港供水的东江水源工程都遭受到淡水壳菜生物污损及异常增殖的困扰。

淡水壳菜在输水管道、暗涵、水电厂冷却管道、水泵、闸门等人工系统中，在水流条件适宜（0.3～0.9m/s）情况下，异常增殖生长，影响工程的正常运行，引起"生物污损"现象，造成一定危害。目前报道的主要危害总结如下：

（1）淡水壳菜大量生长，附着厚度最大可达10cm，引起管道过流面积减小，管道糙率增大，输水效率降低。据有关研究，深圳市东江水源工程连续2～3年不清洗管涵，淡水壳菜大量生长繁殖将缩减有效管径的5%，且东深供水工程太园反虹涵洞因淡水壳菜高密度附着，2005年工程糙率从年初的0.0123逐步增大至年底的0.0167，增加35.77%。

（2）淡水壳菜在混凝土结构上附着会引起壁面腐蚀，成贝足丝能够分泌酸液，在足丝的物理侵入和化学腐蚀双重作用下，造成混凝土保护层的脱落，对混凝土结构强度、耐久性产生危害。以广州蓄能水电厂尾水隧洞受淡水壳菜污损后混凝土性能变化研究结果为例，淡水壳菜成贝附着后，混凝土表层吸水率显著增加（侵蚀1年，吸水率增加79%，侵蚀20余年，吸水率增加99%）；混凝土材料不同尺寸的孔隙均有增加，尤其是20nm以上有害孔和200nm以上多害孔增加幅度较大；混凝土表观密度也有不同程度的下降，表层元素成分也发生改变，铝元素和铁元素大幅增加，钙元素大幅降低；混凝土的抗压强度、碳化深度增加。

（3）淡水壳菜呼吸作用会消耗水中的溶解氧，导致溶解氧降低，其代谢过程排泄氨氮等化学物质，对水质产生一定影响，同时，淡水壳菜死亡后腐烂变质会产生的刺激性味道，腐败产生的大量霉菌也会对影响供水水质。

（4）供水及冷却水系统中的滤网、冷却器、水泵、闸门等设备上附着生长的淡水壳菜，易造成设备堵塞，金属结构腐蚀，过滤设备坏死，闸门、阀门难以启闭等危害，直接影响生产，带来巨大的安全隐患和经济损失，例如巴西Parana河及其支流上至少33座电站因为淡水壳菜生物污损，造成闸门结构无法启闭，引发停机事故。

（5）淡水壳菜迅速增殖对水生生态系统产生多种影响，一方面改变原水体中的底栖生物群落结构，例如，淡水壳菜的滤食作用可能会改变其他滤食性底栖动物的生物密度，或者通过附着在其他本地软体动物上造成这些物种的窒息死亡等，引起底栖动物地区间的差异性缩小或消失；另一方面可能对水生食物链产生影响，例如偏好淡水壳菜的某些鱼类（如鲤鱼、青鱼、鲶鱼、卷口鱼等）会改变其原有食性，对原来的食物物种的捕食效率降低，可能会影响原有水生食物链的平衡。总之，淡水壳菜对水利工程的输水通道及结构等的生物污损问题在国内外广泛存在，对人类生产生活造成了严重的经济、社会和环境损失，已成为世界性问题，对输水通道的生物污损防治十分紧迫（图5-24）。

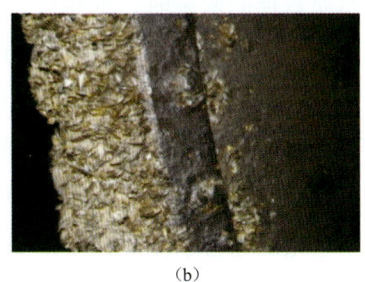

（a）　　　　　　　　　　　（b）

图5-24　电厂及原水处理厂技术供水系统堵塞蝶阀等闸阀门完全坏死

5.3.2　幼虫时空分布

南水北调中线总干渠淡水壳菜时空分布规律的识别是评估其生态风险的基础。本章主要目标是对中线总干渠的幼虫密度分布进行系统监测和分析。在满足中线总干渠幼虫监测断面代表性的原则下，自河南省渠首到北京市团城湖共选取18个断面，进行了持续1年多的淡水壳菜幼虫密度及水质条件的监测，揭示了中线总干渠全线中幼虫密度时空分布规律，以及与水质等主要环境因素间的相关关系。具体工作方法和成果如下文所述。

5.3.2.1　材料与方法

各断面监测内容包括浮游动植物采样监测、淡水壳菜幼虫密度采样监测，以及水质要素监测结果收集。现场采样及具体方法包括：

（1）浮游植物定量样本的采集：直接利用1L细口瓶收集1L原水，现场用4%体积的甲醛固定。

（2）淡水壳菜幼虫及浮游生物定性样本采集：直接利用25号浮游生物网在河流中采

集，浓缩后加入4%体积的甲醛固定。

（3）淡水壳菜幼虫与浮游动物的定量样本采集：作为一个样本进行收集，采用25号浮游生物网过滤原水100 L，浓缩后加入4%体积的甲醛固定。

这三份生物样本带回实验室后，加入1.5%体积的鲁格试剂，静置48h后浓缩。计数时，将浓缩样充分摇匀后吸取置于计数框内，在显微镜下观察，进行鉴定及计数，其中利用0.1mL计数框检查浮游植物样本及小型浮游动物样本，利用1mL计数框检查大型浮游动物样本。

5.3.2.2 监测方法可靠性验证

2017年3月25日，穿黄工程采样及检测效果如下。

采用YSI-EXO水质测量平台（YSI Incorporated，a Xylem brand）测量干渠中原水的各项水质指标，包括：水温、电导率、总溶解固体、盐度、溶解氧、大气压、pH值、氧化还原性、浊度、总悬浮固体、叶绿素a浓度、蓝绿藻藻蓝蛋白浓度、NH_4^+-N浓度、NO_3^--N浓度、NH_3浓度等，水质以三组测量值的平均值为准。由于采样环境的限制，第一组水质数据与第二组水质数据的采集时，水样掺氧严重，以第三组数据的溶氧值为准。从表5-1的水质结果可以看出，干渠中原水水质较好，水质清澈、溶氧较高，pH值呈弱碱性，氮盐浓度较低，从目前的数据来看，基本符合国家Ⅱ类水的标准（GB 3838—2002）。

本次考察也进行了输水水体中淡水壳菜幼虫及浮游生物样本采集，检测结果表明：3月下旬水体中并未采集到淡水壳菜幼虫，可能原因：① 考察期间水温较低（9.3℃），低于淡水壳菜开始繁殖的适宜水温（16℃），此时淡水壳菜可能并未进入繁殖高峰期；② 即使水源地有幼虫输入，也因为密度过低，经过长达400多公里的沿程附着，到达穿黄断面的密度极低。因此，推测4月下旬仍未进入繁殖期，此时期调水活动引起生物异常增值的风险相对较低。本次采集的浮游植物以硅藻和绿藻为主，包括脆杆藻属（*Fragilaria*）、桥弯藻属（*Cymbella*）、水绵属（*Spirogyra*）、盘星藻属（*Pediastrum*）等；浮游动物以枝角类（*Cladocera*）为主。

表 5-1 中线总干渠水质参数

	WS01	WS02	WS03		WS01	WS02	WS03
温度 /℃	9.3	9.1	9.3	浊度	3.5	11.9	2.6
电导率 /（μS/cm）	213	146.8	29.3	总悬浮固体 mg/L	0	0	0
总溶解固体（mg/L）	187.4	129.8	186.2	叶绿素 μg/L	0.923	1.104	0.609
盐度	0.14	0.1	0.14	藻蓝蛋白 μg/L	0.401	0.858	0.419
溶解氧 % sat	116.2	116.5	107	NH_4^+-N mg/L	0.528	0.533	0.446
溶解氧 mg/L	12.8	12.9	11.7	NO_3^--N mg/L	0.476	0.461	0.56
pH 值	8.1	8.1	8.1	NH_3 mg/L	0.01	0.01	0.01
还原电位 mV	175.9	179.4	187.6				

2017年4月25日，渠首断面淡水壳菜幼虫及浮游生物采样及检测效果如下。

2017年4月渠首断面考察中，采集了3组水样，仅检查出了两例幼虫。结果显示目前原水中幼虫密度极低，从图5-25中的体长分布也可看出，目前低龄幼贝基本上没有出现。可能是因为目前时间还没到淡水壳菜种群的繁殖高峰期。

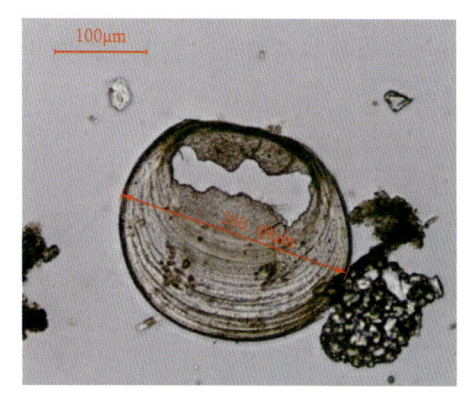

（a）宽度＝318μm，内部结构腐烂　　　　（b）宽度＝260μm，外壳破碎

图5-25　淡水壳菜幼虫

上游段浮游植物以硅藻、绿藻为主，也现了一些蓝藻。如图5-26所示，硅藻中以桥弯藻属（*Cymbella* sp.）、脆杆藻属（*Fragilaria* sp.）为主；绿藻以水绵（*Spirogyra* sp.）为主，以及盘星藻属（*Pediastrum* sp.）；蓝藻包括平裂藻属（*Merismopedia* sp.）、隐球藻属（*ApHanocapsa* sp.）等。

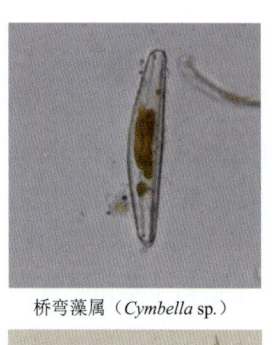

桥弯藻属（*Cymbella* sp.） 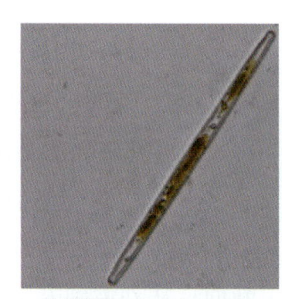　　脆杆藻属（*Fragilaria* sp.） 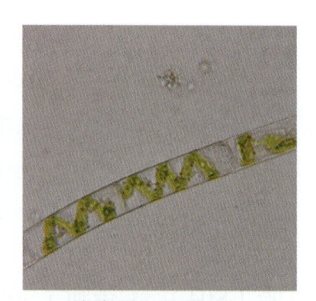　　水绵（*Spirogyra* sp.）

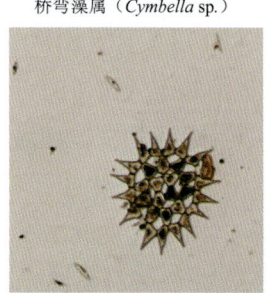

盘星藻属（*Pediastrum* sp.） 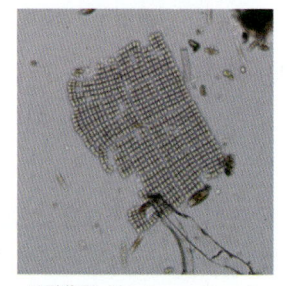　　平裂藻属（*Merismopedia* sp.） 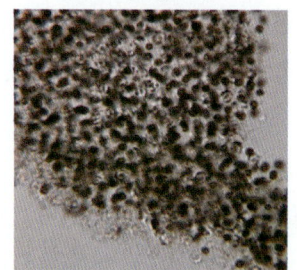　　隐球藻属（*ApHanocapsa* sp.）

图5-26　上游段优势藻类

综上所述，本研究采用的采样方法及检测方法能够有效地识别水体中浮游生物、淡水壳菜幼虫，满足淡水壳菜幼虫监测任务的基本需求。

5.3.2.3 幼虫密度系统监测

考虑不同结构段的代表性和输水运行特征，从上游到下游共设置16个幼虫监测断面（表5-2）。自2017年7月起，对各监测断面进行幼虫密度监测，根据幼虫密度实测结果，判断繁殖高峰季节及繁殖间歇期，识别幼虫密度时空分布规律。在繁殖间歇期内，采样监测频率可适当降低。

表 5-2　幼虫监测断面设置

分段	样点编号	采样位置
上游段	S01	渠首浮桥
	S02	淇河倒虹吸下游
	S03	十二里河渡槽
	S04	方城东赵河倒虹吸
	S05	玉带河
中游段	S06	刘湾
	S07	穿黄前
	S08	穿黄后
	S09	西寺门
	S10	安阳
下游段	S11	田庄古运河暗渠入口
	S12	西黑山分水口上游
	S13	雄安检查井
	S14	天津外环
	S15	惠南庄
	S16	团城湖

1. 淡水壳菜幼虫密度的时空变化

（1）中线总干渠整体上幼虫密度的分布。中线总干渠原水中幼虫密度随繁殖活动波动，受中线总干渠内部附着的成贝繁殖释放幼虫、幼虫发生附着等生命过程复杂耦合作用的影响。同时，成贝密度与幼虫密度和寒冷季节的累积水温有关，也与输水条件、结构形式、材料接缝、混凝土表面平整度等因素有关，因此，中线总干渠中壳菜时空分布规律十分复杂，需要持续现场监测。

图5-27是淡水壳菜幼虫密度沿程变化图，以穿黄工程及其上下游为界，将南水北调中线总干渠自渠首至北京团城湖、天津外环的全线分为三部分，其中，从渠首到玉带河（全段长度约267km）为上游段，包括渠首浮桥（S01）、淇河倒虹吸下游（S02）、十二里河渡槽（S03）、方城东赵河倒虹吸（S04）、玉带河（S05）断面；从刘湾到安阳为中游段（全段长度约292km），包括刘湾（S06）、穿黄前（S07）、穿黄后（S08）、西寺门（S09）、安阳（S10）断面；从田庄到团城湖为下游段（全段长度约307km），包括田庄古运河暗渠入口（S11）、西黑山分水口上游（S12）、雄安检查井（S13）、天津外环（S14）、惠南庄（S15）、团城湖（S16）断面。

整体上看，幼虫年均密度，下游最高［均值±标准差：（3015±8846）个/m³］，中游次之［（539±785）个/m³］，上游最低［（388±811）个/m³］。方差分析显示中线总干渠三部分之间差异显著（$p=0.004$），其中下游与上游、下游与中游差异均显著（$p=0.009$，$p=0.015$），同时上游与中游之间差异不显著（$p=0.985$）。

（2）幼虫密度的时空变化规律。图5-27、图5-28给出了逐月的幼虫密度沿程变化结果。各月份之间的幼虫密度很好地表征淡水壳菜的繁殖活动强度。水源地及中线总干渠

图5-27 不同月份各断面的幼虫密度分布

S01—渠首浮桥；S02—淇河倒虹吸下游；S03—十二里河渡槽；S04—方城东赵河倒虹吸；S05—玉带河；S06—刘湾；S07—穿黄前；S08—穿黄后；S09—西寺门；S10—安阳；S11—田庄古运河暗渠入口；S12—西黑山分水口上游；S13—雄安检查井；S14—天津外环；S15—惠南庄；S16—团城湖

繁殖高峰期在7—10月，12月至次年3月期间水温过低，淡水壳菜处于繁殖间歇。具体表现为，全线幼虫平均密度以7月时达最高[（5023±13214）个/m^3]，其次为9月[（2050±5108）个/m^3]、10月[（1017±1688）个/m^3]，其他月份均低于1000个/m^3。此外，5—7月，幼虫密度自上游段、中游段到下游段逐渐升高；8月，从上游段到中游段幼虫密度上升，从中游段到下游段幼虫密度下降；9—11月以及4月，幼虫密度中游段和上游段处于相近水平，下游段波动较大；12月，幼虫密度从上游段到中游段再到下游段逐渐降低；3月，幼虫密度沿程处于相似且稳定的水平。

2019年8月，对河南段及丹江口库区幼虫密度进行了监测。结果显示，穿黄前断面以前，幼虫密度均低于100个/m^3；丹江口水库库区内5个采样点未发现幼虫，6处消落带样点中有两处发现幼虫，但密度均小于50个/m^3。穿黄隧洞前后断面，幼虫密度由1511个/m^3增长为5422个/m^3，而上游来水中幼虫密度并未达到该水平，说明绝大部分都来自于工程中已附着的淡水壳菜。

南水北调中线总干渠沿程的幼虫密度之所以会发生变化，是因为在随水流的传播过程中，部分幼虫到达壁面发生附着而导致幼虫密度降低，或者恰逢繁殖季，壁面上附着的成贝产生幼虫而造成幼虫密度增加。假设发生附着的幼虫与水体中幼虫密度呈线性关系，释放幼虫与成贝密度也呈线性关系，那么幼虫沿程的密度变化可以表示为

$$\frac{dC}{dx} = mC + n \times \text{Adult}$$

式中：C为幼虫密度；m、n为待定系数；Adult为当地的成贝密度，由于明渠中成贝附着很少，且在较长距离内密度变化很小，假设其为常数。则该方程有如下形式的解：

$$C = e^{mx} - \frac{n}{m} \times \text{Adult}$$

根据监测数据，对逐月的幼虫密度沿程分布数据进行指数函数拟合，如图5-28～图5-30所示。其中，大部分月份幼虫密度随距离取水口距离的增加基本呈现指数增加的趋势，参数m均值为0.00571，常数项Adult繁殖季可达5526个/m^3。需要指出的是，12月及1—3月水温过低，繁殖活动低迷，水中基本上没有活体幼虫，拟合效果不显著；8月进入为繁殖高峰期，取水口从水库中引入的幼虫密度的波动影响大，峰值出现在上游，因此拟合效果与其他月份比起来较差一些。

考虑各段淡水壳菜幼虫的密度变化，图5-31～图5-33是三段中各断面的幼虫密度随时间变化图，图中的绿色、黄色以及红色虚线（污损警戒线）分别对应活体幼虫密度100ind/m^3、500ind/m^3和1000ind/m^3。对于上游段和中游段来说，从7—10月幼虫密度上升，11月到次年3月，幼虫密度有小幅上升或下降；4—6月幼虫密度下降，7—10月又重新升高。其中对于中游段来讲，幼虫密度容易在7月或8月产生峰值。

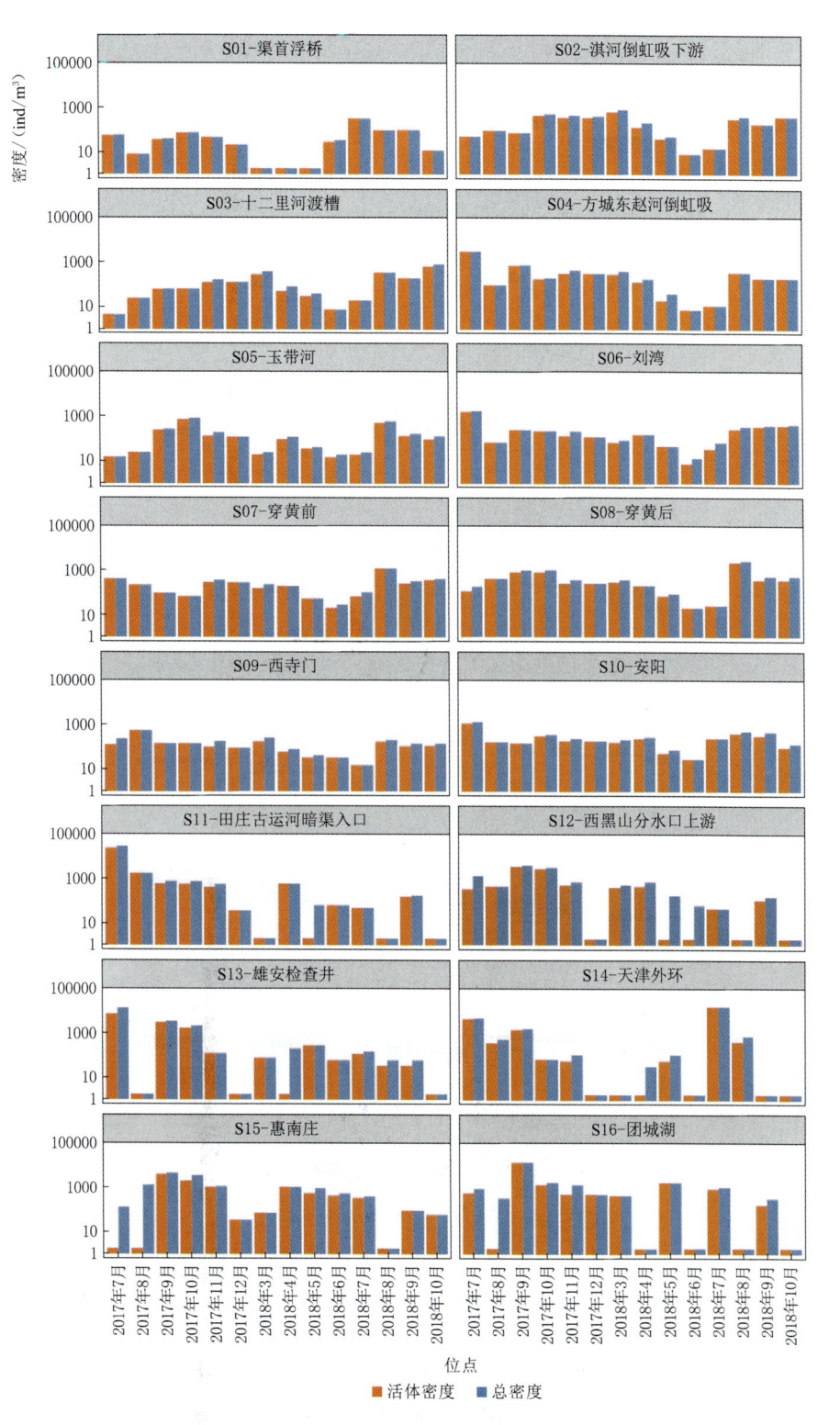

图5-28 不同断面各月份的幼虫密度分布

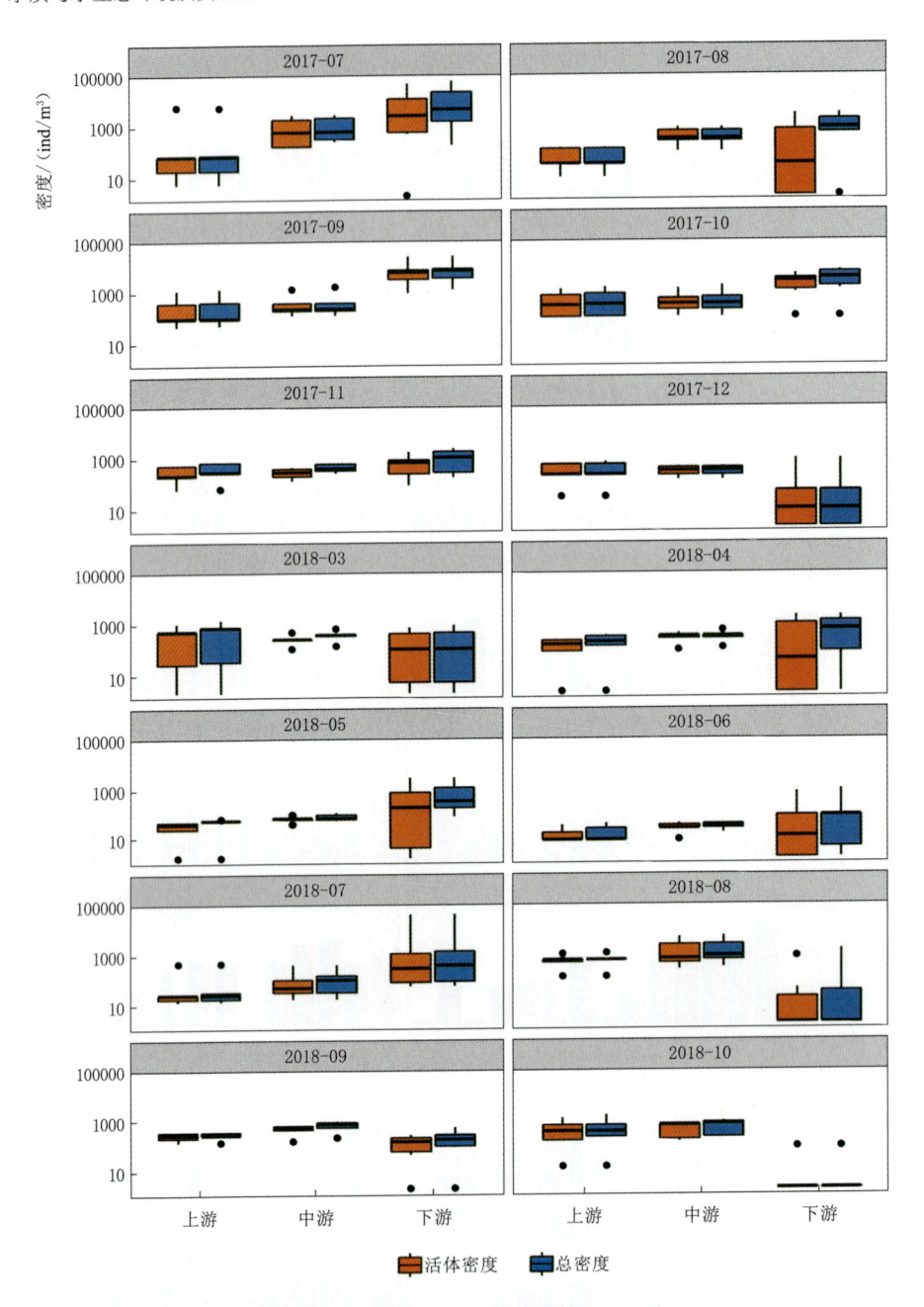

图5-29　不同月份各分段的幼虫密度分布

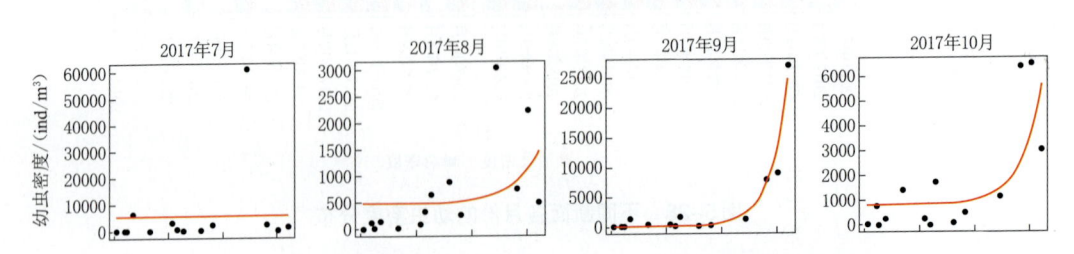

图5-30（一）　总干渠从上游至下游淡水壳菜幼虫密度逐月变化

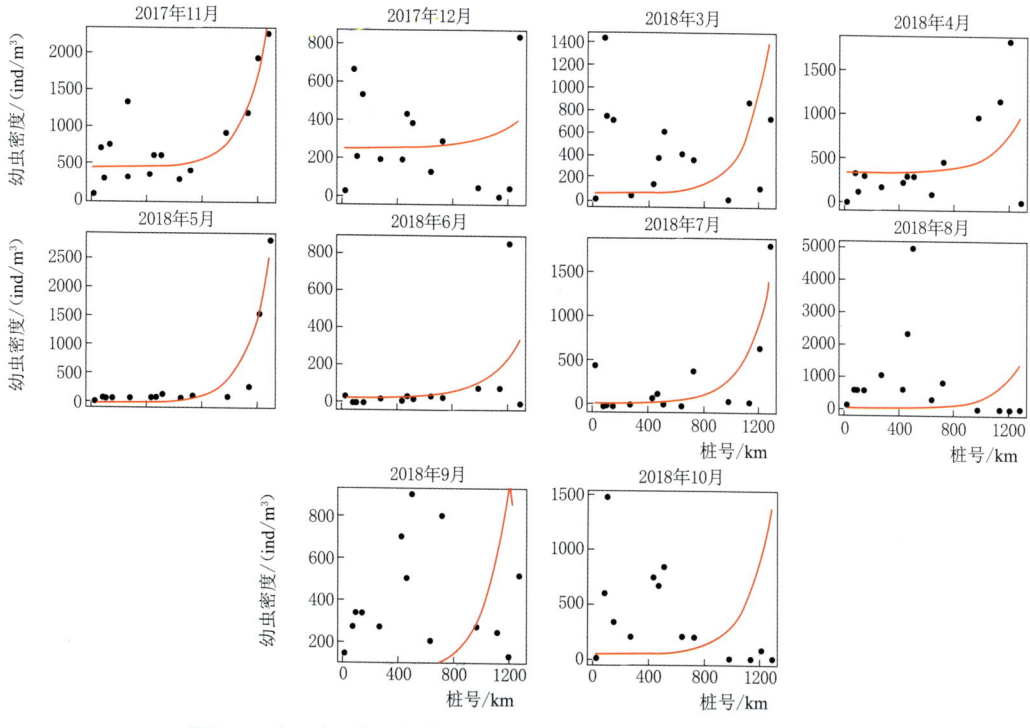

图 5-30（二） 总干渠从上游至下游淡水壳菜幼虫密度逐月变化

图 5-31 上游段活体幼虫密度逐月变化

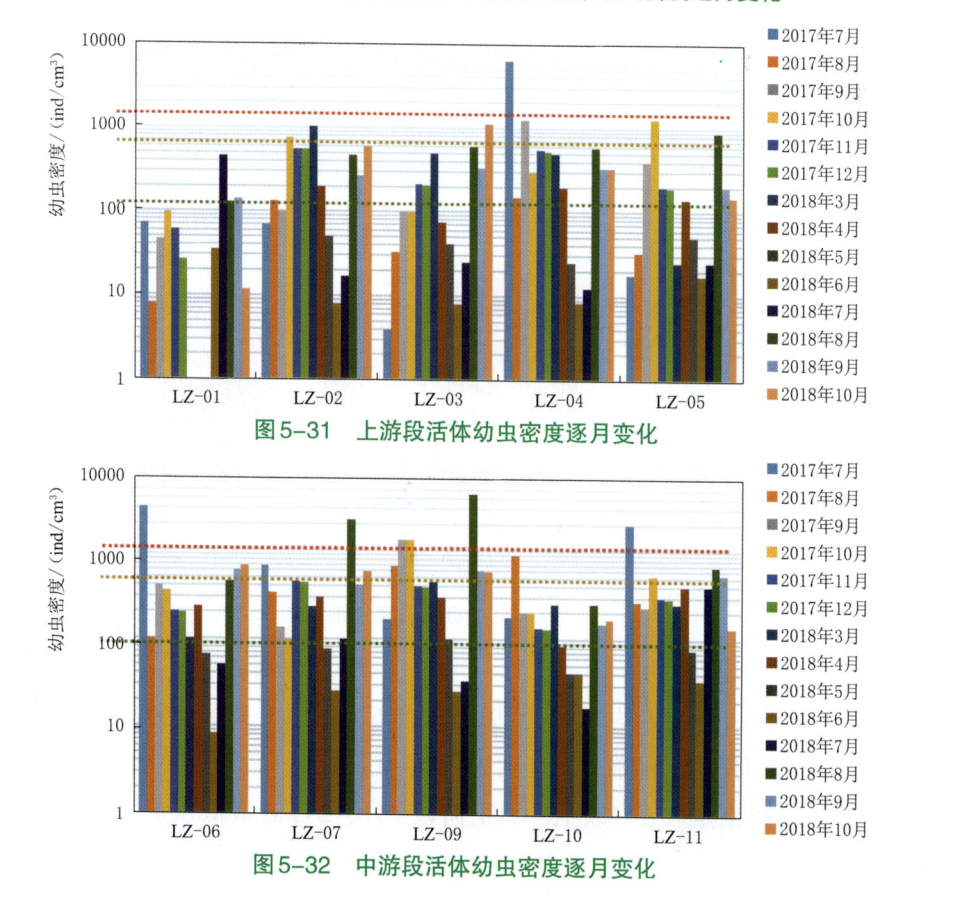

图 5-32 中游段活体幼虫密度逐月变化

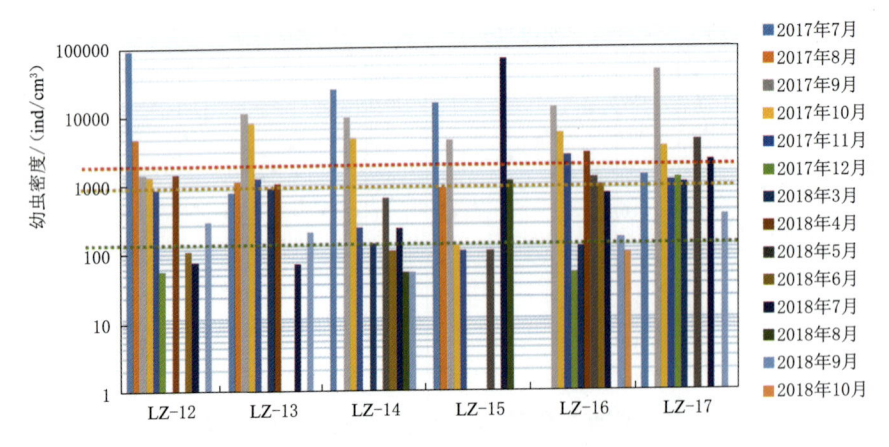

图5-33 下游段活体幼虫密度逐月变化

表5-3统计幼虫密度落在各个范围内的比例。由表5-3和图5-34可看出，沿程淡水壳菜幼虫密度分布在高密度区域的比例越来越大。对于下游段来讲，超过污损警戒线（幼虫密度超过1000个/m³）的比例达到18%。淡水壳菜繁殖的7—9月温度适宜，下游段幼虫密度明显比前渠首和中游段高；但到了冬季北方水温很低，可以达到2～5℃，不适宜于淡水壳菜幼虫的生存，下游段反而较多情况下密度为0个/m³。

表5-3 幼虫密度统计

密度/(ind/m³)	上游段	中游段	下游段
0	3	0	33
<100	31	18	13
100～500	30	38	12
500～1000	10	19	19
>1000	6	5	18

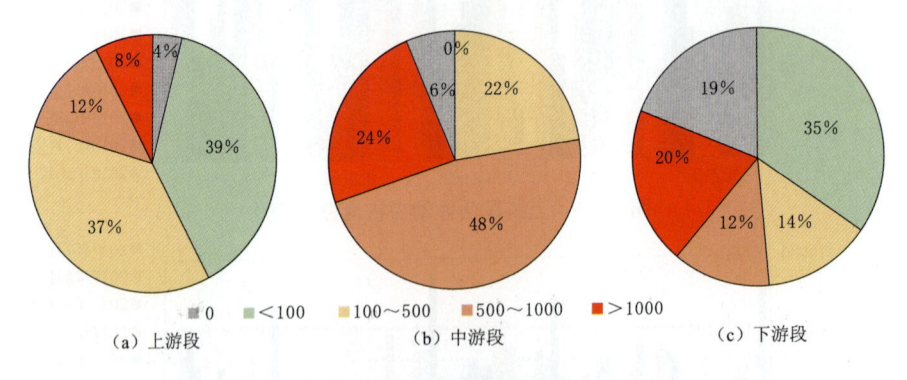

图5-34 幼虫密度分布

2. 水质的时空变化

（1）水温变化。全线年均水温为19.5℃±8.6℃（图5-35），各断面水温的整体变化趋势相同，从8月开始下降，一直到2月降到最低，之后开始回升。其中上游段和中游段的最低水温稳定在5℃以上，而下游段1月、2月的最低水温均在5℃以下，接近0℃。

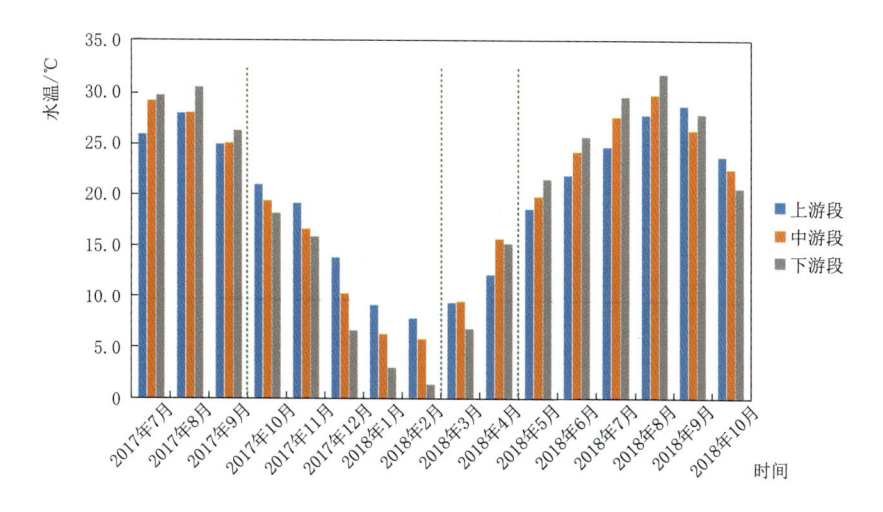

图5-35 水温时空变化

（2）pH值变化。表5-4中是14个月中各断面的pH平均值和变化范围。总体上来看水体呈碱性，全线年均pH=8.2±0.2，中游段和下游段的碱性稍强于上游段，但差异不显著。各断面pH值的变化范围小，在0.1～0.6范围内，其中夏季碱性稍微强一些，冬季弱一些，但是随季节变化不明显。

表5-4　　　　　　　　　　　　　　各断面pH值

样点	LZ-01	LZ-02	LZ-03	LZ-04	LZ-05	LZ-06
pH 平均值	8.0	8.1	8.1	8.1	8.2	8.3
pH 值范围	7.8～8.2	7.8～8.2	7.8～8.2	7.9～8.4	8.1～8.5	8.2～8.6

样点	LZ-07	LZ-09	LZ-10	LZ-11	LZ-12	LZ-13
pH 平均值	8.3	8.2	8.2	8.3	8.2	8.3
pH 值范围	8.2～8.5	8～8.5	8.1～8.7	8.2～8.5	7.8～8.5	8.2～8.3

样点	LZ-14	LZ-15	LZ-16	LZ-17
pH 平均值	8.3	8.2	8.3	8.3
pH 值范围	8.2～8.3	8.1～8.4	8.2～8.5	7.9～8.4

（3）溶解氧变化。如图5-36所示，全线年均溶解氧浓度为9.7mg/L±1.8mg/L，最低水平大于5.4mg/L，满足Ⅰ～Ⅱ类水对DO的要求。溶解氧沿程变化如图5-37所示，整体来看，上游段、中游段、下游段，溶解氧浓度分别为9.34mg/L±1.53mg/L、9.57mg/L±1.36mg/L、8.23mg/L±2.11mg/L，逐渐升高，但差别较小。断面随季节的变化：2017年11月至2018年2月，三段溶氧量整体呈现上升趋势，到3月开始下降，仍略高于2017年11月溶解氧水平，一直下降到5月，7月、8月溶氧量稳定在较低水平，9月、10月又有回升。溶解氧与水温的关系如图5-37所示，由图可得，溶解氧与水温呈一定的负相关关系，

相关系数为 $R^2=0.841$。

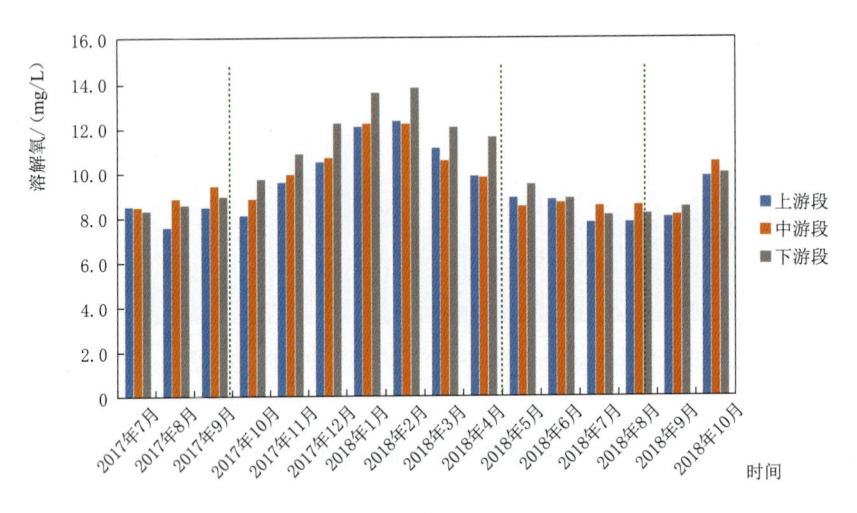

图 5-36 溶解氧时空变化

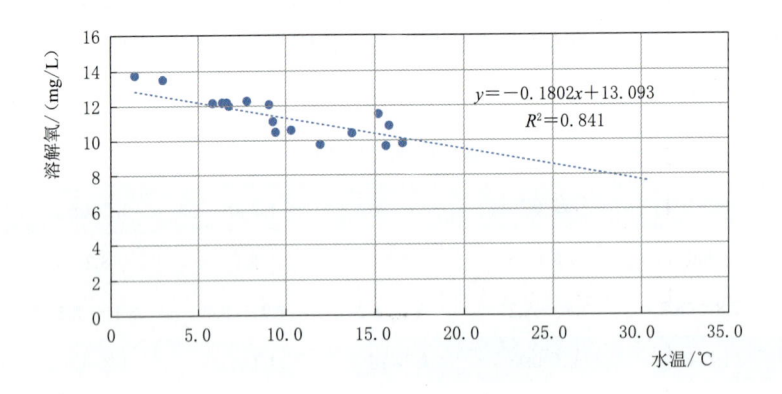

图 5-37 溶解氧与水温的关系

表 5-5 溶解氧沿程变化

月　份	变化趋势	相差最小值 /（mg/L）	相差最大值 /（mg/L）
1月、10—12月	下游段＞中游段＞上游段	0.1	1.8
2—6月	下游段＞上游段＞中游段	0.1	1.8
7—9月	中游段＞下游段＞上游段	0	1.2

（4）高锰酸盐指数与生化需氧量变化。Ⅰ类水要求高锰酸盐指数（COD_{Mn}）的浓度小于2mg/L。如图5-38所示，上游段的生化需氧量（BOD_5）主要分布在1.6～1.9mg/L，而中游段主要分布在1.7～2.0mg/L。这两段的变化趋势类似，总体上都是随时间升高，低含量的时间段集中在2017年7—10月，而从10月往后，COD_{Mn}的水平有所增高。此外中游段整体来看比上游段的浓度高。而中游段的西门寺断面（LZ10）和安阳河倒虹吸断面（LZ11）7月、8月的COD_{Mn}含量也很高，达到1.8mg/L及以上。此外，中

游段整体来看比上游段的浓度高。下游段的波动比较大，低含量时段集中在2017年10月至2018年2月，与上游段的浓度相近甚至更低，其余时段浓度高于中游段水平或相近。

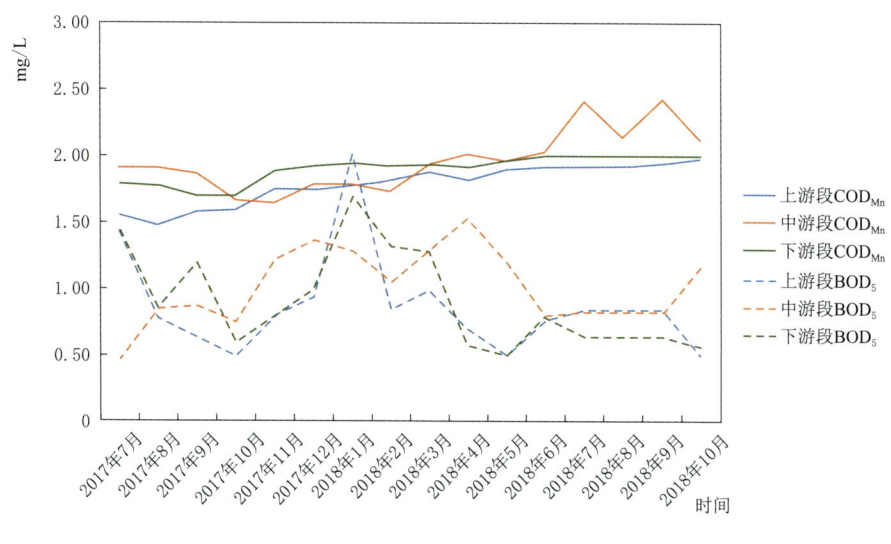

图5-38　COD$_{Mn}$、BOD$_5$时空变化

如图5-39所示，BOD$_5$的含量都在3mg/L以内，满足Ⅰ类水对于BOD$_5$指标的要求。上游段和中游段的含量基本稳定在1.5mg/L以内，2018年1月出现一次峰值。8—11、4—5是两段渠道BOD$_5$含量较低的时候，基本稳定在1mg/L以内。下游段7—10月渠道的BOD$_5$含量较低，基本稳定在1mg/L以内，其余时间分布在1.0～1.5mg/L。对于下游段需要注意一些极值点，较接近浓度的临界点。4月时雄安断面和天津外环分别达到了2.4mg/L和2.6mg/L，接近该项指标的一类范围线，应当引起重视。雄安检查井（14）比较特殊，环境封闭，水的流动条件差，与渠道水的交换不通畅，整体BOD$_5$的含量都比较高。

（5）氨氮变化。Ⅰ类水要求氨氮（NH$_3$-N）的浓度在0.15mg/L以内。如图5-39所示，上游段和中游段的浓度基本都稳定在0.05mg/L以内，两段有相似的变化趋势，10—12月NH$_4^+$-N含量上升；到了1月降到最低水平，再从1月开始到4月保持增长，5月含量下降；6—9月先增长后下降；2017年7月至2018年4月，两段浓度高低交替；2018年5—8月，中游段的浓度一直高于上游段。

对于下游段，整体浓度一直高于中游段。需要注意个别断面的情况。天津断面在4月和5月NH$_4^+$-N含量有大幅增长，4月含量达到0.14mg/L，而5月的含量则达到0.17mg/L，超过了一类标准对NH$_4^+$-N的要求。此外田庄和团城湖的NH$_4^+$-N含量分别在5月和4月达到了0.09mg/L和0.08mg/L。其他情况一般稳定在0.06mg/L以内，10月至次年4月整体呈上涨趋势。

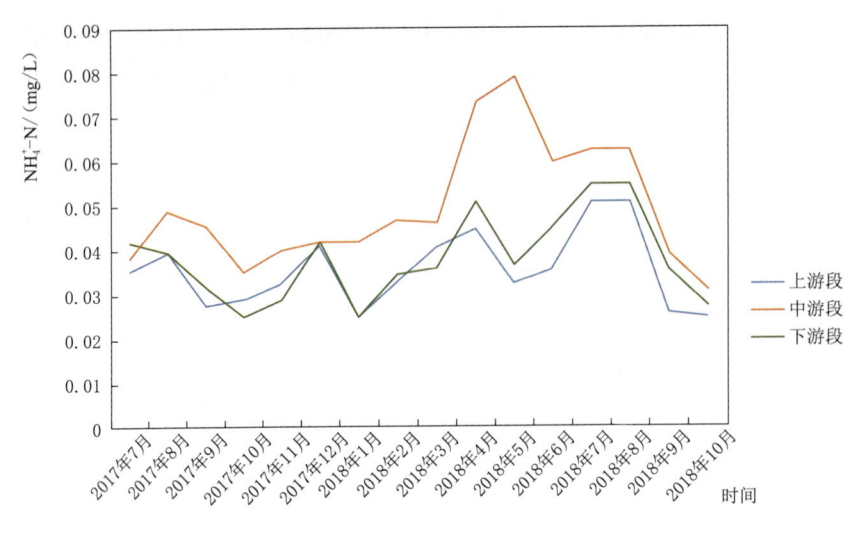

图5-39　NH_4^+-N时空变化

（6）总氮变化。如图5-40所示，年均总氮（TN）浓度为1.13mg/L±0.21mg/L，上游段、中游段、下游段分别为1.17mg/L±0.19mg/L、1.16mg/L±0.21mg/L、1.08mg/L±0.23mg/L，上游段和中游段的总氮含量变化趋势比较接近而且含量相对较高，但从上游到下游，总氮浓度略有降低。在3—5月，下游段的总氮含量略高于前面两段，在其他月份前两段的总氮的含量较高。上游段和中游段在9月至次年2月含量呈上升趋势，而3—8月含量波动有所下降。对于下游段来讲，10月至次年5月含量有所上升，6—9月波动。

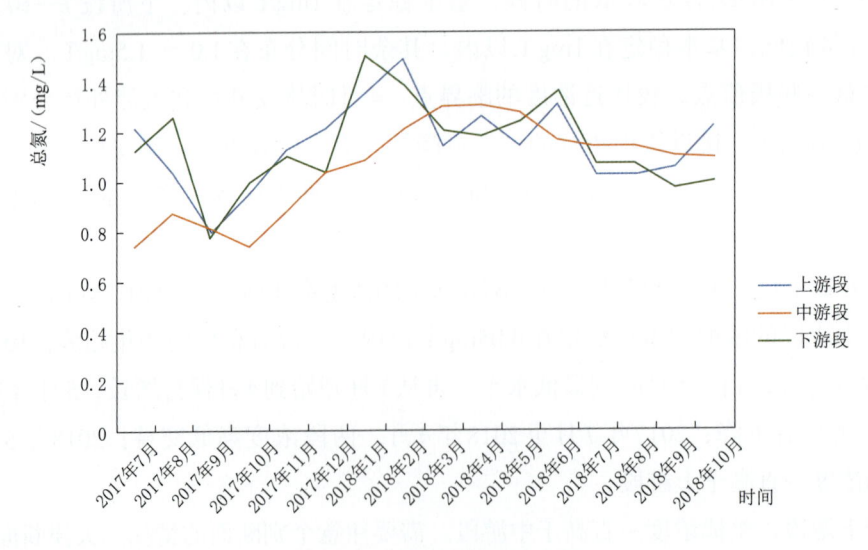

图5-40　总氮浓度时空变化

（7）大肠杆菌变化。Ⅰ类水要求大肠杆菌（E. coil）密度在200个/L以内，如图5-41所示，全线年均大肠杆菌数为79个/L±180个/L，上游段、中游段、下游段分别为23个/L±40个/L、21个/L±38个/L、174个/L±265个/L，上游段与中游段均满足Ⅰ类水的标准，但下游段只能符合Ⅱ类水的标准（2000mg/L）。在2018年5月之前，上游段和中游段的E. coil密度在个别断面出现过10个/L，可忽略不计，而在2018年5月，上游段的淇河倒虹吸下游断面（LZ-02）、十二里河渡槽断面（LZ-03）、方城倒虹吸断面（LZ-04）以及中游段的穿黄后断面（LZ-09）均检测到了E. coil的密度为40个/L，有所上升。下游段各断面在7—10月的E. coil密度均接近或超过200个/L，西黑山分水口上游断面（LZ-13）及团城湖断面（LZ-17）的E. coil密度超过1200个/L。从2017年11月开始到2018年5月，下游段的E. coil密度保持在20个/L的较低水平，7—10月回升，在100个/L。

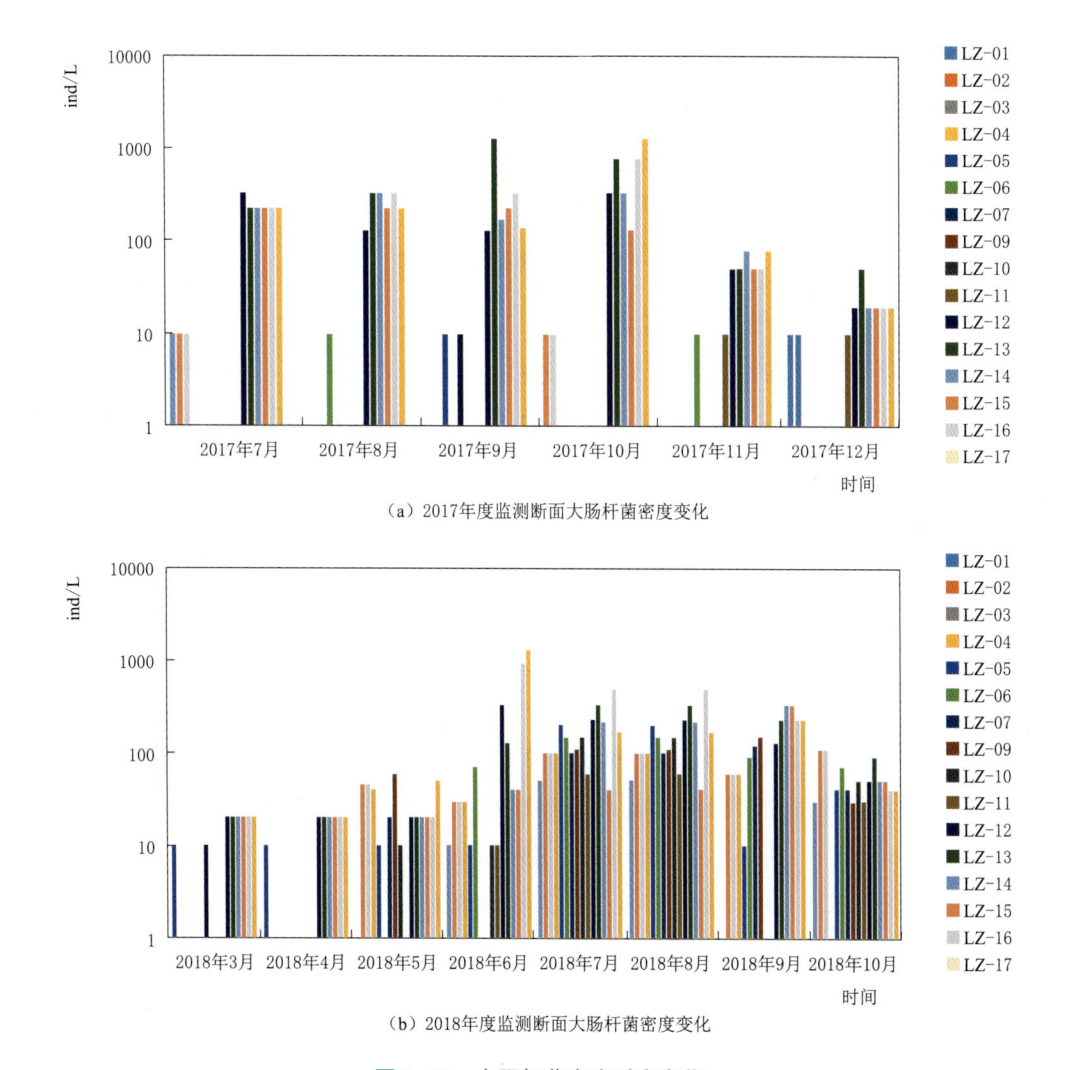

(a) 2017年度监测断面大肠杆菌密度变化

(b) 2018年度监测断面大肠杆菌密度变化

图5-41 大肠杆菌密度时空变化

（8）硫酸根盐变化。如图5-42所示，硫酸根盐（SO_4^{2-}）浓度总体均满足Ⅰ类水（<250mg/L），含量沿程上升，其中下游段的含量与前两段1～5mg/L的浓度差异。在2017年7—10月、2018年9月三段差异较小，但2018年其他相同月份差异有所增大。中游段和上游段的浓度差异比较小。从时间变化上来看，上游段和中游段变化趋势一致，

波动性强，下游段也有一定的波动性，在11月至次年6月的浓度相对较高。

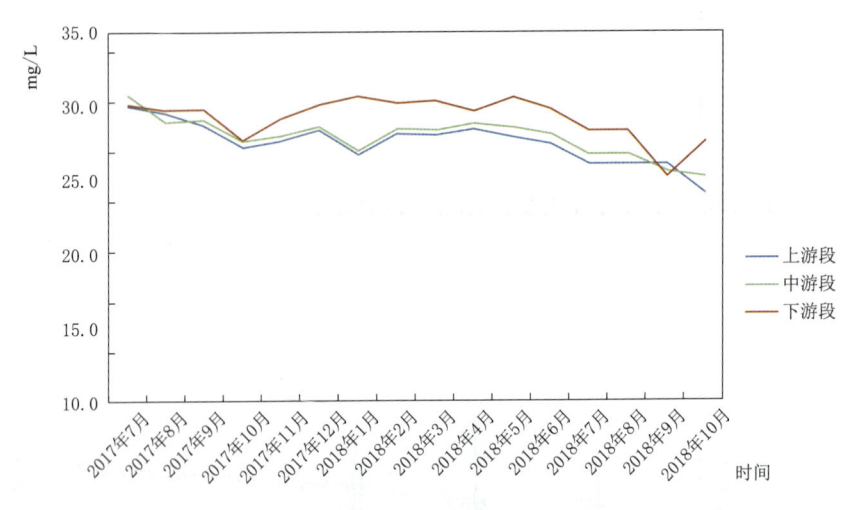

图5-42 SO$_4^{2-}$浓度时空变化

综上所述，水质总体变化规律绘制如图5-43所示。

中线总干渠全线年均水温为19.5℃±8.6℃（均值±标准差），各断面水温的整体变化趋势相同，从8月开始下降，一直到2月降到最低，之后开始回升。其中上游段和中游段的最低水温基本稳定在5℃以上，而下游段1月、2月的最低水温均在5℃以下，接近0℃。

全线年均pH值为8.2±0.2，略呈碱性，中游段（8.3±0.1）和下游段（8.2±0.1）的碱性稍强于上游段（8.1±0.1），但是随季节变化不明显。

全线年均溶解氧浓度为9.7mg/L±1.8mg/L，最低水平大于5.4mg/L，满足Ⅰ~Ⅱ类水对溶解氧的要求。整体来看，上游段、中游段、下游段，溶解氧浓度分别为9.34mg/L±1.53mg/L、9.57mg/L±1.36mg/L、8.23mg/L±2.11mg/L，逐渐升高，但差别较小。

全线年均高锰酸盐指数为1.89mg/L±0.21mg/L，上游段、中游段、下游段分别为1.79mg/L±0.16mg/L、1.9mg/L±0.11mg/L、1.96mg/L±0.27mg/L，基本上符合Ⅰ类水对高锰酸盐指数的要求（15mg/L）；年均生化需氧量值为0.93mg/L±0.46mg/L，上游段、中游段、下游段分别为0.83mg/L±0.45mg/L、0.92mg/L±0.44mg/L、1.02mg/L±0.47mg/L，含量都在3mg/L以内，满足Ⅰ类水对于生化需氧量值指标的要求。对于COD与BOD，上中下游差异较小，但略有提升。

全线年均氨氮浓度为0.04mg/L±0.02mg/L，上游段、中游段、下游段分别为0.04mg/L±0.01mg/L、0.04mg/L±0.01mg/L、0.05mg/L±0.02mg/L，基本符合Ⅰ类水要求（0.15mg/L）；年均总氮浓度为1.13mg/L±0.21mg/L，上游段、中游段、下游段分别为1.17mg/L±0.19mg/L、1.16mg/L±0.21mg/L、1.08mg/L±0.23mg/L，总氮浓度偏高，大部分超过了Ⅲ类水的要求（1.0mg/L）。全线氨氮浓度基本相同，但从上游到下游，总氮浓度略有降低。

全线硫酸盐浓度为28.4mg/L±1.7mg/L，上游段、中游段、下游段分别为27.71mg/L±1.49mg/L、28.09mg/L±1.45mg/L、29.23mg/L±1.75mg/L，差异较小且均满足Ⅰ类水的标准（250mg/L）。

全线年均大肠杆菌数为79个/L±180个/L，上游段、中游段、下游段分别为23个/L±40个/L、21个/L±38个/L、174个/L±265个/L，上游段与中游段均满足Ⅰ类水的标准（200mg/L），但下游段只能符合Ⅱ类水的标准（2000mg/L）。

全线在整个监测期间水质波动如图5-43所示，总的来讲全线水质比较稳定，稳定在Ⅰ～Ⅱ类水，上游与中游水质比较接近，略好于下游的水质。

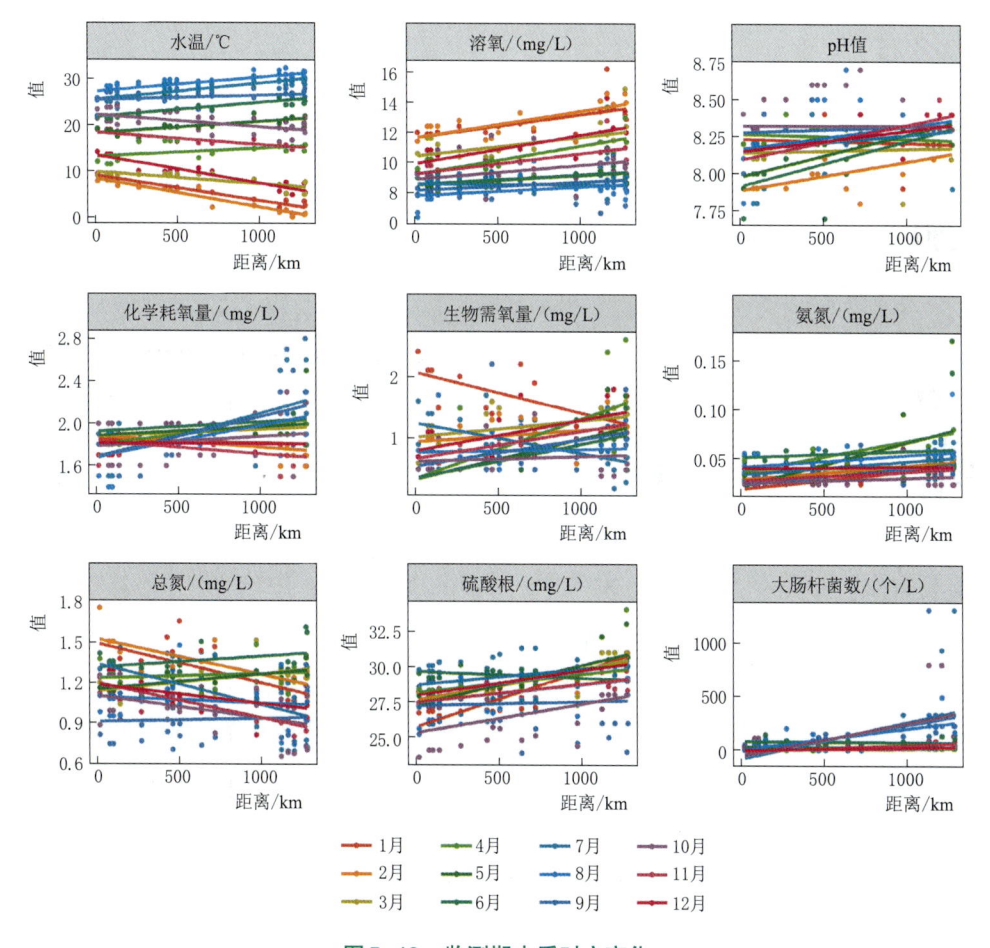

图5-43 监测期水质时空变化

3.淡水壳菜幼虫密度随水质的变化

采用排序的方法考虑环境因子对于幼虫密度的影响，将幼虫密度分为前中后踤4个时期考虑。DCA结果中最长轴长为2.7，说明线性模型更适用于分析环境与幼虫密度的关系，因此利用冗余分析（RDA）来分析不同阶段幼虫密度与环境因子的关系，结果如图5-44所示。影响各个阶段幼虫密度的主要因素是水温（WT）及总氮（TN）。高水温对于D型期和前期幼虫密度的增加有促进作用，可能通过促进其附着，降低水体中后期和蹠行期幼虫密度。总氮含量高对所有时期幼虫密度的增加有抑制作用。溶氧对幼虫密度的变化影响较小，这点可能与研究区域中DO的含量始终较高有关。含量高的溶氧浓度可能对后期和蹠行期幼虫密度的增加有一定的促进作用，而对于D型期和前期的幼虫密度没有明显的影响。

4. 淡水壳菜幼虫密度随海藻类密度的变化

水体中藻类的密度与幼虫密度呈现一定的正相关关系（$r=0.354$，$p=0.02$）。一些没有直接影响幼虫密度的环境因子，可能通过影响藻类群落密度及组成来影响淡水壳菜食物资源，从而间接低影响水体中的幼虫密度。

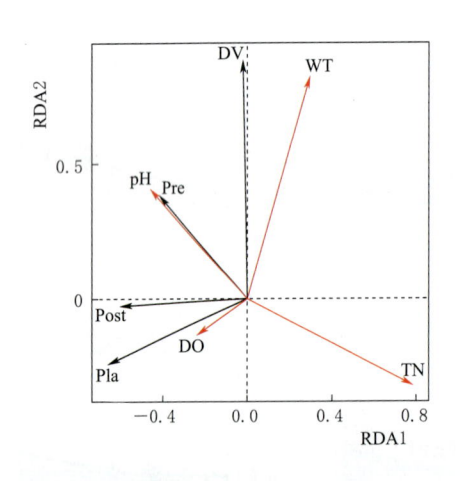

图5-44　RDA图
DO—溶解氧；TN—总氮浓度；WT—水温；DV—D型幼虫；Pre—前期壳顶幼虫；Post—后期壳顶幼虫；Pla—蹠行期幼虫

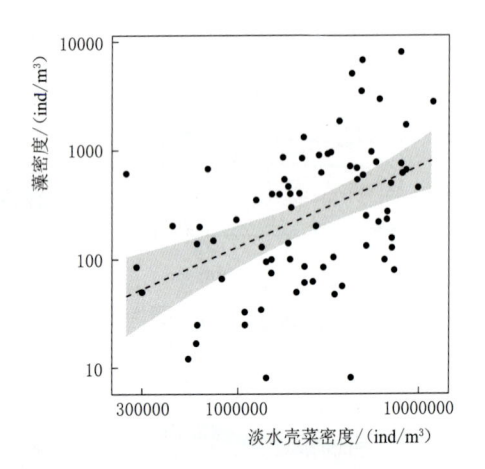

图5-45　淡水壳菜密度与藻类密度之间关系

5.3.3　成贝时空分布

对南水北调中线总干渠淡水壳菜时空分布规律的识别是评估其生态风险的基础。本章的主要目标是对中线总干渠典型结构中已经发生的淡水壳菜成贝附着的情况进行系统监测和分析。在满足中线总干渠成贝监测断面代表性的原则下，自河南省渠首到北京市团城湖共选取14个典型结构断面，检查淡水壳菜成贝的附着情况，揭示中线工程中典型结构的生物污损现状，探讨淡水壳菜附着密度的时空分布规律。具体工作内容及结果如下所述。

5.3.3.1　成贝附着情况

根据前期调研，南水北调中线工程主要由明渠（1131km）、渡槽（21km）、暗涵（235km）以及倒虹吸及隧洞结构（34km）等组成，结合实际工程停水调度情况，选择具有代表性的结构（表5-6）检查中线工程中成贝的附着情况。

其中，对渡槽、暗涵以及倒虹吸结构进行排空后检查，成贝附着密度的检查遵循统一的标准：对每个结构，选择高、中、低密度三种水平下的代表性区域，然后在分布相对均匀处

表 5-6　　　　　　　　　　　排空结构检查情况

距渠首距离 /km	采样时间	观 测 情 况
14	2017.4.21	随着渡槽壁垂直位置的降低，附着密度增大
36	2016.9.26	渠底靠上两侧区域的密度大
48	2016.12.3	附着密度非常低，主要集中在倾斜壁面处
88	2016.12.3	倾斜壁面处密度最大
241	2016.10.8	附着密度大，下半部（除渠底外）密度最大
366	2016.10.5	集中在地面与壁面的交接区域及其他接缝处
371	2016.8.18	下半部密度高，在接缝处密度最大
475	2017.3.25	高密度集中在材料平面有凸起结构的位置
1071	2017.9.21	高密度主要分布在止水带或边角等局部位置
1111	2017.9.23	整个渡槽段两壁上淡水壳菜附着很少
1127	2019.9.12	部分金属结构面上有大量成贝附着
1160	2020.4.9	三个试块淡水壳菜的附着密度均较高
1220	2020.5.20	几乎所有管节表面均有附着
1276	2018.9.15	高密度集中在粗糙结构与蜂窝麻面处

采集淡水壳菜样本，用刮刀采集合适面积的样本，用封口袋搜集后填写标签。对采样点环境进行描述并拍照测量。另外，干渠段由于无法排空，只能选择通过水下机器人进行检查。

1. S1 排空进入检查淡水壳菜成贝附着情况

渡槽中淡水壳菜的附着密度沿着水深的增加而增大，这可能与淡水壳菜成贝的避光性有一定原因。在这种开敞的渡槽中，阳光能直射进水面，而渡槽底部相对阴暗，如此才导致了渡槽底部斜面上的附着明显高于渡槽壁上淡水壳菜的附着。在陶岔渡槽结构的3种典型位置进行采样。

横断面上淡水壳菜附着的密度分别为：样点1为134个/m^2，样点2为916个/m^2，样点3为1311个/m^2，平均密度为787个/m^2。同时对这3个区域的体长进行了分析（图5-46），断面整体的体长分布呈双峰模式，平均体长分别为16～22mm、8～12mm，推测经历了两次附着高峰。断面内部3个采样区域体长分布特点明显：样点1位于壁面上部（距离地面约1.7m），体长集中分布在8～10mm；样点2位于壁面底部（距离地面约0.7m），体长分布具有两个高峰，分别为8～12mm、17～18mm；样点3位于底面，体长集中分布在18～22mm。与样点1相比，样点3具有密度更高，平均体长、最大体长均更高的特点，这点可能与样点3所在的区域对于成贝而言有着更好的生活条件。因此，光照条件介于两者之间的样点2，淡水壳菜种群的体长分布也介于两者之间。

2. S2 排空进入检查淡水壳菜成贝附着情况

S2横断面形状为U形，与S5的断面形状一致。尽管两个渡槽的淡水壳菜密度整体相

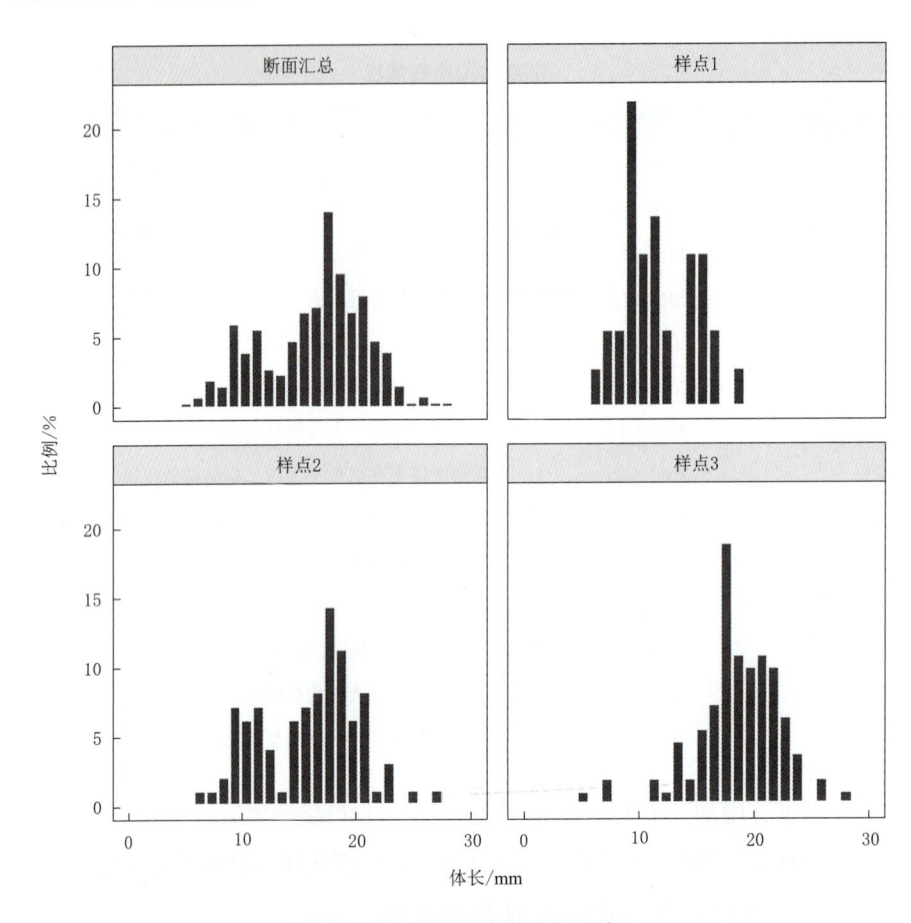

图 5-46　S1 淡水壳菜体长分布

差较大,但是其密度分布是类似的:在 U 形槽近底部区域淡水壳菜的附着密度大,而在渠底和渡槽上半部分区域的附着密度则较小。渠底附着密度小可能是由于泥沙淤积,而其他区域附着密度小可能的主要原因则是水流条件和光线强弱。

湍河渡槽所采样点淡水壳菜附着最大密度为 4076 个 $/m^2$,最小密度为 238 个 $/m^2$,平均附着密度为 1754 个 $/m^2$。分析了湍河渡槽上附着的淡水壳菜种群的体长分布(图 5-47),湍河渡槽的淡水壳菜体长分布总体集中在 20～22mm。

对样点 1、2、3(3 个样点距离渡槽入口的距离依次增加)的附着密度进行分析,密度与距离渡槽入口的距离关系不明确,如图 5-48 所示。

3. S3 排空进入检查淡水壳菜成贝附着情况

槽身段总长 540m,S3 的淡水壳菜附着密度较低,主要集中在倾斜壁面处,呈簇状分布,在其他位置几乎没有分布。S3 所采样点淡水壳菜附着最大密度为 3533 个 $/m^2$,最小密度为 478 个 $/m^2$,平均附着密度为 1959 个 $/m^2$。如图 5-49 所示,严陵河渡槽的淡水壳菜体长分布总体集中在 22～24mm。对样点 1、2、3 这 3 个样点(距离渡槽入口的距离依次增加)的淡水壳菜密度进行分析,如图 5-50 所示,结果也表明密度与样点距渡槽入口的距离关系不大。

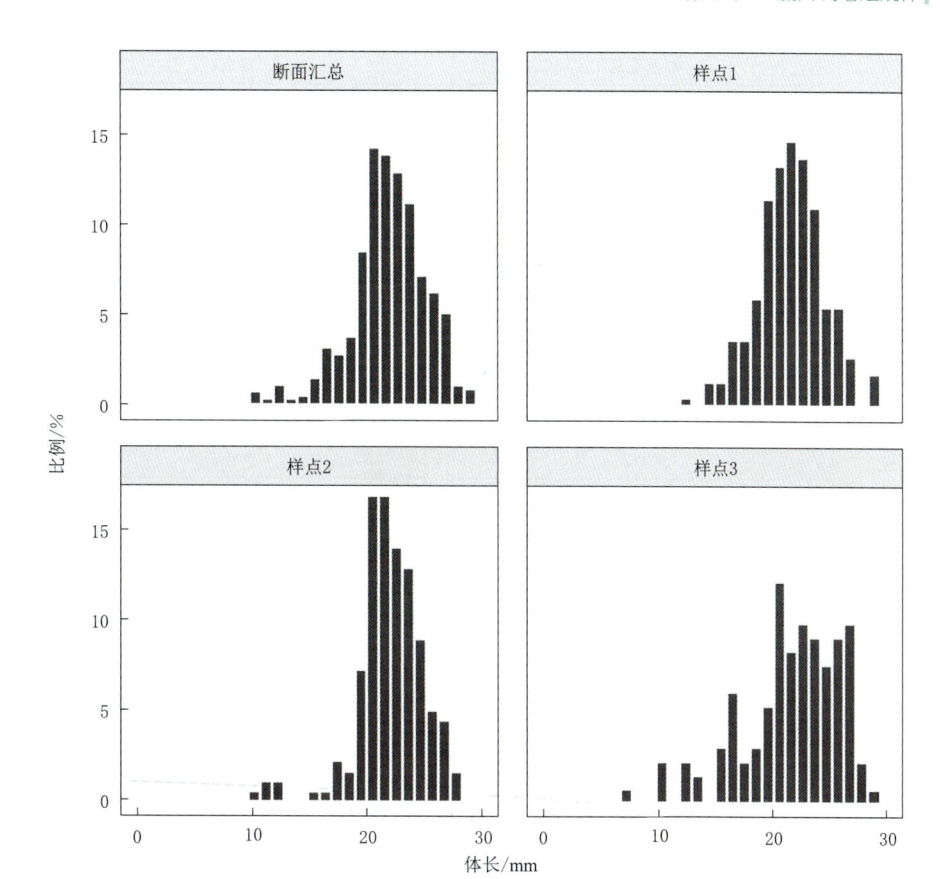

图 5-47 S2 淡水壳菜体长分布情况

4. S4 排空进入检查淡水壳菜成贝附着情况

槽身段总长大约 180m，S4 淡水壳菜的高密度区在两侧壁面近底面区域，如图 5-51 所示；而在这个区域中，又以倾斜壁面处密度相对较高。结合其他渡槽的分布规律，可以初步得出：淡水壳菜可能喜欢附着在断面变化处，不管是断面突然变化（垂直壁面与底部交接处），还是断面的渐变（U 形槽底部圆弧处）。

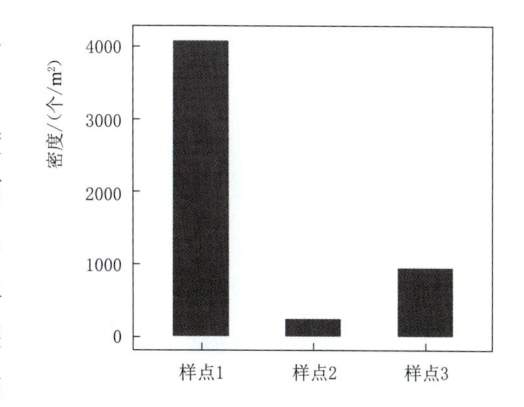

图 5-48 S2 淡水壳菜密度沿程分布

S4 所采样点淡水壳菜附着最大密度为 706 个 /m^2，最小密度为 494 个 /m^2，平均附着密度为 622 个 /m^2，体长分布峰值在 20～24mm（图 5-52），如图 5-51 所示，漳河渡槽的淡水壳菜沿程密度分析表明了，样点附着密度与其距离渡槽入口的距离有一定的相关性。

5. S5 排空进入检查淡水壳菜成贝附着情况

S5 与 S6 的分布类似，呈现近底面淡水壳菜附着密度大，上半部分附着密度小的分布特点。但在最底部，附着密度反而降低，这点可能与泥沙淤积有关，这个规律在 S2、S6

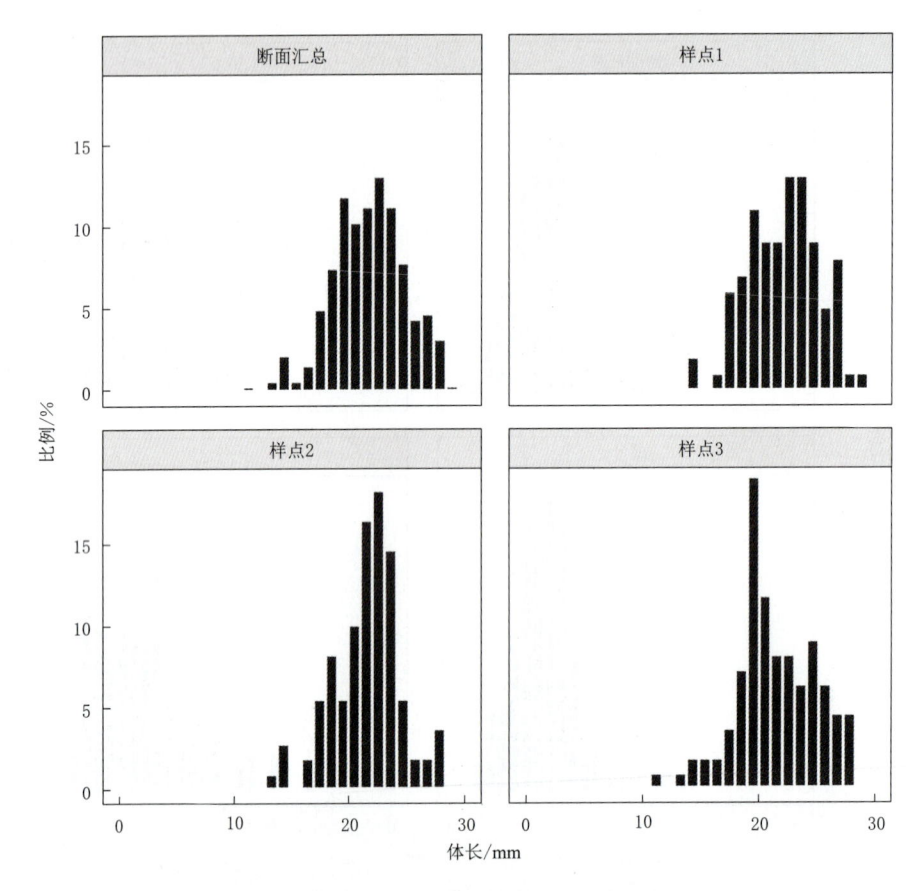

图 5-49　S3 淡水壳菜体长分布

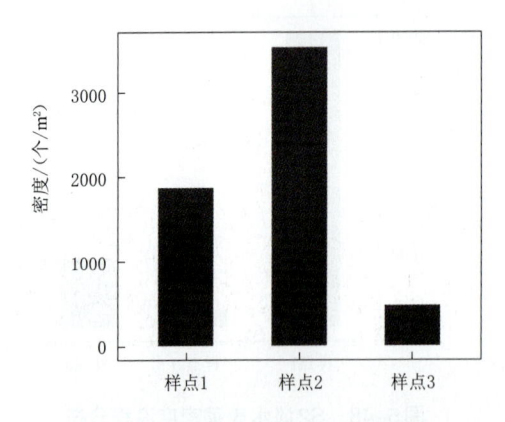

图 5-50　S3 淡水壳菜密度沿程分布

等结构中也有发现。S5 淡水壳菜附着密度较高，为 10190 个 /m^2。对 S5 上附着的淡水壳菜种群的体长分布进行分析，淡水壳菜体长在 4～28mm 均有分布，但是高峰分布在 14～20mm（图 5-53）。参照深圳淡水壳菜生长速率 1.8mm/月，按最大体长估算大约在 15 个月以前淡水壳菜开始附着。考虑淡水壳菜死亡脱落以及当地水温低于深圳水温这些因素，S5 淡水壳菜的附着可能在停水 15 个月以前已经开始发生附着。

6. S6 排空进入检查淡水壳菜成贝附着情况

在 S6 中，主要考察了 3 号和 4 号渡槽。结果表明淡水壳菜主要在地面和垂向交接区域的密度较大，其他的生长区域主要位于混凝土接缝处。淡水壳菜在垂向上的附着主要在距离地面高度约 5m 的区域，这个可能主要跟通水时的水深有关，并且呈现下半部密度大、上半部密度小的状态，这可能和不同部位的水流速度和光线强弱有关。在渡槽最底部的

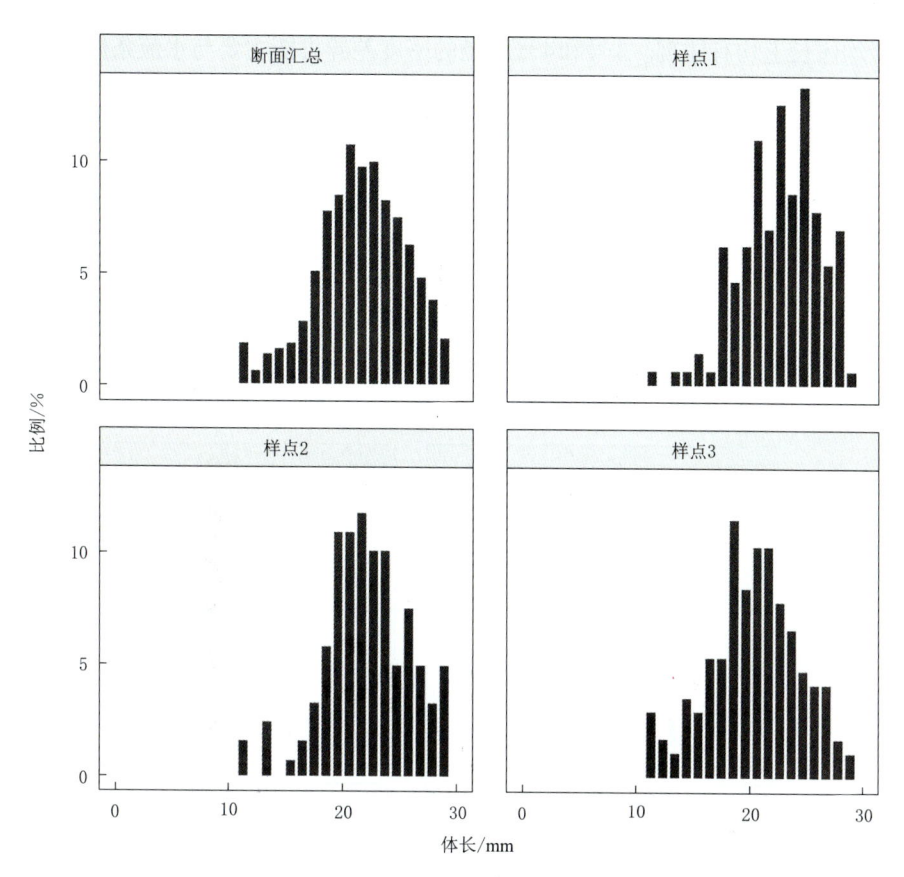

图5-51 S4淡水壳菜体长分布

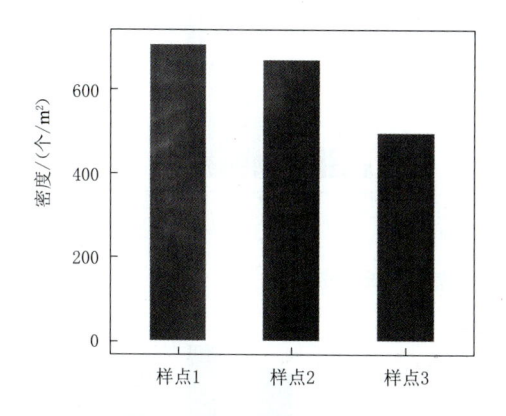

图5-52 S4淡水壳菜密度沿程分布 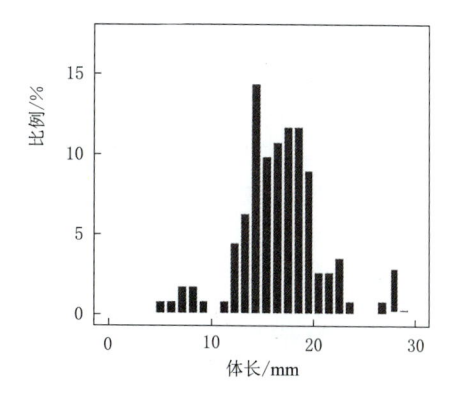　　　图5-53 S5淡水壳菜体长分布

密度反而降低，仅在不平整混凝土处出现小簇状生长，这可能与泥沙沉积有关。

S6所采样点淡水壳菜附着最大密度为7917个/m², 最小密度为3087个/m², 平均附着密度为6159个/m²。S6的3号渡槽（样点1～4）的淡水壳菜体长分布总体集中在14～20mm，而4号渡槽（样点5）的峰值则出现在18～20mm，这可能与3号和4号渡槽的密度差异有关（如图5-54所示）。3号渡槽出口处的淡水壳菜密度为5316个/m², 而4号渡槽的相同位置处的密度为3087个/m², 密度低处不同个体之间的资源竞争弱，因此生长得更好，在优势体长和平均体长上均有体现。3号和4号渡槽的密度差异可能主要与水流条件有关。

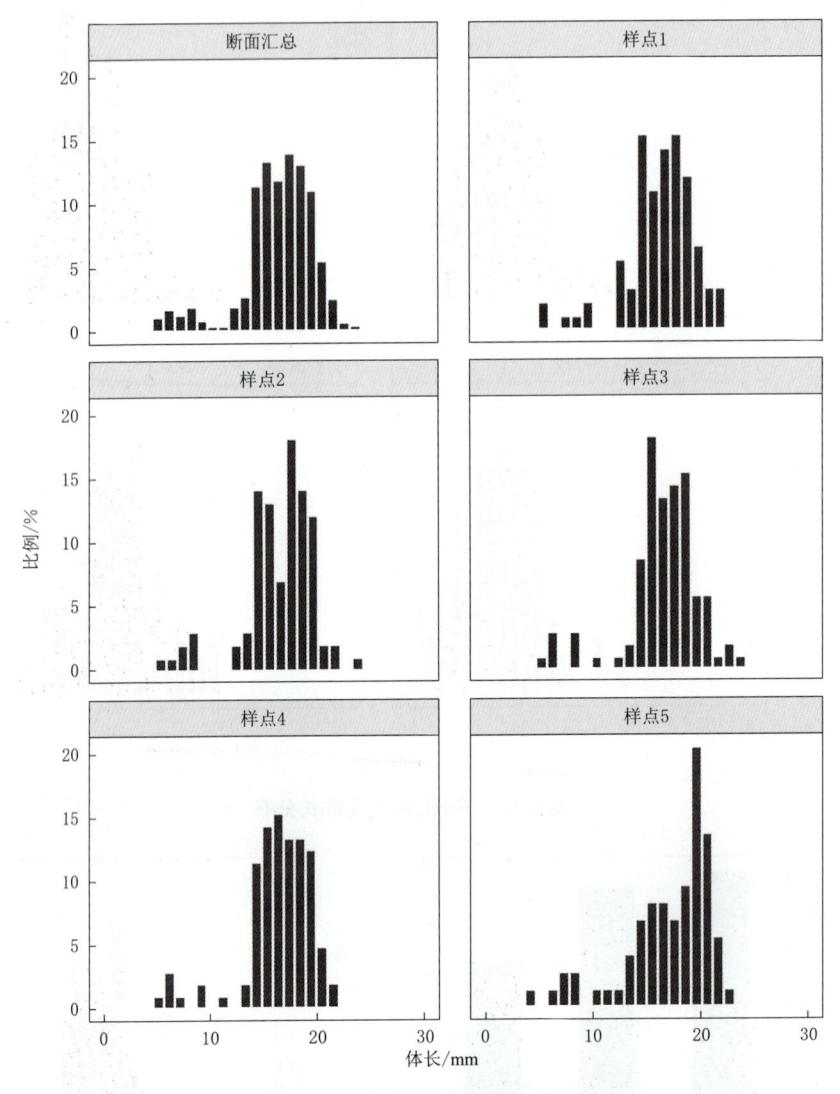

图 5-54　S6 淡水壳菜体长分布

分析 S6 附着密度从渡槽入口到出口处的变化，从样点 1 到样点 4 距离渡槽入口距离逐渐变大，结果如图 5-55 所示，结合密度沿程分布情况，可知淡水壳菜密度与距离渡槽入口处距离关系不明显。

7. S7 排空进入检查淡水壳菜成贝附着情况

S7 的淡水壳菜附着情况与其他渡槽类似，下半部密度高，而在下半部，又以垂直

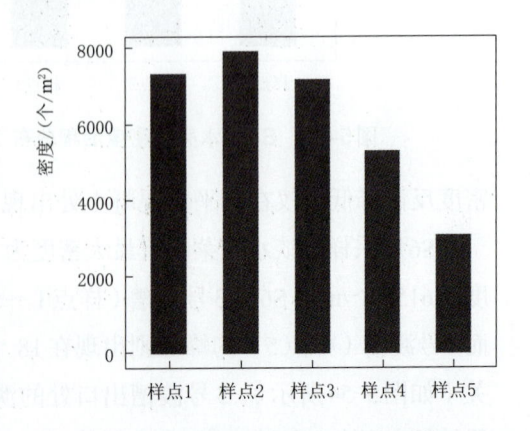

图 5-55　S6 淡水壳菜密度沿程分布

壁面和底部接缝处和垂直壁面上两块混凝土接缝处密度最大。S7淡水壳菜附着最大密度为6792个/m²，最小密度为3355个/m²，平均附着密度为5493个/m²。体长分布（图5-56）集中在14~20mm，其中在17~19mm分布的最多，平均体长为16.65mm。对双泊河1号渡

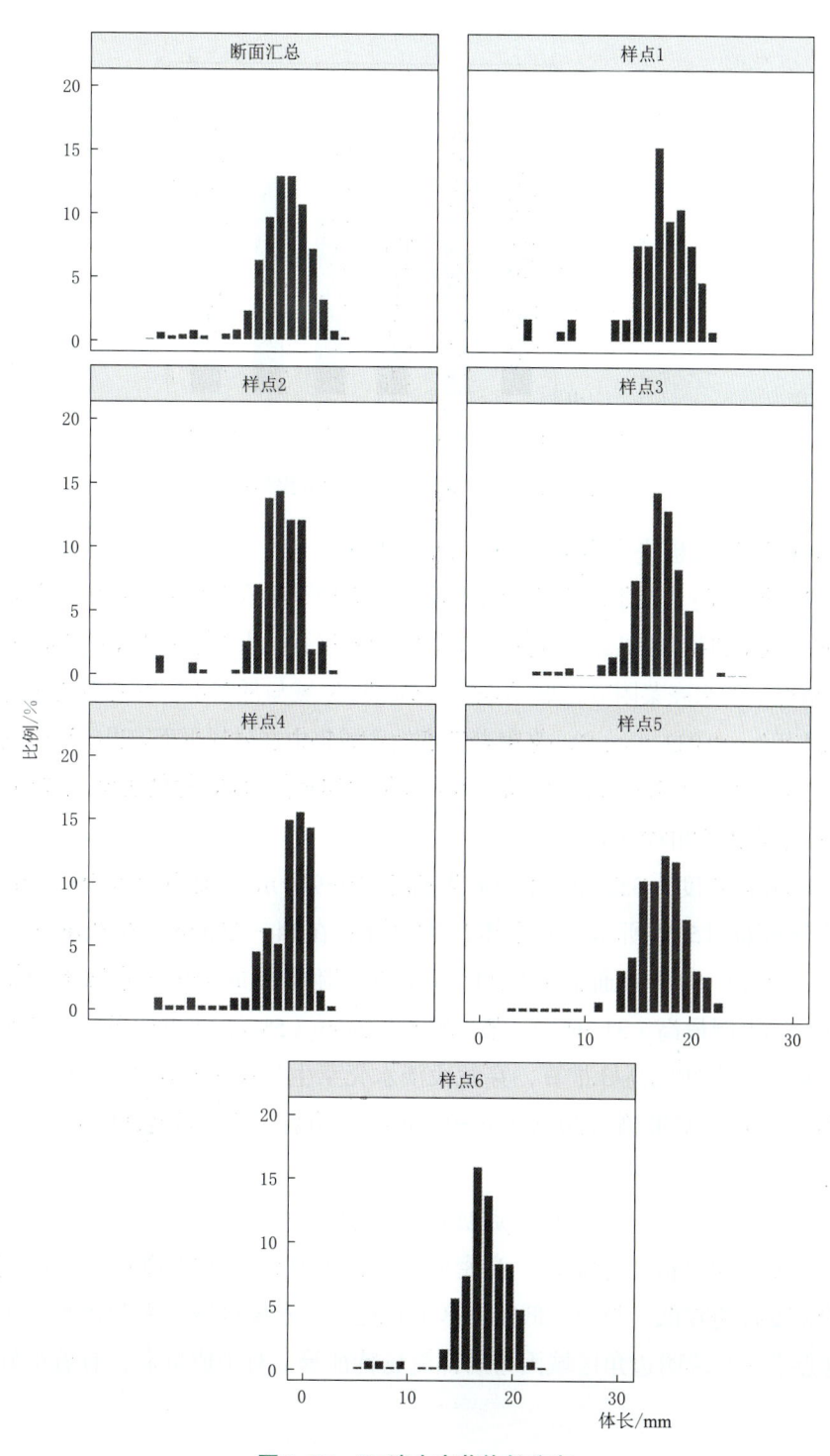

图5-56　S7淡水壳菜体长分布

槽选取6个样点——样点1、样点2、样点3、样点4、样点5、样点6，距离渡槽入口的距离分别为50m、100m、300m、400m、600m、800m，其密度变化见图5-57。结合图5-56和图5-57可以再次明确，在较短的距离内，附着密度与距离渡槽入口的沿程距离之间没有统一的关系。

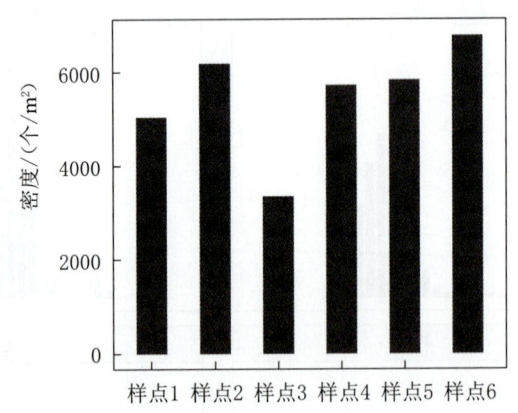

图5-57　S7淡水壳菜密度沿程分布

8. S8排空进入检查淡水壳菜成贝附着情况

对S8的A洞进行了淡水壳菜成贝的观测，该渡槽干渠中原水水质较好，水质清澈、溶氧较高，pH呈略碱性，氮盐浓度较低，基本符合国家Ⅱ类水的标准（GB 3838—2002）。涵洞内不同情况下淡水壳菜附着密度不均衡，高密度区域与低密度区域之间淡水壳菜的附着密度差异显著（$p=0.033$, t-test）。高附着密度的区域集中在材料平面有凸起结构的位置，例如管壁上的卡槽处、管线的接缝处、涵管顶部的焊接处等；而在材料表面比较均匀的位置，淡水壳菜的附着密度相对较低。

S8平均附着密度为5557个/m^2，最大密度17839个/m^2，最小密度15个/m^2。各样点种群体长分布如图5-58所示，成贝体长集中分布在14～20mm，体长16～18mm的比例最高（31.36%）。S8累计通水时间20个月以来，附着的成贝体长呈双峰分布，第一峰16～18mm的比例最高（31.36%），第二峰4～6mm（5%），推测经历了两次附着高峰。从目前监测7—9月幼虫高峰推算，穿黄段淡水壳菜生长速率平均约为1mm/月（可能冬季生长暂停），第一峰推测为2015年7—9月的幼虫附着，第二峰为2016年7—9月的幼虫附着。

9. S9排空进入检查淡水壳菜成贝附着情况

总体上密度明显低于中游段，高密度主要分布在止水带或边角等局部位置，渡槽壁面上的密度普遍较低。与中、低密度区域相比，高密度区域的平均体长及优势体长均更高，这点进一步说明边角区域因为局部流场特征等，对于成贝而言有着更好的栖息地条件。

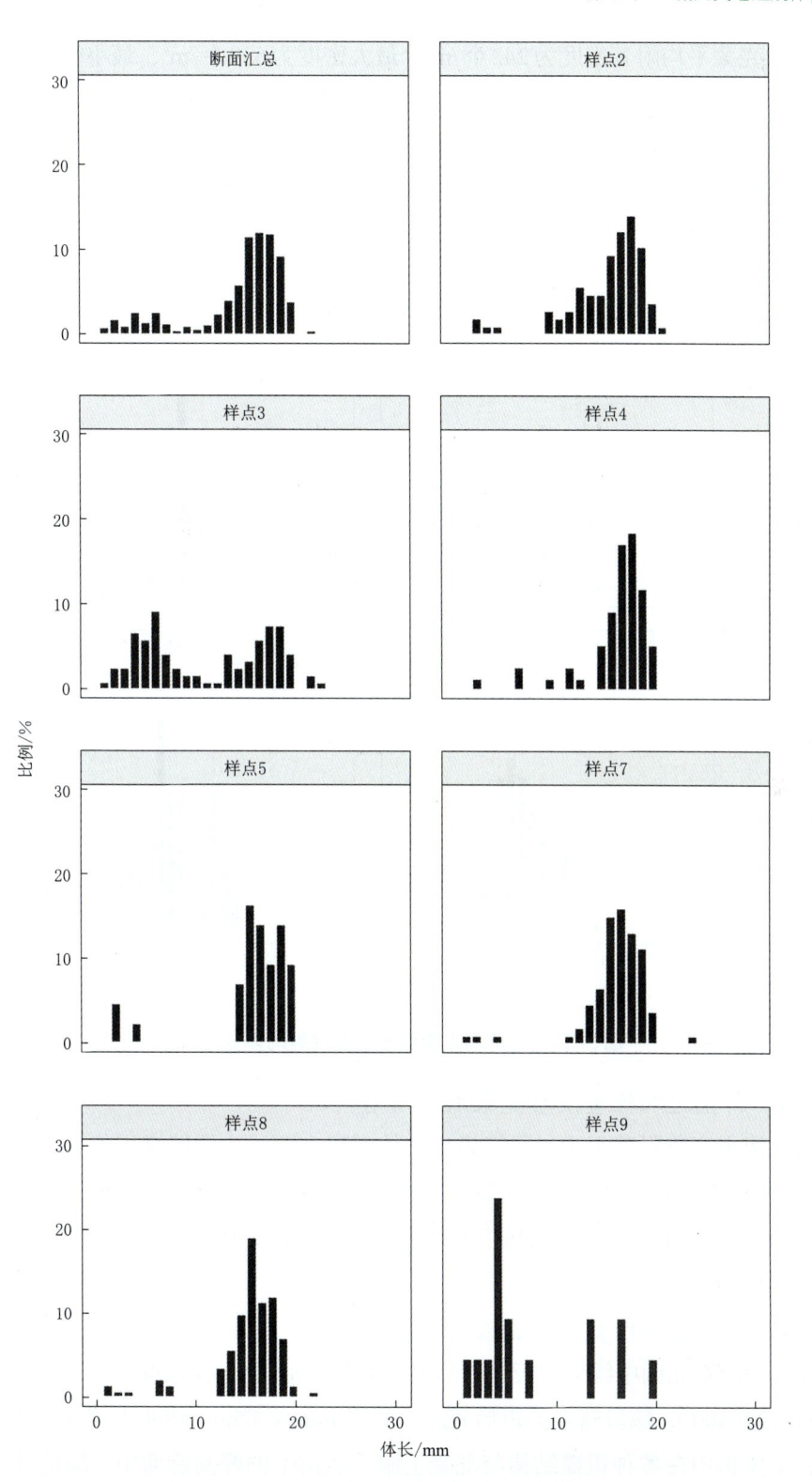

图 5-58　不同样点中淡水壳菜种群的体长分布

S9淡水壳菜平均附着密度为242个/m²，最大密度为639个/m²，最小密度为27个/m²。体长集中分布在14～20mm，其中体长16～18mm的比例最高（26.71%）。不同密度区域的体长均呈单峰形式分布，与上游及中游段的体长组成双峰分布不同。考虑河北地区因气温相对南方较低等原因，淡水壳菜生长速率可能低于中游段，因此这些附着行为可能在2015.7.9发生。

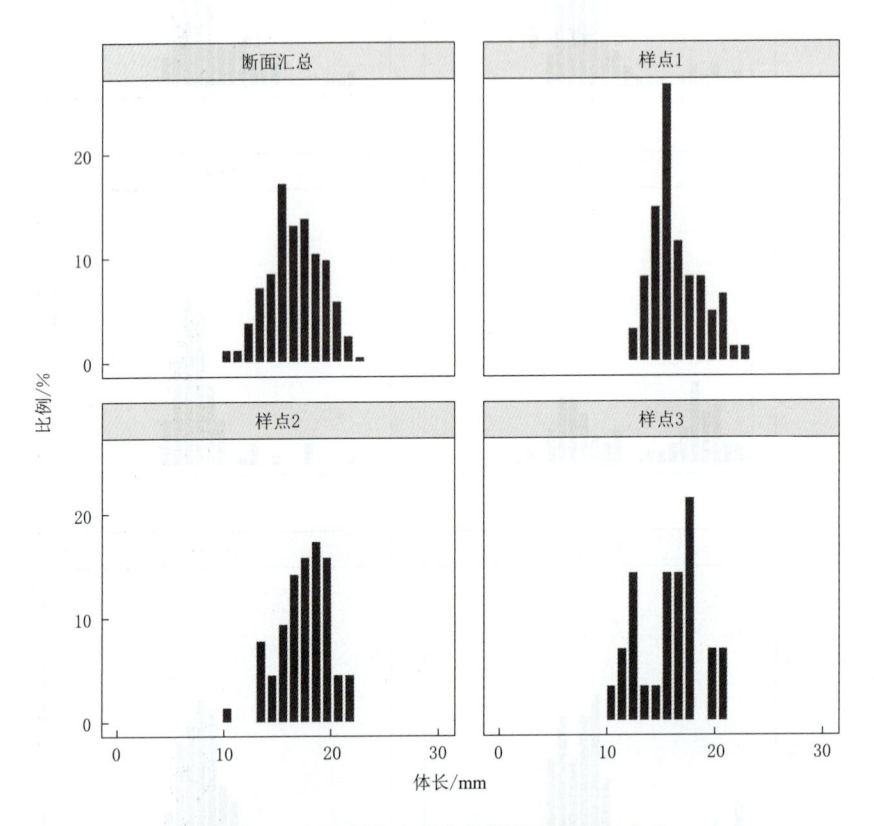

图5-59　不同样点中淡水壳菜种群的体长分布

10. S10排空进入检查淡水壳菜成贝附着情况

壁面上淡水壳菜附着很少，只有极少个体存留在两段水泥墙交界的止水带等局部位置。S10所采样点淡水壳菜附着最大密度为12个/m²，最小密度为4个/m²，平均附着密度为7个/m²。如图5-60所示，体长集中分布在12～20mm，体长16～18和18～20mm的比例最高（23.81%）。

11. S11排空进入检查淡水壳菜成贝附着情况

采样点为南水北调中线工程天津段暗渠1号保水堰与2号保水堰间，京广铁路西检修闸（桩号：24+400），该段暗渠为矩形截面，面积4.4m×4.5m。淡水壳菜在壁面上分布比较均匀，主要集中在各种粗糙结构与混凝土施工后留下的蜂窝麻面中，除此外无特殊分布偏好。部分淡水壳菜剥落后可发现混凝土坑，剥落的淡水壳菜足丝上可见其附着的混凝土颗粒，表明其对混凝土壁面具有腐蚀性。

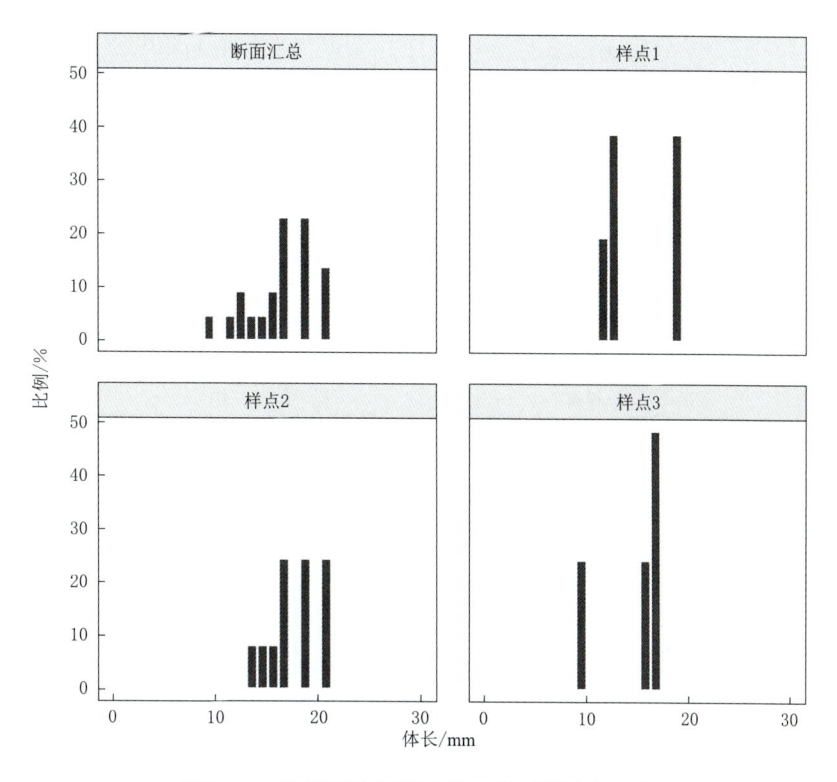

图5-60　不同样点中淡水壳菜种群的体长分布

S11所采样点淡水壳菜附着最大密度为46个/m²,最小密度为9个/m²,平均附着密度为19个/m²。分析了该段暗涵上附着的淡水壳菜种群的体长分布,淡水壳菜体长分布总体集中在5～7mm,但也有零星体长超过15mm的个体出现(图5-61)。

12. S12成贝附着检查情况

该段暗渠(桩号范围:976～1127)为矩形截面,大部分混凝土壁面上成贝均匀附着、密度不高(2000个/m²),但部分金属结构面上有大量成贝附着聚团(近30000个/m²)。且大部分壳菜是近3个月之内附着生长在该暗涵段。1号断面(桩号:1127)的金属结构壁面上成贝附着密度最高处达30000个/m²,4号断面(桩号:1049)的混凝土壁面附着密度最低为40个/m²。如图5-62所示为4个典型断面的密度比较,总体上混凝土壁面上成贝的附着密度基本保持在2000个/m²以下水平,且代表本次调查的团城湖局部暗涵工程段的平均情况。1号断面金属结构面明显凹凸不平(部分突起高度可达1～2cm),为淡水壳菜附着提供了良好的附着底质结构,因此附着密度明显高于其他混凝土壁面,两处局部样点1号-A、1号-B密度分别为30000个/m²、13000个/m²。2号断面(桩号:1032)的样点2号-A位于混凝土接缝处,淡水壳菜附着密度相对较高,超过5200个/m²,2号-B位于一般混凝土壁面,密度约2000个/m²。桩号976和桩号1049断面的平均密度均保持在2000个/m²以下的水平。S12局部断面混凝土面平均附着密度为1698个/m²,金属结构面平均附着密度为21500个/m²。

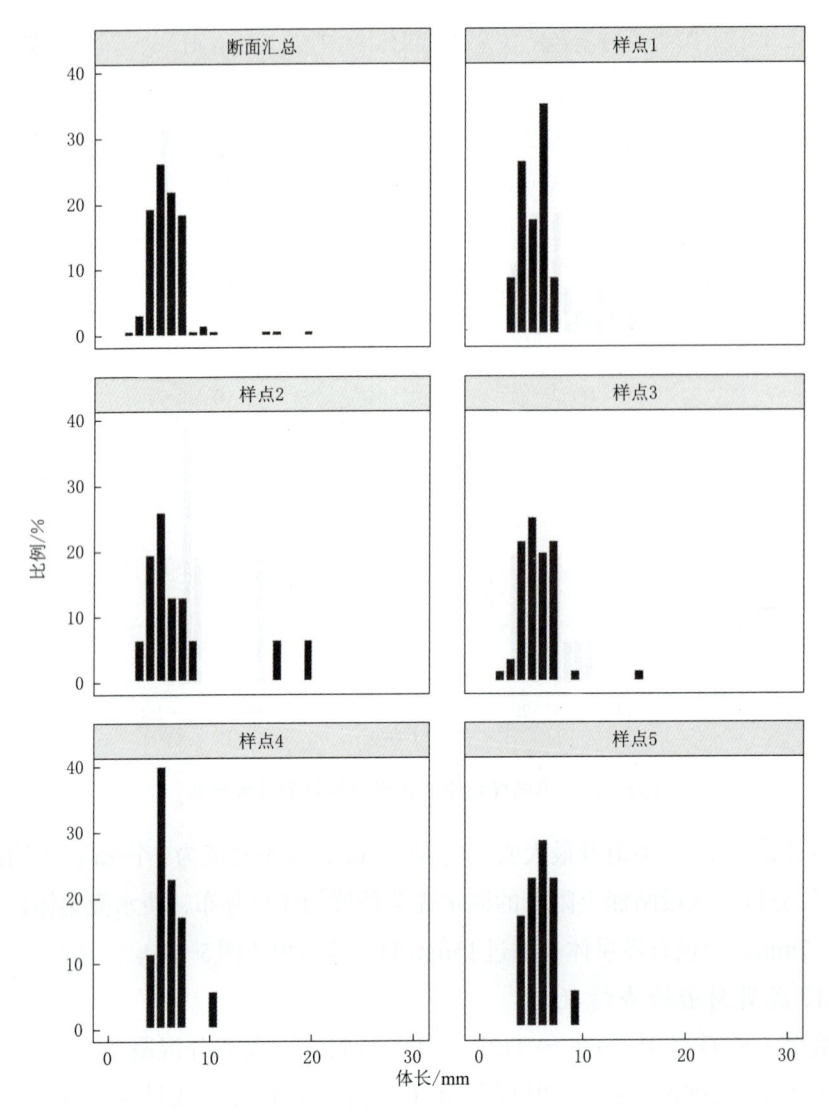

图 5-61　S11 淡水壳菜体长分布

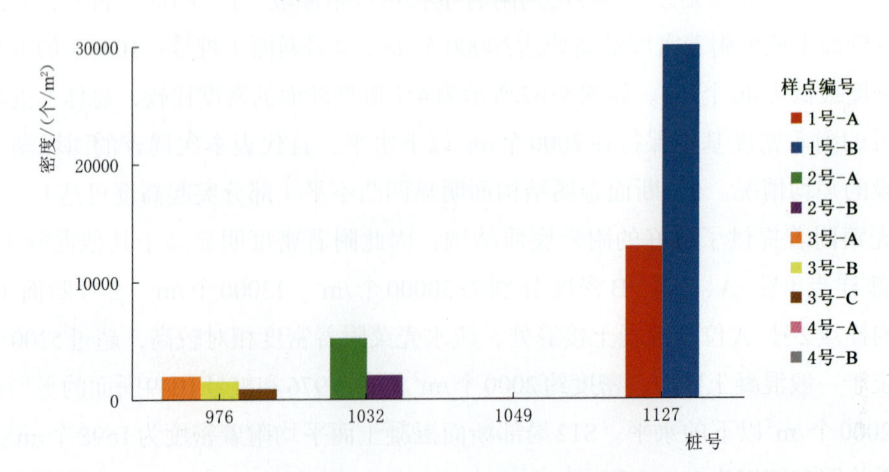

图 5-62　S12 淡水壳菜密度沿程分布

图 5-63 反映该段暗涵上附着的淡水壳菜的种群体长分布，总体上体长集中在 1~5mm，也有零星成贝体长超过 15mm。基于北方地区淡水壳菜的生长速率低于 2mm/月的推测，大部分壳菜可能是近 3 个月之内附着于壁面的，即在 2019 年 8—10 月期间发生的附着，零星成贝可能是上一年的繁殖期附着于此的。其中，1 号样点 A 位置成贝平均体长 4.41mm ± 3.36mm，高于其他样点的平均体长 3.01mm ± 2.07mm，说明凹凸不平的金属结构面不仅附着密度明显高于其他结构，发生附着的时间也明显早于其他结构。

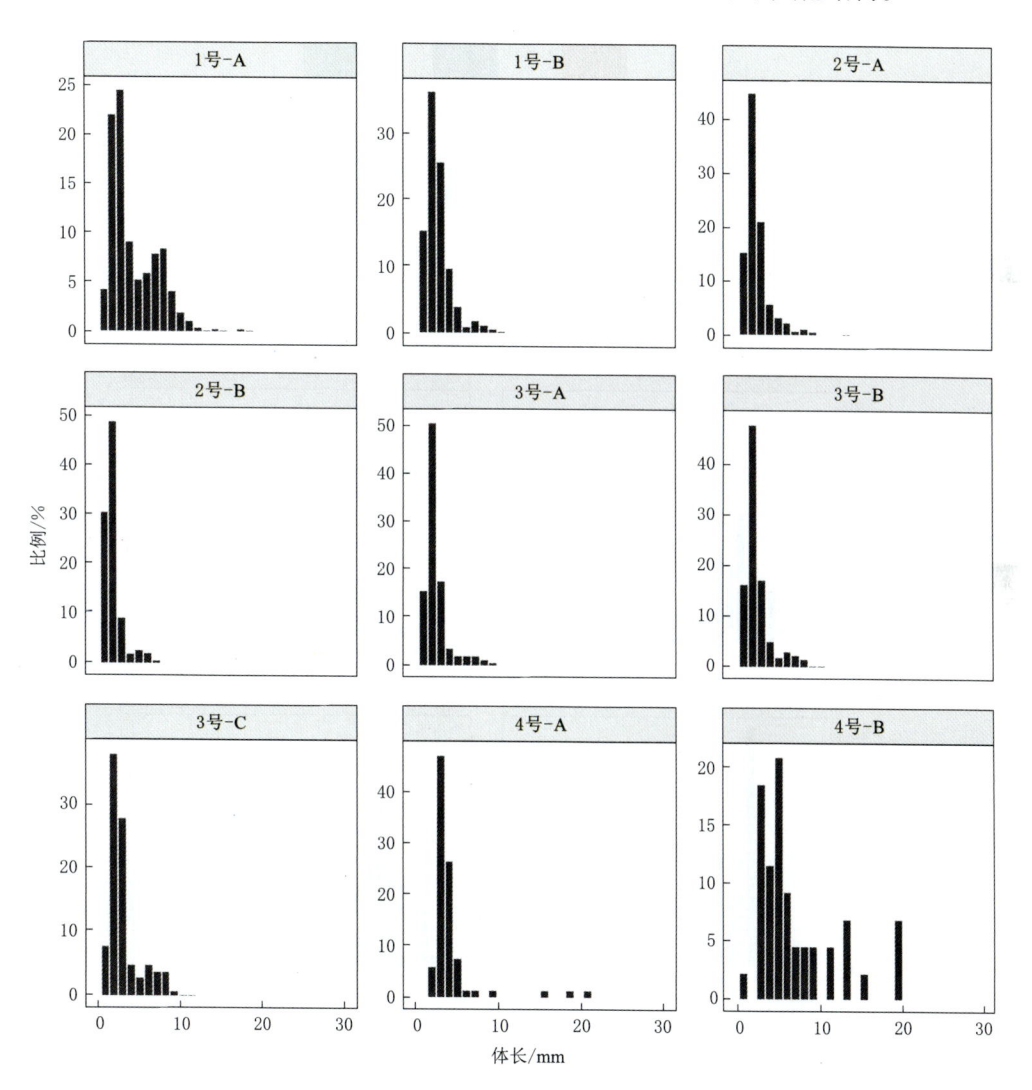

图 5-63　S12 淡水壳菜体长分布

13. S13 成贝附着检查情况

2020 年 4 月 9 日清华大学团队收到南水北调中线工程易县段（桩号：1160）的 1 个断面处的 3 个受淡水壳菜附着的试块，并对试块上附着的淡水壳菜的密度、体长进行了估测。3 个样本的附着情况如图 5-64 所示。3 个试块淡水壳菜的附着密度均较高（>20000ind/m²，密度分布如图5-65所示），平均密度为27936ind/m²。贝体的平均体长为8.2mm，体长分布如图5-65所示，3个试块的淡水壳菜体长分布比较接近，分别为9.418mm±3.208mm，8.11mm±1.968mm，7.384mm±2.376mm，表明了3个样点间淡水壳菜的生长比较一致。

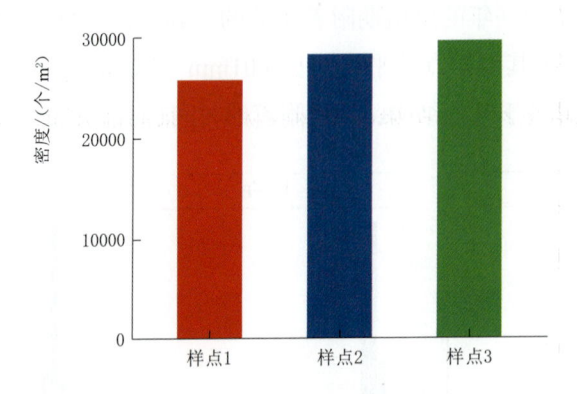

图5-64　S13水壳菜密度分布

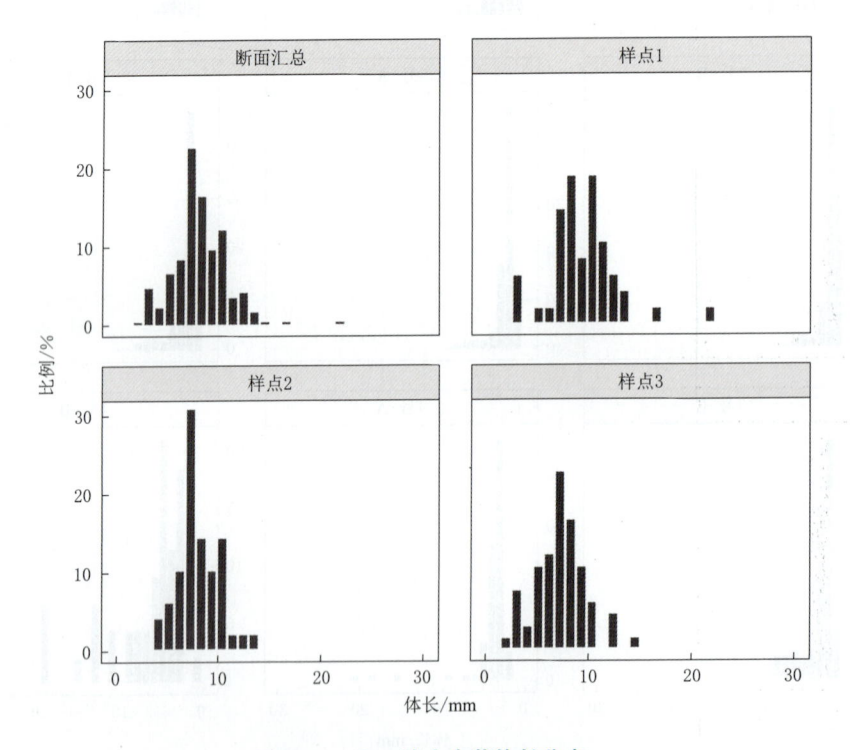

图5-65　S13淡水壳菜体长分布

14. S14成贝附着检查情况

2020年6月20日清华大学团队收到南水北调中线工程岳各庄局部段（桩号：1220）现场调查的照片和现场人员的初步记录（自2019年11月停水检修，具体拍照时间不详）。从照片拍摄了方形和圆形两种断面涵管，其中在方涵5个样点照片、圆涵4个样点照片。基于前期开发的图像识别技术，对照片中附着的淡水壳菜密度进行了估算。以岳各庄调压塔为界，淡水壳菜附着密度呈现两极态势：

（1）大宁调压池至岳各庄调压塔间方涵段的左右线几乎所有管节表面均附着大量藻类和淡水壳菜，平均附着密度为 15800 个/m² ± 8136 个/m²。根据现场人员记录，直线段壁面淡水壳菜成聚团分布，弯道处凸岸和凹岸壁面附着密度有差别，推测凸岸壁面附着密度较高，凹岸壁面附着密度较低。

（2）岳各庄调压塔至团城湖明渠的圆涵段淡水壳菜局部分布，几处代表性断面的附着情况如图 5-66 所示，平均附着密度为 19250 个/m² ± 9429 个/m²，相比于方涵段平均附着密度更高，但最高密度差别不大。

需说明的是缺乏现场的采样和实测，加之淡水壳菜聚团成层附着，通过照片识别的附着密度可能存在一定的误差。另外，照片中缺少比例尺，无法估算淡水壳菜平均体长，只能根据易县断面的情况推测北京段的平均体长为 10mm。

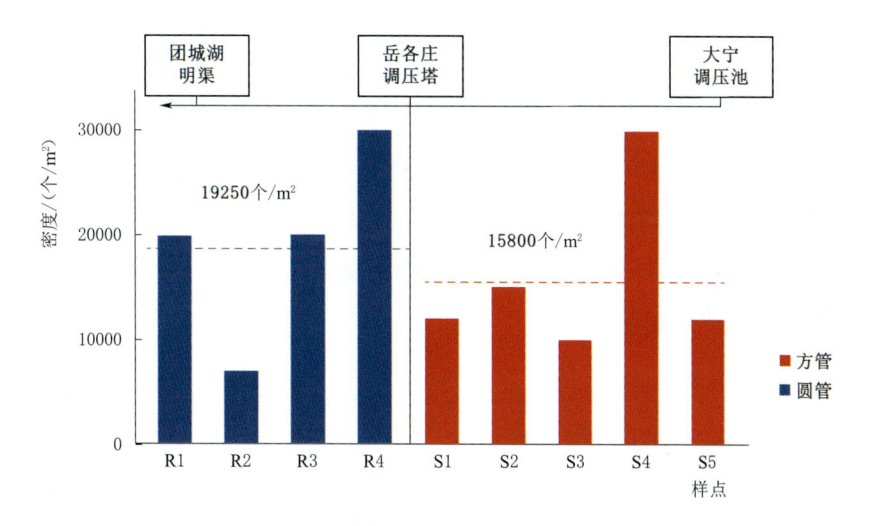

图 5-66　岳各庄段淡水壳菜附着密度分布

目前壁面光滑，加之停水一周后淡水壳菜死亡，施工人员采用加长铲子即可铲掉附着的聚团。人工清扫、收集、装车，运至洞外，采用垂直运输设备将其装车，运至指定消纳场进行消纳。干线检修施工二标藻蛤贝类共计 54359.99 m²，共计消纳 503.52 m³。

15. 成贝附着总体情况

（1）典型结构成贝附着现状

图 5-86 给出了主要结构中淡水壳菜附着密度实测结果的平均值，以及基于下文预测模型预测的截至 2020 年 6 月的附着密度的最大值，其中考虑了对壁面淡水壳菜清理的影响。表 5-7 列出了主要结构中的淡水壳菜成贝的最大最小体长、平均体长和平均附着密度。平均附着密度从南向北先增加、后降低，在中游段达到最高。平均附着密度出现先增加、后降低的原因可归为：淡水壳菜在沿程的附着均为下游提供了贝源，因此下游的幼虫密度应该逐渐增加，附着的概率和密度也相应增加，而下游段附着密度出

现下降的原因，可能为，下游段天气寒冷，这可能在一定程度上影响了淡水壳菜幼虫的附着。

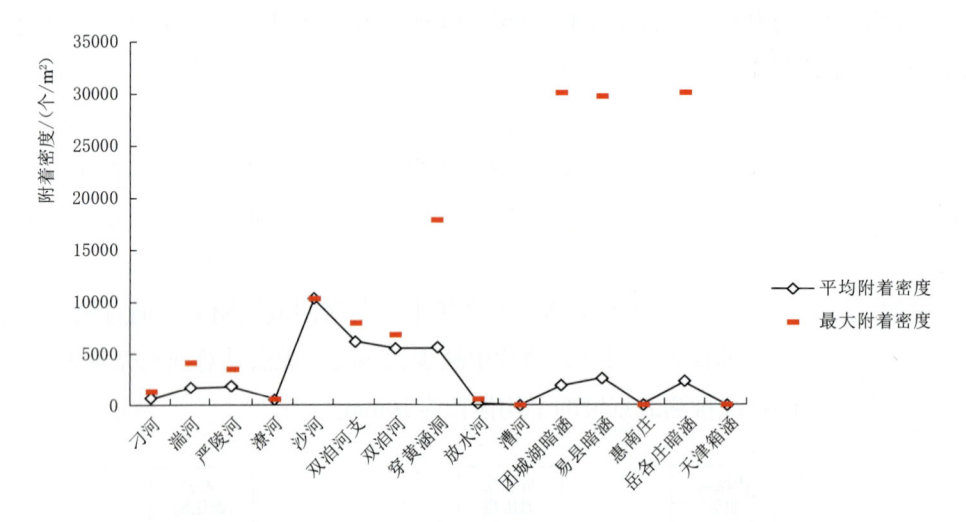

图 5-67　主要结构淡水壳菜附着密度（根据2017—2018年实测数据与预测数据）

图5-68给出了主要结构中淡水壳菜的平均体长，其中，平均体长上游段最大，中游段次之，下游段最小。平均体长沿程变化规律的原因可归结为：上游段地理位置靠近中国南方地区，平均温度较地处北方的下游段平均温度更高，因此淡水壳菜生长速率更快，体长较下游长，特征值如表5-7所示。

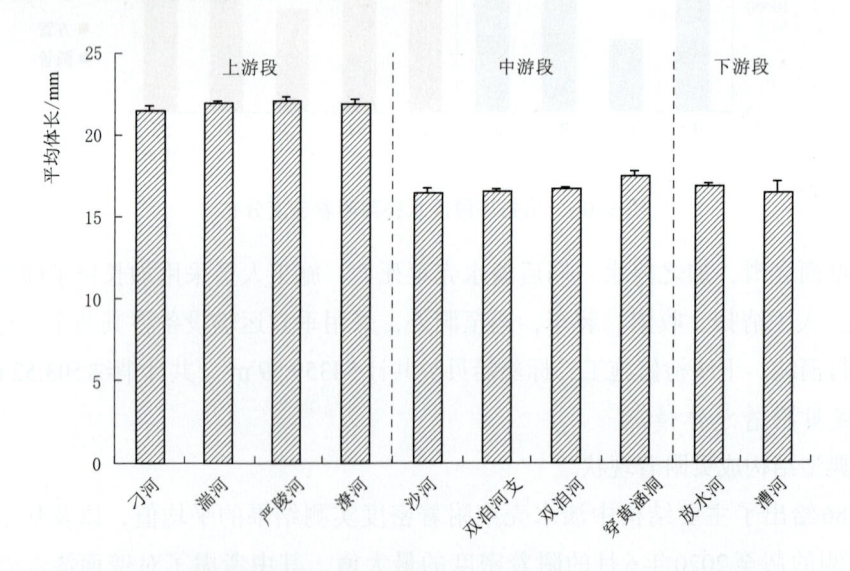

图 5-68　主要结构淡水壳菜平均体长（根据2017—2018年实测数据）

图5-69给出了主要断面上淡水壳菜成贝的附着密度，幼虫的密度以及当地的累积水温这三者之间的关系：成贝附着密度的变化与水体中的幼虫密度和当地的冬季积温均有关。中游段虽积温低于上游段，但幼虫密度显著高于上游段，成贝的附着受限于较低

的幼虫密度，导致成贝密度高于上游段。下游段的幼虫密度高，但受冬季积温较低的抑制，幼体的发育速率较低，导致下游段即使幼虫密度较高。从前期监测结果来看成贝的附着密度较低，但随着中线总干渠的持续运行，下游段成贝的附着密度可能会逐渐升高，具体采样水温如表5-8所示。

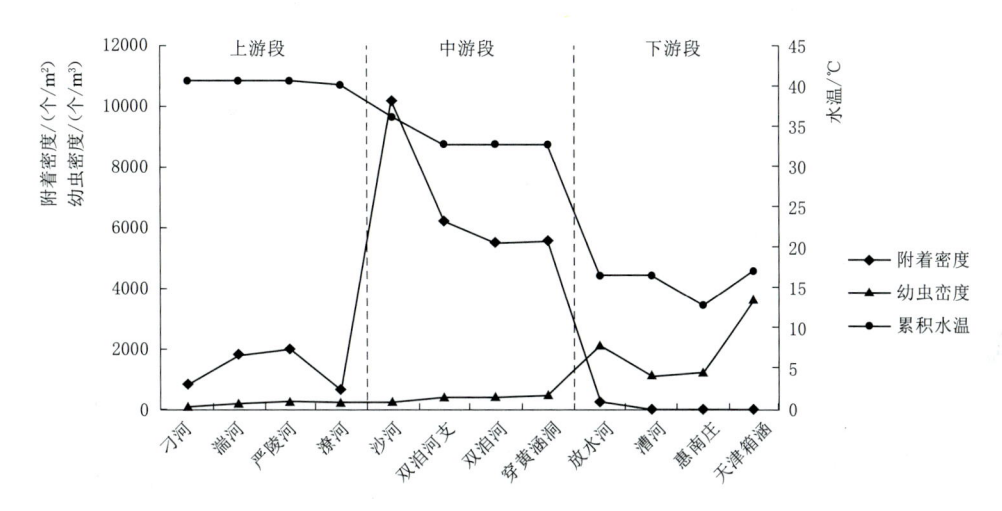

图5-69 成贝附着密度与幼虫密度、累积水温关系图（根据2017—2018年实测数据）

表 5-7　　中线总干渠主要渡槽及结构的淡水壳菜成贝特征值

	S1	S2	S3	S4	S5	S6
断面形状	矩形	U形	矩形	矩形	U形	矩形
开始附着时间	2015.1	2015.2	2015.1	2015.2	2015.7	2014.10
已附着时长/月	33	32	33	32	27	24
最大体长/mm	32.49	32.29	32.76	31.86	26.65	23.74
最小体长/mm	4.86	7.39	11.57	10.88	4.84	4.56
平均体长/mm	21.41	21.91	22.06	21.88	15.41	16.51
平均密度/（个/m²）	787	1754	1959	622	10190	6159
	S7	S8	S9	S10	S11	S12
断面形状	矩形	圆形	矩形	矩形	矩形	矩形
开始附着时间	2015.9	2015.8	2014.11	2016.1	2018.4	2018.4
已附着时长/月	25	26	23	21	—	—
最大体长/mm	24.63	24.57	23.08	21.15	—	—
最小体长/mm	4.21	1.25	8.38	9.01	—	—
平均体长/mm	16.65	17.38	16.77	15.39	—	—
平均密度/（个/m²）	5493	5557	242	7	—	—

表 5-8　　不同采样点逐月水温　　单位：℃

月份	S1	S2	S3	S4	S5	S6	S7	S8	S9	S10	S11	S12
1	9.4	9.4	9.4	9.2	7.7	6.8	6.8	6.5	2.3	2.3	1.0	3.6
2	7.9	7.9	7.9	8.1	6.5	6.6	6.6	5.4	1.3	1.3	0.3	0.8
3	9.1	9.1	9.1	9.2	9.3	9.4	9.4	9.5	6.2	6.2	6.5	4.2
4	9.2	9.2	9.2	11.6	11.4	16.6	16.6	16.7	14.5	14.5	14.5	11.5
5	19.3	19.3	19.3	18.8	17.6	18.8	18.8	19.8	20.3	20.3	21.8	20.3
6	21.8	21.8	21.8	21.4	21.9	24.2	24.2	22.9	25.2	25.2	24.5	24.8
7	25.6	25.6	25.6	25.6	27.8	29.2	29.2	29.2	29.8	29.8	28.8	30.0
8	25.8	25.8	25.8	28.4	28.7	28.5	28.5	27.7	31.0	31.0	30.4	30.5
9	24.3	24.3	24.3	24.1	24.8	25.6	25.6	26.0	26.0	26.0	25.4	25.8
10	21.4	21.4	21.4	20.8	20.3	20.0	20.0	19.6	16.5	16.5	16.9	19.5
11	19.0	19.0	19.0	19.0	17.9	16.9	16.9	16.6	15.7	15.7	14.8	15.6
12	11.3	11.3	11.3	13.7	11.6	10.0	10.0	8.3	5.8	5.8	5.0	6.5

（2）成贝沿线分布图

南水北调中线工程典型渡槽等结构的断面形状主要为矩形和U形，这些断面形状不利于泥沙落淤，而南水北调中线工程明渠的断面形状为梯形，在梯形断面上容易形成泥沙淤积。由于运行原因，干线明渠不能停水检修采样，因此，对于典型结构中间的明渠的淡水壳菜附着，采用推测的方法，依据为：根据深圳西枝江的试验结果，泥沙淤积对淡水壳菜的附着的减小系数为0.4，因此，典型结构中间的明渠附着密度=(结构A附着密度+结构B附着密度)/2×0.4。根据计算结果，绘制出2017年南水北调中线工程成贝的沿线分布图，如图5-70所示。

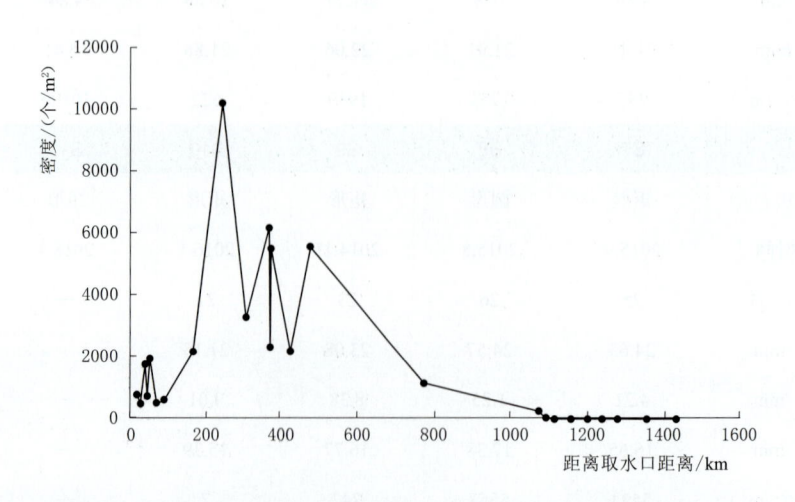

图5-70　成贝附着密度沿线分布图（根据2017年监测的结果绘制）

（3）主要建筑物成贝附着分析、预测及验证

1）主要建筑物从南到北淡水壳菜成贝开始附着时间

表5-9给出了主要建筑物从南到北淡水壳菜成贝开始附着时间，该附着时间依据各建筑物淡水壳菜成贝最大体长数据（2017年10月）和南水北调淡水壳菜生长速率1mm/月来推测。由于淡水壳菜源于丹江口水库，上游段具有和丹江口水库相似的水体温度，幼虫能够很快在上游段附着，因此，上游段的开始附着时间为2015年1月和2月，即南水北调中线工程通水后就开始附着。而随着向北的推进，水温，尤其是寒冷季节水温逐渐降低，幼虫需要逐渐适应这种新环境，因此，随着向北的推进，淡水壳菜开始附着的时间逐渐推后。

表5-9　　主要建筑物成贝附着分析及预测

时间	建筑物名称	S1	S2	S3	S4	S5	S6
2016.10	已附着时长/月	33	32	33	32	27	24
	开始附着时间	2015.1	2015.2	2015.1	2015.2	2015.7	2014.10
2019.4	平均密度/（个/m²）	2000	3000	3000	2000	12000	7500

时间	建筑物名称	S7	S8	S9	S10	S11	S12
2016.10	已附着时长/月	25	26	23	21	0	0
	开始附着时间	2015.9	2015.8	2014.11	2016.1	2018.4	2018.4
2019.4	平均密度/（个/m²）	6500	7000	1500	1000	500	500

2）主要建筑物2019年4月淡水壳菜附着情况预测

以2016年10月的数据为起点、淡水壳菜生长速率1mm/月为依据，推测2019年4月主要建筑物的成贝附着情况，如图5-71所示。可见，除了靠北的惠南庄和天津箱涵2个建筑物以外，其他建筑物的附着密度均达到1000个/m²以上，中游段的几个建筑物甚至达到5000个/m²以上，预测会对建筑物产生一定的影响。

3）附着密度的预测及验证

随着通水时间的延长，成贝附着密度情况也发生了一定的变化，尤其是下游段，随着壳菜对低温区的适应，附着密度显著增加，部分断面最高附着密度也达到20000个/m²。以南方地区长期运行的输水工程已经出现的最高附着密度100000个/m²作为极限附着密度的参考，并考虑南水北调中线总干渠所跨越的区域气温低等限制，以2017年10月的数据为起点，结合不同时期监测的现状附着密度，率定模型并绘制淡水壳菜密度增长S曲线（图5-71）。该图可为上游段和中游段的淡水壳菜预防和管理提供参考，而其是否适合下游段还需进一步验证。

根据S曲线，推测2019年4月主要建筑物上成贝附着密度均超过1000个/m²，中游段典型结构上密度甚至超过5000个/m²。2019年11月至2020年6月北京市暗涵等重要结构段部分断面实际最高附着密度已达30000个/m²。预测中线总干渠3~5年内淡水壳菜最高附着密度可达50000个/m²，生物污损风险高、发展较快。这将对中线总干渠输水效率、

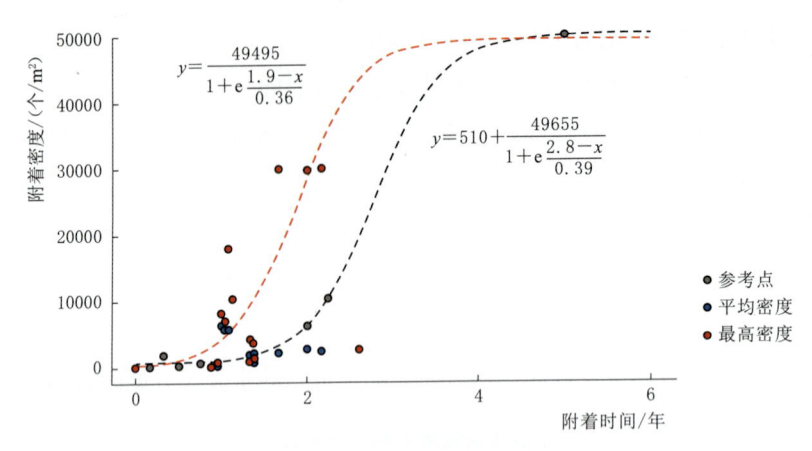

图 5-71　成贝附着密度增长趋势图

水质安全、结构材料侵蚀等多个方面产生威胁，建议尽早采取有效的防治措施。

2019 年 12 月、2020 年 4 月和 2020 年 6 月分别对北京市段团城湖局部暗涵、易县暗涵和岳各庄局部暗涵的成贝附着情况进行采样统计，基于试块附着密度以及实际情况，估算这 3 个断面在 2019 年 12 月的附着密度分别为 2000 个 /m²、7500 个 /m² 和 6400 个 /m²，根据惠南庄和天津市箱涵断面推测的成贝附着时间，团城湖、易县和岳各庄断面的成贝附着时间按 2018 年 4 月计。因此，截至 3 个断面采样时，团城湖、易县和岳各庄断面的成贝附着时长应为 20 个月、24 个月和 26 个月，对照图 5-72，发现该图预测相应附着时长的密度与这 3 个断面的平均附着密度基本吻合，说明：尽管图 5-72 是根据上游段和中游段的数据绘制的，但对下游段河北地区，天气寒冷虽然会导致淡水壳菜的附着时间比上游段和下游段滞后，然而淡水壳菜附着后密度的增长与附着时长的关系与上游段和中游段的规律相似，图 5-72 适合用来推测下游段的未来附着趋势。基于上述模型预测截至 2020 年 6 月的附着情况如图 5-72 所示，从图中可以看出如果清理不及时，中线工程中部分结构中的污损情况可能比较严重。

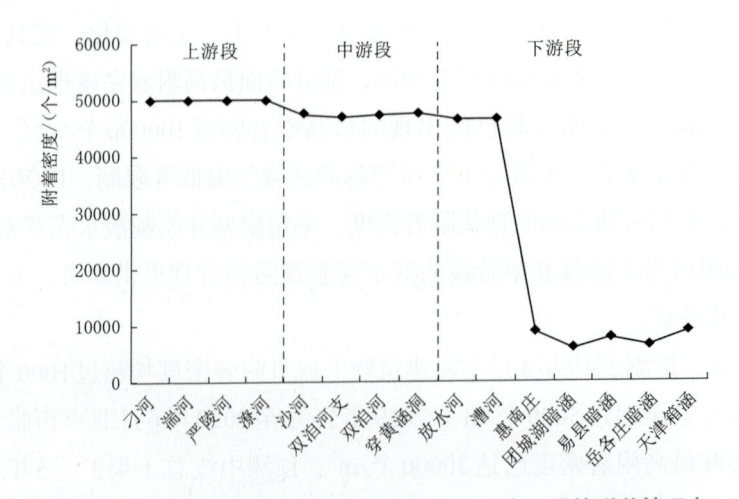

图 5-72　基于模型的预测结果（预测到 2020 年 6 月的附着情况）

5.3.4 淡水壳菜对工程运行的影响

基于对淡水壳菜在输/调水工程中造成的常见问题的前期研究，以及对南水北调中线总干渠淡水壳菜污损现状的认识，本章通过现场及室内试验、模型分析等手段，完成了淡水壳菜附着污损对总干渠工程运行影响进行了评估，具体包括对工程输水能力、混凝土结构、金属结构设施、输水水质等方面的影响。具体工作内容和成果如下。

5.3.4.1 水壳菜附着对输水效率影响试验

淡水壳菜一旦扩散输水通道必然造成结构表面糙率的增加，影响输水效率。但关于淡水壳菜对壁面糙率的影响会达到何种程度，尚待进一步研究。因此，本章通过水槽试验，研究了淡水壳菜附着对管道壁面糙率的改变，并分析了不同附着密度情景下总干渠输水效率的改变。

5.3.4.1.1 实验设计

如图5-73所示，实验在直径为300mm的PVC圆管中进行，潜水泵的进水管直径为60mm，实验时实验管中水深为150mm，流速为0.1m/s。进水管安装在靠下的位置，完全淹没于水下，因此，实验管进水口处可考虑为有限空间的紊动射流，射流受管壁限制，进水口附近存在回流区。因为实验管中为无压流动，水面没有边界约束，所以采用贴壁射流公式计算回流区的平均速度。

$$v = 0.177 v_0 d_0 (10\bar{x}) \mathrm{e}^{10.7\bar{x} - 37\bar{x}^2} / \sqrt{A}$$

其中
$$\bar{x} = ax / \sqrt{A}$$

式中：$\bar{x}$为无量纲化的计算断面到出口的距离；a为紊流系数，圆形断面取0.08；A为垂直于射流的水体断面面积；d_0为喷口出口直径。

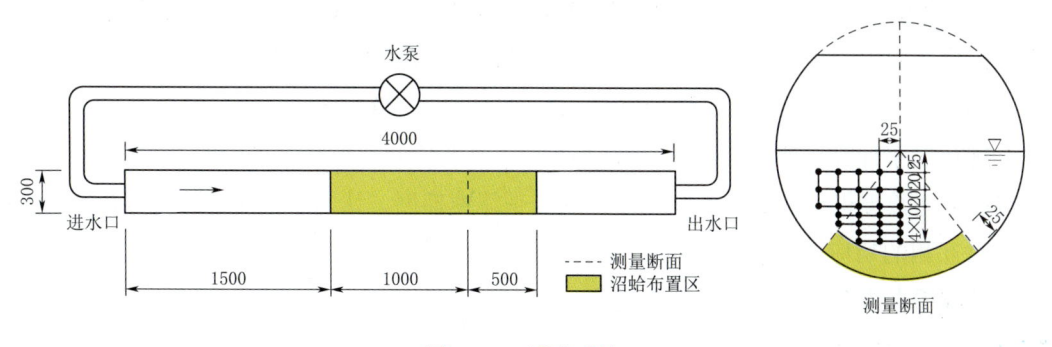

图5-73 试验系统

通过计算，距喷嘴1.5m处，回流平均速度为$v=0.0004$m/s，基本可以忽略。因此，为减弱进水端的干扰，淡水壳菜布置段的上游边界距离进水管口1.5m。同时，在主要实验段在试验时水流的弗劳德数$Fr=0.09$，流态为缓流，因此，为尽量避免下游扰动传递到上游，测量断面距下游出水口1.5m。

淡水壳菜布置段，面积为0.2m×1.5m。测量断面距离淡水壳菜布置段的上游边界1.0m。淡水壳菜布置后，平均厚度约2.5cm（与实际工程中壁面的较高密度附着时厚度一致）。试验时淡水壳菜聚群从水源区原状取回，实验测试了高、中、低密度工况，密度减少是通过剪断淡水壳菜足丝使其脱离基质实现。不同密度下壳菜的分布模式按照图5-74设置，壳菜体长与数量分别进行统计，具体试验工况如表5-10。

高密度（100%）　　中密度（50%）　　低密度（25%）

图5-74　淡水壳菜布置模式示意图

数据处理：试验获得的ADV数据经过去噪和去毛刺两步处理。去噪处理删除信噪比低于15dB的数据。去毛刺采用加速度阈值法，基于水流最大加速度必须和重力加速度处于同一量级的假设，满足下式中条件之一的流速被认为是毛刺。

表5-10　试验工况

生命状态	附着密度/（个/m²）	流量/（L/s）
存活	12000、8200、5400、3600*、0	1.12、2.69
死亡	8800*、6000、3800、0	1.12、2.69

注：*表示该密度下淡水壳菜在死亡前后均进行了试验）

$$\begin{cases} a_i > \lambda g \\ u_i > \bar{u} + k\sigma \end{cases} \text{或} \begin{cases} a_i < -\lambda g \\ u_i < \bar{u} - k\sigma \end{cases}$$

式中：a_i为水流加速度；u_i为第i次采集的水流速度；$a_i=(u_i-u_{i-1})/\Delta t$，$\Delta t$为流速采集时间间隔，本试验中为0.005s；$\bar{u}$为采集的流速系列的平均流速；$\sigma$为标准差；$g$为重力加速度；$\lambda$和$k$为经验常数，分别取1.5和1.5（Goring、Nikora，2002）。

进行糙率计算时所采用的平均流速通过水力半径分割与泰森多边形计算。通过ADV测得的流速数据得到管道中不同深度处的水平流速梯度，认为水平流速梯度接近0处两侧水体对互相的切应力可忽略不计，从而分割出受底部淡水壳菜糙率影响的水流区域。在该区域应用泰森多边形法求得平均流速。

5.3.4.1.2　实验结果

1. 淡水壳菜附着对流场的影响

试验过程中测量了断面上29个测点的流速，为分析布置淡水壳菜后对断面流场的影响，图5-75给出了不同淡水壳菜附着密度下的断面流场图。由于测点只分布于测量断面一侧，绘图时另一侧的流速数据由对称得到，因此图形左右对称。断面上流速较大的区域主要分布于断面中上部位，近壁水流流速相对较低。且随着淡水壳菜附着密度的增加，近壁处水流的流速逐渐降低，流速较低的区域扩大。说明淡水壳菜附着对水流的影响主要集中于近壁处，影响范围比较局部，尚不能扩大到整个断面。而随着附着密度的增加，影响区域有所扩大，对输水效率的影响也逐渐增强。

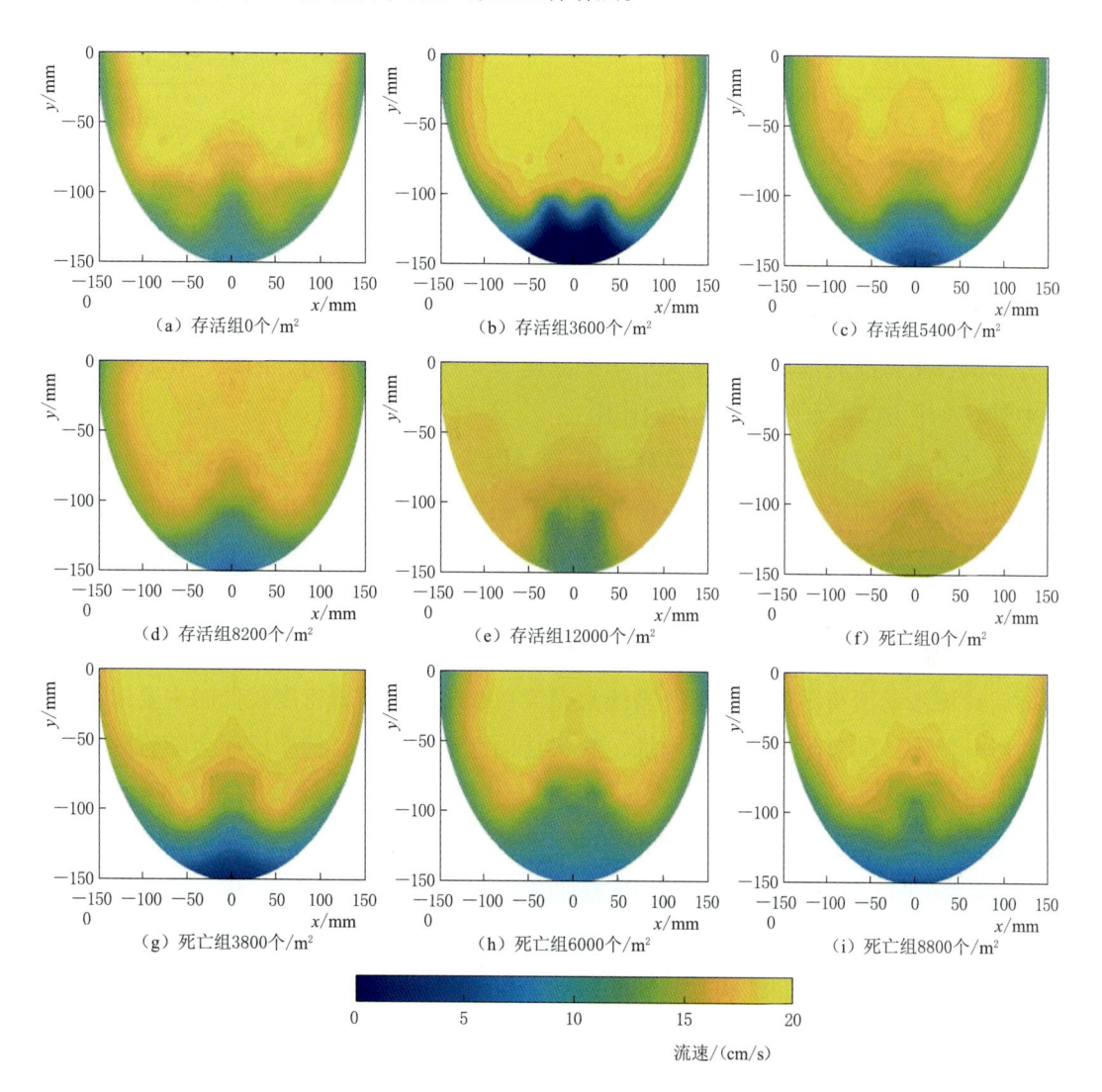

图 5-75　不同淡水壳菜附着密度下的断面流场图

图 5-76 给出了不同流量工况下，三次重复试验下测量得到的断面中线处的平均流速分布。两组流量工况不同附着密度下的流速均服从对数流速分布，大流量时的流速分布线坡度大于小流量时的，表明大流量下淡水壳菜的影响更加明显。对于同一测点，该处流速随着淡水壳菜附着密度的增大而减小，但当密度增至 12000 个/m² 时，流速又略有增大。同时，随着测点深度的增加，不同附着密度下的流速差别越大，表明淡水壳菜的影响主要集中在近壁区。

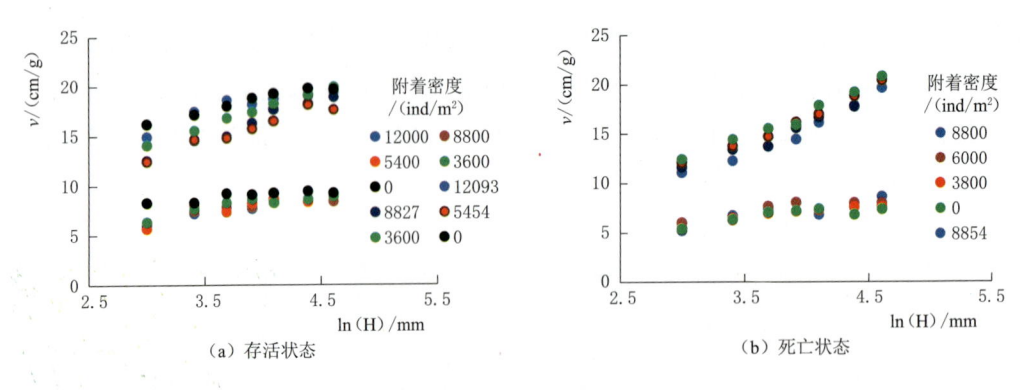

图5-76 测量断面中线平均流速分布

水平方向上的流速测量是为了通过水平流速分布进行水力半径的划分，从而方便之后糙率的计算。以高密度下水平流速分布为例，同一高度上流速相差不大，根据垂向流速分布拟合求得的底部切应力远大于水平流速梯度求得的切应力，因此，在后续糙率计算中忽略水平方向上水体间切应力的作用。

2. 淡水壳菜附着对壁面糙率的影响

根据测量断面中线上的平均流速的对数流速分布公式，推求出摩阻流速和曼宁糙率系数（图5-77）。结果显示，由于淡水壳菜的附着，曼宁糙率系数增加量可超过0.01。而随着淡水壳菜附着密度的增加，当其达到某一程度时（存活状态下超过5000个/m²），糙率增加的速率会有所减缓，最后还可能有所下降。这种现象与河流动力学中的河床粗化层被后续泥沙落淤夷平现象相似，当淡水壳菜在基质上的附着密度较低时主要以簇状结构的影响糙率；随着附着密度的增加，簇状结构逐渐连成片，糙率反而会随着附着密度的增加而减弱。

随着附着密度的进一步增加，新附着的淡水壳菜在之前附着的壳菜表面的层叠附着，对糙率的影响微弱。但由于淡水壳菜的层层叠加附着，过流断面面积减小，也会影响输水效率。需要说明的是，因为实验材料是取自水源地原状基质上附着的淡水壳菜聚团，试验过程中所用的淡水壳菜都带有原状天然基质，因此，两组试验在附着密度为0时初试值不同。

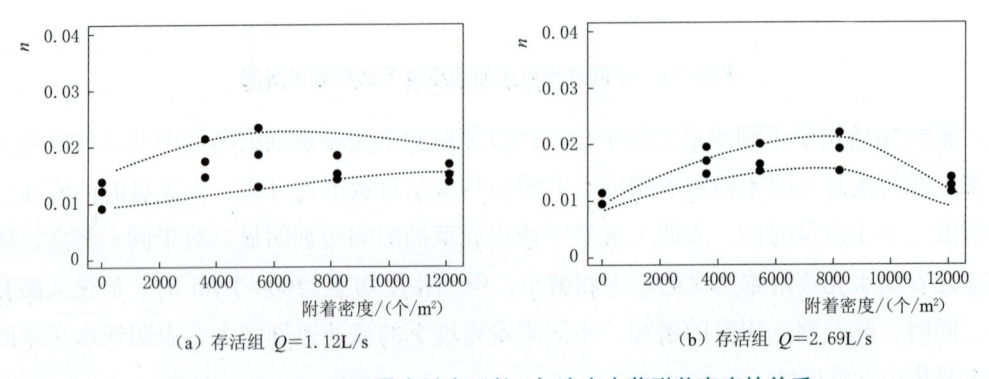

图5-77（一） 壁面曼宁糙率系数 n 与淡水壳菜附着密度的关系

(c) 死亡组 $Q=1.12$ L/s

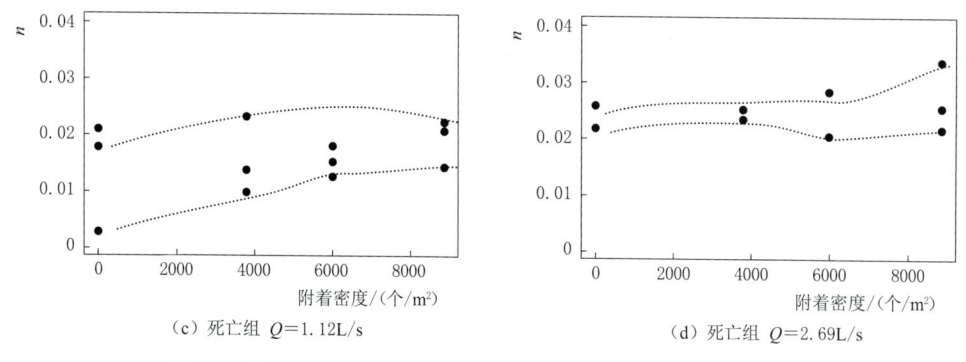

(d) 死亡组 $Q=2.69$ L/s

图 5-77（二） 壁面曼宁糙率系数 n 与淡水壳菜附着密度的关系

5.3.4.1.3 输水能力影响的模拟分析

1. 壳菜附着对中线总干渠全线输水能力影响

中线总干渠全线以明渠为主，涵管为辅的建造方案，明渠占中线总干渠总长的79%，利用地形高差实现自南向北自流输水。渠道设计水位由南向北递减，渠首水位为147.4m，渠末水位为49.1m；渠道设计水深由南向北递减，渠首水深9.5m，渠尾水深4.0m。中线总干渠主要为全断面混凝土衬砌的梯形断面渠道，设计糙率0.015，底宽由54.3m递减为5.1m，平均坡降为1/12500。全线共有桥梁1300多座，分水闸88座，退水闸53座，渡槽26座，倒虹吸69座，隧洞7座，节制闸61座，暗渠15座。北京市段位于中线总干渠末端，流量最小，采用暗涵与PCCP管道结合的形式输水，线路长80.05km。北京市段惠南庄—大宁输水采用2排4m直径的PCCP全长55.4km，糙率在0.01～0.0125。天津市段为西黑山至天津外环河，线路长153km，采用暗涵输水。

淡水壳菜附着主要影响沿程水头损失，因此，在对中线总干渠的全局影响分析中，主要考虑明渠、渡槽、管涵等主要结构中淡水壳菜附着后对输水效率的影响，暂不考虑淡水壳菜对各类交叉建筑物等局部结构的影响。同时，根据中线总干渠沿程淡水壳菜成贝附着情况调查结果，淡水壳菜附着密度在中游段最高，上游次之，下游段最少，淡水壳菜体长则是沿程减小。因此，在模型设置中，将中线总干渠全线分为四段。第一段：渠首到沙河；第二段：沙河到双洎河；第三段：双洎河到放水河；第四段：放水河到河北省段终点。综合考虑水槽试验中糙率随淡水壳菜附着密度的变化特征，模型计算中设置了3种工况，分别为严重、适中和轻微。对应于严重情形，放任淡水壳菜生长，且随着时间增加，其在北方地区的适应性增加，中线总干渠全程发生附着，4个分段的密度分别按照2000个/m²、10000个/m²、6000个/m²、1000个/m²设置。对应于适中情形，附着密度在目前的基础上进一步增加，但在北方地区的适应性依然较低，4个分段的密度分别设置为500个/m²、2500个/m²、1500个/m²、250个/m²。对应于轻微的情景，由于采取了控制措施，淡水壳菜附着密度减少，仅少量存在，各段密度分别为250个/m²、1200个/m²、800个/m²、0个/m²。

根据张成（2008）的研究成果，利用明渠一维流动方程：

$$\begin{cases} \dfrac{\partial Q}{\partial x} = 0 \\ \dfrac{\partial z}{\partial x} + \dfrac{1}{2g}\dfrac{\partial}{\partial x}\left(\dfrac{Q^2}{A^2}\right) + \dfrac{Q^2 n^2}{A^2 R^{4/3}} = 0 \end{cases}$$

进行设计流量下的水面线计算。其中，曼宁系数根据粗糙高度和水力半径确定。由于渠道内附着的淡水壳菜主要集中在各种粗糙结构处，在利用淡水壳菜体长代替粗糙高度进行曼宁系数计算时，对其进行一定的折减。即

$$n = \dfrac{R^{\frac{1}{6}}}{19.56 + 181 g\left(12\dfrac{R}{k_s}\right)}$$

图5-78给出了设计工况下，渠道糙率按$n=0.015$计算时的水面线。图5-79为3种计算情景下的水面线变化。可以看出，淡水壳菜附着导致渠道壁面糙率增加会明显影响渠道输水效率，具体表现为在流量维持不变时，水面线抬升。严重情况下，局部渠段水面线抬升会超过0.6m，将会大大影响工程安全，因此，中线总干渠内淡水壳菜的防治工作十分重要。

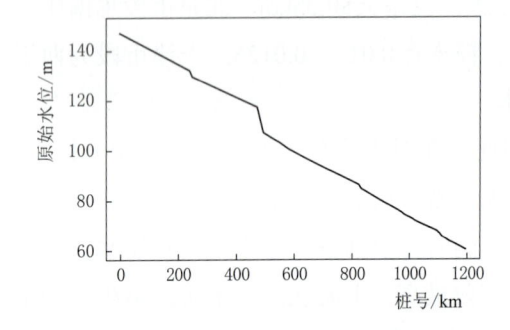

图5-78　中线总干渠设计水面线 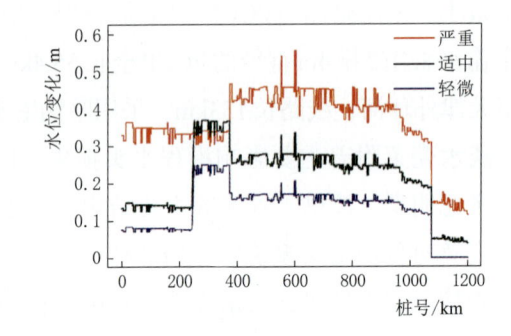　　图5-79　中线总干渠不同工况下水位变化模拟

2. 壳菜附着对典型结构物的输水能力的影响

为研究淡水壳菜附着对典型结构物的具体影响，对局部渠段进行了模拟。以中线总干渠明渠梯形断面为例，沿渠首到末端，明渠断面形式不变，仅尺寸发生改变。如图5-80所示，计算中选用的明渠模型为澧河—澎河的结构形式，比降为1/25000、边坡比1∶2、底宽9.344m、高9m、计算长度100m、进口水深7m、流速1m/s（设计流量下流速为1.2m/s）。为方便计算，计算域为渠道的1/2，中间设置为对称面。渠底因泥沙落淤不利于淡水壳菜附着，认为岸坡是淡水壳菜主要附着区域，参考试验结果设置岸坡糙率。同时将岸坡以1m为间隔进行分层，模拟淡水壳菜的不同附着情况，计算中依次增加淡水壳菜的附着区域。

模拟结果表明，随着淡水壳菜密度增加，断面流速开始降低，分区也更明显，特别是附着处的流速会因糙率的增大而降低，利用新的壳菜进一步附着，在某种程度上解释了淡水壳菜的集中附着现象。实际工程中，由于施工或者止水带等造成的相对粗糙的结构，改变了局部流场，使其适合淡水壳菜的附着。一旦有壳菜附着，先附着的聚团为后附着的个体提供了有利的流速条件，形成恶性循环，加剧了污损附着的恶化。

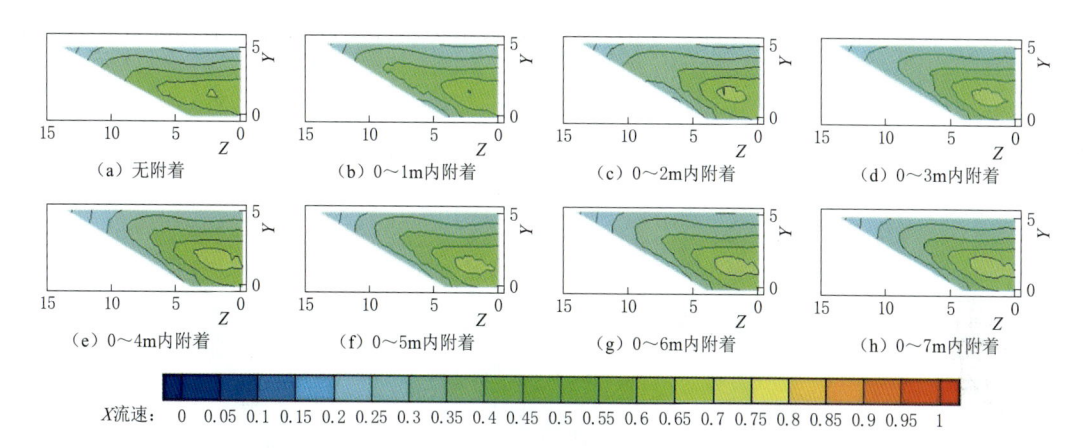

(a) 无附着
(b) 0～1m内附着
(c) 0～2m内附着
(d) 0～3m内附着
(e) 0～4m内附着
(f) 0～5m内附着
(g) 0～6m内附着
(h) 0～7m内附着

X流速 0 0.05 0.1 0.15 0.2 0.25 0.3 0.35 0.4 0.45 0.5 0.55 0.6 0.65 0.7 0.75 0.8 0.85 0.9 0.95 1

图5-80　模型与断面流场

如图5-81所示，计算中选用的渡槽原型为湍河渡槽，该渡槽槽身段总长720m，纵坡1∶2880，为相互独立的三线三槽预应力混凝土U形结构，槽身两端简支，下部为内半径4.5m的半圆形，上部接2.73m高直立边墙，边墙厚0.35m。设计流量350m³/s。计算选择对称结构作为计算区域，区段长200m，入口流速设置为2.5m/s，其余参数与明渠相同。根据对2017年11月26日对湍河渡槽的实地勘察和采样结果，湍河渡槽中淡水壳菜附着主要集中在渡槽的圆弧区域两侧，渠底由于泥沙落淤壳菜附着较少。同时，淡水壳菜附着在渡槽沿程变化不明显。因此，模型计算了圆弧不同区域附着淡水壳菜的情况，按圆心角均分为了5份，每份18°，由上到下增加粗糙高度，模拟淡水壳菜的附着。

模拟结果表明，在无淡水壳菜附着的情况下，渡槽断面流速分布相对均匀。当淡水壳菜开始附着以后，局部流速降低，且随附着区域的扩大，低流速区也逐渐扩大。这一点与明渠的模拟结果相同，淡水壳菜附着之后会改变局部流场，使之适宜后续淡水壳菜的附着，形成恶性循环，进一步降低渡槽输水效率。

计算中选用的典型有压输水建筑物为穿黄隧洞。穿黄隧洞单洞长4250m，包括过河隧洞和邙山隧洞，其中过河隧洞段长3450m，邙山隧洞段长800m，隧洞采用双层衬砌，外衬为预制钢筋混凝土管片，内径7.9m，内衬为现浇预应力钢筋混凝土，成洞内径为7.0m。隧洞最大埋深35m，最小埋深23m。断面最大水压为4.5MPa。工程设计流量为265m³/s，加大流量为320m³/s。因为隧洞为对称结构，选择一半断面进行计算，计算段长度为200m，入口流速为3m/s，出流处压强固定。参考深圳东江水源工程的引水隧洞淡水壳菜

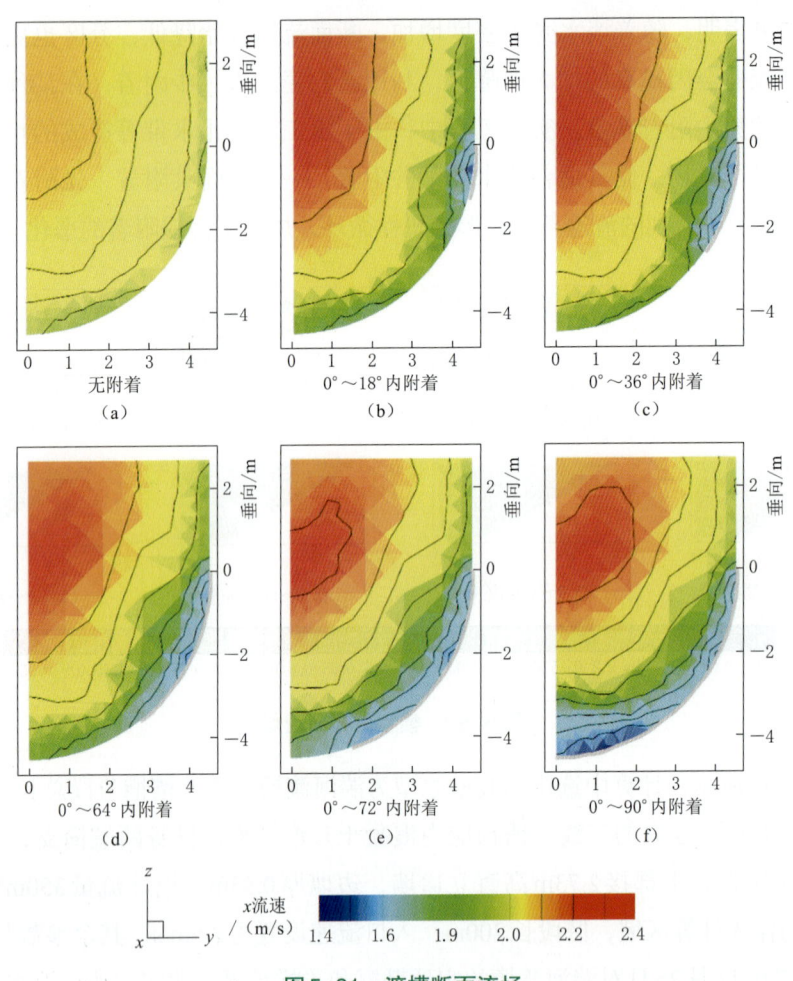

(a) 无附着
(b) 0°～18° 内附着
(c) 0°～36° 内附着
(d) 0°～64° 内附着
(e) 0°～72° 内附着
(f) 0°～90° 内附着

x流速/(m/s) 1.4 1.6 1.9 2.0 2.2 2.4

图 5-81　渡槽断面流场

附着密度衰减规律，即输水通道进水口处的淡水壳菜的附着密度极高、自进口往下游附着密度随距进水口距离的增加而指数衰减，设置将计算区间沿流向分为了10段，从入口逐段增加壁面的粗糙高度，以此来模拟淡水壳菜在输水隧洞中的附着。

图 5-82 给出了模型计算结果，隧洞中静水压强在淡水壳菜附着后相对于未附着条件的变化值。在淡水壳菜附着的区域，阻力增大，而模型出流处压强固定，因此为了保证过流，隧洞内压强增大，以提供足够的能量克服由于淡水壳菜产生的阻力。同时，压力增大区域与淡水壳菜附着的区域对应。由于同一组计算时只是改变了淡水壳菜附着区域的大小，而糙率设置为相同的值，因此各曲线都接近于平行。

图 5-83 是当隧洞断面上全部附着淡水壳菜和完全无附着的工况的同一断面的流场对比。与明渠中的情况相似，无壳菜附着时断面流速相对均匀。断面被淡水壳菜附着后，壁面流速降低，形成低流速区，而为了保证输水流量，断面中心处流速增大，断面内流速梯度增大。表 5-11 中汇总给出了不同附着密度情景下，几类典型的工程结构的输水能力受淡水壳菜附着的影响。

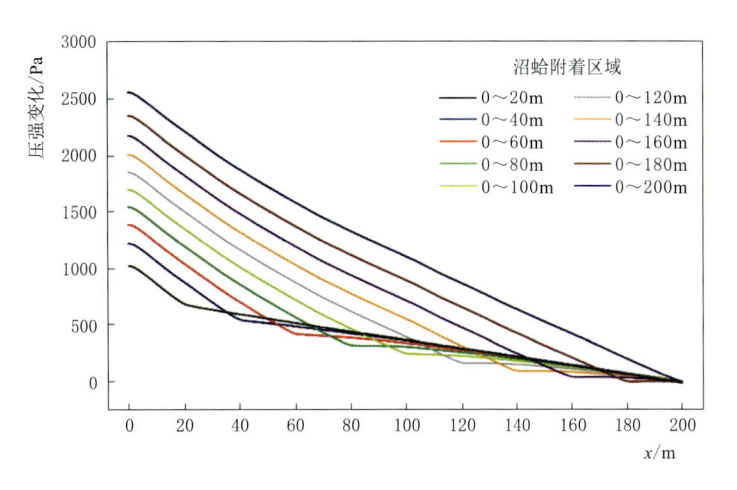

图 5-82　隧洞压强沿程变化

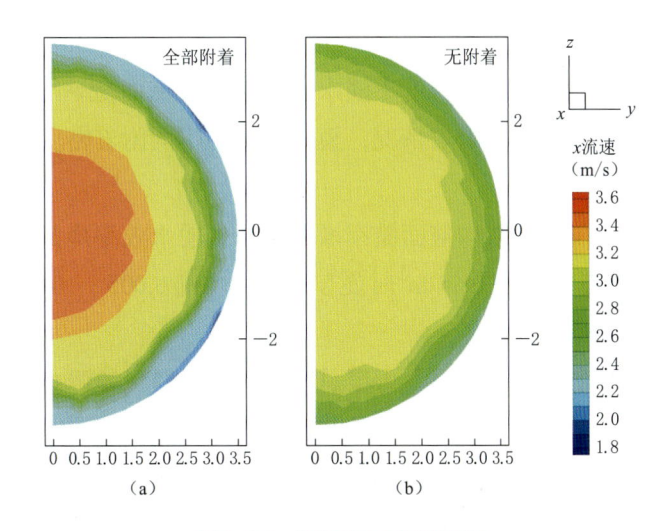

图 5-83　隧洞断面典型流场

表 5-11　不同计算工况下几种典型结构的输水能力受淡水壳菜附着的影响

类型	平均附着密度 /（个/m²）	平均糙率	总长度及占比	输水效率受到的影响
明渠	<500，目前	0.0153	1131.7km，占总干渠的79%	水深增加0.091m±0.014m（1.45%±0.10%），流速降低0.022m/s±0.002m/s（2.03%±0.05%）
	500，未来	0.0156		水深增加0.161m±0.024m（2.57%±0.17%），流速降低0.039m/s±0.003m/s（3.54%±0.08%）
	1000，高风险	0.0161		水深增加0.265m±0.040m（4.22%±0.28%），流速降低0.062m/s±0.005m/s（5.71%±0.13%）
	5000，极端	0.0175		水深增加0.554m±0.083m（8.81%±0.61%），流速降低0.124m/s±0.011m/s（9.35%±0.25%）
倒虹吸	5000，目前	0.0167	33.7km，占总干渠的2.4%	单位长度压头损失增加77.3%，中心流速增大11.4%，近壁（距壁面0.1倍半径处）流速减小31.6%

续表

类型	平均附着密度/(个/m²)	平均糙率	总长度及占比	输水效率受到的影响
倒虹吸	6000，高风险	0.0168	33.7km，占总干渠的2.4%	单位长度压头损失增加79.0%，中心流速增大11.5%，近壁（距壁面0.1倍半径处）流速减小31.9%
	10000，极端	0.0160		单位长度压头损失增加76.0%，中心流速增大11.1%，近壁（距壁面0.1倍半径处）流速减小30.4%
渡槽	2000，目前	0.0168	21.3km，占总干渠的1.5%	水深增加0.41m±0.059m（5.44%±0.65%），流速降低0.090m/s±0.008m/s（8.18%±0.14%）
	5000，高风险	0.0177		水深增加0.56m±0.083m（8.95%±0.86%），流速降低0.126m/s±0.010m/s（9.31%±0.22%）
	10000，极端	0.0170		水深增加0.42m±0.060m（6.61%±0.67%），流速降低0.092m/s±0.008m/s（8.34%±0.14%）

5.3.4.1.4 小结

通过水槽试验测定了不同附着密度下淡水壳菜对干渠壁面糙率的影响，进一步基于试验结果和工程结构中淡水壳菜附着情况，模拟分析了不同附着密度对工程输水能力的影响。具体结果如下：

（1）淡水壳菜附着在输水结构壁面糙率增加，导致输水效率降低。水槽试验显示在淡水壳菜附着密度3600～12000个/m²时曼宁系数n增加0.005～0.01，且附着密度为6000个/m²时，糙率增加最多。

（2）南水北调中线工程中，明渠占干渠总长79%，根据现场调查目前明渠段淡水壳菜稀疏分布，平均附着密度<500个/m²。设计流量运行工况下：目前由于淡水壳菜附着导致的明渠糙率增加0.003，水面线上升0.091m±0.014m，流速降低0.022m/s±0.002m/s；考虑明渠结构特征以及淡水壳菜的避光性，预测未来壁面淡水壳菜均匀分布，当附着密度达500个/m²时，明渠糙率增加0.006，水面线上升0.161m±0.024m，流速降低0.039m/s±0.003m/s；高风险情况下，附着密度达1000个/m²时，明渠糙率增加0.011，水面线上升0.265m±0.040m，流速降低0.062m/s±0.005m/s；极端情况，附着密度达5000个/m²时，明渠糙率增加0.025，水面线上升0.554m±0.083m，流速降低0.124m/s±0.011m/s。

（3）倒虹吸结构是目前遭受淡水壳菜污损比较严重的干渠结构，所幸总长仅33.72km。以穿黄工程为例，现场调查发现目前的平均附着密度已经达到5000个/m²，对应糙率增加0.017。淡水壳菜附着可使单位长度压头损失增加77.3%，局部流速下降31.6%，形成低流速区，先驱附着淡水壳菜可为后续到来幼虫提供有利的附着条件。当附着密度达到6000个/m²，对应试验中最大糙率附着密度，糙率增加0.018，单位长度压头损失增加79.0%，局部流速下降31.9%。当附着密度达10000个/m²，糙率略有下降，增加0.010，单位长度压头损失增加76.0%，局部流速下降30.4%。

（4）各渡槽中目前附着密度不一，当附着密度达到2000个/m²时，糙率增加0.018，水深增加0.41m±0.059m，流速降低0.090m/s±0.008m/s；当附着密度达到5000个/m²时，糙率增加0.027，水深增加0.56m±0.083m，流速降低0.126m/s±0.010m/s；当附着密度达到10000个/m²时，糙率增加0.020，水深增加0.42m±0.060m，流速降低0.092m/s±0.008m/s。

5.3.4.2 淡水壳菜附着对混凝土结构的损伤

5.3.4.2.1 对混凝土的微观性能损伤

南水北调中线总干渠中目前壳菜正处于扩张阶段，附着密度不高，尤其对于新放置的试块，放置时间有限，附着密度更低，所以这些试块样品阐释不了淡水壳菜侵蚀对混凝土的损伤问题。此外，考虑工程安全，南水北调中线总干渠更不允许钻取混凝土芯样。淡水壳菜侵蚀对混凝土的微观性能损伤是输水工程普遍存在的现象，损伤机理具有普适性，因此其他已经长期运行的输水工程中混凝土结构的损伤机理对南水北调中线工程长期损伤预测具有借鉴意义。本章以东深供水工程中混凝土的损伤测试及试验为例，分析输水工程中淡水壳菜附着对混凝土结构的微观性能的损伤机理。

试验测试了被淡水壳菜附着侵蚀1年的混凝土试块和从东深供水工程中钻取的被淡水壳菜侵蚀20余年的混凝土芯样进行对比分析。侵蚀1年的试件的附着大量壳菜的区域定义为"自制试件有贝附着组"，没有附着淡水壳菜的区域定义为"自制试件无贝附着组"，并做好标记，将表层的淡水壳菜刮除干净以备取芯。从工程现场钻取的芯样中，将表面附着壳菜的芯样定义为"现场芯样有贝附着组"，将表面未附着壳菜的芯样定义为"现场芯样无贝附着组"。重点选取表层吸水率、表层孔隙特征与孔径分布、表层形貌和成分变化，以及表层钙成分含量变化这4个指标来分析输水工程中淡水壳菜附着对混凝土结构的微观性能的损伤机理。

1. 表层吸水率、表层孔隙特征与孔径分布

壳菜附着后，混凝土表层吸水率大大增加，对于侵蚀1年的自制试件，吸水率增加了79%，对于侵蚀20余年的现场芯样，吸水率增加了99%，侵蚀时间越长，表层吸水率增加幅度越大；在同样有贝附着或同样无贝附着的条件下，现场侵蚀20年的芯样的吸水率值都比自制试件的吸水率值要小将近50%，说明水泥的水化反应是一个长期的过程，20余年的水化反应比1年的水化过程更充分，因此混凝土更密实，吸水率更小。

吸水率指标间接反映了混凝土的孔隙特征，基于压汞法（MIP）直接测得混凝土样品的孔隙特征和孔径分布。总体而言，淡水壳菜附着后不同孔径对应的进汞体积与无贝附着组相比都有不同幅度的增加，尤其是10nm～10μm的孔隙增加较多，这部分的孔隙情况也是决定混凝土耐久性好坏最重要的指标。

根据上述的孔径分布曲线，分别计算出0～20nm的无害孔隙、20nm以上的有害孔隙、200nm以上的多害孔隙的孔隙体积、总孔面积、总孔隙率、中位孔径和表观密度等各项指标值。总体上，随着壳菜的附着，混凝土不同尺寸的孔隙均有不同幅度的增加，尤其是有害孔和多害孔增加幅度较大，说明壳菜的附着确实会降低混凝土的耐久性。侵蚀1年的混凝土和侵蚀20年的混凝土的总孔隙率增加百分比相差不大，但对于前者的0～20nm的孔隙增加百分比达58.7%，远大于后者（1.6%）。而对于20nm以上的有害孔，侵蚀1年的试块的孔隙增加百分比为60.1%，显著低于侵蚀20年的（96.7%）。同样地，侵蚀1年的混凝土的多害孔隙的孔隙增加百分比为34.3%，远小于现场芯样（110.7%）。说明随着侵蚀年数的增加，无害孔会逐渐转变为有害孔甚至多害孔。

壳菜附着后，随着侵蚀年限的增加，混凝土中的小孔隙会逐渐转变为大孔隙。例如，侵蚀1年的试件的中位孔径减少了3nm，说明小于原中位孔径的小孔隙大幅增加，而侵蚀20年的中位孔径增加了80nm，说明大于原中位孔径的大孔隙大幅增加。此外，在淡水壳菜的侵蚀作用下混凝土的水化产物逐渐流失，且侵蚀时间越长，流失程度越严重。例如，壳菜附着后，侵蚀1年的混凝土的表观密度降低了13.5%，而侵蚀20年的混凝土表观密度降低了19.5%。

2. 混凝土表层形貌和成分分析

上述吸水率和孔隙特征的变化是物理性能方面的损伤，为了解混凝土遭受淡水壳菜侵蚀后其化学性能方面的损伤，采用场发射环境扫描电镜（QUANTA 200 FEG）测试样品表面的形貌和化学成分的变化。利用扫描电镜，在侵蚀1年和侵蚀20年的有贝附着组混凝土表面均观察到了淡水壳菜足丝的形貌。说明淡水壳菜的附着使混凝土表面产生裂纹或使原有的裂纹进一步扩大，引起水分的入侵，进一步导致钢筋锈蚀和混凝土其他力学性能的下降。

利用仪器自带的X射线光电子能谱仪在每种芯样表面随机选取3个点进行微区成分分析每个点的元素种类和相对含量。

淡水壳菜侵蚀混凝土1年后，铝元素（Al）大幅增加，铁元素（Fe）大幅增加，锰元素（Mn）也大量增加（由于无贝附着组中有一个试件的Mn含量太低无法测出结果，所以不计算增加百分比），主要原因是淡水壳菜从周围水域中吸收这些成分用于生理和生长需求。George等（1976）研究发现水中的Fe在贻贝滤食过程中通过鳃被贻贝吸收，且15%～20%的Fe集中在足丝腺系统用于分泌足丝所用；Vachet等（1998）认为贻贝的足肌蛋白质（MEFP1）从水中吸收Fe来促进蛋白内部和分子间的凝聚力；另一方面，Swann等发现斑马纹贻贝足丝部位的Mn含量比周围水域中的Mn含量高30%～100%；其他学者也发现在春季珍珠贻贝壳主要生长期的时候，贻贝壳内的Mn含量是周围水域中的6倍之多。钙元素（Ca）大幅降低，平均降低了87.4%，是因为周围水中和混凝土中的Ca通过鳃被吸收进入淡水壳菜体内的消化腺用于建造自身的贝壳，另外足丝的腐蚀使水泥的水化产物逐渐流失，导致Ca含量大幅降低。

根据研究表明，淡水壳菜侵蚀混凝土20余年后，同样地，铝元素（Al）大幅增加，平均增加了244.5%，铁元素（Fe）大幅增加，平均增加了134.1%，锰元素（Mn）也大幅增加（由于无贝附着组中的Mn含量太低无法测出结果，所以不计算增加百分比），钙元素（Ca）大幅降低，平均降低了81.8%，其理由同上。说明随着淡水壳菜的侵蚀，混凝土的孔隙逐渐变多，水泥的Ca成分逐渐流失，导致混凝土性能的下降。因此，通过监测混凝土表层Ca含量可以间接监测到混凝土性能的降低。

3. 钙成分含量分析

上述内容得到了淡水壳菜侵蚀后混凝土的钙元素会大幅降低的结论，由于混凝土中的钙元素形式很多，主要形式有$Ca(OH)_2$和$CaCO_3$两种矿物形式，因此本节内容用热重法（TG）研究降低的钙元素主要是以何种形式的矿物流失。

可以看出，即使没有淡水壳菜的侵蚀，$Ca(OH)_2$所占的比例远没有$CaCO_3$的比例大，服役时间越长，$Ca(OH)_2$的比例越小，$CaCO_3$的比例越大，很大的原因是混凝土表层的$Ca(OH)_2$逐渐被环境中的CO_2碳化所致。对于淡水壳菜附着后$Ca(OH)_2$含量的变化，自制试件稍有增加，幅度很小，可以看作基本不变，现场芯样降低了34.4%；对于淡水壳菜附着后$CaCO_3$含量的变化，自制试件降低了41.7%，现场芯样降低了82.2%，说明淡水壳菜的侵蚀使$Ca(OH)_2$和$CaCO_3$的含量都大幅降低了，尤其是$CaCO_3$的含量降低更多，且侵蚀时间越长，降低幅度越大。

5.3.4.2.2 对混凝土的宏观性能损伤

表征混凝土宏观性能的指标很多（中华人民共和国住房和城乡建设部，2009），重点选取了抗压强度、质量减少率、碳化深度和最大抗渗压力这4个比较常用的指标来反映淡水壳菜侵蚀混凝土后宏观性能的损伤。将受到淡水壳菜侵蚀1年的侵蚀组试件和没有受到淡水壳菜侵蚀的对照组试件进行对比，对照组试件采用在饱和$Ca(OH)_2$溶液中浸泡1年的试件，即让试件在最佳的养护条件下进行养护。每种试验指标随机取一组试件装入不锈钢试验框后置于水源河流内受侵蚀1年，同时再取一组放在饱和$Ca(OH)_2$溶液中养护，1年后取出所有试件。

1. 抗压强度

抗压强度是工程中衡量混凝土基本力学性能的最主要指标之一。抗压试验操作步骤按照SL 352—2006《水工混凝土试验规程》第4.2节执行，侵蚀组的抗压强度比对照组的抗压强度平均降低了21%，说明淡水壳菜的附着不仅会腐蚀表层混凝土，增加表层的孔隙率，同时这些微观损伤会逐渐累积，最终会降低抗压强度等宏观性能，对混凝土的结构安全产生威胁。

2. 质量减少率

淡水壳菜的附着会使水泥水化产物逐渐流失，同时工程中每年采用人工刮除法清除淡水壳菜时会带走部分水泥及细骨料颗粒，因此采用质量减少率指标来量化这种物理损伤。对照组前后平均质量不但没有减少反而增加了0.18%，是由于水泥进一步发生水化反应导致质量略微增加，而且不受淡水壳菜侵蚀，也没有手动刮除壳菜的过程，因此基本可以看成质量不变；侵蚀组受淡水壳菜侵蚀后其质量平均减小了1.05%，包括淡水壳菜腐蚀造成的质量减少和人工刮除淡水壳菜时带走的水泥颗粒质量。

3. 碳化深度

碳化深度试验是评价混凝土耐久性和钢筋锈蚀趋势的重要实验方法。混凝土呈碱性，无色酚酞试剂遇到混凝土会显红色，而被碳化的混凝土会失去碱性，遇到无色酚酞试剂则不会显红。利用这个原理可以简单快速地测试混凝土的碳化深度。参照SL 352—2006《水工混凝土试验规程》开展了相关试验。侵蚀组受淡水壳菜附着后其碳化深度平均值增加了30%，同时，饱和$Ca(OH)_2$溶液中的对照组的碳化深度竟然也达到了7mm，这说明对照组试件也是存在着大量可供CO_2进入的孔隙，淡水壳菜的附着加大了孔隙的深度和连通率，使混凝土碳化深度增加。

4. 最大抗渗压力

最大抗渗压力是评价混凝土耐久性的又一简单和常用的指标，抗渗压力的大小反映了混凝土的孔隙多少和孔隙的连通情况，可通过抗渗试验得到，从理论上来说，淡水壳菜通过分泌足丝侵入混凝土内部，增大混凝土孔隙率，可能会降低混凝土的抗渗性。按照SL 352—2006《水工混凝土试验规程》第4.21节执行最大渗透压力测试试验。

根据规程，每组6个试件中取第3个试件透水时的压力为该组的最大抗渗压力。可以看出，受淡水壳菜侵蚀后的试件最大抗渗压力没有变化，主要原因是试件的高度是150mm，即水压的渗透路径长度为150mm，混凝土受淡水壳菜侵蚀的深度在表层几个毫米范围内，这与试件高度相比几乎可以忽略，因此对抗渗试验结果没有影响。该种测试抗渗性的方法不适合表征混凝土受淡水壳菜侵蚀后宏观性能的变化。

（1）微观孔隙特征与孔隙分布方面，淡水壳菜附着后，混凝土不同尺寸的孔隙均有不同幅度的增加，尤其是20nm以上的有害孔和200nm以上的多害孔增加幅度较大，随着侵蚀年数的增加，无害孔会逐渐转变为有害孔甚至多害孔。因此，混凝土表观密度都有不同程度的下降，侵蚀1年的试件，其表观密度可降低13.5%；

（2）表层元素成分的变化方面，铝元素（Al）、铁元素（Fe）和锰元素（Mn）大幅增加，主要原因是淡水壳菜从周围水域中吸收这些成分用于促进足丝蛋白的粘附力等生理和生长需求。钙元素（Ca）大幅降低，这与淡水壳菜摄取水中和混凝土中的钙来建造贝壳以及水泥水化产物的流失有关；

（3）钙成分含量的变化方面，对于侵蚀1年的混凝土试件，淡水壳菜附着后，$Ca(OH)_2$含量基本不变，$CaCO_3$含量降低了41.7%。随着侵蚀时间增加，壳菜附着导致$Ca(OH)_2$含量可降低30%以上，$CaCO_3$含量可降低80%以上；

（4）宏观性能方面，淡水壳菜的附着使混凝土试件的抗压强度降低了21%，质量减少了1.05%，碳化深度增加了30%，抗渗试验方法不适合表征混凝土受淡水壳菜侵蚀后宏观性能的变化。

5.3.4.3 淡水壳菜附着对闸门等金属结构的影响

工程中闸门等金属结构常常结构复杂，局部流场适合淡水壳菜幼虫贴壁，为附着提供了良好的条件，加之淡水壳菜极强的附着能力和生存繁殖能力，一旦在闸门等金属结构上附着，往往形成厚层聚团，在门槽中附着影响闸门起闭，造成工程运行风险。下述通过几个实例，说明淡水壳菜高密度附着对闸门等金属结构的影响。

1. 中线工程线槽闸门等结构上淡水壳菜附着

在对南水北调中线总干渠主要渡槽和结构的检修中发现，闸门上均有成贝附着，主要位于闸门长期水面线下的部分，尤其在边角位置处密度最高。闸门上淡水壳菜附着已经达到较高密度，可能对闸门的开闭和工程的运行造成一定的影响。调查期间发现南水北调中线工程其他主要结构的闸门上也均有成贝附着，由于工程运行时间短，总体上，附着密度尚未达到极端高水平。但随着运行时间的增长，淡水壳菜在闸门上的附着必然会对工程运行造成很多困扰。

2. 其他工程闸门贻贝附着

北美洲的入侵性底栖动物斑马纹贻贝（Zebra mussel, *Dreissena polymorpHa*）在各种人工输水结构物上引起了严重的生物污损，造成的工程损失巨大。北京十三陵抽水蓄能电站中重要结构上也发生了淡水壳菜扩散及污损，这是淡水壳菜物种向我国北方地区水利工程扩散的典型事件。此外，对深圳东江水源工程的检修中，也发现输水管道蝶阀边缘淡水壳菜导致蝶阀难以关闭；滤网结构因为淡水壳菜污损而堵塞，失去过滤功能。

3. 淡水壳菜附着对金属的腐蚀作用

参考"在原水系统中无脊椎动物大量集结对微生物作用型腐蚀的影响综述"，淡水壳菜附着主要通过以下三种形式对金属的产生影响：①机械破坏：淡水壳菜附着后，通过移动、水流等自然力、或者人工机械清洗，会对金属表面、保护涂层和涂料产生机械破坏，使新的金属表面易受物理和微生物作用型腐蚀（MIC）的影响，从而加重腐蚀；②代谢废物的促进：淡水壳菜代谢废物中的氨，会直接腐蚀铜合金管道，氨是细菌的主要培养基，其对细菌的促进作用加速了由微生物繁殖影响的腐蚀；③沉积物的促进：淡水壳菜相连的贝壳和足丝之间形成流速相对较低的区域，粪便、似粪便物、悬浮颗粒更容易在这一区域沉积，这些有机质为微生物的繁殖提供了培养基，能加重由微生物引发的腐蚀。这三种形式之间也可发生协同作用，总之淡水壳菜对金属的腐蚀是一个复杂的过程。

4. 小结

通过对南水北调中线总干渠主要渡槽和结构的金属部件停水检修，以及其他工程中金属结构所受的污损情况及文献资料的分析，总结淡水壳菜对金属结构的影响主要包括如下方面：

（1）工程中闸门等金属结构型式复杂，局部形成流速边界层范围大，流场适合淡水壳菜幼虫贴壁，为附着提供了良好的条件，加之淡水壳菜极强的附着能力和生存繁殖能力，一旦在闸门等金属结构上附着，往往形成厚层聚团，在门槽中附着影响闸门启闭，甚至造成工程运行风险。

（2）南水北调中线工程金属闸门门槽内均有成贝附着，主要位于闸门长期水面线下的部分，尤其在结构转角、边缘等位置密度最高。在穿黄工程闸门槽及鲁山沙河闸门边角处的淡水壳菜附着密度达 5000～12000 个/m^2，对闸门的开闭和工程的运行造成运行风险，随着运行时间的增长，闸门启闭威胁更高。

（3）同时，淡水壳菜通过分泌蛋白质足丝在结构上附着，主要通过机械破坏、代谢废物以及沉积物对微生物引发的腐蚀的促进，这 3 种形式对金属产生腐蚀作用。

5.3.4.4 淡水壳菜附着对水质的影响

淡水壳菜作为一种滤食性贝类，一般滤食水体中的有机碎屑，细菌，浮游生物等，因此是水体的过滤者。同时，贝类的排泄产物中含有大量 N、C、P 等营养物质，其中主要为氨，占总排泄量的比例高达 70%，而代谢产物的分解更会进一步增加水体中营养盐的含量。近 40 年来，关于贝类的呼吸和排泄的研究有了大量报道（栗志民等，2010），但作为一种入侵性物种，淡水壳菜具有分布范围广、种群密度高的特点（Boltovskoy et al.，2009），其对水质的影响可能更加严重，因此研究它的代谢作用对水质的影响就显得尤为重要。

此外，生物在死亡后，会逐渐腐烂降解，不仅会消耗水体中的氧气，还会通过分解出营养盐二次污染水体（周林飞，2016）。关于淡水壳菜对水质的影响，一些观点认为淡水壳菜过滤水体，滤食浮游生物，会改善水质；另一些观点认为淡水壳菜对水体的过滤会改变水体中 N/P，反而会促使水体中藻类的暴发。为了明确淡水壳菜的代谢活动对水质的影响，试验探讨了淡水壳菜成贝的代谢对其环境水质的影响，同时调研分析了死亡后贝体的腐烂对其环境水质的影响。

5.3.4.4.1 实验材料及方法

1. 材料

（1）水源：本研究所用到的水源为通过 25 号浮游生物网过滤后的原水。

（2）成贝：从水源河流中采集淡水壳菜簇团，小心剪断足丝，挑选出体长 15～20mm 的若干个体放入试验箱中培养 24h，选择健康且发生附着行为的个体备用。

（3）死亡贝体：从备用个体种随机挑选个体，用解剖刀切开闭壳肌，使贝体死亡且贝壳完全张开。

2. 实验方法

建立试验组，包括活体组和死亡组。活体组从备选个体中随机选择 100 个，将 100 个个体均匀布置在容器中，容器内盛装 15 L 过滤后原水。死亡组包含 100 个死亡贝体，并将它们均匀布置在容器中，容器内同样盛装 15 L 过滤后原水。建立空白对照组，在相同容器中除盛装15 L过滤后原水，并不添加任何成贝。设置3个实验组的培养条件为：避光培养，水温控制在25℃，饥饿培养。培养7d，培养期间不再更换原水，每天定时检测水质以及活体组中成贝的存活情况，若存在个体死亡，将其剔除并从备用个体中选择相同尺寸的个体替换，维持活体组的100个活体。检测的水质指标包括：水温（WT）、溶氧（DO）、pH值、电导率（Cond）、NH_4^+-N浓度、NO_3^--N浓度、总氮（TN）浓度及COD。其中，WT、DO、pH值、Cond通过YSI EXO水质监测平台测量，NH_4^+浓度、NO_3^-浓度、TN浓度、COD通过百灵达（Palintest）光度计测量。

针对淡水壳菜摄食能力的试验，设立空白组与活体组来比较淡水壳菜的摄食行为对浮游生物群落的影响。浮游生物的采集通过使用25号浮游生物网过滤原水完成。将收集后的浮游生物混合均匀后平均分配到空白组与实验组。空白组与实验组均添加15L原水，实验组另外添加100个健康的体长范围为15~20mm的备选成贝。在试验开始时与试验进行24h后检查水体中的浮游生物物种组成。使用光学显微镜对浮游生物进行鉴定并计数，将浮游生物划分为绿藻、硅藻、其他藻类、轮虫、枝角类、桡足类、无节幼虫，共7类。

5.3.4.4.2 小结

在室内试验体系中，测试不添加淡水壳菜、添加100个健康成贝、添加100个死亡成贝，分析淡水壳菜活体的代谢与死亡个体的腐败对水质的影响，结果小结如下：

（1）淡水壳菜的代谢会消耗氧气，能明显的降低水体中的溶氧，培养7d后，不添加淡水壳菜的情况溶氧水平维持在7.81mg/L，而有活体贝情况下溶解氧含量降至前者的30%。

（2）淡水壳菜的代谢会释放NH_4^+-N，提高水体中铵根离子的浓度，健康成贝组7d后铵氮浓度上升为不加贝情况的4倍。此外营养盐的释放，也导致了加贝情况的电导率约为不加贝情况的2倍。

（3）相比不加贝的情况，加贝7d后COD略有提升，表明成贝的存在，会使水体中的有机污染物有所增加。

（4）加贝培养后，淡水壳菜的代谢短期内对水体中的总氮（TN）、总磷（TP）、氨气（NH_3）基本没有影响。

（5）此外，死亡贝体的腐败，对水质的影响更加严重，死亡后组织的降解作用会明显增加水体的有机污染。添加死亡贝体并培养7d后溶氧进一步降低至0.07mg/L，铵氮浓度较无贝情况下增加100倍以上，电导率增加20倍以上，COD值也增加近5倍以上。

（6）无论原水中浮游生物初始密度如何，淡水壳菜成贝的滤食均会减少浮游生物的密度，且食物资源越丰富，淡水壳菜的滤食效果越明显。每个成贝个体对浮游植物的摄食速率可达270个/d，对浮游动物的摄食速率为4300个/d，对浮游生物的总摄食速率可以达到4600个/d。

（7）实验前后，浮游生物各类群的组成并没有明显的变化，说明成贝的摄食对浮游生物的摄食并没有明显的偏好性，并不会明显改变浮游生物群落结构。

综上所述，淡水壳菜的代谢活动对水质有一定的影响，包括降低溶解氧浓度，提高营养盐浓度，但总体上各类水质指标的变化相对不大。同时，淡水壳菜的代谢会降低水体中浮游生物的密度，但也不会明显改变浮游生物群落的组成。然而，一旦淡水壳菜死亡后，其腐败过程对水质的恶化影响显著，因此，在后续治理壳菜的过程中，建议及时清理工程结构中的死亡壳菜，以防治对水质产生恶劣影响。

5.4 本章小结

（1）淡水壳菜具有生命周期短、成长快、繁殖强的特点。幼体营浮游生活，是其能够快速扩散的原因之一。成体营固着生活，是其造成生物污损的原因之一。淡水壳菜通过足丝这种特殊的结构实现附着，这是它们难以清除的原因之一。成贝通过滤食作用来获取食物和氧气，会对水质造成一定的影响。淡水壳菜目前已广泛扩散到我国的长江中下游及长江以南地区，往北也已经扩散到北京市等地。而国外报道除亚洲外，主要扩散南美洲。但随着国际航运的发展，全球大部分地区都可能会受淡水壳菜扩散所影响。淡水壳菜扩散到水利工程后，会形成生物污损，引发一系列的严重后果。冷却水管道、滤网、阀门等会因壳菜的大量生长而堵塞；管道会因其大量生长而糙率增大，过流面积减小，降低输水效率；其足丝的附着还会腐蚀壁面，降低设备使用寿命。因此，对供水安全影响较大。

（2）以穿黄隧洞及其上下游为界，将南水北调中线总干渠自渠首至北京市团城湖、天津市外环的全线考察分为三部分，其中，从渠首到玉带河（全段长度约267km）为上游段，包括：渠首浮桥、淇河倒虹吸下游、十二里河渡槽、方城东赵河倒虹吸、玉带河；从刘湾到安阳为中游段（全段长度约292km），包括刘湾、穿黄前、穿黄后、西寺门、安阳；从田庄到团城湖为下游段（全段长度约307km），包括田庄古运河暗渠入口、西黑山分水口上游、惠南庄、团城湖及雄安检查井、天津市外环等。整体上看，幼虫年均密度，下游最高（均值±标准差：3015ind/m^3±8846ind/m^3），中游次之（539ind/m^3±785ind/m^3），上游最低（388ind/m^3±811ind/m^3）。各月份之间，全线幼虫平均密度以7月时最高，达5023ind/m^3±13214ind/m^3，其次为9月（2050ind/m^3±5108ind/m^3），再次为10月（1017ind/m^3±1688ind/m^3），其他月份均低于1000ind/m^3。如果以幼虫密度超过1000个/m^{3}作为污损警戒线，在整个监测期间，上游段幼虫密度超过污损警戒线的情况为6%，中游段为5%，而下游段高达18%。现基于已有数据对幼虫的沿线分布规律进行分析。沿程的幼虫密度之所以会发生变化，是因为在随水流的传播过程中，部分幼虫到达壁面，发生附着，水体中幼虫减少；或者恰逢繁殖季，壁面上的成虫释放了幼虫，造成水体中幼虫的增多。

全线在整个监测期间水质波动，总的来说全线水质比较接近，基本属于Ⅰ～Ⅱ类水，上游与中游水质比较接近，略好于下游的水质。冗余分析（RDA）表明影响各个阶段幼虫密度的主要因素是WT及TN。水体中藻类的密度与幼虫密度，呈现一定的正相关关系（$r=0.354$，$p=0.02$），一些没有直接影响幼虫密度的环境因子，可能通过影响藻类群落密度及组成来间接低影响水体中的幼虫密度。

（3）中线干渠中淡水壳菜平均附着密度从南向北先增加、后降低，在中游段达到最高，最高达10190个/m^2，在下游段部分断面附着密度低至0个/m^2，这与幼虫密度和寒冷季节的累积水温有关。中线总干渠主要结构中淡水壳菜平均体长，上游段最大（21.41～21.88mm），中游段次之（15.41～17.38mm），下游段最小（3.01～16.77mm），与水温有关。淡水壳菜成贝的附着密度与渡槽横断面形状、混凝土接缝、混凝土表面平整度有关，但是与距离渡槽入口处的距离没有关系。由于淡水壳菜源于丹江口水库，上游段具有和丹江口水库相似的水体温度，幼虫能够很快在上游段附着，因此，上游段的开始附着时间为2015年1月和2月，即南水北调中线工程通水后就开始附着。而随着向北的推进，水温，尤其是寒冷季节水温逐渐降低，幼虫需要逐渐适应这种新环境，因此，随着向北的推进，淡水壳菜开始附着的时间逐渐推后，惠南庄、天津市箱涵和团城湖断面的附着时间为2018年4月。主要渡槽和结构中，淡水壳菜成贝的附着密度最小为0个/m^2，最大为10190个/m^2，受各种因素的影响，不同建筑物的淡水壳菜附着密度差别很大。以2017年10月的数据为起点，推测2019年4月主要建筑物的成贝附着情况，除了靠北的惠南庄和天津市箱涵2个建筑物以外，其他建筑物的附着密度均达到1000个/m^2以上，中游段的几个建筑物甚至达到5000个/m^2以上，这将从输水效率、水质、混凝土侵蚀等方面会对建筑物产生一定的影响。在2019年12月，在中线工程中靠北方的位置补充了3个断面的检查，相比于2018年7月检查结果，淡水壳菜的平均附着密度增加到约为2000个/m^2，表明了随着通水时间的持续，中线工程中淡水壳菜附着的情况逐渐严重。

（4）本章通过系统的试验和模型分析，结合现场调查和测试，综合评估了淡水壳菜的附着对中线总干渠运行的潜在影响，具体包括对工程输水能力、混凝土结构、金属结构设施、输水水质等方面的影响。淡水壳菜附着在输水通道之上会增加壁面糙率，导致输水通道输水效率的降低，抬高渠道水面线，影响工程安全。淡水壳菜附着在闸门上会影响闸门开闭和工程正常运行。淡水壳菜侵蚀还会降低混凝土结构的抗压强度、质量及碳化深度。淡水壳菜的代谢会明显降低水体溶氧、降低水体悬浮物中的营养物质、降低水体中的浮游生物的密度，增加水体中有机污染，死亡个体的腐败对水质的影响更大。研究成果为未来总干渠中淡水壳菜污损防治提供了科学依据。

第6章
水质—水生态环境变化数值模拟

6.1 闸群调控下水质特征

6.1.1 闸群调度下水质迁移转化过程

物质在空气、水体、土壤（岩石）等不同的环境介质中具有多种存在形态，即便是在同一种环境介质中，物质的赋存形态都有所不同。物质溶解在水体中一般呈现的相态从上到下依次为：溶解态、悬浮颗粒态、沉淀态以及栖息在水环境中的生物态。水质的迁移转化是指污染物在水中基于物理搬运和化学及生态动力作用的复杂的过程，由两个因子控制：反应和水动力运输。反应包括：化学过程、生态过程、生物摄取。水动力运输包括3种主要的运输过程：水流的对流、水体中的扩散和湍流混合、水体和沉积床交界面上的沉浮与再悬浮。反应和水动力运输控制下水体中的污染物在溶解态、悬浮颗粒态、沉淀态、生物态之间转化，主要受到对流与扩散、吸附与解吸、沉淀与再悬浮、生物降解、生物浓缩等作用的影响。由于一系列的作用，污染物浓度会发生相应的增减变化。

闸门在运行时人为改变了渠道中水流的特性，渠道中水体的水动力运输、污染物迁移转化过程受到影响；闸门调度方式的不同也会影响水质迁移转化过程中各种作用的强弱以及污染物各种相态之间转化的快慢。

6.1.1.1 对流（移流）与扩散

对流运动指以时均流速为代表的水体质点的迁移运动；扩散包括分子扩散作用、紊动扩散作用和离散（弥散）作用，扩散主要是指物理量在空间上存在梯度而趋于均化的迁移现象。污染物在水体中由于随水流向下运动和与周围水体相互混合，主要包括对流和扩散作用的输移以及在对流和扩散作用下污染物的混合状态，这种情况下，污染物浓度会被稀释，对流与扩散作用也代表着该物质在水环境中的递减。

6.1.1.2 吸附与解吸

吸附是物质由水基态转为固态的过程，溶解在水中的物质（污染物或胶状物）与固相物质或河岸河床接触时被吸附在它们的表面。解吸是物质从颗粒物中被释放回水中的过程，是被吸附的物质由于温度、pH值、流速、浓度等水环境因素发生改变时被重新释放回水体中。吸附作用使得水体中污染物浓度降低，相反的，污染物浓度在解吸作用下会增加，研究认为，污染物浓度降低是水体中吸附—解吸作用的总趋势。

6.1.1.3 沉淀与再悬浮

泥沙或沉淀在水体底部或悬浮与水中。悬浮在水中的泥沙会降低水的透明度，影响浊度和热量吸收，泥沙颗粒也会吸附一些营养物质和有毒化学物质沉降或悬浮于水体中，沉淀—再悬浮作用对水环境有重要影响。因为水动力条件的影响，不同情况下的颗粒沉淀特性会有所不同，水中的悬浮颗粒通过沉淀被带到底部，沉淀过程由黏性阻力和重力间的平衡决定。再悬浮过程是指已沉淀的物质在水流和风浪传到底部的作用下再次悬浮到水体中。

6.1.1.4 生物降解

生物降解是指主要由细菌及真菌完成触酶转化时造成的化合物分解，生物降解很快，是水体中最重要的转化途径之一。在随水体对流扩散的过程中，在微生物的生长和正常代谢等过程中，一些有机污染物会降解和转化成简单的有机物和无机物，使水体介质中污染物浓度降低，降低对水环境的威胁。生物降解速度与水温和污染物浓度有关。因为微生物生长动力学十分复杂，所以水质模型中常常假设一个衰减率常数而不是直接为微生物的活动建模。

6.1.1.5 生物浓缩

生物浓缩作用，也称生物富集作用，是指生物从周围环境中积累某种元素（如Hg、Pb）或一些难分解的化合物（如PCBs、PAHs）等，使得这些有毒物质的浓度在生物体内超过环境中的浓度，如水中藻类、微生物等主要通过体表直接吸收积累。

闸门调度实际上就是人为的控制闸门开度或闸门开启个数，使得闸门上下游的水位和流量发生改变，闸门调度过程中渠道的水动力条件变化使得水体中溶解、悬浮、沉淀的物质发生剧烈的扰动，所以闸门联合调度渠道中水质迁移转化过程会出现水体中多作用、多反应、多相态相互交替的现象。当渠道中参与调度的闸门个数、闸门开度增加时，闸前水位降低，下泄流量加大；当渠道中参与调度的闸门个数、闸门开度减小时，闸前水位上升，下泄流量减小。

闸门调度过程中，溶解在水中的物质会基于溶解态、悬浮颗粒态、沉淀态以及生物态发生各个相态间的变化；不同的闸门调度情况也会影响水质迁移转化过程发生不同的作用。当闸门关闭时，阻断了渠道水体的正常流动状态，水体中的污染物对流-扩散作用、吸附作用、再悬浮作用、生物降解作用减弱，主要发生沉淀作用与生物富集作用，闸门前污染物相态由溶解态-沉淀态之间转换为主，闸门后污染物相态由溶解态—生物态之间转化；当闸门开启时，闸门前后恢复水体流动，渠道中的水动力条件变化剧烈，污染物之间的各种作用及相态间的变化也发生改变，且闸门开度、开启时间的不同，水质迁移转化过程会更加复杂。

6.1.2 中线工程水动力水质分布特征

中线工程渠道水流特征和水质迁移转化过程受闸坝调控作用影响显著。当上游来水加大时，闸门前拦蓄的水量增加，渠道水体的水深和水面面积变大，闸门调控下的渠道的水力特征也会发生改变。当闸门在人为调控时，渠道中闸门后下游的水量会发生很大变化，导致水位、流速等水动力条件改变。当闸门开启时，渠道中水体向下流流动，下游流量、水位、流速变大；当关闭闸门时，渠道中水流流动被阻断，下游流量、水位、流速减小。闸门调度方式的不同对渠道中水体的物理、化学特性产生重要影响，而其中渠道水流的水动力学特性对水体的生态平衡影响最大，对渠道中污染物分布、藻类生长繁殖具有决定性的影响。

根据收集的2017年、2018年中线工程各站点水动力、水质数据，对各站点年平均流速、溶解氧（DO）、高锰酸盐指数（COD_{Mn}）、氨氮（NH_3-N）、总磷（TP）、总氮（TN）进行分析。

由图6-1可知，2017年、2018年中线工程河南省段水流年平均流速高于河北省段水流年平均流速，2017年河南省段、河北省段流速差异小，年平均流速相差0.288m/s。

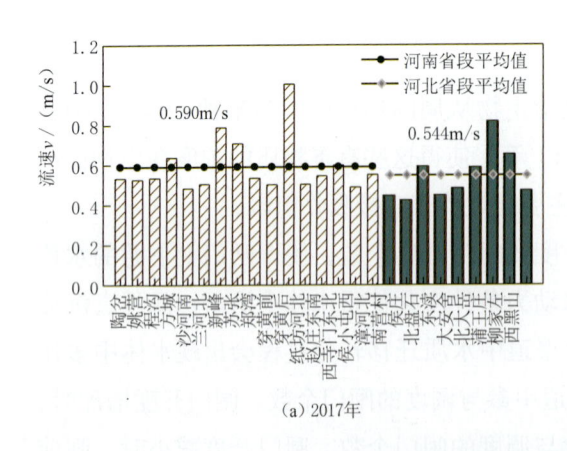

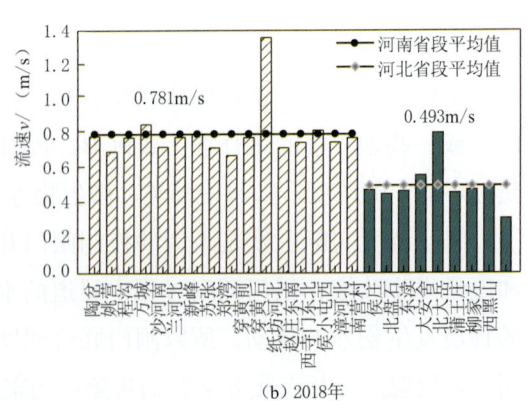

(a) 2017年　　　　　　　　　　　　(b) 2018年

图6-1　中线工程水流流速沿程变化

由图6-2可知，中线工程渠段溶解氧年平均浓度为9.03～10.53mg/L，呈现南高北低的分布格局，河南省段略高于河北省段，2017年河南省段、河北省段溶解氧年平均浓度仅相差0.03mg/L，2018年河南省段、河北省段溶解氧年平均浓度相差0.07mg/L，所有监测断面均符合Ⅰ类水标准（7.5mg/L）；总氮的平均浓度为0.70～1.57mg/L，2017年与2018年差异较大，2017年河南省段总氮年平均浓度明显高于河北省段总氮年平均浓度，河南省段、河北省段总氮平均浓度分别为1.23mg/L和0.84mg/L，而2018年总氮平均浓度河南省段比河北省段低0.03mg/L；COD_{Mn}的平均浓度为1.61～2.05mg/L，呈现出明显的南低北高的趋势，最高值出现在西黑山断面（2.05mg/L），河南省段2017年和2018年的平均值分别为1.72mg/L和1.93mg/L，河北省段分别为1.93mg/L和1.97mg/L，在2017—2018年24个月中，河北省段内的监测断面较多时段超过了国家Ⅰ类水标准限值（2mg/L），西黑山、柳家佐、蒲王庄断面分别有8次、7次、7次超过Ⅰ类水限值；氨氮年平均浓度为0.029～0.043mg/L，2017年、2018年河南省段氨氮年平均浓度值分别为0.034mg/L和0.037mg/L，河北省段氨氮年平均浓度分别为0.037mg/L、0.039mg/L，南北差异不明显，除西黑山断面氨氮平均浓度明显偏大，其余监测断面年平均浓度变化不大，所有监测断面均符合Ⅰ类水标准（0.02mg/L）。总磷年平均浓度2017年与2018年差异不大，南北差异不明显，2017年河南省段、河北省段总磷年平均浓度均为0.011mg/L，2018年河南省段、河北省段总磷年平均浓度分别为0.011mg/L、0.013mg/L。

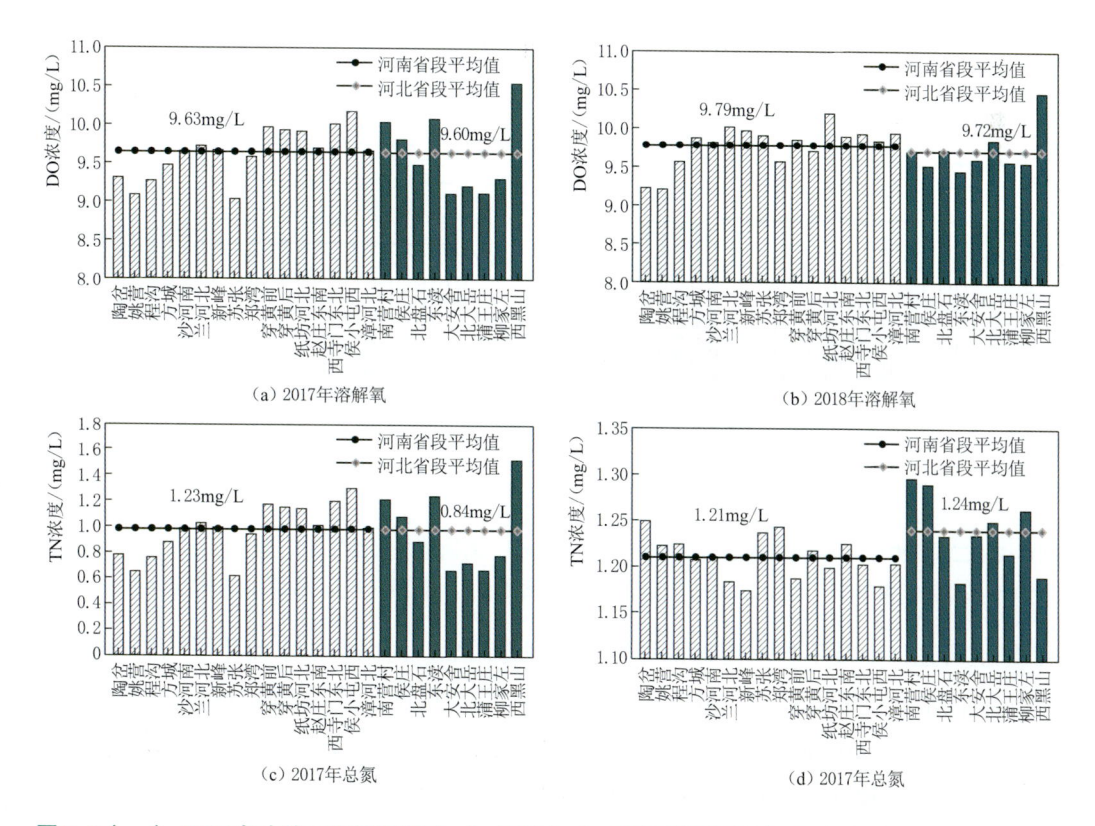

图6-2（一） 2017年中线工程溶解氧（a）、总氮（c）、高锰酸盐指数（e）、氨氮（g）、总磷（i）及2018年溶解氧（b）、总氮（d）、高锰酸盐指数（f）、氨氮（h）、总磷（j）沿程分布

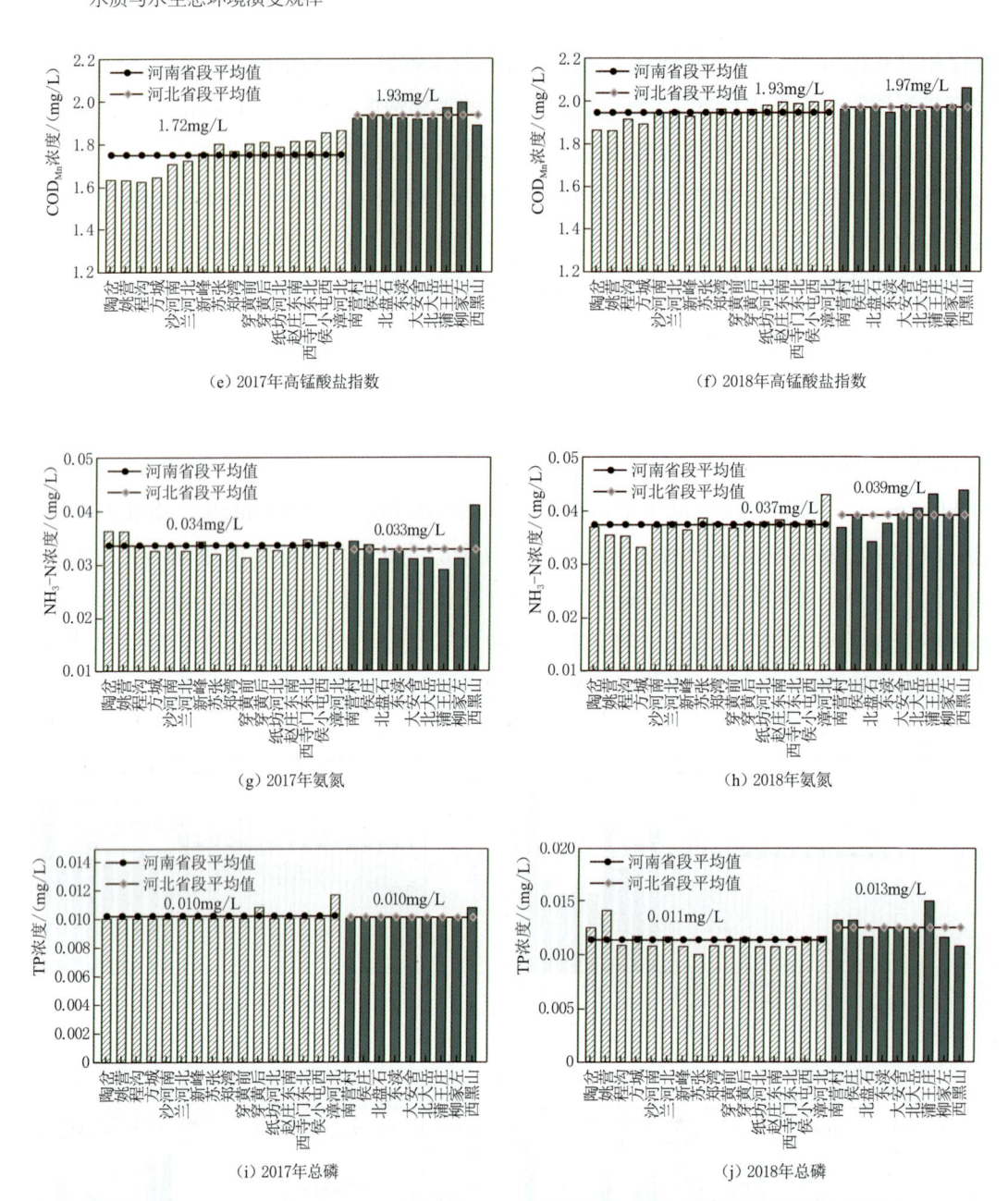

图6-2（二） 2017年中线工程溶解氧（a）、总氮（c）、高锰酸盐指数（e）、氨氮（g）、总磷（i）及2018年溶解氧（b）、总氮（d）、高锰酸盐指数（f）、氨氮（h）、总磷（j）沿程分布

综上所述，中线工程水流流速沿程分布规律明显，河南省段水流年平均流速普遍高于河北省段水流年平均流速，2018年较2017年平均流速南北沿程下降分布规律更加明显。中线工程水质指标中高锰酸盐指数、总氮、氨氮浓度河南渠段和河北渠段差异明显，具备一定沿程分布规律，其中，2017年及2018年年平均高锰酸盐指数呈现南北沿程升高的趋势，2017年总氮年平均浓度呈现南北沿程明显下降规律，相反的，2018年浓度呈一定增加趋势。

6.2 全线一维水动力水质与藻类预报预警与仿真

开展南水北调中线工程闸门联合调度下的藻类分布规律模拟研究,需要构建能准确描述中线水流特征、污染物及藻类时空分布的水动力水质藻类耦合模型。本章内容包括两个方面:一个是模型的构建,把闸门处流量计算公式与圣维南方程组一起离散然后耦合,构建多闸门一维水动力模型,基于环境因子—水质—藻类关系,构建能真实反映渠道氮循环、磷循环、氧循环、藻类生长的水动力水质藻类耦合模型;二是模型的应用,选取典型渠段陶岔渠首至沙河渡槽节制闸为研究渠段对耦合模型进行率定验证,探究模型是否满足精度要求,能否有效模拟中线复杂水工建筑物条件下的渠道藻类时空分布。

6.2.1 模型原理与整体框架

南水北调中线工程这样线路长、南北跨度大,沿程控制建筑物密集、闸门调度复杂多变的输水渠道水流传播与响应过程十分复杂,闸门处水力特性不连续,无法采用经典的圣维南非恒定流模型描述,需将圣维南模型与闸门过流模型耦合求解,目前主流商业模型无法实现众多节制闸、分水口、退水口实时调控下的渠道水流计算和水质藻类输移分布模拟。构建的该模型应体现的特点有:一是突出闸门调度对渠道水动力学过程的扰动作用,特别是在闸门等非常规渠道断面的数值计算;二是突出渠道中水质迁移转化及藻类生长过程的描述,包含考虑水体中物质的迁移转化过程、考虑营养盐、水动力、温度等因素的影响的藻类生长过程等。为此自主研发南水北调中线工程渠涵闸耦合水质藻类预报模型。南水北调中线工程渠涵闸耦合水质藻类预报模型的基本原理是基于计算机技术,将气象条件、水动力条件、水质藻类边界条件等因素进行定量化约束,通过求解机理方程组,获得所求水动力、水质和藻类的时空分布特征及迁移转化规律,并以此为基础,进一步分析和判别各环境因子之间的相互关系,以及根据研究需要,进行预测预报等应用。

模型包括三部分,分别考虑多闸门一维水动力学模型、水质迁移转化模型及藻类生态动力学模型,如图6-3所示。其中,水动力学模型为水质迁移转化模型和藻类生态动力学模型提供流场数据;水质迁移转化模型考虑了氮磷等物质平流输运、扩散、理化生反应过程;藻类生态动力学模型考虑了藻类生长、新陈代谢(呼吸、死亡)、沉降等过程。

模型的主要输入包括流量、水位、渠道地形、水渠结构、水力学参数、闸门调度参数、水质参数、藻类参数等;模型的主要输出包括流量、水位、流速、水质及藻类浓度等。

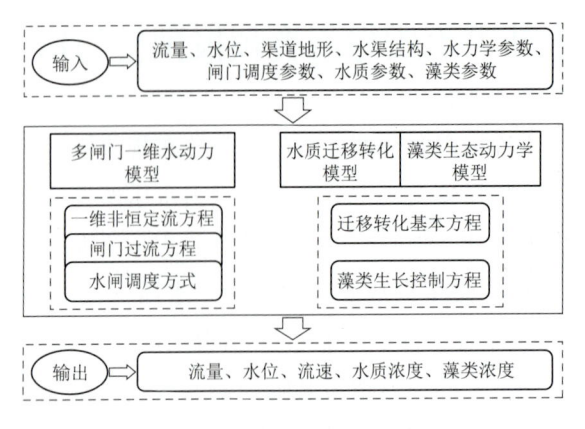

图 6-3 模型整体框架图

6.2.2 数学模型

南水北调中线工程这样水工建筑物密集的长距离输水渠道，人们重点关注渠道中的水位、流量、水质、藻类沿程分布特征，以及这些要素的变化对渠道运行控制的安全稳定以及供水水质的影响，此外，如果对长距离渠段采用二维或三维数学模型，其计算量和计算所需时间将是中线干渠水流演进、水质藻类预报研究所不能允许的。故基于对这些因素的考虑，建立南水北调中线总干渠的一维水动力水质藻类数学模型。

所建立的一维水动力水质藻类模型既要能模拟出明渠、渡槽和倒虹吸等各种过水建筑物作用下的水量水质变化，还需要可以展现出不同闸门调度、分水口流量变化控制下的渠道水力响应过程，对于中线工程既有明渠又有各种过水、控制建筑物这样的输水结构，需要充分掌握主要水工构筑物的过流特性，并将其进行合理的概化处理，才能建立数学模型进行数值模拟。针对上述问题，将节制闸、渡槽等水工建筑物当成复杂内边界条件或者特殊结点类型进行概化处理，通过把闸门处流量计算公式与圣维南方程组一起离散然后耦合，利用稳定性好、精度高的数值解法进行求解，构建出闸门联合调度的一维水动力模型，同时基于环境因子—水质—藻类关系，结合非恒定流模型的建立，构建能真实反映渠道氮循环、磷循环、氧循环、藻类生长的水动力水质藻类耦合模型，实现整个渠道的水量水质准确模拟，模型设计如图6-4所示。

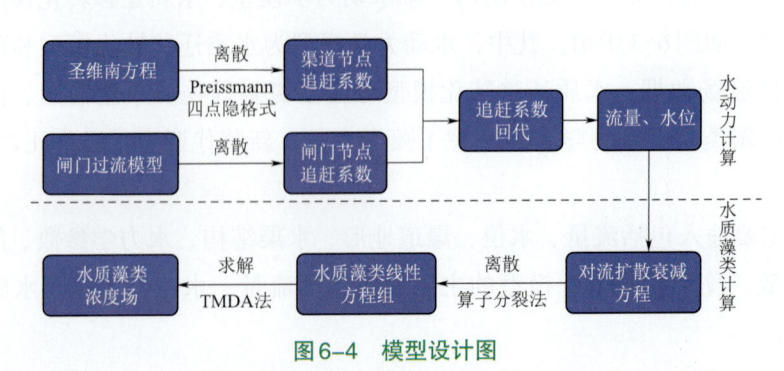

图 6-4 模型设计图

6.2.2.1 多闸门一维水动力学模型

6.2.2.1.1 圣维南非恒定流方程

中线工程输水渠道为缓坡渠道，由于节制闸开闭状态及取水口水量变化，中线工程输水渠道的水流流态会随着时间变化而变化，属于非恒定渐变流，可利用圣维南方程组表示水流流动特征。圣维南方程组包含反映质量守恒定律的连续方程和反映动量守恒定律的运动方程，认为水流为一维流动，即假设水流流速沿整个过水断面或垂线均匀分布，用其平均值代替，方程形式如下：

$$B\frac{\partial Z}{\partial t} + \frac{\partial Q}{\partial s} = q_l \tag{6-1}$$

$$\frac{\partial Q}{\partial t} + 2\frac{Q}{A}\frac{\partial Q}{\partial s} + \left(gA - B\frac{Q^2}{A^2}\right)\frac{\partial Z}{\partial s} - \left(\frac{Q}{A}\right)^2\left.\frac{\partial A}{\partial s}\right|_z + g\frac{|Q|Q}{AC^2R} = 0 \tag{6-2}$$

式中：Z 为水位，m；Q 为流量，m³/s；B 为水面宽度，m；t 为时间，s；s 为沿程距离，m；q_l 为单位长度渠道上的侧向入流量，m³/s；A 为过流断面面积，m²；g 为重力加速度，取 9.8m/s²；R 为水力半径；C 为谢才（Chezy）系数。

6.2.2.1.2 水动力模型数值解法

圣维南方程组为一阶拟线性双曲型偏微分方程，目前该方程组在数学上尚无解析解，工程上大都采用简化的圣维南方程或者数值方法求解，实际中主要是使用有限差分法这种数值求解方法获得相应的数值解。有限差分法的基本思路是把连续的定解区域细分为有限个离散点构成的网格（或线段）进行区域离散化，再利用截断的泰勒级数近似替代每一个格点的导数，最后再逼近求解。

Pressimann四点时空偏心格式具有诸多优点，如格式简单、稳定性好、计算精度高等，被广泛应用在描述天然河道和人工渠道等圣维南非恒定流的数值求解。Pressimann四点时空偏心格式示意见图6-5。

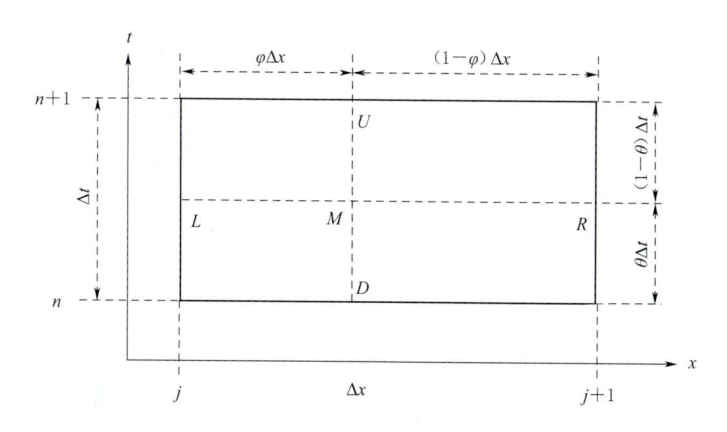

图6-5　四点时空偏心格式示意图

6.2.2.1.3 水动力模型边界条件

中线工程输水系统可以看成是有一系列的水工构筑物串联起来的系统,水动力模型定解条件可以分为外边界条件和内边界条件两大类。

1. 外边界条件

外部边界条件主要包括上游边界、下游边界、旁侧入流边界,各类型边界条件的设定见表6-1。

表6-1　　　　　　　　一维水动力模型外部边界条件设定

边界条件类型	设定内容	备注
上游边界	上边界流量过程	采用陶岔渠首实际或设计流量
下游边界	下边界水位过程	采用渠尾实际或设计水位
旁侧入流边界	旁侧入流/出流过程	采用分水口出渠流量或污染源入渠流量

2. 内边界条件

中线总干渠中含有密集的水工建筑物,如节制闸、倒虹吸、渡槽等重要的过水建筑物。能否精准模拟中线总干渠水动力变化特征的关键在于对复杂水工建筑物过流特性的正确描述,由于过水建筑物水流进出口处的水力变化情况极其复杂,通常并不满足前述圣维南方程组。因此,进行中线一维水动力模拟的方法是:将渠道中的节制闸等水工建筑物当作内边界条件进行概化处理,联立离散好的圣维南非恒定流方程求解。

6.2.2.2 水质迁移扩散模型

1. 一维水质模型方程

在圣维南非恒定流模型计算的流量、水位基础上,考虑污染物在水体中的输移、扩散、衰减等过程,建立描述干渠水质的一维数学模型,即:

$$\frac{\partial AC}{\partial t}+\frac{\partial}{\partial x}(QC)=\frac{\partial}{\partial x}\left(AE_x\frac{\partial C}{\partial x}\right)+S_c+S_k \quad (6-3)$$

式中:Q 为断面流量,m³/s;A 为过水断面面积,m²;E_x 为纵向弥散系数,m²/s;C 为水体中水质变量的浓度,如总磷(TP)、总氮(TN)、化学需氧量(COD)等,mg/L;S_k 为外部的源汇项;S_c 为与污染物有关的生化反应项;t 为时间,s;x 为沿程渠道空间坐标,m。

2. 一维水质模型数值解法

类似于圣维南方程组的求解,求解一维水质模型方程同样采用有限差分隐式方法,在时间和空间上采用向前差分,扩散项采用中心差分格式,污染物沿河道默认为顺流流动,由此得到:

$$\begin{cases} \dfrac{\partial(AC)}{\partial t} = \dfrac{(AC)_j^{n+1} - (AC)_j^n}{\Delta t} \\ \dfrac{\partial(QC)}{\partial x} = \dfrac{(QC)_j^{n+1} - (QC)_{j-1}^{n+1}}{\Delta x_{j-1}} \\ \dfrac{\partial}{\partial x}\left(AE_x \dfrac{\partial C}{\partial x}\right) = (AE_x)\left[\dfrac{C_{j+1}^{n+1} - 2C_j^{n+1} + C_{j-1}^{n+1}}{\Delta x_j}\right]\dfrac{1}{\Delta x_j} \\ S_c + S_k = S_{cj}^{n+1} + S_{kj}^n \end{cases} \quad (6\text{-}4)$$

将式（6-3）代入式（6-4）中，得：

$$a_j C_{j-1} + b_j C_j + c_j C_{j+1} = z_j \quad j=2,3,\cdots,N\text{-}1 \text{（}N\text{为总断面数）} \quad (6\text{-}5)$$

其中

$$a_j = -\dfrac{\Delta t}{\Delta x^2} E_{xj} - \dfrac{\Delta t}{2\Delta x} u_j^n (1+f)$$

$$b_j = 1 + \dfrac{\Delta t}{\Delta x} u_j^n f + \dfrac{2\Delta t}{\Delta x^2} E_{xj} \quad (6\text{-}6)$$

$$c_j = -\dfrac{\Delta t}{\Delta x^2} E_{xj} + \dfrac{\Delta t}{2\Delta x} u_j^n (1-f)$$

$$z_j = C_j^n + \Delta t (S_{cj} + S_{kj})$$

同时联立上下游给定的边界条件，采取追赶法求解浓度的三对角方程，计算污染物不同时空分布下的浓度值。

3. 一维水质模型边界条件

一维水质模型边界条件主要包括上游边界、旁侧入流边界。各类型边界条件的设定见表6-2。项目建立的水质模型考虑不同污染源污染物对干渠水质的影响，具体方法是：首先估算不同污染源的污染负荷入渠总量，再根据污染源的位置、类型和污染行为将污染负荷进行分配到不同时段与渠段，最后以旁侧支流的形式将污染源概化到水质模型中。

表 6-2　　　　　　　　　　一维水质模型边界条件设定

边界条件类型	设定内容	备注
上游边界	上边界来水水质时间序列	采用陶岔渠首实测水质数据
旁侧入流边界	旁侧入流水质时间序列	采用调查或计算的入渠污染物数据

6.2.2.3 藻类生长动力学模型

藻类生长动力学模型考虑了不同藻类的新陈代谢、捕食、沉降等过程，以及营养盐、光强、温度对藻类的影响。其中，藻类的增殖过程在自身光合作用下完成，是C、N、P等生源要素、光照能量要素、水温和溶解氧等水环境要素共同作用的过程。藻类的消耗过程是指藻类的呼吸作用、死亡分解。除增殖和消耗过程外，藻类模型还包括藻类自身沉降过程等。

藻类的生长及消耗过程会影响水体中氮磷浓度、溶解氧水平、无机物和有机物等物质循环。具体表达式为

$$\frac{\mathrm{d}\Phi a}{\mathrm{d}t} = Kag\Phi a - Kar\Phi a - Kae\Phi a - Kam\Phi a - wa\frac{\partial \Phi a}{\partial z} \tag{6-7}$$

式中：z 为沿程距离；Kag、Kar、Kae、Kam 分别为藻类的生长、光呼吸、死亡和下沉速率；Φa 为藻类浓度。

6.2.2.4 模型开发

闸门联合调度下的水动力水质藻类耦合模型开发平台为 Microsoft Visual Studio 2017，该平台具有灵活的编程语言和更模块化的开发环境，模型采用模块化思想开发，主要模块的文件存储的格式为 .cs。源程序通过编译生成可运行的 .exe 文件，在 Windows 操作系统下运行。水动力程序开发包括过流面积计算、边界条件读取、高斯法求水位、初始条件设置、主程序、闸门内边界计算、内渠道追赶回代、矩阵标识法、外渠道追赶回代；水质藻类程序开发主要包括水动力调用模块（hdmodel）、数据库模块（jdbc）、主程序（main）、文件读写模块（util）及水质藻类计算模块（wqmodel）5 个主要模块构成，如图 6-6 所示。

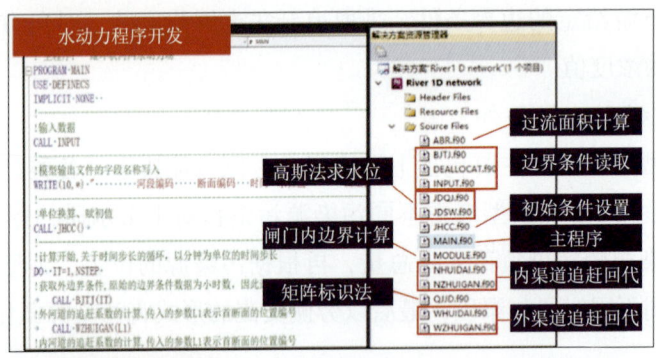

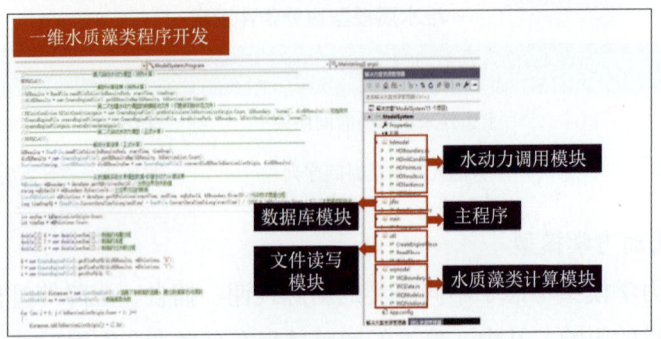

图 6-6 多闸门联合调度的水动力水质藻类模型开发

6.2.3 一维水动力水质藻类耦合模型历史模拟验证

6.2.3.1 研究区域选择

选取南水北调中线工程典型渠段——陶岔渠首至拒马河节制闸段作为研究渠段,基本覆盖中线总干渠全线(北京市段)。该渠段全长1198km,包含有25个水质固定监测断面和5个藻类监测断面,水工建筑物复杂,有61座节制闸和74座分水口门。

6.2.3.2 模型构建

将陶岔渠首至拒马河节制闸段模型分为12665个断面,模型空间步长为100m,率定期为2017年5—9月,验证期为2018年1—6月,模拟指标为水动力指标(流速、水位)、水质指标(TN、TP、COD_{Mn}、DO、NH_3-N)、藻密度。

本模型的边界节点包括陶岔渠首节制闸入流口和北拒马河节制闸段出流口。入流口采用上游流量、水质藻类边界条件,出流口采用水位边界条件。

(1)入流口:陶岔渠首节制闸入流口给定实际陶岔渠首流量过程、污染物浓度过程、藻密度浓度过程,入流口的水动力边界给定流量边界条件,水质边界给定污染物浓度边界条件,藻类边界给定藻密度浓度边界条件。

(2)出流口:北拒马河节制闸出流口给定实际监测的水位过程,出流口的水动力边界给定水位边界条件,根据北拒马河节制闸的水深数据,计算出水位过程。

根据研究渠段沿线建筑物特性的不同,其中输水渠段中分水口、节制闸、渠池虚设等水工建筑物分别建模,具体参数组织及模型概化见表6-3、表6-4。

表6-3　　　　　　　　　　模型中分水口概化表

序号	名称	模型概化里程(100m)	对应断面
1	肖楼分水口	4196	Sec0044
2	望成岗分水口	22283	Sec0230
3	彭家分水口	44503	Sec0457
4	谭寨分水口	70572	Sec0727
5	姜沟分水口	94900	Sec0983
6	田洼分水口	98732	Sec1024
7	大寨分水口	104285	Sec1088
8	半坡店分水口	134907	Sec1403
9	大营分水口	151411	Sec1579
10	十里庙分水口	156787	Sec1633
11	辛庄分水口	195473	Sec2037
12	澎河分水口	231952	Sec2419

续表

序　号	名　称	模型概化里程（100m）	对应断面
13	张村分水口	253392	Sec02655
14	马庄分水口	259047	Sec02713
15	高庄分水口	266282	Sec02795
16	赵庄分水口	286273	Sec03015
17	宴窑分水口	308468	Sec03246
18	任坡分水口	322581	Sec03390
19	孟坡分水口	337847	Sec03551
20	洼李分水口	353100	Sec03713
21	李峒分水口	375315	Sec03952
22	小河刘分水口	405469	Sec04270
23	刘湾分水口	426980	Sec04497
24	密峒分水口	436969	Sec04603
25	中原西路分水口	442147	Sec04658
26	前蒋寨分水口	454175	Sec04785
27	上街分水口	473112	Sec04981
28	北冷分水口	493640	Sec05193
29	北石涧分水口	517199	Sec05439
30	府城南分水口	524204	Sec05516
31	苏蔺分水口	536430	Sec05655
32	白庄分水口	553317	Sec05837
33	郭屯分水口	561768	Sec05927
34	路固分水口	603517	Sec06381
35	老道井分水口	611422	Sec06468
36	温寺门分水口	626212	Sec06624
37	袁庄分水口	648692	Sec06857
38	三里屯分水口	658726	Sec06963
39	刘庄分水口	664842	Sec07033
40	董庄分水口	686501	Sec07261
41	小营分水口	698042	Sec07384

续表

序　号	名　　称	模型概化里程（100m）	对应断面
42	南流寺分水口	712844	Sec07540
43	于家店分水口	750631	Sec07935
44	白村分水口	762171	Sec08057
45	下庄分水口	776758	Sec08206
46	郭河分水口	781843	Sec08260
47	三陵分水口	787906	Sec08327
48	吴庄分水口	796445	Sec08414
49	赞善分水口	824959	Sec08711
50	邓家庄分水口	829849	Sec08765
51	南大郭分水口	841606	Sec08886
52	刘家庄分水口	866949	Sec09152
53	北盘石分水口	886583	Sec09364
54	黑沙村分水口	886883	Sec09367
55	沛河分水口	905074	Sec09554
56	北马（泵）分水口	915290	Sec09662
57	赵同分水口	926919	Sec09788
58	万年分水口	938853	Sec09913
59	上庄分水口	956295	Sec10098
60	上庄分水口	956295	Sec10098
61	南新城分水口	966278	Sec10211
62	田庄分水口	970298	Sec10253
63	永安村分水口	983853	Sec10400
64	西名村分水口	1007530	Sec10643
65	留营分水口	1030775	Sec10883
66	中管头分水口	1036050	Sec10940
67	大寺城涧分水口	1061435	Sec11203
68	高昌分水口	1070434	Sec11293
69	塔坡分水口	1079633	Sec11390
70	郑家佐分水口	1104347	Sec11654

续表

序号	名称	模型概化里程（100m）	对应断面
71	刘庄分水口	1117654	Sec11800
72	荆柯山分水口	1156477	Sec12212
73	下车亭分水口	1180770	Sec12480
74	三岔沟分水口	1195700	Sec12640

表 6-4　　　　　　　　　　　模型中节制闸概化表

序号	名称	模型概化里程(100m)	对应断面
1	陶岔	0	Sec00001
2	刁河渡槽进口	14646	Sec00152
3	湍河渡槽进口	36469	Sec00374
4	严陵河渡槽进口	48806	Sec00503
5	淇河倒虹吸出口	74638	Sec00771
6	十二里河涵洞式渡槽进口 (H)	97000	Sec01004
7	白河倒虹吸出口	116394	Sec01212
8	东赵河倒虹吸出口	137110	Sec01428
9	黄金河倒虹吸出口	159891	Sec01668
10	草墩河渡槽进口	181759	Sec01896
11	澧河渡槽进口	209455	Sec02185
12	澎河渡槽进口	232061	Sec02421
13	沙河渡槽进口	241955	Sec02527
14	玉带河倒虹吸出口节制闸	266659	Sec02801
15	北汝河倒虹吸出口节制闸	279597	Sec02944
16	兰河进口节制闸	300719	Sec03164
17	颍河倒虹吸出口节制闸	327746	Sec03446
18	小洪河倒虹吸出口节制闸	348897	Sec03670
19	双洎河渡槽进口节制闸	371406	Sec03908
20	梅河倒虹吸出口节制闸	385349	Sec04057
21	丈八沟倒虹吸出口节制闸	402527	Sec04239
22	潮河倒虹吸出口节制闸	419395	Sec04416

续表

序 号	名 称	模型概化里程 (100m)	对应断面
23	金水河倒虹吸出口节制闸	435659	Sec04589
24	须水河渠道倒虹吸出口节制闸	447118	Sec04712
25	索河涵洞式渡槽进口节制闸	459870	Sec04843
26	穿黄隧洞出口节制闸	483499	Sec05088
27	济河倒虹吸出口节制闸	501879	Sec05278
28	闫河倒虹吸出口节制闸	530538	Sec05589
29	溃城寨倒虹吸出口节制闸	551132	Sec05814
30	峪河暗渠进口节制闸	564620	Sec05957
31	黄水河支倒虹吸出口节制闸	591305	Sec06248
32	孟坟河倒虹吸出口节制闸	609346	Sec06446
33	香泉河倒虹吸出口节制闸	633551	Sec06702
34	淇河倒虹吸出口节制闸	663800	Sec07022
35	汤河暗渠进口节制闸	688214	Sec07281
36	安阳河倒虹吸出口节制闸	716995	Sec07585
37	穿漳河渠道倒虹吸出口节制闸	731453	Sec07737
38	牤牛河南支渡槽进口节制闸	761114	Sec08045
39	沁河倒虹吸出口节制闸	782546	Sec08271
40	洺河梁式渡槽进口节制闸	808513	Sec08540
41	南沙河（二）渠道倒虹吸出口节制闸	829669	Sec08763
42	七里河渠道倒虹吸出口节制闸	835236	Sec08822
43	白马河渠道倒虹吸出口节制闸	850422	Sec08981
44	李阳河倒虹吸出口节制闸	868487	Sec09171
45	午河梁式渡槽进口节制闸	899307	Sec09495
46	槐河（一）渠道倒虹吸节制闸	920760	Sec09722
47	洨河渠道倒虹吸节制闸	949689	Sec10029
48	古运河暗渠节制闸	970443	Sec10256
49	滹沱河倒渠道虹吸节制闸	980263	Sec10364
50	磁河渠道倒虹吸节制闸	1002254	Sec10589
51	沙河（北）渠道倒虹吸	1017430	Sec10746

续表

序　号	名　称	模型概化里程 (100m)	对应断面
52	漠道沟渠道倒虹吸节制闸	1036983	Sec10954
53	唐河渠道倒虹吸节制闸	1046216	Sec11050
54	放水河渡槽节制闸	1071911	Sec11309
55	蒲阳河渠道倒虹吸节制闸	1085119	Sec11450
56	岗头隧洞节制闸	1112202	Sec11742
57	西黑山节制闸	1121955	Sec11846
58	瀑河渠道倒虹吸节制闸	1136845	Sec12005
59	北易水渠道倒虹吸节制闸	1157690	Sec12227
60	坟庄河渠道倒虹吸节制闸	1172373	Sec12388
61	北拒马河节制闸	1197773	Sec12665

6.2.3.3　模型参数率定

模拟过程的一个关键步骤就是如何确定模型参数，模型的参数一般分为两类：第一类是具有实际意义的参数，该类参数大多可以通过实际测量或者数据资料计算得出，有时因为实测资料缺失或失真严重，需要通过模型率定得出；第二类物理意义不明确的参数，该类参数一般是由于真实过程太过复杂而假定一个参数来代替，需要根据历史监测数据结果率定得出。本模型需要率定的参数主要包括水动力参数、水质指标扩散系数及藻类生长相关参数。

采用2017年5—9月总干渠沿线水文水质藻类同步监测数据，由此确定渠段糙率和各水质指标衰减系数、藻类生长相关系数。

1. 水动力参数

糙率是表征河渠及水体中障碍物对水流阻力影响的各种因素的一个综合阻力系数，河渠介质不同其糙率差别很大，对水动力模型计算结果有影响。限于篇幅，本研究展示部分渠段（陶岔渠首至沙河南渡槽节制闸渠段）的糙率率定结果，见表6-5。

表6-5　　　　　　　　　　　渠段糙率率定结果

序号	渠　段　名　称	糙率
1	陶岔—刁河渡槽进口	0.019
2	刁河渡槽进口—湍河渡槽进口	0.019
3	湍河渡槽进口—严陵河渡槽进口	0.018
4	严陵河渡槽进口—淇河倒虹吸出口	0.018

续表

序号	渠 段 名 称	糙率
5	淇河倒虹吸出口—十二里河涵洞式渡槽进口（H）	0.020
6	十二里河涵洞式渡槽进口（H）—白河倒虹吸出口	0.023
7	白河倒虹吸出口—东赵河倒虹吸出口	0.020
8	东赵河倒虹吸出口—黄金河倒虹吸出口	0.021
9	黄金河倒虹吸出口—草墩河渡槽进口	0.019
10	草墩河渡槽进口—澧河渡槽进口	0.019
11	澧河渡槽进口—澎河渡槽进口	0.017
12	澎河渡槽进口—沙河渡槽进口	0.020

澎河节制闸至沙河渡槽节制闸渠段率定期的流速模拟值与平均流速实测值较吻合，流速模拟值为 0.47～0.55m/s，其变化过程与实测流速过程基本一致，证明水动力模拟精度整体较高，参数率定结果合理。具体见图6-7。

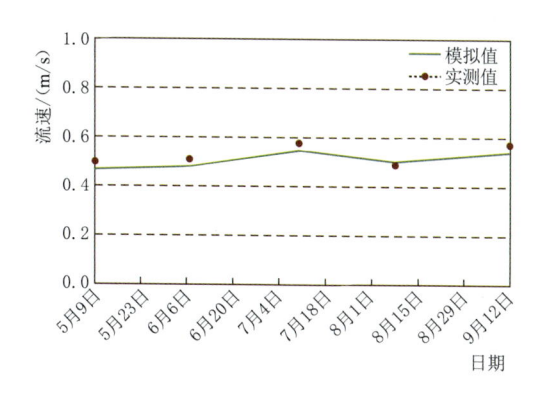

图6-7 率定期流速模拟图

2. 水质及藻类主要相关参数

模型的参数估计是否正确，直接关系到模型是否合理和其预测能力。水质及藻类模型参数是水体中各种物化、生化反应过程的常数，不同的反应过程，涉及不同的取值。本研究中水质及藻类参数的取值采用试错法进行率定。限于篇幅，本研究展示部分渠段（陶岔渠首至沙河南渡槽节制闸渠段）的水质及藻类主要相关参数率定结果（表6-6）。

表6-6 水质及藻类主要相关参数率定结果

参数	参数含义	单位	数值
K_{TP}	TP 降解系数	d^{-1}	0.052
K_{TN}	TN 降解系数	d^{-1}	0.061
K_{COD}	COD_{Mn} 降解系数	d^{-1}	0.100

续表

参数	参数含义	单位	数值
K_{DO}	DO 降解系数	d^{-1}	0.074
K_{NH}	NH_3-N 降解系数	d^{-1}	0.085
μ_{max}	藻类最大生长率	d^{-1}	0.800
T_{max}	藻类生长最佳温度	℃	23.0
R	藻类消耗速率	d^{-1}	0.500
K_P	磷半饱和常数	$g \cdot m^{-3}$	0.003
K_N	氮半饱和常数	$g \cdot m^{-3}$	0.014
a	消光系数	—	0.03～0.06

采用中线总干渠沿线水质、藻类实测资料开展水质模型及藻类模型的率定。由于篇幅限制，选取2017年5—9月沙河渡槽节制闸断面（Sec2424）和沙河南断面（Sec2425）的水质和藻类率定结果进行展示（图6-8），率定期总氮模拟值为0.81～1.07mg/L，虽然7月、8月实测值略高于模拟值，但总氮浓度过程线走向与实测过程线是一致；率定期总磷模拟值与实测值完全吻合，模拟精确；溶解氧浓度模拟值为7.86～12.40mg/L，氨氮浓度模拟值为0.025～0.032mg/L，高锰酸盐指数模拟值为1.50～1.70mg/L，均与实测值基本吻合；藻密度模拟值为18×10^4ind/L～280×10^4ind/L，模拟值与实测值较吻合，藻密度过程线与实测过程线一致。由此可见。率定期模拟值与实测值吻合地较好，证明模型模拟精度整体较高，参数率定结果合理。

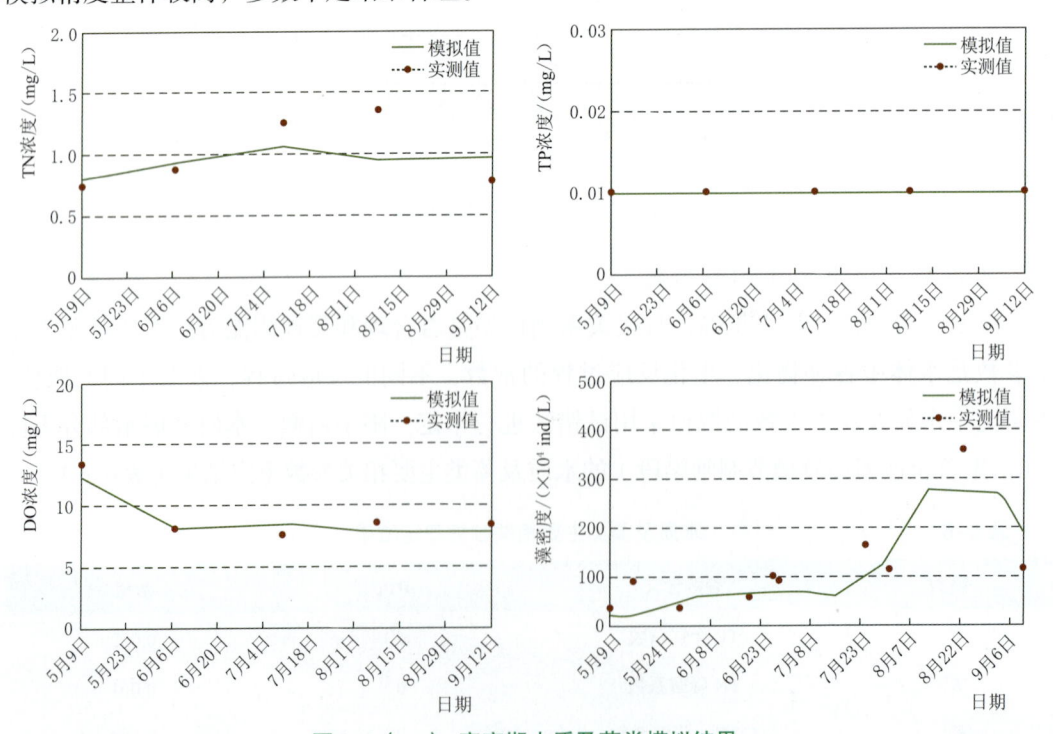

图6-8（一） 率定期水质及藻类模拟结果

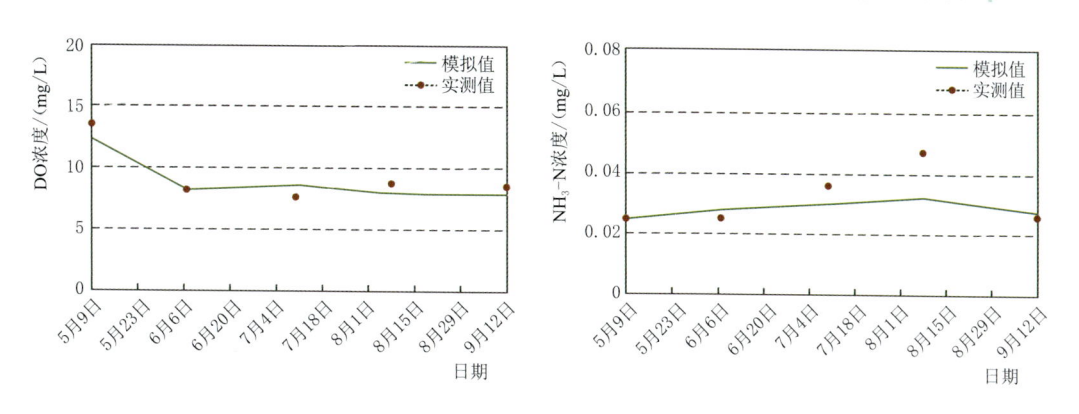

图6-8（二） 率定期水质及藻类模拟结果

6.2.3.4 模型验证

采用上述率定的模型参数，利用2018年1—6月的逐月实测水动力水质数据进行模型验证，对南水北调中线工程陶岔渠首至北拒马河节制闸进行验证，同时选择重要节点绘制了陶岔渠首至北拒马河节制闸断面TN、NH_3-N、TP、DO、COD_{Mn}验证期模拟值与实测值对比图。

如图6-9所示，验证期各断面总氮拟合较好，与实测值变化规律吻合；总磷模拟值与实测值也能较好吻合，溶解氧浓度模拟值为8.12～11.58mg/L，高锰酸盐指数模拟值为1.64～1.74mg/L，氨氮浓度模拟值为0.024～0.038mg/L，均与实测值基本吻合。

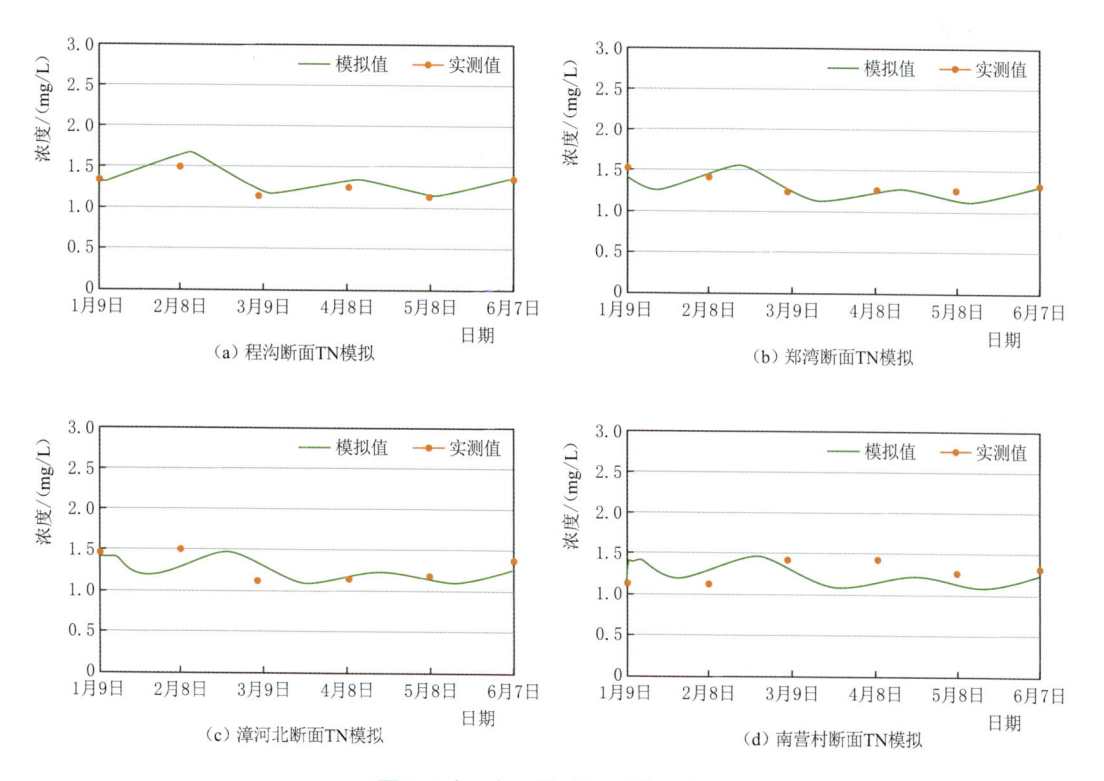

图6-9（一） 验证期TN模拟结果

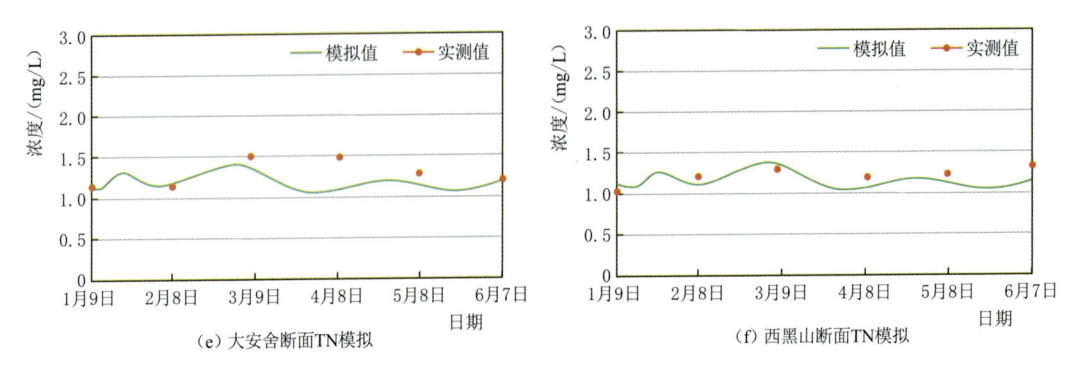

(e) 大安舍断面TN模拟　　　　　　　　　　(f) 西黑山断面TN模拟

图6-9（二）　验证期TN模拟结果

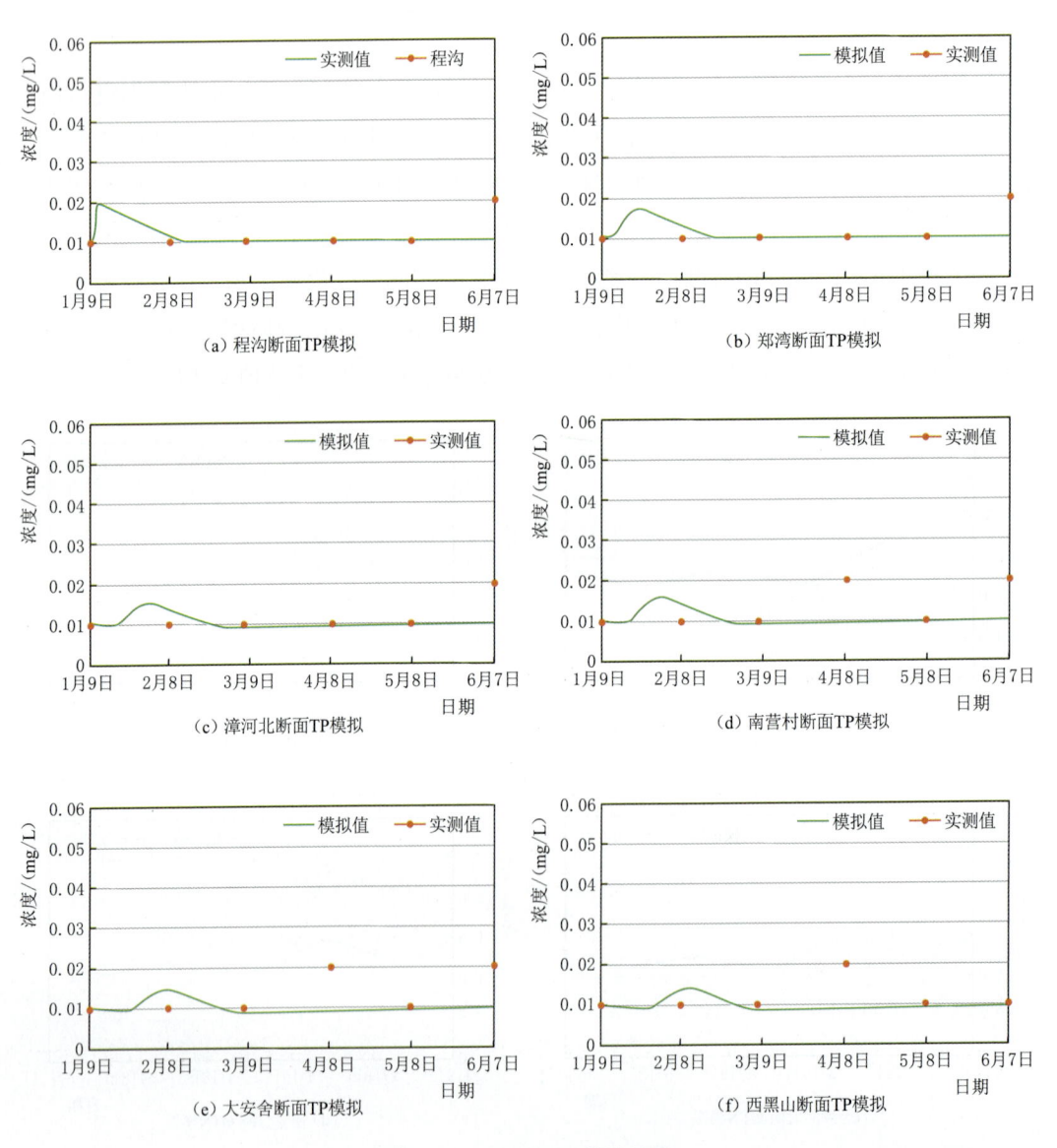

(a) 程沟断面TP模拟　　　　　　　　　　(b) 郑湾断面TP模拟

(c) 漳河北断面TP模拟　　　　　　　　　　(d) 南营村断面TP模拟

(e) 大安舍断面TP模拟　　　　　　　　　　(f) 西黑山断面TP模拟

图6-10　验证期TP模拟结果

(a) 程沟断面DO模拟

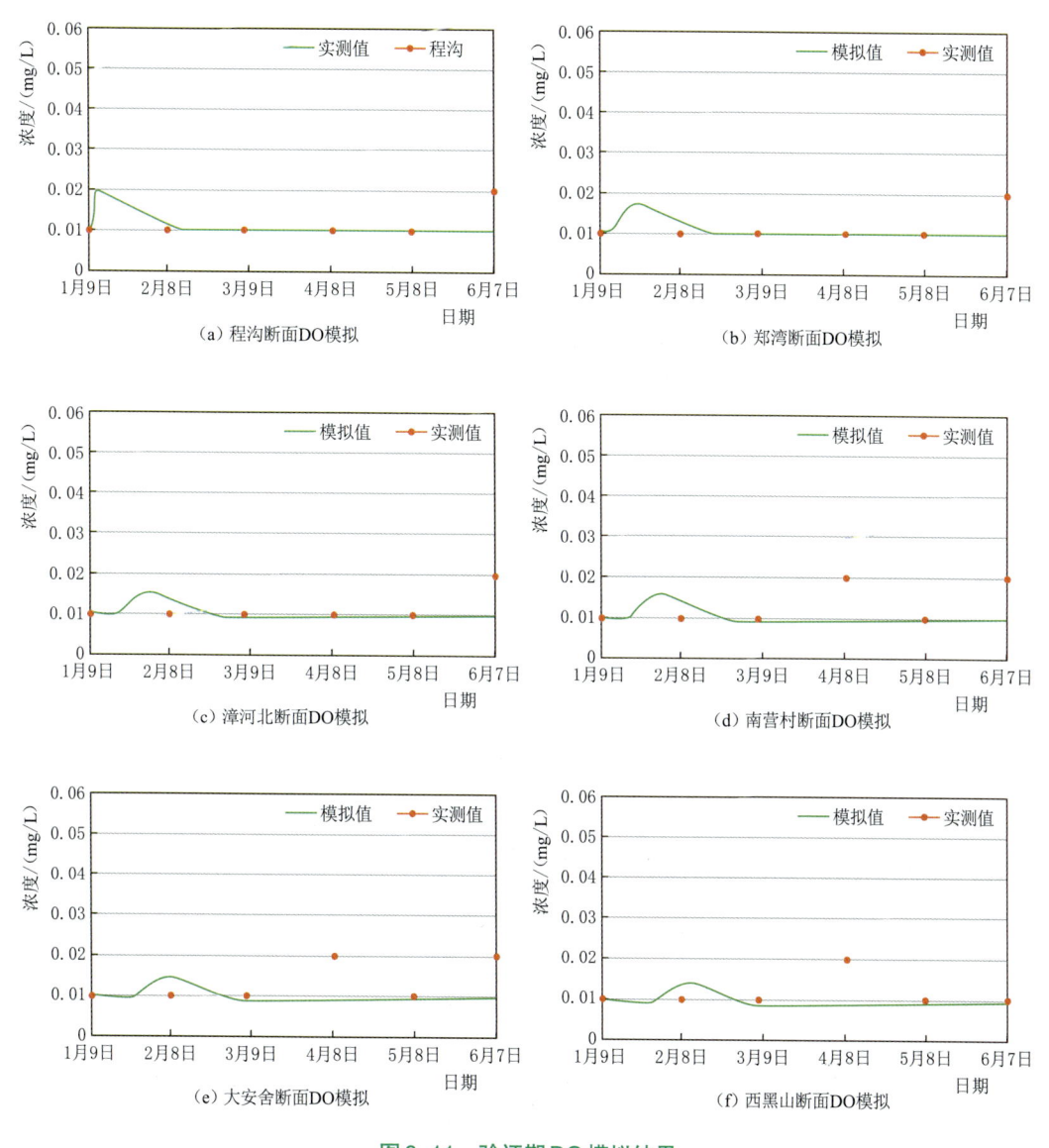

(b) 郑湾断面DO模拟

(c) 漳河北断面DO模拟

(d) 南营村断面DO模拟

(e) 大安舍断面DO模拟

(f) 西黑山断面DO模拟

图6-11 验证期DO模拟结果

(a) 郑湾断面COD_{Mn}模拟

(b) 程沟断面COD_{Mn}模拟

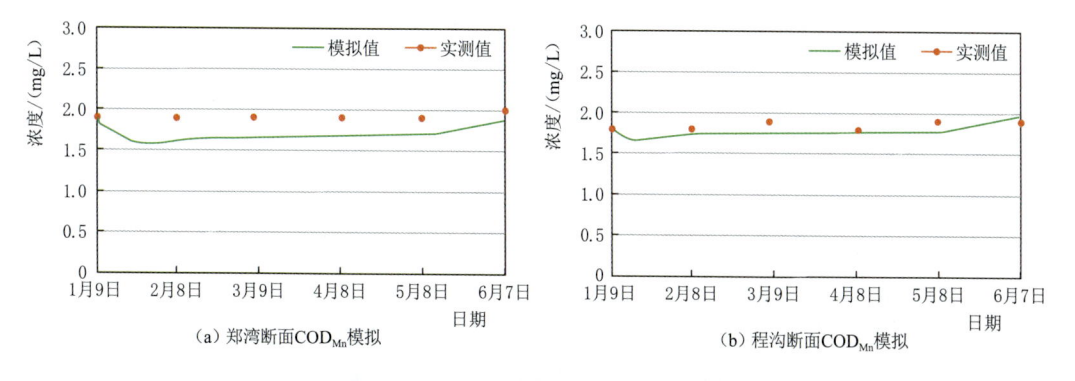

图6-12（一） 验证期COD_{Mn}模拟结果

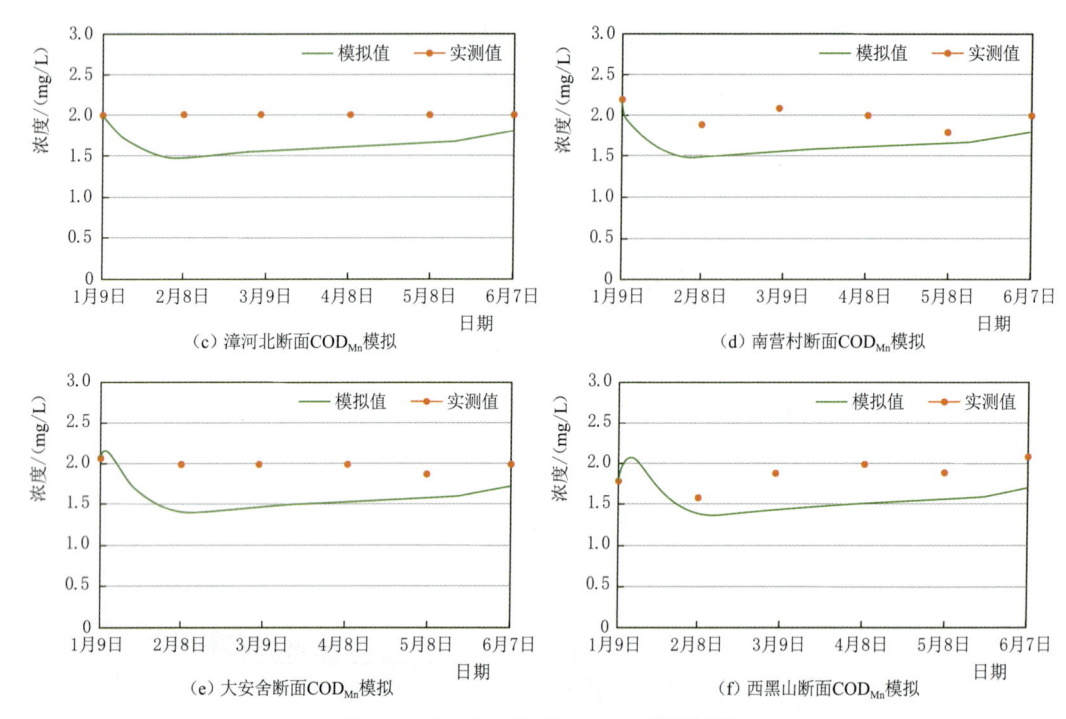

(c) 漳河北断面COD$_{Mn}$模拟　　　　　　　　(d) 南营村断面COD$_{Mn}$模拟

(e) 大安舍断面COD$_{Mn}$模拟　　　　　　　　(f) 西黑山断面COD$_{Mn}$模拟

图6-12（二）　验证期COD$_{Mn}$模拟结果

采用2018年1—6月的实测藻密度数据对模型进行验证，根据计算结果，绘制了各验证断面藻密度模拟值与实测值对比图。由图6-13可知，一维藻密度模拟结果良好，藻密度的模拟值与实测值变化趋势比较吻合。

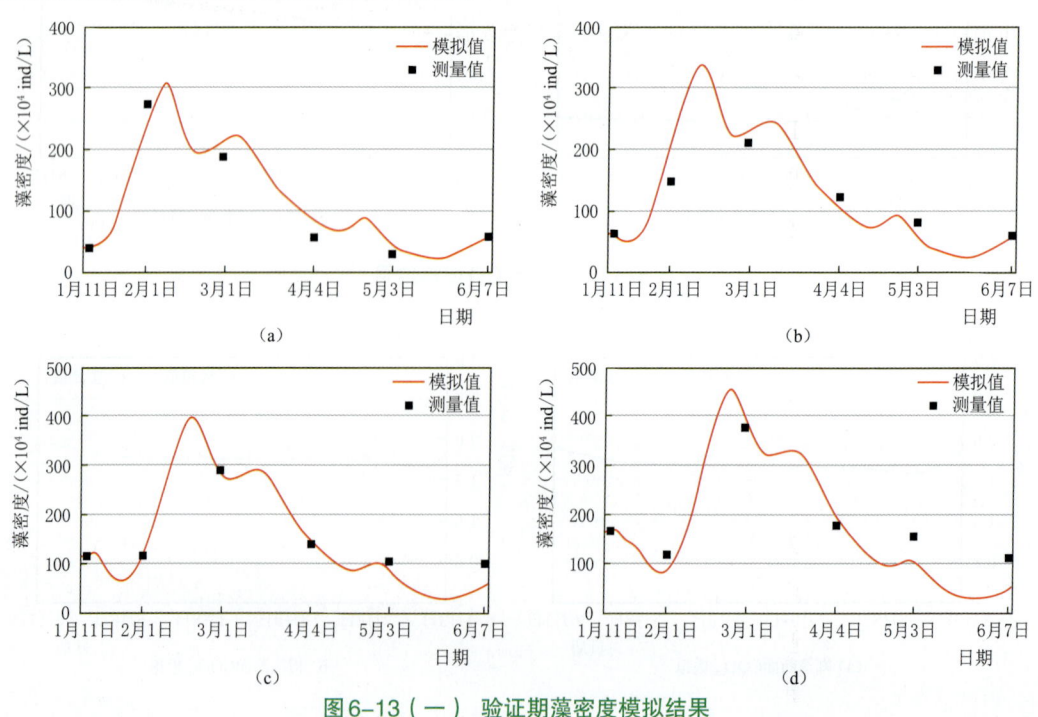

图6-13（一）　验证期藻密度模拟结果

（a）沙河南；（b）郑湾；（c）漳河北；（d）大安舍；（e）西黑山

(e)

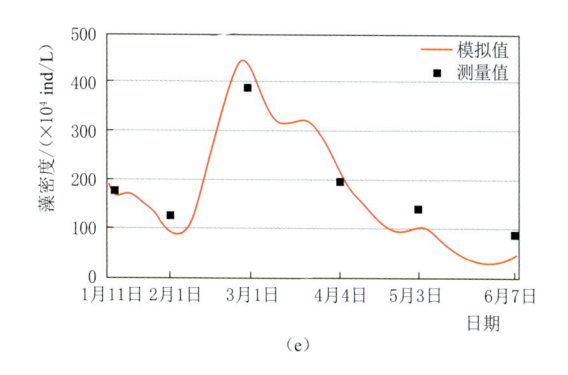

图6-13（二） 验证期藻密度模拟结果

(a) 沙河南；(b) 郑湾；(c) 漳河北；(d) 大安舍；(e) 西黑山

6.2.4 一维水动力水质模型准确率评价结果

以南水北调南水北调中线工程运行管理单位部渠段——陶岔渠首至北拒马河节制闸作为一维模型准确率评价渠段。该渠段全长1198km，占中线总干渠全长84%，沿线包含25个水质固定监测断面，水工建筑物复杂，能够较好地反映中线工程复杂水工建筑物影响下的水流特性，在进行一维水动力水质耦合模型预测准确率评价中具有代表性。

根据模型设置情况，评价断面为24个水质固定监测断面（姚营、程沟、方城、沙河南、兰河北、新峰、苏张、郑湾、穿黄前、穿黄后、纸坊河北、赵庄东南、西寺门东北、屯小庄西、漳河北、南营村、侯庄、北盘石、东淏、大安舍、北大岳、蒲王庄、柳家佐、西黑山），评价时间为2018年1—6月，结合模型准确率评价指标筛选成果，本次待评价的水质指标为DO、COD_{Mn}、TN。

根据中线水质预警模型准确率评价体系建立步骤，计算准则层（时变因素，以月为单位）对目标层（水质预警模型在某断面处的预测准确率）判断矩阵A的最大特征值对应的特征向量V_A：

$$V_A = (0.129, 0.129, 0.387, 0.387, 0.387, 0.387, 0.387, 0.387,$$
$$0.129, 0.129, 0.129, 0.129,)^T \tag{6-8}$$

经计算，$R_c < 0.1$，判断矩阵A具有满意的一致性，表示在时间尺度上，春（3月，4月，5月）、夏（6月，7月，8月）、秋（9月，10月，11月）、冬（12月，1月，2月）四季水质预测准确率的权重系数依次是：0.387，0.387，0.129，0.129。

同理，结合24个评价断面位置处2018年实测水质数据，计算各评价断面处，要素层（DO、COD_{Mn}、TN关键水质指标）对准则层（时变因素，以月为单位）判断矩阵B的最大特征值对应的特征向量AB_k（k=1，2，…，24），表示24个评价断面位置处各水质指标在各月份上的权重系数。以姚营断面为例，要素层对准则层的判断矩阵AB_1表示如下。经计算，各判断矩阵均具有良好的一致性。

$$姚营断面：AB_1 = \begin{bmatrix} 0.1118 & 0.1067 & 0.1182 & 0.1187 & 0.1419 & 0.1400 \\ 0.1086 & 0.1043 & 0.1125 & 0.1089 & 0.0969 & 0.1008 \\ 0.7797 & 0.7890 & 0.7694 & 0.7723 & 0.7612 & 0.7592 \end{bmatrix}$$

结合式（2-5）、式（2-6），计算24个评价断面位置处2018年1—6月输水水质预警综合准确率（见表6-7）。

表6-7　南水北调中线总干渠沿线各断面水质预测准确率

序号	1	2	3	4	5	6	7	8	9	10	11	12
断面	姚营	程沟	方城	沙河南	兰河北	新峰	苏张	郑湾	穿黄前	穿黄后	纸坊河北	赵庄东南
准确率/%	96.34	100.00	98.25	98.23	98.24	98.61	99.66	99.77	99.77	99.45	99.07	99.08
序号	13	14	15	16	17	18	19	20	21	22	23	24
断面	西寺门东北	屯小庄西	漳河北	南营村	侯庄	北盘石	东湨	大安舍	北大岳	蒲王庄	柳家佐	西黑山
准确率/%	98.54	98.54	98.09	98.81	97.77	98.74	98.57	97.69	96.72	96.46	97.19	98.97

由表6-7可知，南水北调中线总干渠全线一维水动力水质模型在沿线24个固定监测断面处的水质预测准确率均超过90%，可认为模型成果满足"南水北调中线输供水系统水质预警准确率不低于90%"的项目要求。

6.3　典型渠段三维水动力水质与藻类精细模拟

6.3.1　局部渠段三维水动力水质藻类模型

有关资料表明，南水北调中线工程来水水质具有特殊水质时期：高温高藻期，由于干渠水深较浅，5—9月水温达到20℃以上，同时，渠水浊度较低，水体透明度高，在输水流量较低的时候，流速较小，适合藻类大量繁殖。藻类大量繁殖会影响水厂工艺处理效能，形成的次生物质还会造成水中臭味问题，更重要的是，藻类与氮磷等营养物质的分布存在密切相关关系，对中线工程的供水安全有一定影响。因此，亟须对特殊时期典型渠段（如水质风险点、藻类异常增殖区）的水质演变过程和污染物迁移转化规律开展深入研究。

中线总干渠氮、磷等元素的迁移转化规律及其与外界环境和藻类的相互作用机制极其复杂，牵涉氮磷的生物循环、有机态氮磷的矿化水解、无机氮的硝化与脱销、颗粒态氮的沉降与再悬浮、溶解态磷的吸附与解吸、磷酸盐的沉淀与溶解等过程，这些复杂的污染物迁移转化过程呈现显著的三维特征，与一维、二维模型相比，三维模型更接近真实情况，能更客观地反映局部区域水质分布特征。因此，针对典型重点渠段，建立三维水动力水质模型。

6.3.1.1 三维水动力学模型

三维水动力学模型的构建主要需要解决以下问题：①数值计算过程中水量守恒问题；②复杂流态、大梯度解或间断解导致模拟失真；③干湿边界问题；④采用过于简化的经验公式描述垂向湍流混合过程造成显著误差；⑤水流条件和数值格式引起额外水平耗散问题；⑥完全求解全三维模型造成的计算量过大问题。

针对以上问题，基于 N-S 方程，水平方向上采用笛卡尔直角坐标系，垂直方向上采用 σ 坐标系，推导三维水动力学模型控制方程组，研究数值模型中描述湍流传输混合的湍流模型，详细推导模型控制方程组的数值求解过程，论述干湿动边界等问题的处理方法。

（1）三维水动力模型控制方程。

（2）基于守恒方程和环境流体力学模型（EFDC），引入 Boussinesq 近似、静压假设、准三维近似和 σ 坐标系，建立描述水流运动的三维水动力学模型控制方程组：

$$\frac{\partial(m_x m_y H)}{\partial t}+\frac{\partial(m_y Hu)}{\partial x}+\frac{\partial(m_x Hv)}{\partial y}+\frac{\partial(m_x m_y w)}{\partial z}=Q_H \tag{6-9}$$

$$\frac{\partial(m_x m_y Hu)}{\partial t}+\frac{\partial(m_y Huu)}{\partial x}+\frac{\partial(m_x Hvu)}{\partial y}+\frac{\partial(m_x m_y wu)}{\partial z}-m_x m_y f_e Hv$$

$$=-m_y H\frac{\partial(p+g\eta)}{\partial x}-m_y H\left(\frac{\partial h}{\partial x}-z\frac{\partial H}{\partial x}\right)\frac{\partial P}{\partial z}+\frac{\partial}{\partial z}\left(m_x m_y \frac{A_v}{H}\frac{\partial u}{\partial z}\right)+Q_u \tag{6-10}$$

$$\frac{\partial(m_x m_y Hv)}{\partial t}+\frac{\partial(m_y Huv)}{\partial x}+\frac{\partial(m_x Hvv)}{\partial y}+\frac{\partial(m_x m_y wv)}{\partial z}-m_x m_y f_e Hu$$

$$=-m_x H\frac{\partial(p+g\eta)}{\partial y}-m_x H\left(\frac{\partial h}{\partial y}-z\frac{\partial H}{\partial y}\right)\frac{\partial P}{\partial z}+\frac{\partial}{\partial z}\left(m_x m_y \frac{A_v}{H}\frac{\partial v}{\partial z}\right)+Q_v \tag{6-11}$$

$$\frac{\partial P}{\partial z}=-gH(\rho-\rho_0)\rho_0^{-1} \tag{6-12}$$

$$\frac{\partial(m_x m_y H)}{\partial t}+\frac{\partial\left(m_y H\int_0^1 u\mathrm{d}z\right)}{\partial x}+\frac{\partial\left(m_x H\int_0^1 v\mathrm{d}z\right)}{\partial y}=\int_0^1 Q_H \mathrm{d}z \tag{6-13}$$

$$w=w^*-z\left(\frac{\partial\eta}{\partial t}+\frac{u}{m_x}\frac{\partial\eta}{\partial x}+\frac{v}{m_y}\frac{\partial\eta}{\partial y}\right)+(1-z)\left(\frac{u}{m_x}\frac{\partial h}{\partial x}+\frac{v}{m_y}\frac{\partial h}{\partial y}\right) \tag{6-14}$$

式中：z 为垂向 σ 坐标；u、v、w 分别为 x、y、z 三个方向的速度分量；t 为时间；mx、my 为水平坐标变换尺度因子，由于本书不考虑正交曲线坐标系，令 $mx=my=1$；Q_H 为连续方程的源汇项；Q_u、Q_v 为动量方程的源汇项；fe 为科氏力的相关系数；ρ_0 为水体参考密度（$1\times10^3 \mathrm{kg/m}^3$）；$\rho$ 为水体密度，根据计算得到；P 为附加静水压；g 为重力加速度（9.81N/kg）；w^* 为笛卡尔坐标系下的垂向流速（真实垂向流速）；A_v 为垂向涡黏系数。

（3）三维水动力模型数值解法。Blumberg-Mellor 模型、EFDC 模型等将水体的运动分为与重力波有关的快波运动，以及与水体垂向流动有关的慢波运动。从数值稳定性角度分析，传播速度快的表面重力长波要求的时间步长小，意味着解决包含重力长波运动的问题需要消耗更多的计算机时。另外，前者与水体垂向流动无关，因此可以直接通过垂向积分后的二维方程组计算，而无必要知晓所有的三维流动细节。后者主要由各层密度不均匀所致。因为，可以将三维水流问题分为两部分：①快速移行的表面重力长波（外模式）；②与密度场和垂直流动有关的内波（内模式）。因此，利用模式分裂法对水流方程进行求解。模型求解的大致思路是：先由外模式计算水深和水深平均的流速，再由内模式计算三维流场。模式分裂法求解流程具体见图6-14。

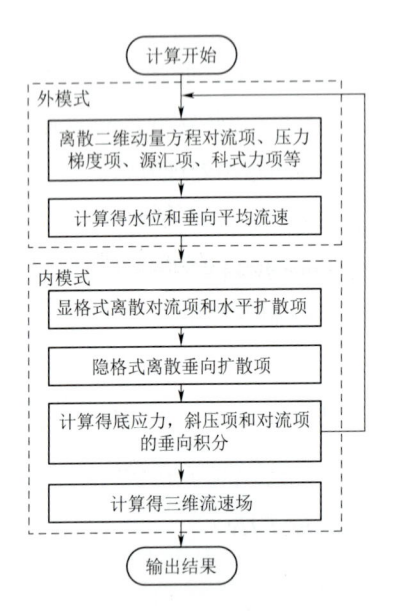

图 6-14　模式分裂法求解流程图

（4）三维水动力模型边界条件：

1）开边界。开边界指定流量或水位时间序列，主要包括上游边界、下游边界、旁侧入流边界，各类型边界条件的设定见表6-8。

表 6-8　三维水动力模型外部边界条件设定

边界条件类型	设定内容	备注
上游边界	上边界流量过程	采用渠池上游实际或设计过闸流量
下游边界	下边界水位过程	采用渠池下游实际或设计闸前水位
旁侧入流边界	旁侧入流/出流过程	采用分水口出渠流量或污染源入渠流量

2）干湿动边界。采用干湿网格法对运动边界进行处理，其核心就是建立一套判别准则，在每一步数值计算前，先判断哪些网格是被水淹没（湿网格），哪些是无水的（干网格），如果该网格是湿网格，则正常参与计算；如果该网格是干网格，则不参与计算。该方法能避免计算过程中的负水深问题。

6.3.1.2 三维水质模型

在建立的三维水动力学模型基础上，研究渠道氮循环、磷循环、藻类生长过程，基于EFDC水质模型（CE-QUAL-ICW水质体系），建立三维水质模型，主要模拟的水质指标为总氮（TP）、总磷（TN）、化学需氧量（COD）。

1. 水质迁移转化

水质模拟的主要目标是描述水质指标在水体中的物理输运和反应动力学过程。物理输运过程是指物质随水流的输移和湍流活动；动力学过程包括吸附和大气沉降等物理过程、硝化作用等化学过程以及浮游植物吸收营养盐等生物过程。EFDC水质指标体系共包括22项水质状态变量，如表6-9所示，可分为6个水质变量组：①藻类；②碳；③磷；④氮；⑤硅；⑥其他水质变量。

围绕氮、磷等水质要素循环及其与藻类的相关作用过程开展深入研究。水体中氮、磷、氧等营养元素的循环表现为某种营养元素从一种形态向另一种形态转化的过程。影响水质浓度分布和水质营养元素循环的主要过程包括：①藻类吸收；②颗粒态营养物质通过水解作用转换成溶解态物质；③溶解性有机物的矿化和分解；④营养物质的化学转换；⑤沉积物的吸附和解吸作用；⑥颗粒物沉降及床体的释放；⑦外部营养物质负荷。

表 6-9　　　　EFDC 水质状态变量

水质变量组	符号	名　称
藻类	B_m	大型藻类
	B_c	蓝藻
	B_d	硅藻
	B_g	绿藻
碳	RPOC	难溶颗粒有机碳
	LPOC	活性颗粒有机碳
	DOC	溶解有机碳
磷	RPOP	难溶颗粒有机磷
	LPOP	活性颗粒有机磷
	DOP	溶解有机磷
	PO_4t	总磷酸盐
氮	RPON	难溶颗粒有机氮
	LPON	活性颗粒有机氮
	DON	溶解有机氮
	NH_4	氨氮
	NO_3	硝酸盐
硅	SU	颗粒生物硅
	SA	可用硅
其他	TAM	总活性金属
	FCB	大肠杆菌
	COD	化学需氧量
	DO	溶解氧

2. 三维水质模型控制方程

物质在水体内的输运及物理、化学、生物转换过程采用质量守恒方程组进行描述：

$$\frac{\partial C}{\partial t}+\frac{\partial(uC)}{\partial x}+\frac{\partial(vC)}{\partial y}+\frac{\partial(wC)}{\partial z}=\frac{\partial}{\partial x}\left(K_x\frac{\partial C}{\partial x}\right)+\frac{\partial}{\partial y}\left(K_y\frac{\partial C}{\partial y}\right)+\frac{\partial}{\partial z}\left(K_z\frac{\partial C}{\partial z}\right)+S_c \quad (6-15)$$

式中：C 为水质指标浓度；K_x、K_y、K_z 分别为 x、y、z 方向上扩散系数；u、v、w 分别为 x、y、z 方向上的流速；S_c 为进入或离开单位水体的源汇项。

式（6-15）揭示了由对流（等式左端最后3项）、扩散（等式右端前3项）以及水质变量间的动力学相互作用（等式右端第4项）引起的水质输移过程。三维水质方程的求解采用算子分裂处理对流项和扩散项，采用有限差分法进行空间离散，水平方向上采用QUICKEST格式，垂直方向上采用Crank-Nicolson格式。

3. 三维水质模型边界条件

在EFDC水质体系中，总氮（TN）涵盖了水中氮的所有形态，包括难溶颗粒有机氮（RPON）、活性颗粒有机氮（LPON）、溶解性有机氮（DON）、铵（NH_4）、硝酸盐（NO_3）5类，总磷（TP）涵盖了水中磷的所有形态，分为难溶颗粒有机磷（RPOP）、活性颗粒有机磷（LPOP）、磷酸盐（PO_4^{3-}）4类。需要根据有关资料或检测成果对TN、TP各组分含量进行分配，具体方法是：计算前先将初始条件和边界条件中的TN、TP按照配比转化成各细分指标，再将细分指标的浓度数据代入到水质模型进行计算，计算完毕后再将各细分指标的浓度相加即为TN、TP的浓度值。

三维水质模型边界条件主要包括上游边界、旁侧入流边界。如果模拟区域涉及污染源，则参照一维水质模型边界条件的设置方法给定。水质边界条件的处理参考上面的方法。各类型边界条件的设定见表6-10。

表6-10　三维水质模型边界条件设定

边界条件类型	设定内容	备注
上游边界	上边界来水水质时间序列	采用实测渠池上游来水水质数据
旁侧入流边界	旁侧入流水质时间序列	采用调查或计算的入渠污染物数据

6.3.1.3　藻类生长动力学模型

藻类是模型模拟的一个重要变量，EFDC模型考虑蓝藻、硅藻和绿藻3种藻类。下标 x 表示藻的种类，模型考虑的源汇项包括：生长、基础代谢、捕食、沉降以及外部负荷。描述这3种藻的动力学方程基本相同，只是方程中的参数取值不同，动力学方程为

$$\frac{\partial B_x}{\partial t} = (P_x - BM_x - PR_x)B_x + \frac{\partial}{\partial z}(WS_x B_x) + \frac{WB_x}{V} \quad (6-16)$$

式中：B_x 为 x 种类藻的生物量，g/m³；P_x 为 x 种类藻的生产率，d⁻¹；BM_x 为 x 种类藻的基础代谢率，d⁻¹；PR_x 为 x 种类藻的被捕食率，d⁻¹；WS_x 为 x 种类藻的沉降速率，m/d；WB_x 为 x 种类藻的外部负荷，g/d；V 为模拟单元。

6.3.2　澎河渡槽至沙河渡槽渠段水质三维模拟

针对澎河渡槽至沙河渡槽渠段建立三维水动力水质耦合模型，分别采用2017年、

2018年的实测数据对模型进行率定和验证。水质模拟指标包括总氮（TN）、总磷（TP）、溶解氧（DO）、氨氮（NH$_3$-N）、高锰酸盐指数、硫酸盐、水温七项指标。

6.3.2.1 区域选择依据

（1）在中线64个节制闸中，相邻节制闸之间的距离通常在20～40km，而渠宽太短（约50m），长宽比过大的区域不适合三维建模，还存在计算量过大等问题，本次选取的渠段长约10km，长度适中。

（2）该区段包含多种水工构筑物，如节制闸、分水口、倒虹吸等。

（3）沙河渡槽区域是藻类增值敏感点，本次选取的渠段位于沙河渡槽附近，包含一个藻类监测点（沙河渡槽进口），且另一个藻类监测点（鲁山坡落地槽）距该渠段不远，藻类数据相对较齐全。

（4）该渠段包含有1个水质固定监测断面，且离上下游水质固定监测断面较近，水质数据相对较齐全。

6.3.2.2 模型构建

6.3.2.2.1 区域建模

采用正交曲线网格离散澎河节制闸至沙河渡槽节制闸渠段，将渠段划分为3675个网格，网格尺寸约为12m×14m。澎河节制闸至沙河渡槽节制闸渠段模型入流、出流口位置如图6-15所示。

6.3.2.2.2 边界条件

本模型的边界节点包括澎河节制闸入流口和沙河渡槽节制闸出流口。入流口采用上游流量、水质边界条件、藻密度边界，出流口采用水位边界条件。

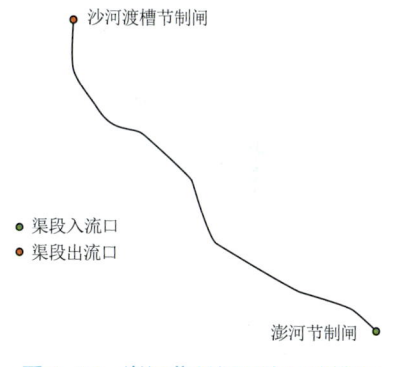

图6-15 澎河节制闸至沙河渡槽节制闸渠段模型入流、出流口位置

1. 入流口

澎河节制闸入流口给定实际监测的流量、污染物浓度过程、藻密度浓度过程，入流口的水动力边界给定平均流量边界条件，水质边界给定污染物浓度边界条件、藻类边界给定藻密度浓度过程。详细过程如下：

（1）由于缺乏澎河节制闸流量资料，调查期间内沙河渡槽节制闸整体流量变幅不显著，因此入流口的水动力边界条件给定沙河渡槽节制闸流量过程，如图6-16所示。

（2）由于缺乏澎河节制闸水质监测数据资料，因此入流口的水质边界条件给定距离澎河节制闸距离近的方城断面污染物浓度过程。根据2017年与2018年方城断面水质监测数据，水质指标包括总氮（TN）、总磷（TP）、溶解氧（DO）、氨氮（NH$_3$-N）、高锰酸盐指数、硫酸盐、水温。

图6-16 平均流量过程线

2. 出流口

沙河渡槽节制闸出流口给定实际监测的水位过程，出流口的水动力边界给定水位边界条件，根据2017—2018年沙河渡槽节制闸的水深数据，计算出水位过程，并作为其水动力边界条件，具体见图6-17。

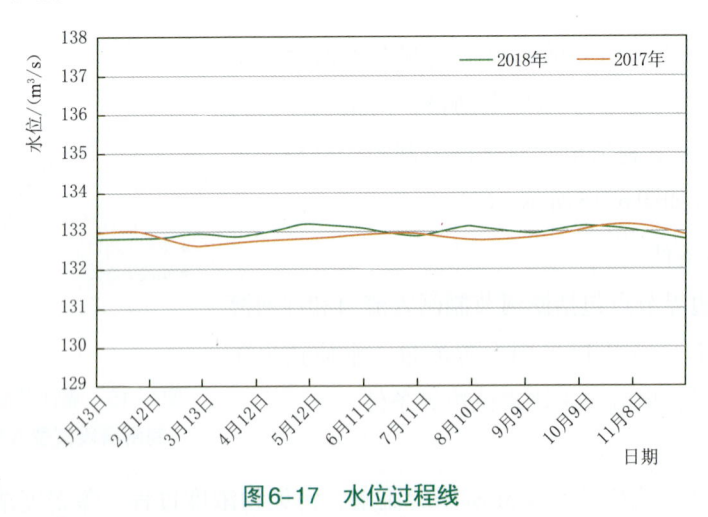

图6-17 水位过程线

3. 气象条件

气温、蒸发、风速风向等气象边界条件采用中国气象科学数据共享服务网提供的逐日实测值。

6.3.2.3 模型参数率定

澎河节制闸到沙河渡槽节制闸渠段水动力模型的主要率定参数包括水底粗糙度、水平涡黏系数等。

6.3.2.3.1 水动力参数

1. 糙率

糙率是表征河渠及水体中障碍物对水流阻力影响的各种因素的一个综合阻力系数，

河渠介质不同其糙率差别很大，对水动力模型计算结果有影响。通过模型参数率定，糙率值取0.015。

2. 水平涡黏系数

在水动力模型中，水平涡黏项表示不同流速水体之间的湍流混合动量交换产生的内部剪切力，水平涡黏系数A_H不能被直接测量到，但是它影响了速度的分布，一般而言，该值越高，速度分布越均匀。由于二维、三维水动力模型是采用有限差分、有限体积等数值方法计算求解，因此A_H不仅与湍流有关，还与动量方程的求解方式有关，例如，数值计算中越大的数值耗散（如更粗的网格）将引起越小的水平涡粘耗散，即更低的A_H值。本项目采用Smagorinsky亚网格格式计算A_H：

$$A_H = C\Delta x\Delta y[(\frac{\partial u}{\partial x})^2 + (\frac{\partial v}{\partial y})^2 + 0.5(\frac{\partial u}{\partial y} + \frac{\partial v}{\partial x})^2]^{0.5} \quad (6-17)$$

式中：C为水平混合常数，取0.2；u、v为x、y方向的流速；Δx、Δy为x、y方向的网格尺寸。

Smagorinsky将模型的水平混合与网格尺寸和剪切力联系起来，水流条件和数值格式都将影响水平耗散。如果速度梯度较小，则A_H值也较小。如果水平空间分辨率（Δx、Δy）足够小，以至于水底的地形特点和水平对流特性可以在模型中求解，则A_H将很小，与A_H有关的水平数值耗散也很小，可以被忽略。对于较粗的空间网格，则A_H较大，可以反映出未计算的水平湍流混合和传输过程。

澎河节制闸至沙河渡槽节制闸渠段率定期的流速模拟值与平均流速实测值较吻合，证明水动力模拟精度整体较高，参数率定结果合理。具体如图6-18所示。

图6-18　2017年流速模拟率定结果图

3. 水温参数

（1）水温参数率定结果。通过对2017年水温模型进行率定，水温参数率定结果具体见表6-11。

表 6-11　　　　　　　　　　　　　水温参数率定结果

参　　数		范围	初始值	率定值
太阳辐射衰减系数	快速衰减系数 β_f	$0.2 \sim 1.3 m^{-1}$	$0.5 m^{-1}$	$0.53 m^{-1}$
	慢速衰减系数 β_S	$0.1 \sim 0.5 m^{-1}$	$0.15 m^{-1}$	$0.14 m^{-1}$
	分配因子 f_r	$0.3 \sim 1.0$	0.5	0.7
垂直混合参数	垂直涡流黏度	$10^{-4} \sim 0.1 m^2/s$	$10^{-2} m^2/s$	$8.35 \times 10^{-3} m^2/s$
	垂直扩散系数	$10^{-8} \sim 0.01 m^2/s$	$10^{-6} m^2/s$	$1.05 \times 10^{-6} m^2/s$

（2）水温率定结果。利用2017年的水温实测资料开展水温模型率定，根据模型模拟结果，率定期的模拟值与实测值基本吻合，如图6-19所示，证明率定的水温模型参数符合实际情况。

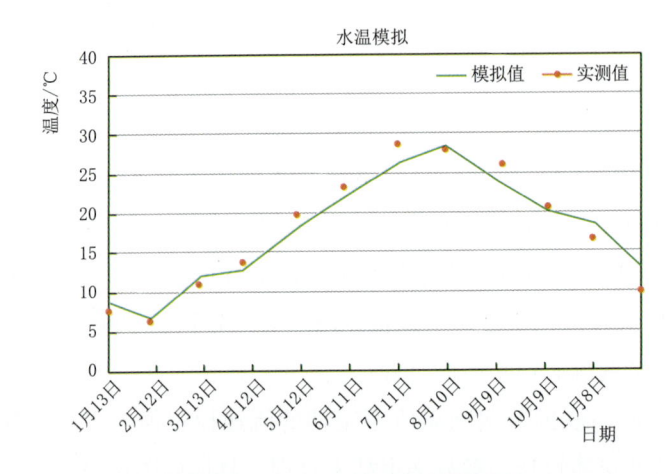

图 6-19　2017年水温率定结果图

1）水质参数。

2）A水质参数率定结果。

3）通过对2017年水质模型进行率定，氮磷元素的主要水质参数率定结果具体见表6-12。

表 6-12　　　　　　　　　　　　　主要水质参数率定结果

类别	参数	率定值	参　数　含　义
氮	FNR	0.1	藻类代谢产生的难溶性颗粒态有机氮
	FNL	0.1	藻类代谢产生的活性颗粒态有机氮
	FND	0.8	藻类代谢产生的溶解性有机氮
	FNRP	0.35	被捕食的氮中生成的难溶解颗粒有机氮
	FNLP	0.55	被捕食的氮中生成的活性颗粒有机氮
	FNDP	0.1	被捕食的氮中生成的溶解性有机氮
磷	FPR	0.2	藻类代谢产生的难溶性颗粒态有机磷

续表

类别	参数	率定值	参　数　含　义
磷	FPL	0.3	藻类代谢产生的活性颗粒态有机磷
	FPD	0.5	藻类代谢产生的溶解性有机磷
	FPRP	0.3	被捕食的磷中生成的难溶解颗粒有机磷
	FPLP	0.2	被捕食的磷中生成的活性颗粒有机磷
	FPDP	0.5	被捕食的磷中生成的溶解性有机磷

（3）水质率定结果。利用2017年12个月的水质实测资料开展水质模型率定，根据模型模拟结果，率定期的模拟值与实测值较吻合（见图6-20），证明水质模拟精度整体较高，参数率定结果合理。

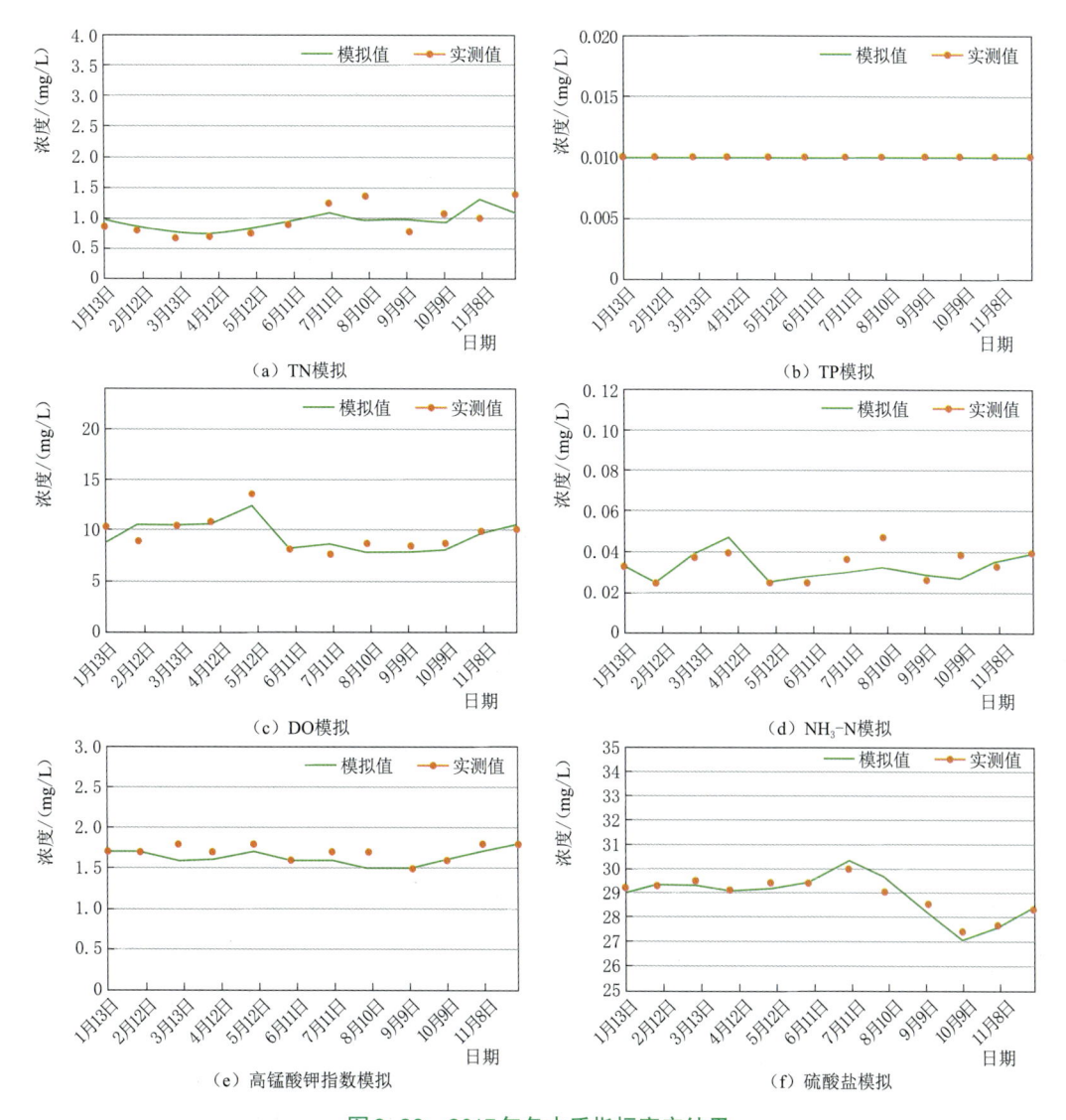

(a) TN模拟

(b) TP模拟

(c) DO模拟

(d) NH$_3$-N模拟

(e) 高锰酸钾指数模拟

(f) 硫酸盐模拟

图6-20　2017年各水质指标率定结果

6.3.2.4 模型验证

1. 水动力验证

从图6-21可知，澎河节制闸至沙河渡槽节制闸渠段水流场模拟结果中，渠段流向由上游澎河节制闸到下游沙河渡槽节制闸，与实际情况相符；根据水动力模型模拟结果，流速验证期的模拟值与实测值变化趋势相同，模拟值整体略微低于实测值，是由于缺乏该渠段地形资料，采用了概化的过流断面，对流速模拟精度有一定影响，但基本能揭示水流的演进过程，具体见图6-22、图6-23。

图6-21 2017年各水质指标率定结果

图6-22 澎河节制闸至沙河渡槽节制闸渠段水流场模拟图

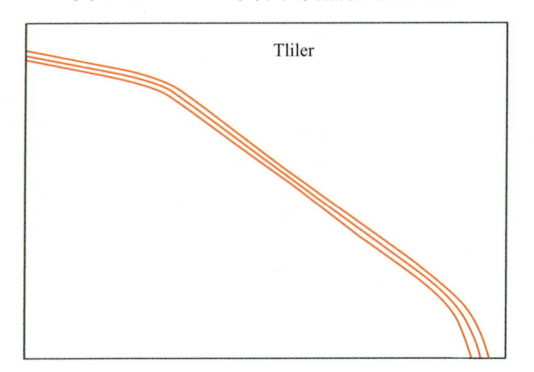

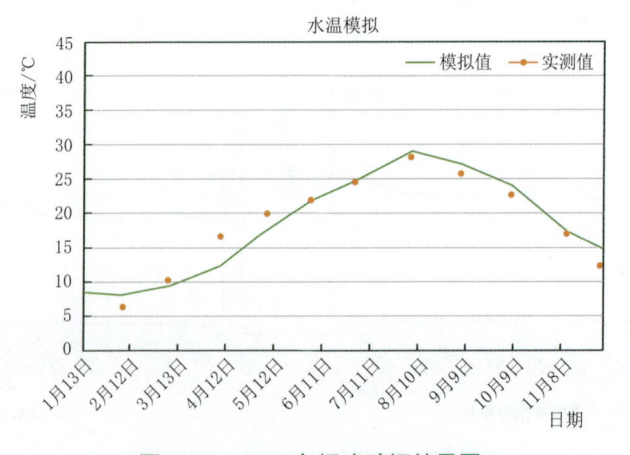

图6-23 2018年温度验证结果图

2. 水温验证

澎河节制闸至沙河渡槽节制闸渠段水温模拟结果及水温模拟场图见图6-24和图6-25。

图6-24　2018年水温验证结果图

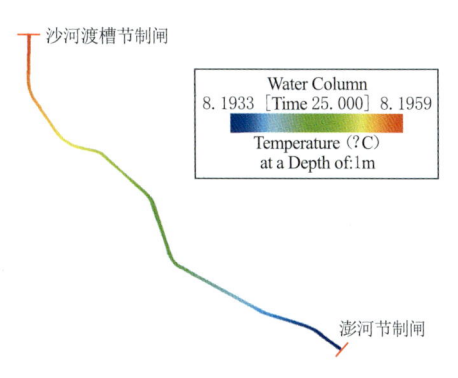

图6-25　2018年水温模拟场图

通过统计沙河渡槽断面的水温模拟值与观测值，计算得出RMSE为1.825mg/L，相对误差值为10.79%，满足水质模拟要求，因此，可认为提出的水温计算模型比较可靠，计算的参数值基本合理。

3. 水质验证

在模型参数率定的基础上，采用2018年水质数据对模型进行验证。河渡槽节制闸前的水质模拟值与实测值对比见图6-26，从图中可知，TN、TP和硫酸盐模拟与实测基本吻合，TP浓度比较稳定，水质较好，11月TN、TP和硫酸盐浓度实测值明显高于模拟值，可能存在偶发污染物进入渠道的情况；DO浓度总体呈现先降后升的趋势，NH_3-N浓度总体呈现先升后降的趋势、高锰酸盐浓度变化趋势不大，水质模拟值与实测值变化趋势相同，DO、NH_3-N、高锰酸盐模拟与实测吻合较好。由此证明水质模型模拟效果良好，能较准确反映渠段的水质变化过程。

(a) TN模拟

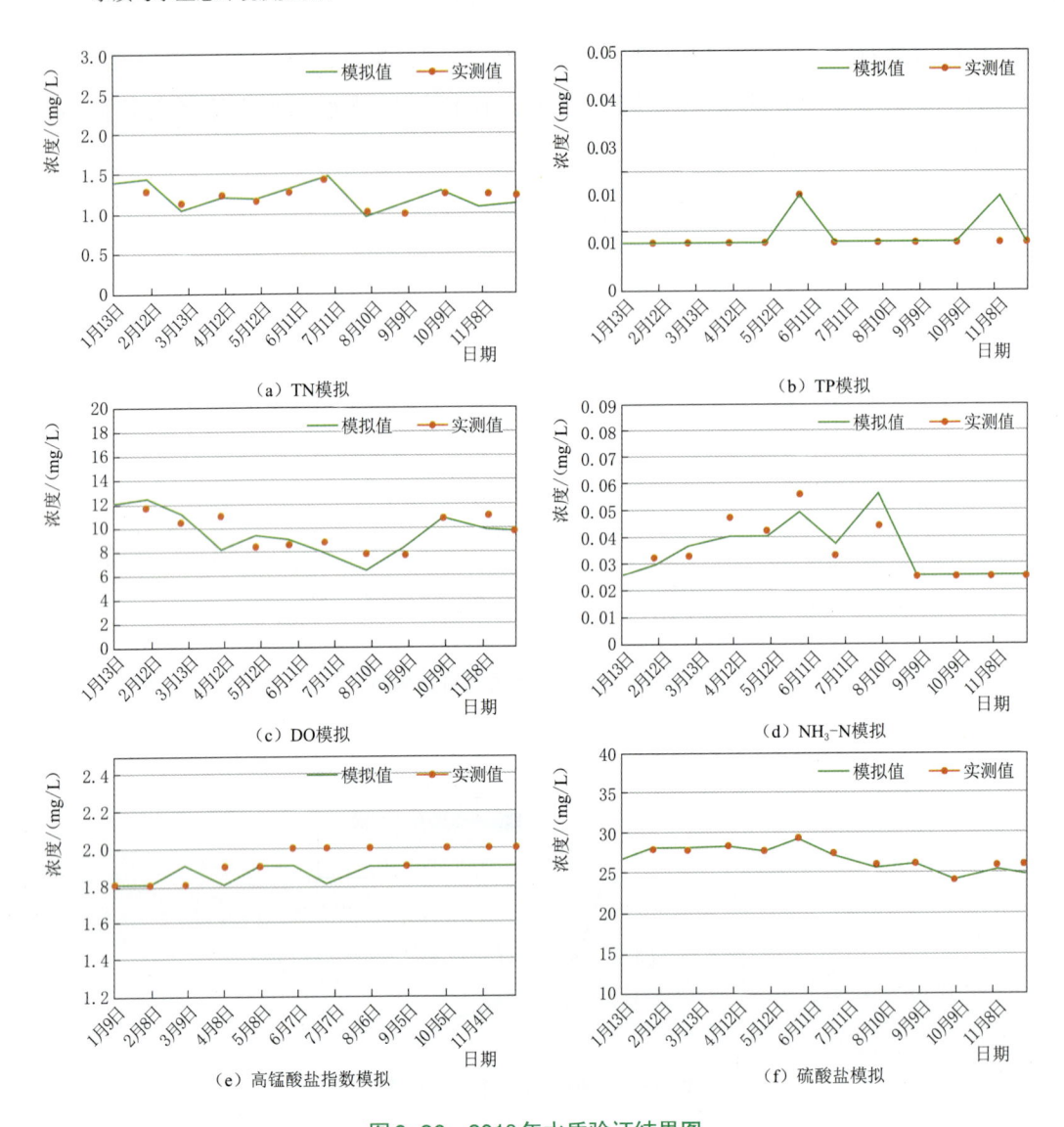

(b) TP模拟

(c) DO模拟

(d) NH$_3$-N模拟

(e) 高锰酸盐指数模拟

(f) 硫酸盐模拟

图6-26 2018年水质验证结果图

各水质指标的浓度场模拟结果见图6-27。从图中可知，水质整体分布较均匀，同一时刻渠段不同区域的水质比较接近。

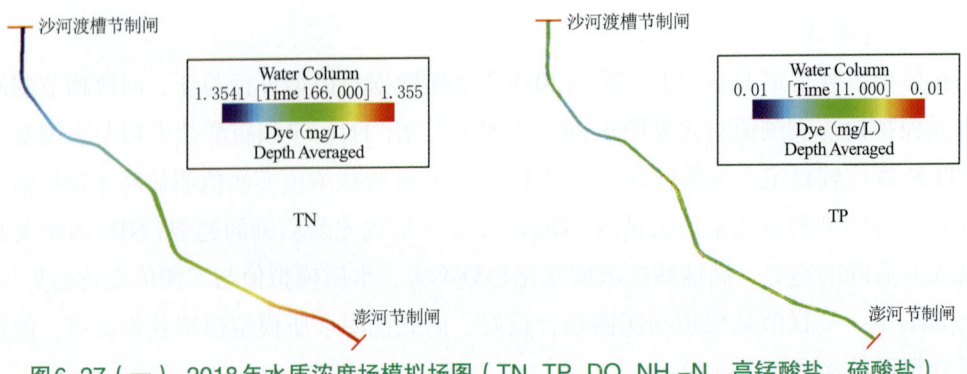

TN

TP

图6-27（一） 2018年水质浓度场模拟场图（TN、TP、DO、NH$_3$-N、高锰酸盐、硫酸盐）

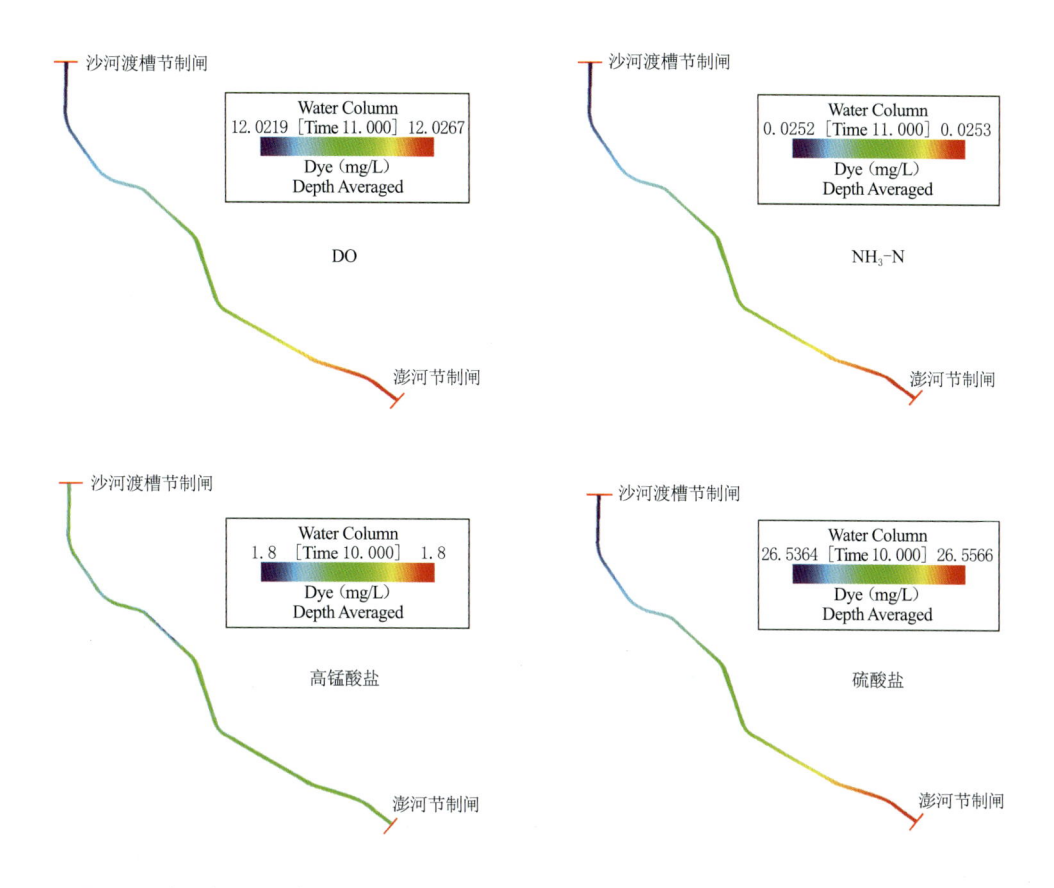

图6-27（二） 2018年水质浓度模拟场图（TN、TP、DO、NH$_3$-N、高锰酸盐、硫酸盐）

在地表水模拟中，有些状态变量可能会有非常大的平均值，以至于相对误差很小，这就造成了模型模拟效果是非常准确的假象。因此，为科学地评估汉北河水质模拟精度，引入均方根误差（RMSE）、相对均方根误差（RRE）对模型精度进行分析，RMSE 和 RRE 形式如下：

$$RMSE = \sqrt{\frac{1}{N}\sum_{n=1}^{N}(O^n - P^n)^2} \qquad (6-18)$$

$$RRE = \sqrt{\frac{1}{N}\sum_{n=1}^{N}(O^n - P^n)^2} / (O^{max} - O^{min}) \qquad (6-19)$$

式中：N 为观测值与预测值的组数；O^n 和 P^n 分别为第 n 个观测值和模拟值；O^{max} 和 O^{min} 分别为最大和最小观测值。

表6-13统计了沙河渡槽断面水质模拟值与观测值的 RMSE 和相对误差值。沙河渡槽断面模拟值与实测值的 RMSE 较小，相对误差基本小于10%，水质模拟精度较高，因此，可认为建立的模型比较可靠，率定的参数值基本合理。

表 6-13　　水质模拟值与观测值误差分析

水质指标	TN	TP	DO	NH_3-N	COD_{Mn}	硫酸盐
RMSE/(mg/L)	0.089	0.003	2.653	0.011	0.104	1.749
相对误差	6.03%	8.34%	8.68%	9.31%	3.82%	1.43%

4. 藻类模拟

澎河节制闸至沙河渡槽节制闸渠段藻类模拟结果如图6-28、图6-29所示，从图中可知，2018年藻密度变化整体趋势是先下降后上升再下降；藻类密度最高值出现在8月，最低值出现在4月。

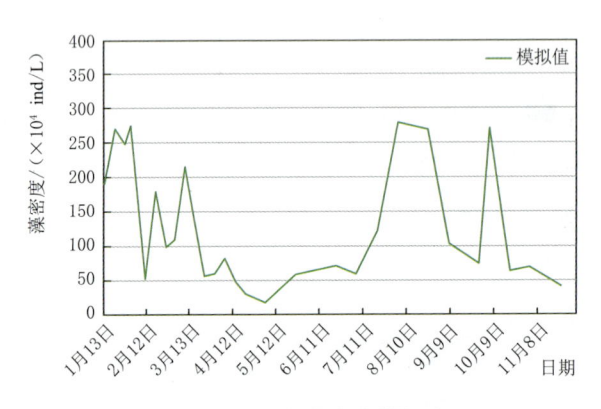

图6-28　2018年藻密度模拟结果

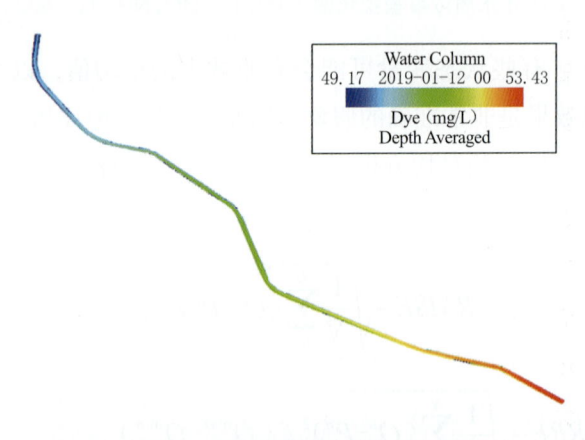

图6-29　2018年藻密度模拟流场结果

6.4　表面水体物理特征的矢量化和可视化模拟

6.4.1　渠道三维场景漫游

渠道三维场景漫游是指在观察构建的三维场景时，视角可以进行灵活切换，达到浏览各个方向、角度的场景的目的。本书构建的三维场景主要有3部分，天空中的蓝天白云场景、水面以上的渠道三维实景和水面场景。本书要实现的仿真效果是用户可以通过键盘和鼠标的操作灵活控制视角，在场景中随意走动，观察水面的细节以及场景的细节。

为了实现场景漫游，需要定义实现自己的摄像机。在WebGL中本身没有摄像机的概念，但是可以通过把场景中的所有物体往相反的方向移动来模拟出摄像机在移动的效果，在视觉上产生一种观察视角在变，而不是场景在变。对于三维场景漫游，预期的效果是摄像机可以自由移动，移动速度可以自由控制，鼠标可以控制视角变换、自由缩放等，下面详细论述每个功能的实现。

为了实现摄像机自由移动的效果，本书基于WebGL的SFML图像库实现了键盘控制视角移动的功能。键盘上的"WASD"键操作与视角"前左后右"移动相对应，当用户按下"WASD"键中的任意一个，摄像机的位置就会更新。如果希望视角向前或者向后移动，需要把位置向量加上或者减去方向向量；如果希望视角向左或者向右移动，需要将自定义的上向量和摄像机方向向量叉乘获得右向量，最后将摄像机的位置沿着右向量移动即可。利用键盘操作可以实现视角横移的效果。

由于本书实现的场景较大，因此增加键盘上的"Shift"键与移动速度相关联，当按住"Shift"+"WASD"中任意一个方向键时，视角会以原来速度的五倍进行平移运动。

对于鼠标控制视角变换效果，本书利用欧拉角来实现。通过构造鼠标的回调函数来计算当前帧和上一帧鼠标位置的偏移量，利用偏移量的变化计算偏航角和俯仰角，最后更新摄像机的移动距离。鼠标水平方向的移动与偏航角对应，鼠标竖直方向的移动与俯仰角对应。

摄像机的缩放效果可以利用过鼠标滚轮的回调函数实现。对于WebGL中的透视投影，其主要由3个参数来定义：

$$projection = perspective(fov, width/height, near, far) \quad (6-20)$$

WebGL中的 *perspective* 的作用是创建了一个可视空间的大平截头体，任何在这个平截头体以外的物体都会被裁剪，不会出现在裁剪空间体内。如图6-30所示，*fov*参数为视野，其定义了视角能看到场景中的范围大小，*near*和*far*之间的空间记为可视裁剪空间。鼠标滚轮实现的回调函数就是根据鼠标滚轮改变*fov*的值。当滚轮向后运动时，*fov*值变小，对应看到的场景变小，达到视角缩小的效果，放大的效果与之操作相反，一般*fov*的值限制在1.0～45.0。

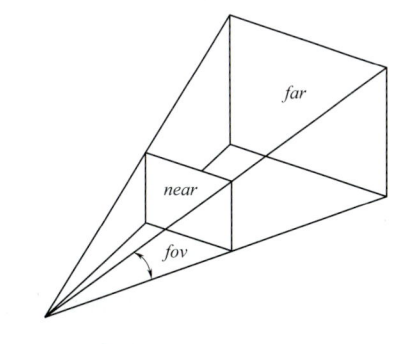

图6-30 透视投影可视空间

6.4.2 渠道水面仿真技术

6.4.2.1 水面仿真模型

水面仿真模型是基于水的物理性质和可见光的物理性质建立的，如图6-31所示为相机看到的水面某点光线的示意图，干净清澈的水体本身是透明的，光线可以通过水体照射到渠道底部，渠道底部的泥土或者水泥材料会对太阳光进行反射（漫反射），光线反射回水中，进而通过水进入空气中。太阳光照射到天空的云朵，光线会被云朵反射到水表面，水表面是光滑的，所以会对云朵的光线产生镜面反射。由上诉描述可知，若不考虑太阳光直射水面，相机看到水面某点的光线是水表面以下物体的反射光以及水表面对周围景物的反射光。而根据物理学知识，光线的反射效果跟照射点的法线有关；光线折射效果跟照射点法线以及材料的特性有关。

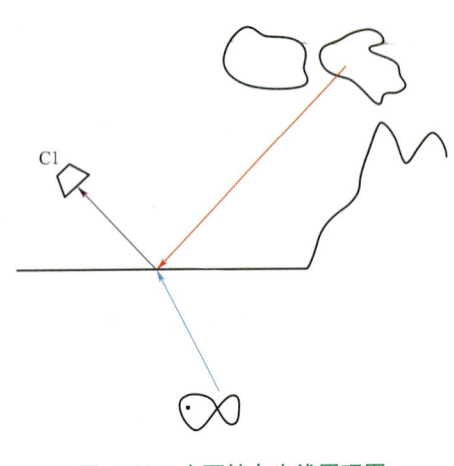

图6-31 水面某点光线原理图

图6-32是相机在某个点观察到的水表面颜色组成的结构图，描述了在某个位置的相机观察水表面任意一点的颜色主要由水下光线通过水面表发生折射进入相机光线的颜色和水表面对水上光线反射进入相机的光线颜色决定。上述两种光线按照物理光学原理混合（如同等强度红光与绿光混合形成蓝光）形成最终相机所观察到的颜色。水下射出光线主要分为两种：第一种是水比较浅时，水上光线能够成功照射到渠底，渠底能将光线反射，并达到水表面；第二种是水比较深时，白光中其他颜色被水吸收，只有蓝、紫光不易被水吸收，从而射入水中，然而光线在水中后容易发生散射，它在水中会逐渐偏离原始照射方向，最终可以射出水表面。水面反射光线主要有两种：第一种是环境光照射到周围场景比如云朵、树木，光在环境中经过多次漫反射，最终光线射向水表面（太阳光直射经过漫反射强度会降低）；第二种是太阳光直射，强度较高。当直射到水面的太阳光景物被挡住时，到达水面的环境光会降低，而未挡住水面的环境光照较强，所以挡住部分会形成阴影。射向水表面一点的水上光线的反射光方向与该点的法线方向有关系。同理，射向水表面一点的水下光线折射光方向与该点的法线方向有关。因此，在获取反射或者折射颜色之前，首先需要计算出水面每个点的法线信息。以下水面仿真模型将以OpenGL管线中光栅化后的片元为基础说明。

6.4.2.2 高模法线计算

在图形学中，通常有两种计算方法计算法线：第一种是通过顶点数据直接给出顶点法线信息，根据顶点法线信息，可以计算出由三个顶点所构成的三角形平面的法线

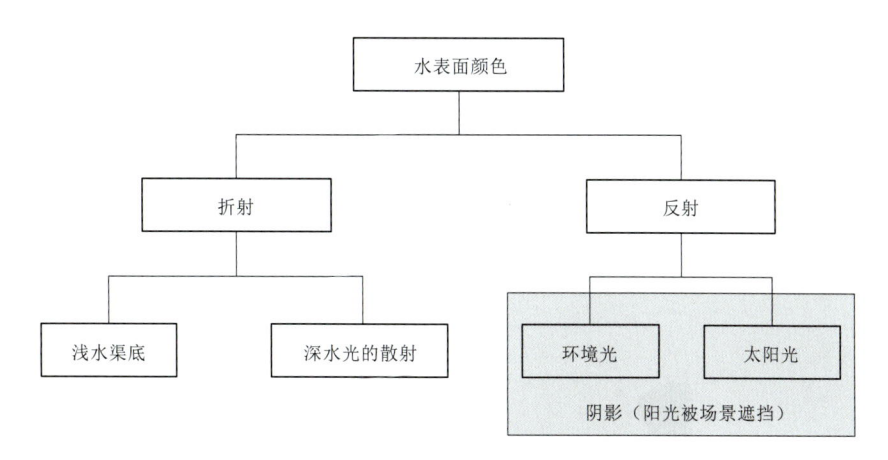

```
                            水表面颜色
                    ┌──────────┴──────────┐
                   折射                    反射
              ┌─────┴─────┐          ┌─────┴─────┐
           浅水渠底    深水光的散射      环境光        太阳光
                                   └─────────────────┘
                                   阴影（阳光被场景遮挡）
```

图6-32 相机观察到的水表面颜色组成

信息，将三角形光栅化后的片元的法线信息与原始三角形的法线信息一致；第二种是提供的顶点数据中不包括顶点法线向量，而在片元着色器中使用采样法线贴图的方式获取当前片元的法线向量。水面三维模型一般也有两种：第一种方式需要构成水面的顶点位置信息，以表示出水面的高低不同，且顶点要满足水面波纹的形状约束（剖面图类似三角函数），根据水面的顶点位置信息，可以计算出由顶点构成的平面法线信息，用于光照等后续操作；第二种方式是水面的顶点数据由两个三角形平成一个矩形几何面，将矩形几何面光栅化形成片元，对每一个片元从一张存储着法向量的纹理中采样获得当前片元的法线向量信息，模拟出水面原有的光照效果，从而实现水面的波浪起伏。

本书所实现水面就是以法线贴图（Normal Map）为基础的，利用纹理所带RGB三通道数据作为法向量的XYZ三个方向信息，从而得到每个片元的法向量，完成低精度的水平面到波浪起伏的高精度水面转换。

曲线为高精度的水面模型，B为低精度的水平面模型，使用以上虚线连接曲线A和直线B，并保存所有虚线相交处的法线信息，例如C点的法向量N。虚线的密度越大，高精度模型还原度就越高。法向量有XYZ三个维度的坐标，图片有RGB三个通道，可以作为存储法向量的载体。图6-33中每一根虚线就是纹理中的一个像素，所以像素密度越大，使用低精度模型实现的水面模型效果越好。将纹理中存储的颜色信息转化为低精度模型的片元法向量信息，当一束光照射到低精度模型和高精度模型，高模和低模的反射、折射等对光的特性相似。使用低精度模型并配合法线贴图，能较好地模拟高精度模型的光影效果。法线贴图能有效降低绘制高精度模型资源消耗问题，如图6-34所示，采用少量三角形和一张法线贴图就能模拟出大量三角形才能表现的细节，所以使用法线贴图的方法可以使用低精度模型模拟高精度模型，此方式可有效减少顶点数量，降低CPU和GPU数据处理量，从而能使大规模水面模拟成为可能。

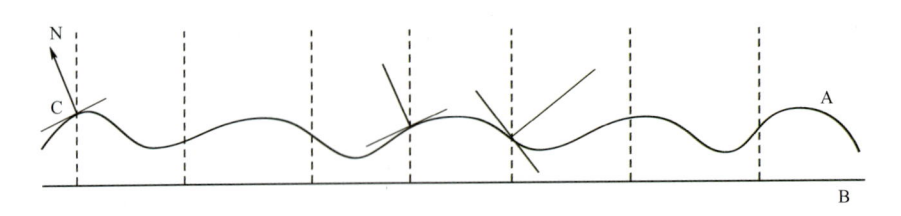

图6-33 低精度模型模拟高精度模型

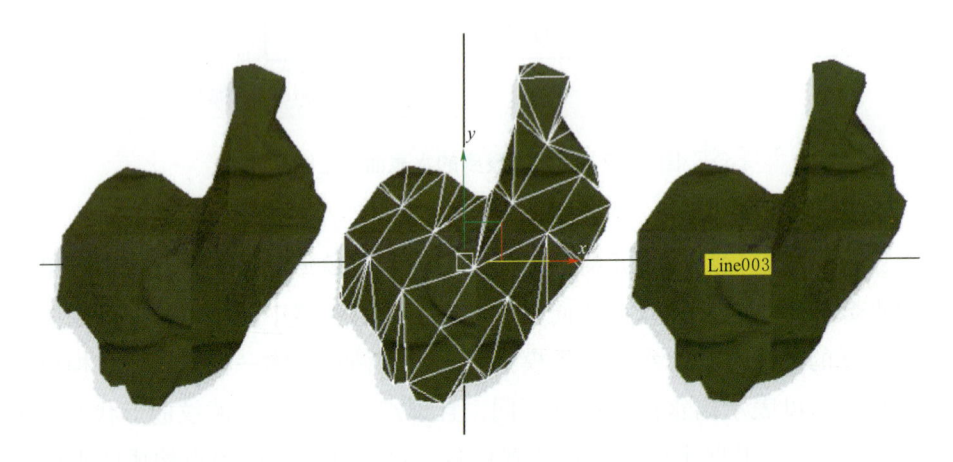

图6-34 法线贴图的性能优势

若只是模拟静态且凹凸不平的水面，仅仅需要采样法线贴图即可模拟出该效果，而水本身会流动的，流动过程中会产生波纹，需要某个点的法线向量能沿着水流的方向移动，才能模拟出有波纹且能沿着水流方向移动的水面。

Flow Map是一种用来表现流场信息的纹理，可以将矢量场（一组有方向和大小的物理量）的信息保存在图片的RGB通道中。若是二维矢量场，如二维速度场可以将R通道表示为x，G通道表示为y，由于RG通道只有8bit，所以不能存储高精度的值或较大的值。想要存储高精度速度场，可以将原始速度归一化到0～1，使用RG存储方向，然后使用B通道的8bit去存储矢量数据的大小。渠道平面图不会是完整的正方形，而在OpenGL中的纹理必须有$2^n \times 2^n$个像素点，渠道只能在正方形中占一部分区域，所以需要利用纹理Alpha通道去存储渠道所占的部分区域。

有波纹形状的水面某点对光反射的效果由该点所对应片元的法向量所决定，所以想要波纹要流动，必须法线在不同片元之间移动，而移动的方向需要通过Flow Map来指定。而Flow Map的纹理大小并不是一定的，它是一张纹理，只要满足行列像素个数相等以及单行像素个数为即可。若直接采样Flow Map，在水面片元过多，或者Flow Map本身流场数据不连续的情况下，会导致不同区域的片元法向量出现明显移动速度差异，画面出现割裂现象。为了防止水面出现割裂，需要水面上部分的片元法向量能按照流场信息移动，其他部分的片元法向量用于平滑流速差异，本书采用了Tiled Directional Flow方法获取平滑的法线信息。其法线计算过程如算法 6.1 所示。

> **算法 6.1：Tiled Directional Flow 方法生成平滑法线**
>
> 输入：正方形水面光栅化后的片元，Flow Map 图片信息，Normal Map 图片信息
> 输出：水面光栅化后任意片元的法线
> 开始
> 1：定义流场采样单元个数 N*N，定义纹理平铺个数 M*M
> 2：对以每一个片元 P 有：
> 3：将 P 的 Flow Map 采样坐标 (x0, y0) 放大 N 倍，记为 P_{new0}(x1, y1)
> 4：将 P(x0, y0) 放大 M 倍，获得 P 点初始 Normal Map 采样坐标 C0(Cx0, Cy0)
> 5：取点 P_{new0}、P_{new1}(x1+0.5, y1)、P_{new2}(x1, y1+0.5)、P_{new3}(x1+0.5, y1+0.5) 组成集合 A
> 6：对集合 A 中的每一个点 P_1(x, y) 有：
> 7：将 P_1 的坐标向下取整，并对 Flow Map 进行采样，获得 RGB 通道数据
> 8：将 RGB 通道数据进行变换作为旋转矩阵，对 C0 进行旋转，并给定一定与时间相关的偏移量，计算出新的采样坐标 C1
> 9：使用采样坐标 C1 对 Normal Map 进行采样，获取 RG 通道数据
> 10：按照二阶双线性插值法，融合上述四个 RG 通道数据，记为 N0(Nx0, Ny0)
> 11：以 N0(Nx0, Ny0) 作为法线的 x, y 分量，计算出 z 分量，从而算出最终 P 的法向量
> 结束

在算法 6.1 中，以片元坐标为基础，分析了当前片元的法线计算大致流程。

6.4.3 渠道流场仿真技术

6.4.3.1 渠道流场与水面仿真结合

流场计算结果可以表示水表面上每一个点的速度和方向，水面仿真模型按照物理学的原理描述了水面对光线的折射和反射作用，结合两者可以展示出更加符合物理规律的水表面效果。

在上文描述了如何使用 Flow Map 去实现水面流动，该 Flow Map 一般由人工采用工具绘制而成。本小节将给出全新的 Flow Map 的生成方法，该方法生成的 Flow Map 可以真实地表现渠道流场。偏微分方程计算所需要的是非结构网格，偏微分方程的计算结果也与非结构化网格相绑定。Flow Map 主要关心流场计算结果的速度矢量，某一时刻的流场计算结果是通过计算空间内的每一个网格单元的流速矢量数值来表示的。流速信息在同一个网格单元完全完全相同，不同网格上存在差异，所以两个连续单元的流速是不连续的。根据流场控制方程可知，该问题每间隔一定时间就会计算出用非结构化网格单元表示的流场中微团的速度信息。而 Flow Map 是采用图片来存储数据，所以 Flow Map 中保存的是结构化的离散数据。

对于非结构化网格的流速数据转化为结构化的 Flow Map，以下提供了两种方法，两种算法的侧重点不一致。基于插值平滑的方法侧重于生成的 Flow Map 网格点上的数据更加平滑，而基于点与网格单元关系的方法侧重于符合原非结构化网格表示的计算结果。

1. 基于插值平滑的方法

算法6.2描述如何从非结构化流场数据转化为结构化流场数据。算法的首先解析了非结构化网格的几何数据。接着创建非结构化流速信息结构，用于存储非结构化网格单元与其对应的流速信息，几何信息为空边界类型中的每一个网格单元的中心点，流速信息为该单元对应的在流速文件中的值。算法接下来生成二维的结构化网格对象，用于存储。算法6.2中的结构化网格节点的数据，其节点个数为TGA图片的纹理大小。根据渠道平面二维数据和纹理大小的对应关系，标记出每个网格节点是否在所表示的渠道内，最终该信息用于alpha通道的数据生成。

算法 6.2：基于插值方法的 Flow Map 生成算法

输入：计算空间网格数据文件，渠道结构数据文件，速度场变量计算结果
输出：记录渠道中每个点流速和流向的 Flow Map
开始
1：建立计算空间非结构网格
2：速度计算结果与网格单元对应，并标记为有效网格单元
3：建立渠道二维空间结构
4：建立二维结构化网格
5：对每一个结构化网格节点 S：
6：根据渠道二维空间结构，标记 S 是否在渠道范围内，不在渠道中标记为 Unknown
7：对每一个有效的非结构网格单元 U：
8：计算非结构化网格单元的中心点坐标 P，
9：对 P 的坐标近似，找到距离 U 最近的结构化节点 S
10：S 点保存 U 中的流速信息
11：repeat
12：初始化变量 change_count ← 0
13：对每一个网格单元 $S_{i,j}$ 有：
14：if $S_{i,j}$ 未被赋值
15：初始化变量 sum_x ← 0，sum_y ← 0，count ← 0；
16：对 $S_{i,j}$ 周围的四个点 $S_{i1,j1}$ 有：
17：if $S_{i1,j1}$ 被赋值
18：sum_x ← sum_x + $S_{i1,j1}$.v_x；
19：sum_y ← sum_y + $S_{i1,j1}$.v_y；count ← count + 1
20：if count != 0
21：$S_{i,j}$. v_x ← sum_x / count；$S_{i,j}$. v_y ← sum_y / count；
22：change_count ← change_count +1
23：until(change_count = 0)
24：Flow Map RGB 像素数据生成
25：TGA 图片生成
结束

算法6.2的步骤10获取了结构化网格点的初始流速信息来源。如图6-35是基于平滑插值法生成Flow Map的说明图，图中圆形点为其所在三角形（非结构化网格单元）的中心，方形点是在结构化网格上距离圆形点最近的点，设三角形的三个顶点为A、B、C，则代表其水流速度信息的结构化网格上的点的坐标。

$$Pos = Round\left((Pos_A + Pos_B + Pos_C)/3\right) \tag{6-21}$$

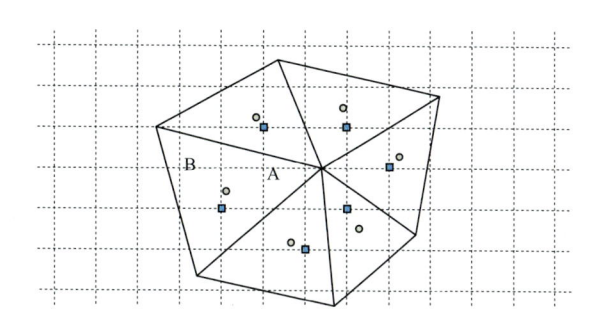

图6-35 基于平滑插值法生成Flow Map

对每一个三角形，都有且只有一个结构化网格上的解点代表其流速信息。图中圆形的点表示三角形的中心点，方形的点表示距离对应中心点最近的结构化网格节点。非结构单元的大小和结构化单元的大小将决定结构化网格上有效数据的比重。综上两点可知：结构化网格中存在一些未被赋值的节点。

算法6.2中的步骤11～23主要是针对结构化网格中那些未被赋予流速信息的节点，采用插值的方式进行赋值。插值规则如下：在结构化网格中任取一点，若其没被赋予流速信息，则取其周围上下左右4个点，4个点中一定存在0～4个点被赋值，若其周围的4个点均未被赋予流速信息，则等待下一个循环，若是结构化网格节点周围存在K（$0<K<5$）个点被赋值，则该点赋予周围K个点平均流速。如图6-35中A点，其周围存在一个存在流速信息的节点，所以A点的流速信息与A点上方的数据一致。B点周围四个点均为被赋予初始值，所以当前循环无法赋予流速信息，需等待下一轮循环。最终插值完成的标记是每一个在渠道内的结构化网格上点都被赋予了流速信息。该问题可以通过本次循环中更新的节点个数来衡量，即算法6.2中的change_count变量，当某一轮的change_count为零时，表示插值完成。

插值完成后，需要将每一个点的速度矢量信息转化为像素信息。若直接使用0～255表示水流速度，会使水流差异过大，且水面三维动画出现割裂。为了Flow Map表示的水流速度差异不大，首先找出所有结构化网格中速度最大和最小的节点（可在赋值过程中完成），然后设定最大流速和最小流速所对应的像素值（最大流速对应的B通道数值最小，最小流速的B通道值最大），然后通过其来设定R和G的数值。TGA图片支持alpha通道，通过alpha可以存储渠道范围信息，结构化网格中类型为Unknown的节点所对应的像素alpha通道设置为0，其他类型的节点alpha通道为255，就可以标记出渠道的所占位置，从而去除图片中的无效信息。

2. 基于点与非结构化网格关系的方法

点与非结构网格的关系是指Flow Map的结构化网格节点与表示流场的非结构网格单

元的之间的位置关系。由于非结构化网格表示了整个计算区间,所以结构化网格中的节点必然属于一个非结构网格单元。

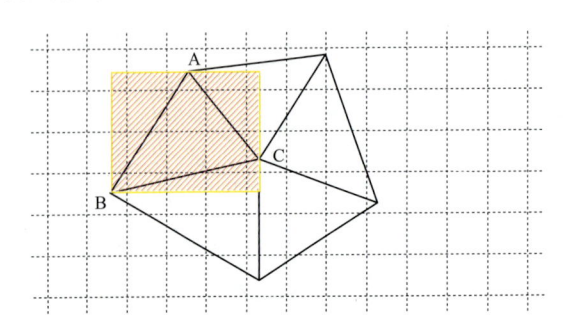

图6-36 基于点与网格单元关系生成Flow Map的概念图

对任意一个三角形,总存在一个边平行于X坐标轴和Y坐标轴的矩形能包裹该三角形,图6-36中三角形ABC的包裹矩形为图中阴影部分。为了符合物理过程的计算结果,希望所有的在非结构化单元(三角形)内部的结构化网格节点的水流速度能用当前非结构化网格单元的水流速度进行赋值,具体计算过程如算法6.3。对任意一个三角形,将其扩充为平行于坐标轴的矩形($X_0 \leq x \leq X_1$;$Y_0 \leq y \leq Y_1$),对于所有的在矩形内部的结构化网格节点P(floor(X_0)$\leq P_x \leq$ ceil(X_1);floor(Y_0)$\leq P_y \leq$ ceil(Y_1)),判断P点是否在当前三角形中(可用P在三角形三条边的一侧),若在三角形内部,则赋值,不在则忽略。基于点与网格单元关系生成Flow Map的过程如算法6.3。

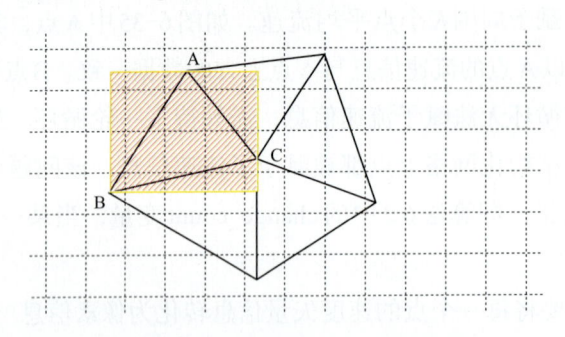

图6-37 基于点与网格单元关系生成Flow Map

算法6.3:基于点与网格单元的Flow Map生成

输入:计算空间网格数据文件,渠道结构数据文件,速度场变量计算结果
输出:记录渠道中每个点流速和流向的Flow Map
开始
1:建立计算空间非结构网格
2:速度计算结果与网格单元对应,并标记为有效网格单元
3:建立渠道二维空间结构
4:建立二维结构化网格
5:对每一个结构化网格节点S:
6:根据渠道二维空间结构,标记S是否在渠道范围内,不在渠道中标记为Unknown

算法 6.3：基于点与网格单元的 Flow Map 生成

7：对每一个有效非结构化单元 U：
8：扩展非结构化网格单元成为一个矩形
9：根据结构化网格的分辨率缩放矩形的坐标
10：对矩形中的每一个整点有：
11：if 整点在非结构化单元 U 中
12：当前整点作为索引获取结构化网格节点 S
13：使用 U 所代表的流速信息给结构化节点 S 赋值
14：Flow Map RGB 像素数据生成
15：TGA 图片生成
结束

6.4.3.2 渠道断面可视化

面绘制方法通过构建中间几何图元的方式来实现体数据的三维可视化，而体绘制方法无需借助辅助图元，直接研究三维标量场中光线的变化情况，将三维标量场的数据按照一定的算法绘制到屏幕上。由于体绘制无需构造中间图元，而是研究三维数据场上不同体素对光线的影响，得以保留更多的细节信息，相较于面绘制，对三维标量场的内部细节展示得更为清晰、全面。

根据不同的绘制顺序，可以将体绘制算法分为图像空间为序和物体空间为序两种。图像空间为序的体绘制算法从图像空间的像素出发，依次遍历图像上的每一个像素，从像素上沿着视线方向发射光线，在三维标量场中按一定步长对光线进行采样，通过传递函数将每一个重采样点的属性值转换成对应的颜色和不透明度，最后使用体绘制积分公式从前往后对重采样点进行合成，作为该像素的最终颜色，在遍历完所有像素后，就得到了最终的体绘制效果，这类方法中最为典型的就是光线投射算法（Ray-Casting，简称 RC）。

物体空间为序的体绘制算法则从物体空间出发，沿视线方向由外至内遍历三维标量场的每个体素，根据重构核函数确定每个体素的影响范围，即确定每个体素会对哪些像素产生影响，再使用传递函数计算该体素所产生的颜色及不透明度，每个体素会对图像上多个像素产生影响，同时图像上每个像素也到多个体素的影响，所以在计算当前体素对某个像素的贡献时，需要先利用重构核函数计算其对该像素所贡献的颜色和不透明度，再通过积分公式将其所贡献的颜色与该像素当前所累积的颜色进行叠加。遍历完所有体素后就能够得到最终的绘制效果，这类方法的代表有抛雪球算法（Splatting）。最后，还有试图将两种方法的优点急于一身的混合顺序体绘制算法，主要的代表为错切—变形算法（Shear-Warp）。

光线投射算法是图像空间为序的体绘制算法中的典型代表，也是目前最为常用的体绘制算法之一。该算法从图像空间的像素出发，沿视线方向发射一条光线，这条光线会穿过处理好的三维体数据场，与数据场产生入射点和出射点两个交点，再根据一定的步长，从入射点到出射点进行等间距的采样，通常重采样点会位于体素中，所以需要利用体素上八个顶点的体数据进行插值得到对应重采样点的属性值，最后按一定的顺序使用混合公式对重采样点的颜色和不透明度进行累积。

将所有重采样点处理完后就能得到对应像素的最终颜色值，在遍历完每一个像素后，就可以得到最终的体绘制结果（图6-38）。光线投射算法在光线采样过程中会产生大量的重采样点，需要进行巨量的插值运算，绘制效率较低，但是由于原理简单，易于实现，渲染质量高，有利于保存图像的细节，在体绘制领域被广泛应用。

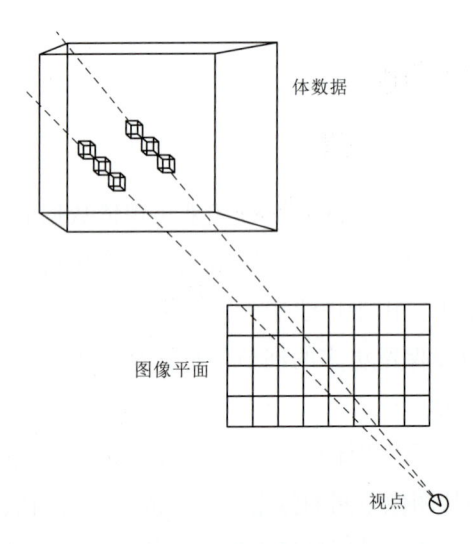

图6-38　光线投射算法

6.5　基于大数据分析的水质与藻类智能预警

6.5.1　模型选择及适应性

神经网络的第一次浪潮开始于20世纪40—60年代的控制论。1943年McCulloch和Pitts以及1949年Hebb在生物学习理论方面取得巨大的进展，即将神经元结构用一种简单的模型进行了表示，构成了一种人工神经元模型，也就是现在常用到的M-P神经元模型。1958年Rosenblatt提出了第一个神经网络模型——感知器，能实现单个神经元的训练。第二次浪潮开始于1980—1995年的联结主义方法，如1986年Rumelhart等提出的可以使用反向传播训练具有一两个隐藏层的神经网络，称为BP神经网络。BP神经网络具有实现任何复杂非线性映射的功能，这使得它特别适合于求解内部机制复杂的问题。但是用于训练的数据集很大，膜表函数和激活函数的选择容易产生梯度消失，且易陷入局部最优解或产生过拟合问题。当前第三次浪潮，也就是深度学习，大约始于2006年，Hinton、Bengio、Ranzato等在理论上和应用中证明了多层神经网络可以应用于机器学习框架而不必受神经系统的启发。现在术语"深度学习"超越了目前机器学习模型的神经学观点，而是学习多层次组合这一更为普遍的原则。2012年Hinton通过修改神经网络本身结构来解决过拟合和费时两个问题，提出了Dropout方法，即概率选择输入层的权值系数。同样地为了解决这些问题其他学者提出了很多其他的方法。如Xu等提出了基于粒子群算法优化的神经网络模型；Ding等提出了基于进化算法优化的进化神经网络。这些优化算法虽然被验证是可行且有效的，但是在处理和分析数据时存在训练时间长、学习效率低下及泛化能力差等问题。

而在神经网络中引入粗糙集方法不仅可以有效地改善神经网络对有噪声、有冗余或不确定值数据输入模式的处理能力，而且粗糙集在处理数据时不需要先验知识效率较高的优势得以体现。2000年Zhang等面向数据库中的数字和语言数据问题提出了粒度神经网络（GNN）用来处理数据库中的粒度知识。该网络能学习输入和输出间的粒度联系，并预测新的联系。GNN能处理粒状数据（如数字和语言数据），提取粒状的IF-THEN规则，融合粒状数据组，压缩粒状数据库，并且能预测新的数据。2002年Syeda和Zhang等提出了并行粒度神经网络，用来处理信用卡欺诈行为的检测，加快了数据挖掘和知识发现的过程。2005年，Vasilakos和Stathakis将粒度神经网络应用于陆地分类，通过对卫星图片的处理，获得了较好的结果。2007年Zhang等提出了基于遗传算法的粒度神经网络并用于基于网页的股票预测代理。2008年Milan和Dusan将粒度神经网络应用于工资时序数据的预测，其建立了一种称为模糊逻辑径向基（RBF）神经网络。2011年Xu等建立了一种新型的基于最小二乘法的神经网络分别用建立抑郁主成分分析的Elman神经网络和基于因子分析的RBF神经网络作为两个分类器。同时，神经网络在水质预测中也有大量的应用。2008年Palani等将神经网络运用于对水质的预测。2018年Peleato等将神经网络用荧光光谱降维应用于饮用水消毒的副产物的预测。2019年Garcia-Alba等将神经网络基于流程的模型用于分析河口海水水质。

本节建立以基于深度学习的神经网络模型为主的水质智能预报模型。其他智能预测模型作为辅助方案，以便优化预报结果。根据当前中线总干渠、水厂运行状态和设计调度方案，对中线总干渠水质、分水口、水厂引水管水质进行预报。建立中线总干渠全段、分水口门局部，水厂引水管道的输入输出的水质智能预报模型。同时将现场实测数据和补充监测数据进行标准化处理的数据构成数据集，对数据集中的每个样本进行标注，然后将数据集划分成训练集、验证集、测试集。训练集用于前向传播训练整个网络，验证集用来调整模型的参数以及验证训练中的正确率，测试集用于训练结束后验证整体正确率。

6.5.2 基于多种深度学习的神经网络模型的水质预测

6.5.2.1 BP神经网络

BP神经网络是典型的前向反馈网络，网络结构为输入层、隐含层、输出层，层与层之间通过阈值和权值连接。当给输入层提供一个信号时，各层神经元经过非线性处理，得到输出信号。比较预测输出和实际输出之间的误差，若误差不在允许范围内，则将误差信号从输出层逐层向前传播，对单元的权值进行修正。反复训练调整，直到误差达到允许范围内，BP神经网络如图6-39所示。

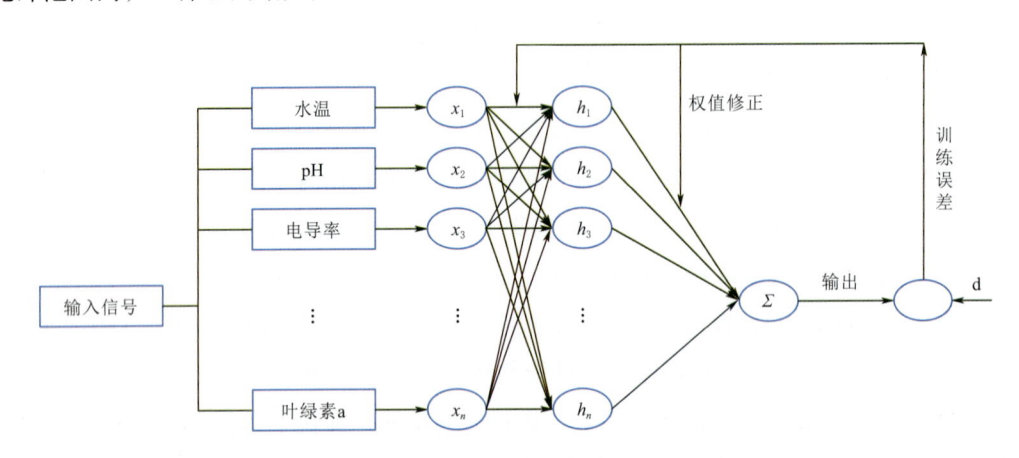

图6-39 BP神经网络水质预测模型

假定在第n次迭代过程中输出层的第j个单元的实际输出为$y_j(n)$，则该单元的误差信号为$e_j(n) = d_j(n) - y_j(n)$，其中$d_j(n)$表示第n次迭代中输出端的第j个单元的期望输出。假定$\frac{1}{2}e_j^2(n)$为单元j的平方误差，则输出端平方误差的总和为$E(n) = \frac{1}{2}\sum_{j \in c}e_j^2(n)$，其中$C$表示所有的输出单元。定义训练样本集中的所有样本总个数为N，则均方误差为$E_A = \frac{1}{N}\sum_{n=1}^{N}E(n)$。其中，$E_A$为目标函数，是网络中连接权值、神经元阈值和输入信号灯参数的函数。BP算法对网络进行学习的目的就是使E_A达到最小。

记第j个单元的加权和为$v_j(n) = \sum_{i=0}^{p}w_{ji}(n)y_i(n)$，其中$p$为前向连接到单元$j$的神经元个数，那么$y_j(n) = \varphi(v_j(n))$，$E(n)$对$w_{ji}(n)$的梯度表示为

$$\frac{\partial E(n)}{\partial w_{ji}(n)} = \frac{\partial E(n)}{\partial e_j(n)}\frac{\partial e_j(n)}{\partial y_j(n)}\frac{\partial y_j(n)}{\partial v_j(n)}\frac{\partial v_j(n)}{\partial w_{ji}(n)} \quad (6-22)$$

因为$\frac{\partial E(n)}{\partial e_j(n)} = e_j(n)$，$\frac{\partial e_j(n)}{\partial y_j(n)} = -1$，$\frac{\partial y_j(n)}{\partial v_j(n)} = \varphi'(v_j(n))$，$\frac{\partial v_j(n)}{\partial w_{ji}(n)} = y_j(n)$，故：

$$\frac{\partial E(n)}{\partial w_{ji}(n)} = -e_j(n)\varphi'(v_j(n))y_j(n) \quad (6-23)$$

连接权w_{ji}的修正量可以通过以下公式调整：

$$\Delta w_{ji}(n) = -\eta\frac{\partial E(n)}{\partial w_{ji}(n)} = -\eta\delta_j(n)y_j(n) \quad (6-24)$$

其中，负号表示修正量按梯度下降的方向进行调整。针对不同的单元，下面分两种情况进行讨论：

（1）假定单元 j 是一个输出层神经元，则：

$$\delta_j(n) = [d_j(n) - y_j(n)]\varphi'(v_j(n)) \tag{6-25}$$

（2）假定单元 j 是隐层神经元，则：

$$\delta_j(n) = \frac{\partial E(n)}{\partial y_j(n)}\varphi'(v_j(n)) \tag{6-26}$$

当 k 为输出层神经元时，有：

$$E(n) = \frac{1}{2}\sum_{k \in C} e_k^2(n) \tag{6-27}$$

对 $y_j(n)$ 求导，可以得到：

$$\frac{\partial E(n)}{\partial y_j(n)} = \sum_{k \in C} e_k(n)\frac{\partial e_k(n)}{\partial y_j(n)} = \sum_{k \in C} e_k(n)\frac{\partial e_k(n)}{\partial v_k(n)}\frac{\partial v_k(n)}{\partial y_j(n)} \tag{6-28}$$

因为 $e_k(n) = d_k(n) - y_k(n) = d_k(n) - \varphi(v_k(n))$，$d_k(n)$ 为常数，所以：

$$\frac{\partial e_k(n)}{\partial v_k(n)} = -\varphi'(v_k(n)) \tag{6-29}$$

而 $v_k(n) = \sum_{j=0}^{q} w_{kj}(n) y_j(n)$，其中 q 为单元 k 的输入数。式（6-29）对 $y_j(n)$ 求导，可得：

$$\frac{\partial v(n)}{\partial y_j(n)} = w_{kj}(n) \tag{6-30}$$

$$\frac{\partial E(n)}{\partial y_j(n)} = -\sum_k e_k(n)\phi'[v_k(n)]w_{kj}(n) = -\sum_k \delta_k(n)w_{kj}(n) \tag{6-31}$$

于是有：

$$\delta_j(n) = \phi'[v_j(n)]\sum_k \delta_k(n)w_{kj}(n) \tag{6-32}$$

(n) 的计算可以分为两种情况：

（1）当 j 是一个输出层神经元时，$\delta_j(n)$ 通过 $\varphi'[v_j(n)]$ 与误差信号 $e_j(n)$ 的积得到。

（2）当 j 为一个隐层神经元时，$\delta_j(n)$ 通过 $\varphi'[v_j(n)]$ 与其下一层 δ 的加权和的积得到。

BP 网络应用时，需要先对其进行训练。训练时，依次输入每一个训练样本对网络进行学习。对所有的训练样本学习一次，称为一个训练周期。每个周期结束后，网络要判断本周期获取的均方误差是否达到期望值。如果达到了则网络退出训练过程，完成了学习；如果还没有达到，则需再次输入所有训练样本，继续学习，直至达到预定的期望值或者迭代次数。利用BP算法对网络进行训练时，一般有两种方式来调整连接权值。第一种方式是根据输入的每一个样本来修改权值；另一种方式是批处理模式，就是将所有的训练样本完成一个周期学习后入后计算总的均方误差，然后再通过下式来调整连接权值。即

$$\Delta w_{ji} = -\eta \frac{\partial E_A}{\partial w_{ji}} = \frac{\eta}{N} \sum_{n=i}^{N} e_j(n) \frac{\partial e_j(n)}{\partial w_{ji}(n)} \quad (6-33)$$

标准BP算法步骤可归纳如下：

（1）初始化。对网络的结构进行初始化，包括各层神经元个数及其阈值，以及各层神经元之间的连接权值。

（2）对每个输入样本进行前向计算和反向计算。

（3）再次输入所以训练样本重新计算网络的输出误差，直至均方差满足要求。

6.5.2.2 径向基函数（RBF）神经网络

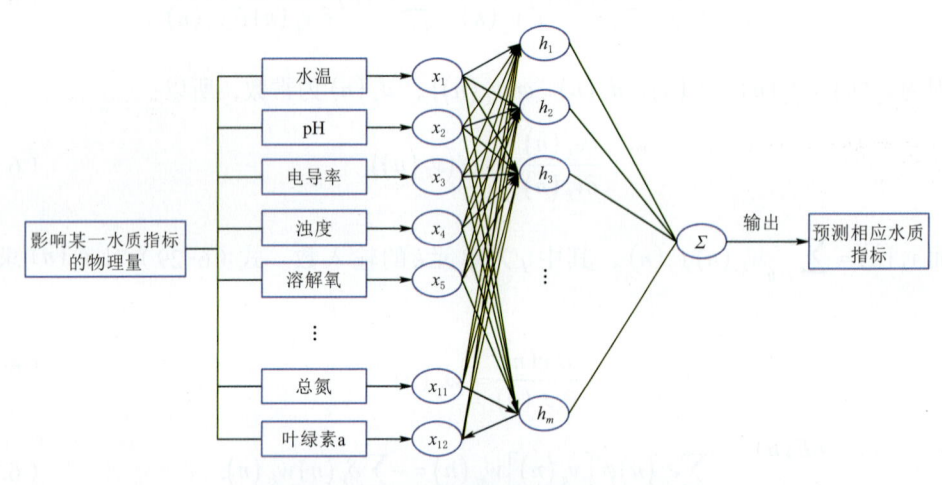

图 6-40　RBF神经网络水质预测模型

径向基神经网络是一种典型的三层前馈神经网络，包括输入层、隐藏层和输出层，其结构如图6-40所示。隐藏层实现了从输入控件到隐层空间的映射。隐层具有较高的空间位数，采用如下Gauss径向基函数作为激励函数：

$$\varphi_i(x) = \exp\left(-\frac{\|x-c_i\|^2}{2\sigma_i^2}\right), i=1, 2, \cdots, h \quad (6-34)$$

式中：x为m维输入样本；c_i为第i个Gauss函数的中心，其维数要求与x相同；σ_i为第i个Gauss函数的宽度，表示以c_i为中心点的基函数的宽度；h为隐层神经元的个数；$\|x-c_i\|$为向量$x-c_i$的范数，一般用x与c_i之间的距离来计算。

$\varphi_i(x)$ 在 c_i 处取得最大值。而且，随着 $\|x-c_i\|$ 值的增长，$\varphi_i(x)$ 将快速减小为零。所以，对于给定的输入样本来讲，只有距离中心较近的样本才能被激活。

通过无监督学习的方法，即K-均值聚类算法求得RBF神经网络的基函数中心和宽度，最后通过有监督的学习方法求得权值向量，所以是分为两个阶段进行优化参数。

第一个阶段：无监督学习方法（K-均值聚类算法）。对输入层的所有输入原始数据进行聚类，得到隐含层中基函数的中心 c_i。

把各个隐含层节点进行初始化中心 $c_i(0)$，取输入原始数据的前k个值，迭代次数为t，计算输入变量和中心的欧式距离，$d_i(t) = \|x(t) - c_i(t)\|$，$i = 1, 2, \cdots, k$；
计算最小值，$d_m(t) = \min d_i(t)$；

调整中心值，$c_i(n+1) = \begin{cases} c_i(n), i \neq d_m(t) \\ c_i(n) + \eta[x(t) - c_i(t)], i = d_m(t) \end{cases}, 0 < \eta < 1$

判断 $c_i(n+1) = c_i(n)$，或原始输入数据是否训练完毕，如果是，停止迭代否则转至（2）；

得到调整之后的中心值 c_i。

基函数宽度的求解由以上高斯函数作为RBF神经网络的基函数时，由输入数据与选取中心之间的最大距离所得，即

$$\delta = \frac{d_{\max}}{\sqrt{2H}} \quad (6-35)$$

式中：$d_{\max}$ 为选取中心之间的最大距离；H 为隐含层节点数。

第二个阶段：有监督学习方法，最常用的方法就是梯度下降法。本方法在优化方法中是最基础的方法，许多优化方法也是在此方法中进行改进优化，通过沿着梯度下降的方向得到函数的极值。梯度下降法公式如下：

$$w_j(n) = w_j(n-1) + \eta(\bar{y}(n) - y(n))\varphi_j + \alpha(w_j(n-1) - w_j(n-2)) \quad (6-36)$$

$$\Delta\delta_j = (y(n) - y_m(n))w_j\varphi_j \frac{\|X - c_j\|^2}{\delta_j^2} \quad (6-37)$$

$$\delta_j(n) = \delta_j(n-1) + \eta\Delta\delta_j + \alpha(\delta_j(n-1) - \delta_j(n-2)) \quad (6-38)$$

$$\Delta c_{ij} = (\bar{y}(n) - y(n))w_j \frac{x_j - c_{ij}}{\delta_j^2} \quad (6-39)$$

$$c_{ij}(n) = c_{ij}(n-1) + \eta\Delta c_{ij} + \alpha(c_{ij}(n-1) - c_{ij}(n-2)) \quad (6-40)$$

式中：η为学习步长；α为动量因子；$j=1, 2, \cdots, H$；$i=1, 2, \cdots, n$；$y(n)$ 为n次迭代时RBF神经网络的模型输出；$\overline{y}(n)$ 为n次迭代时RBF神经网络的实际输出。

由梯度下降法可知，第二阶段中的权值向量由梯度下降法进行学习修正。通过前期无监督学习的K-均值聚类基函数的中心和宽度，后期通过有监督学习的梯度下降法求得权值向量。

RBF神经网络具体步骤如下：

（1）确定RBF神经网络结构。包括输入层、隐含层和输出层的节点总数。

（2）对RBF神经网络的基函数中心、宽度和权值进行初始化。

（3）使用无监督学习的K-均值聚类算法进行迭代，直至$c_i(n+1)=c_i(n)$或训练数据结束，得到基函数的中心值。

（4）使用梯度下降法确定其权值向量w_j。

（5）利用误差函数 $E = \sum_{j=1}^{H} \overline{|y_j - y_j|}$ 判断，如果误差达到指定值，停止迭代，否则转至（4），进行权值迭代。

6.5.2.3　长短时记忆的神经网络（LSTM）

LSTM属于一种时间递归神经网络，擅长处理与预测时间序列间隔和延迟相对较长的事件。从水质历史数据中提取内部规律，利用LSTM选择性记忆的优势对水质进行预测。

LSTM是由Hochreiter&Schmidhuber提出的，它是一种特殊的循环神经网络（recurrent neural network，简称RNN）类型，能够用来学习长期依赖信息。传统神经网络不能处理时间序列的输入，而标准的RNN在时间维度上不断循环，能够处理DNN序列的输入问题，重复模块比较简单。但是传统的RNN非常难以训练，很难给定一个初始值使其收敛，只能记住短序列，只是一个简单的线性求和过程，记忆能力相对差。LSTM能够选择性地遗忘过程中部分不重要的信息，而实现重要的信息关联，可以进行自我衡量然后选择忘记，进而记住更长的序列。

本模型采用Gers和Schmidhuber提出的一个流行的LSTM变种，在LSTM的基础上添加了一个"窥视孔连接"，这意味着可以让门网络层输入细胞状态，见图6-41。

LSTM具有使得"门"的信息增加或删除一直达到理想细胞状态的能力，包括3个门：输入门、遗忘门以及输出门。信息的选择是通过组成包括sigmod神经网络以及pointwise乘操作。Sigmoid层叫做输入乘，可以决定我们要更新的值，"0"表示不进行更新，"1"表示全部更新：

输入门：$i_t = \sigma\left(W_i[C_{t-1}, h_{t-1}, x_t] + b_i\right)$

输入单元状态：$\tilde{C}_t = \tanh\left(W_c[h_{t-1}, x_t] + b_c\right)$

接下来根据前面设定好的目标去丢弃旧信息添加新信息：

更新单元状态：$C_t = f_t C_{t-1} + i_t \tilde{C}_t$

最后，确定输出值。通过sigmoid层可以判断哪部分将被输出，将细胞状态进行计算，只输出确定的部分。

输出门：$o_t = \sigma\left(W_o\left[C_t, h_{t-1}, x_t\right] + b_o\right)$

更新单元状态：$h_t = o_t \tanh(C_t)$

LSTM通过隐含层使用反向传播算法对历史水质数据进行过滤选择，自动输出水质预测的代表数据，以输出数据与期望输出之差作为目标函数，通过计算目标函数对网络进行更新。

均方误差MSE，表示真实与预测值之间差的平方进而进行求和平均，通过平方可以求导，被看成损失函数以供选择。即

$$MSE(y, y') = \frac{\sum_{i=1}^{n}(y_i - y_i')^2}{n} \qquad (6-41)$$

具体实现步骤：

（1）计算并决定最终丢弃的信息。
（2）计算确定更新的信息。
（3）通过确定的信息更新细胞最终的状态。
（4）反向计算每一个细胞存在的均方误差MSE。
（5）根据对应的MSE，计算每个权重的梯度。
（6）更新权重。

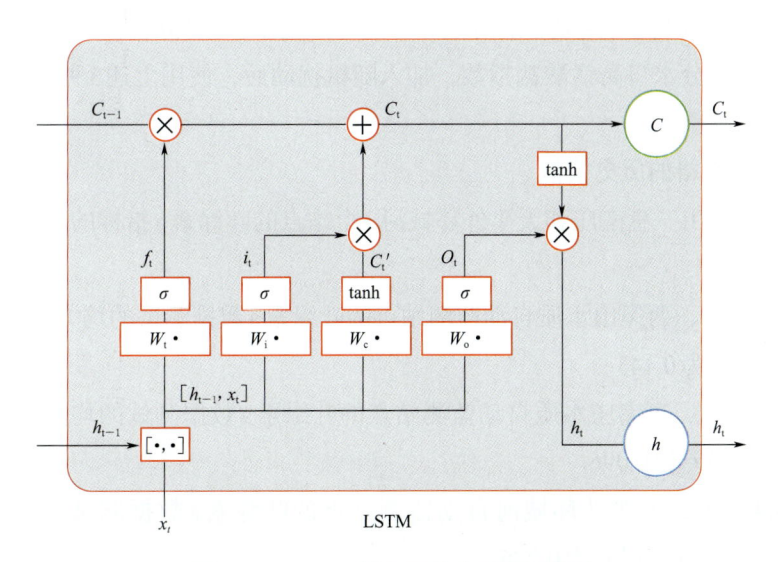

图6-41　LSTM神经网络水质预测模型

6.5.3 预测绩效评估

模拟过程的一个关键步骤就是如何确定网络的结构，一般包括隐藏层的层数、节点个数，网络中的权重和偏置，需要根据历史监测数据结果训练得出。选取12个水质自动监测站2017年10月至2018年5月数据。使用各个站点的历史数据采用交叉验证的方式，对三种深度学习的神经网络模型进行验证。历史模拟中以训练集和验证集7:3的比例进行实验。12个水质自动监测站中，只有西黑山、惠南庄和天津外环城河三个站点有叶绿素a的指标。其数据特征见表6-14。

表 6-14 历史模拟所用到的数据集

数 据 集	样本个数	水质指标个数
陶岔水质数据（2016.10—2018.5）	999	10
姜沟水质数据（2016.10—2018.5）	978	9
刘湾水质数据（2016.10—2018.5）	924	9
府城南水质数据（2016.10—2018.5）	915	9
漳河北水质数据（2016.10—2018.5）	923	9
南大郭水质数据（2016.10—2018.5）	933	9
田庄水质数据（2016.10—2018.5）	938	9
西黑山水质数据（2016.10—2018.5）	882	12
中易水水质数据（2016.10—2018.5）	943	6
坟庄河水质数据（2016.10—2018.5）	940	9
惠南庄水质数据（2016.10—2018.5）	764	12
天津外环河水质数据（2016.10—2018.5）	892	12

选择叶绿素a、pH值、氨氮、溶解氧和水温等关键水质指标展示。同时，根据机理模型计算出的沿线各分水口高锰酸盐指数，加入随机扰动后，使用上述3种神经网络预测未来时刻高锰酸盐指数。

6.5.3.1 BP神经网络的历史模拟

首先对于西黑山、惠南庄和天津外环城河3个站点的叶绿素a指标的BP神经网络预测有如下验证结果：

如图6-42所示，西黑山水质自动监测站点的叶绿素a数据测试的均方根误差为0.297，平均绝对百分误差为0.143。

如图6-43所示，惠南庄水质自动监测站点的叶绿素a数据测试的均方根误差为0.56，平均绝对百分比误差为0.096。

如图6-44所示，天津外环城河自动监测站点的叶绿素a数据测试的均方根误差为0.809，平均绝对百分比误差为0.276。

验证集中各自动监测站点的叶绿素a拟合较好，与实测值变化规律吻合。

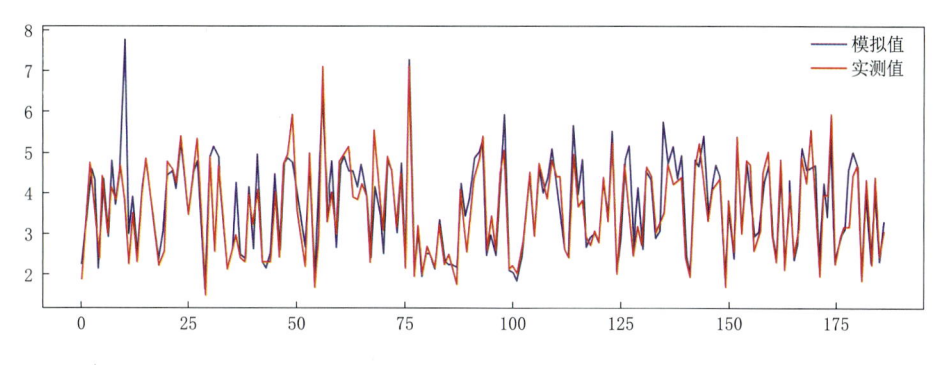

图6-42　BP神经网络预测西黑山叶绿素a

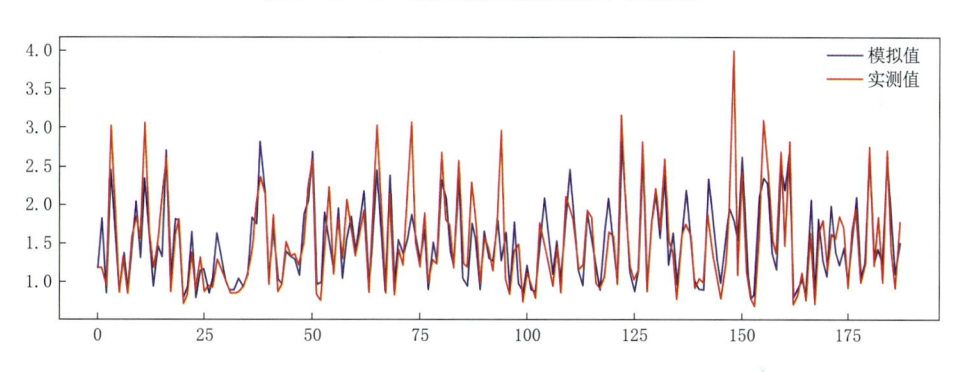

图6-43　BP神经网络预测惠南庄叶绿素a

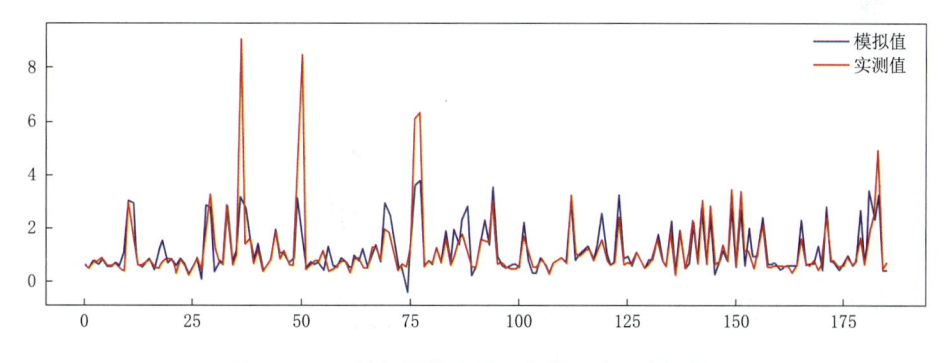

图6-44　B神经网络预测天津外环城河叶绿素a

如图6-45所示，陶岔水质自动监测站点的pH数据测试的均方根误差为0.036，平均绝对百分比误差为0.003。姜沟水质自动监测站点的pH数据测试的均方根误差为0.062，平均绝对百分比误差为0.005。刘湾水质自动监测站点的pH数据测试的均方根误差为0.035，平均绝对百分比误差为0.008。府城南水质自动监测站点的pH数据测试的均方根误差为0.066，平均绝对百分比误差为0.004。漳河北水质自动监测站点的pH数据测试的均方根误差为0.092，平均绝对百分比误差为0.005。南大郭水质自动监测站点的pH数据测试的均方根误差为0.044，平均绝对百分比误差为0.003。田庄水质自动监测站点的pH

数据测试的均方根误差为0.023，平均绝对百分比误差为0.002，西黑山水质自动监测站点的pH数据测试的均方根误差为0.177，平均绝对百分比误差为0.008。中易水水质自动监测站点的pH数据测试的均方根误差为0.033，平均绝对百分比误差为0.003。坟庄河水质自动监测站点的pH数据测试的均方根误差为0.051，平均绝对百分比误差为0.003。惠南庄水质自动监测站点的pH数据测试的均方根误差为0.028，平均绝对百分比误差为0.002。天津外环城河水质自动监测站点的pH数据测试的均方根误差为0.044，平均绝对百分比误差为0.003。验证集中各自动监测站点的pH值拟合较好，与实测值变化规律吻合。

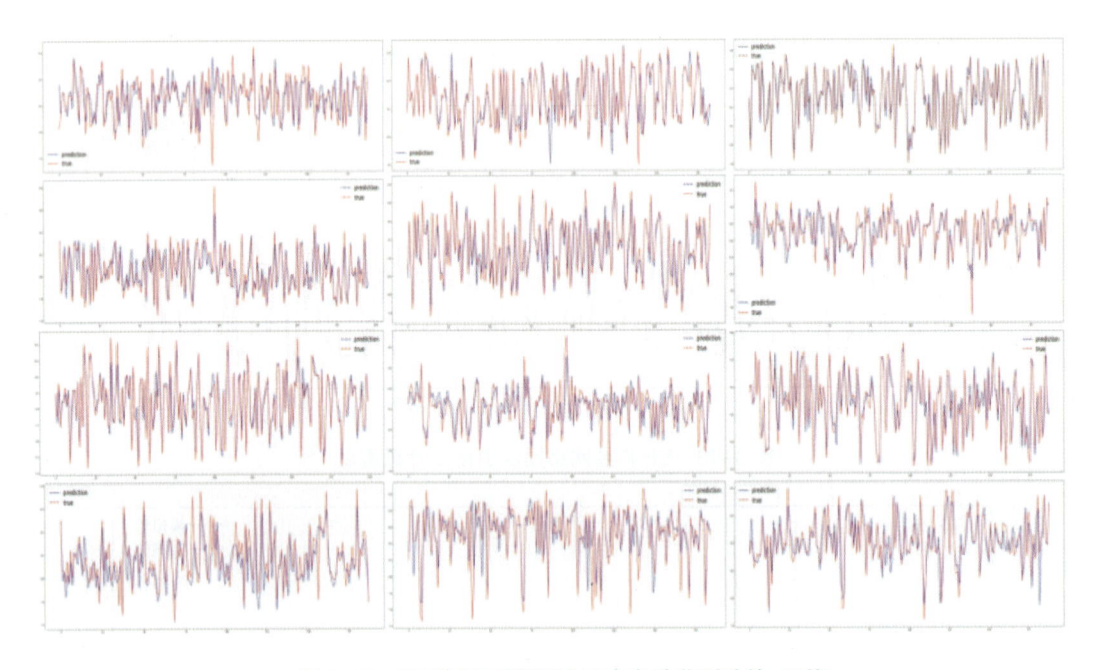

图6-45　BP神经网络预测12个自动监测站的pH值

如图6-46所示，陶岔水质自动监测站点的氨氮数据测试的均方根误差为0.008，平均绝对百分比误差为0.243。姜沟水质自动监测站点的氨氮数据测试的均方根误差为0.008，平均绝对百分比误差为0.158。刘湾水质自动监测站点的氨氮数据测试的均方根误差为0.014，平均绝对百分比误差为0.166。府城南水质自动监测站点的氨氮数据测试的均方根误差为0.020，平均绝对百分比误差为0.177。漳河北水质自动监测站点的氨氮数据测试的均方根误差为0.009，平均绝对百分比误差为0.168。南大郭水质自动监测站点的氨氮数据测试的均方根误差为0.009，平均绝对百分比误差为0.167。田庄水质自动监测站点的氨氮数据测试的均方根误差为0.015，平均绝对百分比误差为0.143。西黑山水质自动监测站点的氨氮数据测试的均方根误差为0.005，平均绝对百分比误差为0.207。中易水水质自动监测站点的氨氮数据测试的均方根误差为0.003，平均绝对百分比误差为0.121。坟庄河水质自动监测站点的氨氮数据测试的均方根误差为0.004，平均绝对百分比误差为0.068。

惠南庄水质自动监测站点的氨氮数据测试的均方根误差为0.003，平均绝对百分比误差为0.194。天津外环城河水质自动监测站点的氨氮数据测试的均方根误差为0.007，平均绝对百分比误差为0.192。验证集中各自动监测站点的氨氮拟合较好，与实测值变化规律吻合。

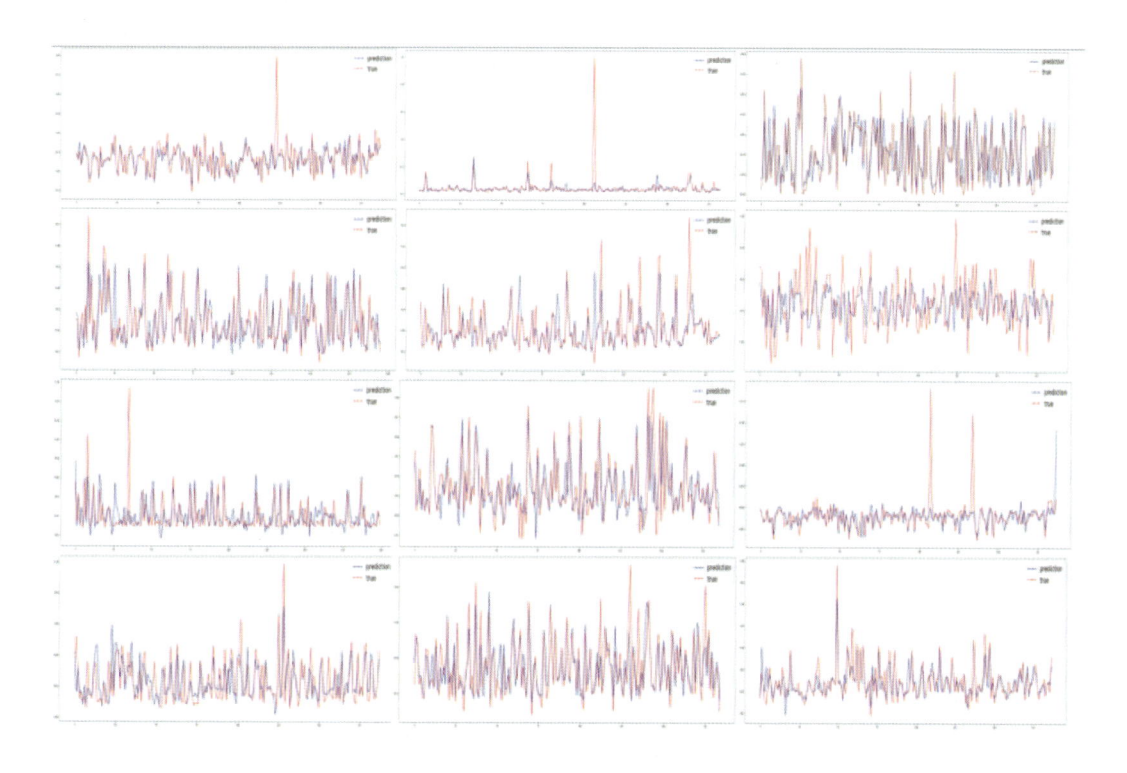

图6-46　BP神经网络预测12个自动监测站的氨氮

根据机理模型计算出的沿线各分水口高锰酸盐指数，加入随机扰动后，使用BP神经网络预测未来时刻高锰酸盐指数。如图6-47所示，均方根误差依次为0.007，0.01。水质模型均方根误差较小，水质模拟精度较高验证集中各自动监测站点的高锰酸盐指数拟合较好，与基于机理模型计算得到的水质数值变化规律吻合。

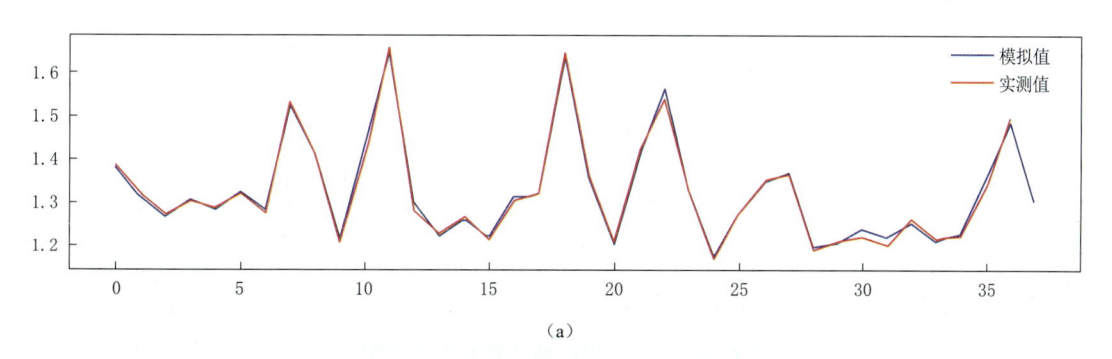

(a)

图6-47（一）　三里屯分水口（a）、肖楼分水口（b）门到水厂支渠高锰酸盐指数

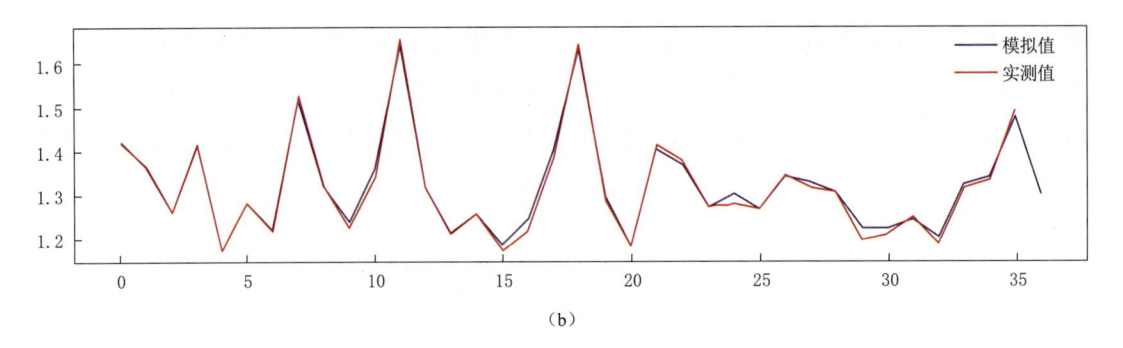

图6-47（二） 三里屯分水口（a）、肖楼分水口（b）门到水厂支渠高锰酸盐指数

6.5.3.2 RBF神经网络的历史模拟

首先对于西黑山、惠南庄和天津外环城河3个站点的叶绿素a指标的BP神经网络预测有如下验证结果：

如图6-48所示，惠南庄水质自动监测站点的叶绿素a数据测试的均方根误差为0.680，平均绝对百分误差为0.126。西黑山水质自动监测站点的叶绿素a数据测试的均方根误差为0.291，平均绝对百分误差为0.146。天津外环城河水质自动监测站点的叶绿素a数据测试的均方根误差为0.8，平均绝对百分误差为0.273。验证集中各自动监测站点的叶绿素a拟合较好，与实测值变化规律吻合。

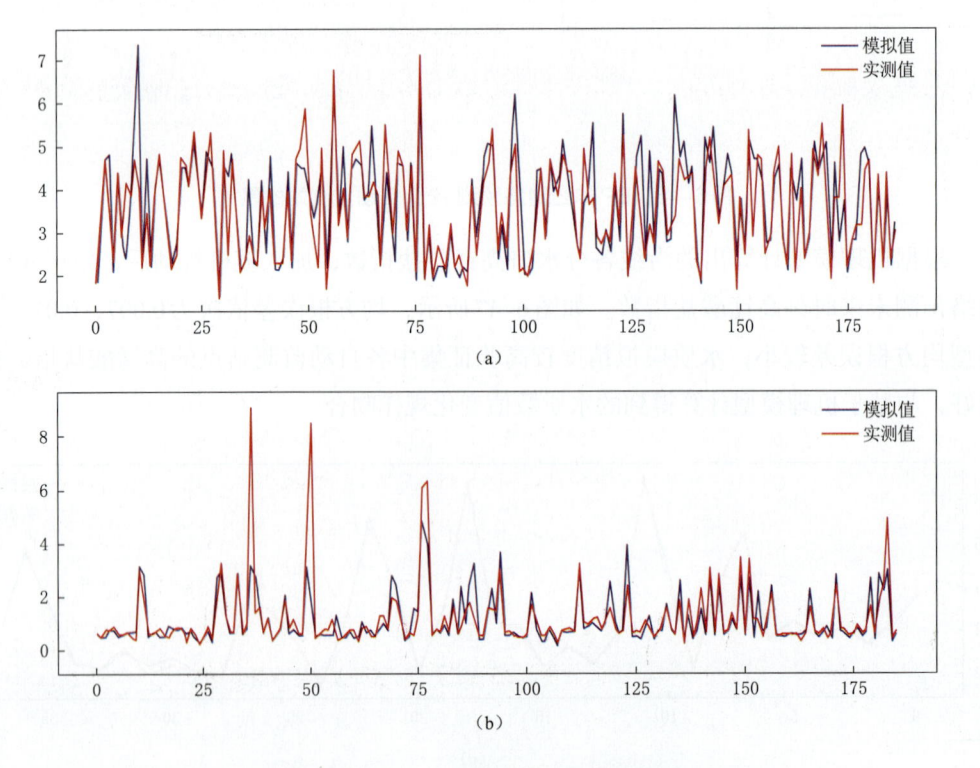

图6-48（一） RBF神经网络预测惠南庄
（a）西黑山；（b）外环河；（c）叶绿素a

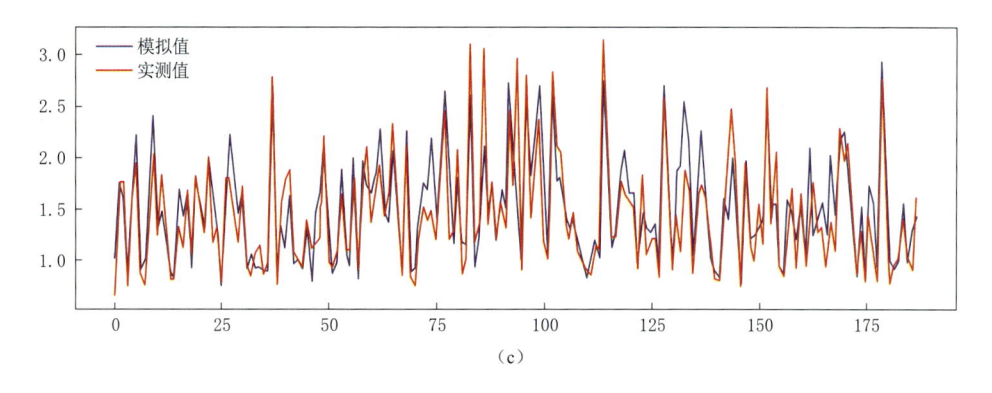

图 6-48（二）　RBF 神经网络预测惠南庄
（a）西黑山；（b）外环河；（c）叶绿素 a

如图 6-49 所示，陶岔水质自动监测站点的 pH 数据测试的均方根误差为 0.042，平均绝对百分比误差为 0.004。姜沟水质自动监测站点的 pH 数据测试的均方根误差为 0.073，平均绝对百分比误差为 0.006。刘湾水质自动监测站点的 pH 数据测试的均方根误差为 0.044，平均绝对百分比误差为 0.004。府城南水质自动监测站点的 pH 数据测试的均方根误差为 0.062，平均绝对百分比误差为 0.004。漳河北水质自动监测站点的 pH 数据测试的均方根误差为 0.098，平均绝对百分比误差为 0.006。南大郭水质自动监测站点的 pH 数据测试的均方根误差为 0.049，平均绝对百分比误差为 0.004。田庄水质自动监测站点的 pH 数据测试的均方根误差为 0.026，平均绝对百分比误差为 0.002。西黑山水质自动监测站点的 pH 数据测试的均方根误差为 0.072，平均绝对百分比误差为 0.005。中易水水质自动监测站点的 pH 数据测试的均方根误差为 0.033，平均绝对百分比误差为 0.003。坟庄河水质自动监测站点的 pH 数据测试的均方根误差为 0.052，平均绝对百分比误差为 0.004。惠南庄水质自动监测站点的 pH 数据测试的均方根误差为 0.038，平均绝对百分比误差为 0.003。天津外环城河水质自动监测站点的 pH 数据测试的均方根误差为 0.045，平均绝对百分比误差为 0.003。验证集中各自动监测站点的 pH 值拟合较好，与实测值变化规律吻合。

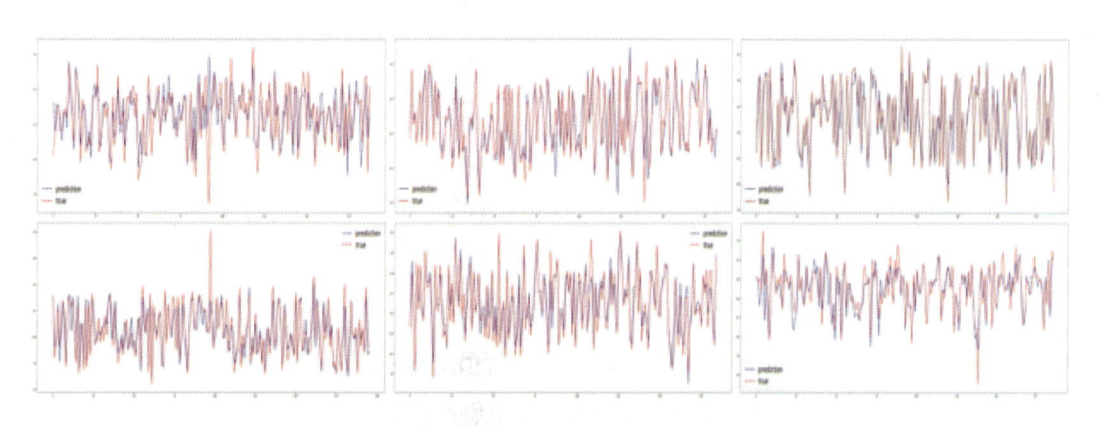

图 6-49（一）　RBF 神经网络预测预测 12 个自动监测站的 pH 值

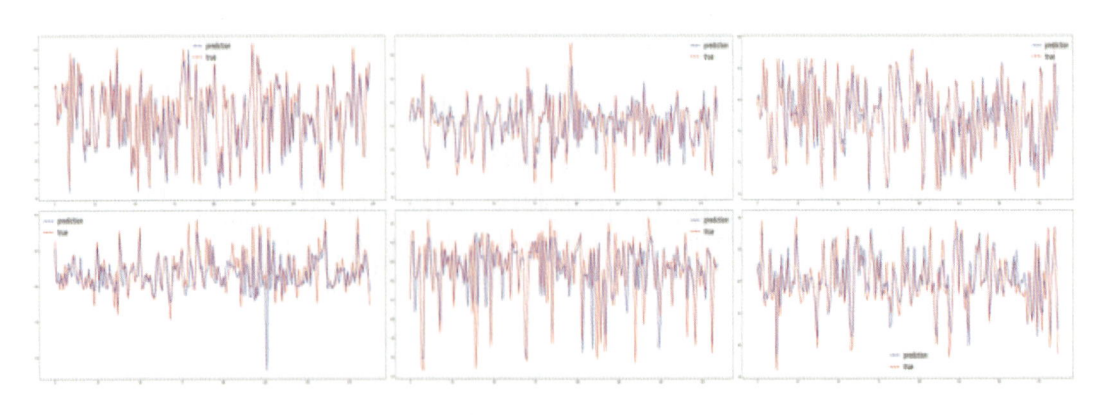

图6-49（二） RBF神经网络预测预测12个自动监测站的pH值

如图6-50所示，陶岔水质自动监测站点的溶解氧数据测试的均方根误差为0.132，平均绝对百分比误差为0.010。姜沟水质自动监测站点的溶解氧数据测试的均方根误差为0.382，平均绝对百分比误差为0.025。刘湾水质自动监测站点的溶解氧数据测试的均方根误差为0.251，平均绝对百分比误差为0.013。府城南水质自动监测站点的溶解氧数据测试的均方根误差为0.169，平均绝对百分比误差为0.010。漳河北水质自动监测站点的溶解氧数据测试的均方根误差为0.427，平均绝对百分比误差为0.027。南大郭水质自动监测站点的溶解氧数据测试的均方根误差为0.129，平均绝对百分比误差为0.009。田庄水质自动监测站点的溶解氧数据测试的均方根误差为0.163，平均绝对百分比误差为0.010。西黑山水质自动监测站点的溶解氧数据测试的均方根误差为0.145，平均绝对百分比误差为0.008。中易水水质自动监测站点的溶解氧数据测试的均方根误差为0.205，平均绝对百分比误差为0.013。坟庄河水质自动监测站点的溶解氧数据测试的均方根误差为0.300，平均绝对百分比误差为0.016。惠南庄水质自动监测站点的溶解氧数据测试的均方根误差为0.202，平均绝对百分比误差为0.013。天津外环城河水质自动监测站点的溶解氧数据测试的均方根误差为0.181，平均绝对百分比误差为0.010，验证集中各自动监测站点的氨氮拟合较好，与实测值变化规律吻合。

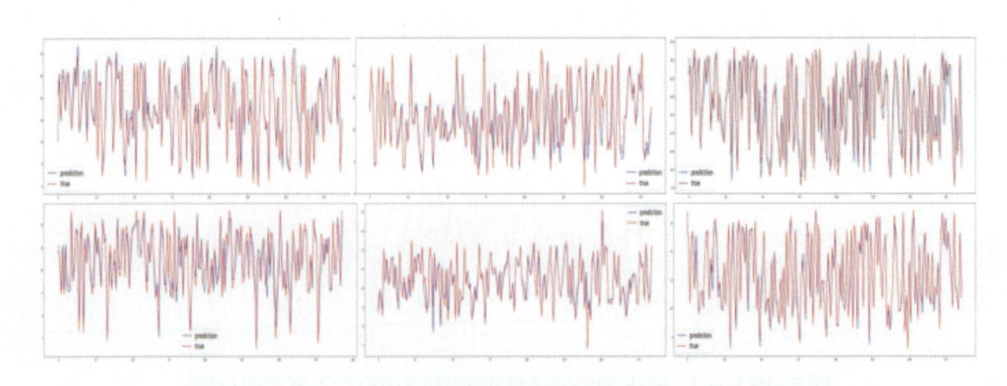

图6-50（一） RBF神经网络预测12个自动监测站的溶解氧

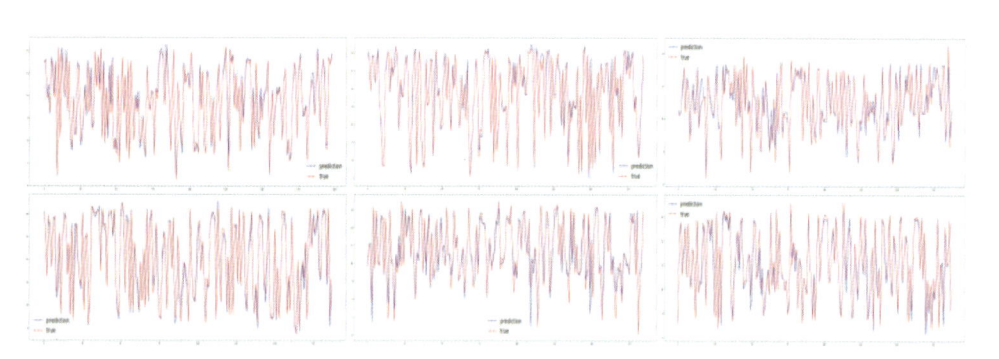

图6-50（二） RBF神经网络预测12个自动监测站的溶解氧

根据机理模型计算出的沿线各分水口高锰酸盐指数，加入随机扰动后，使用RBF神经网络预测未来时刻高锰酸盐指数。均方根误差依次为0.04，0.006。水质模型均方根误差较小，水质模拟精度较高验证集中各自动监测站点的高锰酸盐指数拟合较好，与基于机理模型计算得到的水质数值变化规律吻合。

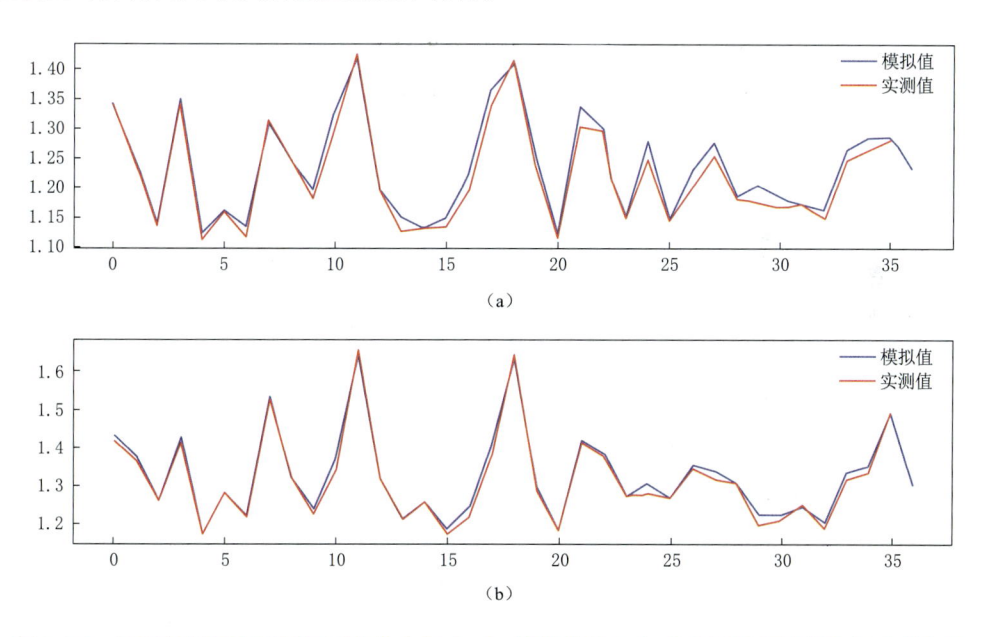

图6-51 RBF神经网络预测三里屯分水口（a）、肖楼分水口（b）门到水厂支渠高锰酸盐指数

6.6 基于大数据分析的水质快速预报

6.6.1 基于多深度学习网络集成模型的水质预报库

使用已研究的多种神经网络结构，分别预测水质指标的值，会有不同程度的错误率。均方根误差（RMSE）和平均绝对百分误差（MAPE）如下。一方面为了采用红黄蓝预警分类；另一方面为了分类的准确率提高，采用投票原则，以出现红黄蓝预警相同分类最

多的情况作为最后输出的结果。

表6-15　　　　　　　　　陶岔水质数据测试 RMSE 和 MAPE

水质指标	RMSE			MAPE		
	BP	RBF	LSTM	BP	RBF	LSTM
水温	0.629	0.771	1.338	0.034	0.043	0.065
pH 值	0.036	0.042	0.037	0.003	0.004	0.003
电导率	2.328	2.826	2.385	0.005	0.007	0.005
浊度	1.039	0.993	0.374	0.141	0.153	0.118
溶解氧	0.132	0.169	0.187	0.010	0.013	0.014
氨氮	0.008	0.008	0.012	0.243	0.219	0.343
高锰酸盐指数	0.273	0.277	0.277	0.131	0.131	0.127
综合生物毒性	5.389	2.516	7.163			
总磷	0.002	0.002	0.004	0.144	0.131	0.243
总氮	0.093	0.094	0.120	0.058	0.060	0.049

表6-16　　　　　　　　　姜沟水质数据测试 RMSE 和 MAPE

水质指标	RMSE			MAPE		
	BP	RBF	LSTM	BP	RBF	LSTM
水温	0.897	0543	1.787	0.037	0.037	0.086
pH 值	0.062	0.073	0.050	0.005	0.006	0.005
电导率	2.816	2.837	3.437	0.006	0.007	0.008
浊度	0.154	0.146	0.235	0.138	0.138	0.199
溶解氧	0.382	0.402	0.383	0.025	0.027	0.030
氨氮	0.008	0.008	0.012	0.158	0.188	0.230
高锰酸盐指数	0.500	0.462	0.778	0.189	0.173	0.233
溶解性有机物	2.191	1.592	2.292	0.213	0.189	0.246
综合生物毒性	7.138	7.903	8.422			

表6-17　　　　　　　　　刘湾水质数据测试 RMSE 和 MAPE

水质指标	RMSE			MAPE		
	BP	RBF	LSTM	BP	RBF	LSTM
水温	0.450	0.625	0.969	0.029	0.040	0.044
pH 值	0.035	0.044	0.097	0.008	0.004	0.007
电导率	1.965	2.076	1.807	0.005	0.005	0.005
浊度	2.125	1.541	2.750	0.243	0.220	0.289

续表

水质指标	RMSE			MAPE		
	BP	RBF	LSTM	BP	RBF	LSTM
溶解氧	0.251	0.283	0.684	0.013	0.017	0.043
氨氮	0.014	0.014	0.016	0.166	0.189	0.236
高锰酸盐指数	0.365	0.383	0.463	0.149	0.152	0.165
溶解性有机物	1.971	2.163	0.478	0.124	0.147	0.047
综合生物毒性	5.806	6.459	8.761			

表 6-18　　府城南水质数据测试 RMSE 和 MAPE

水质指标	RMSE			MAPE		
	BP	RBF	LSTM	BP	RBF	LSTM
水温	0.388	0.972	0.767	0.026	0.038	0.033
pH 值	0.066	0.062	0.100	0.004	0.004	0.008
电导率	7.471	5.904	5.108	0.018	0.029	0.012
浊度	2.606	2.448	3.738	0.173	0.156	0.211
溶解氧	0.169	0.247	0.307	0.010	0.012	0.021
氨氮	0.020	0.023	0.024	0.177	0.213	0.227
高锰酸盐指数	0.330	0.238	0.631	0.120	0.104	0.155
溶解性有机物	2.065	2.057	3.121	0.089	0.088	0.132
综合生物毒性	8.067	8.000	9.100			

表 6-19　　漳河北水质数据测试 RMSE 和 MAPE

水质指标	RMSE			MAPE		
	BP	RBF	LSTM	BP	RBF	LSTM
水温	0.376	0.565	0.932	0.033	0.036	0.042
pH 值	0.092	0.098	0.135	0.005	0.006	0.010
电导率	4.212	4.431	3.459	0.005	0.007	0.009
浊度	1.791	1.939	1.913	0.183	0.293	0.186
溶解氧	0.427	0.506	0.781	0.027	0.026	0.077
氨氮	0.009	0.009	0.013	0.168	0.162	0.212
高锰酸盐指数	0.259	0.257	0.476	0.102	0.100	0.191
溶解性有机物	2.163	2.155	1.507	0.060	0.061	0.043
综合生物毒性	6.028	5.458	6.537			

表 6-20　　南大郭水质数据测试 RMSE 和 MAPE

水质指标	RMSE BP	RMSE RBF	RMSE LSTM	MAPE BP	MAPE RBF	MAPE LSTM
水温	0.400	0.437	0.938	0.033	0.035	0.040
pH 值	0.044	0.049	0.037	0.003	0.004	0.003
电导率	3.051	2.855	5.362	0.005	0.006	0.011
浊度	0.752	0.916	1.104	0.184	0.223	0.141
溶解氧	0.129	0.143	0.210	0.009	0.009	0.017
氨氮	0.009	0.009	0.010	0.167	0.173	0.216
高锰酸盐指数	0.237	0.244	0.280	0.109	0.107	0.128
溶解性有机物	0.738	0.751	1.094	0.043	0.045	0.067
综合生物毒性	7.339	7.801	5.804			

表 6-21　　田庄北水质数据测试 RMSE 和 MAPE

水质指标	RMSE BP	RMSE RBF	RMSE LSTM	MAPE BP	MAPE RBF	MAPE LSTM
水温	0.277	0.553	1.506	0.022	0.032	0.068
pH 值	0.023	0.026	0.034	0.002	0.002	0.003
电导率	2.061	2.378	3.006	0.004	0.004	0.008
浊度	0.702	0.829	2.159	0.159	0.180	0.232
溶解氧	0.163	0.176	0.194	0.010	0.011	0.015
氨氮	0.015	0.015	0.012	0.143	0.148	0.145
高锰酸盐指数	0.373	0.376	0.250	0.100	0.099	0.113
溶解性有机物	1.382	1.465	0.287	0.049	0.055	0.019
综合生物毒性	3.699	3.978	3.160			

表 6-22　　西黑山水质数据测试 RMSE 和 MAPE

水质指标	RMSE BP	RMSE RBF	RMSE LSTM	MAPE BP	MAPE RBF	MAPE LSTM
水温	0.428	0.702	1.123	0.039	0.050	0.053
pH 值	0.177	0.072	0.117	0.008	0.005	0.006
电导率	3.560	3.623	1.421	0.006	0.006	0.003
浊度	1.976	1.987	2.723	0.243	0.249	0.204
溶解氧	0.145	0.163	0.164	0.008	0.010	0.013
氨氮	0.005	0.005	0.005	0.207	0.214	0.248
高锰酸盐指数	0.098	0.098	0.137	0.040	0.039	0.046

续表

水质指标	RMSE			MAPE		
	BP	RBF	LSTM	BP	RBF	LSTM
溶解性有机物	0.392	0.393	0.209	0.025	0.026	0.018
综合生物毒性	2.448	2.393	4.161			
总磷	0.002	0.002	0.002	0.079	0.097	0.083
总氮	0.112	0.116	0.326	0.100	0.105	0.150
叶绿素 a	0.297	0.291	0.274	0.143	0.146	0.129

表 6-23　　　　　　　　中易水水质数据测试 RMSE 和 MAPE

水质指标	RMSE			MAPE		
	BP	RBF	LSTM	BP	RBF	LSTM
水温		0.658	0.699		0.057	0.031
pH 值		0.033	0.042		0.003	0.003
电导率		5.718	2.305		0.010	0.005
浊度		0.938	0.961		0.163	0.210
溶解氧		0.205	0.230		0.013	0.020
氨氮		0.003	0.004		0.121	0.151

表 6-24　　　　　　　　坟庄河水质数据测试 RMSE 和 MAPE

水质指标	RMSE			MAPE		
	BP	RBF	LSTM	BP	RBF	LSTM
水温	0.644	1.057	0.952	0.058	0.088	0.043
pH 值	0.051	0.052	0.054	0.003	0.004	0.005
电导率	5.498	5.721	4.679	0.011	0.011	0.009
浊度	0.698	0.698	1.491	0.253	0.256	0.259
溶解氧	0.300	0.389	0.346	0.016	0.020	0.030
氨氮	0.004	0.004	0.003	0.068	0.071	0.105
高锰酸盐指数	0.245	0.232	0.242	0.111	0.107	0.112
溶解性有机物	0.769	0.915	0.772	0.067	0.066	0.044
综合生物毒性	4.823	4.903	7.691			

表 6-25　　　　　　　　惠南庄水质数据测试 RMSE 和 MAPE

水质指标	RMSE			MAPE		
	BP	RBF	LSTM	BP	RBF	LSTM
水温	0.438	0.672	0.857	0.102	0.123	0.079
pH 值	0.028	0.038	0.050	0.002	0.003	0.004

续表

水质指标	RMSE			MAPE		
	BP	RBF	LSTM	BP	RBF	LSTM
电导率	2.822	3.873	4.855	0.006	0.008	0.011
浊度	2.600	2.793	3.796	0.261	0.233	0.227
溶解氧	0.202	0.260	0.387	0.013	0.015	0.031
氨氮	0.003	0.003	0.002	0.194	0.272	0.167
高锰酸盐指数	0.602	0.811	1.085	0.185	0.210	0.276
溶解性有机物	0.522	0.472	0.289	0.025	0.024	0.021
综合生物毒性	3.469	3.411	3.932			
总磷	0.002	0.002	0.003	0.083	0.091	0.099
总氮	0.713	0.644	0.275	0.224	0.187	0.155
叶绿素 a	0.560	0.680	0.499	0.096	0.126	0.166

表 6-26　　外环河水质数据测试 RMSE 和 MAPE

水质指标	RMSE			MAPE		
	BP	RBF	LSTM	BP	RBF	LSTM
水温	0.370	0.585	1.106	0.039	0.043	0.056
pH 值	0.044	0.045	0.036	0.003	0.003	0.003
电导率	3.630	3.285	5.011	0.014	0.014	0.012
浊度	1.647	1.479	2.332	0.178	0.178	0.253
溶解氧	0.181	0.236	0.388	0.010	0.014	0.034
氨氮	0.007	0.007	0.009	0.192	0.200	0.151
高锰酸盐指数	0.353	0.350	0.375	0.169	0.159	0.119
溶解性有机物	1.525	1.117	0.509	0.118	0.094	0.041
综合生物毒性	4.374	4.461	7.676			
总磷	0.003	0.003	0.002	0.212	0.195	0.132
总氮	0.028	0.030	0.036	0.021	0.022	0.028
叶绿素 a	0.809	0.800	0.939	0.276	0.273	0.296

将多种深度学习的神经网络预测结果按照红黄蓝预警指示分类，采用投票原则，以出现红黄蓝预警相同分类最多的情况作为最后输出的结果。将12个水质监测站的水质数

据（2016.10—2018.5）以训练集和测试集7:3的比例进行验证红黄蓝预警分类，比对结果分类正确率如下。

表 6-27　　　　　　　　　　　红黄蓝预警分类正确率

水质指标	蓝色 真实	蓝色 预测	黄色 真实	黄色 预测	红色 真实	红色 预测	准确率
溶解氧	2069	2069	0	0	0	0	100%
高锰酸盐指数	2242	2242	7	10	8	5	>90%
氨氮	2257	2257	0	0	0	0	100%
总磷	760	760	0	0	0	0	100%
总氮	0	0	0	0	760	760	100%
叶绿素 a	0	0	0	0	561	561	100%

6.6.2　不同水质条件下基于大数据分析的水质智能预警预报库

南水北调中线工程是我国的重点调水工程，水质要求高，如某一水质指标波动较大，会影响其他水质指标发生变化。考虑外界环境的变化和扰动，当作为输入的水质指标发生变化时，以大数据分析的水质智能预警预报模型，建立预警预报库。

如考虑水温、溶解氧和氨氮的浮动变化，对于叶绿素 a 的 1d、2d、3d 预警预报的变化。

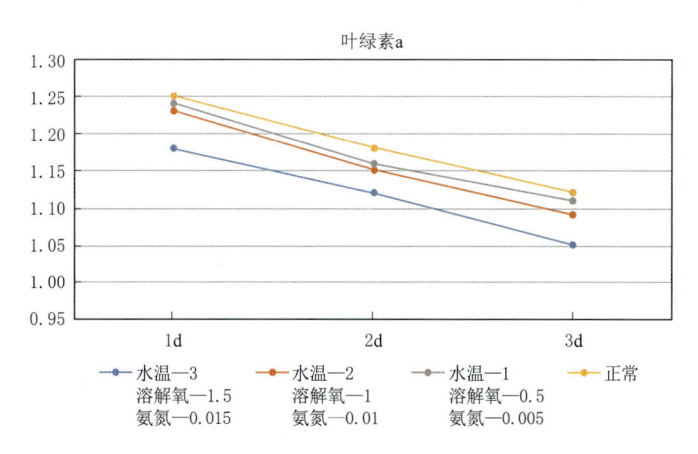

图 6-52　不同水质条件下叶绿素 a 的预警预报

可以发现，随着水温的适当升高、溶解氧和氨氮的含量适当增大，叶绿素 a 的含量会适量增加。

如考虑叶绿素 a、总磷和总氮的浮动变化，对于浊度 a 的 1d、2d、3d 预警预报的变化。

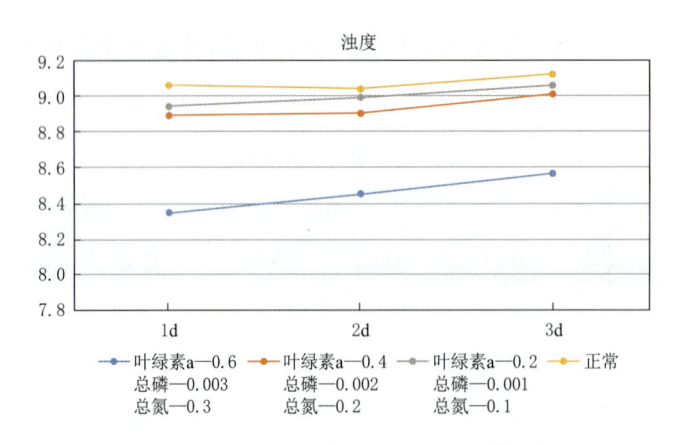

图6-53　不同水质条件下浊度的预警预报

可以发现，随着叶绿素a、总磷和总氮的含量适当增大，浊度会适量增加。

如考虑水温、溶解氧和氨氮的浮动变化，对于高锰酸盐指数的1d、2d、3d预警预报的变化。

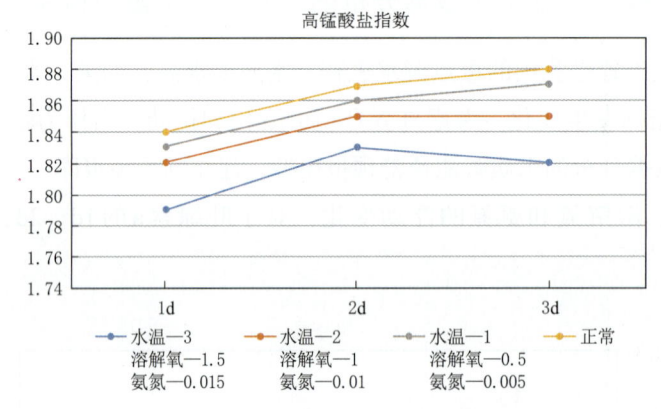

图6-54　不同水质条件下高锰酸盐指数的预警预报

可以发现，随着水温的适当升高、溶解氧和氨氮的含量适当增大，高锰酸盐指数的含量会适量增加。如考虑pH值和总氮的浮动变化，对于氨氮的1d、2d、3d预警预报的变化。

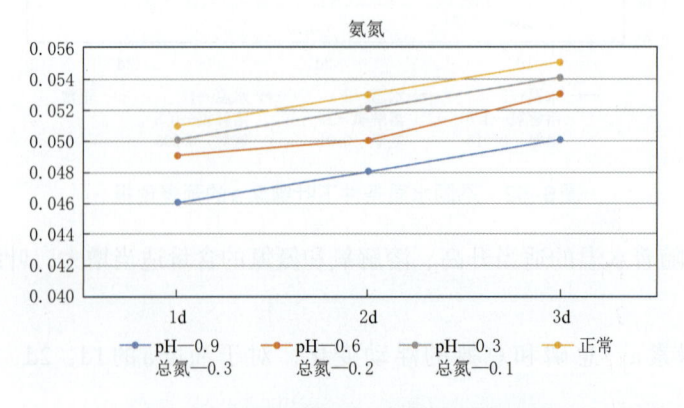

图6-55　不同水质条件下氨氮的预警预报

可以发现，随着pH值的适当升高、总氮的含量适当增大，氨氮的含量会适量增加。具体变化数值，由预警预报库得出见表6-28。

表6-28　　　　　　　　不同水质条件下若干水质数据的预警预报

叶绿素a	水温 −3 溶解氧 −1.5 氨氮 −0.015	水温 −2 溶解氧 −1 氨氮 −0.01	水温 −1 溶解氧 −0.5 氨氮 −0.005	正常
1d	1.18	1.23	1.24	1.25
2d	1.12	1.15	1.16	1.18
3d	1.05	1.09	1.11	1.12
浊度	叶绿素 a−0.6 总磷 −0.003 总氮 −0.3	叶绿素 a−0.4 总磷 −0.002 总氮 −0.2	叶绿素 a−0.2 总磷 −0.001 总氮 −0.1	正常
1d	8.34	8.89	8.94	9.06
2d	8.45	8.91	8.99	9.04
3d	8.56	9.01	9.06	9.12
高锰酸盐指数	水温 −3 溶解氧 −1.5 氨氮 −0.015	水温 −2 溶解氧 −1 氨氮 −0.01	水温 −1 溶解氧 −0.5 氨氮 −0.005	正常
1d	1.79	1.82	1.83	1.84
2d	1.83	1.85	1.86	1.87
3d	1.82	1.85	1.87	1.88
氨氮	pH−0.9 总氮 −0.3	pH−0.6 总氮 −0.2	pH−0.3 总氮 −0.1	正常
1d	0.046	0.049	0.05	0.051
2d	0.48	0.05	0.052	0.053
3d	0.05	0.053	0.054	0.055

6.6.3　LSTM神经网络的历史模拟

首先对于西黑山、惠南庄和天津外环城河3个站点的叶绿素a指标的BP神经网络预测有如下验证结果：

惠南庄水质自动监测站点的叶绿素a数据测试的均方根误差为0.499，平均绝对百分误差为0.166。西黑山水质自动监测站点的叶绿素a数据测试的均方根误差为0.274，平均绝对百分误差为0.129。天津外环城河水质自动监测站点的叶绿素a数据测试的均方根误差为0.939，平均绝对百分误差为0.296。

验证集中各自动监测站点的叶绿素a拟合较好，与实测值变化规律吻合。

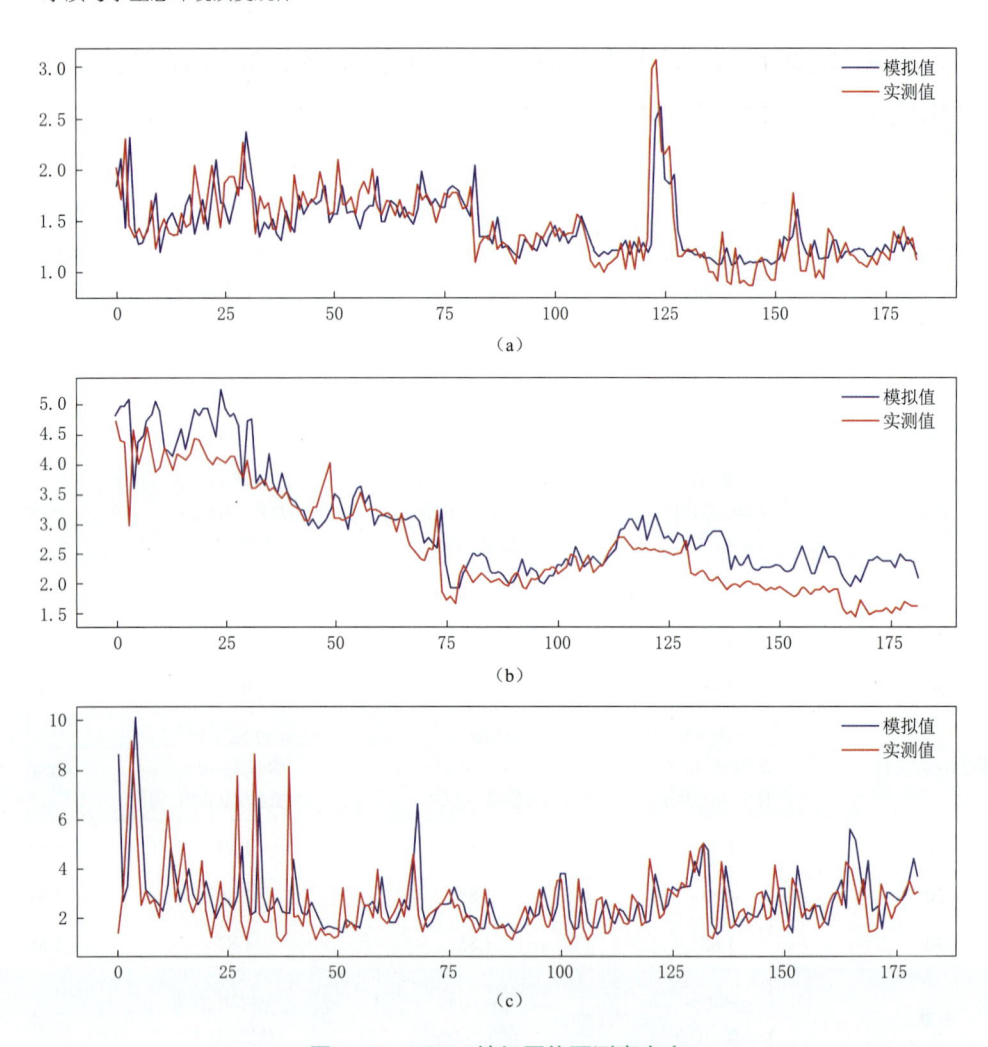

图6-56　LSTM神经网络预测惠南庄

（a）西黑山；（b）外环河；（c）叶绿素a

如图6-57所示，陶岔水质自动监测站点的溶解氧数据测试的均方根误差为0.187，平均绝对百分比误差为0.014。姜沟水质自动监测站点的溶解氧数据测试的均方根误差为0.05，平均绝对百分比误差为0.005。刘湾水质自动监测站点的溶解氧数据测试的均方根误差为0.097，平均绝对百分比误差为0.007。府城南水质自动监测站点的溶解氧数据测试的均方根误差为0.1，平均绝对百分比误差为0.008。漳河北水质自动监测站点的溶解氧数据测试的均方根误差为0.135，平均绝对百分比误差为0.01。南大郭水质自动监测站点的溶解氧数据测试的均方根误差为0.037，平均绝对百分比误差为0.003。田庄水质自动监测站点的溶解氧数据测试的均方根误差为0.034，平均绝对百分比误差为0.003。西黑山水质自动监测站点的溶解氧数据测试的均方根误差为0.164，平均绝对百分比误差为0.013。中易水水质自动监测站点的溶解氧数据测试的均方根误差为0.123，平均绝对百分比误差为0.02。坟庄河水质自动监测站点的溶解氧数据测试的均方根误差为0.346，平均绝对百分比误差为0.03。惠南庄水质自动监测站点的溶解氧数据测试的均方根误差为0.387，平均绝对百分比误差为0.031。天津外环城河水质自动监测站点的溶解氧数据测试的均方根误差为0.388，平均绝对百分比误差为0.034。验证集中各自动监测站点的溶解氧拟合较好，与实测值变化规律吻合。

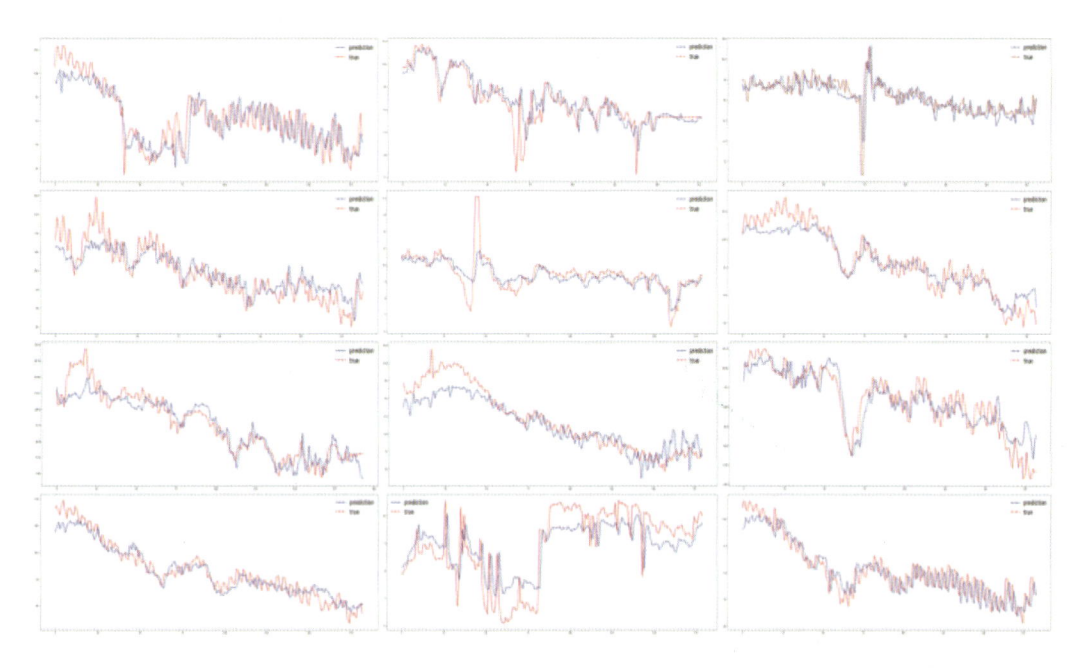

图6-57　LSTM神经网络预测12个自动监测站的溶解氧

如图6-58所示，陶岔水质自动监测站点的水温数据测试的均方根误差为1.338，平均绝对百分比误差为0.065。姜沟水质自动监测站点的水温数据测试的均方根误差为1.787，平均绝对百分比误差为0.086。刘湾水质自动监测站点的水温数据测试的均方根误差为0.969，平均绝对百分比误差为0.044。府城南水质自动监测站点的水温数据测试的均方根误差为0.767，平均绝对百分比误差为0.033。漳河北水质自动监测站点的水温数据测试的均方根误差为0.932，平均绝对百分比误差为0.042。南大郭水质自动监测站点的水温测试的均方根误差为0.938，平均绝对百分比误差为0.04。田庄水质自动监测站点的水温数据测试的均方根误差为1.506，平均绝对百分比误差为0.068。西黑山水质自动监测站点的水温数据测试的均方根误差为1.123，平均绝对百分比误差为0.053。中易水水质自动监测站点的水温数据测试的均方根误差为0.699，平均绝对百分比误差为0.031。坟庄河水质自动监测站点的水温数据测试的均方根误差为0.952，平均绝对百分比误差为0.043。惠南庄水质自动监测站点的水温数据测试的均方根误差为0.857，平均绝对百分比误差为0.079。天津外环城河水质自动监测站点的水温数据测试的均方根误差为1.106，平均绝对百分比误差为0.056。验证集中各自动监测站点的水温拟合较好，与实测值变化规律吻合。

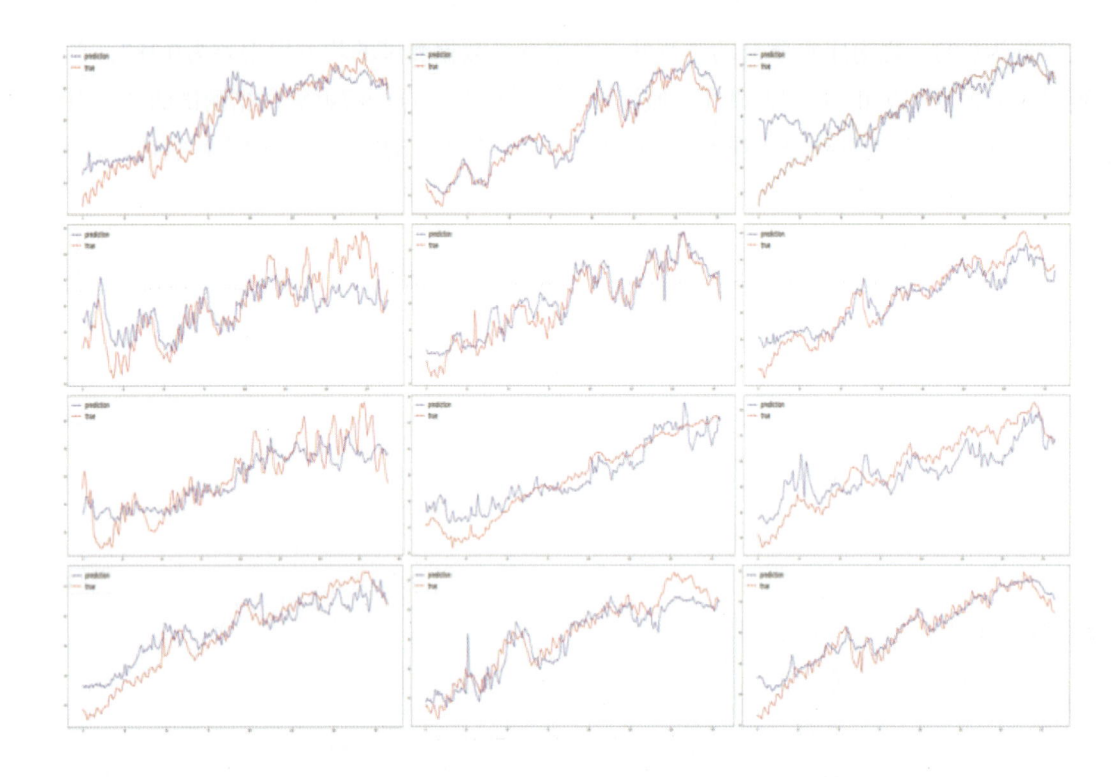

图6-58　LSTM神经网络预测12个自动监测站的水温

6.7　水质风险评估技术

水质风险评估是衡量水质预测预警技术合理性的重要标准之一，也是开展应急处置与调控的重要前提条件。广义的"风险"可理解为特定对象产生不利事件或结果的严重程度及可能性，而"水质风险"一般指由人类活动和自然事件引起并通过介质传播后对水质的不利影响或作用。绝大部分的天然和水利工程中的水体都可看作一定空间内的相对开放系统，不仅时刻进行着复杂的动态循环和交换过程，还会广泛地受到来自降雨、径流、光照、温度变化和人类活动等多因素的共同影响，其水质及相关影响因子还往往具有显著的空间异质性和时变特征。具体对南水北调中线工程而言，中线水质面临的风险可定义为"发生中线工程水质安全、造成损失或不利后果的物质的迁移、转化、滞留、扩散等风险事件的可能性"。中线水质风险事件的产生是多因素共同作用的结果，正确分析和评估中线面临的风险则需要定量研究水质、水动力、水生态多指标间的相互关系。在某些情景下，当出现多因子的并发驱动组合时，极可能会产生影响中线水质的不利后果，例如水温升高和浮游藻类异常增殖事件同时出现。因此，正确理解这些作用及相互关系是开展中线水质风险分析、评估、预测等研究工作并做出相应调控决策的重要基础。

本节建立了基于水质指标劣化速率的多断面水质单因子风险评估模型，分析了中线输供水系统水质劣化风险的时空变化特征；发展了基于Copula函数的中线总干渠水质—水动力—水生态的联合风险分析模型，研究了中线各渠段关键水质、水动力因子变化条件下的浮游藻细胞密度超过预警阈值的联合风险分布特征，提出了不同水质水量调度方式下的中线"水质—水生态""水动力—水生态"联合风险预测方法及调控策略，为中线总干渠及各分水口门与水厂水质风险管控提供技术指标，实现正常条件下中线水质风险预警。

6.7.1 地表水水质变化特点及其量化思路

6.7.1.1 地表水水质变化的随机特性

地表水是指陆地表面上动态水和静态水的总称，主要有河流、湖泊、沼泽、冰川等；地表水系统是一个开放系统，与外界有着物质和能量的交换关系，大气降水和地下水的输入是其物质输入的主要方式。同时，地表水是人类生活用水的重要来源之一；人类活动对其数量与质量也有着重大的影响。

近些年来，伴随着社会经济发展等人类活动带来的污染物，是地表水水质劣化的主要因素。一方面，当进入水体的富营养物质、有害有毒物质含量超过一定限值，水体水质变坏，pH值、溶解氧等指标劣化，水体功能受到影响；另一方面，在自身调节和人为干预的共同作用下，自然水体能够在其环境容量的范围内，依靠物理、化学和生物作用等净化能力，使排入的污染物浓度逐渐降低，pH值、溶解氧等指标恢复到正常值，水质将会由坏变好，回归到正常水平（图6-59）。

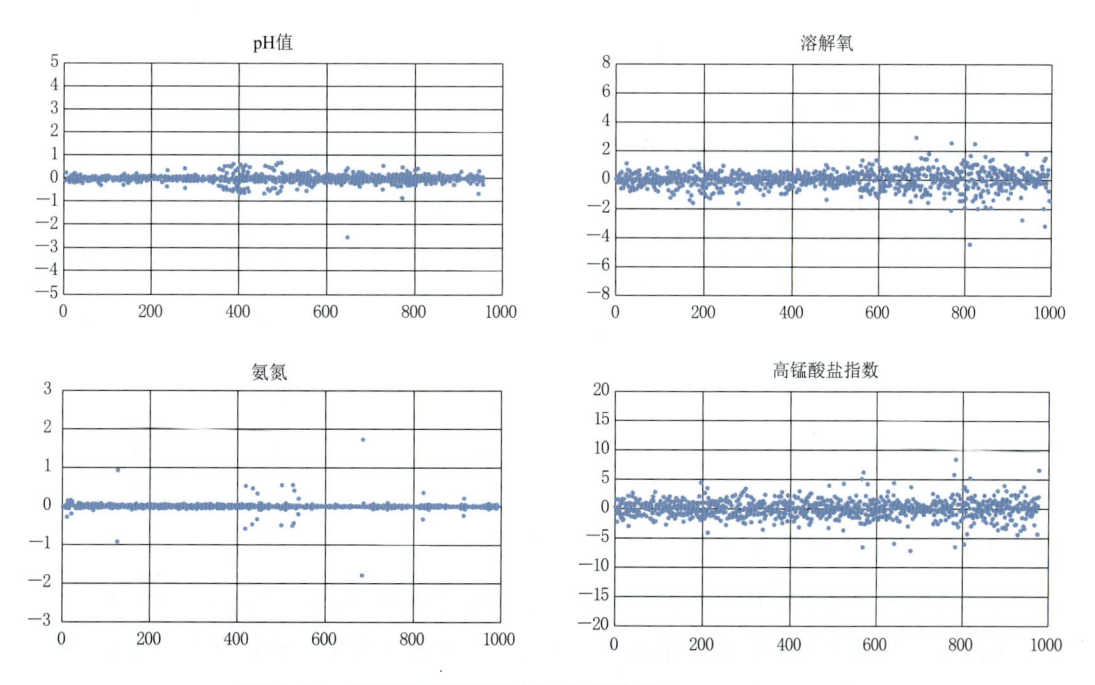

图6-59 月际波动速率图（6h自动监测2016.10—2018.5）

地表水水质变化和其他一切自然现象一样，其发生和发展过程，既有确定性的一面，又有随机性的一面。无论是人类的开发利用需求，还是地表水系统良性循环的需要，地表水水质需要稳定在一个适当的水平，各类水质指标波动需控制在一个确定的范围内。同时，地表水的水质波动又是客观存在的，各项水质指标的变化（优化与劣化）无时无刻不在进行，其变化大小受到许多微小的独立随机因素的影响，是大量随机因素的共同结果；也可以说，地表水的各项水质指标都是一个随机变量。

6.7.1.2 地表水水质随机变化的量化思路

水质变化可看成一种永续进行的随机现象，而随机现象的个别观察或试验结果又是无规律的；但是，对一种随机现象进行大量观察研究之后，总能揭示出某种完全确定的规律。生产实践当中，就是通过有效的方法获取样本、提取信息，进而对这种随机现象的统计规律（如参数、分布、相关性等）做出推断。例如，通过开展地表水断面监测，对水质变化进行长期观察，以揭示各个水质指标的变化规律。可以将一段时间内的监测数据看作总体的抽样，并基于样本的特征研究，对水质月际波动速率的总体分布、水质月际劣化速率的变化规律进行分析与判断。

中心极限定理表明：在适当的条件下，大量相互独立随机变量的均值经适当标准化后依分布收敛于正态分布。设从均值为μ、方差为$\hat{\sigma}^2$（有限）的任意一个总体中抽取样本量为n的样本，一共抽取m次；当n充分大时，样本均值的抽样分布近似服从均值为μ、方差为$\hat{\sigma}^2/n$的正态分布。也就是，当样本量和抽样次数很大的时候，不管总体分布如何，样本的抽样分布趋近于正态分布，且样本均值近似于总体均值，可以利用样本来推断整体。

本项目所收集的2014年1月至2018年12月固定监测断面数据当中，2015年监测站点偏少；团结湖站监测数据系列偏短；陶岔等29个断面的水质监测数据完整。相关研究也表明，每组样本数量大于等于30个，可让中心极限定理发挥作用；因此，2015年1月至2018年12月36个月的监测数据，基本满足样本数量要求。

综上所述，可以根据生产需要设置合理的阈值，基于样本研究有害事件（水质劣化超过限值）发生的概率；并根据实时的水质监测成果，用概率来描述未来发生有害事件（水质劣化超过限值）的可能性，从而判定水质风险等级；继而采取相应的管理对策，保障正常水体功能的实现。因此，面临的首要问题便是水质波动（劣化）的概率分布模型，估计所选模型的参数。

1. 基于水质劣化指标样本的适线法研究

在水利规划和设计当中，很多设计标准需要由频率计算而得；因而频率分布模型（频率曲线线型）的选择和参数估计是重要工作之一。实践工作中，将依据实测经验点据和频率曲线拟合的好坏选择线型来绘制频率曲线，称为适线法。适线法从20世纪50年代就已经较多地应用于水文计算中，直到现在依然在使用；也是我国规范规定统一采用的方法。因此，参照水文计算，基于水质指标劣化的时序样本，按劣化速率大小排频，并基于这些经验频率点据，绘制理论频率曲线，从而确定不同劣化速率出现的概率，是一个值得思考和探索的方向。

2. 基于水质波动指标样本的总体分布研究

通常来讲，对于一个实际的随机变量，很难通过分析其物理机制来求得它的概率分布；而是要以概率论为理论基础，依靠数理统计的方法，对受随机因素影响的不确定性现象进行研究。最大似然估计提供了一种通过给定观察数据来评估模型参数的方法，它是建立在最大似然原理基础之上的一种切实可行的统计方法，是概率论在统计学中最为常见的应用。因此，可以选取一段时间的断面监测数据，作为水质变化研究的样本，通过该样本的特征分析，推求水质波动指标的总体分布。

6.7.1.3 水质劣化速率的表达

分别在中线总干渠上、中、下段随机抽取3个断面，以这9个断面的8项指标的监测数据为源数据，逐一进行水质指标劣化（degradation）时序分析。所选的中线输供水系统水质指标包括3种类型：

（1）中立型指标：指标越接近8，水质越优良；pH值。
（2）正向型指标：指标越大，水质越优良；溶解氧。
（3）逆向型指标：指标越小，水质越优良；高锰酸盐指数、五日生化需氧量（BOD_5）、氨氮(NH_3-N)、氟化物（以F^-计）、粪大肠菌群（个/L）、硫酸盐（以SO_4^{2-}计）等6项。

1. 中立型指标的水质劣化速率表达

作为中立型指标，各个断面的pH值均在8附近波动；其指标劣化速率v_{de-pHi}可以表示为

$$v_{de-pHi} = \frac{\left| I_{pH_i} - I_{pH_{(i-1)}} \right|}{t} \quad (I_{pH_i}\text{表示第}i\text{次检测值，下同}) \tag{6-42}$$

2. 正向型指标的水质劣化速率表达

作为正型指标，各个断面溶解氧指标减小时，表明水质在劣化，因此其指标劣化速率可以表示为

$$v_{de-DO} = \begin{cases} 0 & I_{DO_i} \geq I_{DO_{(i-1)}} \\ \dfrac{I_{DO_{(i-1)}} - I_{DO_i}}{t} & I_{DO_i} < I_{DO_{(i-1)}} \end{cases} \tag{6-43}$$

3. 逆向型指标的水质劣化速率表达

作为逆向型指标，各个断面高锰酸盐指数、五日生化需氧量（BOD_5）、氨氮（NH_3-N）、氟化物（以 F^- 计）、粪大肠菌群（个/L）、硫酸盐（以 SO_4^{2-} 计）等指标增大时，表明水质在劣化，因此其指标劣化速率（以 BOD_5 为例）可以表示为

$$v_{de-BOD} = \begin{cases} \dfrac{I_{BOD_i} - I_{BOD_{(i-1)}}}{t} & I_{BOD_i} > I_{BOD_{(i-1)}} \\ 0 & I_{BOD_i} \leqslant I_{BOD_{(i-1)}} \end{cases} \quad (6-44)$$

6.7.1.4 水质波动速率的表达及其正态特征分析

1. 水质波动速率的表达

鉴于各个断面每月监测的时间并不一致，导致前后2个月监测数据之间的时间间隔并不相同，需要根据两次监测之间的时间间隔进行调整计算，各水质指标月际波动水平（fluctuating level）的量化方式如下（以pH值月际波动速率为例）：

$$v_{fl-pHi} = 30 \times \frac{I_{pH_{(i+1)}} - I_{pH_i}}{t_{(i+1)} - t_i} \quad (i=1, 2, 3\cdots\cdots n) \quad (6-45)$$

式中 t_i、I_{pH_i} 分别为第 i 次监测时间与监测数据，下同；$t_{(i+1)}$、$I_{pH(i+1)}$ 分别为第 $i+1$ 次监测时间与监测数据。

整理陶岔、沙河南、郑湾、纸坊河北、漳河北、北盘石、北大岳、霸州、惠南庄等9个断面的水质资料（8个水质指标），形成各个断面水质指标月际波动速率的时间序列资料。

2. 水质波动速率样本集的正态变化特征分析

理论上，正态分布具有很多良好的性质，许多概率分布可以用它来近似；还有一些常用的概率分布是由它直接导出的，例如对数正态分布、t分布、F分布等。因此，正态分布有着极其广泛的应用，在生产与科学实验中，很多随机变量的概率分布都可以近似地用正态分布来描述。例如，同一种生物体的身长、体重等指标；测量同一物体的误差；弹着点沿某一方向的偏差；某个地区的年降水量，等等。一般来讲，如果一个变量是受许多微小的独立随机因素影响后的结果，那么就可以认为这个变量具有正态分布；那么水质的月际波动水平是否也具备正态分布的特性。

Q plot是一种测试数据集是否遵循给定分布的图形方法。现使用Origin创建相关水质指标的月际波动速率的正态测试Q-Q图，来判断水质的月际波动水平是否也具备正态分布的特性。限于篇幅，展示陶岔（左）、漳河北（中）、惠南庄（右）3个断面的计算与绘图成果，如图6-60～图6-67所示。

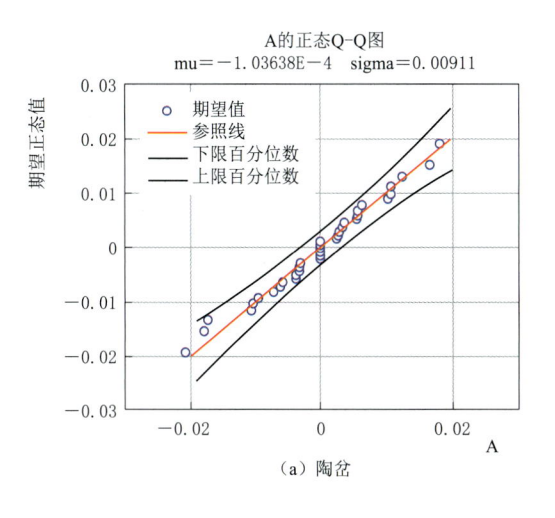

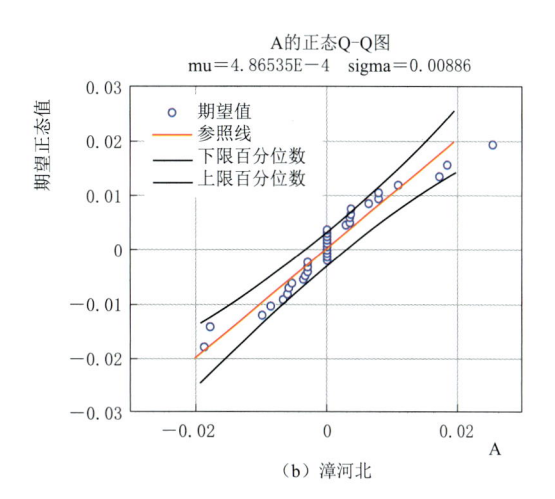

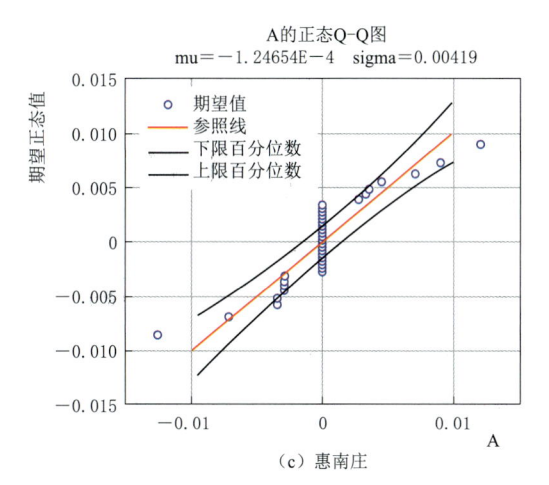

第 6 章 水质—水生态环境变化数值模拟

(a) 陶岔

(b) 漳河北

(c) 惠南庄

图 6-60 pH 值月际波动速率正态分布检验图

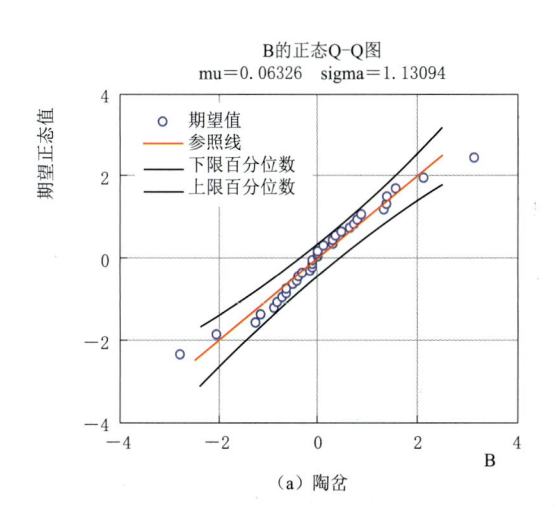

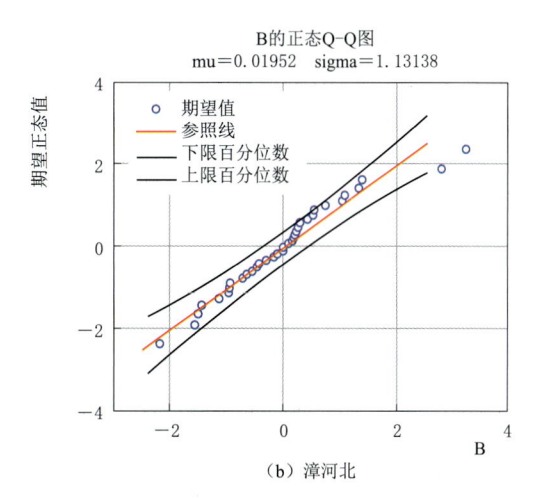

(a) 陶岔

(b) 漳河北

图 6-61（一） 溶解氧月际波动速率正态分布检验图

(c) 惠南庄

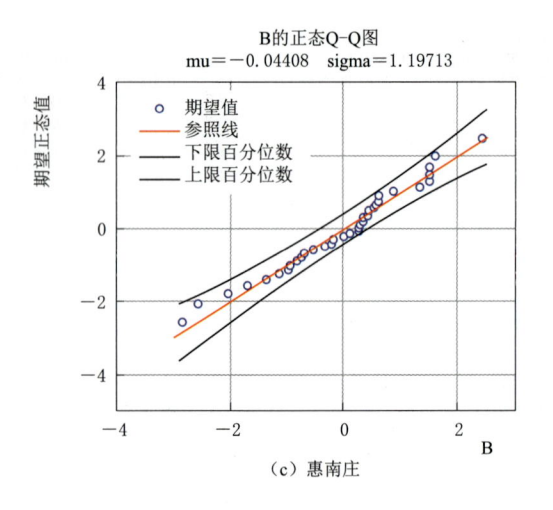

图 6-61（二）　溶解氧月际波动速率正态分布检验图

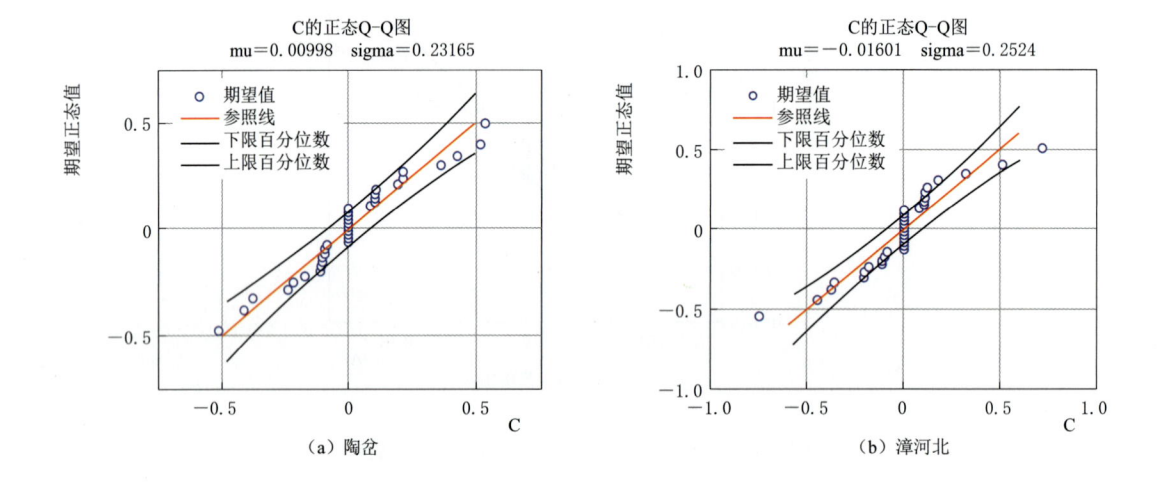

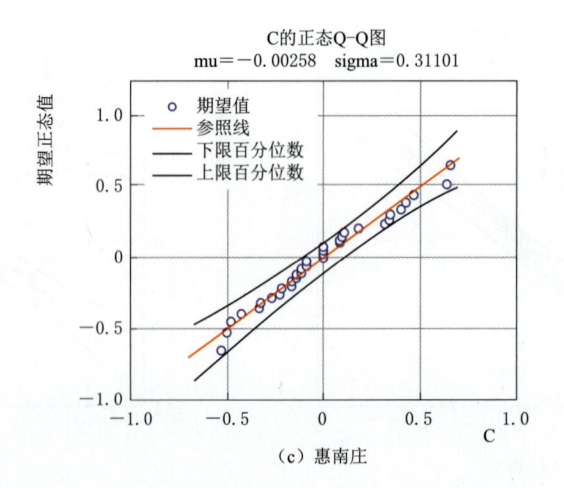

(a) 陶岔　　　　　　　　　　　　(b) 漳河北

(c) 惠南庄

图 6-62　高锰酸盐指数月际波动速率正态分布检验图

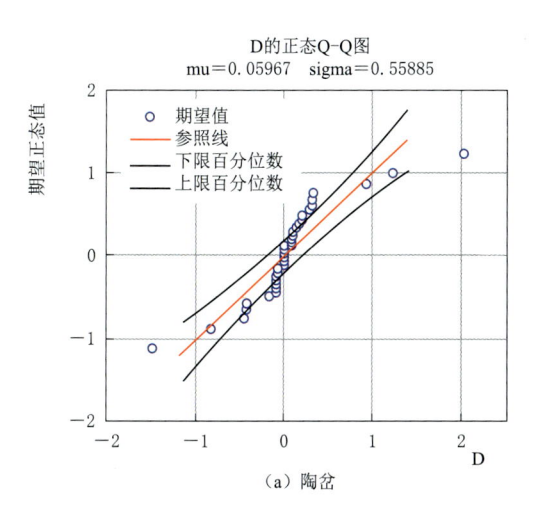

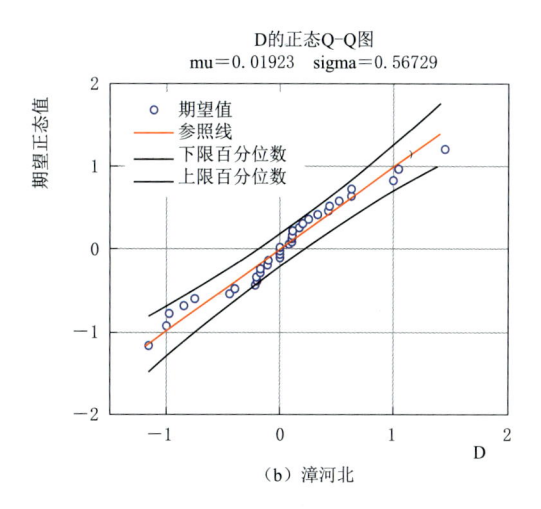

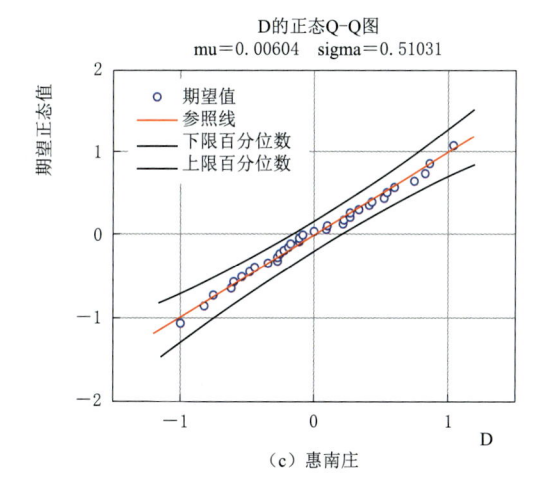

图6-63 五日生化需氧量(BOD$_5$)月际波动速率正态分布检验图

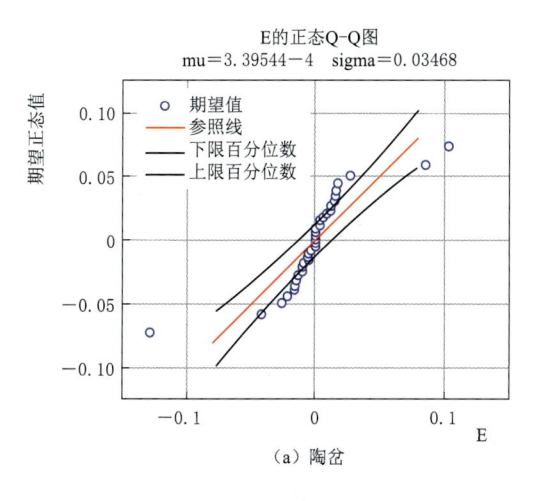

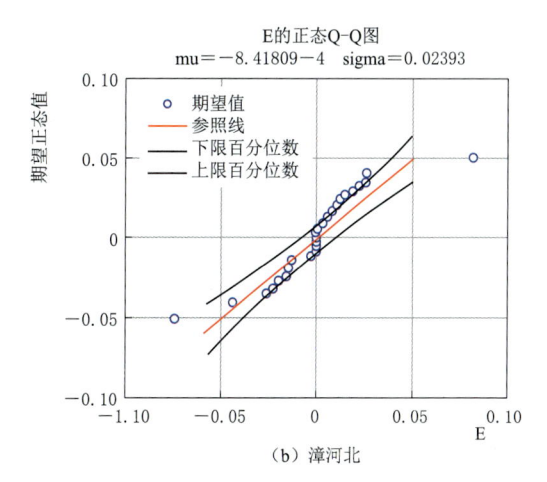

图6-64(一) 氨氮(NH$_3$-N)月际波动速率正态分布检验图

(c) 惠南庄

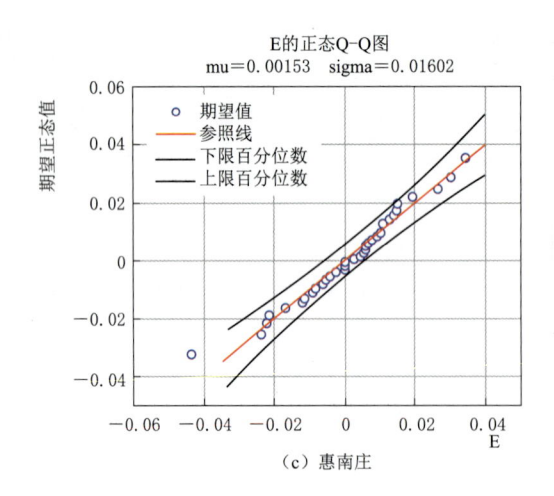

图6-64（二） 氨氮(NH_3-N)月际波动速率正态分布检验图

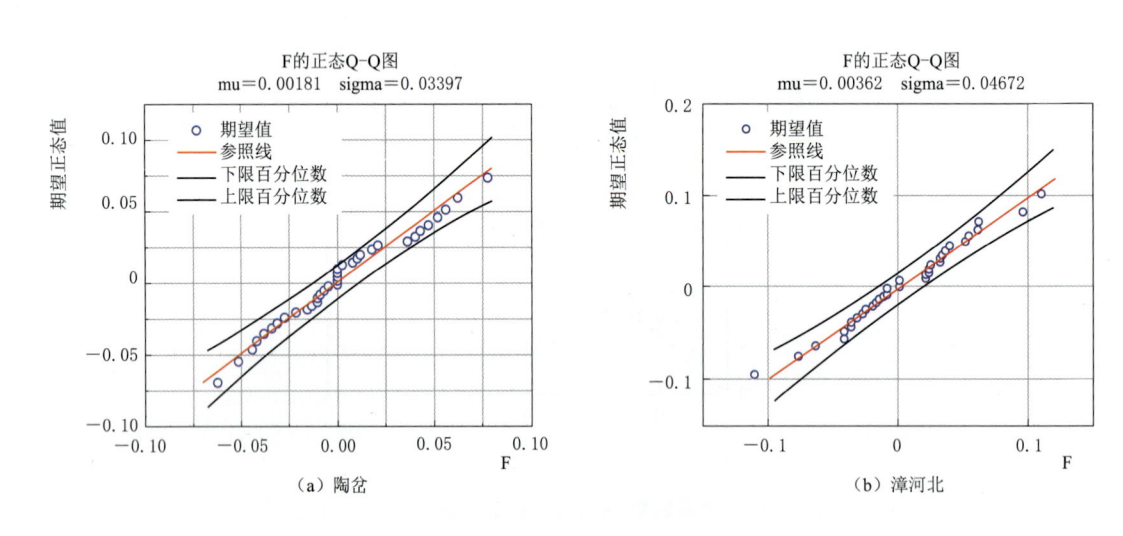

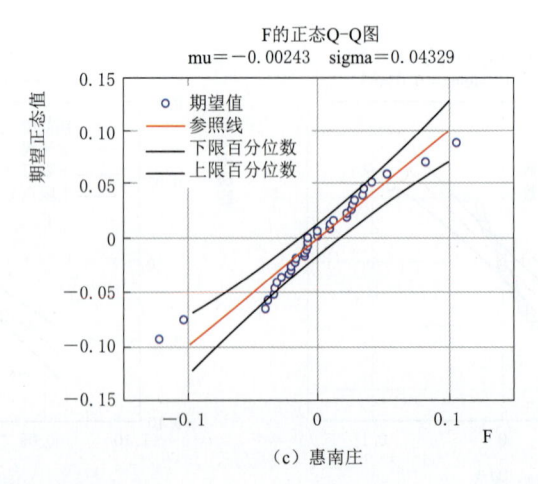

(a) 陶岔

(b) 漳河北

(c) 惠南庄

图6-65 氟化物(以F^-计)月际波动速率正态分布检验图

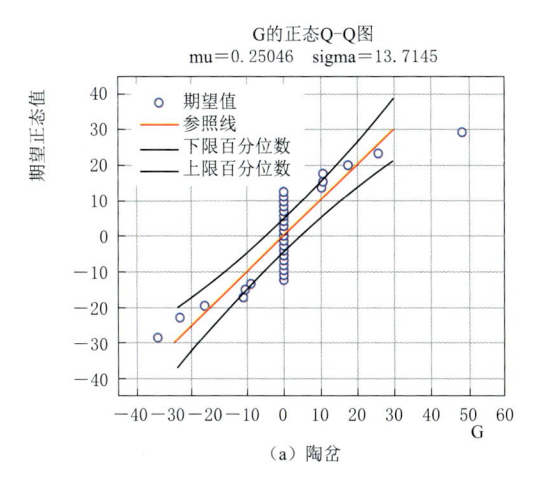

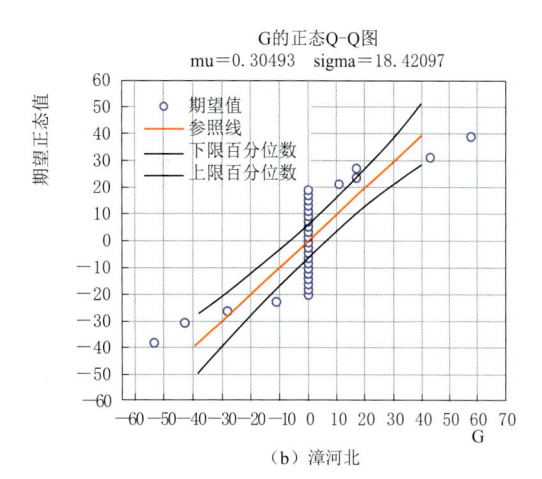

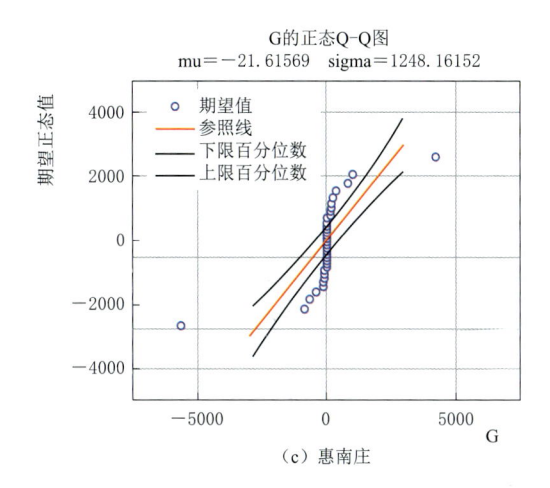

图6-66 粪大肠菌群月际波动速率正态分布检验图

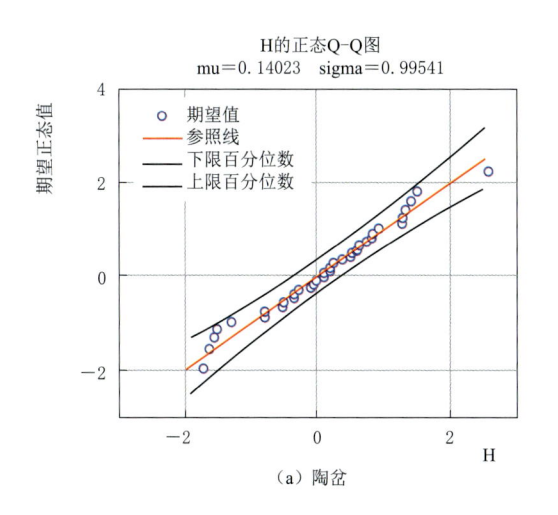

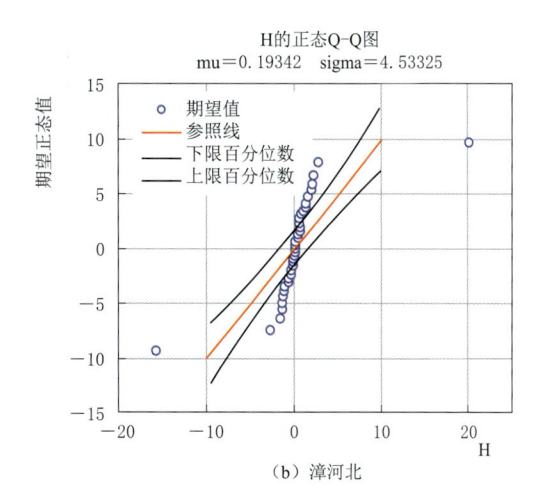

图6-67（一） 硫酸盐（以SO_4^{2-}计）月际波动速率正态分布检验图

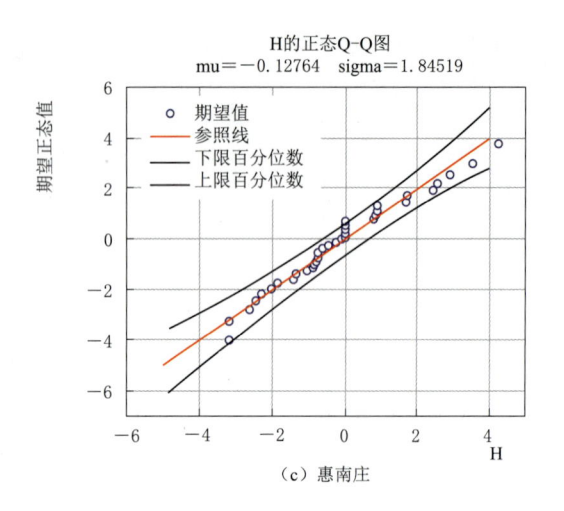

图6-67（二） 硫酸盐（以SO_4^{2-}计）月际波动速率正态分布检验图

Q-Q散点图显示：除粪大肠菌群外，X轴上的各个断面上的所有水质指标月际波动速率观测值和Y轴上的期望值基本上都靠近参考线，可以得出初步结论：除粪大肠菌群外，其他水质指标月际波动速率数据集均遵循给定的正态分布。

进一步使用origin中的正态检验功能，检测包括上述3站（陶岔、漳河北、惠南庄）在内的9个断面的水质指标月际波动数据，Shapiro-Wilk（SW）检验显示：在0.05显著水平下，溶解氧、高锰酸盐指数、五日生化需氧量（BOD_5）、氟化物（以F^-计）、硫酸盐（以SO_4^{2-}计）的月际波动数据显著来自正态分布总体；pH值、氨氮（NH_3-N）、粪大肠菌群的月际波动数据集，则并不支持来自正态分布总体的假设。

6.7.2 基于水质指标月际劣化速率的断面水质评估

6.7.2.1 水质指标超出标准限值的概率计算

由6.1.2可知，对于某一给定断面，每个参与评价的指标，都可以根据"评价时刻"的监测值计算出它的月际劣化速率临界值，该临界值出现的概率即为该指标在下一个月可能超出标准限值的最大概率（简称"超限概率"）。即

$$P_i = P(x = v_{de-i-max}) = E(x) = ae^{bx} \tag{6-46}$$

通过Matlab可以比较方便地实现"超限概率"的计算，计算框图（图6-68）如下：

6.7.2.2 基于水质指标劣化速率的断面水质风险表达

1. 断面水质的风险定义

GB3838—2002规定，地表水环境质量评价应根据实现的水域功能类别，选取相应类别标准，进行单因子评价。因此，可以选择"超限概率"最大的指标作为该断面水质风险的"控制性指标"。即该断面的水质风险为

$$P = \max P_i = \max P_i(x > v_{de-i-\max}) \quad (i\text{代表不同的水质指标}) \tag{6-47}$$

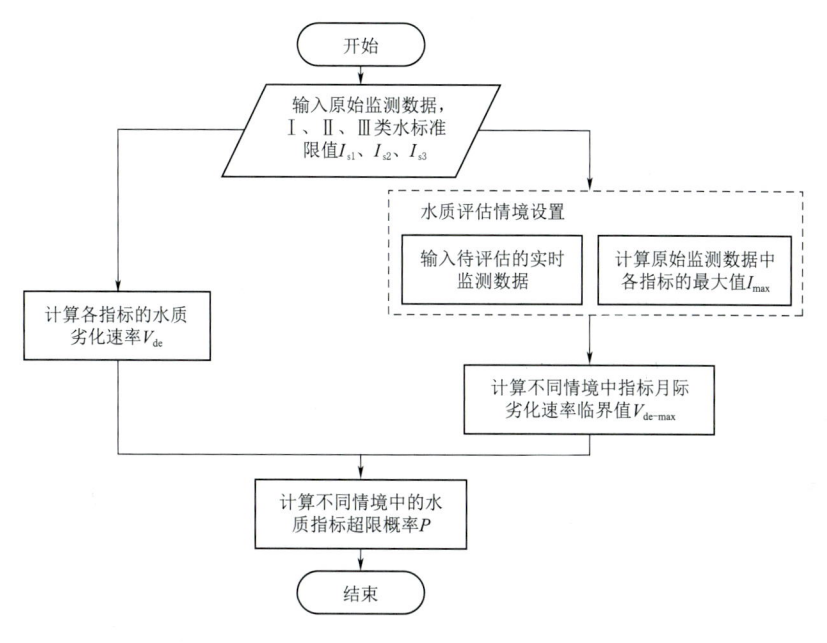

图6-68 水质指标"超限概率"计算框图

2.断面水质风险等级阈值设置

社会经济发展对城市供水的要求较高，一般情况下，城市公共设施与居民用水的供水保证率控制在95%以上。因此，可以参照这个保证率，设置断面水质风险的最高等级阈值为5%，即当"控制性指标"的"超限概率"超过5%时，可设定该断面进入"高"水质风险区。

如前所述，水质指标月际波动速率数据集均遵循正态分布。因此，根据正态分布的"3σ"原则，基本上可以把区间$(\mu-3\sigma, \mu+3\sigma)$看作随机变量$X$实际可能的取值区间；$X$落在$(\mu-3\sigma, \mu+3\sigma)$以外的概率极小，在实际问题中，常认为相应的事件是不会发生的。

$$\because P\{|X-\mu|<3\sigma\} = 2\Phi(3) - 1 = 0.9974 \tag{6-48}$$

$$\therefore P\{X-\mu \geqslant 3\sigma\} = \frac{1-P\{|X-\mu|<3\sigma\}}{2} = 0.00135$$

设置断面水质风险的最低等级阈值为0.135%；即，当"控制性指标"的"超限概率"小于0.135%时，可认为该断面无水质风险。

为了进一步细化最高与最低等级阈值之间的区域，可以将$(\mu+2\sigma)$作为量化随机变量X进入"中"水质风险区的临界值。即

$$\because P\{|X-\mu|<2\sigma\} = 2\Phi(2) - 1 = 0.9544 \tag{6-49}$$

$$\therefore P\{X-\mu \geqslant 2\sigma\} = \frac{1-P\{|X-\mu|<2\sigma\}}{2} = 0.0228$$

设置断面水质风险的中间等级阈值为2.28%；即，当"控制性指标"的"超限概率"大于2.28%且小于5%时，认为该断面面临"中等"水质风险；当"控制性指标"的"超限概率"大于0.135%且小于2.28%时，可认为该断面面临"低"水质风险。综上所述，断面"控制性指标"的"超限概率"阈值见表6-29。

表 6-29　　基于水质指标劣化速率的断面水质风险阈值一览表

风险等级	高	中	低	无
控制性指标超过标准限值的概率	>5%	2.28%～5%	0.135%～2.28%	<0.135%

6.7.2.3　基于水质指标劣化速率的中线干线断面水质风险评估

6.7.2.3.1　陶岔断面水质风险评估与分析

基于陶岔断面2015年1月至2018年12月的监测数据，对其8项指标进行水质时序变化风险分析，相关成果如下。

1. 陶岔断面水质波动一般规律

2016—2018年，陶岔断面水质总体较好，长期保持在Ⅱ类水及以上，没有发生水质指标进入Ⅲ类水的情况。但是，从其水质指标波动的总体分布来看，其8个指标的总体数学期望值（或样本均值）都是非负数，虽然都很小，但也说明该断面水质在这3年内总体上存在变化现象；另外，根据总体分布函数计算出的各水质指标月际变化概率 $P_i(v_{de-i} > 0)$，处于54.52%～91.86%，说明水质指标月际变化现象较为普遍，需要引起重视（图6-69、表6-30）。

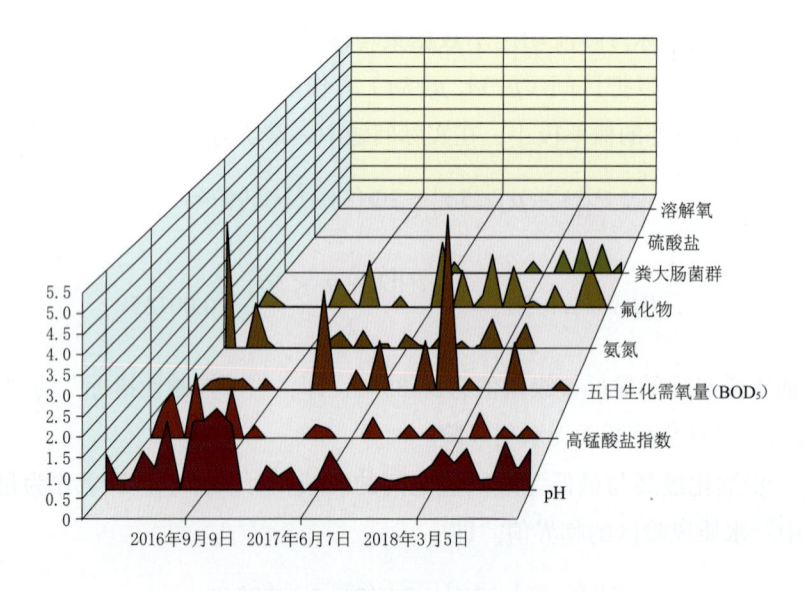

图6-69　陶岔断面主要水质指标

表 6-30　　　　　　　　陶岔断面水质指标月际波动统计参数

参数	pH 值	氨氮	粪大肠菌群	溶解氧	高锰酸盐指数	五日生化需氧量（BOD$_5$）	氟化物（以F$^-$计）	硫酸盐（以SO$_4^{2-}$计）
$\bar{x}$	0.0069	0	0.0083	0.0021	0.0003	0.002	0.0001	0.0047
S^2	3.40×10^{-5}	8.28×10^{-5}	3.68×10^{-5}	5.78×10^{-5}	7.84×10^{-5}	5.90×10^{-5}	8.21×10^{-5}	3.95×10^{-5}
$\hat{\mu}$	0.0069	0	0.0083	0.0021	0.0003	0.002	0.0001	0.0047
$\hat{\sigma}^2$	3.36×10^{-5}	8.05×10^{-5}	3.58×10^{-5}	5.61×10^{-5}	7.62×10^{-5}	5.73×10^{-5}	7.98×10^{-5}	3.83×10^{-5}
$P_i(v_{de\text{-}i} > 0)$	88.18%	55.52%	91.86%	61.08%	68.81%	60.36%	84.92%	77.49%

注：pH值，无量纲；粪大肠菌群，个/l；其余指标，mg/L。

2. 陶岔断面水质风险与等级

本项目分别基于"某个月的实测值（2018年12月）""各指标3年内的最差值"共两种情景，进行水质变化至"降等"（降到Ⅲ类水，下同），或"超标"（降至Ⅲ类水以下，下同）的概率分析（表6-31）。

表 6-31　　　　　　　陶岔断面水质指标月际波动样本特征与总体分布规律

评价标准	监测数据	参数	pH 值	氨氮	粪大肠菌群	溶解氧	高锰酸盐指数	五日生化需氧量（BOD$_5$）	氟化物（以F$^-$计）	硫酸盐（以SO$_4^{2-}$计）
Ⅱ类	最大值	l_i	8.6	0.17	50	6.4	2.3	2.7	0.24	31.1
		P_i	17.48%	0.00%	0.00%	26.41%	0.00%	13.27%	0.00%	0.00%
		风险等级	高	无	无	高	无	高	无	无
	2018.12	l_i	8.5	0.025	10	9.2	1.8	0.5	0.183	24.9
		P_i	10.18%	0.00%	0.00%	0.00%	0.00%	0.00%	0.00%	0.00%
		风险等级	高	无	无	无	无	无	无	无
		ls_2	8	0.5	2000	6	4	3	1	250
Ⅲ类	最大值	l_i	8.6	0.17	50	6.4	2.3	2.7	0.24	31.1
		P_i	17.48%	0.00%	0.00%	10.40%	0.00%	3.32%	0.00%	0.00%
		风险等级	高	无	无	高	无	中	无	无
	2018.12	l_i	8.6	0.025	10	9.2	1.8	0.5	0.183	24.9
		P_i	10.18%	0.00%	0.00%	0.00%	0.00%	0.00%	0.00%	0.00%
		风险等级	高	无	无	无	无	无	无	无
		ls_3	8	1	10000	5	6	4	1	250

从2018年12月的单月检测值来看，该段面水质风险主要来自于pH值，出现超标的

概率值为8.18%,存在较高的超标风险;其余指标均没有降等或超标的风险。

从2015年1月至2018年12月的最大监测数据来看,pH值、溶解氧、五日生化需氧量(BOD$_5$)共3个指标在达到3年监测数据的最大值时,存在较高的"降等"风险,水质降至Ⅲ类水的概率分别为17.48%、25.41%、10.27%;其中,因为pH值的Ⅱ类、Ⅲ类水限值相同,也意味着因为pH值的变化而导致水质降至Ⅲ类以下的概率也为17.48%,存在较高的"超标"风险。溶解氧、五日生化需氧量突破Ⅲ类水"标准限值"的概率分别为8.40%、3.22%;"超标"的风险等级分别为高风险、中风险。

因此,对于陶岔断面,需要加强对导致pH值、溶解氧、五日生化需氧量劣化因素的排查。特别是pH值的波动,要针对性地加强研究、监测与应对,将其波动范围控制在目标水质可以接受的范围之内。

表6-32　　中线总干渠沿线断面水质降等或超标的概率一览表

评价标准	监测数据	参数	pH值	氨氮	粪大肠菌群	溶解氧	高锰酸盐指数	五日生化需氧量(BOD$_5$)	氟化物(以F$^-$计)	硫酸盐(以SO$_4^{2-}$计)
Ⅱ类	最大值	l_i	8.6	0.17	50	6.4	2.3	2.7	0.24	31.1
		P_i	17.48%	0.00%	0.00%	26.41%	0.00%	13.27%	0.00%	0.00%
		风险等级	高	无	无	高	无	高	无	无
	2018.12	l_i	8.5	0.025	10	9.2	1.8	0.5	0.183	24.9
		P_i	10.18%	0.00%	0.00%	0.00%	0.00%	0.00%	0.00%	0.00%
		风险等级	高	无	无	无	无	无	无	无
	ls_2		8	0.5	2000	6	4	3	1	250
Ⅲ类	最大值	l_i	8.6	0.17	50	6.4	2.3	2.7	0.24	31.1
		P_i	17.48%	0.00%	0.00%	10.40%	0.00%	3.32%	0.00%	0.00%
		风险等级	高	无	无	高	无	中	无	无
	2018.12	l_i	8.5	0.025	10	9.2	1.8	0.5	0.183	24.9
		P_i	10.18%	0.00%	0.00%	0.00%	0.00%	0.00%	0.00%	0.00%
		风险等级	高	无	无	无	无	无	无	无
	ls_3		8	1	10000	5	6	4	1	250

6.7.2.3.2　中线总干渠沿线断面水质风险评估与分析

1. 中线总干渠沿线断面水质波动一般规律

同陶岔断面一样,基于2015年1月至2018年12月的实测数据,对中线干渠沿线断面水质月际波动情况进行分析。中线水质总体情况较好，长期保持在Ⅱ类水及以上；下段的北盘石、北大岳、霸州、惠南庄等站点在2016年8月突发"粪大肠菌群"增高现象；按环境评级原则，该时段的断面水质出现"降等"情况，变为Ⅲ类。

从其水质指标波动的总体分布来看，陶岔以下8个站点的8个指标的总体数学期望值（或样本均值）主要为非负数，占比64.3%；这也说明这些断面大部分水质指标在这3年内总体上处在劣化状态；另外，根据总体分布函数计算出的各水质指标月际劣化概率$P_i(v_{de-i} > 0)$分析，大于50%的占比68.1%，说明水质指标月际劣化现象较为普遍（表6-33）；不能因为水质总体保持在Ⅱ类及以上而掉以轻心，而是需要重视pH值、溶解氧、五日生化需氧量、粪大肠菌群等水质指标的劣化问题。

表6-33　中线总干渠沿线断面水质指标月际波动的样本均值与劣化概率

站点	参数	pH值	溶解氧	高锰酸盐指数	五日生化需氧量（BOD$_5$）	氨氮	氟化物（以F$^-$计）	粪大肠菌群	硫酸盐（以SO$_4^{2-}$计）
陶岔	$\bar{x}$	0.0069	0.0021	0.0003	0.0020	0.00000	0.0001	0.0083	0.0047
	$P_i(v_{de-i} > 0)$	88.18%	61.08%	68.81%	60.36%	55.52%	84.92%	91.86%	77.49%
沙河南	$\bar{x}$	0.0050	-0.0017	-0.0002	0.0006	0.0000	0.0001	0.0168	0.0041
	$P_i(v_{de-i} > 0)$	85.22%	41.92%	39.20%	88.76%	41.7%	89.22%	61.36%	80.27%
郑湾	$\bar{x}$	0.0060	0.0004	-0.0004	0.0002	0.0000	0.0001	0.0088	0.0049
	$P_i(v_{de-i} > 0)$	83.49%	75.38%	37.87%	58.69%	32.11%	79.12%	90.27%	78.21%
纸坊河北	$\bar{x}$	0.0057	0.0005	-0.0002	-0.0014	-0.0001	0.0001	0.0225	0.0049
	$P_i(v_{de-i} > 0)$	86.62%	82.09%	41.53%	43.83%	43.70%	56.91%	64.15%	82.48%
漳河北	$\bar{x}$	0.0059	0.0007	-0.0005	0.0006	0.0000	0.0001	0.0101	0.0064
	$P_i(v_{de-i} > 0)$	81.89%	84.19%	34.02%	83.85%	39.78%	56.01%	54.99%	83.98%
北盘石	$\bar{x}$	0.0047	0.0010	0.0002	-0.0012	0.0000	0.0000	-0.0764	0.0012
	$P_i(v_{de-i} > 0)$	87.49%	57.48%	64.23%	43.38%	87.38%	79.39%	27.85%	43.30%
北大岳	$\bar{x}$	0.0043	0.0001	0.0003	-0.0002	0.0001	0.0000	0.0431	0.0003
	$P_i(v_{de-i} > 0)$	86.20%	60.90%	74.84%	40.02%	92.86%	63.90%	86.35%	77.58%
霸州	$\bar{x}$	0.0028	-0.0032	0.0000	0.0015	0.0000	0.0000	-1.8048	-0.0047
	$P_i(v_{de-i} > 0)$	83.36%	31.39%	91.06%	67.68%	87.39%	35.87%	36.98%	27.84%
惠南庄	$\bar{x}$	0.0023	-0.0015	-0.0001	0.0002	0.0001	-0.0001	-0.7205	-0.0043
	$P_i(v_{de-i} > 0)$	74.96%	38.67%	22.59%	72.06%	87.57%	22.98%	23.81%	28.28%

注：pH值，无量纲；粪大肠菌群，个/l；其余指标，mg/L。

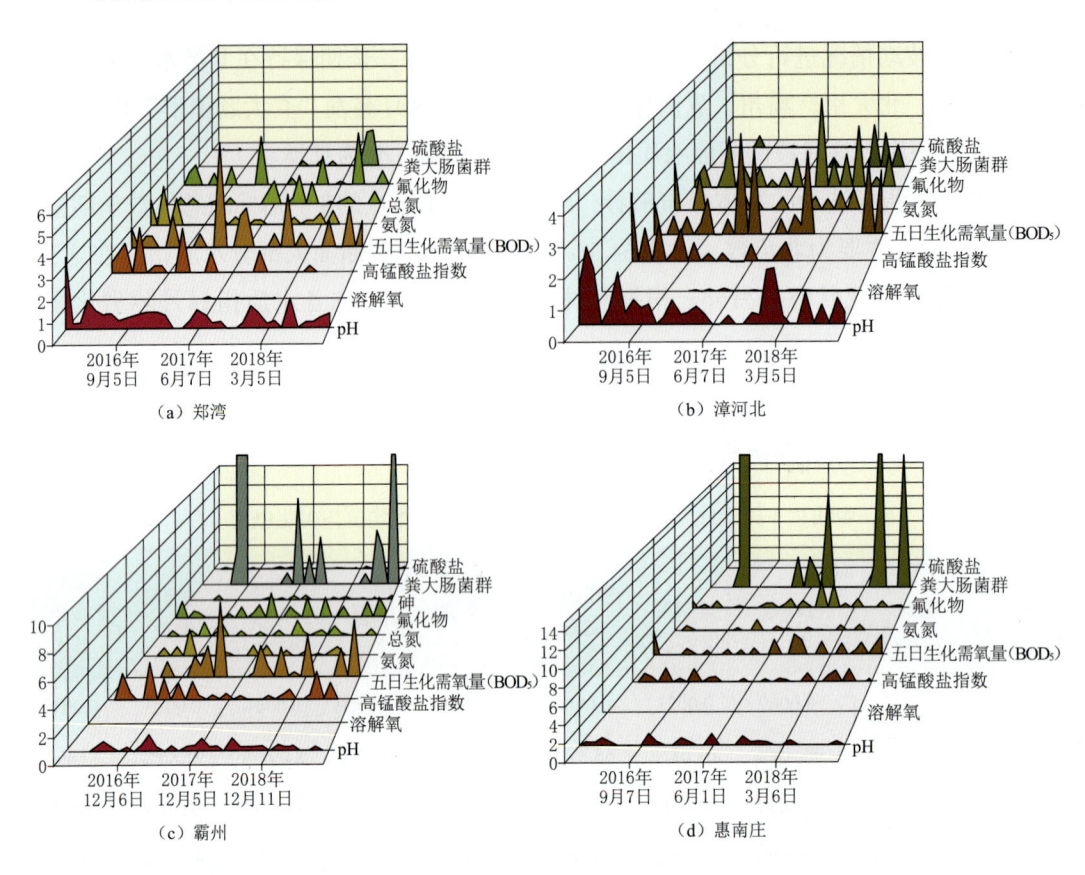

图6-70 郑湾、漳河北、霸州、惠南庄断面主要水质指标劣化示意图

2. 中线总干渠沿线断面水质风险与等级

中线总干渠沿线水质总体优良；参照陶岔断面的分析成果，基于单月检测值的水质风险较小；因此，本项目拟基于"2015.1—2018.12的实测数据各断面指标最差值"进行水质劣化至"降等"（降至Ⅲ类水），或"超标"（降到Ⅲ类水以下）的概率分析（见表6-34）。

表6-34　　　　　　　中线干渠沿线断面水质降等或超标的概率一览表

断面名称	评价标准	统计类别	pH值	氨氮	粪大肠菌群	溶解氧	高锰酸盐指数	五日生化需氧量（BOD_5）	氟化物（以F^-计）	硫酸盐（以SO_4^{2-}计）
沙河南		l_{imax}	8.6	0.1	150	7.6	2.5	2.4	0.27	33.6
	Ⅱ类	l_{s2i}	7-9	0.5	2000	6	4	3	1	250
		P_i	9.85%	0.00%	0.00%	11.02%	0.00%	10.21%	0.00%	0.00%
		风险等级	高	无	无	高	无	高	无	无
	Ⅲ类	l_{s3i}	7-9	1	10000	5	6	4	1	250
		P_i	9.85%	0.00%	0.00%	7.49%	0.00%	0.00%	0.00%	0.00%
		风险等级	高	无	无	高	无	无	无	无

续表

断面名称	评价标准	统计类别	pH 值	氨氮	粪大肠菌群	溶解氧	高锰酸盐指数	五日生化需氧量（BOD$_5$）	氟化物（以 F$^-$ 计）	硫酸盐（以 SO$_4^{2-}$ 计）
郑湾	Ⅱ类	l_{imax}	8.7	0.12	150	7.2	2.6	2.5	0.28	33.2
		l_{s2i}	7-9	0.5	2000	6	4	3	1	250
		P_i	21.73%	0.00%	0.00%	11.88%	0.00%	15.89%	0.00%	0.00%
		风险等级	高	无	无	高	无	高	无	无
	Ⅲ类	l_{s3i}	7-9	1	10000	5	6	4	1	250
		P_i	21.73%	0.00%	0.00%	5.25%	0.00%	1.98%	0.00%	0.00%
		风险等级	高	无	无	高	无	低	无	无
纸坊河北	Ⅱ类	l_{imax}	8.6	0.2	150	7.3	2.2	2.2	0.26	32.8
		l_{s2i}	7-9	0.5	2000	6	4	3	1	250
		P_i	12.37%	2.64%	0.00%	16.78%	0.00%	12.26%	0.00%	0.00%
		风险等级	高	中	无	高	无	高	无	无
	Ⅲ类	l_{s3i}	7-9	1	10000	5	6	4	1	250
		P_i	12.37%	0.00%	0.00%	9.43%	0.00%	0.47%	0.00%	0.00%
		风险等级	高	无	无	高	无	低	无	无
漳河北	Ⅱ类	l_{imax}	8.7	0.09	60	6.8	2.4	2.4	0.27	45.8
		l_{s2i}	7-9	0.5	2000	6	4	3	1	250
		P_i	22.74%	0.00%	0.00%	20.54%	0.00%	13.54%	0.00%	0.00%
		风险等级	高	无	无	高	无	高	无	无
	Ⅲ类	l_{s3i}	7-9	1	10000	5	6	4	1	250
		P_i	22.74%	0.00%	0.00%	5.62%	0.00%	0.00%	0.00%	0.00%
		风险等级	高	无	无	高	无	无	无	无
北盘石	Ⅱ类	l_{imax}	8.5	0.093	5400	7.1	2.4	2.8	0.23	35.7
		l_{s2i}	7-9	0.5	2000	6	4	3	1	250
		P_i	0.00%	0.00%		18.89%	0.00%	30.41%	0.00%	0.00%
		风险等级	无	无		高	无	高	无	无
	Ⅲ类	l_{s3i}	7-9	1	10000	5	6	4	1	250
		P_i	0.00%	0.00%	3.03%	9.79%	0.00%	7.39%	0.00%	0.00%
		风险等级	无	无	中	高	无	高	无	无

续表

断面名称	评价标准	统计类别	pH值	氨氮	粪大肠菌群	溶解氧	高锰酸盐指数	五日生化需氧量（BOD₅）	氟化物（以F⁻计）	硫酸盐（以SO_4^{2-}计）
北大岳	Ⅱ类	l_{imax}	8.5	0.103	2400	6.8	2.8	2	0.25	31.7
		l_{s2i}	7-9	0.5	2000	6	4	3	1	250
		P_i	0.00%	0.00%		24.84%	0.00%	5.30%	0.00%	0.00%
		风险等级	无	无		高	无	高	无	无
	Ⅲ类	l_{s3i}	7-9	1	10000	5	6	4	1	250
		P_i	0.00%	0.00%	0.56%	10.09%	0.00%	0.00%	0.00%	0.00%
		风险等级	无	无	低	高	无	无	无	无
霸州	Ⅱ类	l_{imax}	8.4	0.11	9200	7.4	2.7	2.7	0.25	35
		l_{s2i}	7-9	0.5	2000	6	4	3	1	250
		P_i	0.00%	0.00%		23.20%	0.00%	25.59%	0.00%	0.00%
		风险等级	无	无		高	无	高	无	无
	Ⅲ类	l_{s3i}	7-9	1	10000	5	6	4	1	250
		P_i	0.00%	0.00%	5.36%	12.42%	0.00%	6.57%	0.00%	0.00%
		风险等级	无	无	高	高	无	高	无	无
惠南庄	Ⅱ类	l_{imax}	8.5	0.095	5400	7.7	2.6	2.4	0.31	34
		l_{s2i}	7-9	0.5	2000	6	4	3	1	250
		P_i	0.00%	0.00%		11.24%	0.00%	12.96%	0.00%	0.00%
		风险等级	无	无		高	无	高	无	无
	Ⅲ类	l_{s3i}	7-9	1	10000	5	6	4	1	250
		P_i	0.00%	0.00%	3.11%	4.05%	0.00%	0.00%	0.00%	0.00%
		风险等级	无	无	中	中	无	无	无	无

从8个断面的2015年1月至2018年12月监测数据来看，pH值、溶解氧、五日生化需氧量、粪大肠菌群等4个指标在达到3年监测数据的最大值时，存在较高的"降等"、甚至超标的风险。

关于pH值，漳河北、郑湾、纸坊河北、沙河南断面劣化至Ⅲ类水限值以下的概率分别为22.74%、21.73%、9.37%、9.85%，处在高风险区；北大岳、北盘石、惠南庄、霸州等断面pH值"超标"概率分别为0、0、0、0，亦处在无风险区。

关于溶解氧，北大岳、霸州、漳河北等3个断面劣化为Ⅲ类水的概率超过20%，分别为24.84%、23.20%、20.54%；北盘石、纸坊河北、沙河南、郑湾、惠南庄5个断面劣化为Ⅲ类水的概率也超过5%，处在高风险区。从超标的角度来分析，霸州、北大岳、纸坊河北、北盘石、沙河南、漳河北、郑湾等7个断面出现"超标"的概率超过5%，分别为12.42%、10.09%、9.43%、9.79%、7.49%、5.62%、4.52%，处在高风险区；惠南庄处在中度风险区。

关于五日生化需氧量，霸州、北盘石等2个断面劣化为Ⅲ类水的概率超过20%，分别为24.59%、30.41%；郑湾、漳河北、惠南庄、纸坊河北、沙河南、北大岳6个断面劣化为Ⅲ类水的概率也超过5%，处在高风险区。从超标的角度来分析，北盘石、霸州等2个断面出现"超标"的概率超过5%，分别为7.39%、6.57%，处在高度风险区；漳河北、北大岳、沙河南、惠南庄4个断面无风险，其余断面处在低风险区。

关于氨氮，只有纸坊河北处在"降等"的中风险区，"超限"概率为2.64%；其余断面均处在无风险区。

另外，值得关注的是，下段的北盘石、北大岳、霸州、惠南庄等断面在2016年8月出现粪大肠菌群突然增高情况，导致该时段的断面水质降至Ⅲ类水（对于该问题出现之后，是否进行了人工干预，本项目未做调查）。但是，因为3年内的其他时间，粪大肠菌群月际波动幅度均较小，导致这次突发情况成为一个孤立事件，对总体样本分布的影响较小；在此种情境下，霸州出现进一步"超标"（降至Ⅲ类水以下）的概率较高，为4.36%，处在高风险区；北盘石、惠南庄处在中风险区；北大岳处在低风险区。

高锰酸盐指数、氟化物、硫酸盐等3个指标，即使出现历史上的大值，"降等"、"超标"的概率均极小，处在无风险区（如图6-71所示）。

综上所述，对于中线干渠沿线断面，需要加强对导致pH值、溶解氧、五日生化需氧量等指标劣化因素的排查；要针对性地加强研究、监测与应对。另外，对于类似2016年8月的粪大肠菌群异常增高问题，要加强突发事件事中监控与后续处置的研究。

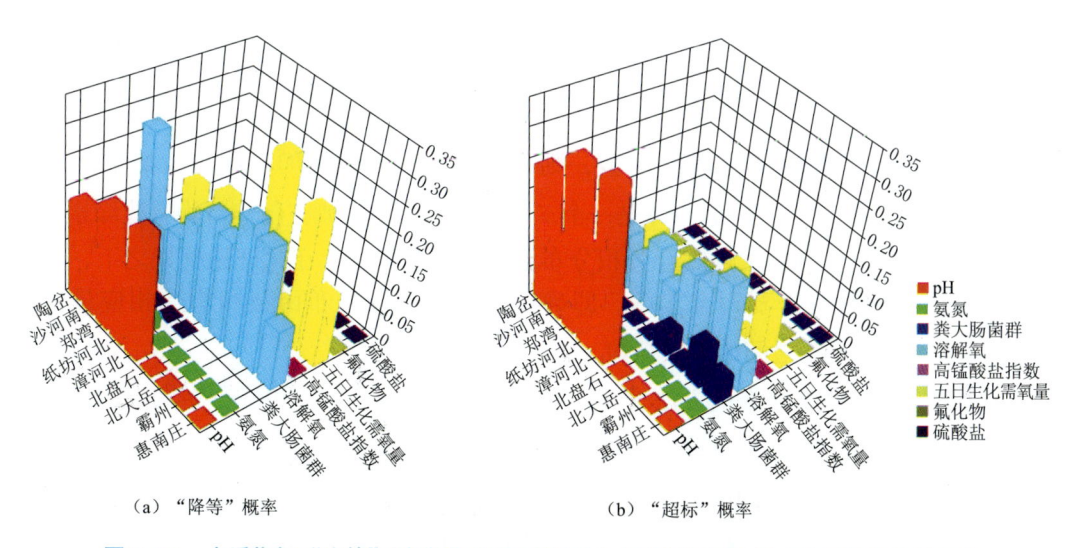

（a）"降等"概率　　　　　（b）"超标"概率

图6-71 水质指标"降等""超标"概率对照图（水质指标历史最大监测值的情境下）

6.7.3 Copula函数与变量相关性结构描述

6.7.3.1 Copula函数的定义与性质

Copula一词源自拉丁语,翻译为"结合"或者"联合"。Sklar在1959年最先提出Copula函数理论,他指出:任何形式的多元联合分布均可由一个Copula函数与相应变量的边缘分布函数构建而成,变量间的相关性(相关系数和相关结构)可以通过Copula函数确定。Nelsen在2006年对Copula函数进行了系统性阐述,他指出Copula函数是将变量的联合分布函数与其边缘分布函数结合起来的函数,其从本质上来讲也是一种联合分布函数。对于n维随机变量的情形,Copula函数定义为n维空间($[0, 1]^n$空间)中边缘分布为[0, 1]区间内均匀分布的n维联合分布函数。从数学领域的角度全面严谨地阐述Copula函数的定义的相关研究已经屡见不鲜,目前已有十几个Copula函数族被用于水文水资源、水环境、气候学等领域的研究,本书将不再赘述,仅做简要介绍。

对于Copula函数的Sklar定理,可表述为:若H为一个n维分布函数,其边缘分布F_1,F_2,$\cdots$,F_n连续,则存在唯一的Copula函数C使得H的分布函数可表示如下:

$$H(x_1, x_2, \cdots, x_n) = C(F_1(x_1), F_2(x_2), \cdots, F_n(x_n)) \quad (6-50)$$

目前来讲,二元Copula函数的研究与应用较为成熟。若二元联合分布函数H的边际分布函数分别为F_1和F_2,则存在一个Copula函数C使得对于任意的$x, y \in R$有:

$$H(x, y) = C(F_1(x_1), F_2(x_2)) \quad (6-51)$$

二元Copula函数具有以下性质:

(1)定义域为[0, 1]*[0, 1](2个域相乘)。

(2)对任意的$u, v \in [0, 1]$有$C(u,0) = C(0,v) = 0, C(u,1) = C(1,v) = 1$。

(3)对任意的u_1,u_2,v_1,$v_2 \in [0,1]$,如果有$u_1 \leq u_2$,$v_1 \leq v_2$则有:

$$(u_2, v_2) - C(u_2, v_2) - C(u_2, v_2) + C(u_1, v_1) \leq 0 \quad (6-52)$$

如果$F_1(x_1)$,$F_2(x_2)$都是连续函数,则函数C是唯一确定的;反之,如果$F_1(x_1)$,$F_2(x_2)$为边缘分布函数,$C(u_1, v_2)$是一个二维Copula函数,则$F(x_1,x_2)$为有边缘累积分布函数$F_1(x_1)$和$F_2(x_2)$的二维联合累积分布函数。也就是说,在此理论框架之下,构造二维联合分布函数只需要两个步骤,即确定变量的边缘分布函数和构造相应最优的Copula函数以描述变量之间的相关结构。

过去研究二维联合分布的方法较多,有多元正态分布、特定边缘分布构成的联合分布和非参数估计等方法。但这些方法都存在一定缺陷,如特定边缘分布构成的联合分布在二维应用中要求具有相同的边缘分布。而Copula函数不对边缘分布做限定,任意边缘分布都可以通过Copula函数构成相应的联合分布,并且边缘分布包含了变量的所有信息,因此在边缘向联合的转换过程中也能将变量信息较为完整地保留。

6.7.3.2 变量相关性结构描述

相关性指随机变量之间的关联程度，对于Copula函数相关结构的度量，一般通过函数参数 θ 来间接表征变量之间的相关性。变量之间的相关性度量指标有Pearson相关系数（r）、Spearman相关系数（ρ）和Kendall秩相关系数（τ）。r、ρ、τ 都可以反映两变量间变化的趋势、方向与程度，其值范围为-1～+1，0表示两个变量不相关，正值表示正相关，负值表示负相关，值越大表示相关性越强。目前常用于度量变量相关性的指标有两个：一个是Pearson相关系数；另一个是Kendall秩相关系数。Pearson相关也称积差相关，为两个变量之间的协方差和标准差的商，用来衡量定距变量间的线性关系。计算公式如下：

$$\rho_{X,Y} = \frac{\mathrm{cov}(X,Y)}{\sigma_X \sigma_Y} = \frac{\Sigma XY - \dfrac{\Sigma X \Sigma Y}{N}}{\sqrt{\left(\Sigma X^2 - \dfrac{(\Sigma X)^2}{N}\right)\left(\Sigma Y^2 - \dfrac{(\Sigma Y)^2}{N}\right)}} \quad (6\text{-}53)$$

Kendall秩相关系数 τ 定义为同序对和异序对之差与总对数 $[n \times (n-1)/2]$ 的比值，可用于描述变量之间线性与非线性的相关关系：

$$\tau = \frac{\sum_{i<j} \mathrm{sign}\left[(x_i - x_j)(y_i - y_j)\right]}{n(n-1)/2} \quad (i, j = 1, 2, \cdots, n) \quad (6\text{-}54)$$

式中：(x_i, y_i) 为观测点据；sign（·）为符号函数，当 $(x_i-x_j)(y_i-y_j) > 0$ 时，sign=1；$(x_i-x_j)(y_i-y_j) < 0$ 时，sign=-1；$(x_i-x_j)(y_i-y_j) = 0$ 时，sign=0。

6.7.3.3 Archimedean Copula函数与参数估计

Copula函数主要包括椭圆Copula函数和Archimedean Copula函数两大类。Archimedean Copula函数适用性较强，基于其简单结构可对多种类、多变量展开联合分布研究，目前在诸多领域应用广泛。根据变量之间的相依特性，Archimedean Copula函数分为对称型与非对称型。在本研究领域中，含一个参数的非对称型Archimedean Copula函数应用较多。

Copula函数的参数估计方法很多，有极大似然法、相关性指标法、非参数核密度估计等方法。其中，相关性指标法的原理是根据Kendall秩相关系数 τ 与Copula函数关系推导得到其参数 θ。计算公式如下：

$$\tau = 4 \iint_{I^2} C(u, v) \, \mathrm{d}u \mathrm{d}v - 1 \quad (6\text{-}55)$$

当知道变量之间的Kendall秩相关系数时，τ 与 θ 的关系可以求解Copula函数的参数

θ。边缘分布函数的不同对实测数据的拟合效果也不同,如何选择合适的边缘分布函数是描述变量实测数据分布特征的前提。而且,不同的Copula函数具有不同的相关结构,在描述变量之间相关性的时候具有不同的表达效果。对于实测数据,选择拟合度最优的Copula函数是实现精确分析的关键。几种常用的Copula函数如下:

表 6-35　　　　几种常用的 Copula 函数及数学表达式

序号	名称	数学表达式	参数取值范围
1	Gumbel	$\exp\left\{-\left[(-\ln u)^\theta+(-\ln v)^\theta\right]^{1/\theta}\right\}$	$\theta\in[1,\infty)$
2	Clayton	$(u^{-\theta}+v^{-\theta}-1)^{-1/\theta}$	$\theta\in(0,\infty)$
3	Ali-Mikhail-Haq (AMH)	$\dfrac{uv}{[1-\theta(1-u)(1-v)]}$	$\theta\in[-1,1]$
4	Frank	$-\dfrac{1}{\theta}\ln\left[1+\dfrac{(e^{-\theta u}-1)(e^{-\theta v}-1)}{e^{-\theta}-1}\right]$	$\theta\in R\setminus\{0\}$
5	Gaussian	$\displaystyle\int_{-\infty}^{\varnothing^{-1}(u)}\int_{-\infty}^{\varnothing^{-1}(v)}\dfrac{1}{2\pi\sqrt{1-\theta^2}}\exp\left(\dfrac{2\theta xy-x^2-y^2}{2(1-\theta^2)}\right)\mathrm{d}x\mathrm{d}y$	$\theta\in[-1,1]$
6	Independence	uv	
7	Joe	$1-\left[(1-u)^\theta+(1-v)^\theta-(1-u)^\theta(1-v)^\theta\right]^{1/\theta}$	$\theta\in[1,\infty)$
8	Farlie-Gumbel-Morgenstern (FGM)	$uv[1+\theta(1-u)(1-v)]$	$\theta\in[-1,1]$
9	Gumbel-Barnett	$u+v-1+(1-u)(1-v)\exp[-\theta\ln(1-u)\ln(1-v)]$	$\theta\in[0,1]$
10	Plackett	$\dfrac{1+(\theta-1)(u+v)-\sqrt{[1+(\theta-1)(u+v)]^2-4\theta(\theta-1)uv}}{2(\theta-1)}$	$\theta\in(0,\infty)$
11	Cuadras-Auge	$[\min(u,v)]^\theta (uv)^{1-\theta}$	$\theta\in[0,1]$
12	Raftery	$\begin{cases}u-\dfrac{1-\theta}{1+\theta}u^{\frac{1}{1-\theta}}\left(v^{\frac{-\theta}{1-\theta}}-v^{\frac{1}{1-\theta}}\right),u\leqslant v\\[2mm] u-\dfrac{1-\theta}{1+\theta}v^{\frac{1}{1-\theta}}\left(u^{\frac{-\theta}{1-\theta}}-u^{\frac{1}{1-\theta}}\right),v\leqslant u\end{cases}$	$\theta\in[0,1]$

续表

序号	名称	数学表达式	参数取值范围
13	Shih-Louis	$\begin{cases}(1-\theta)uv-\theta\min(u,v),\theta\in(0,\infty)\\(1+\theta)uv+\theta(u+v-1)\Psi(u+v-1),\theta\in(-\infty,0)\end{cases}$ 式中，$\begin{cases}\Psi(u+v-1)=1,\ u+v-1\geqslant 0\\ \Psi(u+v-1)=0,\ u+v-1<0\end{cases}$	$\theta\in R$
14	Linear-Spearman	$\begin{cases}u+\theta(1-u)v,v\leqslant u\ \&\ \theta\in[0,1]\\ v+\theta(1-v)u,u\leqslant v\ \&\ \theta\in[0,1]\\ (1+\theta)uv,u+v<1\ \&\ \theta\in[-1,0]\\ uv+\theta(1-u)(1-v),u+v<1\ \&\ \theta\in[-1,0]\end{cases}$	$\theta\in[-1,1]$
15	Cubic	$uv[1+\theta(u-1)(v-1)(2u-1)(2v-1)]$	$\theta\in[-1,2]$
16	Burr	$u+v-1+\left[(1-u)^{-1/\theta}+(1-v)^{-1/\theta}-1\right]^{1/\theta}$	$\theta\in(0,\infty)$
17	Nelsen	$-\dfrac{1}{\theta}\log\left\{1+\dfrac{(e^{-\theta u}-1)(e^{-\theta v}-1)}{e^{-\theta}-1}\right\}$	$\theta\in(0,\infty)$
18	Galambos	$uv\exp\left\{\left[(-\ln u)^{-\theta}+(-\ln v)^{-\theta}\right]^{1/\theta}\right\}$	$\theta\in[0,\infty)$
两参数 Copula			
19	Student-t	$\int_{-\infty}^{t_{\theta_2}^{-1}(u)}z\int_{-\infty}^{t_{\theta_2}^{-1}(v)}\dfrac{\Gamma\left(\dfrac{\theta_2+2}{2}\right)}{\Gamma\left(\dfrac{\theta_2}{2}\right)\pi\theta_2\sqrt{1-\theta_1^2}}\left(1+\dfrac{x^2+y^2-2\theta_1 xy}{\theta_2}\right)^{\dfrac{\theta_2+2}{2}}dxdy$	$\theta_1\in[-1,1]\ \&\ \theta_2\in(0,\infty)$
20	Marshall-Olkin	$\min\left[u^{1-\theta_1}v,uv^{1-\theta_2}\right]$	$\theta_1,\theta_2\in[0,\infty)$
21	Fischer-Hinzmann	$\left\{\theta_1\left[\min(u,v)\right]^{\theta_2}+(1-\theta_1)(uv)^{\theta_2}\right\}^{-\tfrac{1}{\theta_2}}$	$\theta_1\in[0,1],\theta_2\in R$
22	Roch-Alegre	$\exp\left\{(1-[((1-\ln(u))^{\theta_1}-1)^{\theta_2}+(1-\ln(v))^{\theta_1}-1)^{\theta_2}+1]^{\tfrac{1}{\theta_2}})^{\tfrac{1}{\theta_1}}\right\}$	$\theta_1\in(0,\infty),\theta_2\in[1,\infty)$
23	Joe-BB1	$\left\{1+\left[(u^{-\theta_1}-1)^{\theta_2}+(v^{-\theta_1}-1)^{\theta_2}\right]^{\tfrac{1}{\theta_2}}\right\}^{-\tfrac{1}{\theta_1}}$	$\theta_1\in(0,\infty),\theta_2\in(1,\infty)$

续表

序号	名称	数学表达式	参数取值范围
24	Joe-BB5	$\exp\left\{\left[\left(-\ln(u)\right)^{\theta_1}+\left(-\ln(v)\right)^{\theta_1}+\left(\left(-\ln(u)\right)^{-\theta_1\theta_2}+\left(-\ln(v)\right)^{-\theta_1\theta_2}\right)^{-\frac{1}{\theta_2}}\right]^{\frac{1}{\theta_1}}\right\}$	$\theta_1 \in [1,\ \infty), \theta_2 \in (0,\infty)$
25	Fischer-Kock	$uv\left[1+\theta_2\left(1-u^{\frac{1}{\theta_1}}\right)\left(1-v^{\frac{1}{\theta_1}}\right)\right]^{\theta_1}$	$\theta_1 \in [1,\ \infty), \theta_2 \in [-1,1]$
三参数 Copula			
26	Twan	$\exp\left\{\ln\left(u^{1-\theta_1}\right)+\ln\left(v^{1-\theta_2}\right)-\left(\left(-\theta_1\ln(u)\right)^{\theta_3}+\left(-\theta_2\ln(v)\right)^{\theta_3}\right)^{\frac{1}{\theta_3}}\right\}$	$\theta_1,\theta_2 \in [0,1], \theta_3 \in [1,\infty)$

识别最优边缘分布函数和 Copula 函数的方法有很多，除了传统的假设检验方法外，最常用的一般以平均偏差 Bias、均方根误差 RMSE、AIC 信息准则和 OLS 离差平方和最小准则作为拟合度优选指标来优选边缘分布，优选原则为指标值越小则拟合度越好。各优选指标计算如下：

（1）平均偏差 Bias 为

$$Bias = \frac{1}{n}\sum_{i=1}^{n}(x_i' - x_i)/x_i \qquad (6-56)$$

式中：x_i' 和 x_i 分别为变量的理论频率值与经验频率值；n 为样本容量；i 为序号。

（2）均方根误差 RMSE 为

$$RMSE = \sqrt{\frac{1}{n}\sum_{i=1}^{n}\left[(x_i' - x_i)/x_i\right]^2} \qquad (6-57)$$

式中：各符号意义同上。

（3）AIC 信息准则为

$$MSE = \frac{1}{n}\sum_{i=1}^{n}(x_i' - x_i)^2 \qquad (6-58)$$

$$AIC = n\log(MSE) + 2k \qquad (6-59)$$

式中：x_i'、x_i、n 意义同上；k 为模型参数的个数。

（4）OLS 离差平方和最小准则为

$$OLS = \sqrt{\frac{1}{n}\sum_{i=1}^{n}(x_i' - x_i)^2} \qquad (6-60)$$

式中：各符号意义同上。

6.7.4 中线水质风险数学表述

6.7.4.1 水质–水生态联合风险概念描述

一般认为，某个系统的风险率定义为该系统在一定影响或条件下不能完成预定功能或出现不利事件的概率，可以概化为系统荷载效应 S 与承载（抵抗）能力 R 间的关系。可能引发中线水质下降的风险因素较为复杂，且具有动态变化的特点，各风险因子之间还可能存在复杂的相互关系和影响过程。在全线严格的外污禁排和管控措施下，中线总干渠整体水质保持着优质状态；中线工程正常运行条件下，除大气干、湿沉降、路桥径流输入等不稳定的潜在风险外，其主要水质风险来源于中线总干渠浮游藻类异常增殖带来的水质恶化、水体功能失调等内源水质风险。浮游藻类是水生生态系统的主要初级生产者，也是维持系统稳定的重要组成部分，现已被广泛用于衡量生态系统健康和生化污染压力的重要指标。浮游藻类的异常增殖会产生大量毒素并带来严重的气味问题，引起水质恶化并对生态系统和人类健康造成严重危害，还会影响水利工程的正常运行。浮游藻类的生长过程强依赖于所在水体的水质条件，但目前中线全线浮游藻类时空变化特征及其与水质因子的关系和影响过程尚不清楚。

本节在中线水质时空变化特征与关键水质因子研究成果基础上，使用多个 Copula 函数和贝叶斯框架构建中线水质多因子联合风险模型，研究不同水质条件下浮游藻类异常增殖风险事件的发生概率。

一般认为，某个系统的风险率定义为该系统在一定影响或条件下不能完成预定功能或出现不利事件的概率，可以概化为系统荷载效应 S 与承载（抵抗）能力 R 间的关系。当荷载效应 S 小于承载能力 R 时，水环境处于正常状态；反之当 $S>R$ 时，水环境将无法保持其正常功能，此时风险发生。由于存在各种不确定的随机因素，荷载效应 S 和承载能力 R 都是随机变量，因此风险事件 $R<S$ 是随机事件，其出现概率即为系统的风险率。当 $R<S$ 时认为不利事件影响了水环境的正常状态，风险发生，此时风险率 Risk 可以表示为

$$Risk = P(R<S) = \int_{r}^{\infty} \int_{0}^{r} f_{RS}(r,s) \mathrm{d}r \mathrm{d}s \tag{6-61}$$

由于荷载效应与承载能力一般相互独立，所以，风险率的计算可改写为

$$Risk = P(R<S) = \int_{r}^{\infty} \int_{0}^{r} f_{R}(r) f_{S}(s) \mathrm{d}r \mathrm{d}s \tag{6-62}$$

对于一个固定的研究区而言，其水环境抵抗不利影响的能力通常是确定的，因而通常不考虑承载能力的不确定性，则风险率与不利影响即荷载效应的概率相等，即

$$Risk = P(S) = F_{S}(s) = \int_{r}^{\infty} f_{S}(s) \mathrm{d}s \tag{6-63}$$

6.7.4.2 水质风险数学表达

中线水质风险由表征水质、水生态的因子同时决定，因此风险率由联合概率分布函数表示：

$$Risk = P(S) = F_S(s) = P(X_1 > x_1, X_2 > x_2) = \iint f(x_1, x_2) \mathrm{d}x_1 \mathrm{d}x_2 \qquad (6\text{-}64)$$

式中：X_1 为联合因子 1；X_2 为联合因子 2；$f(x_1, x_2)$ 为联合概率密度函数。

根据前述中线水质风险的相关定义，本研究主要分析两种情况。①当水质、水生态的因子均大于或超过某一标准或条件时，联合风险率的大小。这种情况主要用于分析基于实测数据评估中线工程实际运行中出现风险事件的概率，如浮游藻类异常增殖导致的浮游藻密度过高等现象。②在中线特定因子大于某一标准或超过某一范围时，出现具体风险事件的条件概率。这种情况主要用于制定中线工程运行的生态调控策略。就上述两种研究情况，本书定义其概率表达式分别为

$$P(X_1 > x_1, X_2 > x_2) = 1 - F_{X_1}(x_1) - F_{X_2}(x_2) + C(F_{X_1}(x_1), F_{X_2}(x_2)) \qquad (6\text{-}65)$$

$$P(X_1 > x_1 | X_2 > x_2) = \frac{1 - F_{X_1}(x_1) - F_{X_2}(x_2) + C(F_{X_1}(x_1), F_{X_2}(x_2))}{1 - F_{X_2}(x_2)} \qquad (6\text{-}66)$$

式中：$F_1(x_1)$，$F_2(x_2)$ 分别为联合因子的边缘分布函数；$C(F_1(x_1), F_2(x_2))$ 为 Copula 函数；$P(X_1 > x_1, X_2 > x_2)$ 为联合风险模型的两个因子同时大于或超过某一标准或条件的联合概率；$P(X_1 > x_1 | X_2 > x_2)$ 为联合风险模型的某个因子大于或超过某一标准或条件下，另一因子大于或超过某一标准或条件的概率。

6.7.4.3 中线水质–水生态联合风险研究

浮游藻类是水生生态系统的主要初级生产者，也是维持生态系统稳定的重要组成部分。浮游藻生长状况现已被广泛用于衡量生态系统健康和生化污染压力的重要指标，浮游藻类的异常增殖会产生大量毒素并带来严重的气味问题，引起水质恶化、水体功能失调，对生态系统和人类健康造成严重危害。过去一个多世纪里，许多学者对河流、湖泊、海洋等自然水体中的浮游藻类时空变化、浮游藻类对自然过程和人类活动引起的水文—化学条件变化的响应等内容进行了丰富的研究：Ken T. M. Wong 等通过分析珠江三角洲地区藻类风险，证实了藻类是受物理和生物过程相互作用的控制；李胜男等对东洞庭湖浮游藻类的研究结果表明，该地不同粒级浮游藻类对环境因子的响应趋势相同，适应能力不同；李佳等研究了乌梁素海冰封期的浮游藻类分布特征及其与营养物质的关系以及水质状况，得出总磷是影响冰封期乌梁素海浮游藻类的生长限制因子。由于水利工程的建设运行改变了浮游藻类生存的环境，而人类活动(如土地利用改变、种植结构调整和人口

分布变化等）和工程调度（如流速、流量调整，水位消涨等）的影响更使得这些工程中的藻类增殖及水质问题远比自然水体的要复杂。作为世界上最长的跨流域调水工程，南水北调中线工程已被许多学者进行了包括水源区水质理化指标、痕量元素、土地利用方式影响、浮游生物等方面的研究和探索。然而，先前对水库、湖泊、河流和海洋等水体中的浮游藻类和水质的相关成果虽然具有一定参考价值，但中线工程有自身特殊而复杂的工况，而目前针对这样大型调水工程中的"浮游藻类—水质"关系的整体性研究成果还较少；以往对中线水质的研究区域多在其水源区丹江口水库和/或其上游支流，这些水体与中线总干渠水环境差异较大。作为已通水运行超过6年、总干渠全长超过1200km的大型跨流域调水工程，中线工程整体的浮游藻类和水质时空变化特征及相关关系尚不清楚，亟须在长期监测的基础上进行充分研究，为该工程水质管理和藻类防控工作提供更高质量的参考。

6.7.4.3.1 浮游植物时空变化规律

1. 研究区域与数据来源

研究区域为中线总干渠起点陶岔取水口至总干渠明渠终点惠南庄泵站，总干渠从陶岔取水口北流至北京市团城湖，明渠输水长度约1277km。本研究在综合考虑采样和分析成本、行政区划、主要影响区域、敏感水质变化点和重要水工建筑物等因素的基础上，共设置7个浮游藻类与水质监测采样点。其中，TC为中线总干渠起点陶岔取水口断面，SS为沙河渡槽断面；ZW为郑湾断面，位于河南省郑州市；ZN为漳河北断面，位于河南省与河北省交界；DS为大安舍断面，位于河北省石家庄市；XS为西黑山断面，位于中线总干渠与天津干线分叉起点；HN为惠南庄断面，位于中线总干渠明渠段终点。其中，TC代表中线水源区，SS–ZW，ZN–DS和XS–HN分别代表总干渠上游、中游和下游段。具体采样点信息见表6-36。本研究监测期从2015年5月至2019年2月，由中线工程运行管理单位研究人员每月在各点采样，共收集46个月的浮游藻密度(ADC，10^4cell/L)。本研究中季节周期定义为："春季"为每年3—5月，"夏季"为6—8月，"秋季"为9—11月，"冬季"为12月至次年2月。

表6-36　　　　　　　　　　中线浮游藻类研究采样点信息

采样点	代号	位置	人口/10^4	市（县、区）
陶岔	TC	水源区	68.56	河南淅川
沙河南	SS	上游	78.16	河南鲁山
郑湾	ZW	上游	988.1	河南郑州
漳河北	ZN	中游	84.42	河南安阳
大安舍	DS	中游	1,078.46	河北石家庄
西黑山	XS	下游	61.01	河北徐水
惠南庄	HN	下游	109.6	北京房山

2. 中线浮游藻密度时空变化规律

如图6-72所示，中线总干渠浮游藻密度从南到北逐渐增加，自起点陶岔至沙河段的浮游藻密度相对较低且变化稳定，但下游西黑山和惠南庄的均值分别达到499.50×10^4cell/L和509.06×10^4cell/L且变化范围较大。2015—2018年，浮游藻密度年均值呈下降趋势。此外，每年浮游藻密度的季节变化趋势一致，即从春季到夏季逐渐增加，后从夏季到冬季持续下降，夏季和冬季分别是每年浮游藻密度最高的季节，每年季节平均值的高低顺序均为：夏>秋>春>冬。说明水温可能是影响浮游藻密度变化的关键指标。2016—2018年，陶岔断面的浮游藻密度年均值分别比2015年下降了54.07%、46.54%和73.88%，到2018年已降至18.21×10^4cell/L，恢复到2003—2006年的水平。中线总干渠浮游藻密度年均值从2015年开始也持续下降，从633.88×10^4cell/L降至249.89×10^4cell/L，产生以上结果的原因可能是中线工程稳定运行并逐步提高输水流量的水环境条件，加上管理部门已在逐步采取的相关防控措施的共同作用。此外，中线浮游藻类沿程生长机制十分复杂，浮游藻密度并非从南到北一直在增加，例如，在某些渠段的较长距离内会保持浮游藻密度水平相对稳定（如漳河北—大安舍），另在某些渠段甚至会出现沿程降低（如起点陶岔—沙河），因而对不同渠段制定针对性方案更能提高防控效率。

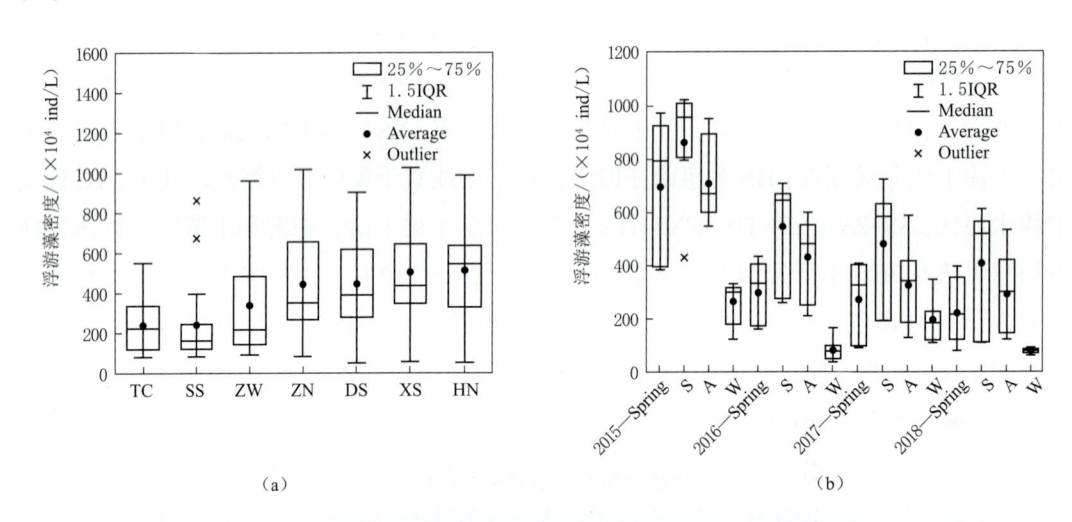

图6-72 中线总干渠浮游藻密度空间（a）和时间（b）变化特征

6.7.4.3.2 基于Copula函数的中线总干渠水质-水生态联合风险

浮游藻类的生长受到许多因素的影响，如营养盐、水温、pH值和溶解氧等。许多研究发现，夏季是大多数水体中浮游藻类生长的最适宜季节，适合蓝藻和绿藻生长的水温约为18～25℃，而水温变化多与藻类生长的趋势一致，本研究也观察到相似的结果。此外，中线浮游藻类沿程生长机制较为复杂，浮游藻密度并非从南到北一直在增加，针对不同渠段制定针对性方案更能提高防控效率，因而需要讨论不同时空变化下中线水质—水生态联合风险。本研究根据前述中线总干渠分段方式，分别以水源区、上游、中游和下游四段建立基于 Copula 函数的水温与藻细胞密度的联合风险模型，联合风险时间变化特征分别按照春、夏、秋、冬四个季节进行计算，由此讨论不同时空变化下，中线总干渠水环境出现水华风险影响水质安全的不利情况。

1. 中线水质—水生态因子边缘分布建立

（1）不同空间特征下水质—水生态因子边缘分布：见表 6-37，对南水北调中线总干渠自水源区至下游水温（T）和藻细胞密度（ACD）变量因子分别拟合 6 种理论分布对应的 AIC 值。比选可得水源区的水温最优拟合分布为皮尔逊Ⅲ型分布，藻细胞密度的最优拟合分布为对数正态分布；上游段水温的最优拟合分布为皮尔逊Ⅲ型分布，藻细胞密度的最优拟合分布为 EV 分布；中游段水温、藻细胞密度的最优拟合分布为皮尔逊Ⅲ型分布；下游段水温和藻细胞密度的最优拟合分布为皮尔逊Ⅲ型分布。

表 6-37　不同空间特征下中线总干渠水质—水生态因子边缘分布拟合结果

位置		常规	LN2	EV2	GEV	Logistic	p-3	Normal	LN2	EV2	GEV	Logistic	p-3
		AIC						RMSE					
水源区	T	-74.02	-74.36	-72.48	-70.56	-75.82	-83.87	0.0742	0.0734	0.0781	0.0779	0.0699	0.0500
	ACD	-69.49	-91.51	-60.99	-89.35	-81.74	-74.93	0.0923	0.0443	0.1225	0.0476	0.0613	0.0770
上游	T	-29.21	-196.23	-206.94	-202.04	-211.51	-224.57	0.0538	0.0659	0.0578	0.0601	0.0522	0.0443
	ACD	-174.57	-238.98	-154.68	-239.82	-202.74	-226.65	0.0883	0.0375	0.1172	0.0361	0.0612	0.0431
中游	T	-213.94	-180.48	-215.07	-214.74	-215.63	-223.99	0.0526	0.0827	0.0518	0.0506	0.0514	0.0447
	ACD	-211.28	-226.63	-183.78	-258.54	-232.26	-299.10	0.0524	0.0443	0.0791	0.0280	0.0411	0.0162
下游	T	-206.57	-167.48	-211.41	-210.24	-210.00	-219.30	0.0573	0.0985	0.0523	0.0517	0.0555	0.0476
	ACD	-254.31	-171.82	-228.58	-247.90	-244.22	-258.03	0.0305	0.0929	0.0432	0.0324	0.0349	0

（2）时间变化下水质—水生态因子边缘分布：见表 6-38 为南水北调中线总干渠四季中水温和藻细胞密度变量因子分别拟合 6 种理论分布对应的 AIC 值。比选可得春季的水温藻细胞密度最优拟合分布为皮尔逊Ⅲ型分布；夏季水温的最优拟合分布为正态分布，藻细胞密度的最优拟合分布为 EV 分布；秋季水温、藻细胞密度的最优拟合分布为皮尔逊Ⅲ型分布；冬季水温和藻细胞密度的最优拟合分布为皮尔逊Ⅲ型分布。

表 6-38　总干渠各季水文因子拟合不同分布类型对应的 AIC 和 RMSE 值

季节		Normal	LN2	EV2	GEV	Exponential	p-3	Normal	LN2	EV2	GEV	指数	p-3
		AIC						RMSE					
春	T	-359.70	-324.46	-360.68	-363.27	-181.87	-374.48	0.0412	0.0556	0.0408	0.0392	0.1993	0.0352
	ACD	-335.94	-314.10	-326.86	-334.32	-242.86	-357.37	0.0507	0.0609	0.0549	0.0501	0.1167	0.0413

续表

季节		AIC						RMSE					
		Normal	LN2	EV2	GEV	Exponential	p-3	Normal	LN2	EV2	GEV	指数	p-3
夏	T	−368.11	−344.38	−320.26	−344.87	−144.27	−357.63	0.0382	0.0467	0.0582	0.0461	0.2772	0.0412
	ACD	−345.65	−266.91	−393.76	−358.69	−223.20	−349.28	0.0466	0.0929	0.0305	0.0408	0.1386	0.0443
秋	T	−343.23	−348.17	−317.31	−322.45	−162.88	−357.87	0.0475	0.0455	0.0597	0.0561	0.2354	0.0411
	ACD	−305.73	−362.93	−269.62	−346.26	−275.95	−397.47	0.0661	0.0400	0.0907	0.0451	0.0873	0.0290
冬	T	−442.91	−293.82	−347.84	−482.21	−301.93	−504.89	0.0305	0.0976	0.0640	0.0221	0.0931	0.0185
	ACD	−328.12	−371.78	−308.48	−361.89	−353.25	−388.29	0.0747	0.0531	0.0871	0.0565	0.0623	0.0459

2. 中线水质—水生态联合风险分布构建

按照上文所述Copula函数构建方法，构建不同时空变化特征下各段水质—水生态因子二维联合分布模型，选择结果及参数列于表6-39，联合分布图如图6-73和图6-74所示。

表6-39　　　　　　Copula函数选择结果及参数估计

空间和时间	组合	最优Copula	参数
水源区	T/ACD	Clayton	≈0
上游段	T/ACD	Gumbel	1.83
中游段	T/ACD	Frank	7.87
下游段	T/ACD	Clayton	2.24
春季	T/ACD	Frank	0.49
夏季	T/ACD	Clayton	0.88
秋季	T/ACD	Frank	2.75
冬季	T/ACD	Gaussian	[1,-0.185;-0.185,1]

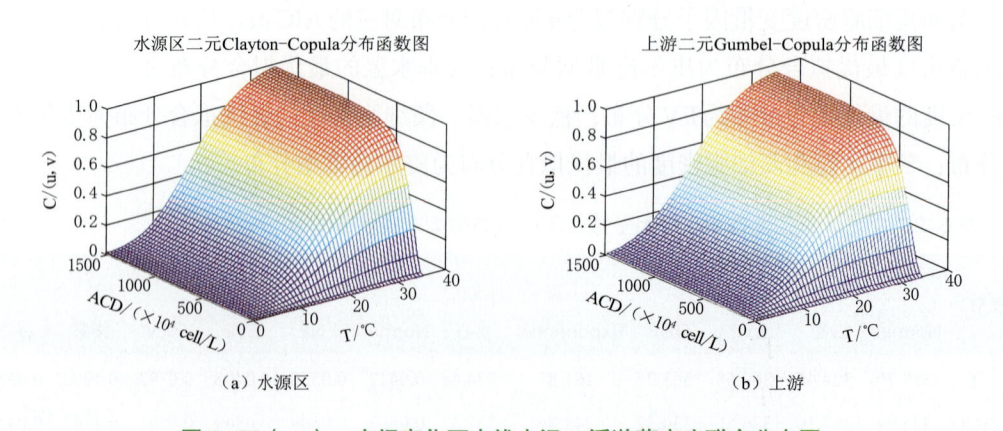

(a) 水源区　　　　　　(b) 上游

图6-73（一）　空间变化下中线水温-浮游藻密度联合分布图

(c) 中游

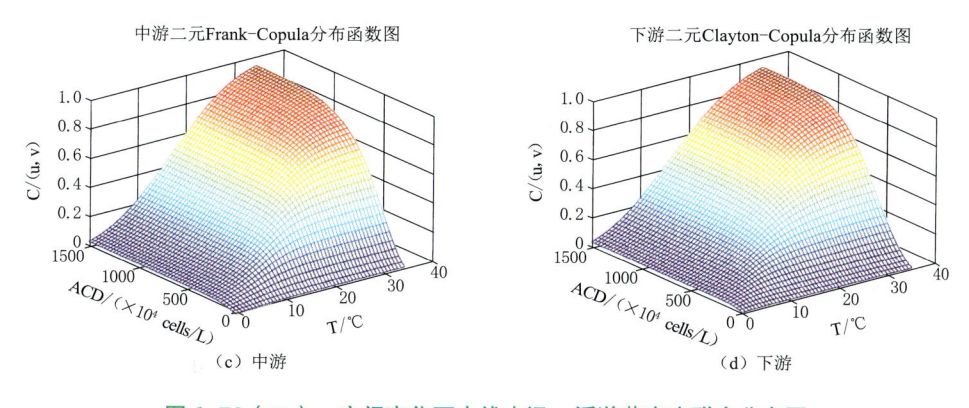

(d) 下游

图 6-73（二） 空间变化下中线水温-浮游藻密度联合分布图

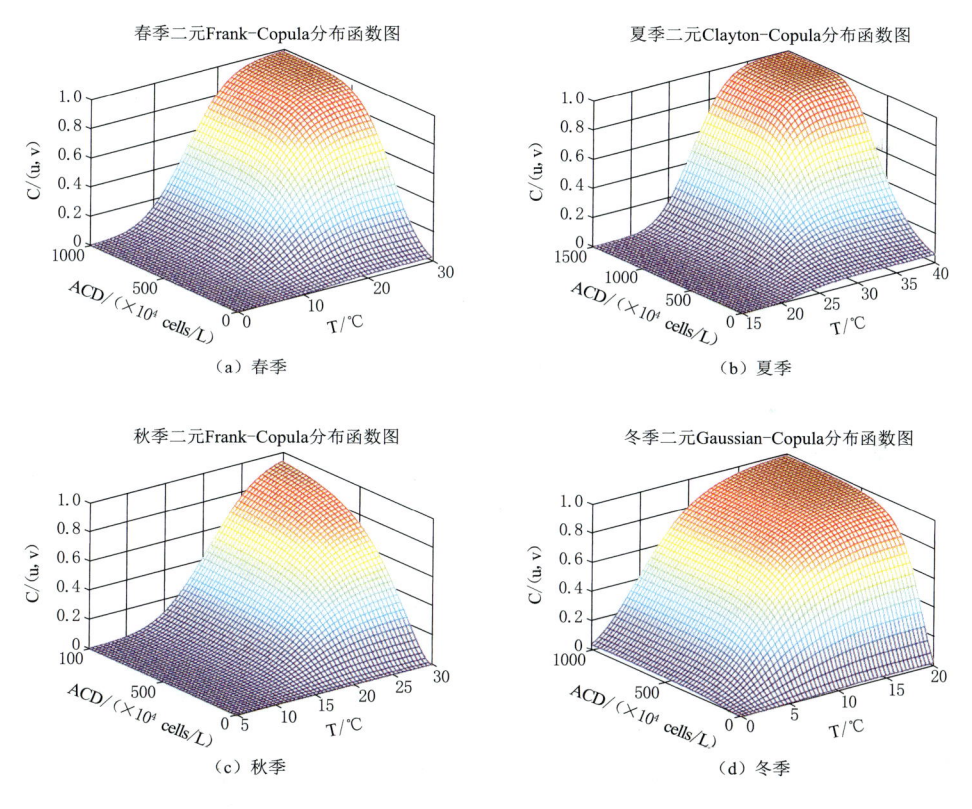

(a) 春季

(b) 夏季

(c) 秋季

(d) 冬季

图 6-74 时间变化下中线水温-浮游藻密度联合分布图

3. 中线水质—水生态联合风险分析

（1）水质-水生态联合风险空间变化特征。根据所求得的联合分布，对比南水北调中线总干渠各段在水温取不同条件下各条件概率对应的藻细胞密度值，分析中线总干渠水质水生态联合风险的空间变化特征。计算出各段的条件概率分布，如图 6-75 所示。

可知，在水温大于 11℃ 的条件下，上游段浮游藻细胞密度分别有 80%、50% 和 20% 概率高于 112×10^4cell/L、185×10^4cell/L 和 302×10^4cell/L；中游段浮游藻细胞密度分别有 80%、50% 和 20% 概率高于 240×10^4cell/L、400×10^4cell/L 和 630×10^4cell/L；下游

段浮游藻细胞密度分别有80%、50%和20%概率高于325×10⁴cell/L、480×10⁴cell/L和685×10⁴cell/L。

在水温大于20℃的条件下，上游段浮游藻细胞密度分别有80%、50%和20%概率高于158×10⁴cell/L、253×10⁴cell/L和396×10⁴cell/L；中游段浮游藻细胞密度分别有80%、50%和20%概率高于372×10⁴cell/L、535×10⁴cell/L和763×10⁴cell/L；下游段浮游藻细胞密度分别有80%、50%和20%概率高于395×10⁴cell/L、555×10⁴cell/L和748×10⁴cell/L。

在水温大于32℃的条件下，上游段浮游藻细胞密度分别有80%、50%和20%概率高于345×10⁴cell/L、525×10⁴cell/L和760×10⁴cell/L；中游段浮游藻细胞密度分别有80%、50%和20%概率高于516×10⁴cell/L、705×10⁴cell/L和940×10⁴cell/L；下游段浮游藻细胞密度分别有80%、50%和20%概率高于450×10⁴cell/L、614×10⁴cell/L和805×10⁴cell/L。

总体而言，在11～32℃的水温范围内，随着温度升高，中线总干渠各段浮游藻密度也同步升高，两个因子呈现一致的变化趋势。在同样的水温条件下，自上游至下游藻细胞密度逐渐增大；中下游段因水温升高而发生浮游藻类异常增殖的风险更高（概率更大），但水温对藻细胞密度的影响从上游至下游逐渐减小。

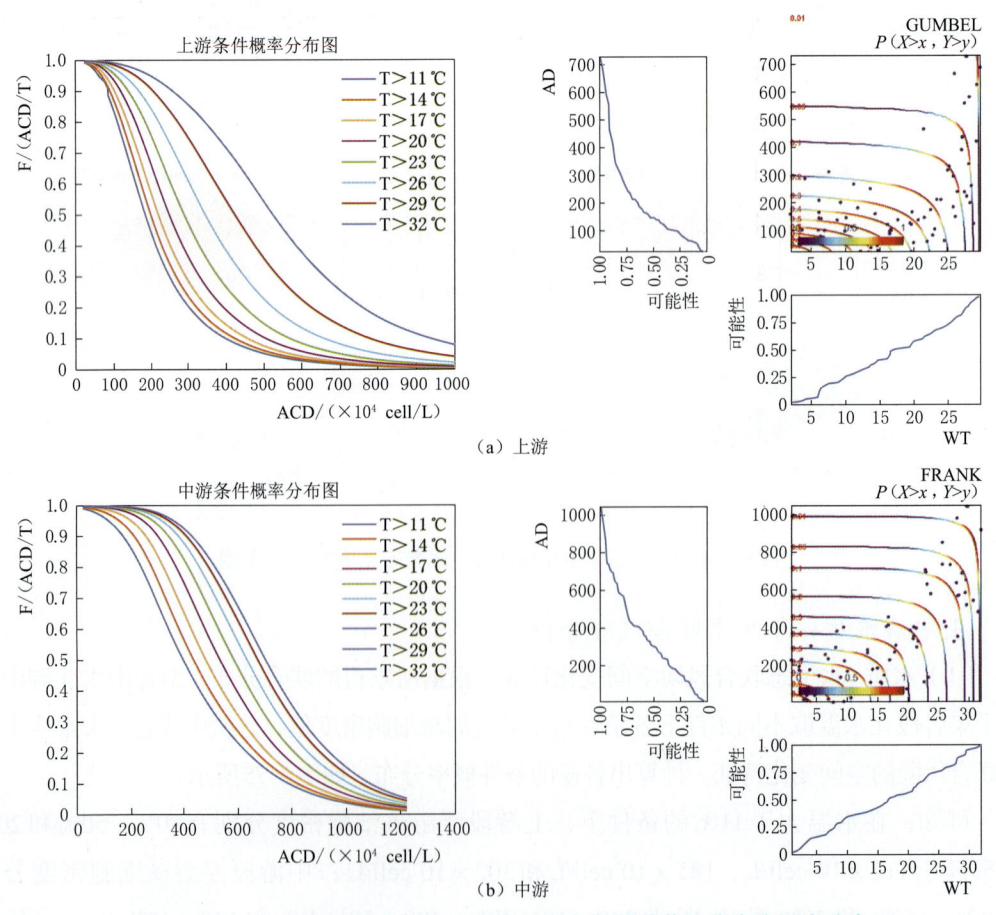

(a) 上游

(b) 中游

图6-75（一） 不同水温条件下中线总干渠各段浮游藻细胞密度概率分布

（c）下游

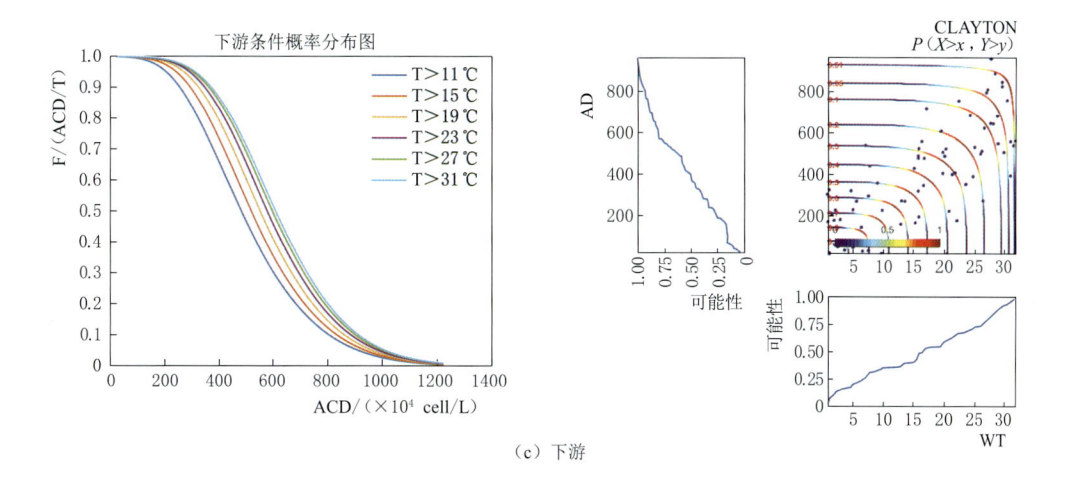

图6-75（二） 不同水温条件下中线总干渠各段浮游藻细胞密度概率分布

（2）水质—水生态联合风险时间变化特征

水质—水生态联合风险时间变化特征分别按照春、夏、秋、冬四个季节进行计算，中线总干渠分段方式依据前述，研究水温与浮游藻细胞密度的联合分布，分析水质—水生态联合风险不同条件下的发生概率。根据所求得的联合分布，对比在各季节中线总干渠水温因子取不同条件下各保证率对应的藻细胞密度值，分析各影响因子的时间变异性，得到不同季节在不同水温条件下的浮游藻细胞概率分布情况（图6-76）。

由图6-76可以看出，春季在水温大于6℃条件下，浮游藻细胞密度分别有80%、50%和20%的概率超过145×10^{4}cell/L、273×10^{4}cell/L和410×10^{4}cell/L；在水温大于21℃条件下，浮游藻细胞密度分别有80%、50%和20%的概率超过162×10^{4}cell/L、292×10^{4}cell/L和430×10^{4}cell/L。

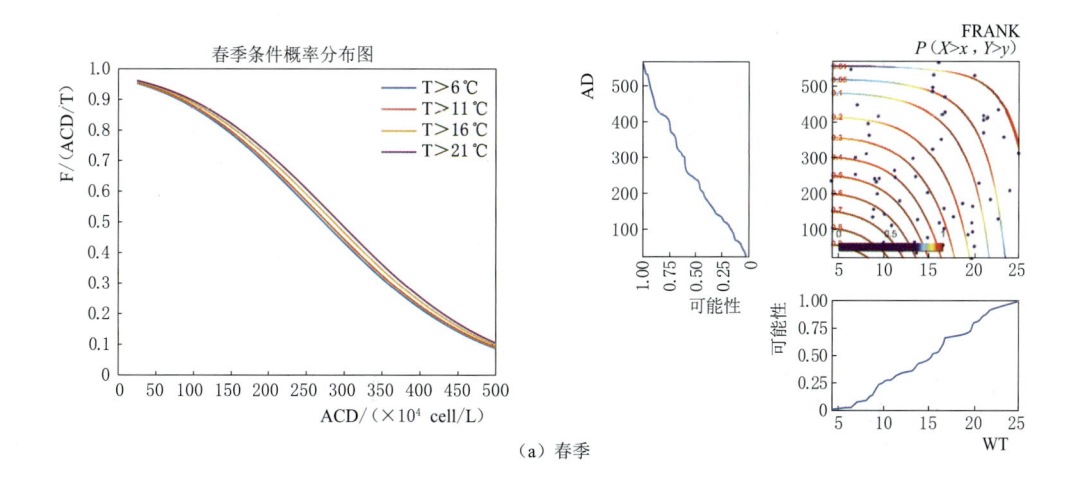

（a）春季

图6-76（一） 不同水温条件下中线总干渠各季节浮游藻细胞密度概率分布

(b) 夏季

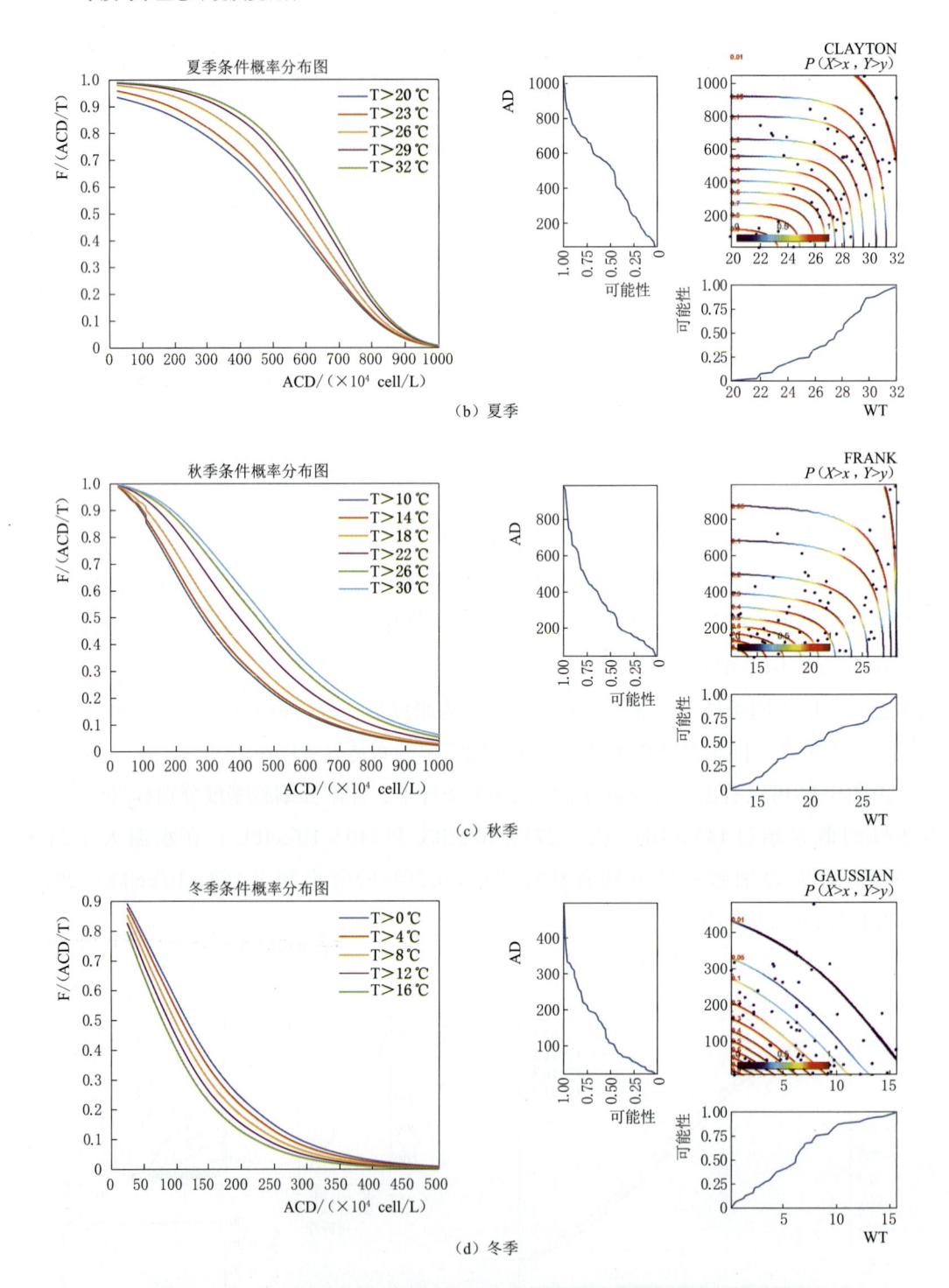

(c) 秋季

(d) 冬季

图 6-76（二） 不同水温条件下中线总干渠各季节浮游藻细胞密度概率分布

夏季在水温大于 20℃ 条件下，浮游藻细胞密度分别有 80%、50% 和 20% 的概率超过 291×10^4 cell/L、545×10^4 cell/L 和 734×10^4 cell/L；在水温大于 26℃ 条件下，浮游藻细胞密度分别有 80%、50% 和 20% 的概率超过 400×10^4 cell/L、600×10^4 cell/L 和 $763\times$

10^4cell/L；在水温大于32℃条件下，浮游藻细胞密度分别有80%、50%和20%的概率超过479×10^4cell/L、655×10^4cell/L和798×10^4cell/L。

秋季在水温大于10℃条件下，浮游藻细胞密度分别有80%、50%和20%的概率超过138×10^4cell/L、285×10^4cell/L和523×10^4cell/L；在水温大于22℃时条件下，浮游藻细胞密度分别有80%、50%和20%的概率超过219×10^4cell/L、395×10^4cell/L和635×10^4cell/L；在水温大于30℃条件下，浮游藻细胞密度分别有80%、50%和20%的概率超过276×10^4cell/L、476×10^4cell/L和730×10^4cell/L。

冬季在水温大于0℃条件下，浮游藻细胞密度分别有80%、50%和20%的概率超过47×10^4cell/L、116×10^4cell/L和220×10^4cell/L；在水温大于8℃条件下，浮游藻细胞密度分别有80%、50%和20%的概率超过36×10^4cell/L、98×10^4cell/L和192×10^4cell/L；在水温大于16℃条件下，浮游藻细胞密度分别有80%、50%和20%的概率超过26×10^4cell/L、79×10^4cell/L和163×10^4cell/L。

由上分析可知，夏、秋季节的水温对浮游藻细胞密度升高的影响比春、冬两季更大。春、夏、秋三个季节里浮游藻细胞密度随水温的增高有同样上升的趋势，但春季的同增现象最为不显著，而冬季的浮游藻细胞密度则在0～16℃范围内呈现相反关系。夏季随着水温的升高，总干渠浮游藻密度的同增现象最为显著，也是中线防藻控藻的一个关键期，需要重点关注不同季节藻类优势种。

6.8 边际状况与典型状况模拟

通过前面对中线藻类分布特征及敏感因子的研究可以得出，中线总干渠在闸门控制下，水动力特征会发生显著变化，物质在水体中的各种相态、迁移转化过程都会发生改变，影响藻类生长速度及分布特征，且藻密度与流速相关性明显。本章前几节构建了中线输供水系统渠涵闸耦合水质、藻类预报数值模型，模型精度高，可以将其运用于藻类分布规律模拟预报研究中。本小节通过设置不同陶岔来水、闸门调度情景，开展中线典型渠段藻类情景推演，探究闸门联合调度下水动力条件的变化对藻类的分布规律的影响。

6.8.1 情景设计

南水北调中线工程是我国的重点调水工程，水质要求高，如发生藻类异常增殖及暴发会对南水北调输水工程造成严重影响。中线工程渠段中水源以沿线居民生活用水为主，当藻类大量的聚集或者发生水华时，会使水体呈现蓝绿色，它们在水中大量生长，释放对动物和人类都有害的化学物质，在水面形成浮渣，导致饮用水的气味和口感变差。因此，研究南水北调中线工程输水渠道中藻类分布规律对于预防藻类暴发非常必要。

分析认为，闸群调控下渠道中由于水闸的存在，其水动力因子变化频繁、剧烈，而藻类生长过程与水体动力学条件有着密切关系，藻类生长过程与流速呈一定的负相关，因此通过调节上游来水以及闸门调度方式更改流速，可以从一定程度上减轻藻类繁殖和水华现象的产生。所以，为了防止藻类在中线工程渠道水体中大量繁殖，开展闸门联合调度下渠道藻类分布规律研究是十分必要的。探究闸群调控下中线典型渠段藻类时间演变趋势和空间沿程分布规律，可以通过设置不同陶岔来水、闸门调度情景，开展中线典型渠段藻类情景推演。

针对南水北调中线工程典型渠段——陶岔渠首至沙河渡槽节制闸渠段，利用已构建并校准验证的闸门联合调度下的水动力水质藻类耦合模型，设置陶岔来水流量分别为设计流量（340m³/s）、加大流量（420m³/s）和由设计流量至加大流量（30min内完成）三种情况，闸门调度个数分别单闸、双闸、四闸三种情况，闸门开度为正常开度（1.5m）和由正常开度到目标开启开度（3m）（30min内完成）两种情况，共4种调度情景，情景设置见表6-40。

表6-40　　　　　　　闸群调控下藻类模拟预测情景设置

情景	模拟工况	水动力边界 上边界	水动力边界 下边界	水质藻类边界 上边界	闸门开度	模拟时间	备注
1	单闸调度	陶岔来水流量340m³/s	2018年沙河南实测水位过程	陶岔来水多年平均藻密度过程	1.5m	7d	调节澎河节制闸
2		陶岔来水流量420m³/s					
3	双闸联合调度	陶岔来水流量340m³/s→420m³/s	2018年沙河南实测水位过程	陶岔来水多年平均藻密度过程	1.5m→3m	1d	调节湍河、澧河节制闸
4	四闸联合调度	陶岔来水流量340m³/s→420m³/s	2018年沙河南实测水位过程	陶岔来水多年平均藻密度过程	1.5m→3m	1d	调节严陵河、十二里河、东赵河、草墩河节制闸

6.8.2　情景推演结果

6.8.2.1　单闸调度下的藻类变化推演

单闸调度工况包含两种情景，通过对比不同陶岔来水流量下，闸门运行时闸前闸后水动力情况与藻密度变化，模拟结果见表6-41、图6-77。

表6-41　　　　　　　单闸调度情景模拟结果

天数	情景1 流速/(m/s) 闸前	闸后	情景1 藻密度/(10⁴ind/L) 闸前	闸后	情景2 流速/(m/s) 闸前	闸后	情景2 藻密度/(10⁴ind/L) 闸前	闸后
1	1.12	1.20	138	138	1.21	1.35	137	132
2	1.12	1.21	119	117	1.22	1.36	109	103

续表

天数	情景1 流速/(m/s) 闸前	情景1 流速/(m/s) 闸后	情景1 藻密度/(10⁴ind/L) 闸前	情景1 藻密度/(10⁴ind/L) 闸后	情景2 流速/(m/s) 闸前	情景2 流速/(m/s) 闸后	情景2 藻密度/(10⁴ind/L) 闸前	情景2 藻密度/(10⁴ind/L) 闸后
3	1.12	1.21	103	103	1.22	1.36	101	83
4	1.12	1.21	102	101	1.22	1.36	99	81
5	1.12	1.21	103	99	1.22	1.36	97	83
6	1.12	1.21	105	98	1.22	1.36	95	84
7	1.12	1.21	107	96	1.22	1.36	90	86

情景1和情景2是相同闸门调度方式下陶岔不同来水流量的模拟结果。由图可知，同一种情景中，闸前流速小于闸后，陶岔来水流量越大，闸前闸后流速越大；同一种情景中，闸前流量小于闸后流量，闸前藻密度值基本大于闸后藻密度值。情景1中陶岔来水$Q=340\text{m}^3/\text{s}$时，澎河节制闸闸门前后最大流速分别为1.12m/s和1.21m/s，澎河节制闸闸前藻密度值介于$102\times10^4\sim138\times10^4\text{ind/L}$，闸后藻密度值介于$96\times10^4\sim138\times10^4\text{ind/L}$；情景2中陶岔来水$Q=420\text{m}^3/\text{s}$时，澎河节制闸闸门前后最大流速分别为1.22m/s和1.36m/s，澎河节制闸闸前藻密度值介于$90\times10^4\sim137\times10^4\text{ind/L}$，闸后藻密度值介于$81\times10^4\sim132\times10^4\text{ind/L}$。

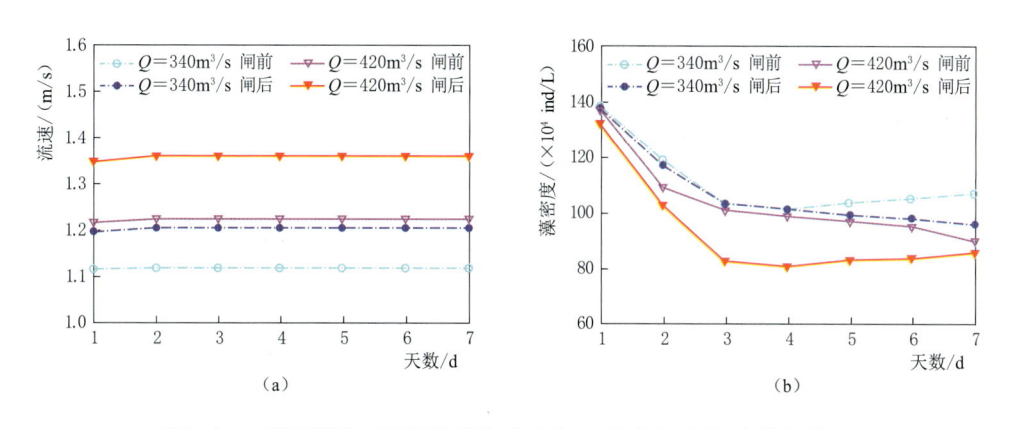

图6-77 单闸调度时闸门前后水动力（a）和藻密度（b）模拟结果

对比情景和情景2，可以看出，情景1中流速均明显小于情景2中的流速，情景1中藻密度大于情景2藻密度，闸门处流速越大，藻密度值越小。

6.8.2.2 多闸联合调度下的藻类变化推演

情景3和情景4是陶岔来水流量过程和闸门开度变化过程相同而调闸个数不同的模拟结果，其中陶岔来水流量是由设计流量$Q=340\text{m}^3/\text{s}$线性变化至加大流量$Q=420\text{m}^3/\text{s}$，各节制闸闸门开度同步变化由1.5m开至目标开度3m，流量加大过程及闸门开大过程均在30min内完成，模拟结果见图6-78和图6-79（图中横坐标每一刻度表示5min）。

由图6-78和图6-79可知，前30min，由于陶岔来水流量和节制闸开度的线性增大，各节制闸闸前闸后断面流速呈大幅增加趋势，藻密度值呈明显下降趋势；随后的时间内，流速增加趋势和藻密度减小趋势逐渐平稳。

图6-78 双闸（a）和四闸（b）联合调度时闸门前后水动力模拟结果

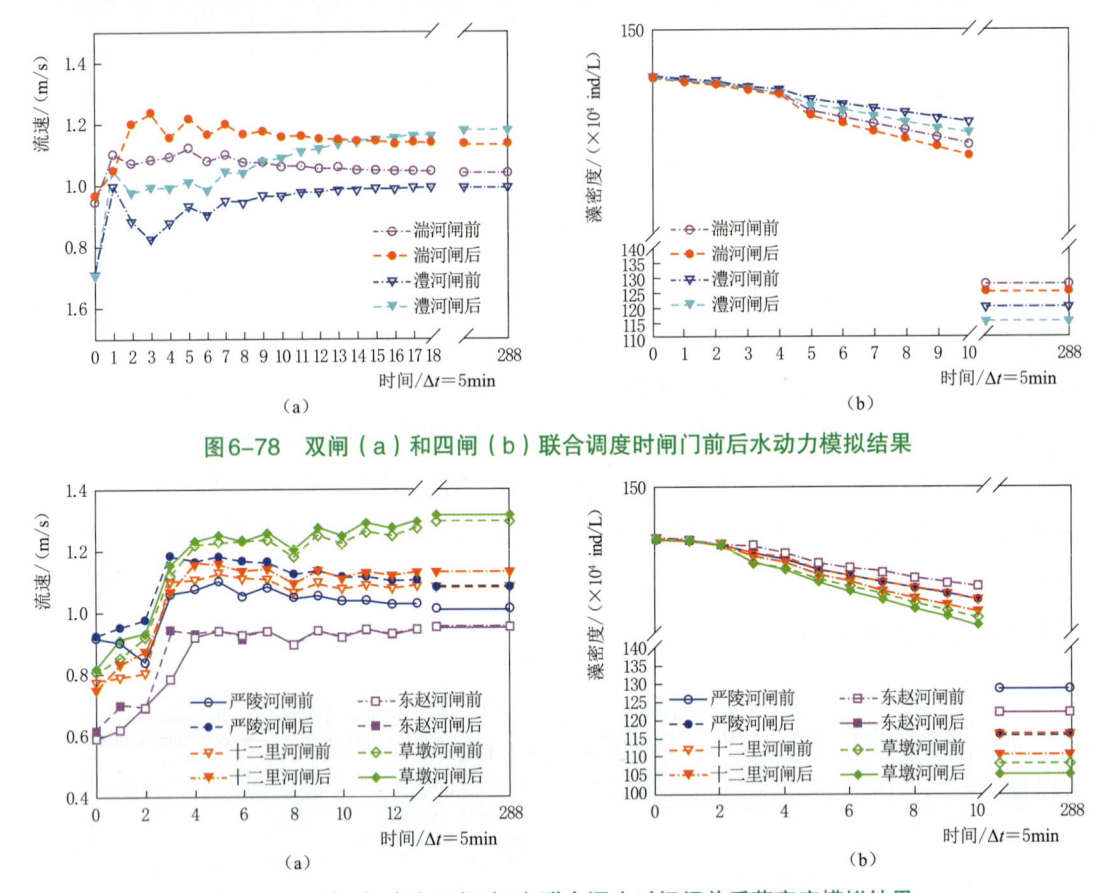

图6-79 双闸（a）和四闸（b）联合调度时闸门前后藻密度模拟结果

6.8.3 不同情景下藻类变化趋势

开展多闸联合调度模拟情景中流速、藻密度变化率大小的计算，可以从数据上全面了解闸群调控对中线典型渠段水动力藻类分布的影响。计算方法如下：

$$变化率（\%）=（模拟结束值-模拟初始值）/模拟初始值 \times 100\%$$

情景3和情景4中不同调闸个数运行下，典型渠段水动力和藻类模拟结果中流速变化率及藻密度变化率具体见表6-42。

表6-42　闸群调控模拟情景中流速变化率及藻密度变化率

情景	节制闸	对应断面	流速变化率/% 闸前	流速变化率/% 闸后	藻密度变化率/% 闸前	藻密度变化率/% 闸后
情景3	湍河	Sec0366	9.73	16.20	11.63	13.62
	澧河	Sec2096	42.20	69.10	18.13	22.13

续表

情景	节制闸	对应断面	流速变化率/% 闸前	流速变化率/% 闸后	藻密度变化率/% 闸前	藻密度变化率/% 闸后
情景4	严陵河	Sec0489	9.93	16.23	10.44	22.13
	十二里河	Sec0971	39.35	50.07	22.13	25.93
	东赵河	Sec1372	53.72	61.19	18.13	19.23
	草墩河	Sec1819	61.75	61.92	27.40	29.55

可知，闸群调控情景下，节制闸闸后流速变化率、藻密度变化率均大于闸前流速变化率、藻密度变化率；在各情景中，随着节制闸断面至陶岔渠首距离的增加，流速变化率和藻类变化率普遍增加；情景4中闸前最大流速变化率达到61.75%，闸后最大藻密度变化率达到29.55%，闸群调控下闸门调控个数越多，流速和藻类变化率越大，对于渠段中水动力及藻类分布影响更大。

6.9 本章小结

本章以南水北调中线工程为研究区域，研发了渠涵闸耦合的中线干渠水动力水质藻类预测模型；提出了基于中线总干渠水质数据的大数据深度学习预测模型；构建了中线输供水系统水质风险评估技术，从而实现了为南水北调中线工程运行过程中水质预报、风险预警以及水质变化应急防控提供技术支持，保障南水北调中线工程的水质安全和正常运行。主要结论如下：

（1）构建闸门联合调度的一维水动力水质藻类耦合模型，完成了中线总干渠约1198km典型渠段——陶岔渠首至北拒马河节制闸渠段的一维水动力水质藻类模拟。模型水动力参数、水质指标扩散系数及藻类生长相关参数率定结果合理。验证期各断面各水质指标及藻密度的模拟值与实测值吻合较好，模型能较好地模拟中线水质指标的变化趋势。TN、NH_3-N、TP、DO、COD_{Mn}、藻密度的平均相对误差分别为4.534%、9.112%、5.43%、12.869%、13.661%、5.746%，平均均方根误差（RMSE）分别为0.119、0.003、1.054、0.284、0.013、29.862。模型精度高，能有效模拟中线复杂水工建筑物条件下的渠道水动力水质藻类的时空分布。

（2）构建典型渠段三维水动力水质藻类耦合模型，完成了中线总干渠约10km典型渠段——澎河渡槽至沙河渡槽渠段的三维水动力水质藻类模拟，并采用实测数据对模型进行率定和验证。水质模拟指标包括总氮、总磷、溶解氧、氨氮、高锰酸盐指数、硫酸盐、水温七项指标。模型水动力参数、水质指标扩散系数及藻类生长相关参数率定结果合理。水流场模拟结果与实际情况相符；流速验证期的模拟值与实测值变化趋势相同。澎河节制闸至沙河渡槽节制闸渠段的水温水质相对误差基本小于10%，满足水质模拟要求。

（3）针对中线总干渠水质数据，构建基于邻域粗糙集属性约简的大数据深度学习预测模型，并分别运用BP神经网络、RBF神经网络和LSTM神经网络对水质数据进行预测对自动监测站中未来水质数据进行预测。并将多种深度学习的神经网络预测结果按照红黄蓝预警指示分类，采用投票原则，以出现红黄蓝预警相同分类最多的情况作为最后输出的结果。多个神经网络模型在投票模型中耦合，使得预警精确性进一步加强。

（4）对于中线总干渠沿线断面，需要加强对导致pH值、溶解氧、五日生化需氧量等指标劣化因素的排查；要针对性地加强研究、监测与应对。另外，对于类似2016年8月的粪大肠菌群异常增高问题，要加强突发事件事中监控与后续处置的研究。

（5）南水北调中线总干渠各段藻类预警指标对应的水温阈值为，上游段水温维持在23℃时，只有20%的风险达到藻类预警指标，维持在30℃时，达到藻类预警指标的风险增加到80%。可以认为，当上游的水温预计在接下来数天内保持在29℃时，上游段各部门应当引起注意，做好相应的预防措施；当中游的水温预计在接下来数天内保持在26℃时，中游段各部门应当引起注意，做好相应的预防措施；当下游的水温在接下来数天内保持在21℃时，下游段各部门应当引起注意，做好相应的预防措施。同时，由于营养物具有一定的累积效应，使得南水北调中线总干渠自上游至下游营养度逐渐上升。此外，通过分析本研究取得的结果，在夏秋季南水北调中线总干渠发生藻类水质异常的风险高于冬春季，因此有关部门在夏秋季尤其要做好防范工作，保证供水安全。

（6）通过设置不同陶岔来水、闸门调度方式，完成了不同情景下中线典型渠段的藻类分布规律预报。单闸调控时，闸前流速小于闸后流速，陶岔来水流量越大，闸前闸后流速越大；闸前流量小于闸后流量，闸前藻密度值基本大于闸后藻密度值；闸门处流速越大，藻密度值越小。闸群调控下闸门调控个数越多，流速和藻类变化率越大，对于渠段藻类分布影响更大。

第3篇

水生态风险防控关键技术理论与实践

第 7 章
水生态安全风险评估

7.1 生态环境状况

7.1.1 沿线及配套水厂水质状况

7.1.1.1 中线总干渠沿线水质状况

运行初期，根据中线干线的坝前、陶岔、郑湾、漳河北、西黑山、大安舍、惠南庄等监测点的水质结果，见表7-1，可以看到，干线沿线水质良好，满足GB 3838—2002《地表水环境质量标准》的Ⅱ类标准。中线总干渠大部分指标变化不大；但pH值、浊度、总氮、总磷、氨氮和叶绿素a变化相对较大，其中pH值在6.8～8.4波动，较为明显，总磷在0.015～0.061mg/L波动，总氮、氨氮和叶绿素a沿程逐渐减小，各指标呈现不同程度下降。

表 7-1　　南水北调中线干渠沿线水质典型指标变化

序号	指标名称	检测结果 /（mg/L）						
		坝前	陶岔	郑湾	漳河北	西黑山	大安舍	惠南庄
1	pH 值	8.38	6.83	8.36	8.29	8.34	8.4	7.04
2	总氮	1.418	0.917	1.17	1.051	1.191	1.26	1.027
3	总磷	0.028	0.061	0.015	0.015	0.016	0.018	0.025
4	氨氮	0.075	0.017	0.039	0.04	0.143	0.035	0.034
5	高锰酸盐指数	1.71	1.67	1.85	2.15	2.34	1.95	1.91
6	叶绿素a	0.01484	0.00177	0.00177	0.00347	0.00517	0.00525	0.00339

总氮、氨氮和叶绿素a等指标沿程由南向北呈逐渐下降趋势。一方面，来自水源地的丰富营养物质在随着水体被生物利用，在沿程气温、光照等条件适宜的情况下，总氮、总磷这两项指标都能够满足了

生物生长的需要，为藻类的生长提供了充足的客观条件；另一方面，与沿程水量分配也有相关性。摸清典型指标的沿程变化，对于有针对性地开展水质安全监控预警和管理有重要意义。

7.1.1.2 中线干渠石家庄段的水质状况

对2016年5月、8月、11月和2017年2月、5月监测的南水北调中线干渠石家庄段的水质进行处理，计算得到平均值和标准偏差，列于表7-2中。从监测结果来看，南水北调中线干渠石家庄段水质良好，满足GB 3838—2002《地表水环境质量标准》的Ⅱ类标准。在5次监测中，除耐热大肠菌群，水温、氨氮、总氮外，大部分指标年内变幅不大，标准偏差和平均值的比值小于20%。

表7-2　　南水北调中线干渠石家庄段水质评价

检验项目	单位	水质要求	检验结果	判定
水温	℃	—	17.6 ± 6.99	合格
pH 值		6-9	8.2 ± 0.29	合格
溶解氧	mg/L	≥ 6	8.8 ± 0.76	合格
高锰酸盐指数	mg/L	≤ 4	2.0 ± 0.26	合格
化学需氧量（COD）	mg/L	≤ 15	5.0 ± 0.00	合格
五日生化需氧量（BOD_5）	mg/L	≤ 3	<2	合格
氨氮	mg/L	≤ 0.5	0.1 ± 0.19	合格
总磷	mg/L	≤ 0.1	< 0.04	合格
总氮	mg/L	≤ 0.5	0.7 ± 0.14	—
铜	mg/L	≤ 1.0	< 0.10	合格
锌	mg/L	≤ 1.0	< 0.05	合格
氟化物（以 F^- 计）	mg/L	≤ 1.0	0.1 ± 0.06	合格
硒	mg/L	≤ 0.01	< 0.0008	合格
砷	mg/L	≤ 0.05	< 0.002	合格
汞	mg/L	≤ 0.00005	< 0.0001	合格
镉	mg/L	≤ 0.005	< 0.0005	合格
铬（六价）	mg/L	≤ 0.05	< 0.004	合格
铅	mg/L	≤ 0.01	< 0.005	合格
氰化物	mg/L	≤ 0.05	< 0.002	合格
挥发酚	mg/L	≤ 0.002	< 0.002	合格
阴离子表面活性剂	mg/L	≤ 0.2	< 0.025	合格
矿物油	mg/L	≤ 0.05	< 0.05	合格
硫化物	mg/L	≤ 0.1	< 0.02	合格
耐热大肠菌群	MPN/100mL	≤ 200	6.8 ± 3.15	合格
硫酸盐	mg/L	≤ 250	34.2 ± 1.62	合格

7.1.1.3 中线干渠团城湖的水质状况

对2016年4月、6月、7月、8月、9月、10月、11月、12月和2017年2月监测的团城湖水质进行处理，计算得到平均值和标准偏差，列于表7-3中。团城湖是南水北调中线总干渠的末端，团城湖容积127m³，可以调蓄一定水量，向第九水厂、田村水厂等供水。从监测结果来看，南水北调中线总干渠团城湖水质良好，满足GB 3838—2002《地表水环境质量标准》的Ⅱ类标准。在8次监测中，水温、高锰酸盐指数、化学需氧量、氨氮、总磷、锌、氟化物、粪大肠菌群、叶绿素a等指数年内变化幅度较大，标准偏差和平均值的比值大于20%。

对于各个指标的年内变化，水温和溶解氧随月份的变化存在相反趋势，水温升高，溶解氧饱和度降低。团城湖的溶解氧浓度虽然呈现出一定浮动的波动，当整年均处于超饱和状态，与中线总干渠的藻类的光合作用相关。5月，总磷和氨氮的含量大幅度增加，同时出现峰值的水质指标还包括总磷、镁、氯化物等，11月锌、铜、锰的含量出现峰值，这些变化总体反映了丹江口水库水质的时间变化。

表7-3　　　　　　　　南水北调中线干渠团城湖水质评价

检验项目	单位	水质要求	检验结果	判定
水温	℃	—	17.9 ± 10.35	合格
pH值		6-9	7.7 ± 0.36	合格
溶解氧	mg/L	≥ 6	10.1 ± 1.67	合格
高锰酸盐指数	mg/L	≤ 4	2.2 ± 0.70	合格
化学需氧量（COD）	mg/L	≤ 15	9.3 ± 4.68	合格
五日生化需氧量（BOD_5）	mg/L	≤ 3	2.6 ± 0.75	合格
氨氮	mg/L	≤ 0.5	0.2 ± 0.13	合格
总磷	mg/L	≤ 0.1	0.03 ± 0.02	合格
总氮	mg/L	≤ 0.5	0.8 ± 0.12	—
铜	μg/L	≤ 1000	1.4 ± 0.27	合格
锌	μg/L	≤ 1000	1.3 ± 0.98	合格
氟化物	mg/L	≤ 1.0	0.2 ± 0.10	合格
硒	μg/L	≤ 10	2.2 ± 1.35	合格
砷	μg/L	≤ 50	2.5 ± 0.60	合格
汞	μg/L	≤ 0.05	<0.05	合格
镉	μg/L	≤ 5	0.03 ± 0.02	合格
铬（六价）	mg/L	≤ 0.05	< 0.004	合格
铅	μg/L	≤ 10	0.03 ± 0.02	合格
氰化物	mg/L	≤ 0.05	< 0.004	合格

续表

检验项目	单位	水质要求	检验结果	判定
挥发酚	mg/L	≤ 0.002	<0.002	合格
石油类	mg/L	≤ 0.05	<0.05	合格
阴离子表面活性剂	mg/L	≤ 0.2	0.04 ± 0.03	合格
硫化物	mg/L	≤ 0.01	< 0.005	合格
粪大肠菌群	MPN/100mL	≤ 200	13.6 ± 9.34	合格
硫酸盐	mg/L	≤ 250	29.2 ± 6.39	合格
氯化物	mg/L	≤ 250	5.5 ± 1.66	合格
硝酸盐	mg/L	≤ 10	0.5 ± 0.17	合格
铁	μg/L	≤ 300	2.6 ± 1.57	合格
锰	μg/L	≤ 100	0.3 ± 0.25	合格
电导率	μS/cm		226 ± 28.0	—
悬浮物	mg/L		15.4 ± 4.98	—
钾	mg/L		2.1 ± 0.49	—
钙	mg/L		32.4 ± 3.62	—
钠	mg/L		5.8 ± 2.41	—
镁	mg/L		8.7 ± 0.50	—
叶绿素 a	μg/L		5.8 ± 6.05	—

7.1.1.4 水源切换后北京水质的状况

南水北调中线水体进入团城湖后，通过输水管线向北京市第九水厂供水。北京第九水厂原供水水源为密云水库，2015年6月切换为南水北调中线水。根据2015年6月至2016年5月水厂入口的水质，分析南水北调中线水在末端的变化。对该点一年的水质数据进行分析，得到平均值和标准偏差，列于表7-4中。从监测结果来看，南水北调中线总干渠团城湖水质良好，满足GB 3838—2002《地表水环境质量标准》的Ⅱ类标准。在13次监测中，水温、藻类、氯离子的年内变化幅度较大，标准偏差和平均值的比值大于20%。

表7-4　　　　　　　　　北京市第九水厂入口南水北调水质评价

检验项目	单位	水质要求	检验结果	判定
水温	℃	—	15.6 ± 9.47	合格
pH 值		6-9	7.8 ± 0.10	合格
溶解氧	mg/L	≥ 6	9.2 ± 1.53	合格
五日生化需氧量（BOD_5）	mg/L	≤ 3	1.6 ± 0.43	合格
氟化物	mg/L	≥ 1	0.2 ± 0.03	合格
硫酸盐	mg/L	≤ 250	33.0 ± 4.28	合格

续表

检验项目	单位	水质要求	检验结果	判定
氯化物	mg/L	≤ 250	7.0 ± 1.01	合格
藻类	万个/L	—	1397 ± 831.7	—
铝离子	mg/L	—	0.02 ± 0.02	—

7.1.1.5 石家庄南水北调水厂出厂水的水质状况

石家庄配套水厂工程分石家庄市区水厂和其县（市）水厂两部分进行规划。对于石家庄市区的配套水厂，石家庄市地表水一厂利用已建的润石水厂进行扩建，地表水二厂、三厂、高新区地表水厂为规划新建水厂。对2016年5月、8月、11月和2017年2月、5月对石家庄市某南水北调水源水厂的出水进行了监测，计算得到平均值和标准偏差，列于表7-5中。从监测结果来看，石家庄的南水北调中线源水水厂的出水水质良好，满足GB 5749—2006《生活饮用水卫生标准》的饮用水标准。在5次监测中，除浑浊度和氯化物外，大部分指标年内变幅不大，标准偏差和平均值的比值小于20%。

表7-5　石家庄南水北调水源水厂出水水质评价

检验项目	单位	技术要求	检验结果	判定
菌落总数	CFU/mL	≤ 100	5.0 ± 0.00	合格
总大肠菌群	MPN/100mL	不得检出	未检出	合格
耐热大肠菌群	MPN/100mL	不得检出	未检出	合格
大肠埃希氏菌	MPN/100mL	不得检出	未检出	合格
色度	度	≤ 15	< 5	合格
臭和味	—	无异臭、异味	0级	合格
肉眼可见物	—	无	无	合格
浑浊度	NTU	≤ 1	0.4 ± 0.13	合格
pH值		6.5～8.5	7.8 ± 0.02	合格
铅	mg/L	≤ 0.01	< 0.005	合格
镉	mg/L	≤ 0.005	< 0.0005	合格
砷	mg/L	≤ 0.01	< 0.002	合格
硒	mg/L	≤ 0.01	< 0.0008	合格
汞	mg/L	≤ 0.001	< 0.0001	合格
铜	mg/L	≤ 1.0	< 0.10	合格
锰	mg/L	≤ 0.1	< 0.05	合格
锌	mg/L	≤ 1.0	< 0.05	合格
铁	mg/L	≤ 0.3	< 0.25	合格
铬（六价）	mg/L	≤ 0.05	< 0.004	合格
氯化物	mg/L	≤ 250	16.4 ± 4.04	合格

续表

检验项目	单位	技术要求	检验结果	判定
硝酸盐（以N计）	mg/L	≤ 20	0.6 ± 0.08	合格
总硬度	mg/L	≤ 450	137.4 ± 15.92	合格
硫酸盐	mg/L	≤ 250	29.9 ± 1.64	合格
挥发酚类	mg/L	≤ 0.002	< 0.002	合格
溶解性总固体	mg/L	≤ 1000	212.0 ± 35.15	合格
氟化物	mg/L	≤ 1.0	0.2 ± 0.01	合格
氰化物	mg/L	≤ 0.05	< 0.002	合格
阴离子合成洗涤剂	mg/L	≤ 0.3	< 0.05	合格
耗氧量	mg/L	≤ 3	1.1 ± 0.47	合格
氨氮	mg/L	≤ 0.5	< 0.02	合格
三氯甲烷	mg/L	≤ 0.06	0.0 ± 0.00	合格
四氯化碳	mg/L	≤ 0.002	< 0.0003	合格
总 α 放射性	Bg/L	≤ 0.5	0.0 ± 0.01	合格
总 β 放射性	Bg/L	≤ 1.0	0.1 ± 0.02	合格
铝	Bg/L	≤ 0.2	0.1 ± 0.04	合格

7.1.2 水动力特征

根据2017年和2018年上半年中线总干渠中各节制闸位置的实测流速资料，统计并计算出各月平均流速，结果如图7-1和图7-2所示。从图7-1可以看出，2017年全线除穿黄节制闸外，流速均在1.00m/s以下，且在2—5月流速较小，在0.50m/s以下，9—11月流速较大，在0.60～0.80m/s。而从图7-2可以看出，2018年流速较2017年有所增加，2018年1—2月全线流速最小，但均超过0.40m/s，由于在2018年4—6月开展生态补水的缘故，4—6月流速增加较为明显，全线流速均达到0.80m/s以上。

从图7-1和图7-2可以看出，中线总干渠全年流速变化范围较大，因此，中线渠道对于流量及流速变化具有较强的容纳能力。

7.1.3 水生态特征

南水北调中线工程建成运行后，丹江口水库来水经过约1277km的中线总干渠，被运输到北京的调蓄水库。在这样的长距离输水过程中，输水渠道的水动力条件、营养盐、温度、光照等条件沿线可能产生较大变化，都可能给沿线的水生态带来直接或间接的影响。最明显的体现为藻类的生长。浮游藻类是水中营浮游生活的微小植物，浮游藻类群落结构会随季节和水体类型变化，对水环境状况有指示作用。

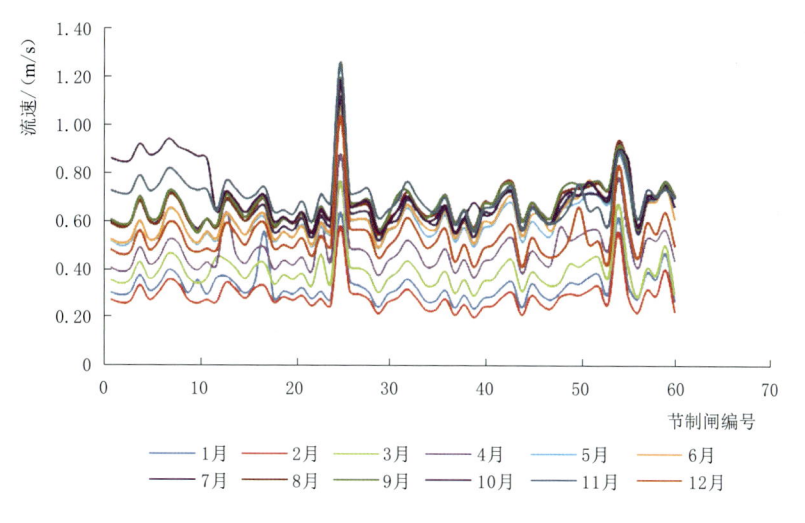

图 7-1　2017 年各节制闸闸前平均流速

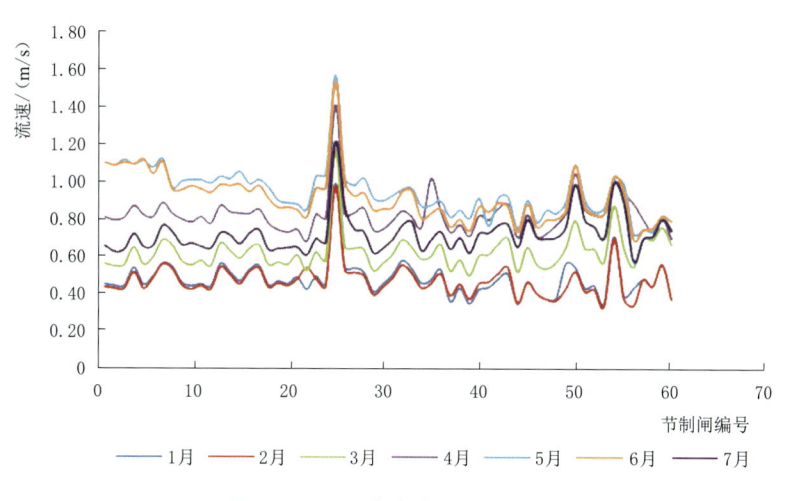

图 7-2　2018 年各节制闸闸前平均流速

中线工程通水后,发现中线总干渠浮游藻类沿程增多。来水中的高藻会给北京市水厂运行造成困难,可能引起受水湖库浮游藻类群落结构的重组,带来水华风险。

7.2　安全风险评价指标

7.2.1　构建指标体系的原则

指标体系是将某一个复杂的问题将其影响因素分成简单的子层次系统,运用系统分析的方法,确定指标的最佳组合秩序。指标体系建立的合理性对于筛选评价结果的可信度和准确性有直接的影响,因此指标体系对于地下水污染应急处置技术的特征要能科学客观地反映并具有实际的操作性。对于指标体系的建立应该遵循以下几点原则。

1. 科学性原则

对于指标体系中的指标选取应该通过大量的研究作为基础，根据实际情况选取针对南水北调中线工程的特点的指标，保证其科学合理性。

2. 系统性原则

指标体系中的指标都是针对应急处置技术的特点选取的，有一定相互关联性，构成比较复杂的体系，要具有系统性的原则，合理设置结构层次，使指标体系能更好地反应评价结果。

3. 针对性原则

评价指标体系是对南水北调中线总干渠进行筛选，评价指标要围绕评价的内容来选定，设置每一个指标要从评价目的出发，针对性原则是指标体系建立的出发点，能否达到评价目的是衡量指标体系是否合理的一个重要标准。

4. 可操作性原则

对于指标的选择并不是选的越多越好，还要考虑是否能进行量化，以及分级标准的确定，要保证指标具有实际操作性，筛选时能及时获取相关信息。

在选取指标时，遵循上述4个原则的同时，要注意指标体系中定量指标和定性指标相互结合，尽量寻找指标的合理量化分级依据。对于在选取指标的原则上相互冲突的指标，在保证科学合理性的前提下可适当删减。

7.2.2 指标体系的构建

指标体系是指由若干个反映某个现象总体数量特征的相对独立又相互联系的统计指标所组成的有机整体。在统计研究中，如果要说明总体全貌，那么只使用一个指标往往是不够的，因为它只能反映总体某一方面的数量特征。此时需要同时使用多个相关指标，而这多个相关的又相互独立的指标所构成的统一整体，即为指标体系。

通过前期开展的针对水质评价、饮用水水源地水质安全评价、地表水地下水水环境影响评价等相关国内外相关标准和科研文献的调研，结合水质评价的标准及要求规范，统筹考虑中线总干渠的水质特征及面临的水质风险，即：①交通事故风险；②污水排入风险；③恶意投毒风险；④藻类异常增殖风险；⑤中线总干渠的淤积风险。针对①②③突发性的风险事件需要快速预警快速处理，因此针对这三种风险的水质评价指标应该能够具备快速识别的能力；针对④藻类异常增殖风险是基于当前情况下在通水初期渠道内的生境条件很适合藻类等初等生物的生长，因此展开对藻类异常增殖的监测与对于长距离输水工程的安全运行有着至关重要的作用；针对⑤淤积风险的指标对应的是在渠道中影响正常输水过程的淤积，主要体现为在退水口等流场情况易于淤积的断面设置淤积指数的监测，实现对渠道的全面评价。

综上所述，从常规指标和水生态风险指标两大方面，总结了中线水质安全影响评价指标体系。详述见表7-6。

表7-6　　　　　　　　　　　水质评价指标体系构成

指标类别	指标	针对风险	
常规指标	常规状态下按照 GB 3838—2002 要求的检测项目	①交通事故风险；	（1）　　（1）
水生态风险指标	1　　综合生物毒性	②污水排入风险；	（2）　　（2）
	2　　藻类异常增殖指数	③恶意投毒风险	（3）　　（3）
	3　　淤积指数	④藻类异常增殖风险	（4）　　（4）
		⑤淤积风险	（5）

7.2.2.1　常规指标

水体是一个完整的生态系统，其中包括水、水中的悬浮物、溶解物、底质和水生生物等。其中，水体经过水厂处理后直接供应城市的工农业生产、生活，因此，水体质量状况对饮用水质量起着重要的影响。我国 GB 3838—2002《地表水环境质量标准》中规定："依据地表水水域环境功能和保护目标，按功能高低依次划分为五类"，其中"Ⅱ类主要适用于集中式生活饮用水地表水源地一级保护区、珍稀水生生物物栖息地、鱼虾类产卵场、仔稚幼鱼的索饵场等""Ⅲ类主要适用于集中式生活饮用水地表水源地二级保护区、鱼虾类越冬场、洄游通道、水产养殖区等渔业水域及游泳区""超过Ⅲ类不能作为饮用水水源"。

随着经济、社会的持续高速发展，人们所从事的生产活动强度增加，带来许多不确定性的负面影响，水污染问题出现就是比较典型的反面影响。人类历史上曾发生过给人民群众健康和社会稳定造成严重影响的水污染事件。同时，受地理因素影响，很多地区水体污染物背景值偏高，主要表现为苦咸水、高氟水、高砷水，严重威胁着人民群众的身体健康。此外，水资源短缺是我国水资源安全最主要的表现形式。除水资源数量短缺外，水污染严重导致水质性缺水，也正成为影响我国水资源安全的重要因素。从某种意义上讲，水质所引起的水资源危机甚至要大于水量缺乏所造成的危机。鉴于水质状况直接影响到饮用水水源地安全状况，因此在评价指标的选取中应重点考虑水质因素，并将其作为衡量饮用水水源地安全状况的重要指标之一。

根据实际需要和经济可行的原则，选择水温、pH值、电导率、溶解氧、浊度、高锰酸盐指数、氨氮、铜、锌、氟化物、汞、镉、六价铬、铅、挥发酚15项进行监测。此外，还对渠首陶岔等重点断面进行 GB 3838—2002《地表水环境质量标准》109项全面监测，其中基本项目24项，补充项目5项，特定项目80项。根据 GB 3838—2002《地表水环境质量标准》标准，常规24项监测指标见表7-7。

表7-7　　水体监测常规指标及其分类分级

序号	标准值 / 项目		Ⅰ类	Ⅱ类	Ⅲ类	Ⅳ类	Ⅴ类
1	水温/℃		\multicolumn{5}{c}{人为造成的环境水温变化应限制在：周平均最大温升≤1，周平均最大温降≤2}				
2	pH值（无量纲）		\multicolumn{5}{c}{6～9}				
3	溶解氧/（mg/L）	≥	饱和率90%（或7.5）	6	5	3	2
4	高锰酸盐指数	≤	2	4	6	10	15
5	化学需氧量（COD）	≤	15	15	20	30	40
6	五日生化需氧量（BOD_5）	≤	3	3	4	6	10
7	氨氮（NH_3-N）	≤	0.15	0.5	1	1.5	2
8	总磷（以P计）	≤	0.02	0.1	0.2	0.3	0.4
9	总氮（湖、库以N计）	≤	0.2	0.5	1	1.5	2
10	铜	≤	0.01	1	1	1	1
11	锌	≤	0.05	1	1	2	2
12	氟化物（以F计）	≤	1	1	1	1.5	1.5
13	硒	≤	0.01	0.01	0.01	0.02	0.02
14	砷	≤	0.05	0.05	0.05	0.1	0.1
15	汞	≤	0.00005	0.00005	0.0001	0.001	0.001
16	镉	≤	0.001	0.005	0.005	0.005	0.01
17	铬（六价）/（mg/L）	≤	0.01	0.05	0.05	0.05	0.1
18	铅/（mg/L）	≤	0.01	0.01	0.05	0.05	0.1
19	氰化物	≤	0.005	0.05	0.02	0.2	0.2
20	挥发酚	≤	0.002	0.002	0.005	0.01	0.1
21	石油类	≤	0.05	0.05	0.05	0.5	1
22	阴离子表面活性剂	≤	0.2	0.2	0.2	0.3	0.3
23	硫化物/（mg/L）	≤	0.05	0.1	0.2	0.5	1
24	粪大肠菌群/（个/L）	≤	200	2000	10000	20000	40000

通过对比，GB 3838—2002《地表水环境质量标准》与GB 5749—2006《生活饮用水卫生标准》共有指标68项，与CJ/T 206—2005《城市供水水质标准》共有指标63项。属于3部标准共有的指标共计63项，其中浓度限值相同的指标有37项。

GB 3838—2002《地表水环境质量标准》宽于GB 5749—2006《生活饮用水卫生标准》或CJ/T 206—2005《城市供水水质标准》的指标共有22项，包括铅、挥发酚、氨氮、氰化物、砷、硫化物、粪大肠菌群、高锰酸盐指数（耗氧量）、pH值、环氧氯丙烷、六氯苯、敌敌畏、锈去津（阿特拉津）、镉、1,1-二氯乙烯、1,2-二氯乙烷、1,4-二氯苯、二氯甲烷、果乐、三氯乙烯、四氯乙烯、2,4,6-三氯酚（见表7-8）。

表7-8　GB 3838—2002 限值宽于 GB 5749—2006 或 CJ/T 206—2005 的指标　单位：mg/L

序号	指标	GB 3838—2002	GB 5749—2006	CJ/T 206—2005	备注
1	铅	0.05（Ⅲ类）	0.01	0.01	饮用水和城市供水标准相当于地表水Ⅰ类限值
2	挥发酚	0.005（Ⅲ类）	0.002	0.002	
3	氨氮	1（Ⅲ类）	0.5	0.5	饮用水和城市供水标准相当于地表水Ⅱ类限值
4	氰化物	0.2（Ⅲ类）	0.05	0.05	
5	砷	0.05（Ⅲ类）	0.01	0.01	
6	硫化物	0.2（Ⅲ类）	0.02	0.02	饮用水和城市供水标准值小于地表水Ⅰ类限值
7	粪大肠菌群	10000（Ⅲ类）	不得检出	不得检出	
8	高锰酸盐指数（耗氧量）	6（Ⅲ类）	3	3	饮用水和城市供水标准值小于地表水Ⅱ类限值
9	pH值（无量纲）	6～9	6.5～8.5	6.5～8.5	
10	环氧氯丙烷	0.02	0.0004	0.0004	饮用水和城市供水标准值小于地表水标准限值
11	六氯苯	0.05	0.001	0.001	
12	敌敌畏	0.05	0.001	0.001	
13	锈去津（阿特拉津）	0.003	0.002	0.002	
14	镉	0.005	0.005	0.003	
15	1,1-二氯乙烯	0.03	0.03	0.007	
16	1,2-二氯乙烷	0.03	0.03	0.005	
17	1,4-二氯苯	0.3	0.3	0.075	地表水标准与饮用水标准相同，且高于城市供水标准值
18	二氯甲烷	0.02	0.02	0.005	
19	果乐	0.08	0.08	0.08	
20	三氯乙烯	0.07	0.07	0.005	
21	四氯乙烯	0.04	0.04	0.005	
22	2,4,6-三氯酚	0.2	0.2	0.01	

GB 3838—2002《地表水环境质量标准》严于 GB 5749—2006《生活饮用水卫生标准》或 CJ/T 206—2005《城市供水水质标准》的指标共有 5 项，包括阴离子合成洗涤剂、汞、苯并芘、甲基对硫磷、马拉硫磷（见表7-9）。

表7-9　GB 3838—2002 限值严于 GB 5749—2006 或 CJ/T 206—2005 的指标　单位：mg/L

序号	指标	GB 3838—2002	GB 5749—2006	CJ/T 206—2005	备注
1	阴离子合成洗涤剂	0.2（Ⅲ类）	0.3	0.3	
2	汞	0.0001（Ⅲ类）	0.001	0.001	

续表

序号	指标	GB 3838—2002	GB 5749—2006	CJ/T 206—2005	备注
3	苯并芘	2.8×10^{-6}	0.00001	0.00001	
4	甲基对硫磷	0.002	0.02	0.01	
5	马拉硫磷	0.05	0.25		

GB 3838—2002《地表水环境质量标准》、GB 5749—2006《生活饮用水卫生标准》和CJ/T 206—2005《城市供水水质标准》中浓度限值相同的指标共有37项。此外，GB 3838—2002《地表水环境质量标准》还有4项浓度限值与GB 5749—2006《生活饮用水卫生标准》相同，但CJ/T 206—2005《城市供水水质标准》未涉及的指标（见表7-10）。

表 7-10　GB 3838—2002 限值与 GB 5749—2006 和 CJ/T 206—2005 相同的指标　单位：mg/L

序号	指标	GB 3838—2002	GB 5749—2006	CJ/T 206—2005	序号	指标	GB 3838—2002	GB 5749—2006	CJ/T 206—2005
1	铜	1（Ⅲ类）	1	1	18	林丹	0.002	0.002	0.002
2	锌	1（Ⅲ类）	1	1	19	氯苯	0.3	0.3	0.3
3	氟化物	1（Ⅲ类）	1	1	20	钼	0.07	0.07	0.07
4	硒	0.01（Ⅲ类）	0.01	0.01	21	镍	0.02	0.02	0.02
5	六价铬	0.05（Ⅲ类）	0.05	0.05	22	硼	0.5	0.5	0.5
6	1,2-二氯苯	1	1	1	23	铍	0.002	0.002	0.002
7	1,2-二氯乙烯	0.05	0.05	0.05	24	三氯苯	0.02	0.02	0.02
8	钡	0.7	0.7	0.7	25	三氯甲烷	0.06	0.06	0.06
9	苯	0.01	0.01	0.01	26	铊	0.0001	0.0001	0.0001
10	苯乙烯	0.02	0.02	0.02	27	锑	0.005	0.005	0.005
11	丙烯酰胺	0.0005	0.0005	0.0005	28	微囊藻毒素	0.001	0.001	0.001
12	滴滴涕	0.001	0.001	0.001	29	五氯酚	0.009	0.009	0.009
13	对硫磷	0.003	0.003	0.003	30	氯乙烯	0.005	0.005	0.005
14	二甲苯	0.5	0.5	0.5	31	硫酸盐	250	250	250
15	甲苯	0.7	0.7	0.7	32	氯化物	250	250	250
16	甲醛	0.9	0.9	0.9	33	硝酸盐	10	10	10
17	邻苯二甲酸二酯	0.008	0.008	0.008	34	铁	0.3	0.3	0.3

续表

序号	指标	GB 3838—2002	GB 5749—2006	CJ/T 206—2005	序号	指标	GB 3838—2002	GB 5749—2006	CJ/T 206—2005
35	锰	0.1	0.1	0.1	39	六氯丁二烯	0.0006	0.0006	
36	溴氰菊酯	0.02	0.02	0.02	40	三氯乙醛	0.01	0.01	
37	乙苯	0.3	0.3	0.3	41	三溴甲烷	0.1	0.1	
38	百菌清	0.01	0.01						

总体来看，3部标准中除了阴离子合成洗涤剂、汞、苯并芘、甲基对硫磷4项指标外，GB 5749—2006《生活饮用水卫生标准》和CJ/T 206—2005《城市供水水质标准》更为严格，其规定的大部分指标浓度达到或优于地表水Ⅱ类。目前，南水北调中线工程水质管理目标为地表水Ⅲ类，与GB 5749—2006《生活饮用水卫生标准》和CJ/T 206—2005《城市供水水质标准》还存在部分差距。南水北调中线工程通水后，中线总干渠的实际水质监测结果表明，除高锰酸盐指数等个别指标外，其余指标全部满足地表水Ⅰ类标准，为南水北调水质标准与GB 5749—2006《生活饮用水卫生标准》和CJ/T 206—2005《城市供水水质标准》的衔接提供了可行性。

除了上述共有指标外，GB 3838—2002《地表水环境质量标准》中还规定了水温、溶解氧、化学需氧量、五日生化需氧量、总磷、总氮和石油类7项常规项目，以及34项集中式生活饮用水地表水特定项目。GB 5749—2006《生活饮用水卫生标准》和CJ/T 206—2005《城市供水水质标准》还规定了38项和30项其他指标，其中耐热大肠菌群、氯气及游离氯制剂（余氯）、色度、嗅和味、浑浊度、肉眼可见物、铝、总硬度、溶解性总固体、四氯化碳、亚氯酸盐、溴酸盐、总α放射性、总β放射性、蓝氏贾第鞭毛虫（Giardia lamblio）、隐孢子虫、钠、银、2,4-滴、细菌总数、1,1,1-三氯乙烷、三氯甲烷等22项指标是GB 5749—2006《生活饮用水卫生标准》和CJ/T 206—2005《城市供水水质标准》中共有、但是GB 3838—2002《地表水环境质量标准》中没有的指标（表7-11）。

表7-11 GB 3838—2002限值与GB 5749—2006和CJ/T 206—2005非共有的指标 单位：mg/L

水质标准	与GB 3838—2002非共有指标
GB 3838—2002《地表水环境质量标准》（41项）	水温、溶解氧、化学需氧量、五日生化需氧量、总磷、总氮、石油类、2,4,6-三硝基甲苯、2,4-二氯苯酚、2,4-二硝基甲苯、2,4-二硝基氯苯、苯胺、吡啶、丙烯腈、丙烯醛、敌百虫、丁基黄原酸、多氯联苯、二硝基苯、钒、钴、环氧七氯、黄磷、活性氯、甲基汞、甲萘威、苦味酸、联苯胺、邻苯二甲酸二丁酯、氯丁二烯、内吸磷、水合肼、四氯苯、四氯甲烷、四乙基铅、松节油、钛、硝基苯、硝基氯苯、乙醛、异丙苯
GB 5749—2006《生活饮用水卫生标准》（38项）	耐热大肠菌群、氯气及游离氯制剂、色度、臭和味、浑浊度（NTU）、肉眼可见物、铝、总硬度、溶解性总固体、四氯化碳、亚氯酸盐、溴酸盐、总β放射性（Bq/L）、贾第鞭毛虫（个/10L）、隐孢子虫（个/10L）、钠、银、2,4-滴、菌落总数（CFU/mL）、总α放射性（Bq/L）、1,1,1-三氯乙烷、三卤甲烷、大肠埃希菌群、氯酸盐、臭氧、二氧化氯、一氯胺、三氯乙酸、草甘膦、毒死蜱、二氯一溴甲烷、二氯乙酸、呋喃丹、六六六、氯化氰、灭草松、七氯、一氯二溴甲烷

续表

水质标准	与 GB 3838—2002 非共有指标
CJ/T 206—2005《城市供水水质标准》（30项）	耐热大肠菌群、氯气及游离氯制剂、色度、臭和味、浑浊度（NTU）、肉眼可见物、铝、总硬度、溶解性总固体、四氯化碳、亚氯酸盐、溴酸盐、总 β 放射性（Bq/L）、贾第鞭毛虫（个/10L）、隐孢子虫（个/10L）、钠、银、2,4-滴、菌落总数（CFU/mL）、总 α 放射性（Bq/L）、1,1,1-三氯乙烷、三卤甲烷、多环芳烃（总量）、卤乙酸（总量）、二氧化氯（使用二氧化氯消毒剂时测定）、粪型链球菌群、氯酚（总量）、TOC、甲胺磷、1,1,2-三氯乙烷

综上所述，通过与 GB 5749—2006 和 CJ/T 206—2005 的横向对比，结合近年来国内外研究的趋势，确定了常规指标的内容，在常规监测的基础上，对于水温、pH值的监测属于日常监测。由于中线总干渠属于高度人工管理下的河道，根据近年来数据观测表明，对水温、pH值的评价是基于一个范围和温差变化，这两项指标属于常规指标中的影响较小的项目，故此在综合评价中，常规指标重点考虑其他22项：溶解氧、高锰酸盐指数、化学需氧量（COD）、五日生化需氧量（BOD_5）、氨氮（NH_3-N）、总磷（以 P 计）、总氮（湖、库以 N 计）、铜、锌、氟化物（以 F^- 计）、硒、砷、汞、镉、铬（六价）、铅、氰化物、挥发酚、石油类、阴离子表面活性剂、硫化物、粪大肠菌群（个/L）。

7.2.2.2 面向中线水质风险的个性化指标

南水北调中线工程通水后，中线总干渠形成一个相对独立的人工水生态系统。由于中线总干渠营养盐对藻类生长不形成限制，在适宜的温度、光照及水流条件下，藻类会快速生长繁殖、累积。藻类异常增殖事件会增加自来水厂的处理成本，严重时可造成自来水厂停产，影响供水水质及供水安全，引起公众恐慌，造成不良的社会影响；藻类突发事件能引起水生生物死亡，对水体生态系统结构、功能及健康造成影响，带来生态安全问题。

根据前期对中线水质风险的调研和总结，以及中线工程运行管理现状，建议针对中线总干渠的水质安全评价指标体系，结合中线面临的五大风险问题，增加"综合生物毒性""藻类异常增殖指数"和"淤积指数"三个指标。

7.2.2.2.1 综合生物毒性指标

基于生物毒性来评价水体的对受纳水体潜在的风险，保护水生生态系统以及保障饮用水安全具有重要的意义。世界上常用的化学物质有近10万种，对这些污染物很难进行逐一鉴别和浓度测试。传统的水质分析评价方法，需要测定的项目众多、分析仪器昂贵、检测成本高，目前只能对某些受关注的污染物进行分析检测，而且对这些污染物之间的拮抗、联合、相加等作用机制以及污染物的生物有效性研究仍然匮乏，单纯的化学分析手段很难对成分复杂的污水污染情况及其生态风险做出准确判定，因此，非常有必要对污染物质所产生的综合毒性进行评价。生物毒性监测结果能够反映污染负荷和生物学反应之间的定量关系，提供比理化化学分析方法更直接的污染物毒性评价，生物测试的结果反映的是复杂体系中所有组分的综合作用，包括各组分之间可能存在的加合作用、拮抗作用或协同作用。

20世纪80年代末,美国环保局(EPA)制定了应用毒性测试法来评价水体综合毒性的计划,通过直接检测水体总毒性以减少和取代对单个污染物的鉴别和分析。生物测试能够弥补理化检测方法的不足,选择合适的生物测试方法或者结合使用生物测试方法和化学分析方法,能够有效地预测复杂体系对生态系统的毒理效应。目前水质生物毒性安全评价的方法有:生物急性毒性分析、亚急性毒性分析、慢性毒性分析、遗传毒性分析、内分泌干扰物毒性分析和致癌致畸变分析等多种方法。生物急性毒性检测方法具有受试生物易获得、易培养、毒性反应稳定等优点,可很好地反映水体综合毒性大小,在国内外水质毒性研究中得到了广泛的应用。在微生物毒性试验中,技术最为成熟的是发光菌毒性试验。发光菌含有LUX基因,在正常条件下可发射出可见光,其优点有数量多、繁殖能力强、成本较低等。由于发光菌对外界十分敏感,因此可以通过在污染物中发光菌所发出的光的强度变化来对水质进行评估。1978年,美国Backman公司研发的"Microtox"发光菌在水质急性毒性检测的试验中效果可与鱼类相媲美。我国学者从青海湖中发现的青海弧菌能在淡水中正常发光,也成为此类试验良好的材料。

发光菌作为微生物中典型的代表,具有灵敏度高、相关性好、反应速度快、自动化程度高等优点,目前已广泛应用于水质急性毒性测试。宋莹等用费氏弧菌作为受试生物检测再生水加氯消毒后余氯的毒性大小,并根据对发光菌毒性的大小分析最优的余氯去除方案。刘家飞等用明亮发光杆菌T3的研究同样表明,加氯消毒后再生水中,余氯有较大的生物急性毒性。马梅等采用半渗透膜被动式采样技术(SPMD),李博等采用XAD-2树脂技术萃取再生水中的有毒物质,用发光菌检测有毒物质得出的急性毒性数据均能较好地反映再生水厂的各处理阶段的处理效果。随着各种检测毒性大小的发光细菌传感器的诞生,发光细菌监测可以逐渐实现对水质的现场检测。Rumlova等和Dolezalova等在用酵母菌致死率方法研究污染物急性毒性实验中发现,酵母菌对其所研究的有机污染物的敏感度均高于费氏弧菌和大型蚤,另外还有工作量小、实验周期短和实验过程易控制等优点,在再生水急性毒性安全评价中将会有较高的研究价值。

综合生物毒性指标(Bio-Toxicity Indices)计算公式:

$$\text{BTI} = \frac{\omega_j}{\omega_0} \times 100\% \tag{7-1}$$

式中:ω_j为发光菌占总体样本个数;ω_0为菌体总个数。

7.2.2.2.2 藻类异常增殖指数

藻类生长机理十分复杂,目前诸多研究表明,藻类的生长与水位、流速、水温、光照及水质有着密切的关系,特定优势藻类生长繁衍所必需的主要环境条件基本相同,可以归纳为以下3个方面:富足的氮、磷等营养物质,适宜的水文条件,以及气候条件。只有在3方面条件都比较适宜的情况下,才会出现某种优势藻类"疯"长的水华现象。

对于南水北调中线工程这种长距离输水工程而言，水动力过程是影响水体富营养化状态和藻类繁殖的重要因素之一，且湖泊环流型水域和河道径流型水域水动力作用存在显著差异。水动力过程从流速和流态两个方面影响藻类生长，对于流速而言，存在临界流速使叶绿素浓度达最高值，不同藻类对应的临界流速不同；对于流态而言，湍流程度增加，藻类生长受抑制，但水流流态（层流、过渡流、湍流）与这种抑制作用并不显著相关。

近年来国内外学者对藻类群落进行了大量的调查研究，国外的相关研究开展较早，主要涉及不同地域气候（温带、亚热带及变化气候）下，不同水生态系统类型（湖泊、滨海湿地、沼泽湿地、冰川、河流），不同状态的河流（静水、激流）以及不同营养结构的水体中着生藻类的研究。研究的主要内容围绕藻类的群落结构及时空变化特征，相关非生物影响因子与着生藻类的关系。

Borchardt研究认为，流速不影响藻的呼吸速率，但影响暗呼吸中对碳的吸收能力，随流速增加而增加；水流动减少藻细胞周围死水而增加细胞膜营养盐的扩散和对营养盐的吸收。Healey研究提出，水流通过改变光线强弱、水温等引起营养盐比例变化，从而影响藻的生长。Pannard提出，大流速引起沉积物的悬浮，而其再沉降过程中对藻类有卷带作用，会导致部分藻丧失浮力而沉降，从而减少浮游藻类数量。Huisman研究结果表明，扰动影响不同藻类对光照的竞争，并认为扰动对藻类浮动产生影响，低扰动有利于微囊藻成为优势种，而高扰动使硅藻和绿藻成为优势种。

藻类对水域的生产能力及水域生态系统的稳定起着至关重要的作用。由于藻类的生长于温度、光照、氮、磷、碳、硅、流速等因素密切相关，因此，藻类生长率可以表示为最大生长率与受温度、光照及可利用营养盐影响函数之积，其相关的方程式如7-2所示：

$$K_{ag} = K_{agmax} \times f(T) \times f(\text{TN, TP, Si}, v, \text{DO}) \quad (7-2)$$

式中：K_{agmax} 为藻类最大生长率；$f(T)$ 为藻类生长率对温度的本构关系方程，也称适配曲线；$f(\text{TN, TP, Si}, v, \text{DO})$ 为总氮、总磷、硅元素、水动力条件流速、溶解氧等因子对藻类生长起控制作用因子的限制函数。

1. 水动力条件

从水动力条件对藻类生长影响的研究越来越多，也取得了一系列研究成果。丁蕾等的研究结果表明水体流速的快慢可以影响着生藻类和浮游藻类的比例，即在水流流速较慢的区域硅藻生物密度较小，营着生生长的硅藻占优，在水流速度较快的区域硅藻生物密度较大，营浮游生活的硅藻稍占优。而丁玲红等在研究中发现水流的冲刷作用对藻类的增殖既有促进又有抑制作用，当流速较慢时促进，当流速过大时会产生抑制作用。高流速对着生藻类建群初期有不利影响，但有利于后期丝状藻类的增殖。王红萍等根据Monod方程得出汉江中藻类与流速倒数的指数关系 $[a = m\exp(k/v)]$，其中 $m=8.9759$、$k=0.9054$，并提出了在该断面发生水华的警戒流速为 0.225m/s（设藻类浓度达到 500×10^4 cell/L 为春季水华的警戒值）。李锦秀等研究大宁河富营养化问题时，在传统藻类生长速率与光照、水温、营养盐浓度的对应关系式[$\mu=f(T)\min(f(P);f(N))f(L)$]基础上,增加了水动力影响因式$f(u)=v\gamma u$,并经数值拟合分析得到三峡库区支流水动力条件对藻类生长速率影响公式为:$f(v)=0.76.6u$;黄程等提出拟合方程$y=34.042-293.725u+821.265u_2-603.45u_3$,认为大宁河回水区流速与藻类呈显著的负相关关系。

2. 水温和光照

水温和光能均是影响藻类的关键因素,且存在相互影响,厘清两者的贡献及其变化规律对于理解蓝藻水华暴发机制有着重要的作用。参照Cloern的方法,基于PNAMX对$n(z)$和T的偏导数讨论光能、水温对藻类总初级生产力的影响规律,两者之间的比值R(无量纲量)在$-0.1\sim0.1$,表征藻类总初级生产力主要受温度影响控制;R介于$0.1\sim10$或$-10\sim-0.1$,受水温、光能的共同影响;而$R>10$或$R<-10$,表征藻类获取的光量子数对其总初级生产力的影响程度远大于温度的效应:当水温升高促进藻类生长时,$R>10$表征光限制,而$R<-10$表征光抑制;当水温升高抑制藻类生长时,R表征的光照限制与抑制亦相反。

3. 营养盐

总氮、总磷对藻类生长的影响函数一般采用Monod方程:

$$\lambda_i=\varphi_i/(P_i+\varphi_i) \tag{7-3}$$

式中:λ_i为第i种营养盐对藻类生长的限值因子;φ_i为第i中营养盐的浓度值;P_i为第i种营养盐藻类生长的半饱和常数,即藻类生长速度为最大生长速度的1/2时的第i种营养盐浓度。

4. 溶解氧

溶解氧对藻类的生长起到至关重要的作用。国外有些学者通过不断测定水体中溶解氧的含量来估算水体的初级和净生产力,进而衡量植物生长状况。在水体的表层,藻类可以获得充足的CO_2和光照进行光合作用而放出O_2,因此,表层水体有充足的DO。但是,表层密集的藻类使阳光难以透射至湖泊深层,而且阳光在穿射过程中因被藻类吸收而衰减,深层水体的光合作用受到限制,使溶解氧来源减少;同时,藻类死亡后不断向湖底沉积,不断地腐烂分解也会消耗深层水体大量的DO,严重时可能使DO消耗殆尽而呈厌氧状态,使得需氧生物难以生存。这种厌氧状态可以触发或者加速底泥积累的营养物质释放,造成水体营养物质的高负荷,从而给水质带来恶劣影响。

综合以上研究结果,在以下最适宜条件范围内,藻类生长繁殖较快,在一般情况下,水动力条件主要考虑流速和月流速变幅、水温和光照、营养盐(总氮和总磷)、溶解氧这四方面的共同影响作用。

其中,水动力条件中的流速和月流速变幅是根据中线运行期近5年的监测数据总结规律得出;水温和光照的数值,一方面结合中线自身的特性;另一方面参考了主要藻种例如刚毛藻、微囊藻等文献报道的适宜生长的温度和光照范围;营养盐的总氮和总磷以及溶解氧是参考GB 3838—2002规定的地表水分类标准结合相关文献中实证研究综合得出。

表 7-12　　　　　　　　　　　藻类异常增殖指数相关因素及因子贡献表

藻类生长指数	指标覆盖							
	水动力条件		水温和光照		营养盐		溶解氧	
因子贡献	0.5	0.1	0.1	0.15	0.05	0.05	0.05	赋值
因子	流速/(m/s)	月流速变幅/[m/(s·月)]	水温/℃	光照/[μmol/(m²·s)]	TN/(mg/L)	TP/(mg/L)	DO/(mg/L)	

7.2.2.2.3　淤积指数

淤积监测结果显示，淤积呈现明显的季节性，整个冬季都没有出现明显淤积，而在春夏秋三季都出现了快速淤积。据此，监测点的淤积可能与水生藻类有关，冬季温度过低，藻类繁殖缓慢，春季温度升高后，藻类开始快速生长，上游渠道输运来的藻类急剧增加，在退水闸前迅速淤积。

因此结合气温、主要基于季节时段计算淤积指数。具体而言，就中线总干渠当前条件下的监测数据表明，在3月中旬到10月中旬这个阶段，伴随着藻类的生长繁殖脱落等过程，在全线不同渠段会造成不同程度的淤积；由于中线工程南北空间跨度较大，气温存在一定的地理性差异，总体来讲，10月中旬到次年3月中旬这一阶段处于淤积的低风险时段。其他时段属于中高风险时段。

通过本项目对淤积问题的研究，初步判断淤积物的源头即为渠道中异常增殖后的藻类残体，故淤积指数的确定可以参考藻类异常增殖指数的大小，在后续的研究中，可考虑增加水中藻类残体的浓度值和水动力条件来制定更精细的淤积指数判定表。

7.2.3　评价模型的构建

7.2.3.1　评价方法的选择

针对水质安全的评价方法总体可分为单因子评价法和综合评价法两大类。

单因子评价法将各水质参数与评价基准逐项对比，以单项参数评价最差项目的类别作为水质类别，评价结果较保守，只是定性水样的类别，虽然操作简单，但将单个因子的污染状况等同于水质状况，具有"一票否决"式的特点，未能有具体的数量化水质评价结果。

基于水质安全评价方法中的综合评价法有：综合污染指数评价法，模糊评价法，灰色聚类法，人工神经网络评价法和改进属性识别法等。综合污染指数评价法利用数学的归纳和统计计算各种参数的相对污染指数，得出一个能表征水体污染程度的数值，计算简便，评价结果更直观，但还是会掩盖某些污染严重的因子，有时评价偏离事实。模糊评价法是用隶属函数描述水质分级情况，刻画界限模糊性，但是需要大量的数据资料，计算比较复杂，且在权重系数的处理方面具有很大的主观性。灰色聚类法克服了综合指数划分水质级别而导致的级别突变的缺点，计算较为复杂，分辨率偏低。人工神经网络评价法有很强的自组织、自学习、自适应的能力，但是需要大量调查资料，操作水平要求高。改进属性识别法应用较为简便，避免了主观确定权重的随意性，但也是需要大量调查资料和很高的操作水平。

内梅罗指数法是当前国内外进行综合污染指数计算的最常用的方法之一，是一种兼顾极值或突出最大值的计权型多因子环境质量指数。内梅罗指数特别考虑了污染最严重的因子，内梅罗指数在加权过程中避免了权系数中主观因素的影响，是目前仍然应用较多的一种环境质量指数评价方法。

通过对中线总干渠水质现状的分析，及今后运行管理的需求，选取了综合评价法中的较为成熟的内梅罗指数法进行水质安全评价。

内梅罗指数法由美国叙拉古大学内梅罗教授提出，传统的内梅罗指数计算公式如下：

$$P = \sqrt{\frac{I_{max}^2 + \overline{I}^2}{2}} \quad (7-4)$$

$$I = \frac{1}{n}\sum_{i=1}^{n} I_i \quad (7-5)$$

$$I_i = \frac{C_i}{C_{oi}} \quad (7-6)$$

式中：P 为传统算法的内梅罗指数；I_i 为第 i 项参评因子的污染指数；C_i 为第 i 项参评因子的浓度实测值，mg/L；C_{oi} 为第 i 项参评因子的评价标准限值，mg/L；I_{max} 为所有参评因子污染指数中的最大值；$\overline{I}$ 为所有参评因子污染指数的平均值。

由计算公式可见：传统的内梅罗指数法虽然兼顾了极大值污染因子和其余参评因子对水质的影响，与单因子评价法有很大区别，但仍忽略了某些实测浓度也许很小、危害性却很大的污染因子的影响，必须加以改进，以更全面判断水质。

改进的内梅罗指数法在原方法基础上，对极值问题加以权重修正，计算公式如下：

$$I_i = \frac{C_i}{C_{oi}} \quad (7-7)$$

$$P' = \sqrt{\frac{I_{max}'^2 + \overline{I}^2}{2}} \quad (7-8)$$

$$I_{max}' = \frac{I_{max} + I_w}{2} \quad (7-9)$$

式中：P' 为改进的内梅罗指数；I_w 为权重值最大的污染因子的 C_i 与 C_{oi} 比值；其余同上。

一般情况下，地表水水质标准中，污染因子的浓度限值越小，说明该因子对水质影响越大，两者呈反比关系。选定某一类水质标准，将该标准中选定参评因子的污染标准限值 C_{oi} 按数值从小到大排序，找出其中最大值，再按如下公式计算第 i 种污染因子的权重：

$$\omega_i = \frac{r_i}{\sum_{i=1}^{n} r_i} \quad (7-10)$$

式中：ω_i 为第 i 项污染因子的权重；C_{max} 为所有参评因子污染标准限值中的最大值，mg/L；r_i 为第 i 种污染因子的相关性比值。

溶解氧评价标准与其他因子有所不同，其检测值与水质类别呈反向变化关系，需要修正后才能代入式（7-12）中计算，修正如下：

$$I_i' = \frac{C_{oi}}{C_i} \times \frac{O_{im} - C_i}{O_{im} - C_{oi}} \qquad (7-11)$$

$$O_{im} = \frac{468}{31.6 + T_i} \qquad (7-12)$$

式中：I_i 为修正后的溶解氧代入值；O_{im} 为饱和氧浓度，mg/L；T_i 为水温，℃。

7.2.3.2 指标体系的设置

综合考虑污染因子的危害性与北溪引水水质实测数据变化范围，选取汞、镉、氨氮、溶解氧、高锰酸盐指数、BOD_5、总磷、铁、锰等21个水质评价因子进行改进的内梅罗指数计算。根据GB 3838—2002《地表水环境质量标准》，以Ⅱ类水水质标准值（河流型）为计算基准，按照公式各污染因子权重，结果见表7-13。

表7-13　　改进的内梅罗指数法评价指标的属性及标准值设定

指标层	序号	评价因子	指标属性	标准值 C_0
常规指标	1	溶解氧/（mg/L）	正向指数	≥6
	2	高锰酸盐指数/（mg/L）	反向指标	≤4
	3	化学需氧量（COD）/（mg/L）	反向指标	≤15
	4	五日生化需氧量（BOD_5）/（mg/L）	反向指标	≤3
	5	氨氮（NH_3-N）/（mg/L）	反向指标	≤0.5
	6	总磷（以P计）/（mg/L）	反向指标	≤0.1
	7	总氮（以N计）/（mg/L）	反向指标	≤0.5
	8	铜/（mg/L）	反向指标	≤1.0
	9	锌/（mg/L）	反向指标	≤1.0
	10	氟化物（以F^-计）/（mg/L）	反向指标	≤1.0
	11	硒/（mg/L）	反向指标	≤0.01
	12	砷/（mg/L）	反向指标	≤0.05
	13	汞/（mg/L）	反向指标	≤0.00005
	14	镉/（mg/L）	反向指标	≤0.005
	15	铬（六价）/（mg/L）	反向指标	≤0.05
	16	铅/（mg/L）	反向指标	≤0.01
	17	氰化物/（mg/L）	反向指标	≤0.05
	18	挥发酚/（mg/L）	反向指标	≤0.002
	19	石油类/（mg/L）	反向指标	≤0.05
	20	阴离子表面活性剂/（mg/L）	反向指标	≤0.2
	21	硫化物/（mg/L）	反向指标	≤0.1
	22	粪大肠菌群/（个/L）	反向指标	≤2000

续表

指标层	序号	评价因子	指标属性	标准值 C_0
水生态风险指标	1	综合生物毒性	反向指标	发光菌 < 30%
	2	藻类异常增殖指数	反向指标	综合判定表赋值
	3	淤积指数	区间指标	综合判定表赋值

7.2.3.3 权重的确定

指标权重的确定方法很多，大致可分为三类：主观权重评价、客观权重评价和综合权重评价。主观权重法是指根据决策者的知识和经验或偏好，比较、分配和计算各指标权重的方法，其中 AHP（Ghimire 和 Kim，2018；Xue 等，2019）和 Delphi（Lu，2018；Sanikhani 等，2018）已被广泛使用。目标权重法是根据各项目评价指标值的客观数据差异，确定各指标权重的一种方法。主要包括主成分分析、均方误差法以及熵法。但以上方法单独使用时得到的权重都会有偏差。为了弥补这一缺陷，需要结合两种加权方法，称为组合积分加权。为此，结合层次分析法和熵权法确定指标权重（Xu 等，2018）。组合积分加权法的主要步骤概括如下：

（1）构造 m 个对象和 n 个索引的原始数据矩阵 $X = (x_{ij})_{m \times n}$

$$X = \begin{bmatrix} x_{11} & x_{12} & \cdots & x_{1n} \\ x_{21} & x_{22} & \cdots & x_{2n} \\ \vdots & \vdots & \vdots & \vdots \\ x_{m1} & x_{m2} & \cdots & x_{mn} \end{bmatrix} \quad (7-13)$$

将样本矩阵 X 转换为标准化矩阵 Y，如下所示：

$$y_{ij} = \begin{cases} (x_{ij} - x_{\min}) / (x_{\max} - x_{\min}), & x_{ij}\ is\ positively\ index \\ (x_{\max} - x_{ij}) / (x_{\max} - x_{\min}), & x_{ij}\ is\ negatively\ index \end{cases} \quad (7-14)$$

第 j 个的熵值 e_j 定义如下：

$$e_j = -\frac{1}{\ln m} \sum_{i=1}^{m} (y_{ij} / \sum_{i=1}^{m} y_{ij}) \ln(y_{ij} / \sum_{i=1}^{m} y_{ij}) \quad (7-15)$$

计算第 j 个指标的偏离度 g_j：

$$g_j = 1 - e_j \quad (7-16)$$

熵权指标定义如下：

$$\mu_j = g_j / \sum_{j=1}^{n} g_j \quad (7-17)$$

（2）采用层测分析法分析计算主观权重 λ_j。

（3）最终的权重 ω_j 计算如下：

为了使客观权重和主观权重的分布更合理，引入距离函数，将主观权重与客观权重相结合。主观权重 λ_j 与客观权重 μ_j 之间的距离函数为

$$D(\lambda_j,\mu_j)=\left[\frac{1}{2}\sum_{j=1}^{n}(\lambda_j-\mu_j)^2\right]^{0.5} \quad （7-18）$$

主观权重和客观权重分配系数分别为 α 和 β，用式（7-19）和式（7-20）计算：

$$D(\lambda_j,\mu_j)^2=(\alpha-\beta)^2 \quad （7-19）$$

最终，第 j 个指标的综合积分权重 ω_j 计算如下，从而得到对应指标的权重：

$$\omega_j=\alpha\lambda_j+\beta\mu_j \quad （7-20）$$

$$W=\{\omega_1,\omega_2,\cdots,\omega_m\} \quad （7-21）$$

结合中线总干渠水质水生态安全影响评价指标体系，选用将客观的熵权法与层次分析法相结合的组合赋权法，提出并计算得到具有中线总干渠针对性的指标权重体系。现阶段的指标权重，依据内梅罗指数法结合中线的实际工程情况，权重分配见表7-14。

表 7-14　评价体系指标的权重分配（指标层）

序号	水质指标	权重 λ_i（i = A, B, C, D）	
		重要性排序	权重分值
A	常规指标	1	0.5（例如）
B	发光菌毒性（综合生物毒性）	2	0.3
C	藻类异常增殖指数	3	0.15
D	淤积指数	4	0.05

表 7-15　改进的内梅罗指数法评价指标的权重分配

序号	水质常规指标	权重打分
		基于内梅罗法的修正权重 μ_j
1	汞	0.142
2	镉	0.131
3	挥发酚	0.1119
4	氰化物	0.0867
5	六价铬	0.0853
6	砷	0.074
7	硫化物	0.074
8	石油类	0.062
9	氟化物	0.058
10	铜	0.058
11	铅	0.058
12	硒	0.015
13	锌	0.015
14	阴离子表面活性剂	0.0024
15	高锰酸盐指数	0.0019

续表

序号	水质常规指标	权重打分 基于内梅罗法的修正权重 μ_j
16	氨氮	0.0049
17	溶解氧	0.0045
18	五日生化需氧量	0.0045
19	化学需氧量	0.0045
20	总磷	0.0037
21	粪大肠杆菌	0.0022
22	总氮	0.0005

在此权重的基础上，结合中线的监测数据，运用改进的内梅罗指数法对中线总干渠的水质进行评价。

另外，该权重分配方式是基于现有研究数据资料以及和调研相关国标的指标对应限值计算得出，在后期实际应用中可根据需求进行相关调整。

7.2.3.4 评价结果的分类分级规则

以 GB 3838—2002《地表水环境质量标准》Ⅱ类水质的标准限值（河流型）为基准，以所选取的24项水质评价因子的其他各类水质标准限值（河流型）计算各类水质对应的改进的内梅罗指数，并乘以对应权重，加上新增的三个指标及权重的乘积，得到综合内梅罗指数 P 值。

另外新增的三项水生态风险指标：综合生物毒性、藻类异常增殖指数和淤积指数。由于目前还没有对应的国标对限值进行规定和要求，本项目分析计算时采取的是针对国内外相关文献资料调研及结合现阶段现场实际检测的数据进行初步分类分级赋值，后期可依据更多的数据信息进行进一步的完善。

1. 综合生物毒性

以发光菌的监测发光比例来判定（表7-16），大于30%即认为有突发水污染事件，目前还未出现＞30%发光菌的事件。

表 7-16　　　　　　　　　　综合生物毒性判定表

综合生物毒性	发光菌占比	赋值
危险	＞30%	10
一般	0～30%	3
安全	0	0

2. 藻类异常增殖指数

由于中线总干渠通水至今，时间仅有6年，生态系统仍处在初级发展阶段，现阶段的藻类作为生态系统中的生产者，群落结构还处在非稳定期，包括浮游藻类和着生藻类的生长情况仍在动态变化的过程中，一方面是对现有干渠水环境的适应过程，中线来水水源地营养物质丰富，水质优良适宜藻类生长；另一方面水生态系统的不稳定性，缺乏天敌，也给藻类增殖提供了很好的外部环境。结合当前中线水质中心的人工及自动监测断面数据，以及藻类异常增殖的函数关系式，参考判定表进行判定赋值，得到藻类异常增殖指数乘以对应的权重值（表7-17）。

表7-17　　　　　　　　　　　藻类异常增殖指数判定表

藻类生长指数	指标覆盖							赋值
	水动力条件		水温和光照		营养盐		溶解氧	
因子贡献	0.5	0.1	0.1	0.15	0.05	0.05	0.05	
因子	流速/(m/s)	月流速变幅/(m/s/月)	水温/℃	光照/($\mu mol/m^2 \cdot s$)	TN/(mg/L)	TP/(mg/L)	DO/(mg/L)	
最适宜	1.0～1.3	0～0.2	20～27	100～200	0.2～0.5	0.01～0.1	≥6.0	5
一般适宜	0.8～1.0, 1.3～1.6	0.2～0.4	10～20	0～100, 200～999	0.1～0.2, 0.5～2.0	0.1～0.4	3～6	2
不适宜	>1.6; <0.8	>0.4	<10	None, >1000	<0.1, >2.0	<0.01, >0.4	<3	1

3. 淤积指数

淤积监测结果显示，淤积呈现明显的季节性，整个冬季都没有出现明显淤积，而在秋季和春季都出现了快速淤积。据此，监测点的淤积可能与水生藻类有关，冬季温度过低，藻类繁殖缓慢，春季温度升高后，藻类开始快速生长，上游渠道输运来的藻类急剧增加，在退水闸前迅速淤积。

因此结合气温、主要基于季节时段计算淤积指数。具体而言，就中线总干渠当前条件下的监测数据表明，在3月中旬到10月中旬，伴随着藻类的生长繁殖脱落等过程，在全线不同渠段会造成不同程度的淤积；由于中线南北空间跨度较大，气温存在一定的地理性差异，总体来讲，10月份到次年3月中旬这一阶段处于淤积的低风险时段。针对淤积指数的判定，现阶段在已有淤积深度的基础上，结合流速进行综合判定，见表7-18。

表7-18　　　　　　　　　　　淤积指数判定表

淤积指数	指标涵盖		赋值
	水动力条件	已淤积深度/m	
最易淤积	流速较缓慢	>2	5
一般淤积	流速适中	1～2	2
无淤积	流速较快	0	0

综合以上，在常规24项指标的基础上，新增三项重点关注的水生态指标，综合

"24+3"结果与水质评价分级见表7-19。

表7-19　　　　　　　　　　内梅罗指数与水质类别

水质类别	A类	B类	C类	D类	E类
水质安全情况	水质很安全	水质安全但敏感	水质安全但易受污染	水质欠佳	水质较差
内梅罗指数P	$P \leq 1$	$1 < P \leq 2$	$2 < P \leq 3$	$3 < P \leq 4$	$4 < P \leq 5$

将水质按照安全状况分为五个级别：A类，水质很安全；B类，水质安全但敏感；C类，水质安全但易受污染；D类，水质欠佳；E类，水质较差。A类水质很安全，表示所有指标都在安全限值以内；B类水个别常规非毒性指标偶尔超出限值；C类水表示总体符合引用安全标准，个别点位在个别时刻偶有超标现象，处于很容易被污染的状态；D类水表示常规指标中相当于部分检出超标；E类水指相当一部分指标检出超过标准值，水质状况比较恶劣。

7.3 安全风险评价结果

根据中线总干渠自南向北的常规断面和自动监测断面数据情况，选取每月监测一次的30个常规断面的水质指标作为评价数据来源。

考虑到中线从2014年12月供水至今6年有余，选取资料比较齐整的2018年的数据进行评价，在实际计算时，综合评估藻类的情况与季节性密切相关，故选择了2017年11月—2018年10月的完整一年数据进行评价，其中冬季为：2017年11月—2018年1月，春季为2018年2—4月；夏季为2018年5—7月，秋季为2018年8—10月，为一个完整的评价年份。

7.3.1 评价指标体系计算

7.3.1.1 常规指标

根据实际需要和经济可行的原则，遵照国标GB 3838—2002《地表水环境质量标准》标准，常规24项监测指标如下表所示。选取其中除pH值和水温外的22项进行内梅罗法的综合评价，得到内梅罗综合影响指数P。

7.3.1.2 综合毒性指标

目前国内常用的3种发光细菌为：明亮发光杆菌、费氏弧菌、青海弧菌。其中以明亮发光杆菌在GB/T 15441—1995《水质　急性毒性的测定》发光细菌法中所使用；费氏弧菌在欧盟的标准中所使用；青海弧菌是在青海湖的鱼体内提取的菌种，属淡水菌，在测试饮用水时有较大优势综合生物毒性指标（Bio-Toxicity Indices）计算公式：

$$\mathrm{BTI} = \frac{\omega_j}{\omega_0} \times 100\% \tag{7-22}$$

式中：ω_i 为发光菌占总体样本个数；ω_0 为菌体总个数。

选取发光菌作为监测生物毒性的指示菌体。BTI≥30%时为预警等级。根据评价基准年的数据，未发现发光菌测试BTI≥30%的情况。

7.3.1.3 藻类异常增殖指数

藻类对水域的生产能力及水域生态系统的稳定起着至关重要的作用。由于藻类的生长于温度、光照、氮、磷、碳、硅、流速等因素密切相关，因此，藻类生长率可以表示为最大生长率与受温度、光照及可利用营养盐影响函数之积，其相关的方程式如下所示：

$$K_{ag}= K_{agmax} f(T) f(TN, TP, Si, v, DO) \qquad (7-23)$$

式中：K_{agmax} 为藻类最大生长率；$f(T)$ 为藻类生长率对温度的本构关系方程，也称适配曲线；$f(TN,TP,Si,v,DO)$ 为总氮、总磷、硅元素、水动力条件流速、溶解氧等因子对藻类生长起控制作用因子的限制函数。

考虑藻类生长预测模型现阶段针对中线总干渠的针对性研究还处于初期阶段，藻类群落结构还在不断演变中，见图7-3。

根据现有监测数据，实际工程运行中，TN 和 TP 始终满足藻类成长的基本营养需求。根据相关性分析（表7-20），本研究从水动力、光照和温度、营养盐等多方面衡量藻类异常增殖情况。

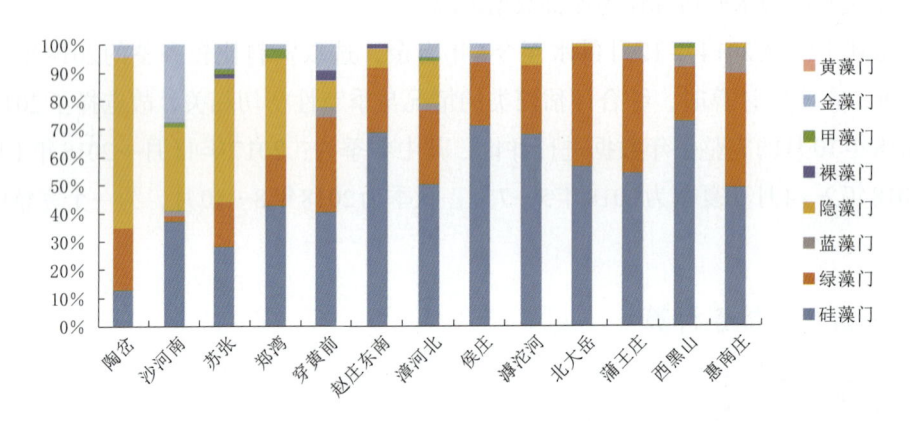

图7-3 中线总干渠2—5月总干渠藻密度组成空间分布图

7.3.2 评价模型的应用

针对南水北调中线水质评价方法总体可分为单因子评价法和综合评价法两大类。综合评价法是采用客观评价法与主观评价法相结合的方法来更加科学地衡量实际水质状况。

根据国内外文献调研，选用客观评价法中的内梅罗指数法和层析分析法，主观评价选用德尔菲专家打分法进行综合评价。

综合考虑污染因子的危害性与水质实测数据变化范围，选取汞、镉、氨氮、溶解氧、高锰酸盐指数、BOD_5、总磷等水质评价因子进行改进的内梅罗指数计算。其中：变幅指

表 7-20　总干渠多元相关性分析表

指标	TP	DTP	NH$_3$-N	水位	流速	TN	T	DO	COD$_{Mn}$	NO$_3$-N	pH 值	叶绿素 a	藻密度	NO$_2$-N	SiO$_2$
TP	1	0.822**	0.517**	−0.133**	0.044	0.588**	−0.156**	0.069*	0.297**	0.082*	−0.044	0.224**	0.140**	0.133**	−0.131**
DTP	0.822**	1	0.538**	0.021	−0.002	0.538**	−0.091*	−0.024	0.136*	0.060	−0.072*	0.032	−0.011	−0.010	0.027
NH$_3$-N	0.517**	0.538**	1	−0.159**	0.058	0.370**	0.010	0.030	0.321**	0.030	−0.008	0.105**	0.125**	0.109**	−0.195**
水位	−0.133**	0.021	−0.159**	1	0.168**	−0.220**	−0.101**	−0.314**	−0.399**	−0.222**	−0.254**	−0.351**	−0.540**	0.202**	0.774**
流速	0.044	−0.002	0.058	0.168**	1	−0.009	0.189**	0.198**	0.200**	−0.317**	0.151**	0.361**	0.312**	0.100**	−0.205**
TN	0.588**	0.538**	0.370**	−0.220**	−0.009	1	−0.384**	0.171**	0.376**	0.240**	−0.044	0.335**	0.222**	0.071*	−0.160**
T	−0.156**	−0.091*	0.010	−0.101**	0.189**	−0.384**	1	0.329**	−0.063	−0.270**	0.619**	−0.086**	0.115**	−0.211**	−0.232**
DO	0.069*	−0.024	0.030	−0.314**	0.198**	0.171**	0.329**	1	0.218**	0.003	0.823**	0.308**	0.298**	0.022	−0.418**
COD$_{Mn}$	0.297**	0.136*	0.321**	−0.399**	0.200**	0.376**	−0.063	0.218**	1	−0.079*	0.056	0.639**	0.588**	0.136**	−0.569**
NO$_3$-N	0.082*	0.060	0.030	−0.222**	−0.317**	0.240**	−0.270**	0.003	−0.079*	1	−0.029	−0.048	−0.008	0.003	0.228**
pH 值	−0.044	−0.072*	−0.008	−0.254**	0.151**	−0.044	0.619**	0.823**	0.056	−0.029	1	0.124**	0.222**	−0.075*	−0.323**
叶绿素 a	0.224**	0.032	0.105**	−0.351**	0.361**	0.335**	−0.086**	0.308**	0.639**	−0.048	0.124**	1	0.836**	0.095**	−0.584**
藻密度	0.140**	−0.011	0.125**	−0.540**	0.312**	0.222**	0.115**	0.298**	0.588**	−0.008	0.222**	0.836**	1	−0.110**	−0.704**
NO$_2$-N	0.133**	−0.010	0.109**	0.202**	0.100**	0.071*	−0.211**	0.022	0.136**	0.003	−0.075*	0.095**	−0.110**	1	0.087**
SiO$_2$	−0.131**	0.027	−0.195**	0.774**	−0.205**	−0.160**	−0.232**	−0.418**	−0.569**	0.228**	−0.323**	−0.584**	−0.704**	0.087**	1

*：显著性。

标（水温）和范围指标pH值在第一步数据预处理中进行分级分类赋分，对是否符合标准值值限定范围首先进行判定。根据GB 3838—2002《地表水环境质量标准》，以Ⅱ类水水质标准值（河流型）为计算基准，按照公式各污染因子权重，结果见表7-21。

表7-21　　南水北调中线总干渠水质影响评价指标体系

目标层	一级准则层	二级准则层	因子层	指标属性	标准值C_0
南水北调中线总干渠水质安全影响评价	非常规指标A1	生物毒性B1	综合生物毒性	反向指标	30%
		生态指标B2	藻类异常增殖指数	反向指标	综合判定表4.5-12
		淤积指标B3	淤积指数	区间指标	综合判定表4.5-13
	常规指标A2	一般指标B4	水温/℃	变幅指标	周平均最大温升≤1；周平均最大温降≤2
			pH值	范围指标	6～9
			溶解氧/（mg/L）	正向指数	6
			高锰酸盐指数/（mg/L）	反向指标	4
			化学需氧量（COD）/（mg/L）	反向指标	15
			五日生化需氧量（BOD_5）/（mg/L）	反向指标	3
			氨氮（NH_3-N）/（mg/L）	反向指标	0.5
			总磷（以P计）/（mg/L）	反向指标	0.1
			总氮（湖、库以N计）/（mg/L）	反向指标	0.5
		浓度指标B5	铜/（mg/L）	反向指标	1
			锌/（mg/L）	反向指标	1
			氟化物（以F^-计）/（mg/L）	反向指标	1
			硒/（mg/L）	反向指标	0.01
			砷/（mg/L）	反向指标	0.05
			汞/（mg/L）	反向指标	0.00005
			镉/（mg/L）	反向指标	0.005
			铬（六价）/（mg/L）	反向指标	0.05
			铅/（mg/L）	反向指标	0.01
			氰化物/（mg/L）	反向指标	0.05
			挥发酚/（mg/L）	反向指标	0.002
			石油类/（mg/L）	反向指标	0.05
			阴离子表面活性剂/（mg/L）	反向指标	0.2
			硫化物/（mg/L）	反向指标	0.1
			粪大肠菌群/（个/L）	反向指标	2000

7.3.2.1 德尔菲专家打分法

指标权重的确定方法很多,大致可分为3类:主观权重评价、客观权重评价和综合权重评价。主观权重法是指根据决策者的知识和经验或偏好,比较、分配和计算各指标权重的方法,其中AHP(Ghimire 和Kim,2018;Xue 等,2019)和Delphi(Lu,2018;Sanikhani 等,2018)已被广泛使用。目标权重法是根据各项目评价指标值的客观数据差异,确定各指标权重的一种方法。主要包括主成分分析(Prez castao 等,2019;Saikia 等,2018)、均方误差法(Hirose,2019;Sanikhani 等,)以及熵法(Bahreini 和 Soltanian,2018)。但以上方法单独使用时得到的权重都会有偏差。为了弥补这一缺陷,需要结合两种加权方法,称为组合积分加权。为此,结合中线总干渠水质水生态安全影响评价指标体系,选用将客观的熵权法与层次分析法相结合的组合赋权法,提出并计算得到具有中线总干渠针对性的指标权重体系。

一般情况下,地表水水质标准中,水质指标因子的浓度限值越小,说明该因子对水质影响越大,两者呈反比关系。选定某一类水质指标的标准,将该标准中选定参评因子的水质标准限值 C_{oj} 按数值从小到大排序,找出其中最大值,再按如下公式计算第 i 种水质因子的权重:

$$\mu_j = \frac{r_j}{\sum_{j=1}^{n} r_j} \tag{7-24}$$

$$r_j = S_{\max}/S_j \tag{7-25}$$

式中:μ_j 为第 j 项水质因子的权重;S_j 为第 j 项参评因子水质标准限值,mg/L;$S_{\max}$ 为所有参评因子水质标准限值中的最大值,mg/L;r_j 为第 j 种水质因子的相关性比值。

其中重金属的权重根据其毒性的相对强弱对照表,见表7-22。

根据重金属毒性结合当前国标中对不同污染因子的浓度限值的综合考虑,确定水质指标因子的权重。

表7-22 重金属毒性一览表

污染物名称		汞	污染物别名:水银
毒理性质	毒性类型		中毒;侵入途径:吸入、食入、经皮吸收
	危险特性		常温下有蒸气挥发,高温下能迅速挥发。与氯酸盐、硝酸盐、热硫酸等混合可发生爆炸
	急性毒性		患者有头痛、头晕、乏力、多梦、发热等全身症状,并有明显口腔炎表现。可有食欲不振、恶心、腹痛、腹泻等。部分患者皮肤出现红色斑丘疹,少数严重者可发生间质性肺炎及肾脏损伤
	慢性毒性		最早出现头痛、头晕、乏力、记忆减退等神经衰弱综合征;汞毒性震颤;另外可有口腔炎,少数病人有肝、肾损伤

续表

污染物名称		镉
毒理性质	毒性类型	低毒；侵入途径：吸入、食入
	危险特性	粉体遇高热、明火能燃烧甚至爆炸
	急性毒性	可产生肺损害，出现急性肺水肿和肺气肿，以及肾皮质坏死。在工业接触中，可见到的丙种镉中毒是肺障碍病症和肾功能不良。在生产环境中大量吸入镉烟尘或蒸气会发生怨性镉中毒，口有金属味，出现头痛、头晕、咳嗽、呼吸困难、恶寒、呕吐和腹泻等，并产生肺炎和肺水肿
	慢性毒性	长期摄入微量镉，通过器官组织的积蓄还会引起骨痛病，这种病曾在欧洲出现过，而日本神通川流域由于镉污染引起的骨痛病更是举世皆知的。在镉污染区镉中毒的诊断要点是：患者尿镉和血镉的浓度高，反映体内镉负荷高；患者有镉中毒的自觉症状和它觉症状，如：全身性疼痛，由于病理性骨折而引起骨骼变形，身躯显著缩短；同时，也出现头痛、头晕、流涎、恶心、呕吐、呼吸受限、睡眠不安等症状
	健康危害	吸入镉燃烧形成的氧化镉烟雾，可引起急性肺水肿和化学性肺炎。个别病例可伴有肝、肾损害。对眼有刺激性。用镀镉器调制或贮存酸性食物或饮料，食入后可引起急性中毒症状。有恶心、呕吐、腹痛、腹泻、大汗、虚脱、甚至抽搐、休克。长期吸入较高浓度镉引起职业性慢性镉中毒。临床表现有肺气肿、嗅觉丧失、牙釉黄色环、肾损害、骨软化症等
	急性中毒	LD50：890mg/kg（小鼠）
污染物名称		铬
毒理性质	毒性类型	低毒；侵入途径：吸入、食入
	危险特性	粉体遇高温、明火能燃烧
	急性毒性	
	慢性毒性	六价铬对人主要是慢性毒害，它可以通过消化道、呼吸道、皮肤和黏膜侵入人体，在体内主要积聚在肝、肾和内分泌腺中。通过呼吸道进入的则易积存在肺部。六价铬有强氧化作用，所以慢性中毒往往以局部损害开始逐渐发展到不可救药。经呼吸道侵入人体时，开始侵害上呼吸道，引起鼻炎、咽炎和喉炎、支气管炎
	健康危害	金属铬对人体几乎不产生有害作用，未见引起工业中毒的报道。进入人体的铬被积存在人体组织中，代谢和被清除的速度缓慢。铬进入血液后，主要与血浆中的铁球蛋白、白蛋白、r-球蛋白结合，六价铬还可透过红细胞膜，15min内可以有50%的六价铬进入细胞，进入红细胞后与血红蛋白结合。铬的代谢物主要从肾排出，少量经粪便排出
污染物名称		砷
毒理性质	毒性类型	低毒；侵入途径：吸入、食入、经皮吸收
	危险特性	燃烧时产生白色的氧化砷烟雾
	急性毒性	
	慢性毒性	
	健康危害	砷口服砷化合物引起急性胃肠炎、休克、周围神经病、中毒性心肌炎、肝炎，以及抽搐、昏迷等，甚至死亡。大量吸入亦可引起消化系统症状、肝肾损害，皮肤色素沉着、角化过度或疣状增生，多发性周围神经炎
	急性中毒	LD50763mg/kg（大鼠经口）；145mg/kg（小鼠经口）
	慢性中毒	
	生殖毒性	大鼠经口最低中毒剂量（TDL0）：605μg/kg（雌性交配前用药35周），胚泡植入前后死亡率升高

续表

污染物名称		硒	污染物别名：硒粉
毒理性质	毒性类型		微毒；侵入途径：吸入、食入
	危险特性		在高温下可燃烧
	急性毒性		
	慢性毒性		长期接触一定浓度的硒，可有头痛、头晕、无力、恶心呕吐、食欲减退、腹泻等症状。还可有肝大、肝功能异常、低血压、心动过缓等植物神经功能紊乱的表现
	健康危害		硒对皮肤粘膜有较强的刺激性。大量吸入可引起急性中毒，出现鼻塞、流涕、咽痛、咳嗽、眼刺痛，头痛、头晕、恶心、呕吐等症状
	急性中毒		LD50：6700mg/kg（大鼠经口）
污染物名称		铅	
毒理性质	毒性类型		高毒；侵入途径：吸入、食入
	危险特性		粉体在受热、遇明火或接触氧化剂时会引起燃烧爆炸
	急性毒性		短时接触大剂量可发生急性或亚急性铅中毒，表现类似重症慢性铅中毒
	慢性毒性		职业中毒主要为慢性。神经系统主要表现为神经衰弱综合征、周围神经病（以运动功能受累较明显），重者出现铅中毒性脑病。消化系统表现有齿龈铅线、食欲不振、恶心、腹胀、腹泻或便秘，腹绞痛见于中等及较重病例。造血系统损害出现卟啉代谢障碍、贫血等
毒理性质	健康危害		损害造血、神经、消化系统及肾脏。长期接触铅及其化合物会导致心悸，易激动，血象红细胞增多。铅侵犯神经系统后，出现失眠、多梦、记忆减退、疲乏，进而发展为狂躁、失明、神志模糊、昏迷，最后因脑血管缺氧而死亡
	急性中毒		LD5070mg/kg（大鼠经静脉）
	致畸性		用含1%的醋酸铅饲料喂小鼠，白细胞培养的染色体裂隙—断裂型畸变的数目增加，这些改变涉及单个染色体，表明DNA复制受到损伤
	致癌性		铅的无机化合物的动物试验表明可能引发癌症。另据文献记载，铅是一种慢性和积累性毒物，不同的个体敏感性很不相同，对人来说铅是一种潜在性泌尿系统致癌物质
污染物名称		锌	污染物别名：亚铅粉
毒理性质	毒性类型		少量无毒或低毒，过量则高毒；侵入途经：吸入、食入
	危险特性		具有强还原性。与水、酸类或碱金属氢氧化物接触能放出易燃的氢气。与氧化剂、硫黄反应会引起燃烧或爆炸。粉末与空气能形成爆炸性混合物，易被明火点燃引起爆炸，潮湿粉尘在空气中易自行发热燃烧
	急性毒性		
	慢性毒性		长期反复接触对皮肤有刺激性
	健康危害		吸入锌在高温下形成的氧化锌烟雾可致金属烟雾热，症状有口串金属味、口渴、胸部紧束感、干咳、头痛、头晕、高热、寒战等。粉尘对眼有刺激性。口服刺激胃肠道

7.3.2.2 评价结果的分类分级

以 GB 3838—2002《地表水环境质量标准》Ⅱ类水质的标准限值（河流型）为基准，以所选取的24项水质评价因子（参与具体数值计算的为22项，水温、pH值两项考虑变幅和范围进行赋值）的其他各类水质标准限值（河流型）计算各类水质对应的改进的内梅罗指数，结果见表7-23。

表 7-23　　　　　　　　　改进的内梅罗指数与水质类别

水质类别	A类	B类	C类	D类	E类
水质情况描述	水质很安全	水质安全但敏感	水质安全但易受污染	水质欠佳	水质较差
内梅罗指数 P	$P \leqslant 1$	$1 < P \leqslant 2$	$2 < P \leqslant 3$	$3 < P \leqslant 4$	$4 < P \leqslant 5$

7.3.2.3　评价结果

1. 改进的内梅罗指数法的客观初步评价结果

内梅罗指数小于1的属于Ⅰ类水，水质最好；内梅罗指数在1～2的属于Ⅱ类水，内梅罗指数在2～3的属于Ⅲ类水，内梅罗指数在3～4的属于Ⅵ类水；内梅罗指数在4～5的属于Ⅴ类水，内梅罗指数大于5的属于劣Ⅴ类水。

针对全部30个断面的水质评价总体结果如图7-4所示。总体水质安全良好。综合评定低于1的为Ⅰ类优良水质，1～2为Ⅱ类良好水质。其中郑湾、侯庄、天津外环河断面的水质略有偏高，可能是由于季节性的原因造成的水质波动。

可以看出，通过对重点断面的内梅罗指数对照来讲，总体水平良好，都在Ⅱ类和Ⅲ类水质水平。具体来看，在考虑总氮的情况下，2月漳河北断面的分值高于平均水平，6月团城湖断面略高于平均水平。重点断面的总评价分数见图7-5，随着月份也呈现出一定的变化，例如在7—12月，陶岔、穿黄后、漳河北等断面的水质情况要优于其他月份。可能是因为日照强度逐渐降低对水中的藻类等生物的生长促进作用变缓慢等原因有关。

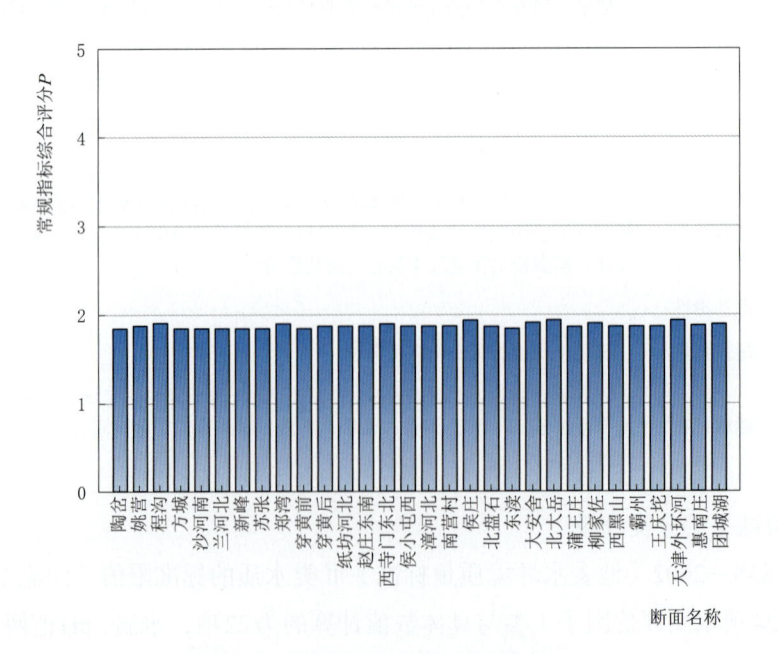

图 7-4　常规指标内梅罗评价指数得分

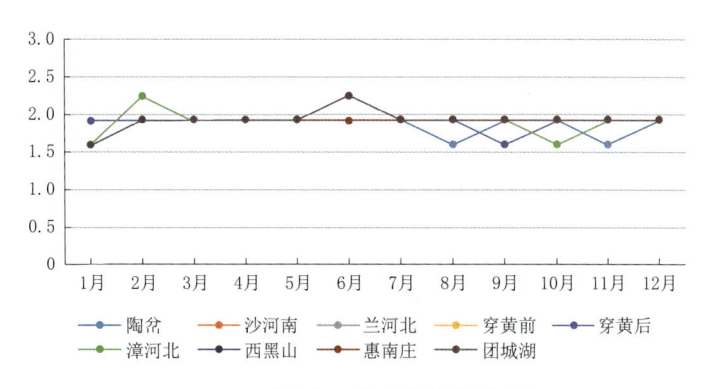

图7-5 重点断面的评价结果对照表

通行的单因子评价法,来评价个水质指标因子,属于Ⅰ类风险水的得1分,Ⅱ类水得2分,Ⅲ类水得3分,Ⅵ类水得4分,Ⅴ类水得5分。根据30个不同的断面,堆积面积越大,证明水质越差。从图7-6中可以看出,由南到北,特别是在穿黄后水质分数逐渐增高,表明水质情况没有前面的好。根据通行的单因子评价法,来评价个水质指标因子,属于Ⅰ类水的得1分,Ⅱ类水得2分,Ⅲ类水得3分,Ⅵ类水得4分,Ⅴ类水得5分。根据30个不同的断面,堆积面积越大,证明水质越差。由图7-7可以看出,程沟、郑湾、侯庄、北大岳、天津外环河以及团城湖这些断面的全年总体得分相对较高,水质相对没有其他断面的监测结果好。

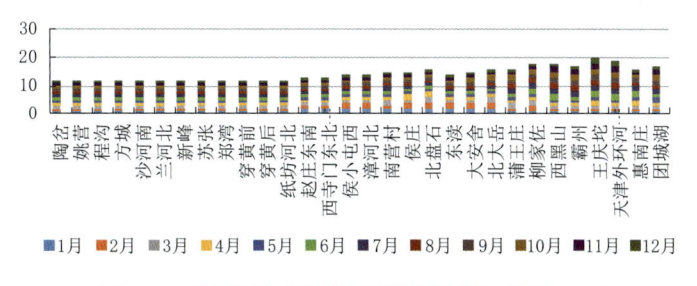

图7-6 单因子指标评价法的评价结果(不计TN)

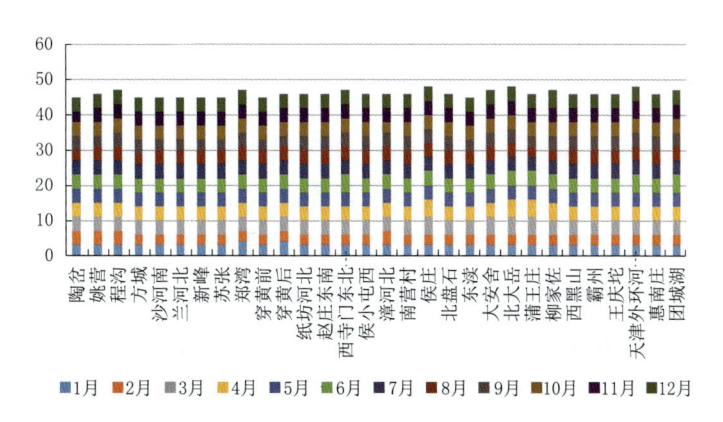

图7-7 单因子指标评价法的评价结果(计TN)

常规指标中，内梅罗评价指数越低证明水质越好。由如图7-8所示的结果可以看出，总体水平在1～3分，属于安全水平，其中大部分断面在大部分月份的监测状况都处在得分2的附近，安全且敏感，个别断面在某个月份会有小幅波动。比如西黑山断面在2—3月得分在2～3，表明水体水质较同一断面的其他月份相对较差。

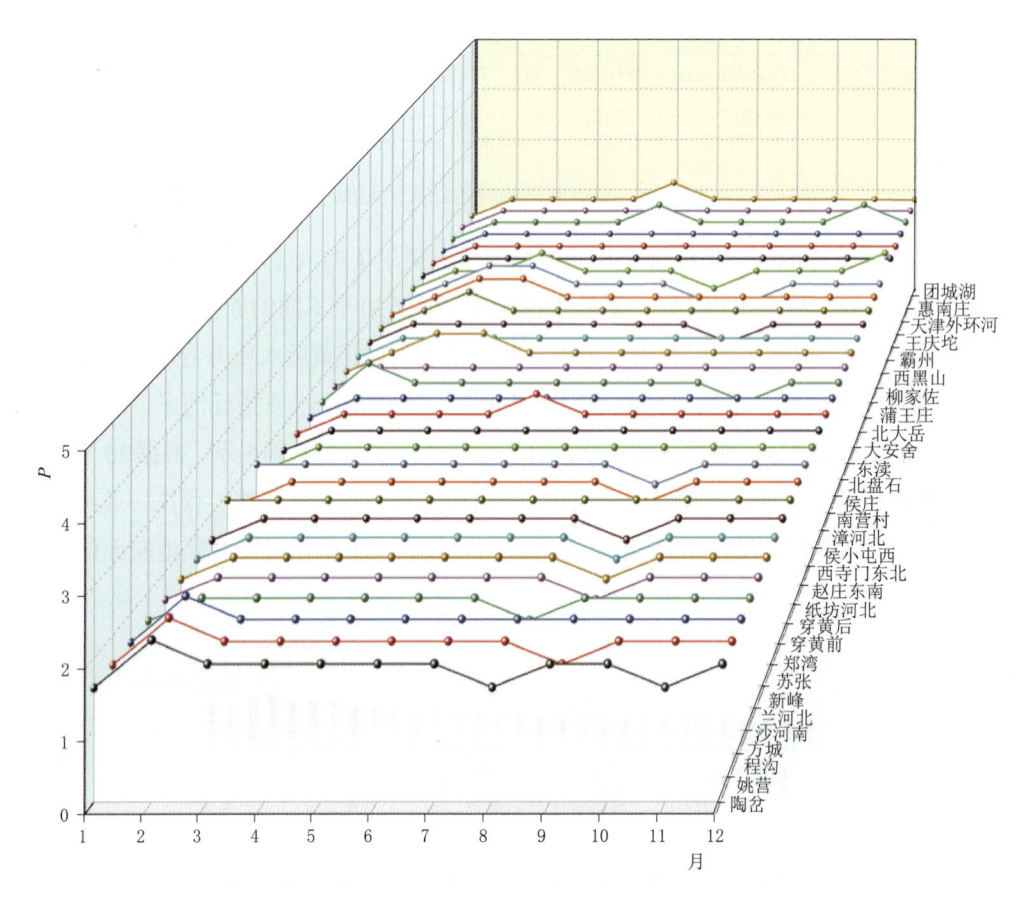

图7-8　常规指标内梅罗评价指数不同断面在不同月份得分图

水生态指标方面，生物毒性的评价，全年评价时期未出现发光菌指数＞30%的现象，该项指标在评价时段内安全。

从藻类异常增殖指数的评价得分如图7-9所示。监测的8个重点断面呈现出较大的季节性差异和分布差异。陶岔断面在评价年度这12个月中的得分处于较为稳定的水平没有太大的波动。沙河南在11月出现增高的趋势，不过幅度并不大。在漳河北的9月出现了一个最高点，出现了藻类异常增殖的水生态风险情况。在同一监测时期的，天津外环河和惠南庄断面也出现藻类异常增殖的风险状况，而在这区间内的大安舍断面并没有出现藻类异常增殖的数值显示，推测可能是因为该渠段进行了人工打捞或机械清污等手段，需要进一步查明原因。在2018年9月藻类异常增殖指数增高之后，到2018年10月至2019年1月这四个月出现了逐渐下降的趋势。到2019年7月又开始有异常增殖的趋势，在

2019年8月西黑山和惠南庄出现了异常增殖的现象。

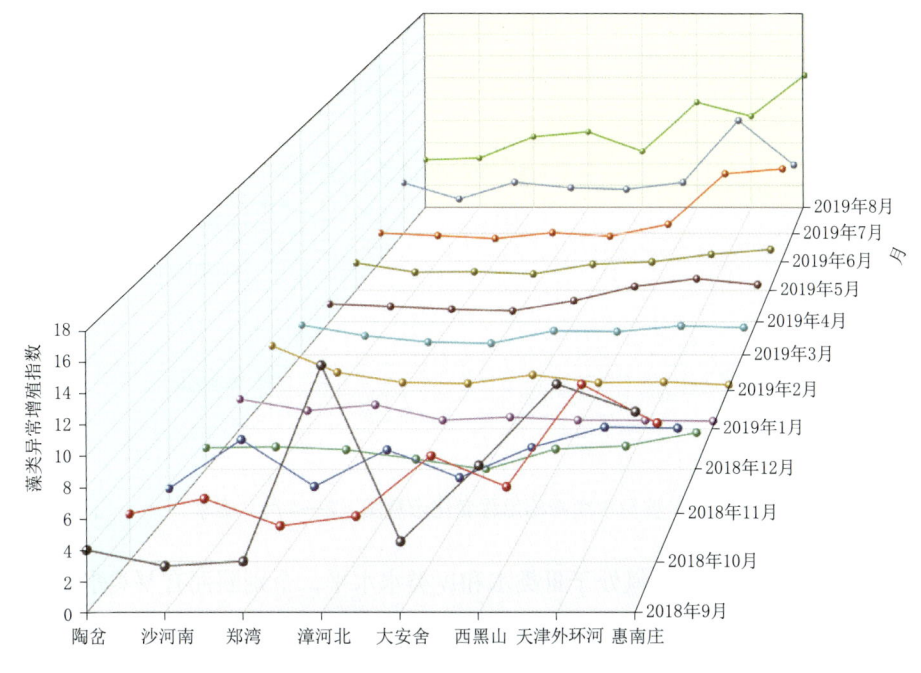

图7-9 藻类异常增殖指数在不同断面不同月份的差异图

淤积监测结果显示，淤积呈现明显的季节性，整个冬季都没有出现明显淤积，而在春夏秋季都出现了快速淤积。据此猜测，监测点的淤积可能与水生藻类有关，冬季温度过低，藻类繁殖缓慢，春季温度升高后，藻类开始快速生长，上游渠道输运来的藻类急剧增加，在退水闸前迅速淤积。

2. 水质指标沿程分析

针对超标因子展开具体分析：针对评价年份中，超标的水质指标主要有总氮和高锰酸盐。针对这两项指标展开单项评价，对照GB 3838—2002标准要求，该两项指标在评价年度的2—4月进行评价，其中高锰酸盐在全线呈现出先增高再降低的趋势，高点已超过Ⅰ类水标准要求，不过还在Ⅱ类水水质标准的要求范围内。而总氮从陶岔取水口即呈现出较高的浓度水平，2月时陶岔断面的总氮处于Ⅳ类水水平，在蒲王庄也达到浓度的峰值。针对总氮的评价，由于标准中湖库型和河流型是区别的，氮素循环作为重要的地球化学循环中的重要一环，TN能够一定程度地反映水体的营养物质浓度在该重要的长距离调水工程中的作用。后续需要更多数据积累支撑该研究。

3. 不同季节的分析

针对不同季节对总氮和高锰酸盐的分析，如图7-11所示。高锰酸盐指数是反映水体中有机和无机可氧化物质污染的常用指标，高锰酸盐指数偏高时表明水体有机质含量高，呈现出一定的季节差异性。干渠总氮含量的变化具有明显的空间差异性，呈现北高南低。

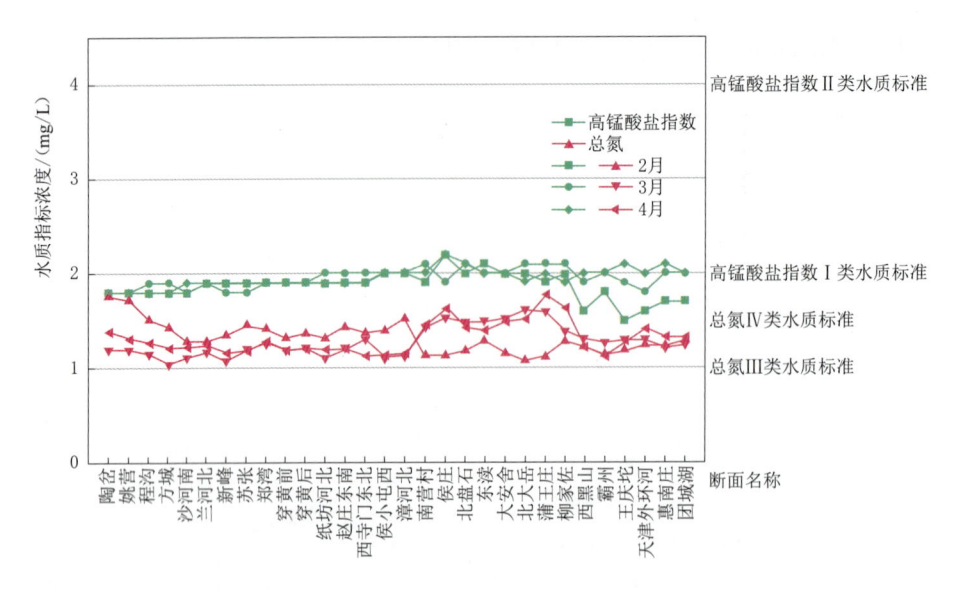

图7-10 典型水质指标沿程变化示意图（2—4月）春季

从所示结果来看，春季总氮处于Ⅲ类水和Ⅳ类水水平，个别断面有Ⅴ类水的情况；高锰酸盐处在Ⅱ类水水平。夏季的高锰酸盐指数北方的断面浓度高于南方的断面，说明在输水过程中有机物的积累在下游地区水质一定程度变差，总氮稳定在Ⅲ类水和Ⅳ类水之间。秋季的高锰酸盐指数在北方地区明显高于南方地区，总氮则体现出较大变幅。冬季的高锰酸盐和总氮呈现出较为明显的地区性差异，漳河北以南的断面均呈现出较稳定的水平，过了漳河北，以北地区这两项指标有一定的波动，具体原因还需结合现场情况进行分析。

7.3.3 传统单因子评价法和修正内梅罗评价法的结果比照

7.3.3.1 水质评价雷达图

8条坐标轴代表本研究选取的8个水质参数，由中心原点向外等夹角辐射分布。坐标轴上等距离设6个刻度，从原点向外分别代表Ⅰ～Ⅴ类及劣Ⅴ类6个水质等级，水质参数的分级标准依据GB 3838—2002《地表水环境质量标准》。然后，参照单因子水质标识指数法（徐祖信，2005）确定每项水质参数实测值对应的坐标轴长，其计算方法为：当水质介于Ⅰ类水和Ⅴ类水之间时，即

对非溶解氧指标，有：

$$m_i = \frac{C_i - C_{ik下}}{C_{ik上} - C_{ik下}} + k - 1 \tag{7-26}$$

对溶解氧指标，有：

$$m_i = \frac{C_{ik上} - C_i}{C_{ik上} - C_{ik下}} + k - 1 \tag{7-27}$$

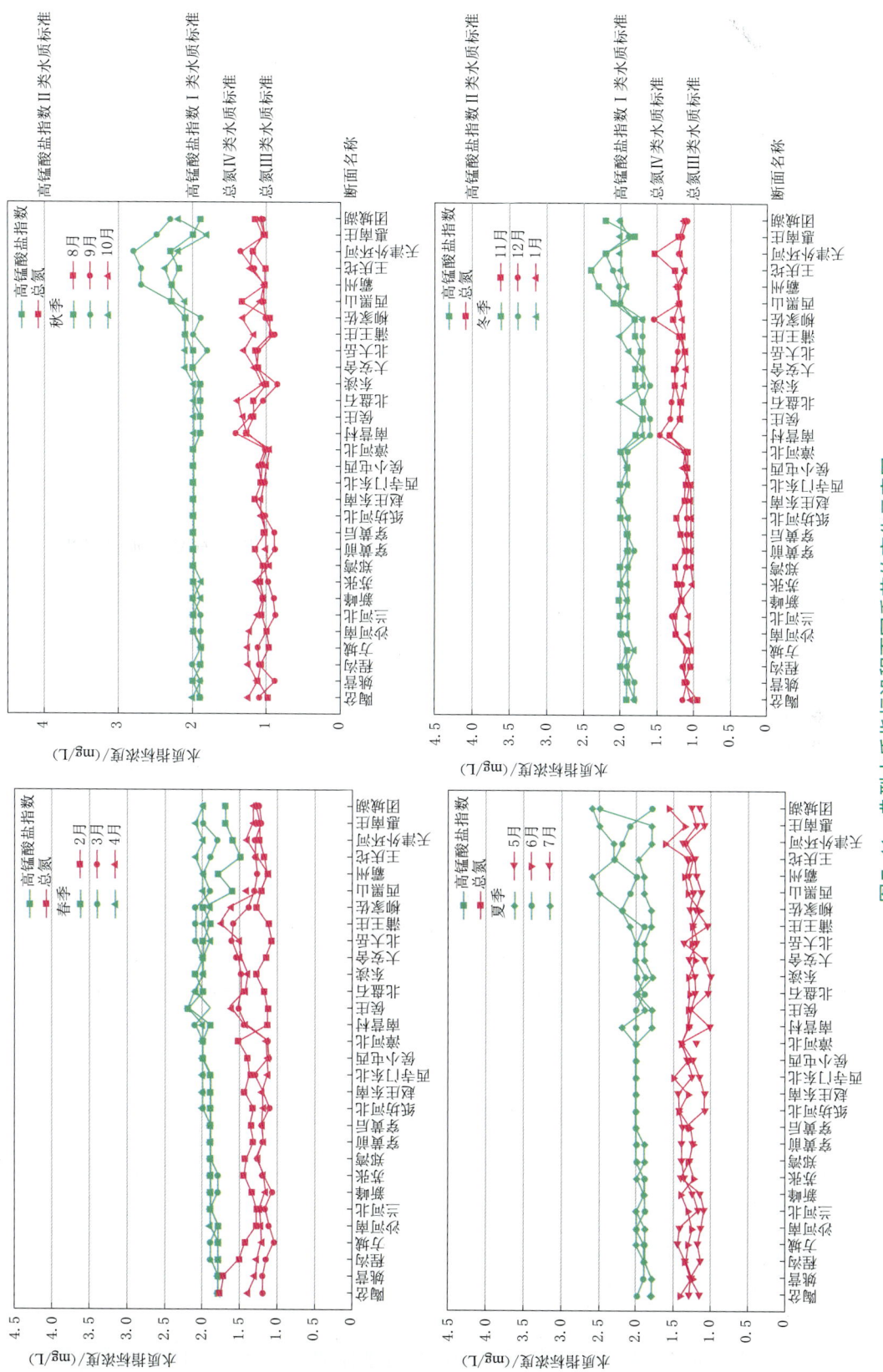

图7-11 典型水质指标沿程不同季节的变化示意图

式中：m_i 为第 i 项水质参数的坐标轴长；C_i 为第 i 项水质参数的实测浓度，$C_{ik上}$ 为第 i 项水质参数在 k 类水质标准区间的上限值，$C_{ik下}$ 为第 i 项水质参数在 k 类水质标准区间的下限值。当水质参数为 Ⅰ 类水但未达到上限值时，$m_i = 1$；当水质参数劣于 Ⅴ 类时，$m_i = 6$。

将各项水质参数的坐标轴长在相应的坐标轴上标记，再用曲线连接形成闭合平面，并将闭合平面标以红色。红色区域的大小和形状能直观地反映采样点的水质状况。例如，当各项水质参数均为 Ⅰ 类时，红色区域为半径为1的圆形。反之，当各项水质参数均为劣 Ⅴ 类时，红色区域将覆盖整个坐标平面，形成半径为6的圆形。

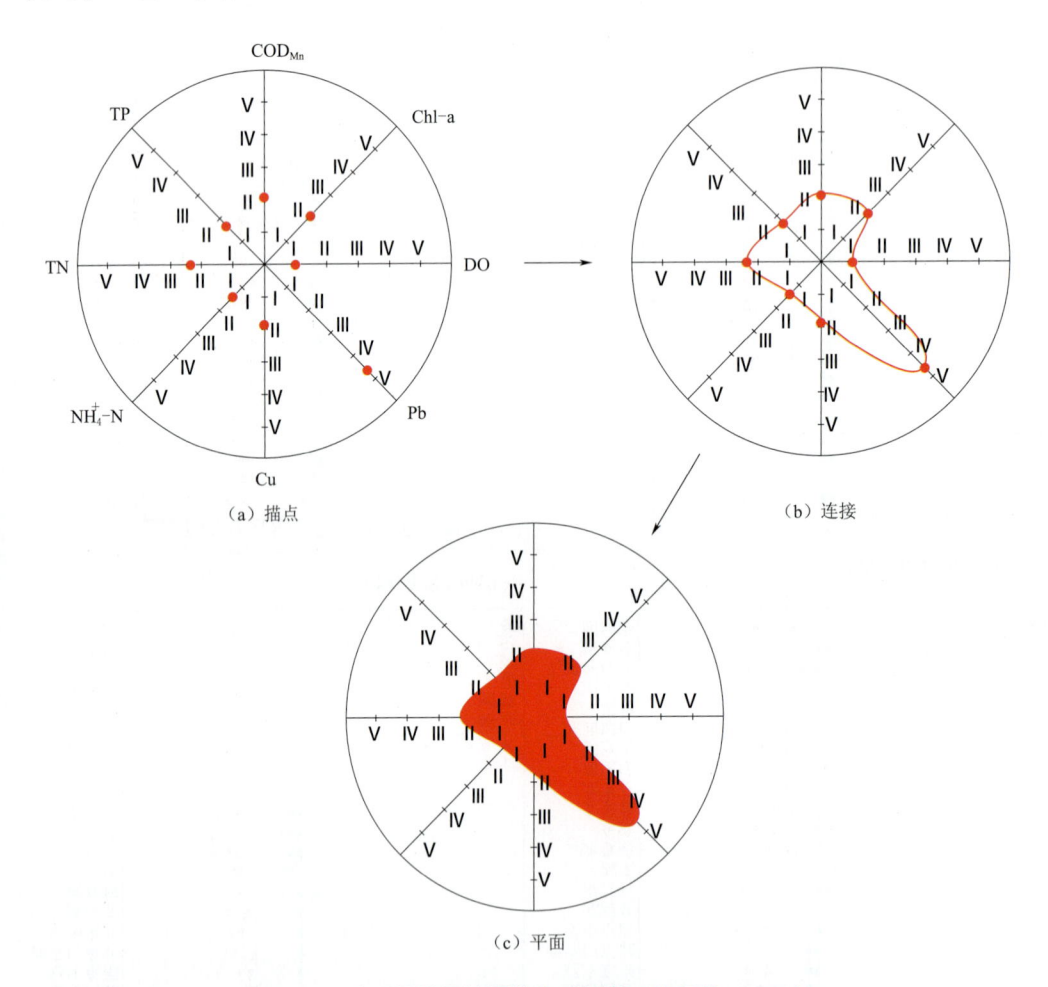

图7-12　水质评价雷达图的生成过程（徐祖信，2005）

雷达图水质指数的计算：由于雷达图内红色区域的面积大小能反映采样点的综合水质状况，本研究以各项水质参数坐标轴长度的总和表示红色区域的大小，作为基于雷达图的水质指数，其计算方法如下：

$$M = \sum_{i=1}^{n} m_i \tag{7-28}$$

式中：M 为雷达图水质指数；m_i 为第 i 项水质参数的坐标轴长；n 为所选取的水质参数的个

数。M 的变化范围在 8（所有水质参数为 Ⅰ 类）～ 48（所有水质参数为劣 Ⅴ 类），数值越小，表明综合水质状况越好，根据计算方法和国家水环境质量标准，雷达图水质指数水质污染程度等级划分标准见表 7-24。

表 7-24　　　　　　　　　　雷达图水质指数 M 的污染等级划分

清洁	尚清洁	轻度污染	中度污染	重度污染	严重污染
$M = 8$	$8 < M \leq 16$	$16 < M \leq 24$	$24 < M \leq 32$	$32 < M \leq 40$	$40 < M \leq 48$

在以上方法的基础上，针对传统单因子评价方法得到的 M 值与修正内梅罗方法得到的 P 值进行对比分析。

选取南水北调中线总干渠 2018 年 10 月的采样数据，选取了 7 个重点监测断面：陶岔、沙河南、郑湾、漳河北、西黑山、惠南庄和天津外环河，针对溶解氧（DO）、高锰酸盐指数、氨氮（NH_3-N）、总磷（TP）、总氮（TN）、铜（Cu）、铅（Pb）、叶绿素 a 这 8 个指标进行分析，具体内容详见下一部分。

7.3.3.2　传统单因子评价法的水质评价雷达图

参照单因子水质标识指数法，结合本研究中的数据和实际情况，选取如下图所示的雷达图指标设置为重点关注，将雷达图平均分为 8 份，分别对应 8 个水质指标，针对每个断面形成一张雷达图，如图 7-13 所示。由点连成线，绘制成面，面积越大，证明水质越差。

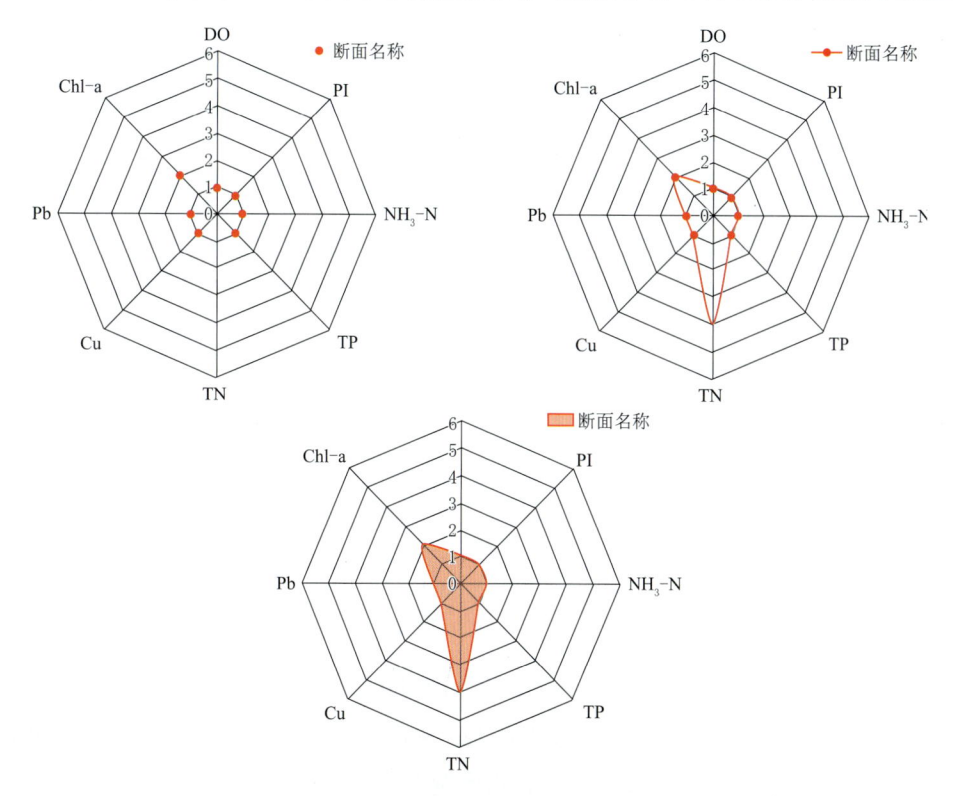

图 7-13　本研究中使用雷达图的过程示意图

各个指标依据 GB 3838—2002 的指标分类分级标准先进行单因子评级，对应轴上的不同得分分别为 1～6，具体的分级标准阈值范围见表 7-25。

表 7-25　选定的 8 个指标的分级标准（参照 GB 3838—2002）

分级	Ⅰ	Ⅱ	Ⅲ	Ⅳ	Ⅴ	劣Ⅴ类
溶解氧 DO	≥6.5	[6, 6.5)	[5, 6)	[3, 5)	[2, 3)	<2
高锰酸盐指数	≤2	(2, 4]	(4, 6]	(6, 10]	(10, 15]	>15
氨氮 NH_3-N	≤0.15	(0.15, 0.5]	(0.5, 1.0]	(1.0, 1.5]	(1.5, 2.0]	>2.0
总磷 TP	≤0.02	(0.02, 0.1]	(0.1, 0.2]	(0.2, 0.3]	(0.3, 0.4]	>0.4
总氮 TN	≤0.2	(0.2, 0.5]	(0.5, 1.0]	(1.0, 1.5]	(1.5, 2.0]	>2.0
铜 Cu	≤0.01	(0.01, 1.0]	(0.01, 1.0]	(0.01, 1.0]	(0.01, 1.0]	>1.0
铅 Pb	≤0.01	(0.01, 0.01]	(0.01, 0.05]	(0.01, 0.05]	(0.05, 0.1]	>0.1
叶绿素 a	<1.6	[1.6, 10)	[10, 26)	[26, 64)	[64, 160)	>160
得分	1	2	3	4	5	6

通过表 7-25 所示的分级分类标准，将选定的 8 个断面的对应指标进行赋分，得出见表 7-26。陶岔、沙河南、郑湾、漳河北、西黑山、惠南庄和天津外环河这 7 个断面，数值 1 代表Ⅰ类水，数值 2 代表Ⅱ类水，数值 3 代表Ⅲ类水，以此类推。从表中可以看出：郑湾、漳河北、西黑山和惠南庄的得分都为 8 分，水质处于清洁状态，陶岔 12 分，沙河南 14 分，属于尚清洁；天津外环河得分 17 分，属于轻度污染，主要是因为总氮和叶绿素 a 超标较为严重。

表 7-26　基于传统单因子评价法各个断面 8 个水质指标的分值

指标	陶岔	沙河南	郑湾	漳河北	西黑山	惠南庄	天津外环河
DO	1	1	1	1	1	1	1
PI	1	1	1	1	2	1	2
NH_3-N	1	1	1	1	1	1	1
TP	1	1	1	1	1	1	1
TN	4	4	4	3	4	4	4
Cu	1	1	1	1	1	1	1
Pb	1	1	1	1	1	1	1
Chl-a	2	2	2	2	2	2	3
M 值	12 尚清洁	14 尚清洁	8 清洁	8 清洁	8 清洁	8 清洁	17 轻度污染

其雷达图如图 7-14 所示，可以明显看出：TN 的问题在各个断面都存在，这是共性问题，可能也与水源地来水 TN 含量本底值有关。从雷达图的红色区域面积可以直观地感受到水质情况，面积越大，表示 M 值越大，水质越差。

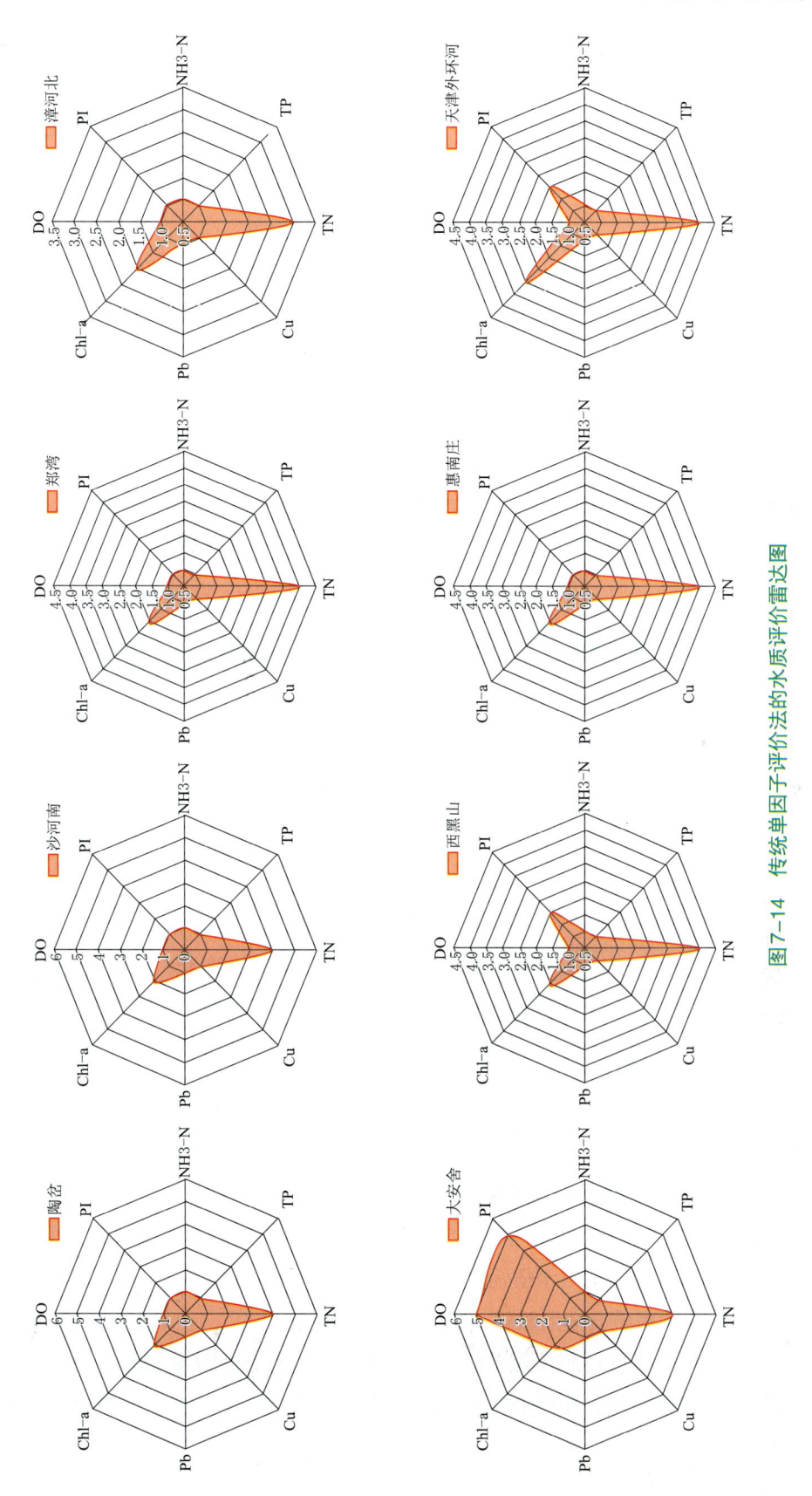

图7-14 传统单因子评价法的水质评价雷达图

7.3.3.3 内梅罗评价法的水质评价雷达图

内梅罗评价法在7.3.2节中进行了详细阐述,这里将分类分级结果展示如表7-27所示,分为6类。

表7-27 修正内梅罗指数与水质类别划分表

水质类别	A类	B类	C类	D类	E类	F类
水质安全情况	水质很安全	水质安全但敏感	水质安全但易受污染	水质欠佳	水质较差	水质很差很危险
内梅罗指数P	$P \leq 1$	$1 < P \leq 2$	$2 < P \leq 3$	$3 < P \leq 4$	$4 < P \leq 5$	$P > 5$

根据方法建立初期内梅罗法将污染危害最大和,结合中线运行过程中的管理需求可以调整不同水质指标的权重,现阶段结合修正的内梅罗评级法和专家打分确定的权重为:DO,0.02730;PI,0.01153;NH_3-N,0.02973;TP,0.02245;TN,0.00303;Cu,0.35187;Pb,0.35187;Chl-a,0.20222。

表7-28 基于修正内梅罗指数法各个断面8个水质指标的分值

指标	陶岔	沙河南	郑湾	漳河北	西黑山	惠南庄	天津外环河	权重
DO	0.02730	0.02730	0.02730	0.02730	0.02730	0.02730	0.02730	0.02730
PI	0.01153	0.01153	0.01153	0.01153	0.02305	0.01153	0.02305	0.01153
NH_3-N	0.02973	0.02973	0.02973	0.02973	0.02973	0.02973	0.02973	0.02973
TP	0.02245	0.02245	0.02245	0.02245	0.02245	0.02245	0.02245	0.02245
TN	0.01213	0.01213	0.01213	0.00910	0.01213	0.01213	0.01213	0.00303
Cu	0.35187	0.35187	0.35187	0.35187	0.35187	0.35187	0.35187	0.35187
Pb	0.35187	0.35187	0.35187	0.35187	0.35187	0.35187	0.35187	0.35187
Chl-a	0.40445	0.40445	0.40445	0.40445	0.40445	0.40445	0.60667	0.20222
P值	1.21132 B类 水质安全但敏感	1.21132 B类 水质安全但敏感	1.21132 B类 水质安全但敏感	1.20829 B类 水质安全但敏感	1.22285 B类 水质安全但敏感	1.21132 B类 水质安全但敏感	1.42508 B类 水质安全但敏感	

经过修正内梅罗指数法对各个断面进行计算,得出如下结果,7个断面的P值都在1~2,处于尚清洁状态,这种方法一定程度屏蔽了TN对结果的影响,但是可以通过雷达图的紫色区域的面积体现出水质污染情况。叶绿素a指标的重点关注度被体现出来。B类水质安全状况为:水质安全但敏感。

水质评价小结:通过对照传统单因子评价法、雷达图指数M值和修正后内梅罗指数法的评价结果,可以看出,中线总体水质状况良好、清洁,水质安全但敏感。不同的评

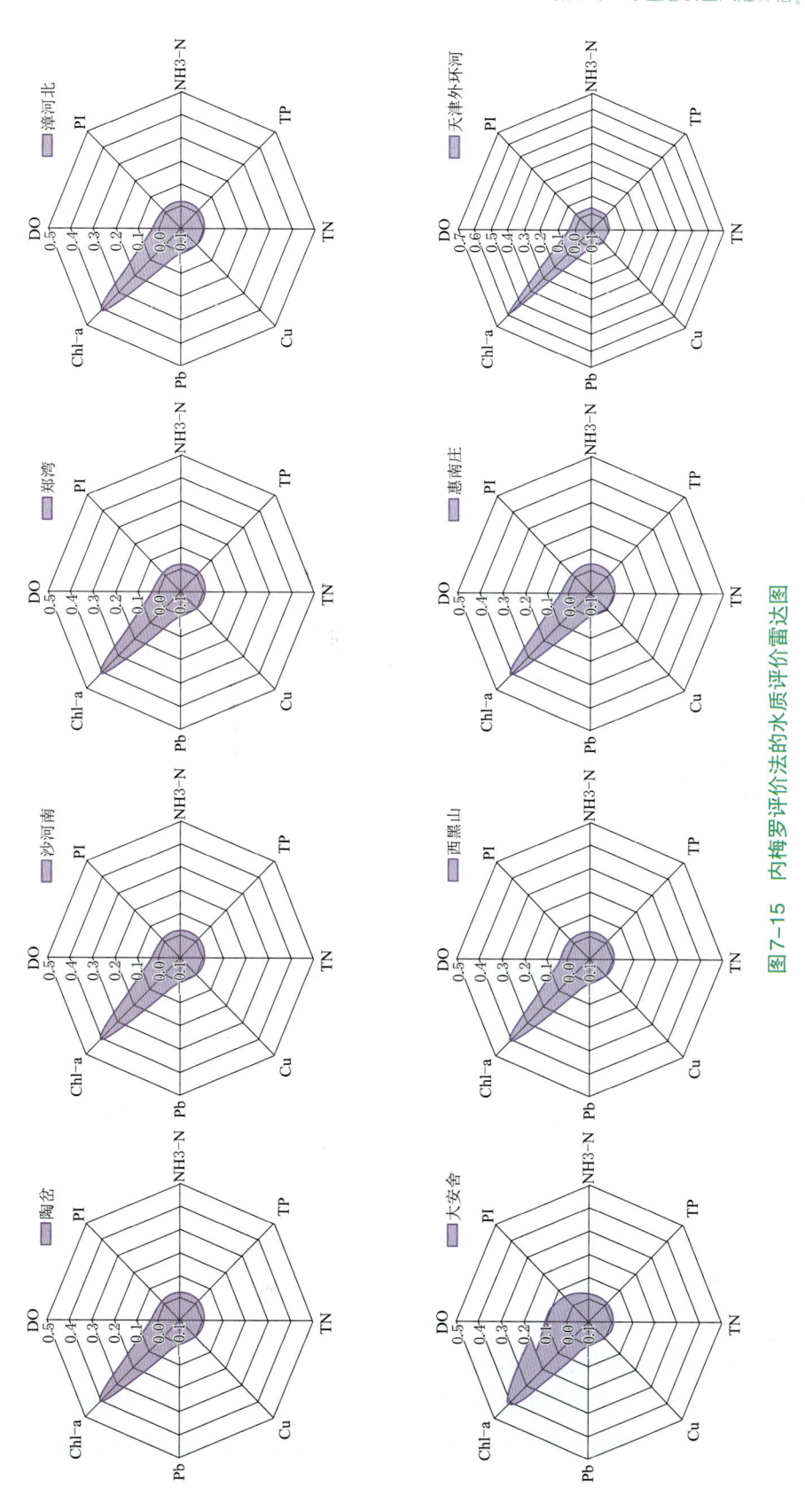

图7-15 内梅罗评价法的水质评价雷达图

价方法侧重点有所区别，在实际水质管理中可以加以综合选用。针对水质安全评价而言，修正的内梅罗指数法可以更大程度地将关注的指标或因子重点关注，更有针对性。适用于现阶段通水初期生态系统还在动态变化过程中的情景。当然，具体的权重还需更多相关数据的支撑需要进一步完善。

综合来看，传统单因子评价法和内梅罗评价法，各有侧重点。首先根据国家标准要求，传统单因子评价法更能发现水质中的最短板弱点，但是对于TN来水就长期偏高的问题，可能由于TN的因素掩盖了其他潜在的危险水质因子；内梅罗法可以一定程度弥补这一问题，并调整管理部门不同时期关注的重点。

7.4 安全防控规划方案

7.4.1 研究整体概述

通过现场调查监测，考虑不同渠段地理位置、水文、气候条件对水质的影响，分析中线工程总干渠及涉水建筑物附近存在的水生态问题，并将不同渠段（或不同类型）水生态共性问题进行总结归纳，提出南水北调中线总干渠水质安全防控规划方案。从管理层面而言，针对南水北调中线总干渠增强水质安全防控规划的管理对策主要包括以下3方面。

7.4.1.1 加强水质监测体系建设

在南水北调中线工程中进行水质监测的有效管理，首先就应当建立完善的水质监测体系，这样在进行实际的监测过程中就能够有更加完善的监测体系作为基本的保障，保障监测工作的顺利进行。在水污染事件出现之前就应当定期对水质进行监测，并对水质可能存在的污染问题进行估算，在实际出现问题时就能够有一定的应对措施。经费支持监测网站的建设，也是一项重要的工作，水质监测网站的全面建设，能够更加有效地反映水质变化的情况，有利于水质管理人员对水质中存在的问题进行及时的察觉，也有助于及时地找寻合适的治理方式进行有效管理。另外，在实际的建设过程中，还可以运用遥感卫星监测技术，对水质进行宏观监测，全面掌握监测地区的水质情况。

7.4.1.2 建立健全突发水污染事件预案及应急处置体系

水质污染的处理不应当在发生严重污染问题后再进行处理，而应当加强预防措施，在水质可能存在问题或者是刚刚出现污染问题时就及时进行处理，这样才能够更加有效地进行水质污染的有效管理。及时应对水质污染的源以及出台相应的应急处理体系能够有效地应对水质出现的污染问题。

7.4.1.3 加强调蓄池库水生态环境建设

加强南水北调中线工程周围的环境建设也是非常重要的，只有保障水质周围的环境得到有效的改善，才能够从根本上解决水质污染的问题。可以在水体周围建立水源涵养林，以保持生物的多样性，促进水源区的生态环境健康发展。

从水质安全防控的水生态防控技术层面而言，中线总干渠涉及的水生态风险问题和需要保障水质安全防控内容主要包括：①藻类；②贝类；③突发水污染；④淤积问题。

表 7-29　　　　　　　　　　中线总干渠水质安全防控规划一览表

防控问题	重点防控位置	重点防控时间	重点防控技术方法	其他特性
藻类	详见第3章	2—5月（春季），6—9月（夏秋）	人工除藻、机械除藻、生态调度等	淤积风险
贝类	闸门、管道、大桥，混凝土接缝等易附着点	全年；繁殖高峰期（3—7月）	预防措施+灭杀措施+清除措施同步作用	预防大规模暴发
突发水污染	沿线桥梁、化工企业等危险段	全年	中和法、吸附法等	
淤积问题	退水闸等	与打捞清淤等人工预防手段相关	机械清淤、打捞等	气味影响

7.4.2　藻类防控方案

在春末、夏初等藻类繁殖的高峰期，藻类大量繁殖会给中线水质带来许多危害。综合来说有以下几个方面。①消耗水体中无机盐，使水质变得浑浊。②藻类腐烂死亡后会产生藻毒素，毒害中线干渠的水生生物，而死亡的水生生物会进一步恶化中线干渠的水质，并产生异味。同时，腐烂过程中也会降低水体中的溶解氧，不仅影响其他水生生物的正常生长过程，还会影响水体本身的自净能力。③破坏食物链，给水体生态平衡带来了严重的影响，降低了水生生物的稳定性和多样性。④给净水带来了困难。藻类大量繁殖会改变水质的状况和水质结构，例如增加浊度、降低透明等，给净水带来了经济和技术挑战。⑤影响中线输水工程中水工建筑物附属设备的工作效率。水绵大量繁殖后随着水流往前移动，会聚集在附属设备的上下游，附着堵塞设备，降低设备的过水能力，给中线输水工程带来了许多负面的影响。

春季藻类分布情况：2018年春季（3月下旬到6月初），对沿线渠道中的藻类生长情况进行实地调查，分别从出现藻类渠段所在的三级管理单位、存在藻类的渠道桩号范围、藻类生长在渠道左右岸及藻类生长带长度进行了统计，统计结果如图7-16所示。可以看出，藻类生长旺盛的渠段几乎全部位于河南省境内，藻类生长带从几百米到几公里均有，其中最长的一段出现在方程三级管理单位范围内。从表中可以看出，共有61处渠段存在藻类，其中藻类生长在渠道左岸的有39处，藻类生长在渠道右岸的有47处，左、右均有藻类生长的有25处。将藻类生长渠段的桩号与中线渠道中节制闸桩号对应可知，藻类生长区域主要集中出现在陶岔渠首节制闸（桩号：0+000）至兰河涵洞进口节制闸（桩号：300+671）之间的渠道中，共包含16座节制闸，占中线总节制闸的1/4。而从兰河涵洞进

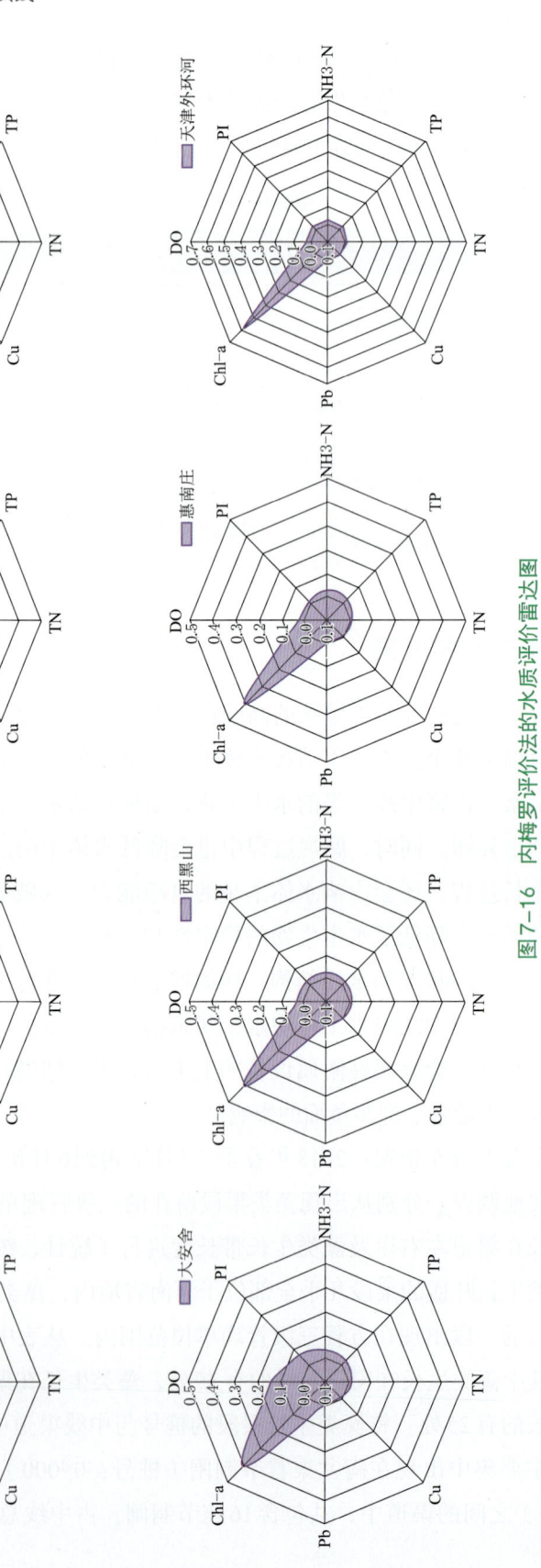

图 7-16 内梅罗评价法的水质评价雷达图

序号	管理处	桩号范围		左/右岸	长度/m
1	陶岔	0＋300	0＋900	右	600
2	邓州	5＋450	6＋119	右	669
3		10＋085	10＋300	右	215
4		11＋806	12＋921	左	1115
5		12＋920	14＋465	左	1545
6		13＋620	14＋465	右	845
7		15＋125	15＋372	右	247
8		18＋944	21＋822	右	2878
9		18＋098	21＋822	左	3724
10		33＋600	33＋750	右	150
11		30＋500	30＋698	右	198
12		35＋660	36＋289	左	629
13		39＋030	39＋854	右	824
14		40＋150	40＋973	右	823
15		44＋075	44＋504	右	429
16		48＋600	49＋250	右	650
17	南阳	97＋184	97＋200	左、右	16
18		102＋926	103＋113	右	187
19		103＋699	104＋663	左	964
20		108＋835	109＋550	右	715
21		116＋527	116＋950	右	423
22		117＋632	118＋089	左	457
23		122＋683	124＋717	左、右	2034
24	方城	130＋614	134＋547	左、右	3933
25		155＋310	156＋055	左	745
26		156＋205	156＋782	左	577
27		157＋148	157＋654	右	506
28		157＋654	157＋775	右	121
29		159＋361	159＋720	左、右	359
30		165＋300	165＋771	左、右	471
31		167＋430	168＋428	左、右	998
32		168＋755	169＋394	左、右	639
33		170＋980	174＋931	左、右	1381
34		176＋314	177＋554	左	3951
35		182＋024	182＋400	右	376
36	叶县	192＋600	192＋700	左	100
37		201＋900	202＋400	右	500
38		207＋287	207＋337	左、右	50
39		207＋668	207＋728	左、右	60
40		209＋190	209＋270	左、右	80
41		210＋050	210＋130	左、右	80
42		211＋700	212＋200	右	500
43	鲁山	216＋632	216＋698	左、右	66
44		231＋358	232＋045	左、右	687
45		237＋900	238＋140	左、右	240
46		241＋603	241＋885	左、右	282
47		253＋372	253＋669	左	297
48		256＋367	256＋754	左	387
49	宝丰管理处	259＋744	260＋305	左、右	561
50		262＋134	262＋492	左、右	358
51		266＋729	266＋947	左、右	218
52		267＋856	267＋975	左	119
53		264＋807	266＋410	左、右	1603
54		269＋593	270＋104	左、右	511
55		276＋997	279＋226	左、右	2229
56	郏县管理处	285＋850	286＋400	右	550
57		290＋600	290＋800	右	200
58		295＋380	296＋700	右	1320
59		300＋560	300＋612	右	52
60		300＋905	301＋005	左	100
61	禹州管理处	300＋648	304＋553	左、右	3905
备注：绿色表示左岸；蓝色表示右岸；红色表示左右岸均有					

图7-17　2018年春季藻类生长情况调研表

口节制闸往北的渠道中，藻类依然存在，但藻类生长旺盛程度不如兰河涵洞进口节制闸以南的渠道。藻类生长旺盛的渠道约长300km，占中线总长的1/4。

近年来，国内很多水库都存在富营养化和藻类季节性暴发的问题，有关藻类生长限制因子和控制技术的研究越来越多，国内外学者相继提出了多种控藻技术。目前，藻类的控制方法主要包括：化学控藻、物理控藻、生物控藻等。考虑输水工程的特殊性和安全性，中线工程现行的藻类控除方法主要是物理除藻。

物理控藻主要是通过物理途径减弱或消除藻类的繁殖条件或使藻类沉淀于水底，利用物理方法实现控藻目的的方法主要有人工除藻、机械除藻、生态调水等。物理控藻技术具有见效快、生态风险小、经济成本容易控制的优点，比较适合我国国情。

（1）人工除藻主要是通过人为打捞，将藻类从水体移出。该种方式一般能快速去除藻类，但人力物力消耗太大，不能从根本上解决藻类周期性暴发等问题，因此一般作为辅助的控藻手段。

（2）机械除藻是使用机械装置将藻类从水体中移出的一种方式，据了解，中线工程现阶段在投入使用的大型除藻装置是自动拦藻装置。

（3）生态调水是通过控制水库调度的方式实现改变进出水流量、换水周期拦污截流或控制水位等目的，在一定程度上起到改变水库水动力条件、曝气以及稀释水质营养成分的效果，进而实现控制藻类生长的可能性。

根据藻类的发生范围及严重程度，处置措施分为藻类监测、生态调度、物理清除、渠道退水等。处置应依据藻类水华类型、藻密度及污染范围，有针对性地采取一种或多种措施联合应用。处置技术体系具体如图7-18所示。

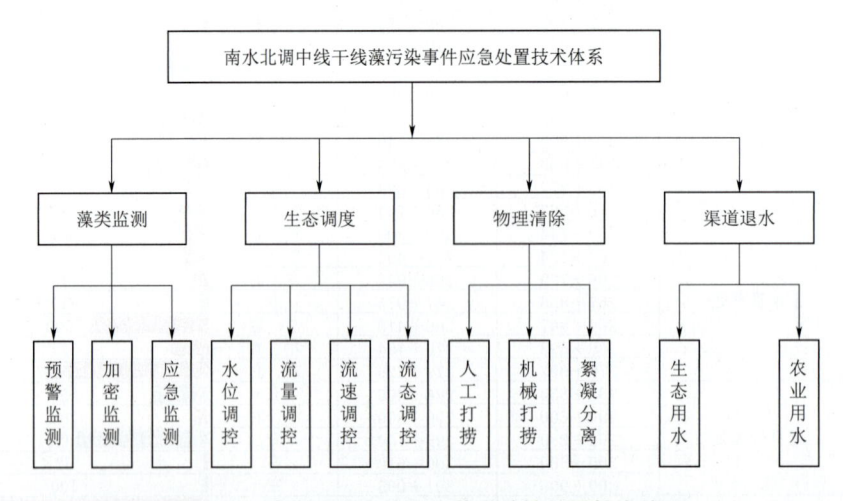

图7-18 南水北调中线干线藻类防控处置技术体系

生态调度是抑制中线总干渠藻类快速生长的首选手段，生态调度的方式、范围、频次及力度视藻类级别高低进行。生态调度时应综合使用水位、流量、流速及流态调控，以达到最佳调控效果。

物理清除是指利用人工或机械装置进行打捞去除藻类的一种物理措施，适用于Ⅰ级和Ⅱ级藻类标准，该方法能在短期内快速去除大量藻类，减少水体的藻类生物量。物理清除可结合在局部水域使用絮凝沉淀或上浮技术，或者对藻类进行物理拦截、导流，增大藻类聚集度，从而提高物理清除效率，降低成本。此过程必须确保所用絮凝剂对水体及人体无害。

当藻类级别为Ⅰ级，水质处理成本超过可以承受的范围，或者处理后亦不适合作为饮用水水源，经应急专家组会商一致同意后实行渠道退水。渠道退水应尽量利用退水闸附近的天然凹地、废弃水库和天然河流等蓄滞藻类污染水体。为防止发生二次污染，污染水体必须尽快进行集中处置，经处理达标后再用于生态用水或农业灌溉等。

7.4.3 贝类防控方案

贝类问题是中线需要注意的一个重要隐患，特别是其可能带来的次生危害：

（1）针对输水管道的影响。淡水壳菜的生长会增大建筑物糙率，缩小建筑物的输水断面，造成输水建筑物实际输水能力的降低；堵塞原水输水管道，如水质监测用的取样管、水位计管以及泵组和发电机涡轮的冷却水管等。

（2）针对输水建筑物的影响。淡水壳菜的生长增大了输水建筑物的糙率，造成系统输水能力降低。淡水壳菜在输水管道、箱涵、隧洞、水泵、闸门等构成的输水系统中，水流条件适宜，食物丰富，缺乏天敌，一旦侵入则极易高密度附着，引起输水系统中的沼蛤生物污损，导致输水断面减小，甚至堵塞；造成管壁糙率增加，输水效率降低；引起壁面腐蚀，造成混凝土保护层的脱落。

（3）对水厂的影响。水厂格栅易有大量淡水壳菜附着，会减少格栅过水能力，影响水厂的制水能力。淡水壳菜死亡后的沼蛤上会发育大量霉菌，危害供水水质。滤网、生物膜、冷却器、水泵及闸门等重要结构上的淡水壳菜污损会造成设备堵塞坏死，带来巨大的安全隐患和经济损失。

（4）对水环境的影响。淡水壳菜在适宜水体中大量滋生，滤食水中的浮游生物和有机碎屑，在一定程度上可以达到净化水质的效果，但同时也大大降低了水体中浮游植物和浮游动物的数量，改变了水体中正常的营养物质循环。淡水壳菜呼吸消耗水中的溶解氧，代谢过程中排泄氨氮和营养盐，这些在淡水壳菜大量存在条件下对水质的影响是不容忽视的。附着在壁面的贝壳腐烂后还会产生恶臭，对水质产生一定影响。

淡水壳菜综合防治方案构想示意图见图7-19。贝类防治措施汇总见表7-30。

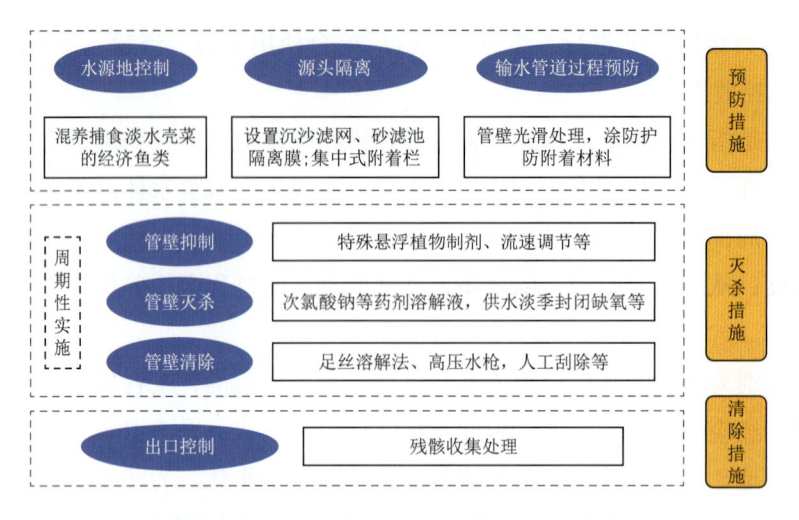

```
                 ┌──────────────┐   ┌──────────────┐   ┌──────────────────┐   ┌──────┐
                 │   水源地控制   │   │    源头隔离   │   │  输水管道过程预防  │   │ 预防 │
                 └──────┬───────┘   └──────┬───────┘   └─────────┬────────┘   │ 措施 │
                ┌───────┴───────┐  ┌───────┴────────┐  ┌─────────┴──────────┐ └──────┘
                │ 混养捕食淡水壳菜│  │设置沉沙滤网、砂滤池│  │ 管壁光滑处理,涂防护 │
                │    的经济鱼类  │  │隔离膜;集中式附着栏│  │     防附着材料     │
                └───────────────┘  └────────────────┘  └────────────────────┘
```

图7-19　淡水壳菜综合防治方案构想示意图

表7-30　　　　　　　　　　　贝类防治措施汇总表

预防措施	应用范围	效果评估
水源地控制	饲养能够捕食淡水壳菜的青鱼（雷建军等，2018）	青鱼鱼投放后需要4个月时间生长后才能摄食淡水壳菜
	鲤鱼、钝吻兔脂鲤、三角鲂、鲇鱼、卷口鱼	随着体重的增加,青鱼捕食淡水壳菜的数量和食长均显著增加；在相同条件下,三角鲂控制淡水壳菜的壳长明显低于青鱼和鲤鱼；三种鱼的平均食量：鲤鱼＞青鱼＞三角鲂
取水口设滤网	小管道	若设置滤网孔径过小,也会降低进水效率,需根据壳长分布及进水效率设置进水口滤网孔径
设置砂滤池	小管道	需合理选取砂粒粒径,控制砂滤池流速及水量,及时清除砂滤池堵塞物
集中式附着栏	输水通道的过程段	可以为沼蛤幼虫提供足够的附着面积,但随着沼蛤长大,细丝的附着面积不足以支撑沼蛤成虫的身体时就会自然脱落
生物附着法	安徽省滁州市的琅琊山抽水蓄能电站	诱导水流携带的活性最强的沼蛤幼虫进行附着
膜分离过滤		适用于幼虫,成本较高
防附着涂料	壁面型水工建筑物	防贝涂料可提高壁面光滑度,同时释放金属元素抑制藻类滋生,减少淡水壳菜的食物,能起到较好的预防作用
涂料（渗透型-1）改性硅酸盐	国内实验（广州抽水蓄能电厂）	较差
涂料（渗透型-2）水玻璃	国内实验（广州抽水蓄能电厂）	较差
涂料（渗透型-3）永凝液DPS+TS	国内实验（广州抽水蓄能电厂）	较差

续表

预防措施	应 用 范 围	效 果 评 估
涂料（渗透型 -4）水泥基渗透结晶材料	国内实验（广州抽水蓄能电厂）	较差
涂料（憎水型 -1）硅烷膏状	国内实验（广州抽水蓄能电厂）	较差
涂料（憎水型 -2）硅烷浸渍	国内实验（广州抽水蓄能电厂）	防附着效果良好
涂料（覆盖型 -1）纯聚脲	国内实验（广州抽水蓄能电厂）	较差
涂料（覆盖型 -2）有机无机杂化材料	国内实验（广州抽水蓄能电厂）	较差
涂料（覆盖型 -3）改性丙烯酸树脂	国内实验（广州抽水蓄能电厂）	较差
涂料（覆盖型 -4）改性弹性环氧树脂	国内实验（广州抽水蓄能电厂）	较差
涂料（覆盖型 -5）乙烯基树脂	国内实验（广州抽水蓄能电厂）	较差
涂料（覆盖型 -6）SK-聚脲 1	国内实验（广州抽水蓄能电厂）	防附着效果良好，与混凝土粘结性良好，适合推广（姚国友，等，2015）
涂料（覆盖型 -7）氟碳树脂	国内实验（广州抽水蓄能电厂）	防附着效果良好
涂料（覆盖型 -8）SK-聚脲 2	国内实验（广州抽水蓄能电厂）	较差，防附着性能较好
涂料（覆盖型 -9）聚氨酯	国内实验（广州抽水蓄能电厂）	较差
涂料（覆盖型 -10）SK-环氧 YEC -2	国内实验（广州抽水蓄能电厂）	防附着效果良好，与混凝土粘结性良好，适合推广
涂料（覆盖型 -11）SK-环氧 D50 -1	国内实验（广州抽水蓄能电厂）	较差
涂料（覆盖型 -12）陶瓷漆	国内实验（广州抽水蓄能电厂）	较差

7.4.4 突发水污染防控方案

不同类型的危险源可由不同的原因、在不同的地点、以不同的方式引发突发水污染事件。因此，针对危险源的处置技术应根据危险源的性质和事件的类型及其危害特性适当选用。

突发水污染事件发生源从其运动状态的角度可分为固定源和移动源两大类；从事件危害方式的角度可分为易燃易爆类、有毒有害类、有害生物类等 3 大类。不同运动状态和危害方式的危险源引发事件的原因和特点及危害都不同，因此对应的处置方法也有别。

对突发水污染事件进行处置前必须清楚了解各个风险源的理化性质、化学反应活性、稳定性、燃烧及爆炸特性、环境污染、健康危害等多个方面。值得注意的是，实际上大多数危险物同时具备易燃、易爆、有毒、有害的性质，在事件发生后的救援及污染物处置工作中必须综合考虑。因此，处置前应对现场进一步检测，测定水环境中的污染范围和程度，掌握污染物的有关准确数据，确定处置方法、地点及作业程序，准备好处置设施和防护装备。

7.5 本章小结

（1）运行初期，根据中线干线的坝前、陶岔、郑湾、漳河北、西黑山、大安舍、惠南庄等监测点的水质结果可以看到，干线沿线水质整体良好，满足 GB 3838—2002《地表水环境质量标准》的Ⅱ类标准。

（2）基于中线工程水质安全保障需求，构建了由常规指标、综合毒性指标、藻类异常增殖指数、淤积指数等组成的评价指标体系，并提出单因子评价法和综合评价法，其中综合评价法是采用客观评价法与主观评价法相结合的方法来更加科学地衡量实际水质状况。

（3）针对南水北调中线总干渠增强水质安全防控需求，从藻类防控、贝类防控及突发水污染事件等构建了水质安全防控规划方案，支撑中线水质安全保护。

第 8 章
藻类增殖防治措施研发及示范

8.1 藻类增殖防治必要性与布局

8.1.1 中线总干渠问题及现状

中线总干渠为混凝土硬化渠道，与沿岸河流不交叉，水体特性不同于湖泊、河流和水库等自然水体，是一个全新封闭的人工系统。自2014年全面通水以来，在多因子的共同驱动下，浮游藻类大量增殖，群落结构处于动态演变中，说明中线总干渠水生态系统正处于初生阶段。2016年除了浮游植物的大量增殖外，以浮游植物为食的线虫、大型蚤、剑蚤等浮游动物，黑甲虫、螺类、鱼等营养级更高的动物也较为丰富。2017年底栖藻类进一步增殖，且多数断面发现大量壳菜，鱼类和螺类也进一步增多，说明干渠的食物链正在逐步加长，处于自我设计和发展的阶段。2018年浮游植物依然生长增殖，某些断面短时间内出现大量等片藻、刚毛藻，南阳段出现刚毛藻快速增殖现象。2020年大流量调水期间，沿线各断面出现脆杆藻急剧增加的现象。

作为对中线总干渠水质状况最敏感的类群，浮游植物的种类、数量、生物量随环境变化做出快速响应，整体表现为某些特定时段出现单一优势类群、优势度与生物量居高不下、局部渠道内浮游植物快速增殖、细胞密度高达 10^7cell/L 等生态现象，成为影响输水水质的潜在生态问题。浮游植物对营养盐有吸收作用，这有利于维持营养盐的相对稳定，但浮游植物死亡后沉积在中线总干渠的底部成为内源，威胁中线总干渠的水质安全。同时，浮游植物大量生长也会造成水产制水成本增加，影响水厂的产水率和过滤系统的正常进行,严重时还会影响供水安全。此外,浮游植物大量生长会引起水体变色,影响水体感官,造成不良影响。

着生藻类是附生在水下基质表面的微小植物群落,在包括河流、水库、湖泊、河道等淡水环境广泛存在。着生藻类所处的不同生境以及生境中的不同理化条件使群落结构有很大差异。有学者根据着生藻类群落的颜色、生长形式、持续的储存速率和光合作用特征对其进行了分类:黑色的着生藻类群落,优势种为粘球藻($Gloeocapsa$),它们在浅水水体中对基质有很高的覆盖程度,即使在充足的光照条件下光合速率也比较低;褐色的着生藻类群落,群落优势种为眉藻($Calothrix$)和粘球藻($Gloeocapsa$),次优势种为席藻($Phormidium$)。最大的光合速率在水下0.5m处;绿色的着生藻类群落,群落的优势种为能分泌黏质物质的胶囊藻($Gloeocystis$),次优势种为巨颤藻($Oscillatoria$)。这种群落出现在遮阴的石头背后的浅水水体中(深度小于等于0.25m);绿色丝状藻类群落:群落的优势种为环状、丝状藻,同时还会伴随一些其他的绿藻和硅藻,它们有较高的群落多样性、生长迅速、生物量丰富和很高的光合速率,绿色丝状藻类群落生长在深度小于等于0.5m的光照充足的岸边。

淡水壳菜的扩散对当地生态环境以及人类工程均会造成一定的影响,目前幼虫、成贝监测结果显示,中线总干渠内部已经发生淡水壳菜附着,尤其是中游段污损附着情况较为严重;幼虫密度高,仍然存在极高的生态风险。系统研究、了解中线总干渠淡水壳菜扩散风险对工程安全运行和管理至关重要。

8.1.2 国内外研究进展

藻贝类异常增殖现象已趋于全球化,据调查表明,北美洲、南美洲、欧洲、非洲的水体中出现藻类异常增殖现象的分别占到48%、41%、53%和28%,而亚洲水体中有54%的水体出现藻类异常增殖现象,为全球最高。我国湖泊水库中也存在大量藻类异常增殖现象,所占比例高达66%。基于水体问题的日趋严重,国内外大量研究致力于解析水体藻类异常增殖的成因。通过对水体中藻类群落结构与环境因子的分析发现,氮磷营养盐积累对藻类增殖具有显著促进作用。同时,也有研究表明,气候变化导致的温度波动对藻类生长也有显著影响。比较不同区域不同水体的藻类增殖现象可知,导致藻类异常增殖的成因往往具有复杂性和水体特异性。其中,特定的水体往往具备特定的因子促进藻类异常增殖。

另外,生物入侵、全球变化与生境丧失并列为21世纪生态环境领域最棘手的三大问题。人类社会输/调水工程导致底栖动物快速入侵,造成生物污损、水质恶化和生态失衡的风险高,作为烈性入侵物种的贝类一旦发生淡水壳菜高密度附着,对工程运行和受水区的危害风险极高。加之南水北调中线工程从南到北跨越两个气候分带,南北方的气候和生物地理区系不同,淡水壳菜在北方的繁殖和发展规律与南方地区可能不同。因此,南水北调中线工程的淡水壳菜生物污损对工程运行的影响应持续加强关注。

贻贝类底栖动物是输/调水工程中最常见的烈性入侵物种。美国因贻贝的入侵、高密度附着导致的生物污损的治理成本每年高达5亿美元；我国几乎所有的大型输/调水工程都遭受了淡水贻贝"沼蛤"（俗称淡水壳菜）的入侵和污损。因此，"跨流域调水生物入侵防控与生态安全保护"已成为国家水安全重大研究项目。研究表明淡水壳菜在南方地区的繁殖能力非常强、繁殖活动持续时间长，每年可发育3代，经历6个繁殖高峰。淡水壳菜繁殖高峰期内幼虫随水进入工程内部逐渐发育至能够分泌足丝的成贝，足丝附着造成工程混凝土腐蚀、强度降低、耐久性下降，重要闸阀门结构因淡水壳菜的高密附着而难以启闭，导致不可控风险。以深圳市东江水源工程为例，工程输水线路长度不过百余公里，平均流量不足$8m^3/s$，但淡水壳菜的污损附着问题十分严重，每年导致的直接经济损失高达千万元。

8.1.3 措施选择与布局

针对中线总干渠藻类生长、发展和演替的基本规律，基于藻类异常增殖的可防控生态环节，从生物量、藻类优势维持机制和处置的适宜时机上入手，研发适宜于中线总干渠特征的基于竞争捕食的藻类生物防控关键技术，包括鱼类组合控藻技术和底栖动物食藻技术，最终实现中线总干渠藻类的长期高效防控，构建水质安全的保障体系。同时，开发基于藻类机械收集与藻水分离的应急处置关键技术以及人工造流调控技术。藻类自动收集藻水分离技术针对浮游植物和着生藻类生物量短期异常增殖或聚集影响水质的情况，以去除水体藻类生物量为中心任务，研发适宜中线总干渠环境条件的藻类浓缩收集装置和藻水分离装置，并摸索优化获得高效收集与分离效果的技术参数。研发车载式着生藻类柔性收集与藻水分离技术、固定式藻类自动打捞收集与藻水分离技术，明确各自的具体工作参数，摸清技术的处置效果与适用的边界条件，实现藻类自动收集和藻水分离。人工造流技术针对局部渠段藻类异常增殖问题，借助机械造流装置的作用，破坏和改变藻类群落，削减藻类生物量。

淡水壳菜跨南水北调中线总干渠的广泛存在，为避免淡水壳菜过度增殖，减缓其生态环境影响效应，保障中线总干渠的长期稳定运行和水质安全，研发局部渠段排空干出、物理清除技术、水下LED杀灭幼虫技术、氧化剂杀灭成贝技术、天敌生物增殖捕食技术、基质防护材料应用技术等，涉及物理、化学和生物等多个方面，共同构成淡水壳菜的多途径防控技术体系。

8.2 着生藻边坡工程机械除藻防控体系设备研制与示范

8.2.1 设备研发

针对渠道边坡快速增长的着生藻类（主要为刚毛藻）开发清除设备，清理能力5km/d

（河南省段示范）。

车载式着生藻类柔性收集和藻水分离装置主要包括4大部分：① 运载系统：根据整套系统的大小，可选择皮卡车，或其他轻型、中型卡车等；② 着生藻收集装置：该系统包括着生藻剥离装置、收集装置、传送装置和藻液储存装置；③ 藻水分离系统：即将收集来的着生藻（生物膜）与水进行分离，然后将清水排回干渠，生物膜收集后移出干渠；④ 动力系统：用以提供汽车行走和着生藻收集以及藻水分离的动力（图8-1）。

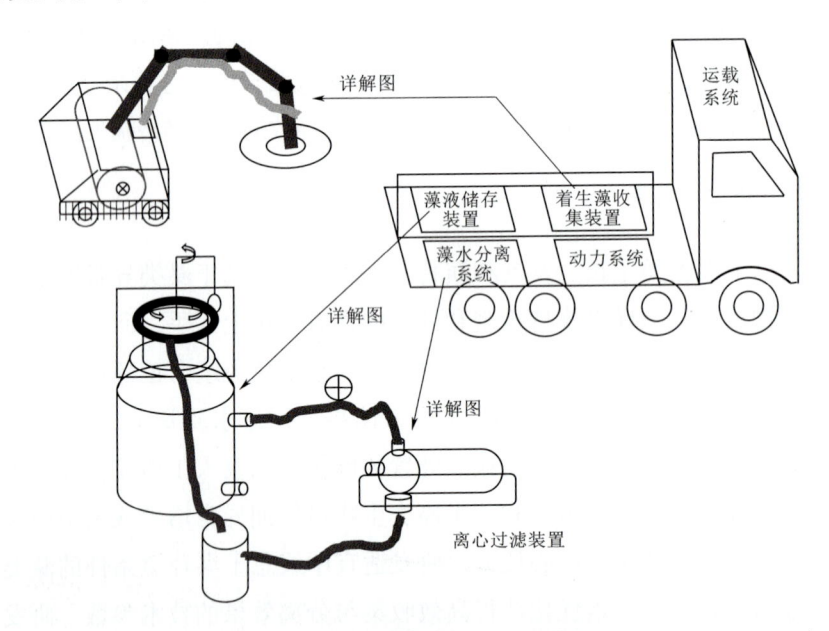

图8-1 着生藻类收集及分离装置

移动式藻类收集技术，主要针对边坡藻类异常增殖状况，利用水下射流清洗系统对附着在渠道衬砌板上的藻类进行清洗。该系统通过合理选择压力、喷嘴结构及喷距，可确保不损坏面层的情况下，实现表面清洗的要求。清水回流到渠道中，附着物输送到收集装置内进行集中处理，达到清除的目的。

8.2.2 效果评估

除藻设备边坡藻类削减量为0.419g/m^2，除藻效率达到90%以上；以生物量干重计算，藻类削减量为590.58g/m^2，除藻效率达到90%以上；氮磷营养盐削减量均达到90%以上。

设备移动速率可达到0.5km/h，藻类削减量为70%～95%。按每天运行10h，清除边坡5km，则清除面积5750m^2/d，运行费用（油耗和人工费）为0.20万元/km。本设备主要针对大型输水干渠藻类异常增殖而研发，在饮用水水质保障方面有巨大的经济效益、社会效益和生态效益。

8.3 全断面智能拦藻研发与示范

8.3.1 设备研发

针对死亡脱落后随水流漂浮于中线总干渠中的刚毛藻及大型藻类，研发了固定式藻类自动打捞收集和藻水分离装置。河南省南阳—郑州段，分水口设立拦藻拦污网示范，基本控制着生藻类脱落后漂浮的问题。

设备由固定门槽、滤网升降支架、提升装置、机头驱动装置组成。驱动装置采用明备用的双电机变频驱动，提高设备连续工作的稳定性。在控制方式上采用可编程逻辑控制器、变频控制器、人机界面、以太网远程模块、光电位置采集元件，综合了错相、缺相、超载、欠载等继电保护系统，对电器检测点进行闭环控制，能够有效监测故障点，通过触摸屏可以实时监控、显示当前设备的运行状态，使操作人员及管理人员等直观地了解设备状态，提高控制系统的可靠性，具有友好的操作及互动界面，对设备状态进行实时监控及记录。

8.3.2 效果评估

在 2019 年 7 月 3 日对固定式收藻装置的收藻效率进行季节性定量评估。收藻装置收集的藻渣包括淡水壳菜、絮团状物、工业塑料、膜翅目昆虫、乱草根、生活塑料垃圾、鸟类羽毛、刚毛藻和一些薄膜物质，还有少量食品包装袋等生活废弃垃圾。其中，絮团状物是收集藻渣的重要组成部分，收集多达 7.8g/h，对干渠中絮状物的拦截率高达 91%。固定式拦网藻类自动收集装置可以拦截中线总干渠中大部分藻类和杂物，除了对淡水壳菜（<5%）和昆虫（<50%）的拦截率较低以外，对其他物质的拦截率均在 80% 以上（图 8-2）。绝大部分是刚毛藻活体或死亡残体，如图 8-3 所示，少部分为枝角类和桡足类浮游动物残体。

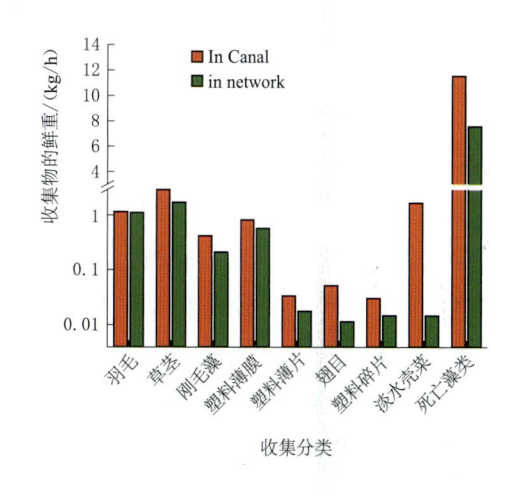

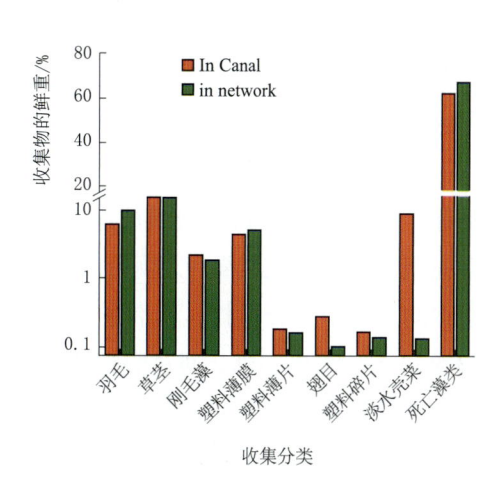

图 8-2 收藻装置收集藻渣的组分及百分比

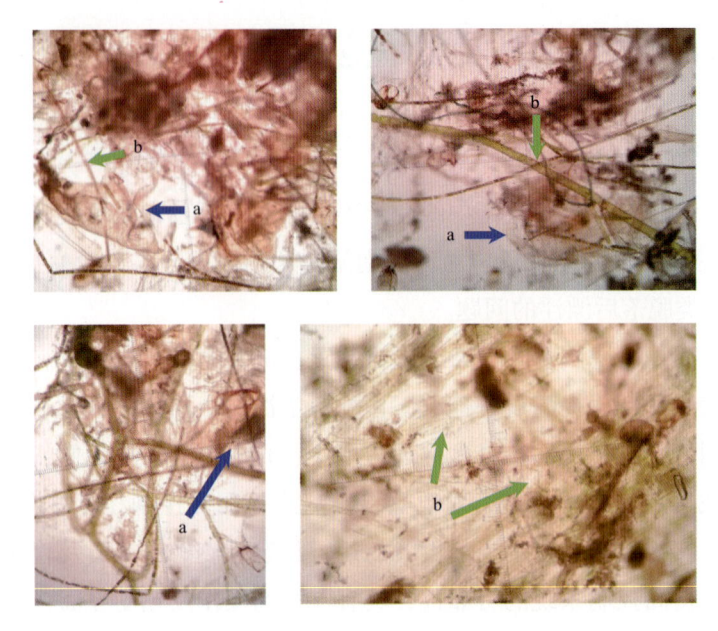

图8-3　收藻装置收集的藻渣显微鉴定

8.4　淤积物清淤一体设备

目前干线内有藻泥淤积点较多，一定程度上影响到了干线供水水体流速。虽然各点的淤积面积不大但分布较为分散，同时大部分淤积点岸边场地空间有限，不适于大型设备摆放。南水北调中线干线清淤其施工方式与其他地表水体清淤工程有所不同。中线干线需要连续向水厂供水，因此无法截流清淤，必须带水操作，所以清淤过程中不能造成淤泥扩散，水体二次污染的情况发生。综上所述，目前需要解决的问题，就是在淤积点小、多、散，周边空间有限的前提下，如何高效、快速清理淤积藻类，且不会造成淤泥扩散，不发生水体二次污染。

本套工艺由三大模块组成，分别为：① 清淤机器人车载系统；② 预处理车载系统；③ 脱水车载系统。

工艺流程描述：通过清淤机器人车载系统将渠道内淤积物绞吸将淤泥混合水输送至振动筛，大于等于2mm的杂质被过滤出来通过外运处理；小于2mm的泥浆进入均质槽。将事先用混凝剂投配装置配置好的PAC，通过一定比例调节量输送至均质槽，混凝剂和泥浆在均质池中充分搅拌，然后通过泵送系统输送至卧螺离心机，同时将事先配置好的PAM泵送至卧螺离心机。通过卧螺离心机分离处理后，清液进入水处理系统进行后续处理，大部分处理后的水回排到渠道，一部分通过泵送系统用于PAC和PAM的配制用水、离心机冲洗水；排出的固渣一部分用于绿化种植土，一部分通过添加固化剂用于制砖，达到资源化合理化利用。见图8-4、图8-5。

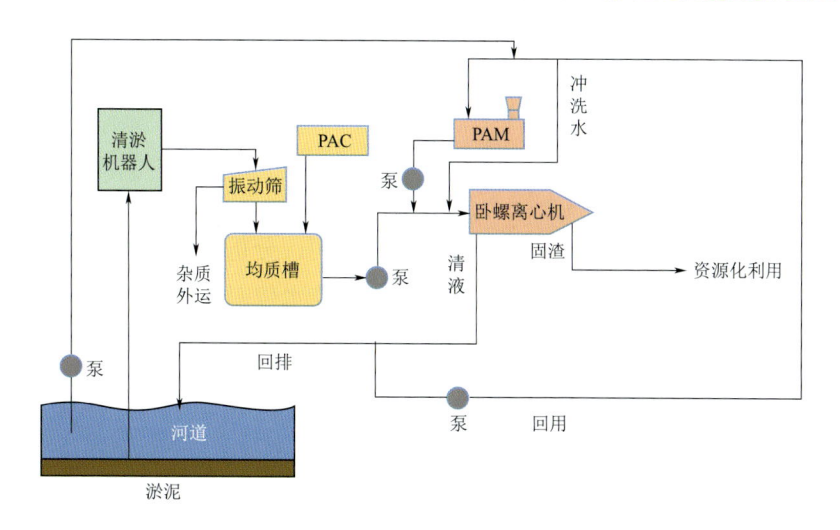

图8-4 工艺流程描述

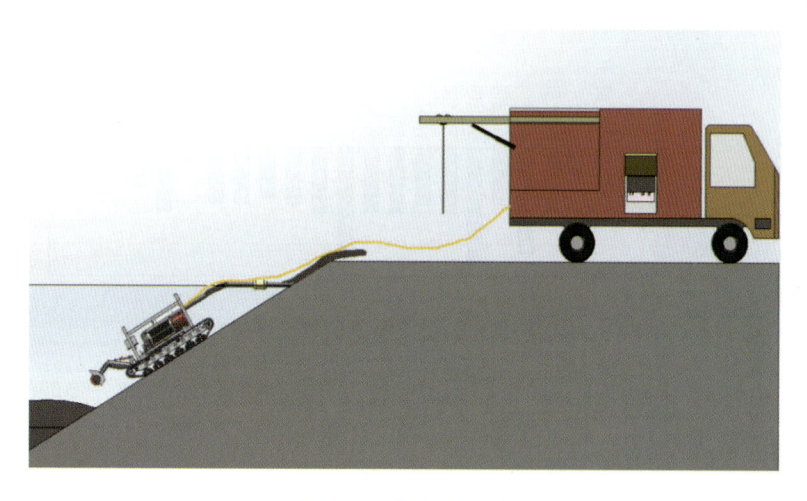

图8-5 设备示意图

对设备的运行处置效果的监测结果显示，该设备对淤积藻类的去除能力为200kg/h±35kg/h。

8.5 拦漂导流装备

随着中线工程的通水运行，发现进入到明渠中线总干渠段的漂浮物、悬浮物易汇集在暗涵支流供水区段中。为降低中线总干渠漂浮物、悬浮物对分水口的影响，提高所辖沿线水质保护工作力度，结合河南省二级管理单位管辖工程实际情况，在宝丰三级管理单位高庄分水口、郏县三级管理单位赵庄分水口、港区三级管理单位小河刘分水口、新郑三级管理单位李垌分水口、郑州三级管理单位刘湾分水口、郑州三级管理单位原西路分水口、卫辉三级管理单位老道井分水口、鹤壁三级管理单位刘庄分水口处安装布设分水口拦漂导流设备。

8.6 水力调控技术

本节基于渠道日常运行时设定的高低限水位区间，分析各设定水位下渠道的过流能力，在此基础上，分析沿程流速分布，研究调控闸前水位对流速分布的影响及其变化规律，判定中线工程节制闸对水位和流速的调控能力，为生态调度策略的制定和闸门群控制算法的设计提供依据。

8.6.1 渠道运行水位区间

基于南水北调中线工程各节制闸的设计、加大水位及低限预警水位、高限预警水位，统计各渠池闸前水位低限预警值与设计值之间的差值，如图8-6所示。

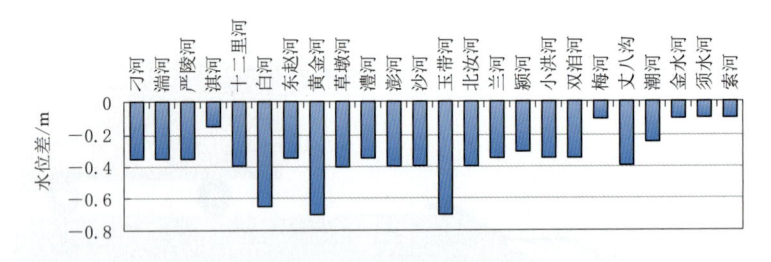

图8-6 闸前水位低限预警值较设计值之差

分析图8-6可知：多数闸前水位低限预警值较设计水位低0.35m，部分降低值达到0.70 m，也有小部分仅降低0.10m。

8.6.2 渠道过流能力分析

为判定低限水位下，渠道所能通过的流量，采用明渠恒定均匀流公式（式8-1）进行估算。

$$Q = AC\sqrt{Ri} \qquad (8-1)$$

式中：Q为流量；A为过水断面面积；C为谢才系数，$C=\dfrac{1}{n}R^{\frac{1}{6}}$，其中$R$为水力半径，$n$按工程设计值取0.015。

将黄河以北各节制闸闸前水位降0.7m，黄河南各节制闸闸前水位降0.5m，计算渠道的过流能力。其沿程分布及与设计流量和加大流量的比较见图8-7。

将黄河以北各节制闸闸前水位降0.35m，黄河南各节制闸闸前水位降0.2m，计算渠道的过流能力。其沿程分布及与设计流量和加大流量的比较见图8-8。

将各节制闸闸前水位降0.1m，计算渠道的过流能力。其沿程分布及与设计流量和加大流量的比较见图 8-9。

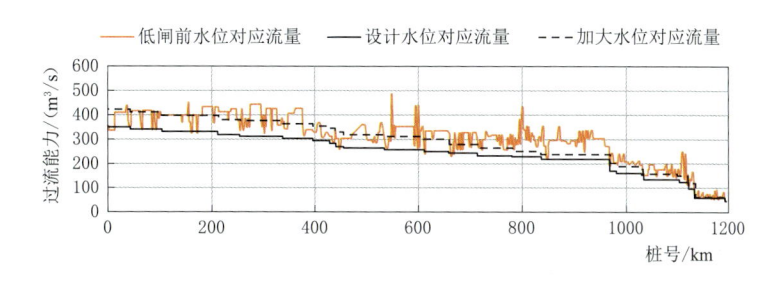

图 8-7　低闸前水位时渠道过流能力（黄河北降 0.7m，黄河南降 0.5m）

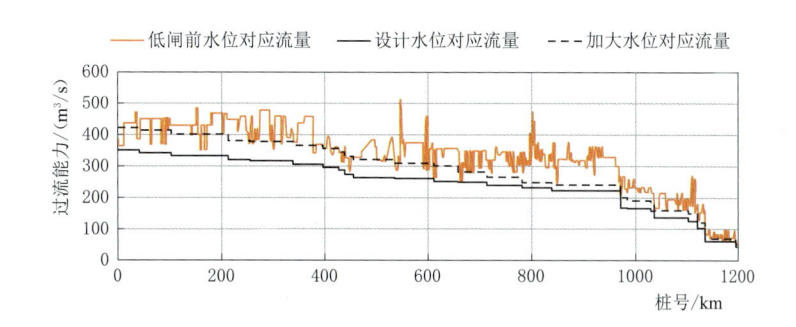

图 8-8　低闸前水位时渠道过流能力（黄河北降低 0.35m，黄河南降 0.2m）

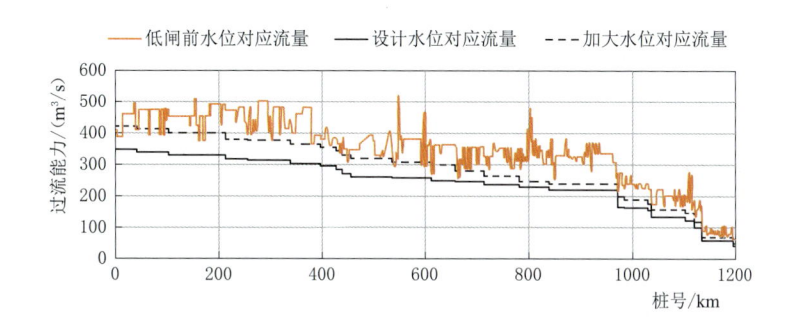

图 8-9　低闸前水位时渠道过流能力（全线闸前水位降低 0.1m）

分析表明：各渠池均有较为富裕的输水能力，黄河北降 0.7m，黄河南降 0.5m 的情况下，仍能够基本满足设计流量输送，全线降 0.1m 的条件下，多数渠道基本能够满足加大流量的输送。

8.6.3　渠道流速分布分析

8.6.3.1　设计流量

各渠池闸前为设计水位，流量为设计流量条件下，各渠池沿程的流速分布规律为：除了局部倒虹吸、渡槽、暗涵等部位流速较大外，多在 1.2m/s，渠道流速沿程有所降低，最低值在 0.8m/s。

8.6.3.2　70%设计流量

各渠池闸前为设计水位，流量为 70%设计流量条件下，各渠池沿程的流速分布规律为：除了局部倒虹吸、渡槽、暗涵等部位流速较大外，多在 0.9m/s，渠道流速沿程有所降低，最低值在 0.5m/s。

8.6.3.3　50%设计流量

各渠池闸前为设计水位，流量为 50%设计流量条件下，各渠池沿程的流速分布规律为：除了局部倒虹吸、渡槽、暗涵等部位流速较大外，多在 0.6m/s，沿程渠道流速有所降低，低值在 0.4m/s。

8.6.4　降水位提流速分析

8.6.4.1　设计流量时

设计流量下，各节制闸全开启，堰流态输水，均呈现缓流流态的连续水面线。根据缓流水面线推求规律，自下游向上游推求，因此对于黄河以南渠池而言，索河节制闸的闸前水位是限定上游各水面线的限定水位。由于索河节制闸水位低限预警值较设计值仅低 0.10m，故设计流量下，上游各节制闸允许降低的闸前水位均不超过 0.10m。由于沿程损失随流速增加而增大，因而降低闸前水位后，水面线较之前更为上翘，逐级累积后，最上游刁河渡槽允许降低的闸前水位必定远小于 0.10m。因此，设计流量下，通过降低渠道水位来增大流速，可操作空间很小。

8.6.4.2　70%设计流量时

低于设计流量时，节制闸呈现淹没孔流，各渠池呈现缓流壅水水面线，闸前水位高于闸后水位。

将 70%设计流量下各渠池采用低限水位时的流速与采用设计水位时的流速相减，得到其所能提高的流速值。绘制闸前水位降低值与渠池流速增加值的关系，并拟合关系曲线，如图 8-10、图 8-11 所示。

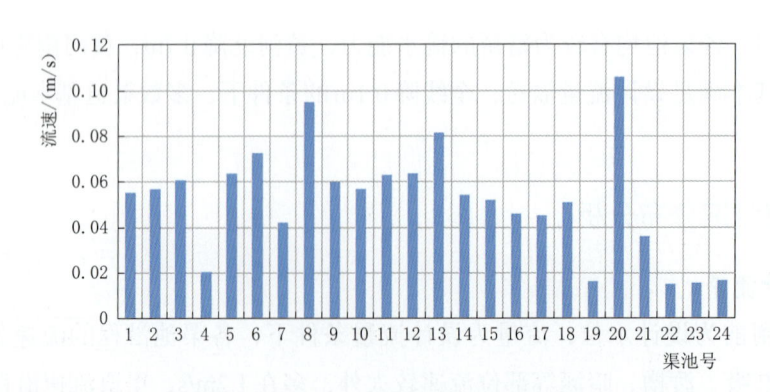

图 8-10　各渠池采用低限水位所能提高的流速值（70%设计流量）

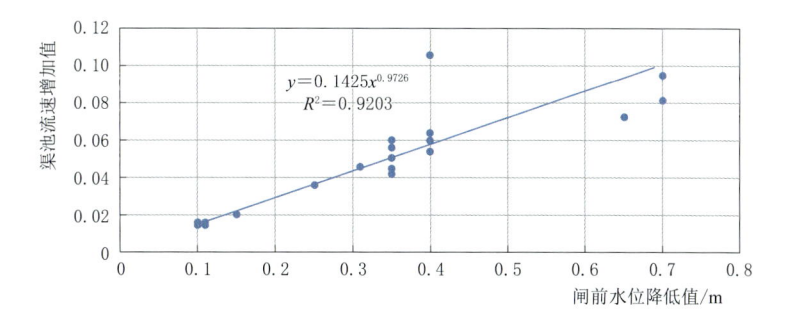

图 8-11　70%设计流量下，闸前水位降低值与渠池流速增加值的关系

8.6.4.3　50%设计流量时

将50%设计流量下各渠池采用低限水位时的流速与采用设计水位时的流速相减，得到其所能提高的流速值，如图8-12所示。

绘制闸前水位降低值与渠池流速增加值的关系，并拟合关系曲线，如图8-13所示。

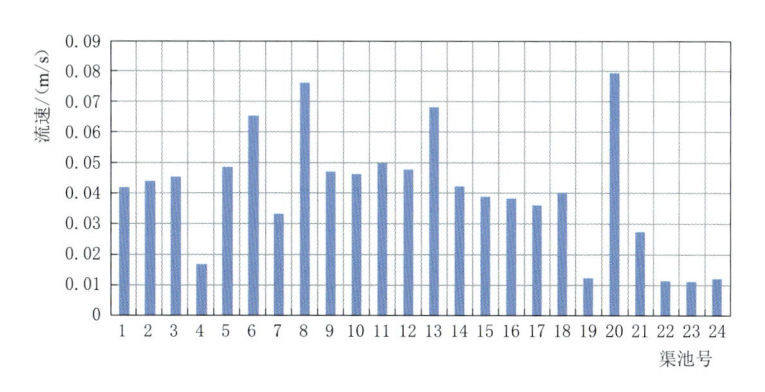

图 8-12　各渠池采用低限水位所能提高的流速值（50%设计流量）

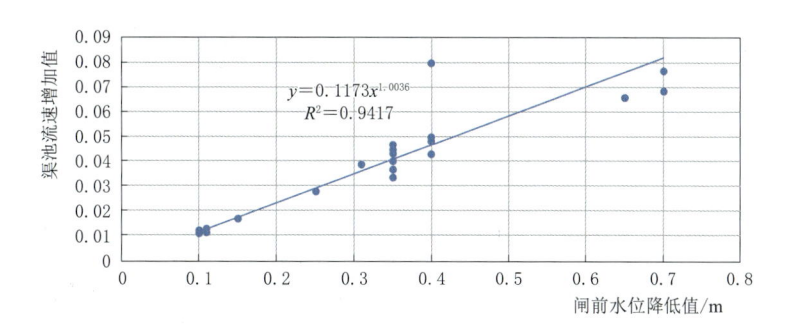

图 8-13　50%设计流量下，闸前水位降低值与渠池流速增加值的关系

从图8-12和图8-13可知，流速增加值与闸前水位降低值存在接近于线性的对应关系。从斜率可判断出，大流量工况下降低水位增加的流速更多。例如，对应0.5m的闸前水位降低值，50%设计流量下流速增加0.06m/s，70%设计流量下流速增加0.07m/s。

8.7 藻泥沉降蓄积的水动力学防控技术

8.7.1 中线总干渠藻类数学模型

8.7.1.1 控制方程组与经验关系式

平面二维的中线总干渠藻类输移模型控制方程组由水流的质量、动量方程以及壁面、水中两种形态藻类的迁移生长方程组成，它们可以被写成如下矩阵的形式：

$$\frac{\partial U}{\partial t}+\frac{\partial F}{\partial x}+\frac{\partial G}{\partial y}=\frac{\partial \overline{F}}{\partial x}+\frac{\partial \overline{G}}{\partial y}+S \tag{8-2}$$

其中

$$U=\begin{bmatrix} h \\ hu \\ hv \\ hc_1 \\ c_2 \end{bmatrix} \quad F=\begin{bmatrix} hu \\ hu^2+\frac{1}{2}gh^2 \\ huv \\ huc_1 \\ 0 \end{bmatrix} \quad G=\begin{bmatrix} hv \\ huv \\ hv^2+\frac{1}{2}gh^2 \\ hvc_1 \\ 0 \end{bmatrix} \tag{8-3}$$

$$\overline{F}=\begin{bmatrix} 0 \\ \upsilon_t h\frac{\partial u}{\partial x} \\ \upsilon_t h\frac{\partial v}{\partial x} \\ \varepsilon_c h\frac{\partial c_1}{\partial x} \\ 0 \end{bmatrix} \quad \overline{G}=\begin{bmatrix} 0 \\ \upsilon_t h\frac{\partial u}{\partial y} \\ \upsilon_t h\frac{\partial v}{\partial y} \\ \varepsilon_c h\frac{\partial c_1}{\partial y} \\ 0 \end{bmatrix} \quad S=\begin{bmatrix} 0 \\ gh(S_{bx}-S_{fx}) \\ gh(S_{by}-S_{fy}) \\ S_{c_1} \\ S_{c_2} \end{bmatrix} \tag{8-4}$$

式中：x、y 为笛卡尔坐标系下的空间坐标；u、v 分别为 x、y 方向上各自沿深度方向上的积分平均流速；t 为时间；h 为水深；g 为重力加速度；υ_t 为紊动扩散系数，采用公式 $\upsilon_t = hu_*/6$ 计算，其中 $u_*=\sqrt{gh}\sqrt{S_{fx}^2+S_{fy}^2}$ 为摩阻流速；ε_c 为污染物紊动扩散系数，假定其等于 υ_t；$S_{bx}=-\partial z_b/\partial x$、$S_{by}=-\partial z_b/\partial y$ 分别为河床 x、y 方向上的坡度；$S_{fx}=\dfrac{n^2 u\sqrt{u^2+v^2}}{h^{4/3}}$、$S_{fy}=\dfrac{n^2 v\sqrt{u^2+v^2}}{h^{4/3}}$ 分别为水流在 x、y 方向的水力坡度，n 为曼宁糙率系数；c_1 为干渠水体中藻类的浓度；c_2 为干渠边壁上的藻类密度；S_{c_1}、S_{c_2} 为这两种藻类的生化反应源汇项，它们描述的迁移生长过程见图 8-14。

由图 8-14 可知，中线总干渠中的藻类根据形态被分为了水体中能够随流输运的藻类 c_1 以及附着在边壁上的藻类 c_2，这两种藻类都能够分别在水体以及边壁上生长。但由于边壁藻类的附着作用，其无法独立扩大生长区域，而是需要通过孢子等方式先进入水体，在随流输运的过程中沉降至其他区域再最终附着生长。故源汇项 S_{c_1}、S_{c_2} 主要描述了两种藻类的生长以及迁移过程，其表达式如下：

$$S_{c_1} = \alpha_1 \left(\frac{u}{u_{\text{scour}}}\right)^{\alpha p} c_2 + \alpha_2 h c_1 - \alpha_4 \omega c_1 \max\left(0, \frac{u_r - u}{u_r}\right) \tag{8-5}$$

$$S_{c_2} = -\alpha_1 \left(\frac{u}{u_{\text{scour}}}\right)^{\alpha p} c_2 + \alpha_4 \omega c_1 \cdot \max\left(0, \frac{u_r - u}{u_r}\right) + \alpha_3 \frac{(c_{2\max})}{c_{\max}} c_2 \tag{8-6}$$

式中：α_1 为边壁藻类的冲刷效应系数；α_2 为水体中藻类的生长速率；α_3 为边壁藻类的生长速率；α_4 为藻类的沉降效应系数；$c_{\max}$ 为边壁藻类最密密度；u_{scour} 为边壁藻类冲刷的临界流速；u_r 为藻类沉降的临界流速；ω 为藻类的沉降速度。

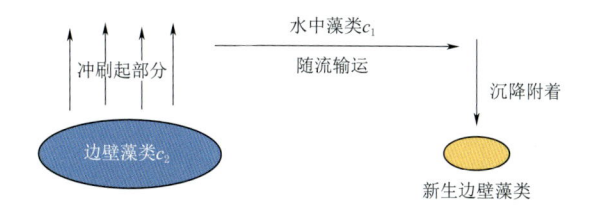

图8-14　藻类生化关系图解

8.7.1.2　控制方程组的数值求解

采用非结构三角形网格离散计算区域，利用有限体积法将控制方程组在编号为 i 的计算三角形单元积分，可得

$$\int_{A_i} \frac{\partial U}{\partial t} dA + \int_{A_i} \Delta E dA = \int_{A_i} \Delta \bar{E} dA + \int_{A_i} \left(S_b + S_f\right) dA \tag{8-7}$$

式中：$E = (F, G)$；$\bar{E} = (\bar{F}, \bar{G})$；$A_i$ 为计算单元面积，下标 i 为单元编号，且 $i = 1, 2, 3, \cdots, N_c$，N_c 为单元总数。首先，对式（8-7）左侧第二项及右侧第一项运用高斯散度定理，将面积分转化为线积分来对对流及扩散通量记性计算；其次，假设源项在计算单元内均匀分布，以此简化对式（8-7）右侧第二项的处理。于是，式（8-8）变为

$$U_i^{n+1} = U_i^n - \frac{\Delta t}{A_i} \sum_{j=1}^{3} E_{i,j} n_{i,j} L_{i,j} + \frac{\Delta t}{A_i} \sum_{j=1}^{3} \bar{E}_{i,j} n_{i,j} L_{i,j} + \Delta t S_i \tag{8-8}$$

式中：上标 n 和 $n+1$ 是时间层级的编号，时间层级间相差一个时间步长 Δt；$E_{i,j}$、$\bar{E}_{i,j}$ 分别为第 i 个计算网格下第 j 条边上的对流/扩散通量，$j = 1, 2, 3$；$n_{i,j} = (n_x, n_y)$ 为单元 i 第 j 条边上的法向量；$L_{i,j}$ 为对应边的边长；$\bar{E}_{i,j}$ 为扩散通量由于往往影响较小且不是本文章的讨论重点，故不做展开，具体可参考 Anastasiou 和 Chan；S_{fxi}, S_{fyi} 为摩阻源项，通过式（8-9）求得；ghS_{bxi}、ghS_{byi} 为底坡源项采用 Slope flux method 求得，见式（8-9）

$$\begin{cases} (ghS_{bx})_i = -\sum_{j=1}^{3} \left[(n_x)_{i,j} g\left(h_{i,j}^L + h_i\right)\left(\bar{z}_{b i,j} - z_{bi}\right) \Delta L_{i,j}\right] \\ (ghS_{by})_i = -\sum_{j=1}^{3} \left[(n_y)_{i,j} g\left(h_{i,j}^L + h_i\right)\left(\bar{z}_{b i,j} - z_{bi}\right) \Delta L_{i,j}\right] \end{cases} \tag{8-9}$$

式中：h_i 和 z_{bi} 为是存储在单元 i 中线的水深和地形高程；$z_{bi,j}$ 是单元 i 第 j 条边的地形高程，$\bar{z}_{bi,j} = \min(z_{bi,j}, W_{i,j}^L)$；$W_{i,j}^L$ 和 $h_{i,j}^L$ 为第 j 边上单元内部水位和水深。

在浅水方程体系中，对流通量往往占绝对的主导，与水跃、水跌、激波等物理现象密切相关，故本文使用能够自动捕捉激波与间断HLLC近似黎曼算子来计算对流通量。HLLC算子通过界面两侧的状态量 U_M^L、U_M^R 来对通过界面的对流通量进行计算，计算过程可近似表述如下：

$$E_M = Flux^{HLLC}\left(U_M^L, U_M^R\right) \tag{8-10}$$

状态量 U_M^L、U_M^R 的不同估算方式造就了不同的重构方式，也形成了数学模型不同的空间精度。

8.7.2 藻类生长模拟

8.7.2.1 参数设置

根据《藻类运动关键参数物理实验及分析结果》的报告，藻类淤积物静水沉速在 $0.008\sim0.021\text{m/s}$，将藻类在水体中的沉降速度 ω 设置为0.015m/s；藻类淤积物动水漂流试验得出流速为 $0.28\sim0.34\text{m/s}$ 时，藻类淤积物颗粒不易下沉，据此将藻类沉降的临界流速 u_r 设置为0.34m/s；设定藻类在水体中无法生长，而在边壁的生长速率为 5d^{-1}，另报告中提及有利于藻类异常增殖和冲刷脱落的流速阈值为0.8m/s，故本研究中，根据相关文献，调整模型中其余未确定参数，使其达到边壁藻类恰好能被冲走的程度。并将基于此做干渠流量对边壁藻类生长的影响程度分析，率定后各参数取值见表8-1。

表8-1 参数取值一览表

参数	含义	取值	单位
α_1	边壁藻类的冲刷效应系数	5.8e^{-5}	
α_2	水体中藻类的生长速率	1.27	d^{-1}
α_3	边壁藻类的生长速率	1.8	d^{-1}
α_4	水中藻类沉降效应系数	10	
ω	藻类沉降速度	0.12	m/d
u_r	沉降临界流速	0.34	m/s
u_{scour}	边壁藻类冲刷临界流速	1.0	m/s
c_{max}	边壁藻类最大密度	200000	个/L

8.7.2.2 中线总干渠流量对藻类生长的模拟分析

本小节将在8.3.1小节的参数设定下，通过给定100m³/s、180m³/s、250m³/s三种不同的中线总干渠流量情况下中线总干渠边壁的藻类的生长扩散情况，计算区域采用南水北调中线总干渠的实际地形，长约10km，渠深约10m，如图8-15所示。

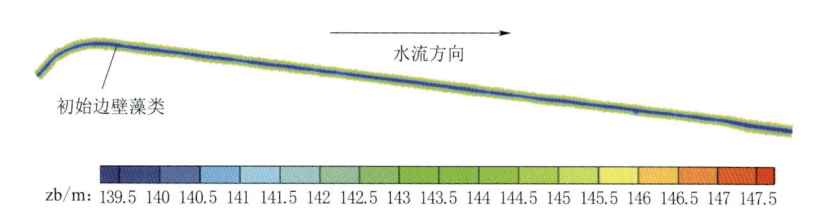

图8-15 计算区域地形图

总计算单元为8205个，时间步长根据CFL条件采用自适应时间步长，中线总干渠糙率设置为0.015，入口边界分别设定三种特征流量100m³/s、180m³/s、250m³/s，出口设定为水位边界，在计算稳定后在入口下游约500m的中线总干渠底部处设置一块面积约为10m²，藻类初始密度为100cell/m²的边壁藻类，模拟总时长为7d。

图8-16和图8-17显示了初始壁面藻类在不同流量下的迁移扩散生长情况。可以看出，当干渠流量为100m³/s时，渠道中的流速约为0.5m/s，此时初始壁面完全无法被冲

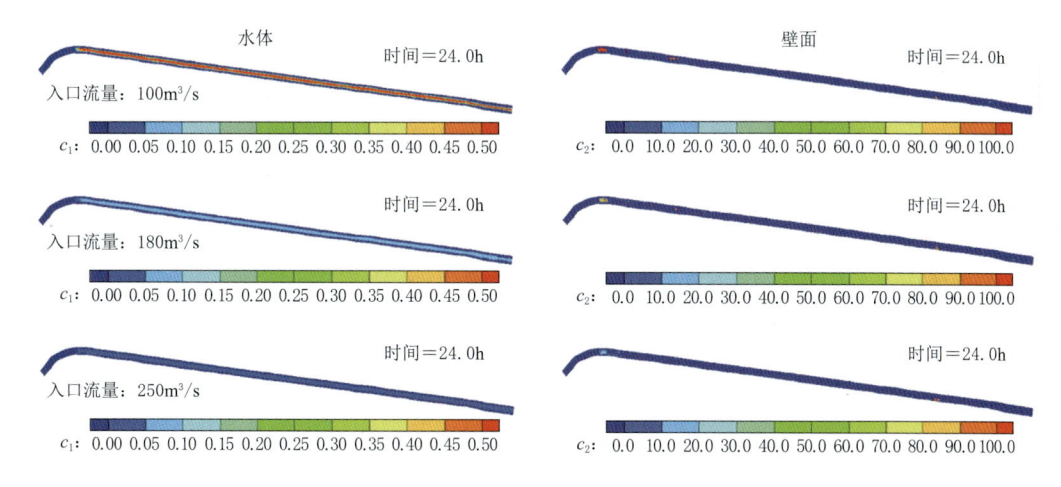

图8-16 模拟1d后水体、壁面藻类在三种流量下的生长扩散情况

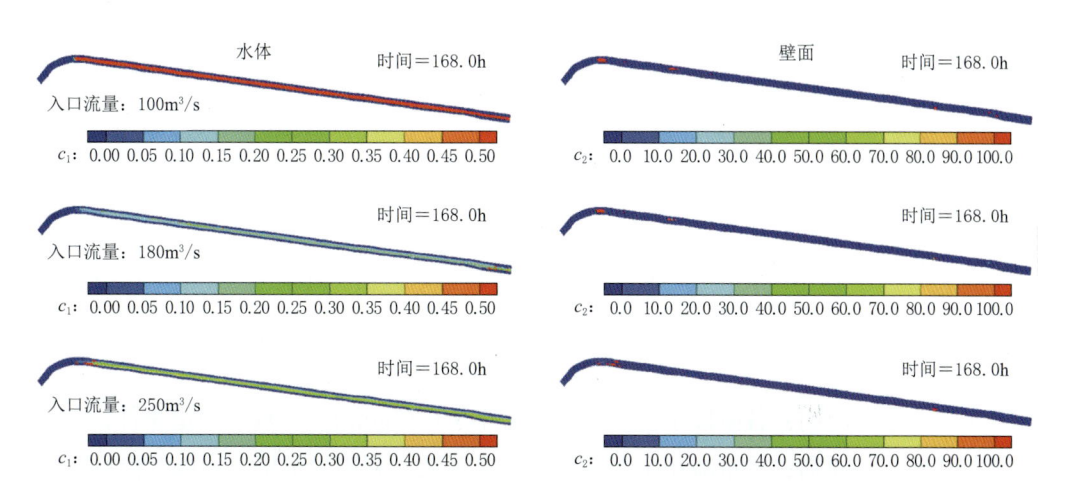

图8-17 模拟7d后水体、壁面藻类在三种流量下的生长扩散情况

掉，且会扩散至水中，沉降至下游，使得下游中线总干渠的边壁上出现藻类。当流量增加至180m³/s时，渠道内的流速约为0.8m/s，此时达到了边壁藻类冲刷的稳定态（即水流冲刷量等于自身生长量和水体藻类沉降量之和），藻类浓度没有出现增长，且由于中线总干渠中心水流流速较大，初始壁面藻类的面积甚至有所缩小。当中线总干渠流量增加至250m³/s时，渠道内的流速达到了1.0m/s，此时初始边壁藻类的生长受到强烈抑制，逐渐被水流冲刷脱落。

但同时可以发现，当流速达到1.0m/s时，虽然能够将初始壁面上的藻类冲刷掉，但在边壁依旧会存在低流速区，导致藻类沉降并繁殖。故模拟时长为7d时，水体中藻类浓度反而呈现出高流量250m³/s时，藻类浓度更高的情形。这表明在实际的藻类治理的水动力处理时，不应该仅注意干渠流量与流速，还需采用多种流量梯度联合调度的方式，尽可能减小低流速区域的存在和存在时长，降低藻类沉降再生带来的影响。

8.8 藻类防控水力调控策略与技术

首先，基于国内外相关研究及南水北调中线总干渠现场观测资料，给出藻类生态调控的关键阈值，包括藻类生态调控的关键区域、关键时期、有效流速等。其次，确定生态调控应遵循的原则，生态调控策略，实现方案与技术等，包括适用的分区调控方案、渠池运行方式、闸门操作技术等。最后，结合南水北调中线干渠案例，仿真演示整个生态调控过程，分析评估生态调控的成效。

8.8.1 生态调控的实现途径

前面分析表明，增加断面流速的方法有两种，分别是增加流量或降低水深。中线总干渠日常运行中，出于预留安全裕量等因素考虑，闸前水位通常位于设计水位以下0.10~0.20m，而受倒虹吸入口淹没水深、重力式分水口运行水位、高地下水渠段压渠等条件限制，进一步降低运行水位较难实现。因此，增大流量来增加断面流速是较为可行的途径。

8.8.2 生态调控的原则

生态调控需要在某段时间内增大目标区域的流速，其实现过程可划分为三个阶段，即增大流速阶段、维持有效流速阶段和回调流速阶段。为保障生态调度过程顺利实现，需遵循以下原则：

（1）安全运行原则：各阶段水位降幅速率需小于0.15m/h和0.30m/d限定条件；

（2）降低影响原则：尽量减小生态调度的波及区域，利用少量渠池达成调控目标；

（3）高效运行原则：尽量缩短生态调度所需的时间，减少参与调度的闸门和工作量。

8.8.3 生态调控的策略

为与生态调控的原则相适应，可采用以下生态调控策略：

（1）分区调控（如图8-18所示），即划分为生态调控区、调蓄区和正常运行区。生态调控区为出现藻类异常增殖时需要调节流速的渠池；调蓄区为其下游邻近渠池，作用是配合生态调控需要，为其提供调蓄空间，避免对下游正常运行区造成影响。

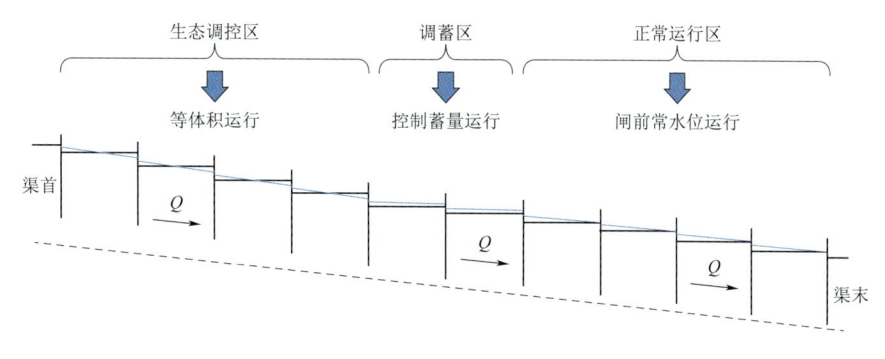

图8-18 分区调控

（2）充分利用渠道自身的调蓄能力，在靠近上游的位置划定调蓄区，利用中线总干渠上游渠池相对充裕的渠道超高，作为临时调蓄空间。

（3）采用高效的渠池运行方式和闸门操作技术，减少反复的调蓄过渡过程。

（4）充分利用渠道对水位上升速率限定较为宽松的条件，适当加快"增大流速阶段"的实施。

（5）采用阶梯步进的方式调整流量，避免引起水位的骤升骤降。

8.8.4 闸门群联合操作技术

中线总干渠为典型的缓坡渠道，各渠池为壅水水面线，通常渠池上游的水深小于下游的水深，导致渠池上游段的流速大于下游段。

闸前常水位运行（如图8-19所示）是中线总干渠日常采用的运行方式，当流量由小变大时，水面线绕渠池下游端顺时针旋转，使得上游端流速减小，下游端因水位近似稳定而流速基本不变。此外，闸前常水位运行方式下，渠池蓄量的变化与其自然趋势相反，这将导致采用该方式调整流量时，需要大幅度改变渠池内的蓄量。然而该蓄量通常只能从上游输送过来，当流量需要调回时，富余的蓄量还需要耗费一定时间来就地消化或输送至下游。显然，闸前常水位运行方式下，通过增加流量来增加断面流速不仅需要波及上下游众多渠池，且反复的蓄量变化十分不经济，整体而言，其效率较低且效果较差。

等体积运行（如图8-20所示）是一种渠池水面线随流量变化绕中部旋转的运行方式，其特征是渠池的蓄量始终近似相等，不需要从上游或向下游调配蓄量。当流量增大时，渠池上游端水深增加而下游端水深降低，在降低上游端流速的同时，增加了下游端的流速，某种程度上，这有利于下游低流速区短板的加强。与闸前常水位运行方式相比较，等体积运行方式用于藻类生态调度，有利于相关的各渠池快速平顺地调整流量，降低生态调度的影响程度和范围。

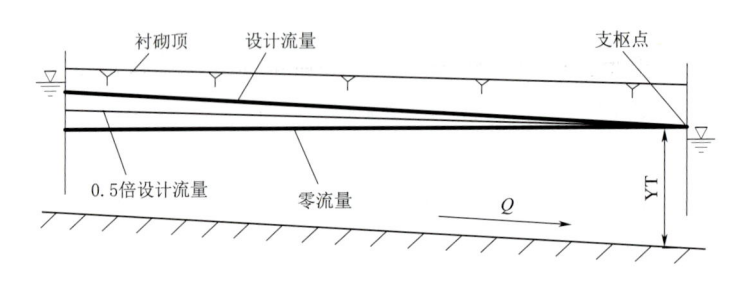

图8-19　闸前常水位运行方式

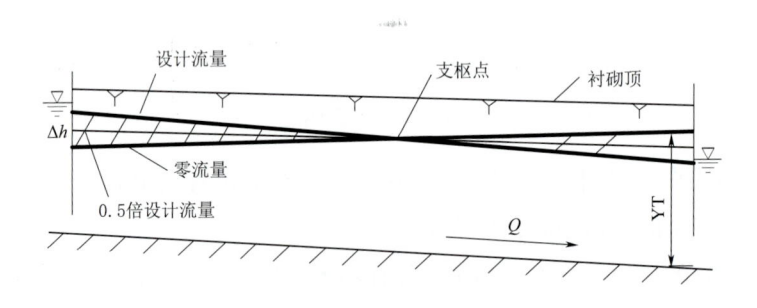

图8-20　等体积运行方式

基于以上分析，生态调度可基本上以出现藻类异常增殖的渠池为界，其下游维持原有的闸前常水位运行方式，而藻类异常增殖的渠池采用等体积运行方式。其中生态调度区采用通常意义上的等体积运行，而蓄量调蓄区根据生态调度所需的流速增加需求，分别设定蓄量增加和蓄量减小两个阶段，总体上两者的蓄量相抵，即末了阶段与初始阶段为"等体积"。

闸门操作技术有同步操作、顺序（逆序）操作、选择性操作等。为了实现上述等体积运行，并取得快速高效的响应特性，设定整个生态调控区的渠道采用闸门同步操作方式，其中调蓄区当处于增加流速的阶段时，对应蓄量增加的需求，通过渠池入口闸门流量高于出口流量（计入分水口流量）的方式，累积所需蓄量；同样的，当处于流速回落阶段时，对应蓄量减小需求，通过渠池入口闸门流量低于出口流量（计入分水口流量）的方式，消减多余的蓄量，直至恢复到最初的渠道运行水位和流量。

8.9　本章小结

（1）针对中线总干渠藻类生长、发展和演替的基本规律，基于藻类异常增殖的可防控生态环节，从生物量、藻类优势维持机制和处置的适宜时机上入手，研发适宜于中线总干渠特征的防控关键技术，包括着生藻边坡工程机械除藻防控体系技术设备、全断面智能拦藻设备、清淤物一体化设备、拦漂导流装备、沉藻措施等，以期借助机械造流装置的作用，破坏和改变藻类群落，削减藻类生物量，达到减缓藻类增殖所引发的消极影响。

（2）针对中线总干渠淡水壳菜污损问题，为避免淡水壳菜过度增殖，减缓其对生态环境影响效应，保障中线总干渠的长期稳定运行和水质安全，研发局部渠段排空干出、物理清除技术、水下LED杀灭幼虫技术、氧化剂杀灭成贝技术、天敌生物增殖捕食技术、基质防护材料应用技术、电控淡水壳菜技术等，涉及物理、化学和生物等多个方面，共同构成淡水壳菜的多途径防控技术体系，以期减缓淡水壳菜增殖对水质造成影响。

第 9 章 淡水壳菜增殖防治措施研发及示范

9.1 淡水壳菜防治

9.1.1 局部渠段排空

9.1.1.1 研发目的

考虑淡水壳菜生物量暴发性异常增殖的可能，考察淡水壳菜对干旱的耐受能力，确定具体的渠段排空干出时间及其对淡水壳菜的致死效果，为未来可能出现的极端情况提供技术支持。

9.1.1.2 工作原理

作为水生生物，淡水壳菜的生命代谢活动离不开水，缺水会导致其代谢紊乱和生命活动异常，长期干旱则致死；基于水是淡水壳菜生命活动不可或缺的必需物质，考察干旱情况下淡水壳菜的致死情况，确认全部贝类死亡的实际干旱时间。

9.1.1.3 处置效果

本研究包括实验室工作和野外原位工作两部分，实验室工作具体是将50个个体平铺放置在培养皿中，考察100%死亡所需要的时间，得到如表9-1所示结果。

上述研究结果显示，渠道排空干出7d内，淡水壳菜会全部死亡；空气气温、相对湿度以及淡水壳菜本身的规格大小对干燥死亡有一定的影响。该结果在中线总干渠停水检修中得到验证，淡水壳菜在排空干出7d后的检查发现，所有个体均处于失去生命活性的死亡状态，但仍然附着在渠壁上，一定流速的水流可将其冲刷脱落。

表 9-1　　　　　　　　　　　干出导致淡水壳菜死亡的时间

气温 /℃	相对湿度 /%	壳长范围 /mm	平均壳长 /mm	100% 死亡时间 /h
15～25	65～90	0～5	3.25	96
		5～15	10.46	168
		15～20	17.18	216
25～35	60～80	0～5	2.41	48
		85～15	10.53	72
		15～20	17.48	96

9.1.2　物理清除技术

9.1.2.1　研发目的

针对淡水壳菜生物量逐渐增加的状况，减少和清理淡水壳菜的最简单直接方式是借助清理工具，采用人工作业的方式，清除掉附生在中线总干渠渠壁上的淡水壳菜。

9.1.2.2　工作原理

本技术的工作原理主要是基于人工劳动力的直接介入下手工或半自动清除附生在渠壁上的淡水壳菜；核心工具是铲刀与电动刮刀；通过刀具的使用，直接将成贝从渠壁剥离脱落，减少其现存量。

9.1.2.3　处置效果

在局部或全线检修排空情况下或因淡水壳菜生物量出现暴发式增长时，利用多闸坝系统将局部水体排空，借助人工开展物理清除，实际清除效果受多种因素的影响，一个青壮劳动力一天约可以清除100～430m长度的渠段。该方法严重依赖劳动力，效率不高，但处理干净，效果持久。

9.1.3　水下LED灯杀灭幼虫

9.1.3.1　研发目的

LED作为一种节能的新型光源，具有发光强度高、能耗低等有点。此外，LED光为点光源，可根据需要选择不同光谱。本研究的目的是探寻适宜于杀灭幼虫的LED光谱及其光强。

9.1.3.2　工作原理

淡水壳菜幼体时期对光反应比较敏感，嗜好黑暗环境，畏惧强光；一般在弱光下分布均匀，强光照射可引起担轮幼虫/面盘幼虫的避光移动，甚至造成幼虫的死亡堆积。基于该生物学特性，可使用强光处理杀灭幼虫。

9.1.3.3 处置效果

在实验室采用定制的LED光源开展了淡水壳菜幼虫的处置效果研究,发现幼虫对光谱没有选择性逃避的特性,采用白色LED处置,光强设置为0μmol/(m²·s)、25μmol/(m²·s)、50μmol/(m²·s)、100μmol/(m²·s)、200/μmol/(m²·s)每组设置三个平行,用培养皿放入幼虫15只进行24h照射,具体死亡情况见图9-1。可见,大于50μmol/(m²·s)的LED照射可在短时间内杀灭淡水壳菜幼虫,实际应用中可借助水下自动行走机器人携带高功率LED在处置水域来回移动,在主要繁殖期起到有效杀灭的作用,减少淡水壳菜的现存量。

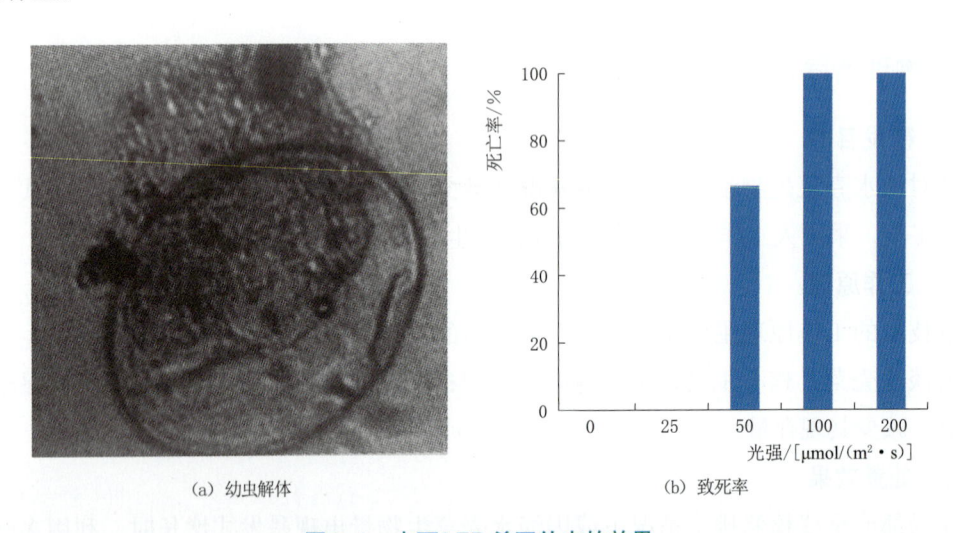

(a) 幼虫解体　　(b) 致死率

图9-1　水下LED杀灭幼虫的效果

9.1.4 氧化剂杀灭成贝

9.1.4.1 研发目的

鉴于化学药剂杀灭的快速高效性,寻找安全有效的杀灭药剂是重要的防控手段之一。为此,有必要在充分考虑中线总干渠输水功能的情况下,确保饮用水不受化学药剂的影响、不危害健康的前提下,确定药剂的适宜处置浓度,为有效防控提供支撑。

9.1.4.2 工作原理

氧化剂对淡水壳菜的杀灭作用已经被国内外多个同类研究所证实。液氯作为自来水厂的常用氧化剂长期被广泛使用,水体中的余氯在一段时间后会逐渐衰减,不构成对人体健康的危害;基于文献检索和综合分析,确认液氯是良好的氧化杀灭药剂,适宜在中线总干渠使用。本研究将具体考虑适宜的液氯使用量及其具体的杀灭效果。

9.1.4.3 处置效果

试验水温18℃±0.5℃,试验持续时间为7d,有效氯投加浓度为0mg/L、0.5mg/L、1.0mg/L、2.0mg/L、5.0mg/L和10.0mg/L,每个处理组设置3个平行,受试对象淡水壳菜的平均壳长分别为10.83mm、11.21mm、10.98mm、11.17mm、11.26mm、10.95mm，每组使用个体150个。图9-2为不同有效氯处置下淡水壳菜死亡率随时间的变化，从中可见，淡水壳菜死亡率与有效氯间存在明显的量效关系。在经济条件允许的情况下，用量越大，使用效果也越明显；从研究结果看，2.0mg/L的剂量即可在7d内取得良好的处置效果；建议在实际使用过程中考虑余氯的衰减。

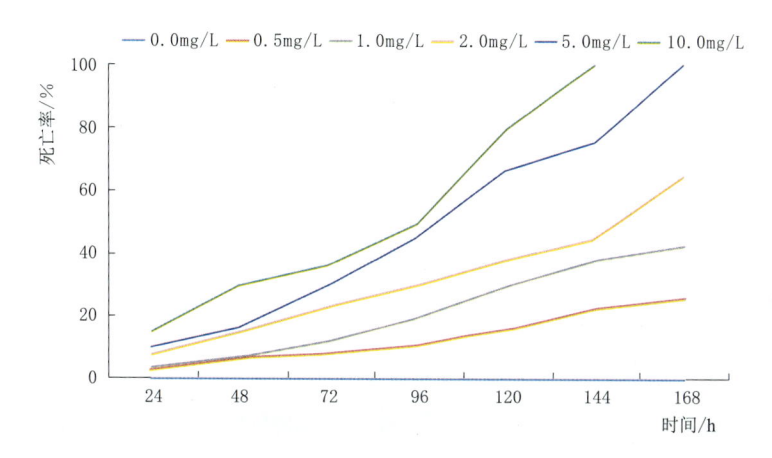

图9-2 有效氯对淡水壳菜成贝杀灭效果随时间的变化

9.1.5 天敌生物增殖捕食技术

9.1.5.1 研发目的

生物防控技术一直以来因其投入成本低廉、发挥效果持久而受到推崇。淡水壳菜的生物防控技术也具有同样的优势和特点，在文献检索的基础上，选择鲤鱼和青鱼作为受试对象，构建两侧面为等边三角形的结构（图9-3）作为养殖沉箱，放置在淡水壳菜现存量较高的水域，探索人工增殖淡水壳菜天敌的方式是否适用于中线总干渠的贝类增殖防控，确认适宜的放养密度。

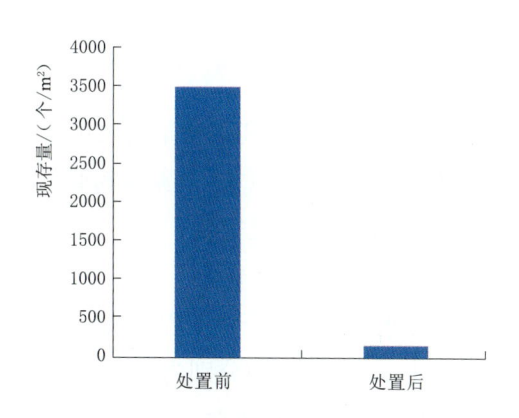

图9-3 天敌生物捕食淡水壳菜的处置效果

9.1.5.2 工作原理

鲤鱼属于底栖杂食性鱼类，荤素兼食，饵谱广泛，吻骨发达，常拱泥摄食，在自然条件下，食物偏重于动物性，如摇蚊幼虫、螺蛳、河蚬、淡水壳菜等底栖动物和水生昆虫、虾类等；青鱼属于底栖肉食性鱼类，食物以软体动物中的螺蛳为主，也摄食蚬子、淡水壳菜、扁螺等。基于物种间的捕食关系，在南水北调中线总干渠采用增殖放流的方式，人工投入鲤鱼和青鱼，通过这些鱼类的摄食，可调控和减少水体的淡水壳菜现存量。

9.1.5.3 处置效果

在每个沉箱中投放体长15cm的青鱼或鲤鱼15尾，投放前通过水下摄像的方式核算淡水壳菜的数量，投放15d后，再次用水下摄像的方式核算淡水壳菜的数量，对比确认处置效果；淡水壳菜的去除效率达到90%以上。

9.1.6 基质防护材料的应用

考虑南水北调中线工程中淡水壳菜的生物污损现状及工程实际运行情况，通过防护材料对中线总干渠关键结构进行防护可能是一种经济可行的防控策略。前期研究测试了市面上常见的混凝土防护涂料的防壳菜附着效果和耐久性，根据前期研究成果，以空白组最大生物量和平均生物量的30%为基准，遴选出最大生物量和平均生物量两者均低于基准值的材料，见表9-2，三次检查均表现较优的材料有：硅烷浸渍、环氧树脂（3）、聚脲（3）、丙烯酸树脂和氟碳树脂。

表 9-2 三次检查生物量较小的材料汇总

附着时间	生物量在空白组的30%以内
4个月	硅烷浸渍、环氧树脂（1）、环氧树脂（3）、聚脲（1）、聚脲（3）、丙烯酸树脂、氟碳树脂、聚氨酯、陶瓷漆
6个月	硅烷浸渍、环氧树脂（2）、环氧树脂（3）、聚脲（3）、丙烯酸树脂、氟碳树脂、有机无机杂化材料
9个月	改性硅酸钾、水泥基渗透结晶材料、硅烷浸渍、环氧树脂（2）、环氧树脂（3）、聚脲（2）、聚脲（3）、丙烯酸树脂、氟碳树脂、有机无机杂化材料
共同的材料	硅烷浸渍、环氧树脂（3）、聚脲（3）、丙烯酸树脂、氟碳树脂

综合附着密度和生物量的优选结果，防附着性均表现较优的材料有：硅烷浸渍、环氧树脂（3）、聚脲（3）和氟碳树脂。基于上述认识，进行了实际工程应用测试。

9.1.6.1 试块制作及安装

1. 试块工作方案

南水北调中线干线工程选取8个断面，其中4个断面分别安装2个大试块（1面为空白混凝土试块，另3面分别为不同涂料试块）和1个同尺寸的竹排，分别安装在2个笼子中（竹排和1个大试块放在一个笼子里）；另4个断面分别安装15个小试块，安装在1个笼子中。断面信息见表9-3。用于安装试块的每个笼子都有4个吊点，每2个吊点合为一根绳子露出水面固定，即每个笼子由2根绳子承担重量，由2位工人操作安装，总原则是试块厚度对准水流方向。经过现场考察，初步方案为：若是渡槽，则笼子安装在渡槽旁边的围栏处；若为倒虹吸，则笼子安装在倒虹吸入口处（非闸门位置）。

2. 试块及安装附着笼的制作及安装

大试块和竹排的尺寸为50cm×50cm×4cm，2个试块重量总和约50kg；小试块的尺寸为15cm×15cm×2.5cm；15个小试块重量总和约20kg。2017年12月已完成7个断面试块的安装工作，试块安装如图9-4、图9-5所示。另于2018年5月11日补充了天津市容雄断面的试块安装。

表9-3　　　　　　　　　　8个试块监测断面信息

序号	建筑物名称	三级管理单位	安放时间	安放位置	试块信息	防护材料信息
1	刁河渡槽	邓州三级管理单位	2017.12.1	出口处	1个小笼子 15个小试块	空白、环氧、钛合金涂层、有机硅1、有机硅2、无机硅1、无机硅2、天然防污漆1、天然防污漆2、防污漆
2	金水河倒虹吸	郑州三级管理单位	2017.11.30	进口处	1个小笼子	空白、环氧、钛合金涂层、有机硅1、有机硅2、无机硅1、无机硅2、天然防污漆1、天然防污漆2、防污漆
3	沁河倒虹吸	邯郸三级管理单位	2017.12.7	进口处	1个小笼子	空白、环氧、钛合金涂层、有机硅1、有机硅2、无机硅1、无机硅2、天然防污漆1、天然防污漆2、防污漆
4	淦河倒虹吸	石家庄三级管理单位	2017.12.7	进口处	2个大笼子	空白、竹板、有机氟硅涂料、有机硅涂料、环氧底漆
5	漕河渡槽	保定三级管理单位	2017.12.12	出口处	1个小笼子	空白、环氧、钛合金涂层、有机硅1、有机硅2、无机硅1、无机硅2、天然防污漆1、天然防污漆2、防污漆
6	北拒南支倒虹吸	涞涿三级管理单位	2017.12.13	进口处	2个大笼子	空白、竹板、有机氟硅涂料、防污漆、环氧底漆
7	西黑山	西黑山三级管理单位	2017.12.1		2个大笼子	空白、竹板、有机氟硅涂料、有机硅涂料、环氧底漆
8	天津容雄	天津容雄三级管理单位	2018.5.11		2个大笼子	空白、竹板、有机氟硅涂料、防污漆、环氧底漆

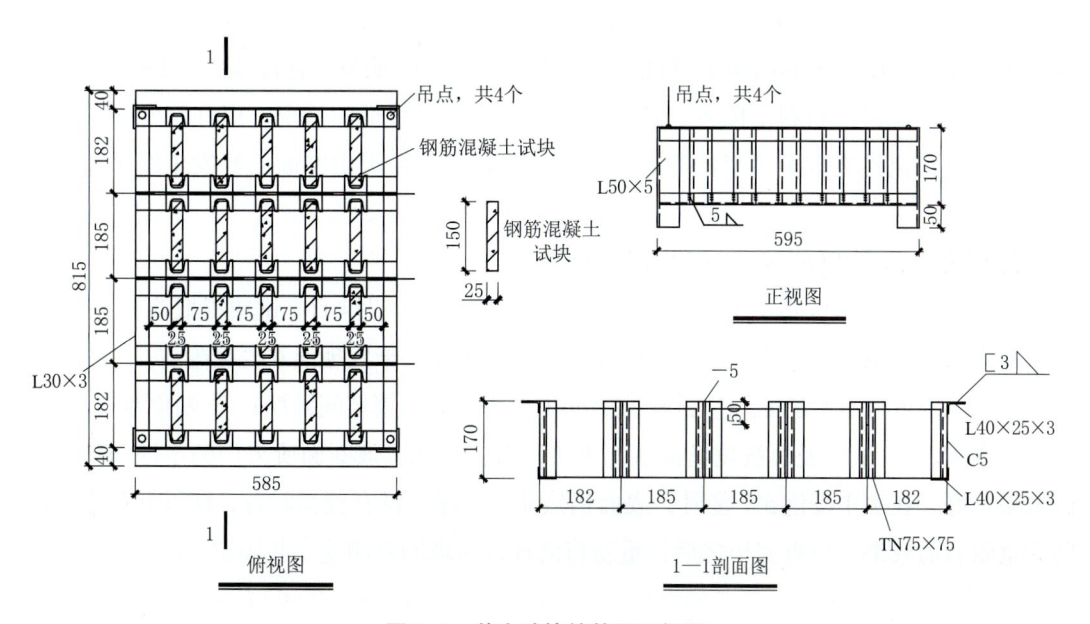

图9-4　装小试块的笼子三视图

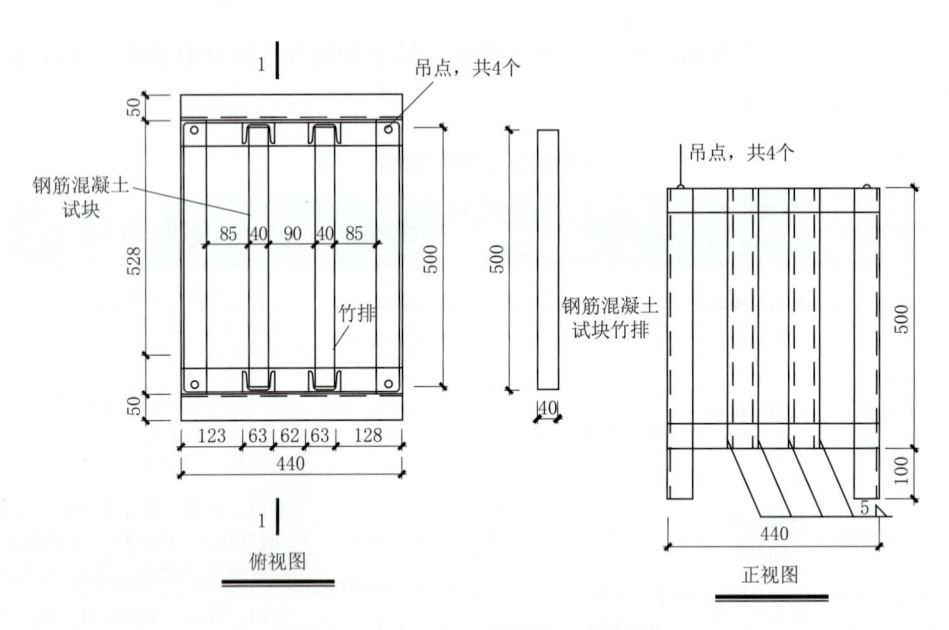

图9-5　装大试块的笼子示意图

9.1.6.2　试块附着情况第一次检查

1. 西黑山三级管理单位——西黑山断面

安装两个大试块，安装时间2017年12月1日，初次检查试块上淡水壳菜附着时间2018年5月11日。检查时，对试块材料上的附着情况进行检查，左岸混凝土试块（空白和有机硅涂料）上并没有发现淡水壳菜附着，右岸笼子中竹板材料上疑似已经开始有淡水壳菜稚贝的生长附着，但因个体极小，且密度低，未进行采样。检查完毕后，所有的试块重新放回水中。

另外，由于试块于2017年12月才安装到渠道中，此时已经进入了淡水壳菜繁殖间歇期，水中幼虫密度监测的结果也极低，甚至为零。繁殖间歇期一直持续到2018年4月初，期间几乎无幼虫进入材料上附着，这也解释了附着密度极低的情况。但在淡水壳菜喜好的竹质材料上仍然发现了零星的附着，也进一步肯定了西黑山断面已经发生淡水壳菜扩散的情况。

2. 邯郸三级管理单位——沁河倒虹吸

试块安装时间2017年12月7日，初次检查时间2018年5月4日。试块提取检查过程中，由于此处水流湍急，将试块提取出水面检查各试块表面，未发现淡水壳菜附着。

主要原因可能有3方面：①试块监测期主要为壳菜的繁殖间歇期；②断面水流湍急，不适合附着；③试块表面被垃圾覆盖，无法附着。此外，该断面所采用的不同防护材料的效果良好，在水中浸泡5个多月，表面仍然非常干净，没有藻类附着，能够起到很好的防壳菜附着的效果。检查完毕之后，重新将清理过垃圾的监测笼安装固定。

3. 郑州三级管理单位——金水河倒虹吸

安装小试块，安装时间2017年11月30日，初次检查时间2018年5月3日。与沁河倒虹吸的情况相似，金水河监测断面的流速快，试块、试块缆绳上挂附了垃圾。试块未发现壳菜附着，情况和原因与沁河倒虹吸相似。

4. 邓州三级管理单位

安装小试块，安装时间2017年12月1日，安装位置刁河渡槽出口处，2018年4月23日安排现场试块附着情况检查，检修时发现试块已不在原来的安装位置。因渡槽内流速大，水深近5m，颜色黑绿，看不清笼子具体位置。该断面的监测结果可以等待渡槽检修排空时，再下槽拉出笼子，分析其上壳菜的附着情况，并与其他断面对比分析。

总体看来，第一次检查的监测断面中，除西黑山断面上壳菜喜好的竹质材料上发生了零星附着，其他材料以及其他监测断面上均未发生壳菜附着。主要原因可能为监测期间主要为淡水壳菜的繁殖间歇期，水体中并没有可以发生附着的幼虫或密度极低；选择的监测断面及监测笼安装的位置流速普遍较高，不利于附着。

9.1.6.3 试块附着情况第二次检查

1. 河北省保定市西黑山三级管理单位

检查时间为2018年8月12日。左岸：两侧皆附着藻类污泥，无淡水壳菜成贝附着。右岸：竹板开始有些腐烂，表面吸附污泥，无淡水壳菜成贝；水泥石块带涂料一侧及未涂一侧皆未发现成贝。有机硅涂层已经开始附着藻类，而有机氟硅涂层依然光亮如新，没有附着任何藻类，这说明有机硅涂料的防贝效果可能不如有机氟硅涂层的防贝效果。

2. 天津市容雄三级管理单位

井1竹板腐烂发霉，但无淡水壳菜成贝发现；水泥石块光滑清洁，无成贝附着。井2中一侧水泥板有小坑洞，但稍光滑，涂有防贝漆，无淡水壳菜成体附着；另一侧表面粗糙，为空白混凝土面，亦无成贝吸附。检查井为静水，没有发现淡水壳菜附着。

3. 河北省邯郸三级管理单位

检查时间为2018年8月28日。邯郸三级管理单位由于水位下降，试块有部分裸露在水面以外。经检查试块上无淡水壳菜成贝附着。

4. 郑州金水河三级管理单位

检查时间为2018年8月27日。经检查，无淡水壳菜成贝吸附；但部分小试块涂料层开始起泡。据渡槽的监测结果，穿黄段的壳菜平均附着密度最大，但是在该段的试块上依然没有发现壳菜成贝附着。

5. 其他断面的情况

河北省保定涞涿三级管理单位、石家庄洨河三级管理单位、保定三级管理单位境内的试块监测断面流速快，附着基本没有发生。

9.1.6.4 试块附着情况第三次检查

1. 漕河渡槽

2018年10月20日检验漕河渡槽混凝土试块,未发现淡水壳菜发育附着;其中有试块表面涂料形成鼓泡,但涂料表膜无破损。10月21日检验洨河倒虹吸混凝土试块。铁架附着垃圾,洨河倒虹吸左孔试块无壳菜发育附着,清理垃圾时发现一个壳菜成体,长1.7cm,宽0.7cm,最厚处1cm。右孔试块上共发现壳菜5个,长度皆位于0.4~0.5cm,发育时间不长;垃圾发现两个壳菜,长度分别为1.6cm、1.7cm。

2. 涞涿三级管理单位

2018年10月22日检查涞涿三级管理单位试块,试块表面有一定污垢,未发现壳菜成贝。检查水北沟渡槽试块,涂料表层形成一些气泡,但无破损;竹板存在一定腐烂;试块、竹板皆无壳菜发育附着。

9.1.7 电控淡水壳菜幼虫技术

9.1.7.1 淡水壳菜幼虫的现场监测

基于2021年3—6月野外采样调查,监测结果显示(见图9-6和图9-7),南水北调中线总干渠索河渡槽段和石家庄段淡水壳菜幼虫逐月平均密度呈现逐渐增加趋势,其中,3月0个/m^3,4月100个/m^3,5月300个/m^3,6月795个/m^3。监测发现中线总干渠索河渡槽段和石家庄段淡水壳菜幼虫主要为D型幼虫和壳顶幼虫阶段,其中壳顶幼虫(图9-8)阶段比例较高,超过60%,是监测时段淡水壳菜幼虫的主要发育阶段。但根据鉴定结果统计发现,中线总干渠索河渡槽段和石家庄段淡水壳菜幼虫活体平均密度均较低,多是空壳或腐烂状态(图9-9);其中,索河渡槽段5月出现活体,约为150个/m^3,占总密度的37.5%,6月约为385个/m^3,占总密度的46.95%;石家庄段5月出现活体,约为100个/m^3,占总密度的50%,6月约为320个/m^3,占总密度的41.56%。

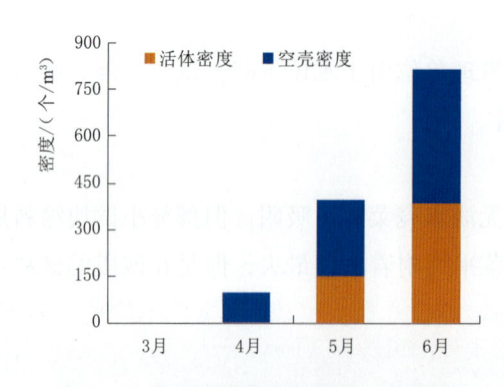

图9-6 索河渡槽段淡水壳菜幼虫密度

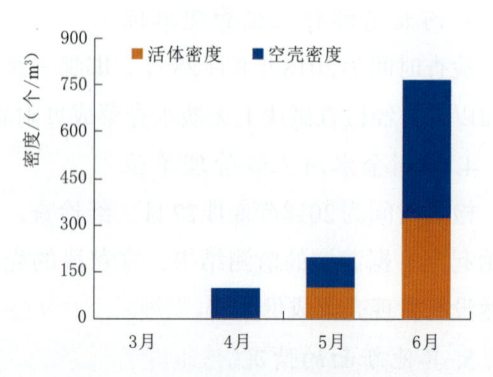

图9-7 石家庄段淡水壳菜幼虫密度

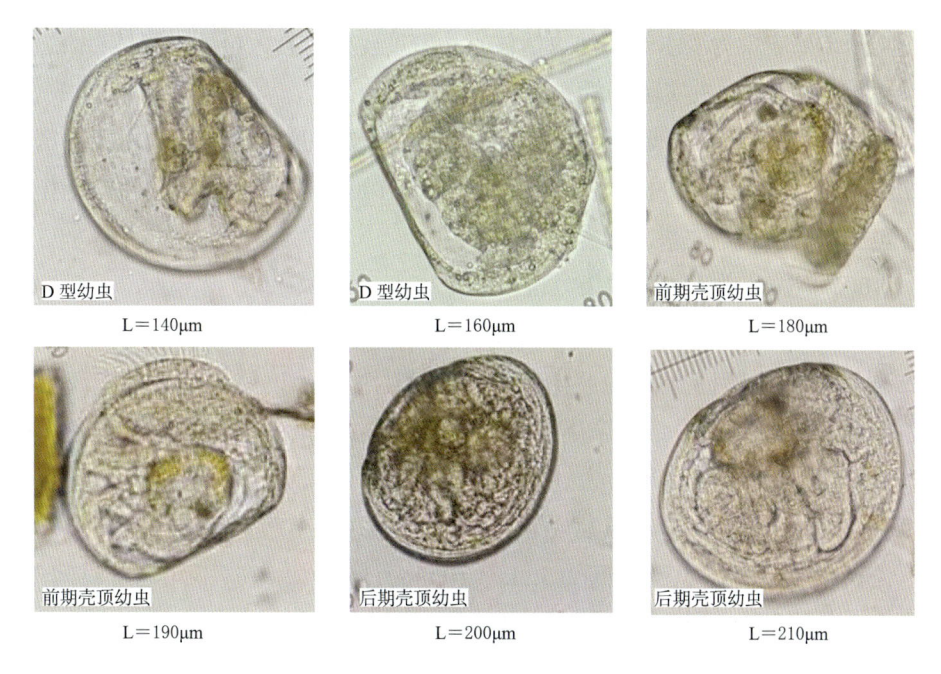

D 型幼虫	D 型幼虫	前期壳顶幼虫
L＝140μm	L＝160μm	L＝180μm
前期壳顶幼虫	后期壳顶幼虫	后期壳顶幼虫
L＝190μm	L＝200μm	L＝210μm

图9-8 淡水壳菜幼虫镜检图

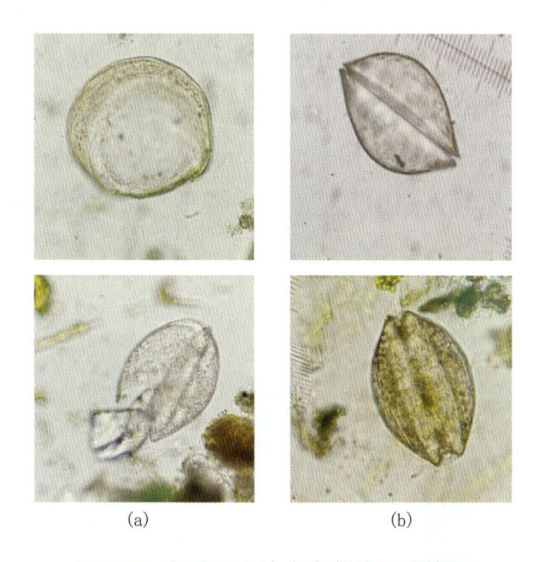

(a)　(b)

图9-9 部分死亡淡水壳菜幼虫镜检图

中线总干渠索河渡槽段淡水壳菜幼虫呈现上述监测结果及特征，可能主要有两方面原因：一方面，是淡水壳菜的生态习性及其自身繁殖规律，即随着我国4—6月气温的缓慢升高，中线总干渠水温也逐渐升至淡水壳菜活动的适宜温度，在适宜的温度条件下，附着在渠道内的淡水壳菜成贝开始逐渐进入繁殖期，故中线总干渠索河渡槽段和石家庄段淡水壳菜幼虫逐月平均密度呈现逐渐增加趋势；另一方面，可能是受到水流环境改变的叠加影响，即随着6月南水北调中线夏季补水流量的增大，可能导致之前沉积在渠道内淡水壳菜幼虫死亡壳体被冲刷随水运移至水体表层，与活体幼虫混合均匀，致使中线总干渠断面监测结果表现为淡水壳菜幼虫活体平均密度较低，有大量死亡壳体存在。

9.1.7.2 电控淡水壳菜幼虫实验分析

由于4—6月南水北调中线总干渠淡水壳菜幼虫活体密度较低，故采用相对密度较高的汉口江滩附近某货港码头的水样，探索了100V、1000V直流电和高压脉冲电作用下对淡水壳菜幼虫的室内灭杀效果。

9.1.7.2.1 100V工作条件下实验效果分析

实验采用体积为5L的水槽，采用改良的淡水壳菜幼虫定量采集方法，使用离心抽水泵配合25号浮游生物网抽滤200L原始水样，收集生物样品，使实验水槽中淡水壳菜幼虫密度为原始水样浓度的50倍。采用30cm×20cm×0.1cm不锈钢板状电极材料（一正两负），其中，电极板有效工作尺寸为30cm×7cm，电极板间距10cm。采用稳压直流电源（100V/10A）供电，实验设置电场参数为10V/cm，通过调节直流稳压电源使电化学反应在一定电流密度下进行，电解时间为5min、10min、15min，考察不同电解时间条件下，电解对淡水壳菜幼虫抑制情况。实验结束后用25号浮游生物网过滤水槽内全部水样，收集淡水壳菜幼虫生物样品并及时在显微镜下鉴定其活动情况。每次实验均同步设置三组实验平行样和三组空白水样为参照组，以供后续培养效果对比实验研究。

从图9-10可以看出，随着电解时间的增加，淡水壳菜幼虫死亡率随之增大，水体温度也迅速增加。但是当电解时间为5min时，电解后实验水温已达到34℃，接近淡水壳菜幼虫温度耐受范围。分析认为，电解10min和15min淡水壳菜幼虫表现出较高的死亡率可能是电解致使水体温度急剧升高超出其适宜生存温度。因此，选择电解5min实验组做后续培养实验。

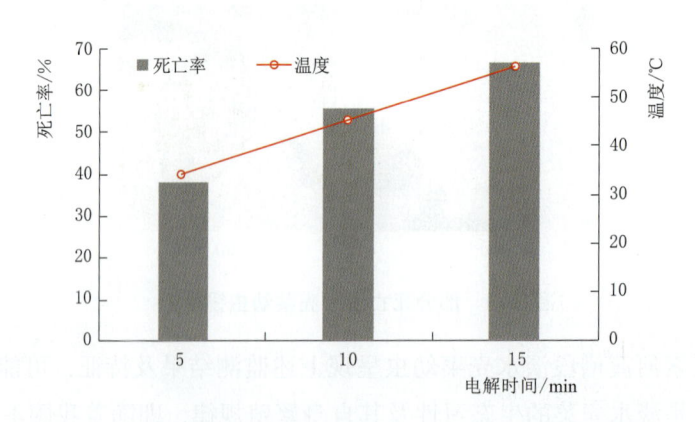

图9-10 100V实验条件下不同电解时间对淡水壳菜幼虫的影响

从图9-11可以看出，对照组的淡水壳菜幼虫死亡率平均值约为24%，在通电100V条件下，电解5min，培养1d后淡水壳菜幼虫死亡率平均值约为32%，实验组死亡率高于参照组，且在培养过程中实验组淡水壳菜幼虫死亡率仍保持缓慢上升趋势。通过镜检分析认为，电解在一定程度上破坏了淡水壳菜幼虫的组织、器官或壳体等，使其生长活动受到一定限制，甚至出现缓慢死亡。

上述实验结果表明，通电100V条件下，电解在一定时间范围内，对淡水壳菜幼虫生长有一定的抑制效果。

9.1.7.2.2 1000V工作条件下实验效果分析

实验采用体积为5L的水槽，采用改良的淡水壳菜幼虫定量采集方法，使用离心抽水泵配合25号浮游生物网抽滤200L原始水样，收集生物样品，使实验水槽中淡水壳菜幼虫密度为原始水样浓度的50倍。采用30cm×20cm×0.1cm不锈钢板状电极材料（一正一负），其中，电极板有效工作尺寸为30cm×7cm，电极板间距20cm。采用稳压直流电源（1000V/10A）供电，实验设置电场参数为50V/cm，通过调节直流稳压电源使电化学反应在一定电流密度下进行，电解时间为10s、30s、60s，考察不同电解时间条件下，电解对淡水壳菜幼虫抑制情况。实验过程中以循环冷水对实验水槽进行水浴降温，控制实验水温不超过淡水壳菜幼虫温度耐受范围，以减小电解过程中水体温度升高对实验结果的影响。实验结束后用25号浮游生物网过滤水槽内全部水样，收集淡水壳菜幼虫生物样品并及时在显微镜下鉴定其活动情况。每次实验均同步一组空白水样为参照组，每批次实验均需重复3次，取其平均值为实验结果。

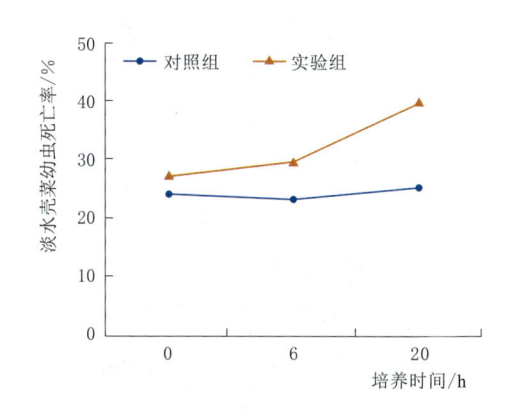

图9-11　电解5min后培养实验

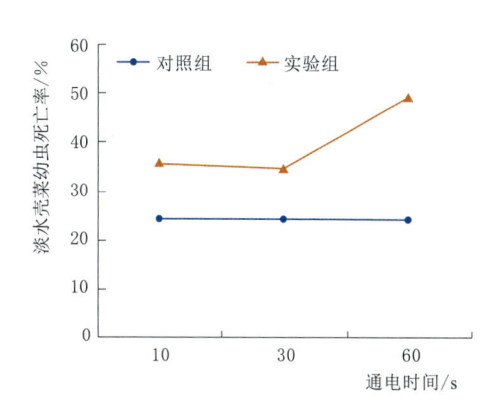

图9-12　1000V实验条件下不同通电时间对淡水壳菜幼虫的影响

从图9-12可以看出，在通电1000V条件下，实验组淡水壳菜幼虫死亡率均高于参照组，且随着电解时间的延长死亡率也随之增高。该组实验中，对照组的淡水壳菜幼虫死亡率平均值约为24%，实验组的淡水壳菜幼虫死亡率平均值约为40%，通过镜检发现淡水壳菜幼虫出现多个个体死亡现象，表明在通电1000V条件下淡水壳菜幼虫生长活动状况受到较为明显的抑制。

对比100V和1000V通电条件下淡水壳菜幼虫死亡率情况，可以发现在一定范围内，适当增加工作电压，不仅缩短电解时间，更能有效抑制淡水壳菜幼虫生长。综合考虑南水北调中线总干渠野外条件下的工作条件、抑制效率、能耗等因素，电解时间应严格控制在一定范围内,甚至越短越好。

9.1.7.2.3 高压脉冲工作条件下实验效果分析

高压脉冲实验的装置结构主要由充电系统、脉冲放电系统、实验舱（处理室）及测量系统组成。其中，主电容C为3μF，额定电压为35kV。主放电开关采用触发电磁开关。将采集浓缩后的淡水壳菜幼虫液体配比至1L实验舱中，放电电极为不锈钢板—板型式，电极间隙长度0～900mm可调。分别采用泰克高压探头（型号：P6015A）和PEM电流探头（型号：CWT600）测量金属丝两端的电压波形和主放电电流波形。利用压力传感器（型号：PCB138A01）测量水中激波的强度。当主电容充电至设定值时，控制电磁开关导通，主电压迅速加到液体间隙两端。经过间隙击穿以及电弧通道形成等阶段，放电能量主要注入等离子体放电通道，为激波与辐射提供能量。

将浓缩待处理的淡水壳菜幼虫实验液，进行稀释，使浓度保持在10^2～10^3个/m^3，使用改良的实验水槽反应装置，通过改变脉冲电强度、频率、放电时间对淡水壳菜幼虫进行处理，将处理后的实验液体同未处理的原样放在相同环境条件下进行5d培养，每天进行计数，观察淡水壳菜幼虫的形态变化，并统计其生长状况。

1. 脉冲电场强度对淡水壳菜幼虫的杀灭效果

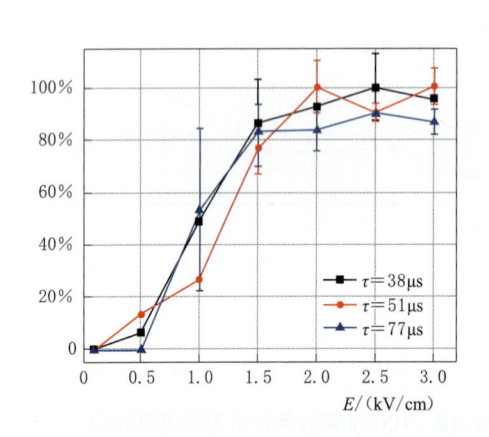

图9-13 不同电场强度对淡水壳菜幼虫处理效果

在脉冲电场处理过程中，电场强度起关键性作用，处理室中电场强度高于某一临界值E_c时，脉冲电场才能表现出杀灭效果。如图9-13所示，在高于临界场强的脉冲电场作用下，总等效处理时间一定时，诱导死亡率m随电场强度的增大而增大，电场强度介于0.5～1.5kV/cm时，电场强度每增加0.5kV/cm，诱导死亡率m平均增加35%。当电场强度增大至2.0kV/cm后，$m \geq$ 80%。

通过DP Capture 2.1相机软件拍摄得到对照组和脉冲电场作用后淡水壳菜幼虫的经典形态如图9-14所示。

在相同参数的脉冲电场作用下，淡水壳菜幼虫的形态变化差异较大，但总体上与电场强度大小具有一定的相关性——电场强度更高时，淡水壳菜幼虫内部结构出现严重破损、体液流出的概率越高。在$E \leq 1.0$kV/cm时，大部分淡水壳菜幼虫的宏观形态几乎保持完整，内脏功能团清晰可见，部分幼虫在静置30min后活力重现，伸出鞭毛或腹足自由活动。$E \geq 2$kV/cm时，淡水壳菜幼虫的肠道开始发生裂解，内脏功能团出现破损，部分个体内部结构紊乱。电场强度继续上升至高于4kV/cm时，形态结构完整的淡水壳菜幼虫占比降低至15%以下，多数淡水壳菜幼虫内部器官混乱，无法辨别，部分个体内部体液流出，个别个体的壳瓣张开，内膜剥离。在长脉宽脉冲电场的作用下，个别个体还出现了壳体破裂的情况。

1kV/cm

2kV/cm

3kV/cm

4kV/cm

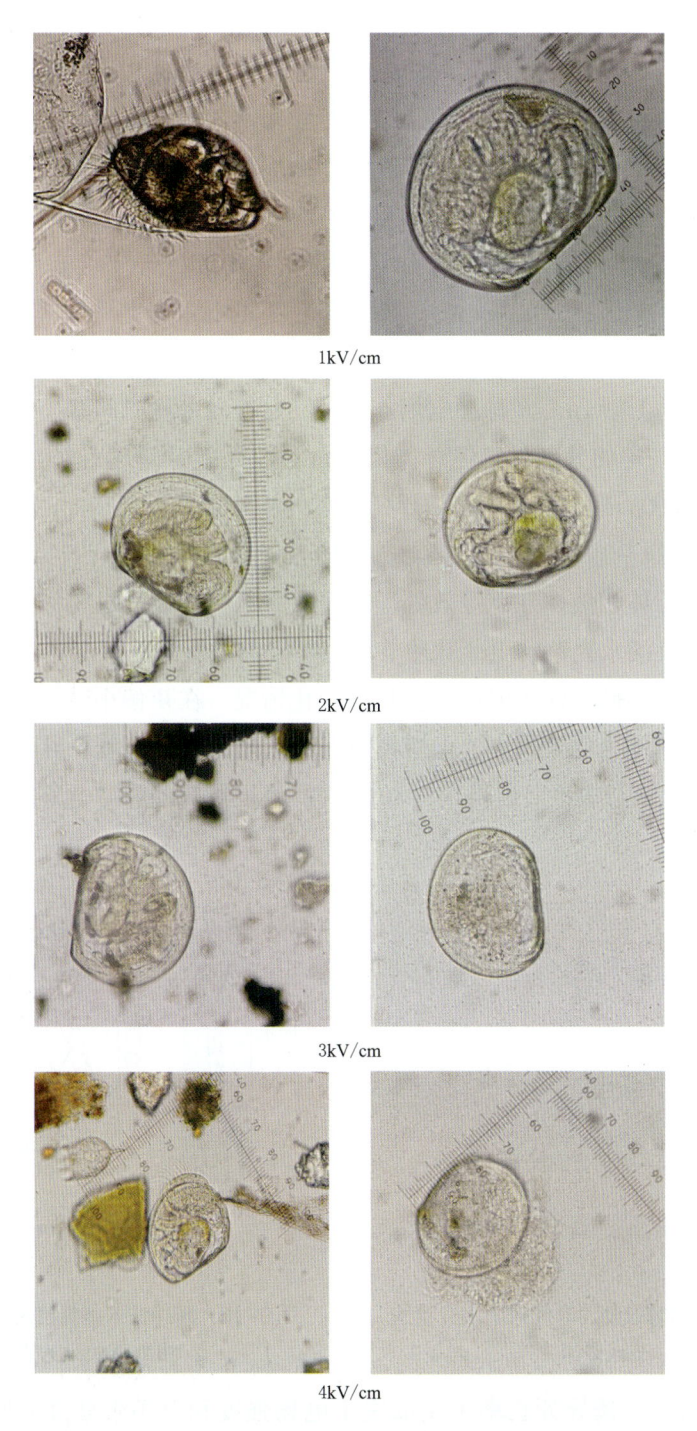

图9-14 不同电场强度下淡水壳菜幼虫形态结构特征

（注：左侧为对照组，右侧为实验组）

结合淡水壳菜幼虫死亡率和死亡形态进行分析，发现在脉冲电场大于2kV/cm的作用下，存活个体的形态结构保持完整，但摄食能力减弱，运动趋向迟缓；脉冲电场大于3kV/cm的作用下，形态结构发生明显变化的淡水壳菜幼虫个体都被诱导死亡。

在脉冲电场的作用下，淡水壳菜幼虫的肠道和卵巢更容易受到损坏而引起淡水壳菜幼虫死亡，可能是由于肠道和卵巢的膜结构更脆弱。此外，由于体内组织的渗透压远高于液体介质，在淡水壳菜幼虫内脏功能膜结构破裂后，心脏和肠道等器官吸水胀破，也会促使淡水壳菜幼虫失去运动能力，最终死亡。

2. 脉冲等效处理时间对淡水壳菜幼虫的杀灭效果

由上述可知，当$E \geq 2.0$kV/cm时，不同条件下的脉冲电场均具有较好的杀灭效果。为准确反映诱导死亡率m和总等效处理时间t之间的关系，对$E = 2.0$kV/cm的试验结果进行分析，如图9-15所示。在脉冲电场作用下，总等效处理时间较小时，淡水壳菜幼虫诱导死亡率具有一定的分散性，但总体仍与总等效处理时间t呈正相关关系。$\tau = 38\mu s$、$51\mu s$、$77\mu s$，$t \geq 900\mu s$时，脉冲电场诱导死亡率$m \geq 95\%$。

3. 脉冲注入能量密度对淡水壳菜幼虫的杀灭效果

处理室中单位体积液体在总等效处理时间内所承受的能量之和称为脉冲注入能量密度W。要确保杀灭淡水壳菜幼虫，脉冲电场需要提供足够的注入能量。图9-16显示出淡水壳菜幼虫死亡率随脉冲注入能量密度W的变化情况。在W偏小时，部分淡水壳菜幼虫的运动能力在短时间内受到抑制，但脱离电场不久后又得到恢复，导致不同脉宽下的试验结果都存在较大的分散性。但当$W \geq 80$J/L时，不同脉宽的脉冲电场都可以实现80%以上的杀灭率。

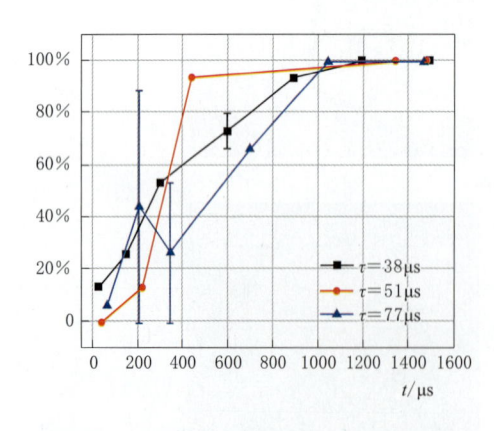

图9-15 不同等效处理时间对淡水壳菜的处理效果

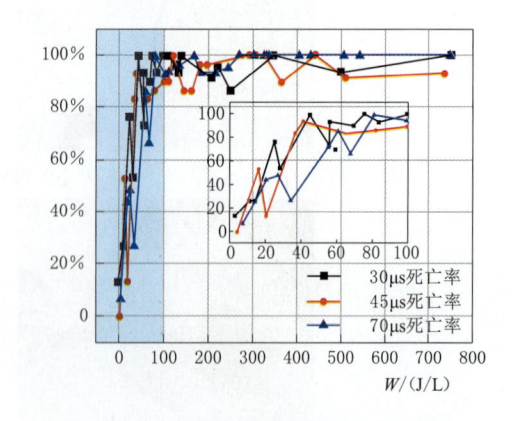

图9-16 脉冲注入能量密度对淡水壳菜幼虫处理效果的影响

根据上述讨论，诱导死亡率主要取决于电场强度和总等效处理时间。因此，通过MATLAB对试验数据进行非线性拟合，确定脉冲电场诱导死亡率与电场强度、总等效处理时间、脉冲注入能量密度之间的函数关系。

工程要求 m_c=80% 以上的诱导死亡率时，脉冲电场的参数选取过程如图9-17所示，作平面 $m = m_c$，与杀灭率关于 t、E 的拟合曲面相交得到蓝色曲线1，曲线1投影与坐标轴所围区域即根据 t、E 拟合曲面得到的 t、E 取值集合。要求 m_c = 80% 时，$W \geq 55.81\text{J/L}$，在图中作平面 W=55.81J/L，得到的紫色曲线2即为根据 W 拟合曲面得到的最小脉冲注入能量密度要求对应的 t、E 集合。

两曲线相交得到3个交点（3.72μs，6.52kV/cm）、（24.74μs，2.44kV/cm）、（215.51μs，0.83kV/cm）。高电场强度（3.72μs，6.52kV/cm）要求能够输出更高电压的电源，对电容、晶闸管等设备的绝缘要求也更为严格。同时考虑到实际输水工程应用中，水体流速可达0.5～1.2m/s，长处理时间需要平台布置更多组电极等配套设备，将会极大地提高实际应用成本。而较低的电场强度（215.51μs，0.83kV/cm）虽然能耗相对低，但根据上述实验结果，其杀灭效果稳定性也相对较差。因此，选取得到满足 m_c=80% 杀灭率要求的最佳电场条件为 t_c=24.74μs，E_c=2.44kV/cm。

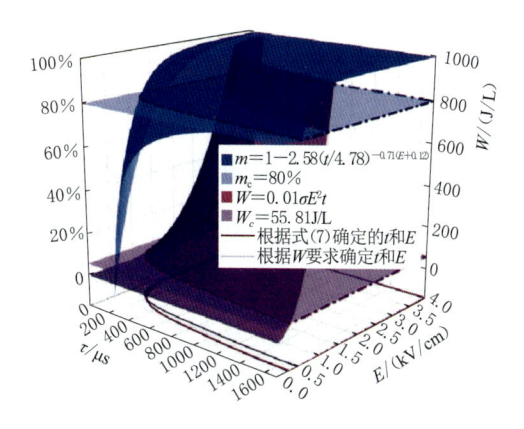

图9-17 脉冲电场参数对淡水壳菜幼虫杀灭率的非线性拟合（m_c=80%）

9.2 淡水壳菜生态风险防控策略

9.2.1 淡水壳菜防治方案

根据研究团队前期在深圳东江水源工程防治的成果认识，基于淡水壳菜的扩散特性、繁殖生长习性、生态习性、淡水壳菜幼虫的沉降特性、附着特性、在脉动水流中的死亡特性，提出淡水壳菜源区清除、幼虫引诱附着、幼虫沉降、幼虫高频湍流灭杀、鱼类捕食的综合治理方法防治淡水壳菜扩散输水通道。比例模型输水通道中淡水壳菜扩散的综合防治试验结果表明：

（1）在试验池进水口至下游5m范围内，壁面上淡水壳菜的附着密度即由1600个/m²衰减到低于200个/m²，至沉降池的起始端（25m）处时附着密度已降0。吸附排上淡水壳菜的附着密度随距试验池进水口距离的增加急速降低，沉降及湍流灭杀都有明显效果。

（2）鲤鱼、黑鱼、鲫鱼的捕食和罗非鱼、鲮鱼的竞争对抑制吸附排上淡水壳菜密度发挥了重要作用，鱼类对淡水壳菜附着密度的抑制作用是本研究防治方案中重要的生态措施。

（3）含淡水壳菜幼虫的水流经过综合生态防治试验池的治理后，进入模型输水通道，在模型通道中没有发生淡水壳菜污损附着，综合生态防治试验池达到了100%防治淡水壳菜扩散输水通道的效果。

9.2.2 中线总干渠生物污损智能监测

随着水下拍摄、图像处理、机器学习算法等软硬件的发展，水下相机及水下机器人等成贝附着智能监测方法在未来干渠生物污损监测及预警中将发挥重要作用。因此，本研究尝试了水下相机及水下机器人等智能检测方法，为中线总干渠未来生物污损智能检测提供参考。对于部分无法进入观测和采样，而结构形式的代表性又极强的典型监测断面，可以通过水下相机或水下机器人—高速摄像系统辅助观测，以了解结构面上淡水壳菜成贝的附着情况。

9.2.2.1 机器人选型

在比选了不同类型的水下机器人的实际运行效果后，发现计划采用的LBV200型水下机器人效果不如意大利生产的sirio水下机器人（ROV），故最后选用了意大利生产的sirio水下机器人（ROV），如图9-18所示，包括：

（1）机器人：具备摄像、测高、测深和定向功能。
（2）水面控制柜：具备机器人全向控制、录像控制和机械臂控制等功能。
（3）拖曳缆：缆长300m，最大作业深度150m。

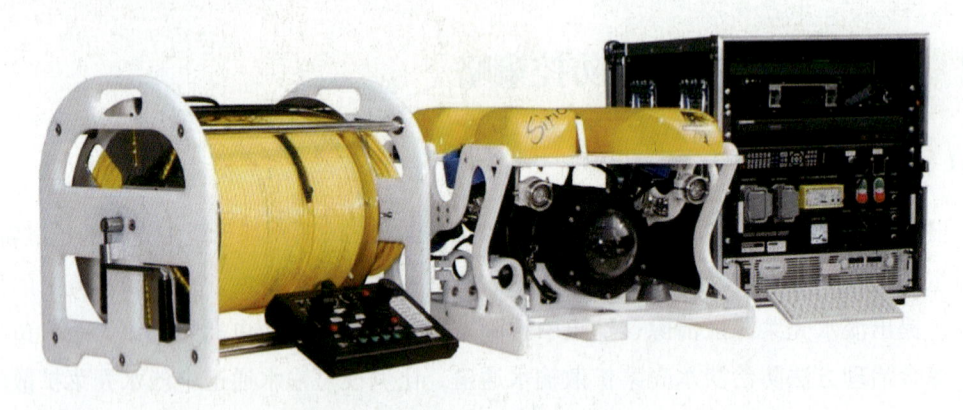

图9-18 sirio水下机器人（ROV）

9.2.2.2 Gopro水下相机水下拍摄结果

检查时间为2019年8月1—3日，检查断面为河南段幼虫监测断面。由于工程运行，渠道始终处于充水状态，利用Gopro水下相机（图9-19）对干渠壁面进行拍照，判断其成贝附着情况。图像显示，各断面均未发现成贝附着。根据底栖采样结果，只在陶岔、郏县、郑州三处断面采集到成贝标本，但附着密度低，仅为1个/m³，体长1cm。现场检查中，干渠成贝附着密度低的原因为：淡水壳菜成贝喜黑暗环境，多簇状生活在表面粗糙、断面变化处，而水下相机只能拍摄局部情况。另外，中线总干渠水流急，底栖采样的深度也有限。

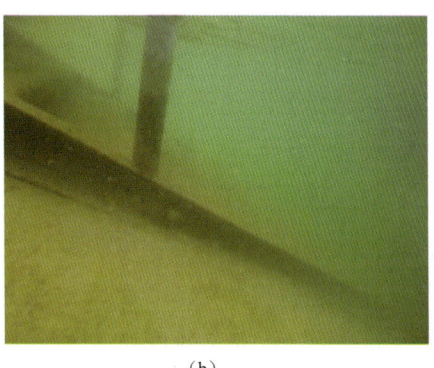

（a）　　　　　　　　　　　　　　（b）

图9-19　（a）Gopro水下相机，（b）水下0.5m

9.2.2.3　机器人水下拍摄结果

对惠南庄进行测试，结果发现惠南庄断面干渠壁面大量藻类附着，厚度可达5cm，但所检查处未发现淡水壳菜成贝附着。对天津市箱式涵洞进行测试，结果发现箱涵入口处水深4.6m，流速0.4m/s，机器人潜至水底能看到碎石和生物附着现象，图像较为清晰。从附着生物的形态和大小上看，判断可能为萝卜螺，有些营群居附着的聚团可能是淡水壳菜。在明渠段的观察发现淡水壳菜的附着密度较低，除了与工程运行流速条件，以及北方冬季低温等有关，可能主要还与明渠段光照抑制有关。光照除了会直接抑制淡水壳菜的附着密度外，还可能促进干渠壁面固着藻类的生长，进而与淡水壳菜竞争附着面。

9.2.2.4　水下机器人适用性说明

从上述测试情况来看，水下机器人能够较清楚地拍摄到体长1cm的附着个体，但是因图片质量不够清晰，难以准确鉴定附着个体是否为淡水壳菜。未来水下机器人选型过程中，对拍摄图像质量应提高要求。此外，在对天津市箱涵进行第二次测试的过程中，水下机器人电缆被水下结构缠绕，打捞困难，一度造成机器人损坏。因本款机器人价格高达百万元，鉴于这种情况，对于输水工程结构附着的断面，不建议后续继续使用。未来如果市场上有成熟的无线操控的水下机器人，可以考虑使用。

另外，最近调研到市面上有水下鱼探器，能够较为清晰地拍摄水下生物分布情况，但也是有缆绳，相比于sirio机器人，本款鱼探器价格便宜许多，未来在中线总干渠的检查中可以考虑尝试。

1. 淡水壳菜对环境的耐受性及防治技术探讨

基于前期考察研究人类工程中，淡水壳菜对主要环境压力的耐受性，即水温（WT）、水体溶解氧（DO）、pH值、氨氮（NH_4^+）浓度以及光照强度，建议对于淡水壳菜的扩散，应结合当地实际条件与淡水壳菜的生态幅特点，因地制宜采用不同的防治方法。

（1）生物对不同环境因子具有不同的响应机制，但响应都基本符合Shelford耐受性定律。在生态学中将生态幅（ecological amplitude）定义为生物对某个环境要素的耐受范围。表征生态幅的特征参数有最适值、适宜范围的上下限和耐受范围的上下限，通过这5个基点，即可定义生物的生态幅。通过这5个基点可将整个环境因子区间划分为不耐受区、生理紧张带和适温范围这三类区间。可通过调整淡水壳菜所处的环境条件，使淡水壳菜处于生理紧张带，甚至不耐受区，从而达到清除淡水壳菜的目的。

（2）以往研究更多地集中于超出淡水壳菜生态幅阈值的环境压力对淡水壳菜的灭杀效果，而在此基础上，考虑环境压力对它们附着行为的影响。试验表明相比致死个体，抑制附着对环境胁迫的要求更低，对能耗的需求更低以及对环境的不良作用更少，但同样可以达到驱除淡水壳菜的目的。

（3）基于广东省惠州市进行的控制实验可以知道：相对较高的水温、强酸或强碱环境、低氧的环境都能更有效地抑制淡水壳菜成贝的附着。其中，相对较高的水温甚至能有效灭杀成贝。此外，持续的强光照射也能更有效地驱赶成贝。

当水温控制在12.9～29.8℃时，成贝的SR与AR均没有明显的差异且均表现良好，均超过85%，表明这个温度区间是成贝的适应区间。当水温达到或超过35℃时，种群存活率即降低到0，说明沼蛤成贝对低温的适应比较好，对高温的耐受性较差。DO保持在6.5～9.6mg/L时，沼蛤的存活和附着均表现良好，SR、AR均超过80%。当DO低至1.5mg/L时，成贝的SR还维持在75%，但AR已经低至50%。当DO继续降低至1.4mg/L时，成贝可能还能继续生存一段时间，但已经不会发生附着行为。在本研究中，未发现过饱和溶氧会直接抑制成贝的生存和附着。具体来说，当溶氧水平为9.5mg/L（100.6%）时，成贝的SR与AR分别为95%、93%。pH值维持在5～9时，沼蛤种群的SR维持在85%以上，AR都超过了80%。因此，在以存活率为指标时，沼蛤对pH值的耐受范围为5～9。

根据种群的附着特点可以看出，在pH=4时，附着情况不及5～9，表明在pH=4时沼蛤的生命活动受到了一定的抑制。此外，在pH=10时，SR降低到71.7%，AR降低到6%，表明成贝的生命活动受到较强的抑制，相比酸性环境，沼蛤成贝更加不适应于碱性环境。沼蛤对pH值的适宜范围为5～9，pH=3与pH=10可能是对沼蛤pH值耐受范围的上下限的临界值。只有较高浓度的NH_4^+才对沼蛤的生存及附着发生明显的抑制作用。当水体中NH_4^+-N低于17.6mg/L时，成贝的存活与附着均为受到抑制，SR、AR均超过85%。当NH_4^+-N达到64.8mg/L后，沼蛤的附着开始受到抑制，但存活率依旧较高。光照强度为1～5000lx时，光照对沼蛤的生存及附着均没有明显的抑制作用，不同试验组间SR与AR均维持在85%以上，且差异并不显著。

存活率和附着率两者共同的变化揭示了沼蛤宽生态幅的特性。从存活率和附着率的比较来看，相比存活对环境的需求，沼蛤的发生附着行为对环境的要求更高。故基于试验结果及生态幅模型的预测，以培养168h后发生附着行为为指标，评估沼蛤成贝针对不同环境因子的生态幅，总结见表9-4。

表 9-4　　　　　　　　　　　　　沼蛤成贝针对基本环境因子的生态幅

基　点	耐受下限	适宜下限	最适值	适宜上限	耐受上限
WT / ℃	0.5	9.6	18.7	28.3	35
DO / (mg/L)	1.4	3.8	8.1	—	—
pH 值	1.3	3.7	6.1	8.5	10.9
NH_4^+–N / (mg/L)	—	—	18.5	62.9	107.4

光照对沼蛤成贝的存活与附着没有明显的直接抑制作用，但成贝对强光照具有明显的避光行为。光强越高，反应越强烈。24h 后强光组（55194lx）中大部分分布在暗区域，且 75% 的个体避光移动距离超过 50%；弱光组（380lx）中仅 25% 的个体避光移动距离超过 50%；半光组（8241lx）和全暗组（0.9lx）避光移动距离超过 50% 的个体比例更低，分别为 0 和 16.7%。而半光组（8241lx）模拟自然条件下的明暗变化，个体的有一定避光移动趋势，发生正向移动（避光移动）的个体比例为 41.7%，高于发生负向移动的个体（16.7%）。但移动距离较小，均低于 50%。

2. 防附着材料对淡水壳菜的防治效果

前期，利用自然附着试验对不同材料的防淡水壳菜附着特性做了研究，通过附着密度的对比观测，揭示贻贝在自主选择的条件下对各种材料的喜恶性，评价各种材料的综合防贝性能。

（1）淡水壳菜在材料上的附着密度及生物量的增长情况，与自身的生命活动密切相关。自然附着 2 个月后，各材料表面开始发育藻类生物膜，为贻贝的附着提供了良好栖息环境，此时暂时看不出各材料防贝性的优劣；自然附着 4 个月后，各材料表面附着密度大幅增加，此时可以看出各材料防贝性的优劣；自然附着 6 个月后，各材料表面附着密度大幅降低，这与进入冬季后，水温降低、水流含沙量增加以及水中悬浮藻类、微生物等营养物减少有关；自然附着 9 个月后，进入春季，各材料表面附着密度又开始恢复。

（2）在各种防护材料上附着的总体规律与在实际工程中相似，距离取水口越近，附着密度越高。从各排的附着密度来看，呈现明显的沿程衰减特性，总体的趋势是越接近贻贝幼虫来源的位置，附着密度越大。

（3）附着密度可以表征材料的防附着效果。从每种材料附着密度的最大值和平均值来看，防附着效果较好的材料有：硅烷浸渍、环氧树脂 2、环氧树脂 3、聚脲 3 和氟碳树脂。

（4）生物量是反映贻贝体长特征的重要指标，应与附着密度结合来评价材料的防贝性能。从各材料的生物量最大值和平均值来看，防附着效果较好的材料有：硅烷浸渍、环氧树脂 3、聚脲 3、丙烯酸树脂和氟碳树脂。

（5）硅烷浸渍、环氧树脂、聚脲、氟碳树脂等都可以作为防淡水壳菜的防护材料，推荐在工程中重要的结构中使用。本试验仅反映了短期的防贝附着效果，长期的耐久性尚待进一步试验监测。此外，上述材料的造价和施工价格普遍昂贵，不便于在南水北调等大型输水工程中推广使用。后续需要在研究有效防护材料宏观和微观特性的基础上，进一步研发施工工艺简单、价格低廉、耐久性良好的防附着材料，以便在大型工程中发挥防生物污损作用。

9.2.3 淡水壳菜防治建议及现阶段防治方案

目前对于淡水壳菜生物污损防控，尚没有可以直接推广的成熟技术，均需要考虑工程本身的运行特点定制防控方案。现阶段常用的预防措施主要有以下几种。

9.2.3.1 水源地控制

在水源地放养捕食淡水壳菜的经济鱼类来控制水源中淡水壳菜，防止其大量繁殖。但是引入其他鱼类的同时，可能会对生态系统的稳定性造成一定的影响，带来一些负反馈效应。

9.2.3.2 取水口设滤网

对于一般的滤网，只能对长达数十毫米的成虫贝类有效，而淡水壳菜发育至幼虫时期体长很小，一般只有几百微米，对于这类幼虫一般的滤网则没有效果。若设置滤网孔径过小，也会降低进水效率，因此该方法需提前对壳长进行监测从而设置滤网孔径，工作量大，效率偏低。

9.2.3.3 设置砂滤池

在进水口之后设置砂滤池，幼体可随水中悬浮物淤在砂滤池中，从而降低进入管道的威胁。然而实际应用中，过滤速率以及滤过幼虫大小受沙面上方水柱高度的影响，同时随砂层厚度变化，需合理选取砂粒粒径，控制砂滤池流速及水量，及时清除砂滤池堵塞物，同样工作量大，后续处理繁多。

9.2.3.4 膜分离工艺

该方法具有高效的分离固液和截留水中杂质的能力，出水水质好。然而对应的成本也较高，且工艺复杂。

9.2.3.5 防附着涂料

部分供水管道内壁为水泥沙浆，壁面粗糙，淡水壳菜极易附着。防贝涂料可提高壁面光滑度，同时释放金属元素抑制藻类滋生，减少淡水壳菜的食物，能起到较好的预防作用。但是该方法工作量大，且存在污染水质的风险。

9.2.3.6 药物杀灭

常用于灭杀淡水壳菜的药剂近40种，包括氯、双氧水、石灰、硫酸铜、钾盐、氧化铜、臭氧和各种杀贝剂等。然而研究发现，因药物使得外界生活条件发生改变时，对于成熟的贝类生物因有外壳的保护会自动把头和脚缩回壳内，对药物有较强的抵抗力，因此该方法主要针对还没生长出外壳的幼体生物，且药物的注入会进一步污染水质。

9.3 本章小结

南水北调总干渠淡水壳菜污损导致渠道糙率增加，输水效率降低，渠道水面线升高，同时对水质和混凝土结构耐久性产生影响。鉴于总干渠规模宏大、结构复杂，因而要采用综合性的防治方法，其中，破坏淡水壳菜对栖息地的适应是有效防控的重点方向。根据总干渠中淡水壳菜幼虫和成贝的时空分布规律，初步确定源头防止扩散、输水过程防止附着、受水区防止扩散的基本防控思路。具体防治过程综合运用了物理、化学和生态措施，防治措施实施效果总结如下：

（1）面向成贝的物理措施：包括局部渠段排空和物理清除，利用工程排空检查期间，实施干燥脱水灭杀附着的壳菜。淡水壳菜在干渠排空1周后的检查发现所有个体均失去生命活性的死亡状态，但死亡个体仍然附着在渠壁上，需采用一定流速的水流冲刷使其脱落。在局部或全线检修排空情况下或因淡水壳菜生物量出现暴发式增长时利用多闸坝系统将局部水体排空，开展物理清除。附着现状条件下，实际清除作业中一人一天约可以清除100~430m长度的渠段，作业效率不高，但清理效果比机械清除更好。此外，防止成贝附着也是工程上性价比较高的方案，前期研究测试了市面上常见的混凝土防护涂料的防壳菜附着效果和耐久性，遴选出最大生物量和平均生物量两者均低于基准值的材料，包括硅烷浸渍、环氧树脂、聚脲和氟碳树脂。

（2）面向幼虫的物理灭杀措施：包括水下强光杀灭、电控灭杀、高频脉动灭杀等。一般在弱光下分布均匀，强光照射可引起担轮幼虫/面盘幼虫的避光移动，甚至造成幼虫的死亡堆积。此外，随着电解时间的增加，淡水壳菜幼虫死亡率随之增大。高频脉动场中，当湍流特征长度与幼虫体长相当时，对幼虫的灭杀效果良好。这些技术均适用于在主要繁殖期起到有效杀灭的作用，减少淡水壳菜活体幼虫密度。

（3）氧化剂化学杀灭：确保饮用水不受化学药剂的影响，不危害健康的前提下，考虑适宜药剂的适宜处置浓度，为有效防控提供支撑。从结果看，试验水温 18 ± 0.5℃，2.0mg/L的剂量即可在1周内取得良好的处置效果，建议在实际使用过程中考虑到余氯的衰减。

（4）天敌生物增殖捕食：基于物种间的捕食关系，在南水北调中线总干渠采用增殖放流的方式，人工投入鲤鱼和青鱼，可调控和减少水体的淡水壳菜现存量。现场测试中，在每个沉箱中投放体长15cm左右的青鱼或鲤鱼15尾，投放15天后淡水壳菜的去除效率可达90%以上。

第 4 篇

突发环境事件应急管理

第 10 章
突发事件风险分析

10.1 主要风险源辨识及源项分析

水质安全是工程输水的前提和基础，一旦发生水体污染事件，水质无法满足沿线用户用水需求时，严重污染水体应做弃水处理。而工程沿线周边的化工厂和交通桥梁都是潜在的水质安全隐患，需要对其进行调研分类，主要通过查阅媒体新闻报道、文献、网络搜索等途径对其分析。

根据 HJ 169—2018《建设项目环境风险评价技术导则》对南水北调中线干线工程水污染事件的潜在风险源进行识别分析，初步总结出三类水污染风险，包括：

（1）污水排入风险。例如沿线周边化工厂爆炸或渗漏引起的渠道水污染事件，水源区发生污染引起的水污染事件，周边的排水沟、垃圾场或等产生的地表水污水进入引起的水污染事件等。

（2）交通事故风险。例如沿线交通桥梁装载有毒有害化学品车辆坠渠诱发的水质污染。

（3）恶意投毒风险。

10.1.1 污水排入风险分析

南水北调中线工程是一项特大型长距离跨流域调水工程，中线总干渠沿线穿过数百条大小河流。南水北调中线工程全线与地表水立交，如果发生特大暴雨，会产生渠道漫溢，暴雨形成的洪水可能导致地表污水直接进入中线总干渠，致使中线总干渠内产生水污染。同时，在地下水水位高于渠底的内排段工业企业产生的污染物存在通过地下水进入中线总干渠的风险，从而影响输水水质。此外，沿线有多处垃圾场，当发生雨雪天气时，垃圾场会产生淋溶液，淋溶液可能会通过地下水或地表径流进入中线总干渠。因此对于中线工程来讲，污水排入风险可以从地表水污染、地下水污染、垃圾场污水排入污染这3方面进行分析。

10.1.1.1 地表水污染

南水北调中线工程是一项特大型长距离跨流域调水工程，中线总干渠沿线穿过数百条大小河流。中线总干渠沿线处在南北气候的过渡带，雨量多集中在6—9月，山洪暴发概率较大。且中线总干渠西侧绵亘着伏牛山、嵩山和太行山，区域地势西高东低，使得夏季盛行的东南季风在迎风坡被抬高从而加大了对流形成降雨的可能性。中线工程穿越几个重点暴雨区，淮河"75·8"特大暴雨、海河"63·8"特大暴雨均发生在输水沿线区域，都发生了历史上罕见的特大洪水。中线总干渠渠线漫长、交叉河流众多，由于部分河流水质污染严重，暴雨形成的洪水可能导致地表污水直接进入中线总干渠，致使中线总干渠内产生水污染。

中线总干渠在渠线选择上采用高线方案，倒虹吸和渡槽等交叉建筑物将中线总干渠与交叉河道完全隔离，渠道与沿线地表水体没有直接的水力联系，这些工程设计均有利于中线总干渠水质的控制与保护，完全消除了沿线工业企业废水或生活污水直接进入渠内的可能。根据中线总干渠输水沿线区域天气系统、下垫面以及暴雨的时空分布情况确定渠道和交叉建筑物的防洪标准，可以有效控制雨季大规模洪水暴发导致地表污水进入中线总干渠的可能性。因此，暴雨导致地表污水直接进入中线总干渠基本不可能发生。

10.1.1.2 地下水污染

由于中线总干渠全线主要沿山前布线，采用重力自流方式输水，进而产生大量的深挖渠段（渠外地下水位高于渠内水位段），为了防止地下水扬压力对中线总干渠造成破坏，对地下水位高于渠底或存在局部上层滞水的地段，设计了外排段和内排段。在外排段通过将中线总干渠附近的地下水排入相邻地表水系减压，在内排段将地下水通过单向逆止阀排入中线总干渠减压，在内排段地区，地下水与中线总干渠水常常存在着直接的水力联系。据统计，中线总干渠有内排段长达约403km，在这些地段，地下水能够通过逆止阀门进入中线总干渠。中线总干渠沿线工业废水、生活污水、工业废弃物、生活垃圾及农业面源直接影响沿线约100km地段地下水水质；若排放的废水不能做到有效管理，很容易造成该地区地下水污染，存在水中污染物通过地下水渗透进入中线总干渠的环境风险，这种污染对中线总干渠水质影响过程是缓慢的，不易发现但影响持久，难以在短时间内消除，必须严格控制。

按照《关于划定南水北调中线一期工程总干渠两侧水源保护区工作的通知》（国调办环移〔2006〕134号）要求，北京、天津、河北、河南四省（直辖市）人民政府结合沿线经济发展和中线总干渠水质保护及工程安全需要，根据中线总干渠工程和两侧地形地貌、水文地质等情况按统一划定方法划定中线总干渠两侧水源保护区，并将水源保护区划定和管理纳入全国和四省（直辖市）饮用水源保护区划定和管理工作之中，严格控制两侧水源保护区内的建设项目及其他开发活动，尤其在一级水源保护区内，不得建设任何与中线总干渠水工程无关的项目，农业种植不得使用不符合国家有关规定的高残留农药。随着中线总干渠水源保护区划定和相关环境保护工作的落实，可以有效地保护中线总干渠沿线两侧一定范围内的地下水不受污染，从而避免污染物通过地下水途径进入中线总干渠，污染中线总干渠水质。因此，地下水渗透污染风险能够得到有效控制。

10.1.1.3 垃圾场污水排入

南水北调中线总干渠两侧保护区内存在不少垃圾场。当发生雨雪天气时，垃圾场会产生淋溶液，淋溶液可能会通过地下水或地表径流进入中线总干渠。据统计，明渠段（河南省和河北省）共有建筑与生活垃圾81个，原有专门垃圾场5个（分别是镇平三级管理单位赵河渠道倒虹吸生活垃圾场、辉县三级管理单位王村河渠道倒虹吸固体废物生活垃圾场、邯郸磁县东槐树村垃圾场、西槐树村垃圾场、邯郸市霍北村建筑生活垃圾场），其余为近期形成的垃圾堆。以生活垃圾为主的垃圾场12个，其余生活、建筑垃圾兼有。调查表明，垃圾场均位于围网以外，截流沟可拦截地表径流携带的淋溶液，目前地下水位也低于渠底高程，因此垃圾淋溶液难以进入渠道以内，仅作为风险加以考虑。

10.1.2 交通事故风险分析

根据南水北调中线总干渠沿线各省（直辖市）相关调查资料，中线总干渠沿线涉及危险化学品的企业共2218家。中线总干渠沿线路渠交叉众多，共设置有桥梁1238座。

虽然运输危化品的车辆通过跨渠桥梁时发生交通事故并引发危险物泄漏、爆炸和倾覆的概率较低，但由于突发事件具有不可预测、爆发突然的显著特点，事件一旦发生，危险品将直接进入中线总干渠给水质带来灾难性的破坏。因此，由于交通事故造成的水污染事件将是中线总干渠水质保护最大的潜在风险源。

10.1.3 恶意投毒风险分析

对于恶意投毒风险，虽然中线总干渠两侧隔离带，以及通过加强管理、派人巡视等措施对突发事件的发生有一定的预防作用，可以减少事件的发生概率，但是很难杜绝恶意投毒事件。因此，恶意投毒仍然对中线总干渠水质存在一定的污染风险。

10.1.4 藻类异常增殖风险分析

2015年春季，中线总干渠出现了浮游藻类快速增殖的现象，浮游藻类藻密度峰值接近3×10^7cell/L。2016年春秋季中线总干渠也出现大量的着生藻类，大大增加了中线"水华"暴发的风险率。除此之外，异常增殖的藻类当中可能会有能够产生藻毒素的藻类，衰老的藻类也会不断脱落并上浮聚集，这些都给对中线总干渠水质存在一定的污染风险。

10.2 突发水污染风险物质筛选

10.2.1 中线干线工程沿线污染物

中线干线工程沿线污染物种类众多，为了更好地指导中线干线工程水污染应急处置，更好地预防突发水污染事件的发生，通过对南水北调中线工程沿路的企业、化工厂等进行实地调研、问卷调查，以及后期的文献调研等多种方式，基本了解了南水北调中线工程沿线潜在的风险源情况。

同时，为了实现应急处置的精准、及时、高效，在对中线干线工程潜在污染物辨识的基础上，结合相关水质标准规定项目、水环境优先控制污染物以及《常见危险化学品名录》，筛选出388种中线干线工程突发性水污染事件典型污染物及其特性（表10-1），并针对这些典型污染物的理化信息、毒理信息、环境标准等特性，分别给出了每种污染物的应急处置技术。

表10-1 中线干线工程突发性水污染事件部分典型污染物特性预览表

典型污染物质	常见污染物	污染物特征
苯系物	苯、甲苯、1,2-二甲苯、1,3-二甲苯、1,4-二甲苯、硝基苯、1,2-二硝基苯、1,3-二硝基苯、1,4-二硝基苯等	为无色浅黄色透明油状液体，具有强烈芳香的气体，易挥发为蒸气，易燃有毒。甲苯、二甲苯属与苯的同系物，都是煤焦油分馏或石油的裂解产物。目前室内装饰中多用甲苯、二甲苯代替纯苯作各种胶油漆涂料和防水材料的溶剂或稀释剂。目前，苯系化合物已经被世界卫生组织确定为强烈致癌物质
氯代芳烃类	多氯联苯、1,2-二氯苯、1,4-二氯苯、六氯苯、1,2,4-三氯苯、1,3,5-三氯苯、1,2,3,5-四氯苯、1,2,3,4-四氯苯、1,2,4,5-四氯苯、氯苯、对氯甲苯、2-硝基氯苯、间氯硝基苯、对硝基氯苯等	氯代芳烃产品主要应用于医药、染料、农药、合成材料助剂等领域。这类污染物化学性质稳定、大多具有"致癌、致畸、致突变"效应，具有高毒性、持久性和生物蓄积性，相当部分被各国列为优先污染物
多环芳烃类	萘、苊烯、苊萘嵌戊烷、芴、菲、苯并(a)芘、蒽、苯并(a)蒽(a)、荧蒽等	多环芳烃指分子中含有两个以上苯环的碳氢化合物，通常存在于石化产品、橡胶、塑胶、润滑油、防锈油、不完全燃烧的有机化合物等物质中，是一类典型的持久性有机污染物。多环芳烃大部分是无色或淡黄色的结晶，个别具深色，熔点及沸点较高，蒸气压很小，大多不溶于水，易溶于苯类芳香性溶剂中，微溶于其他有机溶剂中，辛醇-水分配系数比较高。多环芳烃大多具有大的共轭体系，因此其溶液具有一定荧光
苯胺类	苯胺（俗称阿尼林油）、甲苯胺和联苯胺等	苯胺类物质主要用于染料工业、制药、人造树脂、橡胶硫化促进剂及彩色铅笔等方面。苯胺可通过口腔、呼吸道和皮肤进入人体。对人体的危害主要影响血液、肝及中枢神经系统。急性中毒时，可造成铁红蛋白缺氧、头痛眩晕、全身乏力、恶心呕吐、血压增高、脉跳加快，严重时神志不清、体温下降、瞳孔放大，阵发性痉挛抽搐而死亡，慢性中毒可引起各种神经官能症状、血尿、皮肤丘疹和过敏反应

续表

典型污染物质	常见污染物	污染物特征
醚类	甲醚、乙醚、环氧乙烷、石油醚、甲乙醚、二乙二醇二甲醚	除甲醚和甲乙醚为气体外,大多数醚为易燃的液体,有特殊气味,相对密度小于1。低级醚的沸点比相近分子质量相近的醇的沸点低得多。醚一般微溶于水,易溶于有机溶剂。由于醚的化学性质不活泼,因此是良好的溶剂,常用来提取有机物或作有机反应的溶剂。醚与烃类很相似,是较稳定的化合物,在常温下与强碱和碱金属不发生反应,与强酸可形成盐
醛和缩醛类	甲醛、乙醛、丙烯醛、乙二醛、丁二醛、戊二醛、甲缩醛、甲缩醛乙二醇、糠醛、苯醛等	醛类是含有醛基的化合物,有脂肪醛和芳香醛两大类。低分子醛为气体,大多数脂肪醛为液体,高分子芳香醛则为高熔点固体。同类和异类的醛都可缩合,醛和醇缩合生成缩醛类。醛类易溶于水。有刺激作用,刺激程度随碳原子数增加而减弱,刺激作用部位也随之改变
酮类	丙酮、丁酮、2-戊酮、甲乙酮、甲基异丁基酮、环己酮、异佛尔酮、苯丙酮等	酮是羰基与两个烃基相连的化合物。化学性质活泼,易与氢氰酸、格利雅试剂、羟胺、醇等发生亲核加成反应;可还原成醇。受羰基的极化作用,有 α-H 的酮可发生卤代反应;在碱性条件下,具有甲基的酮可发生卤仿反应

10.2.2 中线干线工程异常增殖藻类

通过2015年以来的应急监测和常规观察,以及"十三五"水专项研究开展后进行的调查和监测工作,可以确定中线干线工程目前造成水质安全影响及分水口、退水口门堵塞问题的大型丝状藻团,主要是在春季生长旺盛的刚毛藻,其特征见表10-2。

表10-2　　　　　　　　　　刚毛藻特征表

	特　征
形态	藻体呈多细胞分枝的丝状,由单列细胞组成;附着生长在基质上;基部细胞有假根、或呈假根状、其他细胞柱状;有的老年个体因脱离附着物而漂浮;体色深绿色至黄绿色,漂浮于水面上的部分因日光曝晒而呈现黄白色
细胞结构	细胞壁:较厚,常有层次,表面的角质层含有70%的蛋白质,手感粗糙,其上常有许多藻类附生; 载色体:网状,含有多个细胞核和蛋白核; 细胞分裂:是由细胞质产生环状缢沟,和沟中细胞壁物质沉积形成的横隔,将细胞一隔为二完成的,细胞质并不同时分裂
生殖	营养繁殖:丝状体的片段,基细胞的假根都可以进行营养繁殖; 无性生殖:藻体发育形成动孢子或产生厚壁孢子; 有性生殖:产生双鞭毛的同形配子,有些种类有世代交替
生境	极冷地点外,海水、咸水、淡水中均能生长 淡水种类多生于湖泊、池塘、沟渠中,固着于水中的岩石、沟边石质或洋灰砌岸之水面部分,井口砖石壁上甚至船底上,或成大团漂浮在水面;淡水中常见的是团集刚毛藻,海产中常见的是束生刚毛藻

10.3　突发水污染应急响应等级评价

由于应急评价问题涉及方面非常之多,既有风险源本身的指标又有自然环境性的指标,既有动态的指标又有静态的指标,既有定性的指标又有定量的指标,而且各项指标体系都具有一定的层次结构,在建立中线突发水污染应急评价指标体系的时候要求遵循完备性、科学性的原则,所以在实际应用中应根据资料的来源情况和研究区的实际情况选取合适的指标。

中线总干渠突发水污染事件后,污染对下游分水口产生的影响程度因污染物浓度、泄漏位置、迁移规律等因素的不同而不同,因此在应急技术的选择上也应有不同的侧重。本书提出了"危害性特征指数法"的概念,即用于预判并描述突发污染对取水口的威胁程度,从而影响应急响应等级。

10.3.1 TCI法的基本原理

危害特征指数法(Threaten Characteristic Index,简称TCI)是一种对水源地突发性污染事件的危害性及其紧迫性影响,进行快速鉴定和分级的综合性评估方法。其评估过程是:在熟悉水源地突发性污染事件特点,综合分析各种对污染事件影响程度起决定作用的因素以及各因素权重关系的基础上,选择以泄漏物质毒性、泄漏量、泄漏位置、泄漏时水流流速等影响事故等级的信息元素作为评估指标,对各指标按区间赋值,经过评估公式计算,得出能够反映突发性污染事件对取水口危害性和紧急性影响程度的综合性指数TCI。该方法可在污染发生后,快速、准确、客观地评估污染事故对取水口的影响,并采用"特征危害"来表征评估结果,确定事故对取水口的危害等级。TCI法应用的具体步骤如下:

(1)危害因子识别:整理突发水污染事故历史案例,分析事故各信息与结果之间的联系,筛选出能够影响事故等级的信息元素,即危害因子。

(2)危害因子筛选:对各因子进行分析、识别和比较,筛选出能够直接影响事故等级的若干关键指标。

(3)因子权重确定:采用AHP法确定筛选出的各关键因子权重。

(4)关键指标分级:依据一定的计算方法将各关键指标分为不同等级,形成指标量化分级表。

(5)综合指数计算:采用式(10-1)计算事故的时间特征指数:

$$TCI = \sum_{i=1}^{n} \omega_i I_i \quad (10-1)$$

式中:TCI为危害特征指数;ω为指标的权重系数;I为指标的标准化值。由式(10-1)可以计算南水北调中线工程突发水污染事件的危害等级值。

(6)综合指数分级:将计算得出的综合评估指数划分为若干区间,并将每个区间对应一个"危害特征",表示不同的危害度等级,参照应急响应等级标准就可以确定应急等级。

10.3.2 危害因子识别

水源突发污染的事故信息中,决定事故对取水口影响程度的主要因子有:

（1）污染物性质：进入水体的污染物的毒性、持久性、易燃易爆性等理化性质是影响事故对分水口危害程度的一个重要因素。

（2）污染物总量：通过泄漏等途径进入水体的污染物的总量及浓度会对事故的危害程度起到重要影响。

（3）污染位置：污染物进入水体的位置距离分、退水口的远近会直接影响事故对分水口的危害度，进而影响应急处置的紧迫性。

（4）应急物质储备：突发水污染事故后，应急物质储备室的位置也会影响到对突发水污染事故的及时处置，从而也影响事故对分水口的危害程度。

（5）应急监测能力情况：水源突发污染后是否可以立马进行现场监测是影响事故对取水口危害程度的另一重要因素。

（6）受影响的受水区域备用水源情况：受水源突发污染事故影响的分水口若有可用于供水的备用水源，则事故的危害程度将大大降低。

（7）受影响的分水口供水规模：分水口的级别越高、服务人数越多，则突发污染事故后对分水口的危害程度越大。

10.3.3 危害指标体系计算

基于上述因子的考虑，结合分析中线工程突发水污染事故的特征，构建中线总干渠突发水污染事件事故危害评估关键指标体系。

10.3.3.1 风险源危害性

1. 污染团毒性

污染团毒性是指污染物进入到干渠后，在当前流量下，稀释后浓度对人类健康毒害程度。其指标计算采用熵值法，即：

$$I = EEC / LC_{50} \tag{10-2}$$

式中：EEC 为污染物的暴露质量浓度，mg/L；LC_{50} 为毒性物质的半致死浓度，mg/L。

已筛选出388种中线干线工程突发性水污染事件典型污染物、梳理出了污染物特性表（含毒理信息），并根据《中国急性毒性分级法》和《外源化合物急性毒性分级法（WHO）》，将388种典型污染物质进行了毒性排序。中线干线工程突发性水污染事件部分典型污染物依照毒性（剧毒、高毒、中毒、低毒、微毒、无毒）由高到低依次排序见表10-3。

表 10-3 部分典型污染物毒性分级表

污染物名称	污染物毒性强弱	污染物急性毒性
邻苯二甲酸二丁酯	剧毒	LD_{50}：12000μg/kg（大鼠经口）；5282μg/kg（小鼠经口）；LC_{50}：7900μg/m³（大鼠吸入）；2100μg/m³（小鼠吸入）
乙醚	剧毒	LD_{50}：15mg/kg（大鼠经口）；17mg/kg（豚鼠经皮）；LC_{50}：450mg/m³，1/2h（大鼠吸入）1790mg/m³，半小时（小鼠吸入）；人吸入180mg/m³，对眼鼻有明显刺激作用；人经口5mg/kg致死剂量。

续表

污染物名称	污染物毒性强弱	污染物急性毒性
氯乙酸	高毒	LD_{50}：76mg/kg（大鼠经口）；255mg/kg（小鼠经口）LC_{50}：180mg/m³（大鼠吸入）
环氧氯丙烷	高毒	LD_{50}：90mg/kg（大鼠经口）；238mg/kg（小鼠经口）；1500mg/kg（兔经皮）；LC_{50}：500ppm，4h（大鼠吸入）；人吸入20ppm，最小中毒浓度（对眼刺激）；人经口50mg/kg，最小致死剂量。
环己胺	中毒	LD_{50}：710mg/kg（大鼠经口）；227mg/kg（兔经皮）；LC_{50}：7500mg/m³（大鼠吸入）
三乙胺	中毒	LD_{50}：460mg/kg（大鼠经口）；570mg/kg（兔经皮）；LC_{50}：6000mg/m³，2h（小鼠吸入）
乙腈	低毒	LD_{50}：2730mg/kg（大鼠经口）；1250mg/kg（兔经皮）；LC_{50}：12663mg/m³，8h（大鼠吸入）人吸入>500ppm，亚心、呕吐、胸闷、腹痛等；人吸入160ppm×4h，1/2人面部轻度充血。
丁醇	低毒	LD_{50}：4360mg/kg（大鼠经口）；3400mg/kg（兔经皮）；LC_{50}：24240mg/m³，4h（大鼠吸入）

2. 污染物物化特性

污染物的物化特性包括易燃易爆性、挥发性、可溶性等。基于筛选的388种中线干线工程突发性水污染事件典型污染物质，分析相对应的物化特性，并将那些对应急处置中有危害的特性进行了分类，此指标表征的物化特性特指易燃易爆性和其他对应急处置产生危害的特性。

3. 爆炸性

爆炸性分两种：一种是遇空气易爆炸；另一种是遇水易爆炸。这两种都给应急处置带来了危害，本书基于388种中线典型污染物质，筛选出127种易燃易爆物质，部分典型易燃易爆物质见表10-4。

表10-4　　　　　　　　　部分典型易燃易爆物质一览表

物质名称	可燃性
次氯酸钙	强氧化剂。遇水或潮湿空气会引起燃烧爆炸。与碱性物质混合能引起爆炸。接触有机物有引起燃烧的危险。受热、遇酸或日光照射会分解放出剧毒的氯气
钾	化学反应活性很高，在潮湿空气中能自燃。遇水或潮气猛烈反应放出氢气，大量放热，引起燃烧或爆炸。暴露在空气或氧气中能自行燃烧并爆炸使熔融物飞溅。遇水、二氧化碳都能猛烈反应。与卤素、磷、许多氧化物、氧化剂和酸类剧烈反应。燃烧时发出紫色火焰
硫化氢	易燃，与空气混合能形成爆炸性混合物，遇明火、高热能引起燃烧爆炸。与浓硝酸、发烟硫酸或其他强氧化剂剧烈反应，发生爆炸。气体比空气重，能在较低处扩散到相当远的地方，遇明火会引起回燃
三氯氧磷	遇水猛烈分解，产生大量的热和浓烟，甚至爆炸。具有较强的腐蚀性
双酚A	明火、高热可燃。粉体与空气可形成爆炸性混合物，当达到一定浓度时，遇火星会发生爆炸
乙炔	极易燃烧爆炸，与空气混合能形成爆炸性混合物。遇明火、高热能引起燃烧爆炸。与氧化剂接触会剧烈反应。与氟、氯等接触会发生剧烈的化学反应。能与铜、银、汞等的化合物生成爆炸性物质

4. 其他危害特性

此指标包括遇水反应产生有害气体，或生成其他有毒有害的物质等。通过对388种中线典型污染物质的筛选，共有15种物质，部分具有其他危害特性的物质见表10-5。

表 10-5　　部分具有其他危害特性的物质一览表

物质名称	危 害 特 性
氯化亚砜	不燃，遇水或潮气会分解放出二氧化硫、氯化氢等刺激性的有毒烟气。受热分解也能主生有毒物质。对很多金属具有腐蚀性
三氯化铝	遇水反应发热放出有毒的腐蚀性气体
氟化磷	在潮湿空气中产生白色有腐蚀性和刺激性的氟化氢烟雾。在水中分解放出剧毒的腐蚀性气体。遇碱分解
氯化氰	化学反应活性较高，能与许多物质发生化学反应。受热分解或接触水、水蒸气会发生剧烈反应，释出剧毒和腐蚀性的烟雾
氰化钾/氰化钙/氰化汞	不燃。受高热或与酸接触会产生剧毒的氰化物气体。与硝酸盐、亚硝酸盐、氯酸盐反应剧烈，有发生爆炸的危险。遇酸或露置空气中能吸收水分和二氧化碳，分解出剧毒的氰化氢氧化。水溶液为碱性腐蚀液体

通过上述分析，将爆炸性和其他危害特性作为污染物物化特性这一指标的条件指标，将该两种特性赋分之和作为污染物物化特性这一指标的分值，赋分情况见表10-6。

表 10-6　　爆炸性指标及其他危害性指标赋分表

指标	有爆炸性	无爆炸性	有其他危害特性	无其他危害特性
分值	1	0	1	0

最终，污染物物化特性这一指标的计算如下：

$$I = I_1 + I_2 \tag{10-3}$$

式中：I_1 为爆炸性这一条件指标下的分数；I_2 为其他危害特性这一条件指标下的分数。

10.3.3.2　污染物泄漏量

根据多年来的统计资料，分析泄漏总量和泄漏量区间分布规律，将泄漏级别分为5级，泄漏量大于100t定义为特大型泄漏事件，分值为5；100～10t的分值为4；10～1t的分值为3；1～0.1t的分值为2；小于0.1t定义微型泄漏事件，分值为1。分值越高，事故后果越严重。

10.3.4　污染受体受损性

污染受体受损性是指污染受体在事故下的状态，包括：在突发水污染事件发生时的输水水量保证率，闸坝的调蓄能力，退水区纳污能力等。

10.3.4.1　输水水量保证率

水量保证是评价中线工程发挥工程效益的重要指标。部分输水工程水系连通复杂，位于关键线路上的河段一旦突发污染，则整个输水河网沿线所有闸泵都需关停，输水量降为零，严重影响输水水量保证率。因此，在充分考虑输水工程特性基础上，水量保证率应结合污染位置和污染河段提出合理的计算公式：

$$I = 1 - Q_t / Q_d \tag{10-4}$$

式中：Q_t 为发生突发水污染时渠段可调水量，m³/s；Q_d 为正常运行时南水北调中线工程总调水量，m³/s。

10.3.4.2 闸泵调节复杂度

闸泵的调节复杂度综合考虑调控闸门的数量、开度和闸控对供水的影响两方面。用事故期调控闸门的个数 $N_{control}$ 与输水工程闸门的总数 N_{gate} 的比值表示调控闸门的数量指数。闸门调控指数是根据在应急调度过程中，闸门是如何调控来确定的。根据闸门调控状态及影响程度确定闸门调控指数，其赋值 β 见表10-7。调控指数计算如下式：

$$I = 0.5 \times \left(\frac{N_{control}}{N_{gate}} + \beta \right) \tag{10-5}$$

表 10-7　　　　　　　　　　　闸门调控指数赋值表

闸门调控影响	β 赋值
不调控	0 ～ 0.25
微调控，不影响供水	0.25 ～ 0.5
供水中断小于 24h	0.5 ～ 0.75
供水中断小于 24h	0.75 ～ 1.0

10.3.4.3 有效退水闸距离

污染发生之后，往往不能第一时间开展应急，因此距离污染发生点最近的退水闸可能不能第一时间及时开启，所以有效退水闸，应该考虑污染发生时间和响应时间，结合污染快速预测进行选取。结合本书成果，污染物峰值浓度输移距离、污染带长度可用下式计算，根据有效响应启动时间 T 下污染带前缘到达的位置，选取退水闸，从而计算出有效退水闸与污染源的距离。

污染物峰值浓度输移距离表达式：

$$D = 60vT \tag{10-6}$$

式中：D 为污染物峰值输移距离，m；v 为平均流速，m/s；T 为传播时间，min。

T 时间内污染物沿渠道污染带长度 S 表达式：

$$S = \int_0^T v \mathrm{d}t = 2a\sqrt{2} D_L^{0.5} T^{0.5} \tag{10-7}$$

其中

$$v = \frac{m\sigma}{t} = \frac{a\sqrt{\int 2E_x \mathrm{d}t}}{t} = a\sqrt{2} D_L^{0.5} t^{-0.5} \tag{10-8}$$

$$D_L = \frac{1}{2} \frac{\partial \sigma^2}{\partial t} \tag{10-9}$$

式中：D_L 为离散系数；v 为污染物纵向拉伸速度。

10.3.4.4 退水量

考虑退水闸和退水区情况，突发水污染事故后退水区能容纳的退水水量也对应急产生一定的影响，而退水水量取决于退水流量和退水时间。因此，本指标的计算公式如下：

$$I = Qt \tag{10-10}$$

式中：t 为开启退水闸退水的时间；Q 为退水流量。

10.3.5 事故后果危害性

事故后果危害性包括对受水区社会、经济、生态等的危害，具体指标为以下五项：突发水污染事件暴露人口数量、重要城市影响、缺水影响、水环境影响以及其他潜在影响。

10.3.5.1 暴露人群数量

暴露人口的数量即为受到突发水污染事件影响的人口总数。为科学判别污染河段暴露人口在输水工程整体中的影响，提出其指标值为受污染事件影响的人口数量占输水工程受益人口总数的比值，公式如下：

$$I = NP_t / NP \tag{10-11}$$

式中：NP_t 为突发水污染事件下的暴露人口数量；NP 为输水工程沿线受益人口总数。

10.3.5.2 重要城市影响

南水北调中线输水工程一旦发生突发水污染事件，对事故段下游城市势必会造成不同程度的影响。本研究考虑中线干渠输水工程服务的城市级别具有很大的差异性，提出了城市重要性这一指标来表征不同城市受影响的程度。通过查阅相关文献，该指标主要是考虑受突发水污染事故影响的城市的重要级别，其大小主要是通过表 10-8 进行赋值。

表 10-8　城市重要性分级及赋值

城市	分数
北京	0.9
天津	0.7
郑州	0.5
其他城市	0.2

10.3.5.3 缺水影响

突发水污染事故一旦发生，下游段城市供水势必会遭受严重影响。而不同城市对干渠水的需求都不一样。本指标体现的是对中线重度依赖的地区所可能遭受的大幅影响，为了更好地评价突发水污染事件对不同城市供水的影响，提出了缺水影响这一指标体系，即以各个分水口为单位，研究受影响的分水口的缺水程度。计算公式如下：

$$I = \frac{Q_1 - Q_2}{Q_总} \times \frac{Q_1}{Q_总} \tag{10-12}$$

式中：Q_1 为正常情况下研究区域的分水流量；Q_2 为发生水污染事件时研究区域的分水流量；$Q_总$ 为研究区域总供水量。

10.3.5.4 退水区水生态影响

水生态环境影响主要是指由于水生态环境遭到突发水污染事故的影响导致其资源利用能力的下降或丧失，包括由于水资源遭到污染，而带来的居民、工业、服务业损失等。

中线退水区多为天然河道，退水区原有水资源按照其用途不同可分为生活用水、工业用水、农业用水、生态用水，不同地区、不同用途的水资源其价格不同，因此根据事故期间估计的用水量可计算出水资源的损失，公式如下：

$$I = \sum_i k_i P_i Q_i \tag{10-13}$$

式中：P_i 为 i 类用水的价格，当不同用途水量不可得时，按照其影子价格来计算，i 包括生活用水、工业用水、农业用水、生态用水，元/t；Q_i 为污染期间 i 类用水的用水量，t；k_i 为 i 类用水的损失换算系数（取值 0~1）。

10.3.5.5 其他潜在影响

近年来，森林破坏、土壤侵蚀、沙漠化严重、大气、海洋和内陆水域的污染已经成为当今环境污染的主要问题。突发环境污染事件不仅影响人类生产生活的物质条件，还严重危害着人们的身心健康，使人们处于一种不安全、不健康的环境"危机"氛围中。本研究提出将心理健康与环境污染问题结合起来，将心理健康影响作为突发水污染事件的影响指标，可反映人类在突发水污染事件中的受到的潜在影响。国内外对心理健康影响的量化方法研究较缺乏，因此，本研究提出潜在心理健康影响可由专家打分评定，总分为10分，心理健康指标值可由多个专家评分值与总分的比值确定，计算方法如下式：

$$I = \frac{\sum_i^n S_i}{10n} \tag{10-14}$$

式中：i 为第 i 个专家；n 为专家位数；S_i 为第 i 个专家给出的分数。

10.3.6 风险控制有效性

10.3.6.1 应急物质储备

由于南水北调中线工程目前只设置了四个大型的应急物资储备点，相对于对于如此长距离的输水工程，应急物质设备点相对稀少。考虑污染发现时间间隔以及应急物质投放时间，距离突发水污染事件发生地 1~2km 的应急储备室为最佳，2~3km 其次，0~1km 最次，因此将应急物质储备室的位置分为三个等级，见表10-9。

表 10-9　　　　　应急物质储备室的位置等级划分及其赋值表

等级划分	I 类	II 类	III 类
应急物质储备点据事故段距离 /km	0~1	2~3	1~2
分值	0.9	0.6	0.3

10.3.6.2 应急监测水平

本项指标是指污染发生后,应急响应的情况,此处用应急监测车到达事故段的时间来表征。一般来说,应急监测车到达事故段的时间在2h以内,因此,将应急监测水平划分为4个级别,见表10-10。

表 10-10　　　　　　　　　　应急监测水平等级划分及其赋值表

等级划分	I 类	II 类	III 类	IV 类
到达时间 /h	2.0	1.5	1.0	0.5
分值	0.8	0.6	0.4	0.2

10.3.6.3 应急救援队伍规模

本指标指30min内,可以投入到事故段进行救援的工作人员人数,经过调查中线各个管理局的规模可将应急救援队伍规模划分为四个级别,见表10-11。

表 10-11　　　　　　　　　　应急监测水平等级划分及其赋值表

等级划分	I 类	II 类	III 类	IV 类
救援投入人数	25	50	75	100
分值	0.8	0.6	0.4	0.2

10.3.7 AHP法计算指标权重

权重的确定是反映指标在决策问题中相对重要程度的主观评价和客观反映的综合度量过程。确定权重的方法有两种:一种是主观赋权法,是通过相关领域专家对各项指标赋权得到其重要程度,例如层次分析法,主观赋权法操作简单,但容易受到专家主观意识的影响;另一种是客观赋权法,是依靠原始数据所提供的信息量或各项指标的联系程度来确定其权重的,能尽量消除专家主观性带来的影响,例如熵值法、主成分赋权法、方差赋权法等。

根据南水北调中线干线工程主要风险源分析结果可知,交通事故风险较其他风险源发生概率大、风险的可控性较弱,且一旦发生影响较为明显,因此本研究主要针对该风险进行风险源空间聚类分析。目前,已有许多文献提出了针对不同数据类型的多种空间聚类算法,如基于划分、层次、密度、网络、模型的聚类分析法和基于粒子群优化法、带约束的空间聚类法等。

本书基于三级阶梯结构指标体系,采用基于层次分析法(AHP)的模糊综合评价(GRA)方法确定来确定的风险危害特征指数TCI。具体步骤如下。

10.3.7.1 利用AHP法计算指标权重

分为如下3步:

(1)构造判断矩阵。需人工确定指标层中 n 个指标对目标层各自所占的权重,可选取

其中的两个 g_i 和 g_j 进行两两比较，令 $a_{ij} = g_i / g_j$，即可得到判断矩阵：

$$A = (a_{ij})_{n \times n} \quad (10\text{-}15)$$

式中：$a_{ij} > 0$，$a_{ij} = 1/a_{ji}$，$a_{ii} = 1$（$i, j=1, 2, \cdots, n$）。a_{ij} 采用 Satty 提出的 1～9 标度方法（表 10-12）确定，a_{ij} 越大说明 g_i 比 g_j 对于目标层更重要。

表 10-12　　　　　　　　　　1～9 标度方法

判断	相同	稍微重要	明显重要	强烈重要	极端重要	上述相邻判断的中间值
标度	1	3	5	7	9	2，4，6，8

（2）计算排序权重向量。先求出判断矩阵 A 的最大特征值 $\lambda_{\max}$，再求出 $\lambda_{\max}$ 所对应的特征向量，将其标准化后，即得到指标层各指标相对于目标层的权重向量 W_{AHP}。

（3）一致性检验。一致性指标 CI 和一致性比率 CR 计算方法分别见式（10-16）和式（10-17）。当 $CR < 0.1$ 时，认为通过一致性检验，求解出的排序权重可作为最终的权重，否则需重新构造判断矩阵。

$$CI = \frac{\lambda_{\max}}{n-1} \quad (10\text{-}16)$$

$$CR = CI / RI \quad (10\text{-}17)$$

式中：n 为判断矩阵 A 的阶数；RI 为平均随机一致性指标，查表 10-13 确定数值。

表 10-13　　　　　　　　　　平均随机一致性指标

n	1	2	3	4	5	6	7	8	9	10	11
RI	0	0	0.52	0.89	1.12	1.26	1.36	1.41	1.46	1.49	1.52

10.3.7.2　数据归一化处理

为了消除指标层原始数据由于量纲及数量级大小不同造成的影响，采用"Range 0～1"方法对数据进行归一化处理，见式（10-18），从而构建标准化决策矩阵 R。

$$I = \frac{g_i - g_{\min}}{g_{\max}} \quad (10\text{-}18)$$

式中：$g_{\min}$ 和 $g_{\max}$ 分别为指标 g_i 的最小值和最大值，$i = 1, 2, \cdots, n$。

10.3.8　模糊综合评价法

模糊综合评判是用模糊数学理论对各风险因素进行量化和综合的过程。模糊综合评价的过程中需要确定的权重有两个：一是单个风险因素在总风险中所作的贡献；二是各因素指标之间的相互作用与关系。其具体步骤如下。

10.3.8.1　建立因子集、权重集、评价集

设 $U = \{u_1, u_2, \cdots, u_n\}$ 为选定的参与评价的指标因子集合，对应于本书中突发性水污染事故环境风险源识别所需要考虑的指标因子集合，是一个 n 维向量；$V = \{v_1, v_2, \cdots, v_m\}$ 为评价指

标因子的标准集合，是一个 $n \times m$ 维矩阵；$A=\{a_1,a_2,\cdots,a_n\}$ 为评价因子指标的权重集合，对应于本研究中每个指标因子的重要程度，也就是权重集合，是一个 n 维向量。其中，n 表示选定的评价因子指标个数，m 表示评价等级数，即评价标准等级个数。本书选取了4个主题中的15个指标作为突发性水污染事故实时风险评价因子，将突发性水污染事故危害评价结果划分为四个等级。因此，$m=4$，$n=15$。

10.3.8.2 建立U→V集合的模糊关系矩阵R

模糊关系矩阵 R 的元素 r_{ij} 表示第 i 个评价指标值被评为第 j 个标准等级的可能性，即第 i 个指标因子隶属于第 j 个等级标准的程度。由此可知，R 中的第 i 行表示第 i 个指标因子的值对各个等级标准的隶属程度，R 中的第 j 列表示各个指标因子对第 j 个等级标准的隶属程度，具体数值由隶属函数给出。

$$R = \begin{bmatrix} r_{11} & r_{12} & \cdots & r_{1m} \\ r_{21} & r_{22} & \cdots & r_{2m} \\ \vdots & \vdots & \cdots & \vdots \\ r_{n1} & r_{n2} & \cdots & r_{nm} \end{bmatrix} \quad (10\text{-}19)$$

10.3.8.3 隶属函数的确定

隶属函数是评价指标因子和相应的评价等级标准之间的函数，通常采用降半梯形分布函数来确定。第一类指标等级标准值随等级升高而增大，这类指标值越大说明污染事故实时风险水平越低，其隶属度计算公式如下：

$$r_{i1} = \begin{cases} 1 & C_i \leq V_{i,1} \\ \dfrac{V_{i,2} - V_i}{V_{i,2} - V_{i,1}} & V_{i,1} < C_i < V_{i,2} \\ 0 & C_i \geq V_{i,2} \end{cases} \quad (10\text{-}20)$$

$$(0 < j < m)\, r_{ij} = \begin{cases} 0 & C_i \leq V_{j-1},\ C_i \geq V_{j+1} \\ \dfrac{C_i - V_{i,j-1}}{V_{i,j} - V_{i,j-1}} & V_{i,j-1} < C_i < V_{ij} \\ \dfrac{V_{i,j+1} - C_i}{V_{i,j+1} - V_{i,j}} & V_{i,j} \leq C_i \leq V_{i,j+1} \end{cases} \quad (10\text{-}21)$$

$$r_{im} = \begin{cases} 0 & C_i \leq V_{i,m-1} \\ \dfrac{C_i - V_{i,m-1}}{V_{i,m} - V_{i,m-1}} & V_{i,m-1} < C_i < V_{i,m} \\ 1 & C_i \geq V_{i,m} \end{cases} \quad (10\text{-}22)$$

式中：r_{ij} 为因子 u_i 对第 j 评价等级的隶属度；C_i 为因子 u_i 的实际值；V_{ij} 为因子 u_i 对第 j 评价等级的标准值；m 为风险评价等级数。

第二类指标等级标准值随等级升高而减小，这类指标值越小说明污染事故实时风险水平越低，其隶属度计算公式如下：

$$r_{i1} = \begin{cases} 1 & C_i \geq V_{i,1} \\ \dfrac{C_i - V_{i,2}}{V_{i,1} - V_{i,2}} & V_{i,2} < C_i < V_{i,1} \\ 0 & C_i \leq V_{i,2} \end{cases} \quad （10\text{-}23）$$

$$(0 < j < m)\, r_{ij} = \begin{cases} 0 & C_i \geq V_{i,j-1}, C_i \leq V_{i,j+1} \\ \dfrac{V_{i,j-1} - C_i}{V_{I,j-1} - V_{ij}} & V_{i,j} < C_i < V_{i,j-1} \\ \dfrac{C_i - V_{i,j+1}}{V_{i,j} - V_{i,j+1}} & V_{i,j+1} \leq C_i \leq V_{i,j} \end{cases} \quad （10\text{-}24）$$

$$r_{im} = \begin{cases} 0 & C_i \geq V_{m-1} \\ \dfrac{V_{i,m-1} - C_i}{V_{i,m-1} - V_{i,m}} & V_{i,m} < C_i < V_{i,m-1} \\ 1 & C_i \leq V_{i,m} \end{cases} \quad （10\text{-}25）$$

式中：r_{ij} 为因子 u_i 对第 j 评价等级的隶属度；C_i 为因子 u_i 的实际值；V_{ij} 为因子 u_i 对第 j 评价等级的标准值；m 为风险评价等级数。

10.3.8.4　权重系数的确定

在模糊综合评判中，通常各因子的重要程度不同，权重系数反映了各个因素在综合决策中所占有的地位或所起的作用。权重集就是由对每个因子 U_i 赋予一个相应的权重值 a_1 构成的集合。$A=(a_1, a_2, \ldots, a_n)$ 在模糊综合评价中，权重的确定方法通常有统计法、超标加权法、灰色聚类法、专家评估法和层次分析法等，本书采用层次分析法确定因素权重问题。

10.3.8.5　综合评价矩阵 B 的计算

根据模糊数学原理，有如下模糊变换：

$$B = AR \quad （10\text{-}26）$$

式中：A 为评价因子权重集；R 为模糊关系矩阵。

中间的模糊算子有多种计算方法，如取大、取小运算，矩阵乘法等。其中取大、取小运算会丢失部分单因素信息，突出某些主要因素的作用，而矩阵乘法运算则保留了单因素评判的所有信息。本书需要综合考虑所有评价因素，因而采用矩阵乘法运算。

10.3.9　中线突发水污染危害评价

对于综合评价矩阵结果的分析，本研究采样的是最大隶属度原则，即对评价的结果确定为：

$$TCI = \max(b_1, b_2, \cdots, b_m) \qquad (10-27)$$

式中：TCI 为水污染事件的危害特征指数；b 为模糊综合评价的结果。由上式可以计算南水北调中线工程突发水污染事件的危害值，参照危害等级分级标准就可以确定其危害等级，进而确定应急响应等级。

10.3.10 中线突发水污染应急等级评价

由上述各指标的评分标准和权重可知，TCI 的取值范围为 0～1，本书将其均分为 4 个区间，选取"危害度等级"作为最终的应急等级评估，危害特征指数越大，突发水污染事故造成的危害越大，应急响应等级也应该越高，而不同的 TCI 区间对应不同的危险度等级，见表10-14。

表 10-14　　　　　　　　　　危害等级分级标准及意义

评分值	危害度评级	意　义
(0.75,1]	Ⅰ级（特别重大危险）	污染对下游分水口危害特别重大；可导致供水城市大面积长时间停水，居民正常的经济社会活动将受到极大影响；污染区生态服务功能将部分消失且服务价值将大量损失
(0.5, 0.75]	Ⅱ级（较重大危险）	污染会对下游分水口造成较重大危害；可导致供水城市部分地区长时间停水，城市居民正常的经济社会活动将受到较重大影响；污染区生态服务功能将削弱或部分消失
(0.25, 0.5]	Ⅲ级（中度危险）	污染会对下游分水口造成中度危害；可导致供水城市部分地区短时间停水，城市居民正常的经济社会活动将受到影响；污染区生态服务功能将削弱
[0, 0.25]	Ⅳ级（一般危险）	污染会对取水口造成轻度威胁，但不会导致供水城市停水；城市居民正常的经济社会活动不会受到较大影响；污染区生态系统将受到一定干扰，但其生态服务功能稳定

10.4　本章小结

（1）对突发水污染情况下的污染源反演规律进行研究，明确了污染运移模拟方程和污染源的源强、位置、发生时间三参数的优化方法，提出了针对一维均一河道发生突发性水污染事件后的污染物溯源方法，建立突发污染溯源模型，提出模型求解的微分进化算法。利用恒定流工况下的一维水质输运方程式，人工生成一个突发污染事件案例进行模型仿真实验分析，并开展了试验应用研究，结果表明突发水污染追踪溯源模型的浓度溯源结果能保持在2.6%以内，溯源的发生时间差可达到5min以内。

（2）针对中线总干渠快速应对突发水污染事故的需求，通过在两个渠池设置流量、事故发生位置、污染物质量等大量组合情景并利用中线总干渠一维水力学水质模型进行模拟，采用污染物到达时间、峰值浓度和峰值浓度出现时间3个特征参数来对比分析不同情景下的分水口和下节制闸闸前污染物浓度变化过程，并总结出污染物输移扩散规律。

在此基础上，针对污染物到达时间、峰值浓度和峰值浓度出现时间3个特征参数，基于量纲分析提出了快速预测方法，且利用3种情景模拟结果建立了相应的快速预测公式并进行验证，最终确定了以两个渠池情景模拟结果的快速预测公式作为中线总干渠突发水污染快速预测公式，以便快速预测中线总干渠突发水污染事故下的污染物输移扩散过程。

（3）针对突发水污染应急调度，提出了一整套突发水污染应急调度技术及恢复通水技术。将突发水污染情况下的中线总干渠渠池分为了事故段、事故上游段和事故下游段。针对事故期的调控，分别提出了事故期事故段的精准退水方案，事故期事故上游段的优化调控方案和事故期事故下游段的优化分区供水方案。

第 11 章
突发水污染事件应急调控模型

11.1 一维水动力水质耦合模型

南水北调中线工程将丹江口水库的优质水源输送到河南、河北、北京、天津等省（直辖市）。长距离开敞式明渠输水对水质的维持和保护提出了新的需求和挑战。输水过程中，水质、水动力等因素的改变会对水中藻类的生长发育及潜在污染物迁移扩散产生一定影响。因此，建立融合水力控制方程和污染物对流扩散方程的一维水动力水质耦合模型，对于上述水质问题的迁移转化研究以及对突发水污染事故后的污染物输移扩散过程和应急调度效果的预测分析均具有重要的意义。

11.1.1 明渠一维水动力模型

描述河道或渠道一维非恒定流运动的基本方程是由法国科学家 *B. Saint Venant* 在1871年提出的圣维南方程（*St. Venant*方程），该方程由连续方程和动量方程组成。在不考虑旁侧入流的情况下，该方程可表示为：

$$\frac{\partial A}{\partial t}+\frac{\partial Q}{\partial x}=0 \quad (11-1)$$

$$\frac{\partial}{\partial t}\left(\frac{Q}{A}\right)+\frac{\partial}{\partial x}\left(\frac{Q^2}{2A^2}\right)+g\frac{\partial h}{\partial x}+g\left(S_f-S_0\right)=0 \quad (11-2)$$

式中：x、t 分别为空间坐标和时间坐标；A 为渠道处的过流面积；Q 为渠道流量；h 为水深；g 为重力加速度；S_f 为摩擦坡度；S_0 为渠道底坡。

其中，S_f 定义为：

$$S_f = Q|Q|/K^2 \qquad (11\text{-}3)$$

式中：K为流量模数。

11.1.2 明渠一维水质模型

应用一维水质数值模型可以对水环境进行模拟和预报，也能对河道、湖泊的开发利用过程中的水环境情况进行实时评估，还可以进行水环境容量、污染物容许排放量的预测，为人们制定水污染控制和规划方案提供技术支持。

明渠水质模型用一维水质控制方程描述，其基本方程如下：

$$\frac{\partial AC}{\partial t} + u\frac{\partial QC}{\partial x} = \frac{\partial}{\partial x}\left(EA\frac{\partial C}{\partial x}\right) - KAC + \frac{A}{h}S_r + S \qquad (11\text{-}4)$$

式中：C为污染物的断面平均浓度；Q为断面流量；E为离散系数；S为旁侧入流中污染物的量。

11.1.3 模型加速求解方法

水质输运是水动力过程的伴随过程。在水动力水质模型中，水质部分的计算效率主要取决于其中水动力部分的计算效率。因此，一维水动力水质模型加速的关键在于如何提高一维水动力模型的计算效率。

本研究中，提出了一种计算步长的时空自适应方法。取 $\Delta x = \Delta t\sqrt{gh^0}$，根据设定的时间离散步长 Δt 自动划分空间离散步长 Δx，h^0 为计算渠段下游控制断面的初始水深。设整个渠道长度为 L，在模型计算运行过程中，按照公式 $n = L/\Delta x$ 可将渠道分为 n 段。若 n 为整数，则 Δx 不变；若 n 不为整数，则分段变为 $n+1$ 段，则 $\Delta x = L/(n+1)$。

根据空间离散步长 Δx 和时间离散步长 Δt 的关系式可知，在实际计算过程中，当设定的时间离散步长调整时，模型计算的空间离散步长自动做出相应变化。若时间离散步长增加1倍，理想情况下，渠道计算的空间离散步长也会随之增加1倍，则计算网格在时间、空间均减少1倍。通过双向降低计算网格数，可减少计算耗时。需要说明的是，各类建筑物的存在会使得空间离散步长增加到一定程度（计算渠段长度）后无法进一步增加。

11.1.4 模型应用

11.1.4.1 中线工程水动力水质参数辨识

1. 闸门过闸流量系数识别

闸门出流的水力计算一般采用基于能量方程或量纲分析推导得出的包含多个系数的公式，在实际应用时可能会产生较大误差。根据结构型式的不同，闸门分为平板闸门和弧形闸门两种。在中线总干渠上，各节制闸均为弧形闸门且闸底坎为宽顶堰，分水口和退水闸大部分为平板闸门。但是，分水口和退水闸的底坎形式和闸前闸后水位实测数据无法获取,且在一维水力学水质模型中仅作为出流边界。平板闸门的水力计算公式与弧形闸门类似,因此仅对弧形闸门水力计算进行深入研究,在两类水力计算公式分析的基础上,提出基于实测数据驱动的参数辨识方法,并根据中线节制闸运行的实测数据校准水力计算公式的参数。

国外学者 Jain 应用伯努利方程推导了弧形闸门在自由和淹没出流条件下的出流计算公式:

(1)自由出流。出流计算公式为:

$$Q = C_d le \sqrt{2gH_0} \tag{11-5}$$

(2)淹没出流。出流计算公式为:

$$Q = C_d le \sqrt{2g(H_0 - H_s)} \tag{11-6}$$

Shahrokhnia 等重新分析了式(11-5)和式(11-6),应用试验数据拟合得到了自由和淹没出流条件下流量系数 C_d 的值分别为 0.57 和 0.89。但相关研究也表明,节制闸的过闸流量系数并非不变的,其与工程的运行工况有关。因此这里以南水北调中线工程在 2018 年 3—5 月,供水流量由渠首 170m³/s 变为 280m³/s 的工程运行实测数据进行闸门过闸流量系数的率定,满足率定工况涵盖中线目前大部分的运行工况。

以式(11-6)的基本计算格式进行过闸流量系数反推,则有

$$C_d = \frac{Q}{le\sqrt{2g(H_0 - H_s)}} \tag{11-7}$$

对中线工程的所有节制闸进行过闸流量系数反推,可得出大致的过闸流量系数取值范围,通过对过闸流量系数和节制闸闸前水位、闸门开度等的相关度分析可知:

节制闸的过闸流量系数基本随闸门开度增大而变大,且过闸流量系数与闸门开度的相关关系可由对数、指数、幂指数等函数来描述。全线节制闸过闸流量系数与节制闸开度关系识别结果见表 11-1。

表 11-1　南水北调中线干线节制闸过闸流量系数与闸门开度二次关系识别结果

节制闸名称	a	c	e/h	线型	出流方式	R^2
刁河渡槽进口节制闸	-0.05	0.3292	0.65	对数	自由出流	0.9559
湍河渡槽进口节制闸	0.2953	-0.0469	0.7	指数	自由出流	0.9584
严陵河渡槽进口节制闸	-0.0595	0.3403	0.65	对数	自由出流	0.9735
淇河倒虹吸出口节制闸	0.2721	-0.1759	0.65	幂指数	自由出流	0.9666
十二里河渡槽进口节制闸	-0.0652	0.3396	0.75	对数	自由出流	0.9508
白河倒虹吸出口节制闸	0.2428	-0.1594	0.65	幂指数	自由出流	0.9565
东赵河倒虹吸出口节制闸	-0.0388	0.2847	0.65	对数	自由出流	0.9845
黄金河倒虹吸出口节制闸	0.2723	-0.182	0.65	幂指数	自由出流	0.9932
草墩河倒虹吸进口节制闸	-0.0607	0.3217	0.75	对数	自由出流	0.9529

续表

节制闸名称	a	c	e/h	线型	出流方式	R^2
澧河渡槽进口节制闸	0.3754	-0.1027	0.65	指数	自由出流	0.9635
澎河渡槽进口节制闸	-0.0537	0.3266	0.87	对数	自由出流	0.9532
沙河渡槽进口节制闸	-0.0657	0.3213	0.65	对数	自由出流	0.9941
玉带河倒虹吸出口节制闸	-0.044	0.295	0.65	对数	自由出流	0.9893
北汝河倒虹吸出口节制闸	0.2801	-0.1661	0.65	幂指数	自由出流	0.9910
兰河涵洞进口节制闸	-0.0517	0.3106	0.65	对数	自由出流	0.9800
颍河倒虹吸出口节制闸	0.2279	-0.1707	0.65	幂指数	自由出流	0.9795
小洪河倒虹吸出口节制闸	-0.0439	0.3104	0.65	对数	自由出流	0.9769
双洎河渡槽进口节制闸	0.2919	-0.2494	0.65	幂指数	自由出流	0.9688
梅河倒虹吸出口节制闸	-0.0284	0.2636	0.65	对数	自由出流	0.9627
丈八沟倒虹吸出口节制闸	0.2612	-0.1573	0.65	幂指数	自由出流	0.9684
潮河倒虹吸出口节制闸	0.291	-0.1856	0.65	幂指数	自由出流	0.9865
金水河倒虹吸出口节制闸	-0.0301	0.2219	0.65	对数	自由出流	0.9802
须水河倒虹吸出口节制闸	0.2507	-0.4145	0.7	幂指数	自由出流	0.9515
索河渡槽进口节制闸	-0.0456	0.3091	0.65	对数	自由出流	0.9972
穿黄隧洞出口节制闸	0.4405	-0.334	0.65	指数	自由出流	0.9703
济河倒虹吸出口节制闸	0.3215	-0.1663	0.65	幂指数	自由出流	0.9537
闫河倒虹吸出口节制闸	0.5732	0.1107	0.65	指数	淹没出流	0.9637
溃城寨河倒虹吸出口节制闸	0.3362	-1.0442	0.75	指数	自由出流	0.9519
峪河暗渠进口节制闸	0.2832	-0.1872	0.65	幂指数	自由出流	0.9943
黄水河支倒虹吸出口节制闸	0.2284	0.6043	0.9	对数	淹没出流	0.8954
孟坟河倒虹吸出口节制闸	0.3011	-0.1949	0.65	幂指数	自由出流	0.9916
香泉河倒虹吸出口节制闸	-0.0497	0.3246	0.65	对数	自由出流	0.9693
淇河倒虹吸出口节制闸	0.521	0.1637	0.65	指数	淹没出流	0.9746
汤河涵洞式渡槽进口节制闸	0.3446	-0.2019	0.65	幂指数	自由出流	0.9912
安阳河倒虹吸出口节制闸	0.4491	0.1447	0.75	指数	淹没出流	0.9565
漳河倒虹吸出口节制闸	-0.0378	0.246	0.65	对数	自由出流	0.9919
牤牛河南支渡槽进口节制闸	-0.0577	0.3298	0.65	对数	自由出流	0.9856
沁河倒虹吸出口节制闸	-0.1706	0.2896	1	线性	自由出流	0.9519
洺河渡槽进口节制闸	-0.0609	0.3432	0.65	对数	自由出流	0.9909
南沙河倒虹吸出口节制闸	0.5651	0.5289	0.65	指数	淹没出流	0.9311
七里河倒虹吸出口节制闸	-0.0366	0.2768	0.67	对数	自由出流	0.9528
白马河倒虹吸出口节制闸	-0.0402	0.3079	0.65	对数	自由出流	0.9744
李阳河倒虹吸出口节制闸	-0.0423	0.2764	0.65	对数	自由出流	0.9618
午河渡槽进口节制闸	-0.0698	0.3488	0.65	对数	自由出流	0.9632

续表

节制闸名称	a	c	e/h	线型	出流方式	R^2
槐河（一）倒虹吸出口节制闸	−0.0416	0.28	0.65	对数	自由出流	0.9835
泜河倒虹吸出口节制闸	−0.0347	0.2852	0.65	对数	自由出流	0.9548
古运河暗渠进口节制闸	−0.0882	0.3031	0.65	对数	自由出流	0.9731
滹沱河倒虹吸出口节制闸	−0.033	0.2748	0.65	对数	自由出流	0.9654
磁河倒虹吸出口节制闸	−0.0675	0.1542	0.65	对数	自由出流	0.9522
沙河（北）倒虹吸出口节制闸	−0.0438	0.2777	0.65	对数	自由出流	0.9732
漠道沟倒虹吸出口节制闸	0.273	−0.1705	0.65	幂指数	自由出流	0.9582
唐河倒虹吸出口节制闸	0.2703	−0.1881	0.65	幂指数	自由出流	0.9739
放水河渡槽进口节制闸	−0.0619	0.3439	0.65	对数	自由出流	0.9806
蒲阳河倒虹吸出口节制闸	−0.0616	0.2879	0.65	对数	自由出流	0.9861
岗头隧洞进口节制闸	0.3065	−0.2294	0.65	幂指数	自由出流	0.9736
西黑山节制闸	−0.0546	0.3189	0.65	对数	自由出流	0.9724
瀑河倒虹吸出口节制闸	0.2207	−0.2081	0.65	幂指数	自由出流	0.9502
北易水倒虹吸出口节制闸	−0.1007	0.0529	0.65	对数	自由出流	0.9659
坟庄河倒虹吸出口节制闸	0.3502	−1.7873	0.65	指数	自由出流	0.9813
北拒马河暗渠进口节制闸	0.2841	−0.2695	0.95	幂指数	自由出流	0.9999

2. 渠道糙率识别

考虑到每个渠池的调参会相互影响，故对渠池糙率的率定，只能将每个渠池单独拿出来考虑。

对于需要进行调参的渠池，分别以上、下游节制闸闸后水位为边界，以模拟得到的下游闸前水位与实测水位的偏差作为参数率定依据。需要说明的是，由于引入了节制闸内边界，故节制闸的过闸流量系数也会影响到下游闸前水位偏差。所以，糙率调参需要在节制闸过闸流量系数识别完成的基础上进行。渠道糙率参数的率定过程采用Pest++自动优化率定算法实现。

采用中线2018年4月1—15日的实测水位、流量数据来进行渠道糙率系数识别，数据采集时间间隔为2h，累计共180组数据。以牤牛河节制闸—沁河节制闸渠段、洺河节制闸—南沙河节制闸渠段、李阳河节制闸—午河节制闸渠段为例，分别以沁河节制闸、南沙河节制闸、午河节制闸的实测闸前水位作为率定基准值，各个节制闸的实测闸前水位过程、采用率定糙率的水位模拟值以及不同糙率下的水位模拟值见图11-1、图11-2和图11-3。

从图11-1、图11-2和图11-3中可以看出，在不同的糙率情况下，模拟得到的下游闸前水位值不同，甚至会相差0.2m。并且，用于渠池水动力计算的糙率值越大，模拟水位值越低。经率定，牤牛河节制闸—沁河节制闸段、洺河节制闸—南沙河节制闸段、李阳

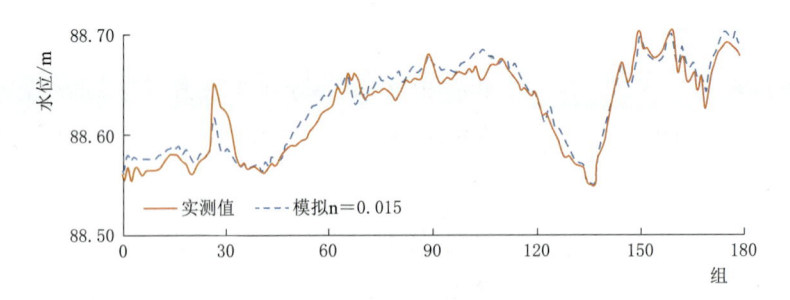

图 11-1　沁河节制闸闸前水位实测值与模拟值

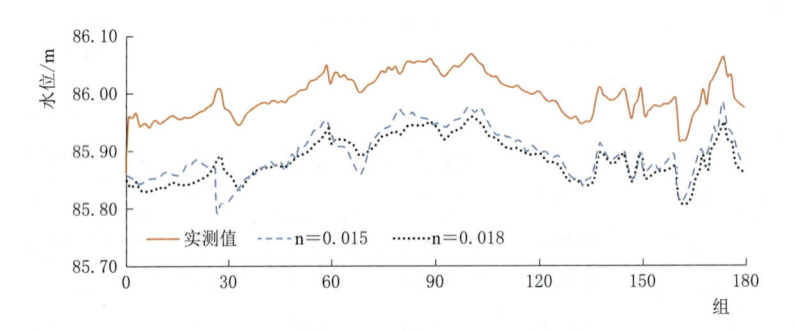

图 11-2　南沙河节制闸闸前水位实测值与模拟值

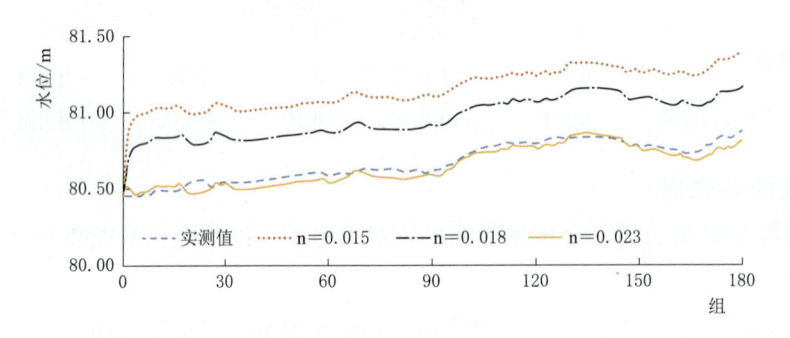

图 11-3　午河节制闸闸前水位实测值与模拟值

河节制闸—午河节制闸段的糙率分别为 0.015、0.018、0.023。同理，对中线全线各段渠池进行糙率识别，结果见表 11-2。

表 11-2　中线各渠池糙率识别结果

渠池	糙率	渠池	糙率
刁河节制闸—湍河节制闸	0.019	孟坟河节制闸—香泉河节制闸	0.018
湍河节制闸—严陵河节制闸	0.018	香泉河节制闸—鹤壁淇河节制闸	0.02
严陵河节制闸—淇河节制闸	0.018	鹤壁淇河节制闸—汤河节制闸	0.016
淇河节制闸—十二里河节制闸	0.02	汤河节制闸—安阳河节制闸	0.021
十二里河节制闸—白河节制闸	0.023	安阳河节制闸—漳河节制闸	0.021
白河节制闸—东赵河节制闸	0.02	漳河节制闸—牤牛河节制闸	0.021

续表

渠　池	糙率	渠　池	糙率
东赵河节制闸—黄金河节制闸	0.021	牤牛河节制闸—沁河节制闸	0.015
黄金河节制闸—草墩河节制闸	0.019	沁河节制闸—洺河节制闸	0.017
草墩河节制闸—澧河节制闸	0.017	洺河节制闸—南沙河节制闸	0.018
澧河节制闸—澎河节制闸	0.017	南沙河节制闸—七里河节制闸	0.013
澎河节制闸—沙河节制闸	0.02	七里河节制闸—白马河节制闸	0.017
沙河节制闸—玉带河节制闸	0.02	白马河节制闸—李阳河节制闸	0.015
玉带河节制闸—北汝河节制闸	0.02	李阳河节制闸—午河节制闸	0.023
北汝河节制闸—兰河节制闸	0.019	午河节制闸—槐河节制闸	0.0158
兰河节制闸—颍河节制闸	0.018	槐河节制闸—泜河节制闸	0.015
颍河节制闸—小洪河节制闸	0.021	泜河节制闸—古运河节制闸	0.014
小洪河节制闸—双洎河节制闸	0.021	古运河节制闸—滹沱河节制闸	0.012
双洎河节制闸—梅河节制闸	0.021	滹沱河节制闸—磁河节制闸	0.015
梅河节制闸—丈八沟节制闸	0.019	磁河节制闸—沙河北节制闸	0.016
丈八沟节制闸—潮河节制闸	0.02	沙河北节制闸—莫道沟节制闸	0.02
潮河节制闸—金水河节制闸	0.024	莫道沟节制闸—唐河节制闸	0.019
金水河节制闸—须水河节制闸	0.026	唐河节制闸—放水河节制闸	0.018
须水河节制闸—索河节制闸	0.17	放水河节制闸—蒲阳河节制闸	0.013
索河节制闸—穿黄节制闸	0.023	蒲阳河节制闸—岗头节制闸	0.011
穿黄节制闸—济河节制闸	0.016	岗头节制闸—西黑山节制闸	0.015
济河节制闸—闫河节制闸	0.025	西黑山节制闸—瀑河节制闸	0.023
闫河节制闸—溃城寨河节制闸	0.02	瀑河节制闸—北易水节制闸	0.019
溃城寨河节制闸—峪河节制闸	0.02	北易水节制闸—坟庄河节制闸	0.017
峪河节制闸—黄水河节制闸	0.014	坟庄河节制闸—北拒马河节制闸	0.016
黄水河节制闸—孟坟河节制闸	0.028		

3. 渠道纵向离散系数取值

水质参数的确定往往是一个试算和反复模拟的过程，通常根据已有的河流水质信息以及污染物在水流中的变化规律，选择一组合理的初始值。随后，根据水质模拟值与实际值的对比结果，有针对性地进行参数调整，直到模拟精度达到标准。

对于河道纵向离散系数，可采用相关经验公式进行估算。刘亨立（H. Liu）1980年提出的公式为：

$$E_d = \gamma \frac{u_* A^2}{H^3} \quad (11-8)$$

式中：γ 为经验系数一般取 0.5～0.6；u_* 为摩阻流速，$u_* = \sqrt{gHJ}$；J 为水利坡度；A 为过水断面面积；H 为平均水深。

11.1.4.2 一维水动力模型验证

以京石段为例进行水动力仿真模拟,模拟时长为2018年4月1日0时至5月1日0时共720h。相关参数见前述率定部分,限于篇幅,这里只列出节制闸水位模拟结果,误差结果见表11-3。模拟结果和实测结果误差在2%以内,同时流量误差小于5%,说明构建的一维水动力模型是可行的,具有较高的模拟精度。

表11-3　水动力模拟误差分析

节制闸编号	闸前水位 平均绝对误差/m	相对误差/%	闸后水位 平均绝对误差/m	相对误差/%	过闸流量 平均绝对误差/(m³/s)	相对误差/%
49号	0.034	0.49	0.039	0.59	1.89	1.79
50号	0.071	1.03	0.076	1.20	1.39	1.30
51号	0.088	1.26	0.057	0.88	3.27	3.18
52号	0.049	0.75	0.022	0.35	3.84	3.63
53号	0.025	0.39	0.018	0.28	4.99	4.76
54号	0.035	0.88	0.044	1.24	4.04	3.80
55号	0.042	0.62	0.054	0.87	3.92	3.81
56号	0.065	1.27	0.078	1.63	3.71	3.66
57号	0.097	2.27	0.063	1.68	2.13	3.49
58号	0.064	1.00	0.057	0.90	2.86	4.95
59号	0.089	1.31	0.068	1.03	1.94	3.87
60号	0.072	1.17	0.051	0.87	1.63	3.20
平均值	0.061	1.03	0.052	0.96	2.98	3.45

11.1.4.3 一维水质模型验证

本节选择中线总干渠陶岔渠首至十二里河涵洞式渡槽的渠道,通过计算各个时刻的渠道中污染物总量来验证模型算法的正确性。算例中,渠道长L = 97584m,底坡约为i = 0.000018,渠道糙率为0.015。本次模拟的是恒定非均匀流条件下污染物输移扩散情况,流量Q = 200m³/s,陶岔渠首闸污染物的浓度C = 100g/m³,下游的水深为恒定水深h = 4.8m。

为了说明本研究所提算法的合理性,将该算法模拟仿真结果中的污染物总量进行计算,并与边界处流入的污染物理论总量进行了比较。计算步长取60s,总仿真时间为5h。不同时间下的时刻渠道污染物总量误差如图11-4所示。

从图11-4中可见,污染物的总量误差在3%以内,说明本书模型中的污染物计算具有较高的精度要求,表明本研究所提水质模型是合理可行的。一维水质模型的应用将在后续章节进行介绍。

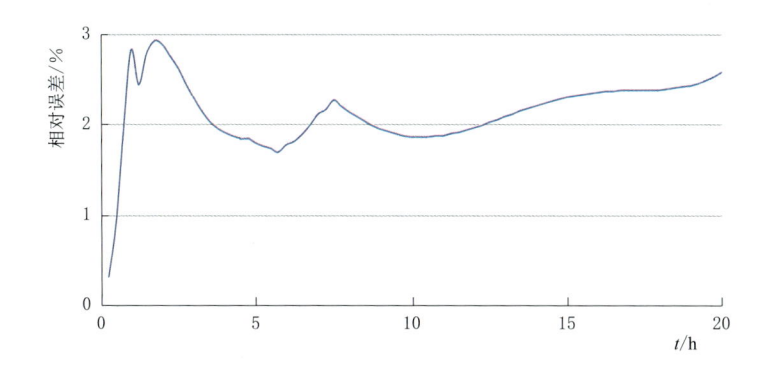

图11-4　不同时刻渠道污染物总量误差

11.2　局部二维水动力水质模型

11.2.1　局部二维模型构建

11.2.1.1　二维水动力模型

中线工程的水平尺度远大于垂向尺度，流速等水力参数沿垂直方向的变化较之沿水平方向的变化要小得多，因此，可以不考虑水力参数沿垂向的变化，并假定沿水深方向的动水压强分布符合静水压强分布。将三维流动的基本方程式和紊流时均方程式沿水深积分平均，即可得到沿水深平均的平面二维流动的基本方程。

在垂向积分过程中，采用以下定义和公式：

（1）定义水深为：

$$H = \zeta - Z_0 \tag{11-9}$$

式中：H为水深；ζ、Z_0分别为某一基准面下的液面水位和河床高程。

（2）定义沿水深平均流速U_i和时均流速$\overline{u_i}$的关系为：

$$U_i = \frac{1}{H}\int_{z_0}^{\zeta}\overline{u_i}\,\mathrm{d}z \tag{11-10}$$

（3）引用莱布尼兹公式为：

$$\frac{\partial}{\partial x_i}\int_a^b f\,\mathrm{d}z = \int_a^b \frac{\partial f}{\partial x_i}\,\mathrm{d}z + f\Big|_b \frac{\partial b}{\partial x_i} - f\Big|_a \frac{\partial a}{\partial x_i} \tag{11-11}$$

（4）自由表面及底部运动学条件为：

$$\overline{u_z}\Big|_{z=\zeta} = \frac{D\overline{\zeta}}{Dt} = \frac{\partial \overline{\zeta}}{\partial t} + \frac{\partial \overline{\zeta}}{\partial x}\overline{u_x}\Big|_{z=\zeta} + \frac{\partial \overline{\zeta}}{\partial y}\overline{u_y}\Big|_{z=\zeta} \tag{11-12}$$

$$\overline{u_z}\Big|_{z=z_0} = \frac{D\overline{Z_0}}{Dt} = \frac{\partial \overline{Z_0}}{\partial t} + \frac{\partial \overline{Z_0}}{\partial x}\overline{u_x}\Big|_{z=z_0} + \frac{\partial \overline{Z_0}}{\partial y}\overline{u_y}\Big|_{z=z_0} \tag{11-13}$$

1. 沿水深平均的连续性方程

用上述定义和公式对连续性方程式（即三维流动的基本方程）沿水深平均得：

$$\int_{z_0}^{\zeta}\left(\frac{\partial \overline{u_x}}{\partial x}+\frac{\partial \overline{u_y}}{\partial y}+\frac{\partial \overline{u_z}}{\partial z}\right)dz = \frac{\partial}{\partial x}\int_{z_0}^{\zeta}\overline{u_x}dz - \frac{\partial \overline{\zeta}}{\partial x}\overline{u_x}\Big|_{z=\zeta} + \frac{\partial \overline{z_0}}{\partial x}\overline{u_x}\Big|_{z=z_0}$$

$$+\frac{\partial}{\partial y}\int_{z_0}^{\zeta}\overline{u_y}dz - \frac{\partial \overline{\zeta}}{\partial y}\overline{u_y}\Big|_{z=\zeta} + \frac{\partial \overline{z_0}}{\partial x}\overline{u_y}\Big|_{z=z_0} + \overline{u_z}\Big|_{z=\zeta} - \overline{u_z}\Big|_{z=z_0}$$

$$= \frac{\partial H\overline{u_x}}{\partial x}+\frac{\partial H\overline{u_y}}{\partial y}+\frac{\partial \overline{\zeta}}{\partial t}-\frac{\partial \overline{z_0}}{\partial t} \tag{11-14}$$

其中：$\overline{u_z}\Big|_{z=\zeta} - \overline{u_z}\Big|_{z=z_0} = \frac{\partial \overline{\zeta}}{\partial t}+\frac{\partial \overline{\zeta}}{\partial x}\overline{u_x}\Big|_{z=\zeta}+\frac{\partial \overline{\zeta}}{\partial y}\overline{u_y}\Big|_{z=\zeta} - \frac{\partial \overline{z_0}}{\partial t} - \frac{\partial \overline{z_0}}{\partial x}\overline{u_x}\Big|_{z=z_0} - \frac{\partial \overline{z_0}}{\partial y}\overline{u_y}\Big|_{z=z_0}$

最后得：

$$\frac{\partial H}{\partial t}+\frac{\partial H\overline{u_x}}{\partial x}+\frac{\partial H\overline{u_y}}{\partial y} = q \tag{11-15}$$

即

$$\frac{\partial H}{\partial t}+\frac{\partial H\overline{u_j}}{\partial x_j} = q(j=1,2) \tag{11-16}$$

式中：q 为单位面积上进出水体的流量，流入为正，流出为负。

2. 沿水深平均的运动方程

在 x 方向上，紊流时均运动方程沿水深平均为

$$\int_{z_0}^{\zeta}\left[\frac{\partial \overline{u_x}}{\partial t}+\frac{\partial}{\partial x}(\overline{u_x u_x})+\frac{\partial}{\partial x}(\overline{u_x u_y})+\frac{\partial}{\partial x}(\overline{u_x u_z})+\frac{1}{\rho_m}\frac{\partial \overline{p}}{\partial x}-\varepsilon\left(\frac{\partial^2 \overline{u_x}}{\partial x^2}+\frac{\partial^2 \overline{u_x}}{\partial y^2}+\frac{\partial^2 \overline{u_x}}{\partial z^2}\right)\right]dz = 0 \tag{11-17}$$

（1）非恒定积分。

$$\int_{z_0}^{\zeta}\frac{\partial \overline{u_x}}{\partial t}dz = \frac{\partial}{\partial t}\int_{z_0}^{\zeta}\overline{u_x}\,dz - \frac{\partial \overline{\zeta}}{\partial t}\overline{u_x}\Big|_{z=\zeta} + \frac{\partial \overline{z_0}}{\partial t}\overline{u_x}\Big|_{z=z_0} = \frac{\partial H\overline{u_x}}{\partial t}-\frac{\partial \overline{\zeta}}{\partial t}\overline{u_x}\Big|_{z=\zeta}+\frac{\partial \overline{z_0}}{\partial t}\overline{u_x}\Big|_{z=z_0} \tag{11-18}$$

（2）对流项积分。

首先将时均流速分解为 $\overline{u_i} = u_i + \Delta\overline{u_i}$，式中 U_i 为垂线平均流速，$\Delta\overline{u_i}$ 为时均流速 $\overline{u_i}$ 与垂线平均流速 u_i 的差值。沿 x、y 方向的分量分别为

$$\overline{u_x} = u_x + \Delta\overline{u_x}; \quad \overline{u_y} = u_y + \Delta\overline{u_y} \tag{11-19}$$

$$\int_{z_0}^{\zeta}\frac{\partial}{\partial x}(\overline{u_x u_x})\,dz = \frac{\partial}{\partial x}\int_{z_0}^{\zeta}\overline{u_x u_x}dz - \frac{\partial \overline{\zeta}}{\partial x}\overline{u_x u_x}\Big|_{z=\zeta}+\frac{\partial \overline{z_0}}{\partial x}\overline{u_x u_x}\Big|_{z=z_0} \tag{11-20}$$

$$\int_{z_0}^{\zeta}\overline{u_x u_x}dz = \int_{z_0}^{\zeta}(u_x+\Delta\overline{u_x})(u_x+\Delta\overline{u_x})\,dz = \int_{z_0}^{\zeta}(u_x u_x + \Delta\overline{u_x}\Delta\overline{u_x}+2u_x\Delta\overline{u_x})\,dz$$

$$= Hu_x u_x + \int_{z_0}^{\zeta}\Delta\overline{u_x}\Delta\overline{u_x}dz = \beta_{xx}Hu_x u_x \tag{11-21}$$

式（11-21）$\beta_{xx} = 1 + \dfrac{\int_{z_0}^{\zeta}\Delta\overline{u_x}\Delta\overline{u_x}dz}{Hu_x u_x}$，是由于流速沿垂线分布不均匀而引入的修正系数，类似于力学中的动量修正系数，β_{xx} 的数值一般取 $1.02\sim1.05$，可以近似取为 1.0。因此，类似地可以得到：

$$\int_{z_0}^{\zeta}\frac{\partial}{\partial x}(\overline{u_x u_x})dz = \frac{\partial Hu_x u_x}{\partial x} - \frac{\partial \overline{\zeta}}{\partial x}\overline{u_x u_x}\Big|_{z=\zeta}+\frac{\partial \overline{z_0}}{\partial x}\overline{u_x u_x}\Big|_{z=z_0} \tag{11-22}$$

$$\int_{z_0}^{\zeta} \frac{\partial}{\partial y}(\overline{u_x u_y}) \, dz = \frac{\partial H u_x u_y}{\partial y} - \frac{\partial \overline{\zeta}}{\partial y} \overline{u_x u_y}\Big|_{z=\zeta} + \frac{\partial \overline{z_0}}{\partial y} \overline{u_x u_y}\Big|_{z=z_0} \quad (11\text{-}23)$$

$$\int_{z_0}^{\zeta} \frac{\partial}{\partial z}(\overline{u_x u_z}) \, dz = \overline{u_x u_z}\Big|_{z=\zeta} - \overline{u_x u_z}\Big|_{z=z_0} \quad (11\text{-}24)$$

将式（11-21）、式（11-22）、式（11-23）、式（11-24）相加，并利用底部及自由表面运动学条件，可得：

$$\int_{z_0}^{\zeta}\left[\frac{\partial \overline{u_x}}{\partial t} + \frac{\partial}{\partial x}(\overline{u_x u_x}) + \frac{\partial}{\partial x}(\overline{u_x u_y}) + \frac{\partial}{\partial x}(\overline{u_x u_z})\right] dz = \frac{\partial H u_x}{\partial t} + \frac{\partial H u_x u_x}{\partial x} + \frac{\partial H u_x u_y}{\partial y} \quad (11\text{-}25)$$

（3）压力项积分：

$$\int_{z_0}^{\zeta} \frac{\partial \overline{p}}{\partial x} dz = \frac{\partial}{\partial x}\int_{z_0}^{\zeta} \overline{p} \, dz - \frac{\partial \overline{\zeta}}{\partial x}\overline{p}\Big|_{z=\zeta} + \frac{\partial \overline{z_0}}{\partial x}\overline{p}\Big|_{z=z_0}$$

$$= \frac{\partial}{\partial x}\int_{z_0}^{\zeta} \rho_m g(\overline{\zeta} - z) dz - \frac{\partial \overline{\zeta}}{\partial x}\rho_m g(\overline{\zeta} - z)\Big|_{z=\zeta} + \frac{\partial \overline{z_0}}{\partial x}\rho_m g(\overline{\zeta} - z)\Big|_{z=z_0}$$

$$= \rho_m g H \frac{\partial h}{\partial x} + \rho_m g H \frac{\partial \overline{z_0}}{\partial x} = \rho_m g H \frac{\partial \overline{\zeta}}{\partial x} \quad (11\text{-}26)$$

（4）阻力项积分：

式（11-26）中的阻力项为

$$\int_{z_0}^{\zeta}\left[\varepsilon\left(\frac{\partial^2 \overline{u_x}}{\partial x^2} + \frac{\partial^2 \overline{u_x}}{\partial y^2} + \frac{\partial^2 \overline{u_x}}{\partial z^2}\right)\right] dz \quad (11\text{-}27)$$

通常情况，浅水水体中的阻力项包括底部床面阻力和表面风阻力引起的阻力项。另外，水体的流动还受到地转科氏力的影响，根据我国处于北半球的特点，综合考虑阻力作用，可以采用下式表示：

$$\frac{\tau_{wx}}{\rho} - \frac{\tau_{bx}}{\rho} + f u_y \quad (11\text{-}28)$$

式中：τ_{wx} 为水面风应力 x 分量；τ_{bx} 为水底摩擦力 x 分量；ρ 为水体密度；f 为 Coriolis 系数，$f = 2\omega\sin\varphi$（式中，φ 为当地纬度，$\omega = 7.29\times10^{-5}\frac{rad}{s}$，即地球自转角速度）。

最后 x 方向的运动方程为：

$$\frac{\partial H u_x}{\partial t} + \frac{\partial H u_x u_x}{\partial x} + \frac{\partial H u_x u_y}{\partial y} = -gH\frac{\partial \overline{\zeta}}{\partial x} + \frac{\tau_{wx}}{\rho} - \frac{\tau_{bx}}{\rho} + f u_y \quad (11\text{-}29)$$

类似地，在 y 方向上的运动方程有：

$$\frac{\partial H u_y}{\partial t} + \frac{\partial H u_x u_y}{\partial x} + \frac{\partial H u_y u_y}{\partial y} = -gH\frac{\partial \overline{\zeta}}{\partial y} + \frac{\tau_{wy}}{\rho} - \frac{\tau_{by}}{\rho} - f u_x \quad (11\text{-}30)$$

式（11-29）和式（11-30）即为浅水水体平面二维数值模拟中常用的控制方程。式中，风应力分量：

$$\tau_{wx} = C_D V_a V_{ax}, \quad \tau_{wy} = C_D V_a V_{ay}, C_D = \gamma_a^2 \rho_a \quad (11\text{-}31)$$

切应力分量：

$$\tau_{bx} = C_b \rho u \sqrt{u^2 + v^2}, \tau_{by} = C_b \rho v \sqrt{u^2 + v^2}, C_b = \frac{1}{n} \times h^{\frac{1}{6}} \quad (11-32)$$

式中：γ_a 为风应力系数；ρ_a 为空气密度；V_a、V_{ax}、V_{ay} 为风速及其在 x,y 上的分量；C_b 为谢才系数。

根据推导过程中所引用的假定条件，在使用上述方程时应注意以下几个方面的问题：

（1）方程推导中引用了牛顿流体所满足的本构关系式，因此上述方程只适用于牛顿流体，对类似高含沙水流的非牛顿流体不适用。

（2）方程推导中对流体做了均质不可压缩的假设，因此上述方程只能在含沙量较小的情况下近似使用，当含沙量较大时，应考虑密度变化的影响。

（3）在垂向积分过程中，略去流速等水力参数沿垂直方向的变化，并假定沿水深方向的动水压强分布符合静水压强分布。因此，所研究问题的水平尺度应远大于垂向尺度，流速等水力参数沿垂直方向的变化较之沿水平方向的变化要小得多。

3. 平面二维浅水方程

由以上推导可知浅水方程组的连续方程和运动方程。忽略紊动项的影响，并用 u 表示 x 方向的流速 U_x，用 v 表示 y 方向的流速 U_y，将浅水方程组简化如下。

连续方程：

$$\frac{\partial H}{\partial t} + \frac{\partial (uH)}{\partial x} + \frac{\partial (vH)}{\partial y} = q \quad (11-33)$$

动量守恒方程：

X 方向上

$$\frac{\partial u}{\partial t} + u\frac{\partial u}{\partial x} + v\frac{\partial u}{\partial y} + g\frac{\partial z}{\partial x} - fv = \frac{\tau_{wx}}{\rho} - \frac{\tau_{bx}}{\rho} \quad (11-34)$$

Y 方向上

$$\frac{\partial v}{\partial t} + u\frac{\partial v}{\partial x} + v\frac{\partial v}{\partial y} + g\frac{\partial z}{\partial y} + fu = \frac{\tau_{wy}}{\rho} - \frac{\tau_{by}}{\rho} \quad (11-35)$$

初始条件

$$H(x,y,t)\big|_{t=0} = H_0(x,y) \quad (x,y) \in G \quad (11-36)$$

对于地表浅水流动方程，常需截取一部分水体形成的有界计算域，因而边界可以分为两类：一是陆边界（闭边界），是实际存在的；二是水边界（开边界），是人为规定的。为了求解浅水方程，对不同的流动，方程是统一的，决定了解的定性构造，而初始条件和边界条件是解的定量依据。

11.2.1.2 二维水质模型

在涉及浅水水体宽阔水域的水质问题分析时，可以近似认为水流浓度垂向分布均匀，只需要进行水流、水质变量在纵向与横向的水平方向上的分析模拟计算。由于污染物在地表水体中迁移、扩散和离散作用，因此，在考虑单元体污染物的物质守恒情况时主要研究三个作用的影响。同时，还需要研究单元体内物理、化学、生物作用的影响。

任意 dt 时段内，各种因素作用所引起的微分单元体内某种污染物的质量增量包括在水平面 (x, y) 方向上的各种因素引起的变化量。这些因素包括移流运动、分子扩散运动、紊动扩散作用、水流离散作用和其他作用引起的质量增量。根据质量守恒原理，各项作用引起单元体积内污染物的增（减）量相加，必然等于该单元体内污染物在 dt 时段内的变化量，因此，可以建立均衡单元体的水质迁移转化的微分方程。由于在浅水流动中，离散作用（离散系数）比分子扩散作用（分子扩散系数）、紊动扩散作用（紊动扩散系数）大得多，后者与前者相比，常常可以忽略。因此，平面二维水质方程的数学模型：

$$\frac{\partial(CH)}{\partial t}+\frac{\partial(uCH)}{\partial x}+\frac{\partial(vCH)}{\partial y}-\frac{\partial}{\partial x}\left(E_x\frac{\partial CH}{\partial x}\right)-\frac{\partial}{\partial y}\left(E_y\frac{\partial CH}{\partial y}\right)+H\sum S_i+F(C)=0$$
$$(x,y)\in G, t>0 \tag{11-37}$$

初始条件

$$C(x,y,t)|_{t=0}=C_0(x,y)\quad (x,y)\in G \tag{11-38}$$

边界条件

$$C(x,y,t)|_{\Gamma_1}=C_1(x,y,t)\quad (x,y)\in \Gamma_1, t>0 \tag{11-39}$$

$$\left[E_x\frac{\partial c}{\partial x}\cos(n,x)+E_y\frac{\partial c}{\partial y}\cos(n,y)\right]\bigg|_{\Gamma_2}=f(x,y,t)\quad (x,y)\in \Gamma_2, t>0 \tag{11-40}$$

$$\left[\left(uC-E_x\frac{\partial c}{\partial x}\right)\cos(n,x)+\left(vC-E_y\frac{\partial c}{\partial y}\right)\cos(n,y)\right]\bigg|_{\Gamma_3}=g(x,y,t)\quad (x,y)\in \Gamma_3, t>0 \tag{11-41}$$

式中：$\Gamma_1\cup\Gamma_2\cup\Gamma_3=\Gamma$，$\Gamma$ 为求解区域 G 的边界，Γ_1、Γ_2 与 Γ_3 不能同时为 0；C 为求解污染物的浓度，（g/m³，即 mg/L）；H 为水深，m；t 为时间，h；u,v 分别为 x,y 方向上的速度分量，m/s；E_x, E_y 分别为 x,y 方向上的离散系数，m/s²；S_i 为源汇项，$\frac{\text{g}}{\text{m}^2\text{s}}$；$F(C)$ 为反应项。

11.2.2 并行计算加速技术

本书采用线程并行、核并行与机器并行相结合，共享内存并行与不共享内存并行混合处理的方式，对模型体系进行并行化处理，其中，线程级的模型内部计算并行采用 OPENMP 模式、核级别和机器级别的模型分布式并行采用消息传递模式（MPI）。

11.2.2.1 网格构建

基于 σ 坐标系构建水源地水动力水质模型的网格体系。大范围海量网格的绘制，需要采用并行技术，将区域分块后，再通过一定的技术进行汇总。

为提高模拟的效率，需要最大可能的减少网格中的虚置网格量。通过构建高维网格一维化的方式，将程序循环过程中的I = 1 ～ IM，J = 1 ～ JM的方式改为IJ = 1，IJM的方式，有效地实现对虚置网格的削减。在对网格进行整体编号后，按照I、J方向，依据网格所在河道的层次级，依次进行扫描。

经过网格一维化后，研究区域都可以通过网格分别绘制，然后一维化统一编码，再分割为不同的区块进行并行计算。

11.2.2.2 区域分块与交换

1. 区域分块

对于没有进行二维网格一维化的网格体系，如图11-5所示中，深灰色区域为水域范围，浅灰色区域为陆地范围，水域范围参与计算，其MFS_O=1，而陆地范围不参与计算，其MFS_O=0。G1为水体主流流向，Z1、Z2分别为主流的支流流向。设定当前参与计算的网格数为IJM，其水平方向上的网格总数满足IM×JM，其中IM为横轴方向上的网格数，JM为纵轴方向上的网格数。从图11-5中可以看出，该网格是按照规则网格的绘制方法绘制的，图中深灰色区域为实际水域网格（湿网格），浅灰色区域为模型计算中不参与计算的网格（干网格），A区域的网格总数为IM×JM。从图中可以看出不参与计算的浅灰色区域占了大量的区域，这极大地降低了模型的计算速度。而要提高模拟的计算速度，需要有效地屏蔽灰色区域，将其从网格体系中剔除。

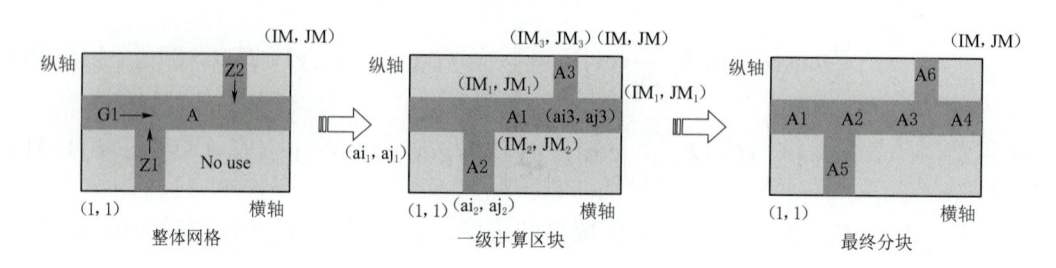

图 11-5 网格分块过程示意图

在网格识别绘制的基础上，根据主流和支流的水系关系，对其网格的空间地理关系进行判断，将流域按水系划分为一级计算区块，将属于G1网格编号为A1，支流Z1与Z2分别编号为A2和A3，其中（ai_1, aj_1）、（ai_2, aj_2）、（ai_3, aj_3）、（IM_1, JM_1）、（IM_2, JM_2）、（IM_3, JM_3）分别为A1、A2、A3块网格的最大、最小网格号在整体网格中的网格编号。设定A1、A2、A3的网格数分别为IJM_1、IJM_2、IJM_3，则满足：

$$IJM_1 = (IM_1 - ai_1 + 1)(JM_1 - aj_1 + 1) \quad (11-42)$$

$$IJM_2 = (IM_2 - ai_2 + 1)(JM_2 - aj_2 + 1) \quad (11-43)$$

$$IJM_3 = (IM_3 - ai_3 + 1)(JM_3 - aj_3 + 1) \quad (11-44)$$

分布式计算的并行计算速度由负载最大即所要计算网格数最多的节点决定，因此在进行进一步的区域分块前，要根据每个一级分块的水流流向、河道宽度和横纵轴的网格数，确定要将网格分割成最终的最适宜的区块的大小。定义沿水流方向的轴为分割轴，

以 IJM_1、IJM_2、IJM_3 的公约数为参考确定分割的区块的网格总数和最终的网格分块数。

2. 区块重叠区设置

重叠区是分布式计算中为减小模型误差进行区块间进行数据交换的必备区域。通过不同分块间的传值进行边界值的校正与替换，能很好地保证模型模拟中的动量与能量符合实际情况。如图 11-6 所示，设重叠区范围为 O，则当水流方向为横轴方向时，在横轴上，重叠区的网格数为 4，即横轴上 A1 的最大 I 编号与 A2 的最小 I 编号相差为 4；当水流方向为纵轴方向时，在纵轴上，重叠区的网格数为 4，即纵轴方向上 A1 的最大 J 编号与 A2 的最小 J 编号相差为 4。

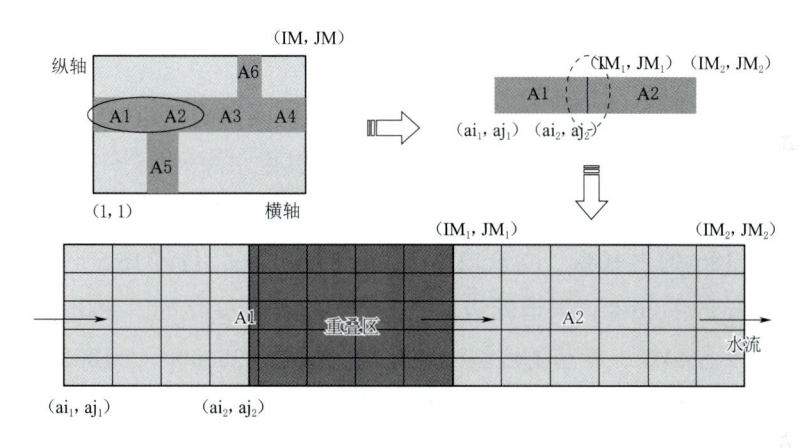

图 11-6　重叠区设置过程示意图

对于已经进行了一维化的网格，则只需要对网格体系中的网格按照从 1 到 IJM 的顺序进行区域分块划分，划分成基本相等的网格块后，再重新进行编号。

3. 块间数据交换方案

数据交换的区域发生在相邻分块的重叠区，一般的，水动力水质模型的分块的交换方式如图 11-7 所示。

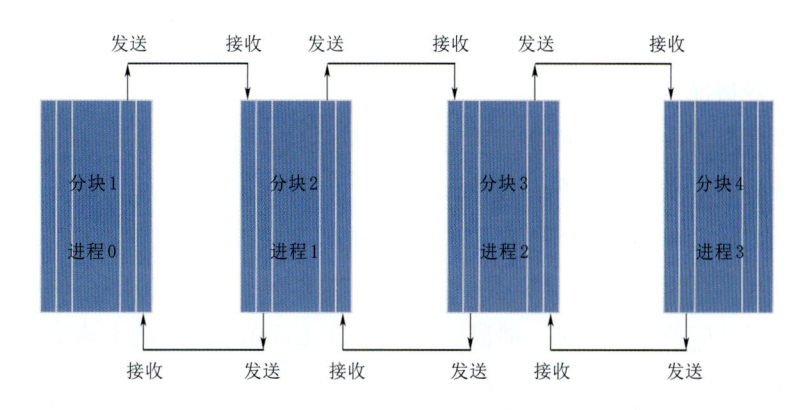

图 11-7　块间数据交换示意图

（1）数据交换原则：靠近A1下边界即I = I_AM(1，2)-1 与 I = I_AM(1，2)的数据换成A2中I=I_AM(2，1)+2与I = I_AM(2，1)+3的数据；靠近A2上边界的数据即I = I_AM(2，1)与I = I_AM(2，1)+1的数据换成A1中I = I_AM(1，2)-3 与 I = I_AM(1，2)-2的数据。

（2）数据交换方法：在模型实现数据交换的过程中，先将A1与A2要发送给对方的数据通过信息发送函数MPI_Send发送到对方地址，通过MPI_Barrier函数设定所有节点等待，直到数据发送完成，然后A2与A1分别启用接收函数MPI_Recv，接收从对方发送过来的函数，数据接收完成后在进行下一步长的迭代计算。

11.2.3 模型应用

11.2.3.1 典型段选取

中线总干渠主要为全断面混凝土衬砌的梯形断面明渠，糙率为0.015，渠道设计水深和流量由南向北递减，设计水深范围是3.8～8.0m，其中水深为6.5～6.5m的大约占1/2；渠首设计流量为350m³/s，终点处设计流量为60m³/s；渠道底宽28.5m递减为7m，其中渠道底宽位于7～12m的占10%，位于12.5～17m的占17%，位于16.5～22m的占47%，位于22.5～28.5m的占26%；渠道的边坡系数也是在不断变化的，变化范围是0～3.5，其中边坡系数为2占44%；渠道的底坡变化范围大概是1/30000～1/10000，平均底坡为1/12500，其中黄河以南的渠道底坡为1/25000，黄河以北为1/30000～1/15000。中线干渠前60个渠池中，各渠池的平均长度为20km，其中长度为10～20km的渠池有21个，长度为20～30km的渠池有32个；退水闸为中线干渠应急调度的重要控制建筑物，而设置退水闸的渠池有46个，未设置退水闸的渠池有14个；穿黄工程是整个南水北调中线工程的标志性、控制性工程，其任务是将中线调水从黄河南岸输送到黄河北岸，之后向黄河以北地区供水；同时，南水北调中线工程的水源已经成为北京的主要水源，因此京石段工程受到广泛关注；综合考虑这几方面因素，分别从穿黄以南、穿黄以北以及京石段上选取三个典型段作为研究对象。由于考虑实际调控中，主要同时调节三个渠池，因此每种典型段是由三段渠池组成。

11.2.3.2 典型段概况

中线二维水污染应急调度模型的主要工作是利用数值模拟方法来分析中线渠道中发生突发水污染后的水质变化情况，以便及时响应，采取有效的措施，对突发水污染进行进准控制。根据上文选取的三个典型段，本书现先以黄河以南的刁河渡槽进口节制闸（桩号：14+620）至淇河倒虹吸出口节制闸（桩号：74+640），共计60.02km的渠道为例，建立中线二维水污染应急调控模型，研究区域如图11-8所示。其余两个典型段在以后的研究工作中会继续开展。

中线渠道采用梯形断面形式，渠道较为规则，根据渠道设计资料，对渠道地形进行插值，可得到研究区渠道的高程资料，如图11-9所示。

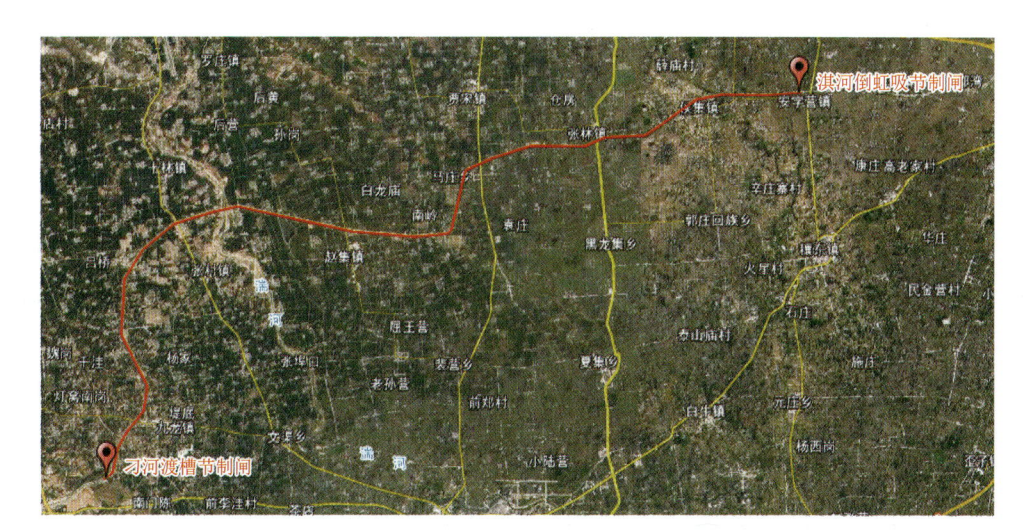

图 11-8　研究区范围

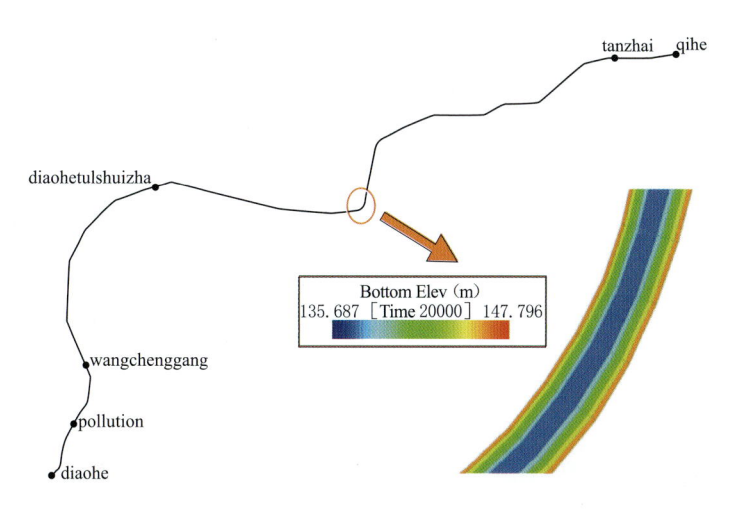

图 11-9　研究区地形（蓝色到红色依次表示底高程由小到大）

11.2.3.3　网格剖分和边界条件

1. 网格剖分

EFDC模型可以识别矩形网格和曲线正交网格。对于曲线正交网格来讲，其可以适用于复杂流场的数值计算问题，解决较复杂的湍流模型方程，但是其同时也存在不少缺陷：① 在网格的生成及迭代过程中不易收敛；② 不能保证生成的网格在边界处正交；③ 对计算步长的要求过高，不能采用较大的时间步长来计算，使得模拟时间较为漫长，不利于快速地掌握研究区的水体变化情况。

因此本次模拟所采用的是矩形网格来进行网格划分，在确定完网格形状后需要确定网格大小：网格分辨率大可以保证模拟的精确性，但是会受到运算时间、存储空间和计算稳定性的限制；网格分辨率较小，则不能保证空间分异效果。考虑以上因素，本次模拟采用正交贴体曲线网格进行剖分。由于该段河流水深较小，水流速度和水质参数在垂向差异较小，故在垂向 σ 坐标系下垂向分为1层，计算区域水环境模型网格有效单元有14880个。

2. 初始条件和边界条件

模拟河流水动力和污染物扩散的边界条件有水动力边界条件和水质指标边界条件两种。本研究区域的边界包括：上游入口和下游出口、望城岗分水口、湍河退水口、谭寨分水口和一个水质入口。

在模拟计算中上游给定流量条件，采用刁河节制闸出口流量，下游边界给定水位条件，采用淇河倒虹吸节制闸出口水位，各分水口、退水口均采用实测流量序列。

全场初始流速为零，水位根据计算初始时刻的下游出口水位给定，本模型中初始水位140m，初始条件下渠道中不含污染物质。

污染发生位置：桩号18+263，进入渠道的污染物浓度如图11-10所示。

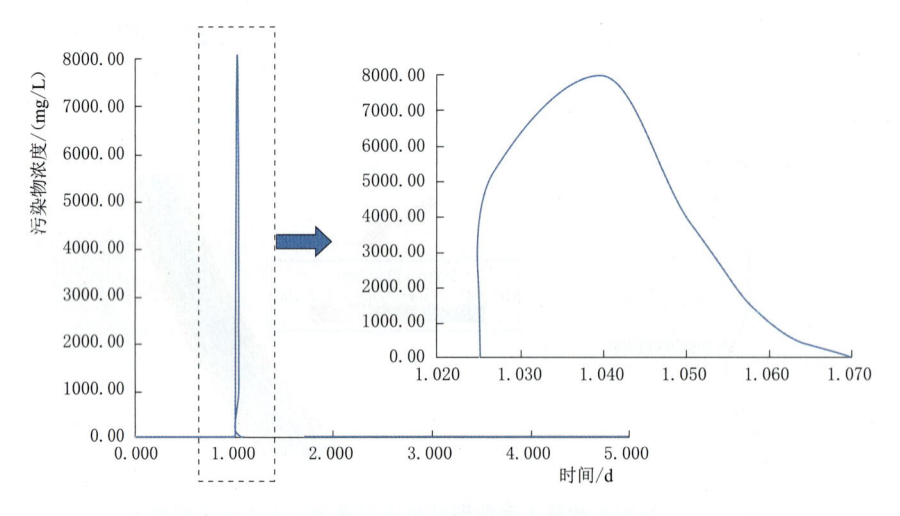

图11-10 污染物排放浓度

11.2.3.4 水质模型模拟结果分析

本次模拟周期为2018.3.21 0:00—2018.3.24 0:00共3d的时间。选取桩号44+500作为观测位置，分析污染发生后，污染物在渠道中输移、扩散情况。

1. 不同时刻观测位置的污染物浓度

在污染发生后，在水流的作用下，污染物不断由发生位置向下游输移，在此过程中，由于渠道中横向流的作用，污染物不断扩散，形成污染带。污染物在渠道中的扩散过程如图11-11所示。

从图中可以看出，污染发生后，污染物前缘传到下游桩号：44+500断面时在10:30，从污染发生时间传播到观测断面，大约需要8.5h，当污染物浓度峰值传播到该断面是在11:00，污染物前缘达到该断面与污染物浓度峰值达到，持续约30min，但该断面污染物浓度降到足够低时，则需要较长的时间，在 22:00，该断面水体中依然含有少量污染物。

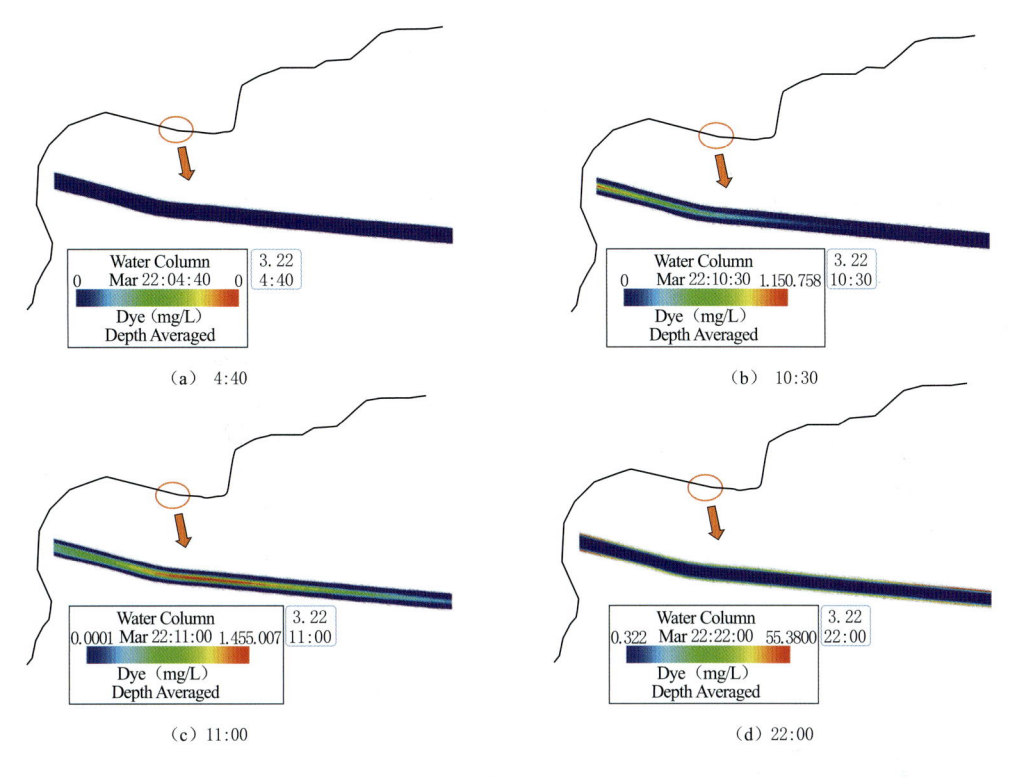

(a) 4:40

(b) 10:30

(c) 11:00

(d) 22:00

图 11-11　污染物在渠道中的扩散过程图

2. 同一时刻不同位置污染物浓度

污染物入渠后在水流的作用下，在整个模拟范围内的渠道中扩散、降解，同一刻下，污染物浓度如图 11-12 所示，从图中可以看出，污染发生后，随着时间的推移，污染物逐渐向下游扩散，污染物峰值浓度逐渐下降，且越往下游，浓度越低，污染物浓度带长度在部分渠段也有所变化，这与该渠段的流速有一定关系。

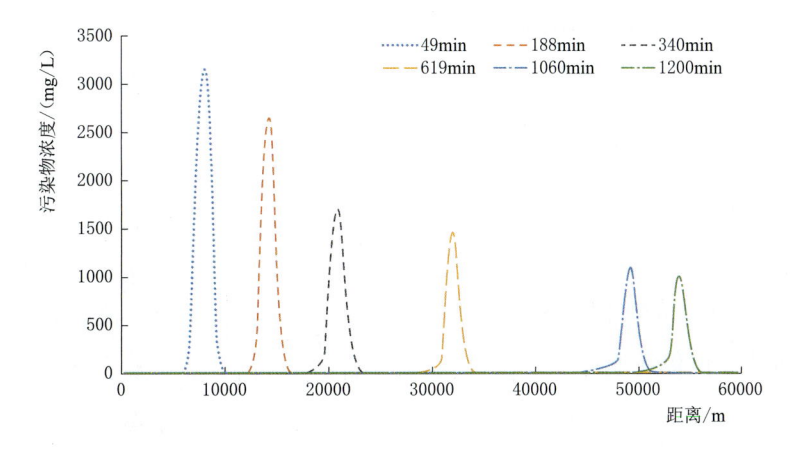

图 11-12　同一时刻不同位置污染物浓度

3. 不同时刻同一位置污染物浓度

选取污染发生位置下游三个不同断面，分别是：湍河渡槽节制闸闸前（桩号36+444）、严陵河节制闸闸前（桩号48+781）、淇河倒虹吸节制闸闸前（桩号74+640）。分析污染物前缘到达该断面的时间，污染物到达该断面的峰值浓度及污染物在该断面的持续时间，如图11-13所示。

从图中可以看出，由于湍河渡槽节制闸距离污染发生位置较近，因此污染物浓度峰值到达湍河渡槽节制闸闸前时较大，因为严陵河节制闸与湍河渡槽节制闸仅距离9.337km，污染物降解速度较慢，因此污染物到达严陵河渡槽节制闸闸前时峰值浓度依然较大，且从湍河渡槽节制闸扩散到严陵河渡槽节制闸所用时间较短。淇河倒虹吸节制闸距离污染发生位置较远，随着时间的推移，污染物不断进行讲解、扩散，因此当污染物达到淇河倒虹吸节制闸时，污染物浓度峰值与之前相比已大大降低。

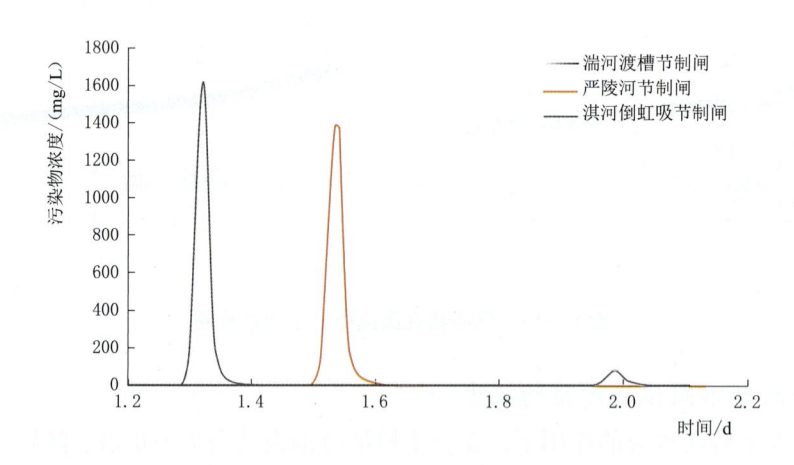

图11-13　断面不同时刻污染物浓度

4. 渠道横断面中污染物浓度

为分析污染物在渠道中的横向扩散，即污染物在渠道中的横向宽度，分别选取湍河节制闸闸前断面、淇河节制闸闸前断面作为研究目标，断面中的污染物浓度如图11-14、图11-15所示，数字1～13或数字1～11分别代表距离渠道左岸的近远，其中1表示离左岸最近，13表示离左岸最远。

从图11-14、图11-15可以看出，污染物浓度变化趋势基本一致，均呈现出渠道中间位置的污染物浓度最先达到峰值，而两侧的浓度峰值滞后于中间，因此，在同一时刻下，渠道中间的污染物浓度与两侧浓度基本呈对称分布，中间浓度明显大于两侧，越靠近岸边，污染物浓度峰值也越小。分析其原因，可能是因为在渠道中，流速分布也成对称分布，中间流速大于两侧流速。

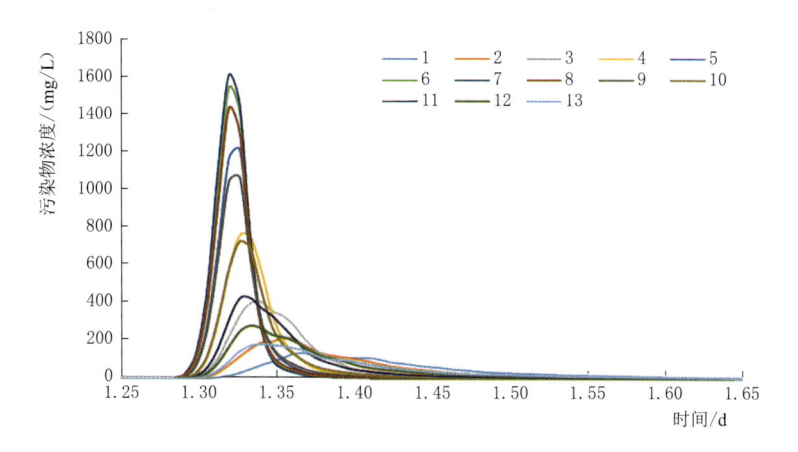

图 11-14　湍河节制闸闸前断面污染物浓度

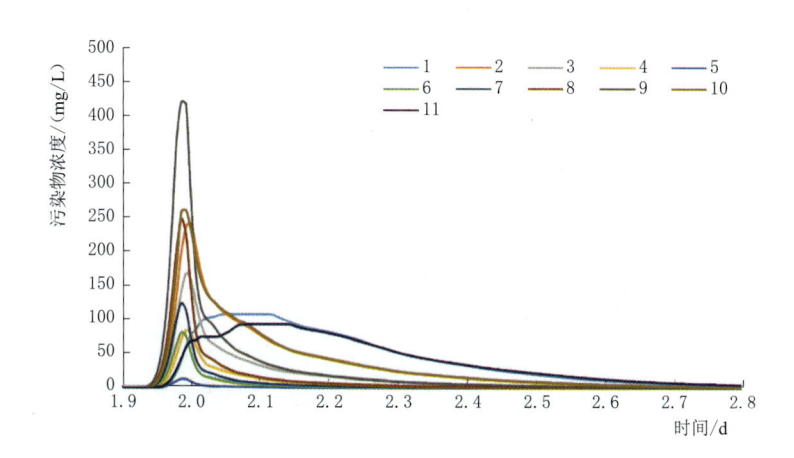

图 11-15　淇河倒虹吸节制闸闸前断面污染物浓度

11.2.4　应急退水淹没演进模型

11.2.4.1　模型概述

应急退水淹没演进模型研究突发性水污染事件下，应急退水在渠道外的淹没演进规律和污染物扩散衰减规律，分析对渠外二次污染风险、淹没风险、冲刷风险等，并提出相应的应急工程处置措施。

为匹配现状地形，提高模型精度，通过综合采用 BIM、GIS、无人机、实景建模技术搭建高逼真三维场景，并在此基础上构建高精度二维水动力学、水质耦合模型，在解决了三维场景搭建、模型结果轻量化、结果二三维动态展示等多方面技术难题后，实现了基于高精度三维实景的应急退水淹没演进模拟与风险分析。

在南水北调中线总干渠沿线 54 座退水闸中，根据管理需要结合退水闸的现状，选取其中的 26 座构建应急退水淹没演进模型。

11.2.4.2 模型基础资料收集与生产

从相关部门收集与本项目26座退水闸退水过程模拟计算有关的各类型资料,包括基础地理资料、工程设计资料、工程调度资料和地质资料等。

为使得模型更加匹配现状地形,提高模型精度,特采用无人机低空航测+实景建模技术,对26座退水闸进行了高精度地形航测,并生产了三维实景模型、0.05m高分辨率的DEM和正射影像,航测面积总计279.8km^2。

航测过程中,通过在地面每平方公里布置两个控制点进行位置和高程配准,并采用专业测量仪器精确测量控制点坐标和高程,使得生产的地形数据水平精度和垂直精度均超过1∶1000地形图标准。典型退水闸无人机低空航测生产的DEM、三维实景模型如图11-16、图11-17所示。

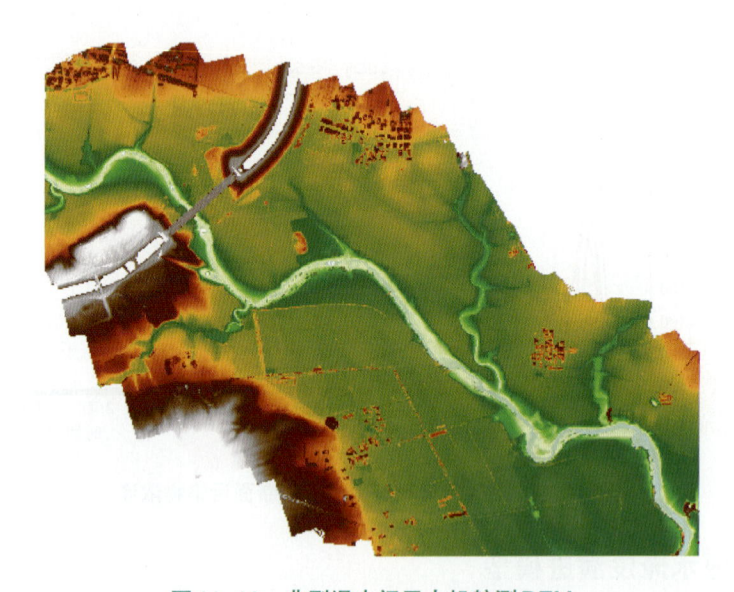

图11-16 典型退水闸无人机航测DEM

图11-17 典型退水闸无人机航测三维实景模型

11.2.4.3 模型构建与仿真结果

各退水闸淹没演进模型均采用FEMA颁布的准则中所推荐的MIKE系列水力学建模软件构建。模型主要建模流程为：分区划分、网格剖分、地形高程插值、定义边界条件、构筑物设置、计算参数设置、输出结果等几个步骤进行，详述如下：

1. 分区划分

为满足模型具备实时计算的要求，构建的应急退水二维淹没演进模型要兼顾计算精度与速度，要能根据不同的退水方式和退水量，快速模拟退水淹没演进过程，能快速提取成果，并进行统计分析。为满足以上要求，退水计算区域要进行分区划分，分为河道区域、淹没区域和其他区域，针对不同区域进行单网格的边长和面积的控制，达到网格大小与数量的兼顾。此外还要在计算区域内正射影像成果上，运用GIS工具绘制干渠、退水渠、河道、堤防、桥梁、道路（国道、高速、铁路）等建筑物的矢量化控制线导入模型中，以保证模型可以精确反应计算区域的地形地物，从而保证计算成果的精度。

典型应急退水淹没演进模型的分区划分及控制线如图11-18所示。

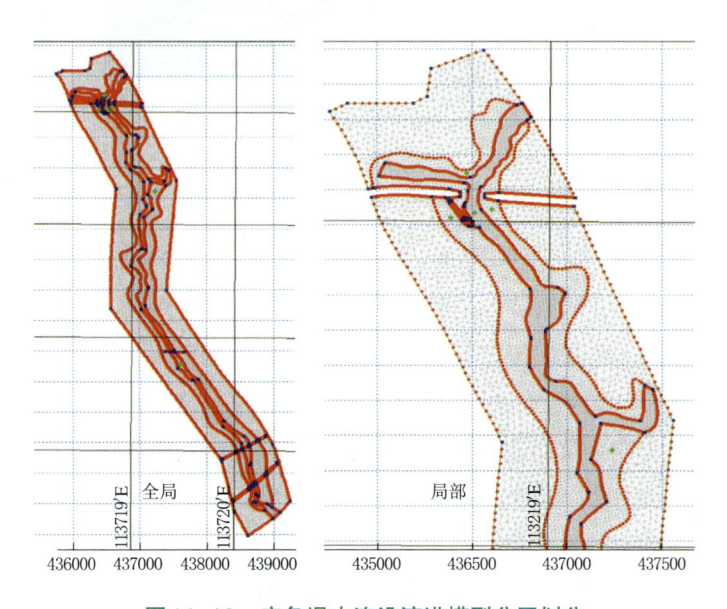

图11-18　应急退水淹没演进模型分区划分

2. 网格剖分

模型网格范围为退水渠道（河道）所能淹没的最大范围，通过多次试算，最终确定模型网格的范围区域。通过无人机航测生产地的DEM数据，具有极高的分辨率（0.05m）和精度，为精确反应地形实际情况，模型采用非结构性网络（三角形）对退水淹没范围进行剖分，根据计算区域的分区划分，河道区域的单一网格面积控制在15～50m²，最大边长控制在5～10m，淹没区域的单一网格面积控制在50～200m²，最大边长控制在10～20m，其他区域的单一网格面积控制在500～1500m²，最大边长控制在30～50m。

为了精确模拟退水渠内水流流态，单一网格面积不超过 $10m^2$，最大边长不超过5m。通过以上处理，将各渠道应急退水模型网格数量控制在5万个网格，以保证模型的计算速度。典型渠道应急退水地形网格云图如图11-19所示。

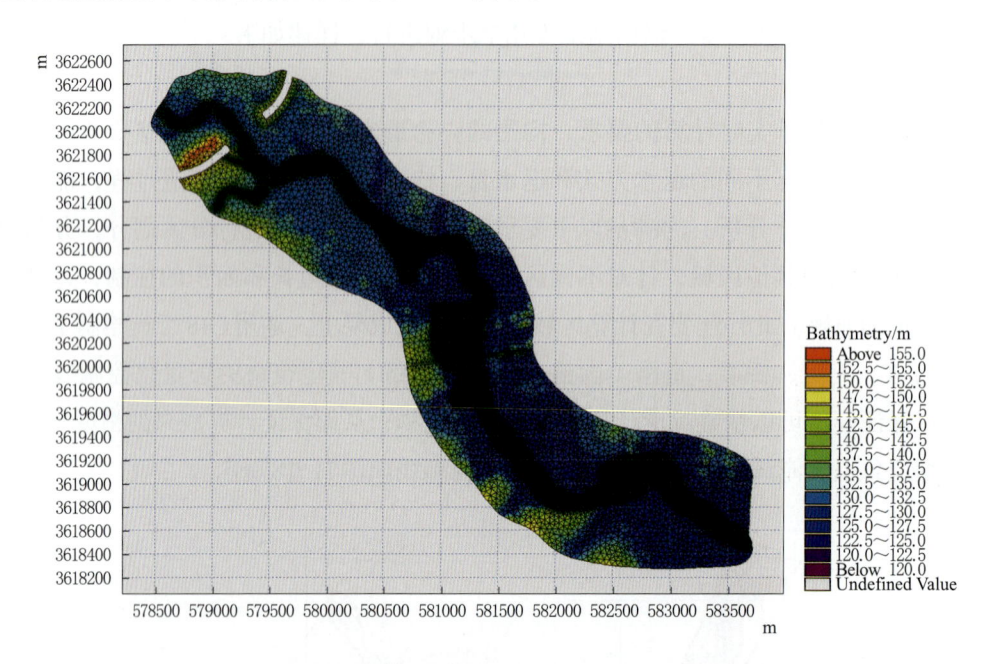

图11-19　急退水淹没演进模型地形网格云图（全局）

3. 地形高程插值

网格剖分完成后，将网格顶点进行高程插值，即可生产带地形高程的网格模型，从而用于二维水动力学、水质模拟计算。由于二维模型网格精度高，本次采用BIM设计软件和GIS软件跨平台使用的方式进行地形高程插值，开发了插值工具，将插值后的模型网格导出为mesh网格文件，从而获得模型的高精度地形。典型应急退水原始高精度DEM和地形高程插值后的模型地形如图11-20所示。

4. 边界条件设置

需要在模型中同时设置水动力学模块和污染物对流扩散模块边界条件，各退水闸模型均需定义2处开边界，在HD模块里，设置边界条件如下。

上游开边界处，即模型退水闸出口，边界条件为中线总干渠该位置的退水流量过程，该过程由中线总干渠应急调度模型模拟结果提供，模拟暂按退水闸设计流量考虑，并在退水闸开启时间（20min）内由0逐步增加到退水闸设计流量；下游开边界处，即模型下游河道出口，边界条件为模型在该处的U、V方向上的流速过程，一般以下游河道和模型范围内河道同流态考虑，即认为与模型相接的后续下游河道不会造成明显跌水或雍水而影响模型出口边界，由此模型出口边界流速设置为边界附近河道的平均流速，该流速通过试算一次后得到。

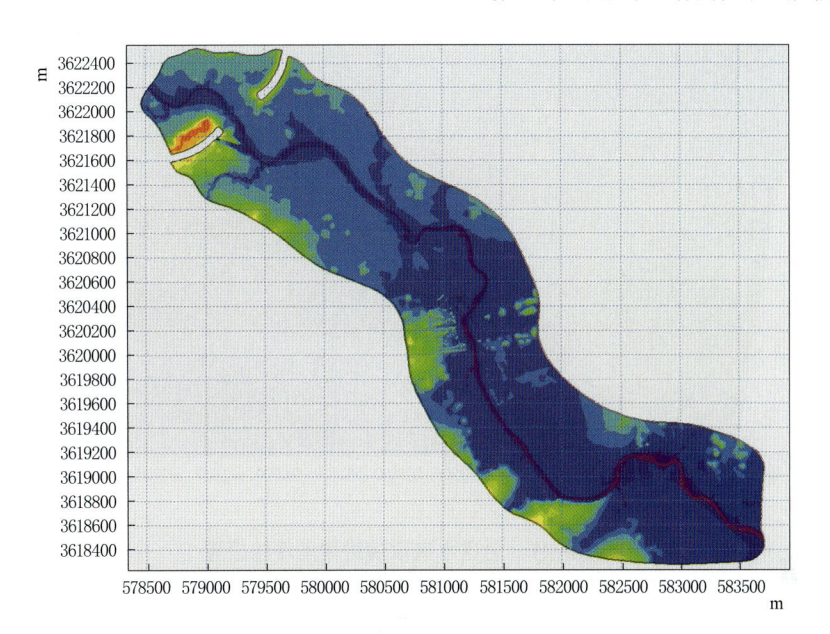

图 11-20　地形高程插值后的模型地形云图

在 AD 模块里，设置边界条件为：2 处开边界位置与 HD 模块相同，其中上游退水闸处开边界设置为污染物各组分的浓度过程，污染物组分类型和各组分浓度过程由中线总干渠应急调度模型水质模拟结果得到，单位为 mg/L；模型下游边界条件设置为常量 0 值的污染物浓度，即认为河道下游无污染。

此外，模型还设置了系统默认的陆地边界，又称闭边界，除开边界范围外，计算分区外围其他地方均为闭边界。

5. 构筑物设置

退水淹没演进模型构筑物的设置主要是考虑堤防的设置，主要是为应急退水提出工程措施提供建议及参考。通过修筑拦截坝，在保证中线总干渠供水的前提下，能增加污染水体的处理时间，为突发水污染事故决策提供支持。拦截坝的结构形式、所用材料、施工方法、施工时间、工程量及投资估算等内容。工程措施的提出，要根据每个退水闸的退水模拟结果和河道地形及水文条件而定。

通过分析退水区域的地形，选择地势低洼及河道束窄处在模型中设置堤防，用于拦蓄退水，为应急退水采取措施提供参考，典型应急退水淹没演进模型堤防设置见图 11-21。

6. 计算参数设置

在水动力学模块中，需要设置的主要参数有：地面糙率、计算时间和步长、干湿边界、水体密度、风场、涡黏系数等。在污染物对流扩散模型中，还需要设置污染源组分、扩散系数、衰减系数等。本模型扩散系数设置为按涡黏系数缩放，不设置衰减系数。

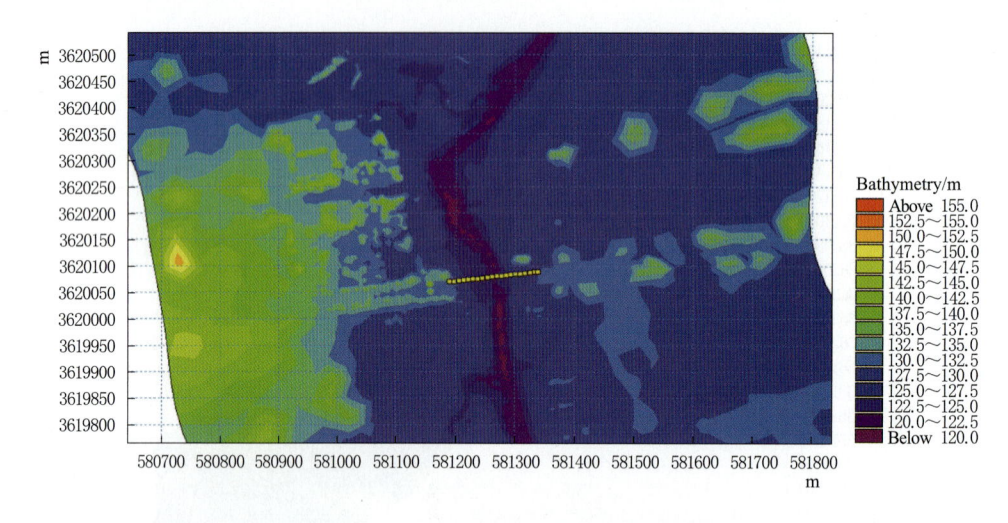

图 11-21　急退水淹没演进模型堤防设置

模拟目的是计算退水的淹没演进过程，提取包括淹没水深、历时、到达时间、污染物扩散位置、浓度等风险要素，故对于计算结果无明显影响的计算参数均采用默认值，包括水体密度、风场、涡黏系数等，其余的计算参数设置如下：

（1）糙率设置

模型糙率的选取，依据相应糙率取值范围，结合计算区域土地利用图，按居民地、耕地、林地、道路、水系和空地等细分下垫进行糙率赋值，见表11-4。

表 11-4　　　　　　　　　糙率取值表

下垫面	居民地	耕地	林地	道路	空地	河道
糙率	0.07	0.06	0.05	0.035	0.035	0.025~0.035

通过 GIS 软件将糙率结果以坐标+糙率值的文本散点数据格式导入模型，对模型各网格糙率进行内插得到模型糙率文件，典型渠道应急退水二维淹没演进模型糙率文件如图 11-22 所示。

（2）干湿边界设置

干湿边界为水动力学模型中为避免模型计算出现不稳定性和不收敛而设定的参数，当某一网格单元的水深小于湿水深时，在此单元上的水流计算会被相应调整，而当水深小于干水深时，会被冻结而不参与计算。通过综合考虑模型的计算精度和稳定性，干水深、浸没水深和湿水深分别取 0.005m、0.02m 和 0.05m。

（3）计算步长设置

计算时间步长根据计算精度和计算模型收敛的需要确定，经反复调试，各渠道应急退水区域计算时间步长统一采用 0.01~20s 的可变时间步长，而边界条件输入步长和结果输出步长均为 1min。

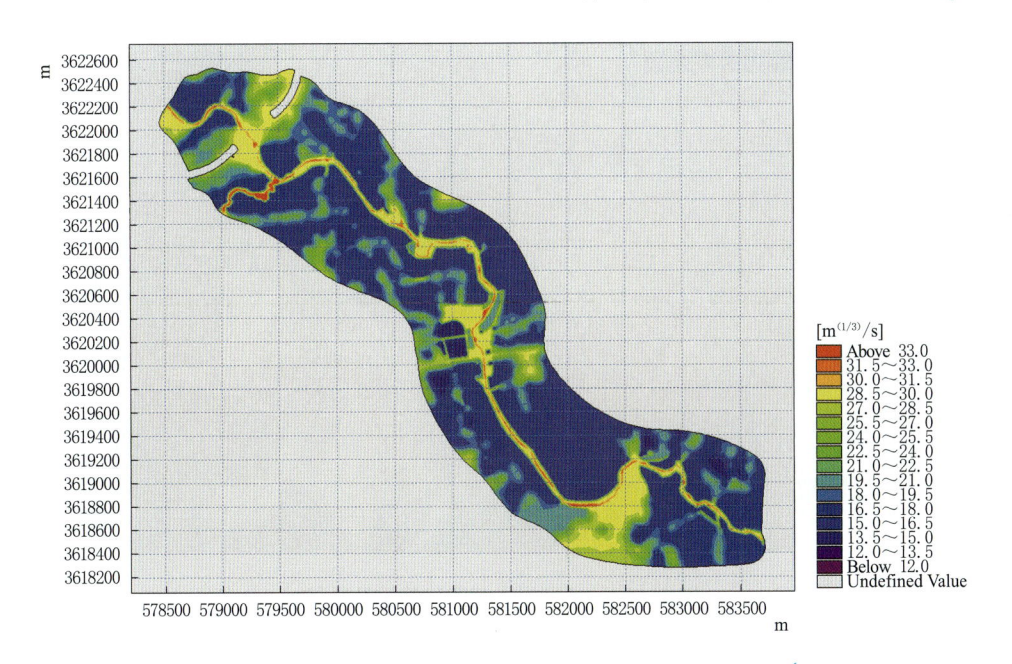

图 11-22　型渠道应急退水地形糙率插值后的模型糙率云图

7. 结果输出

二维水动力学模型可输出任意时刻的退水演进模拟数据，输出结果包括淹没水深、淹没历时、最大流速、流向等流场信息以及污染物浓度、扩散范围等水质信息。根据数据量的大小和制作动态展示需要，时间步长设置为1min，输出退水闸退水演进全过程数据。基于淹没水深数据，实现下泄渠水淹没演进过程的三维可视化表达，模型计算结果见图11-23、图11-24。

图 11-23　典型应急退水淹没演进过程（三维）

图11-24　典型退水闸污染物扩散过程

11.3　突发水污染溯源模型

11.3.1　一维河道突发污染溯源模型

随着突发水污染等各种事件频繁发生，突发事件应急诊断研究越来越受到重视，尤其对于南水北调中线干线工程这种跨流域大型输水工程来说，突发事件的不确定性加大了应急调控的难度。如何在第一时间诊断出突发事件信息，是中线干线能否快速科学实施应急调控措施的关键。对于突发水污染溯源，所确定的污染源强度、发生位置和发生时间，同时可为突发水污染快速预警预测提供先决条件，也可支撑拟定出合理的应急处置方案；对于水位异常诊断，所确定的水位异常模式和事发位置，可为水位异常预警提供基础，也可支撑拟定出合理的应急处置方案。因此，研究突发事件应急诊断技术，可实现突发事件重构，在中线干线突发事件应急调控过程中发挥重要作用。

11.3.1.1　污染源反演规律

通常情况下，在河渠水深和宽度相对其长度很小时，污染物质进入河渠后其横向和垂向方向能在短时间内近似混合均匀，可用一维对流扩散方程来模拟污染的运移规律。考虑降解反应及源汇情况下的一维对流扩散方程见下式。

$$\frac{\partial c(x,t)}{\partial t}+\frac{\partial (u(x,t)c(x,t))}{\partial x}=E\frac{\partial^2 c(x,t)}{\partial^2 x}-kc(x,t)+\sum S(x,t) \quad (11-45)$$

式中：$c(x,t)$为河道x断面t时刻平均浓度；$u=(x,t)$为河道x断面t时刻平均流速；E为河道离散系数，对于同一河道常取为常数；k为污染物质降解系数；$S=(x,t)$为河道污染物源汇项。

当河道流速恒定或水流满足均匀流条件时，方程可以采用量纲分析的方法求得其解析解。对于突发污染事件，通常可忽略源汇项，其解析解表达式为：

$$c(x,t) = \frac{c_0}{\sqrt{4\pi E(t-t_0)}} \exp\left[-\frac{(x-x_0-u(t-t_0))^2}{4E(t-t_0)} - k(t-t_0)\right] \quad (11-46)$$

式中：x_0 为污染源位置坐标；t_0 为突发污染发生时间；c_0 为污染物质初始断面平均浓度；E 单位为 kg/m²。

通过式（11-46）可看出，对于突发水污染瞬时源识别问题，需要确定的是污染源的源强（初始浓度）c_0、污染源位置 x_0，以及污染发生时间 t_0，当给定这三个参数时便可预测河道内任意位置断面 x 处 t 时刻的浓度分布。但是溯源问题是具有不适定性的反问题，不能通过求解方程组直接求得污染源的三参数。由于断面浓度过程与污染源参数具有一定的对应关系，因此可以通过河道某一或几个断面的浓度过程，由数学方法来确定污染源的三个参数。采用优化方法进行溯源，通常是先给定，c_0、x_0、t_0 三个参数先验范围并以试算的方式获得满足观测浓度值与计算浓度值整体误差尽可能小的一组参数作为污染源识别结果，其目标优化函数通常为下式：

$$\min(\sum(c_i^{ob} - c_i^{cal})^2)^{1/2} \quad (11-47)$$

$$\min(\sum \omega_i(c_i^{ob} - c_i^{cal})^2) \quad (11-48)$$

$$\omega_i = \frac{1}{(c_i^{ob} + m)^2} \quad (11-49)$$

式中：c_i^{ob} 与 c_i^{cal} 分别为系列观测浓度和计算浓度值；ω_i 为加权系数，可以一定程度减轻因浓度差别较大而造成小浓度计算误差的淹没；m 为给定常数，常取为 1.0。

然而在实际问题中不可避免的会出现误差，由于污染物浓度观测误差，模型计算误差以及包括污染源汇在内的一些不确定因素影响，同时还考虑异参同效问题（即不同的参数组合实现同样的结果的问题），要唯一确定污染源是不现实的，这也使得问题显得尤为复杂。另外，在对污染源参数识别时，对于污染源强度先验范围的估计存在很大不确定性，很难将污染源强度缩小到一个小范围，很大程度上加大了污染源识别的计算量。

当水流非恒定时，由于方程的复杂性难以直接求得其解析解，流速的确定依赖于河道水流流场的确定，当污染物质对流场影响较小时，可基于水流水质计算模型进行污染物浓度分布的数值计算。

一维对流扩散方程符合实际渠道水体污染物运移规律，用其来模拟污染物运动规律可以作为追踪溯源模型的理论基础，来进一步对污染反演问题的不确定性展开研究。

由于实际水体浓度观测总是带有误差，因而研究带有测量误差条件下的污染物源识别是必要的。对于环境流动反问题，不确定性主要来源于测量数据、数学模型、模型参数、定解条件以及污染物源项。流体系统本身的非线性和不确定性给环境流体动力反问题求解带来了很大的困难。如何处理由不确定性给环境水力学反问题带来的不适定性（尤其是反演结果的不唯一性）是追踪溯源需要解决的。在此，用概率密度函数来描述污染物浓度和位置的分布。

　　污染物质进入河渠后随水流输运扩散，通过下游不同断面处的污染物浓度大小可以看成是对应时刻微小物质颗粒出现在该断面的统计数量，而统计上物质颗粒出现在河道某一位置是可以用概率函数来描述，因此，污染物质在河道中的浓度分布可以在归一化后通过某一概率密度函数来描述。反之，在污染源未知的情况下，由于时间与空间的耦合，由河道某一断面观测到的污染物质可能来源于上游河道的任意位置，而这一位置的可能性大小也可以用概率密度函数来描述。而上述已提出污染物反演溯源是污染物浓度分布预测的反问题，因此常将描述污染物浓度分布大小的概率密度函数称为正向浓度概率密度函数（FC-PDF），而描述污染源在不同位置可能性大小的概率密度函数成为逆向位置概率密度函数（BL-PDF）。由概率密度函数定义，在使用FC-PDF时，需要将浓度进行归一化，即

$$\int_x c(x,t)/c_0 = 1 \tag{11-50}$$

式中：c_0为污染源处断面初始浓度值，具有kg/m²的量纲，归一化后的浓度$c(x,t)$具有m⁻¹的量纲。

　　由于溯源过程的浓度反演特征，正向浓度运移与逆向位置溯源是互为伴随过程的，以$P(x_s,t')$表示由观测断面x_d判定的在观测时刻t_d前t'时间污染源在x_s处的概率密度，或者，污染物质由x_s断面经时间$t_d - t'$输运到x_d断面的概率密度，那么有$P(x_s,t')$满足式（11-51）的伴随状态方程（忽略源汇项）以及归一化条件，见下式[其中$P(x_s,t')$具有m⁻¹的量纲]：

$$-\frac{\partial P(x_s,t')}{\partial t} + \frac{\partial(u(x_s,t')P(x_s,t'))}{\partial x} + E\frac{\partial^2 P(x_s,t')}{\partial^2 x} - kP(x_s,t') = -\zeta \tag{11-51}$$

$$P(x_d,t_d)=1 \tag{11-52}$$

式中：t'为逆向计算时间；t_d为污染物浓度观测时间；ζ为一簇伴随方程的意思。式（11-51）的含义是污染物质未发生运动而出现在观测断面时，污染源只能是在观测断面处。

　　式（11-51）与式（11-45）区别在于移流项方向相反，类似于浓度输运，可将式（11-51）视作逆向位置概率密度输运过程。同样当u恒定时，可以得到式（11-51）基本解：

$$P(x_s,t') = \frac{1}{\sqrt{4\pi E(t_d - t')}} \exp\left[-\frac{(x_d - x_s - u(t_d - t'))^2}{4E(t_d - t')} - k(t_d - t')\right] \tag{11-53}$$

　　比较式（11-45）和式（11-51）可以看出，$P(x_s,t')$与$c(x,t)$形式完全一致，而且由两者关联性可建立两者关系，如图11-25所示。

　　污染物运移与溯源互为反问题，但它们本质是同一物理规律下的两个问题，因此单位污染物质从源x_0经过时间$t - t_0$运动到断面x处的概率$c(x,t)$（此时具有m⁻¹的量纲）与观测者位于断面x处确定出的污染物由断面x_0经时间$t - t_0$运动到断面x处的概率是相等

的，即有 $t-t_0 = t_d - t'$ 时，下式成立，即

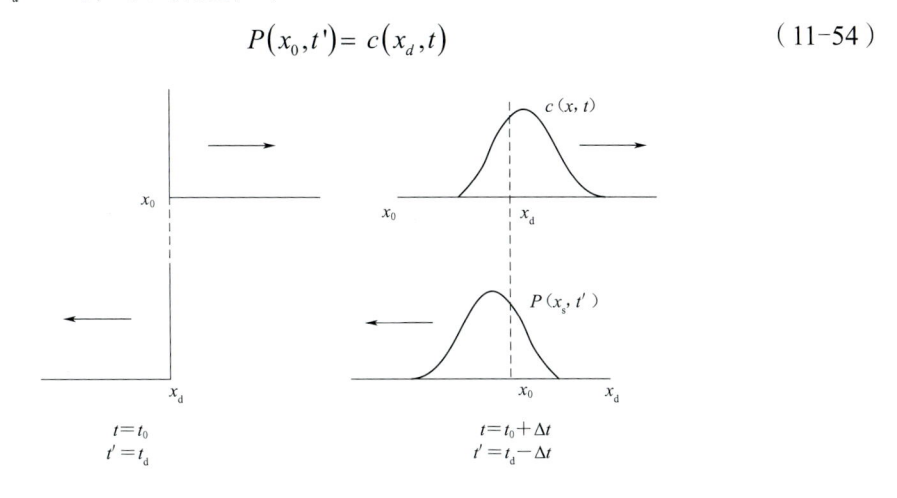

$$P(x_0,t') = c(x_d,t) \tquad (11\text{-}54)$$

图 11-25　正向浓度输运与逆向位置概率输运过程

从式（11-54）可看出，正向浓度输运过程与其伴随逆向位置概率密度输运具有高度耦合性，两者除了时间方向相反外，其余完全一致。由于溯源时可以计算确定 $P(x_s,t')$，因此基于这种概率密度函数的耦合关系可构建一个以 $P(x_s,t')$ 来替代 $c(x,t)$ 实现溯源计算的线性相关模型。

11.3.1.2　突发污染溯源模型

11.3.1.2.1　模型建立

污染物质通过河道断面的过程符合一定的规律，一般以近似偏正态的形式通过下游给定断面。对于观测断面来说，其观测到的浓度过程实际上是一系列离散时间点浓度值，对于单位源强物质来说，这一浓度值就是正向浓度分布概率密度函数值。由式（11-54）每一个离散的观测时间浓度点都有对应时间下的位置概率密度与其相等。由于 x_0 未知，因此 $P(x_0,t')$ 不能直接计算得出，因此可以假定不同的污染源位置 x_0'，分别计算对应于观测系列浓度的 $P(x_0',t')$，当且仅当 $x_0' = x_0$ 时有计算的位置概率密度系列值与观测浓度值相等。为了方便起见，在假定 x_0' 时同时假定对应的 t_0' [在给定 x_0' 时，t_0' 实际上可以由输运式（11-45）确定]，在满足 $x_0' = x_0$ 时，$t_0' = t_0$，若 $x_0' = x_0$，但 $t_0' \neq t_0$，则称两参数物理不协调。

另一方面，实际污染物初始浓度为 c_0 时，其观测浓度系列可以全部除以 c_0 后实现归一化。也就是，不管源强多少，逆向位置概率密度 $P(x_0,t')$ 与观测的浓度系列 $C(x_d,t)$ 都具有线性关系，相关系数为 1，因此可以对假定 x_0' 与 t_0' 下计算的 $P(x_0',t')$ 系列与观测系列 $C(x_d,t)$ 进行回归分析，构建优化模型。

假设观测浓度系列为 C_i，计算得到的位置概率密度系列为 P_i，$i = 1, 2, \cdots, n$，则两个系列相关系数表达式为，即

$$r = \frac{\sum_{i=1}^{n}(C_i - \overline{C})(P_i - \overline{P})}{\sqrt{\sum_{i=1}^{n}(C_i - \overline{C})^2}\sqrt{\sum_{i=1}^{n}(P_i - \overline{P})^2}} \quad (11-55)$$

当 $x_0' = x_0$，$t_0' = t_0$ 时，r 理论值为1，因此为了从假定的 x_0' 与 t_0' 中筛选出 x_0 与 t_0，可构建如下目标函数，即

$$\min[1 - abs(r)] \quad (11-56)$$

约束条件为 x_0' 与 t_0' 的取值范围，由先验信息给定，一般是现场调查或已有资料分析得出的一个估计范围，见下式：

$$x0_{0\max 0\min} \quad (11-57)$$

$$t0_{0\max 0\min} \quad (11-58)$$

通过求解由式（11-55）~式（11-58）构成的优化模型，可以得到污染源的排放位置 x_0 与时间参数 t_0。在这基础上需要确定污染源强 c_0，对于 c_0 的确定可直接利用正向与逆向概率密度函数的耦合关系，采用下式进行求解。即

$$c_0 = \frac{1}{n}\sum \frac{C_i}{P_i} \quad (11-59)$$

经验证，在采用式（11-59）进行求解时，若浓度 C_i 很小，由于对应的 P_i 值也很小，观测误差的存在会使得计算结果偏差较大，该方法需要改进。考虑此时污染源的位置参数与时间参数已经确定，并且经过式（11-60）计算后可以大致确定源强 c_0 的范围，因此可以利用正向概率密度函数继续构建优化模型进行求解，模型见下式：

目标函数 $$\min\left[\sum \omega_i (c_0' \times c_i - C_i)^2\right], \omega_i = \frac{1}{(C_i + 1)^2} \quad (11-60)$$

约束条件 $$c_{0\min} \leq c_0' \leq c_{0\max} \quad (11-61)$$

式中：c_0' 为需要优化求解的强度变量，其约束范围主要依据式（11-61）的计算值进行一定比例放大缩小后确定；C_i 为对应于观测浓度 C_i 的正向浓度密度函数，m^{-1}；ω_i 为权重系数。ω_i 的引入可以基本解决直接采用式（11-59）进行计算的问题。

这样就成功将溯源问题转换为两个最小值优化模型，由于模型给出的仅仅是范围约束，而范围的计算对寻优效果要求比较高，对算法的要求比较高，需要选用寻优效果较好，适合于大范围约束下优化的算法进行求解，而微分进化算法能有效满足模型的上述特征，因此一般选择DEA方法进行求解。

11.3.1.2.2 模型求解

微分进化算法是常用的一种优化算法，算法通过模拟种群间个体合作与竞争方式寻优，与遗传算法类似。算法包括种群初始化(Initialisation)、变异(Mutation)、交叉（Recombination）及选择(Seletion)四个环节。

1. 种群初始化

假设种群规模为 NP，每个个体 X_i 为 $X_i^{Gen}(x_1,x_2) = X_i^{gen}(x_0', t_0')$，其中 i,Gen 分别为个体编号和进化代数，x_1，x_2 为个体两个属性值，即对应的优化参数。记 $X0\min 0\min_{\min}$，$X0\max 0\max_{\max}$，则个体值域为 $[X\max_{\min}$，$Gen=1$ 时个体 X_i^{Gen} 由下式生成：

$$X_i^{Gen} = X\min\max_{\min} \tag{11-62}$$

式中：$\text{rand}(0,1)$ 代表 $[0,1]$ 之间随机均匀数，初始化后分别计算其适应度值 $F(X_i^{Gen}) = 1 - abs[r(X_i^{Gen})]$。

2. 变异

进化代数为 $\text{Gen}(1<\text{Gen}<\max\text{Gen})$ 时，对于个体 X_i^{Gen} 其变异规则为，在 Gen 代种群中均匀抽样选取 3 个个体 $X_{r_1}^{Gen}$，$X_{r_2}^{Gen}$，$X_{r_3}^{Gen}$，其中 $r_1,r_2,r_3 = 1,2,\cdots,NP$，且 r_1,r_2,r_3 都不为 i，则由个体 X_i^{Gen} 变异个体 V_i^{Gen} 为：

$$V_i^{Gen} = X_{r_1}^{Gen} + CF \times (X_{r_3}^{Gen} - X_{r_2}^{Gen}) \tag{11-63}$$

式中：CF 为缩放因子，通常 $CF \in [0.5,1]$；$X_{r_3}^{Gen} - X_{r_2}^{Gen}$ 为差分项。经变异后，如果出现了异常个体 V_i^{Gen} 则需要对其修正处理，即若 $V_i^{Gen} \notin [X\max_{\min}$，则按式（11-63）重新生成变异个体 V_i^{Gen} 代替其异常取值。

3. 交叉

根据遗传规律，变异个体有利于种群多样性，为了找寻优势的变异，变异前后个体各元素属性发生交叉产生新个体 U_i^{Gen}，交叉规则为

$$U_i^{Gen}(x_j) = \begin{cases} V_i^{Gen}(x_j), \text{rand}(0,1) < CR \\ X_i^{Gen}(x_j), \text{rand}(0,1) > CR \end{cases}, j=1,2 \tag{11-64}$$

式中：CR 为交叉概率常数，一般 CR 取为 $[0.8,1]$；$U_i^{Gen}(x_j)$ 为个体 U_i^{Gen} 中 x_j 属性取值。

通过式（11-64）完成个体 X_i^{Gen} 和 V_i^{Gen} 的逐个元素交叉，生成新个体 U_i^{Gen}，为了保证变异个体至少有一个元素进入下一代，若交叉产生新个体 U_i^{Gen} 与原个体 X_i^{Gen} 相同，则重新生成 U_i^{Gen}，即

$$U_i^{Gen}(x_j) = \begin{cases} V_i^{Gen}(x_j), \text{randn} = j \\ X_i^{Gen}(x_j), \text{randn} \neq j \end{cases}, j=1,2 \tag{11-65}$$

式中：randn 为 $\{1,2\}$ 内随机产生一个数。

4. 选择

变异个体会与原有个体竞争，在控制种群数量一定时，变异优势个体会替代原有个体进入下一代，因此进化选择规则为

$$X_i^{Gen+1} = \begin{cases} U_i^{Gen}, F(U_i^{Gen}) < F(X_i^{Gen}) \\ X_i^{Gen}, F(U_i^{Gen}) >= F(X_i^{Gen}) \end{cases} \tag{11-66}$$

按给出的步骤进行循环进化迭代计算至适应能力达到要求（目标函数值满足限定条件，

例如可控制为 $r \geq 0.99$）或进化到最大代数 max Gen 时进化结束，然后选出最后一代种群中适应函数值最小的个体，其元素代表的参数值即为优化所求取值 x_0、t_0，计算结束。

通过分析计算结果发现，DEA算法计算结果具有一定随机性，一些优化过的结果可能重复出现，因此考虑加入一定的优化规则，控制优化适应度函数值单向变化。将梯度概念引入微分进化过程中，用以适当给定优化方向，提高寻优效率。

首先给个体加入两表征梯度的新属性，梯度特征因子 $gc(X)$ 和梯度方向因子 $gp(X)$，新定义种群个体为 $S_i^{Gen} = S_i^{Gen}(X_i^{Gen}, gc(X_i^{Gen}), gp(X_i^{Gen}))$，其中梯度特征因子 $gc(X_i)$ 和梯度方向因子 $gp(X_i)$ 由下式确定。

$$gc(X_i^{Gen}) = \begin{cases} 1, F(X_i^{Gen}) \leq F(X_i^{Gen-1}) \\ 0, F(X_i^{Gen}) > F(X_i^{Gen-1}) \end{cases} \quad (11\text{-}67)$$

$$gp(X_i^{Gen}) = \begin{cases} [sgn(X_i^{Gen}(x_1) - X_i^{Gen-1}(x_1)) \\ \ sgn(X_i^{Gen}(x_2) - X_i^{Gen-1}(x_2))] & gc(X_i^{Gen}) = 1 \\ 0, gc(X_i^{Gen}) = 0 \end{cases} \quad (11\text{-}68)$$

式中：sgn 为符号函数。

给定梯度属性后，在进行微分进化选择时就可以将有利于种群进化的趋势信息保留，例如假定个体 X_i^{Gen} 优于其前一代个体 X_i^{Gen-1}，并且有 $gp(X_i^{Gen}) = [1, -1]$，则说明该个体暂态更优进化趋势是增大位置参数 x_0'，减小时间 t_0'，利用这趋势信息可以指导下一代个体的进化。在实际运用DEA算法优化时可以利用得到的梯度信息作为附加规则进行进化方向控制，对每一代个体进化进行引导。如此模型便得以实现科学合理的追踪溯源。

11.3.2　突发污染溯源模型仿真实验

除了闸门泄水造成累积污染物突然释放等少数情况外（这类情况污染源一般已知），河渠发生突发污染事件时，其水流状态往往变化不大，可将其概化为恒定流工况下的污染溯源问题进行分析。利用恒定流工况下的一维水质输运方程式，人工生成一个突发污染事件案例进行模型仿真实验分析。由于实际观测数据可能很少，为了更具代表性，每个断面仅生成5~6个浓度过程点。

假定有一梯形断面河道，底宽10.0m，边坡2.0，水深3.5m，底坡1/10000，曼宁糙率0.017，离散系数为2.0m^2/s，流量为15.0m^3/s。发生突发点源污染，质量为800.0kg的污染物质瞬时排入，时间为上午9:00，突发位置桩号为0m，在河道下游1000m和2000m处设置监测断面，开始监测时间为上午9:30，不考虑降解作用，人工生成监测数据见图11-26和图11-27。在生成浓度过程时观测误差服从期望 $\mu = 0.0$，方差 $\sigma^2 = 0.01^2$ 的正态分布。

给定参数先验范围为 $[X_{min}, X_{max}]$=[(-500m，0s), (1000m，7200s)]（此时时间参数 t_0 代表的是已发生时间，而表中给出的是发生时间点）。采用 Fortran 90 编程实现模型计算。由于个体属性只有两个，设定种群数为 50，迭代 2000 次后，计算结果见表 11-5。

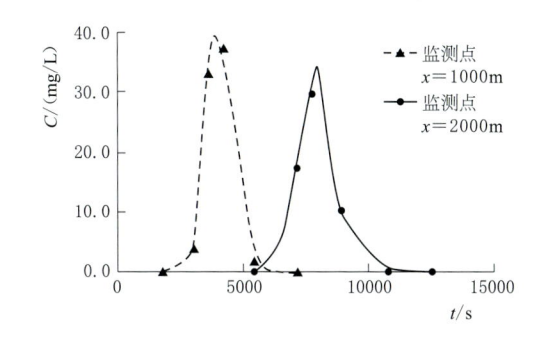

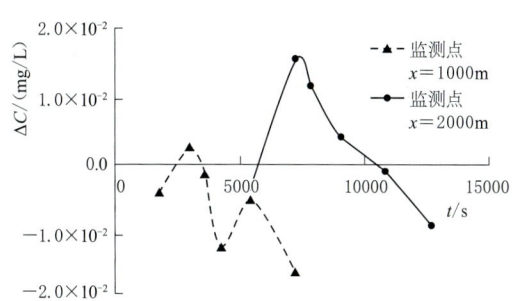

图 11-26 人工生成断面浓度过程

图 11-27 人工生成观测误差

表 11-5　　　　　　　　　　仿真实验案例溯源结果表

指标	M	x_0	t_0
实际值	800.00kg	0.00m	9:00
推算值	820.68kg	−70.77m	8:56
误差	2.58%	差 70.77m	差 4min

DEA 方法计算结果具有一定随机性，每次模拟结果略有差异，为验证计算结果合理性，对模型进行稳定性测试。对仿真案例实验 50 次，结果得到 M 取值基本稳定在 [700kg，900kg]，x_0 取值基本在 [-100m，0m]，t_0 取值基本在 [8:50，9:05]。当位置误差较大时，时间误差也相对较大；当时间和位置误差一个较大另一个相对小时，强度误差较大。总体来说，所计算的污染源三参数在其取值范围内散布较为集中。

仿真实验中对观测浓度系列与计算位置概率密度系列进行线性回归时，相关系数基本在 0.95 以上，并且模型计算时间都在 1min 之内。总体来讲，溯源结果较为稳定，计算误差在实际突发水污染事件应急处置中是可以接受的。

11.4　突发水污染扩散过程分析及快速预测

11.4.1　污染物输移扩散过程分析及规律总结

中线干渠前 60 个渠池中，各渠池的平均长度为 20km，其中长度为 10～20km 的渠池有 21 个，长度为 20～30km 的渠池有 32 个。退水闸为中线干渠应急调度的重要控制建筑物，而设置退水闸的渠池有 46 个，未设置退水闸的渠池有 14 个。综合考虑这 2 个因素，选择第 4 和 36 这两个渠池作为事故渠池进行应用分析，基本参数见表 11-6。

表 11-6　　　　　　　　　　　　两个事故渠池基本信息表

渠池编号	控制建筑物	渠池长度 /km	闸底高程 /m	设计流量 / (m³/s)	设计水位 /m
4	严陵河节制闸	25.859	138.530	340	144.740
	谭寨分水口		135.939	1	—
	淇河节制闸		135.040	340	143.070
36	安阳河节制闸	11.321	85.600	235	92.670
	漳河退水闸		84.190	120	—
	漳河节制闸		82.500	235	91.870

由于突发水污染事件一般在某一位置突然发生，假设突发水污染的方式（表11-7）为瞬时点源污染，且污染物为假设的不可降解物。为了分析不同污染量级的影响，假设污染物的质量有3种（1t、5t、10t）。为了分析渠道不同运行工况的影响，假设渠池流量有3种（设计流量的30%、50%、70%）；而各节制闸闸前水位为设计水位。为了分析突发水污染不同位置的影响，假设事故位置有5个（渠池长度的10%、30%、50%、70%、90%）。则共有90种情景，模拟时间为24h，步长为10min。

表 11-7　　　　　　　　　　　　突发水污染事故情景

项目	内　容	数量
污染物类别	不可降解物	1
发生方式	瞬时点源	1
事故渠池	第 4 和 36 个渠池	2
污染物质量	1t、5t、10t	3
发生位置	渠池长度的 10%、30%、50%、70%、90%	5
渠池流量	设计流量的 30%、50%、70%	3
模拟时间 / 步长	24h / 10min	1

鉴于中线工程供水特点，渠道内发生突发水污染事故后，最关心的是事故渠池的分水口（如果该渠池有分水口）和下节制闸闸前的水质状况，因为其直接影响向该分水口及下游区域供水水质安全。以污染物到达时间（T_0）、峰值浓度（C_{max}）和峰值浓度出现时间（$T_{C_{max}}$）3个特征参数来分析污染物输移扩散过程，其中，污染物到达时间是指水质控制点（分水口或下节制闸闸前）的污染物浓度超过0.001mg/L的时间，因为天然水体中的部分物质（如汞、镉）浓度超过0.001mg/L即可产生毒性效应。

结合上述情景模拟结果可发现，各水质控制点污染物的浓度变化过程均是先升高后降低，仅以第4个渠池在30%设计流量和10%渠池长度处突发水污染事故下淇河节制闸闸前污染物的浓度变化过程为例（图11-28）予以展示。水质控制点污染物的浓度变化过程的3个特征参数进行统计，见表11-8、表11-9和表11-10，并对3个特征参数进行对比分析。

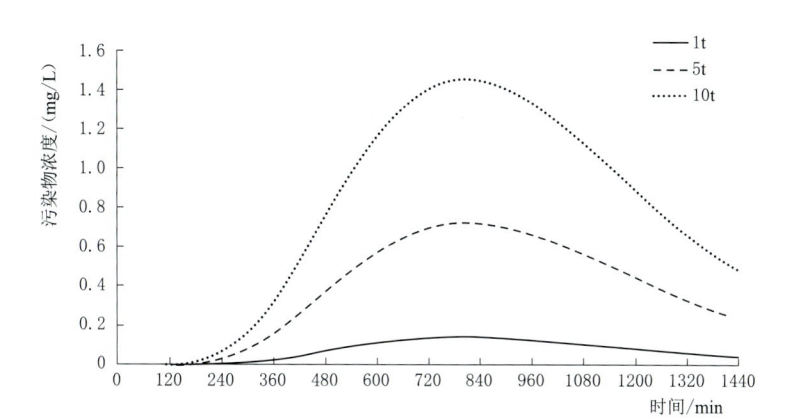

图 11-28　第 4 个渠池在 30% 设计流量和 10% 渠池长度处突发水污染事故下淇河节制闸闸前污染物的浓度变化过程

表 11-8　第 4 个渠池各突发水污染事故情景下谭寨分水口污染物浓度变化过程特征

事发位置	污染物质量/t	30% $Q_设$ T_0/min	30% $Q_设$ C_{max}/(mg/L)	30% $Q_设$ $T_{C_{max}}$/min	50% $Q_设$ T_0/min	50% $Q_设$ C_{max}/(mg/L)	50% $Q_设$ $T_{C_{max}}$/min	70% $Q_设$ T_0/min	70% $Q_设$ C_{max}/(mg/L)	70% $Q_设$ $T_{C_{max}}$/min
0.1 L	1	110	0.155	680	70	0.154	450	50	0.148	350
0.1 L	5	80	0.779	680	50	0.772	450	30	0.738	350
0.1 L	10	70	1.558	680	40	1.544	450	30	1.476	350
0.5 L	1	40	0.208	400	20	0.207	270	20	0.199	200
0.5 L	5	20	1.041	400	10	1.035	270	10	0.996	200
0.5 L	10	20	2.083	400	10	2.07	270	10	1.992	200
0.9 L	1	10	1.723	10	10	1.597	10	10	1.481	10
0.9 L	5	10	8.617	10	10	7.983	10	10	7.404	10
0.9 L	10	10	16.23	10	10	15.97	10	10	14.81	10

注：L 为渠池长度；$Q_设$ 为渠池设计流量，下同。

表 11-9　第 4 个渠池各突发水污染事故情景下淇河节制闸闸前污染物浓度变化过程特征参数

事发位置	污染物质量/t	30% $Q_设$ T_0/min	30% $Q_设$ C_{max}/(mg/L)	30% $Q_设$ $T_{C_{max}}$/min	50% $Q_设$ T_0/min	50% $Q_设$ C_{max}/(mg/L)	50% $Q_设$ $T_{C_{max}}$/min	70% $Q_设$ T_0/min	70% $Q_设$ C_{max}/(mg/L)	70% $Q_设$ $T_{C_{max}}$/min
0.1 L	1	160	0.146	810	100	0.145	540	80	0.139	410
0.1 L	5	120	0.728	810	70	0.723	540	50	0.693	410
0.1 L	10	100	1.455	810	60	1.445	540	40	1.386	410
0.5 L	1	70	0.185	530	40	0.184	350	30	0.178	270
0.5 L	5	50	0.924	530	30	0.922	350	20	0.890	270
0.5 L	10	40	1.848	530	20	1.843	350	20	1.780	270

续表

事发位置	污染物质量/t	30% $Q_设$			50% $Q_设$			70% $Q_设$		
		T_0/min	C_{max}/(mg/L)	$T_{C_{max}}$/min	T_0/min	C_{max}/(mg/L)	$T_{C_{max}}$/min	T_0/min	C_{max}/(mg/L)	$T_{C_{max}}$/min
0.9 L	1	10	0.538	110	10	0.516	80	10	0.495	50
	5	10	2.691	110	10	2.577	80	10	2.473	50
	10	10	4.382	110	10	4.155	80	10	4.950	50

表 11-10　第 36 个渠池各突发水污染事故情景下漳河节制闸闸前污染物浓度变化过程特征参数

事发位置	污染物质量/t	30% $Q_设$			50% $Q_设$			70% $Q_设$		
		T_0/min	C_{max}/(mg/L)	$T_{C_{max}}$/min	T_0/min	C_{max}/(mg/L)	$T_{C_{max}}$/min	T_0/min	C_{max}/(mg/L)	$T_{C_{max}}$/min
0.1 L	1	100	0.384	560	60	0.368	380	40	0.351	260
	5	70	1.921	560	40	1.840	380	30	1.754	260
	10	60	3.843	560	40	3.679	380	20	3.507	260
0.5 L	1	20	0.497	280	10	0.475	200	10	0.458	130
	5	10	2.482	280	10	2.375	200	10	2.289	130
	10	10	4.965	280	10	4.750	200	10	4.577	130
0.9 L	1	10	0.886	110	10	0.820	80	10	0.796	50
	5	10	4.431	110	10	4.100	80	10	3.982	50
	10	10	8.862	110	10	8.199	80	10	7.963	50

11.4.1.1　污染物到达时间

在第 4 个渠池中：当突发水污染事故位置和污染物质量相同时，渠池流量越大，污染物到达谭寨分水口和淇河节制闸的时间越早；由于计算步长为 10min，部分情景下污染物能很快扩散至谭寨分水口和淇河节制闸，因此统计结果均为 10min。当突发水污染事故位置和渠池流量相同时，污染物质量越大，污染物到达谭寨分水口和淇河节制闸的时间越早。当污染物质量和渠池流量相同时，突发水污染事故位置离严陵河节制闸越远，污染物到达谭寨分水口和淇河节制闸的时间越早。当突发水污染事故位置、污染物质量和渠池流量相同时，污染物到达谭寨分水口的时间要早于到达淇河节制闸的时间，且差值随着突发水污染事故位置与严陵河节制闸的距离、污染物质量和渠池流量的增大而减小。在上述情景中，污染物到达谭寨分水口的时间最大为 110min，到达淇河节制闸的时间最大为 160min，最小时间均小于 10 min。

在第 36 个渠池中：当突发水污染事故位置和污染物质量相同时，渠池流量越大，污染物到漳河节制闸的时间越早；由于计算步长为 10 min，部分情景下污染物能很快扩散至漳河节制闸，因此统计结果均为 10 min。当突发水污染事故位置和渠池流量相同时，污染物质量越大，污染物到达漳河节制闸的时间越早。当污染物质量和渠池流量相同时，突发水污染事故位置离安阳河节制闸越远，污染物到达漳河节制闸的时间越早。在上述情景中，污染物到漳河节制闸的时间最大为 100 min，最小时间小于 10 min。此外，在污染物质量、事发位置与上节制闸距离占渠池长度比例和渠池流量占设计流量比例相同时，在第 36 个渠池中污染物到漳河节制闸的时间要小于在第 4 个渠池中污染物到严陵河节制闸的时间。

因此，在同一渠池中，对于某一水质控制点，突发水污染事故位置越近、污染物质量越大、渠池流量越大，污染物到达时间越早；对于不同的水质控制点，突发水污染事故位置越近，其他条件相同时，污染物到达时间越早。在不同渠池中，在污染物质量、事发位置与上节制闸距离占渠池长度比例和渠池流量占设计流量比例相同时，污染物到达下节制闸的时间不同。

11.4.1.2　峰值浓度

在第 4 个渠池中：当突发水污染事故位置和污染物质量相同时，渠池流量越大，谭寨分水口和淇河节制闸的峰值浓度越小。当突发水污染事故位置和渠池流量相同时，污染物质量越大，谭寨分水口和淇河节制闸的峰值浓度越大，且同一水质控制点的峰值浓度与污染物质量成正比关系。当污染物质量和渠池流量相同时，突发水污染事故位置离严陵河节制闸越远，谭寨分水口和淇河节制闸的峰值浓度越大。当突发水污染事故位置、污染物质量和渠池流量相同时，谭寨分水口的峰值浓度比淇河节制闸的峰值浓度大，且差值随着突发水污染事故位置与严陵河节制闸的距离、污染物质量的增大而增大，随着渠池流量的增大而减小。

在第 36 个渠池中：当突发水污染事故位置和污染物质量相同时，渠池流量越大，漳河节制闸的峰值浓度越小。当突发水污染事故位置和渠池流量相同时，污染物质量越大，漳河节制闸的峰值浓度越大，且峰值浓度与污染物质量成正比关系。当污染物质量和渠池流量相同时，突发水污染事故位置离安阳河节制闸越远，漳河节制闸的峰值浓度越大。此外，在污染物质量、事发位置与上节制闸距离占渠池长度比例和渠池流量占设计流量比例相同时，在第 36 个渠池中漳河节制闸的峰值浓度要大于在第 4 个渠池中严陵河节制闸的峰值浓度。

因此，在同一渠池中，对于某一水质控制点，突发水污染事故位置越近、污染物质量越大、渠池流量越小，污染物峰值浓度越大；对于不同的水质控制点，突发水污染事故位置越近，其他条件相同时，污染物峰值浓度越大。在不同渠池中，在污染物质量、事发位置与上节制闸距离占渠池长度比例和渠池流量占设计流量比例相同时，下节制闸的污染物峰值浓度不同。

11.4.1.3　峰值浓度出现时间

在第 4 个渠池中：当突发水污染事故位置和污染物质量相同时，渠池流量越大，谭寨分水口和淇河节制闸的峰值浓度出现时间越早。当突发水污染事故位置和渠池流量相同时，污染物质量不同时，谭寨分水口或淇河节制闸的峰值浓度出现时间相同。当污染物质量和渠池流量相同时，突发水污染事故位置离严陵河节制闸越远，谭寨分水口和淇河节制闸的峰值浓度出现时间越早。当突发水污染事故位置、污染物质量和渠池流量相同时，谭寨分水口的峰值浓度出现时间比淇河节制闸的峰值浓度出现时间早，且差值渠池流量的增大而减小，但与突发水污染事故位置与严陵河节制闸的距离、污染物质量的关系较小。

在第36个渠池中：当突发水污染事故位置和污染物质量相同时，渠池流量越大，漳河节制闸的峰值浓度出现时间越早。当突发水污染事故位置和渠池流量相同时，污染物质量不同时，漳河节制闸的峰值浓度出现时间相同。当污染物质量和渠池流量相同时，突发水污染事故位置离安阳河节制闸越远，漳河节制闸的峰值浓度出现时间越早。此外，在污染物质量、事发位置与上节制闸距离占渠池长度比例和渠池流量占设计流量比例相同时，在第36个渠池中漳河节制闸的峰值浓度出现时间要早于在第4个渠池中严陵河节制闸的峰值浓度出现时间。

因此，在同一渠池中，对于某一水质控制点，突发水污染事故位置越近、渠池流量越大，污染物峰值浓度出现时间越早，但污染物峰值浓度出现时间与污染物质量无关；对于不同的水质控制点，突发水污染事故位置越近，其他条件相同时，污染物峰值浓度出现时间越早。在不同渠池中，在污染物质量、事发位置与上节制闸距离占渠池长度比例和渠池流量占设计流量比例相同时，下节制闸的污染物峰值浓度出现时间不同。

11.4.2 污染物输移扩散过程快速预测

对于河渠恒定流场的一维水质模拟，可由式（11-69）计算污染源下游断面的污染物浓度变化过程：

$$c(x,t) = \frac{M}{\sqrt{4\pi E_d t}} \exp\left[-\frac{(x-ut)^2}{4E_d t}\right] \quad (11\text{-}69)$$

式中：$c(x,t)$ 为 x 断面 t 时刻的平均浓度，mg/L；x 为污染源位置到下游断面的距离，m；t 为从污染源排放为零点起算的时间，s；M 为污染物初始面源强度，g/m²；u 为平均流速，m/s；E_d 为纵向离散系数，m²/s。

结合式（11-69）和上述突发水污染情景模拟结果，根据污染物到达时间（T_0）、峰值浓度（C_{max}）和峰值浓度出现时间（$T_{C_{max}}$）3个特征参数的影响因素，可基于量纲分析，分别提出这3个特征参数的快速预测方法，并应用最小二乘法来确定各项系数的计算方法。

11.4.2.1 污染物到达时间

如果某一渠池出现突发水污染事故，污染物到达水质控制点的时间 T_0 的影响因素包括污染物质量 m、事发位置到水质控制点的距离 x、渠池平均流速 u（反映渠池流量和断

面面积的影响）、纵向离散系数E_d污染物浓度阈值C_0，即

$$f(T_0, m, x, u, E_d, C_0) = 0 \quad (11\text{-}70)$$

根据量纲分析原理，T_0可表示为其他5个物理量的指数乘积

$$T_0 = k m^a x^b u^c E_d^d C_0^e \quad (11\text{-}71)$$

式中：k、a、b、c、d和e均为常数系数。

对式（11-71）写出量纲式：

$$[T] = [M]^a [L]^b ([L][T]^{-1})^c ([L]^2[T]^{-1})^d ([M][L]^{-3})^e \quad (11\text{-}72)$$

由量纲和谐可得：

$$\begin{cases} [M]: 0 = a + e \\ [L]: 0 = b + c + 2d - 3e \\ [T]: 1 = -c - d \end{cases} \quad (11\text{-}73)$$

由式（11-73）解得

$$a = -e\ ;\ b = 1 - d + 3e\ ;\ c = -d - 1 \quad (11\text{-}74)$$

因此，式（11-74）可写成：

$$T_0 = k m^{-e} x^{1-d+3e} u^{-d-1} E_d^d C_0^e \quad (11\text{-}75)$$

式（11-75）仅有k、d和e这3个系数需要确定，可用最小二乘法来计算。对式（11-75）两端取对数，则变为

$$\lg T_0 = \lg k + (\lg E_d - \lg x - \lg u)d + (3\lg x - \lg m + \lg C_0)e + (\lg x - \lg u)$$

令$y = \lg T_0$，$a' = \lg E_d - \lg x - \lg u$，$b' = 3\lg x - \lg m + \lg C_0$

$c' = \lg x - \lg u$；则式（11-75）变为

$$y = \lg k + a'd + b'e + c' \quad (11\text{-}76)$$

对于有n组数据（y、a'、b'和c'）的水质控制点，对第i组数据式（11-76）可改写为

$$y_i = \lg k + a'_i d + b'_i e + c'_i\ ;\ i = 1, 2, \cdots, n \quad (11\text{-}77)$$

其矩阵形式为

$$K + dA + eB + C = Y \quad (11\text{-}78)$$

式中：$K = [\lg k, \lg k, \cdots, \lg k]^T$；$A = [a'_1, a'_2, \cdots, a'_n]^T$；$B = [b'_1, b'_2, \cdots, b'_n]^T$；$C = [c'_1, c'_2, \cdots, c'_n]^T$；$Y = [y_1, y_2, \cdots, y_n]^T$。

按照式（11-78）只能确定出系数k、d和e的估计值$\hat{k}$、$\hat{d}$和$\hat{e}$，即

$$\varsigma = Y - \hat{K} - \hat{d}A - \hat{e}B - C \quad (11\text{-}79)$$

式中：ς为拟合误差，$\varsigma = [\varsigma_1, \varsigma_2, \cdots, \varsigma_n]^T$。

为了得到系数k、d和e的最优估计$\hat{k}_m$、$\hat{d}_m$和$\hat{e}_m$，应使得ς_i的平方和最小，即

$$\min s = \sum_{i=1}^{n} \varsigma_i^2 = \sum_{i=1}^{n} (y_i - \lg \hat{k} - \hat{d} a'_i - \hat{e} b'_i - c'_i)^2 \quad (11\text{-}80)$$

当 s 最小时，$\dfrac{\partial s}{\partial \hat{k}}=0$ $\left[\text{等价于}\dfrac{\partial s}{\partial(\lg\hat{k})}=0\right]$；$\dfrac{\partial s}{\partial \hat{d}}=0$；$\dfrac{\partial s}{\partial \hat{e}}=0$。即

$$\dfrac{\partial s}{\partial(\lg\hat{k})} = -2\sum_{i=1}^{n}(y_i - \lg\hat{k} - \hat{d}a'_i - \hat{e}b'_i - c'_i) = 0 \tag{11-81}$$

$$\dfrac{\partial s}{\partial \hat{d}} = -2\sum_{i=1}^{n}(y_i - \lg\hat{k} - \hat{d}a'_i - \hat{e}b'_i - c'_i)a'_i = 0 \tag{11-82}$$

$$\dfrac{\partial s}{\partial \hat{e}} = -2\sum_{i=1}^{n}(y_i - \lg\hat{k} - \hat{d}a'_i - \hat{e}b'_i - c'_i)b'_i = 0 \tag{11-83}$$

联立式（11-81）、式（11-82）和式（11-83），可得：

$$\hat{d}_m = \dfrac{rt - wq}{pt - q^2} \tag{11-84}$$

$$\hat{e}_m = \dfrac{pw - rq}{pt - q^2} \tag{11-85}$$

$$\hat{k}_m = 10^{\left[\sum_{i=1}^{n}(y_i - c'_i) - \hat{d}_m \sum_{i=1}^{n} a'_i - \hat{e}_m \sum_{i=1}^{n} b'_i\right]/n} \tag{11-86}$$

式中：$p = n\sum_{i=1}^{n}{a'_i}^2 - (\sum_{i=1}^{n}a'_i)^2$；$q = n\sum_{i=1}^{n}a'_i b'_i - \sum_{i=1}^{n}a'_i \sum_{i=1}^{n}b'_i$；$t = n\sum_{i=1}^{n}{b'_i}^2 - (\sum_{i=1}^{n}b'_i)^2$；$r = n\sum_{i=1}^{n}(y_i - c'_i)a'_i - \sum_{i=1}^{n}a'_i \sum_{i=1}^{n}(y_i - c'_i)$；$w = n\sum_{i=1}^{n}(y_i - c'_i)b'_i - \sum_{i=1}^{n}b'_i \sum_{i=1}^{n}(y_i - c'_i)$。

即选择水质控制点的 n 组数据后，则可分别计算出系数的最优值 $\hat{k}_m$，$\hat{d}_m$ 和 $\hat{e}_m$。

11.4.2.2 峰值浓度

如果某一渠池出现突发水污染事故，污染物峰值浓度 $C_{\max}$ 的影响因素包括污染物质量 m、事发位置到控制点距离 x、平均流速 u、纵向离散系数 E_d，即

$$K = [\lg k, \lg k, \cdots, \lg k]^T \tag{11-87}$$

根据量纲分析原理，$C_{\max}$ 可表示为其他4个物理量的指数乘积：

$$C_{\max} = k\,m^a x^b u^c E_d^d \tag{11-88}$$

式中：k、a、b、c 和 d 均为常数系数。

对式（11-88）写出量纲式：

$$[M][L]^{-3} = [M]^a[L]^b([L][T]^{-1})^c([L]^2[T]^{-1})^d \tag{11-89}$$

由量纲和谐可得：

$$\begin{cases}[M]: 1 = a \\ [L]: -3 = b + c + 2d \\ [T]: 0 = -c - d\end{cases} \tag{11-90}$$

由式（11-90）解得：

$$a = 1;\quad b = -3 - d;\quad c = -d \tag{11-91}$$

因此，式（11-91）可写成：

$$C_{\max} = kmx^{-3-d}u^{-d}E_d^d \tag{11-92}$$

用最小二乘法来计算。对式（11-92）两端取对数，则变为

$$\lg C \lg k \lg E_d \lg x \lg u \lg m \lg x_{\max} \tag{11-93}$$

令 $y = \lg C_{\max}$，$a' = \lg E_d - \lg x - \lg u$，$b' = \lg m - 3\lg x$；则式（11-93）变为

$$y = \lg k + a'd + b' \tag{11-94}$$

对于有 n 组数据的水质控制点，对第 i 组数据式（11-94）可改写为

$$y_i = \lg k + a'_i d + b'_i ; i = 1,2,\cdots,n \tag{11-95}$$

其矩阵形式为

$$K + dA + B = Y \tag{11-96}$$

其中：$K = [\lg k, \lg k, \cdots, \lg k]^T$；$A = [a'_1, a'_2, \cdots, a'_n]^T$；$B = [b'_1, b'_2, \cdots, b'_n]^T$；$Y = [y_1, y_2, \cdots, y_n]^T$。

按照式（11-96）确定出系数 k 和 d 的估计值 $\hat{k}$ 和 $\hat{d}$，即

$$\varsigma = Y - \hat{K} - \hat{d}A - B \tag{11-97}$$

式中：ς 为拟合误差，$\varsigma = [\varsigma_1, \varsigma_2, \cdots, \varsigma_n]^T$。

为了得到系数 k 和 d 的最优估计 $\hat{k}_m$ 和 $\hat{d}_m$，应使得 ς_i 的平方和最小，即：

$$\min s = \sum_{i=1}^{n}\varsigma_i^2 = \sum_{i=1}^{n}(y_i - \lg\hat{k} - \hat{d}a'_i - b'_i)^2 \tag{11-98}$$

当 s 最小时，$\dfrac{\partial s}{\partial \hat{k}} = 0$ [等价于 $\dfrac{\partial s}{\partial (\lg \hat{k})} = 0$]；$\dfrac{\partial s}{\partial \hat{d}} = 0$。即

$$\frac{\partial s}{\partial (\lg \hat{k})} = -2\sum_{i=1}^{n}(y_i - \lg\hat{k} - \hat{d}a'_i - b'_i) = 0 \tag{11-99}$$

$$\frac{\partial s}{\partial \hat{d}} = -2\sum_{i=1}^{n}(y_i - \lg\hat{k} - \hat{d}a'_i - b'_i)\,a'_i = 0 \tag{11-100}$$

联立式（11-99）和式（11-100），可得

$$\hat{d}_m = \frac{n\sum_{i=1}^{n}(y_i - b'_i)a'_i - \sum_{i=1}^{n}a'_i \sum_{i=1}^{n}(y_i - b'_i)}{n\sum_{i=1}^{n}a'^2_i - (\sum_{i=1}^{n}a'_i)^2} \tag{11-101}$$

$$\hat{k}_m = 10^{\left[\sum_{i=1}^{n}(y_i - b'_i) - \hat{d}_m \sum_{i=1}^{n}a'_i\right]/n} \tag{11-102}$$

即选择水质控制点的 n 组数据后，则可分别计算出系数的最优值 $\hat{k}_m$ 和 $\hat{d}_m$。

11.4.2.3 峰值浓度出现时间

如果某一渠池出现突发水污染事故，污染物峰值浓度出现时间 $T_{C_{\max}}$ 的影响因素包括事发位置到水质控制点距离 x、平均流速 u、纵向离散系数 E_d，即

$$f\left(T_{C_{\max}}, x, u, E_d\right) = 0 \tag{11-103}$$

根据量纲分析原理，$T_{C_{\max}}$ 可表示为其他 3 个物理量的指数乘积即

$$T_{C_{\max}} = kx^a u^b E_d^c \tag{11-104}$$

式中：k、a、b 和 c 均为常数系数。

对式（11-104）写出量纲式：

$$[T]=[L]^a([L][T]^{-1})^b([L]^2[T]^{-1})^c \quad (11\text{-}105)$$

由量纲和谐可得

$$\begin{cases}[L]:0=a+b+2c\\[T]:1=-b-c\end{cases} \quad (11\text{-}106)$$

由（11-106）解得

$$a=1-c\ ;\quad b=-1-c \quad (11\text{-}107)$$

因此，式（11-107）可写成：

$$T_{C_{\max}}=kx^{1-c}u^{-1-c}E_d^c \quad (11\text{-}108)$$

用最小二乘法来计算。对式（11-108）两端取对数，则变为

$$\lg T_C\ \lg k\ \lg E_d\ \lg x\ \lg u\ \lg x\ \lg u_{\max} \quad (11\text{-}109)$$

令 $y=\lg T_{C_{\max}}$，$a'=\lg E_d-\lg x-\lg u$，$b'=\lg x-\lg u$；则式（11-109）变为

$$y=\lg k+a'c+b' \quad (11\text{-}110)$$

对于有 n 组数据的水质控制点，对第 i 组数据式（11-110）可改写为

$$y_i=\lg k+a'_i c+b'_i\ ;\ i=1,2,\cdots,n \quad (11\text{-}111)$$

其矩阵形式为

$$K+cA+B=Y \quad (11\text{-}112)$$

其中：$K=[\lg k,\lg k,\cdots,\lg k]^T$；$A=[a'_1,a'_2,\cdots,a'_n]^T$；$B=[b'_1,b'_2,\cdots,b'_n]^T$；$Y=[y_1,y_2,\cdots,y_n]^T$。

按照式（11-112）只能确定出系数 k 和 d 的估计值 $\hat{k}$ 和 $\hat{c}$，即

$$\varsigma=Y-\hat{K}-\hat{c}A-B \quad (11\text{-}113)$$

其中：ς 为拟合误差，$\varsigma=[\varsigma_1,\varsigma_2,\cdots,\varsigma_n]^T$。

为了得到系数 k 和 c 的最优估计 $\hat{k}_m$ 和 $\hat{c}_m$，应使得 ς_i 的平方和最小，即

$$\min s=\sum_{i=1}^n\varsigma_i^2=\sum_{i=1}^n(y_i-\lg\hat{k}-\hat{c}a'_i-b'_i)^2 \quad (11\text{-}114)$$

当 s 最小时，$\dfrac{\partial s}{\partial \hat{k}}=0$ [等价于 $\dfrac{\partial s}{\partial(\lg\hat{k})}=0$]；$\dfrac{\partial s}{\partial \hat{c}}=0$。即

$$\frac{\partial s}{\partial(\lg\hat{k})}=-2\sum_{i=1}^n(y_i-\lg\hat{k}-\hat{c}a'_i-b'_i)=0 \quad (11\text{-}115)$$

$$\frac{\partial s}{\partial\hat{c}}=-2\sum_{i=1}^n(y_i-\lg\hat{k}-\hat{c}a'_i-b'_i)a'_i=0 \quad (11\text{-}116)$$

联立式（11-115）和式（11-116），可得

$$\hat{c}_m=\frac{n\sum_{i=1}^n(y_i-b'_i)a'_i-\sum_{i=1}^n a'_i\sum_{i=1}^n(y_i-b'_i)}{n\sum_{i=1}^n a'_i{}^2-(\sum_{i=1}^n a'_i)^2} \quad (11\text{-}117)$$

$$\hat{k}_m = 10^{\left[\sum_{i=1}^{n}(y_i - b'_i) - \hat{c}_m \sum_{i=1}^{n} a'_i\right]/n} \tag{11-118}$$

即选择水质控制点的 n 组数据后，则可分别计算出系数的最优值 $\hat{k}_m$ 和 $\hat{c}_m$。

根据上述突发水污染情景模拟结果，可分别计算出 T_0、C_{max} 和 $T_{C_{max}}$ 3个特征参数的快速预测方法的各项系数，从而建立中线干渠突发水污染事故快速预测公式，以便快速预测中线干渠突发水污染事故下的污染物输移扩散过程。

对于选择的2个渠池，可利用水力学模型分别计算出3种流量下的平均流速和纵向离散系数，见表11-11。

表 11-11　两渠池不同流量下的平均流速和纵向离散系数

参数	第4个渠池			第36个渠池		
	30% $Q_设$	50% $Q_设$	70% $Q_设$	30% $Q_设$	50% $Q_设$	70% $Q_设$
u / (m/s)	0.41	0.66	0.89	0.30	0.48	0.60
E_d / (m²/s)	26.11	45.14	63.22	16.05	28.07	30.45

对于 T_0、C_{max} 和 $T_{C_{max}}$ 3个特征参数的快速预测方法的各项系数，分别应用第4个渠池、第36个渠池以及第4和36这2个渠池的3种情景模拟结果来计算各项系数，从而分析突发水污染事故快速预测公式的适用性。

11.4.2.4　污染物到达时间公式

若利用第4个渠池表11-8和表11-9中 $T_0 \geq 30\text{min}$（减小步长对污染物达到时间的影响）的共41组数据，可计算得 k、d 和 e 这3个系数的最优估计值分别为0.062、0.223和0.249，那么由式（11-118）可知，a、b 和 c 这3个系数的值分别为-0.249、1.524和-1.223。而 C_0 在本文中取值为0.001，因此，式（11-118）则可表示为

$$T_0 = 0.011 m^{-0.249} x^{1.524} u^{-1.223} E_d^{0.223} \tag{11-119}$$

若利用第36个渠池表11-12中 $T_0 \geq 30$ min 的共12组数据，可计算得 k、d 和 e 这3个系数的最优估计值分别为0.014、-0.081和0.234，那么由式（11-119）可知 a、b 和 c 这3个系数的值分别为-0.234、1.782和-0.919。而 C_0 在本书中取值为0.001，因此，式（11-119）则可表示为

$$T_0 = 0.0028 m^{-0.234} x^{1.782} u^{-0.919} E_d^{-0.081} \tag{11-120}$$

若利用第4和36个渠池的上述共53组数据，可计算得 k、d 和 e 这3个系数的最优估计值分别为0.061、0.204和0.237，那么由式（11-120）可知 a、b 和 c 这3个系数的值分别为-0.237、1.508和-1.204。而 C_0 在本书中取值为0.001，因此，式（11-120）则可表示为

$$T_0 = 0.012 m^{-0.237} x^{1.508} u^{-1.204} E_d^{0.204} \tag{11-121}$$

11.4.2.5　峰值浓度公式

若利用第4个渠池表11-8和表11-9中除去表11-8种突发水污染事故位置为0.9L的共

81组数据，可计算得k和d这2个系数的最优估计值分别为1.066和-2.449，那么由式（11-90）可知b和c这2个系数的值分别为-0.551和2.449。因此，式（11-87）则可表示为

$$C = 0.551 l^{2.449} d^{-2.449} C_{max} \quad (11-122)$$

若利用第36个渠池表11.4-5中除去表11.4-3种突发水污染事故位置为0.9L的共45组数据，可计算得k和d这2个系数的最优估计值分别为0.467和-2.616，那么由式（11-90）可知b和c这2个系数的值分别为-0.384和2.616。因此，式（11-87）则可表示为

$$C = 0.384 l^{2.616} d^{-2.616} C_{max} \quad (11-123)$$

若利用第4和36个渠的上述共126组数据，可计算得k和d这2个系数的最优估计值分别为0.746和-2.519，那么由式（11-90）可知b和c这2个系数的值分别为-0.481和2.519。因此，式（11-87）则可表示为

$$C = 0.481 l^{2.519} d^{-2.519} C_{max} \quad (11-124)$$

11.4.2.6 峰值浓度出现时间公式

若利用第4个渠池表11-8和表11-9中除去表11-8种突发水污染事故位置为0.9L的共27组数据，可计算得k和c这2个系数的最优估计值分别为2.25和0.146，那么由式（11-106）可知a和b这2个系数的值分别为0.854和-1.146。因此，式（11-103）则可表示为

$$T = 0.854 l^{-1.146} d^{0.146} C_{max} \quad (11-125)$$

若利用第36个渠池表11-10的共15组数据，可计算得k和c这2个系数的最优估计值分别为3.291和0.285，那么由式（11-106）可知a和b这2个系数的值分别为0.715和-1.285。因此，式（11-103）则可表示为

$$T = 0.715 l^{-1.285} d^{0.285} C_{max} \quad (11-126)$$

若利用第4和36个渠池的上述共42组数据，可计算得k和c这2个系数的最优估计值分别为2.302和0.168，那么由式（11-90）可知a和b这2个系数的值分别为0.832和-1.168。因此，式（11-103）则可表示为

$$T = 0.832 l^{-1.168} d^{0.168} C_{max} \quad (11-127)$$

假设第4个渠池严陵河节制闸闸后和第36个渠池安阳河节制闸闸后发生突发水污染事故，污染物质量和渠池流量等其他条件之前的情景设置。分别应用水质模型和快速预测公式进行模拟，分析快速预测公式计算结果与水质模型计算结果的差异，见表11-12、表11-13。

从表11-13中可看出，污染物到达时间快速预测的3个公式与水质模型在两个渠池各情景下的平均误差（RE）大部分都小于30%，且平均相对误差（MRE）仅有1组超过30%。从表11-14中可看出，峰值浓度快速预测的3个公式与水质模型在两个渠池各情景下的平均误差（RE）大部分都小于20%，且平均相对误差（MRE）几乎都小于20%。从表11-14中可看出，峰值浓度出现时间快速预测的3个公式与水质模型在两个渠池各情景

下的平均误差（RE）大部分都小于30%，且平均相对误差（MRE）仅有2组在两个渠池流量为30%和70%设计流量时）超过20%。结果表明，基于水质模型模拟结果建立的中线干渠突发水污染事故快速预测公式，与水质模型本身的计算误差是可接受的，且计算更为简单和快速，具有较强的可靠性和适用性。

通过统计相对误差发现，利用第4个渠池的情景模拟结果得到的突发水污染快速预测式（11-118）、式（11-121）和式（11-124）在第4个渠池谭寨分水口和淇河节制闸的污染物到达时间、峰值浓度和峰值浓度出现时间3个特征参数的相对误差平均值分别比第36个渠池漳河节制闸的小4.1%、4.2%和19.7%，而利用第36个渠池的情景模拟结果得到的突发水污染快速预测式（11-119）、式（11-122）、式（11-125）在第36个渠池漳河节制闸的污染物到达时间、峰值浓度和峰值浓度出现时间3个特征参数的相对误差平均值分别比第4个渠池谭寨分水口和淇河节制闸的小22%、-8.2%和16.6%。结果表明，利用某个渠池的情景模拟结果得到的突发水污染快速预测公式在本渠池的应用效果总体上略好于其他渠池的应用效果。

此外，分别统计利用3种情景模拟结果得到的突发水污染快速预测公式在第4和36个渠池的污染物到达时间、峰值浓度和峰值浓度出现时间3个特征参数的相对误差平均值，发现式（11-118）、式（11-121）和式（11-124）在两个渠池的相对误差平均值分别为19.4%、10.4%和23.7%，式（11-119）、式（11-122）式（11-125）在两个渠池的相对误差平均值分别为31.5%、8.9%和15.1%，式（11-120）、式（11-121）、式（11-122）在两个渠池的相对误差平均值分别为19.2%、10.8%和11.8%。结果表明，利用第4和36个渠池情景模拟结果得到的突发水污染快速预测公式的应用效果总体上略好于仅用第4或36个渠池情景模拟结果得到的突发水污染快速预测公式的应用效果。

表 11-12　第4和36个渠池污染物到达时间快速预测公式计算相对误差　%

流量	计算方法		
	式（11-120）	式（11-121）	式（11-122）
30% $Q_设$	11.4	26.5	15.3
50% $Q_设$	14.9	26	15.1
70% $Q_设$	29	42.1	27.3

表 12-13　第4和36个渠池污染物峰值浓度快速预测公式计算相对误差　%

流量	计算方法		
	式（11-123）	式（11-124）	式（11-125）
30% $Q_设$	8.2	10.3	5.3
50% $Q_设$	20.4	9.1	16.8
70% $Q_设$	11.7	7.2	10.2

表 12-14　第 4 和 36 个渠池峰值浓度出现时间快速预测公式计算相对误差　　　　　　　　　　　%

流　量	计　算　方　法		
	式（11-126）	式（11-127）	式（11-128）
30% $Q_{设}$	28.1	13.6	15.4
50% $Q_{设}$	19.9	18.2	8.2
70% $Q_{设}$	23	16.6	11.8

11.5　突发水污染应急调度模型

11.5.1　突发水污染应急调度模型框架

针对于突发水污染应急事件的渠池调度，除了考虑事故期的针对应急事件的调度以外，还需要进行从应急状态到正常状态的恢复通水调度。因此，应急调度可分为事故期调度和恢复通水期调度。根据应急事件发生地点，可将中线总干渠分为3段，分别为应急事故段、事故段上游、事故段下游。事故期调度下，在应急事故段的事故期调度以控制水污染事故为目的，事故段上游的事故期调度以保证调度过程中尽可能保持水位平稳为目的，而事故段下游的事故期调度以保证尽可能供水为目的，因此针对不同的段采用不同的事故期调度方案。而在恢复通水期，事故段上游的调度目标是从小流量输水恢复到大流量输水，而事故段和事故段下游是从中断供水到恢复供水。因此，恢复通水期的调度主要分为事故段上游恢复通水调度以及事故段及事故段下游恢复通水调度两种调度类别。

在事故期调度中，应急事故段需要完成的调度为，根据事故段的事故发生的地点、事故发生时间、确定事故段的范围，事故段上、下游节制闸以及退水闸的关闭时间。事故段上游的调度需要完成的是在事故段闸门关闭时间确定的基础下，确定事故段上游所有节制闸的调控过程，保证事故段水位平稳。事故段下游需要完成的调度是尽可能多的为利用渠池蓄水完成往下游分水口的供水。因此，应急调度模型的输入为事故点位置、事故点污染物质质量，第一层输出为事故段的节制闸和退水闸调度方案，第二层输出为事故段上游节制闸以及退水闸的调度方案和事故段下游节制闸和分水口的调度方案。

在恢复通水期的调度中，事故段上游的调度需要完成的是确定事故段上游所有节制闸的调控过程，保证节制闸的流量从应急后的小流量输水恢复到正常输水情况下的大流量输水，同时保证水位的平稳。事故段和事故段下游则是确定恢复通水过程中的通水方案，尽可能快地恢复通水。

11.5.2 突发水污染事故期事故段调控技术

11.5.2.1 节制闸调度策略

根据前锋污染物到达时间快速预测公式，即可确定下游节制闸的调度措施。下游节制闸的关闸以控制水污染向下游渠池的扩散，因此，在前述快速预测公式预测的时间为 t_p 时，下游的关闸时间 t_d 应当满足为

$$t_d < t_p \tag{11-128}$$

事故段上游节制闸的关闸时间理论上应当越快越好，有利于减少进入污染渠池的水体。但是如果关闸时间过快，也会造成事故上游段渠池漫溢，这样不仅会造成上游水体漫溢进入事故渠池，也可能造成现地节制闸机房事故。因此，对于事故段的上游节制闸，其节制闸关闭也需要视情况而定。若事故段节制闸的上游方向有临近的退水闸，则其节制闸可快速关闭。根据相关调研，中线节制闸的最快关闭速度为0.4m/min，而节制闸的最大开度目前维持在4m以下，因此，节制闸的最快关闭时间大约为10min。在这种情况下，可设置上游节制闸的关闭时间为10min。而在当事故段节制闸的上游方向没有临近的退水闸时，可设置上游节制闸的关闭时间 t_u 等于下游节制闸的关闸时间，即

$$t_u = t_d \tag{11-129}$$

11.5.2.2 退水闸调度策略

1. 常规退水策略

常规退水策略主要包括以下几个步骤：

（1）基于水动力模型计算得到各渠池的初始蓄量 V_1 和各渠池首次退30cm对应的蓄量 V_2，按退水能力进行退水计算渠池首次退30cm所需时间 T_1，计算公式如下：

$$T_1 = \frac{V_1 - V_2}{Q^*} \tag{11-130}$$

（2）判断 T_1 是否小于1d。

（3）在 T_1 小于1d的条件下，按照1d退30cm的标准，计算常规退水时间 T_C，计算公式如下：

$$T_C = \frac{h}{0.3} \tag{11-131}$$

式中：h 为水深，m。

选取陶岔渠首的输入流量为244.31m³/s 运行状态下的典型工况，常规退水策略的计算结果见表11-15。

由表11-15可知，常规退水策略的平均退水时间为21.36 d，其供水保证率 η，结果如下：

$$\eta = 1 - \frac{21.36}{365} \approx 94\% \tag{11-132}$$

表 11-15　　陶岔渠首的输入流量为 244.31 m^3/s 时的常规退水策略

渠池名称	退水时间 T_C /d	退水量 / 万 m^3	渠池名称	退水时间 T_C /d	退水量 / 万 m^3
刁河—湍河	19	541.15	孟坟河—香泉河	22	499.99
湍河—严陵河	20	348.23	香泉河—淇河	21	630.27
严陵河—淇河	18	618.24	淇河—汤河	22	483.81
淇河—十二里河	25	595.67	汤河—安阳河	21	555.27
十二里河—白河	19	409.83	安阳河—漳河	22	255.11
白河—东赵河	27	463.98	漳河—牤牛河	30	513.71
东赵河—黄金河	26	497.31	牤牛河—沁河	17	368.39
黄金河—草墩河	26	534.97	沁河—洺河	23	477.48
草墩河—澧河	21	671.37	洺河—南沙河	18	330.06
澧河—澎河	20	540.46	南沙河—七里河	23	92.14
澎河—沙河	19	232.83	七里河—白马河	23	245.94
沙河—玉带河	20	494.84	白马河—李阳河	21	281.76
玉带河—北汝河	22	299.59	李阳河—午河	22	473.23
北汝河—兰河	21	478.86	午河—槐河（一）	15	347.50
兰河—颍河	21	648.21	槐河（一）—洨河	24	549.06
颍河—小洪河	23	408.83	洨河—古运河	24	373.55
小洪河—双洎河	22	489.56	古运河—滹沱河	15	119.89
双洎河—梅河	21	310.19	滹沱河—磁河	22	294.34
梅河—丈八沟	23	404.50	磁河—沙河	21	172.19
丈八沟—潮河	23	397.74	沙河—漠道沟	22	250.50
潮河—金水河	23	320.54	漠道沟—唐河	21	133.58
金水河—须水河	23	247.24	唐河—放水河	21	291.33
须水河—索河	24	269.48	放水河—蒲阳河	12	153.51
索河—穿黄	22	224.13	蒲阳河—岗头	21	228.99
穿黄—济河	29	344.43	岗头—西黑山	16	105.35
济河—𫚈河	23	569.88	西黑山—瀑河	13	122.82
𫚈河—溃城寨河	21	387.61	瀑河—北易水	21	135.93
溃城寨河—峪河	23	274.76	北易水—坟庄河	22	102.15
峪河—黄水河	17	447.02	坟庄河—北拒马	20	174.61
黄水河—孟坟河	24	316.94			

由此可见，常规退水策略下的供水保证率并不能达到很理想的结果，这可能会给用水户带来一些不利的影响。

2. 精准退水策略

选取陶岔渠首的输入流量为244.31m³/s运行状态下的典型工况，选取污染源发生在上游节制闸的闸后和事故渠池的中间位置的两种污染源位置的典型情况，取污染物到达退水闸前500m，以此为开始开启退水口和关闭节制闸的时间节点。

考虑中线各个渠道中，退水闸的分布情况不同，综合分析后，可将污染物扩散距离的计算分成5种情况。

情况1：事故渠段中仅存在一座退水闸，且退水闸位于污染物下游。

情况2：当前渠池无退水闸，下一渠池仅存在一座退水闸（位置无影响）。

情况3：当前渠池的退水闸（仅一座）位于污染物上游，下一个渠池内的退水闸位于污染物下游。

情况4：当前渠池有两座退水闸，且退水闸分别位于污染物上游和下游。

情况5：当前渠池有两座退水闸，且退水闸皆位于污染物下游。

对以上5种情况进行举例计算。进行退水闸和下游节制闸的流量比较时，退水闸和下游节制闸的选取也按这5种情况考虑。5种情况的示意图分别见图11-29～图11-33。图中的L_1和L_2分别代表上游节制闸的闸后和事故渠池的中间位置到退水闸前500m的距离，可采用以下公式计算：

闸后：L_1=退水闸桩号–上游闸桩号–0.5

闸中：L_2=退水闸桩号–（上游+下游闸桩号）/2–0.5

式中：退水闸桩号即为退水闸距陶岔渠首的距离。

（1）情况1：事故渠段中仅存在一座退水闸，且退水闸位于污染物下游。假设事故发生在刁河渡槽进口节制闸到湍河渡槽进口节制闸之间。

闸后：污染扩散距离：L_1 = 36.354 –14.62 – 0.5=21.234km

闸中：污染扩散距离：L_2 = 36.354 –（36.444+14.62）/ 2 – 0.5=10.322km

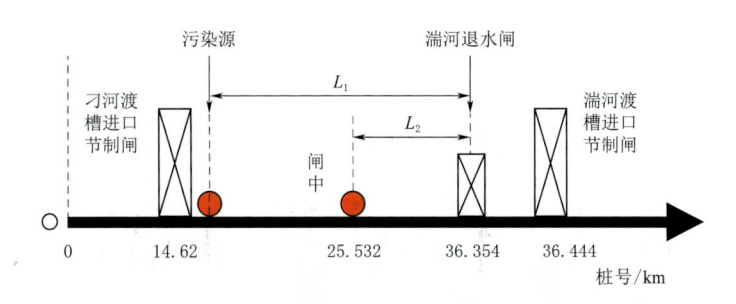

图11-29 情况1示意图

（2）情况2：当前渠池无退水闸，下一渠池仅存在一座退水闸（位置无影响）。假设事故发生在严陵河渡槽进口节制闸到十二里河渡槽进口节制闸之间。

闸后：污染扩散距离：$L_1 = 87.971 - 48.781 - 0.5 = 38.69 \text{km}$

闸中：污染扩散距离：$L_2 = 87.971 - (74.640 + 48.781)/2 - 0.5 = 25.7605 \text{km}$

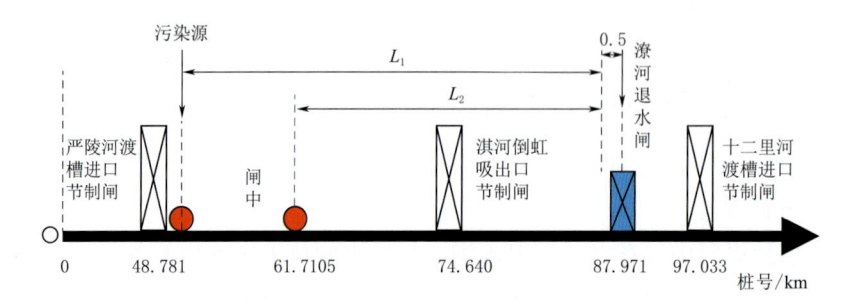

图 11-30 情况 2 示意图

（3）情况 3：当前渠池的退水闸（仅一座）位于污染物上游，下一个渠池内的退水闸位于污染物下游。假设事故发生在东赵河倒虹吸出口节制闸到草墩河倒虹吸进口节制闸之间。

闸后：污染扩散距离：$L_1 = 147.560 - 137.112 - 0.5 = 9.948 \text{km}$

闸中：污染扩散距离：$L_2 = 177.622 - (137.112 + 159.894)/2 - 0.5 = 28.619 \text{km}$

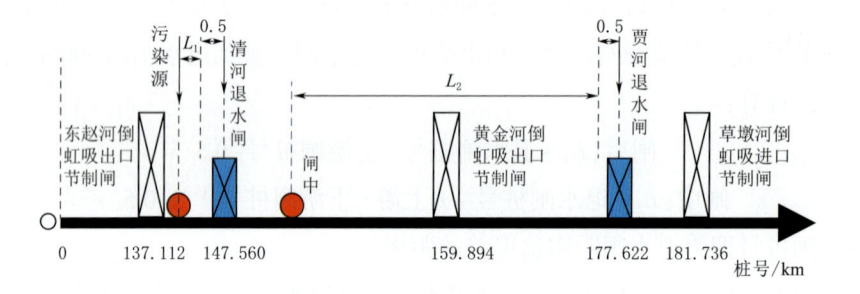

图 11-31 情况 3 示意图

（4）情况 4：当前渠池有两座退水闸，且退水闸分别位于污染物上游和下游。假设事故发生在小洪河倒虹吸出口节制闸到双泊河渡槽进口节制闸之间。

闸后：污染扩散距离：$L_1 = 359.198 - 348.572 - 0.5 = 10.126 \text{km}$

闸中：污染扩散距离：$L_2 = 366.838 - (348.572 + 371.079)/2 - 0.5 = 6.5125 \text{km}$

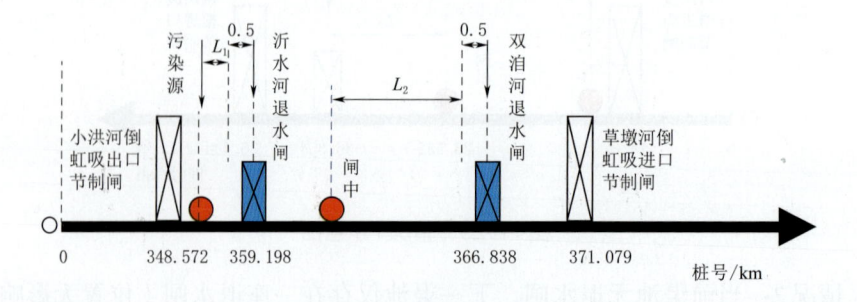

图 11-32 情况 4 示意图

(5)情况5：当前渠池有两座退水闸，且退水闸皆位于污染物下游。假设事故发生在漳河倒虹吸出口节制闸到牤牛河南支渡槽进口节制闸之间。

闸后：污染扩散距离：L_1 = 747.175 – 731.366 – 0.5 = 15.309km

闸中：污染扩散距离：L_2 = 747.175 – （731.366+761.038）/ 2 – 0.5 = 0.473km

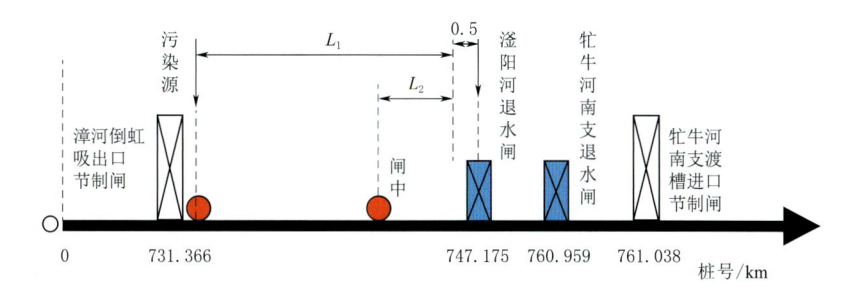

图 11-33　情况 5 示意图

基于以上5种情况，计算各渠池的精准退水时间 T_j，计算公式如下：

$$T_j = \frac{V^*}{Q^*} \quad (11\text{-}133)$$

式中：V^* 为污染带水体体积，m³；Q^* 为渠池退水能力，m³/s。

陶岔渠首的输入流量为244.31m³/s的典型工况在应急调控下计算所得的精准退水策略结果见表11-16。

表 11-16　陶岔渠首的输入流量为 244.31m³/s 时的精准退水策略

渠池名称	闸后方案退水时间 T_{j1}	闸中方案退水时间 T_{j2}	退水量 / 万 m³
刁河—湍河	1.49	0.99	65.51
湍河—严陵河	1.00	0.64	42.28
严陵河—淇河	2.22	1.79	122.41
淇河—十二里河	0.95	0.25	16.00
十二里河—白河	1.61	1.01	64.86
白河—东赵河	2.25	1.80	116.63
东赵河—黄金河	1.19	2.17	143.03
黄金河—草墩河	1.29	0.72	46.60
草墩河—澧河	2.54	1.69	115.66
澧河—澎河	2.43	1.58	102.57
澎河—沙河	1.38	0.82	53.70
沙河—玉带河	2.81	2.24	140.21
玉带河—北汝河	1.46	0.85	53.72
北汝河—兰河	2.26	1.46	94.33
兰河—颍河	2.16	1.42	92.81

续表

渠池名称	闸后方案退水时间 T_{j1}	闸中方案退水时间 T_{j2}	退水量 / 万 m³
颍河—小洪河	2.32	1.85	121.61
小洪河—双洎河	1.48	1.12	70.35
双洎河—梅河	3.23	3.00	195.34
梅河—丈八沟	2.01	1.77	111.25
丈八沟—潮河	1.43	1.11	71.13
潮河—金水河	0.65	1.13	70.22
金水河—须水河	0.77	0.08	4.17
须水河—索河	1.84	1.64	91.38
索河—穿黄	1.24	0.70	35.23
穿黄—济河	2.22	1.98	110.27
济河—闫河	1.53	1.03	57.23
闫河—溃城寨河	0.61	1.16	60.95
溃城寨河—峪河	1.34	0.87	46.23
峪河—黄水河	2.26	1.50	67.63
黄水河—孟坟河	1.60	1.05	57.58
孟坟河—香泉河	1.69	1.13	60.70
香泉河—淇河	2.35	1.57	79.15
淇河—汤河	1.26	0.86	45.21
汤河—安阳河	1.87	1.26	62.53
安阳河—漳河	1.04	0.66	32.07
漳河—牤牛河	2.16	0.15	6.39
牤牛河—沁河	2.55	1.64	76.13
沁河—洺河	2.81	1.86	92.35
洺河—南沙河	3.00	2.19	115.66
南沙河—七里河	0.77	0.33	11.42
七里河—白马河	2.08	1.27	54.01
白马河—李阳河	2.22	1.40	64.05
李阳河—午河	1.91	1.86	123.57
午河—槐河（一）	2.46	1.56	73.05
槐河（一）—洨河	3.17	2.09	98.82
洨河—古运河	2.06	1.60	57.61
古运河—滹沱河	0.54	0.26	8.76
滹沱河—磁河	2.20	0.52	16.65
磁河—沙河（北）	2.00	1.09	37.62
沙河（北）—漠道沟	3.64	2.82	82.96

续表

渠池名称	闸后方案退水时间 T_{j1}	闸中方案退水时间 T_{j2}	退水量 / 万 m³
漠道沟—唐河	1.13	0.59	16.11
唐河—放水河	4.35	3.17	90.97
放水河—蒲阳河	1.33	1.47	39.87
蒲阳河—岗头	2.26	2.39	60.34
岗头—西黑山	5.30	4.57	88.24
西黑山—瀑河	1.87	1.10	24.24
瀑河—北易水	1.85	1.23	15.08
北易水—坟庄河	1.59	1.34	22.60
坟庄河—北拒马	1.26	1.53	16.37
平均值	2.2	1.6	68.13

从表 11-16 可以看出，闸后方案退水时间平均值为 2.2h，闸中方案退水时间平均值为 1.6h，退水量平均值为 68.13 万 m³，精准退水策略下平均退水时间为 1.6h，相比于全年的供水时间可忽略不计，全线用水户的供水保证率达到了 100%。

将两种退水策略进行对比，相比将污染渠池水体排出渠道的常规退水方案，提出的利用污染物输运规律严格控制污染带水体排出渠道的精准退水策略，可将供水保证率由 94% 提高至 100%，且平均减少退水量近 300 万 m³。

11.5.3 突发水污染事故期事故上游段调控技术

在事故渠池上节制闸关闭后，事故渠池上游段各分水口需保持流量不变，各节制闸需减小至相应的流量。若上游段各渠池应急调度稳定后维持闸前常水位，需启用退水闸将多余水体排出，则会浪费大量水资源，造成巨大经济损失。因此，在考虑闸前水位稳定的同时，将闸门操作次数和退水量作为目标函数纳入模型，建立事故上游段多目标应急调度模型，维持水位稳定，优化退水，从而减少弃水，达到减少经济损失的目的。

11.5.3.1 边界条件设置

当发突发水污染事件发生后，上游段下边界流量迅速减小，而上游边界水位维持稳定，边界条件设置如图 11-34 所示。

11.5.3.2 规则退水方案

1. 退水规则

规则退水方案是指在发生突发水污染后，当下游边界流量减小，离退水口最近的节制闸闸前水位超过设定的上限水位时，退水闸开启，当节制闸闸前水位恢复至安全水位（或初始水位）时，退水闸关闭，若当退水闸关闭后，节制闸闸前水位再次壅高至上限水位，退水闸需要再次开启，以此往复操作，即可实现下游流量减小时，维持各渠道水位

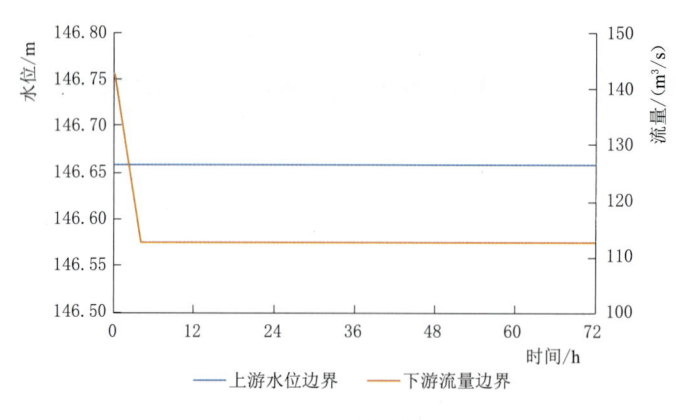

图 11-34　边界条件

稳定和安全。操作逻辑如图 11-35 所示。

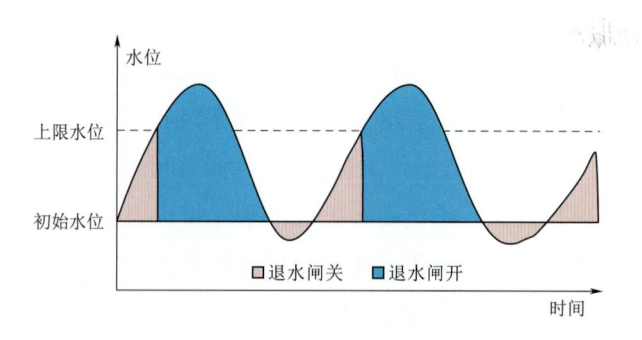

图 11-35　规则退水方案示意图

2. 规则退水结果

在水动力仿真模型中设置退水规则后，退水闸的退水结果如图 11-36 所示，图中展示的离下游边界最近的退水闸退水过程，从图中可以看出：当水污染事件发生后，随着下游边界位置流量减小，渠池内水位逐渐上升，当闸前水位超过上限水位后，退水闸开启，经过一定时间的退水，闸前水位又重新恢复至安全范围，此时退水闸关闭，闸前水位再次出现上涨，以此反复出现。

图 11-36　退水闸退水过程

本研究中，规则退水的模拟周期为72h（3d），通过退水闸的退水作用，各节制闸闸前水位变幅见表11-17，总水位偏差绝对值平均值为0.057m。退水闸退水量为793.800万 m³。

表 11-17　　　　　　　　　各节制闸闸前水位平均绝对误差

节制闸编号	2	3	4	5	6	7	8	9
平均水位偏差 /m	0.043	0.056	0.070	0.047	0.064	0.039	0.017	0.041
节制闸编号	10	11	12	13	14	15	16	17
平均水位偏差 /m	0.060	0.064	0.048	0.044	0.032	0.027	0.041	0.218

11.5.3.3　优化退水方案

上述规则退水方案是基于各节制闸不进行操作，依靠退水闸的退水能力使得水位维持稳定，但存在退水量较大，浪费可用水量的问题，因此，在考虑闸前水位稳定的同时，将闸门操作次数和退水量作为目标函数纳入模型，建立事故上游段多目标应急调度模型，维持水位稳定，优化退水，从而减少弃水，达到减少经济损失的目的。

11.5.3.3.1　优化模型基本原理

针对NSGA算法计算复杂度大、共享参数依赖性强等缺点，Deb等又在原算法的基础上引入了精英策略、拥挤度算子构成NSGA-Ⅱ算法，该算法不需要指定共享参数，且比NSGA算法具有较低的计算复杂度和更优良的性能。

NSGA-Ⅱ算法的操作流程：

（1）初始化算法基本参数及编码，得到初始种群Q_0。

（2）计算初始种群Q_0中个体的目标函数值，运用快速非支配排序对种群Q_0进行分级。

（3）依据二元锦标赛原则对种群Q_n进行选择操作，然后对个体进行交叉、变异产生新种群R_n。

（4）将种群Q_n、R_n合并为双倍子空间，并对该子空间进行非支配排序以及拥挤度的计算。

（5）通过运用精英策略以及拥挤度比较算子从双倍空间中选出子代种群Q_{n+1}。

（6）判断是否达到最大迭代次数，如果是，则算法结束；否则执行步骤（3）。

11.5.3.3.2　优化模型设置

1. 优化目标

工程运行目标一般需要兼顾安全高效且经济的目的，由此确定了运行水位与目标水位的平均偏差最小、调度期内调控次数最少和退水量最小3个目标。具体关于目标函数的定义如下：

（1）运行水位与目标水位的平均偏差最小：

$$\min F_1 = \min\left\{\frac{1}{TN}\sum_{t=1}^{T}\sum_{n=1}^{N}\left|Z_{t,n} - Z_{gn}\right|\right\} \quad t = 1, 2, \cdots, T; n = 1, 2, \cdots \quad （11-134）$$

式中：F_1 为运行水位与目标水位的平均偏差评价值，m；T 为整个调度期；N 为闸门个数；$Z_{t,n}$ 为 t 时刻 n 号渠池的实测水位，m；Z_{gn} 为 n 号渠池目标水位，m。

（2）退水量最小：

$$\min T_3 = \min \left\{ \frac{1}{TN_{\text{out}}} \cdot \sum_{t=1}^{T} \sum_{n_{\text{out}}=1}^{N_{\text{out}}} q_{t,\,n_{\text{out}}} \right\} \quad n_{\text{out}} = 1,2,\cdots,N_{\text{out}} \quad (11\text{-}135)$$

式中：$q_{t,\,n_{\text{out}}}$ 为每个时段的退水量。

2. 决策变量

由于优化的是闸门的调控过程，根据实际工程调度的需要，选则闸门的流量变化值作为决策变量。

3. 约束条件

（1）水位约束：

各渠池水位约束：

$$Z_{t,n}^{\min\,\max}_{\,t,n\,\,t,n} \quad (11\text{-}136)$$

式中：$Z_{t,n}^{\min}$ 和 $Z_{t,n}^{\max}$ 为控制点的最低和最高允许水位。

每小时水位变幅约束：

$$\left| Z_{(t+1),n} - Z_{t,n} \right| \leq Z_h \quad (11\text{-}137)$$

式中：Z_h 为控制点的每小时允许最大水位变幅值。

每天水位变幅约束：

$$\left| Z_{(t+24),i} - Z_{t,i} \right| \leq Z_d \quad (11\text{-}138)$$

式中：Z_d 为控制点的每天允许最大水位变幅值。

（2）流量约束：

$$Q_{t,n}^{\min\,\max}_{\,t,n\,\,t,n} \quad (11\text{-}139)$$

式中：$Q_{t,n}^{\min}$、$Q_{t,n}^{\max}$ 分别为每次流量变化的最小和最大允许值。约束条件可以根据实际的需求做相应的改动，这里只列出了相对重点关注的约束条件。

11.5.3.3.3 优化结果

本研究优化周期为72h，各节制闸和退水闸动作频率均为8h/次，因此设置优化变量共计144个。将优化变量带入仿真模型中，可得到各节制闸的闸门调控过程；将优化调控过程用于水动力仿真模型，得到的各节制闸闸前水位与目标水位的偏差如图11-37所示。从图中可以看出，平均水位偏差为0.105m，最大水位偏差在0.2m以内，表明调控效果较好。

通过多目标优化模型得到的最优解中，平均水位偏差最小为0.105m，最小退水量为0。由此可知，当发生突发水污染事件时，通过优化调控，在维持水位相对稳定的同时，可不进行退水，从而减少水量损失。

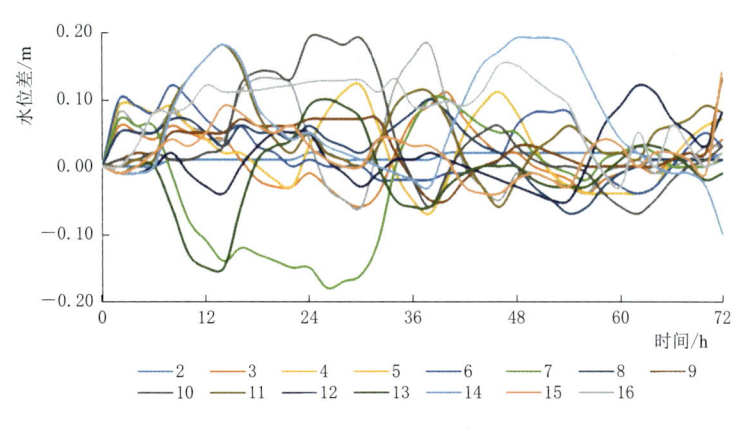

图 11-37　与目标水位的偏差

11.5.4　突发水污染事故期事故下游段调控技术

11.5.4.1　中线分水口门重要性分级

对于突发水污染事故下游段，其在事故发生后由于进口的供水被中断，处于一种利用渠池内蓄水量给分水口门供水的工况。因此在事故发生后，给不同的分水口门持续供水，事故段下游也需要采用不同的应急调控策略，需要首先对事故段下游的分水口门持续供水的情况进行划分。

根据中线沿线供水对象的重要程度，将分/退水口门（北拒马节制闸等效为一个分水口门）的重要性分为4个等级，依次对应北京供水口门（Ⅰ级）、给省会城市供水口门（Ⅱ级）、给地级市供水口门（Ⅲ级）和给其他城市供水口门（Ⅳ级）。各个不同等级的分水口门见表11-18～表11-21。

突发水污染事故期事故下游段的分水口门持续供水情况，可分为持续给Ⅰ级分水口门供水、持续给Ⅰ+Ⅱ级分/退水口门

表 11-18　Ⅰ级、退水口

编号	J61
名称	北拒马节制闸

供水、持续给Ⅰ+Ⅱ+Ⅲ级分/退水口门供水，和持续给下游所有分/退水口门供水工况。Ⅰ级供水是将中线的水全部用于北京的城市供水；Ⅰ+Ⅱ级供水主要保障北京和其他地区省会的供水；Ⅰ+Ⅱ+Ⅲ级主要保障北京、省会和地级市城市的供水。这种等级划分可服务于调度人员，在不同的应急工况以及供水矛盾情况下，快速合理的决策事故段下游的分水供给情况。

表 11-19　Ⅱ级、退水口

序号	名　称	序号	名　称	序号	名　称
1	刘湾分水口	5	上庄分水口	9	永安分水口
2	密峒分水口	6	南新城分水口	10	磁河古道退水闸
3	贾峪河退水闸	7	田庄分水口	11	西黑山分水口
4	中原西路分水口	8	滹沱河退水闸		

表 11-20　　　　　　　　　　　Ⅲ 级、退 水 口

序号	名称	序号	名称	序号	名称
1	潦河退水闸	13	袁庄分水口	25	沁河退水闸
2	姜沟分水口	14	三里屯分水口	26	三陵分水口
3	田洼分水口	15	淇河退水闸	27	邓家庄分水口
4	大寨分水口	16	鹤壁刘庄分水口	28	七里河退水闸
5	白河退水闸	17	小营分水口	29	南大郭分水口
6	府城分水口	18	南流寺分水口	30	白马河退水闸
7	闫河退水闸	19	安阳河退水闸	31	刘家庄分水口
8	李河退水闸	20	漳河退水闸	32	李阳河退水闸
9	苏蔺分水口	21	民有渠分水口	33	泜河退水闸
10	寨河退水闸	22	滏阳河退水闸	34	家佐分水口
11	白庄分水口	23	下庄分水口	35	漕河退水闸
12	香泉河退水闸	24	郭河分水口	36	刘庄分水口

表 11-21　　　　　　　　　　　Ⅳ 级 分、退 水 口

序号	名称	序号	名称	序号	名称
1	肖楼分水口	20	高庄分水口	39	石涧分水口
2	刁河退水闸	21	北汝河退水闸	40	郭屯分水口
3	望城岗分水口	22	赵庄分水口	41	峪河退水闸
4	湍河退水闸	23	兰河退水闸	42	黄水河支退水闸
5	彭家分水口	24	宴窑分水口	43	路固分水口
6	严陵河退水闸	25	任坡分水口	44	孟坟河退水闸
7	谭寨分水口	26	颍河退水闸	45	老道井分水口
8	半坡店分水口	27	孟坡分水口	46	温寺门分水口
9	清河退水闸	28	洼李分水口	47	董庄分水口
10	大营分水口	29	沂水河退水闸	48	汤河退水闸
11	十里庙分水口	30	双洎河退水闸	49	于家店分水口
12	贾河退水闸	31	李垌分水口	50	牤牛河南支退水闸
13	辛庄分水口	32	小河刘分水口	51	白村分水口
14	澧河退水闸	33	十八里河退水闸	52	吴庄分水口
15	澎河退水闸	34	前蒋寨分水口	53	白村分水口
16	澎河分水口	35	索河退水闸	54	吴庄分水口
17	沙河退水闸	36	上街分水口	55	北盘石分水口
18	张村分水口	37	黄河退水闸	56	黑沙村分水口
19	马庄分水口	38	北冷分水口	57	午河退水闸

续表

序号	名称	序号	名称	序号	名称
58	沛河分水口	66	留营分水口	74	界河退水闸
59	北马分水口	67	中管头分水口	75	瀑河退水闸
60	槐河（一）退水闸	68	唐河退水闸	76	荆柯山分水口
61	赵同分水口	69	大寺城涧分水口	77	北易水退水闸
62	万年分水口	70	高昌分水口	78	下车亭分水口
63	洨河退水闸	71	曲逆中支退水闸	79	水北沟退水闸
64	西名分水口	72	塔坡分水口	80	三岔沟分水口
65	沙河（北）退水闸	73	蒲阳河退水闸	81	北拒马退水闸

11.5.4.2 优化分区供水方法

针对突发污染事件延长最不利渠池的供水时间，提出了一种通过合理分区从而延长最不利渠池的持续供水时间的方法。优化分区供水方法首先由当前渠池向下游依次累加各渠池蓄量和分水量，再利用累计蓄量/累计分水量（分区供水时间）确定最不利渠池，将当前渠池—最不利渠池划分为一个供水分区，最后在按照上述步骤一次向下游寻找最不利渠池，并确定分区。

针对突发污染事件延长最不利渠池的供水时间，提出了一种通过合理分区来延长最不利渠池的持续供水时间的方法。优化分区供水方法分为四步，分别为：

（1）由当前渠池向下游依次累加各渠池蓄量和分水量。

（2）利用公式（11-140）确定分区供水时间；即

$$T = \frac{\sum V}{\sum Q} \tag{11-140}$$

式中：T 为分区供水时间；V 为累计蓄量；Q 为累计分水量。

（3）将当前渠池—最不利渠池划分为一个供水分区。

（4）最后在按照上述步骤依次向下游寻找最不利渠池，并确定分区。

这种分区方法主要通过渠池分区的供水时间来反应渠池的分水情况，当累加渠池的分水时间为最小值时，则说明累加的最后一个渠池分水量较大，称这个渠池为最不利渠池。最不利渠池因为分水量较大，无法向下游继续供水，倘若继续往下游供水，会加剧渠池的分水情况，导致渠池分水时间变少，所以关闭下游闸门，将最大程度地延长最不利渠池的供水时间。

中线的应急事故下游调控方案之前一直采用局部分区供水，局部分区供水表示当前渠池仅为当前渠池内或下游邻近渠池内口门供水。相比于局部分区供水方式，优化分区供水方法在四种工况下均识别到最下游渠池为最不利渠池，事故下游段渠池统一为一个分区。两种分区方法如图11-38、图11-39所示。

运用优化分区的方法，以兰河—颍河节制闸段发生应急事件为例，对4类不同等级的供水工况进行供水时间计算。采用优化分区方法以及传统的局部分区供水方法在4种工况下延长最不利渠池供水时间见表11-22。

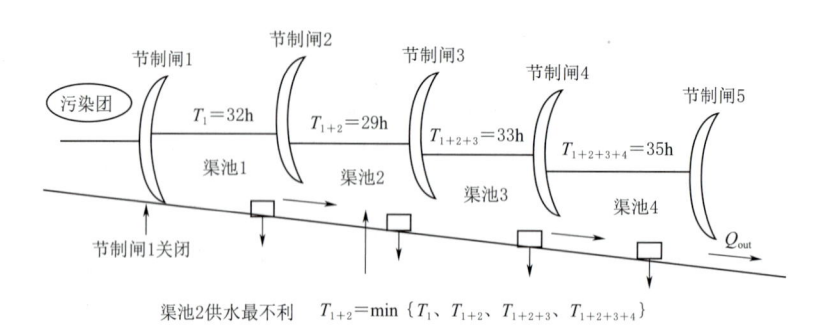

图 11-38　优化分区方法

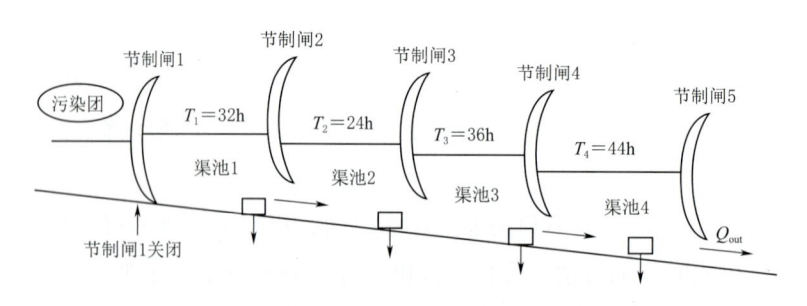

图 11-39　局部分区方法

表 11-22　　　　　　　　　优化分区延长最不利渠池供水时间表

供水工况	局部分区供水时间 /d	优化分区供水时间 /d	最不利渠池延长供水时间 /d
Ⅰ级口门供水	36.7	36.7	0.0
Ⅰ+Ⅱ级口门供水	1.3～201	18.6	17.3
Ⅰ+Ⅱ+Ⅲ级口门供水	1.3～251	17.6	16.3
全部口门供水	0.7～268	10.2	16.6

11.5.5　突发水污染恢复通水期事故上游段调控技术

当突发水污染时间处置结束后，需要将渠道恢复正常通水状态，渠道中流量从应急关闸后的小流量逐步缓慢恢复到正常输水情况下的大流量。此时，为了满足工程安全，可采用相对安全的恢复通水策略，让最上游渠池水量逐步恢复，直到最下游渠池。因此，恢复通水是一个水位变化相对安全，调控时间较长的过程。完成这种既定供水流量目标情况下的长时间闸门调控有很多种方法，比如依靠人工经验根据渠池的蓄量或者是传统的控制算法。但是传统控制算法通常只考虑一个目标，无法兼顾多个目标，并且闸门调节频次高，对于闸门的损耗也更加严重，再者就是对于大规模闸群的调节效果并不理想，无法满足实际工程的需要。针对现有技术存在的不足，可将多目标优化算法耦合水动力模型应用于中线工程中，利用优化算法实现长距离输水系统的多闸群多目标短期优化调度方法，实现的恢复通水。

11.5.5.1 边界条件设置

恢复通水阶段，事故段上游下边界流量逐渐加大，回复至正常状态，上游边界采用恒定水位边界，具体设置如图 11-40 所示。

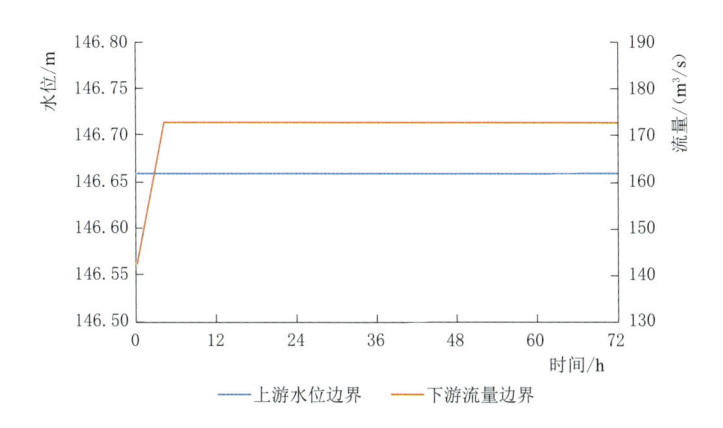

图 11-40　恢复通水阶段边界条件

11.5.5.2 优化模型设置

恢复通水阶段所采用的优化模型与事故期调控所采用的优化模型一致，但两阶段的优化目标存在差异。

恢复通水阶段，工程运行目标一般需要兼顾安全高效的目的，由此确定了运行水位与目标水位的平均偏差最小、调度期内调控次数最少这两个目标。具体关于目标函数的定义如下：

（1）运行水位与目标水位的平均偏差最小，即

$$\min F_1 = \min\left\{\frac{1}{TN}\sum_{t=1}^{T}\sum_{n=1}^{N}\left|Z_{t,n} - Z_{gn}\right|\right\} \quad t=1,2,\cdots,T; n=1,2,\cdots,N \quad (11\text{-}141)$$

式中：F_1 为运行水位与目标水位的平均偏差评价值，m；T 为整个调度期；N 为闸门个数；$Z_{t,n}$ 为 t 时刻 n 号渠池的实测水位，m；Z_{gn} 为 n 号渠池目标水位，m。

（2）调度期内闸门调控次数最少，即：

$$\min F_2 = \min\left(\sum_{n=1}^{N} C_n\right) \quad (11\text{-}142)$$

式中：C_n 为调度期内泵站或闸门 n 的调控次数。

恢复通水阶段的决策变量与约束条件与事故期的优化模型设置一致，这里不再进行介绍。

11.5.5.3 优化结果

通过多目标优化模型,得到一系列的最优方案,如图11-41所示。本研究从工程安全角度出发,选择水位偏差最小时的一组解作为本研究的最优调控方案。

当水位偏差最小时,为0.036m,此时闸门调控次数为53次,即当下游边界流量增加时,为维持系统内水位平稳,需要多次调解闸门开度,使得水位维持在目标水位附近。

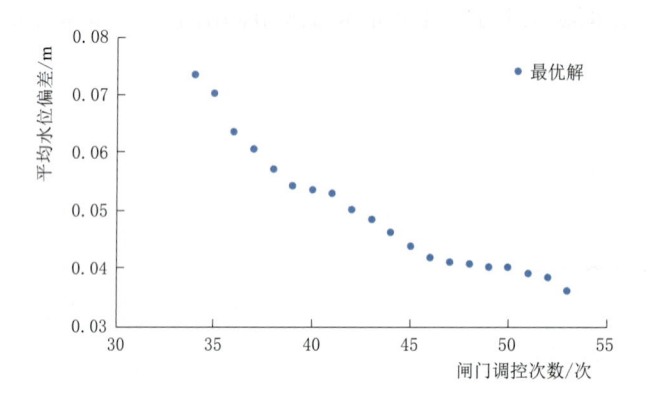

图11-41 多目标优化模型求解的帕累托前沿

各节制闸闸前水位距离目标水位的偏差如图11-42所示,从图中个可以看出,通过优化调控,节制闸闸前水位始终在目标水位附近波动,最大偏差不超过0.20m,表明调控效果较好。

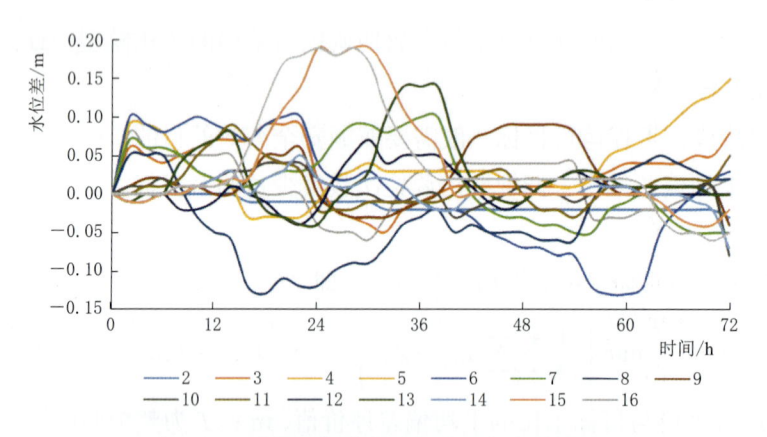

图11-42 节制闸闸前水位距离目标水位的偏差

11.5.6 突发水污染恢复通水期事故段及事故下游段调控技术

针对中线工程的充水方案,前人研究提出了四种调控策略,分别为自上而下充水、自下而上充水、全线同时充水、分段充水。

(1)自上而下式充水指渠首段最先完成充水,依次往下递推。其优点在于可以有序的控制水流,操作相对简单。但由于稳定充水全线相同,渠首充渠流量受下游渠道制约,充渠流量较小，导致充水试验总体时间延长。同时，为了达到充水渠段目标控制水位，要求渠首准确控制入渠水量，且需要确定各渠段水量损失系数，否则可能发生弃水或者水量不足状态。充水过程中，要求所有节制闸均能参与充水控制，且过程相对较长。

（2）自下而上式充水指最末端渠段完成充水，依次往上递推。其优点在于充水过程中，闸门操作相对简单；充水过程中，上游渠端水深较小，不易引起上游渠段的破坏，有利于中线总干渠充水逐步进行，且该充水方式节制闸上、下游水位差一直处于较小状态，对闸后渠道衬砌的保护有利。但这种方式在充水阶段全渠段稳定充水流量相同，而中线总干渠渠段过流能力沿程递减，故为保证中线总干渠下游渠段的充水安全，将限制入渠充水流量，从而使充水时间相对较长。

（3）全线同时充水指各渠段分别以小流量充水，最终全线同时达到目标水位。其优点在于各渠段根据渠段目标体积的不同，可以选用不同的充水流量，各节制闸过闸流量自上往下逐级递减，渠首充渠流量可取最大值，从而缩短整个充水试验的时间，且沿线闸门时刻处于操作或待操作状态，异常状态下，可控性较好。但这种方式在闸门调整流量过程中，需要全线节制闸进行同步操作，对运行控制要求相对较高。此外，该充水方式全线各渠段水位处于同步上升过程中，不能提前开展渠池监测。

（4）分段充水方式是指中线总干渠分成若干大渠段，大渠段间采用自下而上的充水方式，大段内采用自下而上的充水方式。这种充水方式的优点在于可以对重点渠段优先充水，节约充水总时间。但该充水过程渠道水位及流量变化较为复杂，控制过程也相对复杂。

而在突发水污染恢复通水期事故段及事故下游段的恢复充水情况，考虑充水方案应该紧密结合目前南水北调中线总干渠的工程现状，并且在充水过程中要做到把控性好，沿线节制闸操作简单，便于安全检测、检验工作的展开，充水方式还需要考虑人力资源、设备资源、通信资源的合理调配和充水费用相对较低且可控性好。综合这些因素，推荐使用自上而下和自下而上两种充水方式。

针对恢复通水期事故段及其下游段调控，提出了自上而下和自下而上两种充水方法以用来缩短恢复通水时间。以兰河节制闸—颍河节制闸段发生应急事件为例，按照两种不同的充水方式对污染渠池下游进行充水，将下游渠池的水位充至目标水位，比较两种充水方式所对应的充水时间。充水时间利用式（11-143）。

$$T_充 = \frac{V_目}{Q_充} \quad (11\text{-}143)$$

式中：$V_目$ 为目标水位对应的水体；$Q_充$ 为充水流量。

通过计算可知，自上而下的充水方式下游恢复通水时间为 8.9d，自下而上的充水方式下游恢复通水时间为 15.7d，自上而下充水方式比自下而上充水方式下游恢复通水的时间缩短了 6.8d，缩短百分比为 43.2%。故在中线的实际充水方式中推荐使用自上而下的充水方式。两种充水方式恢复通水时间比较见表11-23。

表11-23　　　　　　自上而下式充水和自下而上式充水方式比较

自上而下恢复通水时间 /d	自下而上恢复通水时间 /d	缩短时间 /d	缩短百分比 /%
8.9	15.7	6.8	43.2

11.6　本章小结

（1）对突发水污染情况下的污染源反演规律进行研究，明确了污染运移模拟方程和污染源的源强、位置、发生时间三参数的优化方法，提出了针对一维均一河道发生突发性水污染事件后的污染物溯源方法，建立突发污染溯源模型，提出模型求解的微分进化算法。利用恒定流工况下的一维水质输运方程式，人工生成一个突发污染事件案例进行模型仿真实验分析，并开展了试验应用研究，结果表明突发水污染追踪溯源模型的浓度溯源结果能保持在2.6%以内，溯源的发生时间差可达到5min以内。

（2）针对中线干渠快速应对突发水污染事故的需求，通过在两个渠池设置流量、事故发生位置、污染物质量等大量组合情景并利用中线干渠一维水力学水质模型进行模拟，采用污染物到达时间、峰值浓度和峰值浓度出现时间3个特征参数来对比分析不同情景下的分水口和下节制闸闸前污染物浓度变化过程，并总结出污染物输移扩散规律。在此基础上，针对污染物到达时间、峰值浓度和峰值浓度出现时间3个特征参数，基于量纲分析提出了快速预测方法，且利用3种情景模拟结果建立了相应的快速预测公式并进行验证，最终确定了以2个渠池情景模拟结果的快速预测公式作为中线总干渠突发水污染快速预测公式，以便快速预测中线总干渠突发水污染事故下的污染物输移扩散过程。

（3）针对突发水污染应急调度，提出了一整套突发水污染应急调度技术及恢复通水技术。将突发水污染情况下的中线渠池分为了事故段、事故上游段和事故下游段。针对事故期的调控，分别提出了事故期事故段的精准退水方案，事故期事故上游段的优化调控方案和事故期事故下游段的优化分区供水方案，事故段精准退水退水方案能指导事故段进行快速退水，事故上游段的优化调控方案指导事故上游段在尽可能不采用退水闸的情况下实现渠池调控，事故下游段的优化分区供水方案能够指导事故下游段合理地进行分区，延长各个分区的供水时间；针对恢复通水期的调控，分水提出了恢复通水期事故上游段的优化调控恢复通水方案和事故段及事故下游段的自上而下恢复通水方案，事故上游段的优化调控恢复通水方案通过优化算法在得出了闸门调控次数较小情况下的恢复通水策略，事故段及事故下游段的自上而下恢复通水方案相比自下而上恢复通水，能够缩短恢复通水时间。

第 12 章
突发环境事件应急处置综合预案

12.1 突发水污染事件应急调控策略

中线工程由于输水路线长，涉及范围广，调控复杂，一旦发生突发水污染事件，若处理不及时，会带来意想不到的危害。避免不必要的时间耽误。基于此，根据事件风险等级和突发水污染应急调控模型，结合事件及工程特征，形成中线工程应急调控决策模型，并针对不同输水时期提出了相应的应急调控策略。

首先根据不同类型污染物包括可溶有毒物质、可溶无毒物质和漂浮油类物质特性，针对这三种不同类型污染物选取的调控目标不同，见表12-1。

表 12-1　突发水污染事件应急调控目标确定标准

风险等级	协调发展度	应急调控目标		
		可溶有毒物质	可溶无毒物质	漂浮油类物质
特别重大风险	$0 \leqslant F \leqslant 0.35$	控制污染物	控制污染物+水力安全	控制污染物
重大风险	$0.35 < F \leqslant 0.7$	控制污染物	控制污染物+水力安全	控制污染物
较大风险	$0.7 < F \leqslant 0.85$	控制污染物	水力安全	控制污染物
一般风险	$0.85 < F \leqslant 1.0$	控制污染物+水力安全	水力安全	控制污染物+水力安全

12.1.1 突发水污染事件应急调控决策模型

在发生突发水污染事件时，根据污染物对人体是否有害，应急调控可分为正常输水和闭闸调控两种情况；根据正常输水情况下的应急调控决策参数的量化公式，给出污染物峰值输移距离、纵向长度以及峰值浓度的范围；在闭闸调控时，考虑渠道实际情况，分别对事件渠段上游、事件渠段以及事件渠段下游进行调控，最终为应急处置提供信息支持；具体应急调控快速决策模型如图12-1所示，应急调控快速决策模型步骤如下：

步骤1：得知发生突发水污染事件后，判断污染物对人体是否有害，选取应急调控方式，若对人体无害可正常输水，若对人体有害需闭闸调控。

步骤2：闭闸调控时，考虑渠道实际情况，对事件渠段上游、事件渠段以及事件渠段下游进行调控，在事件渠段，考虑污染物类型调节闸门，对于可溶性物质，根据闭闸调控情况下污染物快速识别公式，给出污染物峰值输移距离、纵向长度以及峰值浓度的范围；对于油类物质需考虑油膜下潜条件，调节渠道流速和闸门开度保证油膜不下潜；在事件渠段上游，考虑上游水量需被利用，根据处置时间以及上游渠段内分水口分水能力调节闸门；在事件渠段下游，给出按照某一流量供水时的供水时间。

步骤3：根据处置后的水质是否达到指标来考虑是否启用退水闸。

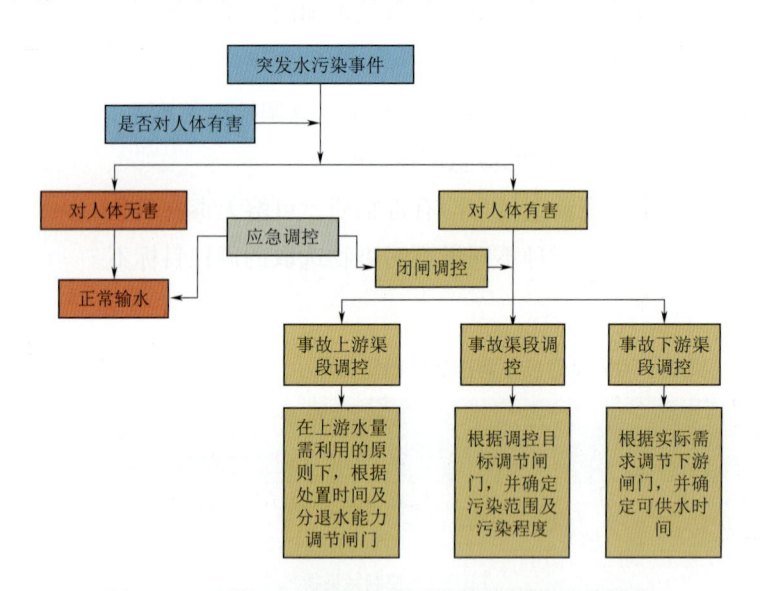

图12-1 中线工程突发水污染事件应急调控决策模型

12.1.2 突发水污染事件应急调控策略

在我国，由于春夏秋冬四季分明，气温变化很大，春夏秋季处于常规输水时期，在冬季可能会出现冰封现象，处于冰期输水时期，因此需要针对不同输水时期制定相应地突发水污染事件应急调控策略。

12.1.2.1 常规输水下突发水污染事件应急调控策略

由于突发水污染事件的不确定性和复杂性，制定有效的应急调控策略是很困难的。

根据应急调控目标的不同,将应急调控策略分为两部分,分别是无毒污染物应急调控和有毒污染物应急调控。由于中线工程一般为明渠,因此对于有毒污染物来讲,应急调控时不仅要对事件渠段进行调控,还需考虑事件渠道上、下游段的调控。因此,在可行、有效的应急调控策略中,针对有毒污染物的应急调控又分为三部分:事件渠段应急调控、事件渠段上游段应急调控、事件渠段下游段应急调控。中线工程突发水污染事件应急调控策略如图12-2所示。

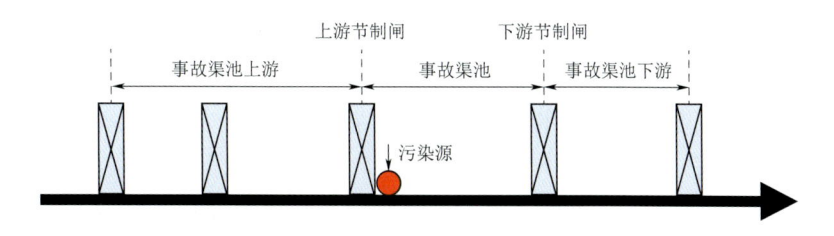

图12-2 中线干渠突发水污染事件时的划分

1. 无毒污染物应急调控策略

对于无毒可溶性水污染事件来讲,应急风险比较低,调控目标为水力安全。在调控前,首先要评估污染物扩散范围,然后根据污染物扩散范围以及工程实际情况,确定调控方式是正常输水还是调节闸门开度。如果调节闸门开度,则在调节过程中需保证水位波动不超过安全标准,保证水力安全。对于漂浮油类污染物,决策者需在保证渠道安全的前提下调节闸门开度,确保油膜不会下潜到下一渠道中。

2. 有毒污染物应急调控策略

由于中线工程一般为明渠,因此在应急调控时,不仅要对事件渠段进行调控,还需考虑事件渠道上、下游段的调控。

(1)拟定污染源发生的位置

污染源发生位置具有不确定性,就中线近几年的资料而言,污染源可能发生在每段渠池(两座节制闸之间的渠段为一个渠池)上游节制闸的闸后位置,下游节制闸的闸前位置,每段渠池的中间位置等。

(2)渠段的划分

根据污染源发生的位置,可将中线干渠分为事故渠池上游、事故渠池和事故渠池下游三部分。

污染源所到达退水闸桩号的具体计算步骤如下所述。

1)计算污染物的前锋到达退水闸前所用的时间T_1。此时,开启退水闸,关闭下游节制闸。

2)计算下游节制闸关闭所用的时间T_2。由求出来污染水体的水量V除以退水闸的设计流量得到污染水体经退水闸排出所用的时间,同时,也是关闭下游节制闸所需的时间T_2。

即

$$vT_1 + \left[12 + \ln\left(\frac{M}{10}\right)\right]\sqrt{2D_{L_i}}T_1^{0.455} = L \qquad (12\text{-}1)$$

$$V = Bh\left[12 + \ln\left(\frac{M}{10}\right)\right]\sqrt{2D_{L_i}}T_1^{0.455} \qquad (12\text{-}2)$$

$$D_L = m0.011\frac{v^2 B^2}{h\sqrt{ghJ}} \qquad (12\text{-}3)$$

式中：L 为污染源距离退水闸的距离，km；v 为渠池平均流速，m/s，采用 $v = Q/A$；M 为瞬时投放的污染物总量，t，采用 $M = 10\text{t}$；D_L 为弥散系数，m²/s；m 为自定义倍数，通常取 1，采用 $m=1$；B 为河渠宽度，m；h 为平均水深，m；J 为水力梯度；T_1 为污染物前锋到达退水闸所需的时间，s。

3）比较下游节制闸的实时流量和退水闸的设计流量，若退水闸的设计流量大于下游节制闸的过闸流量，则上游节制闸的闸门不调节；若退水闸的设计流量小于下游节制闸的过闸流量，则需根据下游节制闸和退水闸的流量差值对上游节制闸的开度进行相应调节。

4）根据第一部分计算出来的时间，判断事故渠池下一个渠池的蓄量与下游分水的关系。在节制闸的关闭时间内，倘若可以满足下游的分水的总体需求，则下游分水口不用进行调控，正常供水，保持现状即可；反之，则应对下游每个分水口成比例的进行调减。

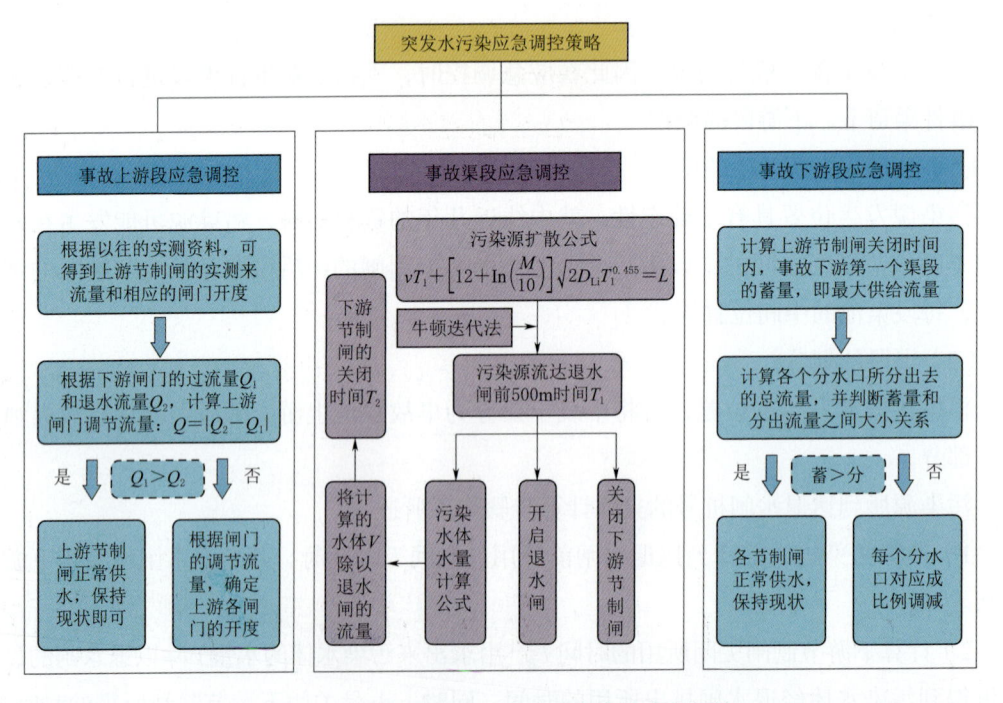

图 12-3　常规输水下突发水污染事件应急调控

12.1.2.2　冰期输水下突发水污染事件应急调控策略

冰期输水期间，输水调控难度大，如何制定科学合理的冰期输水方案保证冰期输水安全是需要解决的难题；同时，如果冰期输水期发生突发汇入水污染事件，能否制定既保障输水安全同时又能有效控制污染物范围的应急调控方案是亟需探讨的问题。

已知渠道在结冰期，为了保证冰花在冰盖前缘不下潜，避免冰塞的形成，通常要求渠道内的断面平均流速控制在0.4～0.6m/s以下，水流的弗劳德数应小于0.07～0.09。在保证冰期安全输水的情况下，结合可溶污染事件和漂浮油类污染事件的应急调控模型，提出了冰期输水下突发水污染事件应急调控策略如图12-4所示。

（1）由于中线工程纬度跨度大，冬季沿线渠道可能会出现未冰封渠段和稳封渠段两部分。首先，根据污染物发生的位置确定污染事件渠段是属于未冰封渠段还是稳封渠段；然后，结合污染物类型确定应急调控方案。

（2）如果发生在非冰封渠段，根据污染物的类型选取应急调控方式。具体调控内容为：

1）可溶性污染物。通过判断污染物对人体是否有害确定污染事件应急调控策略。

（a）若污染物对人体无害，无需调控保持正常输水。

（b）若污染物对人体有害则需闭闸调控，考虑渠道实际情况，需对事件渠段上游、事件渠段以及事件渠段下游分别进行调控。事件渠段：在保证下游稳封渠段内冰盖不被破坏和冰期安全输水的前提下，关闭上下游节制闸控制污染物不进入稳封渠段；如果不能保证在冰盖不破坏和冰期安全输水的前提下控制污染物不进入稳封渠段，则污染物允许进入稳封渠段，此时需要在保证冰期输水安全前提下，结合冰期输水调控要求，合理调控节制闸开度控制污染物范围。

a）事件渠段上游段：考虑上游水量需被利用，根据所需处置时间以及上游渠段内分水口的分水能力调节闸门。

b）事件渠段下游段：需根据事件区段闸门调控方案合理制定闸门调控方案，保证冰盖不被破坏和冰期输水安全，同时控制污染物范围。

（c）提供污染事件信息，为冰期处置提供信息支持。结合闭闸调控情况下应急调控决策参数的快速量化公式，根据决策者需求提供污染物峰值输移距离、纵向长度以及峰值浓度的范围。

2）漂浮油类污染物。通过判断事件渠段内的流速和下游节制闸的吃水深度是否满足油膜不下潜的条件，确定污染事件应急调控策略。

（a）若能保证油膜不下潜则无需调控保持正常输水。

（b）若油膜能下潜，则需调节闸门开度控制流速与下游闸门吃水深度以满足油膜不下潜条件，同时保证下游稳封渠段内冰盖不破坏和冰期安全输水。

a）事件渠段上游段：考虑上游水量需被利用，根据所需处置时间以及上游渠段内分水口的分水能力调节闸门。

b）事件渠段下游段：需根据事件渠段闸门调控合理制定闸门调控方案，保证下游冰盖不被破坏和冰期输水安全，同时控制污染物范围。

（c）提供污染事件信息，为冰期处置提供信息支持。根据决策者需求结合油类快速量化公式给出事件渠段内油膜运移范围。

（3）如果发生在稳封段，判断污染物是否潜入冰盖内确定应急调控方式。

1）若污染物直接留在冰盖表面，无需调控，采取合理处置方式即可。

2）若污染物落入冰盖内，需根据污染物的类型选取应急调控方式。

（a）可溶性污染物。通过判断污染物对人体是否有害确定污染事件应急调控策略。若污染物对人体无害，无需调控保持正常输水；若污染物对人体有害，需闭闸调控；考虑渠道实际情况，对事件渠段上游、事件渠段以及事件渠段下游进行调控。具体调控策略如下：

a）事件渠段：在保证冰盖不被破坏和冰期安全输水的前提下，关闭上下游节制闸控制污染物范围。

b）事件渠段上游段：考虑上游水量需被利用和保证冰期安全输水，根据处置时间以及上游渠段内分水口分水能力调节闸门。

c）事件渠段下游段：需根据事件渠段闸门调控方案合理制定闸门调控方案，保证冰盖不被破坏和冰期输水安全调控要求，同时控制污染物范围。

综上所述，根据闭闸调控情况下应急调控决策参数的快速量化公式，给出污染物峰值输移距离、纵向长度以及峰值浓度的范围，提供污染事件信息，为冰期处置提供信息支持。

（b）漂浮油类污染物。通过判断事件渠段内的流速和下游节制闸的吃水深度是否满足油膜下潜的条件和冰期安全输水，确定污染事件应急调控策略。

若能保证油膜不下潜并且冰盖不被破坏则无需调控正常输水，采取合理处置方式即可；若油膜下潜，则需考虑在冰盖不破坏和冰期输水安全前提下能否通过调节闸门开度控制油膜不下潜，如果可以则调节闸门开度，反之，不调控允许油膜下潜进入下个渠池；然后再判断此时在冰期输水安全前提下能否通过调控闸门控制油膜不下潜，直到油膜不下潜为止。如果油膜始终会下潜，则只能在下游冰封段进行特殊应急处置。而事件渠段上游段在考虑上游水量需被利用和保证冰期安全输水的前提下，根据处置时间以及上游渠段内分水口的分水能力调节闸门；事件渠段下游段需根据事件渠段闸门调控方案合理制定闸门调控方案，保证冰盖不被破坏和冰期输水安全调控要求，同时控制污染物范围。最终，根据决策者需求结合油类快速量化公式给出事件渠段内油膜运移范围，提供污染事件信息，为冰期处置提供信息支持。

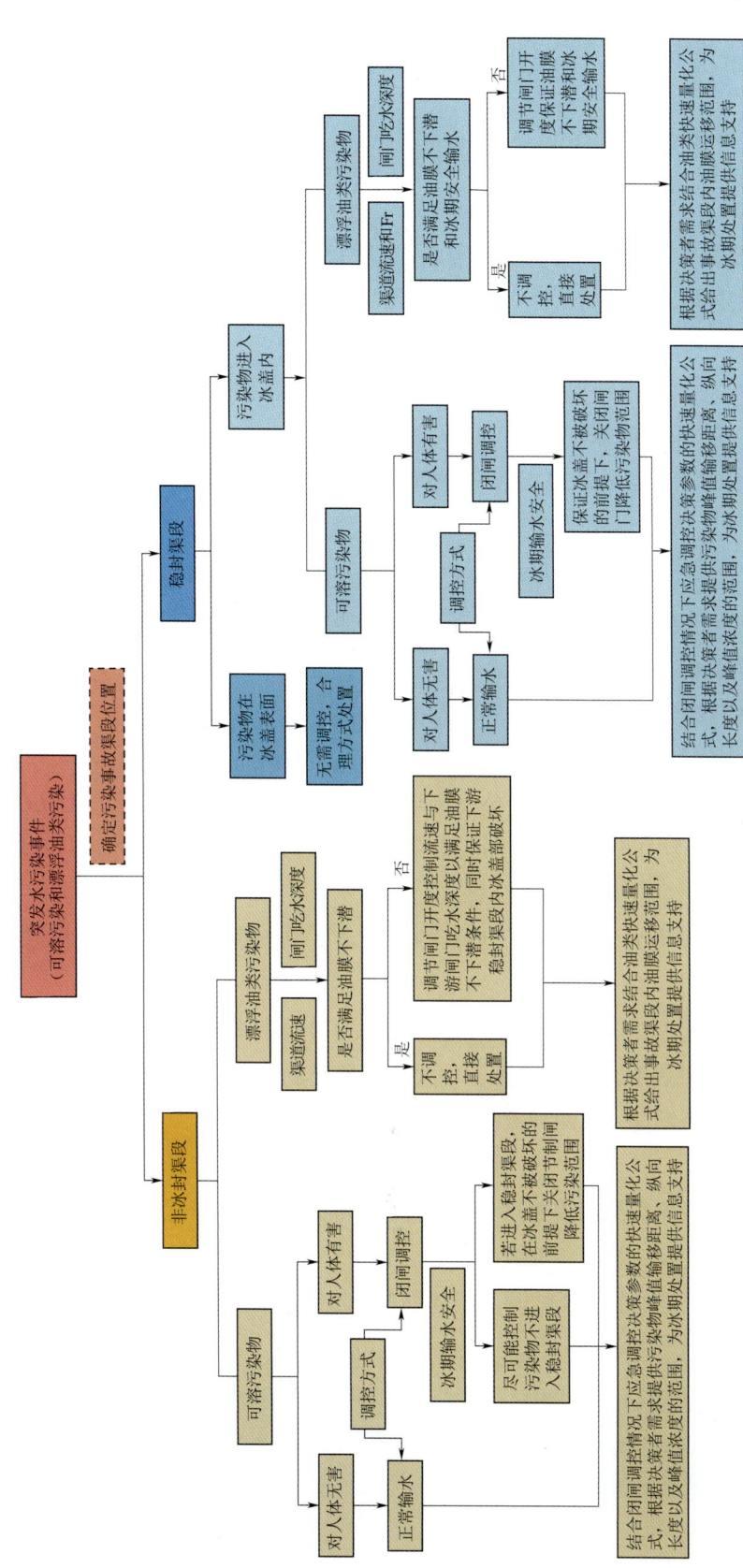

图 12-4 冰期输水下突发水污染事件应急调控策略

12.2 藻类异常增殖风险研究及防控

12.2.1 藻类异常增殖风险分类分级研究

12.2.1.1 指标体系

本书对中线藻类异常增殖的分级主要考虑了3个指标体系，包括：富营养化程度、藻毒性以及藻类发生规模。

1. 富营养化程度

水体富营养化程度的判别需要的指标有很多，本书选定的指标为：TN、TP、SD、I_{Mn}（高锰酸盐指数）与Chla（叶绿素含量）。

采用相关加权的综合营养状态指数来判断水体所处的营养状态。相关加权综合营养状态指数式为

$$TLI(\sum) = \sum W_j \times TSIM(j) \tag{12-4}$$

式中：$TLI(\sum)$为综合营养状态指数；$TSIM(j)$为第j种参数的营养状态指数；W_j为第j种参数营养状态指数的相关权重。

以Chla的TLI参数为基准修正的营养状态指数式为

$$TSIM(\text{chla}) = 10 \times (2.46 + 1.086 \times \ln \text{Chla}) \tag{12-5}$$

TN、TP、SD、I_{Mn}与Chla之间的经验公式参照文献《中国湖泊富营养化》，以$TLI \leqslant 30$为贫营养、$30 < TLI \leqslant 50$为中营养、$TLI > 50$为富营养的分级标准进行判断水体富营养化程度。

2. 藻毒性

为了解中线着生藻类异常增殖的优势藻种，选定了位于邓州市的刁河渡槽进行了着生藻类监测。

2018年11月6日起至2018年11月27日止，采集了4次中线现存的着生藻，并于实验室进行化验分析。结果表明2018年秋季，中线着生藻类的优势藻种是刚毛藻和水绵。经过大量查阅文献、书籍发现，这两种藻种并不会产生藻毒素。

3. 藻类发生规模

南水北调中线干线藻类按照藻密度、Chla、影响范围、持续时间及严重程度，由高到低可分为4个级别：Ⅰ级、Ⅱ级、Ⅲ级、Ⅳ级。其中，Ⅰ、Ⅱ级主要采取应急处置措施，Ⅲ、Ⅳ级防控措施主要是加强藻类监测。具体划分标准见表12-2。

表12-2 藻类分级标准

藻密度（$\times 10^4$cell/L）		Chla /(μg/L)	持续时间 /d	表观特征	分水口水质类别	响应等级
微型藻为主（平均尺寸<20μm）	中、大型藻为主（平均尺寸>20μm）					
500～1000	200～500	5～10	>5	水色无明显改变	优于Ⅲ类	Ⅳ级

续表

藻密度（×10⁴cell/L）		Chla /(μg/L)	持续时间/d	表观特征	分水口水质类别	响应等级
微型藻为主（平均尺寸＜20μm）	中、大型藻为主（平均尺寸＞20μm）					
1000～3000	500～1000	10～30	＞3	水色略有改变，有少量颗粒悬浮	优于Ⅲ类	Ⅲ级
3000～5000	1000～3000	30～100	＞2	水色改变，有明显颗粒悬浮	Ⅲ类	Ⅱ级
＞5000	＞3000	＞100	＞1	水色明显改变，藻类大量聚集	劣于Ⅲ类	Ⅰ级

12.2.1.2 藻类异常增殖风险评价

根据南水北调中线干线工程藻类异常增殖主要风险源分析结果可知，富营养化风险较其他风险源发生概率大、风险的可控性较弱，且一旦发生影响较为明显，因此本研究主要针对该风险进行风险源空间聚类分析。目前，已有许多文献提出了针对不同数据类型的多种空间聚类算法，如基于划分、层次、密度、网络、模型的聚类分析法和基于粒子群优化法、带约束的空间聚类法等。

建立了基于改进AHP法的风险源分级技术。它综合考虑了水体富营养化程度、藻毒性、生长规模等方面，构建了评价指标体系。

风险系数计算模型为

$$D = \sum_{i=1}^{n} \omega_i I_i \tag{12-6}$$

式中：D 为风险系数；ω_i 为指标的权重系数；I_i 为指标的标准化值。

表12-3为风险源风险性分级表，根据计算所得的风险系数就可以确定其风险性等级。

表12-3　　　　　　　　　　风险源风险性判别分级表

风险性等级	风险系数	风险性评价
Ⅰ	$D > 0.05$	风险性高
Ⅱ	$0.04 < D < 0.05$	风险性较高
Ⅲ	$D < 0.04$	风险性低

12.2.2　藻类异常增殖风险防控体系

1. 藻类应急响应等级划分

Ⅰ级响应时实行应急监测、生态调度及物理清除。应急监测频率为1～2d进行1次，由中线沿线各二级管理单位负责实施。生态调度及物理清除实施方案由中线工程运行管理单位组织应急专家组根据藻类密度、优势种种类、发生范围、危害程度等实际情况进行制定，生态调度由总调负责执行，物理清除工作由沿线各三级管理单位组织实施。Ⅰ

级发生时渠道平均流速应大于0.7m/s，当生态调度及物理清除措施难以达到预期效果时，经会商会议讨论后，制定渠道退水方案，报上级单位同意后实施。

Ⅱ级响应时实行应急监测、生态调度，必要时进行物理清除。应急监测频率为2～3d进行1次，由中线工程运行管理单位各二级管理单位负责实施。生态调度及物理清除实施方案由中线工程运行管理单位组织应急专家组根据藻类密度、优势种种类、发生范围及危害程度等实际情况制定。生态调度实施由总调中心负责执行，物理清除由沿线各三级管理单位组织实施。Ⅱ级发生时渠道平均流速应大于0.5m/s。

Ⅲ级响应时实行加密监测及生态调度。加密监测频率为3～7d进行1次，由各二级管理单位负责实施。生态调度实施方案由沿线各二级管理单位根据实际情况制定，报中线工程运行管理单位备案后由总调中心负责实施，Ⅲ级发生时渠道平均流速应大于0.4m/s。

Ⅳ级响应实行预警监测，监测频率为7～15d进行1次，由各二级管理单位负责实施。同时沿线各三级管理单位负责加强现场水质巡查，及时上报藻类变化情况。

2. 藻类风险防控手段

根据藻类的发生范围及严重程度，处置措施分为藻类监测、生态调度、物理清除、渠道退水等。处置应依据藻类水华类型、藻密度及污染范围，有针对性地采取一种或多种措施联合应用。

生态调度是抑制总干渠藻类快速生长的首选手段，生态调度的方式、范围、频次及力度视藻类级别高低进行。生态调度时应综合使用水位、流量、流速及流态调控，以达到最佳调控效果。

物理清除是指利用人工或机械装置进行打捞去除藻类的一种物理措施，适用于Ⅰ级和Ⅱ级藻类标准，该方法能在短期内快速去除大量藻类，减少水体的藻类生物量。物理清除可结合在局部水域使用絮凝沉淀或上浮技术，或者对藻类进行物理拦截、导流，增大藻类聚集度，从而提高物理清除效率，降低成本。此过程必须确保所用絮凝剂对水体及人体无害。

当藻类级别为Ⅰ级，水质处理成本超过可以承受的范围，或者处理后亦不适合作为饮用水水源，经应急专家组会商一致同意后实行渠道退水。渠道退水应尽量利用退水闸附近的天然凹地、废弃水库和天然河流等蓄滞藻类污染水体。为防止发生二次污染，污染水体必须尽快进行集中处置，经处理达标后再用于生态用水或农业灌溉等。

12.3 突发环境事件应急处置措施

12.3.1 化学品污染事故应急处置措施

不同类型的危险源可以由于不同的原因、在不同的地点、以不同的方式引发突发水污染事件。因此，针对危险源的处置技术应根据危险源的性质和事件的类型及其危害特性适当选用。

突发水污染事件发生源从其运动状态的角度可分为固定源和移动源两大类；从事件危害方式的角度可分为易燃易爆类、有毒有害类、有害生物类等三大类。不同运动状态和危害方式的危险源引发事件的原因和特点及危害都不同，因此对应的处置方法也有别。

对突发水污染事件进行处置前必须清楚了解各个风险源的理化性质、化学反应活性、稳定性、燃烧及爆炸特性、环境污染、健康危害等多个方面。值得注意的是，实际上大多数危险物同时具备易燃、易爆、有毒、有害的性质，在事件发生后的救援及污染物处置工作中必须综合考虑。因此，处置前应对现场进一步检测，测定水环境中的污染范围和程度，掌握污染物的有关准确数据，确定处置方法、地点及作业程序，准备好处置设施和防护装备。

为了实现应急处置的精准、及时、高效，在对中线干线工程潜在污染物辨识的基础上，结合相关水质标准规定项目、水环境优先控制污染物以及《常见危险化学品名录》，筛选出388种中线干线工程突发性水污染事件典型污染物及其特性表，并针对这些典型污染物的理化信息、毒理信息、环境标准等特性，分别给出了每种污染物的应急处置技术。其中陆上处理都是通过隔离泄漏污染区，限制出入，应急处理人员穿防毒服，不要直接接触泄漏物。对于小量泄漏事件，用洁净的铲子收集于干燥、洁净、有盖的容器中。对于大量泄漏事件，应根据污染物的性质采取相关措施覆盖，然后收集回收或运至废物处理场所处置。水中处理都是通过打捞等方式将处在容器中尚未完全溢出的污染物快速从水体中分离出来，对漂浮在水体表面的污染物在水体表面设置漂浮式拦截装置如围油栏等，将这些污染物控制在某一区域，不使其扩散，同时采用收油机等设备将这些污染物进行收集后或回收利用、或无害化处置；对沉于水底的污染物，利用沉积物清理设备使其从水体中分离。而应急处置根据污染物的特性采用不同技术，具体见表12-4。

表12-4　　　　　　　　　　污染物应急处置措施一览表

污染物类型	应 急 处 置
苯系物类、氯代芳烃类、多环芳烃类、苯胺类、醚类、酮类、酰胺类、酚和氯酚类、农药及除草剂类、石油类	活性炭吸附技术：利用活性炭的吸附性能去除水中污染物
有机酸及酸酐类、醛和缩醛类	活性炭吸附技术：利用活性炭的吸附性能去除水中污染物； 化学沉淀技术：通过投加化学药剂，使目标污染物形成难溶解的物质从水中分离的； 酸碱中和技术：用碱或碱性物质中和酸性污水时或用酸或酸性物质中和碱性污水； 曝气吹脱技术：将气体通入水中，使之相互充分接触，使水中溶解气体和挥发性物质穿过气液界面，向气相转移，从而脱除污染物

续表

污染物类型	应急处置
卤代烃类、醇类	活性炭吸附技术：利用活性炭的吸附性能去除水中污染物； 曝气吹脱技术：将气体通入水中，使之相互充分接触，使水中溶解气体和挥发性物质穿过气液界面，向气相转移，从而脱除污染物
有机腈类、硫酸盐类	活性炭吸附技术：利用活性炭的吸附性能去除水中污染物； 化学氧化还原技术：采用氧化或还原的方法改变水中某些有毒有害化合物中元素的化合价以及改变化合物分子的结构，使剧毒的化合物变为微毒或无毒的化合物
表面活性剂类	活性炭吸附技术：利用活性炭的吸附性能去除水中污染物； 泡沫分离技术：通过向水中鼓泡，利用气泡富集并借气泡上升将污染物带出水体，从而去除水中污染物
氟化物类、硝酸盐、亚硝酸盐类	化学沉淀技术：通过投加化学药剂，使目标污染物形成难溶解的物质从水中分离的； 离子交换技术：利用离子交换剂上的交换离子与溶液中的其他同性离子的交换反应来去除水中污染离子； 活性氧化铝吸附技术：利用活性氧化铝的吸附性能去除水中污染物
氨、铵盐类	化学沉淀技术：通过投加化学药剂，使目标污染物形成难溶解的物质从水中分离的； 曝气吹脱技术：将气体通入水中，使之相互充分接触，使水中溶解气体和挥发性物质穿过气液界面，向气相转移，从而脱除污染物； 活性氧化铝吸附技术：利用活性氧化铝的吸附性能去除水中污染物； 斜发沸石吸附技术：利用斜发沸石的吸附和离子交换等特性去除水中污染物
金属、类金属及其化合物类	化学沉淀技术：通过投加化学药剂，使目标污染物形成难溶解的物质从水中分离的； 混凝沉淀技术：通过投加混凝剂，使水中的微小悬浮固体和胶体污染物从水中沉淀去除
酸碱类	酸碱中和技术：用碱或碱性物质中和酸性污水时或用酸或酸性物质中和碱性污水
氧化剂类	化学沉淀技术：通过投加化学药剂，使目标污染物形成难溶解的物质从水中分离的； 化学氧化还原技术：采用氧化或还原的方法改变水中某些有毒有害化合物中元素的化合价以及改变化合物分子的结构，使剧毒的化合物变为微毒或无毒的化合物
硫化物类、磷化物类、无机氰化物类	化学沉淀技术：通过投加化学药剂，使目标污染物形成难溶解的物质从水中分离的； 化学氧化还原技术：采用氧化或还原的方法改变水中某些有毒有害化合物中元素的化合价以及改变化合物分子的结构，使剧毒的化合物变为微毒或无毒的化合物； 酸碱中和技术：用碱或碱性物质中和酸性污水时或用酸或酸性物质中和碱性污水
有害微生物类	强化消毒技术：投加消毒剂，使水中病原微生物得到灭活

12.3.2 突发藻类增殖事件应急措施

近年来，国内很多水库都存在富营养化和藻类季节性暴发的问题，有关藻类生长限制因子和控制技术的研究越来越多，国内外学者相继提出了多种控藻技术。目前，藻类的控制方法主要包括化学控藻、物理控藻、生物控藻等方法。考虑到输水工程的特殊性和安全性，中线工程现行的藻类控除方法主要是物理除藻。

物理控藻主要是通过物理途径减弱或消除藻类的繁殖条件或使藻类沉淀于水底，利用物理方法实现控藻目的的方法主要有人工除藻、机械除藻、生态调水等。物理控藻技术具有见效快、生态风险小、经济成本容易控制的优点。

（1）人工除藻主要是通过人为打捞，将藻类从水体移出。该种方式一般能快速去除藻类，但人力物力消耗太大，不能从根本上解决藻类周期性暴发等问题，因此一般作为辅助的控藻手段。

（2）机械除藻是使用机械装置将藻类从水体中移出的一种方式，据了解，中线工程现阶段在投入使用的大型除藻装置是自动拦藻装置。

（3）生态调水是通过控制水力条件的方式实现改变流量、流速或水位，在一定程度上起到改变水动力条件、曝气以及稀释水质营养成分的效果，进而实现控制藻类生长的可能性。

12.3.3 突发贝类污损事件应急措施

12.3.3.1 预防措施

预防淡水壳菜侵入的工作被认为是最根本、最有效的措施，目前常用的预防措施如下。

1. 水源地控制

在水源地放养捕食淡水壳菜的经济鱼类来控制水源中淡水壳菜，防止其大量繁殖。一般能够捕食淡水壳菜的鱼类有青鱼、鲤鱼、钝吻兔脂鲤、三角鲂、鲇鱼、卷口鱼等。针对具体水源，放养鱼类和放养模式需结合当地自然、社会条件确定。

青鱼：春季和夏季淡水壳菜的附着数量和生物量较大，而秋季和冬季平均体长和平均体重较高，可能是因为青鱼苗种的投放时间多在3月以后，需要生长4个月以上，才能达到可以摄食淡水壳菜的规格。

对于水源地中已经产生淡水壳菜危害的地区，可采取生物抑制的办法，在水源地放养青鱼、鲤鱼等能够捕食淡水壳菜的鱼类，这些鱼类在我国已有养殖方面的成熟技术，也能带来经济效益。此外，钝吻兔脂鲤、三角鲂、鲇鱼、卷口鱼等也能够捕食淡水壳菜的幼体，有效防止其大量繁殖。

2. 取水口设滤网

淡水壳菜发育至幼虫时期体长很小，一般只有几百微米，浮游在水中生活，其成虫贝壳长达数十毫米，故一般的滤网可有效地隔离成体，但对体长远小于滤网孔径的淡水壳菜幼虫却无效果。若设置滤网孔径过小，也会降低进水效率，需根据壳长分布及进水效率设置进水口滤网孔径。

3. 水流控制法

淡水壳菜的运行能力很差，当水流流速大于某一值时，淡水壳菜一般不能生存，根据工作人员监测，该值为2m/s。故可控制水流流速来防止淡水壳菜的附着，并破坏其正常生活的水流条件抑制淡水壳菜的生长。而且，水流流速更高时还可将已附着的贝体冲出管道。

4. 生存环境控制

根据淡水壳菜的生理特征，分析淡水壳菜的环境适宜性指数，结合生活用水安全规范，采用一定的措施(如停水、缺氧、升温等)调整环境盐度、温度、湿度、光度等，改变其正常的生活环境，以影响其生长、繁殖。需要调查当地气温数据以及淡水壳菜的繁殖期、水文信息，作为调节繁殖期水温的控制依据。

5. 其他预防方法

一般还有采用紫外线照射、降温或升温、电磁、超声波处理、降低水中的溶氧量、施加电流电压等方式对侵入的淡水壳菜幼体进行灭杀或者破坏其正常的生存环境，抑制其附着繁殖。但其中大多数方法不便实施，且费用高，甚至还会出现安全隐患，而不能得到广泛的应用。

目前也提出了一些新的治理思路，如研究诱捕器来诱捕幼体；采用极限水流流速作为设计的正常运行流速；引水工程中采用双管道在淡水壳菜繁殖期内交替运行等方法进行治理以达到治理效果，但需进一步研究这些方法的适用效果。

12.3.3.2 灭杀措施

1. 物理手段灭杀

在已有淡水壳菜附着的情况下，可通过一定物理手段灭杀、除去淡水壳菜，常用方法有：离水干燥、封闭缺氧、高温水浸泡喷淋、高压水冲、人工或机器刮除等强制淡水壳菜死亡脱落。

（1）离水干燥法

在干热缺水环境下一段时间后，淡水壳菜会死亡脱落，未脱落的可刮除，将残骸收集起来集中处理，避免其进入其他水体，恢复生存能力。此方法需寻求气温、相对湿度、淡水壳菜繁殖时期等要素之间的平衡，以确定最佳的杀灭时间。但对于长供水管道，采用此法需要长时间断水，会带来巨大的不便和经济损失，故一般不适用。对于有周期性涨落且低水位时间能够达到淡水壳菜死亡时间要求的外界水体以及处于供水低谷的短流路输水系统，此法可取得良好效果。

（2）封闭缺氧法

当水中溶解氧下降到不能维持淡水壳菜基本生命活动时，淡水壳菜会大量死亡。故通过封闭方式，切断淡水壳菜赖以生存的溶解氧，能够达到灭杀淡水壳菜的目的。死亡贝体和排泄物分解过程中亦消耗溶解氧，加速了淡水壳菜的死亡。另外，缺氧条件下淡水壳菜代谢过程中会产生有毒物质也从一定程度上增加了死亡的风险。水温越高，淡水壳菜与水的体积比越大时，溶解氧消耗越快，且幼年或老年淡水壳菜死亡率更高，故高温条件下(如夏季)，淡水壳菜的繁殖期内实施，杀灭效果更好。但高温时供水量一般增加，淡水壳菜与水的体积比降低，故方案实施需综合考虑温度、水量和繁殖时间。

（3）高温水浸泡喷淋法

淡水壳菜难以适应高温水环境，高温热水浸泡或水蒸气熏蒸可在短时间内灭杀淡水壳菜幼体，随时间延长，成体也可被杀灭。对于热水供应方便而经济的生产系统，可考虑此方案。但对于自然水体及一般的生活用水供水系统，不宜采用此法。

高温水浴灭杀试验验证了高温水流喷淋灭杀法的快速、有效及可行性，水浴温度≥55℃时10s内死亡率达到100%。

（4）人工及机械清除

在渠道检修期间待渠段内积水放空后，使淡水壳菜自然脱水死亡，然后采取人工清除或利用辅助机械将其刮除的办法。但该法的成本比较高，检修期较长。该方法对于无法长时间停水的管段并不适用。

2. 化学药剂灭杀

在美国、欧洲及加拿大，化学方法普遍运用于淡水壳菜的杀灭和防治中，一般是采用化学药剂杀死淡水壳菜的胚胎、幼体和成体；还有一些是关于溶解淡水壳菜足丝，使其从附着壁上脱落的方法；另外，参考一些用于与淡水壳菜相似的软体动物的防治方法，也可作为控制淡水壳菜的思路。

（1）化学药剂灭杀

常用于灭杀淡水壳菜的药剂近40种，包括氯、双氧水、石灰、硫酸铜、钾盐、氧化铜、臭氧和各种杀贝剂等。国外多采用持续加氯有效地灭杀淡水壳菜，且能抑制其繁殖；还有些新药剂逐渐用于杀灭淡水壳菜，例如聚季铵碱(AFP)是一种有效抑制淡水壳菜而不影响水质的化学试剂，另外国外还研发出一些有抑制作用的生物制剂(如BULAB6002)。药剂控制虽经济、方便，但其有毒成分可能造成环境污染，故用量上应严格控制。

（2）溶解法

大量淡水壳菜死亡后仍附着在管壁上，需要采用一定的措施将其足丝溶解，使其脱落。淡水壳菜的足丝是一种不溶性的蛋白质，氨基复合物等化学抑制剂可以阻碍酶的活性，破坏其不溶性，使淡水壳菜易于冲出管道次氯酸根；（ClO-）也能溶解淡水壳菜的足丝，分泌时间不同的足丝，其溶解性也不同，另外，足丝的溶解速度随溶液中余氯浓度的增加而增加，老化足丝溶解速度增加较新足丝更明显。

（3）植物制剂灭杀

植物制剂与生物、化学灭杀剂相比，毒性小，对当地生态环境造成的危害小，因此近几年受到广泛应用于关注，已广泛应用于灭螺研究中。虽未见关于植物制剂控制淡水壳菜的报道，但可以参考植物灭螺的经验，寻找灭杀淡水壳菜的植物物种，为淡水壳菜的治理提供新方法。

（4）激素控制

贻贝产卵需适宜温度和食物条件，且性成熟体会分泌出特定的物质刺激其他个体的排放。研究者提出构想：在食物来源不充分和温度适宜时期，向水源中投放刺激贻贝排放的化学激素，使其排放。产生的幼体难适宜温度、食物等环境条件而难以生存，而到了适宜繁殖季节，母体一般不能再排卵。因此，此法可从很大程度上降低贻贝的繁殖，但由于涉及化学或生物激素，需寻找只对淡水壳菜生殖产生刺激作用，而不对周围环境及生物和人类产生不良影响的物质。

对工程水源中壳菜的发育过程及运动特性进行了研究，认为减少进入输水通道水流中的壳菜幼虫是防治沼蛤入侵输水通道的关键，建议在输水通道上游建设集沉降池和高频湍流灭杀为一体的水力学系统防治壳菜在干渠中增殖，总结如下：① 在水源水体中壳菜幼虫自 D 型期开始进入水中浮游生活，浮游幼虫自身游泳能力弱，主要依赖水流向干渠水体及下游水体流动，因此，减少进入库区水源及干渠水体的壳菜幼虫是防治其增殖及污损的核心；② 壳菜幼虫在水流中的沉速超过其游泳运动速率，可利用壳菜幼虫的沉降特性，按照沉降效果和经济性综合最优的沉速设计尺寸适当的沉降池沉降水中幼虫，可降低幼虫随水流在干渠水体增殖造成生物污损的风险；③ 壳菜幼虫在泵气造成的高频脉动湍流场中会死亡，且死亡率与高频脉动湍流场的作用时间有关，可通过适当的措施制造湍流场灭杀水中壳菜幼虫。

与物理方法相比，化学方法对于淡水壳菜的控制具有时间短、见效快的特点，但受水体安全要求的影响，药剂选择及投加量成为目前研究的重点。所需药剂应在较短时间内达到杀灭或抑制淡水壳菜的目的，同时药剂浓度不能影响水质的安全。

12.4 本章小结

（1）针对不同输水时期制定相应地突发水污染事件应急调控策略，避免不必要的时间耽误。根据污染事件风险等级和突发水污染应急调控模型，结合污染事件及工程特征，形成中线工程应急调控决策模型，并针对不同输水时期提出了相应的应急调控策略。

（2）本研究从南水北调中线输水工程实际出发，对南水北调中线输水工程沿岸潜在污染源进行详细的调查基础，筛选出 388 种中线干线工程突发性水污染事件典型污染物及其特性表，根据这些典型污染物的理化信息、毒理信息、环境标准等特性，对 388 种典型污染物进行了分类，分别给出了每种污染物的应急处置技术。

（3）根据南水北调中线输水工程的特性，构建了基于三级阶梯结构指标体系的突发水污染事件应急响应等级评价方法，结合长距离输水工程特性，提出了危害特征指数的概念。采用此方法将危害度划分为 4 个等级，并给出了分级的标准及意义。每一等级的危害度直接对应突发水污染事件污染应急响应评等级，确保应急响应的精准性。

（4）本章研究了不同污染源对中线输水工程的危害性，针对不同的污染事故的特性，及中线输水工程本身的特性，总结了不同风险源污染事故的应急技术。

第 13 章
水质常规调度与应急调控协作研究

13.1 研究概况及适用范围

本章通过对中线工程供、用水户及退水区水质信息管理需求开展调查研究，建立中线跨区域多部门水质信息共享与反馈机制，和中线跨区域多部门水质常规调度与应急调控协作机制，并开展中线跨区域多部门信息交互共享应用示范，旨在破解南水北调中线工程运行过程中供水、用水、退水多部门之间的管理协作机制技术瓶颈和制度瓶颈。通过对南水北调中线干线工程、中线配套水厂工程以及可能涉及的退水河流基本情况进行了全面调查梳理，对南水北调中线总干渠水环境问题及可能存在的污染风险进行了诊断和评估，对现有水质监测能力进行了统计，对配套水厂的主导工艺以及应对水污染事故的潜力进行了试验研究，对中线总干渠水质迁移转化特征进行了原位观测研究，在此基础上，分析了南水北调中线工程供水、用水、退水各方水质信息共享的内容、频次和方法，构建了正常和非正常供水水质条件下的协作博弈模型，建立了相关方损益的评价方法和协作方式，供利益相关方决策参考。

13.1.1 中线总干渠及受水区范围和特征

南水北调中线总干渠的特点是规模大，渠线长，建筑物类型多。中线总干渠呈南高北低之势，具有自流输水和供水的优越条件。以明渠输水方式为主，局部采用管涵和倒虹吸。中线总干渠工程自丹江口水库陶岔渠首起，经唐白河流域西部于方城垭口过江淮分水岭进入淮河流域，往北经郑州西穿越黄河，经安阳西过漳河，进入河北省境内。在石家庄西北过滹沱河，经唐县过北拒马河后进入北京市境，终点为团城湖。天津市干线渠首位于河北省徐水县西黑山村北，从中线总干渠分水后向东至终点天津市外环河。输水总干渠总长1432km，其中陶岔渠首至黄河南岸长474km，穿黄工程段长19km，黄河北岸至冀京界长703km，北京市段长79.84km，天津市干线长156km。中线一期工程渠首至冀京界采用明渠输水，北京市段和天津市干线采用管涵输水。

中线工程受水区是我国经济发达、人口密度较高、网络密集地区之一。受水区所涉及北京、天津、河北、湖北四省（直辖市）面积达38.34万km^2，在我国国民经济中具有重要地位，是全国政治、经济、文化核心区域。北京是我国首都，北京市、天津市是华北地区乃至全国的经济中心，经济技术在全国处领先水平，是我国对外开放的前沿地带；河北省是华北地区经济、人口大省；河南省是中部地区人口最多、产值最高的省份。同全国总体水平相比，四省市经济发展处于中等偏上水平。南水北调中线工程受水区范围为北京市、天津市两个直辖市，河北省邯郸、邢台、石家庄、保定、衡水、廊坊6个地级市及14个县级市和65个县城；河南省的南阳、平顶山、漯河、周口、许昌、郑州、焦作、新乡、鹤壁、安阳、濮阳11个地级市及7个县级市和25个县城。根据《南水北调工程规划》，规划基准年中线工程受水区内总人口12015万（2010年），其中黄河以北达7766万人；2030年总人口将达到13460万人，其中黄河以北达到8639万人。受水区城镇人口将由现状的3066万增长到2010水平年的5587万人，城镇化率由现状的29%提高到47%，其中黄河以北的城镇化率达到53%。2030水平年城镇人口增加到7981万人，城镇化率为59%，黄河以北地区城镇化率达到63%。根据2017年统计年鉴，南水北调中线受水区总人口1.25亿人，其中城镇人口7892万人，GDP总计8.1万亿元，城镇居民平均可支配收入21730元，农村居民平均可支配收入13444元。

中线工程受水区是我国土地、光热以及矿产资源较丰富的地区，大部分位于华北平原。华北平原可耕地面积广，气候上，华北平原属北亚热带与温带季风气候区，光热资源充足，昼夜温差高于南方平原，有利于农作物的光合作用与糖分聚集，农产品品质好。受水区还是我国铁、煤等矿产资源富集地区。河北省是与辽宁省、四川省相并列的我国三大铁矿省份之一。河北省、河南省是我国重要的煤矿产地。从经济基础、矿产资源拥有量来看，受水区主要发展条件均较好。

13.1.2　总干渠及其运行管理状况

南水北调中线工程自2014年12月正常通水以来，中线总干渠持续稳定运行，截至2019年12月月底，中线已累计输水260亿m^3。中线工程运行管理单位是根据原国务院南水北调工程建设委员会国调委发〔2003〕3号文件，经原国务院南水北调工程建设委员会办公室批准，并在国家工商行政管理总局登记注册（注册资本3亿元），于2004年7月13日正式成立的，下设13个部门和4个直管项目建设管理单位。中线工程运行管理单位负责南水北调中线干线工程建设和管理，按照国家批准的南水北调中线干线工程初步设计和投资计划。

按照环评报告和环评复核报告的设计要求，中线工程在建设过程中充分考虑外界污染源对于总干渠水质的影响，建立了系统的水质保障体系。一是通过立体交叉、封闭围栏、水源保护区，确立了中线工程三道防线。立体交叉指的是1196km明渠段全部设计成全线封闭立交形式，利用渡槽、倒虹吸、左岸排水等手段，让中线工程与外界河流互不影响。中线总干渠两侧全部布设封闭围栏，围栏范围外设置生态带、水源保护区，保护区分为一级保护区和二级保护区，宽度依据地质条件和地下水扩散特征而定，其中一级保护区的宽度在30～1000m。水源保护区的污染源、风险源台账被纳入生态环境部门污染源管理体系。二是建立了日常监测体系和应急管理体系。日常监测体系包括1个水质保护中心，全面负责沿线的水质保护工作；4个固定实验室，负责具体的监测业务；13个自动监测站，能实现自动采样、自动监测、自动传输，监测参数自动上传到水质系统平台；30个固定监测断面，定期完成常规水质指标的监测工作。通过对危险化学品生产和运输情况的调查分析，结合沿线潜在的风险源，将水体污染物划分为27类、388种典型污染物，针对性地制定不同污染物的应急处置技术。编制了《南水北调中线干线工程水污染应急处置技术手册》，并与国内公安系统、卫生医疗机构等建立了沟通协作机制。

总体来讲，南水北调中线总干渠已经建立了比较系统的水质保护体系，基本实现了外界污染源对渠道影响的最小化。

13.1.3　沿线配套水厂及其管理状况

河南省共规划了83个南水北调中线配套水厂，其中44个为新建水厂，33个为改扩建水厂，6个为既有水厂。河南省自来水供应的主管部门是住房与建设部门，各个市县建设有供水公司，如郑州自来水投资控股有限公司、鹤壁市城市水务(集团)有限公司。

河北省共规划了39个南水北调中线配套水厂，目前已建成35座，还有4座正在规划和建设过程中。河北省自来水供应的主管部门是住房与建设部门，各个市、县建设有供水公司，大部分为国有企业，如石家庄水务集团有限责任公司、邯郸市自来水公司，也有部分为民营企业，如大城县中洲供水有限公司。

北京市区现有水厂13座，分别是第一水厂、第二水厂、第三水厂、第四水厂、第五水厂、第七水厂、第八水厂、第九水厂、田村山净水厂、丰台水厂、309水厂、孙河水厂、郭公庄水厂；调蓄水厂1座，分钟寺调蓄水厂；以及已基本建成待运营水厂1座，第十水厂。日供水能力370万m^3，未来北京市第十水厂A厂一期通水后将新增供水能力规模370万m^3。目前北京市供水管网长度超过9000km，供水用户337万户，供水服务面积超过700km^2。其中南水北调水厂8座，为第三水厂、第九水厂、田村山净水厂、309水厂、长辛店水厂、门头沟城子水厂、郭公庄水厂和通州水厂。均由北京市自来水集团管理。

天津市目前主要有7座南水北调水厂供水，分别为芥园水厂、凌庄水厂、新开河水厂、津滨水厂、塘沽新河水厂、塘沽新村水厂、塘沽新区水厂。由天津水务集团有限公司管理。

13.1.4　沿线退水河流及其管理状况

经调查，南水北调中线总干渠退水闸后可能涉及的退水河流主要有刁河、湍河、严陵河等58条河流。按照属地管理原则，退水河流的水环境管理和水质保障责任归属于地方人民政府。退水河流的水质管理目标主要依据水功能区划、水环境控制单元划定时确定的对应考核断面的水质类别。其中水功能区是我国河流保护和管理的重要抓手，自南水北调中线工程贯通以来，为强化南水北调受水区水质安全管理，构建城市供水安全技术体系，需要了解南水北调中线总干渠沿线各个退水区河道水功能区划现状。调查得到沿线退水河流涉及水功能区一级分区53个，其中开发利用区26个，保护区10个，保留区6个，缓冲区11个。水功能区二级分区67个，其中饮用水源保护区14个，工业用水区4个，农业用水区24个，渔业用水区1个，景观娱乐用水区3个，过渡区10个，排污控制区11个。

13.2　配套水厂概况

13.2.1　水厂分布状况现状

13.2.1.1　河南省水厂基本情况

河南省共规划了83座南水北调中线配套水厂，其中44座为新建水厂，33座为改扩建水厂，6座为既有水厂。据不完全统计，截至2017年12月，已有59座水厂正式引用南水北调水作为水源。其中南阳市规划的17座水厂已通水8座；平顶山市规划的10座水厂已通水7座；周口市规划的3座水厂全部通水；许昌市规划的7座水厂通水6座；漯河市规划7座水厂，后新增了8座水厂，目前已通水7座；郑州市规划10座水厂已全部通水；焦作市规划5座水厂，目前共有6座水厂接收南水，有2座水厂已通水，剩余4座水厂预计2018年通水；新乡市共规划9座水厂，目前已建成8座，其中6座开始通水；鹤壁市规划6座水厂，目前已通水5座。总体而言，河南省南水北调水厂的通水率较高。

纳入调查的河南省36个市、县、区现状总供水能力956.45万 m^3/d，其中南水北调水厂供水能力516万 m^3/d，约占总供水能力的54%，共涉及55座水厂，总体呈现数量上以中小水厂为主，10万t及以下规模水厂占74.6%，规模上以中大型水厂为主，10万t以上水厂供水能力占比为57.4%，水厂规模统计见表13-1。

表 13-1　　　　　　　　　　河南省南水北调水厂规模统计

规模区间（万 t/d）	[0.5]	(5, 10]	(10, 30]	(30, +∞)	总计
水厂数量	25	16	12	2	55
数量占比 /%	45.5	29.1	21.8	3.6	100.0
总规模	91	128.5	219.5	77	516
规模占比 /%	17.6	24.9	42.5	14.9	100.0

54座水厂样本中，有47座（总规模为332.5万 m^3/d）的水厂采用了常规制水工艺，数量占比87%，规模占比65.2%。7座（总规模177.5万 m^3/d）水厂采用了常规+深度处理工艺，数量占比13%，规模占比34.8%，采用深度处理工艺的主要为中大型水厂，其中10万～30万 m^3/d 的12座水厂中有4座采用了深度处理工艺，处理规模在30万 m^3/d 以上的2座水厂全部采用了深度处理工艺。

13.2.1.2　河北省水厂基本情况

南水北调中线工程在河北省的城市供水目标包括 7 个设区市、18 个县级市、74 个县城。本次针对河北省7个地级市的97家供水企业开展了书面调研，并在20个区市开展了实地调查。本次调研的7个地级市中，除邢台外，均已通南水北调水。

纳入调查范围的河北省25个市、县、区，现状总供水能力490.58万 m^3/d，其中南水北调水厂供水能力308.31万 m^3/d，约占总供水能力的63%，共涉及35座水厂。从个数上统计，河北省水厂以中小水厂为主，10万 m^3/d 及以下规模水厂占比74.3%。从供水规模上统计，河北省水厂以中大型水厂供水为主，10万 m^3/d 以上水厂供水能力占总供水能力的比值为67.4%（表13-2）。

表 13-2　　　　　　　　　　河北省南水北调水厂规模统计

规模区间 / 万 t	[0.5]	(5, 10]	(10, 30]	(30, +∞)	总计
水厂数量	21	5	7	2	35
数量占比 /%	60.0	11.3	20.0	5.7	100.0
总规模	59.31	41	133	75	308.31
规模占比 /%	19.2	10.2	43.1	24.3	100.0

35座水厂样本中，有17座水厂（总规模为95.71万 m^3/d）采用了常规工艺，数量占比48.6%，规模占比31%。有18座水厂（总规模212.6万 m^3/d）采用了常规+深度处理工艺，数量占比51.4%，规模占比69%。相较于河南省而言，河北省采用深度处理工艺的水厂比例明显较高。

13.2.1.3　天津市水厂基本情况

天津目前主要有7座南水北调配套水厂，分别为芥园水厂、凌庄水厂、新开河水厂、津滨水厂、塘沽新河水厂、塘沽新村水厂、塘沽新区水厂。

芥园水厂位始建于1898年，1903年正式营业，经扩建和改造后，设计日供水量为50万 m³/d，实际运行规模为40万 m³/d，以气浮池为主要水处理工艺，主要供应区域为天津市红桥区、南开区、和平区、西青区，供水面积130多 km²。

凌庄水厂位于南开区凌宾路，1958年兴建，1963年投产，经过1978年和1985年两次扩建，设计日供水规模为50万 m³/d，实际供水规模为38万 m³/d，以平流、斜管、斜板沉淀池为主要水处理工艺，主要供应区域为和平区、南开区、河西区、静海区、津南区，服务面积约300km²，承担着天津市1/3企业和居民的供水量。

新开河水厂位于河北区淮安道，水厂总体分两期进行建设，一期产水系统1986年投产运行；二期产水系统于1996年投入运行，水厂设计采用常规处理工艺，设计供水规模为100万 m³/d，实际供水规模为65万 m³/d，供水面积近200km²。

天津市津滨水厂设计总规模为100万 m³/d，位于天津市东丽区先锋东路，分两期建设，一期建设规模为50万 m³/d，现状实际运行规模为50万 m³/d，于2011年6月正式并网运行，水厂的工艺流程为预臭氧—高密度沉淀池—气水反冲洗砂滤池—臭氧接触池—生物活性炭滤池—清水池—送水泵房，通南水北调水后实现滦河水、南调水双水源供水。

塘沽新河水厂建于1984年，后经过1989年、1991年两次扩建，主要采用常规处理工艺，现状供水能力为13万 m³/d，实际供水规模为13万 m³/d，供水区域主要为广州道、杭州道、胡家园街、解放路街、新港地区、天津港保税区、经济开发区部分地区等。

塘沽新村水厂建设于1964年，经过1980年和1993年两次改扩建，供水能力达8万 m³/d，水厂采用常规处理工艺，供水区域主要为海河北岸的新村街、解放路街以及海河南岸的大梁子街、大沽化工厂、响螺湾商务商业中心街、临港工业区等地区。

塘沽新区水厂建设于1988年，经过1999年和2017年两次扩建，设计供水能力为13.5万 m³/d，主要采用常规处理工艺，供水区域主要为北塘地区、东疆港区、天津港保税区、渤海石油基地、新港等地区。

天津市目前共有水厂32座，综合生产能力408万 m³/d，其中南水北调配套水厂7座，实际运行供水能力227.5万 m³/d，约占总供水能力的56%。天津市南水北调配套水厂以大型水厂为主，其中5万～10万 m³/d规模1座，数量占比约14%，规模占比约3.5%；10万～30万 m³/d规模水厂共计2座，数量占比约29%，总规模26.5万 t，规模占比约11.6%；30万 m³/d以上规模水厂4座，数量占比约57%，总规模193万 t，规模占比约84.8%（见表13-3）。

表13-3　　　　　　　　天津市南水北调水厂规模统计

规模区间 / 万 t	[0.5]	(5, 10]	(10, 30]	(30, +∞)	总计
水厂数量	0	1	2	4	7
数量占比 / %	0.0	11.3	28.6	57.1	100.0
总规模	0	8	26.5	193	227.5
规模占比 / %	0.0	3.5	11.6	84.8	100.0

7座配套水厂中，有6座水厂（总规模为177.5万 m^3/d）采用了常规工艺，数量占比85.7%，规模占比78%。1座水厂（总规模50万 m^3/d）采用了常规+深度处理工艺，数量占比11.3%，规模占比22%。相较于其他省（直辖市）而言，天津市采用深度处理工艺的水厂比例和规模均较低。

13.2.1.4 北京市水厂基本情况

北京市区用水主要由自来水集团供应，现有水厂13座，分别是第一水厂、第二水厂、第三水厂、第四水厂、第五水厂、第七水厂、第八水厂、第九水厂、田村山净水厂、丰台水厂、309水厂、孙河水厂、郭公庄水厂；调蓄水厂1座，分钟寺调蓄水厂；以及已基本建成待运营水厂1座，第十水厂。供水能力370万 m^3/d，未来北京市第十水厂A厂一期通水后将新增供水能力规模370万 m^3/d。目前北京市供水管网长度9000多km，供水用户337万户，供水服务面积700多 km^2。其中南水北调水厂8座，为第三水厂、第九水厂、田村山净水厂、309水厂、长辛店水厂、门头沟城子水厂、郭公庄水厂和通州水厂。

根据2007年市政府批复的《北京市南水北调配套工程规划》，北京市市南水北调工程建设分三个阶段实施。

第一阶段：2008年，江水进京前实施河北应急调水，完成南水北调中线干线北京段工程和配套工程"三厂一线"（自来水第九水厂、田村山水厂、自来水第三水厂、团城湖至第九水厂输水一期工程）建设，具备接纳年调水4亿 m^3 的能力；

第二阶段：2014年，结合南水北调中线一期工程通水，建设输水工程、调蓄工程、水厂工程和智能调度管理系统等工程，累计建成输水管线200km，新建和改造自来水厂7座，新增调蓄设施容积5000万 m^3，具备接纳年调水10.5亿 m^3 能力；

第三阶段：到2020年，用足南水北调中线一期来水，进一步完善南水北调"喝、存、补"供水工程体系，推动京津冀区域河湖水系（水利工程）互联互通，每年可利用外调水15亿 m^3。主要包括新增配套输水工程72km，新增南水北调水源水厂规模193万 m^3/d，新增调蓄能力3000万 m^3，累计恢复本地水资源战略储备不低于10亿 m^3。

目前，第一、第二阶段建设已经按期完成，冀水进京期间接纳南水的水厂有6座，包括第三水厂、第九水厂、田村山净水厂、309水厂、长辛店水厂和门头沟城子水厂，江水进京后新增郭公庄水厂和通州水厂，截止2018年5月，8座水厂平均取用南调水220余万 m^3/d，占城区供水总量的70%以上。南水北调供水范围基本覆盖中心城区以及大兴、门头沟、昌平、通州等部分区域。其中，309水厂和郭公庄水厂水源为南水北调水，第九水厂和第十水厂未来以南水北调为主要水源，第三水厂和田村山净水厂可以接纳南水北调水。

据统计，北京市区共有水厂70座，综合生产能力522.1万 m^3/d，中心城区水厂共计12座，分别为第一水厂、第二水厂、第三水厂、第四水厂、第五水厂、第七水厂、第八水厂、第九水厂、田村山净水厂、309水厂、孙河水厂和郭公庄水厂。市区现状总供水能力378.5万 m^3/d，其中南水北调水厂供水能力307万 m^3/d，约占总供水能力的81%，主要涉及5座水厂，分别为第三水厂、第九水厂、田村山净水厂、309水厂和郭公庄水厂。

北京市中心城区南水北调水厂以大型水厂为主，其中5万～10万 m^3/d 规模水厂1座，数量占比约20%，规模8万t，规模占比约2.6%；30万 m^3/d 以上规模水厂4座，数量占比约80%，总规模万 m^3/d，规模占比约97.4%（表13-4）。

表13-4 北京市中心城区南水北调水厂规模统计

规模区间/万t	[0.5]	(5, 10]	(10, 30]	(30, +∞)	总计
水厂数量	0	1	0	4	5
数量占比/%	0	20	0	80	100.0
总规模	0	8	0	299	378.5
规模占比/%	0	2.6	0	97.4	100.0

5座水厂均采用了常规+深度处理工艺，数量占比100%，规模占比100%。相较于其他省市而言，北京市水处理水平明显更高。水源有无情况较为清楚的水厂共5座，总规模307万 m^3/d，均设有备用水源。

13.2.2 水厂处理工艺基本情况

调查发现南水北调中线配套水厂制水工艺类型以常规处理工艺为主，常规处理工艺和深度处并存，少数水厂采用了超滤工艺。

1. 河南省常见的常规处理工艺流程如下

网格混凝→平流沉淀池→V型滤池；

常规处理→臭氧活性炭排泥处理；

絮凝沉淀→滤砂过滤→加药消毒；

ClO_2 消毒→絮凝反应沉淀池→气水反冲滤池→（ClO_2）清水池；

絮凝→平流沉淀→V型滤池过滤→消毒处理工艺；

机械混合→网格絮凝→斜板沉淀→气水反冲洗滤池→ClO_2消毒；

预沉→反应沉淀→过滤→消毒；

网格絮凝池→斜管沉淀池→F滤池→清水池→送水泵房；

折板反应→平流沉淀→翻板过滤；

穿孔旋流反应→平流沉淀池→普通快滤池工艺；

折板絮凝池→平流沉淀池→V型滤池→二氧化氯消毒；

加氯→机械混合→折板絮凝平流沉淀池→加氯→V型滤池→加氯处理；

预处理→常规处理→臭氧活性炭处理；

配水井→管式混合器→高效涡街反应池→高密度斜板沉淀池→V型滤池→加 Cl_2 等。

2. 河北省常见的处理工艺流程如下

短流程膜处理工艺；

常规处理工艺和臭氧活性炭深度处理相组合工艺；

常规处理工艺，增设应急投加高锰酸钾或粉末活性炭应急处理设施；

预氧化→混凝→平流沉淀→上向流悬浮过滤→后加氯工艺；

预氧化→混凝→平流沉淀→快滤→超滤膜→后加氯工艺；

预加氯→加药混合→反应沉淀→过滤→加氯消毒；

次氯酸钠(NaClO)预氧化→进水格栅→常规处理→臭氧活性炭工艺；

高效混凝沉淀→过滤→消毒；

机械混合→网格絮凝→平流沉淀→臭氧活性炭深度处理工艺；

炭砂滤池→超滤膜工艺；

次氯酸钠(NaClO)预氧化→常规处理工艺等。

3. 天津市常见的处理工艺流程如下

以气浮池为主要水处理工艺；

以平流、斜管、斜板沉淀池为主要水处理工艺；

预臭氧→高密度沉淀池→气水反冲洗砂滤池→臭氧接触池→生物活性炭滤池等。

4. 北京市常见的处理工艺流程如下

预臭氧接触池→高密度沉淀池→V型滤池→臭氧接触池→活性炭吸附；

机械搅拌澄清池→虹吸滤池→臭氧接触池→活性炭池；

澄清式膜滤池→一体化水处理工艺；

常规水处理→活性炭吸附等深度处理工艺；

预沉→浮滤池→臭氧活性炭等水处理工艺；

预加氯→预臭氧和预投加粉末活性炭等多道前置处理工艺→常规水处理→臭氧、活性炭、紫外线消毒等深度处理工艺等。

13.2.3 典型水厂原水切换前后适应性分析

13.2.3.1 河南省典型水厂对原水水质变化的适应性

13.2.3.1.1 罗垌水厂

1. 原水水质变化对水厂出水的影响

通过对原水、出厂水水质指标进行矩阵式相关性分析（表13-5），原水藻类密度与出厂水藻类检出频率相关系数为0.59，出厂藻类检出平均值与出厂水藻类检出频率相关系数为0.70，均表现出较强的正相关性。

表 13-5 原水、出厂水指标相关系数矩阵

指　标	原水 COD	原水氨氮	原水藻类	出厂 COD	出厂藻类检出平均值	出厂藻类检出频率
出厂水 COD	0.71	0.47	0.45	1	0.17	0.35
出厂藻类检出平均值	0.27	-0.25	0.35	0.17	1	0.7
出厂水藻类检出频率	0.34	-0.07	0.59	0.35	0.70	1

2. 藻类暴发典型时期原水水质变化对各工艺环节的影响

选取2018年3月26日至4月25日藻类暴发典型时期，原水、沉淀池、砂滤池进口、砂滤池出口、出厂等生产环节15项水质检测指标数据进行分析。研究重点关注砂滤池出藻现象，通过原水与砂滤池出水水质相关性分析表明，原水的色度、浑浊度、水温、pH值、氨氮、耗氧量、亚硝酸盐等水质指标，与滤池出藻现象密切相关，其中色度、浑浊度、耗氧量与砂滤池出口藻类相关系数分别为1、1和0.99，呈现出高度正相关关系，原水的pH值与砂滤池出口藻类相关系数为-0.96，呈现出高度负相关关系。

从砂滤池出口开始，根据上下游环节相关系数进行逆生产流程分析，每个环节均选取绝对值大于0.5的强相关系数水质指标。逆生产流程分析路线图如图13-1所示。

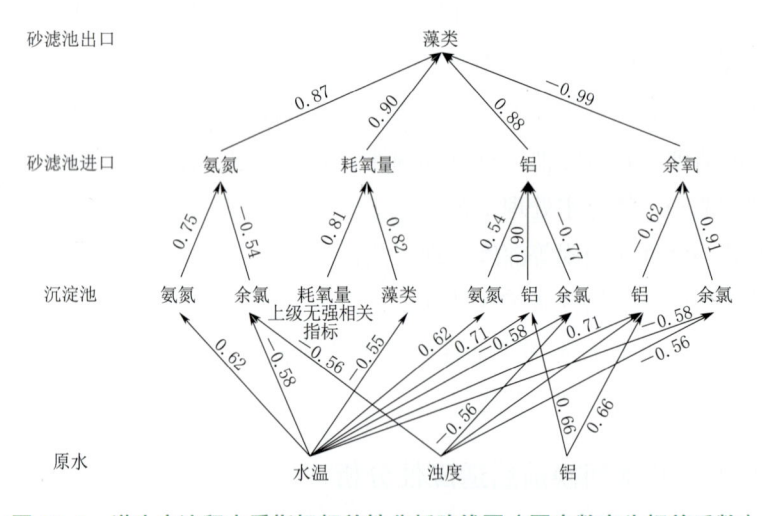

图13-1 逆生产流程水质指标相关性分析路线图（图中数字为相关系数）

结果表明，原水的水温、浊度和铝浓度是影响后续工艺除藻效果的重要相关指标，其中水温的影响最大。综合两种分析方法得出的结论，罗垌水厂应重点关注原水温度、色度、浊度、铝、pH值和藻类的变化，及时调整工艺参数。

13.2.3.1.2 柿园水厂

1954年建成的柿园水厂位于郑州市西郊西流湖湖畔，已为郑州市民服务了近50年，是该市建厂最早的水厂，经过5次改造，目前供水能力达32万 m^3/d。目前以南水北调水为原水，工艺采用常规+深度处理，即折板絮凝→平流沉淀→臭氧+活性炭→普通快滤池工艺。

1. 水源变化

柿园水厂在南水北调通水后逐步其水源由黄河水逐渐切换为南水，现以黄河水为备用水源。南水北调水相对于黄河水色度、硬度、浊度大大降低，口感明显改善。除藻类指标周期性波动外，其他指标都比较稳定和优良，进厂浊度一般在 2 NTU，水质好时低于 1 NTU，高峰时 3～4 NTU，大大降低了药剂投加量和处理难度。选取 2018 年 4 月 1—25 日及 2018 年 7 月 19—25 日藻类暴发典型时期，原水、沉淀池、滤后、出厂等生产环节 10 项水质检测指标数据进行分析。

其中原水水质涵盖 10 项，色度均为 5 度；浊度整体水平较低但存在一定波动，变化范围为 0.79～3.21 NTU；臭和味以土霉 1、草腥 1 为主，土霉 2、草腥 2 偶有出现，仅 4 月 18 日出现一次沼蛤；肉眼可见物均为微粒悬浮物；氨氮浓度较低，不超过 0.13 mg/L；COD 维持在 1.84～2.48 mg/L；藻类处于暴发期，密度为 42 万～116 万个 /L；细菌总数呈现出剧烈变化，范围为 21～380 CFU/mL；总大肠菌群均小于 90 CFU/mL；耐热大肠菌群未检出（图 13-2）。

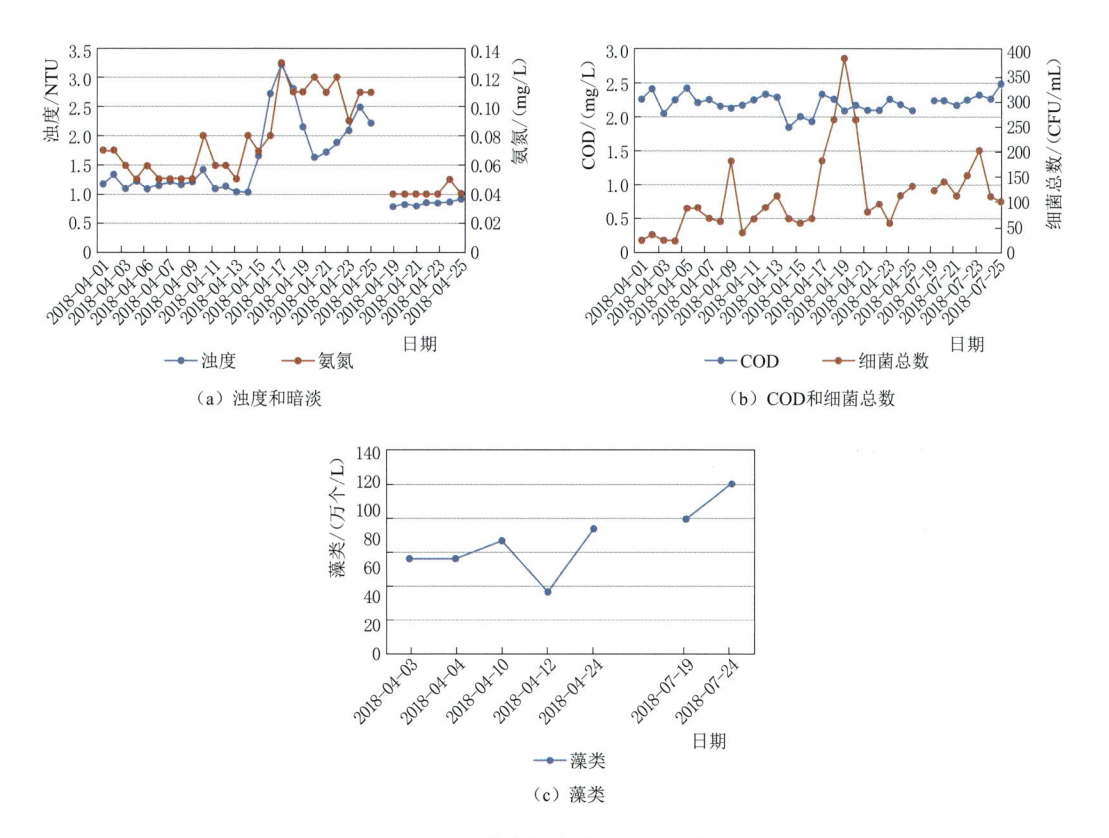

(a) 浊度和氨氮

(b) COD 和细菌总数

(c) 藻类

图 13-2　罗垌水厂藻类暴发典型时期原水水质变化图

对原水自身水质指标相关性分析发现，原水中藻类与细菌总数相关系数为 0.52，呈强正相关关系。指标间相关系数矩阵见表 13-6。

表 13-6　　　　　　　　　　　原水水质指标相关系数矩阵

指标	浊度	COD	氨氮	细菌总数	藻类
浊度	1.00				
COD	−0.24	1.00			
氨氮	0.84	−0.32	1.00		
细菌总数	0.31	0.03	0.34	1.00	
藻类	−0.07	−0.12	−0.05	0.52	1.00

2. 藻类暴发典型时期原水水质变化对各工艺环节的影响

为进一步探究藻类暴发对水厂各生产环节的影响，开展生产环节间相关性研究，重点关注砂滤池出口藻类检出与上游生产环节水质指标间的相关关系。研究重点关注滤池出藻现象，通过原水与滤后水质相关性分析表明，原水的浊度、氨氮、藻类等水质指标，与滤池出藻现象密切相关，其中原水藻类与滤后藻类相关系数为0.89，呈现出高度正相关关系，原水浊度、氨氮与滤后藻类相关系数分别为 −0.55 与 −0.66，呈现出强负相关关系。从滤后开始，根据上下游环节相关系数进行逆生产流程分析，每个环节均选取绝对值大于0.35的中、强相关系数水质指标。逆生产流程分析路线图如图13-3所示。

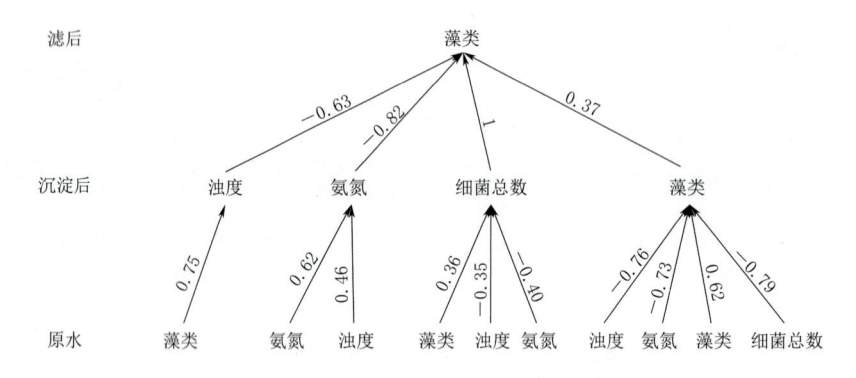

图 13-3　逆生产流程水质指标相关性分析路线图（图中数字为相关系数）

结果表明，原水的藻类、氨氮、浊度和细菌总数是影响后续工艺除藻效果的重要相关指标，其中藻类、氨氮和浊度的影响最大。综合两种分析方法得出的结论，柿园水厂应重点关注原水藻类、氨氮和浊度的变化，及时调整工艺参数，应对藻类暴发带来的不利影响。

13.2.3.2　河北省典型水厂对原水水质变化的适应性研究

13.2.3.2.1　邯郸市铁西水厂

1. 铁西水厂基本情况

南水北调中线工程通水前，邯郸市铁西水厂主要取用岳城水库水源水。岳城水库位于河北省邯郸市磁县与河南省安阳县交界处，是海河流域漳卫河系漳河上的一个控制工程。岳城水库控制流域面积18100km², 占漳河流域面积的99.4%, 总库容13亿m³, 水库可部分解决邯郸、安阳两市工业及生活用水。

南水北调水源切换后, 邯郸市铁西水厂实现了岳城水库水源地、峰峰羊角铺水源地、南水北调中线工程水源的"三水源"供水格局, 其常用水源有两个: 一个取自岳城水库, 经过56.6 km输水管线, 进入铁西水厂; 另一个取自南水北调中线工程下庄口门, 在2条输水管线进厂前约4.2 km处, 与岳城水库水汇合后进入铁西水厂。应急水源是取自峰峰羊角铺水源地的地下水, 在邯郸市南环路附近, 邯峰2号管线与邯岳1号、2号管线连通, 特殊情况下可以将地下水源引入铁西水厂。邯郸市铁西水厂采用的工艺流程如图13-4所示。

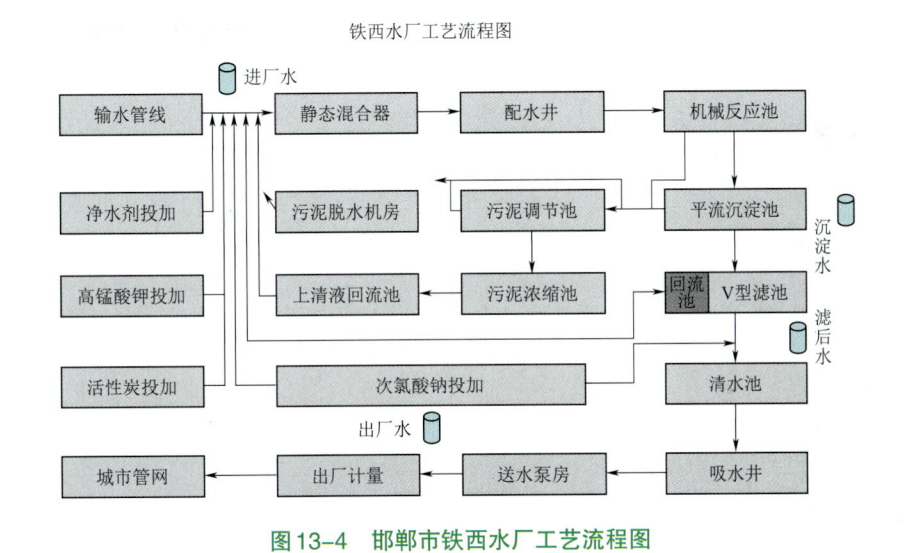

铁西水厂工艺流程图

图13-4 邯郸市铁西水厂工艺流程图

2. 铁西水厂水源切换前原水水质状况

调研了2015—2016年岳城水库原水的物理、化学指标重金属及藻类等的含量。浊度、温度、电导率、pH值、耗氧量、氨氮及藻类指标见表13-7。原水中镉、铬、铅、汞等重金属指标见表13-8。

3. 水源切换后铁西水厂原水水质状况

2016年7月, 邯郸市铁西水厂供水水源正式由距离水厂60 km以外的岳城水库地表水切换为了南水北调水源。水源切换后, 为了保证原有的岳城水库长距离输水管线不受损坏, 铁西水厂从岳城水库的取水量调整为取水总量的10% (约2万m³/d), 南水北调原水的取水量占到总取水量的90% (约18万m³/d)。

本研究调研了水源切换后2017年与2019年邯郸市铁西水厂的进水(混参水)水质情况。包括原水的物理、化学指标重金属及藻类等的含量。浊度、温度、电导率、pH值、耗氧量、氨氮及藻类指标见表13-9。原水中镉、铬、铅、汞等重金属指标见表13-10。

表 13-7　岳城水库原水常规理化和生物指标

月份	浊度 (NTU) 2015年	浊度 (NTU) 2016年	温度/℃ 2015年	温度/℃ 2016年	电导率/(μs/cm) 2015年	电导率/(μs/cm) 2016年	pH值 2015年	pH值 2016年	耗氧量/(mg/L) 2015年	耗氧量/(mg/L) 2016年	氨氮/(mg/L) 2015年	氨氮/(mg/L) 2016年	藻类/(万个/L) 2015年	藻类/(万个/L) 2016年
1	2.07	4.92	4	5	589	625	8.16	8.18	1.4	1.9	0.15	0.18	73.9	19.1
2	1.21	1.72	5	5	625	376	8.08	8.14	1.88	1.54	0.13	0.15	66.2	39.1
3	1.39	3.05	6	17	544	410	8.16	8.22	1.94	1.36	0.16	0.13	188.7	49
4	1.46	1.47	6	9	565	420	8.07	8.14	1.76	1.43	0.14	0.14	204.6	53.4
5	1.54	2.37	12	18	568	421	7.84	8.08	1.84	1.62	0.144	0.11	17	390.8
6	1.59	1.4	14	17	582	428	8.02	7.89	1.76	1.68	0.159	0.16	19.1	372.4
7	1.78	7.67	14	26	568	444	7.85	7.85	2.14	2.2	0.155	0.1	26.7	347
8	2.05	—	21	—	591	—	7.85	8.21	1.98	1.79	0.058	0.12	47.3	524
9	1.52	—	26	—	667	—	7.79	—	1.65	—	0.16	—	64.4	—
10	2.76	—	22	—	685	—	8.04	—	1.76	—	0.14	—	139	—
11	3.29	—	18	—	682	—	8.23	—	1.84	—	0.14	—	54.5	—
12	3.68	—	8	—	652	—	8.11	—	1.2	—	0.14	—	58.2	—

表 13-8　岳城水库原水重金属指标

月份	镉/(mg/L) 2015年	镉/(mg/L) 2016年	铬/(mg/L) 2015年	铬/(mg/L) 2016年	铅/(mg/L) 2015年	铅/(mg/L) 2016年	硒/(mg/L) 2015年	硒/(mg/L) 2016年	砷/(mg/L) 2015年	砷/(mg/L) 2016年	汞/(mg/L) 2015年	汞/(mg/L) 2016年
1	0.0009	<0.0005	<0.005	<0.005	0.0045	0.0025	<0.0004	<0.0004	<0.001	<0.001	<0.00005	<0.00005
2	<0.0005	<0.0005	<0.005	<0.005	0.0025	<0.0025	<0.0004	<0.0004	<0.001	<0.001	<0.00005	<0.00005
3	<0.0005	<0.0005	<0.005	<0.005	0.0025	<0.0025	<0.0004	<0.0004	<0.001	<0.001	<0.00005	<0.00005
4	<0.0005	<0.0005	<0.005	<0.005	0.0025	<0.0025	0.00048	<0.0004	<0.001	<0.001	<0.00005	<0.00005
5	0.0006	0.0005	<0.005	<0.005	0.0028	<0.0025	0.00093	<0.0004	<0.0010	<0.0010	<0.00005	<0.00005
6	<0.0005	<0.0005	<0.005	<0.005	0.0036	<0.0025	<0.0004	<0.0004	<0.001	<0.001	<0.00005	<0.00005
7	<0.0005	<0.0005	<0.005	<0.005	0.0036	<0.0025	<0.0004	0.0006	<0.001	<0.001	<0.00005	<0.00005
8	<0.0005	<0.0005	<0.005	<0.005	<0.0025	<0.0025	<0.0004	<0.0004	0.0026	<0.001	<0.00005	<0.00005
9	<0.0005	<0.0005	<0.005	<0.005	<0.0025	<0.0025	<0.0004	—	0.0034	—	<0.00005	—
10	<0.0005	<0.0005	<0.005	<0.005	<0.0025	<0.0025	<0.0004	—	0.0011	—	<0.00005	—
11	0.0005	<0.0005	<0.005	<0.005	<0.0025	<0.0025	<0.0004	—	<0.0010	—	<0.00005	—
12	<0.0005	<0.0005	<0.005	<0.005	<0.0025	<0.0025	0.00047	—	<0.001	—	<0.00005	—

表 13-9　岳城水库原水常规理化和生物指标

月份	浊度（NTU） 2017年	浊度（NTU） 2019年	温度/℃ 2017年	温度/℃ 2019年	电导率/(μS/cm) 2017年	电导率/(μS/cm) 2019年	pH值 2017年	pH值 2019年	耗氧量/(mg/L) 2017年	耗氧量/(mg/L) 2019年	氨氮/(mg/L) 2017年	氨氮/(mg/L) 2019年	藻类/(万个/L) 2017年	藻类/(万个/L) 2019年
1	9.19	6.57	3	7	498	661	8.05	7.91	1.48	1.63	0.06	0.19	122	1538.7
2	5.33	1.7	3	6.8	404	294	8.15	8.17	2.02	2.14	0.1	0.13	93.8	89
3	2.45	0.81	3	5	581	331	8.12	8.1	1.74	1.6	0.16	0.1	107	289.3
4	0.84	1.45	6	11.3	286	381	8.17	8.17	1.32	1.41	0.03	0.16	424	503.4
5	2.87	1.23	16	19	208	378	8.09	8.16	1.5	1.41	0.12	0.07	212	49.2
6	4.2	2.52	20	23.2	315	325	8.09	8.17	1.9	1.6	0.14	0.1	405	487.4
7	3.88	7.58	20	21.2	255	315	8.18	8.19	1.62	2.04	0.12	0.1	545	358.9
8	3.15	3.47	24	29.4	362	359	8.02	8.14	1.68	2.33	0.15	0.1	250	881.7
9	2.62	—	24	—	301	—	8.06	—	1.96	—	0.1	—	915	—
10	4.12	—	26	—	331	—	7.97	—	1.76	—	0.11	—	510	—
11	1.79	—	17	—	255	—	8.12	—	2.08	—	0.11	—	396	—
12	2.54	—	15	—	267	—	8.11	—	1.92	—	0.12	—	357	—

表 13-10　岳城水库原水重金属指标

月份	镉/(mg/L) 2017年	镉/(mg/L) 2019年	铬/(mg/L) 2017年	铬/(mg/L) 2019年	铅/(mg/L) 2017年	铅/(mg/L) 2019年	硒/(mg/L) 2017年	硒/(mg/L) 2019年	砷/(mg/L) 2017年	砷/(mg/L) 2019年	汞/(mg/L) 2017年	汞/(mg/L) 2019年
1	<0.0005	<0.00006	<0.005	<0.004	<0.0025	0.0003	<0.0004	<0.0004	<0.001	<0.001	<0.00005	<0.00005
2	<0.0005	<0.00006	<0.005	<0.004	<0.0025	0.0001	<0.0004	<0.0004	0.00048	<0.001	<0.00005	<0.00005
3	<0.0005	<0.00006	<0.005	<0.004	<0.0025	0.0001	<0.0004	<0.0004	<0.001	<0.001	<0.00005	<0.00005
4	<0.0005	<0.00006	<0.005	<0.004	<0.0025	<0.00007	<0.0004	<0.0004	<0.001	<0.001	<0.00005	<0.00005
5	<0.0005	<0.00006	0.005	<0.004	<0.0025	<0.00007	<0.0004	<0.0004	<0.0010	<0.0010	<0.00005	<0.00005
6	<0.0005	0.0001	<0.005	<0.004	<0.0025	<0.00007	<0.0004	<0.0004	<0.001	<0.001	<0.00005	<0.00005
7	<0.0005	<0.00006	<0.005	<0.004	<0.0025	<0.00007	<0.0004	<0.0004	<0.001	<0.001	<0.00005	<0.00005
8	<0.0005	<0.00006	<0.005	<0.004	<0.0025	<0.00007	<0.0004	<0.0004	<0.001	<0.001	<0.00005	<0.00005
9	<0.0005	—	<0.005	—	<0.0025	—	0.00042	—	<0.001	—	<0.00005	—
10	<0.0005	—	<0.005	—	<0.0025	—	<0.0004	—	<0.001	—	<0.00005	—
11	0.00018	—	<0.004	—	<0.00007	—	<0.0004	—	<0.0010	—	<0.00005	—
12	<0.00006	—	<0.004	—	<0.00007	—	<0.0004	—	<0.001	—	<0.00005	—

13.2.3.2.2 石家庄市西北水厂和东北水厂

1. 水厂基本情况

石家庄市西北水厂目前采用的处理工艺为"混凝+沉淀+过滤+消毒"的传统净水工艺,可分为净水处理工艺和生产废水处理工艺两部分,工艺流程如图13-5所示。

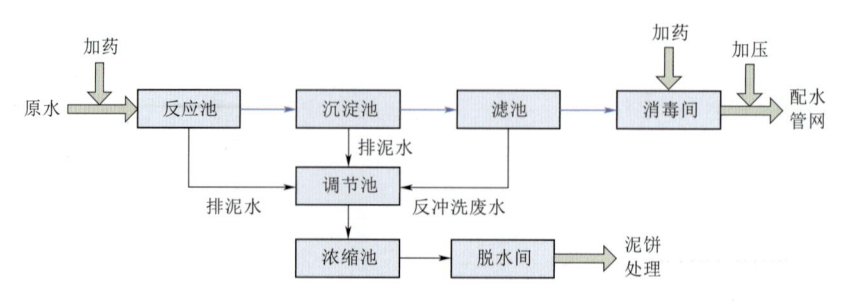

图13-5 石家庄市西北水厂工艺流程图

净水处理工艺流程为:取水口取水—加药—反应—沉淀—过滤—消毒—加压—市区配水管网。以混凝、沉淀、过滤及消毒为主组成的水处理工艺,是我国应用最广,也是最基本的处理手段。常规处理方法处理对象主要是造成水浑浊的悬浮物及胶体杂质。原水中投加聚合氯化铝后,经混合、反应使水中悬浮物及胶体杂质形成易于沉降的大颗粒絮凝体,而后通过沉淀池进行重力沉降分离。滤池是利用具有孔隙的颗粒滤料截留水中细小杂质的构筑物,设置于沉淀工艺之后,用于进一步降低水的浊度。消毒的处理对象是水中致病微生物,在过滤后进行。主要消毒方法是在水中投加氯气。随着对出水水质要求的提高,水厂也加强了对各工艺阶段水质的控制。

石家庄市东北地表水厂是石家庄市南水北调配套工程,包括东北水厂厂区和配套建设的市区配水管线51.8 km,总投资8.66亿元,水厂占地约308亩,设计日产水能力为35万m^3。水厂位于石家庄市长安区高营镇,占地307.618亩。东北地表水厂以南水北调水为主水源,岗南、黄壁庄水库水作为备用水源,水厂原水主要是南水北调江水。与本地水源相比,南水在硬度、浊度、pH值等主要指标上具备优势。石家庄本地水源相较于南水硬度偏高,反映到饮用水中就是口感差,容易造成水垢沉积;浊度上,南水浊度低,水更清澈;pH值上,南水的pH值一般在8以上,更适宜饮用。

在南水北调总干渠枯水期、或发生突发事故、检修等特殊时期停用江水时,黄壁庄水库就会作为备用水源。每年3—5月为春灌期,进厂水为江库水混合水。东北水厂采用常规净水工艺+深度处理工艺组合,原水经南水北调提升泵站进入东北地表水厂,经配水井与预臭氧接触池处理后流入网格絮凝及平流沉淀池,沉淀后的清水送入臭氧接触池及活性炭吸附池,经深度处理后流入砂滤池,进行二次过滤,过滤后的水送入清水池,再通过送水泵房输入市政公共供水管网。石家庄市东北地表水厂采用的工艺流程与西北水厂相同。

随着饮用水水质卫生标准和人们对水质的要求越来越高，东北水厂作为石家庄市第二座大型地表水厂，在常规处理的基础上增加了深度处理。目前，在进厂水水质较好并且水质稳定的情况下，一直采用常规工艺处理，出厂水完全能够达到国家标准；增加深度处理工艺，不仅可以提高水厂对原水水质变化的抗冲击能力，还可以使出厂水在达标的基础上，有效地降低水中的有机物及消毒副产物等含量。

2. 水源切换前水厂原水水质

南水北调中线工程通水前，石家庄市西北水厂、东北水厂的供水水源为黄壁庄水库及岗南水库水源水。调研了南水北调中线工程通水前（2015年）黄壁庄水库水源及岗南水库水源的水质情况。黄壁庄及岗南水库原水的温度、浊度、色度等物理指标见表13-11和表13-12。原水的pH值、氨氮、耗氧量（COD_{Mn}）等化学指标，见表13-13和表13-14。

表 13-11　　　　2015 年黄壁庄水库水源水物理指标

月份	温度/℃ 最小值	温度/℃ 最大值	色度（铂钴色度单位）均值	浊度/NTU 最小值	浊度/NTU 最大值
1月	8	15	6	1	3
2月	9	11	7	1.4	3
3月	11	18	8	1.5	5
4月	14	26	9	2	8
5月	20	28	8	3	7
6月	27	30	13	3	12
7月	28	30	25	7	26
8月	26	30	26	5	15
9月	24	27	24	3	13
10月	15	25	15	2	11
11月	7	16	11	2	8
12月	5	8	10	1.5	5

表 13-12　　　　2015 年岗南水库水源水物理指标

月份	温度/℃ 最小值	温度/℃ 最大值	色度（铂钴色度单位）均值	浊度/NTU 最小值	浊度/NTU 最大值
1月	1	3	<5	0.3	1.4
2月	1.1	4	<5	0.4	1.5
3月	2	5	<5	0.5	1.8
4月	5	8	5	1	2
5月	9	12	7	1.5	4.5
6月	12	13	8	3	5
7月	13	15	10	3	6

续表

月份	温度/℃ 最小值	温度/℃ 最大值	色度（铂钴色度单位）均值	浊度/NTU 最小值	浊度/NTU 最大值
8月	15	16	10	4	10
9月	16	18	10	5	8
10月	15	17	9	3	5
11月	7	12	6	1	4
12月	3	6	<5	0.7	1.5

表 13-13　　2015 年黄壁庄水库水源水化学指标

月份	pH值 最小值	pH值 最大值	氨氮/(mg/L) 最小值	氨氮/(mg/L) 最大值	COD_{Mn}/(mg/L) 最小值	COD_{Mn}/(mg/L) 最大值
1月	8	8.3	0.18	0.39	1.3	1.8
2月	8.1	8.2	0.2	0.33	1.5	1.7
3月	7.6	8.2	0.23	0.35	1.5	2
4月	8.0	8.4	0.25	0.32	1.6	2.2
5月	8.3	8.7	0.3	0.67	1.8	2.3
6月	8.3	8.5	0.33	0.81	2	2.8
7月	8.2	8.6	0.4	0.82	2.5	3.2
8月	8.2	8.5	0.45	1.3	2.8	3.2
9月	8.3	8.6	0.5	0.9	3	4.1
10月	8.4	8.7	0.3	0.8	2	2.7
11月	8.1	8.4	0.25	0.7	1.6	1.9
12月	8.1	8.5	0.2	0.5	1.5	2

表 13-14　　2015 年岗南水库水源水化学指标

月份	pH值 最小值	pH值 最大值	亚硝酸盐氮/(mg/L) 均值	氨氮/(mg/L) 均值	COD_{Mn}/(mg/L) 最小值	COD_{Mn}/(mg/L) 最大值
1月	7.9	8.2	0.01	0.04	1.3	1.6
2月	8.0	8.3	0.01	0.045	1.4	1.7
3月	7.9	8.4	0.009	0.045	1.5	1.9
4月	7.8	8.2	0.01	0.05	1.5	2
5月	7.7	8.0	0.011	0.05	1.5	2.2
6月	7.5	7.9	0.01	0.3	1.7	2.5
7月	7.4	7.6	0.015	0.65	2.4	3
8月	7.3	7.5	0.01	1.1	2.5	3.1

续表

月份	pH 值 最小值	pH 值 最大值	亚硝酸盐氮/(mg/L) 均值	氨氮/(mg/L) 均值	COD$_{Mn}$/(mg/L) 最小值	COD$_{Mn}$/(mg/L) 最大值
9 月	7.3	7.5	0.011	1.8	2.8	3.8
10 月	7.6	7.8	0.03	1.0	1.9	2.5
11 月	7.5	7.8	0.05	0.04	1.5	1.8
12 月	7.5	7.8	0.006	<0.02	1.4	1.8

3. 水源切换后水厂原水水质

石家庄市西北水厂于2016年8月切换水源后取出南水北调水源水，东北水厂于2017年1月起取用南水北调水源水，东南水厂于2017年12月正式取用南水北调水源水。调研了石家庄目标水厂南水北调供水原水水质情况。南水北调水源水的温度、色度、浊度等物理指标，见表13-15。pH值、氨氮、总硬度及耗氧量等化学指标，见表13-16。

表 13-15　　　　　　　　2017 年南水北调水水质物理指标

月份	温度/℃ 最小值	温度/℃ 最大值	色度（铂钴色度单位） 均值	浊度/NTU 最小值	浊度/NTU 最大值
1 月	2	6	<5	0.4	0.9
2 月	3	8	<5	0.5	1
3 月	6	15	<5	0.6	2
4 月	9	22	<5	1.9	3.5
5 月	20	24.5	<5	1.5	4
6 月	24	25.5	<5	2	3.5
7 月	26	30	<5	1.5	4
8 月	24	29	<5	2	3
9 月	23	26	<5	1.5	3
10 月	16	24	<5	1	2.6
11 月	8	17	<5	0.8	1.5
12 月	3	10	<5	0.6	1.7

表 13-16　　　　　　　　2017 年南水北调水水质化学指标

月份	pH 值 最小值	pH 值 最大值	氨氮/(mg/L) 均值	总硬度（以 CaCO$_3$ 计，mg/L） 均值	COD$_{Mn}$/(mg/L) 最小值	COD$_{Mn}$/(mg/L) 最大值
1 月	7.9	8	0.03	130	1.8	2.3
2 月	7.5	8.1	0.02	129	1.9	2.6
3 月	8.1	8.3	0.03	130	2	2.5

续表

月份	pH 值 最小值	pH 值 最大值	氨氮/(mg/L) 均值	总硬度（以 CaCO$_3$ 计，mg/L）均值	COD$_{Mn}$/(mg/L) 最小值	COD$_{Mn}$/(mg/L) 最大值
4 月	8.2	8.5	0.02	128	2.1	3
5 月	8.2	8.4	0.03	126	2	2.9
6 月	8.2	8.5	0.02	125	2.1	3
7 月	8.2	8.4	<0.02	130	2.1	3
8 月	8.1	8.3	0.02	127	2	2.6
9 月	8.2	8.5	0.02	120	2	2.9
10 月	8.3	8.5	<0.02	111	1.7	2.3
11 月	7.9	8.3	0.02	119	1.8	2.3
12 月	7.9	8	0.03	125	1.7	2.2

13.2.3.2.3　南水北调水源切换后目标水厂原水水质变化

水源切换后目标水厂原水取用了来自丹江口水库的南水北调水源水。根据上述调查结果可见，南水北调水源水质良好，主要物理、化学等多项检测指标均符合 GB 3838—2002《地表水环境质量标准》中的 Ⅱ 类标准。

南水北调中线工程在发挥其良好的工程效益的同时，存在着输水距离长、输水渠道多为明渠、渠道内水深较浅、沿途大气沉降、阳光直射、侵流段底泥淤积等适宜藻类增殖的客观因素，藻类增殖现象时有发生，对中线及沿线水厂供水安全和水质安全造成了一定的影响。如每年的高温季节，水中的藻类含量季节性增加，给沿线水厂水处理工艺带来一定挑战，增加了水处理成本。此外，与当地的水源水质相比，南水北调水源水呈现出了水质硬度低、偏弱碱性、高温季节藻类含量较高及低温季节浊度低的特点。

13.2.3.3　原水水质变化对目标水厂净水工艺的影响

南水北调中线工程通水后，沿线受水城市基本上形成了取用南水北调地表水源水、本地地表水源水与本地地下水源水等多种水源共同供水的互补格局，大大提高了城市供水的安全稳定性。本研究调研分析了南水北调中线工程贯通后对目标水厂净水工艺及制水成本的影响。如前所述，南水北调水源水质良好，经长距离输送至河北省境内，与受水城市的当地水源相比较，呈现出了硬度低、偏弱碱性的特点，并且高温季节其藻类含量也较当地水源水含量高，对水厂运行造成了一定的影响。

13.2.3.3.1　原水水质变化对邯郸市铁西水厂工艺的影响

1. 水厂水源切换后南水北调水源取水量

邯郸市铁西水厂设计供水能力为 40 万 m^3/d，于 2016 年 7 月进行了南水北调水源正式切换。水源切换后，邯郸市铁西水厂实现了由本地地下水、本地水库地表水与南水北调水水源水等多水源互补的供水格局。

水源切换后，为了保证原有的岳城水库输水管线不受损坏，水厂取用南水北调水源与岳城水库水源的比例为9∶1，其中南水北调原水的取水量约18万 m^3/d，占总取水量的90%，岳城水库取水量约2万 m^3/d，占总取水量的10%。

2. 水源切换对净水工艺的影响

如前所述，邯郸市铁西水厂采用的净水工艺为"混凝+沉淀+过滤+消毒"的传统组合工艺，水源切换为南水北调水源后其工艺未发生变化。

但根据水厂的实际运行情况，针对南水北调水源低浊度、高温季节藻类含量高的特征，水厂运行过程中增加了混凝药剂的投加量。根据水质检测结果，采用原有净水工艺出厂水水质指标完全能够达到GB 5749—2006《生活饮用水卫生标准》水质要求。因此，水源切换未对现有工艺及供水水质造成较大影响，但一定程度上增加水厂的制水成本，导致水厂每年药耗增加约200万元。

13.2.3.3.3.2 原水水质变化对石家庄市供水水厂工艺的影响

1. 水厂水源切换后南水北调水源取水量

石家庄市西北水厂设计供水能力为40万 m^3/d，于2016年8月实现了南水北调水源切换。切换前水厂水源为岗南水库水和黄壁庄水库水混合水（两个水库水取水比例为1∶1），切换后采用岗南水库水、黄壁庄水库水和南水北调水混合水，其中水库与南水北调水源水比例为1∶1，南水北调水源取水量为20万 m^3/d。

石家庄市东北水厂为南水北调水新建配套水厂，与2017年1月运行供水，设计供水能力为35万 m^3/d。水源切换前东北水厂水源水为黄壁庄水库水，切换为南水北调水后东北水厂每年3—6月为黄壁庄水库水和南水北调水混合取水，水库与南水北调水源水比例为1∶1，南水北调水源取水量为17.5万 m^3/d。其他时间均全部取用南水北调水源水。

2. 水源切换对水厂净水工艺的影响

根据各水厂的实际运行情况，石家庄市各水厂在水源切换为"南水北调"水源后，水厂的净水工艺均未发生变化。

南水北调水切换后，在2017年4月、5月出现过藻类暴发现象。南水北调水经明渠流经石家庄市区，夏季藻类含量明显较高，原水碱度普遍较水库原水高。从浊度来看，南水北调水的浊度较石家庄水库水的浊度低，低浊水不易混凝，导致处理过程中加药量的增加，夏季更明显，使得制水过程中的药剂成本有所增加。在进厂水水质较好并且水质稳定的情况下，目标水厂采用"混凝+沉淀+过滤+消毒"的常规工艺，出厂水完全能够达到GB 5749—2006《生活饮用水卫生标准》水质要求。

依托南水北调工程建设的3个南水北调水厂目前使用的净水工艺均为常规工艺，但水厂改造扩建时增加了深度处理工艺，不仅可以提高水厂对原水水质变化的抗冲击能力、应对水质变化情况，可以使出厂水在达标的基础上，有效地降低水中的有机物及消毒副产物等含量，进一步提高了供水的健康安全性与生物稳定性。

13.2.3.4 原水水质变化对目标水厂制水成本的影响

13.2.3.4.1 邯郸市铁西水厂成本变化

邯郸市铁西水厂南水北调水源切换后，水处理工艺未发生变化，因此电力成本及工艺改进成本未发生，吨水成本的变化主要包括水资源费的增加、药耗费用增加及人工成本的增加。

1. 水资源费的增加

邯郸市铁西水厂南水北调水源切换前取用岳城水库水源，水资源费为0.3元/m^3，切换为南水北调水源后水资源费为2.53元/m^3，吨水水资源成本增加了2.23元。

2. 药耗费用的增加

药耗费用的增加主要包括混凝剂的投加及消毒剂的投加两方面。

（1）混凝剂成本

采用岳城水库水源时，邯郸市铁西水厂的混凝剂单独投加聚合氯化铝，投加量约为5 mg/L，水源切换后混凝剂采用了聚合氯化铝与聚合硫酸铁复合投加的方式，其中聚合氯化铝的投加量为15～20mg/L，平均投加量17mg/L，聚合硫酸铁的投加量为3～5mg/L，平均投加量为4mg/L。加药量增加，造成了制水成本的增加。

（2）消毒剂成本

邯郸市铁西水厂2018年9月前，消毒采用液氯消毒，2018年9月后采用了次氯酸钠消毒。但就采用液氯消毒时加药量而言，水源切换后南水北调水源的液氯消耗量有一定的增加。

水源切换前2015年及水源切换后2019年1—8月铁西水厂药耗原材料表分别见表13-17和表13-18。

表13-17　　2015年铁西水厂药耗原材料表

存货编码	数量/t	单价/（元/t）	金额/元
QH017（聚合铝）	180	2280.00	410400
QH018（液氯）	44	2400.00	105600
合　计			516000

注：2015年铁西水厂供水量4793万m^3。

表13-18　　2019年1—8月铁西水厂药耗原材料

存货编码	数量/t	单价/（元/t）	金额/元
QH017（聚合铝）	583.21	2480	1446360
QH087（次氯酸钠）	498.66	1249	622866
YCL021（聚合硫酸铁）	227.87	1900	432953
合　计			2502179

注：铁西水厂2019年1—8月产水量合计月4300万m^3。

计算可得2015年铁西水厂净水药剂成本为：516000/47930000=0.011元/m³；2019年铁西水厂净水药剂成本为：2502179/43000000=0.058元/m³。对比可见，水源切换后净水药剂成本增加了0.047元/m³。

3. 人工成本的增加

水源切换后，在净水工艺正常运行期间，由于药耗量的增加，增加了水厂运行管理人员的劳动强度，同时水厂增加了4名临时工人主要协助进行药袋拆封、药液的配置等工作，每人工资100元/d，折合制水成本增加：400/180000=0.002元/m³。可见，人工成本的增加对制水成本的影响较小。

4. 制水总成本的变化

综上可见，南水北调水源切换后铁西水厂取水的水资源费增长较大，增长量2.23元/m³，药耗及人工成本增加了约0.05元/m³，制水总成本增加量2.28元/m³。

如根据成本增加对售水价格进行同步调整，势必会造成居民用水价格大幅增长难以接受。因此，截至目前，自南水北调水源切换后水资源费的差额部分2.23元由政府财政进行补偿，采取逐年提高水价的方式，逐步调整售水价格与制水成本相一致。自2017年6月以来，已经连续4年调整售水价格。

13.2.3.4.2 石家庄市供水水厂成本变化

1. 制水成本分析

石家庄市各典型水厂在实现了南水北调水源切换后，由于原水水质的变化，工艺运行中的药耗、电耗及取水成本均有不同程度的增加。各水厂采用混凝药剂均为聚合氯化铝，2018年各个水厂加药量的月均值见表13-19。各项成本分析见表13-20。

表13-19　2018年各个水厂的加药量　单位：mg/L

月份	1	2	3	4	5	6	7	8	9	10	11	12
西北水厂	5.1	3.8	6.5	9.2	15.5	17.1	16.8	21.9	18.1	17.4	17.2	9.2
东北水厂	16	14.7	21.4	16.4	15.8	17.2	18.5	23.4	16.3	10.4	9.1	9.1
东南水厂	20.8	14.6	19.3	19.8	20.4	19.6	22.7	31.1	27.0	24.0	23.6	15.0

表13-20　2018年各水厂成本分析　单位：元/m³

水源种类	药剂成本	电耗成本	人力成本	取水成本	总成本
本地水源	0.1	0.11	未发生较大变化	0.37	0.58
南调水正常工况	0.12	0.11		1.33	1.56
南调水藻类高发期	0.14	0.12		1.33	1.59

2. 制水总成本的变化

水源的切换造成了石家庄市目标水厂的制水成本的增加，与水源切换前取用本地水相比，取用南水北调水源导致取水成本增幅较大，高达0.96元/m³，高温高藻季节药耗及电耗成本增加量了 0.03 元/m³。

石家庄市政府管理部门也采取了多次调整售水价格措施，同时居民生活用水也实行了阶梯水价。2017 年 5 月前，居民生活用水价格为 3.78 元/m³，2017 年 6 月至 2018 年 5 月，居民生活用水到户价格调整为 4.26 元/m³，2018 年 6 月至 2019 年 9 月，居民生活用水一阶水价增长至 4.76 元/m³，自 2019 年 10 月起，居民生活用水一阶水价将增长至 5.23 元/m³。

13.2.3.3.5 南水北调水源切换后目标城市供水水价变化

1. 邯郸市供水价格变化

南水北调水源切换后，邯郸市采取了连续逐年提高价格的水价增长模式。以居民一级阶梯水价为例，2016 年南水北调水源水源切换前供水综合单价为 3.75 元/m³，到 2017 年 6 月首次调价后供水综合单价为 4.22 元/m³，2018 年 6 月再次调价后供水综合单价为 4.78 元/m³，2019 年 6 月再次调价后供水综合单价为 5.46 元/m³。

2. 石家庄市供水价格变化

石家庄市供水价格在南水北调水源切换后也进行了多次调价，其供水价格也采取了逐年提高供水价格的水价增长模式，且自 2017 年 6 月起，居民生活用水也实行了阶梯水价。2018 年 5 月前，居民生活用水综合单价为 4.26 元/m³，2018 年 6 月调价以后第一阶梯居民用水综合单价增长到 4.74 元/m³，2019 年 10 月调价以后第一阶梯居民用水综合单价增长到 5.23 元/m³。

13.3 退水河流概况

13.3.1 退水闸及退水河流

13.3.1.1 退水闸

退水闸一般建在渠道险工段或重要渠系建筑物上游渠侧，用以宣泄渠中超量或全部洪水，保障下游渠段或重要建筑物的安全。南水北调中线总干渠沿线各个退水闸的管孔尺寸、管孔孔数、设计流量见表 13-21。

表 13-21　　　　　　　　　南水北调中线总干渠退水闸

编号	退水闸	管孔尺寸/m	管孔孔数/个	设计流量/(m³/s)	所在县市
1	刁河退水闸	5	1	175	邓州市
2	湍河退水闸	5	1	175	邓州市
3	严陵河退水闸	5	1	170	镇平县
4	潦河退水闸	5	1	175	南阳市
5	白河退水闸	5	1	165	南阳市
6	清河退水闸	5	1	165	方城县

续表

编号	退水闸	管孔尺寸/m	管孔孔数/个	设计流量/(m^3/s)	所在县市
7	贾河退水闸	5	1	165	方城县
8	澧河退水闸	5.2×8.56	1	160	叶县
9	澎河退水闸	5.5	1	160	鲁山县
10	沙河退水闸	6	1	160	鲁山县
11	北汝河退水闸	6	1	157.5	宝丰县
12	兰河退水闸	6	1	157.5	郏县
13	颍河退水闸	6×4.5	1	157.5	禹州
14	沂水河退水闸	6×4	1	152.5	新郑市
15	双洎河退水闸	6×4	1	152.5	新郑市
16	十八里河退水闸	6	1	147.5	郑州市
17	贾峪河退水闸	5×9.199	1	142.5	郑州市
18	索河退水闸	5×4	1	132.5	荥阳市
19	黄河退水闸	5×5	1	132.5	荥阳
20	闫河退水闸	4.2×5.8	1	132.5	焦作
21	李河退水闸	5	1	132.5	焦作
22	溃城寨河退水闸	5	1	130	焦作
23	峪河退水闸	5	1	130	辉县市
24	黄水河支退水闸	5	1	130	辉县市
25	孟坟河退水闸	5	1	130	辉县市
26	香泉河退水闸	5	1	125	卫辉市
27	淇河退水闸	5	1	122.5	鹤壁
28	汤河退水闸	4.5	1	122.5	汤阴县
29	安阳退水闸	4	1	117.5	安阳市
30	漳河退水闸	4.5×5.5	1	118	安阳县
31	滏阳河退水闸	5.5×6.6	1	120	磁县
32	牤牛河南支退水闸	5.5	1	120	磁县
33	沁河退水闸	5.5	1	120	邯郸
34	洺河退水闸	5.5	1	115	永年
35	七里河退水闸	5.5	1	115	邢台市
36	白马河退水闸	5	1	110	邢台县
37	李阳河退水闸	5	1	110	内丘
38	泜河退水闸	5	1	110	临城县
39	午河退水闸	5	1	110	临城县
40	槐河（一）退水闸	5.5	1	110	元氏县
41	洨河退水闸	5.5	1	110	鹿泉市

续表

编号	退水闸	管孔尺寸/m	管孔孔数/个	设计流量/(m³/s)	所在县市
42	滹沱河退水闸	4	2	85	正定县
43	磁河古道退水闸	5.5	1	82.5	正定县
44	沙河（北）退水闸	6	1	82.5	新乐县
45	唐河退水闸	5	1	67.5	曲阳县
46	曲逆河中支退水闸	5	1	67.5	顺平县
47	蒲阳河退水闸	4.8	1	67.5	顺平县
48	界河退水闸	3.5×3.5	2	67.5	满城县
49	漕河渡槽退水闸	4.5×5.4	1	62.5	满城县
50	瀑河退水闸	3.5	1	50	易县
51	北易水河退水闸	3	1	30	易县
52	水北沟退水闸	3	1	30	涞水县
53	北拒马河退水闸	6.6×3.6	1	25	涿州
54	永定河退水闸	2.7	1	25	北京

13.3.1.2 退水河流

经调查，南水北调中线总干渠退水闸后可能涉及的退水河流56条。其中属于长江流域的有刁河、湍河、严陵河、潦河、白河、清河等，属于淮河流域的有贾河、澧河、澎河、沙河、北汝河、兰河、颍河、双洎河、十八里河、贾峪河、索河，属于黄河流域的有黄河干流、沁河等，属于海河流域的有淇河、汤河、安阳河、漳河、滏阳河、牤牛河、洺河、七里河、白马河、李阳河、泜河、午河、槐河、洨河、滹沱河、磁河、大沙河、唐河、曲逆河、蒲阳河、界河、漕河、瀑河、易水河、北易水河、南拒马河、北拒马河、永定河等。

13.3.2　退水河流水功能区划与水质管理目标

水功能区划，根据流域或区域的水资源自然属性和社会属性，依据其水域定为具有某种应用功能和作用而划分的区域。水功能区划是为结合水资源开发与保护，协调合理利用与有效保护之间的关系而做的一项重要工作，也是水资源开发利用和保护工作的重要依据。

南水北调中线工程是从长江中游引水，供水的主要目标为华北、北京、天津、河北地区，同时考虑湖北、河南两省汉江流域和淮河流域的需水要求的战略性工程，能有效解决我国水资源分布与生产力分布不完全相适应的问题，进行流域间或地区间的调配，中线工程即是其中重要措施之一，也是我国优化资源配置的重要组成部分，因此保证南水北调中线工程的正常运转对于我国北方地区的农业生产、生活和社会经济是具有战略举措的意义。自南水北调中线工程贯通以来，为强化南水北调受水区水质安全管理，构建城市供水安全技术体系，需要了解南水北调中线总干渠沿线各个退水区河道水功能区划现状。

水功能区划分类系统分两类：一级功能区划与二级功能区划。一级功能区划分为四类：保护区、保留区、开发利用区和缓冲区。该工作以流域机构为主，地方水利部门配合划分。二级功能区划在一级功能区划的开发利用区内划分为七类：饮用水水源区、工业用水区、农业用水区、渔业用水区、景观娱乐用水区、过渡区、排污控制区。该工作由地方水利部门承担，相关流域机构负责协调、指导。

13.3.2.1 一级功能区划

（1）一级区划：在宏观上调整水资源开发利用与保护关系，协调地区间用水关系，划分为4类。

（2）保护区：对水资源保护、自然生态系统及珍稀濒危物种保护具有重要意义的水域，水质目标为Ⅰ～Ⅱ类或维持现状水质。

（3）保留区：指目前水资源开发利用程度不高、为今后水资源可持续利用而保留的水域，水质目标为Ⅰ～Ⅲ类或维持现状水质。

（4）开发利用区：为满足工农业生产、城镇生活、渔业、娱乐等功能需求的水域，水质目标在二级区划中确定。

（5）缓冲区：为协调省际间、用水矛盾突出地区间用水关系的水域，水质目标根据实际需要确定或维持现状水质。

13.3.2.2 二级功能区划

（1）二级区划：在一级区划的开发利用区内，细化水域使用功能类型及功能排序，协调不同用水行业间关系。

（2）饮用水源区：为城乡提供综合用水需求而划定的水域。

（3）工业用水区：为满足工业用水需求而划定的水域。

（4）农业用水区：为满足农业灌溉用水需求而划定的水域。

（5）渔业用水区：为满足鱼、虾、蟹、贝类等产卵和养殖需求而划定的水域。

（6）景观娱乐用水区：为满足景观、疗养、度假和娱乐需求而划定的江河湖库等而划定的水域。

（7）过渡区：为满足水质目标有较大差异的相邻水功能区间水质状况过渡衔接而划定的水域。

（8）排污控制区：为接纳生产、生活废污水排污口比较集中的水域，且所接纳的废污水对水环境不产生重大不利影响而划定的水域。

南水北调中线工程退水河流水功能区划分情况及水质管理目标见表13-22。

表 13-22　　南水北调中线工程退水河流水功能区划情况

序号	水功能区名称		水系	河流	范围		长度/km	水质目标	省级行政区
					起始断面	终止断面			
1	一级	湍河内乡源头水保护区	汉江	湍河	源头	七里坪韩家庄	72.0	Ⅱ	河南
2		湍河内乡、邓州保留区	汉江	湍河	七里坪韩家庄	邓州市十里铺	95.0	Ⅱ	河南
3		湍河邓州开发区	汉江	湍河	邓州市十里铺	湍河入白河河口	43.0	按二级区划执行	河南
4	二级	湍河邓州市饮用水源区	汉江	湍河	邓州市十里铺	裴营桥	3.5	Ⅲ	河南
5		湍河邓州市景观用水区	汉江	湍河	裴营桥	邓州市湍河207国道大桥	3.0	Ⅲ	河南
6		湍河邓州市排污控制区	汉江	湍河	邓州市湍河207国道大桥	急滩水文站	17.8		河南
7		湍河邓州市过渡区	汉江	湍河	急滩水文站	湍河入白河河口	18.7	Ⅲ	河南
8		白河伏牛山自然保护区	汉江	白河	源头	白土岗水文站	80.0	Ⅰ	河南
9		白河鸭河口自然保护区	汉江	白河	白土岗水文站	鸭河口水库大坝	83.9	Ⅱ	河南
10		白河南召保留区	汉江	白河	鸭河口水库大坝	南阳市独山	30.0	Ⅲ	河南
11	一级	百合南阳开发利用区	汉江	白河	南阳市独山	南阳市上范营	23.8	按二级区划执行	河南
12		白河南阳、新野保留区	汉江	白河	南阳市上范营	湍河入白河口	63.0	Ⅲ	河南
13		白河新野开发利用区	汉江	白河	湍河入白河口	新甸铺水文站	21.0	按二级区划执行	河南
14		白河豫鄂缓冲区	汉江	白河	新甸铺水文站	襄阳县朱集镇程湾	18.0	Ⅲ	河南、湖北
15	二级	白河南阳市饮用水水源、工业用水区	汉江	白河	南阳市独山	解放广场	12.5	Ⅲ	河南
16		白河南阳市景观用水区	汉江	白河	解放广场	四坝	5.3	Ⅲ	河南
17		白河南阳市排污控制区	汉江	白河	四坝	十二里河口	2.5		河南
18		白河南阳市过渡区	汉江	白河	十二里河口	南阳市上范营	2.5	Ⅱ	河南

续表

序号	水功能区名称		水系	河流	范围 起始断面	范围 终止断面	长度/km	水质目标	省级行政区
19		白河新野饮用水水源、工业用水区	汉江	白河	湍河入白河口	上港公路桥	6.0	Ⅲ	河南
20	二级	白河新野排污控制区	汉江	白河	上港公路桥	杜岗公路桥	7.0		河南
21		白河新野过渡区	汉江	白河	杜岗公路桥	新甸铺水文站	8.0	Ⅳ	河南
22		唐河方城源头水保护区	汉江	唐河	源头	袁店乡省道50	26.8	Ⅱ	河南
23		唐河方城、社旗保留区	汉江	唐河	袁店乡省道50	泌阳河河口	74.4	Ⅲ	河南
24	一级	唐河唐河县开发利用区	汉江	唐河	泌阳河河口	三夹河河口	17.6		河南
25		唐河唐河县保留区	汉江	唐河	三夹河河口	郭滩水文站	30.0	Ⅲ	河南
26		唐河豫鄂缓冲区	汉江	唐河	郭滩水文站	襄阳县程河镇	50.6	Ⅲ	河南、湖北
27		唐河唐河县饮用水水源区	汉江	唐河	泌阳河口	五里河渡口	8.0	Ⅲ	河南
28	二级	唐河唐河县工业、景观用水区	汉江	唐河	五里河渡口	唐河县312新公路桥	4.6	Ⅲ	河南
29		唐河唐河县排污控制区	汉江	唐河	唐河县312新公路桥	唐河县城郊谢岗	3.0		河南
30		唐河唐河县过渡区	汉江	唐河	唐河县城郊谢岗	三夹河河口	2.0	Ⅲ	河南
31		澧河孤石滩源头保护区	颖河	澧河	方城县四里店河源	叶县孤石滩水库大坝	31.0	Ⅱ	河南
32	一级	澧河漯河市保留区	颖河	澧河	叶县孤石滩水库大坝	漯河市区三里桥	126.5	Ⅲ	河南
33		澧河漯河市开发利用区	颖河	澧河	漯河市区三里桥	漯河市橡胶坝	4.5	按二级区划执行	河南
34	二级	澧河漯河市饮用水水源区	颖河	澧河	漯河市区三里桥	漯河市橡胶坝	4.5	Ⅱ	河南
35	一级	颍河登封源头水保护区	颖河	颖河	登封市少石山河源	登封市大金店镇	14.0	Ⅲ	河南

续表

序号	水功能区名称		水系	河流	范围		长度/km	水质目标	省级行政区
					起始断面	终止断面			
36	一级	颍河许昌开发利用区	颍河	颍河	登封市大金店镇	周口市周口闸	226.2	按二级区划执行	河南
37		颍河周口开发利用区	颍河	颍河	周口市周口闸	沈丘县槐店闸下	56.5	按二级区划执行	河南
38	一级	颍河豫皖缓冲区	颍河	颍河	沈丘县槐店闸下	安徽界首市颍河裕民大桥	28.8	Ⅲ	河南、安徽
39		颍河阜阳开发利用区	颍河	颍河	安徽界首市颍河裕民大桥	颍河入淮河口	205.0	按二级区划执行	河南
40		颍河登封工业用水区	颍河	颍河	登封市大金店镇	登封市告成乡告成水文站	16.6	Ⅲ	河南
41		颍河登封排污控制区	颍河	颍河	登封市告成乡告成水文站	登封市告成曲河	2.3		河南
42		颍河登封过渡区	颍河	颍河	登封市告成曲河	登封市白沙水库入口	15.7	Ⅲ	河南
43		颍河白沙水库景观娱乐用水区	颍河	颍河	登封市白沙水库入口	禹州市白沙水库大坝	3.8	Ⅱ	河南
44		颍河禹州农业用水区	颍河	颍河	禹州市白沙水库大坝	禹州市后屯	28.5	Ⅲ	河南
45	二级	颍河禹州饮用水水源区	颍河	颍河	禹州市后屯	禹州市橡胶坝	4.5	Ⅱ	河南
46		颍河禹州排污控制区	颍河	颍河	禹州市橡胶坝	禹州市褚河公路桥	9.1		河南
47		颍河禹州、襄城过渡区	颍河	颍河	禹州市褚河公路桥	襄阳县颍阳镇公路桥	24.0	Ⅳ	河南
48		颍河许昌饮用水水源区	颍河	颍河	襄阳县颍阳镇公路桥	襄城县化行水文站	6.0	Ⅲ	河南
49		颍河襄城、许昌渔业用水区	颍河	颍河	襄城县化行水文站	许昌漯河交接吴刘	13.0	Ⅲ	河南
50		颍河临颍、鄢城农业用水区	颍河	颍河	许昌漯河交接吴刘	鄢城县颍河闸	30.0	Ⅲ	河南
51		颍河鄢城排污控制区	颍河	颍河	鄢城县颍河闸	鄢城县沈张闸	12.7		河南

续表

序号	水功能区名称	水系	河流	范围 起始断面	范围 终止断面	长度/km	水质目标	省级行政区
52	颍河郾城、西华过渡区	颍河	颍河	郾城县沈张闸	西华逍遥闸	19.0	Ⅳ	河南
53	颍河西农农业用水区	颍河	颍河	西华逍遥闸	周口市周口闸	42.0	Ⅲ	河南
54	颍河周口排污控制区	颍河	颍河	周口市周口闸	周口市黄滩铁路桥	5.0		河南
55	颍河商水、淮阳农业用水区	颍河	颍河	周口市黄滩铁路桥	项城市贾营桥	30.0	Ⅲ	河南
56	颍河项城、沈丘排污控制区	颍河	颍河	项城市贾营桥	沈丘县槐店闸下	21.5		河南
57	漭河晋豫自然保护区	三门峡至花园口	漭河	源头	漭河林场	30.0	Ⅲ	河南
58	漭河济源、焦作开发利用期	三门峡至花园口	漭河	漭河林场	谷旦闸	41.5	按二级区划执行	河南
59	漭改河孟州开发利用区	三门峡至花园口	漭河	谷旦闸	入新蟒河	17.0	按二级区划执行	河南
60	漭河济源农业用水区	三门峡至花园口	漭河	漭河林场	西石露头	9.5	Ⅲ	河南
61	漭河济源景观娱乐用水区	三门峡至花园口	漭河	西石露头	济源水文站	7.0	Ⅳ	河南
62	漭河济源排污控制区	三门峡至花园口	漭河	济源站	G207公路桥	6.8		河南
63	漭河济源过渡区	三门峡至花园口	漭河	G207公路桥	白墙水库路口	11.4	Ⅴ	河南
64	漭河孟州农业用水区	三门峡至花园口	漭河	白墙水库路口	谷旦闸	6.8	Ⅳ	河南
65	漭改河孟州农业用水区	三门峡至花园口	漭河	谷旦闸	入新蟒河	17.0	Ⅴ	河南

(序号52–56为二级；57–59为一级；60–65为二级)

续表

序号	水功能区名称		水系	河流	范围 起始断面	范围 终止断面	长度/km	水质目标	省级行政区
66	一级	沁河河南自然保护区	三门峡至花园口	沁河	拴驴泉坝址	五龙口水文站	10.2	Ⅲ	河南
67		沁河济源、焦作开发利用区	三门峡至花园口	沁河	五龙口水文站	入黄河河口	89.5	按二级区划执行	河南
68	二级	沁河济源、沁河农业用水区	三门峡至花园口	沁河	五龙口站	沁阳县北孔	28.0	Ⅳ	河南
69		沁河沁阳排污控制区	三门峡至花园口	沁河	沁阳县北孔	孝敬	14.0		河南
70		沁河沁阳、武陟过渡区	三门峡至花园口	沁河	孝敬	武陟县王顺	16.0	Ⅳ	河南
71		沁河武陟农业用水区	三门峡至花园口	沁河	武陟县王顺	武陟县小董	4.7	Ⅳ	河南
72		沁河武陟过渡区	三门峡至花园口	沁河	武陟县小董	入黄河河口	26.8	Ⅳ	河南
73	一级	漳河岳城水库上游缓冲区	漳卫河	漳河	合漳	岳城水库入库口	75.0	Ⅲ	河南
74	二级	漳河河北邯郸农业用水区	漳卫河	漳河	岳城水库坝下	徐万仓	114.0	Ⅳ	河北
75	一级	滏阳河河北邯郸开发利用区1	子牙河	滏阳河	九号泉	东武仕水库入库口	13.5	按二级区划执行	河北
76		滏阳河河北邯郸开发利用区2	子牙河	滏阳河	东武仕水库库区			按二级区划执行	河北
77		滏阳河河北邯郸、邢台、衡水开发利用区	子牙河	滏阳河	东武仕水库坝下	零仓口	355.0	按二级区划执行	河北
78		滏阳河河北衡水开发利用区	子牙河	滏阳河	零仓口	大西头闸	10.0	按二级区划执行	河北

续表

序号	水功能区名称	水系	河流	范围 起始断面	范围 终止断面	长度/km	水质目标	省级行政区
79	一级 滏阳河河北衡水、沧州开发利用区	子牙河	滏阳河	大西头闸	献县	67.0	按二级区划执行	河北
80	滏阳河河北邯郸饮用水源区1	子牙河	滏阳河	九号泉	东武仕水库入库口	13.5	III	河北
81	滏阳河河北邯郸饮用水源区2	子牙河	滏阳河	东武仕水库库区			III	
82	二级 滏阳河河北邯郸农业用水区	子牙河	滏阳河	东武仕水库坝下	邯郸、邢台交界	115.0	V	河北
83	滏阳河河北邢台农业用水区	子牙河	滏阳河	邯郸、邢台交界	邢台、衡水交界	214.0	IV	河北
84	滏阳河河北衡水农业用水区1	子牙河	滏阳河	邢台、衡水交界	零仓口	26.0	IV	河北
85	滏阳河河北衡水景观娱乐用水区	子牙河	滏阳河	零仓口	大西头闸	10.0	IV	河北
86	滏阳河河北衡水农业用水区2	子牙河	滏阳河	大西头闸	衡水、沧州交界	47.0	IV	河北
87	二级 滏阳河河北沧州农业用水区	子牙河	滏阳河	衡水、沧州交界	献县	20.0	IV	河北
88	滹沱河晋翼缓冲区	子牙河	滹沱河	鳌头	小觉	50.0	III	山西、河北
89	一级 滹沱河河北石家庄水源地保护区	子牙河	滹沱河	小觉	岗南水库入库口	30.0	II	河北
90	滹沱河河北石家庄饮用水水源区	子牙河	滹沱河	岗南水库坝下	黄壁庄水库入库口	10.0	II	河北
91	二级 滹沱河河北石家庄农业用水区	子牙河	滹沱河	黄壁庄水库坝下	石家庄、衡水交界	107.0	IV	河北
92	滹沱河河北衡水农业用水区	子牙河	滹沱河	石家庄、衡水交界	衡水、沧州交界	64.0	IV	河北

续表

序号	水功能区名称	水系	河流	范围 起始断面	范围 终止断面	长度/km	水质目标	省级行政区
93	二级 滹沱河河北沧州农业用水区	子牙河	滹沱河	衡水、沧州交界	献县	10.0	Ⅳ	河北
94	唐河晋冀缓冲区	大清河	唐河	城头会	倒马关	71.0	Ⅲ	山西、河北
95	唐河河北保定开发利用区1	大清河	唐河	倒马关	西大洋水库入库口	75.0	按二级区划执行	河北
96	一级 唐河河北保定开发利用区2	大清河	唐河	西大洋水库库区			按二级区划执行	河北
97	唐河河北保定开发利用区3	大清河	唐河	西大洋水库坝下	温仁	93.0	按二级区划执行	河北
98	唐河河北保定缓冲区	大清河	唐河	温仁	白洋淀	47.0	Ⅲ	河北
99	唐河河北保定饮用水水源区1	大清河	唐河	倒马关	西大洋水库入库口	75.0	Ⅱ	河北
100	二级 唐河河北保定饮用水源区2	大清河	唐河	西大洋水库库区			Ⅱ	河北
101	唐河河北保定农业水源区	大清河	唐河	西大洋水库坝下	温仁	93.0	Ⅳ	河北
102	瀑河河北承德源头水保护区	滦河及冀东沿海诸河	瀑河	源头	平泉	19.0	Ⅱ	河北
103	一级 瀑河河北承德开发利用区	滦河及冀东沿海诸河	瀑河	平泉	宽城	63.0	按二级区划执行	河北
104	瀑河河北承德、唐山缓冲区	滦河及冀东沿海诸河	瀑河	宽城	潘家口水库入库口	15.0	Ⅲ	河北
105	二级 瀑河河北承德饮用水水源区	滦河及冀东沿海诸河	瀑河	平泉	宽城	63.0	Ⅲ	河北
106	一级 南拒马河河北开发利用区	大清河	南拒马河	落宝滩	新盖房	70.0	按二级区划执行	河北

续表

序号	水功能区名称	水系	河流	范围 起始断面	范围 终止断面	长度/km	水质目标	省级行政区
107	二级 南拒马河河北保定饮用水水源区	大清河	南拒马河	落宝滩	新盖房	70.0	按二级区划执行	河北
108	永定河北京开发利用区	永定河	永定河	官厅水库坝下	辛庄	149.6	按二级区划执行	北京
109	一级 永定河京冀津缓冲区	永定河	永定河	辛庄	东州大桥	66.0	Ⅳ	北京、河北、天津
110	永定河天津开发利用区	永定河	永定河	东州大桥	屈家店闸	22.0	按二级区划执行	天津
111	永定河山峡段饮用水水源区	永定河	永定河	官厅水库坝下	三家店	92.0	Ⅱ	北京
112	二级 永定河平原段饮用水水源区	永定河	永定河	三家店	辛庄	57.6	Ⅲ	北京
113	永定河天津农业用水区	永定河	永定河	东州大桥	屈家店闸	22.0	Ⅳ	天津
114	大清河河北保定、廊坊开发利用区	大清河	大清河	新盖房闸	左各庄	79.0	按二级区划执行	河北
115	一级 大清河冀津缓冲区	大清河	大清河	左各庄	台头	100.0	按二级区划执行	河北
116	大清河天津开发利用区	大清河	大清河	台头	进洪闸	15.0	Ⅲ	河北、天津
117	大清河河北保定农业用水区	大清河	大清河	新盖房闸	保定、廊坊交界	40.0	Ⅳ	河北
118	二级 大清河河北廊坊农业用水区	大清河	大清河	保定、廊坊交界	左各庄	60.0	Ⅳ	河北
119	大清河天津农业用水区	大清河	大清河	台头	进洪闸	12.6	Ⅲ	天津
120	子牙河河北沧州、廊坊开发利用区	子牙河	子牙河	献县	南赵扶	72.0	按二级区划执行	河北
121	一级 子牙河冀津缓冲区	子牙河	子牙河	南赵扶	东子牙	21.5	Ⅳ	河北、天津
122	子牙河天津开发利用区1	子牙河	子牙河	东子牙	西河闸	51.6	按二级区划执行	天津

续表

序号	水功能区名称	水系	河流	范围 起始断面	范围 终止断面	长度/km	水质目标	省级行政区
123	一级 子牙河天津开发利用区2	海河干流	子牙河	西河闸	子、北汇流口	17.0	按二级区划执行	天津
124	二级 子牙河河北沧州工业用水区	子牙河	子牙河	献县	南赵扶	72.0	Ⅳ	河北
125	二级 子牙河天津农业用水区	子牙河	子牙河	东子牙	八堡节制闸	31.6	Ⅳ	天津
126	二级 子牙河天津饮用、农业用水区	子牙河	子牙河	八堡节制闸	西河闸	20.0	Ⅲ	天津
127	二级 子牙河天津饮用、工业、景观用水区	海河干流	子牙河	西河闸	子、北汇流口	17.0	Ⅲ	天津

13.3.3 退水河流水环境质量状况

13.3.3.1 河南省退水河流水质现状

从上述统计可见，54座退水闸对应的本地河流均位于河南省和河北省境内，本书对退水河流的水质现状进行初步评价。根据《河南省2018年环境质量公报》，河南省境内退水河流属于淮河流域的沙河、北汝河、澧河水质可达到地表水Ⅱ类水质标准，水质级别为优。贾鲁河、涡河水质可达到地表水Ⅲ类标准，水质级别为良好。颍河、双洎河水质为Ⅳ类，属于轻度污染。

河南省境内退水河流属于海河流域的河流中，淇河水质可达到Ⅱ类水质标准，水质级别为优。人民胜利渠水质可达到Ⅲ类，水质级别属于良好。大沙河、卫河、安阳河、汤河水质为Ⅳ类，级别为轻度污染。共产主义渠水质为Ⅳ~Ⅴ类，属于中度污染。

河南省境内退水河流属于黄河流域的河流中，黄河干流、沁河均可达到Ⅱ类水质标准，水质级别为优。

河南省境内退水河流属于长江流域的河流中，湍河水质可达到地表水Ⅱ类标准，水质级别为优。白河水系水质可达到地表水Ⅲ类，水质级别属于良好。

13.3.3.2 河北省退水河流水质现状

河北省境内退水河流均属于海河流域，其中从南到北依次穿越漳卫南运河水系、子牙河水系、大清河水系和永定河水系。由于上游修建水库，河北省境内大量退水河流处于常年干涸断流状态，另外部分退水河流为季节性排洪通道，对于这些退水河流无水质监测资料。

根据《河北省2018年水环境质量公报》，漳卫南运河水系总体为轻度污染，主要污染物为化学需氧量、生化需氧量和高锰酸盐指数，其中漳河退水闸退水河段水质为Ⅳ类。

子牙河水系水质总体为中度污染，主要污染物为氨氮和总磷，其中滏阳河退水闸退水河段水质为Ⅱ类，牤牛河南支退水闸退水河段水质为Ⅲ类，沁河退水闸退水河段水质为Ⅴ类，七里河退水闸退水河段水质为Ⅴ类~劣Ⅴ类，洨河退水闸退水河段水质为劣Ⅴ类，滹沱河退水闸退水河段水质为Ⅱ类。

大清河水系水质总体为中度污染，主要污染物为化学需氧量和高锰酸盐指数。其中唐河退水闸退水河段水质为劣Ⅴ类，水北沟退水闸退水河段水质为Ⅱ类。

永定河水系涉及河北省和北京市，根据《河北省2018年水环境质量公报》，永定河水系河北省境内水质总体为良好；根据《2018年北京市生态环境状况公报》，永定河水系北京市境内水质总体为中度污染，位于北京市境内的永定河退水闸退水河段水质为Ⅳ类。

13.3.4　退水河流流域社会经济发展状况

南水北调中线总干渠退水河流所涉及的范围基本上涵盖了南水北调中线受水区沿线，包括南阳、邓州、平顶山、周口、郑州、焦作、新乡、鹤壁、产强度高，同时分布有大量百万人以上的大中型城市，是我国社会经济发展程度较高的区域。

13.4　协作需求及问题分析

13.4.1　中线水质管理协作需求

南水北调中线工程从丹江口水库取水，通过总干渠向受水区输水，然后通过各分水口门供水至各水厂或河流，形成一条完整的水资源供应链。供应链条上包含南水北调中线工程运行管理单位，受水区人民政府（在正常供水期间主要是地方供水公司或水厂，在突发水污染事故状态下主要是拟退水河流河长）。南水北调中线工程运行管理单位和地方人民政府都有保障受水区安全稳定供水的职责（如图13-6所示）。

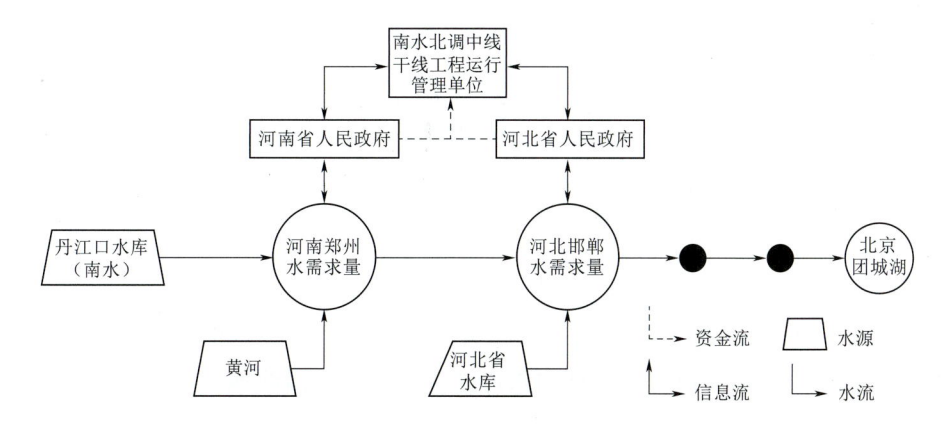

图13-6　南水北调中线水资源供应链利益相关方

水资源供应链理论最早是由王慧敏、朱九龙在南水北调工程水资源配置与调度中提出，其引入供应链管理的思想，在南水北调管理中强调沟通与协调的作用，通过达成的供应链供水协议使整个系统达到共赢，以实现水资源合理配置与调度的目的。水资源供应链关注的是如何将通过行政手段进行水资源的持续性配置，使整个水资源供应链的各个环节有序运作，保障上下游节点间水量和水质的水平。南水北调中线工程运营期的首要工作就是保障水源区丹江口水库的水足量保质的输往北京市，整个中线输水工程由于其渠道唯一性、输水单向性和上下游互联性，和供应链管理有着共通之处。南水北调中线水资源系统是通过上、下游子系统连接，形成供需网链状结构的供应链。在南水北调中线供应链中，和一般企业供应链相似，同样存在物流（水资源流）、资金流、信息流等。因此，将供应链管理引入到南水北调中线工程管理中是具有可行性的，从供应链管理的角度看，南水北调中线工程管理主要可以分成以下两个方面：

（1）以南水北调中线工程为例，整个中线工程可以看作由丹江口水源区、河南省水资源系统、河北省水资源系统、天津市水资源系统、北京市水资源系统构成的供应链关键节点，每个系统之间以供水和需水的约束条件来调度。从供应链管理的角度来看，可以认为上述子系统之间是通过沟通和协调来实现联动管理，这种连接是通过上下游供需各方达成合作而形成的串行链状结构，以上下游的供需水协议来使多方处于共赢状态。通过将供应链中的"信息流、物流、资金流"应用为水资源供应链管理中的"信息流、水流、资金流"，提高水资源供应链上下游的调度管理水平。其中，信息流涉及对整个中线工程水量需求的预测、水质的实时监测与预警、中线工程运行信息的分析等；"水流"的流动就相当于供应链中产品的"物流"流动，在此过程中涉及水源地的水安全足量地送往北京；资金流包含中线工程的工程成本预算、工程运行成本、污染治理的成本分摊、突发污染排污损失补偿等问题。通过应用供应链管理的理念，对南水北调中线工程的"信息流、水流、资金流"进行科学合理的调度与整合，提高南水北调中线工程的管理水平。

（2）在供应链管理中，供应链的产生基于两个主体，"买方"与"卖方"的存在，买卖双方因为水资源存量和用水需求而产生交易，产生了水流和信息流的交互，资金流在此过程中起到支持作用。南水北调中线工程供应链上的买卖双方以供需关系为原则来协调双方利益，供应链管理追求用系统的观点来实现供应链整体效益的最大化而不是个体效益。南水北调中线工程供应链管理追求的也是沿线各省（直辖市）水质收益整体最大化，这表明供应链管理在南水北调中线工程上的可行性与适应性。

从广义上理解，水资源供应链是将水流整体看作一个供应链流程，供应链中的"信息流、物流、资金流"与水资源供应链中的"信息流、水流、资金流"相匹配，由城市作为供应链上下游节点，水体作为运输物，政府作为管理者组成的一个链状结构。南水北调中线工程水资源供应链是由丹江口水库作为供给方，沿线城市作为需求方，流通资源为水资源，沿线各城市作为水资源供应链管理的关键节点，通过"信息流、水流、资金流"三流合一的运作方式实现水资源运输的一种链状结构。

在这种链条关系中，有如下几种潜在合作模式，以达到供应链联盟整体效益最大，并建立合适的利益分配机制，促进联盟各方获得超额收益：

（1）正常供水期间，南水北调中线工程运行管理单位向受水区河南、河北、天津、北京4省（直辖市）供水，按照《国家发展改革委关于南水北调中线一期主体工程运行初期供水价格政策的通知》收取相关水费。4省（直辖市）人民政府［各省（直辖市）南水北调中线工程建设领导小组办公室］按协议分配水量，获得相应的水资源。

（2）非正常供水期间。主要分为三种情形：一是指由于不可抗力原因，南水北调中线总干渠水质不能满足《供水协议》中Ⅲ类水质目标要求，但超标污染物浓度在配套水厂深度处理工艺承受能力范围内，南水北调中线工程运行管理单位和地方人民政府本着"保供水、不断供"的原则，采取合作应对的协作模式；二是指由于目前南水北调中线总干渠生态系统不稳定，藻类异常增殖的导致南水北调中线配套水厂制水出现困难，地方人民政府和南水北调中线工程运行管理单位本着"保供水、不断供"的原则，采取合作应对的协作模式；三是指由于不可预见的风险，导致南水北调中线总干渠出现突发水污染事故，事故渠段无法作为配套水厂的供水水源，必须对污染水体采取应急处置，南水北调中线工程运行管理单位和地方人民政府本着"影响范围最小、尽快恢复供水"的原则，采取合作应对的协作模式。

13.4.2　中线水质管理协作困境

（1）南水北调中线水资源的准公共物品特性决定了利益相关方决策空间较小。

虽然南水北调中线工程运行管理单位与受水区4省（直辖市）人民政府签订了《供水协议》，类似于商品买卖合同，但由于南水北调中线工程是国家水资源配置的关键性工程，其在水量供需方面不同于自由市场上的交易，在水量分配过程往往体现国家意志。即无论是南水北调中线工程运行管理单位、还是地方人民政府都无法自由决定其"买"还是"不买"，"卖"还是"不卖"，也无法决定"卖多少"或"卖多少"。对水资源费、水费均无自主定价权。

（2）当前利益相关方的性质决定了南水北调中线水质协作只能处于"纳什均衡"。

正常供水条件下，对于南水北调中线工程运行管理单位而言，它属于国有企业，它的目标只要保证中线工程保质保量供水，按照国家发展改革委的通知和标准收取水费即可，它并不关心额外的任务以及超额收益，所以就无协作的动机。对于受水区人民政府及相关主体而言，他们属于政府部门，且在中线水资源利用中为从属关系，既然南水北调中线工程运行管理单位不提"分质供水、优质优价"的动议，受水区绝不会"自找麻烦"，增加额外的水费。

在水质轻微污染或藻类异常增殖条件下，对于南水北调中线工程运行管理单位而言，他们期望能够通过科学技术手段，在渠道内解决相关问题，因此开展了大量的研究和处置工作。而受水区水厂只能通过调整工艺和加药量被动应对，形成互不合作的纳什均衡。

在突发水污染事故条件下，对于南水北调中线工程运行管理单位而言，希望尽快把受污染渠段内的水排出渠外，往往通过行政命令要求地方人民政府无条件接收污水外退，不考虑对生态、经济的后期影响。对于地方人民政府而言，出于"河长制"考核压力，基本不同意污水在本辖区内的河流外排，当上级人民政府有行政命令时，只能被动接受，对于相邻地方人民政府而言，也不会出于人道主义或大联盟最优为出发点，主动要求在本行政区退水，形成互不合作的纳什均衡。

（3）当前南水北调中线工程的运行机制决定了供、用、退三方不可能形成水质协作的互惠关系。

一是在水质信息上的封闭不利于多方合作。目前中线水质监测数据只是有条件地提供给了受水区人民政府，且往往存在滞后性，不利于供水公司生产；二是尚未建立互惠共赢的合作协议，特别是对合作可能产生的超额收益或成本节约方面没有提上议事日程，因此即使存在联盟帕累托最优，也无法形成实质上的合作。

13.5　决策模型构建和典型案例

13.5.1　正常运行状态下的博弈模式

"南水北调中线正常运行状态"是指当南水北调中线工程达到正常运行条件，水质、水量都可以满足供水协议要求时的状态。此时参与博弈的双方为南水北调中线工程运行管理单位和南水北调中线水源配套水厂。按照最理想状态分析，南水北调中线工程运行管理单位与配套水厂形成良性合作关系：南水北调中线工程运行管理单位作为水资源供应链中的售货方，持续稳定地为配套水厂提供优质水资源，收取国家规定的水费、并获得国家与社会各界对南水北调中线工程的好评；配套水厂作为供应链中的买方，通过低价获取数量充足、质量保证的水资源，置换本地水资源，获得区域生态效益，以及社会各界对水厂的好评。

但实际情况是，南水北调中线工程运行管理单位作为南水北调中线运行管理单位，履行国家赋予其的管理职责，保质保量提供水资源；但配套水厂具有选择本地水源、中线水源的多种选项，导致某些配套水厂不愿意达成协作，哪怕牺牲一些居民群众的饮水口感，不愿意接受中线水源，致使局中人形成了"合作—不合作"的"纳什均衡"。

南水北调中线工程运行以后，工程运行管理单位与地方人民政府及配套水厂所面对的外部环境在发生变化，为推动合作提供了契机。一是居民百姓对优良水资源的渴望大大增强，以河北省沧州市为例，沧州市下辖的泊头市地下水每升水含氟量高达1.8～

2.7mg/L，远远高于我国《地表水环境质量标准》规定饮用水水源氟化物含量不超过1.0 mg/L的标准。长期饮用高氟水会对牙齿造成损害，还会对神经系统、肌肉、肾脏等有毒性作用，对骨骼也损害巨大，切换南水北调丹江库区水源后，泊头市饮用水氟化物浓度低到0.28 mg/L，饮用水水质达到安全标准，口感变得"清甜"，在这种情况下，水厂在本地水源丰富时切换回本地水源，地方居民百姓会不同意，从而产生较大的负面社会效益；二是随着生态文明建设深入推进，水厂采用本地水源，特别是本地水源为地下水时，变得代价越来越高。为缓解北方地区日益严重的地下水位下降问题，2018年开始，南水北调中线工程向河北省实施生态补水，仅2018年河北省就获得南水补充总量达3.51亿m^3，通过滏阳河、七里河、白马河、李阳河、泜河、午河、田庄分水口、滹沱河、沙河（北）、中管头、三岔沟等退水闸、分水口，累计向邯郸、邢台、石家庄、衡水、沧州、廊坊生态补水2.39亿m^3；通过郑家佐分水口门、瀑河退水闸、北易水退水闸、北拒马退水闸向白洋淀补水1.12亿m^3，入淀水量0.3万m^3。2018年4—6月，泜河地下水监测井监测补水期间，地下水最高回升0.96m。

基于这种外部环境的变化，受水区地方人民政府积极采用南水北调水，按时交纳水费的意愿得到改变。配套水厂的态度发生的明显变化，在典型事件的驱动下，有利于促进南水北调中线工程运行管理单位-配套水厂达到"合作—合作"的帕累托最优。此时，各方的收益支付发生变化见表13-23。

表13-23　　　　正常运行状态下中线供—用水双方博弈模式

南水北调中线工程运行管理单位/配套水厂	合　作	不　合　作
合作	南水北调中线工程运行管理单位：水费+政治收益+社会效益-管理成本	南水北调中线工程运行管理单位：政治收益+管理成本-管理成本
	配套水厂：水资源收益+生态效益+社会效益-水费-运行成本	配套水厂：水资源收益+成本效益-社会效益
不合作	南水北调中线工程运行管理单位：管理成本	南水北调中线工程运行管理单位：-管理成本
	配套水厂：社会效益-管理成本	配套水厂：管理成本

维持协作的关键在于通过"合作—非合作"向"合作—合作"转换过程中是否产生了超额收益，以及这种超额收益是否可以共享。当然，这需要科学评判联盟在"合作—非合作"向"合作—合作"过程中产生了多少超额收益，目前仍是学术界研究的难点，这除了涉及比较确定的水费测算问题以外，还涉及如南水北调中线工程运行管理单位作为国有企业的政治收益如何测算，以及居民满意度上升产生的社会效益如何测算，以及地下水回升、植被面积增加等生态效益如何测算等科学问题。涉及非常多的学科，因此，对于此类问题，本书仅仅提出上述概念模型，不做具体案例计算。

13.5.2 中线水源微污染状态下的博弈模式

"南水北调中线水源微污染状态"是指当南水北调中线水质个别指标出现微弱程度污染，且指标浓度在合同约定范围之内，同时这种微弱污染在当前制水行业工艺承受能力范围内，或者是藻类异常增殖情况下，水厂通过简易改装设备可处理达到《饮用水卫生标准》的情形。在此工况下，协作双方仍然是南水北调中线工程运行管理单位（供水方）与配套水厂（用水方）。目前，由于供、用双方未建立有效的协作机制，也未实施有效的水质信息共享，面对水源微污染的情形，南水北调中线工程运行管理单位仅在努力寻求渠道内污染控制的有效解决方案，水厂仅在努力改进工艺克服原水存在的某些不足。形成了目前信息不对称条件下的非协作博弈，博弈双方的付费收益矩阵见表13-24。

表13-24　　　　　微污染状态下中线供－用水双方博弈模式

南水北调中线工程运行管理单位/水厂	合　作	不　合　作
合作	南水北调中线工程运行管理单位：信息共享、治污成本低 配套水厂：信息共享、制水成本低	南水北调中线工程运行管理单位：信息共享、治污成本低 配套水厂：信息不共享、制水成本高
不合作	南水北调中线工程运行管理单位：信息不共享、治污成本高 配套水厂：信息共享、制水成本高	南水北调中线工程运行管理单位：信息不共享、治污成本高、供水保障率低 配套水厂：信息不共享、制水成本高、居民满意度低

目前局中人的这种策略组合，类似于前文所提的"囚徒困境"，即无论对方何种决策，本方都本着只信任自己、不依靠别人的态度，给出不合作的策略，从而形成"不合作—不合作"的纳什均衡，这种状态对于联盟整体效益来讲是不经济的。实际上，对于某些特定的微污染情形，双方达成协作一致，会大量节约成本。分别以耗氧量指标微污染和藻类影响两种情形分别阐述。

13.5.2.1 耗氧量指标异常情形

根据《南水北调中线一期工程供水合同》，南水北调中线工程运行管理单位作为供水方需保障中线总干渠水质"按地表水Ⅱ～Ⅲ类水质标准控制，不低于Ⅲ类水标准"。根据前述水质现状评价，南水北调中线总干渠水质整体达到Ⅱ类，水质优良，但不能排除非正常运行的情况，比如丹江口水库水源地耗氧量（COD_{Mn}）超过《地表水环境质量标准》Ⅱ类标准4mg/L，但未超过《地表水环境质量标准》Ⅲ类标准6mg/L时，虽然满足供水合同要求，但自来水厂作为居民生活用水的直接提供方，根据《饮用水卫生标准》需要保证出厂水COD_{Mn}不能高于3mg/L。

1. 水厂端处理成本增加量

根据刘清华等《不同的常规与深度处理水厂工艺对水质保障的应用研究》，认为常规混凝沉淀对COD_{Mn}的去除率约为11.1%，常规石英沙滤对COD_{Mn}的去除率为31%，常规混凝—沉淀—过滤工艺对COD_{Mn}的去除率约为41%，满足不了本工况去除率需达到50%的要求，深度处理采用臭氧+活性炭滤池对COD_{Mn}的去除率可达到50%，混凝—沉淀—深度过滤工艺对COD_{Mn}的去除率可达到57%，可以满足本工况对COD_{Mn}去除率要求。

因此，如果南水北调中线工程运行管理单位对原水不采取额外措施，水厂通过自身改造降低出厂水中的COD_{Mn}，必须对滤池进行改造，并需添加臭氧。根据张捷、徐子松《活性炭选型及碳滤池的运行维护》中提出的研究成果，1万t/d水处理规模需要32 m^2的碳滤池，碳层厚度1.8m，接触时间13.5min；1t水投加10g臭氧；滤池反冲洗一般为3～5天，同时处理成本增加值为见表13-25。可以看出，中线配套水厂单独处理微污染原水产生的附加综合成本为0.54元。

表13-25　　　　　　水厂单独处理微污染水增加的制水成本一览表

序号	材料名称	工程量	单价	吨水成本/元
1	活性炭	32 m^2×1.8 m	10000元/m^3	（按照1年更换1次）0.16
2	臭氧	10 g	0.022元/g	0.22
3	滤池反冲洗电费	10000 kW·h/次	0.5元/(kW·h)	（按照3天1次）0.17
合计				0.55

2. 原水端处理成本增加量

本案例的假设是南水北调中线水源地丹江口水库的水质受到污染，从陶岔渠首进入南水北调中线总干渠的水质COD_{Mn}为6 mg/L。此时南水北调中线工程运行管理单位作为供水方，也作为国之重器的运行管理单位，必然会想办法降低总干渠内COD_{Mn}的浓度，如降低到3mg/L甚至降低至目前的2.5mg/L。

根据现有的研究成果，目前河流原位水质净化技术主要包括3大类。① 物理方法。主要是指疏挖渠道底泥、机械除藻、曝气等。疏浚污染底意味着将污染物从渠道系统中清除，可以较大程度地削减底泥对上覆水体的污染贡献率，从而改善水质。机械除藻有利于减少藻类，从而降低藻源性有机污染。曝气是指通过物理手段增加水体中的含氧量，从而使有机污染物快速分解。② 生物膜技术。指使微生物群体附着于某些载体的表面上呈膜状，通过与渠道水体接触，生物膜上的微生物摄取水体中的有机物作为营养吸收并加以同化，从而使污水得到净化。③ 水生植物净化法。是充分利用水生植物的自然净化机能净化水质的方法。例如，采用生物浮岛、湿地中的芦苇等在一定的水域范围进行净化处理。

综合分析目前总干渠的物理结构和水流条件，适宜采用的方法为人工曝气+生物挂膜方法。根据金立建等《生物飘带在河道水质净化中的应用及分析》中关于南水北调东线河流的应用试验，达到一定密度的生物挂膜，可有效降低耗氧有机物的浓度。根据赵立虹等《生物挂膜降解模拟污水污水COD的研究》推理，流动水体持续经过挂膜渠段，经过2d时间，耗氧量的降解率可达到50%左右。按照流速0.8～1.2m/s（平均流速1 m/s），计算得出挂膜范围应该为陶岔渠首以后约170km的渠段，挂膜1年更换1次。按照目前挂膜100元成本计，每年需投入水质净化成本约1700万元，按照河南省供水水厂516万 m^3/d，河北省308万 m^3/d，天津227万 m^3/d，北京307万 m^3/d，总供水能力1358万 m^3/d计，算出南水北调中线工程运行管理单位单独处理微污染原水时吨水净化成本约1.25元。

3. 双方合作净水

南水北调中线工程运行管理单位采取处理措施把COD_{Mn}控制在5 mg/L以下，然后水厂利用常规制水工艺（不用升级改造工艺），可以把水厂出水端的COD_{Mn}浓度控制在3mg/L以下。从而达到不明显增加成本，但能够保证供水水质的目的。

根据中线总干渠生物飘带挂膜工艺对COD_{Mn}的去除效率计算，要使COD_{Mn}浓度从6mg/L降低至5mg/L，去除率为16.7%，换算需要流程历时0.668d，计算得出挂膜范围应该为陶岔渠首以后58km的渠段，需投入水质净化成本约580万元，吨水净化成本约0.43元。

由于经南水北调中线工程运行管理单位的措施以后，并考虑总干渠自身微弱的降解能力，水厂COD_{Mn}的浓度降低至5mg/L，常规混凝—沉淀工艺对COD_{Mn}的去除效率为41%，因此经常规制水工艺后，水厂出水COD_{Mn}浓度为2.95mg/L，低于《生活饮用水卫生标准》规定的不得高于3 mg/L要求。因此额外投入成本为0。

综上所述，如果南水北调中线工程运行管理单位、配套水厂合作应对微污染水，吨水净化成本为0.43元，比配套水厂单独处理、南水北调中线工程运行管理单位单独处理成本分别减少20%和66%。因此，双方如果形成协作机制，在微污染状态下，将会使协作的附加成本降低至最低。

4. 联盟协作机制及边际收益分配模型

在社会或经济活动中，两个或多个实体，例如个人、公司、国家等，相互合作结成联盟或者利益集团，通常能得到比他们单独活动时获得更大的利益，产生一加一大于二的效果。然而，这种合作能够达成或者持续下去的前提就是，合作各方能够在合作的联盟中得到他应有的那份利益。如何能做到合理地分配合作各方获得的利益，需要一个合理的分配方式。如前所述，南水北调中线工程运行管理单位和配套水厂双方合作净水成本最低，配套水厂单独净水成本次之，南水北调中线工程运行管理单位单独净水成本最高。而且从协作的模式来看，水厂的态度可以决定合作是否能够建立，形成了明显的主从博弈关系。为了使合作形成的隐性收益变现，本书尝试采用Shapley收益分摊模型来计算南水北调中线工程运行管理单位、配套水厂的分摊比例。

由于Shapley收益分摊模型总是认为收益是正值，那么假设在COD_{Mn}指标微污染状态下，国家给予中线工程净水补贴为1.5元/t，那么配套水厂单独净水扣除附加成本以后得到的收益1.5元/t−0.55元/t = 0.95元/t，南水北调中线工程运行管理单位单独净水扣除附加成本以后得到的收益为1.5元/t-1.25元/t=0.25元/t，配套水厂-南水北调中线工程运行管理单位合作净水扣除附加成本以后得到的收益为1.5元/t-0.43元/t=1.02元/t。假设南水北调中线工程运行管理单位为局中人1，配套水厂为局中人2，计算过程见表13-26和表13-27。

表13-26　合作净水联盟南水北调中线工程运行管理单位分配效益的Shapley值法

合作联盟	{1}	{1, 2}
剩余联盟	{2}	Φ
V(S)	0.25	1.02
V(S\{1})	0	0.95
[V(S)-V(S\{1})]	0.25	0.07
|S|	1	2
权重 [(|S|-1)!(n-|S|)!]/(n!)	1/2	1/2
加权乘积	0.25×1/2=0.125	0.07×1/2=0.035
南水北调中线工程运行管理单位效益分配	0.125+0.035=0.16	

表13-27　合作净水联盟配套水厂分配效益的Shapley值法

合作联盟	{2}	{1, 2}
剩余联盟	{1}	Φ
V(S)	0.95	1.02
V(S\{2})	0	0.25
[V(S)-V(S\{2})]	0.95	0.77
|S|	1	2
权重 [(|S|-1)!(n-|S|)!]/(n!)	1/2	1/2
加权乘积	0.95×1/2=0.475	0.77×1/2=0.385
协作水厂效益分配	0.475+0.385=0.86	

可以看出，根据Shapley值法计算得出南水北调中线工程运行管理单位、配套水厂双方获得的补贴收益分别为0.16元/t和0.86元/t，合计为1.02元/t，一是体现了合作联盟收益共享原则（如果是要双方分摊额外成本，则可以根据次补贴收益占比反算）；二是体现了双方根据贡献大小获取利益的原则。该补贴的来源可以是来自国家财政，也可以是合作双方根据合作协议成立的风险准备基金。

13.5.2.2　浮游藻类指标异常情形

《南水北调一期工程供水合同》中未对浮游藻类指标做出要求，但根据前述总干渠水质现状评价的内容，近几年出现了几次浮游藻类密度较高的情形，如2015年春夏季浮游藻类峰值密度达到3×10^7个/L，对沿线自来水厂制水工艺带来一定压力。根据CJJ 32—

2011《含藻水给水设计规范》对含藻水的定义，藻类及其他浮游生物过量繁殖、藻数量大于100万个/L就会对水厂混凝、沉淀、过滤工艺造成影响。实际上，针对受水区200多个配套水厂的详细调研，在2015年中线总干渠藻类指标异常期间，各水厂采用强化物理隔离、混凝沉淀、增加滤池反冲洗频率等方式，有效应对了藻密度过高的问题，但是制水成本明显增加。同时，南水北调中线工程运行管理单位也从科学机理、物理打捞和隔离等方面开展了大量工作，试图降低藻密度及其不利影响。

同样按照联盟不合作、合作不同状态下分析相关的处理成本，从而分析联盟建立合作的可能性和可行性。

1. 水厂端处理成本增加量

根据第六章水厂对污染物及藻类处置效果与潜力研究得出的相关认识，对于中线高藻水（密度大于100万个/L）的处理，推荐水厂采用负载高锰酸钾活性炭混凝出藻工艺。通过对郑州柿园水厂、邯郸铁西水厂以及河北工程大学的试验研究，当藻密度达到500万个/L以上时，较为有效的加药组合是在进水口投加1.5mg/L高锰酸钾，混凝沉淀前投加15mg/L的粉末活性炭。同时需要增加滤池反冲洗频率达到1天/次，增加了人工成本和电力成本。由此计算水厂单独处置高藻水的吨水制水成本增加量见表13-28。其中吨水粉末活性炭成本为0.15元，吨水高锰酸钾成本为0.15元，增加滤池反冲洗成本为0.50元，增加人工成本0.10元，合计增加额外成本1.10元。

表13-28　　　　水厂单独处理高藻水增加的制水成本一览表

序号	材料名称	工程量	单价	吨水成本/元
1	粉末活性炭	15 g	10000元/t	（按照1年更换1次）0.15
2	高锰酸钾	1.5 g	0.1元/g	0.15
3	滤池反冲洗电费	10000 kW·h/万t水	0.5	（按照1天1次）0.50
4	人工成本	平均0.1个/100万t水	200	0.20
合计				1.10

2. 南水北调中线工程运行管理单位处理成本增加量

一般而言，去除水体中的藻类的措施主要有物理措施、化学措施和生物措施。物理措施包括藻水分离机械、隔离网、清藻设备等；化学措施主要是向水体投加氧化剂和絮凝剂措施；生物措施主要指投放滤食性鱼类，如（鲢鱼和鳙鱼）。由于目前尚未完全认识干渠内藻类的生消机制，根据目前南水北调中线工程运行管理单位在总干渠实施的控藻措施来看，较为有效的仍然是物理隔离和打捞。具体而言就是在95处分水口门处设置细格栅，同时配备清藻机械设备。

根据目前南水北调中线工程运行管理单位在十八里河设置的拦藻网闸经验，可考虑在分水口设置95处网闸。细目网闸按照每处闸网25万元成本计，共需投入成本2375万元，使用年限按照5年计，平均分水量按照1358万t/d规模计算，得出吨水增加成本0.35元/t，增加人力、电力成本按照0.05元/t计，合计增加成本0.40元/t。

3. 双方合作处理藻类

需要指出的是，由于浮游藻细胞小，采用网闸孔径过粗，则不利于拦截藻类，而孔径过细易形成阻水面，从而不利于分水口取水，因此采用网闸拦藻并不能彻底解决藻密度较高的问题。可以考虑南水北调中线工程运行管理单位采用粗目网闸进行拦截，使进入分水口的藻类大幅降低，然后水厂仅通过添加高锰酸钾预氧化，然后借助常规制水工艺就可达到出水有机物、浊度、臭味相关要求，且投加高锰酸钾的剂量可以减少。根据岳兵等《高锰酸钾预氧化强化混凝工艺对高藻水的处理》研究，对于藻密度不高的原水而言，具有可行性。由此产生的额外制水成本包括两方面：一方面是南水北调中线工程运行管理单位安装粗目闸网，形成的额外成本增加为0.14元/t；另一方面是水厂添加强氧化剂和人工导致的成本增加，为0.20元/t，合计增加成本值为0.34元/t，比双方单独处置高藻水的成本均低，见表13-29。

表13-29　　双方合作处理高藻水增加的制水成本一览表

序号	材料名称	工程量	单价	吨水成本/元
一	南水北调中线工程运行管理单位			
1	粗目网闸	95	100000元/个	（按照5年更换1次）0.14
二	配套水厂			
1	高锰酸钾	1.0 g	0.1元/g	0.10
2	人工成本	平均0.05个/100万t水	200元/个	0.10
合计				0.34

从中线水源微污染的两种案例分析可以得出如下基本结论：

（1）中线工程存在水质微污染风险。南水北调中线工程出现微污染的概率较小，但由于丹江口水库、中线总干渠沿线还存在较多风险源，也存在发生微污染的可能。

（2）水质污染增加制水成本。在水质状况满足供水合同要求，但部分指标水质异常会对制水工艺带来影响，从而增加制水成本。

（3）合作有利于减少制水成本。在信息不对称、合作机制未建立之前，南水北调中线工程运行管理单位和配套水厂各自独立处理微污染水所产生的额外成本相对较大，而双方合作明显降低了成本。

（4）合理的利益分配方案是合作机制建立的前提。在不同的案例情形下，博弈双方的贡献率不同，建立以贡献程度大小为依据的利益分配方案是促进合作机制建立的有效途径。

13.5.3 突发水污染事故状态下退水的博弈模式

"南水北调中线突发水污染事故状态"是指由于跨渠桥梁翻车、工作用油泄漏等原因，导致中线总干渠水质不能满足地表水Ⅲ类水质标准，水厂工艺不能处理中线原水的情形。此时南水北调中线工程运行管理单位会按照应急预案，启动应急处置响应，在原位处置难度较大时，可能会通过总干渠沿线的54个退水闸中的一个或者若干个退水。

博弈的参与方是南水北调中线工程运行管理单位和排污口所在河道河长，博弈双方之间的关注焦点在于最小化突发污染损失，同时能够最小化任一主体的损失。在这两方的博弈中，两博弈方各自的利益不仅取决于他们自己选择的策略，也取决于对方的策略选择。就现有制度设计而言，南水北调中线工程运行管理单位只需保证中线供水影响最小，可以无条件要求退水，无论所选择的退水点是否最经济，而地方政府河长只能被动接受，南水北调中线工程运行管理单位与河长的策略组合为"合作—不合作"，但在此博弈过程中，双方可能选择的策略见表13-30。当某种合理的机制形成之后，使双方能够达到"合作—合作"的策略组合，可以不但使中线总干渠水质影响较小，同时也使退水河流的生态环境、社会经济影响小，联盟整体经济损失最低。

表 13-30　　　　突发水污染状态下中线供 – 退水双方博弈模式

南水北调中线工程运行管理单位 / 河长	合　作	不　合　作
合作	南水北调中线工程运行管理单位：退水影响低、突发污染影响低 地方政府：整体经济损失低	南水北调中线工程运行管理单位：退水成本高，突发污染影响高 地方政府：整体经济损失小
不合作	南水北调中线工程运行管理单位：退水成本低、突发污染影响低 地方政府：整体经济损失高	南水北调中线工程运行管理单位：退水成本高，突发污染影响高 地方政府：整体经济损失大

定义 $N=\{1,\cdots,n\}$ 为与南水北调中线工程运行管理单位发生交易的水厂的集合。当南水北调中线干渠内发生突发污染时，将通过 n 个退水河道（$n \in N^*$）中的最优选择进行退水。定义 $M=\{1,\cdots,m\}$ 为各退水河道河长的集合。总损失 S_k 为污水在渠道内造成的损失 W_k 和对纳污地造成的损失 Z_k 之和，应急排污损失特征函数为 $S_k = W_k + Z_k$。假设突发污染在 t_0 时刻发生在排污口 $i=1$ 的上游处，随着时间的变化污染对中线干渠造成的损失也越来越大，直至达到干渠纳污极限 t_e 处。在从时间 t_0 污染开始发生直至 t_e 时刻达到纳污极限，污染物共经过 n 个排污口。假设中线工程运行管理单位和中线工程沿线河道河长构成一个风险共担联盟，此联盟主要目的是在突发污染产生时分摊纳污方的承污损失，n 个排污口所负责的河长和中线工程运行管理单位共同组成风险共摊联盟，共同分摊被选择作为排污点的河长的纳污损失（图13-7）。

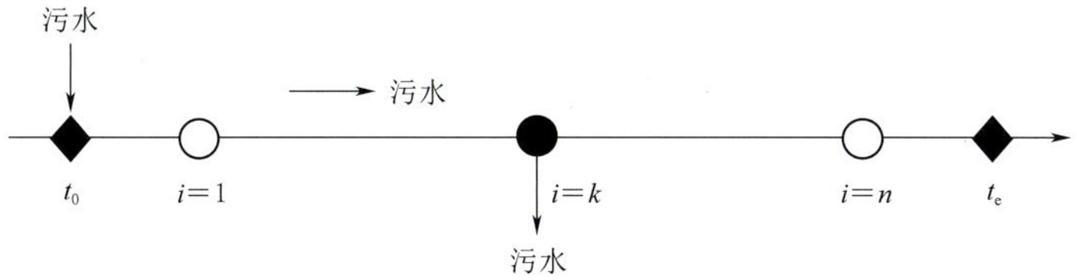

图 13-7　突发水污染事故状态排污点优选概念模型

结合实际调研情况，构建如下基本假设：

（1）中线沿线河长均有义务接纳中线突发污染排污，当河长处于可排范围且未被选中时，有义务分摊纳污地河长的损失。

（2）退水造成的污染不纳入地方河长考核。

（3）中线沿线纳污河道均可排污，不存在河道堵塞等问题。

（4）污水在中线干渠存有存在时间上限，不能超过最大时间 t_e。

（5）在相近排污损失（5%）基础上，以就近排污为原则。

（6）排污地的选择以损失最小化为原则，实际过程中受多方因素影响，本书不作考虑。

13.5.3.1　退水点优选模型

排污地的选择以损失最小化为原则，当选择在 $i=k$ 处排污口进行排污时，当 $i=k$ 时造成的总损失 S_k 为污水在渠道内造成的损失 W_k 和对纳污地造成的损失 Z_k，即 $S_k = W_k + Z_k$；则排污地 k 的选择为

$$k = \min\{i | S_i, i = 1, 2, \cdots, n\} \tag{13-1}$$

13.5.3.2　退水损失核算模型

13.5.3.2.1　渠道内损失函数

外来污染物进入输水干渠，会污染区内水质，导致应急停止供水并进行污水外排。污染物在输水干渠内造成的损失主要与污染物在渠内的时间相关，时间越长，造成的损失越大。则外来污染物进入干渠后，距离事故发生地 x 处 t 时刻的污染物浓度为

$$C(x,t) = \frac{M}{\sqrt{4\pi D_L t}} \exp\left(-\frac{(x-vt)^2}{4D_L t}\right) \tag{13-2}$$

式中：M 为污染物泄漏质量；D_L 为输水干渠纵向离散系数；v 为干渠输水速度。其中，t_e 时刻的污染物浓度不能超过干渠纳污极限 $C_{\max}$。

$$C(x,t_e) = \frac{M}{\sqrt{4\pi D_L t_e}} \exp\left(-\frac{(x-vt_e)^2}{4D_L t_e}\right) \leq C_{\max} \tag{13-3}$$

则当在 $i=k$ 处进行退水时，干渠所产生的损失为

$$W_k = C(x,k)Q_k P = \frac{M}{\sqrt{4\pi D_L k}} \exp\left(-\frac{(x-vk)^2}{4D_L k}\right) vkP \tag{13-4}$$

式中：Q_k 为 $i=k$ 时渠内污水量；P 为污染状况下干渠压力成本。

13.5.3.2.2 纳污地损失函数

突发性水污染由于其突发性、严重性和不可控性，其造成的灾害损失评估也具有复杂性和不确定性。根据原环境保护部办公厅 2014 年 10 月印发的《环境损害鉴定评估推荐方法（第 Ⅱ 版）》，结合南水北调中线工程应急排污的特点，从人身损害、财产损害、生态环境损害、应急处置费用及其他事务性费用 5 个方面来测算突发污染发生时的纳污地损失。

当选中 i 地位排污点时，纳污地损失函数 Z_i 计算模型如下：

$$Z_i = L + F + E + G + O \tag{13-5}$$

式中：L 为人身损失；F 为财产损失；E 为生态损失；G 为应急损失；O 为其他损失。

1. 人身损失

人身损失鉴定评估内容包括因水污染事件导致受害人发生死亡和伤残等有损身体健康的损失。人身损失赔偿金额按《最高人民法院关于审理人身损害赔偿案件适用法律若干问题的解释》计算。具体计算方法如下：

$$L = D + Q \tag{13-6}$$

式中：L 为人身损失；D 为人身死亡损失；Q 为人身伤残损失。

人身死亡损失 D 计算方法如下：

$$D = \sum X_i + \sum Y_i \tag{13-7}$$

式中：X_i 为第 i 位死者的死亡赔偿金；Y_i 为第位死者的丧葬费。

人身伤残损失 Q 计算方法如下：

$$Q = \sum Z_{j1} + \sum Z_{j2} + \sum Z_{j3} + \sum Z_{j4} + \sum Z_{j5} + \sum Z_{j6} + \sum Z_{k1} + \sum Z_{k2} + \sum Z_{k3} \tag{13-8}$$

式中：Z_{j1} 为第 j 位患者的误工费；Z_{j2} 为第 j 位患者的医疗费；Z_{j3} 为第 j 位患者的护理费；Z_{j4} 为第 j 位患者治疗期间的交通费；Z_{j5} 为第 j 位患者的住院伙食补偿费；Z_{k1} 为第 k 位患者的残疾赔偿金；Z_{k2} 为第 k 位患者的残疾人生活补助金；Z_{k3} 为第 k 位患者的残疾辅助器具费。

2. 财产损失

财产损失主要评估因水污染事件造成的固定资产和生产型财产损失、水污染对环境的破坏造成的间接财产损失、水污染处理产生的财产性损失。本文核算财产损失主要从固定资产损失、工业损失和农业损失 3 个方面来核算。财产损失 F 的计算公式为

$$F = L + I + A \tag{13-9}$$

式中：F 为财产损失；L 为固定资产损失；I 为工业损失；A 为农业损失。

固定资产损失。主要核算水污染对渠道、阀门等基础设施造成损害，根据基础设施的使用情况来核算经济损失。

$$L = R_e(1-\alpha)N\beta \tag{13-10}$$

式中：L 为固定资产损失；R_e 为重新购置所需费用，万元；α 为年平均折旧率；N 为已使用年限；β 为损坏率。

（1）工业损失。主要核算污染造成水资源供给不稳定或者断供，由此会导致工业企业损失，根据区域工业月平均生产总值来核算损失。即

$$I = \sum_i B_i C_i \tag{13-11}$$

式中：I 为工业停产造成的损失，万元；B_i 为上一年每个月平均生产总值，万元；C_i 为受损时间，月。

（2）农业损失。水污染导致当地农业造成减产甚至绝收的灾害，且这种伤害是持续性的，需要长时间才能消除。通过测算种植业、畜牧业和渔业来计算水污染造成的农业损失。农业总损失 A 计算方法如下：

$$A = A_1 + A_2 + A_3 \tag{13-12}$$

式中：A_1 为种植业损失；A_2 为畜牧业损失；A_3 为渔业损失。

种植业损失核算函数：

$$A_1 = \sum_i X_i Y_i Z_i \varphi_i \tag{13-13}$$

式中：A_1 为污染导致种植业的损失，万元；X_i 为第 i 种作物单位面积产量；Y_i 为第 i 种作物种植面积；Z_i 为第 i 种作物市场均价；φ_i 为第 i 种作物受损率。

畜牧业损失函数：

$$A_2 = \sum_i V_i Q_i \tag{13-14}$$

式中：A_2 为污染导致的畜牧业损失，万元；V_i 为第 i 种牲畜市场单价；P_i 为第 i 种牲畜死亡量。

渔业损失函数：

$$A_3 = (D_a - D_p) K V \tag{13-15}$$

式中：A_3 为污染导致渔业损失，万元；D_a 为正常水平下鱼群密度；D_p 为污染后鱼群密度；K 为污染水域面积；V 为单位鱼群产量市场平均价格。

3. 生态环境损失

生态环境损失主要测算水污染进入自然河道和下渗入土地中造成的生态功能损失以及生态环境修复所需的费用。本书从水资源价值、土地资源价值两个方面来测算生态环境损失。生态环境损失 E 的计算方法如下：

$$E = E_1 + E_2 \tag{13-16}$$

式中：E 为生态环境损失；E_1 为污染导致的水资源损失；E_2 为污染导致的土地资源损失。

（1）水资源价值。突发水污染会影响中线工程周围水厂的供水稳定性，影响水厂售水收入，根据断水时间断供水的类型和水量测算水资源价值。

$$E_1 = \sum_i V_i P_i \tag{13-17}$$

式中：E_1 为污染导致的水资源损失，万元；V_i 为水厂售出不同类型水的数量；i 包含生活用水、工业用水、农业用水；P_i 为水厂售出不同类型水的单价。

（2）土地资源价值。受污水退水影响，污染地区土地多种生态服务功能受到损害，如种植功能、调蓄功能、水土保持功能，采取恢复费用法计算土地资源价值。即

$$E_2 = \sum_i N_i P_i M_i \tag{13-18}$$

式中：E_2 为污染导致的土地资源损失，万元；N_i 为受污染土地资源恢复年限；P_i 为受污染土地资源租金价格；M_i 为受污染土地面积。

4. 应急处置费用

应急处置费用是应急事件产生后动员人员和使用应急物资产生的费用和应急后续工作开展产生的费用。本书对应急处置费用主要核算人员费用和应急物资使用费用。应急处置费用 G 计算方法如下：

$$G = G_1 + G_2 \tag{13-19}$$

式中：G 为应急处置费用；G_1 为应急人员费用支出；G_2 为应急物资费用支出。

人员费用。人员费用主要测算应急过程中投入人员数量的薪资支出，按照行业市场标准来测算，计算方法如下：

$$G_1 = \sum_i N_i J_i D \tag{13-20}$$

式中：G_1 为应急人员费用支出，万元；N_i 为第 i 种应急人员数量；J_i 为第 i 种应急人员日工资标准；D 为应急天数。

应急物资费用。应急物资费用主要计算在整个应急过程中各种投入使用的应尽物资的价值测算方法如下：

$$G_2 = \sum_i V_i Q_i \tag{13-21}$$

式中：G_2 为应急物资费用支出，万元；V_i 为第 i 种应急物资价值；Q_i 为第 i 种应急物资数量。

5. 其他事务性费用

其他事务性费用指水污染事件发生后，各级人民政府为了保护民众人身安全、财产安全，降低或消除污染损失，开展的一系列如环境监测、信息公开、现场调查、执行监督等相关工作所支出的费用。具体数额按照实际应急中的产生费用来计算，本书不做介绍。

13.5.3.2.3 纳污成本分摊模型

当选中 i 地作为纳污地点时，有纳污地损失函数 S_i。为了减少 i 地损失和保障退水后生态修复工作，备择区域内未被选中的 $n-i$ 地方人民政府或南水北调中线工程运行管理单位需对纳污地 i 地进行补偿。

1. 利益相关者特征函数

纳污地人民政府效益函数。可表达为年收益与纳污损失两部分的差值。其中，年收

益包括正常工况下地方水厂年收益，以及来自生态补水或风险基金的补偿收益；纳污损失主要是纳污地承接污水导致的各种损失。则以 $\sum p_k \varepsilon_k q_i t_{ie}$ 代表地方人民政府利用生态补水可获得的预期收益，$\Delta p_i q_i t_i$ 代表地方人民政府断供期间采用备用水源付出的额外成本，$\sum c_j q_i t_{ie}$ 代表地方人民政府在生态补水期间的运营成本，EC_i 代表纳污地人民政府排污损失。纳污地人民政府的利润特征函数为

$$u_1 = \sum p_k \varepsilon_k q_i t_{ie} - \left[\Delta p_i q_i t_i + \sum c_j q_i t_{ie} + EC_i \right] \quad (13-22)$$

式中：u_1 为纳污地政府效益；q_i 为供水流量；t_i 为断供天数；t_{ie} 为生态补水的时间；p_k 为地方政府各类供水的价格；ε_k 为各类供水占供水总量的比例；Δp_i 为备用水源与正常水源的单位差价（备用水源-正常水源）；$\sum c_j$ 为地方人民政府单位运营成本。

中线工程运行管理单位效益函数。考虑南水北调中线工程运行管理单位承担着保障南水北调中线干线工程持续稳定供水的责任，因此，当退水责任主体无法明确是沿线地方人民政府时，由中线工程运行管理单位承担污染处理及纳污地补偿的责任。同时，考虑中线工程运行管理单位不具备南调水在沿线的调度权，无法通过调度南水交易量来补偿纳污地人民政府，且中线工程运行管理单位的财务管理制度也使得暂不存在资金补偿的可能性，因此，提出由中线工程运行管理单位协同纳污地人民政府向水利部申请生态补水，以此作为纳污补偿。则以 $\sum c_i q_i t_i$ 代表南水北调中线工程运行管理单位处理干渠污染的成本，$\sum c_{ie} q_i t_{ie}$ 代表南水北调中线工程运行管理单位对纳污地人民政府进行生态补水的成本，则中线工程运行管理单位的成本特征函数为

$$u_2 = -\left[\sum c_i q_i t_i + \sum c_{ie} q_i t_{ie} \right] \quad (13-23)$$

式中：q_i 为供水流量；t_i 为断供天数；t_{ie} 为生态补水的时间；$\sum c_i$ 为中线处理干渠污染单位成本；$\sum c_{ie}$ 为中线生态补水成本。

2. 纳污成本合作分摊

采用合作博弈理论中的Shapley值方法进行突发污染工况下纳污地损失分摊机制设计。

（1）中线工程的生态补水模式。当在中线沿线发生突发污染事件时（如闸门启闭机油封管理不善），假设中线工程运行管理单位可以协同地方政府一起向水利部申请相应的生态补水指标，以此作为纳污地损失赔付方式。因此，本书基于纳什议价博弈理论，构建中线工程运行管理单位与纳污地人民政府之间的纳污地损失生态补水协商机制。

假设 $S = \{1,2\}$ 为参与协商的利益主体 i 的集合，(U,d) 表示供水方与用水方之间的生态补偿协商机制建立问题。其中，U 表示双方基于纳什议价方法最终可能达成的所有效用对构成的集合，有 $U \in R^2$；d_i 表示两者之间无法有效协商时的效用对，有 $d_i \in U$。

Nash证明了存在唯一满足上述假设的Nash-Bargaining解 $f(U,d)$，同时，Rubinstein考虑了不同主体议价能力差异性，提出不对称纳什议价模型，即在纳什模型中加入议价能力系数 $\lambda \in (0,1)$，表示议价双方的谈判技巧、风险偏好等特质。因此，定义突发水污染

情况中的供水方与用水方之间的 Nash-Bargaining 模型：

$$f_\lambda(ui,d) = \arg\max_p x(u_1 - d_1)^\lambda (u_2 - d_2)^{1-\lambda}$$

$$s.t. \quad \begin{cases} u_1 + u_2 = \pi \\ u_i \in U, i = 1,2 \\ u_i > d_i, i = 1,2 \end{cases} \tag{13-24}$$

式中：u_1、u_2 分别为地方人民政府和南水北调中线工程运行管理单位的利润特征函数；π 为合作总利润：

$$\begin{cases} u_1 = \sum p_k \varepsilon_k q_i t_{ie} - \left[\Delta p_i q_i t_i + \sum c_j q_i t_{ie} + EC_i\right] \\ u_2 = -\left[\sum c_i q_i t_i + \sum c_{ie} q_i t_{ie}\right] \end{cases} \tag{13-25}$$

若生态补偿协商机制建立失败，地方人民政府可选择其他备用水源，南水北调中线工程运行管理单位可与其他地方人民政府重新进行协商机制的建立，两者均仍可获得一定利润。因此，考虑两类主体的机会成本，定义无协议点 d_i 如下：

$$\begin{cases} d_1 = k_1 u_1 \\ d_2 = k_2 u_2 \end{cases} \tag{13-26}$$

式中：k_1 为地方人民政府采取备用水源的可能性系数；d_1 为地方人民政府采取备用水源获得的效益。

因假设备用水源水质差于南水北调中线工程运行管理单位正常供给的南水北调水，地方人民政府运营成本增加，效益将有所下降，故 $0 \le k_1 < 1$；k_2 为南水北调中线工程运行管理单位与其他地方政府建立生态补偿协商机制的成功系数，d_2 为南水北调中线工程运行管理单位与其他地方人民政府合作可能获得的效益。考虑构建合作联盟之前已测定了距离污染点最近的地方政府，若考虑重新与其他地方人民政府合作将增加排污及协商成本，故 $0 \le k_2 < 1$。

由 Nash-Bargaining 定理可知，Nash-Bargaining 的最优解为

$$\begin{cases} u_1^* = d_1 + \lambda(\pi - d_1 - d_2) \\ u_2^* = d_2 + (1-\lambda)(\pi - d_1 - d_2) \end{cases} \tag{13-27}$$

u_1^* 与 u_2^* 对于最优生态补水时间 t_{ie}^* 同解。则有：

$$\begin{cases} u_1^* = (k_1 + \lambda - \lambda k_1)u_1 + (\lambda - \lambda k_2)u_2 \\ u_2^* = (1 - k_1 - \lambda - \lambda k_1)u_1 + (1 - \lambda + \lambda k_2)u_2 \end{cases} \tag{13-28}$$

令 $\begin{cases} \beta_1 = k_1 + \lambda - \lambda k_2 \\ \beta_2 = \lambda - \lambda k_2 \end{cases}$，有

$$u_1^* = \beta_1 \sum p_k \varepsilon_k q_i t_{ie} - \beta_1 \Delta p_i q_i t_i - \beta_1 \sum c_j q_i t_{ie} - \beta_1 EC_i - \beta_2 \sum c_i q_i t_i - \beta_2 \sum c_{ie} q_i t_{ie} \tag{13-29}$$

对 u_1^* 进行求导运算：

$$\frac{\partial u_1^*}{\partial q_i} = \beta_1 \sum p_k \varepsilon_k t_{ie} - \beta_1 \Delta p_i t_i - \beta_1 \sum c_j t_{ie} - \beta_1 \frac{\partial EC_i}{\partial q_i} - \beta_2 \sum c_i t_i - \beta_2 \sum c_{ie} t_{ie} \tag{13-30}$$

令 $\dfrac{\partial u_1^*}{\partial q_i}=0$,可得中线工程运行管理单位的最优生态补水时长 t_{ie}^* 为

$$t_{ie}^* = \dfrac{\beta_1 \dfrac{\partial EC_i}{\partial q_i} + \beta_1 \Delta p_i t_i + \beta_2 \sum c_i t_i}{\beta_1 \sum p_k \varepsilon_k - \beta_1 \sum c_j - \beta_2 \sum c_{ie}} \tag{13-31}$$

根据流速一致等分流量可等分时间,不考虑中线工程运行管理单位向中线干线工程放水时间项,则向纳污地人民政府生态补水时长为

$$t_{ie} = \dfrac{\dfrac{\partial EC_i}{\partial q_i} + \Delta p_i t_i}{\sum p_k \varepsilon_k - \sum c_j - \dfrac{\beta_2}{\beta_1}\sum c_{ie}} \tag{13-32}$$

相应的,中线工程运行管理单位向纳污地人民政府进行生态补水总量应为

$$Q_{ie} = q_i t_{ie} = \dfrac{\dfrac{\partial EC_i}{\partial q_i} q_i + \Delta p_i q_i t_i}{\sum p_k \varepsilon_k q_i - \sum c_j q_i - \dfrac{\beta_2}{\beta_1}\sum c_{ie} q_i} \tag{13-33}$$

（2）沿线人民政府的风险基金补偿模式。

考虑突发污染责任主体为地方人民政府时（如跨渠桥梁运输管理不善导致交通事故），假设有 n 个备择退水口组成集合备选方案集 N,其中 i 为备择退水口所属地方人民政府,S_i 为因退水导致的损失。由于可排范围内地方人民政府均满足接受污水的条件,即都存在被排污风险,因此,为降低突发污染事故对地方人民政府造成的影响,参考灾害风险基金管理理论,构建突发污染工况下的风险基金补偿机制。主要通过测算相关突发污染概率分布,评估突发污染损失的概率分布,进而核算风险基金原始资金池筹集方案,以及应灾时的风险基金补偿方案。具体方案如下。

突发水污染事件发生概率评估：考虑南水北调中线尚未发生突发污染外排事件,且此类事件具有大样本统计规律,因此,借鉴全国突发水污染事件在不同月份的发生概率,来分析南水北调中线发生突发水污染事件的概念分布。如图13-8所示。

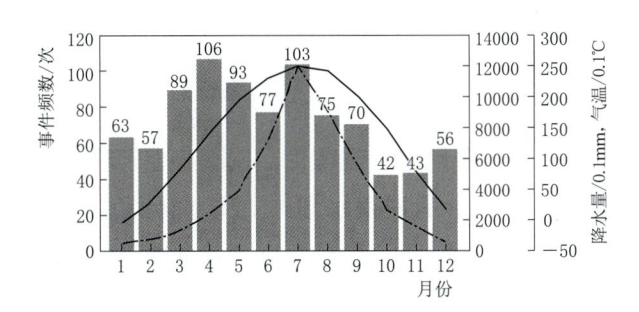

图13-8 中国突发水污染事件概率分布

2006—2016年全国每月突发水污染事件数近似呈现正态分布,符合t分布,则可知全

国11年间突发水污染事件的月平均概率分布律为

$$X \sim N(\mu, \sigma^2) \tag{13-34}$$

式中：μ 为数学期望，即频数的均值；σ 为频数的标准差。

则显著性水平为 α 时，突发水污染事件的月均数的置信区间为

$$\left(\overline{X} - t_{\frac{\alpha}{2}} \times \frac{S_{n-1}}{\sqrt{n}},\ \overline{X} + t_{\frac{\alpha}{2}} \times \frac{S_{n-1}}{\sqrt{n}} \right) \tag{13-35}$$

全国突发水污染事件起因主要分为5类，分别是自然因素、交通事故、生产安全事故、环境违法和其他或未知导致，如图13-9所示。

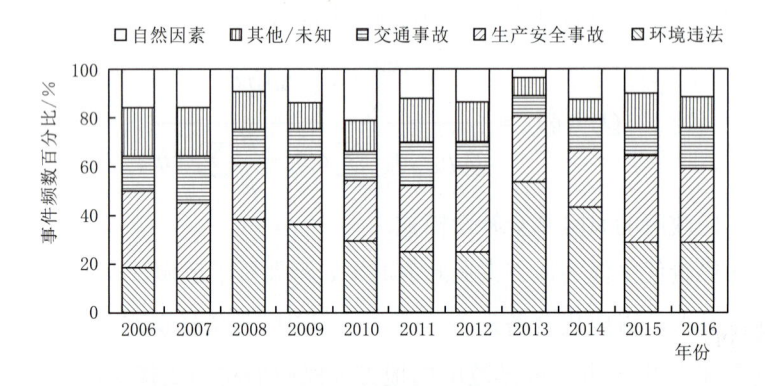

图13-9　突发水污染事件不同诱因比重的年际变化

经资料查阅和实地调研等，南水北调中线工程突发水污染事件并未实际发生，但发生车辆掉落、沿线生活污水渗入、突发藻类污染导等风险要素的概率较高，属于交通事故和其他原因风险因素，但不能完全代表这两类风险要素，因此，南水北调中线工程发生突发水污染事件概率应小于此两类要素发生概率之和，即假设全国交通事故和其他原因风险因素发生比例为 P，则中线工程突发水污染概率小于 P。为修正此误差，引入调节系数 β，用于表达南水北调中线工程发生突发水污染事件占交通事故和其他/未知原因引起突发水污染事件的比例。则实际每月发生突发水污染事件次数的置信区间为

$$\left(\left(\overline{X} - t_{\frac{\alpha}{2}} \times \frac{S_{n-1}}{\sqrt{n}} \right) P\beta,\ \left(\overline{X} + t_{\frac{\alpha}{2}} \times \frac{S_{n-1}}{\sqrt{n}} \right) P\beta \right) \tag{13-36}$$

1）风险基金募集规则：按照风险管理理论，风险基金管理包括募投管退四项任务，其中募集环节是核心难点。因此，针对南水北调中线突发水污染工况，设计了风险基金募集规则中的原始资金池分摊规则、基金缴纳规则、基金启用规则。

2）原始资金池分摊规则：考虑货币的时间价值等问题，用突发水污染发生后损失金额推算原始资金池金额，则原始资金池分摊规则的模型如下：

$$Y = \beta \overline{p} g \tag{13-37}$$

式中：Y为原始资金池金额；β为调节系数；$\bar{p}$为突发水污染事件的年均发生次数期望；g为单次突发水污染平均损失金额。

假设沿线共有m个地方人民政府，每个地方人民政府缴纳的原始资金池额度依据地方人民政府每年获得中线水占总水量的比例来分摊，有：

$$Y_m = \frac{Q_m}{Q} Y \tag{13-38}$$

式中：Q_m为第m个地方人民政府每年获得中线水占比；Q为中线年均售水总量。

3）基金缴纳规则：考虑地方人民政府绩效考核的实际情况，建议风险基金一期为5年，原始资金池由各地方人民政府按照年均用中线水占中线水总供水量所占比例分摊。5年内一旦发生一次污染责任在可排范围内地方人民政府的突发污染事件，则启动风险基金应灾补偿机制。风险基金启动后如仍不够补偿纳污地损失，则由可排范围内地方人民政府协商补偿。风险基金到期后若仍有剩余，则按缴纳比例退还各相关地方人民政府。关于原始资金池缴纳方式，提出以下两种方案。

方案一：一次性缴纳。即各相关地方人民政府将需缴纳风险基金一次性缴纳到资金池。

方案二：分期缴纳。即各相关地方人民政府将需缴纳风险基金额按照3个月、5个月、12个月为期进行分期缴纳。分期支付利率参考商业银行贷款基准利率。

4）基金赔付规则：当南水北调中线总干渠发生突发水污染事件，且责任方为沿线地方人民政府时，基金赔付机制启动。如果地方人民政府已参加基金募集并满足赔付条件，则可由基金全额赔付，赔付方式可选择一次性赔付或者分期赔付。如果地方人民政府未参加基金募集，则损失由地方人民政府全额承担。风险基金启动后，由可排范围内地方人民政府按照原始资金池分摊比例补缴风险基金使用部分至原始资金池规模。

13.5.4 突发污染状态下退水方案及纳污成本分摊案例分析

13.5.4.1 案例介绍

邓州市为河南省辖县级市，由南阳市代管。同时，其为南水北调中线工程水源地、渠首段和引水闸所在地，是丹江口库区区域中心城市，享有丹水明珠之称。邓州市人口多，农业发展较好，但由于各种原因，其水资源短缺，人均水资源总量仅占全国人均的1/5左右，这严重影响了邓州市的农业、生活及其他方面的发展。后建设了南水北调中线工程，其在邓州市长37.4 km，共设置有3个口门、3座渡槽、3个退水闸，有效地缓解了邓州市水资源短缺问题。从2014年中线工程全线通水至2018年12月12日，邓州市累计承接南水北调来水19.04亿 m^3，占南阳市累计总量的80%，占河南省累计总量的30.9%。其中2017—2018年度，邓州市共承接南水北调丹江水6亿 m^3，其中农业灌溉用水5.7亿 m^3，有效灌溉面积120万亩；城市生活供水2221.7万 m^3，受益人口40万人。湍河生态补水608.4万 m^3，沿线生态环境有效恢复，为改善河流水生态环境发挥了重要作用。

考虑南水北调中线尚未实际发生突发水污染外排事件，因此，以邓州市的湍河退水闸、镇平县的严陵河退水闸、卧龙区的潦河退水闸为仿真对象，开展突发水污染外排的数值仿真。

13.5.4.2 结果分析

1. 退水损失核算

如前文所述，主要考虑从人身损害、财产损害、生态环境损害、应急处置费用及其他事务性费用五个方面来测算突发污染发生时的纳污地损失。

（1）人身损失：假设地方河长及时启动应急措施将污水紧急排除，可避免产生人身死亡或者受伤事件，因此人身损失为零。

（2）财产损失：主要从固定资产损失、工业损失和农业损失三方面测算，其中固定资产损失和工业损失为即时性损失，农业损失为延时性损失。

固定资产损失指从污水进入渠道起直至污水排出，南水北调中线工程运行设备和干渠渠道受损所造成的损失。根据原水利电力部、财政部关于颁发水利工程管理单位《水利工程供水部分固定资产折旧率和大修理费率表》的通知，大型混凝土钢筋混凝土引水渠道年平均折旧率1.25%。则假设湍河退水闸的固定资产损失L_1=596.43万元，严陵河退水闸固定资产损失L_2=782.88万元，潦河退水闸固定资产损失L_3=994.32万元。

工业损失指由于退水所造成的企业停产。考虑三个退水口的排水能力相似，因此假设造成企业停产时间为3d。查询3个退水所在市县（区）的工业生产总值，计算结果见表13-31。

表13-31　　　　　　　　　不同地点排污工业损失　　　　　　　　　单位：万元

编号	退水口	所在地	日工业产值	工业损失 Iki
Ik1	湍河退水闸	邓州市	3703.29	11109.87
Ik2	严陵河退水闸	镇平县	3104.11	939.33
Ik3	潦河退水闸	卧龙区	2526.24	7578.72

农业损失指由于退水造成当地种植业、畜牧业和渔业造成的长效性损失。农业损失测算具有延时性特征，查询三个退水所在市县（区）的农业生产总值，估算结果见表13-32。

表13-32　　　　　　　　　不同地点排污农业损失　　　　　　　　　单位：万元

编号	退水口	所在地	农业损失 Aki
Ak1	湍河退水闸	邓州市	8424.66
Ak2	严陵河退水闸	镇平县	2539.74
Ak3	潦河退水闸	卧龙区	1796.64

综上所述，退水对三地造成的财产损失见表13-33。

表 13-33　　　　　　　　　　　不同地点退水财产损失　　　　　　　　　　　单位：万元

编号	退水口	固资损失 Li	工业损失 Iki	农业损失 Aki	财产损失 Fki
Fk1	湍河退水闸	596.43	11109.87	8424.66	20130.96
Fk2	严陵河退水闸	782.88	939.33	2539.74	12634.95
Fk3	潦河退水闸	994.32	7578.72	1796.64	10369.68

（3）生态环境损失：主要计算水资源价值损失和土地资源损失，水资源价值损失和水厂售出不同水的单价和数量有关，土地价值损失主要考虑土地受污水污染所损失的价值。根据上文计算方法，生态环境损失计算结果见表13-34。

表 13-34　　　　　　　　　　　不同地点退水生态损失　　　　　　　　　　　单位：万元

编号	退水口	水资源损失	土地资源损失 Iki	生态损失 Eki
Ek1	湍河退水闸	73.45	520.64	594.09
Ek2	严陵河退水闸	56.12	236.87	292.99
Ek3	潦河退水闸	17.16	92.32	109.48

（4）应急处置费用：主要由人员工资支出和应急物资费用构成，由于三地相聚距离较近且都属于南阳市管辖。因此应急处置费用标准也应相似，为简便计算，假设三地应急处置费用均为100万元。

（5）其他事务性费用：主要包括除上述已经计算在内的其他由污水排放导致的损失，由实际产生的费用计算所得，此处不做计算。

综上所述，突发水污染工况下，退水造成的纳污地损失见表13-35。

表 13-35　　　　　　　　　　　不同纳污地的退水损失　　　　　　　　　　　单位：万元

编号	退水口	人身损失	财产损失 Fki	生态损失 Eki	应急处置费用	其他费用	纳污地损失 Zk1
Zk1	湍河退水闸	0	20130.96	594.09	100	0	20825.05
Zk2	严陵河退水闸	0	12634.95	292.99	100	0	13027.94
Zk3	潦河退水闸	0	10369.68	109.48	100	0	10579.16

突发水污染工况下，应急排污总损失为渠道内损失和纳污地损失两者之和，结果见表13-36。

表 13-36　　　　　　　　　　　选择不同纳污地的排污损失　　　　　　　　　　　单位：万元

编号	退水口	渠道内损失 Wki	纳污地损失 Zk1	排污总损失
1	湍河退水闸	1482.95	20825.05	22308.00
2	严陵河退水闸	2329.09	13027.94	15357.03
3	潦河退水闸	5074.77	10579.16	15653.93

如表13-36所示,按照可达范围内成本最小原则,建议选择镇平县的严陵河退水闸作为突发水污染的退水方案。

2. 生态补水方案仿真结果

假设发生突发水污染事故,按照损失最小化原则,以镇平县的严陵河退水闸进行退水点,则针对生态补水方案进行数值模拟计算研究。参数设计见表13-37。

表13-37　　　　　　　　　生态补水方案仿真参数表

参数	取值	数　据　来　源
q_i	350 m³/s	中线干线工程渠首设计流量
t_i	1d	断供天数,取单位时间长度
Δp_i	0.24 元/m³	调研镇平县水厂,考虑南水、黄河水
$\sum c_j$	0.69 元/m³	参考文献资料,设计镇平县水厂处理成本
$\sum c_{ie}$	0.35 元/m³	生态补水成本,《水利建设项目经济评价规范》

则当发生突发水污染事件时,假设核实污染地后选定开放镇平县的严陵河退水闸进行排污取镇平县政府议价能力$\lambda=0.4$,则对应突发污染导致镇平县南水断供时长为1d时,中线工程运行管理单位需进行6.35d的生态补水,则此时对镇平县最优生态补水量为

$$Q_{ie}=q_i t_{ie}=350(\text{m}^3/\text{s})\times 6.35(\text{d})=1.92（亿/\text{m}^3） \quad (13-39)$$

即当中线工程运行管理单位作为突发污染责任方,镇平县作为纳污地。纳污地断供1d,纳污损失总额20825.05万元时,中线工程运行管理单位应向邓镇平县生态补水6.35d,合计生态补水量为1.92亿m³。

3. 风险基金补偿方案仿真结果

假设在河南省邓州市境内发生典型交通事故导致污染事件,事故责任方在地方人民政府,经核查决定在镇平县的严陵河退水闸进行退水点。由于排污责任方在地方人民政府,无中线建管局责任,因此针对风险基金方案进行数值仿真研究,当地排污总损失额为15357.03万元,启用风险基金补偿。风险基金具体募集、补偿方案如下。

(1) 风险基金池规模设计。针对南水北调中线实际情况,导致突发水污染的风险因素有3种,车辆掉落水中、地表水污染和水体中突发藻类严重污染。其中,水渠中的水因桥上车辆掉落或沿线地表污水渗透导致水污染,属于沿线人民政府监管不力,此时损失赔偿责任由沿线人民政府承担,即采用风险基金补偿方案。按照上述数据仿真可知,每月全国发生突发水污染事件次数的频率范围为(65, 94),由全国数据可知交通事故和其他/未知原因导致的突发水污染事件的平均比例P为28.31%。则每月南水北调突发水污染事件发生频率区间为(14.40β, 26.61β)。考虑调节系数$\beta\in(0,1)$,则当$\beta=0.001$时,中

线干线工程沿线突发水污染事件年平均的频率区间为（0.2208, 0.3193）。假设以镇平县纳污损失额作为单次突发水污染平均损失金额 g 为

$$g = 15357.03（万元）\tag{13-40}$$

考虑风险下限情况，则单次突发水污染平均损失金额下限为

$$\bar{g} = 0.2208 \times g = 3390.83（万元）\tag{13-41}$$

2019年央行活期存款的利率为0.35%，则5年期风险基金原始资金池规模可设计为

$$Y = 3390.83 \times 5 / (1 + 0.35\%)^5 = 16660.55（万元）\tag{13-42}$$

（2）风险基金募集方案：按照沿线各省（直辖市）受水量比例确定风险基金缴纳比例，针对省级地方政府而言详见表13-38，地市级地方人民政府缴存比例可按照各地受水量数据等比例募集。

表 13-38　　　　　　风险下限时沿线人民政府缴纳初始基金方案　　　　　　单位：万元

地方人民政府	河南省	河北省	北京市	天津市
售水比例	39.68%	36.53%	13.05%	10.74%
一次性缴纳金额	6610.91	6086.10	2117.20	1789.34
分5年缴纳金额	1497.22	1378.36	479.50	405.24

考虑风险上限情况，有单次突发水污染平均损失金额为

$$\bar{g} = 0.3193 \times g = 4903.50（万元）\tag{13-43}$$

2019年央行活期存款的利率为0.35%，则五年期风险基金原始资金池规模可设计为

$$Y = 4903.50 \times 5 / (1 + 0.35\%)^5 = 24092.90（万元）\tag{13-44}$$

则沿线各省市的缴纳金额见表13-39。

表 13-39　　　　　　风险上限时沿线政府缴纳初始基金方案　　　　　　单位：万元

地方人民政府	河南省	河北省	北京市	天津市
一次性缴纳金额	9560.06	8801.14	3144.12	2587.58
分五年缴纳金额	2165.13	1993.26	712.07	583.03

（3）风险基金补偿方案：假设纳污地总损失额为15357.03万元，且责任方为地方人民政府，则启用风险基金补偿方案。其中，纳污地为河南省邓州市镇平县的严陵河退水闸范围，按照基金赔付规则，基金向镇平县支付损失金额15357.03万元。基金赔付后补充方案为按照原始资金池分摊比例补充基金使用部分至原始资金池规模，因此可计算得出基金补充方案见表13-40。

表 13-40　　　　　　　　　　　　　风险基金补充方案　　　　　　　　　　　　　单位：万元

地方人民政府	河南省	河北省	北京市	天津市
补缴金额	6093.67	5609.92	2004.09	1649.35

13.6　本章小结

基于上述分析的结果，可以看出，无论是中线工程正常运行状态下，还是微污染状态下（水质轻度污染或藻类指标异常），或者是突发污染工况下，博弈相关方的决策偏好完全影响了博弈可能的结果。因此，可以考虑能够采取哪些举措能影响地方政府的偏好顺序，使博弈往双赢的结果方向去发展。

（1）建议在共享机制的基础上，实化南水北调水质信息共享和协作联系会议制度，在此制度框架下，顺应当前受水区居民群众日益增长的饮水安全需求和生态文明建设的相关要求，建立起南水北调中线工程运行管理单位与供水单位（或者是地方人民政府、主管部门）之间的协作机制，促进南水北调中线工程发挥最大效益。

（2）在正常状态下协作机制走向深入以后，当面对个别水质指标浓度偏高，虽然满足供水协议要求，但有可能会对水厂工艺产生影响的微污染状态，南水北调中线工程运行管理单位和供水单位之间可建立企业间协商基础上的补偿回馈协作机制，比如建立合作基金，在应对微污染事件中按照贡献率大小获取补偿基金，从而使联盟整体损失降至最低。

（3）在联席会议制度良性运转之后，当供退双方面临突发水污染事故时，可从理性决策角度出发，使退水影响减少至最小，同时通过建立生态补水奖惩机制和风险准备金制度，实现多个博弈主体合作共赢，成本最小化、成本共担。

（4）无论是在量化成本还是评估损失过程中，都需要由专业的第三方机构实施科学公正的成本、收益核算，避免博弈双方各自重复工作或者结果不一致而引发更多矛盾。第三方机构进行核算时必然需要博弈双方提供必要的数据信息，这也为构建信息共享机制提供了一种可行的途径。

第 5 篇

水生态环境监测与管理

第 14 章
环境管理与监测

14.1 水环境管理体系

14.1.1 水质监测管理

14.1.1.1 实验室固定监测

全线共设有4个水质实验室，负责全线30个监测断面水质月监测及其他相关监测工作（其中陶岔、南营村、王庆坨、惠南庄4个监测断面为生态环保监测断面）。为保证全线水质监测工作正常开展，完成制定并印发了《水质监测管理标准》《水质监测实验室安全管理标准》及《水质实验室常用仪器设备使用维护技术标准》，并负责全线水质监测及实验室的监督管理工作，定期检查监测数据的代表性、合理性和准确性，组织编制水质监测报告，负责水质监测资料与成果管理等工作。

各水质实验室贯彻落实国家有水质监测管理方面的方针、政策，执行有关法律、法规以及水利部和南水北调中线工程运行管理单位制定的相关规定和办法，负责辖区水质监测管理工作，做好实验室质量控制工作，开展实验室能力验证和比对试验，负责水质监测资料归档管理，编制水质监测报告，按时报送水质监测数据和水质监测报告等工作。

各三级管理单位贯彻落实国家有水质监测管理方面的方针、政策，执行有关法律、法规以及水利部、中线公司、二级管理单位制定的相关规定和办法，按照有关规定做好采样配合等工作。

14.1.1.2 自动监测站管理

为确保自动监测系统正常运行，制定并印发了《水质自动监测站管理标准》、《水质自动监测站运行维护技术标准》，负责水质自动监测站数据的审核及报告编写,并负责监督指导全线水质自动监测站运行。

各二级管理单位严格落实水质自动监测站相关管理规定,负责辖区内自动监测站标准化建设及运行维护的监督管理,负责辖区内水质自动监测站的数据复核、数据汇总、分析及报告编写。

各三级管理单位具体落实水质自动监测站相关管理规定,监督运行维护单位日常维护工作,并负责辖区内水质自动监测站数据的校核。

14.1.2 水质监测情况

14.1.2.1 常规监测

按照《南水北调中线一期工程水质监测方案》要求,南水北调中线干线工程共设有陶岔、姚营、程沟、方城等30个监测断面,其中重点监测断面17个(含4个生态环境部监测断面),一般监测断面13个。各断面监测频次为每月一次,监测指标为水温、pH、溶解氧、高锰酸盐指数等25项。

所有监测参数均在实验室于规定时限内完成监测,参照《地表水环境质量评价方法(试行)》(环办〔2011〕22号),采用单因子评价法对水质进行评价。

14.1.2.2 自动监测

自动监测工作由南水北调中线干线13个水质自动监测站开展,各站监测指标见下表14-1。

表14-1　　　　南水北调中线水质自动监测站监测信息表

序号	名称	监测指标
1	陶岔	水温、电导率、pH值、溶解氧、浊度、砷、硫化物、化学需氧量、总氮、总磷、硝酸盐氮、六价铬、总铁、总锰、总镍、总锑、总银、甲醛、苯胺类、余氯、总氯、锌、镉、铅、铜、氟化物、氯化物、氨氮、高锰酸盐指数、总氰、总汞、石油类、挥发酚、生物毒性、24种挥发性有机物、32种半挥发性有机物,共89项
2	姜沟	水温、电导率、pH值、溶解氧、浊度、氨氮、高锰酸盐指数、溶解性有机物、生物毒性,共9项
3	刘湾	
4	府城南	
5	漳河北	
6	南大郭	
7	田庄	
8	西黑山	水温、电导率、pH值、溶解氧、浊度、氨氮、高锰酸盐指数、溶解性有机物、总磷、总氮、叶绿素a、生物毒性,共12项
9	天津外环河	
10	中易水	水温、电导率、pH值、溶解氧、浊度、氨氮,共6项
11	坟庄河	水温、电导率、pH值、溶解氧、浊度、氨氮、高锰酸盐指数、溶解性有机物、生物毒性,共9项
12	惠南庄	水温、电导率、pH值、溶解氧、浊度、氨氮、高锰酸盐指数、溶解性有机物、总磷、总氮、叶绿素a、生物毒性,共12项
13	团城湖	

14.1.3　水质数据共享及上报

水质数据包含固定实验室日常监测数据、水质自动站水质监测数据、应急监测数据。实验室日常监测数据，根据水质监测方案要求，经校核、审核后以报告或数据表格形式上报，并编制水质监测月报，上报管理部门。

水质数据已基本实现了与沿线地方政府共享。2014年，根据沿线地方人民政府的需求，原国务院南水北调办《南水北调中线通水水质信息共享机制建设座谈会会议纪要》(综环保函〔2014〕462号)明确了中线水质信息共享原则和范围，由南水北调中线工程运行管理单位与沿线各省、直辖市建立水质监测数据共享机制，每月提供跨省（直辖市）界及其上游1个常规监测断面的水质信息（监测数据包括GB 3838—2002《地表水环境质量标准》24项基本指标），至少提供1个水质自动监测站水质数据。固定断面监测数据每月盖章提供，水质自动监测站数据存在内网数据库中，暂时无法实时上传，未进行信息实时共享。

14.2　水质监测站网优化

14.2.1　水质保护监测现状

目前总干渠中线总干渠已有30个常规监测断面进行调查（见表14-2），陶岔、姚营、程沟、方城、沙河南、兰河北、新峰、苏张、郑湾、穿黄前、穿黄后、纸坊河北、赵庄东南、西寺门东北、侯小屯西、漳河北、南营村、侯庄、北盘石、东淀、大安舍、北大岳、蒲王庄、柳家左、西黑山、霸州、王庆坨、天津外环河、惠南庄、团城湖，监测指标为水质基本项目24项和硫酸盐，共计25项，监测频次为1月1次。其中8个断面还增加了浮游植物的监测，监测频次为1周1次。

表14-2　　　　　　　　总干渠常规监测断面概况

序号	站名	地址	桩号	监测指标	监测频次	类别
1	陶岔	河南省南阳市淅川县陶岔村	0+300	水质基本项目24项和硫酸盐、浮游植物	1月1次；浮游植物1星期一次	重点监测站
2	姚营	河南省南阳市邓州姚营村	14+657	水质基本项目24项和硫酸盐	1月1次	一般监测站
3	程沟	河南省南阳市程沟东南	93+916	水质基本项目24项和硫酸盐	1月1次	一般监测站
4	方城	河南省南阳市方城县独树镇后三里河村	185+500	水质基本项目24项和硫酸盐	1月1次	重点监测站
5	沙河南	河南省平顶山市鲁山县薛寨北沙河南岸	238+923	水质基本项目24项和硫酸盐、浮游植物	1月1次；浮游植物1星期一次	一般监测站
6	兰河北	河南省平顶山市郏县安良乡狮王村	300+291	水质基本项目24项和硫酸盐	1月1次	重点监测站

续表

序号	站名	地址	桩号	监测指标	监测频次	类别
7	新峰	河南省许昌市禹州新峰村	315+252	水质基本项目24项和硫酸盐	1月1次	一般监测站
8	苏张	河南省郑州市新郑县苏张村	354+327	水质基本项目24项和硫酸盐	1月1次	重点监测站
9	郑湾	河南省郑州市郑湾	440+139	水质基本项目24项和硫酸盐、浮游植物	1月1次;浮游植物1星期一次	一般监测站
10	穿黄前	河南省郑州市荥阳李村	478+933	水质基本项目24项和硫酸盐	1月1次	一般监测站
11	穿黄后	河南省郑州市黄河北南屯滩	483+054	水质基本项目24项和硫酸盐	1月1次	重点监测站
12	纸坊河北	河南省新乡市辉县王里村西南	559+994	水质基本项目24项和硫酸盐	1月1次	重点监测站
13	赵庄东南	河南省新乡市辉县金河赵庄村东南	602+369	水质基本项目24项和硫酸盐	1月1次	一般监测站
14	西寺门东北	河南省新乡市卫辉西寺门东北	625+715	水质基本项目24项和硫酸盐	1月1次	一般监测站
15	侯小屯西	河南省安阳市宜沟镇侯小屯村西	668+573	水质基本项目24项和硫酸盐	1月1次	重点监测站
16	漳河北	河南省安阳县施家河村东	731+722	水质基本项目24项和硫酸盐、浮游植物	1月1次;浮游植物1星期一次	重点监测站
17	南营村	河北省邯郸市磁县南营村	732+698	水质基本项目24项和硫酸盐	1月1次	重点监测站
18	侯庄	河北省邯郸市永年县侯庄村	811+588	水质基本项目24项和硫酸盐	1月1次	重点监测站
19	北盘石	河北省邢台市临城县北盘石村	883+017	水质基本项目24项和硫酸盐	1月1次	一般监测站
20	东渎	河北省邢台市临城县东渎村	903+449	水质基本项目24项和硫酸盐	1月1次	重点监测站
21	大安舍	河北省石家庄市西郊大安舍村	968+721	水质基本项目24项和硫酸盐、浮游植物	1月1次;浮游植物1星期一次	一般监测站
22	北大岳	河北省石家庄新乐市北大岳村	1026+373	水质基本项目24项和硫酸盐	1月1次	重点监测站
23	蒲王庄	河北省保定市满城县蒲王庄村	1089+562	水质基本项目24项和硫酸盐	1月1次	一般监测站
24	柳家左	河北省保定市满城县柳家左	1102+796	水质基本项目24项和硫酸盐	1月1次	一般监测站
25	西黑山	河北省保定市徐水县西黑山	1120+520	水质基本项目24项和硫酸盐、浮游植物	1月1次;浮游植物1星期一次	重点监测站
26	霸州	河北省霸州市金各庄村	XW89+887	水质基本项目24项和硫酸盐	1月1次	一般监测站

续表

序号	站名	地址	桩号	监测指标	监测频次	类别
27	王庆坨	天津市武清区王庆坨镇	XW132+019	水质基本项目24项和硫酸盐	1月1次	重点监测站
28	天津外环河	天津市外环河西青区段西	XW-155+531	水质基本项目24项和硫酸盐、浮游植物	1月1次；浮游植物1星期一次	重点监测站
29	惠南庄	北京市房山惠南庄	1194+597	水质基本项目24项和硫酸盐、浮游植物	1月1次；浮游植物1星期一次	重点监测站
30	团城湖	北京市船营村东官厂	1273+318	水质基本项目24项和硫酸盐	1月1次	重点监测站

总干渠有13座自动监测站（见表14-3），其中陶岔监测参数为89项，西黑山、天津外环河、惠南庄、团城湖监测参数为水温、电导率、pH值、溶解氧等共12项；姜沟、刘湾、府城南、漳河北、南大郭、田庄、坟庄河监测参数为水温、电导率、pH值、溶解氧、浊度、氨氮等9项。

表14-3　　　　　　　　　　　总干渠自动监测断面概况

序号	站名	地址	监测项目	主要监测设备
1	陶岔	河南省南阳市，淅川县陶岔村	水温、电导率、pH值、溶解氧、浊度、砷、硫化物、化学需氧量、总氮、总磷、硝酸盐氮、六价铬、总铁、总锰、总镍、总锑、总银、甲醛、余氯、总氯、锌、镉、铅、铜、氟化物、氯化物、氨氮、高锰酸盐指数、总氰、总汞、石油类、挥发酚、综合生物毒性、24种挥发性有机物、32种半挥发性有机物	监测89项参数的监测设备
2	天津外环河	天津市外环河西青区段西	水温、电导率、pH值、溶解氧、浊度、氨氮、高锰酸盐指数、溶解性有机物、总磷、总氮、叶绿素a、生物毒性	五参数自动分析仪、氨氮在线分析仪、高锰酸盐指数分析仪、溶解性有机物分析仪、总磷在线分析仪、总氮在线分析仪、叶绿素在线分析仪、生物综合毒性仪
3	姜沟	河南省南阳市姜沟村	水温、电导率、pH值、溶解氧、浊度、氨氮、高锰酸盐指数、溶解性有机物、生物毒性	五参数自动分析仪、氨氮在线分析仪、高锰酸盐指数分析仪、溶解性有机物分析仪、生物综合毒性仪
4	贾寨	河南省郑州市贾寨村		
5	府城南	河南省焦作市府城村		
6	漳河北	河南省安阳县施家河村东		
7	南大郭	河北省邢台市南大郭乡		
8	坟庄河	河北省涞水县坟庄河		
9	七里庄	河北省涞水县七里庄	水温、电导率、pH值、溶解氧、浊度、氨氮	五参数自动分析仪、氨氮在线分析仪

续表

序号	站名	地址	监测项目	主要监测设备
10	惠南庄	北京市房山区大石窝镇惠南庄村	水温、电导率、pH值、溶解氧、浊度、氨氮、总氮、总磷、高锰酸盐指数、UV有机物、叶绿素a、生物毒性	常规五参数分析仪、氨氮分析仪、总氮分析仪、总磷分析仪、高锰酸盐指数、UV有机物分析仪、叶绿素分析仪、生物毒性分析仪
11	团城湖	北京颐和园团城湖		
12	西黑山	保定市徐水县		
13	田庄	石家庄市西二环石清路田庄村	水温、电导率、pH值、溶解氧、浊度、氨氮、高锰酸盐指数、UV有机物、生物毒性	常规五参数分析仪、氨氮分析仪、高锰酸盐指数、UV有机物分析仪、生物毒性分析仪

14.2.2 水质保护监控需求

1. 藻类监控需求

2015年2月12日，河南省南水北调办反映，郑州、鹤壁水厂水体中藻类含量增加，给自来水厂的处理带来困难。通过2015—2017年总干渠8个常规藻类监测断面数据总结，总干渠浮游植物密度由南到北逐渐递增，以漳河北站点为临界点，河北段显著高于河南段（图14-1）。在2018年10月最近的一次20个断面监测中发现，陶岔至穿黄前断面的藻密度基本低于200×10^4 cell/L，保持较低水平；从穿黄后断面开始，藻密度增加较为明显，漳河北断面藻密度413.7×10^4 cell/L，至天津外环河断面藻密度已增加到971.4×10^4 cell/L，藻密度增加了一倍（图14-1）。

图14-1 2015—2017年浮游植物平均密度变化图

此外，中线总干渠的着生藻类也出现异常增殖。2015年2月，陶岔至穿黄前渠段着生藻类大量生长，郑州附近的刘湾水厂过滤管网被阻塞，影响了水厂的正常生产和运行。2016年2—3月，总干渠多个渠段出现大量着生藻类上浮并随水体漂移现象，给水体带来了不良观感，对中线工程的水质安全保障带来了挑战。2018年10月20个监测断面监测结果显示，渠首陶岔、方城断面、中部穿黄前断面以及渠尾西黑山、惠南庄以及团城湖断面的着生藻密度较高。

通过对中线总干渠的浮游藻类和着生藻类进行分析发现，目前浮游植物监测的点位过少，常规监测断面仅8个，着生藻类尚未纳入常规监测项目中。因此，无论从水质安全保障出发，还是从与中线总干渠衔接的水厂用水角度出发，有必要增加浮游藻类的监测点位，例如河南段和河北段过渡段藻类密度涨幅明显，增加此过渡地段监测站点以及增加北段的监测站点。同时，沿线需尽快开展着生藻类的常规监测。

2. 风险源监控需求

南水北调中线总干渠大部分水质指标呈现出南低北高的特点，表明干渠沿线仍然有污染源入汇。虽然目前干渠采取了隔离防护、截流沟、防渗土工膜等防污措施，但由于总干渠线路长，工程复杂，仍然存在一些潜在污染源风险，对水质产生一定影响。潜在的污染源有经常性污染源和偶发性污染源。经常性的污染源主要来自于降雨及大气沉降，例如受污染雨水、大气干沉降、交叉桥面径流等，另外还有底质污染物释放；偶发性污染源主要包括节制闸液压油和热融冰设施油泄漏、交通事故、雨洪污水、受污染地下水内排、垃圾场淋溶液等。通过收集中线沿线1715座建筑物的位置及周围风险源分布情况，目前沿线高风险源7处、中风险源48处、低风险源243处、社会风险源199处。其中高风险源对于总干渠的水体安全威胁最大，需要加强高风险源处的在线监控。

3. 地下水监控需求

由于总干渠全线主要沿山前布线，采用重力自流方式输水，进而产生大量的深挖渠段（渠外地下水位高于渠内水位段）。为了防止地下水扬压力对总干渠造成破坏，对地下水位高于渠底或存在局部上层滞水的地段，设计了外排段和内排段。在外排段通过将干渠附近的地下水自排或抽排相邻地表水系减压，在内排段将地下水通过单向逆止阀排入总干渠减压。内排方式是地下水进入输水渠道的主要途径，内排段地下水与总干渠水常常存在着直接的水力联系。其中总干渠内排段长达约522km，其中地下水高于设计运行水位的长度约162km（主要在河南境内）。北方地区地下水超采及超用现象十分普遍，地下水受到的污染程度较大。根据干渠沿线布设的378个地下水水质监测点的监测数据，依据GB/T 14848—2017《地下水质量标准》进行评价，综合水质为优良的1个、良好11个、较好1个、较差345个、极差20个。可见，总干渠两侧地下水污染现象比较普遍，需要增加沿线地下水监测。

4. 大气及雨水沉降监控需求

我国北方地区大气呈中度至重度污染态势，容易形成"酸雨"及降尘。其中"酸雨"是雨水在降落过程中混合了大气中的污染物质，而空气降尘是未降雨时含污染物的颗粒直接降落至干渠内。根据总干渠现场实测雨水监测数据及相关研究成果，干渠雨水中SS平均浓度达30mg/L，总氮平均浓度达6.85mg/L，氨氮平均浓度约2.76mg/L，总磷0.03mg/L，COD 19.75mg/L。据初步估算雨水引起总干渠SS浓度增加0.65mg/L，COD增加0.42mg/L，氨氮增加0.059mg/L，总氮增加0.147mg/L，总磷增加0.0007mg/L。因此对于中线大气沉降监控也是很有必要的。

14.2.3 监测站网优化原则

总干渠水质站网优化主要遵循以下几个原则：代表性原则；信息量原则；可操作性原则；历史延续性原则；中线50～100km设置一个监测断面；国控断面、考核断面、省界等跨界断面原则上保留；同一区段在聚类分析中属于同一类的断面最少选择一个作代表；同一条区段中属于同一类且相邻断面中有2种以上主要污染物呈显著相关的两个断面保留一个。

14.2.4 监测站网优化方法

通过多种水环境监测布点优化方法的比较和筛选，依据科学性、有效性、可行性的原则，对总干渠监测点位相邻断面利用相关性分析法进行优化。对风险源、地下水、大气及雨水沉降、水厂分水口等依据上述原则进行增加或优化确定。

相邻断面历史监测数据的相关性分析是判断断面是否重复布设的方法。断面重复布设会加重某些河段污染物的权重，影响流域总体代表性。因此，应避免断面重复布设，提高断面代表性。该方法原理如下：

$$l_{xx} = \sum_{i=1}^{n} x_i^2 - \frac{\left(\sum_{i=1}^{n} x_i\right)^2}{n} \tag{14-1}$$

$$l_{yy} = \sum_{i=1}^{n} y_i^2 - \frac{\left(\sum_{i=1}^{n} y_i\right)^2}{n} \tag{14-2}$$

$$l_{xy} = \sum_{i=1}^{n} x_i y_i - \frac{\sum_{i=1}^{n} x_i \times \sum_{i=1}^{n} y_i}{n} \tag{14-3}$$

$$r = \frac{l_{xy}}{\sqrt{l_{xx} \times l_{yy}}} \tag{14-4}$$

式中：r为相关系数；x_1、y_1分别为相邻断面某主要污染物年均值序列；n为年数，取$n=5$，l_{xx}、l_{yy}分别为变量x、y的离均差平方和；l_{xy}为变量x、y的离均差积和。

相关系数绝对值越大，相关性越强，相关系数越近于1或-1，相关度越强，相关系数越接近于0，相关度越弱。

以上述原理为基础，使用SPSS软件中的相关性分析模块，可免去繁琐数据计算。

相关性分析过程中相关系数（Correlation coefficients）有以下3个选项：

（1）Pearson（皮尔逊相关）：计算皮尔逊积差系数并作显著检验，适用于连续变量或是等间距测度的变量间的相关分析，即服从正态分布的连续变量。

（2）Kendall（肯德尔相关）：计算k值相关系数并作显著检验，对数据分布无特别要求，可用来分析：① 分布不明，非等间距测度的连续变量；②完全等级的离散变量；③数据资料不服从双变量正态分布或总体分布型未知的数据。

（3）Spearman（斯皮尔曼相关）：计算等级相关系数并作显著检验，对数据分布无特别要求，可用来分析不服从双变量正态分布或总体分布型未知的数据。

计算检验统计量并与特定显著水平的临界值比较，是过去分析相关性比较简洁的方法。目前，各类相关性分析软件的相继出现，极大程度地简化了分析过程。本研究中使用 p 值进行统计推断，p 值为检验统计量取值的相伴概率，α 值为假设检验的显著性水平（Significant level），一般取值为 0.05（显著相关）或 0.01（极显著相关），p 值 $< \alpha$ 值，即变量显著相关或极显著相关；否则，不相关。

14.2.5 监测站网优化结果

1. 优化合并相关监测断面

通过分析总干渠涵盖藻类监测的 8 个断面的水质相关性，从陶岔—漳河北段、大安舍—西黑山段水质相关性显著。从浮游植物密度来看，陶岔—郑湾段密度变化差异不显著。可考虑适当合并陶岔—郑湾段的监测断面。

表 14-4　　总干渠总磷水质相关性分析

	沙河南	郑湾	漳河北	大安舍	西黑山	惠南庄	天津外环河
陶岔	0.916**	0.932**	0.913**	−0.856**	−0.582	−0.599	0.572
沙河南	1	0.957**	0.823**	−0.385	−0.477	−0.385	0.536
郑湾		1	0.841**	−0.226	−0.372	−0.357	0.568
漳河北			1	−0.187	−0.333	−0.341	0.497
大安舍				1	0.624*	0.150	−0.154
西黑山					1	0.000	−0.104
惠南庄						1	−0.281
天津外环河							1

表 14-5　　总氮水质相关性分析

	沙河南	郑湾	漳河北	大安舍	西黑山	惠南庄	天津外环河
陶岔	0.246	−0.376	−0.664	−0.1	−0.558	−0.317	0.398
沙河南	1	0.916**	0.685*	0.492	0.396	0.247	0.41
郑湾		1	0.861**	0.475	0.381	0.268	0.283
漳河北			1	0.228	0.162	0.13	0.183
大安舍				1	0.871*	0.881**	0.369
西黑山					1	0.755**	0.042
惠南庄						1	0.389
天津外环河							1

通过藻类监测需求分析发现，目前浮游植物监测的点位过少，常规监测断面仅8个，着生藻类尚未纳入常规监测项目中，增加此过渡地段监测站点以及增加北段的监测站点，同时沿线开展着生藻类的常规监测，具体的增加的监测站点见表14-6。

表14-6　　　　　　　　　　　总干渠常规监测断面优化结果

序号	站名	地址	监测指标	是否新增站点	新增指标
1	陶岔	河南省南阳市淅川县陶岔村	水质基本项目24项和硫酸盐、浮游植物		着生藻类
2	姚营	河南省南阳市邓州姚营村	水质基本项目24项和硫酸盐		
3	程沟	河南省南阳市程沟东南	水质基本项目24项和硫酸盐		浮游藻类
4	方城	河南省南阳市方城县独树镇后三里河村	水质基本项目24项和硫酸盐		浮游藻类、着生藻类
5	沙河南	河南省平顶山市鲁山县薛寨北沙河南岸	水质基本项目24项和硫酸盐、浮游植物		浮游藻类、着生藻类、
6	沙河渡槽			√	浮游藻类、着生藻类、水质基本24项
7	兰河北	河南省平顶山市郏县安良乡狮王村	水质基本项目24项和硫酸盐		
8	新峰	河南省许昌市禹州新峰村	水质基本项目24项和硫酸盐		
9	苏张	河南省郑州市新郑县苏张村	水质基本项目24项和硫酸盐		
10	郑湾	河南省郑州市郑湾	水质基本项目24项和硫酸盐、浮游植物		着生藻类
11	穿黄前	河南省郑州市荥阳李村	水质基本项目24项和硫酸盐		浮游藻类、着生藻类
12	穿黄后	河南省郑州市黄河北南屯滩	水质基本项目24项和硫酸盐		浮游藻类、着生藻类
13	穿黄后1#			√	浮游藻类、着生藻类、水质基本24项
14	纸坊河北	河南省新乡市辉县王里村西南	水质基本项目24项和硫酸盐		
15	赵庄东南	河南省新乡市辉县金河赵庄村东南	水质基本项目24项和硫酸盐		
16	西寺门东北	河南省新乡市卫辉西寺门东北	水质基本项目24项和硫酸盐		
17	侯小屯西	河南省安阳市宜沟镇侯小屯村西	水质基本项目24项和硫酸盐		

续表

序号	站名	地　址	监测指标	是否新增站点	新增指标
18	漳河北	河南省安阳县施家河村东	水质基本项目24项和硫酸盐、浮游植物		着生藻类
19	南营村	河北省邯郸市磁县南营村	水质基本项目24项和硫酸盐		
20	侯庄	河北省邯郸市永年县侯庄村	水质基本项目24项和硫酸盐		
21	北盘石	河北省邢台市临城县北盘石村	水质基本项目24项和硫酸盐		
22	东澰	河北省邢台市临城县东澰村	水质基本项目24项和硫酸盐		
23	大安舍	河北省石家庄市西郊大安舍村	水质基本项目24项和硫酸盐、浮游植物		
24	北大岳	河北省石家庄新乐市北大岳村	水质基本项目24项和硫酸盐		
25	蒲王庄	河北省保定市满城县蒲王庄村	水质基本项目24项和硫酸盐		
26	柳家左	河北省保定市满城县柳家左	水质基本项目24项和硫酸盐		
27	西黑山	河北省保定市徐水县西黑山	水质基本项目24项和硫酸盐、浮游植物		着生藻类
28	霸州	河北省霸州市金各庄村	水质基本项目24项和硫酸盐		
29	王庆坨	天津市武清区王庆坨镇	水质基本项目24项和硫酸盐		
30	天津外环河	天津市外环河西青区段西	水质基本项目24项和硫酸盐、浮游植物		
31	惠南庄	北京市房山惠南庄	水质基本项目24项和硫酸盐、浮游植物		着生藻类
32	团城湖	北京市船营村东官厂	水质基本项目24项和硫酸盐		着生藻类

2. 完善监测参数

根据总干渠目前面临的问题，亟需完善监测参数。其中包括水文参数：水位、流量、断面平均流速；水生态参数：浮游植物、着生藻类，当技术条件和人力条件允许的情况下，逐步开展浮游动物、底栖动物、淡水壳菜和鱼类的监测；地下水参数：在水质评价极差20个地下水监测点位开展常规指标20项和微生物指标2项监测。此外，遇到突发性水污染事故，根据情况，选择特定污染物水质参数进行监测。

3. 完善监测技术及手段

监测技术与手段涵盖常规监测、台站在线监测、智能移动监测车/船、高清视频监测、无人机、多源生物联合预警等手段和技术。其中高风险源中的突发事故的移动源处（5处），增加高清在线视频监测和多源生物联合预警监测；中风险源：污水排放口、工业源、养殖场、跨渠桥梁、管道（46处）附近，增加智能移动车监测。

为应对突发污染事件，提升典型危险有机物快速检测能力，保障南水北调供水安全，装备目前毒害物质检测最先进的设备——德国布鲁克公司生产的超高分辨率傅里叶离子回旋变换共振质谱仪（FTMS scimaX-2XR），该质谱仪具有2000万的超高分辨率，可以将有机物m/z精确到小数点后的第5位，该设备还具备检测速度快、可直接进样的独特优势，在样品制备好的前提下，通常经过10min直接进样，即可获得信息全面的质谱图。根据未知化合物的一级图谱MS数据，综合考核未知化合物的准确质量和同位素峰形分布模式，大大减少了所预测的候选分子式数量，进一步利用相关软件预测化合物分子式，并将分子式转化为可能的化合物结构，大大提升了南水北调中线水质突发污染事件检测能力。

4. 监测方法及标准

以现有国家和行业标准为主要参考依据，尚无国家和行业标准的，参照相关国际标准或制定适合于中线水质安全保护的企业标准。

14.2.6 监测预警技术集成与应用

构建多载体、多目标、多尺度的水质监测智能感知节点，研究多载体水质监测系统的通信网元动态组网技术以及同一载体或不同载体中多种水质检测仪器间的数传与组网技术，突破以通信基站为主，以4G/5G为辅的无线通信网等局部动态自治和网络融合中异质网元的互连互通技术，实现数据采集与传输标准的统一，建立立体水质监测传感网络，最终将其融入中线水质监测—预警—调控决策支持综合管理平台，实现对中线总干渠水质全过程、多指标的监测、预测、预警、调控与处置的目标，进而满足当前中线水质监测预警应用需求。

优化后的中线干渠监测站布局，除开展常规水质在线监测外，还可利用浮游藻类在线监测技术、着生藻类在线监测技术、生物综合毒性在线监测技术、卫星遥感技术等开展日常水生态监测，以及视频监控系统开展潜在风险源监测，监测数据通过统一的数据采集与传输标准进入中线水质监测—预警—调控决策支持综合管理平台。通过平台集中展示各载体的监测信息，进行数据综合分析，实现多载体质量控制与监管，并且在应急监测的条件下，可实现智能应急监测车、无人机、无人船的智能调度，使其在应急状态下能够及时达到事故现场监测，提高中线干渠水环境、水生态监测预警及响应能力，形成地空立体监测预警体系，全方位保障中线干渠输水水质安全（如图14-2所示）。

全方位、多指标、多载体水质监测预警技术体系配置了多种应急流程，系统能根据通讯元类别自动选择应急模式。应急模式包括：自动站超标应急预警、生物综合毒性异常预警、藻类异常预警等几个常见预警流程。

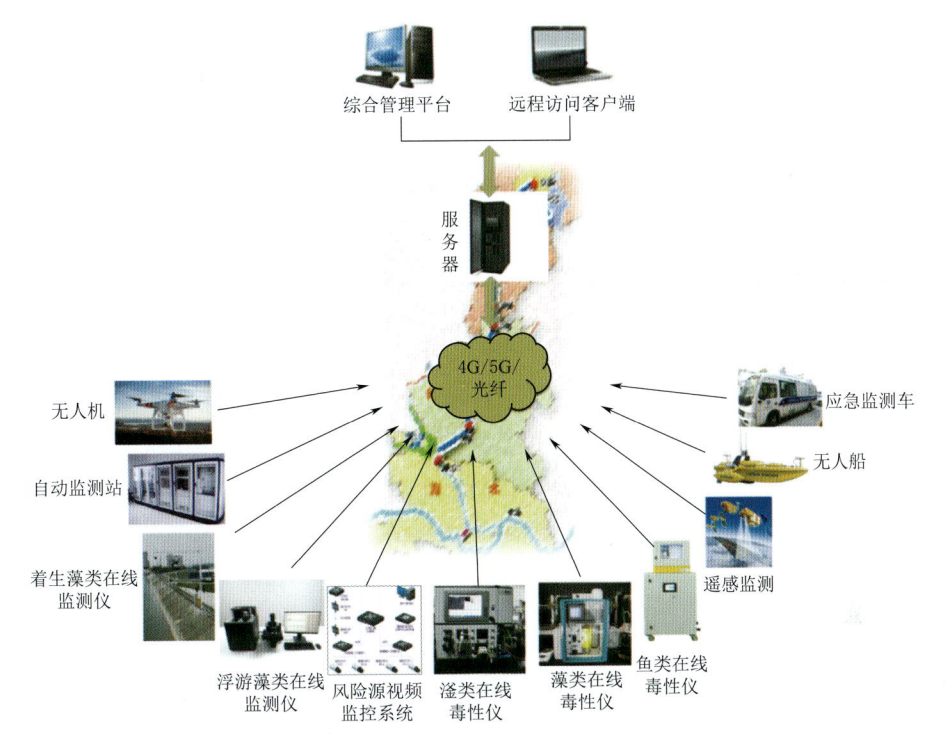

图14-2 全方位、多指标、多载体水质监测预警技术体系

1. 水质监测预警流程

当监控的某个站点出现数据异常后，通过综合管理平台可及时进行超标预警，自动进行异常数据判别。当判别为水质发生变化后，自动启动应急监测模式，智能调动移动式监测系统（智能监测车、无人机）进入事故发生区域进行应急监测，同时启动附近的相关监测系统自动站监测系统入网进行加密监测，直至水质正常，预警解除。

2. 生物综合毒性监测预警流程

（1）生物综合毒性指数异常时，流程启动。
（2）核查附近其他站点水质数据情况。
（3）确认水质异常则自动预警并通知相关工作人员到现场进水质核查。
（4）移动设备自适应入网提示。
（5）附近站点进行加密监测并提供相关站点数据对比图。
（6）水质恢复正常，并发送短信告知相关工作人员。

3. 藻类异常预警流程

（1）浮游/着生藻类在线监测设备显示数据异常，流程启动。
（2）核查附近站点叶绿素a、氨氮等相关水质参数数据情况。
（3）确认水体水质异常并通过系统平台发送预警短信给相关工作人员。
（4）移动设备自适应入网提示。

（5）组网站点进行加密监测并提供叶绿素a、氨氮等相关水质参数数据对比图。

（6）水质恢复正常，并发送短信告知相关工作人员。

14.3 生态环境监测装备研发

14.3.1 着生藻类采集装置

着生藻类也被称为底栖藻类，是附着在水体基质上生活的一些微型附着藻类。着生藻类营固着生活，拥有较大的生物膜面积，与水体物质交换迅速，是指示河流生态系统健康状况常用指示生物。南水北调中线通水后，春季出现了着生藻类大量增殖现象，着生藻类大量增殖死亡上浮后可能对总干渠水质造成影响，因此，需要监测、研究总干渠着生藻类的分布与生长变化规律，需要对着生藻类进行高密度的取样监测工作。

传统的着生藻类采样方法有3种，基质法（水草法或石块法）、载玻片法和聚酯薄膜法。其中水草法或石块法是采集完整水草或石块，带回实验室，用小刀刮取着生藻类，然后测试。载玻片法是将载玻片固定在固定架上，用绳索绑在它物上或加重物使之沉入水中或用棍棒插在水底，其顶端用浮子使之漂浮水面。聚酯薄膜法是将聚酯薄膜一端固定在浮子上；另一端缚上重物使之沉下。

以上传统方法不适合于中线总干渠或者时效性无法满足研究要求，主要表现为：

（1）总干渠全线为水泥底质，大型水生植物无法生存，也无石块可供采集，水草法或石块法采样无法使用。

（2）利用载玻法和聚酯薄膜法时，由于着生藻的生长需要一定的时间，采样架一般需要在水中放置14d，所需时间长，时效性低，难以满足研究所需的高密度采样监测需求。而且对总干渠近两年的研究表明，在采用载玻法和聚酯薄膜法采样时，载玻片法和聚酯薄膜上着生藻类的生长量与渠底的生长量存在显著差异，主要可能是生长时间及附着基质材质差异造成的，使得载玻片法和聚酯薄膜法采集的着生藻类样品很难反应中线总干渠真实的情况。因此，需要针对中线总干渠的水泥底质特点及实际需求，研发适合于中线总干渠的专用着生藻类采样工具，以满足总干渠着生藻类监测及研究需求。

针对现有采样方法不适合于中线总干渠及时效性无法满足研究要求等问题，提供一种着生藻类原位快速采集装置，如图14-3所示。本发明克服了传统着生藻类采样方法基质法（水草法和石块法）的采样空间局限性，可以在中线总干渠任何区域采样，不再受水草和石块分布的局限；本发明克服了传统采样方法载玻片法和聚酯薄膜法采样所需时间长、效率低的问题。传统的载玻片法和聚酯薄膜法一般需要挂板14d用于着生藻类生长，所需时间较长，耗时耗力，而本设备实现了原位快速采样，单个点位的采样时间缩短至10min以内，显著缩短了采样时间，提高了采样效率；本发明克服了载玻片法和聚酯薄膜法与总干渠由于生长基质及生长时间的差异造成的实验误差,传统的载玻片法和聚酯薄膜法利用载玻片和聚酯薄膜为着生藻类生长提供基质,两者在材料组成上与中线总干渠的水泥底质存在显著差异,且生长14d与总干渠底部着生藻类的生长时间也显著不同,这就使得在载玻片和聚酯薄膜上着生藻类的生物量与中线总干渠渠底上生物量存在显著差异,使得监测结果与实际生长情况差异较大。

为此,设计发明一种着生藻类原位快速采集装置,该装置主要包括顶座和底座两大部分。顶座中央成型有顶座孔,顶座孔内穿过有转轴,转轴顶部通过螺纹安装有旋转盘,旋转盘上通过螺纹安装有摇轮,顶座上表面边缘通过螺钉固定有手轮,手轮的转轴一端固定有手柄,手轮上盘绕有钢丝绳,转轴四周对称设置有四根支撑柱,转轴另一端通过螺纹安装有叶轮,叶轮上胶粘有硬毛刷,叶轮外侧设置有筒体,筒体上端焊接有上底座,下端通过螺栓固定有底座,底座包括上盖板、下盖板,上盖板下方通过螺栓固定有下盖板,下盖板下表面上胶粘有软胶层。

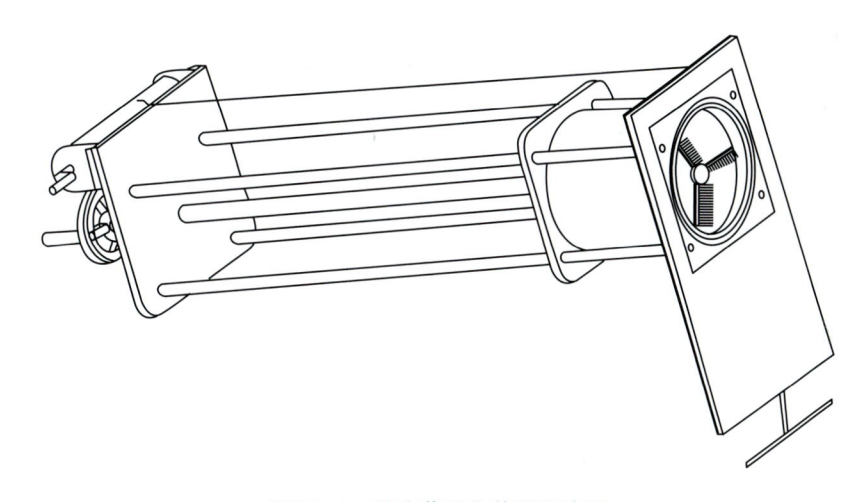

图14-3　着生藻采集装置设计图

本设备与传统的技术相比,最大的区别是传统的石块法或水草法主要是现场采集石块或水草带回实验室后刮取表面的着生藻类,或者是利用载玻片或聚酯薄膜作为基质在水体中悬挂14d后带回实验室,手动刮取表面生长的着生藻类,然后将刮取的着生藻类溶解在水里,定容,再利用显微镜计数。传统的采样方法是在现场采集与实验室处理两个步骤完成的,中间存在运输环节,且采样受有无石块、水草及其空间分布的限制。而本发明是在原位刮取、利用筒体进行定容,在现场完成整个采集过程,避免了由于石块或水草运输中可能造成的损失与误差,而且采样不再受有无石块、水草的限制,也不受采用载玻片或聚酯薄膜作为基质所需14d生长时间的限制。与传统采样方法相比,利用本发明装置采集整个样品采集过程所需时间不超过10min,采样时间缩短99%以上,也使得对中线总干渠完成一次完整着生藻类调查的时间由原来的30d缩短为7d,显著提高了采样效率，同时也克服了人工基质法所受空间的限制，可以在中线总干渠任何区段采样，满足研究中线总干渠着生藻类生长规律所需的高密度采样需求。

14.3.2 着生藻在线监测系统

14.3.2.1 硬件设计

（1）摄像系统：水下摄像机及两轴云台可实现水下多角度清晰摄像、水下自清洗、50m防水、自动补光等功能。水上摄像机最低照度0.02lx，传感器尺寸1/2英寸，具备自动电子快门功能。

（2）现场控制系统：现场控制系统可控制摄像系统在不同场景下工作，支持手动跟踪/全景跟踪，定时抓图/事件抓图，一建巡航等功能。

（3）机械装置系统：机械装置主要分为固定支撑装置和升降装置。升降装置采用蜗轮蜗杆减速机，可实现水下摄像机任意角度悬停，操作方便；连杆结构采用硬质铝合金材质，轻便且防锈，便于维护。

（4）供电备电系统：配备4只12V、150Ah蓄电池组及太阳能电池板，保证阴雨情况系统连续工作2d的用电需求。蓄电池组采用土建地埋方式，不影响堤岸整体美观。

（5）防雷系统：监测平台顶端配备接闪器，通过导线连接地下泄流地网，将雷电引入大地，从而保证雷电期间用电设备的正常工作和操作人员的人身安全。

（6）网络传输系统：整个网络传输系统以4G无线数据网络为通道，在数据采集端通过接入路由器作为接入核心，网络交换机作为局域网络汇集点，来实现数据采集端与客户端的网络通信。

（7）远程服务系统：远程服务器配置8核CPU，8GB内存，1TB硬盘，用以满足数据储存及数据报告的发布功能。

14.3.2.2 监测平台

（1）监控杆部分：监控杆部分用于水上相机固定，太阳能板安装，接闪器安装。

（2）控制柜部分：控制柜中配置有空开、PLC、继电器、电位器、逆变器、太阳能蓄电池、DVR、天线等电器控制部分。

（3）提升部分：该部分用来控制提升臂转动，使水下相机沿堤坝按要求进行移动以便于观测着生藻的生长情况。

项目现场安装示意图及安装规格如图14-5所示。

各部分连接细节安装图如图14-6所示：

膨胀螺栓安装规格如下：

（1）固定控制柜和提升机构的膨胀螺栓规格：M10×90共计8个。

（2）固定监控杆的膨胀螺栓规格：M16×150共计12个。

接地线安装规格如下：

（1）在监控杆下方打入1.5～2m的镀锌钢筋（ϕ10）或镀锌角钢。

（2）（40mm×40mm×4mm），使得接地电阻为4Ω。

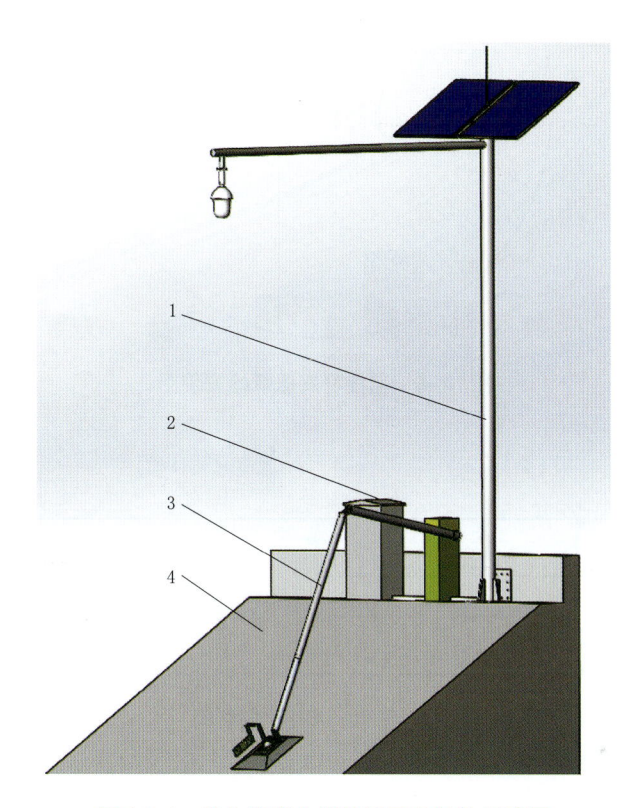

图14-4　着生藻类在线监测平台结构示意图

1—监控杆部分；2—控制柜部分；3—提升部分；4—堤坝

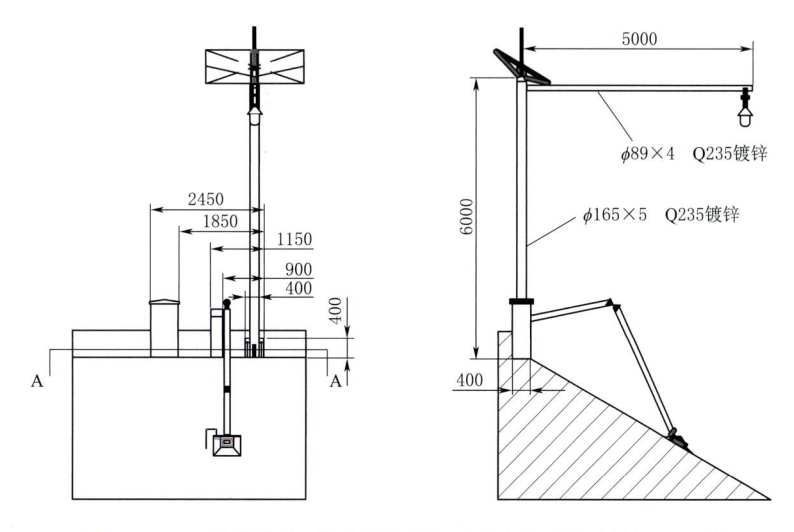

图14-5　着生藻类在线监测平台现场安装示意图（单位：mm）

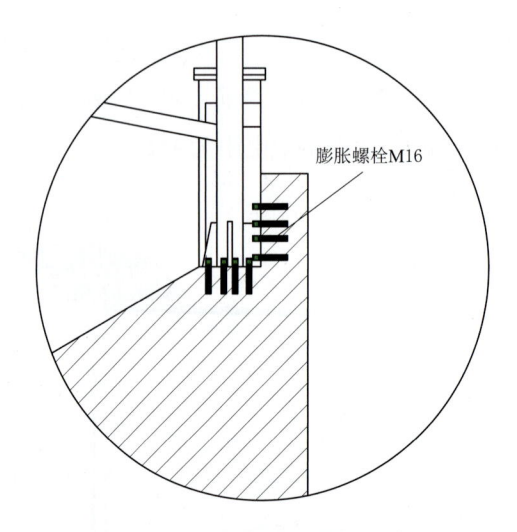

图14-6　监控杆膨胀螺栓安装图

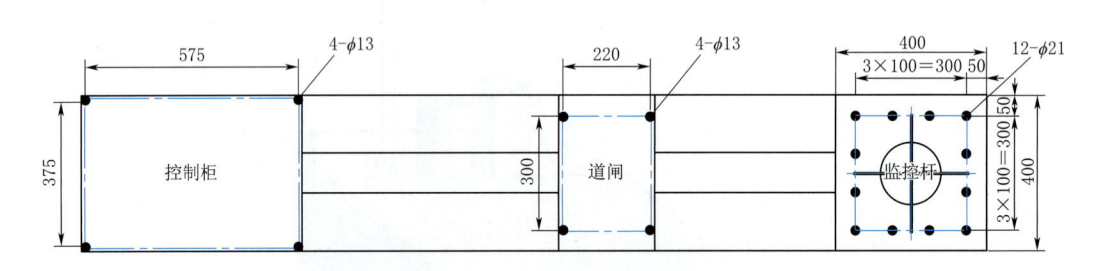

图14-7　A-A孔位安装图

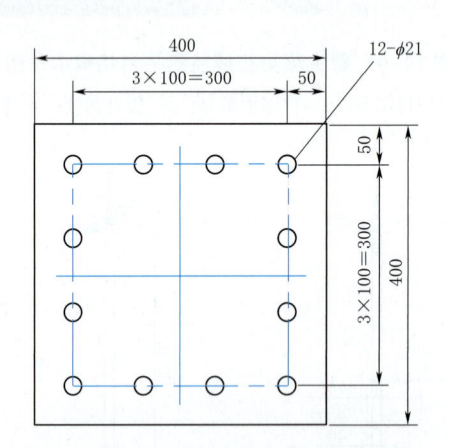

图14-8　监控杆竖向孔位安装图

市电接入规格如下：将220V，5~10A的交流电接入控制柜。

安装之前，检查现场地面是否平整，尺寸是否合适，市电是否已接入，接地是否处理。然后按照要求，对着生藻监测的各部分进行组装。

（1）膨胀螺栓孔打好后，首先将监控杆的横杆和立杆组装，太阳能板和水上相机固定到安装支架上，竖立监控杆，安装膨胀螺栓。

（2）将道闸安装好后固定，组装提升臂和水下观测部分，最后固定在提升机构驱动装置上。

（3）将控制柜安装并固定在地面孔位上。

（4）着生藻项目整体组装好后，根据现场实际情况，对软硬件进行整体调试。

14.3.2.3 着生藻在线监测算法

本系统采用计算机视觉的方法，根据拍摄并回传的着生藻生长情况实时图像，来计算藻类的生长信息。如图14-9所示，系统共采集使用水上和水下两个摄像头的数据，水下摄像头并配合标尺的使用，用来测定藻类的实时生长高度。水上摄像头来监视着生藻生长的概览信息，采用光谱分析的方法，来确定藻类的生长面积及水岸线。最后，根据专家推荐的藻类密度，计算藻类的实时生物量等相关水质客观性评价参数。

（a）水下摄像头数据示意　　　　　　（b）水上摄像头数据示意

图14-9　数据示意图

取水上摄像机拍摄的着生藻生长图像，水上摄像机获得的图像是RGB色彩模式。RGB是工业界的一种颜色标准，是通过对红(R)、绿(G)、蓝(B)三个颜色通道的变化以及它们相互之间的叠加来得到各式各样的颜色的，RGB即是代表红、绿、蓝3个通道的颜色，这个标准几乎包括了人类视力所能感知的所有颜色，是运用最广的颜色系统之一。对图像进行RGB三个通道反射光谱信息提取后，如图14-10所示。

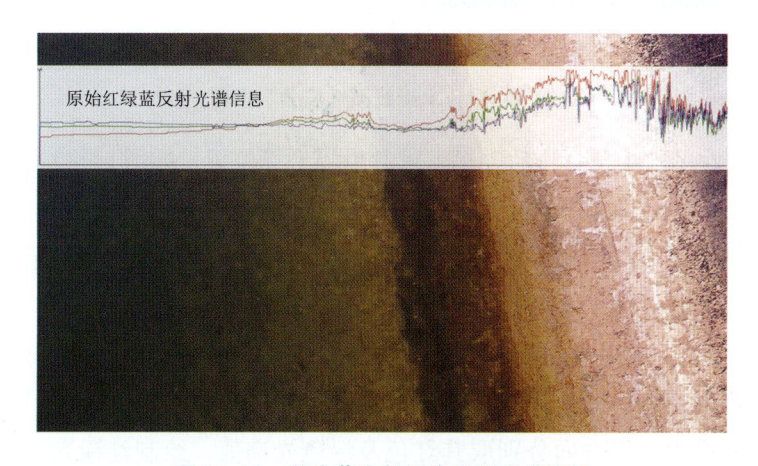

图14-10　着生藻生长图像实测光谱解析

图 14-10 中,在图像的一条横切线上,原始的红绿蓝反射光谱信息可用像素值来直观地表征。图中有三条曲折线(红线、绿线、蓝线),分别表示在同一横切线的红绿蓝三通道的像素值。

结合上述的光谱反射理论可知,蓝光波段:在有水区域反射光谱平稳,在无水区域剧烈增强,着生藻的存在与否对其无明显影响;红光波段:在着生藻生长区域反射光谱剧烈减弱,且减弱程度与着生藻生长密度存在正相关,验证了着生藻对红色波段反射率弱的特征;绿色波段:在水体叶绿素充足的情况下反射光谱保持稳定,在着生藻生长区域与红色光谱形成明显光谱差值;坡岸位置:红绿蓝三分类均值相差不大,满足灰度世界假设。由上述分析可知,实测光谱与理论原理基本保持一致。这些特征为进行计算机图像解析提供了可靠依据。

(1)关于水岸线位置计算。在原始图像中垂直位置任意一点沿像素水平方向取蓝色光谱值并作平滑,蓝色光谱值曲线梯度明显增加的点即为水岸点。取多个垂直位置作上述计算,得到多个水岸点,作拟合平滑相连后,即可得到置信度较高的水岸线,如图中粗蓝线所示。以粗蓝线表示的水岸线为基准,沿水岸线方向取一部分坡岸和含藻水面切割出藻类观测区域,自动旋转摆正,以便于后续算法分析。以下的覆盖度、生长面积等参数的计算均以此区域为计算基准,如图 14-11 所示。

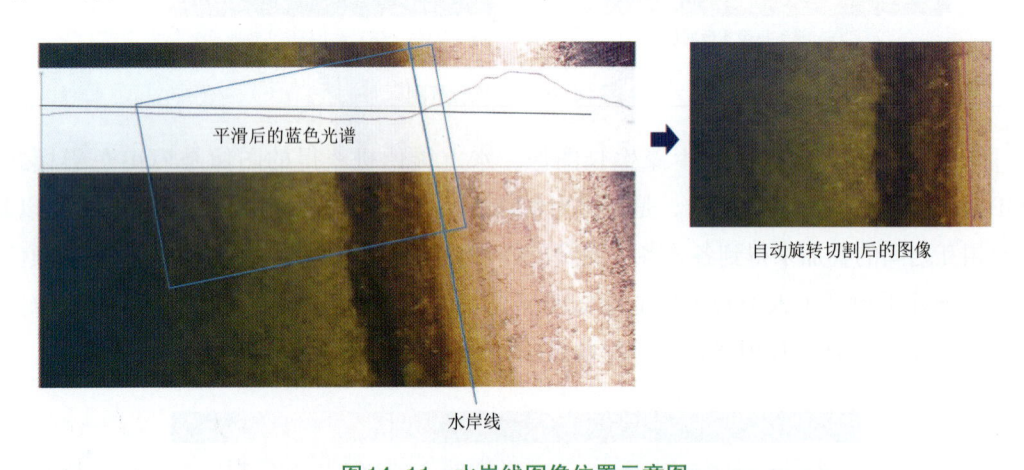

图 14-11 水岸线图像位置示意图

得出水岸线在图像中位置以后,还需求其世界坐标位置。如图 14-12 所示,相机沿岸观测边界点 P1 与其沿岸垂直方向上水岸线边界点 P2 的水平距离(P1P3)即为水位线数值。因相机观测视角固定(P1 位置固定),水位线数值的变化实则反应水位涨落变化。水位线计算值为粗蓝线(水岸线)与图像上沿的交点到图像右上角的像素距离。由于所有图像均以固定位置、角度、和焦距拍摄,在图像中位置已经求出的情况下,可求得实际位置。

(2)关于着生藻生长区域计算。关注图中旋转摆正的藻类观测区域图像,在其垂直位置任意一点沿像素水平方向分别取其红色及绿色光谱值,绘制红绿光谱曲线,并获得其红绿光谱差值曲线（即绿色光谱曲线减去红色光谱曲线），如图14-13所示。

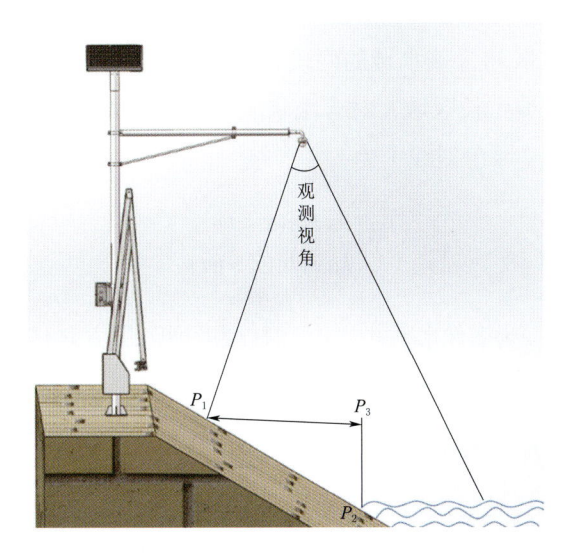

图14-12　水岸线实际位置示意图

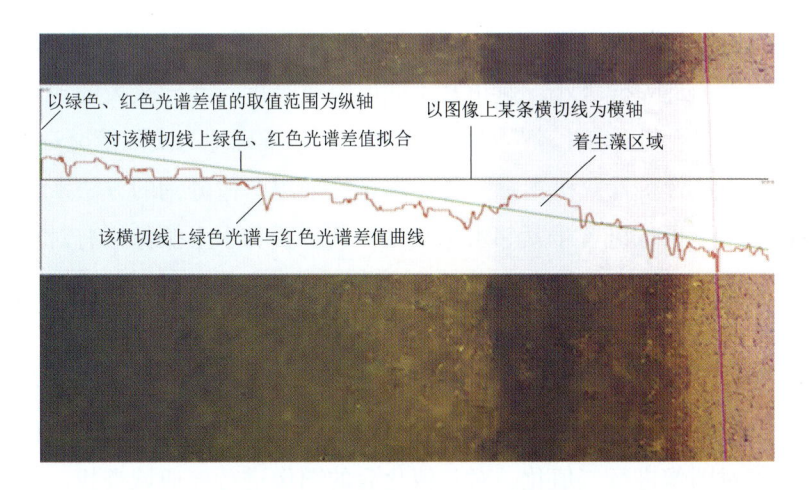

图14-13　着生藻生长区域光谱特征

在经过长时间的测试，和对图像数据的分析，在藻类观测区的图像中有以下特征：在着生藻区域，因红光波段的反射光谱剧烈减弱，造成图像中红色像素值也相应地有剧烈变小的现象，而绿色波段在该有藻的区域反射光谱保持稳定，故图像中绿色像素值呈现基本不变的现象。因此，在图像中着生藻生长区域绿色光谱与红色光谱形成明显光谱差值；在无藻水体区域，红色光谱随水深变浅稳定增强，绿色光谱比着生藻区域稍大并且较稳定，因此在图像无藻水体区域绿色像素值与红色像素值差值稳定减小；在堤坝区域，红、绿、蓝三光谱满足灰度世界假设，三分类均值相差不大，因此，在图像堤坝区域绿色像素值与红色像素值差值较小且较稳定；基于藻类生长特性对光谱的影响以及大量的实验验证，在得到的绿色光谱与红色光谱差值曲线上，在图像水平方向的1/2处可以较合理的作为无藻水域和有藻水域的分界点。

基于这种实际情况，本系统采用了可变斜率的斜线拟合的方法，对该差值曲线进行分段拟合，得到无藻水域和含藻水域的两段拟合斜线。由于着生藻区域绿红光谱差值较大，为了准确的区分藻类生长区域，对含藻水域拟合的斜线的斜率进行1.1倍的增益，得到的一条分段拟合斜线（绿色斜线）为

$$y \begin{cases} ax+b; (x<t) \\ kax+b; (x>=t) \end{cases}$$

式中：y 为绿红光谱差值；x 为图像水平方向坐标值；t 为图像水平方向1/2处的坐标值；a 为斜线的斜率，$a=(t_3t-t_2t_4)/(t_1t-t_2t_2)$；$b$ 为斜线的偏移量，$b=(t_1t_4-t_2t_3)/(t_1t-t_2t_2)$；$k$ 为增益比率1.1。其中：$t_1=\sum_{t-x}^{t}x_{t-x}x_{t-x}$，$t_2=\sum_{t-x}^{t}x_{t-x}$，$t_3=\sum_{t-x}^{t}x_{t-x}y_{t-x}$，$t_4=\sum_{t-x}^{t}y_{t-x}$。

绿色拟合斜线将绿红光谱差值曲线分为上下两部分，在拟合斜线的上方区域即为有着生藻的区域，绿色斜线与红色曲线的交界点即为着生藻的边界，并且着生藻密度越高，红色曲线高出绿色斜线的值越大。按照上述步骤对摆正后图像中垂直位置每一点进行拟合计算，将计算所得的有着生藻区域以绿色表示，无着生藻区域以黑色表示，如图14-14所示。根据红绿差值的差异大小，赋予其不同的绿色亮度，差异较大的地方给予较亮的绿色。对不同的图像绘制出着生藻生长区域如图，可较准确地与实际情况对应。

（3）关于水下摄像机计算机视觉分析。本系统采用图像分割的方法来计算着生藻的平均生长高度。水下摄像机置于紧邻水岸线处，其位置和水上摄像机有对应关系。水下图像用来计算着生藻生长高度，以结合水上摄像机算出的面积来计算藻类的生物体积。利用水体在蓝色波段的弱反射率，而着生藻的存在与否对蓝色波段无明显影响的特征，首先分割出图像的B通道，可以明显的区分出标尺与其他区域，然后对分割的B通道图像进行运算，计算出R、G通道最小值占最大值的比例，进而求出标尺与其他区域分割的阈值，使用该阈值对图像进行二值化，对二值化后的图像进行连通域查找，去掉噪声轮廓后即可得到一个较为准确的标尺轮廓，如图14-18～图14-21所示。

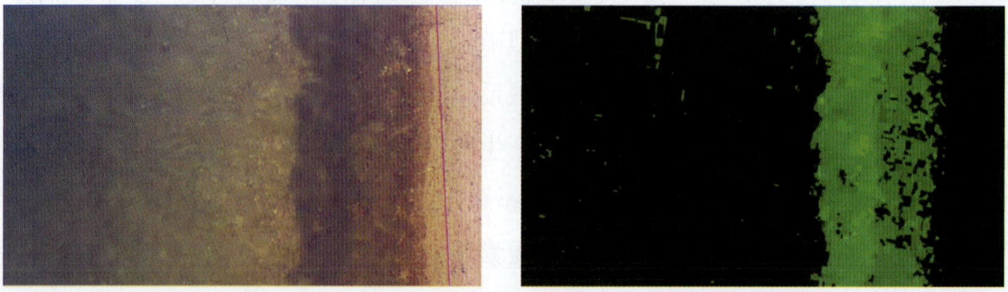

(a) RGB原图切割

(b) 识别出的浮游藻区域（以绿色表示）及其密度（生物量）展示：浅色（高亮）代表更高的藻密度（叶绿素含量更高，造成绿色减去红色光谱相对于基线更高）

图14-14　着生藻生长区域绘制图1

(a) RGB原图切割

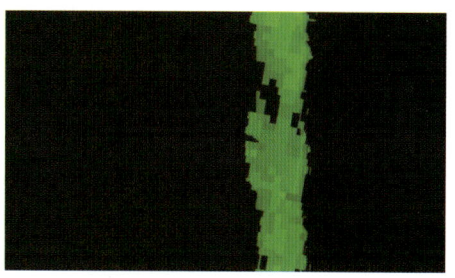

(b) 识别出的浮游藻区域(以绿色表示)及其密度展示：浅色(高亮)代表更高的藻密度(叶绿素含量更高，造成绿色减去红色光谱相对于基线更高)

图 14-15　着生藻生长区域绘制图 2

(a) RGB原图切割

(b) 识别出的浮游藻区域(以绿色表示)及其密度展示：浅色(高亮)代表更高的藻密度(叶绿素含量更高，造成绿色减去红色光谱相对于基线更高)

图 14-16　着生藻生长区域绘制图 3

(a) RGB原图切割

(b) 识别出的浮游藻区域(以绿色表示)及其密度展示：浅色(高亮)代表更高的藻密度(叶绿素含量更高，造成绿色减去红色光谱相对于基线更高)

图 14-17　着生藻生长区域绘制图 4

(a) 水下相机原图像

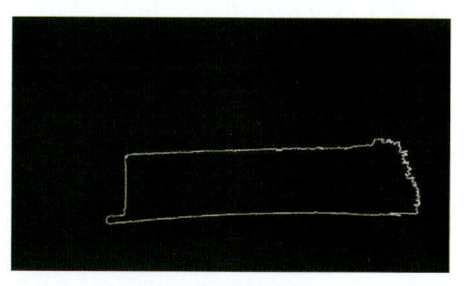

(b) 计算出的标尺轮廓

图 14-18　标尺轮廓绘制图（1）

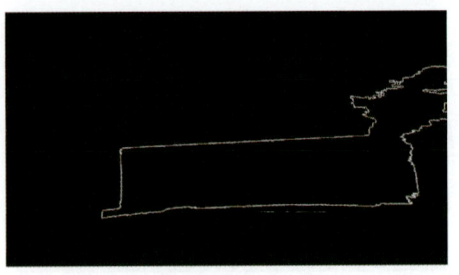

(a) 水下相机原图像　　　　　　　　　(b) 计算出的标尺轮廓

图14-19　标尺轮廓绘制图（2）

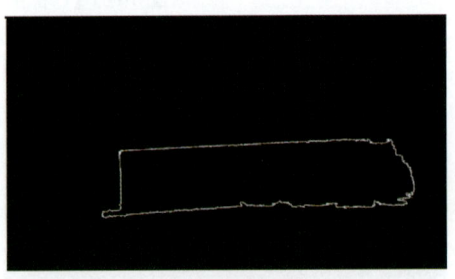

(a) 水下相机原图像　　　　　　　　　(b) 计算出的标尺轮廓

图14-20　标尺轮廓绘制图（3）

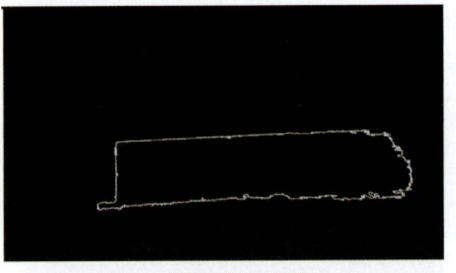

(a) 水下相机原图像　　　　　　　　　(b) 计算出的标尺轮廓

图14-21　标尺轮廓绘制图（4）

对计算出的标尺轮廓截取中间一段有效的部分，结合二值化图像，可以得到如图所示意的标尺区域。对于没有着生藻的卡尺，其分割结果如下图；对于有着生藻生长的水下图像，其卡尺分割结果如图14-22所示；从上面两幅分割结果可得出，欲求藻类的生长高度，只需求出卡尺部分的高度差即可。

图14-22　没有着生藻的卡尺分割图像 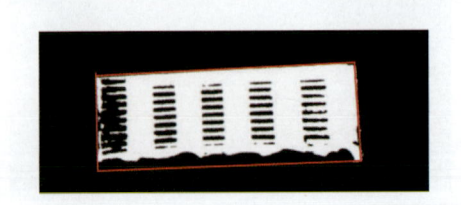　　图14-23　着生藻生藻区域的卡尺分割图像
（红色框为卡尺完整区域示意）

14.3.3 浮游藻类在线监测技术

浮游藻类在线监测设备是基于深度神经网络技术的全自动多通道藻类识别系统，仪器具备对多个浮游藻类样本自动进行取样加载、显微调焦、视野转换、计数识别、统计分析并输出结果等功能，从而实现无人值守下藻类的自动监测分析。

14.3.3.1 硬件设计

浮游藻类在线监测技术设备结构如图14-24所示。

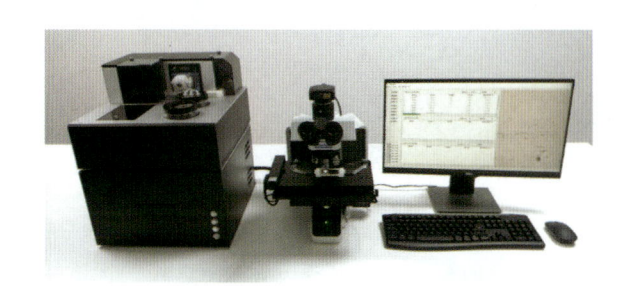

图14-24 浮游藻类AI识别设备系统构成

设备具体组件包括：

（1）自动进样装置，包含进样仓、样品瓶、废液罐、清洗液罐、蠕动泵及进样管路。

（2）数字显微影像自动扫描系统，包含显微镜、相机、三轴电机平台、控制扫描软件及图像预处理软件。

（3）藻类智能识别软件，包含深度学习识别计数算法、人机操作界面、报表图像输出、分析结果数据库及藻类图库。

自动进样装置可实现在多达15路样本之间自动切换加载、批量取样检测，如图14-25、图14-26所示；进样仓内设有摇晃振荡功能，能有效防止藻液凝固沉积；自动清洗进样管道和观测卡匣功能，可避免管路堵塞，并延长管路使用寿命。

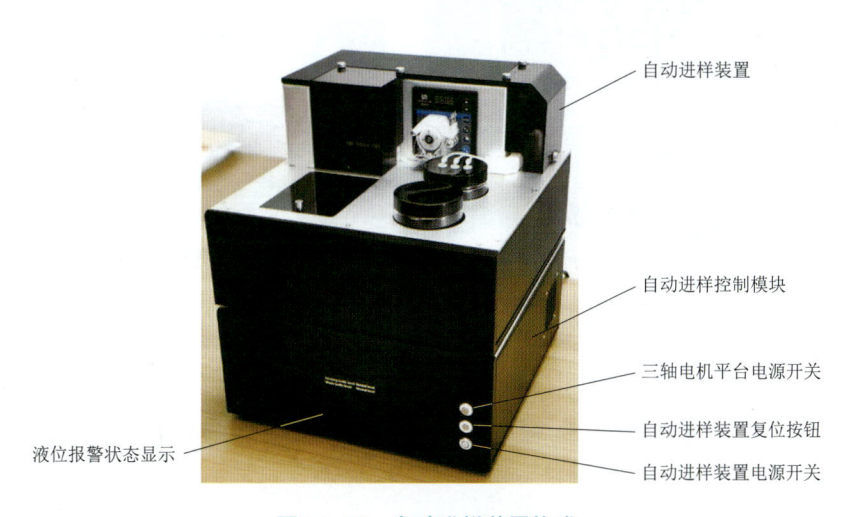

图14-25 自动进样装置构成

图14-26 进样仓内15路样品瓶

数字显微影像自动扫描系统通过控制三轴电机平台微米级别的精密移动，实现了对被测样本在显微镜下任意视野内全部焦平面深度下的拍摄对比，确保当前视野内不同位置、不同形态的藻类全部被拍摄成像，并可筛选出最清晰的藻类个体显微图像，以便于后续智能识别，如图14-27所示。

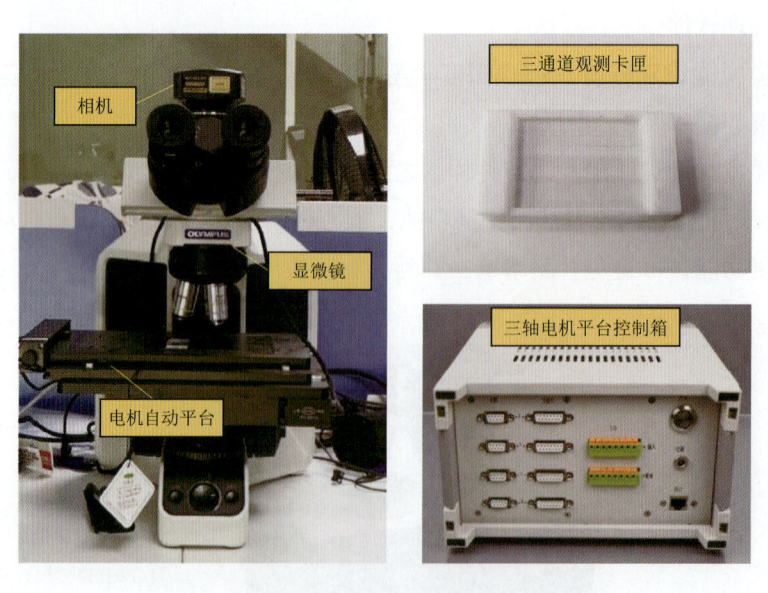

图14-27 数字显微影像自动扫描系统构成

藻类智能识别软件可分析实时拍摄成像的样品显微图片，对其中存在的藻属、个数、比例、藻密度等多个指标进行分析输出，如图14-28所示。此外，软件界面包含设备全部的自动处理指令。

图 14-28　藻类智能识别软件界面

系统具体工作流程如下：仪器上电后，操作人员将待测样本溶液置于进样仓中的进样瓶内；在软件 GUI 界面点击更换样本按键，自动进样装置即开始运行；等待进样装置更换样本完毕，点击三路进样按键，程序即开始自动运行：蠕动泵将样本泵至显微镜下方流道内；三轴电机平台自动扫描样本；图像预处理软件拍摄清晰的显微图像并显示在软件界面；同时藻类智能识别软件将拍摄到的显微图像中藻类品种，数量，所占比重及藻密度显示在软件界面。

14.3.3.2　软件设计

本项目实现的识别路线为：以基于神经网络的深度特征检测方法为核心主体，以专家知识辅助建立的人工特征检测方法为补充，将两条途径得到的检测结果进行决策层融合后产生最终的目标检测结果。

1. 目标检测算法

经过探索和研究，最终使用 YOLO 算法，其运算结构简洁、速度快，满足实时应用任务的需求。原型参考代码有 C 语言和 Python 多种实现形式，工程化应用的实践更成熟，市场上可便捷找到支持其运行的 GPU 硬件，便于和藻类图像采集软件的系统化集成和部署。

2. One-Stage 方法

候选区诞生于机器学习时代，先选出候选框 ROI，而后对每个候选框进行检测，最后通过极大值抑制而得到检测目标。

Two-Stage 深度学习方法如 FRCNN，其步骤可概括为提取候选区域，而后对候选区域分类，做边框回归。而 YOLO 作为 One-Stage 方法，其将候选区和对象识别这两个阶段合二为一，认为位置信息也包含在图像特征里，从图像特征直接算出识别物体的位置，进而提高了检测效率。

3. 专家辅助特征目标检测

专家辅助特征可配合机器识别共同完成藻类检测。具体流程包括：专家辅助特征提取：该模块的主要作用是提取专家特征；模型训练：对不同的专家特征进行权重赋值后，投入模型进行训练；决策融合模块：该模块的主要作用对不同专家特征训练出来的专家模型进行决策树投票融合。为了在决策层对专家知识特征与深度特征进行融合，本项目采用的特征融合方案如图14-29所示。

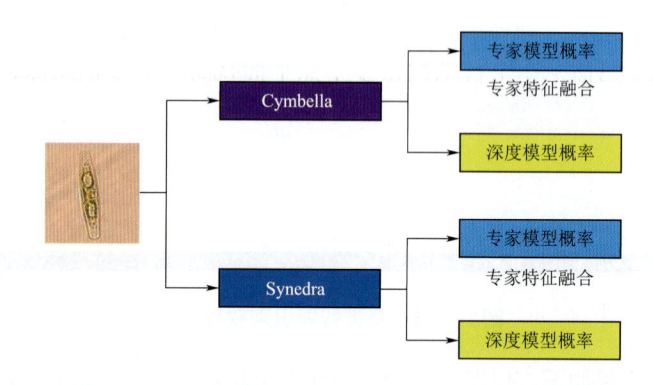

图14-29 深度特征与专家辅助特征的融合原理框图

14.3.3.3 浮游藻类样本标记

为保障藻类智能识别软件的准确率（60%以上），浮游藻类样本图库的建立要求每种待识别藻类样本标记图片数量不低于800张。训练后，通过置信率测试以判断样本数量是否充足。

具体标记需求包括：

（1）每种待识别藻类样本数量不低于800张。

（2）所有标记图片存储在同个文件夹下，图像文件名按照000001、000002、000003等顺序编号。

（3）标注每张图片中全部待识别藻类名称，标注示意图如图14-30所示。

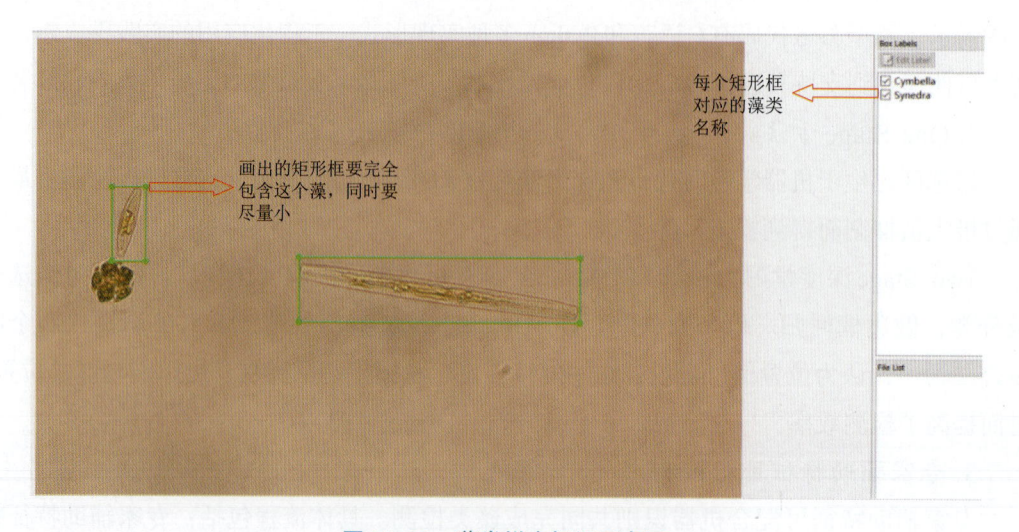

图14-30 藻类样本标记示意图

（4）图片标注完成后，生成相应xml文件，xml文件名应和图片文件名保持一致。

14.3.3.4 浮游藻类AI识别设备技术指标

1. 自动聚焦拍摄成像技术指标

所研发的设备采用磁浮直线电机平台，通过XYZ三轴步距，自动控制载物台移动。载物台移动最小步距XYZ轴均≤5um，移动最大速度XY轴均≥3mm/s、Z轴≥1mm/s，可实现在显微镜400扫描倍率下自动拍摄多个焦平面视野中的多幅图像，最终形成待观测样本的清晰影像。

2. 图像存储技术指标

所研发的设备可实现在显微镜400扫描倍率下将拍摄图像自动存储，图像格式在JPEG/JPEG2000/BMP/TIFF中根据实际需要进行选择。图像经过藻类识别软件处理后，识别出的藻类种类和个数信息也会进行自动存储。

3. 藻类品种识别技术指标

研发藻类识别软件，对样本拍摄图像中的藻类进行自动识别，识别范围为总干渠常见的30种以上藻类。通过对大量藻类样本进行标记，形成数据库，并搭建深度学习框架，使得藻类识别准确率达到60%以上，后续随着数据库的不断完善，准确率还可进一步提升。

4. 藻类计数技术指标

所研发的设备能够实现显微镜400扫描倍率下自动计数，通过整合拍摄到的全部焦平面视野中的图像，围绕识别出的藻类图像绘制边界框，进行个数统计。统计结果与人工统计比较，藻密度检测误差控制在50%以内。

14.3.3.5 鉴定结果验证

藻类智能监测系统检测一个样品的时间不超过20min，适宜的检测浓度范围为$5\times10^5\sim2\times10^7$个/L，此范围之外的藻类密度样品需要作适当的稀释或者浓缩。将系统藻密度检测结果与人工检测结果比较，藻密度检测误差小于30%，后续随着数据库的不断完善，检测误差可进一步缩小。下面分别使用南水北调中线样品和汉江水华样品对系统进行应用。

1. 汉江样品鉴定结果验证

调查显示2021年1月底汉江中下游发生水华，研究人员在汉江中下游宜城断面、仙桃断面1、仙桃断面2、兴隆断面采集水华藻类样品，用于藻类智能监测系统藻类分类与计数的能力验证。检测人员首先使用显微计数的方法对样品进行浮游藻类定量检测，然后使用藻类智能监测系统对样品进行鉴定计数。

显微镜检的结果显示水体样品中包括了隐藻门、蓝藻门和绿藻门等各种藻类，说明此次对比的水样藻类门类较为复杂。镜检的总密度在$0.78\times10^7\sim2.98\times10^7$范围内，根据HJ 1098—2020《水华遥感与地面监测评价计数规范》，此范围属于轻度水华水平，藻类细胞密度较高。

使用藻类智能监测系统，每检测一个视野，系统会自动统计计算样品的藻类密度，随着检测视野数的增加，检测结果的准确性和稳定性逐步提升，正常情况下检测视野数超过50个以上后检测结果趋于稳定，本实验选取结果趋于稳定后的检测数据，对于每个样品使用系统进行两次鉴定，取均值后与人工镜检的结果进行比较，结果见表14-7。

表14-7　　　　　　　　　　镜检与机检对比表

样本名称	人工检测密度/（10^7个/L）	智能识别密度1/（/10^7个/L）	智能识别密度2/（10^7个/L）	智能识别密度均值/（10^7个/L）	误差
宜城断面	0.78	0.66	0.59	0.62	20.5%
仙桃断面1	2.98	2.49	2.75	2.62	12.1%
仙桃断面2	1.36	1.54	1.28	1.41	3.7%
兴隆断面	1.198	0.97	1.11	1.04	13.2%

比对结果表明，镜检与机检的误差范围在3.7%～20.5%，平均为12.4%，整体误差较小。此外本次汉江藻类水华样品涵盖了浮游藻类的常见门类，藻密度较高，说明藻类智能监测系统已经初步具备对各类群藻类和水华暴发样品的检测能力。另外，藻类智能监测系统的数据库模型来源于南水北调中线干线的藻类样品，检测前未使用汉江样本进行训练，但测试结果表明该模型对汉江水样检测的误差较小，说明系统具有良好的泛化能力。

2. 南水北调中线样品验证结果

在总量计数的基础上，为进一步验证系统识别的准确率和精度，本研究使用南水北调中线沙河南、张村分水口、应河倒虹吸入口、淇河倒虹吸、新蟒河倒虹吸5个采样点的浮游藻类样品进行系统的验证测试。研究人员首先使用显微镜检法对每个样点的小环藻、脆杆藻、针杆藻、舟形藻、桥湾藻、曲壳藻、栅藻开展计数，并计算各个样点的浮游藻类密度；然后使用本研究开发的藻类智能监测系统重复测定上述指标，结果如图14-31所示。实验结果表明，本研究开发的藻类智能监测系统在部分藻类的鉴定计数上与专业检测人员显微镜检测结果基本一致，例如小环藻、脆杆藻、曲壳藻和栅藻，使用秩和检验比较智能识别系统结果和显微镜检法的检测结果，它们的p值依次为0.2101、0.834、0.2101、1.000，p值均大于0.05，说明两种方法对4种藻类的鉴定结果差异不显著，证明系统具备有效的藻类识别和计数功能。

本系统自动识别并鉴定出的针杆藻、舟形藻和桥湾藻数量均超过了显微观测法，使用秩和检验比较系统智能识别结果和显微观察识别结果，p值依次为0.0122、0.0119和0.0367，p值均小于0.05，其主要原因可能是样品中上述藻类密度较低，占比较少，因此偶然性误差影响较大。藻类总密度的验证结果中，秩和检验p值为0.5309，差异不显著，说明系统具备有效的藻类总密度检测能力。但传统的显微镜检法检出了更多的藻类，主要因为目前本系统用于模型训练的藻类物种数量还比较有限，在后续研究中，通过增加藻类数据集，提升神经网络模型训练水平，进一步增加智能识别系统可以有效鉴定的藻类种类数量，浮游藻类密度的计数结果可有效改善。

本系统可以快速地对大批量浮游藻类样品进行鉴定和计数，实现常规浮游藻类样品的实时智能监测，在处理大批量样品上，本系统的鉴定计数时间要远低于显微镜检法，这种大批量高效率的鉴定计数优势是传统显微镜检法无法达到的。

本项目将深度学习技术运用于藻类图像识别，建立了高效准确的藻类智能监测系统。与传统的藻类显微镜检法相比，本项目提出的藻类智能监测系统不仅能够快速、高效、高通量的对藻类进行智能鉴定并计数，显著提升藻类监测工作的效率；而且可以降低研究人员个人经验对藻类检测工作的影响，提升藻类监测工作的规范化和标准化水平。深度学习框架不仅保证了鉴定结果和计数结果的准确性，而且具有良好的可拓展性。目前，本项目开发的系统已经能够顺利完成藻类样品的自动化取样、拍摄、鉴定和识别等一系列流程，其计数结果与专业藻类鉴定人员的计数结果误差较小，系统的藻类识别和计数水平已经具有较高的精确度。后续将进一步完善本系统，使用更多的藻类数据对深度学习框架进行训练，进一步提升藻类群落鉴定和计数的准确率，实现对南水北调中线藻类的实时在线监控，为实现藻类监测工作的标准化和普及化，及时掌握重要水体藻类群落的动态特征，准确分析水环境质量演变趋势奠定基础，为我国的水生态环境管理和保护提供支撑。

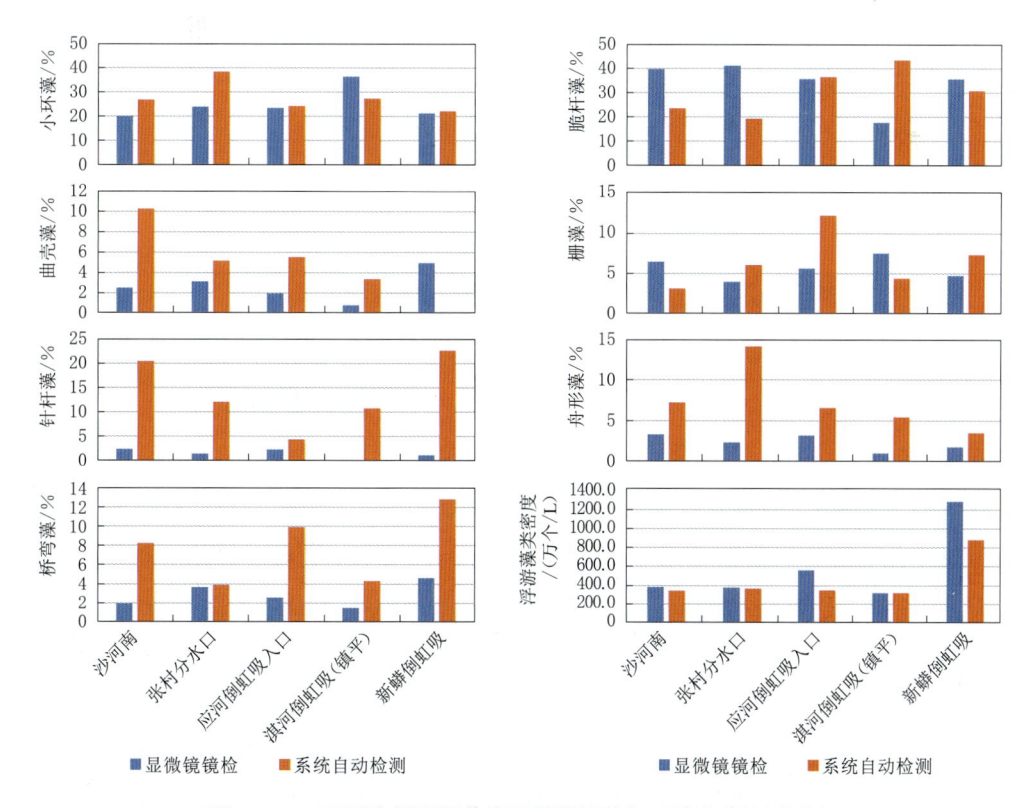

图14-31　不同水样不同藻类显微镜镜检与系统自动识别对比

14.3.4 藻泥（絮状物）淤积过程在线监测系统

14.3.4.1 系统研发

14.3.4.1.1 测量原理

本系统中使用水下超声测距原理监测水下淤积物厚度。已知超声探头安装点渠底高程为 h_1（如图 14-32 所示，当日水位为 h_2，探头安装在水面以下 h_0 处，探头发射超声波被水底淤积物顶端反射，随后接收到反射信号所用时间为 t，已知水中超声波的速度为 v，则淤积物顶端高程 h_3 表示为

$$h_3 = h_2 - h_0 - \frac{1}{2}vt \tag{14-5}$$

本系统中使用的超声探头是压电式超声波换能器，它的核心是压电陶瓷芯片，利用压电效应，能够将电能和超声波相互转化，发射超声波的过程，是将电能转化为超声波，接受超声波的过程，是将反射回的超声波的声能转化为电信号。其具体原理为，位于超声波传感器内的压电陶瓷晶片，在其两极施加方波信号后，晶片产生高频振动，带动周围的水产生高频振动产生超声波。当超声波被河床底部的淤泥反射回到探头后，反射的超声波驱动晶片产生振动，从而使得晶片两极的电压产生变化，通过监测晶片的电压变化，可以得知反射回探头的超声波的波形和强弱。

14.3.4.1.2 系统架构

在本系统的设计中，系统架构采用 GPRS-云平台方案，整体分为 3 个部分，即数据采集端，数据传输层，数据储存终端。如图 14-32 所示。

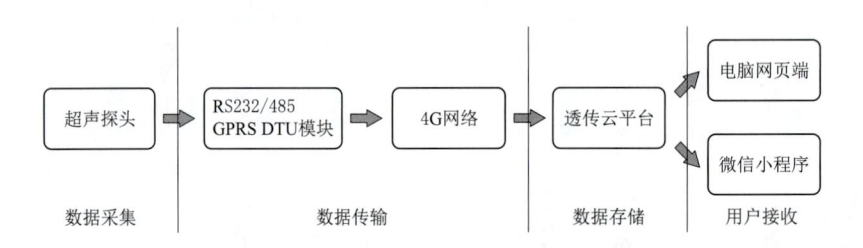

图 14-32 淤积在线监测系统架构

如图 14-33 所示，数据采集端为超声探头，探头以 5min/次的频率采集数据，数据传输层包括与探头 RS485 输出端相连接的 RS232/485 GPRS DTU 模块和 4G 网络，数据存储端为透传云平台，接收的数据存储在服务器中，同时服务器具有有限的数据处理功能，能将历史数据以曲线图的形式显示出来。

对于用户而言，云平台提供两种方式可供实时访问数据，电脑访问网页，可以查看历史数据，曲线图，同时提供历史数据下载功能，用户可以将需要的数据以 Excel 表格的形式下载到本地，再对数据进行处理。同时，用户可以通过微信小程序登录并访问云平台，查看实时数据，手机端也支持查看历史数据与曲线图。

14.3.4.1.3 数据传输原理

水下超声探头的 RS485 输出端与 RS232/485 GPRS DTU 模块连接，将水下超声探头的测量结果用 4G 网络发送至因特网，使用云平台接收并保存 RS232/485 GPRS DTU 模块所传输的数据。

1. RS485 总线

RS485 是一种基于串口的通信接口，使用的是 WinCE 的底层驱动程序，在进行数据通信的时候，采用的是半双工数据通信模式，采用 RS485 接口组成的半双工网络，通常来讲采用的是两线制，而线材使用的是屏蔽双绞线，种网络实现通信所采用的发送方式是平衡发送，接收方式是差分接受。即串行口的 TTL 电平信号被发送端转换成分为 a、b 两路输出的差分信号，经过线缆传输后，在接收端，差分信号被转换还原成 TTL 电平信号。对于 RS485 总线的接收器和发送器，其灵敏度很高，能检测到较小的 200mV 的电压，485 接口的传输距离也很大，最大传输距离可到 4000 英尺（约 1219m），同时 RS485 接口的传输速度也很大，最大速度可达到 10Mbit/s，但是传输速度和传输距离成反比，若要达到最大传输距离，传输速率仅为 100Kbit/s，要传输更长的距离，需要使用 RS485 中继器。由 RS485 接口构成的网络拓扑一般采用终端匹配的总线型结构，而这种网络不支持星型结构或是环形结构。仅有在网络中采用 485 中继器或 485 集线器时，则网络支持使用星型结构。对使用通常芯片 0 的 RS485 总线结构，一般整个总线最大能够支 32 个节点，若使用特制的 RS485 芯片，可以达到 128 个甚至是 256 个节点，最大的可能支持到 400 个节点。

2. GPRS DTU 通信过程

通常来说，GPRS DTU 通信过程一般有 3 个步骤。

第一步，配置好 GPRS 拨号参数，串口波特率，数据中心的 IP 地址等信息，为 GPRS DTU 通上电源，GPRS DTU 会读取出保存在内部 FLASH 中的上述工作参数。

第二步，GPRS DTU 登录到 GSM 网络，即全球移动通信系统的网络，具体到实际而言，指的是中国移动和中国联通的通信网络。登录完成后，GPRS DTU 进行 GPRS PPP 拨号，拨号成功后，通信网络会随机分配一个内部的 IP 地址给到 GPRS DTU，此时 GPRS DTU 处于所用的通信网络的内网，而每一次拨号获得的 IP 是不固定的，可以认为 GPRS DTU 是属于这个通信网络内部局域网的一个设备，而这个设备访问外部因特网公网，需要通过移动网关才能实现。

第三步，GPRS DTU 主动进行和数据中心的通信，并保持连接一直存在，由于上一段中所描述的 GPRS DTU 的 IP 地址不固定的特点，只能是由 GPRS DTU 主动发起通信，而数据中心无法主动与 GPRS DTU 连接。而通常来讲，数据中心应该具有固定的域名或是固定的公网 IP。一般来讲，数据中心的域名或者公网。

IP 地址是储存在 GPRS DTU 内作为工作参数存在的，正如第一步中所述。这样可以保证在 GPRS DTU 通电拨号成功后就能主动与数据中心进行连接。

经过这三个步骤之后，GPRS DTU 成功地与数据中心建立了 TCP/UDP 通信连接，双方可以进行数据的双向通信。这个双向通信过程通常来说比较简单，从串口接收到的用户的数据，被 DTU 封装成为一个 TCP/UDP 数据包，直接发送给数据中心，而数据中心发送给 DTU 的 TCP/UDP 数据包，也能被 DTU 拆包后通过串口发送给用户的设备。

14.3.4.1.4 通信协议

系统在云平台与数据传输模块之间采用 Modbus 数据协议进行传输，所有数据必须通过已设置好特定地址的串口进行传输，在数据交换过程中，由事先设置好的通讯账号和密码进行认证，只有通过认证的数据，云平台才会接收并存储，在通信过程中，数据全部以双字节整形数据进行传输。

1. ModBus 协议

ModBus 是由现施耐德电气公司的一个品牌 Modicon 在 1979 年发明的总线协议，是全球第一个真正应用于工业现场的总线协议。

ModBus 网络是一个工业通信系统，其组成部分包括带智能终端的可编程的控制器和计算机，而连接方式为公用线路或是局部专用线路。这个通信系统的系统结构包括硬件和软件，应用范围也非常广泛，可以应用于各种各样的数据采集和过程的监控。

ModBus 协议是一种应用于电子控制器上的通用语言。控制器和控制器之间，控制器和其他设备经过例如以太网的网络可以进行通信。作为一种工业的标准通用协议，不同厂商生产的设备可以相互连接，组成可以通信的工业网络，从而达到集中监控的效果。

这种协议有以下几个特点使得其普适性提高了很多，首先，它定义了一个不论使用何种网络进行通信，控制器都能识别并使用的消息结构；其次它对一个控制器请求访问其他设备的过程进行了描述，同时还描述了这个设备是如何回应来自其他设备的请求和如何侦测处错误并记录错误。最后，它还制定了消息域的格局和和内容的公共格式。

2. 数据的透传与云平台

透传，即透明传输的简称，顾名思义，透明传输就是指在传输过程中，对外界完全透明，不需要关系传输过程以及传输协议，最终目的是要把传输的内容原封不动地传递给被接受端，发送和接收的内容完全一致。

云平台由专业的服务商提供，是指基于硬件的服务，提供计算、网络和存储能力。通常来讲，云平台可以分为 3 类：① 以数据存储为主的存储型云平台；② 以数据处理为主的计算型云平台；③ 计算和数据存储处理兼顾的综合云计算平台。

在本系统中，选用的是以数据存储为主，并带有少量数据处理功能的存储型云平台。使用者通过注册的账号密码即可登录平台，并实时查看历史数据与曲线图。

14.3.4.1.5 设备测试

设备组装完成后对组装好的设备进行测试,使用钢管制作一个可调节高度的带有刻度的支架,置于一大桶中,将组装好的探头安装在支架的可调节部分,测试设备安装方式如图14-33所示。

向桶深为80cm的大桶内注水,调节支架高度使得探头浸入水中,手动测得传感器探头到桶底部的距离为65cm,随后对探头进行通电,查看探头的读数,随后多次改变可调节支架的位置,使得探头到桶底的深度发生变化,再分别手动测量探头到桶底的距离和读取探头和桶的读数,比较两者是否相等,若两者相等,则说明探头在短时间内是稳定的。测试结果见表14-8。

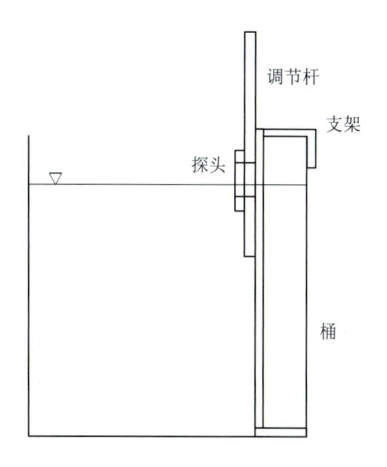

图14-33 测试装置示意图

表14-8 距离测试结果

测次	实际距离/cm	探头读数/mm	测次	实际距离/cm	探头读数/mm
1	64	642	6	38	382
2	60	601	7	34	341
3	56	559	8	31	309
4	51	513	9	25	248
5	45	450	10	20	199

将该测试持续进行一周,期间保持对系统的供电,是系统处于持续工作状态于每天上午8时、下午14时、晚上20时更改探头的位置,使其与桶底的距离为65cm、50cm、35cm,并记录探头的读数,结果表面系统稳定可靠,具备长时间工作的能力,满足到野外进行安装的要求。

14.3.4.2 系统安装

14.3.4.2.1 设备安装

在南水北调中线工程洨河退水闸前安装淤积在线自动监测系统(图14-34、图14-35)。超声波探头与GPRS DTU模块连接,固定在具有一定长度的钢制支架上,支架固定在边墙上。超声探头量程8m,测量分辨率5mm,最大采样频率10Hz,采用RS485接口输出信号。使用24V直流电驱动,功耗约为5W。水下超声探头的RS485输出端与RS232/485 GPRS DTU模块连接,将水下超声探头的测量结果用4G手机信号网络发送。使用云平台接收并保存RS232/485 GPRS DTU模块传输数据。在PC端可登陆账户实时查看个测点地理位置、每一测点当前和历史数据等。手机端可通过微信小程序登陆后实时查看当前数据。系统采用太阳能板—锂电池供电系统,电量充满后在太阳能板无法工作时(例如连续阴雨天）可供系统持续工作长达5d。

图14-34 淤积在线自动监测系统安装现场

图14-35 系统探头安装位置

安装时将超声探头绑在钢制支架上，支架深入渠道中部，使探头淹没至水下0.5m处，安装参数及安装当天的详细数据如图14-36所示。

通过安装在钢制支架上的拉线可调节探头的位置。支架的具体结构如图14-37所示。固定探头的杆具有伸缩功能，能够上下伸缩调整探头淹没深度。

传感器由太阳能板—锂电池供电系统进行供电，供电线附在拉线上，并向上延伸与固定在水闸前方检修天桥护栏外的太阳能电板连接，天气晴朗时，通过太阳能电板为超声波探头与GPRS DTU模块供电，同时可以给未充满的锂电池供电。在阴雨天时，通过锂电池对超声波探头与GPRS DTU模块供电。锂电池的电量充满时，在太阳能板无法工作时（连续阴雨天）可供系统持续工作5d。

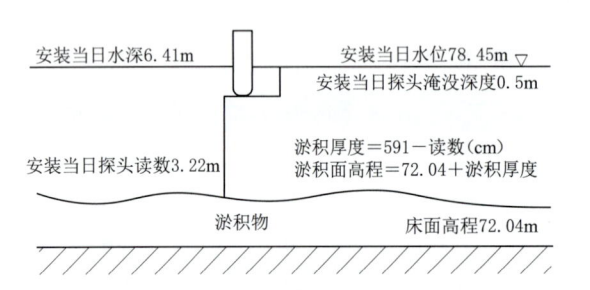

图14-36 设备安装参数

14.3.4.2.2 连接云平台

按照如图14-38所示方式设置好软件，选择网络透传模式，勾选连接服务器，填入地址端口和连接类型等相应信息，并设置好设备编号和通信密码，勾选启用透传云，保存所有参数，当状态变为绿色时，设置成功。

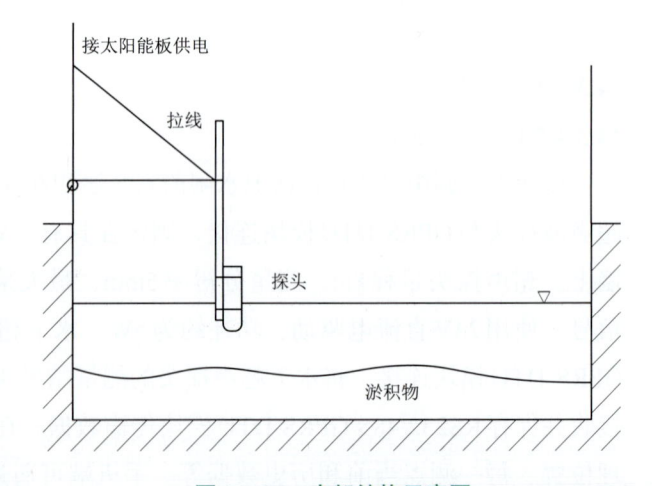

图14-37 支架结构示意图

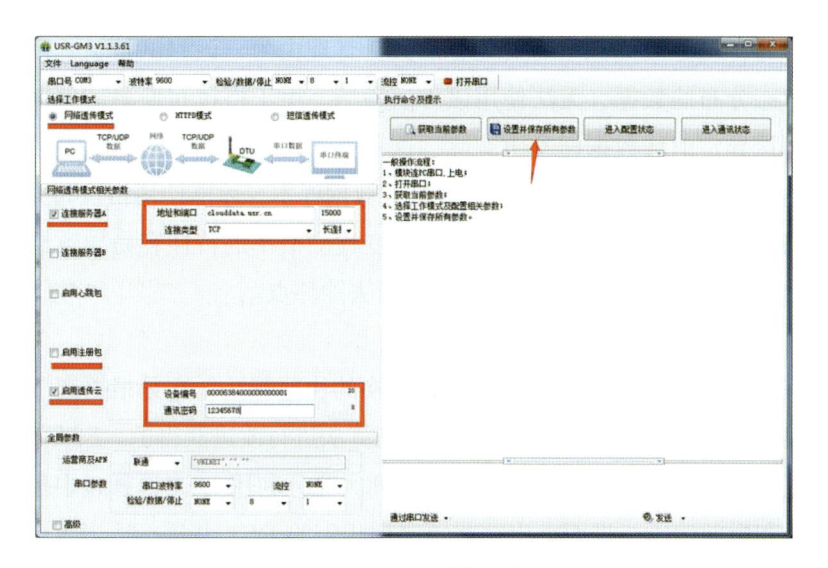

图 14-38　云平台连接软件设置

14.3.4.2.3　数据采集与分析

由于测点处水下物体运动和设备噪声的影响，数据中容易出现极为剧烈的波动，为避免影响测量结果，应按照统计学规律，将波动剧烈的点进行去除。

1. 处理方法

（a）拉依达准则

拉依达准则适用于一组只含有随机误差的数据，求得其标准差之后，按照一定的概率确定一个区间，对所有不在这个区间内的数据，一律认为不属于随机误差，而属于粗大误差，这些粗大误差点可以剔除或通过合理的方法进行替代。同时，该方法具有一定的局限性，首先，这种方法仅适用于满足正态分布或近似于正态分布的数据样本；其次，该数据样本需要测量次数充分大，一般来讲样本数量应大于10。在测量次数过少或是数据不满足正态分布时，使用该准则筛选粗大误差是不可靠的。根据拉依达准则的特点，可以确定使用拉依达准则筛除坏点的思路：首先，对于数据样本，需要大致服从正态分布；随后，计算数据样本的标准差，在计算过程中需要用到整组数据的平均值；最后将每一个数据与平均值做差并取绝对值，判断这个值是否大于标准差的3倍，如果这个值大于标准差的3倍，则是粗大误差，需要通过合理手段将其筛除。在本系统设计中，为了保证淤积图像具有连续性，从第50个数据开始，对于粗大误差，采用该数据前50个和后50个共计100个数据的平均值进行替代。

（b）格拉布斯准则

格拉布斯准则（Grubbs Criterion）来源于1950年，由 Frank E. Grubbs 发表的统计测试，该测试用于检测单变量数据集中的单个异常值。这一测试同样也称为最大标准残差测试，可以理解为一个针对样本的最大值和最小值偏离平均值的程度是否异常。使用格拉布斯准则对样本进行分析前，首先数据样本需要满足以下条件：一是样本数据必须满足或近似满足正态分布；二是数据样本需要充分的大。其理由为，该测试是基于正态分布假设的，不满足正态分布的数据，无法使用该方法检测。由于格拉布斯测试每次仅检测一个异常值，并将该异常值从数据样本中删除，这种方式对数据样本的迭代会导致检测概率的改变。因此，需要包含至少6个以上的数据的数据样本，才能使用格拉布斯准则检测异常值。因为格拉布斯准则具有的多次迭代会改变检测概率的特性容易导致绘出的图像失真的问题，因此选用拉依达准则对原始数据进行去除坏点。

（c）傅里叶变换

快速傅里叶变换（FFT），是离散傅里叶变换的快速算法，它是根据离散傅里叶变换的奇、偶、虚、实等特性，对离散傅立叶变换的算法进行改进获得的。FFT的基本思想是把原始的N点序列，依次分解成一系列的短序列。充分利用DFT计算式中指数因子所具有的对称性质和周期性质，进而求出这些短序列相应的DFT并进行适当组合，达到删除重复计算，减少乘法运算和简化结构的目的。

2. 处理程序

使用MATLAB对数据进行处理并绘制图像，为了实现绘制实测数据和数据变化趋势的目标，程序流程图如图14-39所示。典型的处理结果如图14-40所示。图14-41为2019年3月的测量结果，曲线图横坐标表示日期，纵坐标表示淤积物顶部海拔高度，蓝色曲线为采集的原始数据，红色曲线为处理后的淤积物顶部海拔变化的趋势。

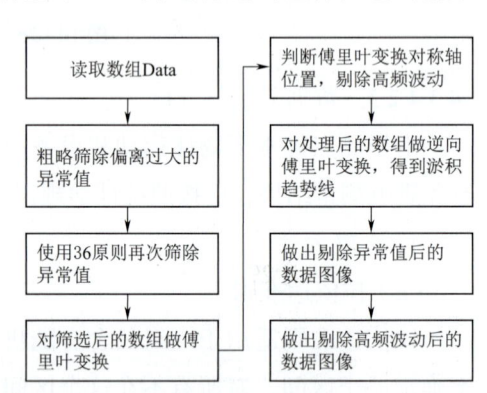

图14-39 程序流程图

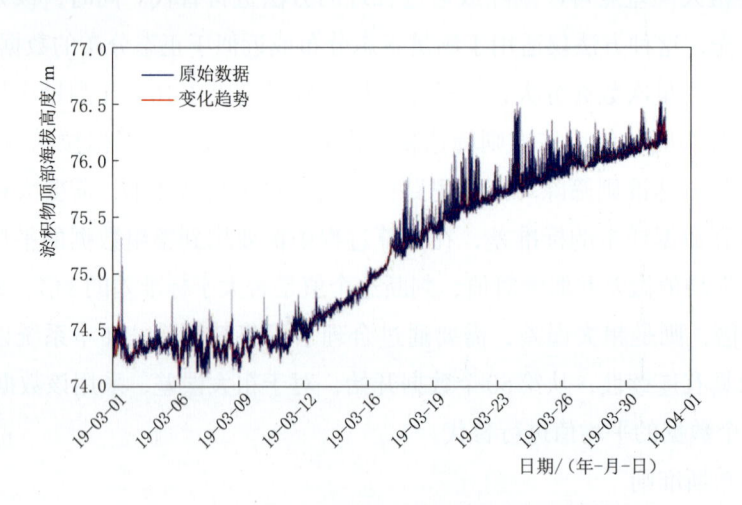

图14-40 2019年3月淤积物顶部高程趋势图

3. 数据分析

2018年10月31日下午14时系统安装完毕后开始测量，采样频率为每5min一次。每小时采集12个数据。测点处渠道底高程为72.04m，当日水位为78.45m，淤积在线自动监测系统探头由支架固定在边墙上，深入渠道中部，淹没至水下0.5m处。实测数据如图14-41所示。图中黑色实线为淤积在线自动监测系统实测数据。受到各种因素干扰，实测数据存在一定波动。

利用傅里叶变换将实测数据中的高频噪声滤除后的趋势线在图中用红线表示。从图中可见，10月31日至11月6日清晨，测点位置处于快速淤积状态，平均淤积速度达到80mm/d。从11月6日开始，可能受到测点与干渠之间区域内的闸前清淤作业的影响，也可能是受上游来沙减少的影响，测点处的淤积基本停止。从11月8日18时开始，测点处淤积厚度开始逐渐减小，可能是由于靠近测点的区域清淤后淤积物顶部高程低于测点处淤积物顶部高程，导致测点处淤积物在紊动水流作用下逐渐回填。由于在测点处清淤作业，11月12日14时左右开始，测点淤积物厚度在短时间内减少了约300mm，至2.54m。之后测点淤积物厚度总体呈现缓慢减小趋势，到2019年1月6日淤积物厚度约为2.27m，淤积物厚度减小速度约为4.3mm/d。这可能是由于来沙减少，闸前淤积物逐渐被主流带往下游，或者淤积物逐渐自身压实导致体积减小。

2019年3月10—17日，淤积物厚度快速增长，淤积速度达到约133mm/d。3月17日至4月29日，淤积物厚度仍然较快速度增长，但是淤积速度逐渐减小，平均日减小率为2.7mm/d，至4月29日淤积物厚度达到4.66m。是由于上游来沙在这一时段内逐渐减小，也可能是测点处淤积物厚度显著高于主河道后，泥沙落淤位置向主河道移动所致。4月29日测点处清淤导致淤积物厚度减小至2.9m。清淤结束后测点处立即进入快速淤积，早期平均淤积速度达到70mm/d，随着淤积厚度逐渐增加，淤积速度逐渐减小。至2019年8月15日，淤积物厚度达到此次监测数据的最大值5.6m。

之后在清淤作业下，测点淤积厚度最低下降至2.5m，但是每次清淤之后均可见快速淤积过程。典型过程如9月6—15日，清淤之后持续淤积，淤积速度达到220mm/d。值得注意的是，2019年9月15日起南水北调中线供水量增加，渠道流量增加50m³/s，对应的淤积物厚度出现一次快速减小过程，具体如图14-41所示，5h淤积物厚度减小了约1m，分析认为是由于流速增加后淤积物逐渐被掏刷带往下游所致。

2020年春季监测到最快淤积过程，从3月16日19时至3月19日8时，淤积物厚度从2.7m增加至3.7m，平均淤积速度为390mm/d，之后淤积速度减慢，例如在3月21日至5月9日间淤积速度约为12.9mm/d，最终在6月8日达到2020年监测到的最大淤积厚度4.9m。

长时间的监测结果显示，淤积呈现明显的季节性，整个冬季都没有出现明显淤积，并且淤积物厚度呈缓慢减小趋势。3—10月为快速淤积期，监测到的最大淤积速度为390mm/d，出现在3月下旬，第二大淤积速度220mm/d，出现在9月上旬，淤积速度与淤积物厚度有一定关系，淤积物厚度较小时容易发生快速淤积，淤积物厚度较大时淤积速度逐渐减小。在持续清淤作业的情况下，最大淤积厚度于2019年8月中旬达到监测最大值5.6m。

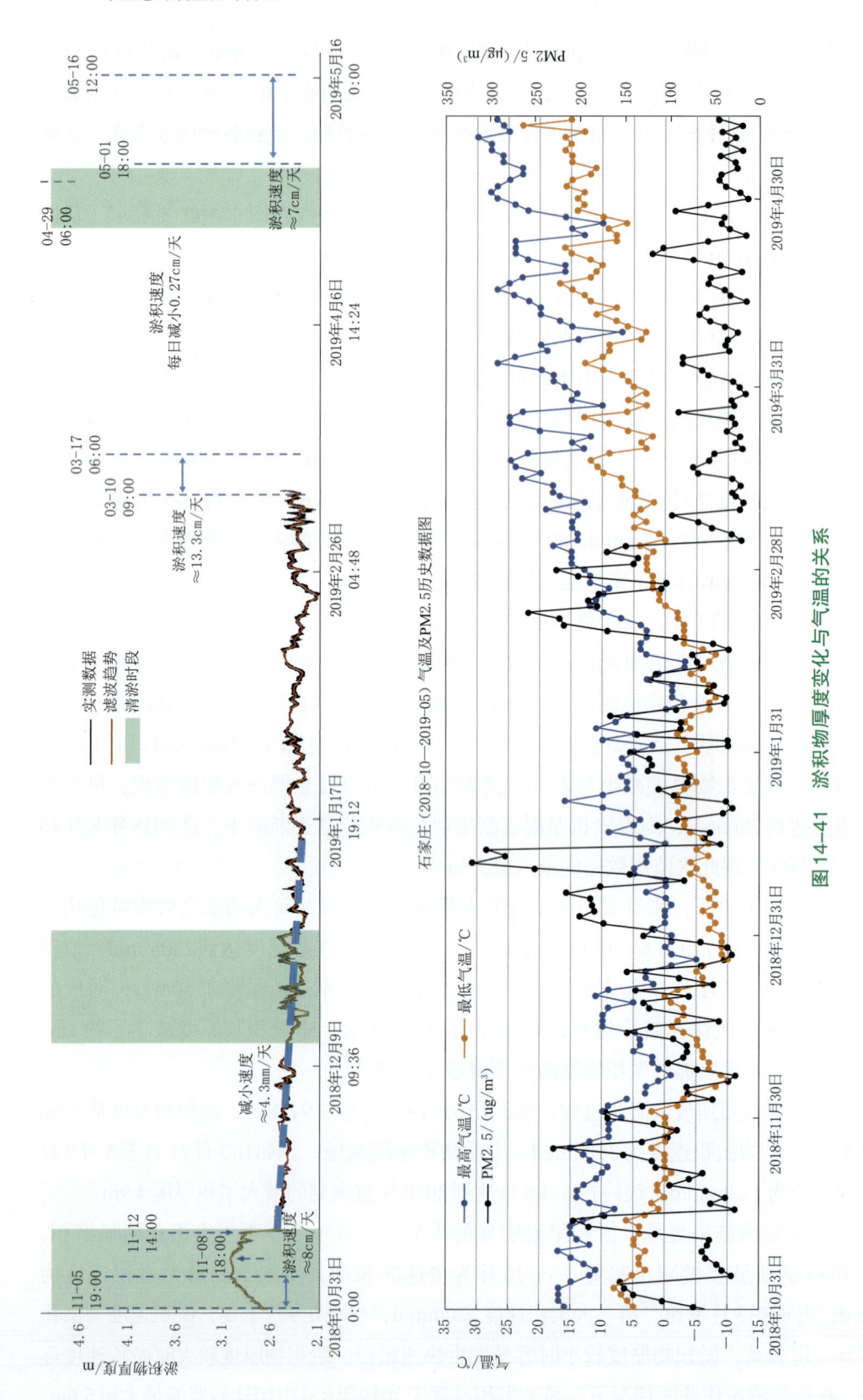

图14-41 淤积物厚度变化与气温的关系

4. 淤积趋势拟合公式

在刚清淤完成后，退水口处的淤积深度较小，具备较好的淤积条件，退水口进入新一轮快速淤积时期。根据监测的结果，对快速淤积段进行了拟合，采用指数函数取得了较好的拟合效果，形式如下：

$$h = ae^{\alpha t} + be^{\beta t} \tag{14-6}$$

式中：h 为淤积物厚度；m；t 为时间，h。

以 2019 年和 2020 年各一段快速增长期为例进行说明。2019 年 3 月 10—17 日，淤积物厚度快速增长，淤积速度达到约 133mm/d。3 月 17 日至 4 月 29 日，因淤积物厚度增高淤积速度减慢，至 4 月 29 日淤积物厚度达到 4.66m。对于从 2019 年 3 月 10 日开始的淤积过程，拟合后的参数为 $a = 5.095$，$b = -2.728$，$\alpha = -6.55 \times 10^{-5}$，$\beta = -2.63 \times 10^{-3}$。

2020 年春季监测到最快淤积过程，从 3 月 16 日 19 时至 3 月 19 日 8 时，淤积物厚度从 2.7m 增加至 3.7m，平均淤积速度为 390mm/d，之后由于淤积物厚度增高淤积速度减慢。对于从 2020 年 3 月 16 日开始的这场淤积过程，拟合后的参数为：$a = 3.78$，$b = -1.16$，$\alpha = 1.27 \times 10^{-4}$，$\beta = -4.60 \times 10^{-2}$。

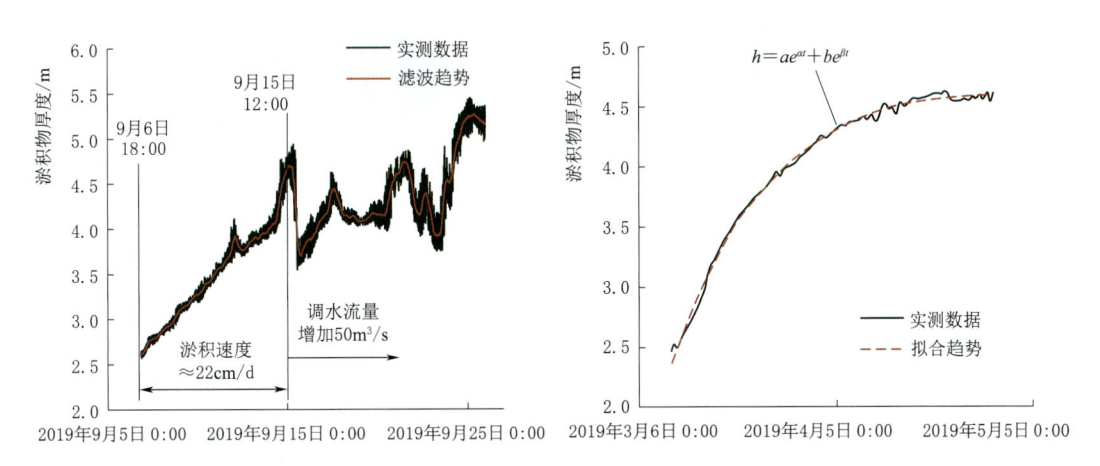

图 14-42 干渠流量增大对淤积过程的影响　　图 14-43 2019 年 3 月开始的一场淤积过程拟合效果

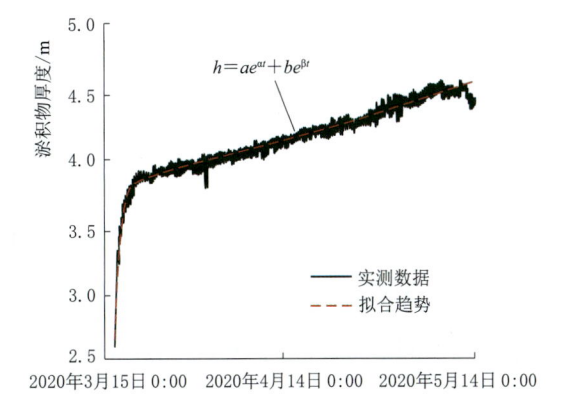

图 14-44 2020 年 3 月开始的一场淤积过程拟合效果

14.3.5　危险品运输车辆自动识别系统

14.3.5.1　系统总体设计

14.3.5.1.1　系统组成

系统由跨渠桥梁视频监控、服务器、客户应用终端平台组成，如图14-45所示系统组成示意图。

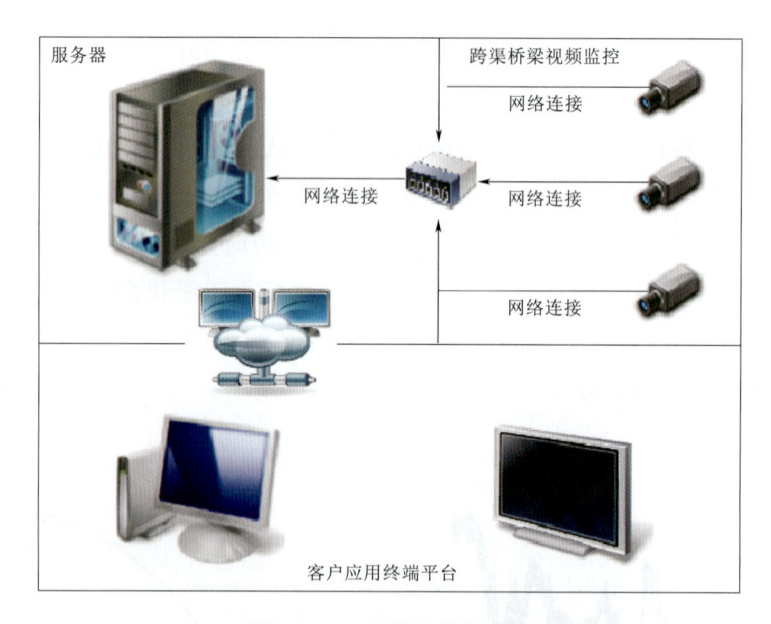

图14-45　系统组成示意图

1. 服务器

服务器实现中心管理服务，设备管理服务，录像存储服务，车道分析服务四大模块功能。

（1）中心管理服务模块：作为中枢管理模块，负责服务器系统的整体调度和运营，用于用户管理、数据分发及其他服务功能的接入和管理。其中用户管理提供多级管理，每级用户具有不同的管理权限，根据所赋予的权限可以进行相应的系统访问和监控操作，有效地防止非法登录和越级操作。

（2）设备管理服务模块：用于管理接入的监控摄像头，负责摄像头参数的配置、视频流编解码、视频流的分发等功能可以随时查看摄像头的运行情况和操作日志等信息。

（3）录像存储服务模块：用于监控视频信息存储和数据管理维护。具备查询权限范围内的任一摄像机在一定时间范围内的录像信息，并可以进行包括查询、回放、下载，保存等常规操作功能。

（4）车道分析服务模块：用于对各路视频流的智能信息处理和分析，并负责数据统计功能用户可以查看历史车道分析记录并进行相应的统计分析，实时分析跨渠桥梁车辆运行情况。

2. 跨渠桥梁视频监控

前端摄像机，架设在跨渠桥梁上的摄像机。海康威视（DS-2CD7027FWD/F），最高分辨率可达200万像素（1920×1080），并在此分辨率下可输出30fps实时图像，支持10M/100M/1000M自适应网口，ICR红外滤片式日夜切换模式，3D数字降噪。

3. 客户应用终端平台

南水北调中线跨渠桥梁危化品车辆风险防范与事故报警系统，支持多用户多客户端的同时登陆访问，与此同时可以个性化定制上大屏展现如图14-46所示现场大屏展示示意图。

图14-46　现场大屏展示示意图

14.3.5.1.2　系统部署

如图14-47所示三维部署示意图所示，前端摄像机分别架设跨渠桥梁两侧，其中南向北方向实际架设如图14-48所示，北向南方向视频监控设备如图14-49所示；道路视频监控服务器安置在机房内，通过光纤和无线AP连接前端摄像机；值班员可再监控室内通过道路视频监控客户端应用终端平台查看跨渠桥梁车辆运行情况。

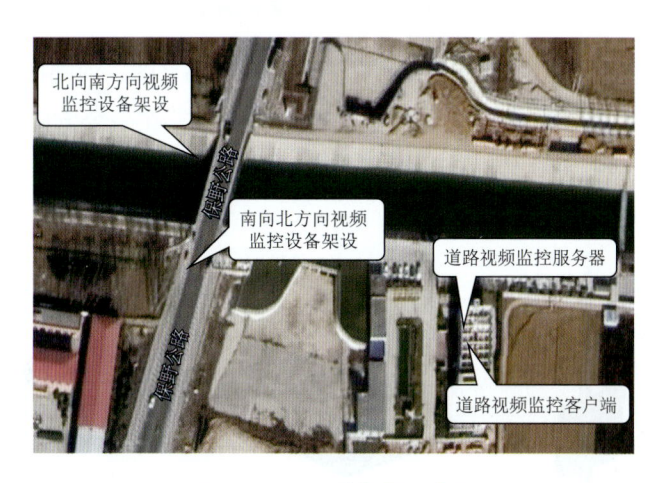

图14-47　三维部署示意图

图14-48　南向北视频监控设备架设 　　图14-49　北向南视频监控设备架设

系统采用三级网络架构的形式（如图14-50所示），可有多台客户端同时访问并查看

前端的实时监控和分析视频，前端也可增加更多路视频。

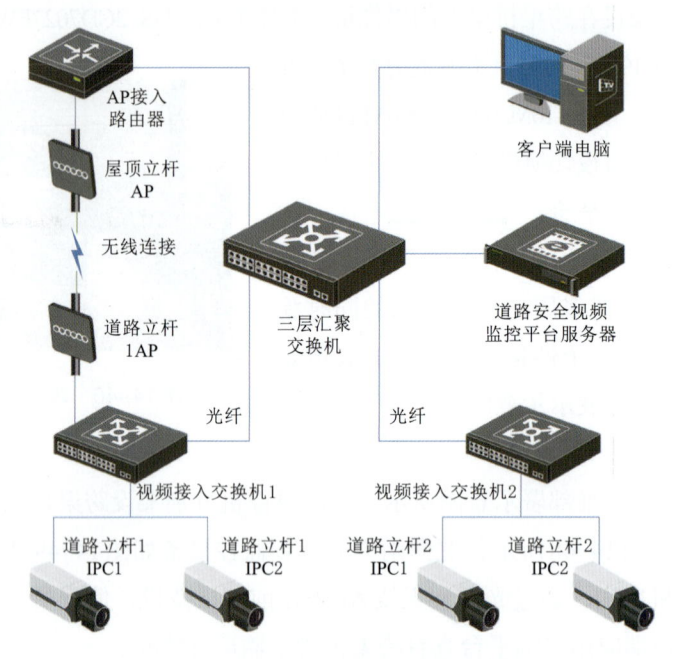

图14-50　系统网络设备部署示意图

前端摄像机的部署，如图14-51所示前端设备网络部署图，前端摄像机通过光纤连接一个三级交换机与服务器进行通信。为了测试无线传输，在一个方向的摄像机上添加无线AP，可以通过无线的方式传输前端视频。

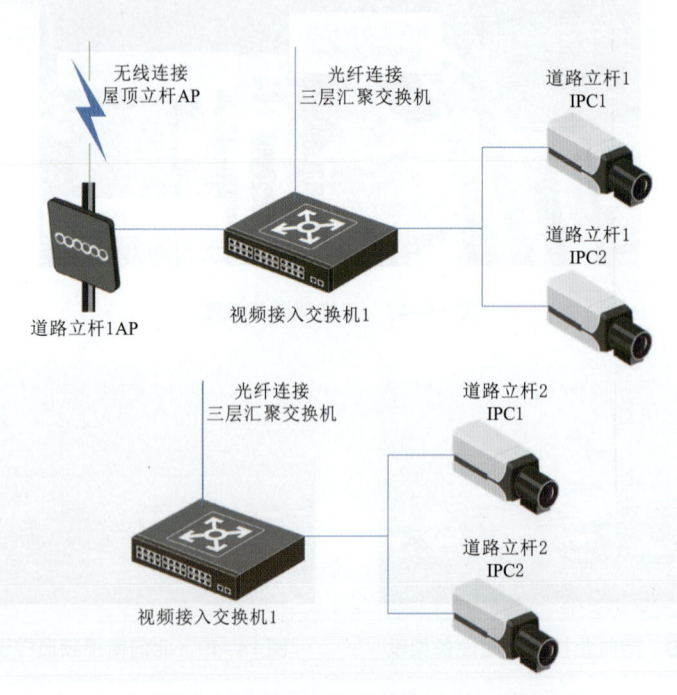

图14-51　系统前端设备网络部署示意图

为可检测双方向的车辆，摄像机分别架设在桥的东南角和西北角（如图14-52所示），两台设计相机对准车辆行驶的方向作为尾视，检测车流量和判断车辆行驶事件；另外两台垂直于车行驶方向作为侧视，用来判断是否是危化品车。

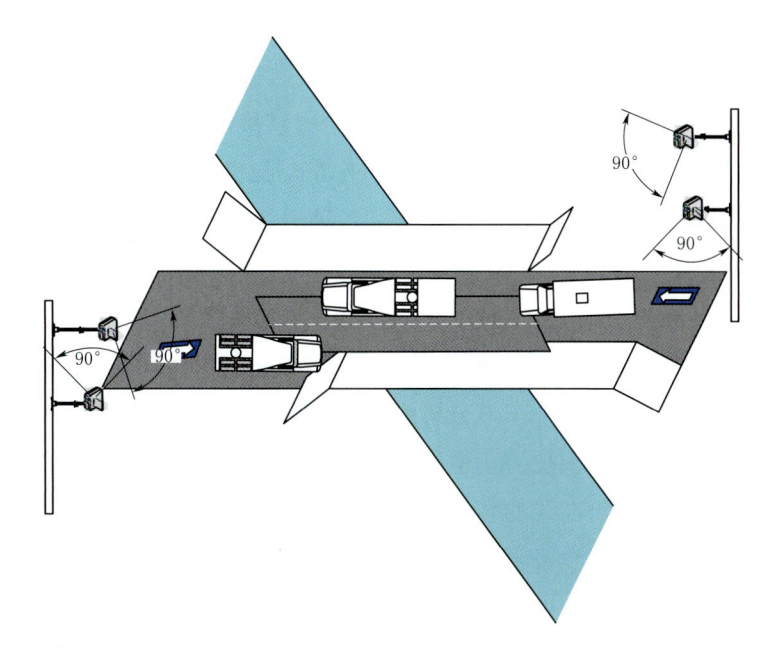

图14-52 系统前端设备网络部署示意图

14.3.5.1.3 软件架构

软件整体架构如图14-53所示，为了实现软件的高内聚低耦合从而实现开发功能模块的独立性，采用三层架构。从下往上分别为基础层、业务层、表示层。

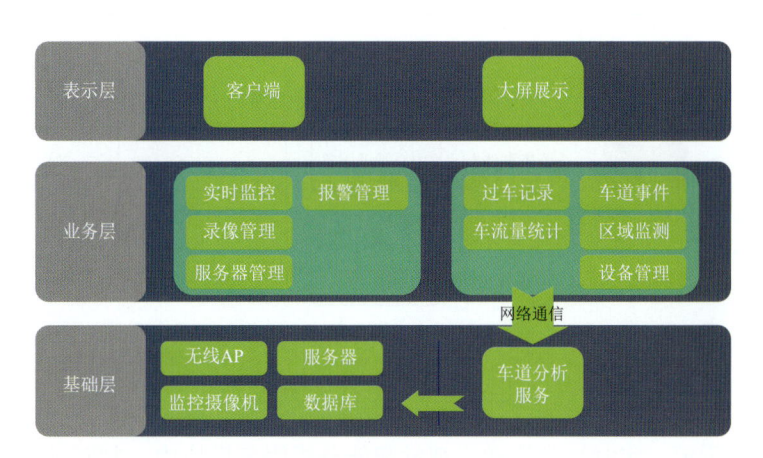

图14-53 软件架构示意图

（1）基础层。实现各种前端设备的接入，通过设备SDK、网络协议等方式，可实现对设备进行数据读取与控制；通过自由协议模块可以实现与第三方系统，或已建系统的直接对接。通过数据接入层，对操作系统、数据库、安全加密进行封装，屏蔽差异，实现上层应用的平台无关性，充分提高开发效率和系统兼容性。并且提供业务层相应的业务逻辑功能。包括交互控制、消息管理、存储管理、数据库管理。

（2）业务层。提供数据分析、中心调度、告警、智能分析、流媒体转发、网络管理、设备管理、报表生成等通用服务，具备负载均衡、双机热备等功能。在这一层，完成了平台主要功能的业务实现，包括信令协议的控制以及数据流的控制与传输。

（3）应用层。实现用户功能的直接展现，平台提供稳定可靠的C/S客户端，网络视频监控管理系统应用展示层和服务层之间通过Web Service接口实现调用，同时也可以通过该接口提供对外应用，可以在各种操作系统、各种语言之间进行交互，实现与其他业务应用系统的集成。

14.3.5.1.4 软件流程

如图14-54所示，设备管理服务模块对前端摄像机采集的视频流进行分发，分别进行存储服务和车道分析服务。其中车道分析服务，对视频中通过车辆进行分析，将处理结果视频回传给设备管理服务模块，车道事件存入数据库并转发给中心管理服务模块，中心管理服务模块下发给当前在线的客户端，客户端可以查看回传的分析视频和查找事件数据。客户端也可以直接向设备管理服务器请求实时数据，或者向中心管理服务器请求车道事件历史数据，或者通过中心管理服务器对系统进行控制设置。

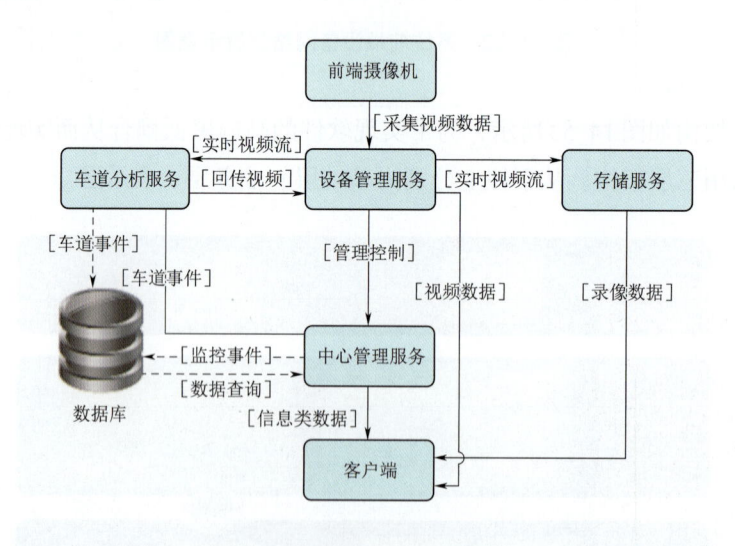

图14-54 软件流程图

如图14-55所示，实时视频流送入视觉智能分析服务模块中，判断是否有车辆，如果没有继续等待下一帧的内容。如果存在则分析车辆的类型；如果是危化品车则进行告警，然后对车辆进行跟踪并判断是否有异常（停留、闯入、翻车等）。如果发生异常情况进行告警，如果没有，此车的分析结束。

软件界面，软件整体色调采用航天蓝；布局采用左右划分，左侧为展示区，右侧为功能区；界面深度采用三级框架如图14-56所示，引导用户可以更加快速的定位到所需功能操作，使得界面更加的友好。

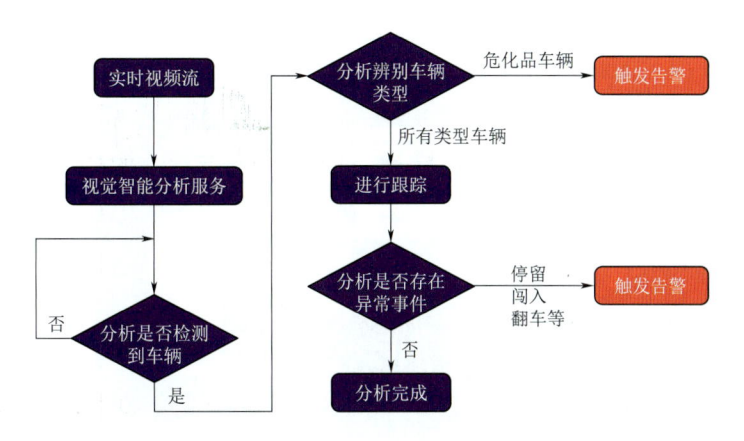

图14-55　车道分析流程图

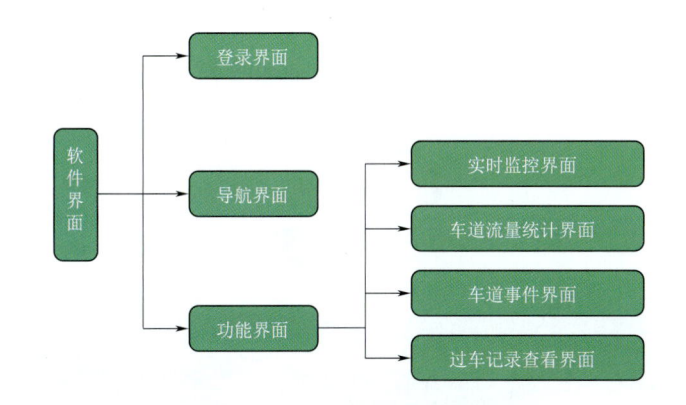

图14-56　软甲界面框架图

登录界面如图14-57所示，需要填写服务器IP，用户名和密码进行登录。

图14-57　登录界面

主界面用于功能导航如图14-58所示，用户可以直接跳转到其他功能界面，如实时监控、录像管理、车道流量统计、车道事件、过车记。

图14-58　主界面

单击导航页面图标，可以跳转到实时监控界面如图14-59所示。

图14-59　实时监控界面

实时监控，显示当前实时视频和车道分析的回传视频，方便用户准确地定位到车辆的位置。下侧为车辆实时分析，每一辆经过的车都作为一条记录展现给操作人员。

单击导航页面图标，可以跳转到车道流量统计界面如图14-60所示。

图14-60　车道流量统计界面

车道流量统计。根据不同的条件，如报表类型、开始时间、目标类型、事件名称、通道号的不同组合进行查询并统计出图，以时间为横坐标以车辆为纵坐标的柱状图，以目标类型划分的目标饼状图，和以事件类型划分的事件饼状图。单击导航页面图标，可以跳转到车道事件界面如图14-61所示，记录每个通道的过车事件情况，按照发生的先后顺序显示对车辆抓拍的图片。

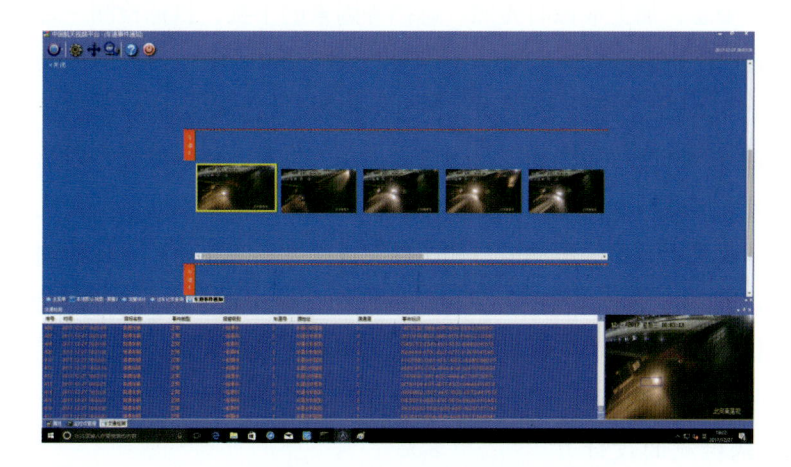

图14-61　车道事件界面

单击导航页面图标，可以跳转到过车记录查看界面如图14-62所示。

图14-62　360过车记录查看界面

过车记录。用户可以通过开始时间、结束时间、目标类型、事件名称、通道号的不同组合进行条件查询过车记录。

14.3.5.2　关键技术

1. 基于深度学习的目标检测算法

道路车辆分析就是对道路车辆进行检测，识别以及车辆行为分析的过程。当车辆进入监控视野后，其将成为当前的感兴趣车辆，为确保其在监控视野的有序行驶，首先需要对其进行检测即确定车辆的位置，并进行有效的跟踪。通过对车辆的跟踪过程分析车辆在桥上的行驶轨迹，进而确定车辆是否出现越界和停留等异常现象。进而将结果反馈给检测平台，由平台进行声光报警。在对车检测和跟踪的同时，实现对车辆的类别的检测。在本项目中，关于危化品车辆的检测尤为重要。目标检测的任务是找出图像中所有感兴趣的目标（物体），确定它们的位置和大小，是机器视觉领域的核心问题之一。由于各类物体有不同的外观、形状、姿态，加上成像时光照、遮挡等因素的干扰，目标检测一直是机器视觉领域最具有挑战性的问题。在计算机视觉中，对图像的分类、定位、检测以及分割是主要解决的4大问题。深度学习起源于解决图像的分类问题。然而在目标检测中，其要解决的核心问题除了图像分类外，还需要确定目标可能出现的位置。目标的大小以及目标可能会出现形状上的变化。因此，如果用矩形框来定义目标，则矩形有不同的宽高比。由于目标的宽高比不同，因此采用经典的滑动窗口和图像缩放的方案解决通用目标检测问题的成本太高。因此利用深度学习技术的将图像目标候选框即（region proposal）作为回归问题处理，同时将目标物体识别作为分类问题看待，从而实现对图像的端到端式的训练和应用，进而实现对图像上制定目标的检测和识别。在本项目中采用的是SSD网络进行训练。

2. SSD车辆检测的设计

与常见的CNN网络不同，SSD网络并没有采用全连接层，而是设计了一种新的辅助结构，由此得到了具有以下两种特征的检测器：多尺度特征图检测器：在基础网络的末尾依次添加若干卷积特征层，这些层的尺寸逐渐减小，形成了一个类似于金字塔结构，增强了网络对车辆大小的鲁棒性。而且，每个特征层上检测得到的卷积模型各不相同。检测的卷积预测器：网络中添加了一组卷积滤波器用于新增加的特征层，这样就可以得到固定的预测集合。对于具有c个通道、大小为m×n的特征层，可以利用大小为$3\times3\times c$的卷积核，得到类别的分数或者相对于默认框的坐标偏移。在特征图中，通过大小为m×n的卷积核作用，在相应位置得到一个输出结果。通过基础网络提取得到的特征对其预判，并在后续网络中逐级判断窗口中的目标，最终确定目标的真实坐标信息与所属类别。因此，可以得到如图14-63所示的一个可识别视频中车辆的分类器。

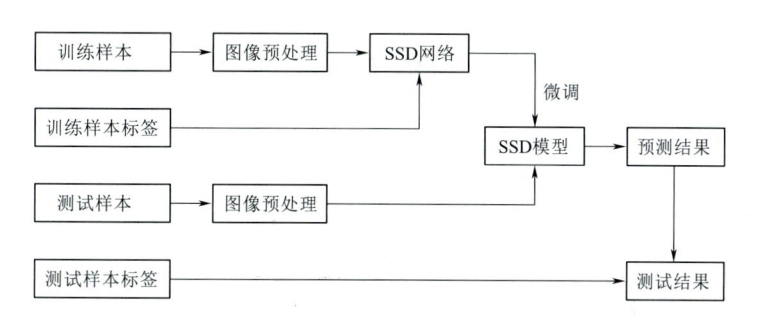

图14-63　训练及测试SSD网络流程图

如图14-64所示，显示了使用SSD网络训练以及测试的流程图。首先将车辆训练样本和测试样本做预处理，随后将训练样本和标签文件输入SSD网络中，在原有的数据模型基础上做参数的微调改进，得到对本类数据集有较好效果的SSD网络模型如图14-64所示，然后用相同的预处理方式，使测试数据与训练数据的输入样式保持统一，用微调后的SSD网络模型对测试数据进行预测，并与对应的测试样本的标签作比对，从而得到了最后的检测结果。

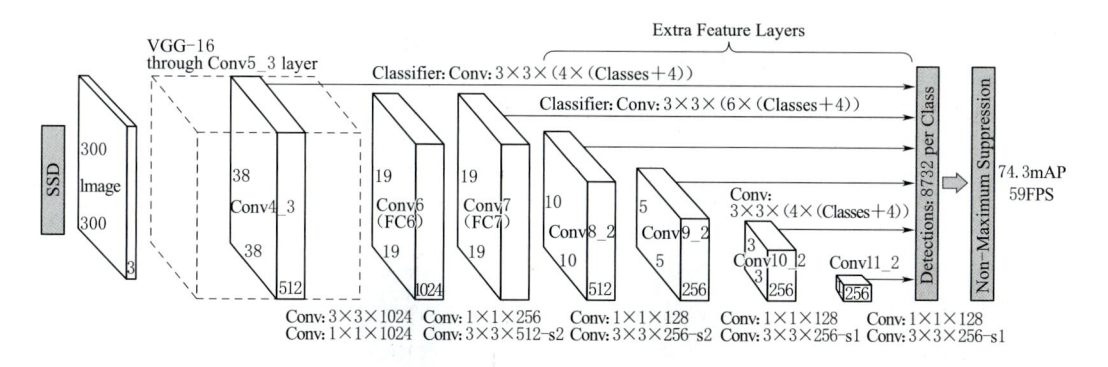

图14-64　SSD网络结构示意图

3. SSD算法的改进

在原始SSD网络中，为了检测不同种类的目标，在提取的特征图上设定了不同尺寸大小的预定框，接着在特征图中筛选对应的窗口进行调整，得到最后的检测边界框。然而，设计目标是检测危化品车辆，需要检测的目标相对单一，过多复杂的预定框只会加大了网络的计算量。因此，将图像按照网络输入大小重新调整后，根据对危化品的车辆尺寸进行大量统计后，重新设定了预定框的大小。

14.3.5.3 研究结果

1. 实现情况统计

根据2018年3月28日00:00:00至2018年4月1日23:59:59实际情况，见表14-9。

表14-9　　　　　　　　　　　SSD车辆检测结果

状态	危货车正确检测	虚警数	漏检数	正确检测率	普通车辆总数	非机动车总数	禁区虚警数
白天侧面	77	10	0	99%	—	—	—
夜间侧面	41	90	2	95%	—	—	—
白天尾部	—	—	—	97%	38753	8090	1000
夜间尾部	—	—	—	—	13519	—	—

2. 车流统计图

如图14-65～图14-69所示车流统计所示，从2018年3月28日至2018年4月1日时间内每天的统计图。

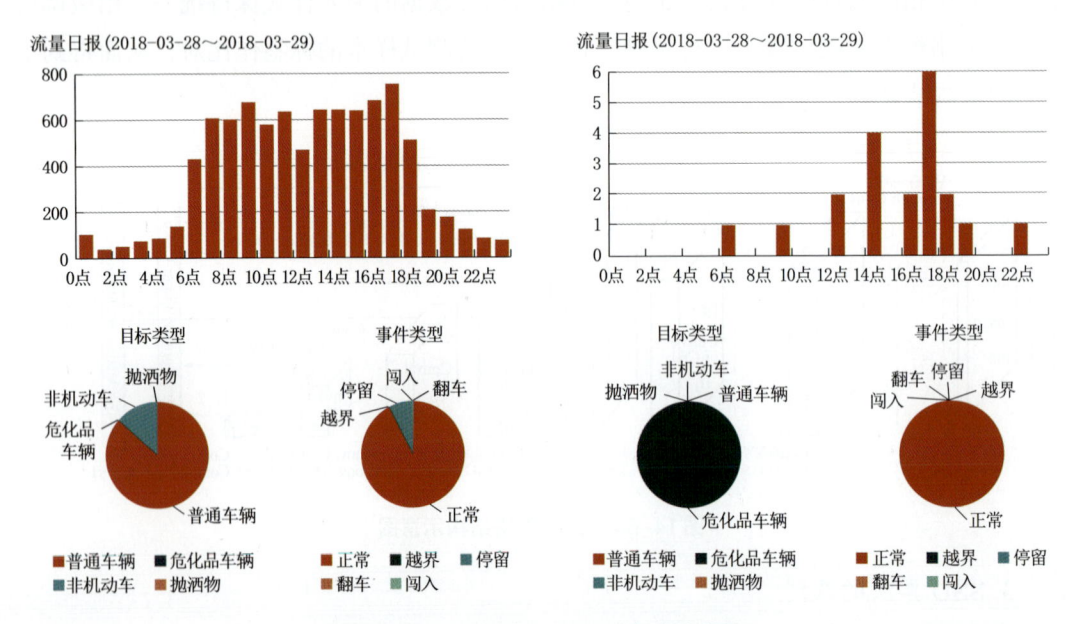

图14-65　2018年3月28日车流统计图

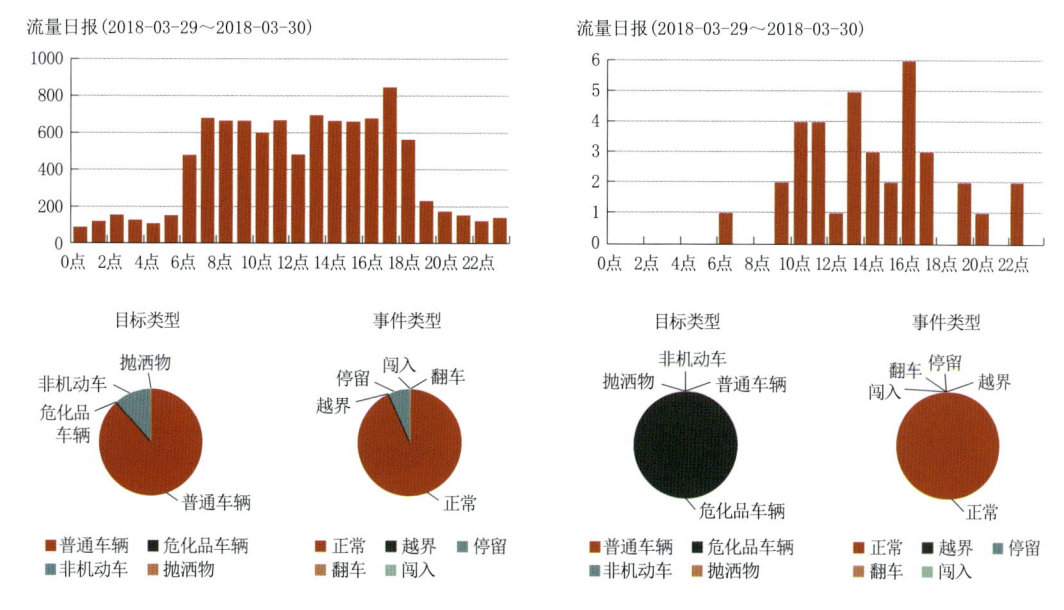

图 14-66　2018 年 3 月 29 日车流统计图

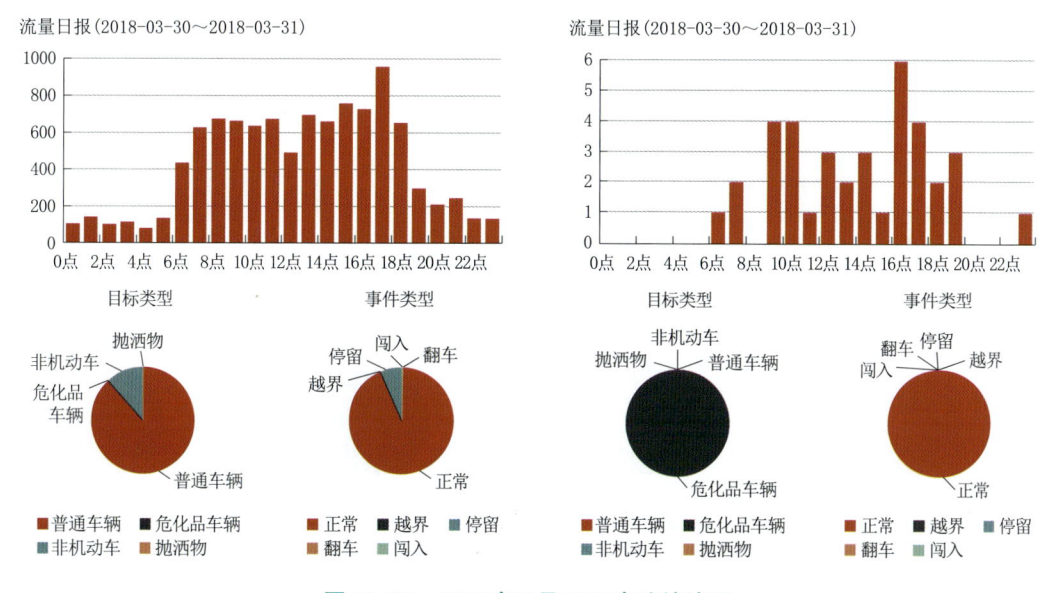

图 14-67　2018 年 3 月 30 日车流统计图

左侧统计图为所有车流量统计图。上侧柱状图为各个时间段车流量统计，左侧饼状图为以目标类型划分，类型分为普通车辆、危化品车、非机动车和抛洒物，右侧饼状图以事件类型划分，类型分为正常、越界、停留、翻车和闯入。

右侧统计图为危化品车辆统计图。上侧柱状图为各个时间段危化品车流量统计，左侧饼状图只显示危化品车辆，右侧饼状图以事件类型划分，类型分为正常、越界、停留、翻车和闯入。

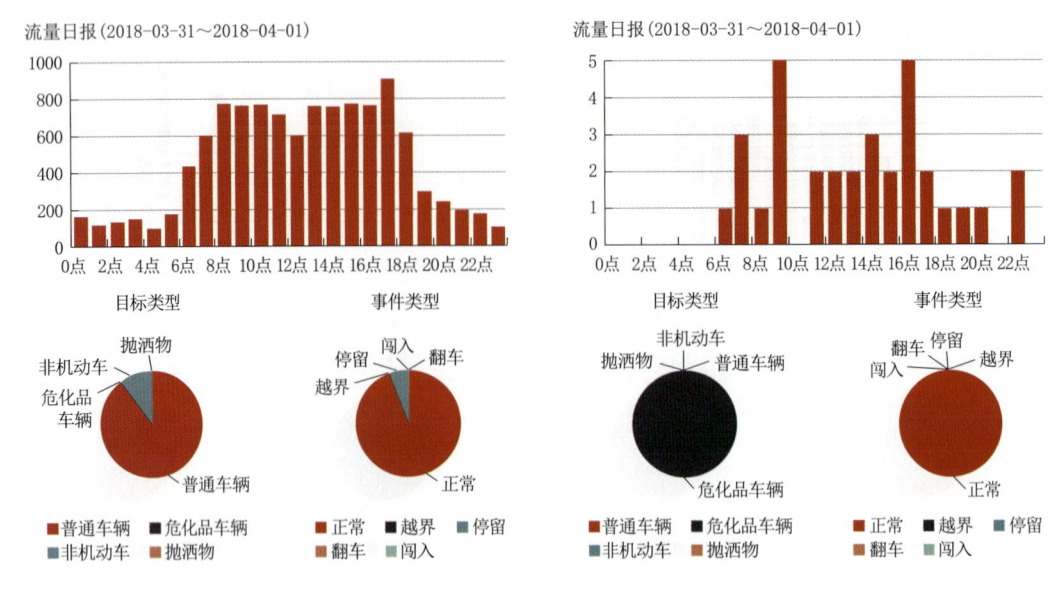

图 14-68　2018 年 3 月 31 日车流统计图

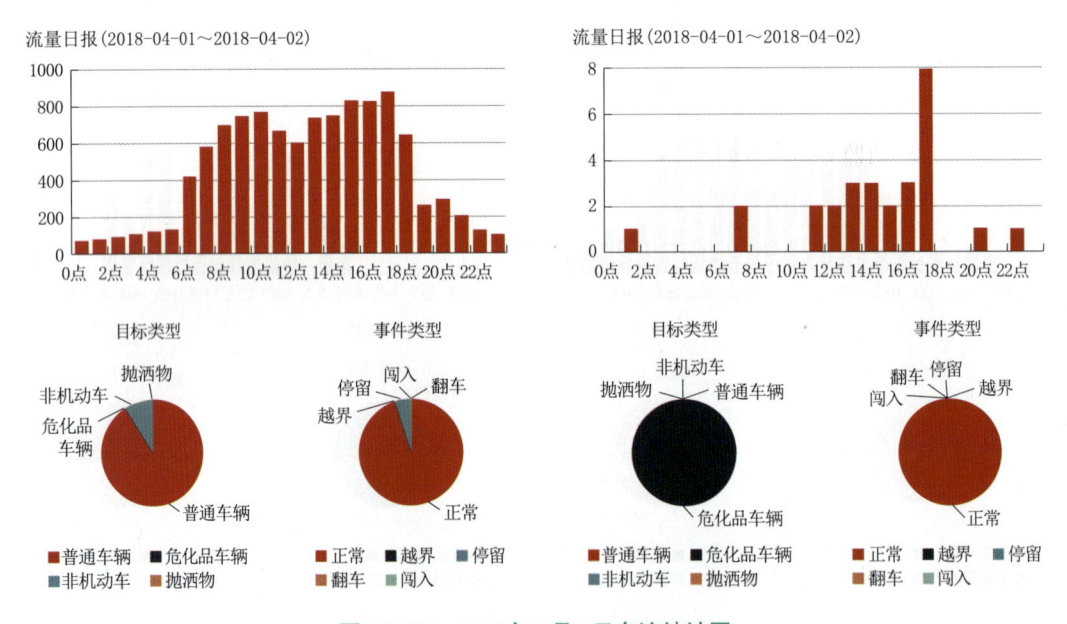

图 14-69　2018 年 4 月 1 日车流统计图

左侧车流量统计图。从柱状图可以看出，车辆及中在06:00—18:00；左侧饼状图中不难看出主要车辆类型为一般车辆和非机动车；右侧饼状图中可以看出一般都是正常行驶。

右侧危化品车辆统计图。从柱状图中可以看出，危化品车主要集中在下午四点左右；右侧饼状图中统计出危化品车行驶状态全部正常。

14.4 本章小结

（1）中线水质监测网络优化完善技术，通过对中线总干渠目前的水质监测站网的能力现状进行调查对已有监测断面进行优化布设，优化并合并中线现有30个常规监测断面，新增8个藻类监测断面；新增水文3项、水生生物5项以及特定污染物等水质监测参数，新增地下水常规指标20项及微生物指标2项；提升监测技术，整合常规监测、台站在线监测、智能移动监测、高清视频监测、多源生物预警（鱼类、溞类、发光菌、藻类等4项生物）等手段和技术，结合人工巡查、视频监控，完善了中线日常、应急状态的水质监控网络体系，形成了一套适合中线水质安全的监测网络方案，全方位保障中线干渠输水水质安全，并已经在中线开展示范应用。

（2）中线着生藻类在线监测技术，针对中线着生藻类采集基质法难以使用，挂板法、聚酯薄膜法时间长、效率低等问题，研发了适用于中线总干渠平滑基质上着生藻类的原位快速采集设备，显著提高了采样效率，并减小了因生长基质及生长时间差异造成的实验误差。

针对当前中线总干渠着生藻类监测特殊需求，采用计算机视觉的方法，利用垂向与横向高清摄像结合图像提取与自动识别技术，拍摄并回传着生藻生长情况实时图像，建立着生藻类自动监测与识别模型，来计算藻类的生长信息，实现长距离输水渠道着生藻类在线监测。该监测系统共采集使用水上和水下两个摄像头的数据，水下摄像头并配合标尺的使用，用来测定藻类的实时生长高度；水上摄像头来监视着生藻生长的概览信息，采用光谱分析的方法，来确定藻类的生长面积及水岸线。本系统采用计算机视觉的方法来监测着生藻生长情况，创造性的通过测量着生藻类的生长高度（厚度）、覆盖度、生物量、生长速度等指标来描述着生藻类的生长变化规律，首次实现了长距离输水渠道着生藻类的原位在线监测，填补了国内外着生藻类在线监测技术的空白。与传统的使用密度与生物量指标描述着生藻类的生长变化情况相比，该监测系统相关监测指标能更全面地反映着长距离输水渠道生藻类的生长变化规律。该设备在沙河渡槽附近进行了示范应用，技术成果已经申请发明专利。

（3）中线总干渠浮游藻类在线监测技术，针对当前中线总干渠浮游藻类监测需求，采用深度神经网络的特征检测方法和专家知识辅助建立的人工特征检测方法，以代表性藻种为基础（针杆藻、脆杆藻等主要优势种30属种），利用卷积神经网络模型及模型参数初始化算法，构建藻类识别模型进行藻类智能识别，不断优化藻类识别算法，针对性学习中线总干渠藻类特点，提高仪器自学习能力，不断优化浮游藻类图形库，并集成自动进样技术，形成中线总干渠浮游藻类自动进样、聚焦、拍摄、筛选、识别等技术一体化的浮游藻类在线监测技术。该套系统首次实现了浮游藻类的全过程自动化监测，现已经训练中线浮游藻类40属种，与人工监测结果比较，监测精度达70%及以上，技术成果已经申请发明专利，并已在国内（中线总干渠等）、国外（新加坡）开展示范应用，下一步将在长江流域水生态监测中进行推广，这为我国水生态考核机制的建立提供了关键技术支撑。

（4）中线动态风险源自动识别与监控技术，针对总干渠动态风险防控和反恐要求，基于机器视觉算法研发了跨渠桥梁污染风险源自动识别技术与监控设备一套，即通过建立基于机器视觉的危化品车辆流量、类别监控识别与统计分析系统，辨识危化品运输车辆，实现危化品车辆出入桥梁的信息登记和流量统计，对危化品车辆偏离车道、停车、翻车、冲入渠道等异常事件能第一时间进行信息报告与自动预警，对桥上人员往渠道内抛物等动作进行跟踪识别并记录和预警，并已经在中线总干渠涞涿管理处东水峪公里桥开展示范应用3年，预警准确率达90%以上，确保中线输水水质安全。

第 15 章
跨区域多部门水质信息共享与反馈机制

15.1 供—用—退水相互衔接的水质标准

目前，南水北调中线输水水质的监测主要依据 GB 3838—2002《地表水环境质量标准》，而沿线水厂的水质监测检验则主要依据 CJ/T 206—2005《城市供水水质标准》和 GB 5749—2006《生活饮用水卫生标准》，水源供给部门与水厂用水之间的水质监测指标和评价标准存在不衔接的突出问题，供水和用水双方的水质信息无法充分共享，导致水源部门对沿线水厂水质耐受性以及安全保障优先级信息掌握不足，降低了事故或风险状态下应对的针对性和有效性，同时水厂用水部门也无法及时掌握中线工程的水质及预警信息，无法对水质变化、水污染事件提前启动应对措施，增加了处置成本，降低了城市生活供水安全保障效率。

我国已颁布的与地表水饮用水水源水质有关的标准有 4 个，包括 GB 3838—2002《地表水环境质量标准》和 GB 5749—2006《生活饮用水卫生标准》2 部国家标准，CJ/T 206—2005《城市供水水质标准》和 CJ 3020—93《生活饮用水水源水质标准》2 部行业标准。其中，CJ 3020—93《生活饮用水水源水质标准》是唯一一部专门针对饮用水水源的水质标准，但是由于制定年代太久，早已满足不了新的饮用水水质标准的要求，在实际的水质监测和管理中很少被采用。

目前，国际上最具权威性和代表性的饮用水水质标准包括世界卫生组织（WHO）颁布的《饮用水水质准则》、美国（USEPA）颁布的《美国饮用水水质标准》和欧盟（EC）实行的《饮用水水质指令》，其他国家或地区的饮用水水质标准通常以这 3 部标准为重要参考。WHO《饮用水水质准则》推荐的标准值不同于国家正式颁布的标准值，不具有立法约束力，不是限制性标准，但是该标准从保护人类健康出发，涵盖的项目基本体现了当前世界饮用水水质标准关注的重点及发展的趋势。USEPA《美国饮用水水质标准》是在《安全饮用水法》的体系下制订、完善和执行的国家标准，具有立法约束力，该标准不仅涵盖了大量有机物指标，还强调了微生物对人体健康的危害风险。EC《饮用水水质指令》的特点是指标项目少，但是限值严格，将污染物分为强制性和非强制性两类，欧盟各国可根据本国情况增加指标数。我国水质标准总体上处于世界先进水平，许多限值都直接参考了发达国家或组织的水质基准或标准限值，其中有49种污染物的标准限值与美国及世界卫生组织的水质推荐值相同，对于邻苯二甲酸二丁酯等国际上十分关注的10种优先控制污染物，我国给定的水质标准限值更为严格。

与国外标准相比，我国水质标准也存在有些项目标准值过严、部分指标限值不合理、不同标准标龄过长和标准体系之间的衔接性不足等问题。针对这些问题，国内学者开展了大量的研究工作，在加强微生物、消毒剂及其副产物、环境类抗生素等指标限值制定，开展水质基准研究，及时修订水质标准并加强标准体系之间的衔接等方面提出了相关建议。目前，水质标准对比方面的研究多集中于GB 3838—2002《地表水环境质量标准》和GB 5749—2006《生活饮用水卫生标准》，对于CJ/T 206—2005《城市供水水质标准》的关注相对较少。此外，对于水质标准与特殊水源地的适用性、地表水原水水质与水厂制水工艺的匹配性、富营养化指标限值等研究相对不足。

南水北调中线工程是一个巨型自流人工明渠接泵提暗管暗涵系统，也是一个超远距离的以渠道为主的饮用水水源地。国内外尚无专门针对渠道型水源地的水质标准，通过对比分析现行饮用水标准中水质指标的协调性，结合南水北调中线输水水质现状，提出适用于南水北调中线工程的输水水质标准，可为供水、用水部门的信息共享和水质高效管理提供技术支持。

15.1.1 水质标准对比

鉴于CJ 3020—93《生活饮用水水源水质标准》所含指标偏少（34项）、标准制定年代久远指标限制已不适应饮用水源保护新要求、实际应用较少等特点，本研究重点以GB 3838—2002《地表水环境质量标准》为基础，对比该标准与GB 5749—2006《生活饮用水卫生标准》和CJ/T 206—2005《城市供水水质标准》的异同。

GB 3838—2002《地表水环境质量标准》，包括基本监测项目24项，集中式生活饮用水地表水源补充项目5项，集中式生活饮用水地表水源特定项目80项，总计109项。GB 5749—2006《生活饮用水卫生标准》包括常规监测项目38项，消毒剂常规指标4项，非常规指标64项，总计106项；CJ/T 206—2005《城市供水水质标准》包括常规项目42项，非常规项目51项，共计93项。

15.1.1.1 共有指标对比

通过对比，GB 3838—2002《地表水环境质量标准》与GB 5749—2006《生活饮用水卫生标准》共有指标68项，与CJ/T 206—2005《城市供水水质标准》共有指标63项。属于3部标准共有的指标共计63项，其中浓度限值相同的指标有37项。

GB 3838—2002《地表水环境质量标准》宽于GB 5749—2006《生活饮用水卫生标准》或CJ/T 206—2005《城市供水水质标准》的指标共有22项，包括铅、挥发酚、氨氮、氰化物、砷、硫化物、粪大肠菌群、高锰酸盐指数（耗氧量）、pH值、环氧氯丙烷、六氯苯、敌敌畏、莠去津（阿特拉津）、镉、1,1-二氯乙烯、1,2-二氯乙烷、1,4-二氯苯、二氯甲烷、果乐、三氯乙烯、四氯乙烯、2,4,6-三氯酚（表15-1）。

表15-1　GB 3838—2002限值宽于GB 5749—2006或CJ/T 206—2005的指标　单位：mg/L

序号	指标	GB 3838—2002	GB 5749—2006	CJ/T 206—2005	备注
1	铅	0.05（Ⅲ类）	0.01	0.01	饮用水和城市供水标准相当于地表水Ⅰ类限值
2	挥发酚	0.005（Ⅲ类）	0.002	0.002	
3	氨氮	1（Ⅲ类）	0.5	0.5	
4	氰化物	0.2（Ⅲ类）	0.05	0.05	饮用水和城市供水标准相当于地表水Ⅱ类限值
5	砷	0.05（Ⅲ类）	0.01	0.01	饮用水和城市供水标准值小于地表水Ⅰ类限值
6	硫化物	0.2（Ⅲ类）	0.02	0.02	
7	粪大肠菌群	10000（Ⅲ类）	不得检出	不得检出	
8	高锰酸盐指数（耗氧量）	6（Ⅲ类）	3	3	饮用水和城市供水标准值小于地表水Ⅱ类限值
9	pH值（无量纲）	6~9	6.5-8.5	6.5-8.5	
10	环氧氯丙烷	0.02	0.0004	0.0004	饮用水和城市供水标准值小于地表水标准限值
11	六氯苯	0.05	0.001	0.001	
12	敌敌畏	0.05	0.001	0.001	
13	莠去津（阿特拉津）	0.003	0.002	0.002	
14	镉	0.005	0.005	0.003	
15	1,1-二氯乙烯	0.03	0.03	0.007	
16	1,2-二氯乙烷	0.03	0.03	0.005	
17	1,4-二氯苯	0.3	0.3	0.075	地表水标准与饮用水标准相同，且高于城市供水标准值
18	二氯甲烷	0.02	0.02	0.005	
19	果乐	0.08	0.08	0.02	
20	三氯乙烯	0.07	0.07	0.005	
21	四氯乙烯	0.04	0.04	0.005	
22	2,4,6-三氯酚	0.2	0.2	0.01	

GB 3838—2002《地表水环境质量标准》严于 GB 5749—2006《生活饮用水卫生标准》或 CJ/T 206—2005《城市供水水质标准》的指标共有 5 项，包括阴离子合成洗涤剂、汞、苯并芘、甲基对硫磷、马拉硫磷（表 15-2）。

表 15-2　GB 3838—2002 限值严于 GB 5749—2006 或 CJ/T 206—2005 的指标　单位：mg/L

序号	指标	GB 3838—2002	GB 5749—2006	CJ/T 206—2005	备注
1	阴离子合成洗涤剂	0.2（Ⅲ类）	0.3	0.3	
2	汞	0.0001（Ⅲ类）	0.001	0.001	
3	苯并芘	2.8×10^{-6}	0.00001	0.00001	
4	甲基对硫磷	0.002	0.02	0.01	
5	马拉硫磷	0.05	0.25		

GB 3838—2002《地表水环境质量标准》、GB 5749—2006《生活饮用水卫生标准》和 CJ/T 206—2005《城市供水水质标准》中浓度限值相同的指标共有 37 项。此外，GB 3838—2002《地表水环境质量标准》还有 4 项浓度限值与 GB 5749—2006《生活饮用水卫生标准》相同，但 CJ/T 206—2005《城市供水水质标准》未涉及的指标（表 15-3）。

表 15-3　GB 3838—2002 限值与 GB 5749—2006 和 CJ/T 206—2005 相同的指标　单位：mg/L

序号	指标	GB 3838—2002	GB 5749—2006	CJ/T 206—2005	序号	指标	GB 3838—2002	GB 5749—2006	CJ/T 206—2005
1	铜	1（Ⅲ类）	1	1	14	二甲苯	0.5	0.5	0.5
2	锌	1（Ⅲ类）	1	1	15	甲苯	0.7	0.7	0.7
3	氟化物	1（Ⅲ类）	1	1	16	甲醛	0.9	0.9	0.9
4	硒	0.01（Ⅲ类）	0.01	0.01	17	邻苯二甲酸二酯	0.008	0.008	0.008
5	六价铬	0.05（Ⅲ类）	0.05	0.05	18	林丹	0.002	0.002	0.002
6	1,2-二氯苯	1	1	1	19	氯苯	0.3	0.3	0.3
7	1,2-二氯乙烯	0.05	0.05	0.05	20	钼	0.07	0.07	0.07
8	钡	0.7	0.7	0.7	21	镍	0.02	0.02	0.02
9	苯	0.01	0.01	0.01	22	硼	0.5	0.5	0.5
10	苯乙烯	0.02	0.02	0.02	23	铍	0.002	0.002	0.002
11	丙烯酰胺	0.0005	0.0005	0.0005	24	三氯苯	0.02	0.02	0.02
12	滴滴涕	0.001	0.001	0.001	25	三氯甲烷	0.06	0.06	0.06
13	对硫磷	0.003	0.003	0.003	26	铊	0.0001	0.0001	0.0001

续表

序号	指标	GB3838-2002	GB5749-2006	CJ/T 206-2005	序号	指标	GB3838-2002	GB5749-2006	CJ/T 206-2005
27	锑	0.005	0.005	0.005	35	锰	0.1	0.1	0.1
28	微囊藻毒素	0.001	0.001	0.001	36	溴氰菊酯	0.02	0.02	0.02
29	五氯酚	0.009	0.009	0.009	37	乙苯	0.3	0.3	0.3
30	氯乙烯	0.005	0.005	0.005	38	百菌清	0.01	0.01	
31	硫酸盐	250	250	250	39	六氯丁二烯	0.0006	0.0006	
32	氯化物	250	250	250	40	三氯乙醛	0.01	0.01	
33	硝酸盐	10	10	10（特殊情况≤20）	41	三溴甲烷	0.1	0.1	
34	铁	0.3	0.3	0.3					

总体来看，三部标准中除了阴离子合成洗涤剂、汞、苯并芘、甲基对硫磷4项指标外，GB 5749—2006《生活饮用水卫生标准》和CJ/T 206—2005《城市供水水质标准》更为严格，其规定的大部分指标浓度达到或优于地表水Ⅱ类。目前，南水北调中线水质管理目标为地表水Ⅲ类，与GB 5749—2006《生活饮用水卫生标准》和CJ/T 206—2005《城市供水水质标准》还存在部分差距。南水北调中线工程通水后，总干渠的实际水质监测结果表明，除高锰酸盐指数等个别指标外，其余指标全部满足地表水Ⅰ类标准，这为南水北调水质标准与GB 5749—2006《生活饮用水卫生标准》和CJ/T 206—2005《城市供水水质标准》的衔接提供了可行性。

15.1.1.2 非共有指标对比

除了上述共有指标外，GB 3838—2002《地表水环境质量标准》中还规定了水温、溶解氧、化学需氧量、五日生化需氧量、总磷、总氮和石油类7项常规项目，以及34项集中式生活饮用水地表水特定项目。GB 5749—2006《生活饮用水卫生标准》和CJ/T 206—2005《城市供水水质标准》还规定了38项和30项其他指标，其中耐热大肠菌群、氯气及游离氯制剂（余氯）、色度、嗅和味、浑浊度、肉眼可见物、铝、总硬度、溶解性总固体、四氯化碳、亚氯酸盐、溴酸盐、总α放射性、总β放射性、贾第鞭毛虫、隐孢子虫、钠、银、2,4-滴、细菌总数、总、1,1,1-三氯乙烷、三卤甲烷等22项指标是GB 5749—2006《生活饮用水卫生标准》和CJ/T 206—2005《城市供水水质标准》中共有、但是GB 3838—2002《地表水环境质量标准》中没有的指标（表15-4）。

表 15-4　GB 3838—2002 限值与 GB 5749—2006 和 CJ/T 206—2005 非共有的指标　单位：mg/L

水质标准	与 GB 3838—2002 非共有指标
GB 3838—2002（41项）	水温、溶解氧、化学需氧量、五日生化需氧量、总磷、总氮、石油类、2,4,6-三硝基甲苯、2,4-二氯苯酚、2,4-二硝基甲苯、2,4-二硝基氯苯、苯胺、吡啶、丙烯腈、丙烯醛、敌百虫、丁基黄原酸、多氯联苯、二硝基苯、钒、钴、环氧七氯、黄磷、活性氯、甲基汞、甲萘威、苦味酸、联苯胺、邻苯二甲酸二丁酯、氯丁二烯、内吸磷、水合肼、四氯苯、四氯甲烷、四乙基铅、松节油、钛、硝基苯、硝基氯苯、乙醛、异丙苯
GB 5749—2006（38项）	耐热大肠菌群、氯气及游离氯制剂、色度、臭和味、浑浊度（NTU）、肉眼可见物、铝、总硬度、溶解性总固体、四氯化碳、亚氯酸盐、溴酸盐、总 β 放射性（Bq/L）、贾第鞭毛虫（个/10L）、隐孢子虫（个/10L）、钠、银、2,4-滴、菌落总数（CFU/mL）、总 α 放射性（Bq/L）、1,1,1-三氯乙烷、三卤甲烷、大肠埃希菌群、氯酸盐、臭氧、二氧化氯、一氯胺、三氯乙酸、草甘膦、毒死蜱、二氯一溴甲烷、二氯乙酸、呋喃丹、六六六、氯化氰、灭草松、七氯、一氯二溴甲烷
CJ/T 206—2005（30项）	耐热大肠菌群、氯气及游离氯制剂、色度、臭和味、浑浊度（NTU）、肉眼可见物、铝、总硬度、溶解性总固体、四氯化碳、亚氯酸盐、溴酸盐、总 β 放射性（Bq/L）、贾第鞭毛虫（个/10L）、隐孢子虫（个/10L）、钠、银、2,4-滴、菌落总数（CFU/mL）、总 α 放射性（Bq/L）、1,1,1-三氯乙烷、三卤甲烷、多环芳烃（总量）、卤乙酸（总量）、二氧化氯（使用二氧化氯消毒剂时测定）、粪型链球菌群、氯酚（总量）、TOC、甲胺磷、1,1,2-三氯乙烷

15.1.2　中线水质多标准评价

在 GB 3838—2002《地表水环境质量标准》与 GB 5749—2006《生活饮用水卫生标准》和 CJ/T 206—2005《城市供水水质标准》共有的 63 项指标中，重点针对浓度限值标准不一致的指标，对中线 2015—2017 年各月典型指标实测数据进行分析，评价中线水质在不同评价标准中的总体水平。

南水北调中线总干渠水质监测指标包括水温、pH、溶解氧、高锰酸盐指数、化学需氧量、五日生化需氧量、氨氮、总磷、总氮、铜、锌、氟化物、硒、砷、汞、镉、六价铬、铅、氰化物、挥发酚、石油类、阴离子表明活性剂、硫化物、粪大肠菌群和硫酸盐共计 25 项。其中，pH、高锰酸盐指数（耗氧量）、氨氮、砷、铅、氰化物、挥发酚、硫化物、阴离子表面活性剂、粪大肠菌群 10 项指标在 GB 5749—2006《生活饮用水卫生标准》和 CJ/T 206—2005《城市供水水质标准》浓度限值相同，但是与 GB 3838—2002《地表水环境质量标准》不同，属于标准不一致的指标。南水北调中线 30 个水质监测断面中，在渠首（陶岔）、渠中（郑湾）、渠尾（惠南庄）各选取一个代表段面，对 2015—2017 年每月水质监测结果按照不同标准进行分析评价。评价结果显示，高锰酸盐指数（耗氧量）、氨氮、砷、铅、氰化物、挥发酚、硫化物、阴离子表面活性剂等 8 项指标均符合 GB 3838—2002《地表水环境质量标准》规定的 Ⅲ 类水标准和 GB 5749—2006《生活饮用水卫生标准》、CJ/T 206—2005《城市供水水质标准》规定的浓度限值。pH 虽然符合 GB 3838—2002《地表水环境质量标准》规定的 6~9 的范围，但是 pH 呈弱碱性，有些月份超过了 GB 5749—2006《生活饮用水卫生标准》和 CJ/T 206—2005《城市供水水质标准》规定的

6.5～8.5的范围。粪大肠菌群数量基本符合GB 3838—2002《地表水环境质量标准》规定的Ⅰ类水标准，但是在GB 5749—2006《生活饮用水卫生标准》和CJ/T 206—2005《城市供水水质标准》中规定粪大肠菌群不得检出，因此中线总干渠粪大肠菌群指标无法满足GB 5749—2006《生活饮用水卫生标准》和CJ/T 206—2005《城市供水水质标准》的要求。

然而，地表水与生活饮用水功能不同，总干渠主要为水厂提供合格的原水，GB 5749—2006《生活饮用水卫生标准》和CJ/T 206—2005《城市供水水质标准》重点针对的是水厂的出厂水质，若要求地表水原水中粪大肠杆菌不得检出显然过于严格，总干渠原水中pH偏高主要受丹江口水库水质背景影响。

15.1.3 基于多部门衔接的中线输水水质标准

15.1.3.1 标准拟定原则

以GB 3838—2002《地表水环境质量标准》为基础，遵循从严管理原则，适当调整部分指标浓度限值，使之与GB 5749—2006《生活饮用水卫生标准》和CJ/T 206—2005《城市供水水质标准》相衔接。重点调整氨氮、铅、氰化物、挥发酚、高锰酸盐指数、砷、硫化物等在GB 5749—2006《生活饮用水卫生标准》和CJ/T 206—2005《城市供水水质标准》中规定更为严格的指标。

对于pH、粪大肠菌群等易于在制水工艺中进行处理的指标，在综合考虑南水北调中线原水实际情况和水厂制水工艺基础上，确定其浓度标准。

对于3部标准中非共有指标，除总氮外，仍然采用GB 3838—2002《地表水环境质量标准》作为供水水质标准。

针对中线输水过程中的典型问题，适当增加监测和评价指标。例如，基于中线总干渠藻类增殖及冬春季节低温低浊等问题，对沿线水厂正常运行产生影响，建议增加叶绿素a和浑浊度等项目。

15.1.3.2 浓度限值调低的21项指标

将氨氮、铅、氰化物、挥发酚4项指标浓度限值由Ⅲ类调整为Ⅱ类。这4项指标在GB 3838—2002《地表水环境质量标准》中管理目标为Ⅲ类，但是GB 5749—2006《生活饮用水卫生标准》和CJ/T 206—2005《城市供水水质标准》中限值相当于GB 3838—2002《地表水环境质量标准》中的Ⅱ类。结合南水北调中线水质实际情况看，这4项指标目前全部优于Ⅰ类浓度限值，因此将其浓度限值调低。

将高锰酸盐指数、砷、硫化物3项指标浓度限值调低至GB 5749—2006《生活饮用水卫生标准》和CJ/T 206—2005《城市供水水质标准》规定的浓度限值。这3项指标在GB 5749—2006《生活饮用水卫生标准》和CJ/T 206—2005《城市供水水质标准》中的浓度限值优于GB 3838—2002《地表水环境质量标准》规定的Ⅱ类、甚至Ⅰ类浓度限值。结合南水北调中线水质实际情况看，这3项指标目前全部优于GB 5749—2006《生活饮用水卫生标准》和CJ/T 206—2005《城市供水水质标准》，因此将也将其浓度限值调低。

将环氧氯丙烷、六氯苯、敌敌畏和阿特拉津4项指标浓度限值调低，使其与GB 5749—2006《生活饮用水卫生标准》和CJ/T 206—2005《城市供水水质标准》相衔接。GB 5749—2006《生活饮用水卫生标准》和CJ/T 206—2005《城市供水水质标准》中环氧氯丙烷、六氯苯、敌敌畏和阿特拉津4项指标浓度限值明显严于GB 3838—2002《地表水环境质量标准》规定，因此将其调低。

将镉、1,1-二氯乙烯、1,2-二氯乙烷、1,4-二氯苯、二氯甲烷、果乐、三氯乙烯、四氯乙烯、2,4,6-三氯酚9项指标浓度限值调低，使其与CJ/T 206—2005《城市供水水质标准》相衔接。GB 3838—2002《地表水环境质量标准》和GB 5749—2006《生活饮用水卫生标准》中关于这9项指标的浓度限值相同，但是低于CJ/T 206—2005《城市供水水质标准》，故将9项指标浓度限值调低。

将粪大肠菌群指标从地表水Ⅲ类（≤10000个/L）目标调整为Ⅱ类（≤2000个/L）。从近3年实际监测情况看，中线总干渠粪大肠菌群数量一般情况下＜20个/L，末端惠南庄、团城湖等个别断面在少数几个月份出现过超100个/L。为了中线水质评价更符合一般性水源地水质要求，本研究建议将粪大肠菌群指标由地表水Ⅲ类（≤10000个/L）目标提升至Ⅱ类（≤2000个/L）。

15.1.3.3 继续保留现行浓度限值的87项指标

继续保留阴离子表面活性剂、汞、苯并芘、马拉硫磷和甲基对硫磷5项指标的浓度限值作为中线供水标准。由于GB 3838—2002《地表水环境质量标准》中阴离子表面活性剂Ⅰ、Ⅱ、Ⅲ类限值均为0.2mg/L，严于GB 5749—2006《生活饮用水卫生标准》和CJ/T 206—2005《城市供水水质标准》要求的≤0.3 mg/L的要求。汞的地表水Ⅲ类限值为0.0001mg/L比GB 5749—2006《生活饮用水卫生标准》和CJ/T 206—2005《城市供水水质标准》低了一个数量级，因此这2项指标继续以GB 3838—2002《地表水环境质量标准》中的Ⅲ类限值作为标准。苯并芘和甲基对硫磷在GB 3838—2002《地表水环境质量标准》中的限值明显严于GB 5749—2006《生活饮用水卫生标准》和CJ/T 206—2005《城市供水水质标准》规定，马拉硫磷在GB 3838—2002《地表水环境质量标准》中的限值明显严于GB 5749—2006《生活饮用水卫生标准》规定，因此苯并芘、马拉硫磷和甲基对硫磷这3项指标也继续以GB 3838—2002《地表水环境质量标准》中的限值作为供水标准。

继续保留GB 3838—2002《地表水环境质量标准》规定的pH 6～9范围作为供水水质标准。南水北调中线水质pH偏高，从近3年监测情况看，均值在8.0以上，有些月份高于8.5，突破了GB 5749—2006《生活饮用水卫生标准》和CJ/T 206—2005《城市供水水质标准》规定的6.5～8.5的范围。考虑南水北调中线水质pH背景值偏高，而该项指标对于水厂供水安全影响较小，且易于处理，本研究暂时保留pH 6～9范围作为供水水质标准。

继续保留与GB 3838—2002《地表水环境质量标准》与GB 5749—2006《生活饮用水卫生标准》和CJ/T 206—2005《城市供水水质标准》中浓度限值相同的37项指标作为中线供水标准，包括铜、锌、氟化物、硒、六价铬、1,2-二氯苯，1,2-二氯乙烯、钡、苯、苯乙烯、丙烯酰胺、滴滴涕、对硫磷、二甲苯、甲苯、甲醛、邻苯二甲酸二酯、林丹、氯苯、钼、镍、硼、铍、三氯苯、三氯甲烷、铊、锑、微囊藻毒素、五氯酚、氯乙烯、硫酸盐、氯化物、硝酸盐、铁、锰、溴氰菊酯、乙苯；继续保留百菌清、六氯丁二烯、三氯乙醛、三溴甲烷4项GB 3838—2002《地表水环境质量标准》与GB 5749—2006《生活饮用水卫生标准》中浓度限值相同的指标作为中线供水标准。

继续保留GB 5749—2006《生活饮用水卫生标准》和CJ/T 206—2005《城市供水水质标准》中没有、但在GB 3838—2002《地表水环境质量标准》中有限值规定的其余40项（不含总氮）指标浓度作为中线供水标准，包括水温、溶解氧、化学需氧量、五日生化需氧量、总磷、石油类、2,4,6-三硝基甲苯、2,4-二氯苯酚、2,4-二硝基甲苯、2,4-二硝基氯苯、苯胺、吡啶、丙烯腈、丙烯醛、敌百虫、丁基黄原酸、多氯联苯、二硝基苯、钒、钴、环氧七氯、黄磷、活性氯、甲基汞、甲萘威、苦味酸、联苯胺、邻苯二甲酸二丁酯、氯丁二烯、内吸磷、水合肼、四氯苯、四氯甲烷、四乙基铅、松节油、钛、硝基苯、硝基氯苯、乙醛、异丙苯。

15.1.3.4 新增浓度限值的1项指标

继续保留基本项目中总氮指标，新增浓度限值为2mg/L。水体中的总氮主要由氨氮、亚硝酸盐氮、硝酸盐氮等无机氮和蛋白质、氨基酸、有机胺等有机氮组成，是反映水体富营养化的重要指标。GB 3838—2002《地表水环境质量标准》只对湖库水体的总氮进行了限值规定，对河流总氮没有明确规定。在实际情况中，河流总氮一般不参与水质评价，中线总干渠水质评价中也没有计入总氮指标，而GB 5749—2006《生活饮用水卫生标准》没有对总氮进行规定。从中线总干渠近3年水质监测情况看，总氮浓度不超过2mg/L。目前，南水北调中线总干渠生态系统还处于初级动态演化阶段，是一种非稳态形势，有必要密切关注中线水质中总氮指标的变化。当前南水北调中线水质保护的重要目标之一就是维持总氮指标浓度不升高。鉴于上述情况，将总氮指标浓度限值确定为2mg/L。

15.1.3.5 新增指标

在基本项目中增加浑浊度指标。南水北调中线水质在冬春季节存在低温低浊的问题，浊度过低也会影响水厂的处理工艺。行业内将温度低于10℃、浊度低于30NTU的地表水称为低温低浊水。低浊度水中的杂质，以溶于水中的细小胶体分散体系为主，而且胶体的颗粒粒径均匀，动力学稳定性很强，同时胶粒表面的负电荷也较少，为了达到电性中和需要的混凝剂也少，形成的絮体细小、质轻、疏松，沉降性很差，容易穿透滤层，从而增加了去除的难度。低浊度水存在混凝剂投加量少脱稳效果差，增大投药量效果改善不明显等问题，不仅增加了制水成本，而且增加投药量过多消耗了水中的碱度等一系列难处理的特点,给水厂安全稳定运行造成很大威胁,因此建议中线水质增加浑浊度指标的监测与评价。我国北方地区冬季水体水温降至 0~2℃,浊度在 10~30NTU,甚至低于 10NTU。在南方,冬季水温一般为 3~7℃,浊度在 20~30NTU。鉴于我国南北方水体浊度的基本情况,将南水北调中线水质中浑浊度指标上限定为 30NTU。由于浑浊度主要受水质背景影响,难以制定其下限值。

在基本项目中增加叶绿素 a 指标。根据南水北调中线水厂调研情况,当每升水中浮游藻类密度达到 10^7cell/L 数量级时,浮游藻类会影响混凝过程、堵塞水厂滤池,影响水厂正常制水。叶绿素 a 指标在一定程度上可以反映水体中藻密度情况。根据 2015 年中线通水初期水质中叶绿素 a 与藻密度关系,当叶绿素 a 达到 10 mg/L 时,藻密度达到 10^7cell/L 数量级,建议中线输水水质叶绿素 a 指标浓度限值确定为 ≤10mg/L。

在补充项目中增加藻密度指标。浮游藻类的生长演替是一个复杂的过程,与总氮、总磷、温度、光照、流速等条件有关,优势种群随季节、地理位置等因素而变化,为了准确掌握中线总干渠藻类情况,建议在补充项目中增加藻密度指标,使其与叶绿素 a 指标形成对照。根据藻类生长演替规律,在春秋等高发季节开展藻密度同步监测。

基于多部门衔接的南水北调中线输水水质标准,见表 15-5~表 15-7。

表 15-5　　　　　南水北调中线输水水质标准基本项目标准限值　　　　　单位:mg/L

编号	指标	限值	调整前	备注
1	水温 / ℃	—		非共有指标,继续保留
2	溶解氧	5		非共有指标,继续保留
3	pH 值(无量纲)	6~9		受原水背景限制,继续维持
4	高锰酸盐指数	3	6	优于 Ⅰ、Ⅱ 类,与 GB 5749—2006 和 CJ/T 206—2005 对接
5	化学需氧量	20		非共有指标,继续保留
6	五日生化需氧量	4		非共有指标,继续保留
7	氨氮	0.5	1	由Ⅲ类调整为Ⅱ类,与 GB 5749—2006 和 CJ/T 206—2005 对接
8	总氮	2		根据近 3 年总氮监测情况确定
9	总磷	0.2		非共有指标,继续保留
10	铜	1		共有指标,限值一致
11	锌	1		共有指标,限值一致
12	氟化物(以 F 计)	1		共有指标,限值一致
13	硒	0.01		共有指标,限值一致
14	砷	0.01	0.05	优于 Ⅰ、Ⅱ 类,与 GB 5749—2006 和 CJ/T 206—2005 对接
15	汞	1E-04		低于 GB 5749—2006 和 CJ/T 206—2005,继续保留
16	镉	0.003	0.005	与 GB 5749—2006 相同,但低于 CJ/T 206—2005,取最严格标准
17	铬(六价)	0.05		共有指标,限值一致
18	铅	0.01	0.05	由Ⅲ类调整为Ⅱ类,与 GB 5749—2006 和 CJ/T 206—2005 对接

续表

编号	指标	限值	调整前	备　　注
19	氰化物	0.05	0.2	由Ⅲ类调整为Ⅱ类，与 GB 5749—2006 和 CJ/T 206—2005 对接
20	挥发酚	0.002	0.005	由Ⅲ类调整为Ⅱ类，与 GB 5749—2006 和 CJ/T 206—2005 对接
21	石油类	0.05		非共有指标，继续保留
22	阴离子表面活性剂	0.2		低于 GB 5749—2006 和 CJ/T 206—2005，继续保留
23	硫化物	0.02	0.2	优于Ⅰ、Ⅱ类，与 GB 5749—2006 和 CJ/T 206—2005 对接
24	粪大肠菌群（个/L）	2000	10000	由Ⅲ类调整为Ⅱ类
25	叶绿素 a（μg/L）	10	—	新增指标
26	浑浊度（NTU）	30	—	新增指标

注：①"调整前"一列中空格表示与调整前一致，不在列入；横杠表示调整前无该项指标；
　　②"限值"一列中横杠表示无限值规定。

表 15-6　　　　　　　　　南水北调中线输水水质标准补充项目标准限值　　　　　　　　　单位：mg/L

编号	指标	限值	调整前	备　　注
27	硫酸盐（以 SO_4^{2-}）	250		共有指标，限值一致
28	氯化物（以 Cl^- 计）	250		共有指标，限值一致
29	硝酸盐（以 N 计）	10		共有指标，限值一致
30	铁	0.3		共有指标，限值一致
31	锰	0.1		共有指标，限值一致
32	藻密度（cell/L）	10^7	—	水华发生的藻密度临界值

注：①"调整前"一列中空格表示与调整前一致，不在列入；横杠表示调整前无该项指标；
　　②"限值"一列中横杠表示无限值规定。

表 15-7　　　　　　　　　南水北调中线输水水质标准特定项目标准限值　　　　　　　　　单位：mg/L

编号	指标	限值	调整前	备注	编号	指标	限值	调整前	备注
33	环氧氯丙烷	0.0004	0.02	调低	44	百菌清	0.01		
34	六氯苯	0.001	0.05	调低	45	钡	0.7		
35	马拉硫磷	0.05			46	苯	0.01		
36	苯并芘	2.8×10^{-6}			47	苯乙烯	0.02		
37	敌敌畏	0.001	0.05	调低	48	丙烯酰胺	0.0005		
38	甲基对硫磷	0.002			49	滴滴涕	0.001		
39	1,1-二氯乙烯	0.007	0.03	调低	50	对硫磷	0.003		
40	1,2-二氯苯	1			51	二甲苯	0.5		
41	1,2-二氯乙烷	0.005	0.03	调低	52	二氯甲烷	0.005	0.02	调低
42	1,2-二氯乙烯	0.05			53	甲苯	0.7		
43	1,4-二氯苯	0.075	0.3	调低	54	甲醛	0.9		

续表

编号	指标	限值	调整前	备注	编号	指标	限值	调整前	备注
55	乐果	0.02	0.08	调低	84	吡啶	0.2		
56	邻苯二甲酸二酯	0.008			85	丙烯腈	0.1		
57	林丹	0.002			86	丙烯醛	0.1		
58	六氯丁二烯	0.0006			87	敌百虫	0.05		
59	氯苯	0.3			88	丁基黄原酸	0.005		
60	钼	0.07			89	多氯联苯	2.0×10^{-5}		
61	镍	0.02			90	二硝基苯	0.5		
62	硼	0.5			91	钒	0.05		
63	铍	0.002			92	钴	1		
64	三氯苯	0.02			93	环氧七氯	0.0002		
65	三氯甲烷	0.06			94	黄磷	0.003		
66	三氯乙醛	0.01			95	活性氯	0.01		
67	三氯乙烯	0.005	0.07	调低	96	甲基汞	1.0×10^{-6}		
68	三溴甲烷	0.1			97	甲萘威	0.05		
69	四氯乙烯	0.005	0.04	调低	98	苦味酸	0.5		
70	铊	0.0001			99	联苯胺	0.0002		
71	锑	0.005			100	邻苯二甲酸二丁酯	0.003		
72	微囊藻毒素	0.001			101	氯丁二烯	0.002		
73	五氯酚	0.009			102	内吸磷	0.03		
74	2,4,6-三氯苯酚	0.01	0.2	调低	103	水合肼	0.01		
75	氯乙烯	0.005			104	四氯苯	0.02		
76	溴氰菊酯	0.02			105	四氯甲烷	0.002		
77	乙苯	0.3			106	四乙基铅	0.0001		
78	2,4,6-三硝基甲苯	0.5			107	松节油	0.2		
79	2,4-二氯苯酚	0.093			108	钛	0.1		
80	2,4-二硝基甲苯	0.0003			109	硝基苯	0.017		
81	2,4-二硝基氯苯	0.5			110	硝基氯苯	0.05		
82	阿特拉津	0.002	0.003	调低	111	乙醛	0.05		
83	苯胺	0.1			112	异丙苯	0.25		

注：①"调整前"一列中空格表示与调整前一致，不在列入；横杠表示调整前无该项指标；
②"限值"一列中横杠表示无限值规定。

15.2 供用水户及退水区水质信息管理

15.2.1 供水方水质共享需求分析

南水北调中线干线工程在水质信息共享方面主要存在以下两方面需求：

（1）从水产品角度看，中线工程运行管理单位有需要跟踪了解终端产品质量情况，了解南水在多水源水厂中的总体定位和质量评价，掌握沿线取水口处水质与渠段断面水质的差异，获知哪些水质指标变化对水厂供水安全产生了影响，从而值得重点予以关注，以便通过科学布置水环境保护和生态修复等措施改善这些特征指标值。例如，近两年春季底栖藻类大量增殖、脱落，给沿线水厂运行造成一定影响，中线工程运行管理单位有必要了解沿线各水厂取水口处底栖藻类增殖情况、对水厂工艺的影响程度，以便安排和调整应对藻类增殖的措施。

（2）从应对突发水污染事故角度看，中线工程运行管理单位一方面需要了解用水方对于受污染水质的接收意愿；另一方面需要了解附近退水河流的水质信息，用于评估退水方案的合理性和退水损失。

因此，中线工程运行管理单位作为供水方与水厂用水方和退水方之间均存在水质共享需求，具体需求内容见表15-8。

表 15-8　　　　供水方（中线工程运行管理单位）水质共享需求表

希望用水方共享的水质信息	希望退水方共享的水质信息
南水在水厂多水源中的总体评价 水厂取水口处水质信息 影响水厂正常供水的特征指标 突发水污染事故时，水厂对受污染水质的接收意愿和处理能力	退水河流的管理主体 退水河流的水质现状（时间序列） 退水河流所在河段的水质管理目标 突发水污染事故时，退水河流管理主体对受污染水质的接收意愿和处理能力

15.2.2 用水方水质共享需求分析

南水北调中线总干渠沿线水厂作为用水方，希望了解中线总干渠内原水的水质状况，在发生突发水污染事故发生时，能够及时获取受污染水体的水质信息，科学评估水厂制水工艺的可接受程度。

在共享意愿方面，根据南水北调中线水厂调研结果发现，调研的56个水厂中有33个明确表示愿意与中线供水方进行水质信息共享，但是对共享的指标的需求和期望略有不同。从调研情况看，沿线水厂更期望共享常规指标以及藻类等特征指标，大多数水厂愿意共享水质信息的主要原因是了解原水日常水质状况及应对突发水污染事故。同时，许多水厂表示愿意在发生突发水污染事故时，愿意与中线工程运行管理单位协同应对，并且在净水工艺对某种污染物具有一定的抵抗能力和空间时，水厂愿意在成本分担的基础上一同处置水污染事故的影响。

15.2.3　退水方水质共享需求分析

南水北调中线全线共有54座退水闸，涉及54条河流。统计结果显示，大部分退水河流所在河段的水质管理目标都在Ⅲ类以上（表15-9）。中线总干渠突发水污染事故以后，需要综合受污染水体的水量和水质状况、附近退水河流的水量和水质状况，合理制定退水方案，并评估退水影响。从退水方角度看，一方面退水方管理主体需要了解中线总干渠突发水污染事故以后的水质情况，以便根据当地退水河流的实际情况判断是否有能力接纳该部分受污染水体，从而做出科学决策；另一方面，南水北调中线正在陆续通过退水闸向当地河流进行生态补水，退水方也需要及时了解南水北调水质状况、补水水量和补水时间等信息，以便对当地河流进行科学调度，让补给水量发挥其最大的生态作用。

表15-9　　退水河流所在河段水质管理目标统计表

序号	河流名称	退水闸所在河段水质目标	序号	河流名称	退水闸所在河段水质目标
1	刁河	Ⅱ～Ⅲ	21	李河	Ⅳ
2	湍河	Ⅱ～Ⅲ	22	溃城寨河	Ⅳ
3	严陵河	Ⅳ	23	峪河	Ⅲ
4	潦河	Ⅲ～Ⅳ	24	黄水河支	Ⅳ
5	白河	Ⅰ～Ⅳ	25	孟坟河	Ⅳ
6	清河	Ⅱ	26	香泉河	Ⅴ
7	贾河	Ⅰ～Ⅱ	27	淇河	Ⅱ～Ⅲ
8	澧河	Ⅱ～Ⅲ	28	汤河	Ⅱ～Ⅴ
9	澎河	Ⅲ	29	安阳河	Ⅱ～Ⅳ
10	沙河	Ⅱ～Ⅲ	30	漳河	Ⅲ～Ⅳ
11	北汝河	Ⅲ	31	滏阳河	Ⅲ～Ⅴ
12	兰河	Ⅲ	32	牤牛河南支	Ⅳ
13	颍河	Ⅱ～Ⅳ	33	沁河	Ⅲ～Ⅳ
14	沂水河	Ⅳ	34	洺河	Ⅳ
15	双洎河	Ⅲ～Ⅳ	35	七里河	Ⅲ
16	十八里河	Ⅳ	36	白马河	Ⅳ
17	贾峪河	Ⅳ	37	李阳河	Ⅳ
18	索河	Ⅴ	38	泜河	Ⅱ～Ⅳ
19	黄河	Ⅱ～Ⅲ	39	午河	Ⅳ
20	闫河	Ⅴ	40	槐河（一）	Ⅳ

续表

序号	河流名称	退水闸所在河段水质目标	序号	河流名称	退水闸所在河段水质目标
41	洨河	V	48	界河	Ⅳ
42	滹沱河	Ⅱ～Ⅳ	49	漕河	Ⅱ～Ⅳ
43	磁河古道	Ⅲ	50	瀑河	Ⅱ～Ⅳ
44	沙河（北）	V	51	北易水	Ⅲ
45	唐河	Ⅱ～Ⅲ	52	水北沟	Ⅲ
46	曲逆中支	Ⅳ	53	北拒马河	Ⅲ
47	蒲阳河	Ⅳ	54	永定河	Ⅱ～Ⅳ

15.3 跨区域多部门水质信息共享与反馈机制

15.3.1 中线水质信息共享现状

从目前南水北调中线工程发生水质信息管理的主体来看，主要有供水方，主要是南水北调中线干线工程建设管理单位；用水方，主要包括沿线水厂（或自来水协会、四省市住建部门）；退水方，主要包括退水闸后的河流水环境主管部门，有环保部门和水行政主管部门（如图15-1所示）。

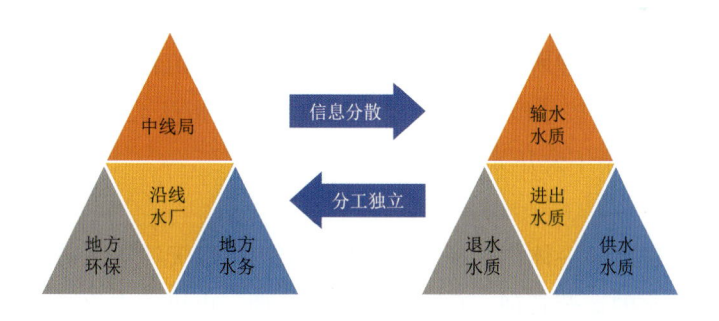

图 15-1 南水北调中线供用退水水质信息管理状况

15.3.1.1 供水方

南水北调中线总干渠的水质监测和信息发布工作，依托南水北调中线总干渠运行调度系统，有专门的水质信息数据库。但对外公开的信息十分有限。

15.3.1.2 沿线水厂

沿线水厂在水厂进厂端、出厂端、供水管网中均设置有水质监测断面，对进出厂水质进行监测和分析化验，并同时将数据报送给城市住建管理部门或水务主管部门。

1. 河南省

就水厂层面而言，以郑州市为例，郑州市成立了"郑州自来水投资控股有限公司"，该公司负责郑州市区7座水厂的运营，包括柿园水厂、白庙水厂、石佛水厂、东周水厂、刘湾水厂、航空港区一水厂、罗垌水厂。供水能力达177万 m^3/d，服务人口约585万人。该公司配备有水质检测中心，并在公司主页上开辟有"水质公告"，将水厂出厂水9项、管网水7项、出厂水和管网水常规项目42项、出厂水非常规项目64项按照不同频次对监测浓度进行公开。

主管部门层面，河南省城市住房与建设厅开发了"河南省城市供水信息管理系统"，可用于水质监测数据上报、水质监测数据应用等功能。

2. 河北省

自来水公司层面，以石家庄市水务集团有限责任公司为例，公司拥有出厂7座，其中地下水长2座，地表水厂2座，公司配备水质监测中心，作为国家级水质监测站，具备《生活饮用水卫生标准》全部106项监测能力，公司在其首页开辟了通知公告，公布供水水质信息（但是网页停止在2016年第四季度，之后没有更新）。

主管部门层面，尚未查询到相应的水质信息发布平台，但根据2018年《河北省水污染防治条例（修订草案）》规定，县级以上人民政府有关部门及供水单位应当监测、评估本行政区域内饮用水水源、供水单位供水和用户水龙头出水的水质等饮用水安全状况，至少每季度向社会公开一次饮用水安全状况信息。

3. 北京市

北京市由北京市水务局管控城市供水水厂的相关水质信息，专门在"便民信息"中开辟了"公共供水水质"专栏，管理范围包括北京市自来水集团有限公司、顺义区自来水公司、平谷区自来水管理所、昌平区自来水公司、石景山自来水公司。公开的信息包括管网水水质7项指标（按季度公开）、出厂水水质常规指标42项（按季度公开）、出厂水水质全指标106项（半年公开）。

4. 天津市

天津市基本实现水务一体化管理，供水公司层面，以天津市水务集团公司为例，水务集团主营本市原水的运营管理、自来水的运营管理、市级重点水务工程的投融资、污水处理及再生水回用、工程建设管理施工、水务产业链衍生业务。自来水供应业务涵盖全市13个区，供水面积1372km^2，供水人口752万人，年自来水供水量6.33亿m^3，出厂水合格率达100%，管网水合格率为99.87%。管辖凌庄水厂、芥园水厂、津滨水厂、新开河水厂、塘沽新村水厂、塘沽新河水厂、塘沽新区水厂等7座水厂。公司建设了水质监测分析中心，每个月对水厂出厂水42项常规指标进行监测并上网公开水质信息。

城市供水主管部门天津市水务局负责公开天津市范围内供水水质信息，专门开辟水质查询专栏，可以查询天津市范围内水厂逐月龙头水水质7项指标、管网水水质9项指标。

15.3.1.3 生态环境和水行政主管部门

生态环境主管部门和水行政主管部门负责监测地表水水质，并向社会公众公布地表水环境质量状况，南水北调中线总干渠退水闸后河流的水质由生态环境主管部门负责监测和信息发布。

1. 河南省

河南省生态环境厅下属环境监测中心负责地表水监测和水质监测数据的汇集分析工作。河南省环境监测中心按周发布水质周报，通报全省71个地表水责任目标断面水质监测结果，主动公开COD、氨氮、总磷3项污染物浓度和水质类别。

河南省生态环境保护厅也开辟了专栏公布环境质量年报，但相关的水质信息较为笼统，无主要污染物浓度信息。

2. 河北省

河北省生态环境厅下属环境监测中心负责地表水监测和水质监测数据的汇集分析工作。河南省环境监测中心和河北省生态环境保护厅均只公开了水环境质量月报。

3. 北京市

北京市生态环境保护局开辟了北京市环境质量发布平台，公布水环境质量月报信息。月报信息只能反映断面水质的类别，未公开主要污染物的浓度信息。

4. 天津市

天津市生态环境保护局下属环境监测中心负责地表水监测和水质监测数据的汇集分析工作。天津市环境监测中心按月发布水质月报，公布各区主要污染物浓度和污染指数。

15.3.2 中线水质信息共享的法律依据

15.3.2.1 《南水北调工程供用水管理条例》（2014年）

第18条指出："国务院水行政主管部门、环境保护主管部门按照职责组织对南水北调工程省界交水断面、东线工程取水口、丹江口水库的水量、水质进行监测。国务院水行政主管部门、环境保护主管部门按照职责定期向社会公布南水北调工程供用水水量、水质信息，并建立水量、水质信息共享机制"。明确要求定期向社会公布水质信息，建立水质信息共享机制，但如何构建水质信息共享机制并不明确。

15.3.2.2 《北京市城市公共供水水质信息公开工作管理办法》（2013年）

第6条规定：北京市各公共供水单位应当定期向社会公布管网水7项、出厂水42项和出厂水全项指标。公布时间、数据的具体要求遵守下列规定：① 每季度第一个月的15日前，公布上一季度管网水《标准》中的浑浊度、色度、臭和味、消毒剂余量、菌落总数、总大肠菌群、耗氧量[COD_{Mn}（管网末梢点）]7项指标检测结果的最大值和最小值，每季度公布一次。② 每季度第一个月的15日前，公布上一季度出厂水《标准》中的42项常规指标检测结果的最大值和最小值，每季度公布一次。③ 每年1月15日前，公布上一年度出厂水《标准》中全部106项指标检测结果的最大值和最小值，每年公布一次。第7条规定城市公共供水单位应通过本单位网站、政府网站或选择其他方式和渠道公布水质信息，水质信息应选择明显的位置予以公布，以便于公众查看。

15.3.2.3 《天津市城市供水用水条例》（2006年）

第7章专门规定供水水质监督问题，第51条对水源水质的监督管理提出规定："水利、环境保护部门在城市供水水源水质发生变化时，应当及时通知供水企业；水源水质发生重大污染的，应当立即向市人民政府报告"。第53条规定："供水企业应当按照有关水质标准和技术规范进行水质自检，并将检测结果报告市供水管理部门"。第55条规定："市供水管理部门负责对供水企业执行国家和本市城市供水水质标准和技术规范的情况进行检查和监督，定期将水质监测结果向社会公布"。

15.3.2.4 《河北省城镇供水用水管理办法》（2016年）

第10条规定："城镇供水水质应当符合国家生活饮用水卫生标准。县级以上人民政府城镇供水主管部门负责本行政区域内供水水质日常监督管理工作，卫生计生主管部门负责生活饮用水卫生监督工作。供水单位应当每周向当地城镇供水主管部门报送水质报表、检测资料"。第11条规定："县级以上人民政府环保部门应当加强饮用水水源地的水环境质量监测和监督检查，建立原水水质在线监控系统，定期公布原水水质信息。发现原水水质不符合国家相关标准的，应当采取应急措施，并及时通知供水单位"。第12条规定："设区的市、县（市）人民政府城镇供水主管部门每年定期开展供水水质督察工作，并将督察结果报本级政府和上一级供水主管部门，定期公布供水水质信息"。

15.3.2.5 《河南省城市供水管理办法》（2019年修订）

仅规定了水质监测的主体和责任，尚未对水质信息公开作出明确规定，其21条规定"省城市建设行政主管部门应会同省技术监督行政主管部门，建立健全省级城市供水水质监测网，对城市供水水质进行监测，城市供水企业应当建立、健全水质检测制度，确保城市供水的水质符合国家规定的卫生标准，并接受国家级和省级城市供水水质监测网的监测、监督和检查。卫生防疫机构应定期对供水水质进行监测。"

15.3.3 中线水质信息共享项目与频次

根据水厂水质的运行情况，水质信息共享应分为南水北调中线总干渠正常运行状态下的共享和事故应急状态下的共享。

15.3.3.1 正常运行状态下的信息共享

正常运行状态下供水、用水和退水三方之间共享的项目可从《地表水环境质量标准》和《生活饮用水卫生标准》的共同监测项目中遴选，建议共享项目分三个层次：

1. 日常共享项目

即共享频次为1次/d，共享项目包括pH值、耗氧量（COD_{Mn}）。

2. 季度共享项目

即共享频次为1次/季度，共享项目包括《地表水环境质量标准》中常规项目和饮用水水源地补充项目（合计29项）与《生活饮用水卫生标准》常规项目42项中的重复的项目，包括pH值、耗氧量（COD_{Mn}）、铜、锌、硒、砷、镉、六价铬、铅、汞、氰化物、氟化物、硝酸盐、硫酸盐、氯化物、粪大肠菌群等16项。

3. 半年共享项目

即共享频次为1次/半年，供水方按照《地表水环境质量标准》共享109项全指标项目，用水方按照《生活饮用水卫生标准》共享106项全指标项目，退水方按照《地表水环境质量标准》共享24项常规项目。

15.3.3.2 事故应急状态下的共享

事故应急状态下的共享频次要求较高，需要根据造成水污染事故的污染物分析检验的复杂程度来设定共享频次。一般不低于1次/0.5d，共享的内容主要包括总干渠流量、流速、水污染事故的污染物浓度。

15.3.4 中线水质信息共享机制

15.3.4.1 联席会议制度

南水北调中线供水、用水和退水三方的水质信息管理、公开职责单位，主要涉及南水北调中线干线工程建设运行管理单位、住房与城乡建设部门（水务主管部门）、生态环境主管部门。建议由这三方形成南水北调中线水质信息共享联席会议，三方部门作为联席会议成员单位，部门主要负责人任联席会议轮值主席。联席会议的组织架构如图15-2所示。

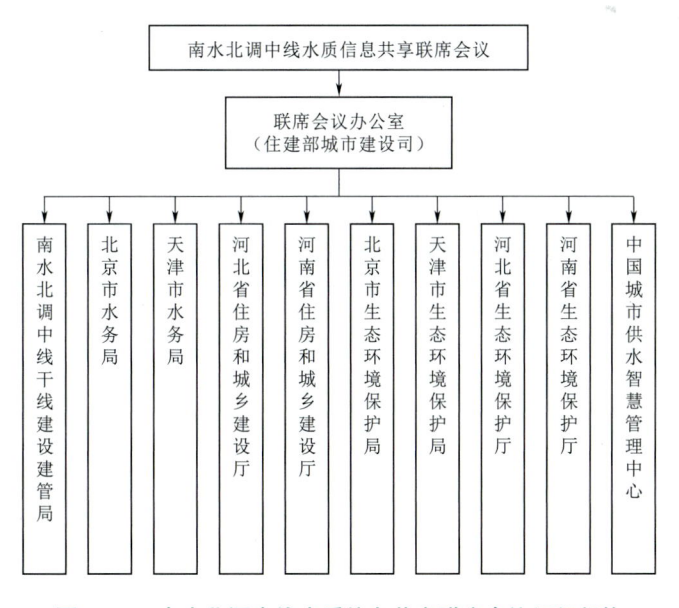

图15-2 南水北调中线水质信息共享联席会议组织架构

15.3.4.2 水质信息共享形式

共享形式主要为以下三种方式：

（1）基于API的数据库信息互联，联席会议成员单位可依据权限访问相关数据库，查询水质数据，分析变化趋势。根据现场调查研究，目前河南省、河北省、天津市、北京市都已建成省级供水管理平台，建设单位一般为住建部门。南水北调中线总干渠水质由南水北调中线工程运行管理单位水质保护中心负责监测和信息管理，目前已经建成专用水质信息数据库，生态环境主管部门也建立了河湖水质信息数据库，由各省环境监测总站负责监测和信息管理。供水—用水—退水各部门按照协商一致的原则和信息公开的要求，从现有的监测分析能力出发，提出共享的水质项目、频次及平台对接形式。

（2）编制供水、用水、退水水质信息月报，作为内部文件供联席会议成员单位使用。

（3）短信息推送。特别适用于突发水污染事故现场应急处置，由联席会议办公室负责推送现场水质、水量信息。

15.3.4.3　水质信息共享与互馈工作办法

基于南水北调中线水质共享需求、共享内容和共享实现途径等分析，初步研究得出南水北调中线水质信息共享与互馈工作办法，具体内容见表15-10。

表 15–10　　　　南水北调中线水质信息共享与互馈工作办法（建议）

（一）总则 第1条　为进一步加强南水北调中线水质信息共享，增强供水、用水、退水多方水质管理合作，根据《南水北调工程供用水管理条例》、《北京市城市公共供水水质信息公开工作管理办法》、《天津市城市供水用水条例》、《河北省城镇供用水管理办法》、《河南省城市供水管理办法》和国家《生活饮用水卫生标准》、《地表水环境质量标准》、《城市供水水质标准》等有关法律、行政法规、标准，制定本办法。 第2条　南水北调中线水质信息共享与互馈遵循依法公开、公平自愿、协商互利、高效协作的原则。 第3条　本办法适用于南水北调中线总干渠（供水方）水质、南水北调中线配套水厂（用水方）出厂水水质、南水北调中线总干渠退水闸河流（退水承接方）水质信息的共享和互馈。 （二）机构与运行方式 第4条　南水北调中线水质信息共享与互馈的组织机构为"南水北调中线水质信息共享联席会议"（以下简称"联席会议"），成员单位包括住房与城乡建设部城市建设司、水利部南水北调司、南水北调中线干线建设管理局、北京市水务局、天津市水务局、河北省住房与城乡建设厅、河南省住房与城乡建设厅、北京市生态环境保护局、天津市生态环境保护局、河北省生态环境保护厅、河南省生态环境保护厅、中国城市供水智慧管理中心。 第5条　联席会议成立日常办事机构为"联席会办公室"，设在住房与城乡建设部城市建设司。供水方水质信息由南水北调中线干线建设管理局提供、用水方水质信息由各水厂将信息汇总至各省（市）水务局或住房与城乡建设厅后同一提供、退水河流水质信息由各省（市）生态环境厅提供。 第6条　联席会议每3年举办一次，协调解决水质信息共享与互馈中存在的硬件、技术、管理方面的问题，讨论联席会议成员单位反映的重大问题。根据实际情况，联席会议办公室可召集召开工作会议。 （三）水质信息共享 第7条　水质信息共享是指供水方、用水方、退水承接方依据各自水质监测能力，定期向对方提供约定的水质信息的行为。 第8条　水质信息共享的载体原则上为数据库信息平台，特殊情况下以电子文件或纸质材料。主要载体为"中国城市供水智慧管理信息平台"，根据分配给供水方、用水方、退水承接方的用户名及权限上传水质信息，访问共享数据信息。 第9条　水质信息共享的形式分为日常水质信息共享、季度水质信息共享、半年水质信息共享、事故应急水质信息共享4种情形。 第10条　日常水质信息共享是指共享频率为1次/日，主要为反映供水、用水两方日常水质的衔接问题，双方共享的水质项目至少包含pH、高锰酸盐指数、浊度三项，总干渠藻类异常增殖时还应包括藻密度。

续表

第11条 季度水质信息共享是指共享频率为1次/月，主要反映供水、用水两方对常规指标和特定指标的处理情况，双方共享的水质项目至少包含pH、耗氧量（COD_{Mn}）、铜、锌、硒、砷、镉、六价铬、铅、汞、氰化物、氟化物、硝酸盐、硫酸盐、氯化物、粪大肠菌群等16项。

第12条 半年水质信息共享是指共享频率为1次/半年，主要反映供水、用水、退水三方全指标水质的基本情况。供水方按照《地表水环境质量标准》共享109项全指标项目，用水方按照《生活饮用水卫生标准》共享106项全指标项目，退水方按照《地表水环境质量标准》共享24项常规项目。

第13条 常规水质信息共享中日常水质信息共享为当日8时监测数据，于12时之前上传至系统。季度水质信息共享为本季度第3个月20日8时监测数据，于第3个月25日之前上传；半年水质信息共享为本半年度第6个月20日8时监测数据，于第6个月25日之前上传数据。

第14条 事故应急水质信息共享是指当总干渠发生突发水污染事故时，供水、用水、退水三方须共享的水质监测信息。供水方共享的内容主要包括总干渠流量、流速、水污染事故的污染物浓度，用水方共享出厂水污染物浓度，退水方共享河流流量、流速、污染物浓度，共享频次按照《应急管理办法》提供，原则上共享频率一般不低于1次/半天。

（四）水质信息互馈

第15条 水质信息互馈是指供水方、用水方和退水承接方根据掌握的水质状况，向对方反馈异常信息，提供水质安全保障对策建议的协作行为。

第16条 供水方南水北调中线干线建设管理局发现总干渠水质指标异常时，及时向用水方南水北调中线配套水厂反馈信息，便于用水方启动应急预案。供水方发现总干渠突发水污染事故时，及时向备选退水点河流水生态环境主管部门反馈水质信息，便于水生态环境主管部门拟定应急处置方案。

第17条 用水方发现原水水质或出厂水水质出现异常时，及时向供水方反馈信息，便于供水方提出针对性的解决方案。

第18条 用水方在日常供水过程中遇到水质监测、处置方法等方面的困难时，可及时联席供水方，共同协调讨论解决方案。

（五）附则

第19条 本办法由联席会议制定，联席会议办公室负责解释。

第20条 本办法经联席会议通过后即日生效。

15.4　本章小结

在对中线供水方、用水方、地方河流河长充分调查的基础上，初步提出了水质信息共享机制和不同情形下的水质保护共享与协作路径。

（1）通过对比《地表水环境质量标准》《城市饮用水卫生标准》和《城市供水水质标准》，对南水北调中线总干渠水质进行了多标准综合评价，提出了《供水、用水和退水相互衔接的水质标准》建议。

（2）在对200余家配套水厂工艺进行调查研究的基础上，明确了目前中线原水低温低浊、高藻、弱碱性特征对常规制水工艺的影响，以及应对这些影响的水质信息共享需求，制定了《南水北调水质信息共享方案》，依据目前与中国城市规划院、30余家地方水厂（水司）签订的南水北调中线水质信息共享安全责任承诺书。

（3）通过"南水北调中线输水水质预警与业务化管理平台"向"城市供水全过程监管平台"共享30个固定断面10项指标、13个自动监测站10项指标监测数据，为地方人民政府、相关主管部门和水厂获取水质信息提供了有效途径，实现了水专项规定的南水北调中线水质信息共享考核目标。

第 6 篇

智慧化水质综合管理平台

第 16 章
管理平台建设及示范

南水北调中线输水水质预警与业务化管理平台将信息技术充分运用于中线水质监测预警调控决策支持综合管理，从数据层面对中线水质相关多源异构数据进行集成，从模型层面对中线水质预测—预警—调控—处置模型群进行集成，从业务层面对中线水质业务化管理及数据共享进行集成，建立支撑中线水质核心模型群的高运算负荷、高并发异构数据访问、高网络负载环境下高效稳定运行的智慧化水质综合管理平台。充分考虑平台建成后运行维护的继承性、延续性及对未来新技术的适应性、融合性、可扩展性，集成研究成果基础上进行技术的深入应用，研发符合中线水质管理业务实际的功能模块，实现：一是输水工程水质业务化日常管理；二是对水安全保障的预测预警及应急综合决策；三是解决跨部门协作水质信息共享机制及数据共享。

不仅充分满足中线水质日常业务管理需求，也大大提高了总干渠水质预测预警能力，完善了突发水污染事件应急处置流程，增强了南水北调应急管理体系在复杂工况下多部门联合处置能力，为南水北调中线安全运行管理保驾护航，切实解决了大型输水渠道水质业务管理及水质突发事件应急处置的诸多问题。

16.1　研究内容与技术路线

16.1.1　研究内容

针对中线总干渠现有水质监测数据信息资源分散，存储结构不一致，缺乏统一的数据交换机制，海量的空间地理信息、遥感信息、社会经济信息以及其他可能与水质存在潜在关系信息数据利用率低等问题，进行基于大数据分析的中线多源异构数据高效汇聚存储架构的研究，依托区块链、大数据挖掘、云计算、AR/VR技术、无人机技术、BIM技术等新兴高科技技术，集成中线水质评价—预报—预警—调控模型服务，构建基于云架构的高可用性、易扩展性的南水北调中线输水水质预警与业务化管理平台，实现水质风险预警、基于BIM的高逼真三维可视化展示和跨区域多部门水质信息共享。

16.1.1.1.1 基于大数据分析的中线多源异构数据高效汇聚存储架构

南水北调中线输水水质预警与业务化管理平台需要集成的数据包括全线水质监测数据、藻类监测数据、地下水监测数据、中线干线及配套工程数据、无人机航测数据、视频监控数据、气象共享数据、PM2.5数据、沿线水厂数据以及中线水量调度信息、中线安防监控信息、中线应急物资设备信息、中线水质巡查信息等，总体呈现数据种类多、数据交换频次高的特点。

以大数据分析与挖掘技术为核心，利用标签技术、非结构化数据库技术、数据总线技术，研究实现多源异构数据协同管理、高速缓存、汇聚存储以及分析挖掘，解决海量数据环境下存储效率低、数据缺乏汇聚管理以及不同平台的数据格式差异的问题，从海量大数据中提取价值信息，为中线总干渠水质监测预警调控决策支持模型群计算以及综合管理平台运行提供高效的数据支撑，实现多源异构数据集成。

研发制定一套涉及南水北调中线水质相关多源异构数据生产、转换、清洗、集成、存储、汇聚的数据架构，实现中线水质多源异构数据的高效汇聚，并为水质数据的共享提供支撑。

16.1.1.1.2 中线水质评价—预报—预警—调控模型群软件集成

南水北调中线输水水质预警与业务化管理平台集成了中线水质一维全线预测预报模型、中线水质大数据预测模型、中线水质三维局部预测预报模型、中线突发水污染扩散模拟模型、中线突发水污染应急调度模型、中线水质生态调度模型、应急退水淹没演进模型。

应用研发的水质评价预警、模拟预报、应急调度等水利专业模型技术，划分参与应急调度的渠池、闸门，以及分水口范围等不同应对措施，以面向对象编程、动态链接库、多线程分布式并行计算、GPU加速计算、实时结果读取、模型动态干预、模型热启动、模型继承等技术为优化手段，对模型群进行二次开发和接口封装，以实现中线水质安全保障各个核心模型可以有效地集成到南水北调中线输水水质预警与业务化管理平台中，为智慧水质综合管理平台提供核心模型服务。

16.1.1.1.3 基于云架构的高可用性应用支撑平台技术

以云计算、系统热迁移、分布式融合存储、动态资源配置、软件定义基础设施（SDI）等技术为核心，在平台性能方面，解决基础支撑架构在高运算负荷、高并发异构数据访问、高网络负载环境下高效稳定运行问题，为预报预警调控决策模型计算以及总干渠水质监测预警调控决策支持综合管理平台运行提供技术保障；在功能方面，实现公共通用服务、业务功能服务以及模型计算服务的集成，承载业务系统建设与运行，同时也为南水北调其他系统平台以及外部单位系统的可定制数据交换服务，支持未来业务系统与其他平台纵向拓展和横向衔接。

16.1.1.4　基于BIM、GIS、AR的跨平台三维可视化成果展示

以BIM和GIS技术为核心，以当前新兴的二三维可视化技术为手段，研究利用BIM、GIS、VR、AR等跨平台技术，融合现实实景、虚拟三维模型、水质实时监测数据、模型模拟结果数据，为南水北调中线输水水质预警与业务化管理平台提供高保真、可交互、高沉浸感的二三维可视化动态展示平台，不仅能更好的实现科学决策，而且对促进水利行业信息化发展具有重要意义和现实价值。重点研究内容包括：

（1）BIM、GIS相融合的高保真三维可视化场景搭建技术。BIM技术更注重于微观的工程表现，而GIS技术则注重于地形宏观表现，本次拟研究通过将两者结合，共同搭建高保真三维可视化场景，不仅能作为水质信息展示的载体，还能为专业模型结果动态展示提供平台。

（2）水质专业模型结果二三维动态展示技术。研究基于三维GIS、实景模型、BIM模型等搭建的三维场景平台，将水动力学、水质等专业模型计算结果进行轻量化集成，最后根据结果要素水深、浓度等属性大小采用特定的渲染方式以不同颜色进行表达，并根据时间制作成时态数据，实现退水淹没演进、污染物扩散等过程的高精度逼真三维动态展示。

（3）虚拟现实与增强现实技术。研究采用VR技术和AR技术模拟总干渠内污染物扩散过程、退水淹没演进过程，提高南水北调工程和水质专业模型结果展示效果，增强用户沉浸感。

16.1.1.5　复杂安全环境下的数据安全与网络安全策略研究

针对南水北调中线的网络架构和安全要求，研究系统平台的权限管理与访问控制机制、数据保护策略、网络安全防护等技术，解决跨安全等级的跨区域多部门之间数据通信的安全防范、逻辑隔离、数据安全保护等问题，确保平台能够在复杂的安全环境下安全运行并与外部单位系统进行数据交换与提供数据服务。重点对数据的分级访问控制、数据加密及系统防护、跨安全域间的数据传输等技术进行研究及验证。

16.1.1.6　水质预警与业务化管理平台研发

南水北调中线输水水质预警与业务化管理平台将信息技术充分运用于水质监测预警调控决策支持综合管理，集成水质监测、评价、预测、预警、调控、处置等关键技术，建立支撑预报预警调控决策模型群的高运算负荷、高并发异构数据访问、高网络负载环境下高效稳定运行的水质综合管理业务平台，保证水质综合管理和面向社会公众服务。

平台功能模块包括实时监测、预警预报、应急管理、风险防控、分析评估、科学研

第6篇 智慧化水质综合管理平台

图16-1 智慧水质综合管理平台技术路线图

究、数据共享、系统管理。

16.1.1.7 基于大数据挖掘技术的数据应用研究

时空大数据分析与挖掘主要是依托大数据技术对水质数据进行探查和分析，并以可视化形式对分析结果进行展现，因此包含的建设内容主要分为3个层面：

一是在大数据技术环境下的业务数据接入、存储、处理和组织。根据业务需要，为数据探查和数据分析功能做好数据准备工作，支持数据的持续接入与集成存储，采用实时/离线两种模式对数据进行预处理，并对整个数据接入、存储、准备过程进行统一的管理。

二是支持数据自由查询访问的数据探查功能。提供数据探查工具，接入数据源，经过数据关联、数据筛选、数据聚合、数据计算等探查模式，根据具体的数据特点匹配对应的可视化图形，生成各种数据探查模版。

三是数据的分析与可视化。按照多维分析的思路去构造维度的层次，把时间维划分为月度、旬、日三个层次刻度，把空间维划分为全线、二级管理单位、三级管理单位、站点几个层次刻度，以此构造最基本的多维结构，并在各定量指标的基础上，抽取形成定量特征值（最大、最小、平均、中位、增减、波动等）。

除此之外，在技术选择和实现上，针对未来数据和业务的扩展，需考虑对未来应用的扩展性支持。

16.1.1.8 基于区块链技术的中线水质数据管理研究

区块链技术去中心化、不可篡改的特性，对于保证南水北调中线水质数据的安全非常重要，本研究团队进行了基于区块链技术的中线水质数据管理研究，通过创建水质监测数据rest接口，实现中线水质监测数据和业务数据上链，并将历史数据增补到链序列中。

16.1.2 技术路线

研究团队以合同任务书中研究任务为基础，从数据层面、模型层面、业务层面进行研究任务的丰富和完善。结合区块链、大数据挖掘技术的发展，将其引入到南水北调中线水质数据管理中，进行了基于大数据挖掘技术的数据应用研究、基于区块链技的中线水质数据管理研究。智慧水质综合管理平台技术路线如图16-1所示。

16.2 基于大数据分析的中线多源异构数据高效汇聚存储架构

南水北调中线现有水质监测数据信息资源分散，存储结构不一致，缺乏统一的数据交换机制，利用率低。同时中线横跨北京、天津、河北、河南等4省（直辖市），除了大量的水质监测信息数据外，还拥有海量的空间地理信息、遥感信息、社会经济信息等，以及其他可能与水质存在潜在关系信息，对这些海量多源异构数据信息进行存储与管理是平台建设的基础。

以大数据分析与挖掘技术为核心，利用标签技术、非结构化数据库技术、数据总线技术，研究实现多源异构数据协同管理、高速缓存、汇聚存储以及分析挖掘，解决海量数据环境下存储效率低、数据缺乏汇聚管理以及不同平台的数据格式差异的问题，从海量大数据中提取价值信息，为中线总干渠水质监测预警调控决策支持模型群计算以及综合管理平台运行提供高效的数据支撑，实现多源数据集成。

16.2.1 多源异构数据生产

南水北调中线输水水质预警与业务化管理平台需要集成的数据包括全线水质监测数据、藻类监测数据、地下水监测数据，中线干线及配套工程数据、无人机航测数据、视频监控数据、气象共享数据、PM2.5数据，沿线水厂数据以及中线水量调度信息、中线安防监控信息、中线应急物资设备信息、中线水质巡查信息等，总体呈现数据种类多、数据交换频次高的特点。

16.2.1.1 水质监测数据等实时数据

水质监测数据包括总干渠理化指标、总干渠生物指标、地下水监测指标、自动站监测指标、109项监测指标等信息。理化指标是指水的物理性指标和化学性指标，主要包括水温、pH值、溶解氧、高锰酸盐指数、化学需氧量、五日生化需氧量等；总干渠生物指标主要包括浮游生物、藻密度等；地下水指标主要是总干渠地下水的相关水质指标；自动站监测指标每六个小时更新一次。南水北调中线工程共有30个监测断面（见表16-1），13个自动监测站（见表16-2）。

表 16-1　　　　　　　　　水 质 监 测 断 面

序号	所属部门	断面名称	断面类别	水质目标	水质类别	达标率	超标指标	设站理由
1	渠首二级管理单位	陶岔	重点监测站	不低于Ⅲ类	Ⅰ、Ⅱ类	100%	无	渠首
2	渠首二级管理单位	姚营	重点监测站	不低于Ⅲ类	Ⅰ、Ⅱ类	100%	无	水质变化敏感
3	渠首二级管理单位	程沟	一般监测站	不低于Ⅲ类	Ⅰ、Ⅱ类	100%	无	水质变化敏感点
4	渠首二级管理单位	方城	重点监测站	不低于Ⅲ类	Ⅰ类	100%	无	地区界、人口多、水量变化大
5	河南二级管理单位	沙河南	重点监测站	不低于Ⅲ类	Ⅰ类	100%	无	地区界、人口多、水量变化大
6	河南二级管理单位	兰河北	一般监测站	不低于Ⅲ类	Ⅰ类	100%	无	沙河段界

续表

序号	所属部门	断面名称	断面类别	水质目标	水质类别	达标率	超标指标	设站理由
7	河南二级管理单位	新峰	一般监测站	不低于Ⅲ类	Ⅰ类	100%	无	水质变化敏感
8	河南二级管理单位	苏张	重点监测站	不低于Ⅲ类	Ⅰ类	100%	无	地区界、人口多、水量变化大
9	河南二级管理单位	郑湾	一般监测站	不低于Ⅲ类	Ⅰ类	100%	无	水质变化敏感点
10	河南二级管理单位	穿黄前	一般监测站	不低于Ⅲ类	Ⅰ类	100%	无	穿黄
11	河南二级管理单位	穿黄后	重点监测站	不低于Ⅲ类	Ⅰ类	100%	无	穿黄
12	河南二级管理单位	纸坊河北	重点监测站	不低于Ⅲ类	Ⅰ类	100%	无	地区界、人口多、水量变化大
13	河南二级管理单位	赵庄东南	一般监测站	不低于Ⅲ类	Ⅰ类	100%	无	水质变化敏感点
14	河南二级管理单位	西寺门东北	一般监测站	不低于Ⅲ类	Ⅰ类	100%	无	水质变化敏感点
15	河南二级管理单位	侯小屯西	重点监测站	不低于Ⅲ类	Ⅰ类	100%	无	地区界、人口多、水量变化大
16	河南二级管理单位	漳河北	重点监测站	不低于Ⅲ类	Ⅰ类	100%	无	省界、水质变化敏感点
17	河北二级管理单位	南营村	重点监测站	不低于Ⅲ类	Ⅰ、Ⅱ类	100%	无	省界、水质变化敏感点
18	河北二级管理单位	侯庄	重点监测站	不低于Ⅲ类	Ⅰ、Ⅱ类	100%	无	地区界、人口多、水量变化大
19	河北二级管理单位	北盘石	重点监测站	不低于Ⅲ类	Ⅰ、Ⅱ类	100%	无	地区界、人口多、水量变化大
20	河北二级管理单位	东湨	一般监测站	不低于Ⅲ类	Ⅰ、Ⅱ类	100%	无	水质变化敏感点
21	河北二级管理单位	大安舍	重点监测站	不低于Ⅲ类	Ⅰ、Ⅱ类	100%	无	地区界、人口多、水量变化大
22	河北二级管理单位	北大岳	重点监测站	不低于Ⅲ类	Ⅰ、Ⅱ类	100%	无	地区界、人口多、水量变化大
23	河北二级管理单位	蒲王庄	一般监测站	不低于Ⅲ类	Ⅰ、Ⅱ类	100%	无	水质变化敏感点
24	河北二级管理单位	柳家左	重点监测站	不低于Ⅲ类	Ⅰ、Ⅱ类	100%	无	地区界、人口多、水量变化大
25	河北二级管理单位	西黑山	一般监测站	不低于Ⅲ类	Ⅰ、Ⅱ类	100%	无	与北京、天津交界
26	河北二级管理单位	霸州	重点监测站	不低于Ⅲ类	Ⅰ、Ⅱ类	100%	无	水质变化敏感点

续表

序号	所属部门	断面名称	断面类别	水质目标	水质类别	达标率	超标指标	设站理由
27	天津二级管理单位	王庆坨	重点监测站	不低于Ⅲ类	Ⅰ、Ⅱ类	100%	无	省界、水质变化敏感点
28	天津二级管理单位	天津外环河	一般监测站	不低于Ⅲ类	Ⅰ、Ⅱ类	100%	无	控制天津干渠水质
29	北京二级管理单位	惠南庄	重点监测站	不低于Ⅲ类	Ⅰ、Ⅱ类	100%	无	省界、河段界
30	北京二级管理单位	团城湖	一般监测站	不低于Ⅲ类	Ⅱ类	99.15%	高锰酸盐指数	总干渠终点

表16-2　　　　水 质 自 动 监 测 站

序号	名称	编码	位置
1	陶岔水质自动监测站	NSB80001	河南省南阳市淅川县陶岔村
2	姜沟水质自动监测站	NSB80301	河南省南阳市姜沟村
3	刘湾水质自动监测站	NSB80901	河南省郑州市贾寨村
4	府城南水质自动监测站	NSB81301	河南省焦作市府城村
5	漳河北水质自动监测站	NSB81801	河南省安阳县施家河村东
6	南大郭水质自动监测站	NSB82001	河北省邢台市南大郭乡
7	田庄水质自动监测站	NSB82401	河北省石家庄田家庄村
8	西黑山水质自动监测站	NSB82801	河北省保定市徐水县西黑山
9	天津外环河水质自动监测站	NSB83001	天津市外环河西青区段西
10	中易水水质自动监测站	NSB83101	河北省易县高村乡中高村
11	坟庄河水质自动监测站	NSB83201	河北省涞水县永阳镇西垒子村
12	惠南庄水质自动监测站	NSB83301	北京市房山惠南庄
13	团城湖水质自动监测站	—	北京市团城湖

中线调度信息主要是为了系统中集成的水利专业模型服务的，水利专业模型计算需要将实时调度信息作为输入条件。相关的调度信息包括64个节制闸的闸前闸后水位、流速、流量、闸门开度，退水闸和分水口的闸前水位、流速、流量、闸门开度等。

中线视频监控信息主要是水质自动监测站、水质监测断面附近的视频监控信息。如果突发水污染事件，能够通过系统平台视频监控信息进行总干渠水质的远程查看。

中线应急物资设备信息是指从中线防汛系统中共享的水质应急队伍、水质应急物资的信息。主要信息包括应急物质的储备数量、型号、名称等信息，应急队伍的位置、人数等信息。在发生水质突发事件后能够快速地进行水质应急处置。

16.2.1.2 三维模型与地理信息数据

1. 地理信息数据

为了增强研究成果可视化程度，系统平台研发过程中用到大量的地理信息数据，主要包括：首页水质一张图的GIS地图，机理模型水质预测与大数据预测模块的地理信息数据，三维精细化模拟模块的地理信息数据，生境模拟模块中的地理信息数据等。

平台使用的地理信息数据包含1∶1000～1∶10000等各比例尺的矢量地形图、卫星影像图、DEM数据、河道断面数据等。

（1）各比例尺矢量地形图又包括以下矢量图层：等高线、高程点、坑塘、主要干流和支流河道、公路、铁路、堤防、水工建筑物、居民区、农田和树林等；

（2）各卫星影像图和DEM数据收集所能得到的最高分辨率数据。

2. 三维模型数据

根据研究成果可视化展示需要，本平台需构建退水闸渠段的重点建筑物三维BIM模型，包括退水闸、渡槽、倒虹吸、暗渠、公路桥等BIM模型，典型成果见图16-2。

图16-2 典型建筑物BIM模型

3. 无人机航测数据

为实现本平台中的精细的三维可视化成果，需要建设高精度三维基础数据资源，三维基础数据资源主要包括正射影像（DOM）、实景模型、DEM。为此采用无人机低空航测配合地面基准点测量来实现。

项目采用专业软件对无人机航测影像进行处理，处理后形成了精度、坐标和高程一致的实景模型、正射影像和DSM数据(分辨率5cm)，并在此期间采用实测控制点数据对实景模型、正射影像、DSM进行坐标和高程校准，坐标系统采用CGCS 2000。

以摄影像片、像控成果为基础数据，结合已有空三加密成果，利用实景建模软件，经工程创建、数据预处理、控制点处理、多视匹配模型架构、纹理映射等过程，最终输出 DSM、DOM 和实景三维模型成果。

16.2.2　多源异构数据转换

通过 RESTful Web 服务的数据访问流程和快捷服务总线，解决分布式环境中数据难以高效操作的难题，便于服务流程的编排、管理及监控。通过 RDF（resource description framework，资源描述框架）接口将异构数据源数据转换成 RDF 数据，将网络本体语言（Web ontology language，简称 OWL）本体构造和语义网规则语言（semantic Web rule language，简称 SWRL）规则结合起来建立局部本体和全局本体之间的映射，以解决南水北调中线水质综合管理的多源异构数据聚合中关键性的语义异构问题。该技术可以屏蔽底层数据源物理和逻辑的差异性，并具有较好的可维护性和可扩展性。

16.2.2.1　基于 SOAP 与 Restful 的协同策略

Restful Web 服务基于 REST 风格的轻量级 Web 服务架构，为每一个资源赋予包含了作用域信息的唯一标识 URI，在南水北调中线输水水质预警与业务化管理平台中，主要采用 Restful Web 服务方式来实现对分散数据源的访问和其他操作，其具体的请求和响应过程的数据访问技术。

在对数据进行 CRUD 操作时，服务请求者将请求的数据置于 HTTP 文档主体，通过 URI 向服务器发送请求，服务器依据方法参数处理完毕后，将结果以 XML、HTML、JSON 等格式通过 URI 传回服务请求者。

一方面，REST 采用 HTTP 的简单协议，而 SOAP 则遵循 WSDL 语言描述的复杂的服务契约；另一方面，REST 可采用比 XML 更为轻量级的 JSON 数据格式。在访问相同大小数据量时，Restful Web 服务比 SOAP/WSDL 传输效率高很多，响应速度快捷。此外，Restful Web 服务简捷高效、低耦合，将需要操作的事物、关系和业务流程抽象为资源，同时为每一个资源赋予唯一的资源标识符 URI，其本身与其他分布式组件的耦合度低，一旦数据源发生变更，只需对 URI 进行简单的修改即可，后期维护升级和开发周期短，可实现服务的快速部署与应用。

16.2.2.2　基于消息驱动的轻量级服务总线动态管理与监控技术

设计一组丰富的功能启用管理和监控应用程序之间的交互，作为平台的处理中枢，集成在应用系统的逻辑层及服务层之间，通过多种通信协议连接并集成不同系统上的组件将其映射为服务，完成服务间的动态监控与互操作。

服务容器封装用户应用软件和总线基础服务，通过服务的注册、发现和选择来实现业务的分布式处理。服务列表依据相应的功能应用而事先被注册在服务容器内，当总线接收到来自逻辑层承接的应用层的请求代理时，服务容器发现请求并依照列表选择相应的服务。总线提供了发布/订阅和请求/回复两种消息模式，由消息路由分析服务传递的步骤并建立传递线路和规则，最终实现消息的传递过程。总线通过调用 Restful Web 服务对所需的数据源进行数据操作，并将结果返回到服务总线。

16.2.3 多源异构数据清洗

南水北调中线多源异构水质数据需求包括：一是需要对水质监测数据进行统计、分析、展示，二是作为水利专业模型的数据源，三是水质监测数据面向中线沿线水厂进行共享，所以需要对中线多源异构水质相关数据进行清洗。数据清洗（Data cleaning）是对数据进行重新审查和校验的过程，目的在于删除重复信息、纠正存在的错误，并保证数据一致性。

多源异构数据的清洗主要是对四类异常数据进行处理，分别是缺失值（missing value）处理、异常值（离群点）处理、去重处理（Duplicate Data）、噪音数据处理。

16.2.3.1 缺失值处理

（1）当缺失率低且属性重要程度高时，若属性为数值型数据则根据数据分布情况简单的填充即可。

（2）当缺失率高（>65%）且属性重要程度低时，直接删除该属性即可。

（3）当缺失率高（>65%）且属性重要程度高时，采用插补法或建模法来处理。

1）插补法主要有随机插补法、多重插补法、热平台插补法、拉格朗日插值法、牛顿插值法。

2）建模法可以用回归、贝叶斯、随机森林、决策树等模型对缺失数据进行预测。例如：利用数据集中其他数据的属性，可以构造一棵判定树，来预测缺失部分数据的值。

16.2.3.2 异常值处理

异常值是指样本中的个别值，其数值明显偏离它（或它们）所属样本的其余观测值。异常值分析目的是检验是否有录入错误的数据以及是否含有不合常理的数据。如果对异常值的存在忽视不见，在数据的计算分析过程中把异常值包括进去，是十分危险的，将对分析结果产生不良影响。因此我们需要重视异常值的出现，分析其产生的原因，找到正确的改进方法。

（1）箱形图是数字数据通过其四分位数形成的图形化描述。这是一种非常简单但有效的可视化异常值的方法，考虑把上下触须作为数据分布的边界，任何高于上触须或低于下触须的数据点都可以认为是离群点或异常值。

（2）DBScan是一种用于把数据聚成组的聚类算法。它同样也被用于单维或多维数据的基于密度的异常检测，其他聚类算法比如k均值和层次聚类也可用于检测异常值。

（3）孤立森林（Isolation Forest）方法是一维或多维特征空间中大数据集的非参数方法，其中的一个重要概念是孤立数。孤立数是孤立数据点所需的拆分数。

根据产生异常值的不同原因，分析选用不同的异常值处理方法，保证多源异构数据符合本体特征。

16.2.3.3 去重处理

对于重复项的判断，基本思想是"排序与合并"，先将数据集中的记录按一定规则排序，然后通过比较邻近记录是否相似来检测记录是否重复。这里面其实包含了两个操作，一是排序；二是计算相似度。具体在去重处理过程中主要是用 duplicated 方法进行判断，然后将重复的样本进行简单的删除处理。

16.2.3.4 噪音处理

噪音是被测变量的随机误差或者方差，主要区别于异常值。在等式"观测量（Measurement）=真实数据（True Data）+噪声（Noise）"中，异常值属于观测量，既有可能是真实数据产生的，也有可能是噪声带来的，但是总的来说是和大部分观测量之间有明显不同的观测值。而噪音包括错误值或偏离期望的孤立点值，但也不能说噪音点包含离群点，虽然大部分数据挖掘方法都将离群点视为噪声或异常而丢弃。但会针对噪音点做噪音点分析或异常挖掘，确保不误删有些在局部看属于噪音点、但从全局看是正常的点。

16.2.4 多源异构数据集成

16.2.4.1 多源异构数据分布

南水北调中线干线工程建设了千兆核心的通信网络，根据业务功能及安全域划分为控制专网、业务内网、业务外网。

（1）控制专网：传输控制各个现地站闸门的启闭及闸门相关信息，与其他网络采用物理隔离，具有独立的物理安全域，仅与业务内网通过安全网闸设备实现数据必要的安全摆渡。

（2）业务内网：主要用于传输中线内部各业务应用系统信息，是南水北调中线工程主要内部业务网络，业务内网与业务外网之间采用逻辑隔离，通过防火墙等安全设备实现网络的安全控制。

（3）业务外网：主要用于连接互联网并对外提供必要的网络服务。

南水北调中线工程总体网络结构如图16-3所示。

所有需要集成的水质数据分布在业务专网、业务内网、业务外网等不同的网络空间。水质综合管理平台所需的闸控（闸门开度）与调度信息（水位流量）等在控制专网；水质巡查信息主要集中在中线业务外网；水质监测数据与视频监控信息、空间地理信息需要从中线业务内网获取。

多源异构数据的数据分布的分散性决定了这些数据集成需要打通业务内网、业务外网、业务专网的通道，而这些通道的打通也需要同时满足现有中线网络安全要求。

16.2.4.2 多源异构数据存储

系统平台使用 Oralce+区块链进行数据存储。水质监测信息主要存储在基于水质监测数据的 Oralce 数据库中，Oracle 数据库是甲骨文商业化关系性数据库产品，自南水北调中

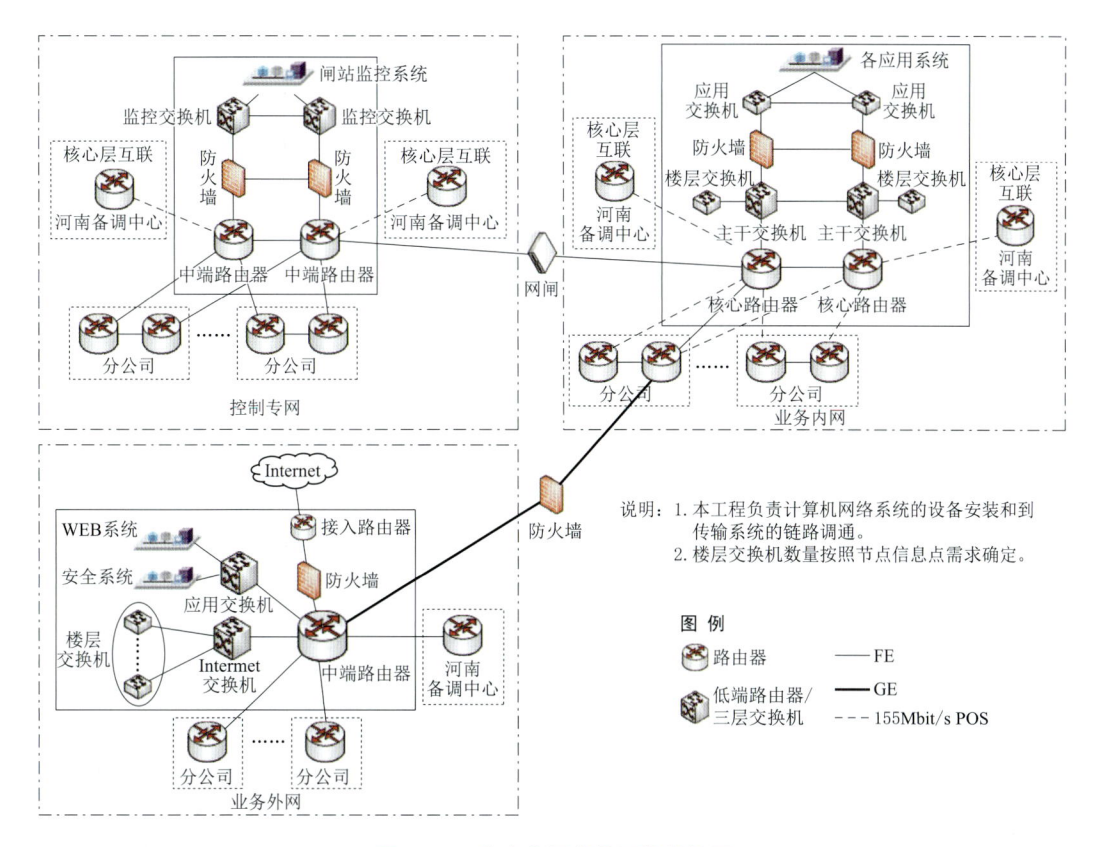

图 16-3　南水北调中线网络结构图

线通水以来的水质监测数据都存储在该数据库中。

视频监控数据由中线安防系统提供，视频监控数据量大，为了保证视频数据的实时性，系统平台没有中间存储视频监控数据，而是通过前置机直接调取视频监控信息。闸控与调度数据、应急物资设备数据、水质巡查数据都保存在各自系统的后台数据库中，通过相应的格式协议与系统平台共享。

另外，系统平台需要调用大量空间地理信息，本平台系统部署不包含空间地理信息数据，所需要的空间地理信息数据从中线时空信息服务平台调用，由于与互联网隔离，所以所有的地图服务所需影像、空间数据全部先由互联网获取，然后再发布至中线时空信息服务平台供本平台调用。

由上述可知，采用单一的方式不能很好地解决系统平台多源异构数据统一集成的问题，必须切合实际的提出多源异构数据汇聚存储架构，解决各种数据的汇聚问题。

16.2.4.3　多源异构数据抽取

多源异构数据抽取根本上是系统间数据的交换，目前系统间的数据交换由多种方式，实际数据互通中主要采用：①通过相互之间的接口进行数据交换；②通过中间件进行数据交换；③通过建立中间库表进行数据交换。

第一种数据交换方式通常采用JSON这种格式进行，传统的XML格式已经不常使用，通过接口进行数据交换时需要通过OAuth2.0协议进行身份认证，每次请求都需要带着通过OAuth2.0协议生成的Token字符串进行。OAuth 2.0 是一个授权协议，它允许软件应用代表（而不是充当）资源拥有者去访问资源拥有者的资源。应用向资源拥有者请求授权，然后取得令牌（token），并用它来访问资源，并且资源拥有者不用向应用提供用户名和密码等敏感数据。

第二种数据交换方式一般多采用消息中间件进行，消息中间件已经逐渐成为企业IT系统内部通信的核心手段。它具有低耦合、可靠投递、广播、流量控制、最终一致性等一系列功能，成为异步RPC的主要手段之一。

第三种是通过数据库中间库表的形式，这种方式适合数据量大、通过接口或中间件传递复杂情况下的数据交换。建立中间库表以后，写入方按照约定的规则写入到指定的库表，读取方定时读取数据。

本系统平台研发过程中，地理空间数据主要是从中线时空信息平台获取，通过第一种方式获取本平台临时Token，然后每次带着Token进行数据请求。水质巡查信息、水质应急物资设备信息的汇聚也是采用第一种数据交换方式，此类数据的获取是通过调用中线巡查实时监控系统的第三方接口，通过OAuth2.0协议，然后调用相关的信息数据。

视频监控数据采用第二种方式进行交换。视频监控服务方架设转码服务，转换现有的视频流格式为国标（GB 28181），此视频流不能直接使用，需要本系统平台架设流媒体服务进行处理。本系统平台通过集成自行研制的流媒体服务平台（YSY-SMS）进行处理，YSY-SMS不但对流媒体进行格式转换，还可以对访问进行负载均衡，该服务支持多种协议，转换的视频流可以不装插件直接供桌面端和移动端使用。

由于本系统平台的水质监测信息包括总干渠理化指标、总干渠生物指标、地下水监测指标、自动站监测指标、109项监测指标等指标信息。其中理化指标包括水温、pH值、溶解氧、高锰酸盐指数、化学需氧量、五日生化需氧量等；总干渠生物指标包括浮游生物、藻密度等；地下水指标主要是总干渠地下水的相关水质指标；自动站监测指标更是6h采集更新。由此可见，水质监测信息种类繁多，数据量巨大，所以本系统平台研发过程中采用第三种方式进行水质监测数据交互。

闸控信息与调度信息涉及64个节制闸、174个退水闸和分水口，也采用第三种方式进行数据交互。

16.2.5 多源异构数据高效汇聚存储

16.2.5.1 多源异构数据汇聚

16.2.5.1.1 水质监测数据等实时数据的汇聚

1. 基于改进混合本体的数据聚合

改进混合本体方法包括一个全局本体和多个局部本体，只在全局本体和局部本体之间进行映射时，局部本体之间不需要建立映射关系，对全局本体的查询能转换成为对各个底层数据源的查询。构建局部本体与全局本体之间的映射实现本体转换，消除数据的语义异构。

具体流程如下：

（1）异构数据源数据经过RDF接口，数据被转换成RDF数据，然后通过OWL本体描叙语言构造数据源本体；

（2）通过本体构造和SWRL规则转换，建立了局部数据源本体和全局共享本体之间的映射，在运行过程中，实现数据源本体之间的转换，消除数据的语义异构；

（3）本体转换完成后，异构数据实现了有效聚合，结果被返回给用户或者应用程序，支持接下来的分析和计算。

2. 开放性的数据转换

异构数据源都通过一个RDF接口接入系统，该接口将来自各个数据源的数据公开为RDF数据。使用RDF接口集成数据源的好处在于可以将数据从应用程序中分离出来，使得交换已有数据源得以实现，同时不需要进行大量改动就可以很方便地实现新的数据源集成，具有良好的开放性。RDF接口将每个数据源公开为RDF后，经过数据抽取器抽取数据，然后通过数据加载服务提供给数据转换控制模块，进行统一的数据转换，然后就可以通过OWL语言构造数据源本体。

3. OWL和SWRL规则结合的本体映射

OWL本体语言提供了将两个本体的类和属性关联起来的方式，SWRL通过建立规则对本体概念及其属性进行分析和语义推理。将SWRL规则和支持映射的本体构造一同使用，在已有的资源描述库中判定出各个概念之间的语义关系，能够有效地发现本体之间隐含的语义关联，充分挖掘领域本体所提供的背景知识，适用于不同领域的多种信息。采用标准化的技术，以及可重用和共享的规则表达，将OWL和SWRL规则结合起来建立映射可以实现映射的重用和共享。首先通过统一的RDF语法形式呈现SWRL规则，通过局部本体构建全局本体后，进行语义相似度计算，利用SWRL规则建立全局本体和局部本体之间的映射关系，最终输出为一个完整的本体映射关系表。

16.2.5.1.2 三维模型与地理信息数据的汇聚

1. 汇聚方法研究

（1）三维模型数据：

由于无人机航测获得的三维实景模型能够满足工程大场景的展示与呈现，对于工程重点部位和重要建筑物无法呈现，因此对于本项目相关工程重点部位和重要建筑物进行三维工程建模。

依据设计基础资料，采用BIM软件创建工程三维信息模型，并且模型创建要满足以下要求：

模型构建拆分满足运维管理各业务模块需求；模型构建命名统一且易于识别，模型构建编码唯一；模型配色接近设施本体；模型几何深度等级满足现行规范及运维管理需求。

利用信息分离及位置关联技术，将BIM模型属性信息汇入工程BIM模型，进而构建BIM模型与工程运行信息的关联。

借助强大平台服务能力，建设BIM模型解析、格式转换、BIM服务优化等预处理服务，并以标准化服务的形式向业务系统提供BIM功能服务和数据服务接口，实现轻量化智能化运维的数据服务基础。

平台的BIM空间融合技术实现集约高效、友好安全、实用有效的运维体验，让BIM运维的模型Web浏览、分享以及协作更简单。

（2）无人机航测数据：

采用无人机航测一般只能得到DSM数据和正射影像，分辨率可达到5cm以内，从而确保了地形数据和影像数据的精确性。

为满足水利专业模型构建的需要，后期还需对原始DSM数据进行大量处理，包括处理林带、水面、房屋等，从而得到最终模型需要的DEM数据，以确保模型过程计算的准确性。

对于正射影像和DEM数据，由于数据量很大，需要对其进行简化处理，以满足后续工作不同需要。

将无人机航测获取的大范围DEM、正射影像、实景模型按坐标高程进行整合，构建一个完整的工程三维场景。确定好各类型三维场景搭建方式后，借助于ArcGIS Pro平台，精确按高程和坐标进行各类型三维数字模型的整合，从而形成一个完整的三维场景。

（3）地理信息数据：

地理信息数据主要结合中线时空信息服务平台现有的数据服务，没有的采用购买的方式或是从公网下载离线数据。

2. 数据发布与汇聚

系统采用ArcGIS桌面端软件Arcmap10.6和ArcGIS Pro2.1制作并发布成的二维地图服务、三维场景服务、要素服务，采用ArcGIS的相关API接口（ArcGIS Runtime SDK for .NET、ArcGIS API for Python）进行GIS后端服务定制开发，分述如下。

（1）地图、场景制作及服务发布。通过在Arcmap和ArcGIS Pro中将公共影像、公共DEM、无人机航测DEM、正射影像、实景模型、及建筑物标注要素等进行集成，制作成完整的二维地图和三维场景，在各比例尺下采用合适的制图表达和符号化后，各自发布成服务，包括地图服务、要素服务、高程服务等，最终部署在公司ArcGIS门户网站上，供前端调用。

（2）后台数据处理模型的构建和服务开发。为进行模型结果的提取、矢量化、时态化（洪水动态展示所需），需要构建各种数据处理模型，本系统采用的GIS平台为esri的Arcgis平台，通过在ArcMap中构建各种地理处理模型，并发布成GP服务，从而为系统提供在线支撑。见图16-4。

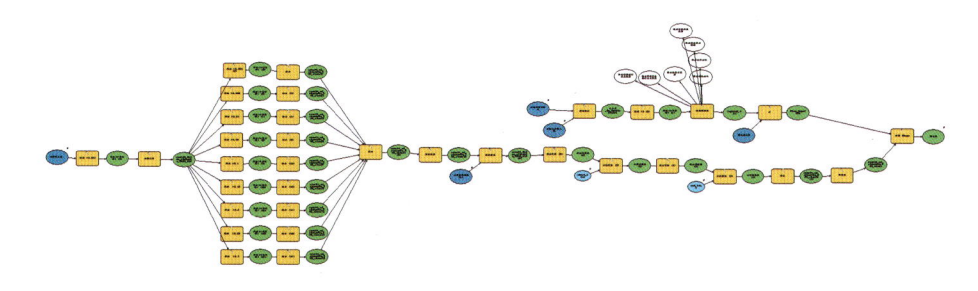

图16-4　构建的矢量数据处理模型

（3）后台GIS数据处理服务（GP服务）开发及发布。系统采用的GIS平台为ESRI的ArcGIS平台，通过在ArcMap中构建各种地理处理模型，多次测试应用无错后，将其转换为python脚本（基于ArcGIS API for Python），再编写部分输入输出、与其他系统和数据库交互代码后，基于ArcGIS server发布成GP服务，从而使系统具备后台在线GIS时空数据处理能力。

16.2.5.2　数据架构

总体采用面向服务架构的思想，借助企业服务总线在消息路由、服务管理及自动集成多个应用方面的优势来构建南水北调中线输水水质预警与业务化管理平台的数据架构。南水北调中线水质信息多源分散问题突出，平台采用轻量级的Restful Web服务来实现对多源数据的读取访问。南水北调中线输水水质预警与业务化管理平台的数据架构如图16-5所示，自下而上依次分为数据层、服务层、总线层、逻辑层和应用层共5层。

（1）数据层。作为整个架构的底层基础，数据层要提供分散于各子应用系统中的数据信息。在访问时需要对数据模型进行必要的解析服务，将此类解析服务封装为可调用的独立服务，适于在分布式环境中构建松耦合和互操作性强的系统架构。

（2）服务层。服务层通过创建REST服务与SOAP/WSDL服务来实现对底层分布数据源的访问。REST服务简捷灵活，可通过URI直接识别定位资源，避免了访问资源时繁琐的响应过程，在需要使用有限带宽提供更多连接时更具效率，使系统具有可寻址性、连通性，降低了与其他分布式组件的耦合性，具有高伸缩性和灵活性，适合构造松散组合的系统。

（3）总线层。企业服务总线（enterprise service bus，简称ESB）是构建平台的关键核心部分，它提供了开放的、基于标准的消息机制，能够支持异构环境中的通信、连接、交互、消息服务，通过标准适配器和接口，提供粗粒度应用服务与其他组件之间的互操作。ESB通过对各子服务的组合调用实现对服务流程的编排、管理和监控，以支持异构

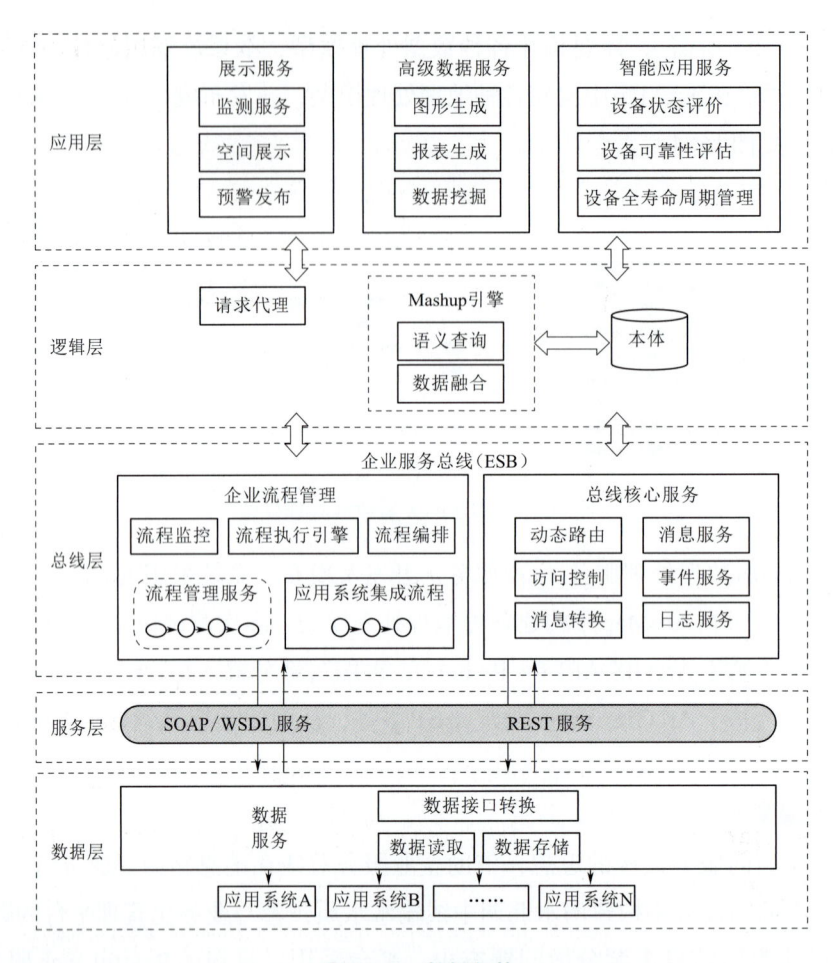

图 16-5 数据架构

环境中的集成需求。

（4）逻辑层。逻辑层主要处理中线水质数据信息异构的问题。该层接收来自应用层的请求代理并在总线控制下通过 REST 服务获取多源异构数据，在 Mashup 引擎下完成本体实例的创建并进行语义查询，最终完成数据聚合。

（5）应用层。作为顶层的应用层根据逻辑层的处理结果，可提供设备的高级数据、展示与全生命周期管理等服务应用。

16.2.6　多源异构数据共享

系统平台的数据共享分为两个层面：一是对系统平台内集成的水质专业模型和大数据分析提供数据；二是对中线沿线自来水厂提供相关水质监测数据共享。

因为南水北调中线业务网络结构的限制，外部系统访问本系统平台必须通过 VPN 途径。为保证共享数据的安全，在南水北调中线工程运行管理单位的外网关口布设一台前置服务器（简称前置机），该前置机既能够连接互联网，也能够连接南水北调中线工程运行管理单位的业务网络，再经过安全防火墙和安全策略的布设，接可以在确保数据安全的前提下解决系统平台与沿线水厂的数据交换共享问题。

在网络互通的基础上，本系统平台对沿线水厂开放了 RESTful API 的接口。REST 指的是一组架构约束条件和原则，满足这些约束条件和原则的应用程序或设计就是 RESTful。Web 应用程序最重要的 REST 原则是：客户端和服务器之间的交互在请求之间是无状态的。从客户端到服务器的每个请求都必须包含理解请求所必需的信息，如果服务器在请求之间的任何时间点重启，客户端不会得到通知。此外，无状态请求可以由任何可用服务器回答，适合云计算之类的环境。客户端可以缓存数据以改进性能。

RESTFUL 是一种网络应用程序的设计风格和开发方式，基于 HTTP，可以使用 XML 格式定义或 JSON 格式定义，本平台使用 JSON 格式。RESTFUL 非常适用于移动互联网作为业务接口的场景，实现第三方 OTT 调用移动网络资源的功能，动作类型为新增、变更、删除所调用资源。

16.3 水质评价—预报—预警—调控模型群软件集成

16.3.1 水质评价—预报—预警—调控模型群构建

南水北调中线输水水质预警与业务化管理平台集成了中线水质一维全线预测预报模型、中线水质大数据预测模型、中线水质三维局部预测预报模型、中线突发水污染扩散模拟模型、中线突发水污染应急调度模型、中线水质生态调度模型、应急退水淹没演进模型，为水质预警与业务化管理平台提供了专业技术支持。

以上模型由相关承担单位构建，以下仅对这些专业模型构建与系统应用情况作简要说明，并详述其中的典型模型——应急退水淹没演进模型构建过程，其他模型具体原理和构建过程详见其他相关章节。

16.3.1.1 中线水质一维全线预测预报模型

中线水质一维全线预测预报模型基于中线水质时空变化规律及成因分析研究、藻类生长对水质因子响应机理研究等研究成果构建，通过收集南水北调中线运行以来的水质数据，并对部分指标进行分析，研究水质时空变化规律，找出其中的影响因子，从而形成预测预报模型。

模型的构建采用综合因子法，定量考察藻生长速率与初始营养状态（总氮、总磷）、光照（I）和温度（T）之间的回归关系，提出绿藻硅藻藻华在迟滞期和对数期的生长速率公式，重点分析溶解氧与水中藻类数量从南到北增加的相关性，高锰酸盐指数、化学需氧量（均 < 15mg/L）、生化需氧量、氨氮等 4 个指标的时空分布规律与藻类相关性。

模型在中线输水水质预警与业务化管理平台中的应用如图 16-6 所示。

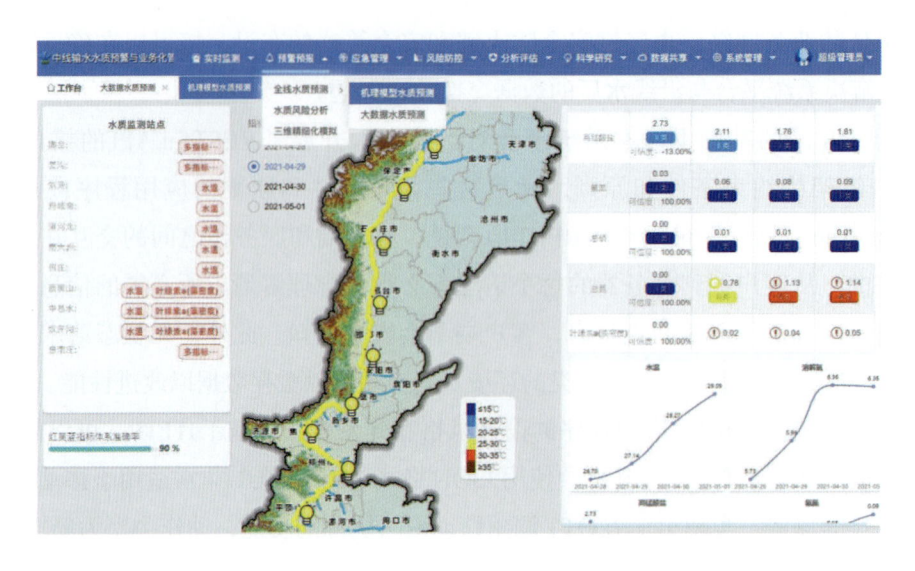

图 16-6　系统中的水质一维全线预测预报模型应用

16.3.1.2　中线水质大数据预测模型

中线水质大数据预测模型基于中线大量实测水质数据，通过大数据分析技术找出各指标相关性，最终采用适宜的算法构建模型，算法原理为

$$r_{de} = \frac{\sum_{i=1}^{n}(x_{di}-\overline{x_d})(x_{ei}-\overline{x_e})}{\sqrt{\sum_{i=1}^{n}(x_{di}-\overline{x_d})^2}\sqrt{\sum_{i=1}^{n}(x_{ei}-\overline{x_e})^2}}$$

式中：r_{de} 为相关系数（correlation coefficient）；x_{di} 为第 d 个指标第 i 个样本的值；$\overline{x_d}$ 为第 d 个指标平均值；x_{ei} 为第 e 个指标第 i 个样本的值；$\overline{x_e}$ 为第 e 个指标平均值。

在计算中主要综合考虑了 7 个外界环境因子（流量、降雨量、气温、日照时数、风速、平均水气压、大气降尘（PM2.5）等）与 9 个水质预测指标间的相关性。此外，利用相关性分析及排序，遴选 pH 值、高锰酸盐指数、溶解氧、浊度、叶绿素 a 等 9 个水质指标对应的模型输入因子，并代入 ICS-BP 模型（改进布谷鸟-BP 神经网络）和 GRNN 模型（广义回归神经网络）、BP 模型、PSO-BP 模型（粒子群-BP 神经网络），进行水质预测结果对比。

模型在中线输水水质预警与业务化管理平台中的应用见图 16-7。

16.3.1.3　中线水质三维局部预测预报模型

为实现水质三维精细化模拟预测，本次通过选取典型局部渠段，构建了水质三维局部预测预报模型。通过对局部渠段进行网格剖分，并在 OpenFOAM 中计算渠道每个网格点的水深、流速等要素，最后基于平滑插值算法对模型进行优化改进，使得每个像素点都有流速信息。

模型在中线输水水质预警与业务化管理平台中的应用见图 16-8。

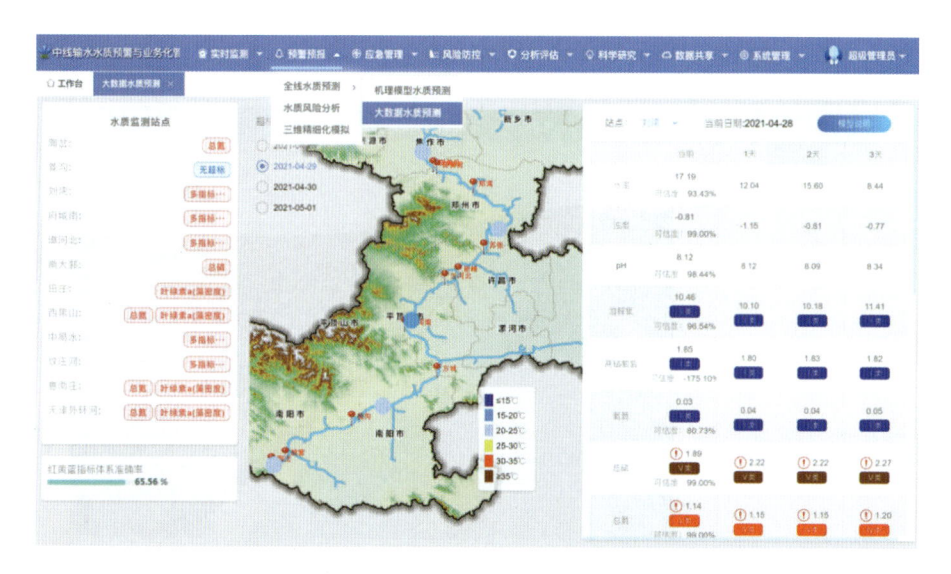

图 16-7　系统中的水质大数据预测模型应用

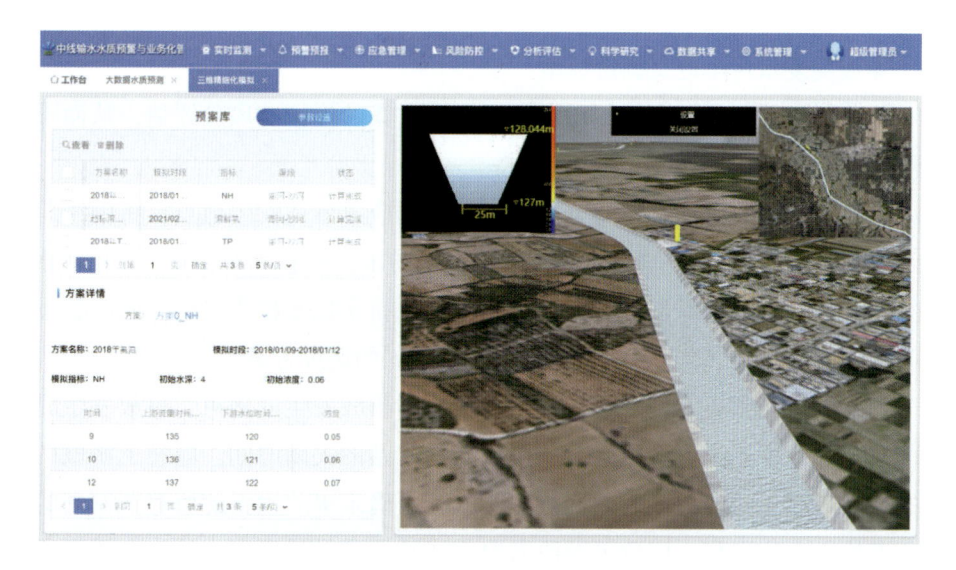

图 16-8　系统中的水质三维局部预测预报模型应用

16.3.1.4　中线突发水污染扩散模拟模型

中线突发水污染扩散模拟模型负责模拟渠道外部的污染物进入渠道而带来的污染以及该污染物的扩散、降解过程。根据污染物发生的类型，主要分为两种——持续旁侧入流污染和突发点源污染。

其中，持续旁侧入流污染主要指的是由于旁侧的污染水体持续进入渠段，造成连续的渠段水体污染或水质下降，这种情况主要包括比如含污染物质的地下水渗漏，洪水入渠，污染降雨等；突发点源污染指的突然发生、持续时间较短但是危害较大的污染事件，包括例如人为投毒、渠段桥梁坠物等类型的污染事件。针对这两种污染类型，建立不同的污染扩散方程，加入到水质模型中去，来进行突发污染事件模拟。模型在中线输水水质预警与业务化管理平台中的应用见图16-9。

图16-9　系统中的突发水污染扩散模拟模型应用

16.3.1.5　中线突发水污染应急调度模型

中线突发水污染应急调度模型负责应急调度方案的模拟、风险评估，从而寻找最优的应急调度方案，为应急调度提高决策支持。

针对于突发水污染应急事件的渠段调度，根据应急事件发生地点，将中线总干渠分为3段，分别为应急事故段、应急上游段、应急下游段。在应急事故段，以控制水污染事故为目的，应急上游段以保证调度过程中尽可能保持水位平稳为目的，而应急下游段以保证尽可能供水为目的，因此针对不同的段采用不同的调度方案。

应急事故段需要完成的调度为，根据事故段的事故发生的地点、事故发生时间、确定事故段的范围，事故段上、下游节制闸以及退水闸的关闭时间。应急上游段的调度需要完成的是在事故段闸门关闭时间确定的基础下，确定事故段上游所有节制闸的调控过程，保证事故段水位平稳。应急下游段需要完成的调度是尽可能多的为利用渠段蓄水完成往下游分水口的供水，并确定分水口的水量变化时间。因此，应急调度模型的输入为事故点位置、事故点污染物质质量，第一层输出为事故段的节制闸和退水闸调度方案；第二层输出为事故段上游节制闸以及退水闸的调度方案和事故段下游节制闸和分水口的调度方案。应急调度模型的基本框架见图16-10，模型在中线输水水质预警与业务化管理平台中的应用见图16-11。

16.3.1.6　中线水质生态调度模型

中线水质生态调度模型负责分析总干渠合适的运行调度以对藻类等进行生态调控，如分析关键区域、关键时期、有效流速等。通过研究生态调控应遵循的原则、生态调控策略，形成有效的实施方案与技术等，包括适用的分区调控方案、渠段运行方式、闸门操作技术等。最后，结合南水北调中线干渠案例，仿真演示整个生态调控过程，分析评估生态调控的成效。

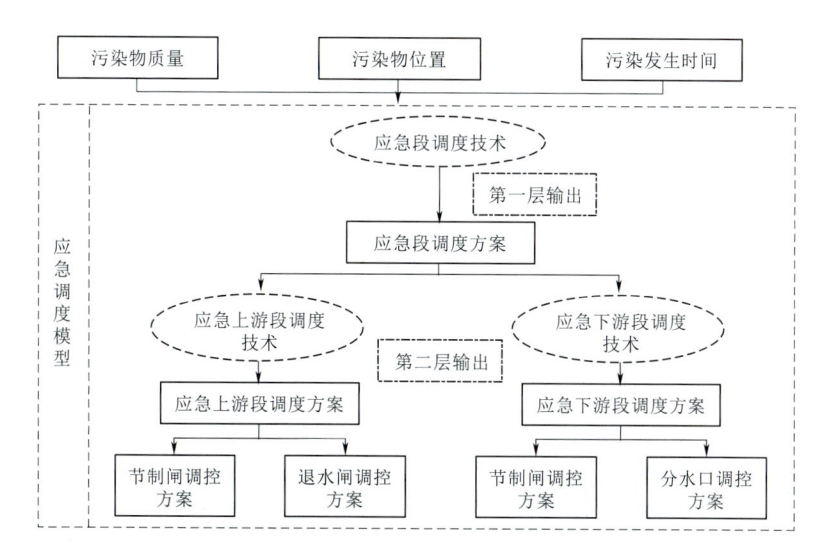

图16-10　应急调度模型基本框架

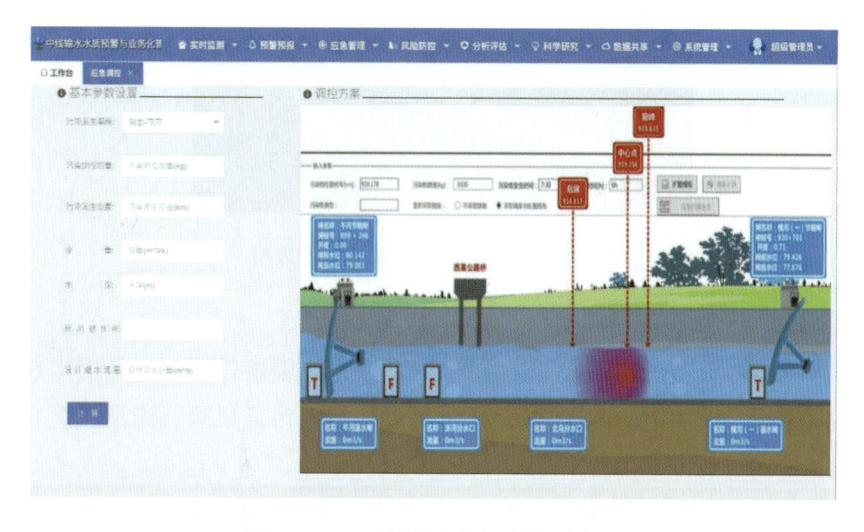

图16-11　系统中应急调度模型应用

中线水质生态调度模型基于NSGA-Ⅱ算法的多目标优化生态调度方法构建。对于长距离明渠调水工程的优化调度问题，目前的研究大多采用传统控制算法来求解，传统控制算法一般是通过输入渠段水位、流量等相关信息，输出闸门动作来实现整个渠道的控制流程，但是传统控制算法通常只考虑一个目标，无法兼顾多个目标，并且闸门调节频次高，对于闸门的损耗也更加严重，再者就是对于大规模闸群的调节效果并不理想，无法满足实际工程的需要。针对现有技术存在的不足，将多目标优化算法耦合水动力模型应用于长距离明渠调水工程中，利用优化算法实现长距离输水系统的多闸群多目标短期优化调度方法，在长距离明渠调水工程中，构建一维非恒定流水动力模型，实现长距离输水系统的水力衔接和联系，从而模拟整个调度期各时刻的水位、流量情况；构建多目标优化调度模型，采用NSGA Ⅱ算法，满足实际多个调度目标的需求，通过优化各时刻闸门的调控过程，生成了多组直接作用于闸门的调控方案，保证输水系统的平稳安全运行；构建多目标优化算法（NSGA Ⅱ）与水动力模型的耦合，对优化过程中涉及水动力过程进行仿真模拟，更加贴合实际情况，从而实现复杂明渠调水工程的模拟优化调度工作，为实现复杂明渠调水工程的全自动化提供新的思路和方案。

模型在中线输水水质预警与业务化管理平台中的应用如图16-12所示。

图16-12 系统中生态调度模型应用

16.3.1.7 应急退水淹没演进模型

应急退水淹没演进模型作为研究在发生突发性水污染事件下，应急退水在渠道外的淹没演进规律和污染物扩散衰减规律，分析对渠外二次污染风险、淹没风险、冲刷风险等，并提出相应的应急工程处置措施。

突发性水污染事件同时具备了风险事件的两大基本要素：瞬时突发性（概率事件）和后果严重性（影响损失），突发性水污染事件的特点与一般水污染事件不同，突发性水污染事件没有固定的排放方式和排放途径，而是瞬时或短时间内排放大量污染物质，进而对环境造成污染和破坏。

南水北调沿线退水闸下游河道大部分常年干涸，很多河道断面小且局部堵塞排水不畅，并不具备大流量退水条件，当南水北调突发性水污染事件发生而必须退水时，势必会造成一定的淹没损失，而总干渠尚未来得及充分净化的污染水体下排后，也会对下游河道形成二次污染。为此，掌握退水区域地形特征，构建水动力学+水质耦合的应急退水淹没演进数值分析模型，对退水淹没演进过程和污染物扩散衰减过程进行动态模拟，并结合BIM、GIS等三维可视化技术，开发退水模拟与风险分析系统，能够在突发水污染事件时，及时为决策层提供技术支持。

模型在中线输水水质预警与业务化管理平台中的应用如图16-13所示。

图16-13　系统中应急退水淹没演进模型应用

16.3.2　模型群集成技术路线

应用研发的水质评价预警、模拟预报、应急调度等水利专业模型技术，划分参与应急调度的渠池、闸门，以及分水口范围等不同应对措施，以面向对象编程、动态链接库、多线程分布式并行计算、GPU加速计算、实时结果读取、模型动态干预、模型热启动、模型继承等技术为优化手段，对模型群进行二次开发和接口封装，以实现中线水质安全保障各个核心模型可以有效地集成到南水北调中线输水水质预警与业务化管理平台中，为南水北调中线输水水质预警与业务化管理平台提供核心模型服务。

16.3.2.1　多模型集成需求

为保障中线水质评价—预报—预警—调控模型群软件集成的普适性和通用性，必须深度分析多模型集成所面临的关键内在需求，主要包括以下几个方面。

（1）在线灵活应用需求。为满足应用业务需求，各水质专业模型需高度可定制化，从而满足灵活应用的需求，各模型从边界条件、参数、模型网格、输入输出均可在线定制，在模型计算前和计算过程中可随时对模型进行修改，即满足模型动态干预和热启动条件，一个方案的模型参数可被下一个模型计算方案继承，从而方便模型在线构建和调整。

（2）高效实时计算需求。由于部分二、三维水质专业模型计算耗时长，为满足业务实时计算需求，需采取各种优化计算手段大幅提高模型计算效率，从而实现高效在线计算，这些优化计算手段包括多线程并行计算、GPU加速计算、高效内存数据库存取等，此外，对于长耗时模型计算，还需通过实时结果读取技术实现计算结果的实时读取，计算一部分读取一部分，即不需要等模型全部计算完成即可查看部分已计算完成的模型结果。

（3）结果直观表达需求。模型结果数据庞杂，尤其是二三维水动力学、水质模型，其结果数据非常庞大，需采取技术手段对结果进行提炼、概括和二三维可视化表达，通过图表、二三维动态展示、智能语音播报等方式使用户快速获取模型主要计算结果。

（4）多语言混合编程需求。中线水质评价—预报—预警—调控模型群构建及解算方法明确后，必须通过编程进行实例化，才能完成模型的验证与应用。由于主流计算机编程语言呈现多样化特征，因此，模型群集成必须适应多种开发语言混合编程的客观需求。

（5）标准化信息交换需求。水中线水质评价—预报—预警—调控模型群涉及的输入信息和输出信息种类繁多，必须对各类模型参数信息进行标准化定义，才能适应不同层级、不同类型模型之间进行调用和耦合的信息交换需求。

（6）多目标按需耦合需求。中线水质评价—预报—预警—调控模型群本质上可分解为多个层级的计算单元，各层级之间通过调用、封装、组合等方式实现满足不同计算目标的应用耦合。因此，模型群集成必须适应不同水利核心模型的多目标按需耦合需求。

（7）组件化配置管理需求。可配置性设计可显著提升模型群集成的适应性、可操作性和运行效率。中线水质评价—预报—预警—调控模型群经编程实例化后，可视为模型计算组件，将各类输入、输出信息进行标准化定义，并设计为动态配置项，才能实现多模型的高效率组织和动态预处理。因此，模型群集成必须适应组件化的配置管理需求。

（8）分布式并行计算需求。在云计算、互联网+的新一代系统运行环境下，中线水质评价—预报—预警—调控模型群服务分布于不同的服务器终端；同时，随着模型计算规模的不断扩大和优化目标的持续复杂化，通常会根据内部计算单元的相互独立性，通过调用不同的硬件资源同步执行来提高整体计算效率。因此，模型群集成必须适应分布式部署调用及并行计算的高性能需求。

（9）多任务统筹协调需求。中线水质评价—预报—预警—调控模型群通常面临不同决策目标之间的统筹协调问题，需综合考虑不同的决策目标和任务。因此，模型群集成必须适应不同决策目标和任务之间统筹协调的灵活应用需求。

16.3.2.2　中线水质核心模型群集成技术路线

南水北调中线输水水质预警与业务化管理平台拟集成中线水质一维全线预测预报模型、中线水质三维局部预测预报模型、中线水质大数据预测模型、中线水质生态调度模型、中线水质全线应急调度模型、应急退水淹没演进模型等。根据水质综合管理的应用需求，集成后的模型群调用方式应是可以编程控制的，能进行复制的组合、循环和判断等逻辑操作。模型之间的参数传递的机制灵活，能够有效地组织多个模型协同工作，具有强大的基础数据库，模型可以自由访问基础数据库。

中线水质核心模型群集成包括基础数据库、模型方法库、链接模块和人机交互等部分。中线水质核心模型群集成示意图，如图16-14所示。

1. 数据资源

根据实际需求和水质综合管理的需要，南水北调中线输水水质预警与业务化管理平台建设模型数据库、水质空间数据库、水质基础数据库、水质业务数据库以及非结构化数据库，建立多源异构数据高效更新机制，整合数据资源，保证数据的完整性和一致性。

数据资源中的数据可以被模型方法库中的模型、模拟方法等调用，作为其输入参数参与计算。

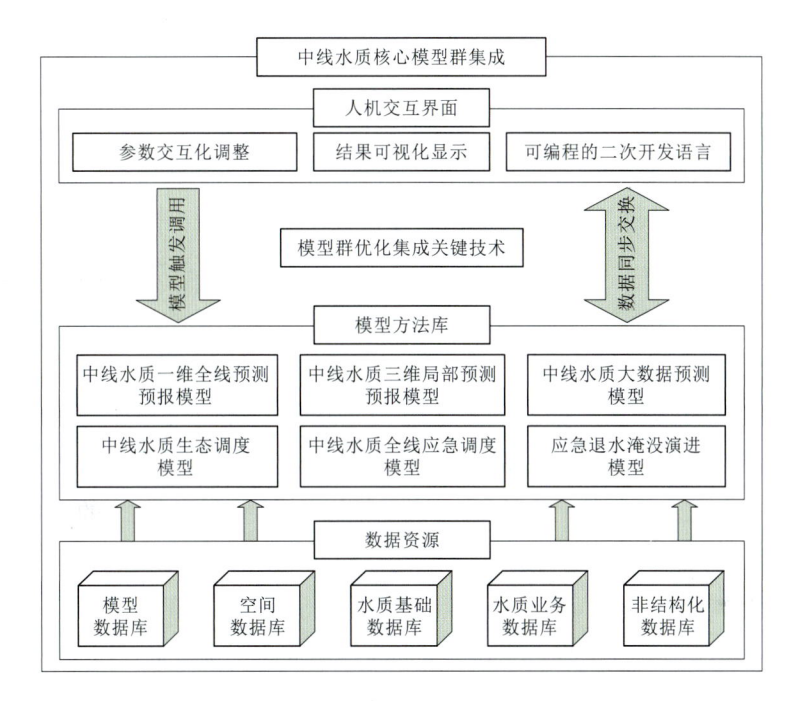

图16-14　中线水质核心模型群集成示意图

2. 模型方法库

模型方法库是中线水质一维全线预测预报模型、中线水质三维局部预测预报模型、中线水质大数据预测模型、中线水质生态调度模型、中线水质全线应急调度模型等模型方法的集合。

3. 链接模块

链接模块是模型集成的核心模块，包括模型调用触发和数据同步交换。在链接模块中，模型方法库中的水质预测预报与调度模型，应用变量通过注册的方法加载到中线水质核心模型群中，通过中线水质核心模型群实现对模型方法库中模型方法的统一管理，实现模型的调用触发。通过该模块的数据同步交换技术，实现对已注册模型输入输出变量的数值同步读写，以及模型间变量数值的交换操作。

4. 人机交互模块

人机交互模块是中线水质模型群的主窗口，包括参数交互化调整、结果可视化显示和可编程的二次开发语言，可视化显示部分包括已注册模型及输入输出变量列表、模型计算输出的结果或图形可视化。南水北调中线输水水质预警与业务化管理平台可以通过此模块方便地管理模型，对模型的输入输出变量进行查询、修改等操作，调用多个模型、方法参与计算等。变量查询与修改列表支持模型输入输出变量的类型、维数和大小等的修改，以及变量的说明。二次开发语言模块支持使用者使用编写的二次开发语言实现对中线水质核心模型的调用触发、数据赋值和分析等。

16.3.3 模型群优化集成关键技术

为满足实际业务需要，模型集成后需满足在线灵活应用、高效计算、实时结果提取、结果直观表达等多种需求，为此，本次综合应用了模型动态干预技术、模型热启动技术、模型继承技术、模型结果实时读取技术、模型结果轻量化技术、智能语音播报技术、GPU加速计算技术、分布式并行计算技术、高效内存式数据库存取技术等多种优化技术手段。

16.3.3.1 模型动态干预技术

为满足模型灵活应用需求，在模型应用过程中，不仅需要对模型参数和边界条件进行在线调整，有时候还需要对模型本身更基础的数据和模型元素进行增减、修改，比如应急退水淹没演进模型，在应用过程中不仅需要修改退水流量、退水时间、退水水质浓度、模拟时间等参数和边界条件，还需要可在任意位置开挖调蓄池、增设挡水坝等。此外，考虑到模型计算时间较长，为更加高效灵活的应用模型，需要模型在计算过程中可随时修改这些模型元素，而不必让模型停止计算或等待模型计算完成后再修改，这些在模型计算过程中对模型进行实时修改的技术即为模型动态干预技术。

16.3.3.1.1 模型动态干预技术实现原理

模型动态干预技术依赖于模型热启动技术和模型结果实时读取技术，其后台服务算法实现过程如图16-15所示。

16.3.3.1.2 案例说明

以下以槐河退水闸应急退水淹没演进模型应用为例，对模型动态干预技术进行说明。

1. 新建方案并开始模拟

新建模拟方案，在系统前端设置退水边界条件，包括退水时间、退水污染水质浓度等，以模拟在没有任何拦截措施情况下，所退渠水在河道内的淹没演进过程和污染物扩散过程，如图16-16所示。

参数设置完成后，系统即在线构建了应急退水淹没演进模型计算方案实例，并调用计算资源开始在线计算，该模型为二维水动力学+水质耦合模型，计算耗时约10min，依托于模型结果实时读取技术和模型结果轻量化技术、Web在线二三维可视化技术，计算开始后随即就可在系统前端以二三维方式实时动态展示已完成计算部分的结果，退水30min后模拟结果如图16-17～图16-18所示。

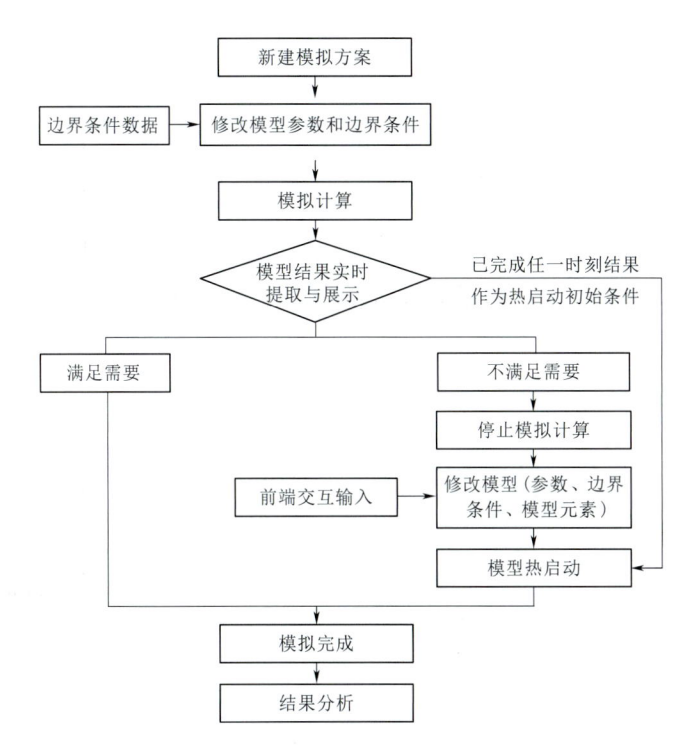

图16-15　模型动态干预技术实现流程图

2. 模型动态干预——设置拦截坝

通过对模型当前已完成模拟结果的分析，认为该模拟方案淹没范围过大，需采取工程措施拦蓄下泄渠水，为此，暂停本次模拟计算，并制定了拦截方案，如在退水渠出口左岸低洼地构建一道拦截坝，拦截坝长199.8m，坝顶高程77m，与下游衔接处地面平，拦截坝位置见图16-19。在拦截坝参数设置完成后，选取模型计算结果的第10min（此时渠水尚未演进到拦截坝位置）作为模型继续计算的初始条件，并对模拟进行热启动，重新进行计算，系统继续计算直至最终完成，模型动态干预后，模型再次计算至30min时退水淹没演进结果见图16-20。

得益于在线模拟动态干预技术，包括边界条件、模型参数、模型网格等各模型元素均可在线修改，实现了如在线设置拦截坝、开挖调蓄池、设置涵闸等动态建模和模拟功能，从而使得模型更匹配业务实际灵活应用。

16.3.3.2　模型热启动技术

作为模型动态干预技术的支撑之一，模型热启动技术在水利专业模型应用中具有很高的价值，可满足模型灵活应用需求。

所谓模型热启动，是指模型启动计算时，可采用其他模型计算结果中任一时刻的结果作为模型初始条件，或者单一模型停止计算后，下次再次计算时可采用上次的计算结果作为初始条件继续计算，而不需要从头开始计算。

图 16-16　槐河退水闸新建模拟方案参数设置

图 16-17　退水 30min 后模拟结果（二维）

图 16-18　退水 30min 后模拟结果（三维）

图16-19　动态干预后30min模拟结果（二维）

图16-20　动态干预后30min模拟结果（三维）

对于耗时较长的的水利专业模型计算来讲，模型热启动技术至关重要，避免了大量无效重复计算，如二维水动力学模型，通过各种手段提高计算效率后，一个方案的计算也往往还需耗时10min以上，当模型需要反复修改调整时，如果每次调整后均需要重新计算，则会造成计算资源的无效浪费，而采用热启动技术后，可以任一方案的某时刻计算结果热启动进行计算，从而使得方案制定和模型应用更加灵活。

需要说明的是，模型热启动技术一般有一些限制条件，如需要相同的地形网格剖分，新方案的边界条件需要与热启动时的初始条件具有一定匹配度，否则容易导致模型发散。

16.3.3.3 模型继承技术

对于含有大量闸站联合调度的水利专业模型，如本项目中的水质全线应急调度模型，涉及大量闸站的联合调度，在每次新建方案模拟时，除需设置边界条件和参数外，还涉及大量闸站建筑物的调度设置，包括每个闸门的开启时间、开启数量、开度、开启速度等等，模型设置过程较为繁琐复杂。

往往当一个方案模拟完成后，根据该方案模拟结果，优化方案可能只需要在该方案基础上稍作调整，如改变某个闸门的开度，而其他建筑物设置、边界条件和参数等均保持不变，如果新建优化方案时边界条件、参数和各建筑物调度也全部重新设置，则显得耗时耗力，在方案反复的优化过程中，会导致工作量巨大，为此引入模型继承技术。

所谓模型继承技术，即新的模型可完全继承其他模型所有的参数、边界条件、闸站设置等，继承完成后，可对边界条件、任一闸站调度，甚至模拟起止时间等参数再进行额外修改。

这种技术在闸站众多的一维水动力学、水质模型中非常实用，在本项目的一维水动力学、水质全线应急调度模型中进行了应用，节省了大量的建模时间，其应用概述如下：

（1）在系统点击"新建方案"按钮后，将弹出"新方案是否继承选中方案所有参数和边界条件"的对话框，该对话框可点击"是""否""取消"以及直接关闭对话框4种操作，见图16-21。

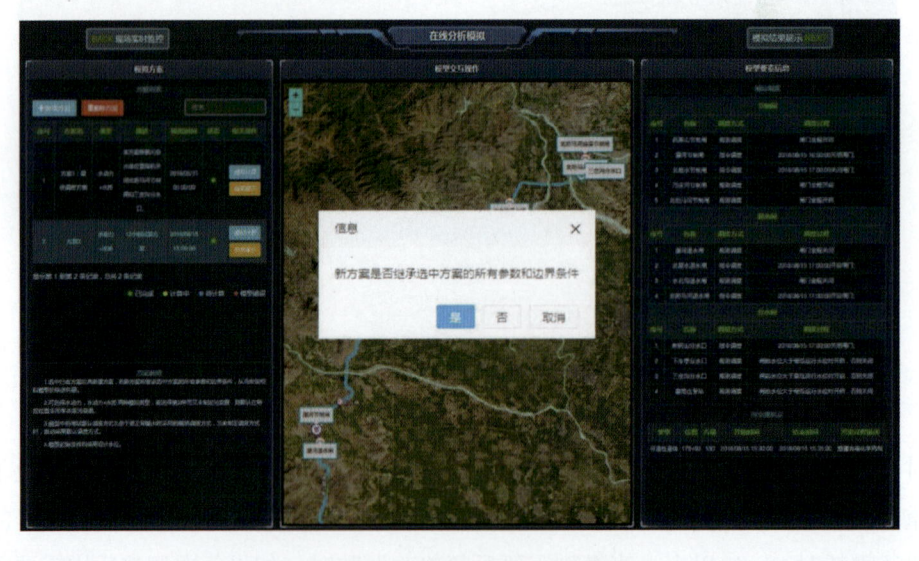

图 16-21 新方案继承原方案参数

（2）其操作的结果为：点击"是"—新方案将"有条件"的继承选中方案的所有参数和边界条件，包括各个节制闸、退水闸、分水闸的调度设置和污染源的拟定设置；点击"否"—新方案则为全新的计算方案，所有边界条件、参数、建筑物调度均采用默认值。

"有条件"指的是新方案继承选中方案需要满足一定的条件，包括如下：

新方案的方案类型需与原方案相同，即同为水动力学模拟或同为水动力学+水质模拟；

原方案各节制闸、退水闸、分水闸的闸站调度采用指令调度，且调度起止时间在新方案模拟起止时间范围内的才会被继承；原方案拟定的污染源泄漏起止时间在新方案模拟起止时间范围内的才会被继承。

模型继承功能为本系统的一个创新和亮点所在，将极大简化模型计算方案的构建和优化过程，新建一个方案后，后续的方案如果只需在前方案的基础上微调，则可通过继承前方案来简化方案构建和闸站调度、污染源设置过程。

（3）模型继承后，与大量闸站调度不需要重新进行设置，其调度设置，包括调度时间、开度、开启数量等全部直接从原方案中继承过来，只需要对部分需要修改的闸站进行修改即可，通过在二维Gis地图中点击需要修改调度的建筑物实现修改，见图16-22。

图16-22 新模拟方案额外的闸站调度设置

16.3.3.4 模型结果实时读取技术

对于二三维水动力学、水质模型来说，一般基于有限元法、有限体积法、差分法等，采用网格剖分方式对计算过程进行离散，各网格均需按相关方程式进行计算，且网格之间存在数据的传递和迭代，故计算耗时往往较长。

本项目中二维应急退水淹没演进模型、水质三维局部预测预报模型等二三维水利专业模型均需要长时间的计算，即使通过多线程并行计算、GPU加速计算等技术手段进行优化后，一个模型方案的计算耗时往往也长达10min以上，在模型计算过程中能实时看到已完成计算的部分结果至关重要，当发现模型计算结果不满足要求时，可及时停止或调整计算，对模型进行动态干预，从而避免长时间的等待和无用的计算，提高模型使用效率。

为此，本次研发了模型结果实时读取技术，并在二维应急退水淹没演进模型中得到应用，以时间为序，模型计算结果完成一步，即可在线对结果展示一步，从而方便领导决策。

模型结果实时读取与展示后台服务实现逻辑见图16-23。

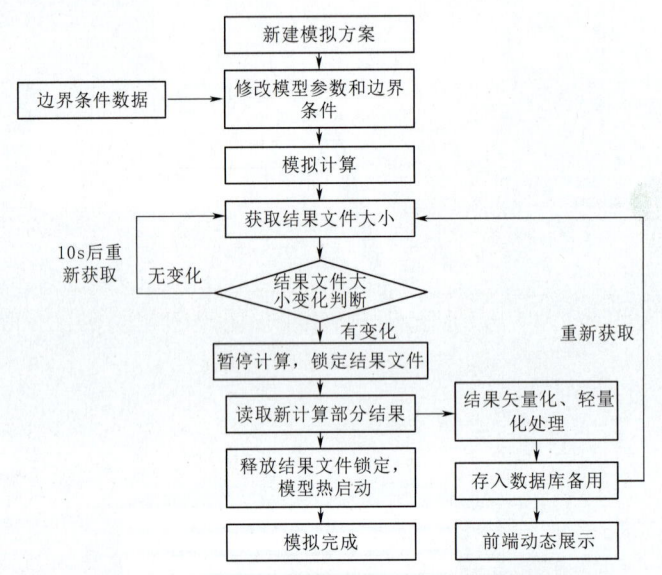

图16-23 模型结果实时读取与展示实现流程图

在应急退水淹没演进模型中，默认每分钟输出一步结果，每步结果包括整个模型范围内每个网格处的水位、水深、流速、流向、污染物浓度等要素信息，模型开始计算后由于退水前期淹没范围小，湿网格数量少，模型计算速度往往较快，计算开始后往往不到几秒即可完成十几步的结果输出，此时即可对这十几步结果进行动态展示，而在系统前端有进度条显示模型计算进度和模型结果轻量化处理进度，在模型结果展示页面同样有该进度条，从而方便用户使用，如图16-24所示。

16.3.3.5 模型结果轻量化技术

南水北调中线输水水质预警与业务化管理平台采用B/S架构，即浏览器+服务器模式，是目前水利工程信息化应用系统最常用的开发模式。二维水动力学、水质模型结果往往有几百MB乃至几个GB的数据量，需要浏览器同时渲染的要素数量达到十几万乃至几十万级别，在网速、浏览器渲染能力的限制下，难以直接在浏览器上对模型计算结果进行实时高精度动态模拟展示，而只能通过后台预渲染栅格化等其他间接的方式，但这样会使得展示效果和精度大打折扣。

图16-24 模型结果实时计算、实时读取与展示

为此，本次研发了一套模型结果数据轻量化处理方法和流程，高效的将大数据量的二维模型结果进行高度轻量化处理，在保证数据可视化效果的前提下，将模型计算结果数据压缩近1000倍，前端需要同时渲染的要素数量缩减到有限的几个、十几个，成功解决了该项难题，使得水质预警与业务化管理平台系统具备了直接进行高精度模拟结果动态展示的能力，该方法已经申请了国家发明专利。

以下举例说明本套模型结果数据轻量化处理方法：

以河北槐河退水闸二维应急退水模型为例，其每一步计算结果均包括22.8万个三角矢量网格，每个矢量网格包含水位、水深、流速、流向等8项水力要素结果属性，模拟结果保持步长1min，即每分钟就有一个对应时刻的计算结果，总共模拟时长36h，则总共有2160步计算结果，结果总数据量7.8GB，如此巨大的模型结果数据无法直接存入服务器或传入前端页面进行渲染，而通过轻量化处理后，每步传入前端的数据量均小于1MB，从而使得系统前端结果动态展示流场运行。

基于本方法对该大数据量的二维模型结果数据进行高度轻量化处理，其步骤分为：① 结果数据的转换和导入导出；② 结果时刻和结果属性的筛选；③ 要素渲染分级设计；④ 结果矢量要素融合；⑤ 最终结果时态数据的生产，处理流程如图16-25所示。

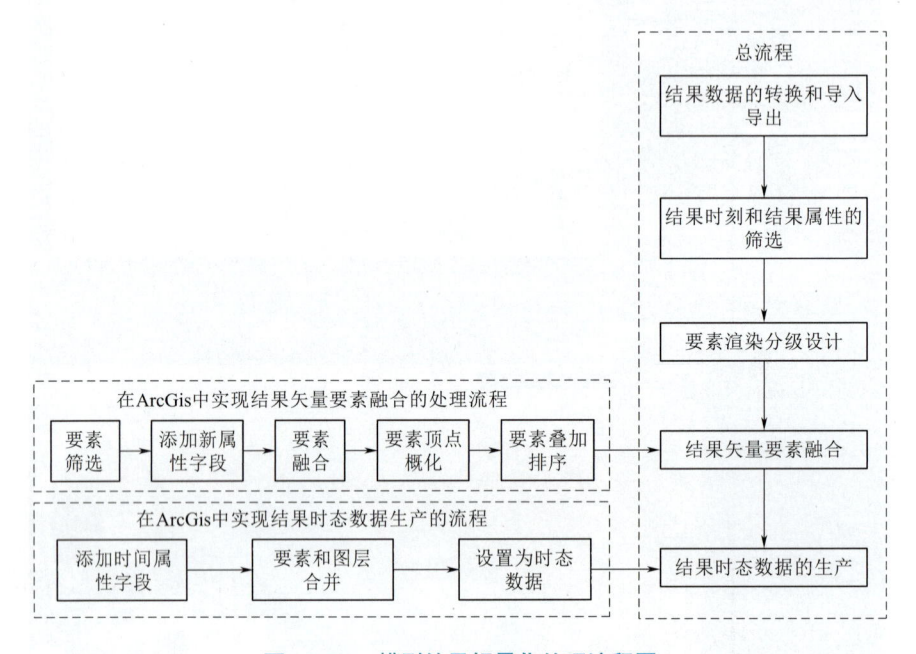

图16-25 模型结果轻量化处理流程图

各步骤详述如下：

（1）结果数据的转换和导入导出。二维模型计算结果数据由一系列时刻的结果组成，如本实施例就包含2160个结果，每一个结果为对应该时刻的洪水计算结果，其中包括所有的用于存储各水力要素结果属性的矢量面要素，如本例中22.8万个三角形面要素。各时刻结果包含的面要素是完全相同的，水力要素结果属性类型也相同，但值不同。通过将各时刻洪水计算结果转换为shp格式，从而得到一系列shp结果图层文件，每个shp结果图层文件包含相同的矢量三角形面要素（共22.8万个），每个三角形面要素均有水位、水深等8项水力要素属性字段。

（2）结果时刻和结果属性的筛选。根据前端展示需要进行结果时刻和结果属性的筛选。在时刻筛选方面，根据展示精度的需要进行筛选；在结果属性筛选方面，根据展示内容的需要进行筛选，如当展示淹没范围、水深时，则只需要筛选出水深属性，当展示流速时，只需要筛选出流速属性。

（3）要素渲染分级设计。原理如图16-26所示，再进一步进行模型结果数据的轻量化处理前，需先进行要素的渲染分级设计，在系统前端（浏览器端）对不同属性值的要素进行渲染时，通常采用不同的颜色或透明度表示要素属性值的大小。由于渲染分级设计的原则是尽量直观展示要素属性值大小，故分级不能过多，否则肉眼难以分辨，同时出于精度和效果考虑，也不宜过少，否则过于粗糙。此外，根据对属性值关注区域的不同，分级一般采取非线性分级。如本实施例中，最小水深0.05m，最大8.5m，重点需要区分的数据区域是2m以下，2m以上均为危险水深故不需要太过细分，为此将2m以下水深按0.1～0.5m进行层级划分，2～8.5m按0.5～1m进行层级划分，总共划分了17个层级，则水深属性值位于每一个水深层级范围内的矢量要素，不管其属性值大小，在渲染时均采用同一种颜色和透明度。

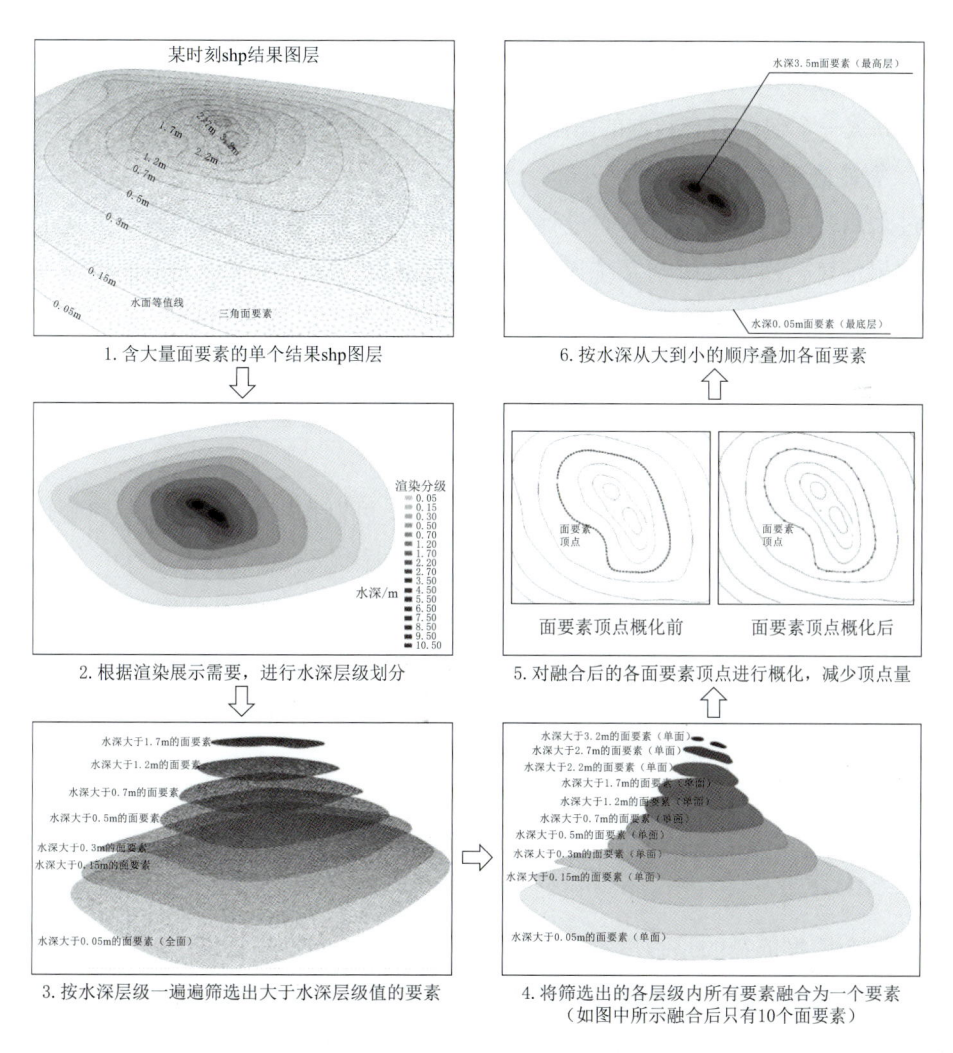

图16-26 模型结果轻量化处理原理图

（4）结果矢量要素融合。在前端（浏览器）上进行矢量要素的可视化渲染时，由于浏览器渲染能力的限制，当同时渲染的矢量要素数量达到几千、几万的级别时，将会无法实时完成渲染，表现为系统出现卡顿甚至崩溃。为此，通过本步大幅缩减要素数据，并通过概化各要素顶点数量进一步缩减要素数据量大小。对于每一个结果图层文件，其处理方法均为：首先，按划分的水深层级，一遍遍在原结果图层要素中，筛选出水深属性值大于各水深层级的所有要素，并添加与筛选的水深层级值相同的新水深属性字段后，将其融合为一个要素，则22.8万个三角面要素会被融合成不大于17个面要素（部分时刻最大水深达不到最大值，故将少于17个面要素）；然后，根据展示精度需要，对各面要素进行顶点数据的概化，如按50%概化，则将减少一半的顶点数量；最后，由于水深越小的面要素范围越大，为了避免在前端展示时水深小的面要素遮盖水深大的面要素，需要将面要素按水深从大到小进行排序叠加，水深约小越位于底层。

（5）最终结果时态数据的生产。各时刻结果图层文件全部经过第1~4步的方法处理后，为进行矢量时态数据服务的发布，从而最终实现在前端动态展示，需要将各时刻结果图层文件合并成一个包含时态数据的图层文件，并添加对应的时间字段属性。

16.3.3.6 智能语音播报技术

通过采用智能语音播报技术，设计特定的播报内容，在模拟结果展示过程中实时播报重要结果信息，播报数据与系统界面展示的数据相一致，使管理人员即使不看系统界面，也能通过听觉了解主要模拟结果。

16.3.3.6.1 智能语音播报技术实现过程

智能语音播报技术实现分为三层：应用层、核心层及语音基础库，每层作用如下：

1. 应用层

位于最高层，实现智能语音播报系统业务应用。可以直接与核心层的API通信；可以使用C#、Web工具二次开发后，通过OCX控件，在与核心层API通信。

为了实现模型结果智能语音播报，需要采用优先级的概念设计并组织语音播报内容。本项目中包括应急退水淹没演进模型等专业模型均应用了语音播报技术，通过对模型结果的统计分析，对主要模拟结果进行高度概括，形成播报内容序列，然后基于优先级策略智能化刷选播报内容，形成最终的模拟结果播报内容。

2. 核心层

提供应用程序需要的相关接口和实现语音播放、系统管理等功能的引擎——百度语音API。

百度语音播报依托的是百度特有的语音合成技术，在语料收集、标注和数据建模方面均取得了重大的突破。其通过大量实验探索，采用多层双向LSTM-RNN的深度神经网络建模方式，在整句层面学习韵律停顿和声学参数的变化轨迹，自动学习词、短语甚至整句范围内的依赖关系，大大丰富了情感音库的建模能力，从而使得语音合成系统包含更丰富的情感，最终形成比拟人声的播报。

3. 底层：语音库，为应用程序提供基本语音数据来源。

系统采用智能语音播报功能，在演练和结果展示过程中实时播报模拟结果，使管理人员即使不看系统界面，也能了解模型计算结果。

16.3.3.6.2　智能语音播报技术系统应用

在一维水动力学、水质闸站应急模型、水质预测预报以及应急退水淹没演进模型中，均应用了智能语音播报技术，如在北京二级管理单位管辖渠段突发水质污染扩散模拟模型中，通过将语音播报技术与水质扩散模拟相结合，在对水质扩散模拟结果数据统计、汇总与文字组织基础上，采用智能语音系统生成高逼真语音，并制定了一套重要性优先级策略，通过该策略有选择性的播报模拟结果内容。

该优先级策略制定方法为：将模型模拟结果进行概括后，按内容重要性进行分级，优先进行播放，其中：

Ⅰ级重要性内容包括：污染泄漏、渠水漫堤、污染物到达分水口等危险信息；

Ⅱ级重要性内容包括：闸门开启、关闭等重要调度过程；

Ⅲ级重要性内容包括：退水流量、总退水量、污染水体距下一个重要建筑物距离、预计到达时间、污染水体浓度等。

通过不同等级重要性内容的排序，在模型结果展示过程中，当播报内容在时间上发生冲突时，则采用更高重要性的播报内容，从而实现智能语音播报。

16.3.3.7　GPU加速计算技术

本项目中二维应急退水淹没演进模型、水质三维局部预测预报模型等二三维水利专业模型均需较长时间的计算，计算耗时在几分钟到几小时不等。为满足各专业模型实时在线计算需要，使系统应用更具实用性，需对模型计算效率进行大幅优化，其中最主要的优化手段即为GPU加速计算技术。

当前，高性能计算机集群计算和GPU加速计算是提升计算效率的两种主要方法之一。高性能计算集群有多个计算节点，每个计算任务被独立分配到各个计算节点上，这使得各个计算节点的性能得以充分发挥。算法的并行化是高性能计算的基础，目前主要有三种并行方式：基于MPI的并行模式、基于OpenMP的并行计算模式以及基于FPGA等并行计算设备的并行计算模式。各种并行计算方法在一定程度上提高了算法的计算效率和寻优功能。然而，对于高度非线性的复杂问题，如本项目中基于有限元法、有限体积法的水动力学计算，启动过多的线程必将导致大量进程间的通信和管理损耗，一方面设备采购成本高；另一方面对于网络量小的模型计算效率提高有限。

而基于GPU的并行优化技术在计算性能和成本上优势明显。随着GPU技术的发展，GPU已经具有强大的并行计算能力，浮点计算能力是同代CPU的10倍以上，在水库调度、中长期水文预报、水文模型和智慧水务大数据中均得到广泛应用。以本项目中的应急退水淹没演进模型为例，其为二维水动力学、水质耦合模型，为更好的匹配地形，采用三角形非结构化网格，每个模型不仅计算范围大而且模拟精度要求高，其计算耗时由网格数量和模拟时长决定，以槐河退水闸、湍河退水闸为例，分布剖分三角形网格22.8万和12.5万，在本项目部署的专用于模型计算的高性能工作站上，采用CPU计算和采用GPU计算计算耗时对比结果见表16-3。

表16-3　　　　　　　　　　GPU加速计算效果测试表

计算项目	网格数	计算方案	CPU计算耗时/min	GPU计算耗时/min	耗时对比（GPU/CPU）	效率对比（GPU/CPU）	备注
槐河退水	228035	退水3h	68.06	8.2	0.12	8.3	工作站配置：CPU—I9 9900K；GPU—GEFORCE RTX 2080 Ti；内存：32G DDR4 3200Mhz
槐河退水	228035	退水6h	143.5	118.3.1	0.11	9.5	
槐河退水	228035	退水12h	258.3	20.5	0.08	12.6	
湍河退水	125350	退水3h	24.8	4.6	0.19	18.3.4	
湍河退水	125350	退水6h	418.3.1	7.4	0.16	5.1	
湍河退水	125350	退水12h	92.2	12.8	0.14	6.2	

可见，对于本项目中的应急退水淹没演进模型来讲，采用GPU加速计算技术，可5～15倍提升模型计算效率，网格数量越多、模拟时间越长，采用GPU计算提升效率也越大。

16.3.3.8　分布式并行计算技术

为满足模型在线计算、在线实时结果展示需要，不仅需要模型计算本身采用GPU加速计算，还需要及时对模型结果进行轻量化处理，而模型结果轻量化处理涉及众多海量模型结果数据的刷选、融合、概化、合并等时空大数据分析处理操作，其计算非常消耗资源，采用单线程进行处理效率低下，无法满足实时性需求。

为此，在模型结果提取和轻量化处理环节，本次引入了多线程分布式并行计算技术，通过搭建时空大数据处理集群，每个服务器节点均配置了模型轻量化处理计算服务，通过负责模型计算的主服务器提取模型原始结果数据后，将模型原始结果数据按负载分发给各服务器节点进行轻量化处理，处理完成后再将数据返回给主服务器，由主服务器存入模型结果数据库中。

各服务器节点均采用多进程对模型结果进行轻量化并行处理，每个进程独立执行采用python编写的模型轻量化处理脚本，总进程数量根据服务器负荷确定，一般采用2倍分配的CPU内核数，从而控制服务器计算负荷，使服务器不至于满负荷运行。

各服务器计算节点与主服务器之间可互通消息，在当模型计算需要中途停止时，由主服务器发送停止处理消息给各服务器节点，各服务器节点随即停止当前轻量化处理。在轻量化处理过程中，每个服务器节点每处理完一个时间步结果，均会向主服务器发送处理进度消息，从而方便主服务器根据该服务器节点荷载情况，继续给该节点分配处理任务，其处理流程原理如图16-27所示。

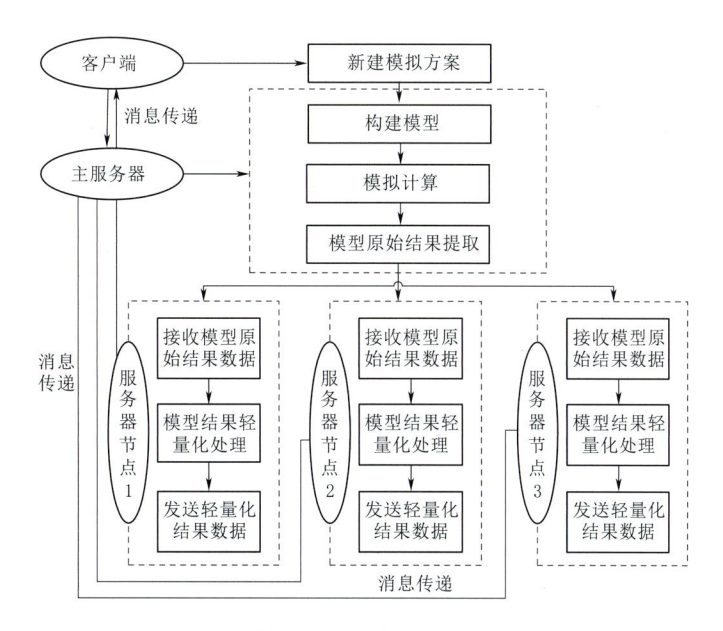

图16-27　模型结果分布式并行处理流程图

在应急退水淹没演进模型结果轻量化处理过程中，单服务器节点最大运行模型结果处理进程数8个（Python程序），每个进程占用CPU计算资源8%，耗费内存120M，整体使服务器节点CPU资源耗费80%，内存耗费30%。

16.3.3.9　高效内存式数据库存取技术

为满足模型在线计算、在线实时结果展示需要，本次在模型计算服务器中还布置了可高效存储模型结果数据的内存式非结构化数据库，即Redis数据库，作为Mysql主数据库的附庸，帮助主服务器临时存储当前正在计算的海量模型结果数据，从而使得模型结果数据读取更加高效快捷。

Redis是一个开源的使用ANSI C语言编写、支持网络、可基于内存也可持久化的日志型、key-value数据库，并且提供多种语言的API，它属于NoSQL（not only sql）数据库，与Mysql这种关系型数据库不同，Redis数据库属于非关系型的，不支持SQL语法，库中存储的数据都是key-value形式。

Redis特性：

（1）Redis优势明显，由于其所有数据是存放在内存中的，读写性能极高，最大读取速度是110000次/s，写入速度是81000次/s。

（2）支持数据的持久化，可以将内存中的数据保存在磁盘中，重启时候可以再次加载进行使用。

（3）不仅仅支持简单的key-redis类型的数据，同事还提供了list、set、zset、hash等数据结构的存储。

（4）支持数据的备份，即master-slave模式的数据备份。

（5）Redis优势明显，由于其所有数据是放在内存中的。

由于Redis数据库极高的读写性能，本次需要临时存储海量模型结果数据的水利专业模型，如二维应急退水淹没演进模型，采用该数据库存储正在进行计算的模型结果数据，用来作为数据缓存，将模型结果数据预先存入该数据库，再轻量化处理时则从该数据库中读取后，分发给各轻量化处理服务器节点，从而使模型原始结果数据读取更加高效。

16.3.3.10 其他

1. 变量注册

变量注册技术是中线水质核心模型群实现集成的核心技术。通过变量注册将各模型可执行文件、输入输出变量与中线水质核心模型群的内存变量建立一一映射关系，实现中线水质核心模型群对水质预测预报和调度模型的管理。将各模型输入输出变量的属性以及模型的存放路径按照规定的映射规则，用文本文档或者二进制文件的形式进行描述，将模型注册到中线水质核心模型群中。中线水质核心模型群根据文本内的描述来调用水质预测预报模型和调度模型，对集成模型的输入输出变量进行读写操作，并将输出变量在中线水质核心模型群中进行可视化显示。同时用户也可以按照已规定的映射规则，将水质管理需要的模型集成到中线水质核心模型群中，利用中线水质核心模型群进行研究工作。

2. 数据同步交换

数据同步交换技术包括水质综合管理平台与中线水质核心模型群的数据同步交换以及中线水质核心模型群中各模型间数据的同步交换。水质综合管理平台与中线水质核心模型群的数据同步交换是用户通过集成平台的交互界面对已注册模型的内存变量进行查询、修改等操作时，利用数据同步交换技术可以使得模型参数与其在集成平台中对应的内存变量保持数据同步。中线水质核心模型群中各模型间的数据同步交换是指在核心模型群中对已集成模型列表中多个模型的变量进行相互赋值，或者多个模型间的递归调用等操作时，通过数据同步交换实现多个模型间内存变量的数据传递。

3. 模型调用触发

中线水质核心模型群的可执行程序以及输入输出文件通过变量注册的方式与南水北调中线输水水质预警与业务化管理平台的内存变量建立一一对应的映射关系。平台通过根据已建立的映射关系，对模型程序进行触发，对输入输出文件进行读写操作，将文件中的输入输出参数与平台中对应的内存变量进行数据同步交换。

4. 二次开发语言

二次开发语言是针对中线水质核心模型群开发的编程语言，将平台使用中的复杂操作包装为简单使用的指令，二次开发语言指令的开发参照JAVA、.NET等主流编程语言，不需要经过复杂学习就能轻松掌握。二次开发语言包含的指令主要有模型信息查询类、变量操作类指令、运行类指令、流程控制类指令、文件IO类的指令、数学计算-回归统计类的指令和数据可视化类指令。

模型信息查询类。查询已集成的水质预测预报和调度模型的模型名称、简要说明以及模型作者等信息；查询已集成水质预测预报和调度模型所有输入输出参数名称、参数类型、参数尺寸、单位、取值范围、含义；查询指定模型的指定参数值并在文本窗口或者绘图窗口可视化显示。

变量的声明、赋值和查询类的指令。用户自定义变量的声明、自定义变量与模型变量间的赋值操作；模型参数变量的赋值操作以及赋值循环参数的操作；查询变量的类型、维数以及尺寸信息。

运行类的指令。新模型加载、新模型调用触发命令。

流程控制类的指令。两种以上水质预测预报和调度模型串联运算以及多串联模型for循环运算；分支判断语句、组合判断语句。

文件IO类的指令。文件——内存映射文件的读取，用户编写的二次开发语言文件读取。

数学计算—回归统计类的指令。卷积计算、傅氏变换及逆变换、普朗克公式运算及逆运算；算术计算以及曲线拟合等。

数据可视化类指令。变量数值的可视化输出，绘制散点图、柱状图、曲线图、图像、曲面图和等值线图等。

16.4 基于云架构的高可用性应用支撑平台技术

实现南水北调中线水质管理大数据分析、水质模型高效计算、仿真模拟和预测预报调度时效性的需求，需要解决平台基础支撑架构在高运算负荷、高并发异构数据访问、高网络负载环境下高效稳定运行问题，对实现支撑预报预警调控决策模型群的高可用性提供技术保障。

以云计算、系统热迁移、分布式融合存储、动态资源配置、软件定义基础设施（SDI）等技术为核心，在平台性能方面，解决基础支撑架构在高运算负荷、高并发异构数据访问、高网络负载环境下高效稳定运行问题，为预报预警调控决策模型计算以及南水北调中线输水水质预警与业务化管理平台运行提供技术保障；在功能方面，实现公共通用服务、业务功能服务以及模型计算服务的集成，承载业务系统建设与运行，同时也为南水北调其他系统平台以及外部单位系统的可定制数据交换服务，支持未来业务系统与其他平台纵向拓展和横向衔接。

16.4.1 研究内容

对于IT系统，可用性是指在指定的一段时间范围内系统可以被访问和可以被使用的能力。若系统在指定的时间范围内因故障或某些操作导致不能被访问和被使用，则系统的可用性就会下降。对于需要连续运行并提供服务的系统，可用性是非常重要的系统质量好坏的评判指标，尤其对互联网企业和关系民生、安全等重要IT系统具有高可用性极为重要。

衡量系统可用性的指标有很多，其中最重要的是"恢复时间目标"（Recovery Time Objective，简称RTO），是指信息系统从灾难状态恢复到可运行状态所需的时间，用来衡量容灾系统的业务恢复能力，具体如图16-28所示。

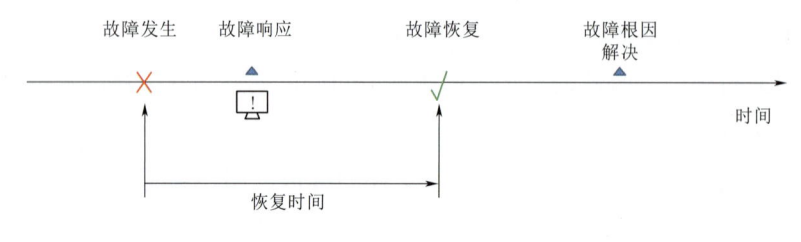

图16-28 "恢复时间目标"图示

本研究内容为基于云架构的高可用性支持平台技术，通过本研究得到适用于南水北调中线输水水质预警与业务化管理平台的技术架构。

16.4.2 研究方法

本研究方法为行动研究法、经验总结法。

16.4.3 研究过程

16.4.3.1 基础设施准备

本实验准备了1台8核i5处理器，64GB内存，1TB磁盘存储的小型工作站作为服务器来搭建开发环境，服务器操作系统为CentOS 7。

16.4.3.2 环境配置

（1）配置静态地址、主机名。

（2）重启网卡，关闭防火墙、核心防护、NetworkManager。

（3）安装时间同步服务。

（4）重启，查看服务状态，确保服务正常启动。

（5）下载OpenStack管理工具包，在线部署OpenStack。

（6）创建网卡配置文件。

（7）查看用户信息。

（8）登录系统，上传镜像如图16-29所示。

图16-29　环境配置图示

16.4.3.3　动态扩容

检测资源利用状态，当CPU和内存以及磁盘IO性能指标下降，达到预设的阈值的时候，动态扩容，增加资源配置，如图16-30所示。常见的扩容方式为水平扩容和垂直扩容两种方式。两者之间的简单对比见表16-4。

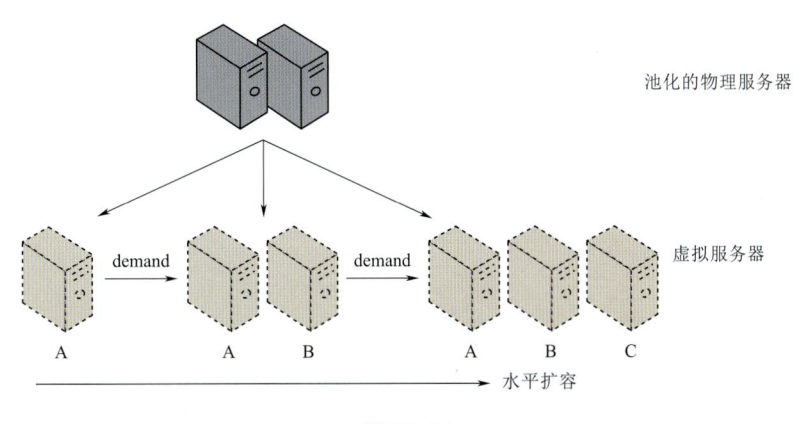

图16-30

表16-4　水平扩容与垂直扩容对比表

对比项	水 平 扩 容	垂 直 扩 容
成本	较低，因为往往可以增加普通商用服务器即可	较高，因为单个普通服务器性能总是有限的，因此往往需要专用的服务器
实时性	往往能达到实时性要求	部分情况下可以实时，部分情况下需要一些停机时间
自动化能力	往往能较容易地自动扩容	往往需要额外的步骤，不太容易实现自动扩容
硬件服务器限制	不受单个服务器最高容量的限制	往往受到单个服务器最高容量的限制
应用限制	对应用有要求，往往要求应用是无状态的、可横向扩展的	对应用没有要求，传统应用和云原生应用都可以

设置策略，当CPU平均使用率大于80%时，增加ESC实例；当CPU平均使用率小于30%时，回收ECS实例流程如图16-31所示。

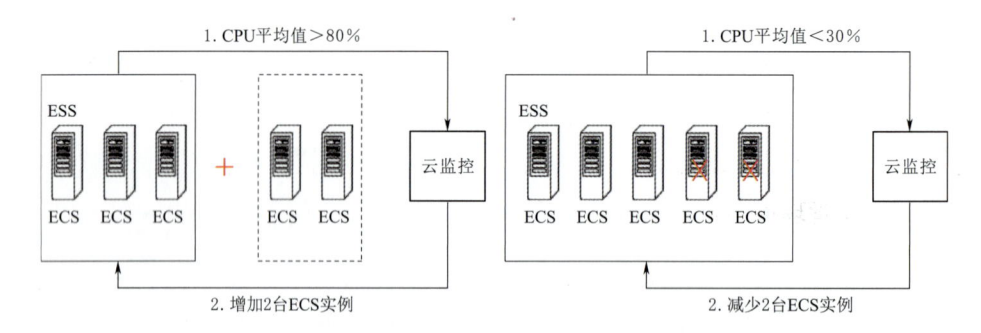

图16-31

实验中使用的配置文件如图16-32所示。

图16-32　参数配置图示

创建 heat stack，生成虚拟机和 heat resource。

在虚拟机中部署南水北调中线输水水质预警与业务化管理平台系统。调用测试程序，验证自动伸缩过程：

（1）在2个虚拟机内都启动测试程序。

（2）pool 内的2个虚拟机的平均 cpu_util 超过 80%，增加一个虚拟机，总虚拟机数目达到3，并加入到 Neutron LB pool 中成为一个新的 member。

（3）继续检测，发现3个虚拟机的平均 cpu_util 仍然超过 80%，增加一个虚拟机，总虚拟机数目达到4，并加入到 Neutron LB pool 中成为一个新的 member。

（4）继续检测，经过一段时间后，发现4个虚拟机的平均 cpu_util 低于 30%，减少一个虚拟机，总虚拟机数目下降为3，并将其从 Neutron LB pool 中删除。

（5）继续检测，3个虚拟机的瓶颈 cpu_util 稳定在40，不再执行自动伸缩。

16.4.4 研究成果

通过实验室验证得知，基于动态扩容和伸缩性策略设置的高可用性应用支撑平台技术是可行性，能够完全满足南水北调中线输水水质预警与业务化管理平台在云架构下高可用性、强扩展性的需求，能够保证系统平台运行环境的稳定性和可伸缩性，能够为南水北调中线水质管理提供必要的架构支撑。

16.5 基于 BIM、GIS、AR 的跨平台三维可视化成果展示

16.5.1 研究目的与意义

南水北调现有水质系统其展示方式大部分仍采用五年甚至十年以前的展示技术，仅能通过图表将有限的信息通过数字的方式展现给用户，展示手段落后现状信息技术的发展，不能为决策者提供全面、形象、直观的信息来辅助决策。

以 BIM 和 GIS 技术为核心，以当前新兴的二三维可视化技术为手段，研究利用 BIM、GIS、VR、AR 等跨平台技术，融合现实实景、虚拟三维模型、水质实时监测数据、模型模拟结果数据，为南水北调中线输水水质预警与业务化管理平台提供高保真、可交互、高沉浸感的二三维可视化动态展示平台，不仅能更好的实现科学决策，而且对促进水利行业信息化发展具有重要意义和现实价值。

16.5.2 研究内容

随着我国计算机网络信息技术的不断创新和发展，建筑信息模型（BIM）和地理信息系统（GIS）技术取得了飞速进步，并且在建筑、水利等相关行业得到了广泛应用。根据

研究需要，本次在基于BIM的跨平台二三维可视化技术研究方面，需要重点研究的内容包括：

1. BIM、GIS相融合的高保真三维可视化场景搭建技术

（1）BIM技术：即建筑信息模型（BuildingInformationModeling，简称BIM）技术是一种建筑信息模型化的技术，它将工程项目全生命周期中不同阶段的工程信息、过程和资源集成到了一个模型中，方便被工程各参与方使用。

（2）GIS技术：即地理信息系统（GeographicInformationSystem，简称GIS）技术是基于空间信息，通过地理角度分析法，获取多种空间地理位置信息的计算机技术系统，它为地理研究和地理决策提供相关依据。其基本功能是将表格型数据转换为地理图形显示，然后实现对显示结果进行浏览、操作与分析。

BIM技术更注重于微观的工程表现，而GIS技术则注重于地形宏观表现，本次拟研究通过将两者结合，共同搭建高保真三维可视化场景，不仅能作为水质信息展示的载体，还能为专业模型结果动态展示提供平台。

2. 水质专业模型结果二三维动态展示技术

突发水污染扩散模拟模型、应急退水淹没演进模型等水质专业模型，其模型计算结果为海量的时空数据，包括每一个结果时刻下的网格坐标信息、每个计算网格水位、水深、流速、水质浓度等属性，无法直接进行二三维动态展示。

为此，需要研究基于三维GIS、实景模型、BIM模型等搭建的三维场景平台，将水动力学、水质等专业模型计算结果进行轻量化集成，最后根据结果要素水深、浓度等属性大小采用特定的渲染方式以不同颜色进行表达，并根据时间制作成时态数据，实现退水淹没演进、污染物扩散等过程的高精度逼真三维动态展示。

16.5.3 研究过程

16.5.3.1 高保真三维可视化场景搭建技术研究

本项研究重点在于基于三维GIS、实景模型、BIM模型等相融合搭建三维可视化场景，并采用包括材质、灯光、天空背景、花草树木和人物车辆配置、相机路径和视口设置、分区域瓦片和LOD等三维场景可视化技术手段，共同打造高逼真和生动的三维可视化场景，并发布到Web平台，以供系统调用。

通过利用无人机低空航拍获取最新高精度空间数据，并采用实景建模技术构建高逼真三维实景模型，再与BIM模型相结合，共同构建虚实结合的高画质高精度的三维可视化场景，并以三维场景为平台和载体，集成工程信息数据、模型结果数据、水质实时监测信息，形成三维场景可视化交互与工程信息查询的一整套完整解决方案，在保证三维场景的真实性、交互灵活性的同时，增强了信息获取的临场感。

16.5.3.1.1 三维可视化场景要素生产

为搭建高保真三维可视化场景，需基于无人机航测技术生产DEM、正射影像及三维实景模型，并对局部重点建筑物手工构建高精度BIM模型，此外对于标注等还需要基于GIS生产矢量要素数据。以南水北调水北沟—北拒马河暗渠渠段为例，其生产的正射影像、三维实景模型如图16-33所示。

图16-33　无人机航测高分辨率正射影像

为准确高精度展示重点建筑物，需要构建三维BIM模型，如公路桥、左排、节制闸、退水闸、分水闸等水工建筑物。

根据系统应用需要，本次主要构建了南水北调各节制闸、退水闸、分水闸上部建造以及输水渡槽、部分公路桥的BIM模型，并赋予合适的材质，使其纹理表现尽量与实际一致。包括水北沟渡槽、南拒马河倒虹吸、北拒马河倒虹吸、三岔沟分水口、北拒马河暗渠、沿线16座公路桥和左排渡槽BIM模型。

16.5.3.1.2 三维可视化场景融合搭建

与桌面端三维应用系统只采用BIM模型搭建三维可视化场景不同，基于Web端的三维可视化场景搭建方式众多，各有优缺点，为满足本项目需要，需要研究同时满足渲染效率高、展示流畅、交互方便、易扩展且高保真的三维场景搭建方式。

当前主流的基于Web端的三维可视化场景搭建方式均存在一定的缺点，无法同时满足数据量少、渲染高效、交互方便、可展示室内地下、高保真、易扩展管理的实际需求，为此，本次通过对不同的三维场景搭建方式进行优化组合，并攻克了其中的关键技术难点，取其优点规避其缺点，从而搭建出满足项目需求的三维可视化场景。

经综合效率效果等多方面的对比，反复测试后，本次采用高低精度相结合的DEM叠正射影像+重点建筑BIM模型+三维实景配景模型的组合方式搭建三维可视化场景，从而同时兼顾渲染效率、宏观与微观展示效果、高保真性、地下室内水下可展现性、易扩展可管理性等多方面需求，其技术特点为以下四点。

1. 主要地形场景主要采用高低精度相结合的DEM叠正射影像方式搭建

在无人机航测范围内，主要地形采用0.05m高分辨率DEM叠正射影像，在无人机航测范围外，采用公共0.5m低分辨率DEM叠正射影像，如图16-34所示。

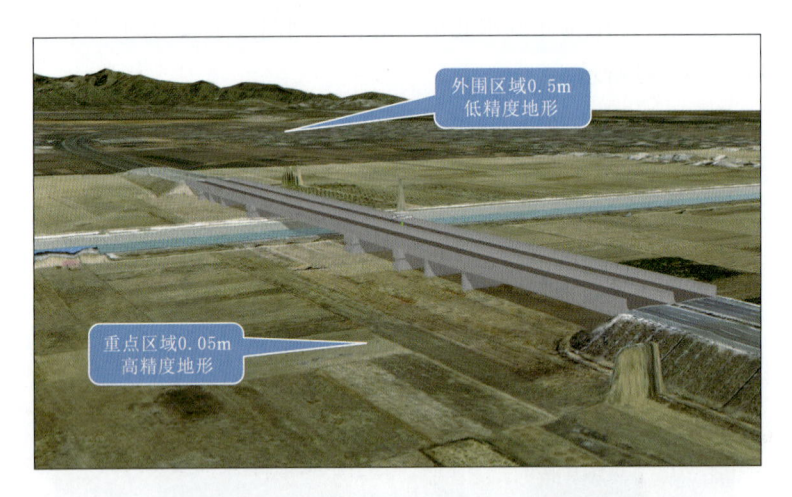

图16-34　高低精度相结合的DEM叠正射影像三维地形

2. 重点建筑物采用手工构建高精度BIM模型与地形场景融合

南水北调总干渠以及节制闸、退水闸、分水闸、主要公路桥采用手工构建高精度BIM模型，并采用实际墙面照片作为贴图纹理增强表现效果，最后将这些BIM模型按实际位置和高程叠加到地形场景中。

BIM和地形叠加后的效果如图16-35所示。

图16-35　槐河退水闸三维场景

3. 配景建筑物采用高保真三维实景模型

对于南水北调工程两侧的村庄房屋等配景建筑，采用高保真三维实景模型，通过切割出这些位置的三维实景模型按坐标位置叠加到三维场景中。以南水北调穿黄工程为例，部分配景建筑采用三维实景模型的效果如图16-36所示。

图 16-36　配景建筑采用三维实景模型

4. BIM 模型与 DEM、三维实景模型的融合。

对于地面以上的建筑物，如南水北调各节制闸上部结构，可抹平该位置的 DEM 数据后，直接按位置高程叠加上去即可；而但对于位于地面以下的建筑或与地面平的建筑，如总干渠渠道，无法直接在地面上叠加，而由于 DEM 分级渲染的原理，强行嵌套会使两者出现衔接问题，如出现衔接裂缝等。为此本次通过采用直接将总干渠转换为 DEM、局部总干渠采用 BIM 建模并以实际正射影像进行材质贴图等多种方式，实现两者的无缝融合。

南水北调典型左排涵洞 BIM 模型与 DEM 衔接效果如图 16-37 所示。

图 16-37　BIM 模型与 DEM 的衔接

16.5.3.1.3　三维可视化场景发布

前端 Web GIS 采用的是 Esri 公司的 ArcGIS 框架，其可提供定位、距离坐标面积查询等常用功能，通过 ArcGIS 桌面端软件 Arcmap 和 ArcGIS Pro 制作模型要素、模拟搭建三维场景后，可将各三维场景要素一键发布成Web地图服务，在ArcGIS Portal里重新对模型要素进行组装，形成基于Web端三维地图场景，具有唯一的地址ID，各业务应用系统通过API和地图场景服务地址ID对地图进行调用，本项目中应急退水淹没演进模型地图场景服务如图16-38所示，其中包括各退水闸、节制闸、渡槽、渠道、公路桥的BIM模型、无人航测高精度DEM和正射影像、退水闸注记和总干渠中心线等点线矢量要素、局部配景三维实景模型等。

图16-38 退水淹没演进模型地图场景服务要素

16.5.3.2 专业模型结果二三维动态展示技术研究

各类水质专业模型结果数据量庞大，无法直接进行二三维可视化表达，如果仅仅通过文字、图表等简单方式呈现模型结果，将使管理者无法全面准确得到模型结果信息，从而影响决策。因此，如何直观、高效、全面的展现专业模型结果至关重要。

16.5.3.2.1 研究内容与技术要点

二三维动态展示技术基于二三维GIS、实景模型、BIM模型等搭建的高保真三维场景平台，将水动力学、水质等专业模型计算结果进行集成，最后根据结果要素水深、流速、流向、浓度等属性大小采用特定的渲染方式以不同颜色进行渲染表达，并根据时间制作成时态数据，实现总干渠水面变化过程、退水淹没演进、总干渠内外污染物扩散过程的高保真二三维动态展示。

其主要研究内容和技术要点包括：

（1）模型计算结果的可视化渲染。采用特定的颜色分层渲染方式，根据不同的水深、流速、流速等要素结果数据，将数字化的计算结果渲染成带空间坐标和高程信息的矢量图层。

（2）模型计算结果与三维模型的空间叠加。将模型计算结果渲染成的矢量图层精确按空间坐标、高程与三维模型进行匹配和叠加。

（3）基于时间序列的动态展示。将各时刻渲染出的矢量图层按一定帧率进行播放，形成三维动态展示。

（4）相机路径和视口设置。在场景中设置合适的相机视口、路径，以最佳的角度进行动态展示。

16.5.3.2.2　水质专业模型结果二维动态展示技术

退水淹没演进过程二维动态展示较为简单，其重点在于水深、流速、流向、污染浓度等属性数据的准确直观表达，为此需要在多方面进行合理的设置，以下分别从展示原理、色板制定、底图处理3个方面对该研究进行总结。

1. 展示原理

目前，无论是商业软件还是各单位自行编制的二维水动力学、水质建模软件，其基本的计算单元均是不同形状的几何网格，其中以三角形网格和四边形网格最为常见，故模型计算结果均以各网格为单元存储，基本格式为一个时间序列下不同时刻各计算网格的水位、水深、流速、水质浓度等要素数据，在模拟的各时刻，所有存在水深的湿网格单元，其计算值均在变化。对于二维平面展示，为了大范围形象展示各网格相关洪水要素数值的大小变化，通过采用一定范围的色系匹配一定范围的要素值，形成展示该要素固定的色板，并在动态展示过程中，以要素值实时驱动各几何网格，使其按色板规定的颜色—属性对应关系改变颜色，是一种高效且形象的办法，被各软件普遍采用。

需要说明的是，很多商业软件为了使展示效果更好，并不简单的采用一网格一颜色的模式，而是根据周围网格趋势，对单一网格的颜色也进行插值处理，从而使得颜色过渡更平顺自然，如MIKE系列软件，其三角网格颜色插值过渡效果如图16-39所示。

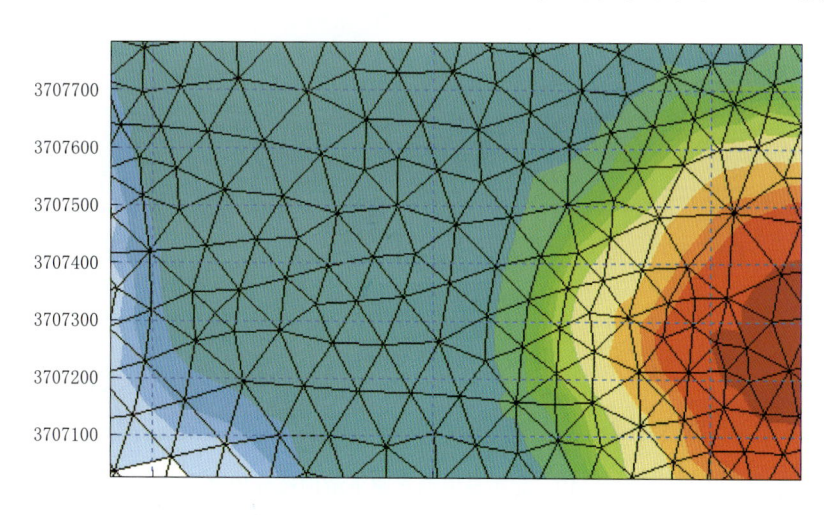

图16-39　MIKE软件各三角网格渲染颜色插值效果

2. 色板制定

色板的制定与展示的要素大小范围相对应，以水深为例，最大水深取模型整个模拟过程中的最大值,对于退水淹没演进模型而言,一般不超过3m。制定该色板需考虑两个方面的因素,其一要保证色系的连续过渡,且应尽量符合人们对水颜色的常规认知,以更加形象自然;其二要更加科学合理地制定每个色系的代表范围,以确保更简洁明了的反映洪水的危险级别。从这两点考虑,本次为形象表现退水淹没水深,制定了15级颜色,跨越蓝、绿、黄、红4个色区,通过这样的色系分布,使肉眼就能看出水深危险级别,即浅蓝色洪水水深仅0.2m,水深为安全级别;青绿色水深在1m,水深级别为较为安全;而黄色洪水水深达到1.5m,已经构成威胁,采用黄色也能起到黄色警戒的作用;最后是红色,代表的淹没水深在2m以上,即危险区域。

此外,为突出表现流场等信息,并使得画面更加柔和美观,对水的表现也可采用不同深度的蓝色,并设置一定的透明度。

3. 底图处理

一个好的淹没演进过程二维动态展示,除要展示洪水要素的变化外,还需要对其准确定位,以知道淹没演进的大致位置、构筑物阻水影响等,需要风险要素展示清洗、对比性强、色彩鲜明。为此,需要对底图进行处理,包括亮度、对比度、色彩饱和度、色相、曝光等。

如果需要对地形高低起伏进行表达,还需要对地形采用分色渲染,经试验采用由浅入深的土黄色分色渲染方式对地形高低起伏表现效果更好,高程越低颜色越深、高程越高颜色越浅,如图16-40所示。

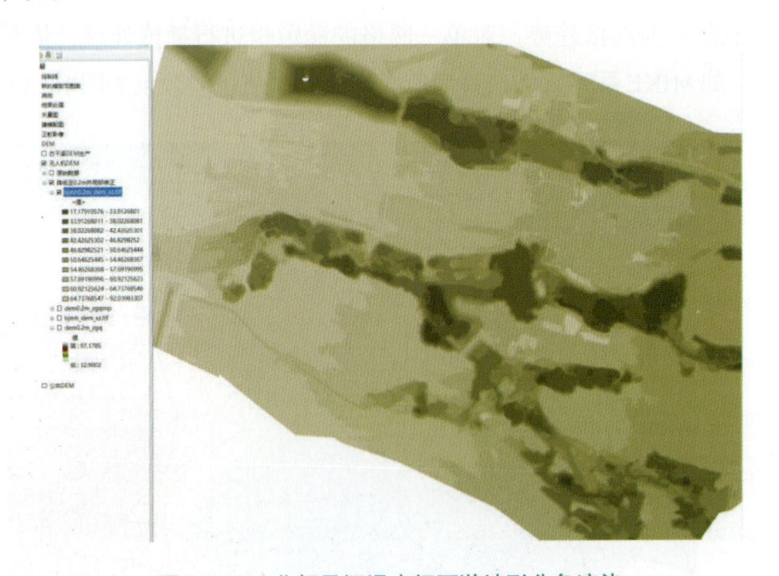

图16-40　北拒马河退水闸下游地形分色渲染

4. 退水淹没演进过程二维动态展示

通过逐步提取模型结果并进行轻量化处理后,生成矢量要素图层格式,叠加到二维地图和正射影像中逐时间步进行连续渲染,实现退水淹没演进过程和污染物扩散过程的二维动态展示。其中淹没范围、污染物浓度采用面要素表现、流场采用点要素表现，效果如图16-41所示。

图16-41 以矢量箭头表现的流场

16.5.3.2.3 水质专业模型结果三维动态展示技术

1. 展示原理

与二维动态展示不同，要想实现退水淹没演进过程、污染水体扩散过程的三维动态展示，所有展示的要素除了需要局部水深、流速、流向、污染物浓度等属性外，还需要要素本身各控制点带三维高程，并且坐标、高程均需与三维场景完全匹配。

此外，对于采用一维水动力学、水质耦合模型构建的污染物扩散模型及闸站调度模型，其模型结果为一维渠道断面上的水位、流速、流量等信息，通过以此数据驱动固定的渠道水面起伏变化也能实现三维展示效果。

模型结果三维动态展示同样可以采用表现数据大小的分色渲染方式进行渲染表现，同时还可以采用带波浪纹理的真实水面表达方式，其地形底图纹理可以采用分色渲染方式，也可以采用正射影像纹理。

2. 退水淹没演进过程三维动态展示

通过逐步提取模型结果并进行轻量化处理后，生成矢量要素图层格式，并对各矢量要素图层进行顶点高程插值，之后叠加到三维场景中，逐时间步进行连续渲染，实现退水淹没演进过程和污染物扩散过程的三维动态展示。同样可以表现淹没范围、水深、流场等。

以总干渠内污染物扩散模拟和应急退水淹没演进模拟为例，其三维动态展示效果见图16-42。

图16-42 以真实水面纹理表现的退水过程三维动态展示

16.6 复杂安全环境下的数据安全与网络安全策略研究

南水北调中线输水水质预警与业务化管理平台融合了不同数据源、不同安全防护要求的数据在不同等级的网络安全域间的数据传递需求，需要对数据的分级访问控制、数据加密及系统防护、跨安全域间的数据传输等技术进行研究以满足系统安全需求。

以PKI为基础的访问控制技术、基于国密算法的数据安全保护技术、基于NGFW和漏洞扫描的区域防护和隔离技术为核心，研究本平台的权限管理与访问控制机制、数据保护策略、网络安全防护等技术，解决跨安全等级的跨区域多部门之间数据通信的安全防范、逻辑隔离、数据安全保护等问题，确保平台能够在复杂的安全环境下安全运行并与外部单位系统进行数据交换与提供数据服务。

16.6.1 研究内容

针对南水北调中线输水水质预警与业务化管理平台数据来源复杂，网络结构复杂，使用用户分布范围广，网络环境复杂等情况，制定相关的安全策略，采取相关的措施，确保数据不会被篡改，数据和系统未经授权不允许被访问。

16.6.2 研究方法

本研究的研究方法为行动研究法，经验总结法。

16.6.3 研究过程

针对数据安全，平台采用区块链技术，防止数据在传输和后续过程中被篡改。针对网络安全，主要采取以下措施：

（1）运用防火墙和安全检测技术来提升计算机网络防护的安全度。防火墙可以在内部网络和外部网络之间形成一道屏障，抵御外部病毒木马的入侵和攻击，并对内部网络起到了实时监控作用。

（2）系统维护需要通过 VPN 进入专网进行，通过堡垒机进入到服务器进行系统运维。同时系统涉及的所有环境如 VPN 密码、操作系统密码、数据库密码、系统密码等均强制使用强口令，并设置口令更新策略为每个月更新。

（3）系统开发过程中涉及的各种工具、中间件等，严禁使用盗版或者破解版，必须通过正规渠道获取，与其他系统进行数据共享交互的过程需要进行权限认证，基于 JWT 技术和国产加密算法获取认证和权限信息，并且针对不同的业务场景的实际情况，对不同数据共享接口进行限流和记录访问日志，对于异常访问（非设定时间段，异常频次等）进行拦击与记录，并且及时报警。

（4）同时构建基于角色的访问控制模型，系统内对不同角色分配不同的权限。同时对系统的访问需要通过南水北调中线管理局统一认证平台进行认证，认证通过后才可以访问系统。

（5）模拟系统异常高频访问，访问被拒绝。

（6）模拟网络劫持，修改水质数据，由于数据已经上区块链，无法被修改。

16.6.4 研究成果

通过本部分的研究及实践操作，总结得到了适用于南水北调中线输水水质预警与业务化管理平台的数据安全与网络安全策略，并实际运用于系统的各个环节之中，有力地保证了网络安全、数据安全和系统访问安全。

16.7 基于大数据挖掘技术的数据应用研究

大数据挖掘就是从大量的数据中挖掘出有用的信息，即从大量的、不完全的、有噪声的、随机的、模糊的数据中，提取隐含其中的、规律性的、人们事先未知的、但又是潜在的有用信息和知识的过程。数据挖掘是一个在海量数据中利用各种分析工具发现模型与数据间关系的过程，它可以帮助决策者寻找数据间潜在的某种关联，发现被隐藏的、被忽略的因素，因而被认为是在这个数据爆炸时代解决信息贫乏问题的一种有效方法。数据挖掘作为一门交叉学科，融合了数据库、人工智能、统计学、机器学习等多领域的理论与技术。其中数据库、人工智能、数理统计为数据挖掘的研究提供了重要技术支持。

大数据是通过高速捕捉、发现和分析，从大容量数据中获取价值的一种新的技术架构。有四个 V 字开头的特征：Volume（体量大）、Velocity（速度快）、Variety（种类杂）、

Value（价值大）。Volume是指大数据巨大的数据量与数据完整性；Velocity可以理解为更快地满足实时性需求；Variety则意味着要在海量、种类繁多的数据间发现其内在关联；Value最重要，它是大数据的最终意义：挖掘数据存在的价值。

大数据挖掘业务功能主要是依托大数据技术对水质数据进行探查和分析，并以可视化形式对分析结果进行展现，因此包含的建设内容主要分为三个层面：一是在大数据技术环境下的业务数据接入、存储、处理和组织；二是支持数据自由查询访问的数据探查功能；三是数据的分析与可视化。除此外，在技术选择和实现上，针对未来数据和业务的扩展，需考虑对未来应用的扩展性支持。

基于上述，整体技术架构如图16-43所示。

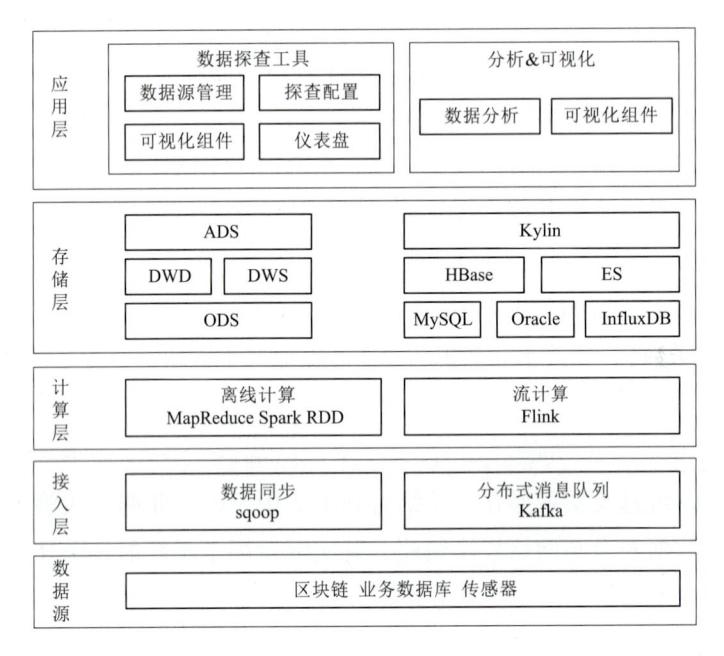

图16-43 大数据挖掘技术架构

16.7.1 数据接入与存储处理

根据业务需要，为数据探查和数据分析功能做好数据准备工作，支持数据的持续接入与集成存储，采用实时/离线两种模式对数据进行预处理，并对整个数据接入、存储、准备过程进行统一的管理。

16.7.1.1 数据接入

大数据挖掘业务所对的主数据源是本研究中的区块链应用（存储了来自各监测站点、监测断面的水文水质数据），获取方式为：采用定时轮询方式，获取增量数据。具体如下。

1. 通过区块链提供的接口获取数据

通过不同的接口查询不同的数据集。以轮询的方式，通过时间戳获取增量数据。数据轮询可以按照不同数据接口定义不同的获取频率，以便应对不同对数据时效性要求。

2. 通过消息中间件实现数据传输入库

获取到数据后，将数据以数据包的形式放入消息中间件列队。消息中间件的消费端程序接收到一个数据包后，进行数据拆包、解析，最后存入数据库中。当数据流量峰值过大时，可以通过扩充消息中间件集群节点，应对数据流量峰值抖动；当需要提升数据采集效率时，可以通过增加消费端节点来提升处理能力及效率。

3. 对未来更多数据来源接入场景的扩展

（1）传感器数据接入：传感器数据接入方式与区块链接入方式类似，实时通过指定通信协议和数据规约接收传感器推送过来的数据，接收到数据后将数据以数据包的形式放入消息中间件（中间件的作用与区块链接入中间件作用类似）。消息中间件的消费端可以有两类：一类直接将数据原样保存到时序数据中，以便保存原始数据；另一类是将数据包接入流数据计算框架，通过实时计算、汇总、分析后，将数据存储到相应的分析库中，为上层提供实时的数据服务。

（2）业务系统数据接入：业务系统数据的接入可以根据不同应用场景选用不同的集成方式，在应用层面做业务系统数据集成，可以考虑推和拉两种形式，如果主动通过调用业务系统接口拉数据，可以考虑采用类似于区块链的方式做定时轮询采集数据；如果业务系统主动推送数据，可以考虑传感器数据采集方式，此处不赘述。如果是通过数据存储层实现数据集成，数据量不大，但是数据处理需要在集成过程中做复杂的数据清洗和计算工作的情况下，可以考虑采用传统ETL方式集成；如果数据传输量特别大或者特别高频的情况下，可以考虑采用数据同步工具进行数据迁移。

16.7.1.2 数据存储与管理

为了后续应用的使用，对数据的重新组织与建模。在此遵循数据分层概念，采用ODS（原始数据层）、DWD（公共明细数据层）、DWS（公共汇总数据层）、ADS（应用层数据）对数据进行分层管理，图16-44是数据分层逻辑图。

（1）ODS：原始数据层。也称操作数据层，是直接从业务系统采集过来的最原始数据，包含了所有业务变更的过程，粒度也是最细的。

（2）DWD：公共明细数据层。是基于ODS层基础上，根据业务过程建模出来的明细数据模型层，该层主要目的是对不同来源、不同业务过程的数据进行统一标准化的定义与描述。

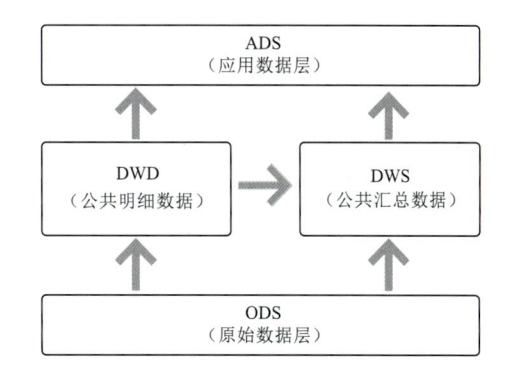

图16-44 数据分层逻辑图

（3）DWS：公共汇总数据层。是基于ODS和DWS层数据，基于特定业务维度汇总而来的数据模型，该模型主要目的是对通用的汇总数据进行建模，并对汇总数据进行统一的标准化定义与描述。

（4）ADS：应用数据层。是基于DWD和DWS的数据重组模型，ADS并不是一个模型，甚至不一定是相同的数据存储类型。可根据上层应用、分析需要，可以采用不同的存储于数据组织形式。

ODS是所有上层数据的源头，ADS是最终数据处理的结果，可以被上层应用和分析模型直接使用。而DWD和DWS的作用，是对数据进行统一的标准化和预计算，确保数据质量，减少数据重复计算造成的资源和时间损耗。

根据本项目的数据特点以及后续的数据使用需求，采用MYSQL数据库存储区块链接入的原始数据，并对数据进行DWD和DWS建模。

对数据探查和数据分析，采用HBase作为探查和分析数据模型的存储介质，通过对数据进行预先的计算处理，形成宽表，以提高在复杂分析场景下，提升数据查询效率。

随着上层数据应用和分析深入，上述数据分层管理结构是不用改变的，每一层的数据来源更加多，数据种类更加丰富。这时可以考虑对每层数据特定，对不同的数据采用不同的数据存储策略。例如，随着传感器数据的加入，可以考虑ODS层采用时序数据库（如InfluxDB、OpenTSDB等）作为传感器原始数据的存储。而业务数据可以考虑采用数据库集群、分库分表、读写分离等技术进行扩展，如果数据量增大到MYSQL集群也很难处理时，可以考虑采用HIVE替换MySQL作为业务数据存储介质。对于DWD和DWS无论采用何种存储，建议与ODS放在同一类型存储介质中，尽量避免数据的迁移带来的性能和带宽损耗。ADS可以根据上层数据分析挖掘需要，采用多种不同存储形式，具体采用何种存储更适合，视具体情况选择。

16.7.1.3 数据预处理

本研究中数据探查和数据分析所用到的数据不会仅仅是单个监测站的细粒度数据，而更多情况下应该是经过计算、加工、汇总之后的数据，所以需要对原始数据进行预先的加工处理，以满足上述应用需要。

为了能够管理和快速响应预处理变更请求，固化并周期性执行和管理数据预处理，以便确保数据一致性并及时更新。数据预处理与任务调度应具备以下几方面能力：

（1）数据预处理能力：数据预处理需要能够对不同存储进行数据加工（包括但不限于对数据进行计算、汇总、过滤等），并能够将数据处理过程持久化，以便后续增量数据产生后可以不断地通过数据预处理过程进行加工处理。常用的数据加工处理包括SQL脚本、特定数据处理程序等。

（2）可编排能力：数据处理过程，会随着对分析业务的深入，不对的进行调整和优化，所以固化的处理逻辑会带来巨大的修改量，同时也很难保证变化相应的速度。应该讲数据处理过程进行流程化编排，将出具处理逻辑拆分为更小的单元，以便可以在变化时，通过修改个别处理逻辑单元或流程顺序，以快速应对数据处理需求的变化。数据处理流程其本身的特点是有向性，不会存在闭环流程的情况，所以流程编排上可以考虑采用DAG（有向无环图）作为数据处理流程的模型。

（3）调度能力：因为数据预处理可能涉及的形式是多样的（程序逻辑、SQL脚本等等），同时所处理的数据可能跨越多个数据存储，所以数据处理流程的逻辑单元应具备跨系统、跨存储的调度能力，以适应不同预处理任务的调度需要。同时也应具备扩展能力，确保未来性的预处理逻辑可以整合进来。

（4）跟踪和控制能力：数据处理流程应具备可跟踪可控制的能力，以便可以及时排查流程运行的每个环节的状态，可以进行暂停、重试等控制。

结合上述数据预处理的能力考虑，确定通过DAG构建一个数据预处理任务调度系统，通过服务调用、数据存储脚本持久化为预处理任务，再通过DAG将这些预处理任务串联为数据处理流程，并提供流程的监控和控制能力。

16.7.2　数据探查

提供数据探查工具，接入数据源，经过数据关联、数据筛选、数据聚合、数据计算等探查模式，根据具体的数据特点匹配对应的可视化图形，生成各种数据探查模版。

数据探查模版也可以作为下一次数据探查的数据源，提高数据探查效率。多个数据探查模版可通过自定义布局生成数据仪表盘页面，可以从不同角度呈现丰富的数据特征。

仪表盘页面可以进行共享发布。共享的仪表盘页面可以链接到业务系统中方便查看；也可以嵌入到业务系统的页面中，做到和业务系统融为一体。

16.7.2.1　功能支持

数据探查工具是提供给最终用户使用的工具。数据探查工具提供了两种方式进行数据探查，有如下两点：

（1）用户可以通过预先定义的数据探查模版，实时查看当前的业务状况；

（2）用户可以从零开始，进行自助式数据探查或自主数据探查。可以处理业务明细数据、预计算后的数据、汇总后的数据以及重新组织后的数据等所有数据，可以处理单表数据也可以处理多表关联数据，通过自定义过滤条件、自定义聚合分组条件、数据计算公式等探查手段，结合多样化的可视化图形，生成所见即所得的探查结果。

数据探查工具是一个功能完善的工具，所有的处理过程都是可视化的，也就是所见即所得。接下来从接入数据源，过滤条件，聚合分组条件，计算和可视化展示几个方面展开说明。

1）接入数据源：数据探查工具提供丰富的数据源接入方式。可以接入上一部分提供的数据接入；也可以接入多种不同的业务数据库，如内存数据库、关系型数据库、非关系型数据库、大型数据仓库等数据源。数据探查工具的数据源是可扩展的，未来可以接入更多类型的数据源。

2）过滤条件：过滤条件是在逐步聚焦数据缩小数据范围。可以自由选择物理表中包含的列字段，也可以自由选择与当前物理表关联的物理表的列字段。可以定义多个筛选条件，数据探查工具根据不同的列类型提供相对应的过滤条件。

3）聚合条件：聚合条件是为了了解数据的整体状况或规律。可以自由选择列进行聚合，也可以自定义表达式进行聚合。整体的聚合条件包括：总记录数、不重复值的总数、最大值、最小值、平均值、标准差等。数据的分布情况可以通过分组聚合条件处理。数据探查工具对于不同的列类型提供了不同的自动分组策略，也支持手动分组策略。

4）计算：计算包括内置公式和自定义公式两种。业务人员在录入公式时，数据探查工具可以实时发现公式中出现的语法错误，避免出现误操作。对于存在错误的公式，是不能直接保存的，必须修改正确后才能保存成功。

5）可视化：数据探查工具提供丰富的数据可视化展示能力。数据探查的整个过程都是可视化的，也就是所见即所得。提供多种可视化图形，可以根据数据特点自动选择符合当前数据的可视化图形。业务人员也可以结合不同的数据特点选择不同的数据展示形式，也可以对展示样式进行定制，对重要的关注点可以高亮显示。最后，可以把结果保存下来，方便后续使用。数据探查工具可以把多个探查结果放在一起，生成仪表盘。仪表盘可以进行自定义布局，也可以对探查结果进行简单的调整。可以更好展现业务领域的数据特点和规律。

16.7.2.2 权限集成

数据探查工具是相对独立的数据应用，可以不限制用户的业务领域，是一个相对通用的工具。所以数据探查工具提供独立的用户和权限管理功能。同时，数据探查工具提供把数据探查成果接入业务系统的能力。

数据探查工具提供用户管理和权限管理功能。用户管理支持对用户进行新增、编辑、停用操作，可以对用户进行分组管理，下面统称用户组。权限管理包括数据权限和数据探查成果权限两种，通过用户组进行分配。数据权限是指可以对数据探查工具包含的所有数据源分配给不同的用户组进行访问，提供了不相关的业务领域之间的数据隔离能力。数据探查成果权限是指可以把数据探查成果分配给不同的用户组，提供了不用部门查看不同数据探查结果的能力。

数据探查工具提供对页面集成能力。主要采用两种方式：

（1）数据探查成果可以通过链接地址的方式接入业务系统。在业务系统中，点击对应地址，可以跳转到对应的数据探查成果界面；

（2）数据探查成果也可以嵌入到业务系统的页面内，作为业务系统页面的组成部分，这样可以更好地和业务应用融为一体。

16.7.3 数据分析与可视化

16.7.3.1 数据分析

数据分析所面向的数据源主要是各监测站和断面的水文水质数据，主要的数据维度有两个：时间维（数据的采集时间，精确到时分秒）、空间维（以各站点所在空间位置来表示），度量为各水文水质指标（数量级在几十个间）。基于这样的基础数据，可以按照多维分析的思路去构造维度的层次，把时间维划分为月度、旬、日三个层次刻度，把空间维划分为全线、二级管理单位、三级管理单位、站点几个层次刻度，以此构造最基本的多维结构，并在各定量指标的基础上，一方面抽取形成定量特征值（最大、最小、平均、中位、增减、波动等）；另一方面依据相关水质评价标准和拟合方法，对水质指标进行聚合形成更粗粒度的水质要素指标和定性评价指标，丰富分析所用的度量。

基于上述的多维数据，可以开展以下几个层面的分析：

（1）时间趋势分析：分析在一定空间位置上的水质数据随时间变化情况，通过特征量和定性评价，表达水质情况的变化规律；

（2）空间趋势分析：分析在一定时间内的各站点的水质数据情况，通过特征量和定性评价，表达全线水质情况在不同空间位置上的差异，并通过叠加时间要素，表达全线水质情况随时间变化的规律；

（3）极值分析：对数据进行筛选，将符合筛选条件的最大值和波动、增减变化幅度大值数据选出，查看其时空分布，发现其出现规律和聚集态势；

（4）要素分析：根据不同类型的水质要素，分别对每一类要素的指标构成、极值出现、时空分布进行趋势分析，并叠加相关水文数据和关联要素数据，分析不同要素间的影响；

（5）影响分析：在不同的时空限定条件下，不同的水质要素对于水质的影响程度不同，通过比较水质要素的时空变化趋势和水质定性评价的时空变化趋势，分析不同时段、不同位置上，相关要素对于水质的影响因子；

（6）实时情况：通过图表形式，对当前日期的实时水质信息进行展示，并对当天内的水质数据随时间波动变化情况进行分析展示。

由于目前可参与分析的数据量和类别还相对较少，因此可做的分析比较有限，未来随着数据量和类别的增加，可以通过前述的数据接入、存储处理手段组织更多更全面的数据，扩展更多、更复杂的模型算法，本技术架构为此提供了相应的扩展手段，可以支持更多模型算法和分析功能的集成接入和二次开发。

16.7.3.2 可视化展现

数据分析结果通过分析专题进行可视化展示。基于可视化组件库和配置功能，可以实现分析专题的可视化场景展示。

可视化组件库是通过配置项进行管理的，可以灵活配置展现样式和格式，可以调整布局方式，可以结合具体分析专题的特点选择合适的可视化组件。可视化组件库支持变化趋势展示，差异化数据对比展示，整体中各部分的占比展示，数据分布展示等多样化业务场景可视化展示。可视化组件库支持GIS数据展示，可视化组件库内置了GIS框架，可以支持多样的GIS可视化场景。可视化组件库支持数据联动和交互，可以支持过滤条件，上钻和下钻操作等不同的交互场景。

1. 水质数据时间变化趋势分析

水质数据时间变化趋势分析见图16-45。

图16-45　站点水质数据的时间变化趋势（单位：d）

2. 水质数据空间变化趋势分析见图 16-46。

图 16-46　多站点水质数据的时间—空间变化趋势（单位：d）

3. 水质数据实时监控见图 16-47。

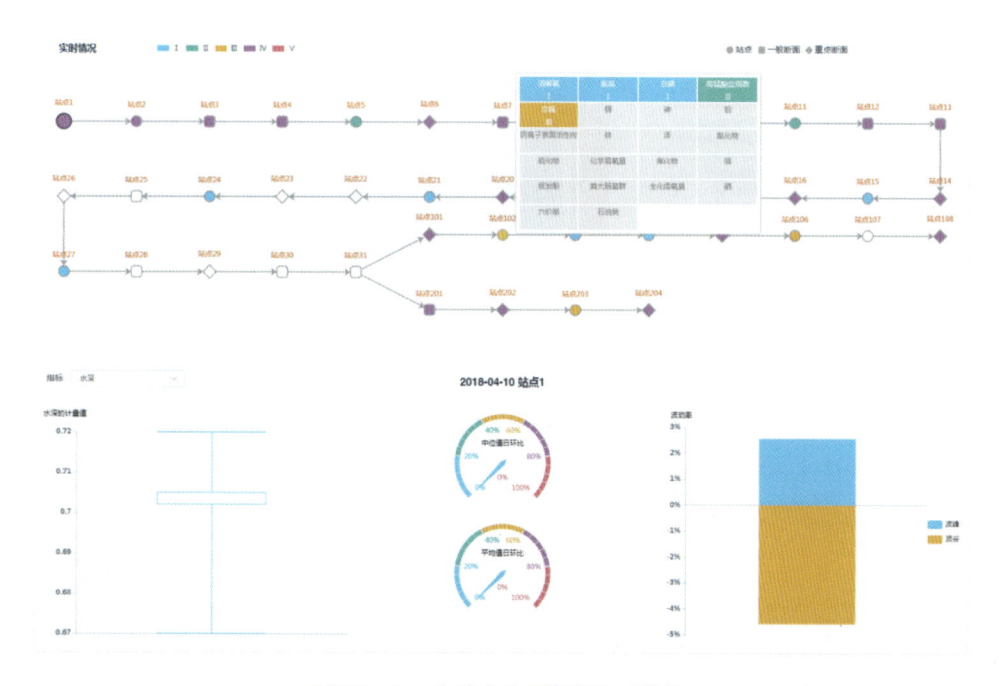

图 16-47　全站点水质数据实时监控

4. 水质数据极值分析见图 16-48。

图 16-48　水质数据极值分析—最大值

在选定站点和选定时间范围内，显示某一水质指标的最大值 TOP 10（站点+时间+排名），点击 TOP 10 列表中某一结果，可查看该指标数据在一段时期内的随时间变化趋势，如图 16-49 所示。

同时可查看该"站点+时间"的全部水质指标的水质等级和对应的计量值数据。

可选择一个时间一个站点来查看其水质指标的等级，并查看某一水质指标的度量值。

图 16-49　水质数据极值分析—波动率

在选定站点和选定时间范围内，显示某一水质指标的波动率 TOP 10（站点+时间+排名），点击 TOP 10 列表中某一结果，可查看该指标数据在一段时期内的随时间变化趋势，同时可查看该"站点+时间"的全部水质指标的水质等级和对应的计量值数据。

可选择一个时间一个站点来查看其水质指标的等级，并查看某一水质指标的度量值，界面如图16-50所示。

图16-50 水质数据极值分析—均值环比

在选定站点和选定时间范围内，显示某一水质指标的均值环比或中位值环比TOP 10（站点+时间+排名），点击TOP 10列表中某一结果，可查看该指标数据在一段时期内的随时间变化趋势。

同时可查看该"站点+时间"的全部水质指标的水质等级和对应的计量值数据。

可选择一个时间一个站点来查看其水质指标的等级，并查看某一水质指标的度量值。

5. 水质数据相关性分析

应用皮尔逊相关系数模型，分析水质指标间的两两相关性。相关系数值域为-1.0～1.0，越接近1，表示两指标间正相关性越强，变化趋势趋同；越接近-1，表示两指标间负相关性越强，变化趋势相反，如图16-51所示。

用二维热力图显示分析结果，并显示正负相关TOP 10，点击热力图中某格，显示对应两指标（在某一站点的）时间变化趋势和（从上游到下游的）空间变化趋势，如图16-52所示。

应用皮尔逊相关系数模型，分析站点间的两两相关性。相关系数值域为-1.0～1.0，越接近1，表示两指标间正相关性越强，变化趋势趋同；越接近-1，表示两指标间负相关性越强，变化趋势相反。

用二维热力图显示分析结果，并显示正负相关TOP 10，点击热力图中某格，显示对应两站点（在某一指标上的）时间变化趋势。

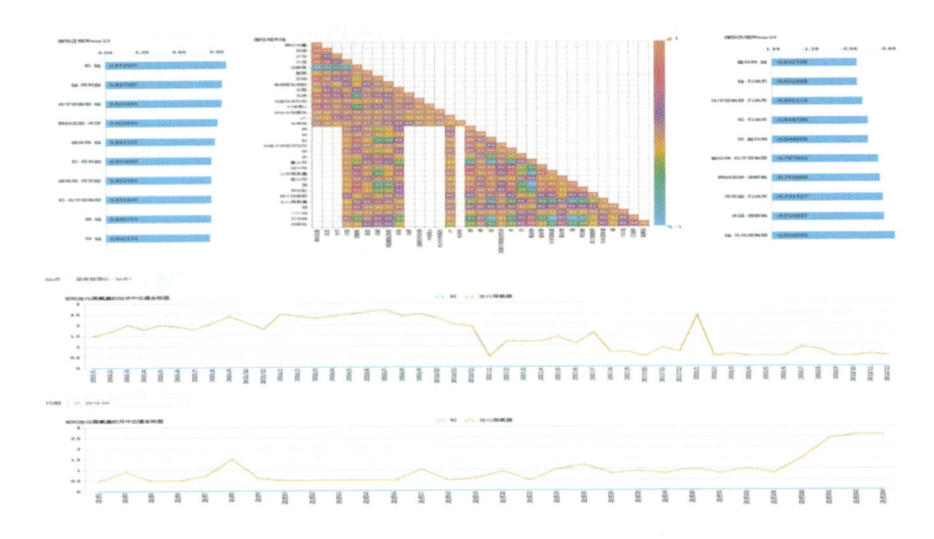

图 16-51　水质数据相关性分析—指标相关性

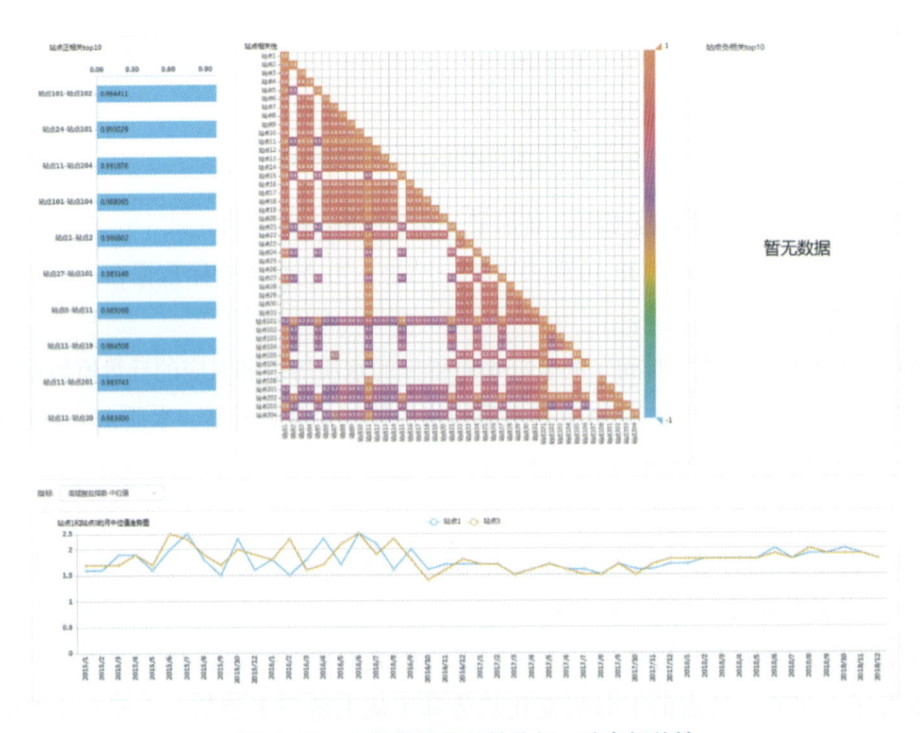

图 16-52　水质数据相关性分析—站点相关性

应用皮尔逊相关系数模型，分析站点间的两两"先行/滞后"关系。数值表示期数，正负表示先行或滞后，如站点3与站点8的关系为2，则站点3对于站点8先行2期，即站点3的数据可反映站点8的两个月后的数据变化趋势。

用二维热力图显示分析结果，并以一维热力图显示两站点的水质等级随时间变化的情况，点击热力图中某格，显示对应两站点（在某一指标上的）时间变化趋势，如图16-53所示。

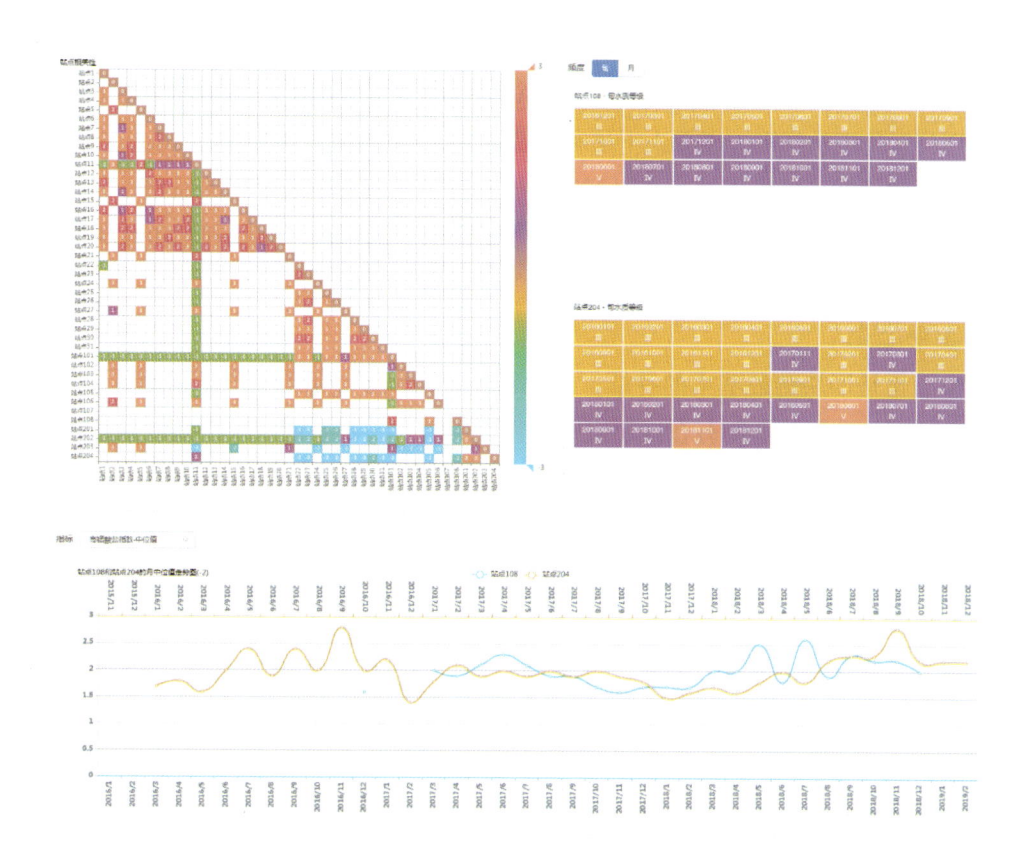

图 16-53　水质数据相关性分析—时间相关性

16.8　基于区块链技术的中线水质数据管理研究

16.8.1　研究内容

16.8.1.1　技术概念

16.8.1.1.1　区块链概念

区块链系统由数据层、网络层、共识层、激励层、合约层和应用层组成。其中，数据层封装了底层数据区块以及相关的数据加密和时间戳等基础数据和基本算法；网络层则包括分布式组网机制、数据传播机制和数据验证机制等；共识层主要封装网络节点的各类共识算法；激励层将经济因素集成到区块链技术体系中来，主要包括经济激励的发行机制和分配机制等；合约层主要封装各类脚本、算法和智能合约，是区块链可编程特性的基础；应用层则封装了区块链的各种应用场景和案例。该技术模型中，基于时间戳的链式区块结构、分布式节点的共识机制、基于共识算力的经济激励和灵活可编程的智能合约是区块链技术最具代表性的创新点。

区块链技术作为比特币的基础性技术，具有高度透明、去中心化、去信任、不可篡改、匿名等性质。这些性质体现了分布式自治的理念，逐渐受到拥有创新意识的金融机构的广泛关注。分布式自治机构（Distributed Autonomous Corporation，简称DAC），就是通过一系列公开公正的规则，以无人干预和管理的情况下自主运行的组织机构。这些规则往往会以开源软件的形式出现，每个人可以通过支付手段获得不定形式的回报，分享收益，参与系统的成长。例如，比特币、纳斯达克的新平台以及其他应用就是典型的DAC。

16.8.1.1.2 区块链特点

1. 去中心化

去中心化是区块链最基本的特征，区块链不再依赖于中心化机构，实现了数据的分布式记录、存储和更新。所有在区块链网络里面的节点，都有记账权，都可以进行记账，这可以规避操作中心化的弊端。

在生活中，例如淘宝购物，实际钱是由支付宝机构进行管理和储存。转账、消费时在账户余额上做减法，收款时做加法。个人信息也都在支付宝的数据中，都属于中心化的，都是围绕支付宝这个中心。但如果支付宝的服务器受到损坏，被攻击导致数据丢失，那记录就会被销毁，交易无法查询；在特殊时期，会被随时查封、冻结、无法交易或者由于天灾导致数据销毁，存在支付宝内的资金无法追回；或者个人信息的泄露。即是中心化的缺点。

但由区块链技术支撑的交易模式则不同，买家卖家可以直接交易，无需通过任何第三方支付平台，同时也无须担心自己的其他信息泄漏。去中心化的处理方式就要更为简单和便捷，当中心化交易数据过多时，去中心化的处理方式还会节约很多资源，使整个交易自主简单化，并且排除了被中心化控制的风险。

2. 匿名性

匿名性是区块链技术最基本的特性之一。区块链的匿名性是基于算法实现了以地址来寻址，而不是以个人身份信息进行交易流转。区块链的匿名性是指别人无法获取区块链的资产，以及转账记录等。在区块链网络上只能查到转账记录，但不能明确及相关信息的地址，但是一旦知道这个地址背后对应的机关信息，就能查到其所有相关的转账记录和资产。

3. 不可篡改

区块链系统的信息一旦经过验证并添加至区块链后，就会得到永久存储，无法更改（具备特殊更改需求的私有区块链等系统除外）。除非能够同时控制系统中超过51%的节点，否则单个节点上对数据库的修改是无效的，因此区块链的数据稳定性和可靠性极高。哈希算法的单向性是保证区块链网络实现不可篡改性的基础技术之一。

4. 可追溯性

区块链的机制是设定后面区块拥有前面区块的哈希值，与挂钩相同，只有识别了前面的哈希值才能挂上，从而形成一整条完整可追溯的链。可追溯性还有一个好的特点就是便于数据的查询，因为这个区块是有唯一标识的。例如要在数据库里查询一条记录，有很多算法去分块来查找，而在区块链里面是以时间节点来定义找该时间段的区块再去寻址。

5. 自治性

区块链采用基于协商一致的规范和协议（例如一套公开透明的算法）使得整个系统中的所有节点能够在去信任的环境自由安全的交换数据，使得对"人"的信任改成了对机器的信任，任何人为的干预不起作用。

16.8.1.2 技术路线

在南水北调中线输水水质预警与业务化管理平台中，区块链技术采用联盟链和智能合约实现。具体技术实现如下：

（1）区块链网络采用联盟链机制，节点被允许后方可加入到区块链网络，区块链采用1+N方式支持数据共享业务。

（2）一条主持久链，用来存储及共享常规化数据，保障常规化数据共享的及时性、一致性、不可篡改、可溯源；N条自定义链，用户根据自身应用场景创建的自定义数据共享链采用api网关，将业务系统同区块链网络对接。

（3）区块链BaaS服务负责联盟治理、智能合约部署、链上数据管理。

16.8.2 业务场景描述

业务场景描述见表16-5。

表16-5　　　　　　　　南水北调中线水质数据业务场景描述表

场景名称	多方数据共享			
编制人		审核人		
业务目标说明	数据提供方按照规则将数据提交，存入；数据获取方按照规则获取所需数据；存取过程均自动化，规则判定由系统自动处理完成；数据获取方可以定期获得数据新增和更新的通知。			
业务主要参与者名称&数量	参与行为（存/取）	数据量级（单次动作）	存取频度/性能要求	
1. 水质自动监测站（13座）	存、取			
2. 水质实验室（4座）	存、取			
3. 水质监测断面（30点位）	存			
4. 各二级管理单位水质中心（5个）	存、取			
5. 南水北调中线工程运行管理单位水质中心	取			

续表

业务主要参与者名称 & 数量	参与行为（存/取）	数据量级（单次动作）	存取频度/性能要求
6.水利部水质管理机构	存、取		
7.住建部水质管理机构	存、取		
8.中线沿线地方水司	存、取		
9.中线沿线各自来水厂	存、取		

用户故事（User Story）反映了用户对于系统的预期
描述形式：XXX 用户（或系统）执行了 XXX 操作得到了 XXX 结果，遵循的规则和约束是 …

故事描述	包含业务规则说明
1.水质自动监测站（13座）用户执行数据存储、读取操作得到了其他自动监测站和水质实验室水质数据	沿中线干渠从南到北，下一个水质自动监测站能读取它前面所有水质自动监测站的水质监测数据
2.水质实验室（4座）用户执行数据存储、读取操作得到了其他水质实验室和自动监测站水质数据	各水质实验室能够相互查看水质数据
3.水质监测断面（30点位）用户执行数据存储操作得到了将水质监测断面数据存入到多方数据共享平台中	中线水质管理机构能够查看所有水质监测断面的水质监测数据
4.各二级管理单位水质中心（5个）用户执行数据存储、读取操作得到了辖区内水质自动监测站、水质实验室、水质监测断面的水质数据	沿中线干渠从南到北，下一个二级管理单位能读取前面各二级管理单位辖区内的水质数据
5.南水北调中线工程运行管理单位水质中心用户执行数据读取操作得到了中线全线及沿线自来水厂水质监测数据	南水北调中线工程运行管理单位水质中心将全线水质数据上传水利部，并从水利部交换沿线水厂水质监测数据
6.水利部水质管理机构用户执行数据存储、读取操作得到了中线沿线自来水厂水质监测数据	水利部水质管理机构将中线水质数据共享给住建部水质管理机构，并从住建部水质管理机构获取各自来水厂水质监测数据
7.住建部水质管理机构用户执行数据存储、读取操作得到了中线干渠水质监测数据	住建部水质管理机构将沿线自来水厂数据共享给水利部水质管理机构，并从水利部水质管理机构获取中线干线水质监测数据
8.中线沿线地方水司用户执行数据存储、读取操作得到了中线干渠水质监测数据	中线沿线地方水司只能得到其辖区内水厂供水口门以南的各站点水质监测数据
9.中线沿线各自来水厂用户执行数据存储、读取操作得到了中线干渠水质监测数据	线沿线各自来水厂只能得到其供水口门以南的各站点水质监测数据

其他需要说明的情况	
各业务参与者之间的网络连通情况	水质自动监测站、水质实验室、水质监测断面、各二级管理单位水质中心、南水北调中线工程运行管理单位水质中心相互之间是内部专网；自来水厂、地方水司、住建部水质管理机构之间是业务专网；水利部水质管理机构与南水北调中线工程运行管理单位网络连通情况不明；水利部水质管理机构与住建部水质管理机构网络连通情况不明
对于系统并发量的要求	800

16.8.3 数据上链实现

16.8.3.1 业务数据上链

通过区块链平台提供的rest接口完成数据上链。数据上链操作分为创建操作和更新操作两类。创建操作会增加一条新的数据记录；更新操作会对旧数据记录进行更新处理，同时会保留数据处理所有更新的历史记录。

业务数据上链，可以采用两种：一种是实时数据上链，是业务系统产生了一条新业务数据后，除了要保存到业务数据库之外，也要调用区块链平台的rest接口进行业务数据上链处理；另一种是定时批量数据上链，是业务系统产生新的业务数据后，暂时不把业务数据进行上链操作。根据数据量大小，业务性质不同可以指定不同的时间周期（例如1h，1d），然后通过定时任务进行批量数据上链操作。也可以分批进行数据上链操作，降低区块链的开销。

16.8.3.2 历史数据上链

可通过区块链平台提供的数据迁移工具完成历史数据上链的工作。为了兼顾数据迁移的性能和效率，数据迁移工具分为两种：在数据量不大的情况，按照约定的数据格式调用restful api方式的批量接口进行数据上链操作；第二种在数据量大的情况下，按照约定数据格式调用本地化的批处理程序进行数据上链操作。此外，历史数据迁移策略如下：

（1）确定历史数据的范围：可根据数据的时间戳，确定历史数据的范围。在此时间戳之后的数据，视为新的业务数据，将按照业务数据的策略上链。

（2）由于历史数据的数据量可能比较大，因此可分批上链。

（3）由于在历史数据上链的过程中，还会不断地产生新数据，对此，可采用两种模式：

一种是历史数据上链与新的业务数据上链同步进行，直到历史数据全部上链；第二种是分阶段进行，即历史数据上链完成后，再处理在此过程中新产生的业务数据。

16.8.3.3 上链过程中的安全性保证

业务系统会有一整套安全机制，区块链也有一套非常严密的安全机制。为了提供整体系统的安全性，必须对业务系统接入区块链的接口进行安全身份认证。现阶段，接口采用的身份认证方式是用户名+密码组合方式。未来为了安全考虑采用非对称加密的公私钥密匙进行身份认证。

16.8.3.4 上链过程中的性能考虑

在测试环境中，区块链接口的处理时间在秒级别，未来数据量变大时，可以考虑在区块链rest接口之前添加负载均衡功能，扩充区块链的接入业务数据的能力。

现在的区块链的块大小为512KB，未来可以根据数据量大小的动态调整区块链的块大小（区块链的块大小不建议太大）。如果单条记录的数据量很大的话，区块链平台可以对数据按照区块链的块大小进行分割处理后，再进行批量上链处理。

16.8.3.5 链上数据的安全性与权限控制

区块链的安全性中，最重要的两个特征是共识和不可篡改。共识是指分布式区块链网络中的节点就网络的真实状态和交易的有效性能够达成一致。达成共识的过程通常取决于网络使用的共识算法。不可篡改是指区块链能防止已经确认的交易记录被更改。总体来讲，共识和不可篡改为区块链网络中的数据安全性提供了基础框架。共识算法能够确保所有节点都遵循系统规则并且都认可网络的当前状态，而不可篡改能够保证每个得到有效性验证的区块数据和交易记录的完整性。

区块链的用户、角色、权限由区块链网络建设者即组织进行创建和定义。组织通过创建相应的用户，并分配给该用户相应的角色，通过基于角色的访问控制（RBAC）规则为该用户绑定相应权限。例如，该用户是否有向链上写数据权限，是否有部署职能合约权限，是否有创建节点权限，是否有管理节点的权限等等。

16.9 智慧化水质综合管理平台研发

16.9.1 平台总体设计

根据研究成果，进行南水北调中线输水水质预警与业务化管理平台的顶层设计，充分考虑平台建成后运行维护的继承性、延续性及对未来新技术的适应性、融合性、可扩展性，妥善合理地配置各种软硬件资源，保证南水北调中线输水水质预警与业务化管理平台稳定、高效的运行。

16.9.1.1 总体框架

南水北调中线输水水质预警与业务化管理平台将信息技术充分运用于水质监测预警调控决策支持综合管理，集成水质监测、评价、预测、预警、调控、处置等关键技术，建立支撑预报预警调控决策模型群的高运算负荷、高并发异构数据访问、高网络负载环境下高效稳定运行的水质监测预警调控决策支持综合管理业务平台，保证水质综合管理和面向社会公众服务。

从总体架构层面来看，平台建设主要包括以下几个方面。

（1）优化完善监测感知体系：优化南水北调中线供水区、用水区、退水承接区水质监测断面，完善藻类在线监测点，实现水质相关数据的自动化采集，并能根据需要将数据上传到相应的存储设备。

（2）建设应用支撑服务：提供一套基础性信息服务，包括水利模型服务、地理信息服务、数据交换服务、数据资源目录服务、消息中间件、工作流引擎等，为上层应用系统提供服务支撑。

（3）建设水质业务应用系统：对沿线水质监测数据整理、汇编，分析相关水质监测项目的相关性，预测水质监测数据变化趋势，实现水质预报预警，实现突发事故的应急联合调度，增强科学决策支撑能力，打破供、受水区相关单位水质信息协作共享壁垒，实现水质综合管理平台的智能化和综合化。

16.9.1.2 逻辑架构

本研究通过搭建多源异构数据高效汇聚存储架构体系，汇聚整理海量多源异构水质相关数据，按照一定库表结构分门别类存储，通过搭建基于云架构的高可用性应用支撑平台、集成中线水质评价—预报—预警—调控模型群服务，与水质相关数据一起构成应用支撑平台。根据需求调研和业务梳理，研发南水北调中线输水水质预警与业务化管理平台业务应用系统，而后进行工程示范。在整个南水北调中线输水水质预警与业务化管理平台的研发过程中，注重复杂安全环境下的数据安全与网络安全，充分保证数据和系统的安全性。系统逻辑架构如图16-54所示。

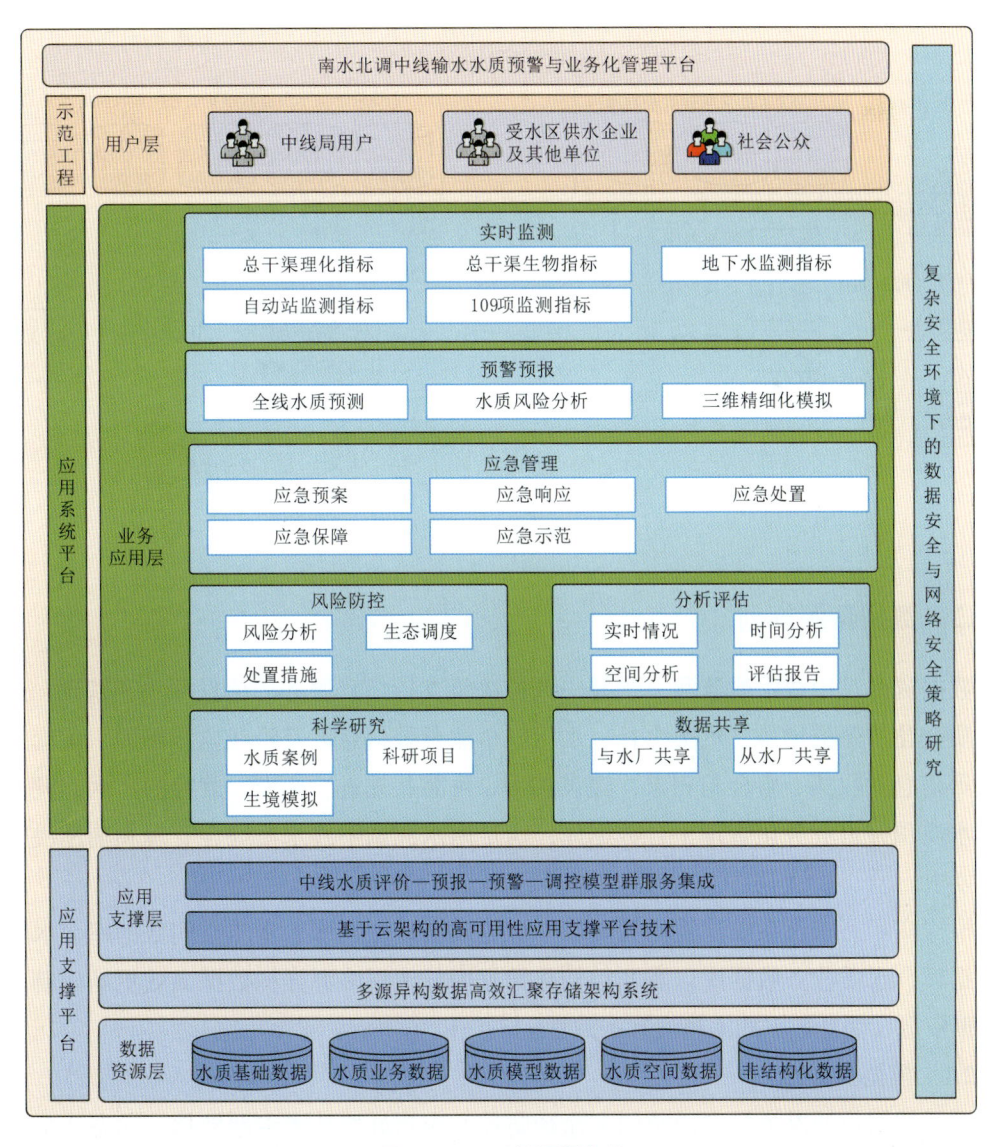

图16-54 系统逻辑架构

16.9.1.3 数据流程

存储的数据主要包括水质、藻类监测采集数据、配套水厂水质数据、空间数据、水质决策支持模型群数据、工程资料与管理文档等。其中水质、藻类监测数据从南水北调水质监测现有数据库中读取；配套水厂水质数据通过GPRS/GSM采集转换入库；模型业务数据自动存储入库；空间数据和资料文档数据定期更新。汇聚整理之后，可通过数据交换平台与相关外部部门进行数据交换共享。数据流程如图16-55所示。

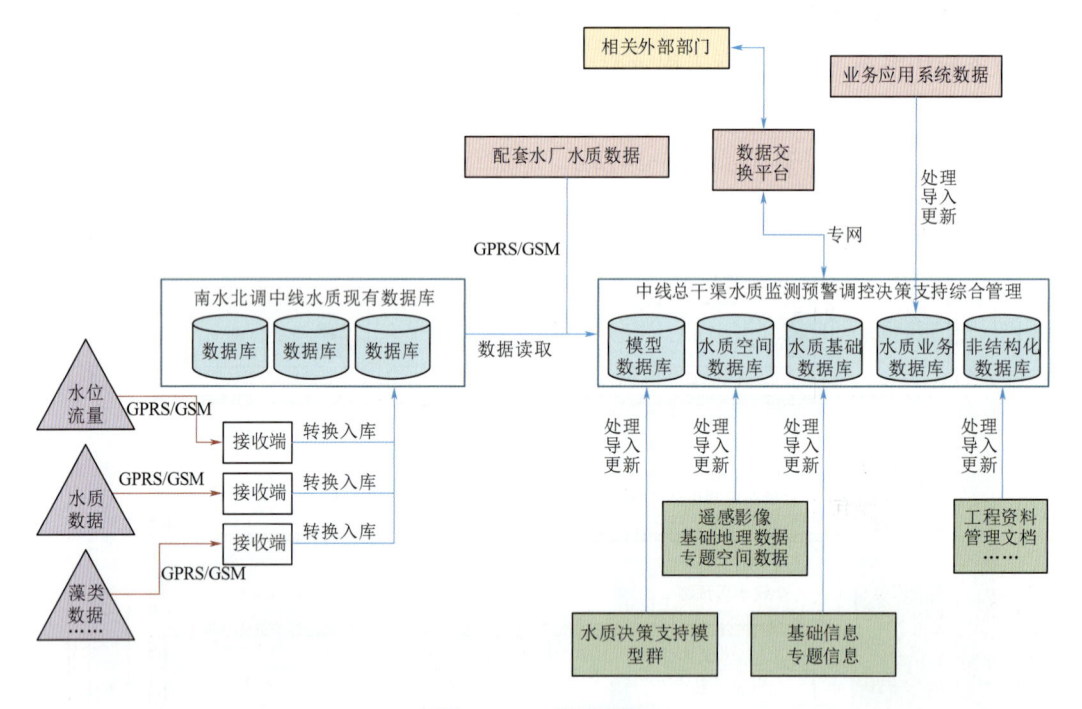

图 16-55　数据流程

16.9.2　数据资源规划

数据资源是中线水质监测—预警—调控决策支持信息服务的信息源头和基础，通过对水质变化、藻类增殖、贝类生长、水污染事故预警信息以及沿线监测断面、配套工程布置等信息的收集、整合与完善，建设实用、可靠、先进、标准、兼容的南水北调中线输水水质预警业务化管理平台数据库，满足南水北调中线水质综合管理和辅助决策服务的要求。

根据实际需求及系统建设的需要，平台建设模型数据库、水质空间数据库、水质基础数据库、水质业务数据库以及非结构化数据库，建立多源异构数据高效更新机制，整合数据资源，保证数据的完整性和一致性。

16.9.2.1　模型数据库

模型数据包括藻类异常增殖的多途径防控及应急处置技术专题数据、动态风险源自动识别与智能监控技术专题数据、中线输供水系统渠—涵耦合水质预报预警模型专题数据、突发水污染多阶段应急调控模型服务专题数据、中线跨区域多部门水质信息共享与反馈机制专题数据、常规和应急状态下多部门水质管理协作机制专题数据，见表16-6。

表 16–6　　　　　　　　　　　　模 型 数 据 属 性 表

序号	专题数据名称	主 要 属 性 项
1	藻类异常增殖的多途径防控及应急处置技术	藻类种类、优势藻种、影响藻类增殖因素及相应阈值、藻类增殖过程、藻团组合过程、藻团迁移路径、藻类防控方案、藻类处置方案、藻类应急处置技术
2	动态风险源自动识别与智能监控技术	风险源种类、发生概率、影响程度、处置方案、监控主体
3	中线输供水系统渠-涵耦合水质预报预警模型	渠-涵耦合机制、耦合作用机理、模型适用范围、模型边界条件、模型参数表、模型结果文件名称、水质预报信息、水质预警信息、模型服务接口
4	突发水污染多阶段应急调控模型	水污染类型、影响范围、调控算法、调控阶段、调控方案、水流状态、模型适用范围、模型边界条件、模型参数表、模型结果文件名称、模型服务接口
5	中线跨区域多部门水质信息共享与反馈机制	区域名称、区域代码、行政隶属、部门名称、部门架构、部门负责人、信息共享流程、信息共享方式、信息反馈流程、信息反馈方式
6	常规和应急状态下多部门水质管理协作机制	常规状态下协作部门名称、部门架构、部门负责人、协作方式；应急状态下协作部门名称、部门架构、部门负责人、协作方式

16.9.2.2　空间数据库

空间数据主要包含矢量数据、遥感影像、三维工程信息模型数据和三维实景模型数据等（表16-7）。

表 16–7　　　　　　　　　　　　空 间 数 据 属 性 表

序号	数据名称	主 要 属 性 项
1	输水建筑物	名称、类型、位置、设计单位、施工单位、竣工时间、维护责任人
2	潜在污染源	名称、类型、位置坐标、简单描述、责任人、影响程度、处置措施
3	潜在风险源	名称、类型、位置坐标、简单描述、责任人、影响程度、处置措施
4	跨渠桥梁	名称、规模、投入时间、主体单位、连接道路、防护情况
5	水质监测站	监测站代码、名称、位置、设站时间、监测指标项、监测周期、责任人、运行状况
6	水质监测断面	监测断面名称、位置、设立时间、监测指标项、监测周期、责任人、运行状况
7	雨量监测站	雨量站代码、名称、测站位置、设站时间、运行情况
8	气象监测站	气象站代码、名称、测站位置、设站时间、运行情况
9	三维工程模型	典型建筑物三维模型
10	三维实景模型	典型渠段实景模型、典型渠段两岸范围内实景地形

16.9.2.3　水质基础数据库

根据南水北调中线水质管理要求及存储对象特点，将水质基础数据分为工程类、水情类、水质类、沉积物类和气象类，见表16-8。

表 16-8　　水质基础数据属性表

序号	数据名称	主要属性项
1	工情类	桩号、坡度、底宽、渠高、糙率、底高程、输水形式、衬砌形式、退水区承载能力、节制闸名称及参数、分水口名称及参数、退水闸名称及参数
2	水情类	流量、水头坡降、水深、节制闸实时开度、分水口流量、地下水渗入或渗出量
3	水质类	pH、藻细胞密度、氨氮、浊度、叶绿素a、透明度、溶解氧、总磷、总氮、硝氮、电导率、温度、溶解有机质浓度、5日生化需氧量、高锰酸钾指数
4	沉积物类	悬浮沉积物量、底部沉积物厚度、底泥主要成分、NP营养盐含量及其释放速率
5	气象类	PM2.5、光照时间、降雨量、蒸发量、风速、氮氧化物

16.9.2.4　水质业务数据库

根据南水北调中线水质综合管理平台各个业务子系统的业务需求，将业务数据分为三维可视化专题业务数据、藻类监测预警专题业务数据、藻类预警防控专题业务数据、水质监测预警专题业务数据、水质安全评价专题业务数据、水污染事故应急调控专题业务数据等，见表16-9。

表 16-9　　水质业务数据属性表

序号	专题数据名称	主要属性项
1	三维可视化专题	可视化数据来源、数据类型、数据文件格式、数据转换过程、转换后数据类型、转换后数据文件格式、数据可视化
2	藻类监测预警专题	藻类监测站点名称、代码、位置、采集时间、指标数据、指标阈值、预警信息、响应流程、责任人
3	藻类预警防控专题	防控预案、预案编写人员、预案执行计划、预案执行责任人、联系方式、执行情况监测
4	水质监测预警专题	水质监测站点名称、代码、位置、各时间点和空间点水质预测数据、各时间点和空间点风险等级数据、各参数预警阈值数据、水质预警信息数据、响应流程、处置机制、责任人
5	水质安全评价专题	评价体系、评价指标、评价指数、评价程序、评价信息编码、影响范围、影响程度、预估损失、评价人员、评价时间、预案建议
6	水污染事故应急调控专题	污染物扩散过程、污染物峰值浓度、污染物峰值输移距离、污染物纵向长度、污染物迁移路径、污染物降解系数；应急调度方案编制人员信息、方案具体实施计划、实时调度指令生成与发送信息、实时调度管理负责人姓名、职务、所在部门、联系方式、闸门运用过程信息

16.9.2.5　非结构化数据库

非结构化数据包括公文、法规、制度、规范、图纸、影音、图片等，见表16-10。

16.9.3　应用支撑服务

南水北调中线输水水质预警与业务化管理平台是一个覆盖各项业务的综合信息化项目，复杂程度大，运行要求高。因此，必须搭建一个功能强大、部署灵活、扩展性强的应用支撑平台，来支撑水质综合信息管理系统各业务模块的高效运行。

表 16–10　　　　　　　　　　非结构化数据属性表

序号	数据名称	主 要 属 性 项
1	干渠预案数据	预案内容、预案编制人员、预案实施计划、责任人、联系方式、预案更新机制、预案更新周期
2	干渠调度方案数据	方案内容、方案编制人员、方案实施计划、责任人、联系方式、方案更新机制、方案更新周期、方案实施情况跟踪
3	用水方（水厂）数据	沿线原水价格、沿线水厂售水价、沿线水厂日处理水量、沿线水厂处理工艺、沿线水厂运行成本、建成时间、供水人口、负责人、联系方式
4	退水河道数据	退水河道位置、退水河道责任单位、退水河道连接河流、退水河道所在区域经济社会统计数据、退水河道所在区域环境统计年鉴数据、退水河道纳污容量、退水河道所在区域生态功能分区

建立统一的应用支撑平台，为水质监测预警、水污染事故应急调控等各业务应用系统提供可靠、稳定的运行支撑，营造基于统一技术架构的业务开发与运行环境，为上层业务应用提供基础框架和底层通用服务，实现各业务子系统之间数据的互连互通。

16.9.3.1　水质模型服务

1. 中线水质一维全线预测预报模型

中线水质一维全线预测预报模型基于中线水质时空变化规律及成因分析研究、藻类生长对水质因子响应机理研究等研究成果构建，研究组通过收集南水北调中线运行以来的水质数据，并对部分指标进行分析，研究水质时空变化规律，找出其中的影响因子，从而形成预测预报模型。

模型的构建采用综合因子法，定量考察藻生长速率与初始营养状态（总氮、总磷）、光照（I）和温度（T）之间的回归关系，提出绿藻硅藻藻华在迟滞期和对数期的生长速率公式，重点分析溶解氧与水中藻类数量从南到北增加的相关性，高锰酸盐、化学需氧量（均<15mg/L）、生化需氧量、氨氮等4个指标的时空分布规律与藻类相关性。

2. 中线水质大数据预测模型

中线水质大数据预测模型基于中线大量实测水质数据，通过大数据分析技术找出各指标相关性，最终采用适宜的算法构建模型，算法原理为：

$$r_{de} = \frac{\sum_{i=1}^{n}(x_{di} - \overline{x_d})(x_{ei} - \overline{x_e})}{\sqrt{\sum_{i=1}^{n}(x_{di} - \overline{x_d})^2}\sqrt{\sum_{i=1}^{n}(x_{ei} - \overline{x_e})^2}}$$

式中：r_{de} 为相关系数（correlation coefficient）；x_{di} 为第 d 个指标第 i 个样本的值；$\overline{x_d}$ 为第 d 个指标平均值；x_{ei} 为第 e 个指标第 i 个样本的值；$\overline{x_e}$ 为第 e 个指标平均值。

在计算中主要综合考虑了7个外界环境因子（流量、降雨量、气温、日照时数、风速、平均水气压、大气降尘（PM2.5）等）与9个水质预测指标间的相关性。此外，利用相关性分析及排序，遴选pH、高锰酸盐指数、溶解氧、浊度、叶绿素a等9个水质指标对应的模型输入因子，并代入ICS-BP模型（改进布谷鸟-BP神经网络）和GRNN模型（广义回归神经网络）、BP模型、PSO-BP模型（粒子群-BP神经网络），进行水质预测结果对比。

3. 中线水质三维局部预测预报模型

为实现水质三维精细化模拟预测，本次通过选取典型局部渠段，构建了水质三维局部预测预报模型。通过对局部渠段进行网格剖分，并在OpenFOAM中计算渠道每个网格点的水深、流速等要素，最后基于平滑插值算法对模型进行优化改进，使得每个像素点都有流速信息。

4. 中线突发水污染扩散模拟模型

中线突发水污染扩散模拟模型负责模拟渠道外部的污染物进入渠道而带来的污染以及该污染物的扩散、降解过程。根据污染物发生的类型，主要分为两种：持续旁侧入流污染和突发点源污染。

其中，持续旁侧入流污染主要指的是由于旁侧的污染水体持续进入渠段，造成连续的渠段水体污染或水质下降，这种情况主要包括例如含污染物质的地下水渗漏、洪水入渠、污染降雨等；突发点源污染指的突然发生、持续时间较短但是危害较大的污染事件，包括例如人为投毒、渠段桥梁坠物等等类型的污染事件。针对这两种污染类型，建立不同的污染扩散方程，加入水质模型中，来进行突发污染事件模拟。

5. 中线突发水污染应急调度模型

中线突发水污染应急调度模型负责应急调度方案的模拟、风险评估，从而寻找最优的应急调度方案，为应急调度提高决策支持。

针对于突发水污染应急事件的渠段调度，根据应急事件发生地点，将中线总干渠分为3段，分别为应急事故段、应急上游段、应急下游段。在应急事故段，以控制水污染事故为目的，应急上游段以保证调度过程中尽可能保持水位平稳为目的，而应急下游段以保证尽可能供水为目的，因此针对不同的段采用不同的调度方案。

应急事故段需要完成的调度为，根据事故段的事故发生的地点、事故发生时间、确定事故段的范围，事故段上、下游节制闸以及退水闸的关闭时间。应急上游段的调度需要完成的是在事故段闸门关闭时间确定的基础下，确定事故段上游所有节制闸的调控过程，保证事故段水位平稳。应急下游段需要完成的调度是尽可能多的为利用渠段蓄水完成往下游分水口的供水，并确定分水口的水量变化时间。因此，应急调度模型的输入为事故点位置、事故点污染物质质量，第一层输出为事故段的节制闸和退水闸调度方案；第二层输出为事故段上游节制闸以及退水闸的调度方案和事故段下游节制闸和分水口的调度方案。

6. 中线水质生态调度模型

中线水质生态调度模型负责分析总干渠合适的运行调度以对藻类等进行生态调控，如分析关键区域、关键时期、有效流速等。通过研究生态调控应遵循的原则、生态调控策略，形成有效的实施方案与技术等，包括适用的分区调控方案、渠段运行方式、闸门操作技术等。最后，结合南水北调中线干渠案例，仿真演示整个生态调控过程，分析评估生态调控的成效。

中线水质生态调度模型基于NSGA-Ⅱ算法的多目标优化生态调度方法构建。对于长距离明渠调水工程的优化调度问题，目前的研究大多采用传统控制算法来求解，传统控制算法一般是通过输入渠段水位、流量等相关信息，输出闸门动作来实现整个渠道的控制流程，但是传统控制算法通常只考虑一个目标，无法兼顾多个目标，并且闸门调节频次高，对于闸门的损耗也更加严重，再者就是对于大规模闸群的调节效果并不理想，无法满足实际工程的需要。针对现有技术存在的不足，将多目标优化算法耦合水动力模型应用于长距离明渠调水工程中，利用优化算法实现长距离输水系统的多闸群多目标短期优化调度方法，在长距离明渠调水工程中，构建一维非恒定流水动力模型，实现长距离输水系统的水力衔接和联系，从而模拟整个调度期各时刻的水位、流量情况；构建多目标优化调度模型，采用NSGAⅡ算法，满足实际多个调度目标的需求，通过优化各时刻闸门的调控过程，生成了多组直接作用于闸门的调控方案，保证输水系统的平稳安全运行；构建多目标优化算法（NSGAⅡ）与水动力模型的耦合，对优化过程中涉及的水动力过程进行仿真模拟，更加贴合实际情况，从而实现复杂明渠调水工程的模拟优化调度工作，为实现复杂明渠调水工程的全自动化提供新的思路和方案。

7. 应急退水淹没演进模型

应急退水淹没演进模型作为研究在发生突发性水污染事件下，应急退水在渠道外的淹没演进规律和污染物扩散衰减规律，分析对渠外二次污染风险、淹没风险、冲刷风险等，并提出相应的应急工程处置措施。

突发性水污染事件同时具备了风险事件的两大基本要素：瞬时突发性（概率事件）和后果严重性（影响损失），突发性水污染事件的特点与一般水污染事件不同，突发性水污染事件没有固定的排放方式和排放途径，而是瞬时或短时间内排放大量污染物质，进而对环境造成污染和破坏。

南水北调沿线退水闸下游河道大部分常年干涸，很多河道断面小且局部堵塞排水不畅，并不具备大流量退水条件，当南水北调突发性水污染事件发生而必须退水时，势必会造成一定的淹没损失，而总干渠尚未来得及充分净化的污染水体下排后，也会对下游河道形成二次污染。为此，掌握退水区域地形特征，构建水动力学＋水质耦合的应急退水淹没演进数值分析模型，对退水淹没演进过程和污染物扩散衰减过程进行动态模拟，并结合BIM、GIS等三维可视化技术，开发退水模拟与风险分析系统，能够在突发水污染事件时，及时为决策层提供技术支持。

16.9.3.2 地理信息（GIS）服务

建设统一的GIS平台，实现对多源空间信息的统一存储、管理。多源空间信息包括基础地理信息数据、工程基础信息数据、专题信息数据和其他专题信息数据等，建立健全地理空间数据的维护更新和共享交换机制。

通过构建权威、统一、规范、标准的水利基础地理空间框架，建设的地理信息共享服务，实现相关地理信息的发布、管理、整合、共享交换。地理信息服务建设内容包括数据集成、地图展示、整合查询、综合服务等。

16.9.3.3 统一认证服务

统一身份认证服务将用户认证委托给一个独立的单点登录服务完成，达到认证一次即可在各子系统间无缝跳转的效果。

用户认证并不是通过Web应用本身完成的，而是委托给SSO服务器完成的，因此，有多个Web应用时，用户始终使用一个用户和口令通过SSO服务器登录，就是单点登录的实现。SSO服务器根据用户名生成随机的票据，由于只有SSO服务器知道用户名和票据的对应关系，因此用户无法通过伪造票据进行登录，确保了整个系统的安全。

16.9.3.4 统一用户管理

统一用户管理主要是实现对机构和用户管理、角色和权限管理，管理对象是系统管理员、业务应用者以及业务应用子系统。支持机构组织的新增、修改、删除、查询，机构管理受数据权限的控制，而系统操作员也只能操作所在机构及其下级机构人员。支持用户权限管理，可以依据岗责体系设置系统中的角色，并根据角色赋予相应的操作和管理权限。

16.9.3.5 数据交换与共享服务

在水质综合管理平台项目建设中，数据交换系统是整个系统的数据中枢，它用于多个系统间的数据交换，通过数据交换系统可以将配套水厂水质数据和前端监测设备采集数据交换到新建业务系统数据库中。

基于数据库的数据交换是平台的核心，负责解析数据、集成模型定义、处理请求、处理引擎自身的模型调度等。其中的数据交换引擎可以满足大规模多源异构数据的并发处理，完成企业级的数据交换场景。

16.9.3.6 数据资源目录服务

数据资源目录服务可以实现系统中非结构化数据管理功能，如可以实现对音视频数据的编目、共享、发布等。数据资源目录管理系统提供信息资源门户、目录交换服务、资源编目、资源共享服务等功能。

资源管理方以及牵头部门通过信息共享系统对采集的数据进行清洗、比对、整合形成共享信息库。清洗、比对、整合策略由牵头部门具体制定，资源提供方协助、资源管理方提供技术支持。资源管理方对共享交换平台和各部门前置机进行初始化配置和运行时监控，重点对共享交换平台的运行状态、资源占用、异常处理、日志记录进行监控。资源管理方、牵头部门、资源提供方对信息资源使用状况进行监控。

16.9.3.7 消息中间件

消息中间件为综合管理平台提供高效、灵活的消息同步和异步传输处理、存储转发、可靠传输等功能，在复杂的网络和应用系统环境下确保消息安全、可靠、高效送达。

消息中间件自从产生以来发展迅速，在复杂应用系统中担当通讯资源管理器（CRM）的角色，为应用系统提供实时、高效、可靠、跨越不同操作系统、不同网络的消息传递服务，同时消息中间件减少了开发跨平台应用程序的复杂性。在要求可靠传输的系统中利用消息中间件作为通信平台，向应用提供可靠传输功能来传递消息和文件。

16.9.3.8 工作流引擎

工作流引擎用于安全运行监管、预测预报、应急调控、日常业务管理等相关业务流程的定制和执行，通过工作流引擎可以方便、快捷的为相关业务制定流程。工作流引擎能够帮助用户适应流程多变性的需求，并且在流程发生变化时维持易维护性和低成本性。

工作流引擎控制业务过程中各种任务发生的先后次序，调度相关的人力或信息资源，按照预定的逻辑次序推进工作流实例的执行，实现业务过程的自动化执行，为业务运行提供软件支撑环境。

16.9.4 业务应用系统

南水北调中线输水水质预警与业务化管理平台功能模块包括实时监测、预警预报、应急管理、风险防控、分析评估、科学研究、数据共享、系统管理。系统功能结构如图16-56所示。

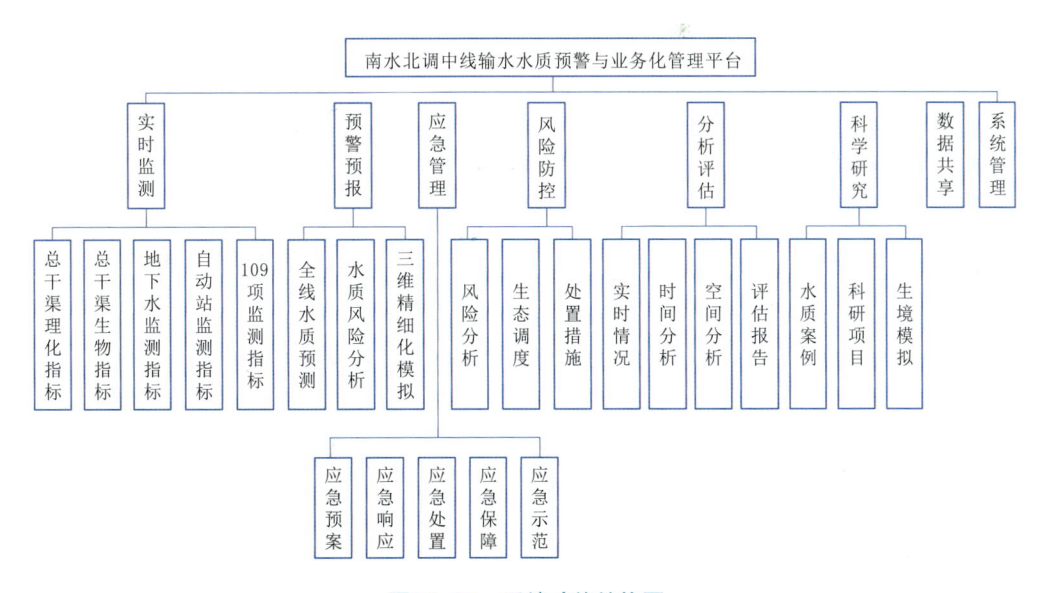

图 16-56　系统功能结构图

16.9.4.1　实时监测

实时监测建设内容包括中线总干渠理化指标、中线总干渠生物指标、地下水监测指标、自动站监测指标、109项监测指标。

1. 中线总干渠理化指标

侧重于对中线总干渠30个水质监测断面监测数据的管理。实现水质监测断面历史监测数据的查询和分析，支持按时间段、指标项、数值范围、最值、极值等对历史水质监测数据进行查询；支持自定义条件对历史监测数据进行分析统计。支持监测数据超阈值预警。

2. 中线总干渠生物指标

侧重于对总干渠藻类、叶绿素a等生物指标监测数据的管理。支持对历史藻类监测数据的查询和分析，支持按时间段、指标项、数值范围、最值、极值等对历史藻类监测数据进行查询；支持自定义条件对历史藻类数据进行分析统计。支持监测数据超阈值预警。

3. 地下水监测指标

侧重于对中线总干渠沿线地下水监测站点监测数据的管理。支持地下水监测数据每半年更新一次；支持地下水监测数据的查询和分析；支持按照地下水监测点位、监测数值、监测时间等进行查询。

4. 自动站监测指标

侧重于对中线总干渠13个水质自动监测站监测数据的管理。实现水质自动监测站历史监测数据的查询和分析，支持按时间段、指标项、数值范围、最值、极值等对历史水质监测数据进行查询；支持自定义条件对历史监测数据进行分析统计。支持监测数据超阈值预警。

5. 109项监测指标

侧重于对实验室取样化验的中线水质数据的管理。实现水质历史监测数据的查询和分析，支持按时间段、指标项、数值范围、最值、极值等对历史水质监测数据进行查询；支持自定义条件对历史监测数据进行分析统计。

16.9.4.2　预警预报

预警预报建设内容包括全线水质预测、水质风险分析、三维精细化模拟。

1. 全线水质预测

集成南水北调中线全线一维预测预报模型（含机理模型水质预测、大数据水质预测），进行未来三天的指标值和可信度预测，并实现全线一维水质预测结果的可视化展示。

2. 水质风险分析

集成单因子风险评估模型和多因子联合风险评估模型，基于标准限值和风险等级划分标准对中线水质进行风险分析。

3. 三维精细化模拟

集成南水北调中线水质三维局部预测预报模型，实现典型段总干渠水质三维预测，并根据颜色分级进行可视化展示。

16.9.4.3 应急管理

应急管理建设内容包括应急预案、应急响应、应急处置、应急保障、应急示范。

1. 应急预案

实现中线水质应急预案的统一管理，支持按南水北调中线工程运行管理单位、二级管理单位、三级管理单位不同的角色上传相应的水质应急预案；支持应急预案上传过程中关键词的定义；支持按照关键词、时间、上传人、预案类型等进行应急预案的查询和筛选。

2. 应急响应

（1）扩散模拟。集成中线总干渠污染团扩散研究成果，实现总干渠污染团扩散模拟的可视化展示。

（2）应急调控。集成突发水污染事件下应急调度模型，实现应急调控方案的输出管理。

（3）应急退水模拟。集成中线退水闸应急退水研究成果，实现退水淹没演进模型的实时计算和二三维可视化展示。

3. 应急处置

集成应急处置预案库，实现水质突发事件下应急处置方案的查询。

4. 应急保障

（1）应急物资。实现中线全线水质应急物资的统一管理。支持应急物资按照存放位置、数量、购置时间、责任人、有效状态等进行查询和筛选；支持对应急物资进行添加、删除、更改、备注、盘点等操作。

（2）应急队伍。实现中线全线水质应急队伍的统一管理。支持应急队伍情况的查询，包括应急队伍常驻位置、责任人、联系方式、应急能力、能调配的应急机械等情况。

5. 应急示范

展示研究技术成果在中线相关项目中应用示范取得的效果。

16.9.4.4 风险防控

风险防控建设内容包括风险分析、生态调度、处置措施。

1. 风险分析

实现中线总干渠风险点的统一管理，风险类型包括跨渠桥梁、污染源、汛期风险、内源污染（淤泥）等。支持按不同的风险类型进行风险点的统计、查询、筛选；支持风险点增加、删除、更改等操作。

2. 生态调度

集成南水北调中线生态调度模型，实现中线水质生态调度方案的制定和动态更新。

3. 处置措施

（1）工程措施。实现中线总干渠为保障水质采取的工程措施的可视化展示。

（2）机械措施。实现中线总干渠为保障水质采取的机械措施的可视化展示，机械措施包括固定式拦藻装置、移动式边坡除藻装置等。

（3）生态措施。实现中线总干渠为保障水质采取的生态措施的可视化展示，生态措施包括生态浮床、生态网箱等。

16.9.4.5 分析评估

分析评估建设内容包括实时情况、时间分析、空间分析、评估报告。

1. 实时情况

通过图表形式，对当前日期的实时水质信息进行展示，并对当天内的水质数据随时间波动变化情况进行分析展示。

2. 时间分析

分析在固定空间位置上的水质数据随时间变化情况，通过特征量和定性评价，表达水质情况的变化规律。

3. 空间分析

分析在固定时间内的各站点的水质数据情况，通过特征量和定性评价，表达全线水质情况在不同空间位置上的差异，并通过叠加时间要素，表达全线水质情况随时间变化的规律。

4. 评估报告

将周报、月报、季报、年报模板嵌入该功能模块中，实现报告中相关数据的自动读取和报告文本的一键生成。

16.9.4.6 科学研究

科学研究建设内容包括水质案例、科研项目、生境模拟。

1. 水质案例

实现南水北调中线水质相关案例的管理。支持对水质案例的查询、增加、删除等操作。

2. 科研项目

实现南水北调中线水质相关科研项目的管理。支持科研项目按立项、实施、结项等阶段过程的查询；支持科研项目资料按项目名称、关键词、项目金额、项目类型、项目时间等进行统计。

3. 生境模拟

集成水生环境智能监测应用项目研究成果，实现实验鱼洄游规律统计分析。

16.9.4.7 数据共享

数据共享实现南水北调中线输水水质预警与业务化管理平台与其他相关系统之间的数据互通和交换，能实现共享的数据包括水质自动监测站、水质监测断面的部分监测数据以及中线总干渠水质预警预报信息等。

16.9.5 基于前置机的数据交换共享

16.9.5.1 基于前置机和消息中心的共享模式

（1）前置机是一般存于前台客户端和后台服务器之间，扮演适配器的角色，即在不同的通信协议、数据格式或语言之间相互转换。还起着管理和调度前台所发起的请求作用，经过前置机的调度，可以减轻后台服务器的负担，并且有时在客户端和后台服务器间起着防火墙的作用。可以起到隐藏后台的功能，在一定程度上确保后台的安全性。外部应用通过调用前置机提供的接口服务进行数据交换的示意图如图16-57所示。

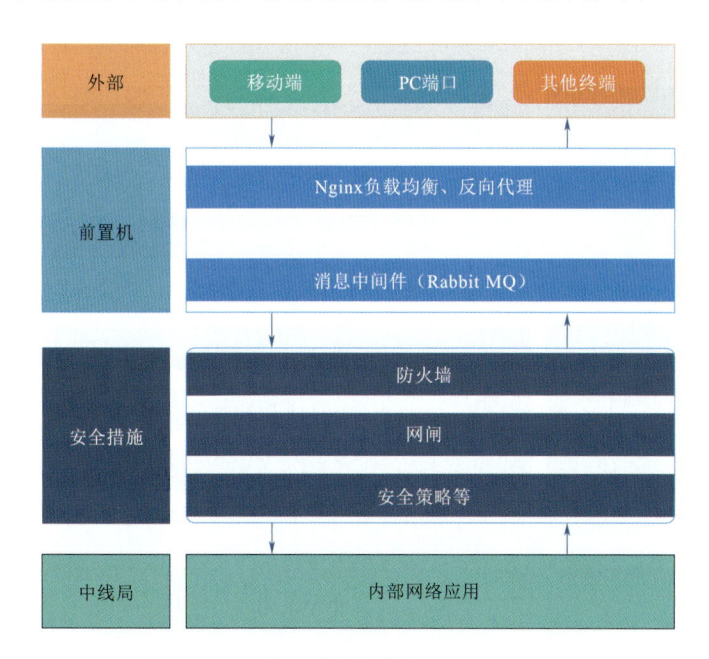

图16-57 基于前置机的数据交换示意图

（2）消息中间件利用高效可靠的消息传递机制进行平台无关的数据交流，并基于数据通信来进行分布式系统的集成。通过提供消息传递和消息排队模型，它可以在分布式环境下扩展进程间的通信。通过消息中间件，数据提供方将消息注册到消息中心，数据获取者通过订阅消息中心获取数据。信息交换共享之前需要外部获取数据的应用和水专项后端服务两者都注册到消息中心。南水北调中线工程运行管理单位水专项应用后端服务将数据发布到信息中心，消息中间件负责将该信息分发给所有注册到本消息中心的客户端，通信协议为tcp。

16.9.5.2 注册到消息中心

（1）水厂等外部单位注册到消息中心示意图如图16-58所示。

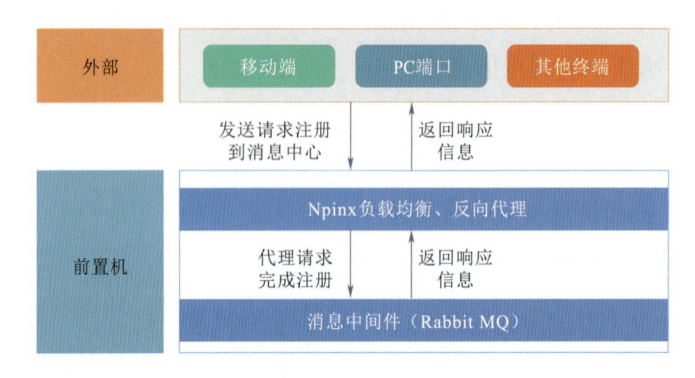

图16-58 外部单位注册到消息中心示意图

（2）水专项应用服务注册到消息中心示意图如图16-59所示。

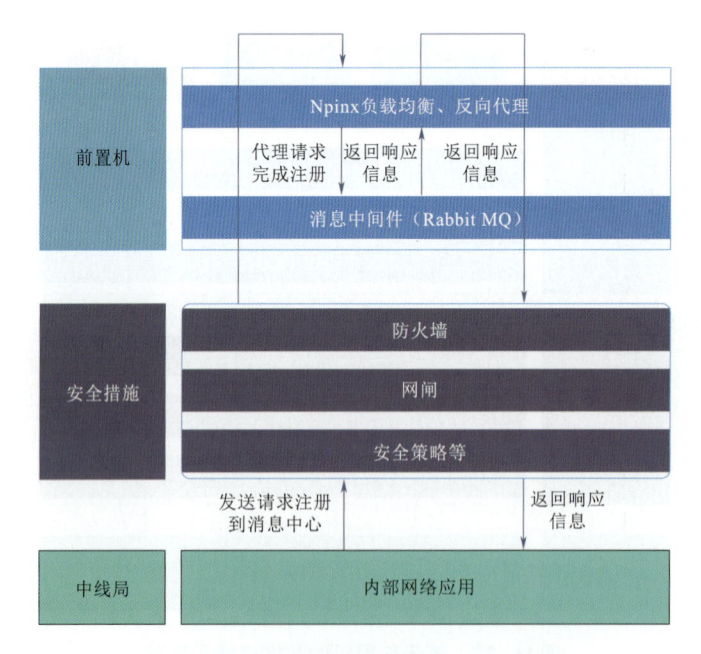

图16-59 应用服务注册到消息中心示意图

16.9.5.3 消息分发

当有新的数据需要共享给水厂的时，水专项内部应用服务将需要共享的信息发布到消息中间件上，注册到消息中间件的外部服务就能立即获取到该数据。同时消息中间件还提供了消息缓存服务，可以设置缓存时间，对于尚未被取走的数据，可以保存知道该信息过期。

数据分发流程示意如图16-60所示。

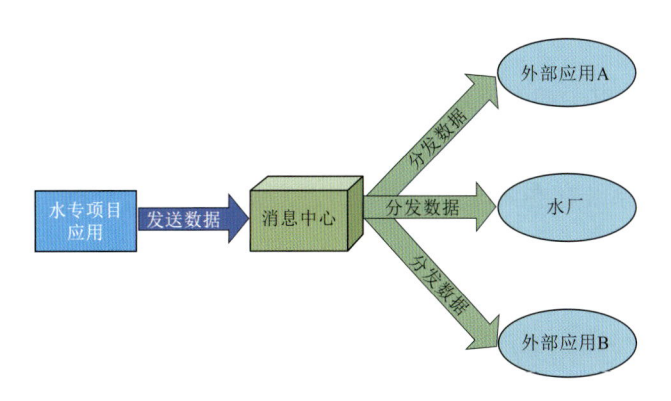

图16-60 数据分发流程示意图

16.9.6 安全体系

16.9.6.1 网络安全

应用系统全部构建在计算机网络系统之上,为了保障系统的安全、稳定、可靠、高效运行,需要建设一个集防护、检测、响应、恢复于一体的安全防护体系,保证整个网络和应用系统的安全可靠。

(1)网络边界保护。系统采用防火墙构建不同网络局域间的安全访问,实现对网络边界的安全控制。借助于南水北调中线业务网络安全策略和安全防护体系,能很好地进行网络边界保护。实现精细化网络访问控制、网络地址转换、漏洞扫描、L2-7层攻击防护、Web攻击防护、敏感数据识别、网络病毒拦截等功能。

(2)远程访问控制系统。远程访问控制采用VPN技术接入网络。利用IPSec及SSL安全通道加密技术,构建跨网络、跨平台的移动安全接入体系,实现Windows系统、苹果和安卓系统平板电脑、手机终端及其他智能设备接入VPN系统,访问相关资源。

(3)网络控制措施。获得并维护网络的安全性需要采取一系列安全控制措施,网络管理员应执行相应的网络控制措施来确保网络中的数据安全,并保护连接的服务避免非法访问。制定特殊的安全控制措施来保护通过公用网络传送的数据的机密性和完整性,并保护连接的系统。

16.9.6.2 存储和数据安全

南水北调中线输水水质预警与业务化管理平台包含大量监测、控制等重要信息,信息单点存储会存在设备故障导致数据丢失的风险,因此需要建立完善的数据备份体系,定制安全备份策略,实现数据的自动化安全备份。

16.9.6.3 系统安全

对操作系统软件的实施进行控制。最大限度降低操作系统崩溃的风险。定期更新操作系统程序库,对系统进行必要的加固;维护操作程序库更新的审计日志记录,及时排查系统隐患;为系统建立快照或备份,保留前一版本的软件,在系统故障时可以快速恢复系统。

漏洞扫描技术能够主动发现系统安全隐患，以便能够及时采取必要措施进行补救以避免遭受攻击和破坏。在漏洞扫描的基础上，对主机进行安全评估和加固，高效率地从技术角度发现信息系统存在的安全弱点，并进行威胁和风险分析，并对系统漏洞进行加固。

16.10 业务化平台应用示范

16.10.1 示范工程介绍

示范区的选择按照国家科技重大专项研究任务合同书的规定，示范地点为北京市、石家庄、保定市、郑州市，示范范围为上述示范地点域内中线干渠、受水区及沿线用水单位。

通过集成中线总干渠藻类贝类防控技术、中线水质监控关键技术、中线水质预报与预警关键技术、中线总干渠水污染事故及生态调控多阶段综合调度技术、中线跨区域多部门水质管理协作机制及数据共享机制等研究成果，构建南水北调中线输水水质预警与业务化管理平台，实现水质风险预警、基于BIM的高逼真三维可视化展示和跨区域多方水质信息交互共享（供水方、用水方、退水承接方跨区域水量水质水生态等数据共享），并开展业务化应用，为南水北调中线水质预报、预警、调控、处置提供决策支持，为跨区域多部门信息共享与应急协作提供有力支撑，可初步实现产业化。

平台采用B/S架构，依托基础运行保障设施及相应运行环境，为南水北调中线水质管理提供信息化管理手段和工具。示范工程管理范围内及与工程相关的跨行业、跨部门所有工作人员通过浏览器登录系统，对总干渠水质管理实现全过程、多指标的水质监测、预测、预警、调控、处置的综合业务应用管理。

16.10.2 示范工程建设

16.10.2.1 硬件环境建设

采购完成云平台CPU许可、GIS、BIM等应用支撑软件；采购完成UPS、HP-DL560Gen10高性能云平台服务器、华为OceanStor 5300 SAN存储、BR-6510-24-16G-R高速网络交换机等硬件设备；搭建示范工程平台运行环境（见图16-61）。

16.10.2.2 系统平台建设

南水北调中线输水水质预警与业务化管理平台功能模块包括实时监测、预警预报、应急管理、风险防控、分析评估、科学研究、数据共享、系统管理，如图16-62～图16-73所示。

第 16 章 管理平台建设及示范

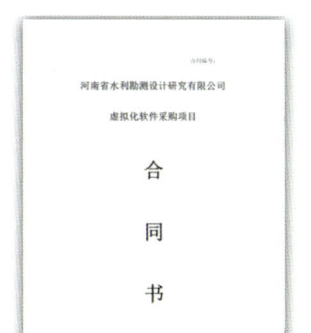

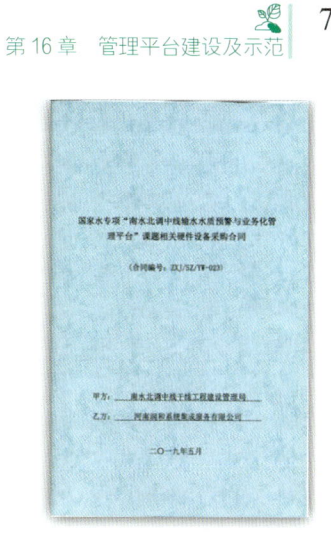

图 16-61　软硬件采购合同

图 16-62　工作台

图 16-63　实时监测中的中线总干渠理化指标模块

图 16-64　实时监测中的自动站监测指标模块

图 16-65　预警预报中的大数据水质预测模块

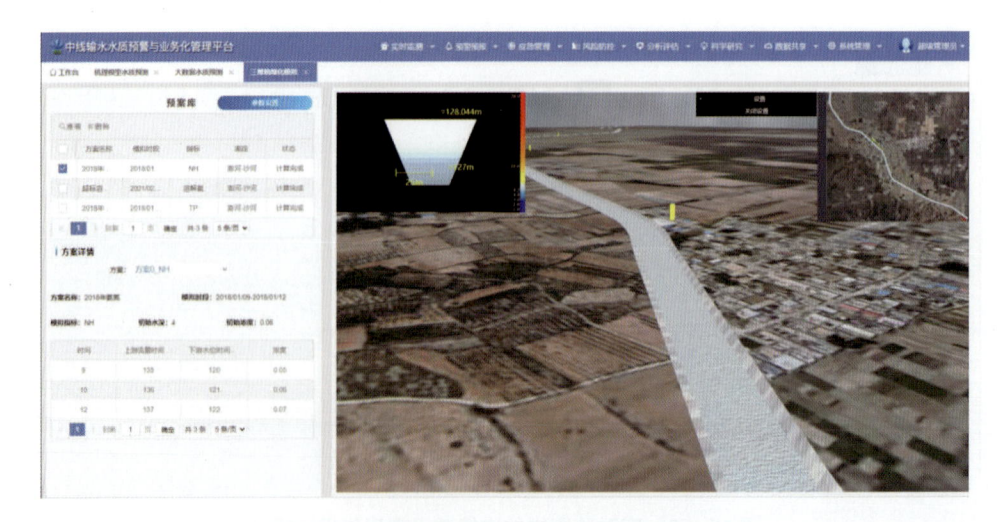

图 16-66　预警预报中的三维精细化模拟模块

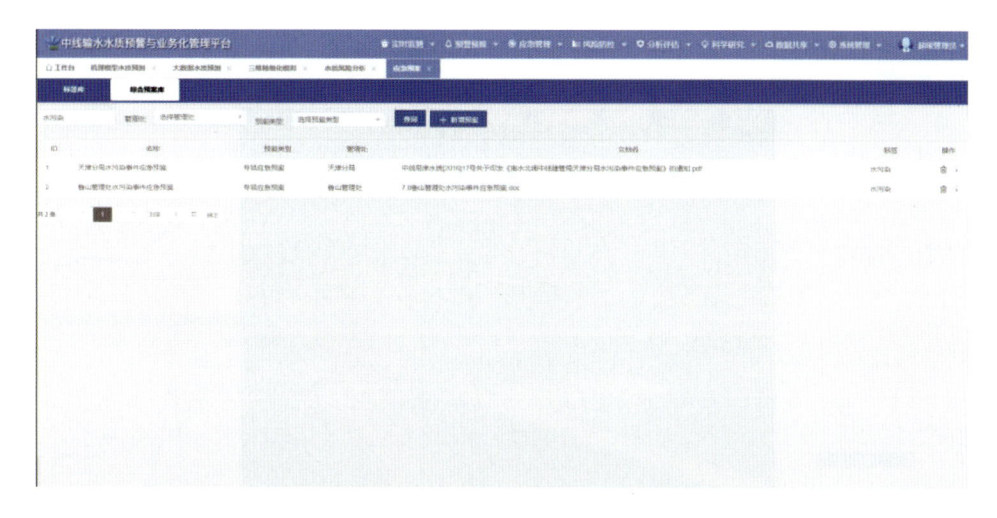

图 16-67　应急管理中的应急调度模块

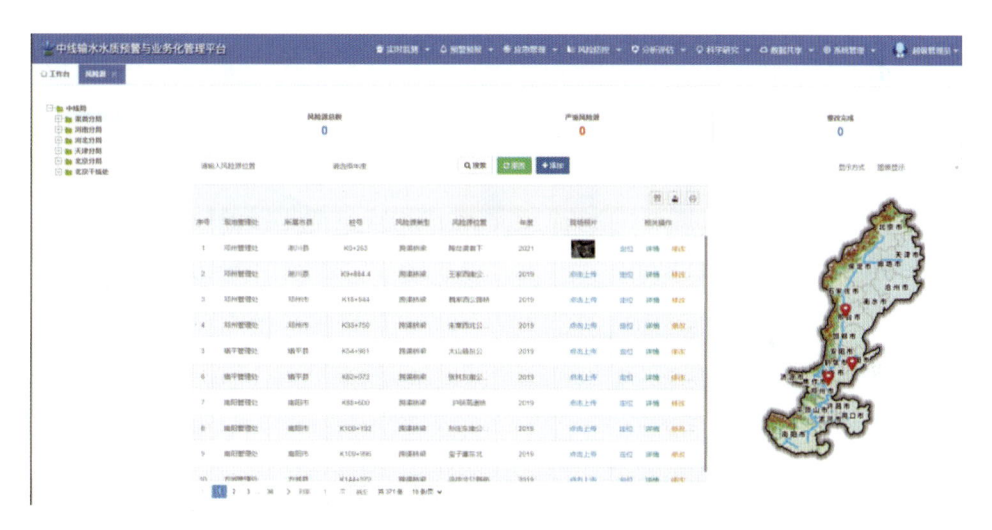

图 16-68　风险防控中的风险源管理模块

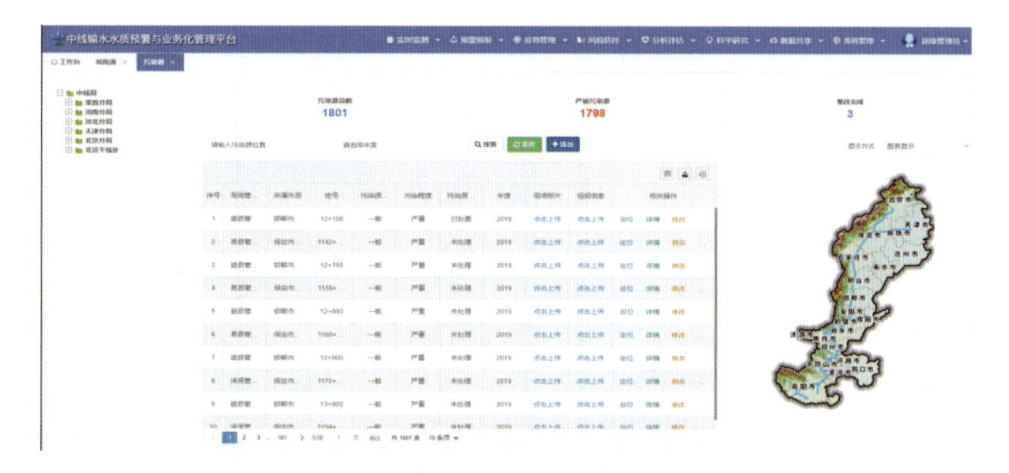

图 16-69　风险防控中的污染源管理模块

图16-70　风险防控中的生态调度模块

图16-71　分析评估中的空间分析模块

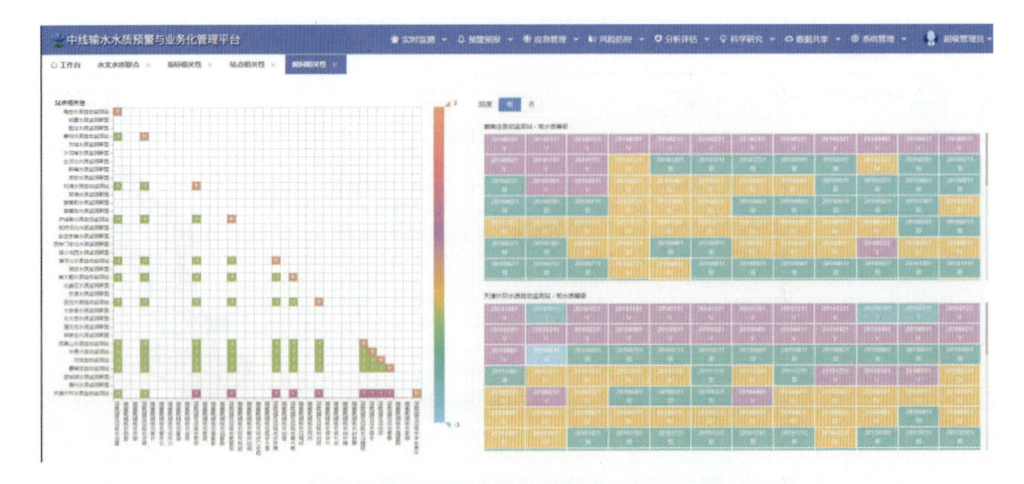

图16-72　分析评估中的指标相关性分析模块

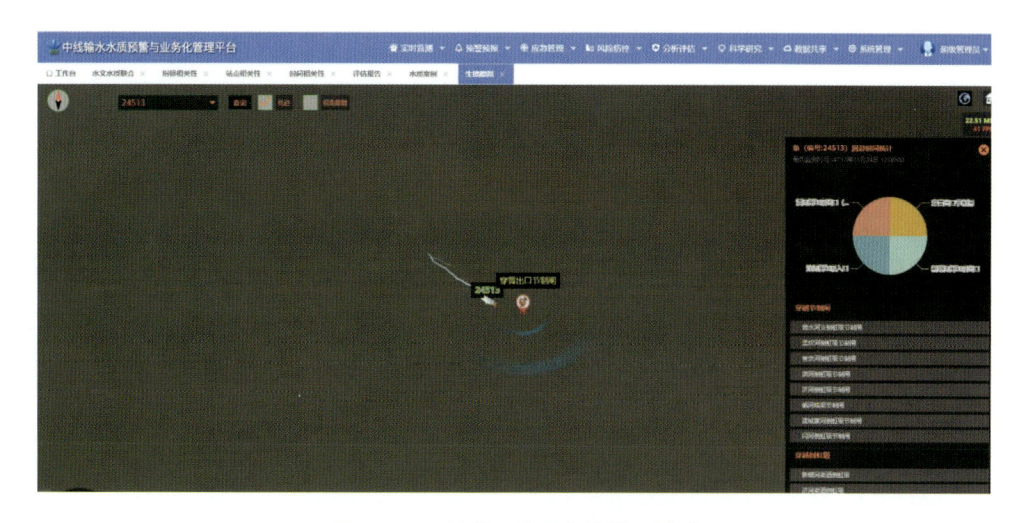

图 16-73　科学研究中生境模拟模块

16.10.2.3　平台应用示范

2020年10月，南水北调中线输水水质预警与业务化管理平台研发单位与南水北调中线工程运行管理单位信息科技公司沟通对接，在取得《中线输水水质预警与业务化管理平台渗透测试报告》的基础上，进行系统平台的迁移部署和试运行调试，并于10月底完成迁移部署工作，开始系统平台的应用示范。

16.10.2.4　应用安全

应用安全措施主要包括数据加密处理、电子消息验证、输出数据控制、日志和安全审计等。

将关键敏感数据加密处理后再存入数据库，保证数据库层面没有关键敏感信息的明码保存；采用数据加密技术进行电子消息验证，避免对传输内容的非法变更和破坏；在网络管理终端中进行集中的日志存储和审计分析，记录用户操作行为过程，识别和防止网络攻击行为。

16.10.2.5　管理安全

计算机系统的安全问题既是技术问题也是管理问题，为了有效把安全问题落实到实处，建立一套完备的安全管理体制，从组织上、措施上、制度上为本系统提供强有力的安全保证。安全管理制度包括领导责任制度、各项安全设备操作使用规则制度、岗位责任制度、报告制度、应急预备制度、安全审计和内部评估制度、档案和物资管理制度、培训考核制度、奖惩制度等。

16.10.3　北京段应急管理示范

为完善南水北调中线突发水污染事件应急处置流程，提高南水北调应急管理体系在复杂工况下多部门联合处置能力，南水北调中线相关部门联合于2018年9月在中线总干渠北京段举行水质突发事件应急演练。本次水质演练范围为北京管辖段全部72.142km渠段，水质演练地点为北京所辖段下游的涞涿段西水北交通桥至北拒马河暗渠，突发水质污染源位于西水北交通桥下游附近，位置如图16-74、图16-75所示。

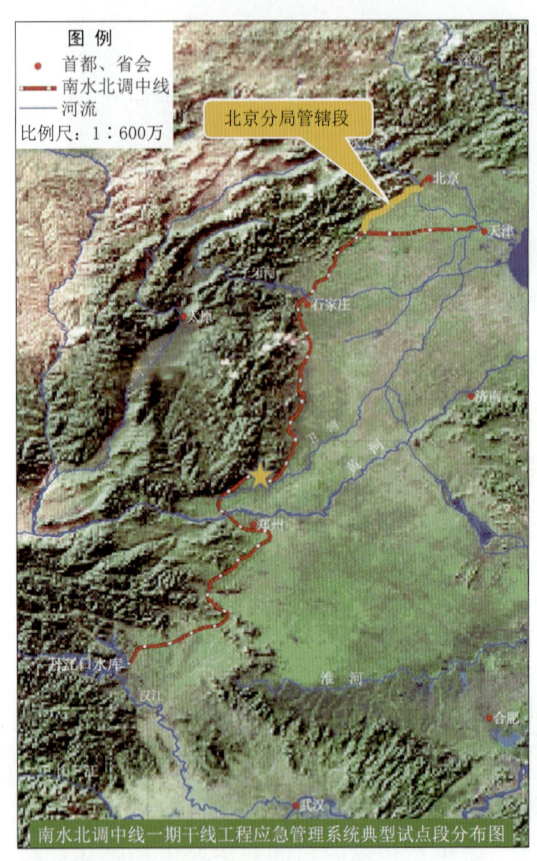

图16-74 南水北调中线一期工程北京二级管理单位管辖段位置图

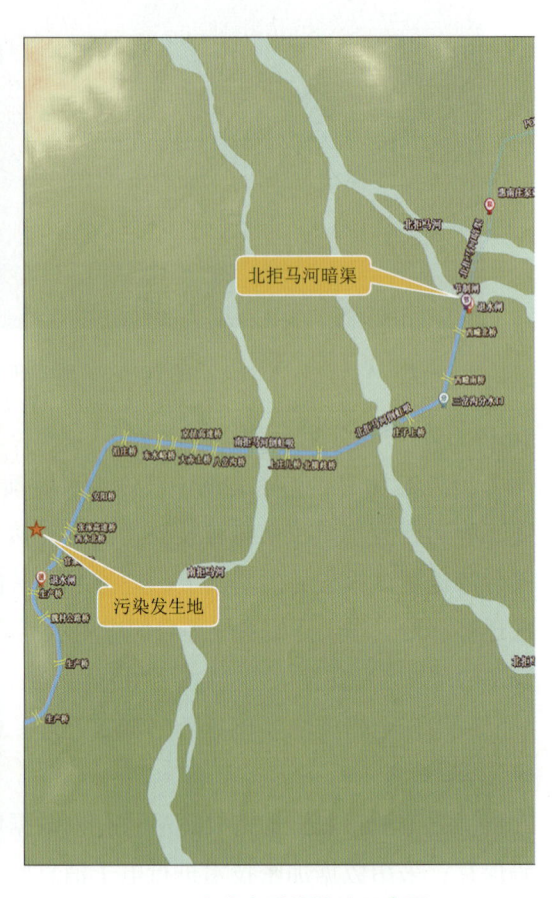

16-75 本次水质演练地示意图

依托水质演练，研究承担团队综合利用无人机、实景建模、BIM、GIS、智能语音、云计算、大数据等各种高新技术手段，与水动力学、水质等专业技术模型相结合，深入应用研究研究取得的水质扩散过程在线模拟、退水淹没演进过程三维可视化展示、水质监测数据的实时汇聚和动态展示、智能语音播报、无人机现场视频直播等成果，研发了一套可视化效果好、实用性强、科学专业的水质突发事件应急处置决策支持系统，既为本次水质演练及今后实际发生的水质事件应急处置提供决策支持，也是对研究研究成果的实例性验证。

16.10.3.1 成果应用过程

16.10.3.1.1 三维数字模型建设

为实现三维可视化展示功能，需要建设三维数据资源，三维数据资源主要包括实景模型、DEM、正射影像和BIM模型。

1. 无人机外业航测

本次对水北沟渡槽出口至北拒马河暗渠段进行了无人机外业航测，其中对总干渠两侧进行总宽度800m（总干渠中心线两侧各400m）的无人机航测；对北拒马河暗渠退水闸下游河道长约5km，宽约2km的区域进行了无人机航测。

为提高重点建筑物的精度，如重点节制闸、退水闸，采用旋翼无人机进行低空航测以提高精度；对退水闸所在下游河道进行额外范围的补测来满足退水模拟需要。为进行地理位置和高程配准，地面需每1km²布置两个控制点，并采用专业测量仪器精确测量控制点坐标和高程。无人机航测范围如图16-76所示。

图16-76 无人机航测范围示意图

2. 实景模型、DEM和正射影像生产

项目采用专业软件对无人机航测影像进行处理，处理后形成了精度、坐标和高程一致的实景模型、正射影像和DSM数据(分辨率5cm)，并在此期间采用实测控制点数据对实景模型、正射影像、DSM进行坐标和高程校准。

典型正射影像、DSM和实景模型如图16-77～图16-79所示。

3. BIM模型构建

为准确的表现重点建筑物，需要构建三维BIM模型，如公路桥、左排、节制闸、退水闸、分水闸等水工建筑物。

根据系统应用需要，本次仅构建了水北沟渡槽至北拒马河暗渠之间的重点建筑物BIM模型，包括水北沟渡槽、南拒马河倒虹吸、北拒马河倒虹吸、三岔沟分水口、北拒马河暗渠、沿线16座公路桥和左排渡槽BIM模型。

图 16-77　北拒马河暗渠进口无人机航测正射影像

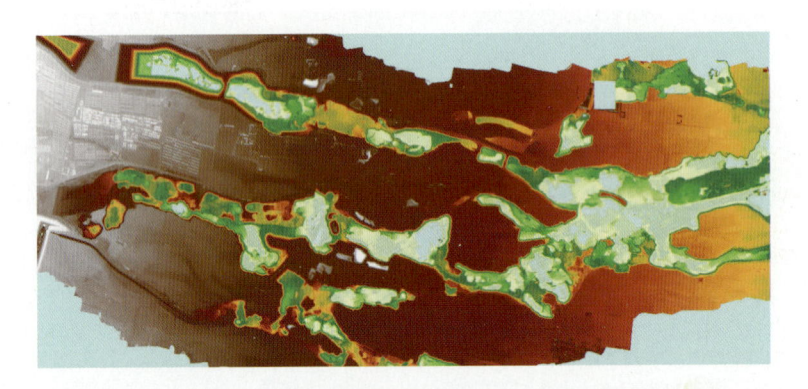

图 16-78　北拒马河退水闸下游无人机航测DSM

图 16-79　典型无人机航测实景模型

此外，为获得总干渠过水断面的DEM数据，以便进行二维专业水动力学、水质耦合模型构建和三维场景展示，根据总干渠水力要素表控制断面数据和总干渠中心线，严格按坐标和高程采用放样的方式构建总干渠过水断面BIM模型，并将BIM模型转换成了DEM数据。

4. 三维数字模型整合

将无人机航测获取的大范围DEM、正射影像、实景模型、总干渠和重点建筑物BIM

模型按坐标高程进行整合，构建一个完整的工程三维场景。

无人机航测生产的实景模型有以下几方面的不足：

（1）对于需要重点表现的建筑物，由于模型精度和数据量无法同时兼顾，为此需要构建BIM模型代替；

（2）无人机航测无法获取水面以下DEM和实景模型，为此同样需要采用BIM模型代替或通过修正DEM来达到效果。

因此，对于总干渠以外的大范围地形，采用高分辨率正射影像加高分辨率DEM叠加进行三维场景搭建；对于总干渠过水断面采用修正的正射影像加修正的DEM进行三维场景搭建(也可用BIM模型)；对于总干渠周边非重点的配景房屋建筑，采用实景模型进行三维场景搭建；对于需要重点表现的建筑物，采用手工构建的BIM模型进行三维场景搭建。

确定好各类型三维场景搭建方式后，通过在同一平台下(ArcGIS Pro)，精确按高程和坐标进行各类型三维数字模型的整合，从而形成一个完整的三维场景，三维场景效果图如图16-80所示。

图16-80　整合后的三维场景

5. 三维数字模型服务发布

工程三维数字模型在ArcGIS Pro平台中完成整合后，三维场景搭建基本完成，通过标注点要素（带位置高程的点要素）和赋予三维BIM模型主要工程属性，使其具备了发布三维场景服务的全部条件。

直接在ArcGIS Pro平台中设置好门户和其网址后，将整合后的三维场景各种单独发布成Web地图服务（二维）和Web场景服务（三维），以供系统前端调用，其中正射影像和DEM发布成二维Web地图服务（栅格类型），BIM模型发布成三维场景服务和要素服务

(信息查询和交互用)。各自发布的WEB服务,通过在前端重新整合后,即可在前端形成完整的三维WEB场景,效果如图16-81所示。

图16-81 北京二级管理单位段三维WEB场景

16.10.3.1.2 专业数字分析模型构建

作为应急演练系统核心技术,需要构建各类水动力学、水质模型,以此为基础开发专业模型后台服务即可实现模型在线建模、在线计算、模型结果在线提取、在线矢量化时态化处理及二三维动态展示。构建了一维水动力学闸站联合调度模型、一维污染团对流扩散模型、二维污染团对流扩散模型、二维退水淹没演进模型。

1. 一维水动力学闸站联合调度模型

(1) 构建河网文件。在高精度的航拍影像、DEM图、现有矢量要素上提取总干渠及各退水渠、节制闸、退水闸等图层shp文件,导入MIKE11并布置相应的水工建筑物,从而构建河网文件。

模型以西黑山节制闸进口1km作为总干渠起点,以惠南庄泵站作为总干渠终点,起点桩号151+246,终点桩号229+375,全长78.129km。此外,为模拟总干渠退水闸所在退水渠道(或河道)、分水口门所在分水渠道(或管道)以及节制闸前可能出现的漫堤,又设置了12条支流河道,各支流河道上游均与总干渠相连,出口为自由出流。

模型设置的总干渠范围及各支流列表如图16-82所示。

可控水工建筑物设置:

1) 根据总干渠闸站调度运用方案,本模型内共设置了13座可控水工建筑物,其中:在总干渠上正向设置了5处可控水工建筑物,分别为对应5座节制闸,控制方式默认为闸门调度全开,来模拟总干渠正常运行时调度方式;

2) 在退水支流上正向设置了4座可控水工建筑物,分别对应4座退水闸,控制方式

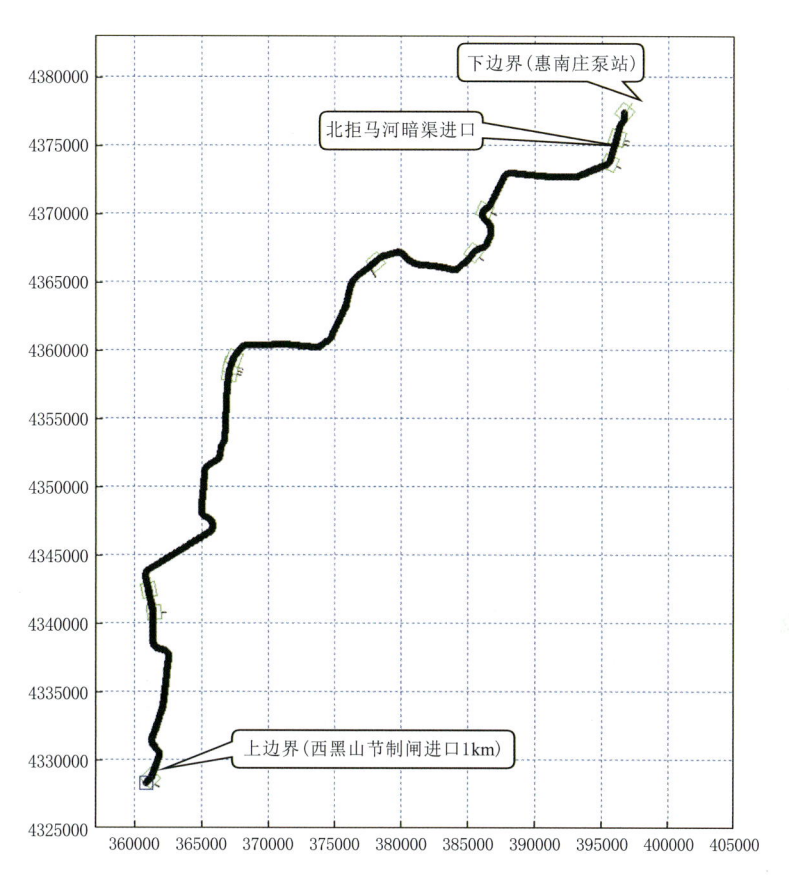

图 16-82　模型总干渠范围

默认为闸门调度的全关，以模拟总干渠正常运行时的调度方式；

3）在分水支流上正向设置了4座可控水工建筑物，分别对应3个分水口和1个泵站（惠南庄泵站），控制方式默认为设计流量全开，以模拟总干渠正常运行时调度方式；

采用闸门调度类型有5座节制闸、4座退水闸，各项闸门参数暂采用默认值。

（2）断面文件。总干渠过水断面数据来自于设计水力要素表，通过对水力要素表中各分段渠道底宽、边坡、渠深的计算，从而绘制总干渠过水断面尺寸。为满足模型在线计算效率和精度要求，取模型断面间距为200m，即总干渠上每隔200m一个断面，该断面渠底高程、堤顶高程、边坡、底宽均根据上下游控制断面线性内插。

总干渠上渡槽、隧洞、暗渠、倒虹吸均根据建筑物各部分尺寸绘制断面，超过200m的洞身、管身也按200m内插断面。

各退水闸、分水口支流也按实际尺寸绘制断面，断面间距同样200m。

（3）边界条件。边界条件分为外部边界条件和内部边界条件。外部边界就是模型中自由端流出此处即意味着流出模型区域，流入也必然是从模型外部流入，内部边界是指从模型内部河段某点或某条河流入或流出模拟河段的地方，包括降雨径流的入流、工厂排污、灌溉取水等。内部边界条件可以根据实际情况设置。上游和旁侧入流边界条件为流量（Q），下游边界条件为水位（h）或者水位流量关系（Q-h）。

各河道边界条件设置如下：

1）总干渠上边界位置为西黑山节制闸进口上游1km，边界条件设置为恒定值的流量过程，取总干渠过去3d相应位置实测流量的平均值，下边界位置为惠南庄泵站，设置为闭边界；

2）各退水闸、分水口和泵站、溢流堰支流上游与总干渠相连，不需再设置边界条件，下边界均设置为该支流末端的水位流量关系，根据该支流河道平均坡降、糙率、河道过水断面采用明渠均匀流公式推求；

3）单独设置了一个污染点源和一个应急引水边界条件，分别对应突发水质污染点源和安格山应急引水点源，边界条件类型均为恒定或随时间变化的流量过程、浓度过程。

（4）参数文件

参数文件中主要设置模型初始条件和河床糙率，设置内容包括如下：

1）初始条件：初始条件设置目的是让模型平稳启动，因此初始水位和流量的设定应尽可能与模拟开始时刻的河网水动力条件一致。初始流量往往可以给个接近于0的值，水位的设定为模拟开始时的实测水位值。

为使模型状态能更快的趋近于实际正常运行状态，将模型进行多次调参计算，使其稳定后各渠段水位接近现实正常输水条件下水位，并以该结果时刻的水流状态作为初始条件，即模型采用热启动模式启动。

2）河床糙率：根据总干渠设计参数，总干渠渠道边坡和渠底均采用高标准混凝土衬砌，河床糙率取0.015，各渠道建筑物糙率根据模型率定来确定，使其糙率能反映消耗的水头损失。经对各建筑物糙率按设计流量、设计水位率定后，各建筑物糙率取值如图14-15所示。（需要说明的是，通过率定后的建筑物糙率，并不是代表建筑物本身的光滑程度，仅代表建筑物的各种局部和沿程水头损失。在率定后的糙率下，在设计流量通过各建筑物时，其上下游水位亦与设计水位相同，同时水头损失也与设计相同。

（5）模拟文件及模拟结果。模拟文件创建完成后，模型设置基本完成，现只需创建模拟文件，其作用是集成河道和概化所有文件信息，让模型文件成为一个整体；同时定义模拟时间步长、结果输出文件名等。

本次模拟文件的模型创建类型选择水动力模型，模拟方式选择非恒定流，引入上述生成的所有文件：河网文件、断面文件、边界文件、HD参数文件，通过模拟文件编辑器把所有文件链接起来，确定时间步长与河床地形及边界条件密切相关，经试算，当模型计算时间步长设为固定时间30s内时，模型可稳定收敛计算，结果输出时间间距根据需要取1～2min。

2. 一维污染团对流扩散模型

一维污染团对流扩散模型在一维水动力学闸站调度模型的基础上继续构建而成，由水动力学、水质两种模型耦合而成。利用对流扩散方程，模拟水体中溶解或悬浮物质扩散，不仅可以模拟保守物质，而且可以通过设定恒定的衰减常数来模拟非保守物质。模型构建过程与一维水动力学闸站调度模型基本相同，不同之处包括：

（1）参数的设置。一维污染团对流扩散模型除了设置与一维水动力学闸站调度模型同样的水动力学参数外，还需设置水质参数，分别为：

1）污染物组分：设置污染水质的主要成分，如COD、TOC等，本项目污染物以一个综合组分考虑，其代表了污染物的整体状态，例如污染物为农药，则代表了农药的浓度，而不是农药中每一个成分的浓度，组分单位取mg/L，类型设置为普通。

2）扩散系数：设置污染物的扩散系数，根据相同规模和相同流速河道中的扩散系数取值，取全局值，取值范围为 5 ~ 20m²/s，具体值根据总干渠实际流速而定。

3）初始条件：组分初始浓度取 0mg/L，即总干渠初始状态下无污染。

4）衰减系数：对流扩散模型仅可模拟一级降解过程，该参数的设置决定了污染物的消减、降解。考虑到本模型主要为突发水质污染事件，暂不考虑污染物的降解。

（2）边界条件的设置。在构建一维污染团对流扩散模型时，各河道上下游边界条件还需要勾选AD边界条件，并对边界条件参数进行设置。

中线总干渠和各支流上边界条件一般为open transport（输送），下边界条件一般为open concentration（浓度），由于各支流上边界均与总干渠相连，故不需要再设置AD边界条件，总干渠上边界AD边界条件类型选open transport，组分序号1，采用常量0mg/L，即代表无污染；各支流下边界AD边界条件类型均采用open concentration，组分序号1，数值同样为常量的0，即代表无污染。

作为突发水质污染的点源，在边界条件中需要重点设置，该边界条件类型为Point Source（点源），边界类型为Inflow（入流），需要勾选HD和AD两种类型，其中HD类型的边界条件设置为污染物入渠的流量过程，单位m³/s，AD类型的边界条件设置为污染物入渠的浓度过程，单位mg/L。

3. 二维污染团对流扩散模型

主要建模流程为网格剖分、地形高程插值、定义边界条件、设置计算参数、输出结果等几个步骤进行。详述如下：

（1）网格剖分

根据本项目应用需要，二维模型边界范围为：顺水流方向为水北沟渡槽出口至北拒马河暗渠进口，全长12.58km，垂直水流方向为总干渠过水断面范围，总宽度在10 ~ 40m不等。

考虑到总干渠为规则的梯形渠道，故采用非结构性四边形网格进行网格剖分，针对不同区域，设置不同网格大小。在明渠段，采用顺水流方向2m，垂直水流方向1m，网格面积2m²的四边形网格；在暗渠、隧洞、倒虹吸、渡槽段，由于其过水断面较窄，故采用顺水流方向2m，垂直水流方向0.5m，网格面积1m²的四边形网格；对于北拒马河暗渠退水闸等需要重点表现的位置，采用1~2m不等的小尺寸网格。

通过高精度网格剖分，二维网格模型能准确的反映总干渠过水断面和各类型建筑物过水断面形状，最终剖分网格20.008万个，网格顶点20.512万个。

（2）地形高程插值

网格剖分完成后，将网格顶点进行高程插值，即可生产带地形高程的网格模型，从而用于二维水动力学、水质模拟计算。

由于二维网格精度高，为使得各网格顶点能准确插值，提供给网格的DEM数据密度需小于或等于网格顶点间距，考虑到二维网格最小网格长度为0.5m，因此DEM和由其生产的高程散点密度也定为0.5m。以水力要素表为依据，经过多次跨平台应用，最终得到总干渠及各建筑物三维模型，再通过一套GIS和BIM处理流程后，得到能准确反映总干渠形状的DEM和高程散点数据（该方法已申请发明专利），最后将高程散点分段以文本形式导入的网格文件里进行插值，以北拒马河暗渠进口为例，插值后的网格及大样图如图16-83所示。

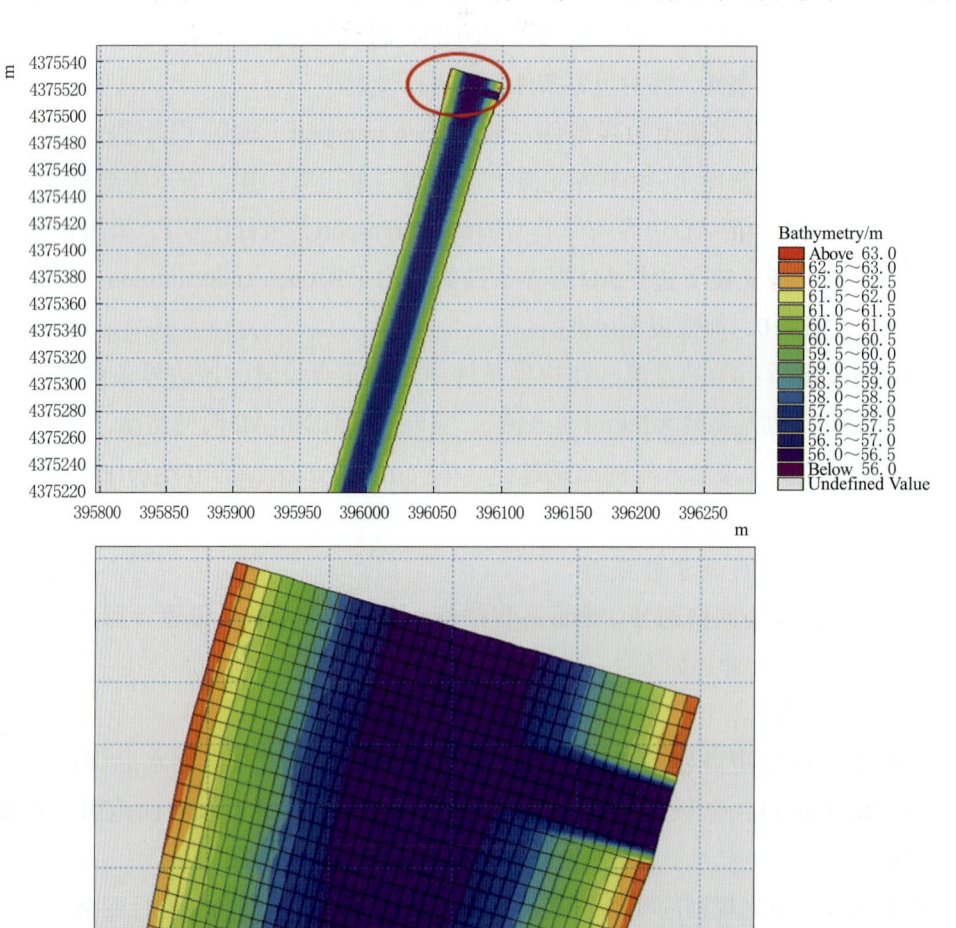

图16-83 二插值后的地形网格及细部大样图

（3）定义边界条件。为模拟污染团在总干渠内的扩散过程和总干渠内渠水演进过程，在剖分好计算网格并进行高程插值后，定义模型计算边界条件。

本模型需要分别在 MIKE 21 的 HD 模块（水动力学）和 Transport 模块（水质对流扩散）里分别定义边界条件。需要注意的是，边界条件在 HD 模块里和在 Transport 模块里需要完全对应，即一个水动力学边界条件对应一个水质边界条件。

在 HD 模块里，总共有 6 种形态的边界条件，分别为：陆地边界，即零垂向流速，但可以滑动的陆地边界；陆地（零流速）；速度边界和通量边界；水位边界；流量边界；弗拉瑟条件。

在 Transport 模块里，总共有 3 种形态的边界条件，分别为：陆地；指定常量或随时间变化的污染物浓度值；零污染扩散。

本模型定义了 3 处开边界以及 2 处点源边界。

在 HD 模块里，设置边界条件为：

1）3 处开边界——上游开边界 1 处，即模型上游（水北沟渡槽出口）总干渠入流，边界条件为总干渠该位置过去 3 日实测流量的平均值；下游开边界 1 处，即模型下游（北拒马河暗渠进口）总干渠出流，边界条件为总干渠在该处的 U、V 方向上的流速过程；退水闸出流开边界 1 处，即北拒马河退水闸出流，边界条件为总干渠在该处 U、V 方向上的流速过程，向北向右为正值。

2）2 处点源边界——污染源入渠点源边界 1 处，即在西水北桥下游附近按 10L 污染源 5 分钟入渠考虑的污染源泄漏过程，边界条件为污染物的入渠流量过程；分水口抽水点源边界 1 处，即三岔沟分水口从总干渠抽水的流量过程，该流量取负值。

在 Transport 模块里，设置边界条件为：

1）3 处开边界位置与 HD 模块相同，其中上游开边界设置为零污染；模型下游和退水闸处的开边界条件均为随时间变化的污染物浓度值，该值可由一维模型计算得到。

2）2 处点源边界位置也与 HD 模块相同，其中污染点源边界条件为污染点源的浓度过程，单位 mg/L；三岔沟分水处边界条件为常量 0 值的污染浓度。

此外，在 HD 模块里，还设置了系统默认的陆地边界，又称闭边界，除开边界范围外，计算分区外围其他地方均为闭边界。

（4）设置计算参数

在二维水动力学中需要设置的主要参数有：地面糙率、计算时间和步长、干湿边界、水体密度、风场、涡粘系数等；在水质对流扩散模型中，还需要设置污染源组分、扩散系数、衰减系数等。

本模型是为了计算污染物在总干渠内的扩散过程，提取包括污染物位置、污染范围、污染浓度等数据，故对计算结果无明显影响的计算参数均采用默认值，如水体密度、风场、涡黏系数等参数，其余计算参数设置如下：

1）糙率

糙率（n）是水力学计算的关键参数，在模型计算过程中将糙率用曼宁值（糙率的倒数）来表示。根据边长为 1～2m 的四边形地形网格，在 MIKE 21 中设定每个网格的糙率值或全区统一设定为一个固定的糙率值。

二维水力学模型糙率依据总干渠设计资料和各建筑物率定数据选取，其中总干渠明渠段糙率统一为 0.015，建筑物糙率在 0.01～0.03 不等。

2）计算时间和步长

根据总干渠突发水质污染开始到应急调度完成一般在 1d 以内，为此模拟时长定在 24h。计算时间步长根据计算精度和计算模型收敛的需要确定，经反复调试，计算时间步长采用 5s 模型能有效收敛，且能获得较高的计算效率。

3）干湿边界

干湿边界为 MIKE 21 水动力学模型中为避免模型计算出现不稳定性和不收敛而设定的参数，当某一网格单元的水深小于湿水深时，在此单元上的水流计算会被相应调整，而当水深小于干水深时，会被冻结而不参与计算。

通过综合考虑模型的计算精度和稳定性，干水深、浸没水深和湿水深分别取 0.005m、0.02m 和 0.05m。

4）扩散系数和衰减系数

扩散系数设置为按涡黏系数缩放，衰减系数设置为 0 衰减。

（5）结果输出

二维水动力学模型可输出任意时刻任意点、线(断面)、面的洪水和水质数据，输出的水动力学结果包括水位、水深、淹没历时、到达时间、最大流速等，输出的水质结果包括各组分浓度。

考虑数据量的大小和结果精度要求，输出时间步长选取 1min，输出整个模型计算时间范围内的渠内水演进过程和污染物浓度过程数据。

根据污染物浓度大小对污染物扩散过程进行分色渲染，得到污染物扩散过程可视化展示，展示结果如图 16-84 与图 16-85 所示。

通过将污染团扩散过程矢量化、时态化和三维化后，生成具有高程的时态面要素，将该时态面要素按其浓度属性进行分色渲染，并叠加到三维场景中后，可实现基于三维场景的污染物扩散过程展示，结果如图 16-86 所示。

4. 二维退水淹没演进模型

南水北调总干渠北京二级管理单位段模型构建涉及的退水闸主要为北拒马河暗渠退水闸，二维退水淹没演进模型构建过程与二维污染团对流扩散模型中的 HD 模块（水动力学模块）相同，不同之处在于网格的形状尺寸、边界条件设置、糙率设置等，分述如下：

（1）网格剖分。模型网格范围为退水渠道（河道）所能淹没的最大范围，通过多次试算，最终圈定模型网格的范围为北拒马河退水闸出口到下游3.5km的范围区域。

通过无人机航测生产地的DEM数据，具有极高的分辨率(0.05m)和精度，为精确反应地形实际情况，模型采用非结构性网络（三角形）对退水淹没范围进行剖分，单一网格面积不超过50m^2，最大边长不超过10m。为了精确模拟退水渠内水流流态，对退水渠范围内的网格进行加密处理，单一网格面积不超过8m^2，最大边长不超过4m。考虑加密处理后网格面积与其他淹没区域网格面积相差太大，容易导致模型崩溃，故在其外围设置了一层网格最大面积不超过15m^{2}的过渡区域，共剖分网格数量11.4128万个，剖分的地形网格云图如图16-87所示。

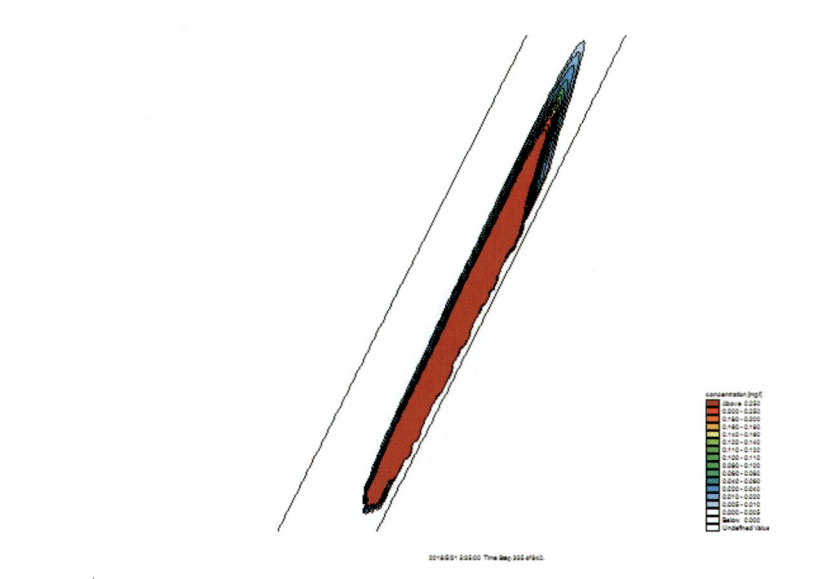

图16-84 污染物泄漏完成时污染物浓度分布

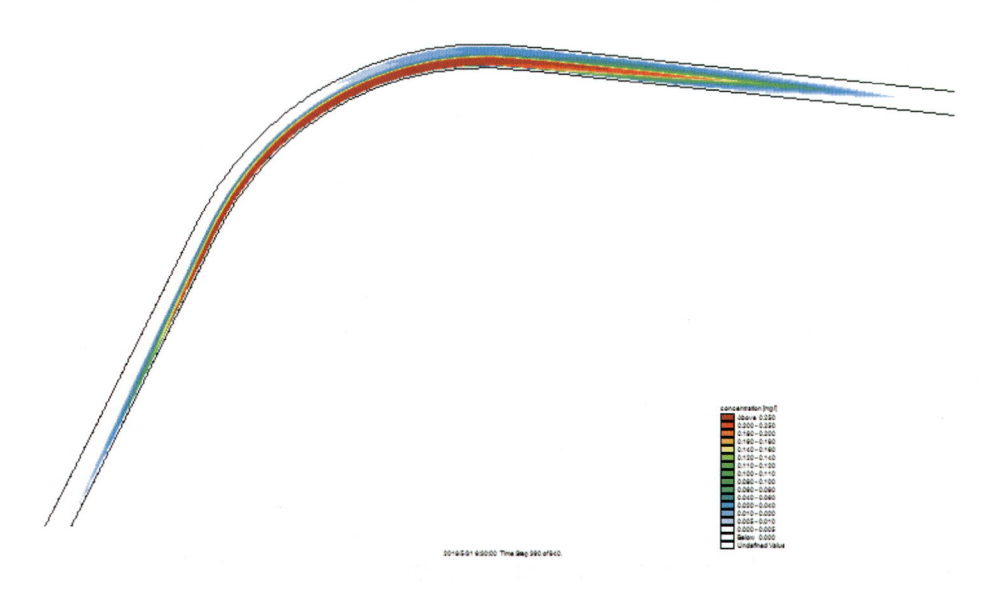

图16-85 污染团在渠道转弯处浓度分布

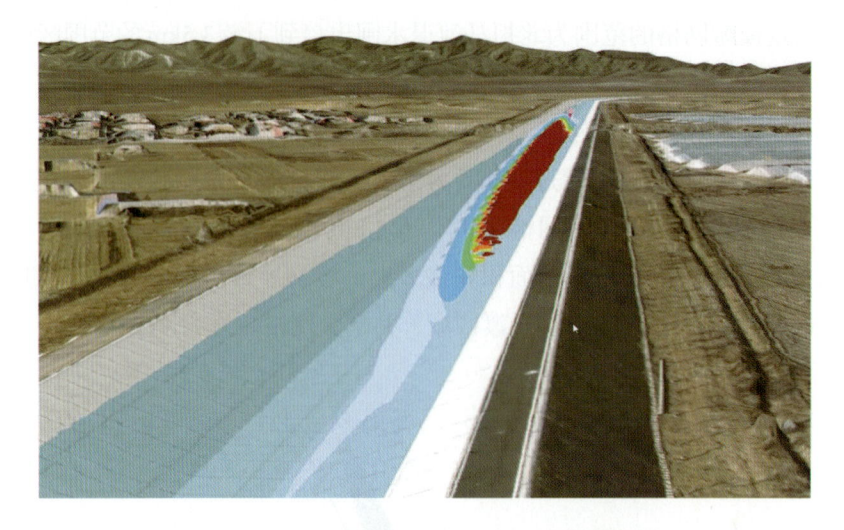

图 16-86　与三维场景叠加后的污染团扩散过程

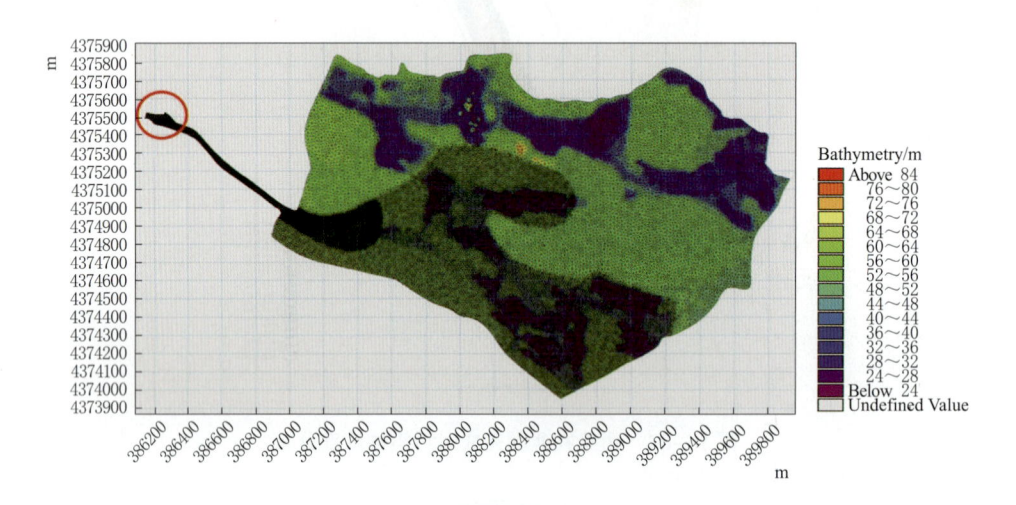

图 16-87　北拒马河暗渠退水闸下游剖分的地形网格及细部大样图-1

（2）边界条件。模型设置了上下两处开边界，其中上边界条件为退水闸退水流量过程，由一维水动力学闸站调度模型计算得到；边界设置为随时间变化的流速，不同时刻的流速大小经过多次试算确定，使边界处河道流速和上游附近相似断面流速接近，来防止因设置误差而引起洪水在下边界处壅水或跌水现象。

（3）糙率。糙率（n）是水力学计算的关键参数，在二维洪水淹没演进模型中，糙率以曼宁值表示，通过按村庄、树林、农田、道路、空地（基本为砂卵石河床）、河道水面等细分各类下垫面，并分别赋予不同的糙率值。

其中浆砌石退水渠取 0.035，农田取 0.055，道路取 0.025，砂卵石河床取 0.045，河道内的洼地水面取 0.03。

（4）结果输出。二维水动力学模型可输出任意时刻的洪水模拟数据，输出结果包括淹没水深、淹没历时、最大流速、流向等洪水信息。

分析数据量的大小和制作动态展示需要，时间步长设置为2min，输出退水闸下泄洪水演进全过程数据。

基于淹没水深数据，实现下泄渠水淹没演进过程的二三维可视化表达，与三维场景叠加后的退水结果如图16-88所示。

图16-88　北拒马河暗渠退水闸模拟结果

16.10.3.1.3　专业模型后台服务开发

各专业数字分析模型构建完成后，可实现在线下PC上通过Mike专业软件进行模拟分析，完成特定工况及边界条件方案模拟。要想实现在线定制化建模、在线高效计算、在线结果提取、在线三维可视化展示等功能，需要以构建的专业数字分析模型为基础，通过网络框架方式将其开发成专业模型后台服务，并向前端开放边界条件、闸站调度、参数修改的接口，从而实现模型的在线定制化构建。

系统专业模型后台服务开发完成后，可实现功能包括：在总干渠任意位置指定污染源、污染源类型、总泄漏方量、泄漏时间、泄漏时长等参数；实现中线总干渠各种控制闸门（节制闸、退水闸、分水口等）的调度；新模型可继承已有模型属性，从而更快速构建和优化模型。

所有专业数字分析模型后台服务均采用.net 4.5以上框架，在VS环境下采用C#语言对水利分析软件(mike系列)进行二次开发，最终发布成HTTP协议下的标准Web API专业模型服务接口，以供系统前端调用。

系统的专业模型后台服务开发过程较为复杂，其实现过程大体可分为：系统初始化、用户初始化、在线建模、在线计算、模型结果提取与上传5个步骤，每一步实现过程和原理如下：

1. 系统初始化

系统初始化是在该专业模型后台服务上线前就必须完成的事情，其主要做3件事情：

（1）设置服务环境并上传必要的模型基础资料。需要设置的服务环境包括：系统路径、数据库名和表名、数据库登录名和密码、服务器ID等。需要上传到数据库的模型基础资料包括：断面数据、交叉建筑物名称桩号、模型范围内的渔网坐标点大地坐标和经纬度；

（2）默认模型解析和实例化。通过对已构建的默认模型文件（默认模型文件在系统特定路径下）进行逐文件解析，提取默认模型各项数据，包括基础资料、模型参数、边界条件等，并将这些数据整体封装打包成一个类的实例（类名：HydroModel），该实例即为系统后台默认模型，系统在今后应用过程中制定各种方案模型均以此为基础进行参数修改。

（3）默认模型和其闸站调度信息上传。将实例化后的默认模型以BLOB（二进制字节）的方式上传至数据库，其所属用户设置为"root"，模型名为"default"，方案名为"默认方案"。提取模型的闸站调度信息和污染源拟定信息，同时上传至数据库，其所属用户同样设置为"root"，模型名为"default"。

2. 用户初始化

考虑系统多人使用，当不同的人使用时，其定制构建的模型如果都放在一个数据库中不加区分，并在用户前端同时显示，则会导致模型管理的混乱。

因此，系统通过对用户初始化，使得不同的用户可在系统中独立构建模型，在前端展示时，也仅展示自己构建的模型，用户相互之间互不干扰，各用户可有权对自己的模型进行新增、修改、删除、查询等操作。

3. 在线建模

在线建模是后台服务的核心功能，通过在线建模模块开发，将前端模型构建交互信息传入后台，在后台服务中实现对默认模型边界条件、参数等基本资料进行修改，从而实现新方案的在线建模。

前端的每一个计算方案对应着后台一个全新的模型，该模型基本资料、参数、结果等各项数据在后台服务器特定目录下均有对应的文件进行数据存储，同时在数据库中也存储着模型对象实例。

实现在线建模包括以下内容：

（1）获取前端交互信息，为在线建模做准备。前端交互信息通过多种方式获取，包括地图交互方式、弹出框输入方式等，不管何种方式，构建一个新模型必须获取的信息包括：方案名、计算类型、开始时间、结束时间、方案描述、基础模型名。

方案名为前端输入的中文方案（模型）名称，非模型ID，模型ID由后台根据模型构建的时间自动生成；基础模型名如果为空则该新模型继承默认模型参数，如果不为空，则新模型继承指定模型名参数。

（2）以获取的前端信息构建和修改模型实例。系统以HydroModel类的Create_Model方法构建模型实例，所构建的模型实例需要经过模型自动命名（模型ID）、模拟时间修改、模型类型选择、基础模型参数继承几个步骤。

新建模型时只需提供必要的几个参数（如方案名、计算类型、开始时间、结束时间等），以这些参数构建的模型还无法实现完全定制化，因此，需要通过模型修改来使新建的模型符合用户需求，这些修改包括如下：

1）指定污染源——在总干渠任意位置重新指定污染源及其参数，包括污染源类型、总泄漏方量、泄漏时间、泄漏时长等，需要说明的是，为避免混乱，系统默认只允许一个污染源存在，这就意味着重新指定污染源后，已有的污染源将取消。

2）闸站调度——可任意调度总干渠各种控制闸门，包括节制闸、退水闸、分水口等闸门，调度方式有2种：规则调度和指令调度，当选择规则调度时，不需要输入任何参数，当选择指令调度时，需要设置调度指令的时间和方式（开启或关闭）。

（3）保存模型实例进数据库，并新建文件夹存储模型文件。

将新建的模型实例以该用户名义保存进数据库，同时在系统指定位置以模型ID新建文件夹，用于在模型计算时以文件的形式保存新建模型各项数据文件。

（4）提取模型主要信息并保存进数据库。

提取模型各项主要信息，并保存进数据库，这些信息包括：

1）模型基础信息，如模型名、模型ID、模型类型、模拟时间、模型描述等；

2）模型的污染源拟定信息，如污染源泄漏位置桩号、类型、泄漏时间、方量等；

3）模型的闸站调度信息，各节制闸、退水闸、分水闸的闸站调度信息；

4）模型的状态信息，包括已完成、计算中、待计算、模型错误4种，新建模型成功后的状态为待计算，失败则为模型错误。

4. 在线计算

模型构建完成后，如果模型状态为"待计算"状态，则系统将调用相应的模型计算引擎进行模型的在线计算，并返回模型的实时计算进度，在此期间模型状态修改为"计算中"，当计算完成后，模型状态修改为"已完成"，如果计算失败则模型状态修改为"模型错误"。

通过反复优化，各种一维模型在线计算时间均在1min以内，模型计算主要通过调用HydroModel类的Run方法实现，其过程又分为以下3步：

（1）根据提交的模型名，加载模型。根据前端提交的模型ID，从数据库中寻找该模型，如果存在，则从数据库中下载该模型（BLOB二进制字节格式），然后反序列化成为模型实例对象。

（2）选择合适的模型计算引擎，计算模型。模型加载完成后，系统开始将模型的基本资料和各项参数写成模型文件，保存在新建模型时建立的文件夹里，之后创建子线程，在子线程中调用开始计算方法，选择合适的模型计算引擎计算模型，并在计算开始和计算结束后更新模型状态（计算开始更新模型状态为"计算中"，计算结束更新模型状态为

"已完成")。

（3）返回模型计算所需的时间。模型一旦开始计算，则会在模型结果文件夹里生成一个带计算进度的文本文件(progress.txt)，其随着模型的计算实时更新内容，包括：总进度、当前进度、已耗费时间、估计剩余时间、其他进度信息等，在模型计算过程中，系统可随时通过读取该文件获取当前模型计算的进度信息。

5. 模型结果提取与上传

模型计算完成后，将生成各种二进制的模拟结果文件（如图18-41所示），在通过MIKE的相关结果文件数据提取接口来提取想要的各种模型结果，模型结果提取后，需要对结果进行汇总、分类、二次加工、矢量化、三维化等操作才能最终实现模型结果的二三维动态展示和结果的智能语音播报。

模型结果数据量庞大，通过系统后台算法的反复优化，目前各种一维模型结果提取与二次加工处理可在10s内完成，模型结果提取与二次加工后，即可将模型结果数据上传至数据库，以供系统前端随时调用。

模型结果提取在模型计算完成后即自动开始执行，根据前端模型结果展示需要，提取和二次加工的结果包括以下几部分：

（1）水动力学计算结果。该结果为一个时间序列，各时刻下均有一套完整的计算结果，时间序列数量和时刻位置由模型结果保存参数决定。水动力学计算结果包括渠段水量结果、各退水闸实时退水流量结果和各退水闸累积退水水量结果3种。渠段水量结果，以节制闸为界，统计各时刻下两节制闸之间渠段水量数据，单位为万m^3；退水流量结果，各时刻下各退水闸的退水流量，单位为m^3/s；退水闸累积退水量结果：统计各退水闸从开始退水到当前时刻下的累积退水水量，单位为万m^3。

（2）水质计算结果。该结果同样为一个时间序列，各时刻下均有一套完整的计算结果，时间序列数量和时刻位置由模型结果保存参数决定。水质计算结果包括污染物当前位置信息、污染警示信息和污染统计信息3种。

污染物当前位置信息，包括污染物前锋位置（以桩号+经纬度表示）、污染物尾部位置、污染物中心位置，污染物行径速度，各信息以字符串表示；

污染警示信息，包括距离下一个分水口、退水闸、节制闸的距离（m）和预计到达时间（h），污染物到达下一个相应建筑物的完成度（100%表示到达）；

污染统计信息，包括被污染的渠道长度（km）、被污染的水量（万m^3）和最大污染浓度（mg/L）。

（3）水位水质纵断面结果

该结果中的渠底高程、堤顶高程为一个固定的值序列，该值序列包含所有一维模型中各断面所在桩号处的渠底高程、堤顶高程数值；

该结果中的水位、水质浓度数据同样为一个时间序列，各时刻下均有一套完整的计算结果，该结果包含一维模型中各断面所在桩号处的水位、污染浓度值。

（4）语音播报结果

通过提取模型计算结果中的关键信息，再经过二次加工后，按优先级不同组织文字语音播报内容，再通过百度语言API接口将文字语音播报内容生成语音文件（MP3格式），来实现模拟结果的语音播报功能。

语音播报内容分为必须播报的重要内容和可播报的一般内容，其中重要内容具有最高优先级，该部分内容包括：开始模拟与结束模拟描述、污染源泄漏过程描述、闸门调度过程描述、污染源到达过程描述、漫堤风险提示描述。可播报的一般内容具有较低的优先级，该部分内容包括：污染源位置描述、污染源统计信息描述、退水流量描述、累积退水量描述等。

当播报内容因播报时间不够而出现冲突时，优先播报优先级高的播报内容。

（5）闸站状态结果

闸站状态结果为一个时间序列，各时刻下均有一套完整的计算结果，时间序列数量和时刻位置由模型结果保存参数决定。

一套完整的闸站状态结果包括各节制闸、分水闸、退水闸在该时刻下的状态，分为"开启""关闭""开启中""关闭中"4种。

（6）水面和水质边界线控制点结果

该结果作为GIS后台GP（地理处理）服务的基础数据，用于生产二三维的矢量点、面数据，从而用于前端水动力学、水质结果的二三维动态展示。

该结果同样为一个时间序列，各时刻下均有一套完整的计算结果，时间序列数量和时刻位置由模型结果保存参数决定。

水面边界线控制点计算原理：将总干渠按渠道、建筑物分段，并根据渠道和建筑物内断面宽度数据，以总干渠中心线坐标通过几何计算得到各断面两侧边界线坐标，从而得到水面边界线控制点的XY平面坐标，然后以渠道、建筑物中心位置处的水位高程作为这些控制点的高程，从而使得控制点具备Z坐标。

水质边界线控制点计算原理：根据污染团前后桩号位置，由桩号和总干渠中心线反推污染团前后的顶点坐标，然后采用一套拟污染团二维扩散形态的几何算法，分污染团泄漏期间、污染团泄漏完成两个时期分别绘制污染团几何形状，获取其边界线控制点坐标，其控制点高程按水位高程取值。

16.10.3.1.4　数据库建设

除ArcGIS各种地图服务自带的GeoDataBase数据库外，系统还额外采用MYSQL构建了2套数据库，即现场水质检测数据库和专业模型数据库，分别用于存储现场水质实时检测数据和各种专业模型基本资料、模型、计算结果等数据。

下面对专业模型数据库结构及建设过程进行介绍：

为实现系统各功能模块后台服务，采取MYSQL等数据库构建相关的基础地理信息、基本资料、模型和模型结果数据库，分别存储模型基础资料、模型文件和模拟结果数据。

1. 数据库组成

专业模型数据库由：模型信息统计表、模型闸站调度信息统计表、模型计算结果表、模型水质GP服务处理结果表、模型GIS结果表、渔网点经纬度表、一维河道断面数据表、建筑物信息表共8个表组成，如图16-89所示。

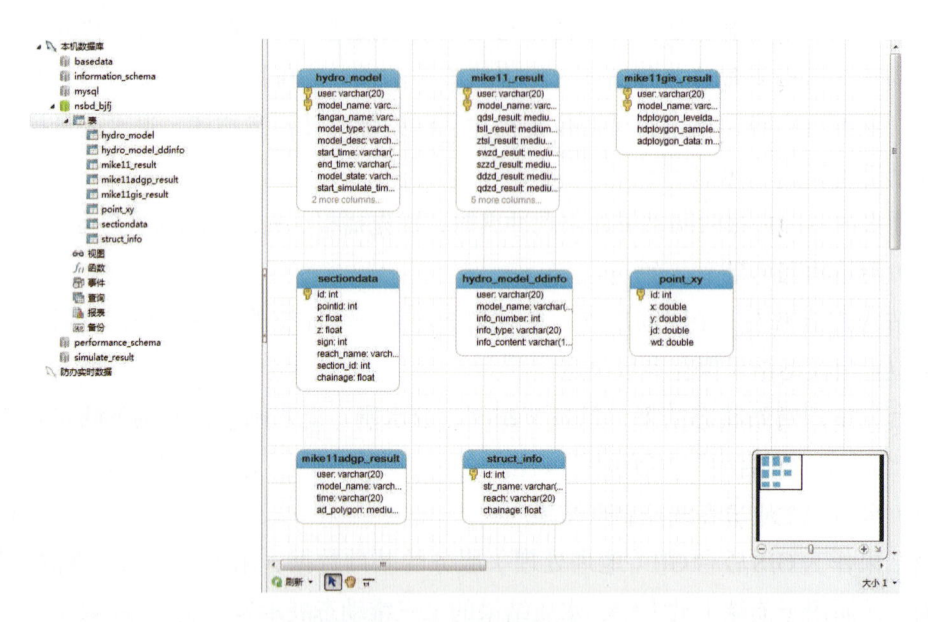

图16-89　专业模型数据库组成

2. 各表格数据

（1）模型信息统计表。用于存储用户已经构建的模型信息，包括字段：用户名、模型名（ID）、方案名、模型类型、模型描述、模拟开始时间、模拟结束时间、模型状态、模型开始计算时间、GP服务ID、模型对象。

除模型对象为长二进制字节类型（BOLB）外，其余字段均为可变长度字符串类型（varchar）。

（2）模型闸站调度信息统计表。与模型信息统计表一一对应，用于存储用户已经构建的模型调度信息，包括字段：用户名、模型名（ID）、调度信息序号、调度信息类型、调度信息内容。

除调度信息序号为整型（int）外，其余字段均为可变长度字符串类型（varchar）。

（3）模型计算结果表。用于存储模型结果信息，包括字段：用户名、模型名、渠段水量、退水闸流量、累积退水量、水位纵断数据、水质纵断数据、堤顶纵断数据、渠底纵断数据、水位桩号、水质结果信息、语音播报信息、闸站状态信息、结果统计表。

除用户名、模型名字段为可变长度字符串类型外（varchar），其余字段全部为二进制字节类型（BOLB）。

（4）模型水质GP服务处理结果表。用于存储GP服务生成的GIS要素数据，以JSON字符串表示，包括字段：用户名、模型名、时刻、模型结果要素JSON字符串。

除模型结果要素字段为中等长度的文本外（mediumtext），其余字段均为可变长度字符串类型（varchar）。

（5）模型GIS结果表。用于存储从模型结果中提取的用于GP处理的基础数据，包括字段：水面边界线控制点和水位、水面JSON样例、污染面边界线控制点和前锋点。

除用户名、模型名字段为可变长度字符串类型外（varchar），其余字段全部为二进制字节类型（BOLB）。

（6）渔网点经纬度表。用于存储模型范围内以等间距分布的渔网状点要素数据，包括各渔网点的大地投影坐标和经纬度。各渔网点间距均为1km，以内插的方式用于进行水面、污染面、前锋点等数据的经纬度和大地投影坐标转换，包括字段：点序号、X投影坐标、Y投影坐标、经度、维度。

除点序号为整型（int）外，其余字段均为双精度浮点类型（double）。

（7）一维河道断面数据表。用于存储一维模型中各一维河道的断面数据，包括字段：点序号、点ID、X值（偏心距）、Z值（高程）、点标记、河名、断面ID、桩号。

点序号、点ID、点标记、断面ID为整型（int），X值（偏心距）、Z值（高程）、桩号为浮点型（float），河名为可变长度字符串（varchar）。

（8）建筑物信息表。用于存储模型范围内各种总干渠建筑物，包括公路桥、左排渡槽、左排倒虹、分水口、节制闸、隧洞、退水闸等。包括字段：建筑物ID、建筑物名称、所在河道、所在桩号。

建筑物ID为整型（int），桩号为浮点型（float），河名为可变长度字符串（varchar），建筑物名称和所在桩号为可变长度字符串类型（varchar）。

16.10.3.2　应用取得的效果

在演练过程中，基于研究成果研发的水质突发事件应急处置决策支持系统不仅出色的完成了各种实时信息的采集、传输、可视化等常规任务，通过系统后台专业模型的深度应用，实现了水质扩散过程在线模拟、退水淹没演进过程三维可视化展示、无人机现场视频直播、现场人员物质和水质检测数据的实时动态展示、智能语音播报等亮点功能，得到演练各方高度评价。

16.11　本章小结

（1）构建了南水北调中线水质突发应急处置决策技术体系，基于BIM、GIS、水质扩散模型、水动力学模型等的联合应用，提出了将BIM、DEM数据与水质模型相融合的轻量化与可视化交互方法和流程，提高了污染物在干渠以及退水区域扩散过程三维展示效果。实现在退水区域任意位置设置任意尺寸的拦阻坝或蓄水池，并能进行应急处置方案的在线模拟和结果比对。采用重要性优先级策略，建立关键分析结果筛选与智能语音播报模型，实现应急处置方案在线语音播报。水质突发应急决策技术体系为应对水质突发事件应急处置提供了技术保障，提高了应急处置能力和效率。

（2）研发了南水北调中线输水水质预警与业务化管理平台，通过建立基于大数据分析的中线多源异构数据高效汇聚存储架构，集成中线水质评价—预报—预警—调控模型群软件系统，研究基于云架构的高可用性应用支撑平台技术，基于BIM、GIS、AR的跨平台三维可视化展示，研究复杂安全环境下的数据安全与网络安全策略，结合研究构建的南水北调中线全过程、多指标的水质监测、预测、预警、调控、处置、跨区域多部门协作机制于一体的南水北调中线水质管理技术体系，建成实用高效、多数据融合、多功能并举的南水北调中线输水水质预警与业务化管理平台，实现水质风险预警和跨区域多部门水质信息交互共享。功能模块包括实时监测、预警预报、应急管理、风险防控、分析评估、科学研究、数据共享、系统管理。

参 考 文 献

[1] 王超，辛小康，王树磊，等.长距离人工输水渠道水质时空演变规律研究——以南水北调中线总干渠为例[J].环境科学学报，2022，42(2):184-194.

[2] 张春梅，米武娟，许元钊，等.南水北调中线总干渠浮游植物群落特征及水环境评价[J].水生态学杂志，2021，42(3):47-54.

[3] 孙甲，韩品磊，王超，等.南水北调中线总干渠水质状况综合评价[J].南水北调与水利科技，2019，17(6):102-112.

[4] 陈凯，陈求稳，于海燕，等.应用生物完整性指数评价我国河流的生态健康[J].中国环境科学，2018，38(4):1589-1600.

[5] 金小伟，王业耀，王备新，等.我国流域水生态完整性评价方法构建[J].中国环境监测，2017，33(1):75-81.

[6] 张汲伟，蔡琨，于海燕，等.中国底栖动物水质生物监测指数和水质等级构建[J].中国环境监测，2018(6):17-25.

[7] 王备新.大型底栖无脊椎动物水质生物评价研究[D].南京：南京农业大学，2003.

[8] 李黎，王瑜，林岢璇，等.河流生态系统指示生物与生物监测：概念、方法及发展趋势[J].中国环境监测，2018，34(6):26-36.

[9] 连玉喜，黄耿，Malgorzata，等.基于水声学探测的香溪河鱼类资源时空分布特征评估[J].水生生物学报，2015，39(5):920-929.

[10] 白敬沛，黄耿，蒋长军，等.丹江口水库鱼类群落特征及其历史变化[J].生物多样性，2020，28(10):1202-1212.

[11] 张春梅，朱宇轩，宋高飞，等.南水北调中线干渠浮游植物群落时空格局及其决定因子[J].湖泊科学，2021，33(3):675-686.

[12] 周梦，唐涛，杨明哲，等.南水北调中线干线鱼类资源调查研究[J].中国水利，2019(14):33-36.

[13] 唐剑锋，肖新宗，王英才，等.南水北调中线干渠生态系统结构与功能分析[J].中国环境科学，2020，40(12):5391-5402.

[14] 陈求稳，张建云，莫康乐，等.水电工程水生态环境效应评价方法与调控措施[J].水科学进展，2020，31(5):793-810.

[15] 虞敏达，张慧，何小松，等.典型农业活动区土壤重金属污染特征及生态风险评

价[J].环境工程学报,2016,10(3):1500-1507.

[16] 田勇.南水北调中线总干渠叶绿素a与藻密度相关性研究[J].人民长江,2019,50(2):65-69.

[17] 张丽娟,徐杉,赵峥,等.环境DNA宏条形码监测湖泊真核浮游植物的精准性[J].环境科学,2021,42(2):796-807.

[18] 孙福红,郭一丁,王雨春,等.我国水生态系统完整性研究的重大意义、现状、挑战与主要任务[J].环境科学研究,2022,35(12):2748-2757.

[19] 郜星晨,姜伟,李翀.长江生态完整性评估体系构建策略及初探[J].环境影响评价,2022,44(3):18-23.

[20] 范荣桂,包靓文,李雪梅,等.水生态物理生境完整性评价方法研究进展[J].生态毒理学报,2024,19(2):53-65.